Win-Q

품질경영
기사 필기

SD에듀
(주)시대고시기획

품질경영기사 필기

Always with you

사람이 길에서 우연하게 만나거나 함께 살아가는 것만이 인연은 아니라고 생각합니다.
책을 펴내는 출판사와 그 책을 읽는 독자의 만남도 소중한 인연입니다.
SD에듀는 항상 독자의 마음을 헤아리기 위해 노력하고 있습니다.
늘 독자와 함께하겠습니다.

머리말

현대사회에서 기업의 경영은 고객만족을 목표로 한다. 기업의 이익 증대나 매출 증가에만 주력하던 과거와는 달리 현대사회에서는 고객에게 만족을 주기 위해 노력하고 있다. 고객에게 최고의 만족을 주기 위해서는 제품에 불량을 없애고, 품질을 개선하여 고객이 그 제품에 만족해야 한다. 이와 같이 고객이 제품에 만족하여 또다시 그 제품을 구매할 수 있도록 기업은 품질경영에 최선을 다해야 한다.

품질경영이란 최고경영자의 리더십 아래에서 품질을 경영의 최우선 과제로 정하는 것으로, 고객만족을 통한 기업의 장기적인 성공은 물론 경영활동 전반에 걸쳐 모든 구성원의 참가와 총체적 수단을 활용하는 전사적, 종합적인 경영관리체계이다. 따라서 품질경영은 최고경영자의 품질방침을 비롯하여 고객을 만족시키는 모든 부문의 전사적 활동으로서, 품질방침 및 계획, 품질관리를 위한 실시기법과 활동, 품질보증 활동과 공정의 유효성을 증가시키는 활동 등을 포함하는 넓은 의미로 생각해야 한다.

품질경영기사는 이러한 품질경영에 관한 전반적인 지식을 갖고 제품의 라이프 사이클에서 품질을 확보하는 단계에서 생산 준비, 제조 및 서비스 등 주로 현장에서 품질경영시스템의 업무를 수행하고 각 단계에서 발견된 문제점을 지속적으로 개선하고 혁신하는 업무 등의 직무를 수행한다. 또한, 제품제조업종, 서비스업종 등 모든 산업 분야에서 품질경영기사를 필요로 하므로 각 분야의 생산현장의 제조, 판매, 서비스에 이르기까지 수요의 폭이 넓다.

본서는 빨간키(빨리보는 간단한 키워드) 핵심요약, 핵심이론과 핵심예제, 최근 출제경향을 반영한 6개년 과년도 기출문제와 최근 기출복원문제 및 해설 등으로 구성하였다. 수험생들은 핵심이론을 공부한 후 기출문제 중에서 자주 출제되는 내용을 완벽하게 숙지하여 중요한 내용을 체계적으로 공부하고, 이해와 집중을 기본으로 시험을 준비한다면, 합격에 한 발짝 더 가까이 다가갈 수 있을 것이다.

수험생활 동안 만나게 되는 어려움과 유혹을 모두 이겨내고, 합격을 목표로 하여 품질경영기사 자격을 취득하시길 바란다.

경영학박사(생산관리 전공) 박병호

시험안내

개 요

경제, 사회 발전에 따라 고객의 요구가 가격 중심에서 고품질, 다양한 디자인, 충실한 A/S 및 안전성 등으로 급속히 변화하고 있으며, 이에 기업의 경쟁력 창출요인도 변화하여 기업경영의 근본요소로 품질경영체계의 적극적인 도입과 확산이 요구되고 있으며, 이를 수행할 전문기술인력 양성이 요구되어 자격제도를 제정하였다.

수행직무

일반적인 지식을 갖고 제품의 라이프 사이클에서 품질을 확보하는 단계에서 생산 준비, 제조 및 서비스 등 주로 현장에서 품질경영시스템의 업무를 수행하고, 각 단계에서 발견된 문제점을 지속적으로 개선하고 혁신하는 업무 등을 수행한다.

시험일정

구 분	필기원서접수 (인터넷)	필기시험	필기합격 (예정자)발표	실기원서접수	실기시험	최종 합격자 발표일
제1회	1.23~1.26	2.15~3.7	3.13	3.26~3.29	4.27~5.12	1차 : 5.29 / 2차 : 6.18
제2회	4.16~4.19	5.9~5.28	6.5	6.25~6.28	7.28~8.14	1차 : 8.28 / 2차 : 9.10
제3회	6.18~6.21	7.5~7.27	8.7	9.10~9.13	10.19~11.8	1차 : 11.20 / 2차 : 12.11

※ 상기 시험일정은 시행처의 사정에 따라 변경될 수 있으니, www.q-net.or.kr에서 확인하시기 바랍니다.

시험요강

❶ 시행처 : 한국산업인력공단
❷ 관련 학과 : 대학의 산업공학과나 산업경영공학, 산업기술경영 등 관련 학과
❸ 시험과목
   ㉠ 필기 : 1. 실험계획법 2. 통계적 품질관리 3. 생산시스템 4. 신뢰성 관리 5. 품질경영
   ㉡ 실기 : 품질경영 실무
❹ 검정방법
   ㉠ 필기 : 객관식 4지 택일형, 과목당 20문항(과목당 30분)
   ㉡ 실기 : 필답형(3시간)
❺ 합격기준
   ㉠ 필기 : 100점을 만점으로 하여 과목당 40점 이상, 전 과목 평균 60점 이상
   ㉡ 실기 : 100점을 만점으로 하여 60점 이상

필기과목명	주요항목	세부항목	세세항목	
신뢰성 관리	신뢰성 설계 및 분석	신뢰성의 개념	• 신뢰성의 기초개념 • 신뢰도함수	• 신뢰성 수명분포 • 신뢰성척도 계산
		보전성과 가용성	• 보전성	• 가용성
		신뢰성시험과 추정	• 고장률곡선 • 신뢰성 데이터 분석 • 신뢰성척도의 검정과 추정 • 정상수명시험 • 확률도(와이블, 정규, 지수 등)를 통한 신뢰성 추정 • 가속수명시험 • 신뢰성 샘플링기법 • 간섭이론과 안전계수	
		시스템의 신뢰도	• 직렬결합시스템의 신뢰도 • 병렬결합시스템의 신뢰도 • 기타 결합시스템의 신뢰도	
		신뢰성 설계	• 신뢰성 설계 개념	• 신뢰성 설계방법
		고장해석방법	• FMEA에 의한 고장해석	• FTA에 의한 고장해석
		신뢰성관리	• 신뢰성관리	
품질경영	품질경영의 이해와 활용	품질경영	• 품질경영의 개념 • 품질전략과 TQM • 고객만족과 품질경영 • 품질경영시스템(QMS) • 협력업체 품질관리 • 제조물책임과 품질보증 • 교육훈련과 모티베이션 • 서비스 품질경영	
		품질비용	• 품질비용과 COPQ	• 품질비용 측정 및 분석
		표준화	• 표준화와 표준화 요소 • 사내표준화 • 산업표준화와 국제표준화 • 품질인증제도(ISO, KS 등)	
		6시그마 혁신활동과 공정능력	• 공차와 공정능력분석 • 6시그마 혁신활동	
		검사설비 운영	• 검사설비관리	• MSA(측정시스템 분석)
		품질혁신활동	• 혁신활동 • 품질관리기법	• 개선활동

이 책의 구성과 특징

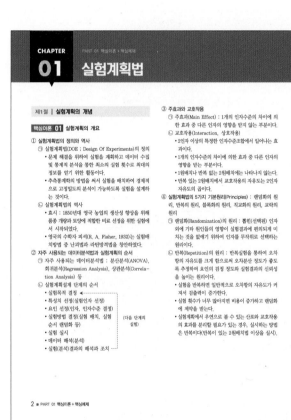

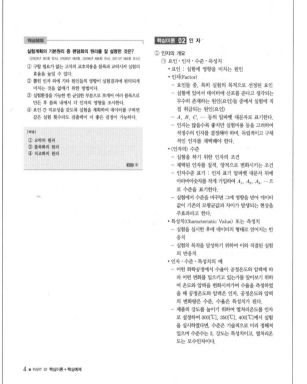

핵심이론

필수적으로 학습해야 하는 중요한 이론들을 각 과목별로 분류하여 수록하였습니다.

시험과 관계없는 두꺼운 기본서의 복잡한 이론은 이제 그만!
시험에 꼭 나오는 이론을 중심으로 효과적으로 공부하십시오.

핵심예제

출제기준을 중심으로 출제빈도가 높은 기출문제와 필수적으로 풀어보아야 할 문제를 핵심이론당 1~2문제씩 선정했습니다.

각 문제마다 핵심을 찌르는 명쾌한 해설이 수록되어 있습니다.

검정현황

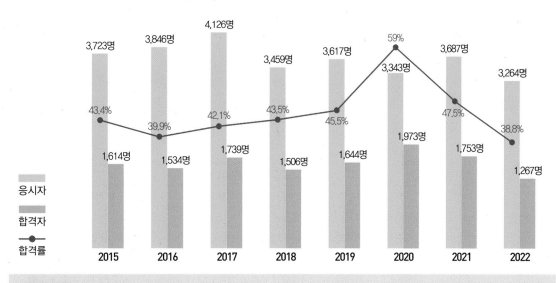

필기시험

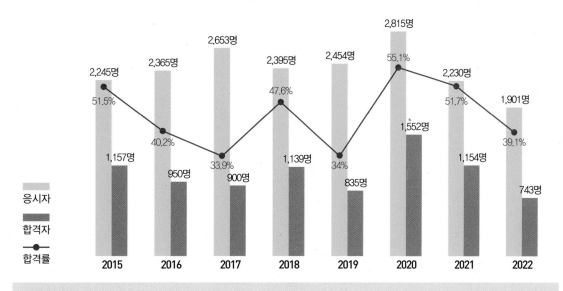

실기시험

출제기준

필기과목명	주요항목	세부항목	세세항목	
실험계획법	실험계획 분석 및 최적해 설계	실험계획의 개념	• 실험계획의 개념 및 원리	• 실험계획법의 구조 모형과 분류
		요인실험(요인배치법)	• 1요인실험 • 반복이 없는 2요인실험 • 난괴법	• 1요인실험의 해석 • 반복이 있는 2요인실험 • 다요인실험의 개요
		대비와 직교분해	• 대비와 직교분해	
		계수값 데이터의 분석 및 해석	• 계수값 데이터의 분석 및 해석(1요인, 2요인실험)	
		분할법	• 단일분할법	• 지분실험법
		라틴방격법	• 라틴방격법 및 그레코 라틴방격법	
		K^n형 요인실험	• K^n형 요인실험	
		교락법	• 교락법과 일부실시법	
		직교배열표	• 2수준계 직교배열표	• 3수준계 직교배열표
		회귀분석	• 회귀분석	
		다구치 실험계획법	• 다구치 실험계획법의 개념	• 다구치 실험계획법의 설계
통계적 품질관리	품질정보관리	확률과 확률분포	• 모수와 통계량	• 확률 　• 확률분포
		검정과 추정	• 검정과 추정의 기초 이론 • 두 모집단 차의 검정과 추정 • 적합도 검정 및 동일성 검정	• 단일 모집단의 검정과 추정 • 계수값 검정과 추정
		상관 및 단순회귀	• 상관 및 단순회귀	
	품질검사관리	샘플링검사	• 검사 개요 • 샘플링검사와 OC곡선 • 계수값 샘플링검사	• 샘플링방법과 샘플링오차 • 계량값 샘플링검사 • 축차샘플링검사
	공정품질관리	관리도	• 공정 모니터링과 관리도 활용 • 계수값 관리도 • 관리도의 성능 및 수리	• 계량값 관리도 • 관리도의 판정 및 공정해석
생산 시스템	생산시스템의 이해와 개선	생산전략과 생산시스템	• 생산시스템의 개념 • SCM(공급망관리) • ERP와 생산정보관리	• 생산 형태와 설비배치/라인 밸런싱 • 생산전략과 의사결정론
		수요 예측과 제품 조합	• 수요 예측	• 제품 조합
	자재관리 전략	자재 조달과 구매	• 자재관리와 MRP(자재소요량 계획) • 외주 및 구매관리	• 적시생산시스템(JIT) • 재고관리
	생산계획 수립	일정관리	• 생산계획 및 통제 • 프로젝트 일정관리 및 PERT/CPM	• 작업 순위 결정방법
	표준작업관리	작업관리	• 공정분석과 작업분석 • 표준시간과 작업 측정	• 동작분석 • 생산성 관리 및 평가
	설비보전관리	설비보전	• 설비보전의 종류	• TPM(종합적 설비관리)

PART 02 | 과년도 + 최근 기출복원문제

2018년 제1회 과년도 기출문제

제1과목 | 실험계획법

01 A_1, A_2, A_3에 관한 대비 $L = C_1A_1 + C_2A_2 + C_3A_3$에서 제곱합($S_L$)은?(단, $\sum_{i=1}^{3} C_i = 0$, C_i가 모두 0은 아니며, r은 요인 A의 각 수준에서의 반복수이다)

① $S_L = \dfrac{L^2}{(C_1^2 + C_2^2 + C_3^2)r^2}$

② $S_L = \dfrac{L^2}{(C_1^2 + C_2^2 + C_3^2)r}$

③ $S_L = \dfrac{L^2}{r\sqrt{C_1^2 + C_2^2 + C_3^2}}$

④ $S_L = \dfrac{L^2}{(C_1^2 + C_2^2 + C_3^2)\sqrt{r}}$

02 실험계획법에 의해 얻어진 데이터를 분산분석하여 통계적 해석을 할 때에는 측정치의 오차항에 대해 크게 4가지 가정을 하는데, 이 가정에 속하지 않는 것은?

① 독립성　　② 정규성
③ 랜덤성　　④ 등분산성

해설
오차항에서 가정하는 4가지 특성: 정규성, 독립성, 불편성, 등분산성

03 2^3형의 $\frac{1}{2}$ 일부실시법에 의한 실험을 하기 위해 다음의 블록을 설정하여 실험을 실시하려고할 때의 설명으로 틀린 것은?

(1)
ab
c
abc

① 위 블록은 주블록이다.
② 요인 A는 교호작용 $B \times C$와 교락되어 있다.
③ 요인 A의 효과는 $A = \frac{1}{2}(-(1) + ab - c + abc)$이다.
④ 주요인이 서로 교락되므로 블록을 재설계하여 실험하는 것이 좋다.

해설
문제의 블록은 교호작용 $A \times B$가 블록과 교락된 실험이다.

04 5수준의 모수요인 A와 4수준의 모수요인 B를 반복 없는 2요인실험을 한 결과 주효과 A, B가 모두 유의한 경우 최적 조합조건에서의 공정평균을 추정할 때 유효반복수는 n_e는 얼마인가?

① 2.5　　② 2.9
③ 4　　④ 3

해설
$$n_e = \frac{총실험\ 횟수}{유의한\ 요인의\ 자유도\ 합 + 1} = \frac{lm}{\nu_A + \nu_B + 1}$$
$$= \frac{5 \times 4}{5 + 4 - 1} = 2.5$$

정답 1 ② 2 ③ 3 ④ 4 ①

PART 02 | 과년도 + 최근 기출복원문제

2023년 제2회 최근 기출복원문제

제1과목 | 실험계획법

01 난괴법에 관한 설명으로 옳지 않은 것은?

① 제곱합의 계산은 반복이 없는 2원배치의 모수모형과 동일하다.
② 1인자는 모수이고 1인자는 변량인 반복이 없는 2원배치실험이다.
③ 인자 B가 변량인자이면, σ_B^2의 추정값을 구하는 것은 의미가 없다.
④ 인자 A가 모수인자, 인자 B가 변량인자이면 $\sum_{i=1}^{l} a_i = 0$, $\sum_{j=1}^{m} b_j \neq 0$이다.

해설
인자 B가 변량인자이면, σ_B^2의 추정값은 의미가 있다.

02 변량인자가 아닌 것은?

① 잠음인자
② 신호인자
③ 집단인자
④ 블록인자

해설
• 모수인자(Fixed Factor): 제어인자, 표시인자, 신호인자
• 변량인자(Random Factor): 블록인자, 보조인자, 집단인자, 잠음인자(오차인자)

03 분산성분을 조사하기 위하여 A는 3일을 랜덤으로 선택한 것이고, B는 각 일별로 2대의 트럭을 랜덤으로 선택한 것이고, C는 각 트럭 내에서 랜덤으로 2삽을 취한 것이다. 각 삽에서 2번에 걸쳐 소금의 염도를 측정하는 지분실험법을 실시하였다. 오차의 자유도는 얼마인가?

① 6　　② 12
③ 23　　④ 24

해설
$$\nu_e = lmn(r-1) = 3 \times 2 \times 3 \times (2-1) = 12$$

04 반복이 없는 모수모형 2원배치실험에서 한 개의 결측치 ⑦를 Yates의 방법으로 추정하면?

구 분	A_1	A_2	A_3	A_4	A_5
B_1	4	1	-1	⑦	1
B_2	2	3	2	2	2
B_3	3	1	1	4	3

① 2　　② 2.25
③ 3.25　　④ 3

해설
$$y_{ij} = \frac{lT_i' + mT_j' - T'}{(l-1)(m-1)} = \frac{lT_i' + mT_j' - T'}{(l-1)(m-1)}$$
$$= \frac{5 \times 6 + 3 \times 5 - 29}{(5-1) \times (3-1)} = 2$$

정답 1 ③ 2 ③ 3 ④ 4 ①

과년도 기출문제

지금까지 출제된 과년도 기출문제를 수록하였습니다. 각 문제에는 자세한 해설이 추가되어 핵심이론만으로는 아쉬운 내용을 보충 학습하고 출제경향의 변화를 확인할 수 있습니다.

최근 기출복원문제

최근에 출제된 기출문제를 복원하여 가장 최신의 출제경향을 파악하고 새롭게 출제된 문제의 유형을 익혀 처음 보는 문제들도 모두 맞힐 수 있도록 하였습니다.

최신 기출문제 출제경향

- 라인 외(Off Line) 품질관리활동
- 분산성분의 추정치
- 네트워크 장애 건수의 기댓값과 표준편차
- 관리도의 사용목적
- 회귀로부터의 변동($S_{y/x}$)
- 비용구배
- MRP시스템의 로트 사이즈 결정방법
- 설비의 가용도(Availability)
- 5S 운동
- 시그마수준 측정과 공정능력지수(C_p)의 관계

- 별명관계(Alias Relation)
- 실험계획법의 순서
- 정밀도, 치우침, 오차
- 계수형 축차샘플링검사방식
- 총괄생산계획(APP) 기법 중 선형결정기법(LDR)
- 대량 고객화 전략
- 정시중단시험
- 초기고장기간에서의 고장률 감소대책
- 히스토그램을 통해 알 수 있는 정보
- 조립품의 허용차

2020년 4회	2021년 1회	2021년 2회	2021년 4회

- 망목특성 손실함수
- 회귀로부터의 제곱합 $S_{y \cdot x}$의 불편분산
- 샘플링검사보다 전수검사가 유리한 경우
- 제1종 오류(α)와 제2종 오류(β)
- 집중구매방식의 특성
- 공정대기현상을 유발시키는 요인
- 신뢰성 배분(Reliability Allocation)의 목적
- 고유가동성(Inherent Availability)의 척도
- SWOT분석
- R&R 평가기준

- 2^3형 요인배치실험 시 교락법을 사용했을 때 블록과 교락되어 있는 교호작용
- 요인의 수준과 수준수를 택하는 방법
- 중심극한정리
- 부적합수 차의 검정
- 설비보전조직의 기본유형
- 한계이익률
- 신뢰성 블록도에 맞는 FT도
- 직렬구조시스템의 평균수명
- 제조물책임의 면책대상자
- 품질기능전개(QFD)

- 오차항 e_{ij}의 가정
- Yates의 결측치 $\hat{y}$ 추정공식
- 지그재그 샘플링(Zigzag Sampling)
- np 관리도의 관리한계
- 손익분기분석(Break Even Point Analysis)
- 단순지수평활법(Exponential Smoothing)
- 대시료실험의 신뢰성 척도
- 지수분포의 확률지
- PDCA 사이클
- 신QC 7가지 도구

- 실험계획의 기본원리
- 2^3형의 1/2 일부실시법
- c관리도와 u관리도의 ULC
- OC곡선의 기울기
- 설비보전활동 중의 하나인 소집단활동의 목적
- 동작경제의 원칙
- 메디안순위법의 고장확률밀도함수
- 신뢰성 샘플링검사의 특징
- 측정시스템의 산포(Gage R&R)
- 품질관리의 4대 기능

2022년
1회

2022년
2회

2023년
1회

2023년
2회

- 분할법(Split-plot Design)의 개발 동기
- 가장 경제적인 직교배열표
- 부적합품률의 차를 검정하기 위한 검정통계량
- 오차의 검토 순서
- 활동시간의 기대치와 분산
- 고정 주문량 모형의 특징
- 부하-강도모형(Stress-strength Model)
- 욕조곡선(Bath-tub Curve)
- SERVQUAL 모델
- 6시그마의 본질

- 교호작용 $A \times B$가 배치되는 열번호
- SN비(Signal-to-Noise Ratio)
- 보통검사에서 까다로운 검사의 전환규칙
- 검사특성곡선의 특징
- 발주점 방식과 MRP 방식
- 수행도 평가(Performance Rating)
- FMEA 분해레벨의 배열 순서
- 경험적(Empirical) 고장률
- 산업표준화법의 목적
- 부적합예방형 모티베이션 운동

빨리보는 간단한 키워드

PART 01　핵심이론 + 핵심예제

CHAPTER 01	실험계획법	002
CHAPTER 02	통계적 품질관리	077
CHAPTER 03	생산시스템	169
CHAPTER 04	신뢰성 관리	257
CHAPTER 05	품질경영	317

PART 02　과년도 + 최근 기출복원문제

2018년	과년도 기출문제	444
2019년	과년도 기출문제	518
2020년	과년도 기출문제	587
2021년	과년도 기출문제	659
2022년	과년도 기출문제	728
2023년	최근 기출복원문제	776

빨간 키

당신의 시험에 빨간불이 들어왔다면!
최다빈출키워드만 쏙쏙! 모아놓은
합격비법 핵심 요약집 "빨간키"와 함께하세요!
당신을 합격의 문으로 안내합니다.

01 실험계획법

■ **실험계획법의 5가지 기본원리(Principles)**

　랜덤화의 원리, 반복의 원리, 블록화의 원리, 직교화의 원리, 교락의 원리

■ **오차항(e_{ij})의 특성(오차항의 4가지 가정)** : 일반적으로 오차(e_{ij})는 정규분포 $N(0, \sigma_e^2)$으로부터 확률 추출된 것이라고 가정하며, e_{ij}는 랜덤으로 변하는 값이다.

- 정규성(Normality) : 오차의 분포는 정규분포를 따른다. $e_{ij} \sim N(0, \sigma_e^2)$
- 독립성(Independence) : 오차들은 서로 독립이다(그러므로 모든 특성치에서 동일하지 않게 정의함).
- 불편성(Unbiasedness) : 오차의 기댓값은 항상 0이고 치우침이 없다. $E(e_{ij}) = 0$
- 등분산성(Equal Variance) : 오차의 분산은 (인자수준과 실험 반복수에 관계없이) 어떤 경우에도 일정하다. 오차 e_{ij}의 분산은 $Var(e_{ij}) = \sigma_e^2 = E(e_{ij}^2)$이다.

■ **분할법의 특징**

- 실험 실시 시 완전 랜덤화가 불가능한 경우에 사용한다.
- 같은 실험 내에서 많은 인자를 함께 조사하는 데 유리하다.
- 분할된 각 단위에서 실험오차가 분할되어 나온다.
- 1차 단위인자의 수준 변경은 곤란하지만, 2차 단위 인자의 수준 변경은 비교적 용이할 때 사용된다.
- 일반적으로 2차 단위인자가 1차 단위인자보다 정도가 높게 추정된다.
- n차 인자와 m차 인자의 교호작용은 $n < m$일 때 m차 요인이 되며 n차 인자와 n차 인자의 교호작용은 그대로 n차 요인이 된다.

■ **지분실험법**

- 로트 간·로트 내의 산포, 기계 간의 산포, 작업자 간의 산포, 측정의 산포 등 여러 가지 샘플링 및 측정의 정도를 추정하여 샘플링방식의 설계를 하거나 측정방법을 검토하기 위한 변량요인들에 대한 실험설계방법으로 가장 적합한 실험설계법이다.
- 여러 가지 샘플링 및 측정의 정도를 추정하여 샘플링방식을 설계하거나 측정방법을 검토할 때 사용 가능하다.

■ 라틴방격법

- 주효과만 구하고자 할 때 이용되는 방법으로, 행과 열에 비교하고자 하는 처리가 오직 한 번씩($k \times k$) 나타나도록 배치한 실험계획법이다.

- 수준수 k개의 숫자 또는 문자를 어느 행이나 어느 열에 하나씩만 있도록 나열하여 가로와 세로 각각 k개씩의 숫자 또는 문자가 4각형이 되도록 한 것을 $k \times k$ 라틴방격이라고 한다.

- 표준 라틴방격 : 제1행, 제1열이 자연수 순서로 나열되어 있는 라틴방격
  - 수준수에 따른 표준 라틴방격수 : 3×3 라틴방격(1개), 4×4 라틴방격(4개), 5×5 라틴방격(56개), 6×6 라틴방격(9,408개)

- $k \times k$ 라틴방격의 수(배열 가능수 또는 총방격수) : (표준 라틴방격수) $\times k! \times (k-1)!$이므로, 3×3 라틴방격에는 12개, 4×4 라틴방격에는 576개, 5×5 라틴방격에는 $56 \times 5! \times 4!$개, 6×6 라틴방격에는 $9,408 \times 6! \times 5!$개가 있다.

■ 그레코 라틴방격법

- 서로 직교하는 2개의 라틴방격을 조합한 방격이다.

- 4인자가 실험에 사용되는 그레코 라틴방격법은 라틴방격법의 형태를 확장실험한 경우이므로 총실험 횟수는 라틴방격법과 마찬가지로 k^2이 되고 교호작용은 검출 불가하다.

- 난괴법은 1방향 제약형, 라틴방격은 2방향 제약형, 그레코 라틴방격은 3방향 제약형의 완비블록계획이다. 여기에 완전 랜덤화법을 더한 실험계획법의 기본형이 완비형 실험이다.

■ 초그레코 라틴방격법(Hyper Graeco Latin square)

- 서로 직교하는 라틴방격을 3개 조합하여 만든 방격으로 인자는 5개 이상이다.

- 일반적으로 k가 2와 6이 아닌 이상 $k \times k$ 라틴방격에는 최소한 $(k-1)$개의 서로 직교하는 라틴방격이 존재하고, $(k+1)$개의 인자배치가 가능하다.

- 5인자를 사용하는 $k \times k$ 초그레코 라틴방격에서는 각 인자의 자유도가 $(k-1)$이고, 오차항의 자유도는 $(k-1)(k-4)$가 되므로 $k \le 4$인 경우는 오차 자유도가 존재하도록 하기 위하여 반드시 반복실험을 해야 한다.

- 만약 $k \ge 5$인 경우는 오차항의 자유도가 존재하므로 반복시키지 않아도 된다.

■ K^n 요인배치법(K^n형 요인실험)

- 인자의 수가 n개이고 각 인자의 수준수가 k개인 실험계획법이다.

- $p^m \times q^n$ 요인실험 : 인자수 $(m+n)$개, m개 인자의 수준수 p개, n개 인자의 수준수 q개

- k^n 요인실험은 2수준계(2^n), 3수준계(3^n)가 주로 사용되며 이는 기존의 2원배치, 3원배치실험에서 수준수를 각 인자에 한정시킨 형태라고 할 수 있다.

- 총실험 횟수 : k^n회(모든 인자 간의 수준조합에서 실험 실시)

■ 교락법(Confounding Method)

- 실험 횟수를 늘리지 않고 실험 전체를 몇 개의 블록으로 나누어 배치시켜 동일한 환경 내에서 적은 실험 횟수로 실험의 정도를 향상시키기 위하여 고안한 실험계획법이다.
- 검출할 필요가 없는 교호작용을 다른 요인과 교락하도록 배치하는 방법이다.
- 교락 두 블록 효과차와 주효과 또는 교호작용 효과가 혼용되어 있어서 분리하여 구할 수 없는 경우 불필요한 효과를 블록과 교락시킴으로써 동일한 환경 내의 실험 횟수를 적게 하도록 고안해 낸 배치법이다.
- 실험오차를 적게 할 수 있으므로 실험 정(확)도가 향상된다.
- 직교배열표를 많이 사용한다(교락법 배치를 위해 직교배열표를 이용할 수 있다).

■ 일부실시법(Fractional Factorial Design)

- 필요한 요인에 대한 정보를 얻기 위하여 2인자 이상의 무의미한 고차의 교호작용의 효과는 희생시켜 실험의 횟수를 적게 하도록 고안된 인자의 조합 중에서 관심 있는 일부분만 실험하는 실험계획법이다.
- 고차의 교호작용이 존재하지 않는다는 가정을 전제로 한다.
- 불필요한 교호작용이나 고차의 교호작용을 구하지 않는다.
- 비용 측면에서는 유리하나 전문지식이 필요하다.
- 직교배열표를 이용하여 요인배치 후 실험 실시한다.
- 별명은 정의대비로 구할 수 있다.
- 별명 중 어느 한쪽의 효과가 존재하지 않을 경우에 사용한다.
- (실험수가 감소되므로) 실험의 정도는 저하된다.

■ 직교배열법

- 인자의 수가 많은 경우에 주효과와 기술적으로 존재할 것 같은 인자의 교호작용을 검출하고, 기술적으로 존재하지 않는다고 생각되는 교호작용은 희생시켜서 실험 횟수를 적게 할 수 있는 실험계획표이다.
- 직교배열표의 표시

  $L_N(P^K)$

  여기서, L : 라틴방격

  N : 행의 수(실험 횟수)

  P : 수준수

  K : 열의 수(인자수 = 배치 가능한 요인의 수)

- 변동의 계산이 용이하다.
- 분산분석표의 작성이 수월하다.
- 다른 실험배치법과 비교해 볼 때 실험 횟수가 줄어든다.
- 이론을 잘 몰라도 기계적인 조작으로 일부실시법, 분할법, 교락법 등의 배치를 쉽게 할 수 있다.
- 인자 A가 4수준(자유도 3)이고 인자 B가 2수준(자유도 1)이면, 교호작용 $A \times B$는 2수준계 직교배열표에서 3개의 열에 배치된다.

■ 회귀분석에서의 잔차(Residual)

- 잔차 : $e_i = y_i - \hat{y}$

- 회귀선에 의하여 설명되지 않는 부분(편차)

- 잔차들 간에는 상관관계가 존재한다.

- 잔차들의 합은 0이다. $\sum e_i = 0$

- 잔차들의 x_i에 의한 가중합은 0이다. $\sum x_{ij} e_i = 0$

- 잔차들의 $\hat{y}$(회귀직선추정식)에 의한 가중합은 0이다. $\sum \hat{y} e_i = 0$

- 잔차들의 제곱과 $(y_i - \bar{y})$의 가중합은 0이 아니다. $\sum (y_i - \bar{y}) e_i^2 \neq 0$

■ 다구치 실험계획법

- 로버스트 실험계획법이라고도 하며 파라미터설계, 허용차설계 등이 주축을 이루며, 모수인자와 잡음인자 등이 동시에 사용되고 주로 직교배열표가 이용되는 실험계획법이다.

- 다구치는 사회지향적인 관점에서 품질의 생산성을 높이기 위하여 '생산성 = 품질(Quality) + 비용(Cost)'으로 정의 하였다.

- 품질(손실)항목 : 사용비용, 기능산포에 의한 손실, 폐해항목에 의한 손실

- 다구치방법에서 사용되는 수단 : Off-line QC, 손실함수, 파라미터설계

- 다구치방법의 특징과 관련된 항목 : SN비, 직교배열표, 손실함수 등

- 제품설계의 3단계 : 시스템설계 → 파라미터설계 → 허용차설계의 순서로 진행

- SN비(단위 : dB) : 신호인자와 잡음인자 간의 비

- SN비 $= \dfrac{\text{신호의 힘}}{\text{잡음의 힘}} = \dfrac{\text{신호입력이 산출물에 전달하는 힘}}{\text{잡음이 산출물에 전달되는 힘}} = \dfrac{\text{모평균의 제곱}(\mu^2)\text{의 추정치}}{\text{분산}(\sigma^2)\text{의 추정치}}$

- 정특성 SN비

  - 망목특성의 SN비 $= 10\log \left[\dfrac{\dfrac{1}{n}(S_m - V)}{V} \right] \fallingdotseq 10\log \left[\dfrac{(\bar{y})^2}{V} \right] = 20\log \left(\dfrac{\bar{y}}{s} \right)$

  - 망소특성의 SN비 $= -10\log \left(\dfrac{1}{n} \sum_{i=1}^{n} y_i^2 \right)$

  - 망대특성의 SN비 $= -10\log \left(\dfrac{1}{n} \sum_{i=1}^{n} \dfrac{1}{y_i^2} \right)$

• 동특성의 SN비

    – SN비 $= 10\log\left[\dfrac{\dfrac{1}{r^*}(S_\beta - V_e)}{V_e}\right]$

      여기서, r^* : 유효 반복수

              S_β : 비례항 또는 회귀의 변동

              V_e : 오차분산

    – $r^* = m_i \sum M_i^2$

      여기서, m_i : 반복수

             M_i : 신호입력

• 계수치의 SN비 $= -10\log\left(\dfrac{1}{p} - 1\right)$

02 통계적 품질관리

■ **이산확률변수(계수치)** : 셀 수 있는 확률변수 X

- 기본 형태 : $P(X) \geq 0, \ \sum P(X) = 1$
- 예 : 부적합품수, 부적합수, 주사위의 눈 등
- 이산확률분포(확률질량함수 $P(X)$) : 베르누이분포, 이항분포, 초기하분포, 푸아송분포

■ **연속확률변수(계량치)** : 적절한 구간 내의 연속된 모든 값을 취할 수 있고 셀 수 없는 확률변수 x

- 확률밀도함수 $f(x)$: 연속확률변수 x에 대한 확률을 결정하는 함수
- 기본 형태 : $f(x) \geq 0, \ \displaystyle\int_{-\infty}^{\infty} f(x)dx = 1$
- 예 : 강도, 중량, 치수, 통근 소요시간 등
- 연속확률분포(확률밀도함수) : 정규분포, t분포, χ^2분포, F분포, 균등분포

■ **누적확률함수 또는 누적분포함수**

이산확률변수, 연속확률변수값을 누적시킨 값으로서, 비감소형 함수이다. 확률변수 X가 주어진 실수 x보다 작거나 같을 확률은 $F(x) = P(X \leq x)$로 나타내며, $F(+\infty) = 1$이고 $F(\pm\infty) = 0$이다.

■ **이산확률분포(확률질량함수)의 특징**

- 확률변수를 세거나 나열할 수 있다.
- 특정값을 가질 확률은 0보다 크거나 같고, 1보다는 작거나 같다.

  $0 \leq P(X = x_i) \leq 1$
- 모든 확률변수에 해당되는 확률값을 모두 합하면 1이 된다.

  $$\sum_{i=1}^{n} P(X = x_i) = \sum_{i=1}^{n} P_i = 1$$
- 확률변수가 x_i부터 x_j까지의 값을 가질 확률은 i부터 j까지의 확률을 합한 값이다.

  $$P(x_i \leq X \leq x_j) = \sum_{\alpha=i}^{j} P_\alpha$$

  여기서, $i \leq j, \ j = 1, 2, 3, \cdots, n$
- 분포의 조건에 따라 연속확률분포함수에 근사할 수 있다.

■ 연속확률분포(확률밀도함수)의 특징
- 항상 (+)값을 지닌다. $f(x) > 0$
- 전체면적은 1.0이다. $\int_{-\infty}^{\infty} f(x)dx = 1$
- 특정값을 가질 확률은 0이다. $P(X = a) = 0$
- 확률은 확률변수가 특정한 두 값 사이에 있을 확률로 표시한다($P(a \leq X \leq b)$는 구간 $[a, b]$에서 확률밀도함수 $f(x)$와 x축 사이의 면적 $\int_{a}^{b} f(x)dx$이다).
- 특정값을 가질 확률이 0이므로, $P(a \leq X \leq b) = P(a < X \leq b) = P(a \leq X < b) = P(a < X < b)$이 성립한다.

■ 과오, 검출력, 신뢰수준
- 제1종 과오(α) : 귀무가설이 참인데(진실인데) 참이 아니라고(거짓이라고) 판정하는 과오이다.
  - 귀무가설을 채택해야 하는데도 귀무가설을 기각하고 대립가설을 채택하는 과오이다.
  - 귀무가설이 진실일 때 귀무가설을 기각하는 과오이다.
  - H_0가 성립되고 있음에도 불구하고 이것을 기각하는 과오이다.
  - 제1종 과오는 기각역이 작을수록, 채택역이 클수록, 샘플 크기가 작을수록 감소한다.
  - 별칭 : 기각률, 위험률, 유의수준, 생산자위험
- 제2종 과오(β) : 귀무가설이 참이 아닌데(거짓인데) 참이라고(진실이라고) 판정하는 과오이다.
  - 귀무가설을 기각하여야 하는데도 귀무가설을 채택하고 대립가설을 기각하는 과오이다.
  - 대립가설이 진실일 때 귀무가설을 채택하는 과오이다.
  - 귀무가설 H_0가 옳지 않은 데도 불구하고 H_0를 버리지 않는 과오이다.
  - H_0가 성립되고 있지 않음에도 불구하고 이것을 채택하는 과오이다.
  - 별칭 : 소비자위험
- 검출력 : $1 - \beta$
  - 거짓을 거짓이라고 판정하는 능력이다.
  - 대립가설이 진실일 때 귀무가설을 기각하는 확률이다.
  - 귀무가설이 거짓일 때 귀무가설을 기각하는 확률이다.
  - 별칭 : 검정력(Power of Test)
- 신뢰수준 : $1 - \alpha$
  - 참을 참이라고 판정하는 능력이다.
  - 1에서 유의수준을 빼고 100[%]를 곱하면 신뢰율이 된다.
  - 별칭 : 신뢰계수, 신뢰도
- 제1종 과오, 제2종 과오, 검출력, 신뢰도 요약 및 관련성

구 분	H_0 사실(H_1 거짓)	H_0 거짓(H_1 사실)
H_0 기각(H_1 채택)	제1종 과오(α)	검출력($1 - \beta$)
H_0 채택(H_1 기각)	신뢰도($1 - \alpha$)	제2종 과오(β)

- '통계적으로 유의하다'의 의미
    - 검정에 이용되는 통계량의 실현치가 기각역에 들어간다는 의미이다.
    - 귀무가설 기각하고, 대립가설을 채택한다.

■ 추정량의 결정기준

- 불편성(Unbiasedness) : 반복하여 같은 방법으로 샘플링해서 나온 추정값이 모수로부터 같은 방향으로 벗어나지 않는 성질이다.
- 효율성(Efficiency) 또는 유효성 : 시료에서 계산된 추정량은 모집단의 모수에 근접하여야 하는데, 이렇게 되려면 모수를 기준으로 하여 추정량의 분산이 작아야 한다는 원칙이다.
- 일치성(Consistency) : 시료의 크기가 크면 클수록 추정량이 모수에 일치하는 추정량이다.
- 충분성(충족성) : 추정량이 모수에 대해 모든 정보를 제공한다면 그 추정량은 충분성이 있다고 한다.

■ 동일성 검정

- 동일성 검정은 계수형 자료에 적합하다.
- 동일성 검정의 검정통계량은 카이제곱분포를 따른다.
- 기대도수를 구하기 위해 사용되는 확률의 합은 1이다(즉, $p_{11} + \cdots + p_{1c} = 1$ 이다).
- 동일성 검정통계량의 자유도는 일반적으로 $(r-1)(c-1)$로 표현한다(여기서, r은 조사표에서 행의 수, c는 조사표에서 열의 수이다).

■ 추정회귀방정식의 수식 : $y_i = a + b x_i$ 또는 $\hat{y}_i = \hat{\beta}_0 + \hat{\beta}_1 x$

- $\hat{\beta}_1$: 1차 방향계수 $\hat{\beta}_1 = \dfrac{S(xy)}{S(xx)} = b$
- $\hat{\beta}_0$: 절편 $\hat{\beta}_0 = \bar{y} - \hat{\beta}_1 \bar{x} = a$
- 수식 계산 : $y - \bar{y} = b(x - \bar{x})$
- 회귀계수와 상관계수와의 관계 : 회귀계의 값이 +이면 직선방정식의 기울기가 +라는 의미이므로, 상관계수값도 +가 되며, 회귀계수의 값이 −이면 상관계수의 값도 −값을 갖는다.
- 회귀계수와 상관계수와의 관계는 부호만 관련 있고 그 값의 크기와는 무관하다.

■ 층별샘플링(Stratified Sampling)

- 모집단을 몇 개의 층으로 나누어서 각 층으로부터 각각 랜덤으로 샘플링하는 방법이다.
- 층간은 가능한 한 크게 하고, 층내는 균일하게 층별하는 것이 원칙이다.

■ 취락샘플링(Cluster Sampling)

모집단을 여러 개의 층으로 나누고 그중에서 일부를 랜덤샘플링한 층에 속해 있는 모든 제품을 조사하는 샘플링방법이다.

■ 계수형 및 계량형 샘플링 검사의 비교

- 계수치 샘플링검사의 경우는 계량형 샘플링검사의 경우보다 시료의 수가 많다(일반적으로 계수형 검사의 시료 크기가 계량형 검사의 시료 크기보다 크다).
- 단위 물품의 검사에 소요되는 시간은 계수형 검사의 경우가 일반적으로 작다.
- 일반적으로 계량형 검사는 계수형 검사보다 정밀한 측정기가 요구된다.
- 검사의 설계, 방법 및 기록은 계량형 검사가 계수형 검사보다 일반적으로 더 복잡하다.
- 계량형 샘플링검사의 경우, 계수형 샘플링검사보다 검사비용 및 관리비가 일반적으로 더 높다.
- 계량형 샘플링검사에서는 랜덤샘플링 외에 특성치가 정규분포를 따라야 한다고 볼 수 있는 경우에 한한다.
- 계량형 검사를 사용하기로 했다면 적은 시료의 조사로서 로트 품질에 대하여 보다 많은 정보를 얻어낼 수 있기 때문이다.

■ 축차샘플링검사

- 하나씩 또는 일정 개수씩 샘플링하여 검사하면서 누적된 성적을 그때마다 판정기준과 비교하여 로트의 합격·불합격·불확정(검사 계속)으로 분류해 가는 방식이다.
- 다회 샘플링검사는 판정기준으로 판정 개수(c)를 설정하지만, 축차방식은 판정영역(합격선과 불합격선에 의해 구분)을 설정하여 로트의 합격·불합격을 결정하며, 이들 영역에 속하지 않을 때는 판정기준에 다다를 때까지 계속하여 샘플링검사를 실시하는 방식이다.
- 이론적으로 검사가 무한히 계속될 수 있다는 것을 제외하면 다회 샘플링검사와 유사하다.
- 실무적으로는 검사 개수가 1회 샘플링검사 개수의 3배에 달하면 검사를 중지한다.
- 비용이 많이 드는 검사이기는 하지만 파괴검사 시 검사량을 줄이기 위해 적용된다.

■ AQL(로트별 합격품질한계)지표형 샘플링검사

- 현재 검사 중인 로트의 합격 여부가 앞에서 검사한 로트의 검사결과에 따라 영향을 받게 되는 검사방식이다. 검사의 엄격도가 존재하므로 전(前) 로트 합격 여부에 따라 검사의 엄격도 조정이 가능하다.
- 연속 시리즈의 로트계수값 합부판정 샘플링검사 품질지표로 AQL을 사용한다.
- 공급자에 대해서는 로트 불합격이라는 경제적이고 정신적인 압력을 통하여 프로세스의 평균(부적합품퍼센트, 100 아이템당 부적합수)을 적어도 AQL의 규정값과 같은 정도로 유지하도록 유도하고, 동시에 소비자에게는 품질이 나쁜 로트를 합격시킬 위험의 상한 제공한다.
- 적용범위 : 로트 품질보다 프로세스 품질에 관심이 있는 경우, 연속으로 대량 구입할 경우, 로트 합격·불합격에 공급자의 관심이 큰 경우

- 검사 적용의 예 : 최종 아이템, 부분품·원재료, 조작(오퍼레이션), 프로세스 중의 자재, 보관 중의 보급품, 보전 조작, 데이터·기록, 관리 절차 등

■ LQ지표형 샘플링검사

- 연속로트가 아닌 고립 상태의 로트, 단기간 로트의 품질보증방식에 적용하는 샘플링방식으로 한계품질(LQ ; Limiting Quality)의 표준값을 지표로 사용한다.
- 한계품질을 규정하는 것은 실제로는 바람직한 품질을 규정하는 것이다.
- LQ에서 소비자위험은 통상 10[%] 미만(아무리 나빠도 13[%] 미만)이다.
- 로트가 적절히 합격하기 위해서는 부적합품퍼센트를 LQ의 $\frac{1}{4}$ 이하로 LQ보다 훨씬 작게 하여야 한다.
- LQ는 바람직한 품질의 최저 3배라는 현실적인 선택을 하는 것이 바람직하다.
- 샘플링방식을 찾는 데 사용하는 LQ 표준값은 한계품질의 비표준값을 포함한 구간에 대응되는 값을 선택한다.
- 한계품질이 이미 3.5[%]로 규정되어 있다면, 이것은 표준값이 아니다. 3.5[%]는 2.5[%] ≤ LQ ≤ 4[%]의 범위에 있으므로 표준값으로 이에 대응하는 3.15[%]를 사용한다.

■ 스킵로트 샘플링검사

- 연속으로 제출된 (시리즈) 로트나 실질적으로 안정된 연속 생산에 적용되는 검사로 로트 중 일부 로트를 검사 없이 합격시키는 샘플링 절차이다.
- 스킵로트 샘플링검사를 적용할 수 있는 경우 : 공급자가 모든 면에서 품질을 효과적으로 관리하는 능력이 있는 것을 실증하고 요구조건에 합치되는 로트를 계속 생산하는 경우, 제품품질이 AQL보다 매우 좋은 경우(2배 이상 우수), 연속하여 제출된 로트 중의 일부 로트를 검사 없이 합격으로 하는 경우

■ 계량규준형 샘플링검사 – 모표준편차를 알고 있는 경우 로트 평균치 보증방법

로트에서 샘플링하여 샘플 평균을 계산하여 상한 합격판정치 또는 하한 합격판정치와 비교하여 로트 합격·불합격판정을 한다.

- 망대특성(특성치가 높을수록 강도, 내구성 등이 좋음)의 경우 : 하한 합격판정치를 설정하여 샘플 평균이 이보다 크거나 같으면($\bar{x} \geq \overline{X_L}$) 로트 합격, 이보다 작으면($\bar{x} < \overline{X_L}$) 로트 불합격으로 판정한다.

  – 합격판정선 : $\overline{X_L} = m_0 - k_\alpha \dfrac{\sigma}{\sqrt{n}} = m_0 - G_0\sigma = m_1 + k_\beta \dfrac{\sigma}{\sqrt{n}}$

  – 시료 크기 : 샘플링검사표 또는 $n = \left(\dfrac{k_\alpha + k_\beta}{m_0 - m_1}\right)^2 \cdot \sigma^2$을 이용한다.

  – 판정 : $\bar{x} \geq \overline{X_L}$ 로트 합격, $\bar{x} < \overline{X_L}$ 로트 불합격

  – OC곡선 : $K_{L(m)} = \dfrac{\sqrt{n}\,(\overline{X_L} - m)}{\sigma}$

- 망소특성(특성치가 낮을수록 좋음)의 경우 : 상한 합격판정치를 설정하여 샘플 평균이 이보다 작거나 같으면 ($\overline{x} \leq \overline{X}_U$) 로트 합격, 이보다 크면($\overline{x} > \overline{X}_U$) 로트 불합격으로 판정한다.

  - 합격판정선 : $\overline{X}_U = m_0 + k_\alpha \dfrac{\sigma}{\sqrt{n}} = m_0 + G_0\sigma = m_1 - k_\beta \dfrac{\sigma}{\sqrt{n}}$

  - 시료의 크기 : 샘플링검사표 또는 식 $n = \left(\dfrac{k_\alpha + k_\beta}{m_1 - m_0} \right)^2 \cdot \sigma^2$을 이용한다.

  - 판정 : $\overline{x} \leq \overline{X}_U$ 로트 합격, $\overline{x} > \overline{X}_U$ 로트 불합격

  - OC곡선 : $K_{L(m)} = \dfrac{\sqrt{n}\,(m - \overline{X}_U)}{\sigma}$

- 망목특성(특성치가 너무 높거나 너무 낮거나 모두 나쁨)의 경우 : 하한 합격판정치, 상한 합격판정치를 모두 정하고 샘플 평균이 상하한 합격판정치와 같거나 그 사이에 있으면($\overline{X}_L \leq \overline{x} \leq \overline{X}_U$) 로트 합격, 하한 합격판정치보다 작거나 상한 합격판정치보다 크면($\overline{x} < \overline{X}_L$ 또는 $\overline{x} > \overline{X}_U$) 로트 불합격으로 판정한다.

  - 성립조건 : $\dfrac{m_0{'} - m_0{''}}{\sigma / \sqrt{n}} > 1.7$

  - 합격판정선 : $\overline{X}_U = m_0{'} + G_0\sigma$, $\overline{X}_L = m_0{''} - G_0\sigma$

  - 판정 : $\overline{X}_L \leq \overline{x} \leq \overline{X}_U$ 로트 합격, $\overline{x} < \overline{X}_L$ 또는 $\overline{x} > \overline{X}_U$ 로트 불합격

■ **계량규준형샘플링검사(KS Q 0001) - 모표준편차를 모르고 있는 경우의 로트 평균치 보증방법**

- 하한(S_L)만 주어진(특성치가 높을수록 좋은 망대특성) 경우
  - 합격판정선 : $\overline{X}_L = S_L + ks_e$
  - 판정 : $\overline{x} - ks_e \geq S_L$ 로트 합격, $\overline{x} - ks_e < S_L$ 로트 불합격
- 상한(S_U)만 주어진(특성치가 낮을수록 좋은 망소특성) 경우
  - 합격판정선 : $\overline{X}_U = S_U - ks_e$
  - 판정 : $\overline{x} + ks_e \leq S_U$ 로트 합격, $\overline{x} + ks_e > S_U$ 로트 불합격

■ **관리도와 과오**

- 제1종 과오 : 공정이 관리 상태일 때 관리 상태가 아니라고 판단할 확률
- 제2종 과오 : 공정이 관리 상태가 아닐 때 관리 상태라고 판단할 확률

- **관리도의 OC곡선(검출력곡선)**

  - 관리도의 성능을 검토하기 위하여 가로축을 공정의 이상(평균의 변동, 부적합품률의 변화, 산포의 변화 등)으로 나타내고, 세로축을 제2종 과오(β)로 나타낸 그래프이다.
  - 공정이 관리 상태일 때 OC곡선의 값은 $1-\alpha$이다.
  - OC곡선은 관리도의 효율을 나타내는 중요한 척도이다.
  - OC곡선은 관리도가 공정 변화를 얼마나 잘 탐지하는가를 나타낸다.
  - 공정이 이상 상태일 때 OC곡선의 값은 제2종의 오류인 β이다.
  - 공정능력의 변화나 공정 표준편차의 변화는 R관리도의 OC곡선을 사용한다.
  - 시료군의 크기(n)가 커지면 관리도의 OC곡선은 경사가 급해진다.

- **관리도의 종류**

  - 계수치(속성)관리도
    - 정의 : 불량품수, 결점수 등과 같이 이산적인 값을 갖는 자료에 적용하는 관리도
    - 종류 : p관리도(부적합품률), np(부적합품수, 불량 개수), u관리도(단위당 부적합수), c관리도(부적합수)
    ※ u관리도와 c관리도를 결점수관리도라고 한다.
  - 계량치관리도
    - 정의 : 길이, 무게, 강도, 두께, 밀도, 온도, 압력 등과 같이 연속적인 값에 적용되는 관리도
    - 종류 : $\bar{x}$관리도, R관리도, $\bar{x}-R$관리도(평균치와 범위), $\bar{x}-s$관리도(평균치와 표준편차), M_e-R관리도(메디안과 범위), $x-R_s$관리도(개개의 측정치와 이동범위), $L-S$관리도(최대치와 최소치)
    - 특수관리도 : $CUSUM$ 관리도(누적합), MA관리도(이동평균), $EWMA$관리도(지수가중이동평균), X_d-R_s관리도(차이), z변환관리도 등

- **분포의 가정**

2항 분포	p관리도, np관리도
푸아송분포	u관리도, c관리도
정규분포	평균치관리도($\bar{X}$관리도), 범위관리도(R관리도)

■ 군내변동(σ_w^2)과 군간변동(σ_b^2)

• $\bar{x}$관리도에서 타점이 되는 데이터인 $\bar{x}_i$들의 산포 = 로트 내의 산포 + 로트 간의 산포

= 군내변동 + 군간변동 $= \sigma_{\bar{x}}^2 = \dfrac{\sigma_w^2}{n} + \sigma_b^2$

여기서, $\sigma_{\bar{x}}^2$: $\bar{x}$의 변동

σ_w^2 : 군내변동

n : 군의 크기

σ_b^2 : 군간변동

$- \ \widehat{\sigma_w^2} = \left(\dfrac{\overline{R}}{d_2} \right)^2$

$- \ \widehat{\sigma_{\bar{x}}^2} = \dfrac{\displaystyle\sum_{i=1}^{k}(\bar{x}_i - \bar{\bar{x}})^2}{k-1} = \left(\dfrac{\overline{R_s}}{d_2} \right)^2 = \left(\dfrac{\overline{R_s}}{1.128} \right)^2$

여기서, k : 군의 수

$n = 2$일 때 $d_2 = 1.128$

• 개개의 데이터가 나타내는 전체의 산포(x, 개개의 변동) : $\sigma_H^2 = \sigma_w^2 + \sigma_b^2 \ (H : \text{Histogram})$

• 완전한 관리 상태($\sigma_b^2 = 0$) : $\sigma_{\bar{x}}^2 = \dfrac{\sigma_w^2}{n}$, $n\sigma_{\bar{x}}^2 = \sigma_H^2 = \sigma_w^2$

• 완전한 관리 상태가 아닌 경우($\sigma_b^2 \neq 0$) : $n\sigma_{\bar{x}}^2 > \sigma_H^2 > \sigma_w^2$

• $\bar{x}$관리도에서 관리한계를 벗어나는 점이 많아질수록 군간변동(σ_b^2)이 크게 되어 $\bar{x}$의 변동($\sigma_{\bar{x}}^2$)도 커진다.

• 완전한 관리 상태에서는 군간변동은 0이다.

■ 관리계수

• 관리계수$\left(C_f = \dfrac{\sigma_{\bar{x}}}{\sigma_w} \right)$: 공정의 관리 상태 여부를 간단하게 파악할 수 있는 척도이다.

• $\bar{x} - R$관리도의 경우에만 측정 가능하다.

• 판 정

$- \ C_f \geq 1.2$: 급간변동이 크다.

$- \ 1.2 > C_f \geq 0.8$: 관리 상태로 판단한다.

$- \ 0.8 > C_f$: 군 구분이 나쁘다.

03 생산시스템

■ 테일러시스템과 포드시스템의 비교

구 분	테일러시스템	포드시스템
제창자	• F. W. Taylor	• H. Ford
일반 통칭	• 과업관리	• 동시 관리
적용목적	• 주로 개별 생산의 공장, 특히 기계제작 공장에서의 관리기술의 합리화가 목적이다.	• 연속 생산의 능률 향상 및 관리의 합리화가 목적이다(테일러 시스템의 결점을 보완).
근본정신	• 고임금 저노무비의 원칙	• 저가격 고임금의 원칙
원리 (기본 이념)	• 최적 과업 결정 • 제조건의 표준화 • 성공에 대한 우대 • 실패 시 노동자 손실	• 최저 생산비로 사회에 봉사한다는 이념
수단방법 (구체적 전제)	• 과업관리합리화 수단 – 시간연구 – 직능조직 – 차별성과급제 – 작업지도표제도 도입	• 동시관리합리화 전제 – 3S – 이동 조립법 – 일급제 급여 – 대량 소비시장 존재

■ 생산형태의 분류(종합)

생산시기	생산의 반복성	품종과 생산량	생산 흐름	생산량과 기간
주문생산	개별 생산	다품종 소량 생산	단속 생산	프로젝트 생산
	소로트 생산			개별 생산
예측생산	중·대 로트 생산	중품종 중량 생산		로트(Lot) 또는 배치(Batch) 생산
	연속 생산	소품종 대량 생산	연속 생산	대량 생산

■ 제품별 배치의 장단점

장 점	• 표준품을 양산할 경우 단위당 생산 코스트가 공정별 배치보다 훨씬 낮다. • 자재의 운반거리가 짧고 공정 흐름이 빠르다(운반거리가 단축되고 가공물이 빠르게 흐른다). • 재고와 재공품 수량이 적어진다. • 재고(재공품)가 차지하는 면적이 작아진다. • 일단 계획이 수립되면 생산계획 및 통제가 쉽다(일정계획이 단순하여 관리가 용이하다). • 작업이 단순하며 노무비가 저렴하고, 작업자의 훈련 및 감독이 용이하다.
단 점	• 전용설비의 도입으로 초기 설비투자비가 높다. • 다양한 수요 변화에 대한 신축성이 적다. • 제품의 설계 변경 시 많은 비용이 소요된다. • 보다 많은 설비투자액이 소요된다. • 기계 고장이나 재료 부족 등으로 전체 공정에 영향을 줄 수 있다. • 적은 수량을 제조할 때 공정별 배치에 비하여 생산 코스트가 높다. • 작업이 단조로워 직무만족이 떨어진다.

■ 공정별 배치의 장단점

장 점	• 변화(수요변동, 제품의 변경, 작업 순서의 변경 등)에 대한 유연성이 크다. • 범용설비가 많아 시설투자 측면에서 비용이 저렴하며 진부화의 위험도 작다. • 한 설비의 고장으로 인해 전체 공정에 미치는 영향이 작다. • 수요 변화와 제품 변경 등에 대응하는 제조부문의 유연성이 크다. • 기계 고장, 재료 부족, 작업자의 결근 등에도 생산량 유지가 용이하다. • 적은 수량을 제조할 때에는 제품별 배치에 비하여 생산 코스트가 유리하다. • 다양한 작업으로 직무만족을 증가시킬 수 있다.
단 점	• 단위당 생산시간이 길다. • 단위당 생산비가 높고 생산성이 낮다. • 대량 생산의 경우 제품별 배치보다 단위당 생산 코스트가 높다. • 운반거리가 길어 운반능률이 낮다. • 로트 생산 시 작업 흐름이 느리고 재공품 재고가 많다. • 물자의 흐름이 더디어 재고나 재공품이 늘어 이에 대한 투자액이 높다. • 재고와 재공품이 차지하는 면적이 크다. • 생산시스템의 계획 및 통제가 복잡하다. • 주문별 절차계획, 일정계획 등이 달라 관리가 복잡하다.

■ 위치 고정형 배치(프로젝트 배치)

장 점	• 생산물의 이동을 최소한 줄일 수 있다. • 다양한 제품을 신축성 있게 제조할 수 있다. • 크고 복잡한 제품 생산에 적합하다.
단 점	• 제조현장까지 자재와 기계설비를 옮기려면 많은 시간과 비용이 소요된다. • 기계설비의 이용률이 낮다. • 고도의 숙련이 필요하다.

■ GT 셀룰러(Cellular) 생산시스템의 장단점

장 점	• 흐름이 일정하고, 이동거리가 짧아 운반시간 및 비용이 적게 든다. • 가공물의 흐름이 원활하여 재공품이 적다. • 유사품을 모아서 가공할 수 있다. • 반복작업에 따른 관리가 용이하다.
단 점	• 배치비용이 타 배치에 비해 많이 든다. • 가공물의 라인 균형화가 쉽지 않다. • 설비의 특성상 다기능공이 필요하나 양성 및 관리가 쉽지 않다. • 설비 이용률이 그다지 높지 않다.

■ 탐색법의 4가지 배치원칙

• 후속 작업 수가 많은 것을 우선 배치한다.

• 작업시간이 긴 것을 우선 배치한다.

• 선행 작업 수가 적은 것을 우선 배치한다.

• 후속 시간의 합이 큰 것을 우선 배치한다.

■ 4가지 유형의 공급사슬전략

공급의 불확실성 (H. Lee)	수요의 불확실성(M. Fisher)	
	낮다 (기능성 상품)	높다 (혁신적 상품)
낮다 (안정적 프로세스)	효율적 공급사슬 (식품, 기본의류, 가솔린 등)	반응적 공급사슬 (패션의류, PC 등)
높다 (진화적 프로세스)	위험방지형 공급사슬 (일부 식품, 수력발전)	민첩형 공급사슬 (반도체, 텔레콤, 첨단 컴퓨터 등)

■ 지수평활법에 의한 수요 예측에서의 평활상수 α값

• α값은 평활의 정도와 예측치와 실제치의 차이에 반응하는 속도를 결정하는 역할을 한다.

• α값은 $0 \leq \alpha \leq 1$인 실수값으로 결정한다.

• 초기에 설정한 α값은 변경할 수 있다.

• α값이 클수록 최근의 자료가 예측치에 더 많이 반영된다.

• α값이 클수록 예측치는 수요 변화에 더 많이 반응하며, α값이 작을수록 평활의 효과는 더 커진다.

• 신제품이나 유행상품의 수요 예측에서는 α값을 크게 한다.

• 수요의 추세가 안정적인 경우에는 α값을 작게 한다.

• 수요 증가의 속도가 빠를수록 α값을 작게 설정한다.

■ 손익분기점 분석에 의한 최적 제품의 조합

- 손익분기점 분석 : 조업도(매출량, 생산량)의 변화에 따라 수익 및 비용이 어떻게 변하는가를 분석하는 기법으로, 손익분기분석이라고도 한다.

- 손익분기점 분석 시행을 위한 인자
  - 고정비 : 감가상각비, 임차료, 임금, 세금, 노무비 등은 기업 운영에서 고정적으로 발생하는 비용
    고정비 = 판매 가격 × 한계이익률 × 생산량
  - 변동비 : 직접재료비, 직접노무비, 소모품비, 연료비, 외주가공비 등은 기업 운영에서 생산량(판매량)의 증감에 따라서 변동되는 변동비용

  - 변동비율 $= \dfrac{\text{변동비}(V)}{\text{매출액}(S)} = \dfrac{V}{PQ}$

    여기서, P : 판매 가격
    $\quad\quad\quad Q$: 생산량

  - 한계이익률 $= \dfrac{\text{매출액} - \text{변동비}}{\text{매출액}} = \dfrac{\text{한계이익}}{\text{매출액}} = 1 - \dfrac{V}{S} = 1 - \dfrac{V}{PQ}$

  - 총한계이익 = (예상 판매가 - 단위 제품의 변동비) × 예상 판매량

- 손익분기점 산출공식 : $BEP = \dfrac{\text{고정비}(F)}{\text{한계이익률}} = \dfrac{F}{1 - \dfrac{V}{S}} = \dfrac{F}{1 - \dfrac{V}{PQ}} = \dfrac{F}{1 - \text{변동비율}}$

  여기서, F : 고정비
  $\quad\quad\quad V$: 변동비
  $\quad\quad\quad P$: 개당 판매 가격
  $\quad\quad\quad Q$: 생산량

■ 경제적 발주량(주문량, EOQ)

- $EOQ = \sqrt{\dfrac{2CD}{H}}$

  여기서, C : 1회 주문당 주문비용
  $\quad\quad\quad D$: 연간 수요량
  $\quad\quad\quad H$: 1단위당 연간 재고유지비용

- 주문비용이 감소하면 EOQ는 감소한다.
- 연간 단위당 재고유지비용이 증가하면 EOQ는 감소한다.
- 조달기간이 늘어나더라도 주문량은 변함이 없다.
- 조달기간이 길수록 안전재고의 양도 많아진다.
- 주문비용이 2배로 늘어나면 EOQ는 $\sqrt{2}$ 배 증가한다.
- 발주 횟수가 증가함에 따라 재고유지비용은 감소한다.
- 경제적 주문량 모형에서는 조달기간 동안의 수요에 변동성이 없다면, 재주문점은 조달기간 동안의 일일 평균수요의 합과 동일하다.

■ 경제적 생산량(EPQ)

- $EPQ = \sqrt{\dfrac{2CD}{H} \times \left(\dfrac{p}{p-d}\right)}$

  여기서, C : 1회 준비비용
  D : 연간 수요량
  H : 단위당 연간 재고유지비용
  p : 연간 생산율
  d : 연간 수요율

- EPQ 이외의 공식

  – 연간 생산 횟수 : $n = \dfrac{D}{EPQ} = \sqrt{\dfrac{HD}{2C} \times \left(\dfrac{p-d}{p}\right)}$

  – 연간 생산주기 : $T = \dfrac{1}{n} = \dfrac{EPQ}{D} = \sqrt{\dfrac{2C}{HD} \times \left(\dfrac{p}{p-d}\right)}$

  – 최적 생산기간 : $T = \dfrac{EPQ}{p} = \sqrt{\dfrac{2CD}{H} \times \left(\dfrac{p}{p-d}\right)} \times \dfrac{1}{p} = \sqrt{\dfrac{2CD}{H} \times \dfrac{1}{p(p-d)}}$

■ MRP 시스템의 입력 정보

- 주생산일정계획(MPS), 자재명세서(BOM), 재고기록철(IRF)
- 별칭 : MRP 시스템의 구조, MRP 시스템의 투입자료, MRP 시스템에서 반드시 필요한 3대 입력요소, MRP 시스템의 수립을 위한 요건

■ JIT의 7대 낭비

과잉 생산의 낭비, 재고의 낭비, 불량의 낭비, 동작의 낭비, 운반의 낭비, 대기의 낭비, 가공의 낭비

■ 간판시스템(Kanban System)

- Pull 생산방식(부품 사용 작업장의 요구가 없으면 부품 공급 작업장에서는 생산을 중단한다)
- 간판(칸반, Kanban)은 어떤 부품이 언제, 얼마나 필요한가를 알려 주는 작업지시표 또는 이동표 역할을 한다.
- 간판은 작업지시기능을 가지고 있다.
- 간판의 사용수칙으로 부적합품을 후속공정에 보내지 않는다.
- 간판의 사용수칙으로 후속공정에서 필요한 부품을 전(前) 공정에서 가져온다.
- 간판의 수 : $\dfrac{\text{리드타임}}{\text{간판 소요시간}}$
- 최대 재고수 : 간판수 × 용기용량

■ 풀 프루프(Fool-proof) 방식

- 바보라도 극히 사소한 실수가 생기지 않도록 하는 방식이다.
- 제품 생산 시 미가공, 조립 망각, 역가공, 설치 부진, 치수 불량, 착각, 오해 등을 예방하고 규제하는 장치를 적용한다.
- 불량방지, 신뢰성 향상 등을 도모한다.

■ 총괄생산계획 전략의 유형

- 순수전략(Pure Strategy) : 생산방안 개발 시 고려하는 여러 변수들 중에서 하나의 변수만을 사용하여 수요변동을 흡수하는 전략으로, 추종전략(Chase Strategy)과 평준화전략(Level Strategy)으로 구분한다.
- 혼합전략(Mix Strategy) : 추종전략과 평준화전략의 요소를 혼합한 것이다. 생산방안 개발 시 고려하는 고용수준, 작업시간, 재고수준, 주문 적체 및 하청 등의 변수들 중에서 2가지 이상의 변수를 이용하여 수요변동을 흡수하는 전략이다.

■ 작업 순위 결정방법

- 여러 개의 공작물을 단일 기계로 생산하는 경우 평균작업시간을 최소화할 수 있는 작업 순서를 결정한다. 평균처리시간은 다음과 같이 계산한다.

$$\overline{T} = \frac{\sum_{i=1}^{n} T_i}{n} = \frac{\sum_{i=1}^{n} (t_i + x_i)}{n}$$

  여기서, T_i : 공작물 i번째의 처리시간
  t_i : 작업시간
  x_i : 대기시간

- 작업순서의 우선순위 규칙 : 선입선출법, 최단처리시간법(최소작업시간법), 납기우선법(최소납기법), 최소여유시간법, 평균여유시간법, 긴급률법, 소진기간법

■ 긴급률법(CR ; Critical Ratio)

- 긴급률이 가장 낮은 작업부터 우선 작업을 수행한다.
- 주문생산시스템에서 주로 활용한다.
- 최소작업지연시간에 초점을 두고 개발한 방법이다.
- 긴급률(Critical Ratio)이 작은 순으로 배정하면 대체로 평균납기지체일을 줄일 수 있다.
- 납기 관련 평가기준에 가장 우수한 방법이다.
- $CR = \dfrac{\text{잔여 납기일수}}{\text{잔여 작업일수}}$
- $CR = 1$을 기준으로 해서 작업 우선순위의 높낮이가 결정된다.

- CR은 음의 값이 나올 수가 있다.
  - CR값이 작을수록 작업의 우선순위를 빠르게 한다.
  - $CR<1$이면, 일정보다 늦게 생산되어 우선 긴급작업을 해야 하므로 선순위이다.
  - $CR>1$이면, 일정보다 빨리 생산되어 작업여유가 있으므로 후순위이다.
  - $CR=1$이면, 계획대로 완료 가능하므로 일정에 맞춘 생산을 실시한다.

■ 존슨의 규칙(Johnson's Rule)

- 여러 개의 공작물을 두 대의 기계로 가공하는 경우 가공시간을 최소화하고 기계의 이용도를 최대화하는 기법이다.
- 두 대의 기계를 거쳐 수행되는 작업들의 총작업시간을 최소화하는 투입 순서를 결정하는 데 가장 중요한 것은 두 기계의 최단작업소요시간(공정별·작업별 소요시간)이다.
- 가공물의 가공(처리)시간이 가장 짧은 작업을 선택한다.
- 최단처리시간이 작업장 1에 속하면 제일 앞 공정으로 처리하고, 작업장 2에 속하면 가장 뒷 공정으로 처리한다.

■ 작업(활동)시간의 추정

- 1점 견적법 : CPM, PERT/Cost
- 3점 견적법 : PERT/Time
- 시간 추정요소
  - 낙관시간치(Optimistic Time, t_0 또는 a) : 작업활동 수행에 필요한 최소 시간, 모든 일이 예정대로 잘 진행될 때의 소요시간
  - 정상시간치(Most Likely Time, t_m 또는 m) : 작업활동을 정상으로 수행하는 데 소요되는 시간, 최선의 시간치
  - 비관시간치(Pessimistic Time, t_p 또는 b) : 작업활동 수행에 필요한 최대 시간
  - 기대시간치(Expected Time, t_e) : $t_e = \dfrac{a+4m+b}{6}$, t_e의 분산 $\sigma^2 = \left(\dfrac{b-a}{6}\right)^2$ (β분포에 의거하여 산출)
  - 확률벡터(Z, Probability Factor) : $Z = \dfrac{TS-TE}{\sqrt{\sum \sigma^2}}$ (단, TS : 예정 달성기일, TE : 최종 단계의 TE)

■ 비용구배

- 단위당 증가하는 비용, 즉 증분비용이다.
- 비용구배 $= \dfrac{\text{특급비용} - \text{정상비용}}{\text{정상시간} - \text{특급시간}}$

■ **다중활동분석표(Multi-activity Chart)**

• 작업자 간의 상호관계 또는 작업자와 기계 사이의 상호관계를 분석함으로써, 가장 경제적인 작업 조를 편성하거나 작업방법을 개선하여 작업자와 기계설비의 이용도를 높이고 작업자에 대한 이론적 기계 소요 대수를 결정하기 위하여 고안된 분석표이다.

• 다중활동분석표의 용도
  - 경제적인 작업 조 편성
  - 기계 또는 작업자의 유휴시간 단축
  - 한 명의 작업자가 담당할 수 있는 기계 대수의 산정

• 이론적 기계 대수(n) : $n = \dfrac{a+t}{a+b}$

  여기서, a : 기계, 사람의 동시 작업시간

  b : 수작업시간

  t : 기계작업시간

■ **동작경제의 원칙**

신체(인체) 사용에 관한 원칙, 작업장에 관한 원칙, 공구·설비의 설계(디자인)에 관한 원칙

■ **표준시간의 산출법**

• 외경법

  - 여유율(A) = $\dfrac{\text{여유시간}}{\text{정미시간}} = \dfrac{AT}{NT}$

  - 정미시간 : NT = 평균관측시간(OT) × (정상화계수)

  - 표준시간 : $ST = NT + AT = NT + (NT \times A) = NT(1+A)$

• 내경법

  - 여유율(A) = $\dfrac{\text{여유시간}}{\text{정미시간}+\text{여유시간}} = \dfrac{AT}{NT+AT}$

  - 정미시간 : NT = 평균관측시간(OT) × (정상화계수)

  - 표준시간 : $ST = NT + AT = NT \times \dfrac{1}{1-A}$

■ **TPM 활동**

• 5가지 기둥(기본활동) : 설비효율화 개별 개선활동, 자주보전활동, 계획보전활동, 교육훈련활동, 설비초기관리활동

• 8대 중점활동 : 5가지 기둥(기본활동) + 품질보전활동, 관리부문 효율화 활동, 안전·위생·환경관리활동

■ **자주보전활동 7스텝**

- 1스텝 : 초기 청소
- 2스텝 : 발생원·곤란 개소 대책
- 3스텝 : 청소·급유·점검기준 작성
- 4스텝 : 총점검
- 5스텝 : 자주점검
- 6스텝 : 정리, 정돈
- 7스텝 : 자주관리의 철저

■ **설비효율화의 지표 : 설비종합효율 = 시간 가동률 × 성능 가동률 × 양품률**

- 시간 가동률(설비 가동률) $= \dfrac{\text{실가동시간}}{\text{부하시간}} = \dfrac{\text{부하시간} - \text{정지시간}}{\text{부하시간}}$

  − 부하시간 = 조업시간 − 휴지시간

- 성능 가동률 = 속도 가동률 × 정미 가동률 $= \dfrac{\text{이론 사이클 타임} \times \text{생산량}}{\text{가동시간}}$

  − 속도 가동률 $= \dfrac{\text{이론 사이클 타임}}{\text{실제 사이클 타임}}$

  − 정미 가동률 $= \dfrac{\text{총생산량} \times \text{실제 사이클 타임}}{\text{부하시간} - \text{정지시간}}$

- 양품률 $= \dfrac{\text{총생산량} - \text{불량 개수}}{\text{총생산량}}$

■ **가공·조립산업의 6대 로스(Loss)**

정지 로스	속도 로스	불량 로스
고장 정지 로스 작업 준비·조정 로스	공전·순간 정지 로스 속도 저하 로스	재가공 로스 초기수율 로스

■ **장치산업의 8대 로스**

휴지 로스	정지 로스	성능 로스	불량 로스
SD 로스 생산 조정 로스	설비 고장 로스 프로세스 고장 로스	정상 생산 로스 비정상 생산 로스	품질 불량 로스 재가공 로스

■ **신뢰성의 3대 요소**

- 내구성 : 평균고장시간(MTTF), 평균고장간격(MTBF) 등
- 보전성 : 예방보전(PM), 평균수리시간(MTTR) 등
- 설계신뢰성 : 페일세이프(Fail Safe), 풀 프루프(Fool-proof), 조작 용이성, 인간공학 등

■ **고장확률밀도함수와 고장률함수**

- 고장확률밀도함수
  - 단위시간당 고장 발생 비율을 나타내는 함수
  - 기호 표시 : $f(t)$
  - $f(t) = \dfrac{dF(t)}{dt} = \dfrac{d[1 - R(t)]}{dt} = -\dfrac{dR(t)}{dt} = -R'(t)$

- 고장률함수
  - 가동 중인 제품에 대한 단위시간당 고장수
  - 일정한 시점까지의 잔존확률
  - 별칭 : 순간고장률 또는 고장률
  - 기호 표시 : $\lambda(t)$ 또는 $h(t)$
  - $\lambda(t) = h(t) = \dfrac{f(t)}{R(t)} = \dfrac{f(t)}{\displaystyle\int_t^\infty f(t)dx} = \dfrac{f(t)}{1 - F(t)}$

  - 유효 고장률함수 요건 : 영역 $0 \le t \le \infty$ 에서 정의되고 $\lambda(t) \ge 0$ 이며, $\displaystyle\int_0^\infty \lambda(t) \to \infty$ 이어야 한다.

■ **지수분포(Exponential Distribution)의 특징**

- 여러 부품이 조합되어 만들어진 시스템이나 제품의 전체 고장률이 시간에 관계없이 일정한 경우 적용되는 고장분포로 가장 적합하다.
- 비기억 또는 무기억 특성(Memoryless Property)을 지닌 유일한 연속 확률분포로서 신뢰성 관리에서 중요하게 취급된다.
- 고장률은 평균수명에 대해 역의 관계가 성립한다.
- 시스템의 사용시간이 경과한 뒤에도 측정하는 관심 모수의 값은 변하지 않는다.

- t시간을 사용한 뒤에도 작동되고 있다면 고장률은 처음과 같이 늘 일정하다.
- 단위시간당의 고장 횟수는 푸아송분포를 따른다.

■ 지수분포에서의 신뢰도 관련 공식

- 신뢰도함수 : $R(t) = e^{-\lambda t} = P(T \geq t) = \int_t^\infty f(t)dt = e^{-\int_0^t \lambda(t)dt} = e^{-H(t)}$

- 불신뢰도함수 : $F(t) = 1 - e^{-\lambda t} = P(T < t) = \int_0^t f(t)dt = 1 - e^{-\int_0^t \lambda(t)dt} = 1 - R(t)$, $F(t=\infty) = 1$

- 신뢰도함수 + 불신뢰도함수 : $R(t) + F(t) = e^{-\lambda t} + 1 - e^{-\lambda t} = 1$

- 신뢰도가 증가하면 불신뢰도는 감소하여 음의 상관관계를 갖는다.

- 고장확률밀도함수 :

$$f(t) = \frac{dF(t)}{dt} = \frac{d[1-R(t)]}{dt} = -\frac{dR(t)}{dt} = -R'(t) = \lambda(t) \cdot e^{-\int_0^t \lambda(t)dt}$$

$$= \lambda e^{-\lambda t} = \frac{1}{\theta} e^{-\frac{t}{\theta}}$$

- 고장률함수 : $\lambda(t) = \lim_{\Delta t \to 0} \frac{R(t) - R(t+\Delta t)}{R(t) \cdot \Delta t} = \frac{f(t)}{R(t)} = \frac{\lambda e^{-\lambda t}}{e^{-\lambda t}} = \lambda(\text{상수})$

- 기대치 : $E(t) = \mu = \theta = \frac{1}{\lambda} = \frac{T}{r} = MTTF = \int_0^\infty R(t)dt = \int_0^\infty tf(t)dt = MTBF$

- 분산 : $V(t) = \sigma^2 = \frac{1}{\lambda^2} = \theta^2$

여기서, λ : 평균고장률

■ 정규분포(Normal Distribution)에서의 신뢰도 관련 공식

- 신뢰도함수 : $R(t) = P(T > t) = \int_t^\infty f(t)dt = P\left(u > \frac{t-\mu}{\sigma}\right) = 1 - P\left(u \leq \frac{t-\mu}{\sigma}\right) = 1 - \phi(Z)$

여기서, $\phi(Z) = \frac{1}{\sqrt{2\pi}} e^{-\frac{Z^2}{2}}$: t시점까지의 정규(누적)확률분포표 이용

- 고장확률밀도함수 : $f(t) = \phi(z) = \frac{1}{\sqrt{2\pi} \cdot \sigma} exp\left[-\frac{(t-\mu)^2}{2\sigma^2}\right]$

여기서, $-\infty < t < \infty$

- 고장률함수 : $\lambda(t) = \frac{f(t)}{R(t)} = \frac{\phi(Z)}{\sigma R(t)}$

- 기대치 : $E(t) = \dfrac{\sum t_i r_i}{\sum r_i}$

  여기서, t_i : i급의 고장시간

  r_i : i급의 고장 개수

- 분산 : $V(t) = \dfrac{\sum\limits_i r_i \sum t_i^2 r_i - \left(\sum t_i r_i\right)^2}{\sum\limits_i r_i \left(\sum r_i - 1\right)}$

■ 와이블분포(Weibull Distribution)의 분포모양을 결정하는 3개의 모수

- 위치모수(Location Parameter : γ) : $\gamma = 0$으로 가정한다.
- 척도모수(Scale Parameter : η) : 가로축의 척도를 규정한다.
- 형상모수(Shape Parameter : m) : 고장률함수 $\lambda(t)$의 분포모양을 결정한다.
  - $m < 1$이면, DFR(감소형 고장률)
  - $m = 1$이면, CFR(일정형 고장률), 지수분포
  - $m > 1$이면, IFR(증가형 고장률), 정규분포($m = 3.5$)

■ 와이블분포의 특징

- 신뢰성 모델로 가장 자주 사용되는 분포이다.
- 수명자료분석에 많이 사용된다.
- 지수분포를 일반화한 분포이다.
- 지수분포에 비해 모수 추정이 복잡하다.
- 고장률함수가 멱함수(Power Function) 형태를 갖는다.
- 증가, 감소, 일정한 형태의 고장률을 모두 표현할 수 있다.
- 고장확률밀도함수에 따라 고장률함수의 분포가 달라진다.
- 형상모수에 따라 다양한 고장특성을 갖는다.
- 형상모수의 값이 1보다 작은 경우에는 고장률이 감소한다.
- 형상모수의 값이 3.5인 경우에는 정규분포에 거의 근사한다.
- 사용시간과 척도모수가 같으면, 형상모수(m)값에 무관하게 신뢰도는 일정하다.
- 위치모수가 1이고 사용기간이 $t = \eta$이면, 형상모수에 관계없이 신뢰도는 e^{-1}이 된다.
- $t = \eta$일 때의 수명을 특성수명이라고 한다.

■ 와이블분포에서의 신뢰도 관련 공식

- 신뢰도함수 : $R(t) = e^{-\left(\frac{t-r}{\eta}\right)^m} = e^{-\left(\frac{t}{\eta}\right)^m}$

- 고장률함수 : $\lambda(t) = \dfrac{f(t)}{R(t)} = \dfrac{m}{\eta}\left(\dfrac{t-\gamma}{\eta}\right)^{m-1}$

- 고장확률밀도함수 : $f(t) = \dfrac{m}{\eta}\left(\dfrac{t-\gamma}{\eta}\right)^{m-1} \cdot e^{-\left(\frac{t-\gamma}{\eta}\right)^m}$

  여기서, $m > 0,\ r = 0,\ \eta > 0,\ -\infty < r < \infty$

- 기대치 : $E(t) = \eta\Gamma\left(1 + \dfrac{1}{m}\right)$

- 분산 : $V(t) = \eta^2\left\{\Gamma\left(1 + \dfrac{2}{m}\right) - \Gamma^2\left(1 + \dfrac{1}{m}\right)\right\}$

■ 대수정규분포에서의 신뢰도 관련 공식

- 신뢰도함수 : $R(t) = P(T > t) = \displaystyle\int_t^\infty f(t)dt = P\left(u > \dfrac{t-\mu}{\sigma}\right) = 1 - P\left(u \le \dfrac{t-\mu}{\sigma}\right) = 1 - \phi\left(\dfrac{\ln t - \mu}{\sigma}\right)$

- 고장확률밀도함수 : $f(t) = \left(\dfrac{1}{\sigma \cdot t}\right) \cdot \phi\left(\dfrac{\ln t - \mu}{\sigma}\right)$ (단, $0 < t < \infty,\ -\infty < \mu < \infty,\ \sigma > 0$)

- 고장률함수 : $\lambda(t) = \dfrac{f(t)}{R(t)} = \dfrac{\phi\left(\dfrac{\ln t - \mu}{\sigma}\right)}{t \cdot \sigma\left[1 - \phi\left(\dfrac{\ln t - \mu}{\sigma}\right)\right]}$

- 기대치 : $E(t) = e^{\left(\mu + \sigma^2/2\right)}$

- 분산 : $V(t) = e^{\left(2\mu + 2\sigma^2\right)} - e^{\left(2\mu + \sigma^2\right)}$

■ 감마분포에서의 신뢰도 관련 공식

- 고장확률밀도함수 : $f(t) = \dfrac{\lambda^k t^{k-1} e^{-\lambda t}}{\Gamma(k)} = \lambda e^{-\lambda t}\dfrac{(\lambda t)^{k-1}}{\Gamma(k)}$

- 기대치 : $E(t) = \dfrac{k}{\lambda}$

- 분산 : $V(t) = \dfrac{k}{\lambda^2}$

■ 고장률곡선(Bathtub Curve)

- 초기고장(유아기)
  - 시간의 경과와 함께 고장률이 감소하는 DFR(Decreasing Failure Rate)형의 고장기
  - 고장확률밀도함수 : 형상모수 $\alpha < 1$인 감마분포, $m < 1$인 와이블분포
  - 설계 불량, 제작 불량에 의한 약점이 이 기간에 나타난다.
  - 원인 : 설계결함, 조립상의 과오(조립상의 결함), 불충분한 번인(Burn-in), 빈약한 제조기술, 표준 이하의 재료 사용, 불충분한 품질관리, 낮은 작업 숙련도, 불충분한 디버깅, 취급기술 미숙련(교육 미흡), 오염·과오, 부적절한 설치·조립, 부적절한 저장·포장·수송(운송)·운반 중의 부품고장
  - 조처 : 번인(Burn-in), 디버깅(Debugging), 보전예방

- 우발고장(성장기, 청년기)
  - 시간이 경과해도 고장률이 일정한 CFR(Constant Failure Rate)형의 고장기
  - 고장확률밀도함수 : 지수분포, 형상모수＝1인 와이블분포, 형상모수＝1인 감마분포
  - 사망률(고장률) 낮고 안정적이다.
  - 유효수명(내용수명)을 나타낸다.
  - 원인 : 과중한 부하(예상치 이상의 과부하), 사용자의 과오, 낮은 안전계수, 불충분한 정비, 무리한 사용, 최선의 검사방법으로도 탐지되지 않은 결함, 부적절한 PM 주기, 디버깅에서도 발견되지 않은 결함, 미검증된 고장, 예방보전에 의해서도 예방될 수 없는 고장, 천재지변
  - 조처 : 사후보전(BM), 사용상의 과오 차단, 혹사되지 않도록 조치, 과부하가 걸리지 않도록 조치, 설계 시 극한상황 및 충분한 안전계수 고려

- 마모고장(노년기)
  - 시간의 경과와 함께 고장률이 증가하는 IFR(Increasing Failure Rate)형의 고장기
  - 고장확률밀도함수 : 형상모수 $\alpha > 1$인 감마분포, $m > 1$인 와이블분포, 정규분포
  - 사망률(고장률) 급상승
  - 부품의 마모나 열화에 의하여 고장 증가(고장률 증가형)
  - 원인 : 부식, 산화, 마모, 피로, 노화, 퇴화, 수축, 균열 등, 불충분한 정비, 부적절한 오버홀(Overhaul)
  - 조처 : 예방보전(PM)

■ FMEA의 특징

- 고장 발생을 최소화하기 위한 수단이다.
- 설계평가뿐만 아니라 공정의 평가나 안전성의 평가 등에도 널리 활용한다.
- 정성적 분석방법이다.
- 제품을 구성하는 모든 부품을 구성하는 모든 부품을 찾아내고 상향식(Bottom-up)으로 분석하는 방법이다.
- 실시과정에서 고장 메커니즘에 대한 많은 정보와 지식이 필요하다.

- **FMEA**

  - 고장평점법에서 고장평점을 산정하는 데 사용되는 인자
    - C_1 : 기능적 고장의 영향의 중요도
    - C_2 : 영향을 미치는 시스템의 범위
    - C_3 : 고장 발생 빈도
    - C_4 : 고장방지의 가능성
    - C_5 : 신규설계의 정도(가부, 여부)

  - 고장 등급(총 4등급)

고장 등급	C_s	고장 구분	판단기준	대책내용
I	7점 이상~10점	치명고장	임무수행 불능, 인명손실	설계 변경 필요
II	4점 이상~7점	중대고장	임무의 중대한 부분 불달성	설계 재검토 필요
III	2점 이상~4점	경미고장	임무의 일부 불달성	설계 변경 불필요
IV	2점 미만	미소고장	전혀 영향이 없음	설계 변경 전혀 불필요

- **FTA의 특징**

  - 최상위 고장(Top Event)으로부터의 하향식 고장해석방법이다.
  - 톱다운(Top-down) 접근방식이다.
  - 연역적 방법이다.
  - 불(Boolean) 대수의 지식이 필요하다.
  - 논리기호를 사용하여 해석한다.
  - 기능적 결함의 원인을 분석하는 데 용이하다.
  - 계량적 데이터가 축적되면 정량적 분석이 가능하다.
  - 짧은 시간에 점검할 수 있다.
  - 비전문가라도 쉽게 할 수 있다.
  - 특정사상에 대한 해석을 한다.
  - 소프트웨어나 인간의 과오까지도 포함한 고장해석이 가능하다.
  - 복잡하고, 대형화된 시스템의 신뢰성 분석이 가능하다.

- **FTA에서 사용되는 논리기호와 명칭**

기본사상	결함사상	통상사상	생략사상	전이기호
○	⎍	⬠	◇	△

■ FT도에 사용되는 게이트

AND게이트	OR게이트	부정게이트	우선적 AND게이트
			a_j a_j a_k

조합 AND게이트	위험지속게이트	배타적 OR게이트	억제게이트

■ 신뢰성척도 계산

- 신뢰도 $R(t)$: 시점 t에 있어서의 잔존(생존)확률

$$R(t) = \frac{n(t)}{N}$$

  여기서, N : 초기의 총수(샘플수)
  $n(t)$: t시점에서의 잔존수

- 불신뢰도 $F(t)$: 시점 t까지 고장 나 있을 확률(누적고장확률)

$$F(t) = 1 - R(t) = 1 - \frac{n(t)}{N}$$

- $R(t) + F(t) = 1$

- 고장확률밀도함수 $f(t)$: 단위시간당 전체의 몇 [%]가 고장 났는지의 빈도를 나타낸 것으로, 단위시간당 어떤 비율로 고장이 발생하고 있는지를 나타내는 척도이다.

$$f(t) = \frac{\text{구간시간에서의 고장 개수}}{\text{초기 샘플수}} \times \frac{1}{\text{구간시간}} = \frac{n(t) - n(t + \Delta t)}{N \cdot \Delta t}$$

- 순간고장률 또는 고장률함수 $\lambda(t)$: Δt가 0으로 수렴할 때 고장률의 극한값으로, 단위시간당 얼마씩 고장이 나고 있는지를 나타낸 척도이다.

$$\lambda(t) = \frac{f(t)}{R(t)} = \frac{1}{1 - F(t)} \times \frac{dF(t)}{dt} = \frac{\text{구간시간에서의 고장 개수}}{t\text{지점에서의 생존 개수}} \times \frac{1}{\text{구간시간}}$$

$$= \frac{n(t) - n(t + \Delta t)}{n(t)} \times \frac{1}{\Delta t} = \frac{n(t) - n(t + \Delta t)}{n(t) \cdot \Delta t}$$

- 구간고장률 : 어떤 시점 t와 $(t + \Delta t)$시간 사이에 발생한 고장률

$$\frac{R(t) - R(t + \Delta t)}{R(t)}$$

- 단위시간당 고장률 : 구간고장률을 Δt로 나누어 환산한 것(단위시간 : 주행거리, 사용 횟수 등)

$$\frac{R(t) - R(t + \Delta t)}{\Delta t \cdot R(t)}$$

■ 소시료의 신뢰성 척도계산

• 중앙순위법 또는 메디안순위법(Benard's Median Rank법)

– 신뢰도 : $R(t_i) = 1 - F(t_i) = \dfrac{n - i + 0.7}{n + 0.4}$

– 불신뢰도 : $F(t_i) = 1 - R(t) = \dfrac{i - 0.3}{n + 0.4}$

– 고장확률밀도함수 : $f(t_i) = \dfrac{1}{(n + 0.4)(t_{i+1} - t_i)}$

– 고장률함수 : $\lambda(t_i) = \dfrac{1}{(t_{i+1} - t_i)(n - i + 0.7)} = \dfrac{f(t)}{R(t)}$

• 평균순위법(Average Rank법)

– 신뢰도 : $R(t_i) = 1 - F(t_i) = \dfrac{(n+1) - i}{n + 1}$

– 불신뢰도 : $F(t_i) = 1 - R(t_i) = \dfrac{i}{n + 1}$

– 고장확률밀도함수 : $f(t_i) = \dfrac{1}{(n+1)(t_{i+1} - t_i)}$

– 고장률함수 : $\lambda(t_i) = \dfrac{1}{(t_{i+1} - t_i)(n - i + 1)} = \dfrac{f(t_i)}{R(t_i)}$

• 모드순위법(Mode Rank법)

– 신뢰도 $R(t_i) = 1 - \dfrac{i - 0.5}{n} = \dfrac{n - i + 0.5}{n}$

– 불신뢰도 $F(t_i) = 1 - R(t_i) = \dfrac{i - 0.5}{n}$

– 고장확률밀도함수 $f(t_i) = \dfrac{1}{n(t_{i+1} - t_i)}$

– 고장률함수 $\lambda(t_i) = \dfrac{1}{(t_{i+1} - t_i)(n - i + 0.5)} = \dfrac{f(t_i)}{R(t_i)}$

• 선험적(Empirical) 방법

– 신뢰도 $R(t_i) = 1 - \dfrac{i}{n} = \dfrac{n - i}{n}$

– 불신뢰도 $F(t_i) = 1 - R(t) = \dfrac{i}{n}$

– 고장확률밀도함수 $f(t_i) = \dfrac{1}{n(t_{i+1} - t_i)}$

– 고장률함수 $\lambda(t_i) = \dfrac{1}{(t_{i+1} - t_i)(n - i)} = \dfrac{f(t_i)}{R(t_i)}$

■ **스크리닝의 원칙**

- 잠재결함의 고장 메커니즘에 대해 실행한다.

- 전수시험으로 행하며 비파괴적인 방법으로 실행한다.

- 결함 발생 즉시 공정의 원류에서 실시한다.

- 단시간에 실행하며 경제성을 검토한다.

- 고장 발생 시 반드시 고장원인을 규명하여 해석한다.

- 초기고장의 감소에 기여하는 잠재고장을 문제로 삼는다.

■ **지수분포의 확률지에 의한 방법**

- 누적고장률법

  - 고장시간 t_i에 대한 누적고장률 $H(t) = -\ln e^{-\lambda t} = \lambda t$를 계산한다.

  - 가로축이 고장시간(t_i), 세로축이 누적고장률 $H(t)$인 확률지에 플롯한다.

  - 플롯(Plot)결과, 회귀직선의 기울기가 평균고장률 λ가 된다.

- 누적고장확률법

  - 고장시간 t_i에 대한 $\dfrac{1}{1-F(t)}$을 구한다.

  - 가로축이 고장시간(t_i), 세로축이 $F(t)$인 확률지에 플롯한다.

  - 플롯결과, 직선의 기울기가 평균고장률 λ가 된다.

  - $F(t)$ 계산

    ⓐ 평균순위법 : $F(t_i) = \dfrac{i}{n+1}$

    ⓑ 메디안순위법(대칭분포 경우) : $F(t_i) = \dfrac{i-0.3}{n+0.4}$

    ⓒ 선험적 방법(일정시간 간격으로 고장 개수가 조사된 경우) : $F(t_i) = \dfrac{i}{n}$

■ **신뢰성 샘플링 검사의 특징**

- 정시중단과 정수중단방식을 채용하고 있다.

- 품질의 측도로 MTBF, MTTF, 고장률, 신뢰도 등을 사용한다.

- 지수분포와 와이블분포를 가정한 방식이 주류를 이루고 있다.

- 고장률을 척도로 하는 경우 위험률 α와 β의 값을 크게 취한다.

■ **직렬결합시스템의 신뢰도**

- 기기나 시스템을 구성하는 소자나 부품 중 어느 하나라도 고장이 나면 전체 시스템이 고장 나는 시스템이다.
- 최소수명계 또는 최약링크모델이라고 하는 매우 좋지 않은 결합시스템이다.
- 직렬구조의 신뢰도는 단일부품의 신뢰도보다 항상 낮다.

■ **병렬결합시스템의 신뢰도**

- 구성하는 소자나 부품이 모두 고장 나야 고장이 발생되는 시스템이다.
- 직렬결합시스템보다 신뢰성이 우수하다.
- 병렬구조의 신뢰도는 단일부품의 신뢰도보다 항상 높다.

■ **대기결합시스템의 대기(Stand-by) 구분**

- 냉대기(Cold Stand-by) : 전원이 끊어진 상태에서의 대기로, 대기 중인 부품의 고장률을 0으로 가정하는 시스템이다.
- 온대기 : 전원만 연결된 상태에서의 대기이다.
- 열대기 : 대기 구성요소를 늘 동작 상태로 놓고 언제라도 절환할 수 있도록 되어 있는 대기이다.

■ **k out of n 시스템(n 중 k 시스템)**

- n개 중 k개 이상의 부품이 기능을 수행하면 가능하도록 결합된 시스템($\lambda_1 = \lambda_2 = \cdots = \lambda_n = \lambda$로 가정)
- k out of n 시스템의 신뢰도와 평균수명

  - 신뢰도 : $R_s = \sum_{i=k}^{n} \binom{n}{i} R^i (1-R)^{n-i}$

  - 평균수명 : $MTBF_s = \theta_s = \sum_{i=k}^{n} \frac{\theta}{i} = \sum_{i=k}^{n} \frac{1}{i\lambda_0} = MTBF_0 \left(\frac{1}{k} + \frac{1}{k+1} + \cdots + \frac{1}{n} \right)$

- 2 out of 3 시스템의 신뢰도와 평균수명
  - 신뢰도 : $R_s = {}_3C_2 R^2 (1-R)^1 + {}_3C_3 R^3 (1-R)^0 = R^2(3-2R) = e^{-2\lambda t}(3 - 2e^{-\lambda t})$

  - 평균수명 : $MTBF_s = \frac{5}{6} MTBF_0$

■ **MTBF(평균고장간격, Mean Time Between Failure)**

- 수리 가능한 아이템(예 자동차)의 서로 이웃하는 고장 사이의 동작시간의 평균시간
- 수리 완료에서 다음 고장까지(고장에서 고장까지)가 제품이 정상 상태에 머무르는 동작시간
- 고장이 나도 수리해서 쓸 수 있는 제품의 대표적 신뢰도 척도

- $MTBF = \theta = \frac{1}{\lambda} = \frac{총동작시간(T)}{고장\ 횟수(r)}$

- $MTBF = MTTR + MTTF$

- 시스템의 수명분포의 확률밀도함수를 $f(x)$라고 할 때, $MTBF = \int_0^\infty R(t)dt = \int_0^\infty xf(x)dx$

- 부품의 수명시험 결과가 고장밀도함수 $f(t) = \mu \cdot \exp(-\mu t)$의 식과 근사할 때, $MTBF = \dfrac{1}{\mu}$

■ **MTTF(평균고장시간, Mean Time to Failure)**

- 수리 불가능한 아이템(예 형광등)의 고장까지의 동작시간의 평균시간으로, 즉 수리 불가능한 제품의 평균수명이다.
- 고장이 발생되면 그것으로 수명이 없어지는 제품의 평균수명으로, 수리하지 않는 시스템·제품·기기·부품 등이 고장 날 때까지 동작시간의 평균치이다.

■ **MTTR(평균수리시간, Mean Time to Repair)**

- 고장 발생 시 수리하는 데 소요되는 평균시간을 말하며 사후보전만 실시할 때의 보전성의 척도는 MTTR이다.

- 평균수리시간(MTTR)의 추정치 : $MTTR = \dfrac{1}{\mu} = \dfrac{\text{총수리시간}}{\text{총수리 개수}} = \dfrac{\sum_{i=1}^{n} x_i}{n}$

■ **MDT(평균정지시간, Mean Down Time)**

- 장치의 보전을 위해 장치가 정지된 평균시간이며, 이것은 예방보전(PM)과 사후보전(BM)을 모두 실시한 경우의 보전성 척도가 된다.
- 만일 사후보전(BM)만 실시된 경우에는 $MDT = MTTR$이다.

$$MDT = \frac{1}{\mu} = \frac{\text{총보전작업시간}}{\text{총보전작업건수}} = \frac{M_p f_p + M_b f_b}{f_p + f_b}$$

여기서, M_p : 평균예방보전시간

　　f_p : 예방보전건수

　　M_b : 평균사후보전시간

　　f_b : 사후보전건수

■ **가용성의 척도(가용도)**

- 가용도 : $A = \dfrac{\text{작동시간}}{\text{작동시간} + \text{고장시간}} = \dfrac{MTBF}{MTBF + MTTR} = \dfrac{MUT}{MUT + MDT} = \dfrac{1/\lambda}{1/\mu + 1/\lambda} = \dfrac{\mu}{\lambda + \mu}$

- 장비의 가용도
  - Repairable $A(T:t) = R(T) + F(T) \cdot M(T)$
  - Non-repairable $A(T:0) = R(T)$
    여기서, T : 총작동시간
    　　　t : 수리제한시간

- **신뢰도 배분의 일반적인 방침(신뢰도를 배분할 때 고려되는 항목)**
  - 낮은 목표치 배분 : 기술적으로 복잡한 구성품, 고성능 요구 구성품
  - 높은 목표치 배분 : 원리적으로 단순한 구성품, 사용 경험이 많은 구성품, 신뢰도가 높은 구성품, 중요한 구성품

- **안전계수(Safety Factor)**

  - 기기에 걸리는 부하(Stress)와 강도(Strength)의 비 $m = \dfrac{\mu_y - n_y\sigma_y}{\mu_x + n_x\sigma_x}$

    여기서, μ_y : 강도의 평균
    $\quad\quad\ n_y$: μ_y로부터의 거리
    $\quad\quad\ \sigma_y$: 강도의 표준편차
    $\quad\quad\ \mu_x$: 부하의 평균
    $\quad\quad\ n_x$: μ_x로부터의 거리
    $\quad\quad\ \sigma_x$: 부하의 표준편차

  - 부하 $\sim N(\mu_x,\ \sigma_x^2)$, 강도 $\sim N(\mu_y,\ \sigma_y^2)$일 때 불신뢰도 $= P(부하 - 강도 > 0) = P\left(u > \dfrac{\mu_y - \mu_x}{\sqrt{\sigma_x^2 + \sigma_y^2}}\right)$

    여기서, 부하 $-$ 강도의 확률분포 : $N(\mu_x - \mu_y,\ \sigma_x^2 + \sigma_y^2)$

- **신뢰성 평가의 5요소(RACER법)**
  - Reliability : 신뢰도
  - Availability : 대량 생산품으로 언제나 입수 가능하다.
  - Compatibility : 시스템의 기능이나 환경에 대한 적응성, 호환성
  - Economy : 경제성
  - Reproducibility : 제조의 균일성, 품질관리의 수준

05 품질경영

■ 가빈(Garvin, 1993)의 품질의 차원 8가지(전략적 분석의 틀)

- 성능(Performance) : 제품의 기본적인 특성
- 특징(Features) : 성능의 부차적인 측면으로서 제품이나 서비스의 기본기능을 보완
- 신뢰성(Reliability) : 제품의 시간적 안정성
- 적합성(Conformance) : 제품의 설계나 운영 특성이 설정된 표준에 부합하는 정도
- 내구성(Durability) : 수리를 포함한 유효 수명의 길이
- 서비스성(Serviceability) : 수리의 신속성, 수리요원의 친절성, 수리능력 및 수리 용이성
- 심미성(미관성, Aesthetics) : 제품의 외관, 느낌, 소리, 맛, 냄새, 질감 등의 감각적 특성
- 인지품질(Perceived Quality) : 브랜드명, 기업 이미지, 기업에 관한 신뢰감 등의 간접적 특성에 대한 품질 인식, 평판이라고도 함

■ 품질비용의 분류

- 예방비용(Prevention Cost, P-cost) : 품질기술, 품질계획의 수립, 품질설계, 품질개발, 품질개선을 위한 프로젝트, 검사계획, 시험계획, QC 기술, 품질교육훈련, 품질관리교육, QC/QM 사무, 품질분임조 활동, 소집단활동 포상, 신제품설계, 신제품검사, 공정 및 품질분석, 협력업체지도(외주업체지도), 부품 품질의 향상을 위해 협력업체를 지도할 때 소요되는 컨설팅, 인정시험, 품질시스템 개발 및 관리, 공급자품질평가, 제품 오용방지 계몽 및 소비자교육, 시장조사, 상품 개발을 위한 소비자 반응조사, 거래처심사, 계약 및 거래조건 심사, 공정관리, 치공구의 정도 유지, 품질관리에 관한 세미나 수강 등 예방적인 품질경영과 관련된 활동에 소요되는 품질비용
- 평가비용(Appraisal Cost, A-cost) : 품질시험, 품질검사, 수입검사, 공정검사, 완성검사, 측정, 실험 및 실험실, 확인 및 점검, 제품품질평가, 시험설비의 정도관리, 계량기·계측기의 검·교정, 검사·시험기기의 보전, 제품품질인증, 제품 출하 시 품질 검토 및 현지시험, 검사재료 및 부대서비스, 보유품의 품질평가, 측정기기 및 자동공정시스템의 감가상각 등에 소요되는 품질비용

- 실패비용(Failure Cost, F-cost)
  - 내부 실패비용(IF-cost) : 협력업체 부적합 손실, 공정 불균형 유실시간, 공정 부적합 손실, 부적합품의 처리, 폐기, 스크랩(폐각손실), 재작업, 재손질, 부적합품에 대한 수정작업, 수율손실, 수입자재 및 외주 불량, 고장 발견 및 불량분석, 등급 저하로 인한 손실, 설계 변경, 결함제품에 대한 재설계, 품질문제 대책, 불량대책(재심 코스트 포함), 고장해석, 전수 선별검사, 재검사 및 재시험, 과다한 공정평균 설정, 품질등급 저하 등에 소요되는 사내 실패비용
  - 외부 실패비용(EF-cost) : 소비자불만처리(고객불평처리), 보증이행부담, 무상서비스, 애프터서비스, 현지서비스, 지참(Bring Into) 서비스, 대품서비스, 수리, 반품, 클레임대책, 벌과금, 환불처리, 불량감안 여유분, 제품 책임, 판매 기회손실, 영업권 감손손실 등에 소요되는 사외 실패비용

■ 품질 모티베이션 운동의 유형

- 동기부여형(mOtivation Package) : 작업자 책임의 부적합품을 감소시키도록 작업자에게 자극을 주어 동기를 부여하는 것
- 부적합예방형(Prevention Package) : 관리자 책임의 부적합품을 감소시키도록 작업자가 지원하고 협력하도록 동기를 부여하는 것

■ 품질경영시스템의 합리적 구축단계

- 1단계 : RQC(Root Quality Control, 원점적 품질관리)
- 2단계 : SQC(Statistical Quality Control, 통계적 품질관리)
- 3단계 : SPC(Statistical Process Control, 통계적 공정관리)
- 4단계 : TQC(Total Quality Control, 전사적 품질관리)
- 5단계 : TQM(Total Quality Management, 전사적 품질경영), ISO 품질경영시스템 중심의 품질시스템

■ 품질경영 7대 원칙

- 고객 중시(Customer Focus)
- 리더십(Leadership)
- 인원의 적극 참여(Engagement of People)
- 프로세스 접근법(Process Approach)
- 개선(Improvement)
- 증거기반 의사결정(Evidence-based Decision Making)
- 관계관리(Relationship Management)

■ 게이지 R&R(Repeatability & Reproducibility)

- Gage R&R로 측정하는 것은 반복성과 재현성이다.

- $Gage\ R\&R = \sqrt{(EV)^2 + (AV)^2}$

- $\%R\&R = \dfrac{R\&R}{T(공차)} \times 100[\%]$

- R&R 평가기준
  - %R&R ≤ 10[%] : 계측기 관리가 잘 되어 있으며 측정시스템이 양호하다.
  - 10[%] < %R&R < 30[%] : 사용될 수도 있으나 측정하는 특성치, 고객 요구, 공정의 시그마수준 등에 의해 결정된다. 계측기 수리비용, 측정오차의 심각성을 고려하여 조치를 취할 것인지를 결정한다.
  - %R&R ≥ 30[%] : 사용하기 부적절하여 문제를 찾고, 근본원인을 제거해야 한다. 계측기 관리가 미흡한 수준이며 반드시 계측기 변동의 원인을 규명하여 해소시켜 주어야 한다.

■ 표준화 공간

버만(L. C Verman, 1950)이 고안한 개념으로, 표준화를 전개할 때 그 대상을 편리하게 파악할 수 있도록 표준화의 적용구조를 주제별, 국면별, 수준별 등의 3가지 축으로 이루어진 공간으로 나타낸 것이다.

■ 한국산업규격의 구성(총 21가지)

A	기 본	D	금 속	G	일용품	J	생 물	M	화 학	R	수송기계	V	조 선
B	기 계	E	광 산	H	식 품	K	섬 유	P	의 료	S	서비스	W	항 공
C	전기·전자	F	건 설	I	환 경	L	요 업	Q	품질경영	T	물 류	X	정 보

■ PL에서의 결함의 종류

설계상의 결함, 제조상의 결함, 표시상의 결함

■ 서비스의 4가지 특성(4가지 차원)

동시성, 소멸성, 무형성, 불균일성(이질성)

■ SERVQUAL 모형의 5가지 차원

- 신뢰성(Reliability) : 약속한 서비스를 정확하게 이행하는 능력
- 확신성(Assurance) : 서비스 제공자들의 지식, 정중, 믿음, 신뢰 제공능력
- 유형성(Tangibles) : 서비스의 유형적 단서(시설, 장비, 사람, 커뮤니케이션 도구 등의 외형)
- 공감성(Empathy) : 고객에게 서비스를 신속하게 제공하려는 의지(고객에게 개인적인 배려를 제공하는 능력)
- 대응성(Responsiveness) : 기꺼이 고객을 돕고 즉각 서비스를 제공하는 능력

■ QFD(품질기능전개)의 핵심적 수단인 HOQ(품질주택)를 작성할 때 필요한 구성요소

- 고객의 요구 속성(CA ; Customer Attributes)
- 기술특성(EC ; Engineering Characteristics) : 기술적 반응, 기업의 대응
- 고객의 요구 속성과 기술특성(설계특성) 간의 관계
- 기술특성 간의 상호관계
- 고객 인지도(제품에 대한 고객 인지도 평가)
- 기술특성치의 비교
- 기술특성의 목표값 설정

■ TQM 전략 전개 사상 제시를 위한 품질가치사슬

- 품질가치사슬(Quality Value Chain) : 마이클포터의 부가가치사슬을 발전시켜 품질 선구자들의 사상을 인용하여 게하니(Ray Gehani) 교수가 도표를 통해 TQM의 전략적인 고객만족 품질은 '제품품질 + 경영종합품질 + 전략종합 품질의 융합에 의해서 도달할 수 있다.'고 제시한 이론
- 품질가치사슬 구조
  - 하층부 : 기본적인 부가가치활동이 전개되는 부분으로 테일러의 검사품질, 데밍의 공정관리 종합품질, 이시가와의 예방종합품질 등이 이에 해당된다.
  - 중층부 : 경영종합품질
  - 상층부 : 전략적 종합품질(시장경쟁 종합품질 + 시장창조 종합품질)

■ 특성요인도(Cause and Effect Diagram 또는 Characteristics Diagram)

- 어떤 문제에 대한 특성과 그 요인을 파악하기 위한 개선활동기법이다.
- 일의 결과(특성)와 그것에 영향을 미치는 원인(요인)을 그림과 같이 계통적으로 정리한 그림이다.
- 불량원인을 찾아내는 데 유용한 기법이다.
- 파레토도를 사용하여 고객 클레임의 주요 항목이 무엇인가를 찾아낸 후 고객만족을 위해 전체적인 클레임수를 줄이려고 할 때 특성요인도를 사용하는 것이 그 원인을 찾는 데 가장 효율적이다.
- 여러 사람의 의견을 통해 정의하는 것이 효과적이므로 특성요인도를 작성할 때는 보통 품질과 직접 관련된 사람이 모두 참여하는 것이 바람직하다.
- 브레인스토밍이 많이 사용된다.
- 현재의 중요한 문제점을 객관적으로 발견할 수 있으므로 관리방침을 수립할 수 있다.
- 용도 : 개선을 위한 해석용(현장 개선활동 시 현황분석 및 개선수단 파악), 이상 발생 시 원인분석용(이상원인 파악과 대책 수립), 품질경영 도입용, 교육용(신입사원 교육이나 작업, 안전행동 등을 설명), 도수분포의 응용기법으로 현장에서 널리 사용한다.

■ 히스토그램(Histogram)

- 데이터가 존재하는 범위를 몇 개의 구간으로 나누어 각 구간에 들어가는 데이터의 출현도 수를 세어 도수표를 만든 후 이것을 도형화한 것이다.
- 결점과 같은 품질 측정의 동일한 간격에 대한 통계적 분포를 보여 주는 막대그래프이다.
- 용도 : 데이터의 흩어진 모습(분포 상태) 파악(중심, 비뚤어진 정도, 산포 등), 질량·강도·압력·길이 등의 계량치 데이터의 분포 파악, 공정능력 파악, 공정의 해석과 관리, 규격치와 대비하여 공정현상 파악(규격을 벗어나는 정도, 평균과 중심의 차이 등), 생산제품의 수명은 어떤 분포를 가지며 평균수명은 얼마이고, 생산제품의 수명이 회사가 원하는 규격에 적합한지 파악, 결점이 왜 발생했는지에 대해 가설을 만들어 계층화하는 분석에 사용한다.

■ 산점도(Scatter Diagram)

- 두 개의 짝으로 된 데이터를 그래프용지 위에 점으로 나타낸 그림이며 원인과 결과간의 관계를 나타내는 그래프이다.
- 대응하는 2개(한쌍)데이터의 상호관계를 보기 위한 그림이다.
- 용도 : 특성과 요인 사이의 관계 조사, 요인을 어떤 값으로 하면 특성이 어떻게 되느냐하는 등의 상관관계 파악, 원인과 결과관계의 가설을 테스트하기 위해 분석에 사용, 여러 요인 간에 존재하는 관계의 정도를 수량화하는 데 이용한다.

■ 친화도법(Affinity Diagram) 또는 KJ법

- 미지, 미경험의 분야 등 혼돈된 상태 가운데서 사실, 의견, 발상 등을 언어데이터에 의하여 유도하여 이들 데이터를 정리함으로서 문제의 본질을 파악하고 문제의 해결과 새로운 발상을 이끌어 내는 기법이다.
- 용도 : 여러 가지 아이디어나 생각들이 정돈되지 않은 상태로 있어서 전체적인 파악이 어려울 때 이를 이해하기 쉽도록 정리하기 위해, 브레인스토밍 등을 통해 도출된 많은 아이디어들을 연관성이 높은 것끼리 묶어서 정리하기 위해 사용한다.

■ 연관도법(Relations Diagram)

- 복잡한 요인이 얽힌 문제에 대하여 그 인과관계 및 요인 간의 관계를 명확히 함으로써 적절한 해결책을 찾는 기법이다.
- 용도 : 복잡한 문제의 원인을 분석할 때 친화도·특성요인도·계통도 등을 그린 후 더욱 자세하게 아이디어들의 연관성을 조사하기 위할 때 사용하며, 복잡한 문제의 여러 다른 측면의 연결관계 분석, 특정 목적 달성 수단의 전개에 사용한다.

■ 계통도법(Tree Diagram)

- 설정된 목표를 달성하기 위해 목적과 수단의 계열을 계통적으로 전개하여 최적의 목적 달성의 수단을 찾고자 하는 기법이다.
- 용도 : 일차적인 목적이나 프로젝트의 완수에 필요한 하위 단계들을 논리적으로 전개, 큰 활동이나 목표를 작고 구체적인 실행 과제로 분해, 목표, 방침, 실시사항의 전개, 부문이나 관리기능의 명확화와 효율화 방책의 추구, 기업 내의 여러 가지 문제해결을 위한 방책 전개에 사용한다.

■ 매트릭스도법(Matrix Diagram)

- 2개 또는 그 이상의 특성, 기능, 아이디어 등의 집합에 대한 관련 정도를 행렬(Matrix) 형태로 표현하는 기법이다.
- 용도 : 문제가 되고 있는 사상 중 대응되는 요소를 찾아내어 문제의 소재나 형태 탐색, 품질기능전개(QFD)에서의 품질하우스 작성 시 무엇(What)과 어떻게(How)의 관계 표현, 여러 가지 개선 과제 중 품질개선팀이 우선적으로 추진해야 할 과제 선택, 한 가지 종류의 특성과 다른 종류의 특성과의 관계 이해, 필요한 업무가 누락 또는 중복되지 않도록 조직 전체의 관점에서 업무분담의 명확한 파악, 달성하고자 하는 목표와 그에 필요한 수단 사이의 관련정도 파악, 수행해야 할 업무기능과 필요한 자원들의 관련성 파악에 사용한다.

■ 매트릭스데이터 해석도법(Matrix-data Analysis)

- 매트릭스데이터를 쉽게 비교해 볼 수 있도록 그림(L형 매트릭스)으로 나타낸 것이다.
- 용도 : 여러 요인 간에 존재하는 관계의 정도를 수량화할 때, 변수들 사이의 상관 정도를 확인할 때, 고객이나 제품·서비스의 대표적 속성을 결정할 때, 마케팅 분야에서 제품이나 서비스의 포지셔닝(Positioning)을 결정할 때 사용한다.

■ PDPC(Process Decision Program Chart)

- 프로젝트의 진행과정에서 발생할 수 있는 여러 가지 우발적인 상황들을 상정하고, 그러한 상황들에 신속히 대처할 수 있는 대응책들을 미리 점검하기 위한 방법이다.
- 용도 : 불확실성이 큰 새로운 과제나 활동을 추진하고자 할 경우 우발적인 상황에 대비하기 위한 계획 수립 시, 생소한 활동을 추진할 경우에 봉착할 수 있는 문제를 사전에 도출하고 그로 인한 피해를 최소화하기 위한 대책 마련 시, 불완전한 계획 때문에 일어날 수 있는 문제점을 예기하고, 그 영향을 따져볼 때, 신제품 개발, 기술 개발, PLP, 클레임 절충, 치명적인 문제 제거 시에 사용한다.

■ 브레인스토밍의 4대 원칙

- 비판금지 : 타인의 의견을 비판하지 않는다.
- 자유분방 : 자유로운 분위기 및 자유로운 의견 전개
- 질보다 양 : 다량의 아이디어를 구한다.
- 타인의 의견에 편승 : 다른 사람의 아이디어와 결합하여 개선, 편승, 비약 추구

■ **시그마수준**

- 일반적으로 시그마 수준을 나타낼 때는 공정의 중심 이동($\pm 1.5\sigma$ shift)을 포함한 경우이다.
- 100만 개 중 3.4개의 불량률(DPMO ; Defects Per Million Opportunities)을 추구한다.
- 3.4[ppm]($\pm 1.5\sigma$의 치우침을 고려했을 때)
- 공정능력지수 $C_p = 2.0$
- $C_{pk} = 1.5$($\pm 1.5\sigma$의 치우침을 고려했을 때)

■ **식스시그마 벨트제도**

- 챔피언 : 식스시그마 운동의 성공 책임자, CEO, 임원급, 사업부책임자, 프로젝트 후원자 역할수행, 1주간 교육 이수
- 마스터블랙벨트(MBB) : 전문추진지도자, BB의 조언자·코치, 전략적으로 전체 인원의 1[%] 선정, BB 교육 이수 후 2주간 추가 교육 이수
- 블랙벨트(BB) : Full-time 전담요원, 전문추진책임자, 프로젝트 지도, 방법론의 적용, 전 인원의 2[%], 4주간 교육을 포함하여 총 4개월간의 교육 및 실습 이수
- 그린벨트(GB) : 현업 병행의 Part-time 비전담요원, 기법활용의 문제해결전문가, 변화의 불씨, 프로젝트리더, 방법론의 적용, 종업원의 5[%], BB와 동일한 교육을 받는 것이 좋지만 통상 1~2개월의 교육 및 실습 이수
- 화이트벨트(WB) : 팀원, 현업담당자, 프로젝트팀 소속 전 사원, 문제해결활동의 실천자

[그리스 문자 순서와 발음하기]

$A\ \alpha$	$B\ \beta$	$\Gamma\ \gamma$	$\Delta\ \delta$	$E\ \epsilon$	$Z\ \zeta$	$H\ \eta$	$\Theta\ \theta$	$I\ \iota$	$K\ \kappa$	$\Lambda\ \lambda$	$M\ \mu$
알 파	베 타	감 마	델 타	엡실론	제 타	에 타	세 타	요 타	카 파	람 다	뮤
$N\ \nu$	$\Xi\ \xi$	$O\ o$	$\Pi\ \pi$	$P\ \rho$	$\Sigma\ \sigma$	$T\ \tau$	$Y\ \upsilon$	$\Phi\ \phi$	$X\ \chi$	$\Psi\ \psi$	$\Omega\ \omega$
누	크 시	오미크론	파 이	로	시그마	타 우	입실론	파 이	카 이	프 시	오메가

[단위 접두어]

접두어		크 기
Y	요 타	10^{24}
Z	제 타	10^{21}
E	엑 사	10^{18}
P	페 타	10^{15}
T	테 라	10^{12}
G	기 가	10^{9}
M	메 가	10^{6}
k	킬 로	10^{3}
h	헥 토	10^{2}
da	데 카	10^{1}
기 준		10^{0}
d	데 시	10^{-1}
c	센 티	10^{-2}
m	밀 리	10^{-3}
μ	마이크로	10^{-6}
n	나 노	10^{-9}
p	피 코	10^{-12}
f	펨 토	10^{-15}
a	아 토	10^{-18}
z	젭 토	10^{-21}
y	욕 토	10^{-24}

품질경영기사

CHAPTER 01   실험계획법

CHAPTER 02   통계적 품질관리

CHAPTER 03   생산시스템

CHAPTER 04   신뢰성 관리

CHAPTER 05   품질경영

PART **1**

핵심이론 + 핵심예제

제1절 | 실험계획의 개념

핵심이론 01 실험계획의 개요

① 실험계획법의 정의와 역사

ㄱ. 실험계획법(DOE ; Design Of Experiments)의 정의
- 문제 해결을 위하여 실험을 계획하고 데이터 수집 및 통계적 분석을 통한 최소의 실험 횟수로 최대의 정보를 얻기 위한 활동이다.
- 추측통계학의 방법을 써서 실험을 배치하여 경제적으로 고정밀도의 분석이 가능하도록 실험을 설계하는 것이다.

ㄴ. 실험계획법의 역사
- 효시 : 1850년대 영국 농업의 생산성 향상을 위해 품종 개량과 토양에 적합한 비료 선정을 위한 실험에서 시작되었다.
- 영국의 수학자 피셔(R. A. Fisher, 1932)는 실험배치방법 중 난괴법과 라틴방격법을 창안하였다.

② 자주 사용되는 데이터분석법과 실험계획의 순서

ㄱ. 자주 사용되는 데이터분석법 : 분산분석(ANOVA), 회귀분석(Regression Analysis), 상관분석(Correlation Analysis) 등

ㄴ. 실험계획설계 단계의 순서
- 실험목적 결정 ◄─────┐
- 특성치 선정(실험인자 선정)
- 요인 선정(인자, 인자수준 결정)
- 실험방법 결정(실험 배치, 실험 순서 랜덤화 등)   (다음 단계의 실험)
- 실험 실시
- 데이터 해석(분석)
- 실험(분석)결과의 해석과 조치 ---┘

③ 주효과와 교호작용

ㄱ. 주효과(Main Effect) : 1개의 인자수준의 차이에 의한 효과 중 다른 인자의 영향을 받지 않는 부분이다.

ㄴ. 교호작용(Interaction, 상호작용)
- 2인자 이상의 특정한 인자수준조합에서 일어나는 효과이다.
- 1개의 인자수준의 차이에 의한 효과 중 다른 인자의 영향을 받는 부분이다.
- 1원배치나 반복 없는 2원배치에는 나타나지 않는다.
- 반복 있는 2원배치에서 교호작용의 자유도는 2인자 자유도의 곱이다.

④ 실험계획법의 5가지 기본원리(Principles) : 랜덤화의 원리, 반복의 원리, 블록화의 원리, 직교화의 원리, 교락의 원리

ㄱ. 랜덤화(Randomization)의 원리 : 뽑힌(선택된) 인자 외에 기타 원인들의 영향이 실험결과에 편의되게 미치는 것을 없애기 위하여 인자를 무작위로 선택하는 원리이다.

ㄴ. 반복(Repetition)의 원리 : 반복실험을 통하여 오차항의 자유도를 크게 함으로써 오차분산 정도가 좋도록 추정하여 요인의 검정 정도와 실험결과의 신뢰성을 높이는 원리이다.
- 실험을 반복하면 일반적으로 오차항의 자유도가 커져서 검출력이 증가한다.
- 실험 횟수가 너무 많아지면 비용이 증가하고 랜덤화에 제약을 받는다.
- 실험계획에서 우연으로 볼 수 있는 산포와 교호작용의 효과를 분리할 필요가 있는 경우, 실시하는 방법은 반복이다(반복이 있는 2원배치법 이상을 실시).

ⓒ 블록화(Blocking)의 원리 : 균일한 실험을 통하여 실험의 정도를 올리는 원리이다.
- 블록(Block) : 실험을 시간적 또는 공간적으로 분할하여 그 내부에서 실험의 환경(실험의 장)이 균일하도록 만든 것이다.
- 실험의 환경을 가능한 한 균일한 부분으로 쪼개어 여러 블록으로 만든 후 블록 내에서 각 인자의 영향을 조사하여 신뢰도를 높인다.
- 난괴법은 블록화의 원리를 이용한 대표적인 실험계획법이다.
- 별칭 : 소분의 원리, 국소관리의 원리

ⓔ 직교화(Orthogonality)의 원리 : 요인 간 직교성을 갖도록 실험을 계획하여 데이터를 구하여 실험 횟수가 같더라도 검출력이 더 좋은 검정과 정도가 높은 추정을 추구하는 원리이다(요인 간의 직교성을 이용하여 만든 표를 직교배열표라고 한다).

ⓜ 교락(Confounding)의 원리 : 검출할 필요가 없는 두 인자의 교호작용 또는 구할 필요가 없는 고차의 교호작용을 블록과 교락시켜 실험의 효율을 높이는 원리(완전 교락, 부분 교락)이다.

⑤ 실험계획법의 적용

연구실 실험	공장 실험
• 실험의 랜덤화가 쉽다. • 인자수준의 변경이 용이하다. • 인자의 수준 폭이 커도 좋으며, 비교적 간단한 실험계획법이 많이 요구된다.	• 실험의 랜덤화가 어렵다. • 인자수준의 변경이 용이하지 않다. • 부적합품 발생의 위험부담과 매 실험당 실험시간이 많이 필요하므로 많은 실험을 할 수 없다.

⑥ 실험계획법 관련 제반사항
ⓐ 실험계획법의 목적
- 변동에 유의한 영향을 주고 있는 요인을 파악하고, 그 영향이 양적으로 얼마나 큰지를 알기 위하여
- 작은 영향밖에 미치지 않는 요인(오차항)들이 전체적으로 어느 정도 영향을 주고 있으며, 측정오차는 어느 정도인지를 알아내기 위하여
- 유의한 영향을 미치는 요인들이 어떠한 조건을 가질 때 가장 바람직한 반응을 얻을 수 있는가를 알아내기 위하여
- 실험결과에 따라 기계·장치·원료 등을 선택하거나, 작업표준을 정하는 조치(Action)를 취하기 위하여

ⓑ 실험계획 활용 시의 유의사항
- 실험은 한 번으로 끝나지 않는다.
- 기술적 지식을 최대한 활용한다(요인 선택, 실험계획 수립 등의 필수요소).
- 설계와 분석은 간단한 것부터 실시한다.
- 통계적 차이와 실질적 차이를 구분한다(가설검정 시 표본 크기가 커지면 통계적 유의성도 커지지만 통계적 유의성이 곧 실질적 유의성을 의미하지는 않는다).
- 통계적 분석결과, 기술적 지식이나 상식과는 상반된 결과가 나올 수 있는데 이 경우에는 기본가정에 문제가 없는지 검토한다.

ⓒ 실험에서 범하기 쉬운 과오
- 차례대로 실험하는 과오
- 한정된 조건이나 일정한 조건으로부터 얻은 결과를 바로 즉시 확장하는 과오
- 교호작용에 의한 영향을 고려하지 않는 과오
- 실험오차를 고려하지 않는 과오(제1종의 과오)
- 어떤 판정에 대해 판정의 정당함을 증명하는 결과를 얻지 못하였음에도 불구하고 그 판정에 어긋나는 결과가 없다고 그 판정을 옳다고 해석하는 과오(제2종의 과오)
- 실험목적이 분명하지 않은 과오
- 기술적 정보의 그릇된 이용방법에서 초래되는 과오
- 실험결과에 따른 조치를 취하지 않는 과오

ⓓ 실험의 효율을 높이는 방법 : 실험의 효율을 높이려면 분산분석에서 F_0검정값이 표값보다 크게 나와야 하므로, $F_0 = \dfrac{V_A}{V_e}$ 에서 분모값(V_e)이 작게 나오도록 해야 한다. 이를 위한 방법은 다음과 같다.
- 가급적 실험의 반복수를 크게 한다.
- 실험의 층별을 실시하여 충분히 관리되도록 한다.
- 가급적 오차의 자유도를 크게 한다.
- 가급적 오차분산이 작아지도록 조치한다.

ⓔ 자유도
- 제곱을 한 편차의 개수에서 편차들의 선형 제약조건의 개수를 뺀 것이다. 즉, 수준수 - 1이다.

실험계획의 기본원리 중 랜덤화의 원리를 잘 설명한 것은?

[2003년 제1회 유사, 2008년 제4회, 2009년 제4회 유사, 2011년 제4회 유사]

① 구할 필요가 없는 고차의 교호작용을 블록과 교락시켜 실험의 효율을 높일 수 있다.

② 뽑힌 인자 외에 기타 원인들의 영향이 실험결과에 편의되게 미치는 것을 없애기 위한 방법이다.

③ 실험환경을 가능한 한 균일한 부분으로 쪼개어 여러 블록으로 만든 후 블록 내에서 각 인자의 영향을 조사한다.

④ 요인 간 직교성을 갖도록 실험을 계획하여 데이터를 구하면 같은 실험 횟수라도 검출력이 더 좋은 검정이 가능하다.

|해설|

① 교락의 원리
③ 블록화의 원리
④ 직교화의 원리

정답 ②

---

① 인자의 개요

　㉠ 요인·인자·수준·특성치

　　• 요인 : 실험에 영향을 미치는 원인

　　• 인자(Factor)

　　　- 요인들 중, 특히 실험의 목적으로 선정된 요인

　　　- 실험에 있어서 데이터에 산포를 준다고 생각되는 무수히 존재하는 원인(요인)들 중에서 실험에 직접 취급되는 원인(요인)

　　　- A, B, C, … 등의 알파벳 대문자로 표기한다.

　　　- 인자는 많을수록 좋지만 실험비용 등을 고려하여 적정수의 인자를 결정해야 하며, 독립적이고 구체적인 인자를 채택해야 한다.

　　• (인자의) 수준

　　　- 실험을 하기 위한 인자의 조건

　　　- 채택된 인자를 질적, 양적으로 변화시키는 조건

　　　- 인자수준 표기 : 인자 표기 알파벳 대문자 뒤에 아라비아숫자를 작게 기입하여 A_1, A_2, A_3, …으로 수준을 표기한다.

　　　- 실험에서 수준을 바꾸면 그에 영향을 받아 데이터값이 기존의 모평균값과 차이가 발생되는 현상을 주효과라고 한다.

　　• 특성치(Characteristic Value) 또는 측정치

　　　- 실험을 실시한 후에 데이터의 형태로 얻어지는 반응치

　　　- 실험의 목적을 달성하기 위하여 이와 직결된 실험의 반응치

　　• 인자·수준·특성치의 예

　　　- 어떤 화학공정에서 수율이 공정온도와 압력에 따라 어떤 변화를 일으키고 있는가를 알아보기 위하여 온도와 압력을 변화시켜가며 수율을 측정하였을 때 공정온도와 압력은 인자, 공정온도와 압력의 변화량은 수준, 수율은 특성치가 된다.

　　　- 제품의 강도를 높이기 위하여 열처리온도를 인자로 설정하여 300[℃], 350[℃], 400[℃]에서 실험을 실시하였다면, 수준은 기술적으로 미리 정해져 있으며 수준수는 3, 강도는 특성치이고, 열처리온도는 모수인자이다.

ⓛ 실험계획 시 시험에 직접 취급되는 인자들(선택되는 인자)
- 기술적으로 수준이 지정되는 인자이거나 그 조건을 기술적으로 택할 수 있는 인자
- 인자의 각 수준에 있어서 최적의 조건을 발견하는 것이 목적인 인자
- 기술적으로 지정되지 않아도 다른 인자의 효과에 영향을 줄 가능성이 있는 인자
- 될 수 있는 한 구체적인 인자
- 서로 독립이라 생각될 수 있는 인자
- 실험할 때만이 아니라 양산할 때에도 작업현장에서 사용되는 인자
- 실험의 효율을 올리기 위해서 실험환경을 층별한 요인
- 자체 또는 교호작용 효과 등과는 관계없으나 실험에 영향을 주는 요인
- 실험용기, 실험시기 등과 같이 다른 인자에 영향을 줄 가능성이 있는 요인
- 주효과의 해석은 의미가 없지만 제어요인과 상호작용 효과의 해석을 목적으로 하는 요인

ⓒ 인자의 수준을 선택하는 방법
- 실험자가 생각하고 있는 각 인자의 흥미영역에서만 수준을 잡아 준다.
  - 인자의 흥미영역(Region of Interest)이란 실험자가 관심을 가지고 있고, 인자수준이 변화될 수 있는 범위이다.
  - 기술적으로 또는 과거의 경험에 의해 특성치가 명확히 나쁘게 될거라고 예상되는 인자의 수준, 실제로 특성치가 나쁘게 되지 않더라도 실제로 적용이 불가능한 인자의 수준 등은 실험의 신뢰성을 떨어뜨리므로 흥미영역에서 제외시켜야 한다.
- 현재 사용되고 있는 인자의 수준은 포함시키는 것이 바람직하다.
  - 최적이라고 생각되는 조건과 조합은 반드시 취급한다.
  - 실험대상의 조건과 조합을 빠짐없이 포함시켜야 한다.
- 인자 간의 교호작용이 나타나지 않도록 각 인자의 수준을 피하여 조합하는 것이 좋다.

- 수준의 폭은 인자가 계량적인 경우 보통 등간격(3수준, 4수준 등)으로 나누어 잡아 주는 것이 좋다.

ⓓ 수준수를 선택하는 방법
- 인자는 반드시 2개 이상의 수준을 잡아서 실험해야 그 효과를 알 수 있다.
- 수준수는 보통 2~5수준이 적절하며, 많아도 6수준이 넘지 않도록 하여야 한다. 그 이유는 인자수나 수준수가 증가함에 따라서 데이터의 수가 많아지고, 수 일간 실험을 하여야 하기 때문에 실험의 완전 랜덤화와 실험을 통계적 관리 상태로 실시하는 것이 어려워지며, 시간 및 비용이 많이 들기 때문이다.
- 개선 방향을 찾기 위한 실험에서는 수준수를 적게 하고 반복수를 많게 하는 것이 좋고, 회귀적인 정보를 얻으려는 실험에서는 수준수를 많이 하고, 반복수를 적게 하는 것이 바람직하다.

② 인자의 분류 : 모수인자, 변량인자
ⓐ 모수인자(Fixed Factor) : 기술적 수준 지정인자(온도, 습도, 압력, 작업방법, 무게 등의 계량인자)로 고정인자라고도 하며 제어인자, 표시인자, 신호인자 등이 이에 속한다.
- 제어인자 : 실험해석을 위해 채택되며 보통 몇 개의 수준이 형성되는 인자이다.
  - 실험을 통해 최적의 수준을 선정하는 것을 목적으로 할 때 채택되며, 보통 몇 개의 수준이 형성되는 인자이다.
  - 수준을 자유롭게 제어할 수 있는 온도, 시간, 성분과 같이 작업조건을 변경하거나 구입규격을 개정해서 실험결과를 사용하여 수준을 자유로이 통제할 수 있다.
  - 수준이 기술적인 의미를 가지며 실험자에 의하여 미리 정할 수 있다.
  - 공장실험에서 실험을 통해 최량의 수준을 선정하는 것을 목적으로 할 때 채택되는 인자이다.
- 표시인자 : 기술적으로 의미가 있는 수준을 가지고 있으나, 실험 후 최적의 수준을 선택하여 해석하는 것이 무의미하며 제어인자와 교호작용의 해석을 목적으로 할 때 채택하는 인자(제어인자의 수준을 조절하기 위해 채택된 인자)이다.

- 신호인자 : 다구치(Taguchi)실험계획에서 주로 취급되는 인자로서 출력을 변화시키기 위한 입력신호를 의미한다.
ⓛ 변량인자(Variable Factor) : 수준 선택이 랜덤으로 이루어져서 기술적인 의미를 갖지 못하는 인자(시간, 오전, 오후, 날짜, 요일 등)로 랜덤인자(Random Factor)라고도 하며 블록인자, 집단인자, 보조인자, 오차인자(잡음인자) 등으로 구분된다.
  - 블록인자
    - 실험의 정도를 높일 목적으로 실험의 장을 층별하기 위해서 채택한 인자로, 수준의 재현성도 없고 제어인자와의 교호작용도 의미가 없지만 실험값에는 영향을 주는 인자
    - 실험재료나 실험 조작이 갖는 오차의 정도를 작게 하기 위하여 고유 기술적인 지식에 따라 층별을 실시하였을 때 이루어지는 인자
    - 실험일(자), 실험 장소 또는 시간적 차이를 두고 실시되는 반복 등과 같은 인자
    - 자체의 효과나 다른 인자와의 효과(교호작용)를 처리할 수는 없으나 실험값에는 영향을 준다고 보는 인자
  - 집단인자 : 블록인자와 유사하지만, 시간이 달라짐에 따라 수준이 나누어지는 것이 아니라 원료, 제품, 물건 등이 층별됨으로 인해 수준이 나누어지는 인자(예 많은 것 중에서 랜덤하게 선택된 원료의 로트, 작업자 등)
  - 보조인자 : 실험에는 넣지 않고 측정만 했다가 결과를 분석할 때 그 정보를 이용하고자 채택한 인자(예 보조 측정값인 중간 측정값 등)
  - 오차인자(잡음인자) : 각종 잡음이나 이유를 알 수 없으나 품질산포에 영향을 주는 것을 한데 묶은 인자로, 실험재료나 실험조작에 나타나는 우연적인 산포에서 블록인자에 따른 변동을 배제한 것이다. 단순히 오차라고도 한다. 상태를 측정하지 못하고 확률화된 환경조건을 모두 포함하는 인자이며, 다구치실험계획에서 변량인자로 다루는 인자인 잡음인자라고도 한다(외부 잡음인자, 내부 잡음인자, 제품 간 잡음인자).

③ 인자의 성질 비교(인자에 관한 기본가설)

모수인자	변량인자
• 수준이 기술적 의미를 가지며 실험자에 의하여 미리 정해진다. • 주효과(a_i)는 고정된 상수 • 주효과(a_i)의 합은 0 $$\therefore \sum_{i=1}^{l} a_i = 0$$ • 주효과(a_i)의 평균은 0 $$\therefore \bar{a} = 0$$ • 주효과(a_i)의 기댓값은 a_i $$\therefore E(a_i) = a_i$$ • 주효과(a_i)의 분산은 0 $$\therefore Var(a_i) = 0$$ • 주효과(a_i) 간의 산포 측도는 $$\sigma_A^2 = \frac{\sum_{i=1}^{l} a_i^2}{(l-1)}$$ 이다.	• 수준이 기술적 의미를 갖지 못하며, 수준의 선택이 랜덤으로 이루어진다. • 주효과(a_i)는 랜덤으로 변하는 확률변수 • 주효과(a_i)의 합은 일반적으로 0이 아니다. $$\therefore \sum_{i=1}^{l} a_i \neq 0$$ • 주효과(a_i)의 평균이 0이 아니므로($\bar{a} \neq 0$) 모평균을 추정하는 것은 의미가 없고, 변량인자가 유의적일 경우 모분산을 추정하는 것이 가장 적절하다. • 주효과(a_i)의 기댓값은 0 $$\therefore E(a_i) = 0$$ • 주효과(a_i)의 분산은 $Var(a_i) = \sigma_A^2$이므로, 산포의 정도를 알기 위해 σ_A^2을 추정하는 것은 의미가 있다. • 주효과(a_i) 간의 산포 측도는 $$\sigma_A^2 = E\left\{ \frac{1}{l-1} \sum_{i=1}^{l} \left(a_i - \bar{a} \right)^2 \right\}$$ 이다. • 분산분석표 작성은 모수모형과 작성방법이 동일하다.

④ 인자의 구조모형 : 측정치의 구조를 요인효과와 오차로 분해하여 식으로 나타낸 것이다.
  ㉠ 요인효과 : 주효과와 교호작용의 총칭(약칭 : 요인)
  ㉡ 오차의 모평균과 분산
    • 오차 e_{ij}는 랜덤으로 변하는 값이며 모평균은 0이고 분산은 σ_E^2 : $E(e_{ij}) = 0$, $Var(e_{ij}) = \sigma_E^2$이다.
    • e_{ij}의 분산 σ_E^2의 정의는 다음과 같은 공식으로 나타낼 수 있다.
      - $\sigma_E^2 = E[e_{ij} - E(e_{ij})]^2 = E[e_{ij} - 0]^2 = E(e_{ij}^2)$
      - $\sigma_E^2 = E\left[\frac{1}{lr-1} \sum_{i=1}^{l} \sum_{j=1}^{r} \left(e_{ij} - \bar{\bar{e}} \right)^2 \right]$, $\bar{\bar{e}} = \sum_{i=1}^{l} \sum_{j=1}^{r} e_{ij}$
      - $\sigma_E^2 = E\left[\frac{r}{l-1} \sum_{i=1}^{l} \left(\bar{e}_{i\cdot} - \bar{\bar{e}} \right)^2 \right]$, $\bar{e}_{i\cdot} = \sum_{j=1}^{r} e_{ij} / r$
      - $\sigma_E^2 = E\left[\frac{1}{r-1} \sum_{j=1}^{r} \left(e_{ij} - \bar{e}_{i\cdot} \right)^2 \right]$

ⓒ 오차항(e_{ij})의 특성(오차항의 4가지 가정) : 일반적으로 오차(e_{ij})는 정규분포 $N(0, \sigma_e^2)$으로부터 확률 추출된 것이라고 가정하며, e_{ij}는 랜덤으로 변하는 값이다.
  - 정규성(Normality) : 오차의 분포는 정규분포를 따른다. $e_{ij} \sim N(0, \sigma_e^2)$
  - 독립성(Independence) : 오차들은 서로 독립적이다(그러므로 모든 특성치에서 동일하지 않게 정의함).
  - 불편성(Unbiasedness) : 오차의 기댓값은 항상 0이고 치우침이 없다. $E(e_{ij}) = 0$
  - 등분산성(Equal Variance) : 오차의 분산은 (인자수준과 실험 반복수에 관계없이) 어떤 경우에도 일정하다. 오차 e_{ij}의 분산은 $Var(e_{ij}) = \sigma_e^2 = E(e_{ij}^2)$이다.
    ※ 오차의 등분산 가정에 관한 검토방법 : Hartley의 방법, Bartlett의 방법, Cochran의 방법, R관리도에 의한 방법, s관리도에 의한 방법 등
ⓔ 인자의 종류에 따른 구조모형의 분류
  - 모수모형 : 모든 요인효과가 모수(인자)인 구조모형
  - 변량모형
    – 모든 요인효과가 변량(인자)인 구조모형
      예 공장 내의 여러 분석자 중에서 랜덤으로 5명의 분석자를 선택하여 그들의 분석결과로서 공장 내 분석자의 측정산포를 고려한 경우
  - 혼합모형
    – 요인효과로서 모수와 변량을 모두 포함하는 구조모형(난괴법)
      예 화학공정에서 수율을 향상시킬 목적으로 온도를 3수준, 실험일을 3일 선택하여 실험을 실시하려고 할 경우

2-1. 실험계획법과 관련된 용어에 대한 설명 중 옳은 것은?

[2008년 제1회, 2013년 제1회 유사]

① 실험을 실시한 후에 데이터 형태로 얻어지는 반응치를 인자라고 한다.
② 실험에 있어서 데이터에 산포를 준다고 생각되는 무수히 존재하는 원인들 중에서 실험에 직접 취급되는 원인을 특성치라고 한다.
③ 실험을 하기 위한 인자의 조건을 ANOVA라고 한다.
④ 실험을 시간적 또는 공간적으로 분할하여 그 내부에서 실험의 환경(실험의 장)이 균일하도록 만든 것을 블록(Block)이라고 한다.

2-2. 인자의 수준과 수준수를 선택하는 방법으로 가장 거리가 먼 것은?

[2013년 제1회, 2015년 제2회]

① 현재 사용되고 있는 인자의 수준은 포함시키는 것이 바람직하다.
② 실험자가 생각하고 있는 각 인자의 흥미영역에서만 수준을 잡아 준다.
③ 특성치가 명확히 나쁘게 되리라고 예상되는 인자의 수준은 흥미영역에 포함된다.
④ 수준수는 보통 2~5수준이 적절하며 많아도 6수준이 넘지 않도록 하여야 한다.

2-3. 자체의 효과나 다른 인자와의 효과(교호작용)를 처리할 수는 없으나 실험값에는 영향을 준다고 보는 인자는?

[2004년 제1회, 2007년 제2회, 2013년 제2회 유사, 2017년 제1회 유사]

① 제어인자   ② 표시인자
③ 블록인자   ④ 보조인자

2-4. 실험계획법에서 사용되는 모형은 인자(Factor)의 종류에 따라 크게 3가지로 분류되는데, 이에 속하지 않는 것은?

[2008년 제4회, 2015년 제4회, 2016년 제2회]

① 모수모형   ② 교차모형
③ 변량모형   ④ 혼합모형

2-1

① 실험을 실시한 후에 데이터 형태로 얻어지는 반응치를 특성치라고 한다.

② 실험에 있어서 데이터에 산포를 준다고 생각되는 무수히 존재하는 원인들 중에서 실험에 직접 취급되는 원인을 인자라고 한다.

③ 실험을 하기 위한 인자의 조건을 수준이라고 한다.

2-2

흥미영역은 특성치가 명확히 나쁘게 되리라고 예상되는 인자의 수준이 아니라 점점 더 좋아질 거라고 예상되는 인자의 수준으로 옮겨간다.

2-3

블록인자는 실험의 정도를 높일 목적으로 사용되는 인자로, 자체의 효과나 다른 인자와의 효과(교호작용)를 처리할 수는 없으나 실험 값에는 영향을 준다고 본다. 실험환경이 다른 경우 실험일마다 실험결과가 달라지는데, 이때 실험일이 블록인자가 되며 블록인자는 이와 같이 자체의 효과나 다른 인자와의 효과(교호작용)로 처리할 수 없으나 실험결과에 영향을 준다.

2-4

① 모수모형 : 모든 요인효과가 모수(인자)인 구조모형

③ 변량모형 : 모든 요인효과가 변량(인자)인 구조모형

④ 혼합모형 : 요인효과로서 모수와 변량을 모두 포함하는 구조모형

정답 2-1 ④　2-2 ③　2-3 ③　2-4 ②

핵심이론 03 실험계획법의 분류

① **실험배치 형태에 의한 분류** : 요인배치법(요인실험), 분할법, 교락법, 일부실시법, 불완비블록계획법, 반응표면계획법, 혼합물실험계획법, 다구치계획법 등으로 분류하나, 실험에서는 이를 혼용하기도 한다. 예를 들면, 일부실시법을 구상하면서 교락의 원리를 적용시키면 이것은 일부실시법이 될 수도 있고 교락법이 될 수도 있다. 마찬가지로 일부실시법과 분할법을 혼용할 수도 있다. 주요 실험계획법들인 요인배치법(요인실험), 분할법, 교락법, 일부실시법, 다구치계획법, 불완비블록계획법 등은 뒤에서 자세하게 알아보고, 여기에서는 실험계획법인 반응표면계획법, 혼합물실험계획법 등에 대해 알아본다.

   ㉠ **반응표면계획법(Response Surface Design)** : 반응표면분석(통계분석방법 중 하나)을 염두에 두고 데이터 수집계획을 세울 때 사용하는 실험계획법이다.

   ㉡ **혼합물실험계획법(Mixture Design)** : 인자들의 배합비의 합이 100[%]를 이루는 혼합물에 대해 인자들의 배합비율을 조사하는 실험계획법이다.

② **인자수준조합 형태·실험의 장(Block)에 따른 분류** : 완전 랜덤화법(완비형 계획법), 불완비형 계획법

   ㉠ **완전 랜덤화(배열)법(Completely Randomized Design)** : 인자 각 수준의 모든 조합에서 실험이 행해지며 실험순서가 완전 무작위로 행해지는 실험계획법이다.

     • 종류 : 요인배치법(요인실험)[1원배치법(1요인실험), 2원배치법(2요인실험), 다원배치법(다요인실험) 등], 난괴법, 라틴방격법 등

     • 완전 랜덤화법(완전 확률화)의 특징

       – 확률화의 원리에 따른다.

       – 처리별 반복수는 똑같지 않아도 된다.

       – 실험배치가 용이하고 통계적 분석이 간단하다.

       – 완전 확률화계획법은 1원배치법(1요인실험)이며 블록화하지 않는다.

       – 실험 측정은 실험의 장 전체를 완전 무작위화하며 모든 특성치를 무작위 순서로 구한다.

       – 처리(Treatment)수나 반복(Replication)에 제한이 없어 적용범위가 넓다.

       – 처리별 반복수가 달라도 되고 실험배치가 용이하며 통계분석이 간단하다.

- 일반적으로 다른 실험계획보다 오차제곱합(Error Sum of Square)에 대응하는 자유도가 크다.
- 이질적(Nonhomogeneous)인 실험재료(Experimental Material)는 부적당하여 전혀 효과적이지 않다.
- 완전 랜덤화법을 이용하여 l개의 실험조건에서 각각 m번씩 실험하여 얻은 관측치를 분석하기 위한 수학적인 모형

> **[다 음]**
>
> $X_{ij} = \mu + a_i + e_{ij}$
>
> (단, $i = 1, 2, \cdots, l$이고, $j = 1, 2, \cdots, m$이다)

- μ는 실험 전체의 모평균을 나타낸다.
- X_{ij}는 i번째 실험조건에서 j번째 관측치를 나타낸다.
- a_i는 i번째 실험조건의 영향 또는 치우침을 나타낸다.
- e_{ij}는 오차를 나타내며 상호 독립적인 관계를 가지고 분포한다.

ⓛ 불완비형 계획법 또는 불완비블록계획법(Incomplete Block Design) : 같은 실험의 장에서 비교하고자 하는 인자수준의 조합이 모두 들어 있지 않아 완전 랜덤화가 곤란한 실험계획법으로, 수준수와 블록수가 많을 때 실험 횟수를 줄이기 위해 사용된다. 종류로는 분할법, 교락법, 일부실시법, BIBD형(BIBD ; Balanced Incomplete Block Design), 유덴방격법(Youden Square), 최적화수법, 회귀모형 등이 있다.

- BIBD형
  - 난괴법에서 처리수가 하나씩 빠진 형태이다.
  - 모수인자에 l개의 처리가 있고 m개의 블록이 있을 때 사용한다.
  - 모든 블록에서 P개의 처리가 이루어지며($P < l$) 각 처리는 r개의 블록으로 나타낸다($r < m$). 어느 두 처리를 보더라도 이 두 처리가 동시에 이루어지는 블록의 수는 동일하다.
- 유덴방격법 : 라틴방격법에서 하나의 열 또는 그 이상이 제거된 경우이다. 열(또는 행) 방향의 블록에서는 불완비형이면서 행(또는 열) 방향의 블록에서는 완비형 조건을 만족시키는 불완비라틴방격법이다.

실험계획법을 조건별로 분류한 것으로 옳지 않은 것은?

[2007년 제1회 유사, 2010년 제2회]

① 실험의 장에 따른 분류 : 라틴방격법, 직교다항식
② 실험의 랜덤화에 의한 분류 : 완전 랜덤화법, 부분 랜덤화법
③ 인자의 구조모형에 의한 분류 : 모수모형, 변량모형, 혼합모형
④ 인자의 수에 의한 분류 : 1원배치법, 2원배치법, 3원배치법, 다원배치법

|해설|

실험의 장에 따른 분류 : 완비계획법, 불완비계획법

정답 ①

① 분산분석의 개요

　㉠ 분산분석(ANOVA ; ANalysis Of VArience, 변량분석)

　　• 특성치의 산포를 제곱합(변동, SS : Sum of Square)으로 나타내고 제곱합을 실험과 관련된 요인들의 제곱합으로 분해하여 오차에 비해 특히 큰 영향을 주는 요인을 찾아내는 분석기법이다.

　　• 2개 이상의 집단을 비교하고자 할 때 집단 내의 분산, 총평균과 각 집단 평균의 차이에 의해 생긴 집단 간 분산의 비교를 통해 만들어진 F분포를 이용하여 가설검정을 하는 방법이다.

　　• 특성치의 산포를 요인별로 분해해서 어느 요인이 큰 산포를 나타내는지 규명하는 방법이다.

　㉡ 분산분석의 특징

　　• 실험계획법에서 가장 많이 사용되는 분석방법이다.

　　• 창안자 : 피셔(R.A. Fisher, 통계학자·유전학자, 1920년대부터 1930년대에 걸쳐 만듦)

　　• 분산분석이라는 명칭은 평균 간 차이의 여부를 결정하기 위해 분산을 사용한다는 의미를 지닌다.

　　• 분산분석의 절차는 모든 그룹이 큰 모집단의 일부인지 또는 각 그룹이 고유한 특성을 가진 별개 모집단인지를 결정하기 위해 그룹 평균 간 분산과 그룹 내 분산을 비교하는 방식으로 실행된다.

　　• 공업통계에서는 1개 집단이나 2개의 집단 중에서 중심 또는 산포값의 차이 여부를 검정하지만, 실험계획법에서는 1개 집단에서 여러 수준 간의 중심값이 기존의 중심값과 차이가 있는가 없는가를 분산값으로 검정한다.

② F분포

　㉠ F분포는 분산의 비교를 통해 얻어진 분포비율이다. 이 비율을 이용하여 각 집단의 모집단분산에 차이가 있는지에 대한 검정과 모집단 평균에 차이가 있는지 검정하는 방법으로 사용한다. 즉, $F = \left(\dfrac{\text{군간변동}}{\text{군내변동}} \right)$이다.

　㉡ 만약 군내변동이 크다면 집단 간 평균 차이를 확인하는 것이 어렵다. 분산분석에서는 집단 간 분산의 동질성을 가정하기 때문에 만약 분산의 차이가 크다면 그 차이를 유발한 변인을 찾아 제거해야 한다. 그렇지 못하면 분산분석의 신뢰도는 나빠진다.

③ 분산분석모형

　㉠ 고정효과모형 : 온도나 압력과 같이 수준 선택이 기술적으로 정해져 있고 각 수준이 기술적 의미를 가지고 있는 효과인자를 고정효과인자 또는 모수인자라고 한다. 모수인자만 사용된 경우 고정효과모형(Fixed-effects Model, 모수인자모형)이라고 한다. 이 경우 각 수준에서의 모평균값 추정에 의미를 둔다.

　㉡ 무선효과모형 : 원료의 종류처럼 수준의 선택이 임의적으로 이루어지며 각 수준이 기술적 의미를 가지고 있지 않은 효과인자를 무선효과인자 또는 변량인자라고 한다. 무선효과인자로만 된 경우 무선효과모형(Random-effects Model, 변량인자모형)이라고 한다. 이 경우 각 수준은 임의적으로 결정되었기 때문에 각 수준의 모평균값 추정이 의미가 없으며 단지 인자에 의한 산포의 정도를 추정하는 것에 의미를 둔다. 대표적인 예로 Gage R&R이 있다.

　㉢ 혼합효과모형 : 고정효과인자와 무선효과인자가 함께 사용된 모형을 혼합효과모형(Mixed-effects Model, 혼합인자 모형)이라고 한다.

④ 분산분석의 종류

　㉠ 일원분산분석(One-way ANOVA)

　　• 종속변수가 1개, 독립변수의 집단도 1개인 경우로, 예를 들면

　　　– 가구 소득에 따른 식료품 소비 정도의 차이 : 가구 소득은 독립변수로, 가구 소득 집단의 구분은 저소득, 중산층, 고소득층 등으로 2개 이상이다. 독립변수의 집단이 2개 이상이므로 사후분석을 실시한다.

　　　– 한·중·일 국가 간 20대 여성의 체중 비교 : 독립변수는 20대 여성, 독립변수의 집단은 3개(한·중·일), 종속변수는 1개(체중)이다.

ⓛ 이원분산분석(Two-way ANOVA)
- 독립변수의 수가 2개 이상일 때 집단 간 차이가 유의한지를 검증하는 데 사용한다. 예를 들면
  - 독립변인 2개, 종속변인이 동일한 경우로 학력 및 성별에 따른 휴대폰 요금의 차이를 분석하면, 이때 학력, 성별은 독립변수, 종속변수는 휴대폰 요금이 된다.
- 이원분산분석은 주효과와 상호작용 효과를 분석할 수 있다. 주효과가 학력(a)과 성별(b)이라면, 상호작용 효과는 이를 곱한 a×b이다. 여기에서 상호작용 효과가 유의하다면 그래프를 만들 수 있다.
  - 한·중·일 국가 간 성별과 학력에 따른 체중 비교 : 독립변수 2개(성별, 학력), 독립변수의 집단 3개 (한·중·일), 종속변수 1개(체중)
ⓒ 다원변량분산분석(MANOVA)
- 단순한 분산분석을 확장하여 두 개 이상의 종속변인이 서로 관계된 상황에 적용시킨 것이다.
- 둘 이상의 집단 간 차이를 검증할 수 있다.
ⓓ 공분산분석(ANCOVA)
- 다원변량분산분석에서 특정한 독립변인에 초점을 맞추고, 다른 독립변인은 통제변수로 하여 분석하는 방법이다.
- 특정한 사항을 제한하여 분산분석한다.

⑤ 분산분석표
ⓐ 각 요인의 제곱합을 그 요인의 자유도로 나누면 그 요인의 제곱평균이 되며, 이것이 오차분산에 비해 얼마나 큰가를 검토한다.
- 오차분산의 신뢰구간 추정은 χ^2분포를 활용한다.
- 오차의 불편분산이 요인의 불편분산보다 클 수도 있고 작을 수도 있다.
- 오차분산은 요인으로서 취급하지 않은 다른 모든 분산을 포함하고 있다.
- 오차분산은 반복실험을 할 경우 요인의 교호작용을 분리하여 분석할 수 있다.
ⓑ 일원배치법에서 분산을 구하기 위해서는 각 요인의 변동(SS)을 구하고 변동에서 자유도(DF 또는 ν)를 나누어 주면 분산(MS 또는 V)을 구할 수 있는데, 분산분석은 이를 오차항의 분산값(V_e)과 비교하는 F검정을 실시하는 분석법이다.

ⓒ 분산분석 결과를 정리하기 위하여 다음과 같은 분산분석표를 작성한다.

(산포의) 요인	제곱합 (SS)	자유도 (DF $=\nu$)	평균 제곱 (MS $=V$)	평균 제곱의 기댓값 ($E(MS)$ $=E(V)$)	평균 제곱비 (F_0)	기각역 ($F_{1-\alpha}$)
A	S_A	ν_A	S_A/ν_A	$E(V_A)$	$\dfrac{V_A}{V_e}$	$F_{1-\alpha}(\nu_A, \nu_e)$
e	S_e	ν_e	S_e/ν_e	$E(V_e)$		
T	S_T	ν_T				

핵심예제

분산분석표에 표기된 오차분산에 관한 사항으로 틀린 것은?

[2017년 제2회]

① 오차분산의 신뢰 구간 추정은 χ^2분포를 활용한다.
② 오차의 불편분산이 요인의 불편분산보다 클 수는 없다.
③ 오차분산은 요인으로서 취급하지 않은 다른 모든 분산을 포함하고 있다.
④ 오차분산은 반복 실험을 할 경우 요인의 교호작용을 분리하여 분석할 수 있다.

|해설|

오차의 불편분산이 요인의 불편분산보다 클 수도 있고 작을 수도 있다.

정답 ②

제2절 | 요인배치법(요인실험)

[요인배치법(Factorial Design, 요인실험)]

각 인자(요인)의 수준수를 동일하게 설계하여 실험을 행하는 것으로 인자수(요인수), 수준에 따라 다음과 같이 구분한다.

- 인자수(요인수)에 따른 구분 : 1원배치법, 2원배치법, 다원배치법
  - 1원배치법(1요인실험) : 한 인자(요인)의 영향을 조사하기 위하여 인자(요인)의 각 수준의 모든 조합에서 실험이 행해지며, 실험 순서와 실험단위가 완전히 무작위로 행해지는 실험법(완전 임의배열법)이다.
  - 2원배치법(2요인실험) : 두 개의 인자(요인)에 대해 그 영향을 조사하는 실험법으로, 각 인자(요인)의 수준수는 다를 수 있으며, 모든 수준조합에 대하여 실험을 행한다.
  - 다원배치법(다요인실험) : 2원배치법을 확장하여 3개 이상의 인자(요인)를 포함한 실험법이다.
- 인자수(요인수)와 수준에 따른 구분
  - 2^n형 요인배치법(2^n요인실험법) : 인자수 n개, 각 인자의 수준 2
  - 3^n형 요인배치법(3^n요인실험법) : 인자수 n개, 각 인자의 수준 3
  - $2^p \times 3^q$형 요인배치법($2^p \times 3^q$요인실험법) : p개의 인자 2수준, q개의 인자 3수준

핵심이론 01 1원배치법(1요인실험)

① 1원배치법의 개요

ㄱ 1원배치법의 정의와 용도

- 1원배치법은 실험의 특성치에 영향을 미치는 원인들 중에서 하나의 인자를 실험에 채택하여 그 영향을 조사하는 가장 간단한 실험계획법이다.
- 1원배치법을 완전 임의배열법이라고도 한다.
- 연구의 마지막 단계에서 실시하며 특정한 1인자만의 영향을 조사하고자 할 경우에 사용된다.

ㄴ 1원배치법의 특징

- 수준수와 반복수에 제한이 없다(수준수는 3~5수준, 반복수는 3~10 정도가 많이 사용됨).
- 반복수는 수준이 동일하지 않아도 무방하다.
- 실험의 측정은 완전 랜덤화하여 모든 특성치를 랜덤한 실험 순서에 의해 구한다.

- 결측치가 있어도 이를 무시하고 그대로 해석(분석)한다.
- 교호 작용의 유무는 알 수 없다.

ㄷ 실험방법 : (모수인자의 경우) lr번 실험을 랜덤화하여(랜덤한 순서대로) 실험(완전 랜덤화(확률화)계획)하며 난수표나 컴퓨터를 이용하여 랜덤화하여 실험할 수 있다.

ㄹ 결측치 처리방법 : 일반적으로 가능하면 한 번 더 실험하여 결측치를 메꾸는 것이 가장 좋지만, 반복이 있는 1원배치의 경우에서 결측치가 존재하면(실험을 더하거나 추정해 넣지 않고 반복이 일정하지 않은 1원배치로 해석하면 전혀 문제가 없으므로) 결측치를 무시하고 그대로 분석한다.

② 반복이 일정한 모수모형

ㄱ 데이터 배열표 : 인자 A의 수준이 l개 있고 각 수준에서 반복수가 똑같이 r인 1원배치법의 데이터 배열은 다음과 같다.

인자의 수준		A_1	A_2	$\cdots$	A_i	$\cdots$	A_l	수준수 (l)
실험의 반복 (r)	1	x_{11}	x_{21}	$\cdots$	x_{i1}	$\cdots$	x_{l1}	총 계
	2	x_{12}	x_{22}	$\cdots$	x_{i2}	$\cdots$	x_{l2}	
	$\vdots$	$\vdots$	$\vdots$	$\vdots$	$\vdots$	$\vdots$	$\vdots$	
	j	x_{1j}	x_{2j}		x_{ij}		x_{lj}	
	$\vdots$	$\vdots$	$\vdots$	$\vdots$	$\vdots$	$\vdots$	$\vdots$	
	r	x_{1r}	x_{2r}		x_{ir}		x_{lr}	
합계($T_i.$)		$T_1.$	$T_2.$	$\cdots$	$T_i.$	$\cdots$	$T_l.$	T
평균($\bar{x}_i.$)		$\bar{x}_1.$	$\bar{x}_2.$	$\cdots$	$\bar{x}_i.$	$\cdots$	$\bar{x}_l.$	$\bar{\bar{x}}$

ㄴ 데이터 구조식 : 요인의 효과 + 오차로 구성되며 요인의 효과는 주효과와 교호작용의 효과로 구분된다.

$$x_{ij} = \mu_i + e_{ij} = \mu + (\mu_i - \mu) + e_{ij} = \mu + a_i + e_{ij}$$
$$(i = 1, 2, \cdots, l \ , \ j = 1, 2, \cdots, r)$$
$$\bar{x}_i. = \mu + a_i + \bar{e}_i. \ , \ \bar{\bar{x}} = \mu + \bar{\bar{e}}$$

여기서, x_{ij} : i번째 실험조건에서 j번째 관측치

μ : 실험 전체의 모평균

μ_i : 각 수준(A_i)의 모평균

a_i : 수준의 효과(i번째 실험조건의 영향 또는 치우침)

e_{ij} : 실험오차(i수준에 있어서 j번째 데이터에 부수되는 오차로 상호 독립적인 관계를 가지고 분포하며 $e_{ij} \sim N(0, \sigma_e^2)$를 따름

ⓒ 분산분석
- 변동분해 : 총변동은 급간변동과 급내변동으로 구분 되는데, 먼저 수정항 $CT = CF = \dfrac{T^2}{lr}$ 을 계산하고 변동을 구한다.
  - 총변동 :
  $$S_T = S_A + S_e = \sum\sum(x_{ij} - \overline{\overline{x}})^2 = \sum\sum x_{ij}^2 - CT$$
  - 급간변동(인자 간 변동) :
  $$S_A = r\sum(\overline{x}_{i\cdot} - \overline{\overline{x}})^2 = \dfrac{\sum T_{i\cdot}^2}{r} - CT$$
  - 급내변동(오차변동, 잔차변동)
  $$S_e = S_T - S_A$$
- 자유도 :
$$\nu_T = lr - 1, \ \nu_A = l - 1, \ \nu_e = \nu_T - \nu_A = l(r-1)$$
- 분산분석표 작성

(산포의)요인	제곱합(SS)	자유도($DF$$= \nu$)	평균제곱($MS$$= V$)	평균제곱의기댓값($E(MS)$$= E(V)$)	평균제곱비(F_0)	기각역($F_{1-\alpha}$)
A	S_A	$l-1$	S_A/ν_A	$\sigma_e^2 + r\sigma_A^2$	$\dfrac{V_A}{V_e}$	$F_{1-\alpha}(\nu_A, \nu_e)$
e	S_e	$l(r-1)$	S_e/ν_e	σ_e^2		
T	S_T	$lr-1$				

- 가설검정
  - 가설 설정 :
  $H_0 : a_1 = a_2 = \cdots = a_l = 0$(수준 간에 특성치의 차이가 없다) 또는 $\sigma_A^2 = 0$
  $H_1 : a_i \neq 0$(a_i는 모두 0이 아니다) 또는 $\sigma_A^2 > 0$
  - 유의수준 : $\alpha = 0.05, \ 0.01$
  - 검정통계량 : $F_0 = \dfrac{MS_A}{MS_e} = \dfrac{V_A}{V_e}$
  - 판정 : $F_0 = \dfrac{V_A}{V_e} \geq F_{1-\alpha}(\nu_A, \nu_e)$이면, H_0가 기각되며 요인이 특성치에 영향을 주고 있다고 판정한다.

ⓓ 분산분석 후의 추정 : 검정결과 귀무가설이 기각되어 선택된 인자가 유의차가 있는 경우 모평균 추정, 모평균차 추정으로 인자를 해석한다.
- 모평균의 추정
  - 점 추정 : $\hat{\mu}(A_i) = \widehat{\mu + a_i} = \overline{x}_{i\cdot}$
  - 신뢰구간 추정 :
  $$\overline{x}_{i\cdot} \pm t_{1-\alpha/2}(\nu_e)\sqrt{\dfrac{V_e}{r}} = \overline{x}_{i\cdot} \pm \sqrt{F_{1-\alpha}(1, \nu_e)}\sqrt{\dfrac{V_e}{r}}$$
- 모평균차의 추정
  - 점 추정 :
  $$\hat{\mu}(A_i - A_i') = \widehat{\mu_i - \mu_i'} = \widehat{\mu - a_i} - \widehat{\mu + a_i'} = \widehat{a_i - a_i'}$$
  $$= \overline{x}_{i\cdot} - \overline{x}_{i}'$$
  - 신뢰구간 추정 : $(\overline{x}_{i\cdot} - \overline{x}'_{i\cdot}) \pm t_{1-\alpha/2}(\nu_e)\sqrt{\dfrac{2V_e}{r}}$

[최소 유의차검정(LSD검정)]
- 모평균차의 구간 추정에서 두 수준의 실험 평균의 차이가 $t_{1-\alpha/2}(\nu_e)\sqrt{\dfrac{2V_e}{r}}$ 보다 크지 않으면 신뢰구간에 0이 포함되므로 실제적으로 두 수준의 모평균에는 차이가 없다고 할 수 있다.
- 모평균차의 추정이 의미를 갖기 위해서는 $|\overline{x}_{i\cdot} - \overline{x}'_{i\cdot}| > t_{1-\alpha/2}(\nu_e)\sqrt{\dfrac{2V_e}{r}}$ 를 만족하여야 한다.
- $t_{1-\alpha/2}(\nu_e)\sqrt{\dfrac{2V_e}{r}}$ 를 LSD(Least Significant Difference, 최소 유의차)라고 하며, 이를 검정에 활용하는 것을 LSD검정(최소 유의차검정)이라고 한다.

- 실험 전체의 모평균 추정
  - 점 추정 : $\hat{\mu} = \overline{\overline{x}}$
  - 신뢰구간 추정 : $\overline{\overline{x}} \pm t_{1-\alpha/2}(\nu_e)\sqrt{\dfrac{V_e}{lr}}$
- 오차항(오차분산)의 추정
  - 점 추정 : $\widehat{\sigma_e^2} = V_e$
  - 신뢰구간 추정 : $\dfrac{S_e}{\chi_{1-\alpha/2}^2(\nu_e)} \leq \sigma_e^2 \leq \dfrac{S_e}{\chi_{\alpha/2}^2(\nu_e)}$

> **[순변동과 기여율]**
> - 순변동 : 오차분산 V_e는 데이터 1개의 오차 크기 σ_e^2의 추정값이다. 분산의 기댓값 속에는 언제나 오차분산 σ_e^2이 1개씩 포함되어 있으므로, 급간변동 S_A 속에도 오차분산 σ_e^2이 1개 포함되어 있다. 따라서 그 변동 속에서 σ_e^2의 추정치인 V_e를 뺀 것이 실질적인 평균적 변동이라고 할 수 있는데 바로 이 값을 순변동 $S_A{}'$라고 한다. A인자의 순변동 $S_A{}'$는 $S_A{}' = S_A - \nu_A \cdot V_e$이며 오차의 순변동 $S_e{}'$는 S_A 속에 포함된 오차분산 V_e가 오차변동 S_e 속에 포함되어야 하므로 $S_e{}' = S_e + \nu_A \cdot V_e = S_T - S_A{}'$가 된다.
> - 기여율 : 전체 변동 S_T 속에 각 인자의 변동이 차지하는 비율을 [%]로 나타낸 값으로, 순변동을 전체 변동으로 나눈 값으로 구한다.
> $$\rho_A = \frac{S_A{}'}{S_T} \times 100[\%], \quad \rho_e = \frac{S_e{}'}{S_T} \times 100[\%]$$

③ 반복이 같지 않은 모수모형 : 반복이 다른 경우에는 어느 특정수준에서 측정이 되지 않아 결측치가 생기거나, 어느 특정수준을 특히 높은 정도로 추정하고자 하는 경우에 반복이 같지 않은 모수모형을 사용한다.

㉠ 데이터 배열표 : 반복이 일정한 모수모형과 같다.

㉡ 데이터 구조식 : 반복이 일정한 모수모형과 같다.

㉢ 분산분석
- 변동분해
  - 총변동 : $S_T = S_A + S_e = \sum\sum x_{ij}^2 - \dfrac{T^2}{N}$
  - 급간변동(인자 간 변동) : $S_A = \sum \dfrac{T_i^2}{r_i} - CT$
  - 급내변동(오차변동, 잔차변동) : $S_e = S_T - S_A$
- 자유도 : $\nu_T = lr - 1$, $\nu_A = l - 1$, $\nu_e = \nu_T - \nu_A$
- 분산분석표 작성

(산포의) 요인	제곱합 (SS)	자유도 (DF $= \nu$)	평균 제곱 (MS $= V$)	평균 제곱의 기댓값 ($E(MS)$ $= E(V)$)	평균 제곱비 (F_0)	기각역 ($F_{1-\alpha}$)
A	S_A	$l-1$	S_A/ν_A	$\dfrac{\sigma_e^2 + \sum\limits_i r_i \sigma_i^2}{/(l-1)}$	$\dfrac{V_A}{V_e}$	$F_{1-\alpha}(\nu_A, \nu_e)$
e	S_e	$l(r-1)$	S_e/ν_e	σ_e^2		
T	S_T	$N-1$				

- 가설검정 : 반복이 일정한 모수모형과 같다.

㉣ 분산분석 후의 추정
- 모평균의 추정
  - 점 추정 : $\hat{\mu}(A_i) = \widehat{\mu + a_i} = \bar{x}_{i\cdot}$
  - 신뢰구간 추정 : $\hat{\mu}(A_i) = \bar{x}_{i\cdot} \pm t_{1-\alpha/2}(\nu_e) \sqrt{\dfrac{V_e}{r_i}}$
- 모평균차의 추정
  - 점 추정 :
    $\hat{\mu}(A_i - A_i{}') = \widehat{\mu_i - \mu_i{}'} = \widehat{a_i - a_i{}'} = \bar{x}_{i\cdot} - \bar{x}_{i\cdot}{}'$
  - 신뢰구간 추정 :
    $$(\bar{x}_{i\cdot} - \bar{x}'_{i\cdot}) \pm t_{1-\alpha/2}(\nu_e) \sqrt{V_e \left(\frac{1}{r_i} + \frac{1}{r_i{}'} \right)}$$
- 실험 전체의 모평균의 추정 : 반복이 일정한 모수모형과 같다.
- 오차항의 추정 : 반복이 일정한 모수모형과 같다.

④ 목표치가 있는 경우

㉠ 데이터 배열표

수 준	데이터					계
A_1	y_{11}	y_{21}	y_{13}	$\cdots$	y_{1r}	$T_1.$
A_2	y_{21}	y_{22}	y_{23}	$\cdots$	y_{2r}	$T_2.$
$\vdots$	$\vdots$	$\vdots$	$\vdots$	$\cdots$	$\vdots$	$\vdots$
A_l	y_{l1}	y_{l2}	y_{l3}	$\cdots$	y_{lr}	$T_1.$

㉡ 분산분석표
- 분산분석표의 개요
  - 목표치에는 규격치, 이론치, 공칭치, 예산치, 특성치 등이 있다.
  - 마모량, 변화량, 변화율, 형상공차(진직도, 진원도, 원통도, 동심도, 위치도, 대칭도 등) 등과 같은 경우 목표치가 0이어서 편차로 나타난다. 따라서 목표치가 있는 경우의 수정항(CT)을 요인변동의 하나로 분류하여 일반 평균치 변동 또는 치우침의 크기(S_m)라고 한다.
  - 각 요인의 순수한 변동을 순변동이라고 하며 전체 변동에서 각 요인의 순변동이 얼마나 차지하는가를 나타내는 척도를 기여율(ρ)이라고 한다.

- 변동분해
  - $S_T = \sum_i \sum_j y_{ij}^2$
  - $S_m = CT = \dfrac{T^2}{lr} = \dfrac{T^2}{N}$
  - $S_A = \sum \dfrac{T_i^2}{r} - S_m$
  - $S_e = S_T - S_m - S_A$
- 자유도
  - $\nu_T = lr$
  - $\nu_m = 1$
  - $\nu_A = l - 1$
  - $\nu_e = \nu_T - \nu_m - \nu_A = l(r-1)$
- 분산분석표 작성

요 인	SS	ν	V	F_0	기각역	S'(순변동)	ρ(기여율)
m	S_m	1	V_m	$\dfrac{V_m}{V_e}$	$F_{1-\alpha}$ (ν_m, ν_e)	$S_m' =$ $S_m - \nu_m V_e$	$\rho_m =$ $\dfrac{S_m'}{S_T} \times 100[\%]$
A	S_A	$l-1$	$\dfrac{S_A}{(l-1)}$	$\dfrac{V_A}{V_e}$	$F_{1-\alpha}$ (ν_A, ν_e)	$S_A' =$ $S_A - \nu_A V_e$	$\rho_A =$ $\dfrac{S_A'}{S_T} \times 100[\%]$
e	S_e	$l(r-1)$	$\dfrac{S_e}{l(r-1)}$			$S_e' = S_e +$ $(\nu_m + \nu_A) V_e$	$\rho_e =$ $\dfrac{S_e'}{S_T} \times 100[\%]$
T	S_T	lr					

  - $S_m' = S_m - \nu_m V_e = S_m - V_e$
  - $S_A' = S_A - \nu_A V_e = S_A - (l-1) V_e$
  - $S_e' = S_e + (\nu_m + \nu_A) V_e$
    $= S_e + l V_e$

ⓒ 분산분석 후의 추정
- 일반평균 $= \hat{m} \pm \sqrt{F_{1-\alpha}(1, lr-1)} \times \sqrt{\dfrac{V_e'}{lr}}$
- $V_e' = \dfrac{S_A + S_e}{(l-1) + l(r-1)} = \dfrac{S_A + S_e}{lr-1}$, $\hat{m} = \dfrac{T}{lr}$,
  $\sqrt{F_{1-\alpha}(1, lr-1)} = t_{1-\alpha/2}(\nu_e')$
- $\hat{\mu}(A_i) = \bar{x}_{i\cdot} \pm \sqrt{F_{1-\alpha}(1, l(r-1))} \times \sqrt{\dfrac{V_e}{r}}$,
  $\sqrt{F_{1-\alpha}(1, l(r-1))} = t_{1-\alpha/2}(\nu_e)$

⑤ 변량모형 : 분산분석표의 작성과 검정은 모수모형과 같으나, 각 수준의 모평균을 추정하는 것은 의미가 없고 산포를 추정하는 데 의미가 있다.
  ㉠ 데이터 구조식 :
  $$x_{ij} = \mu + a_i + e_{ij}, \quad \bar{x}_{i\cdot} = \mu + a_i + \bar{e}_{i\cdot}, \quad \bar{\bar{x}} = \mu + \bar{a} + \bar{\bar{e}}$$
  ㉡ 분산분석
  - 가 설
    - H_0 : 수준 간에 산포 차이가 없다. $\sigma_A^2 = 0$
    - H_1 : 수준 간에 산포 차이가 있다. $\sigma_A^2 > 0$
  - 분산 추정치($\widehat{\sigma_A^2}$)
    - 반복이 일정한 경우 : $\widehat{\sigma_A^2} = \dfrac{V_A - V_e}{r}$
    - 반복이 일정하지 않은 경우 :
      $$\widehat{\sigma_A^2} = \dfrac{V_A - V_e}{(N^2 - \sum r_i^2)/N(l-1)}$$
  ㉢ 분산 σ_A^2의 신뢰구간 추정(Satterthwaite의 방법)
  - $\dfrac{\nu \widehat{\sigma_A^2}}{\chi_U^2} \leq \sigma_A^2 \leq \dfrac{\nu \widehat{\sigma_A^2}}{\chi_L^2}$
    여기서, $\nu = \dfrac{(V_A - V_e)^2}{V_A^2/\nu_A + V_e^2/\nu_e}$
  - F분포를 이용하는 경우
    $$\dfrac{(F_0/F_2) - 1}{F_0 - 1} \times \widehat{\sigma_A^2} \leq \sigma_A^2 \leq \dfrac{(F_0/F_1) - 1}{F_0 - 1} \times \widehat{\sigma_A^2}$$
    (단, $F_0 = V_A/V_e$, $F_1 = \dfrac{1}{F_{1-\alpha/2}(\nu_e, \nu_A)}$,
    $F_2 = F_{1-\alpha/2}(\nu_A, \nu_e)$)

1-1. 일원배치법에 대한 설명 중 틀린 것은? [2014년 제4회]
① 특성치는 랜덤한 순서에 의해 구해야 한다.
② 반복의 수가 모든 수준에 대하여 같지 않아도 된다.
③ 결측치가 있어도 그대로 해석할 수 있다.
④ 교호작용의 유무를 알 수 있다.

1-2. 모수모형 1원배치법의 데이터 구조를 $x_{ij} = \mu + a_i + e_{ij}$라고 할 때, 옳지 않은 것은?(단, $i = 1, 2, \cdots, l$이며, $j = 1, 2, \cdots, m$이다)

[2003년 제1회 유사, 2004년 제4회, 2012년 제1회 유사, 2014년 제1회]

① $E(a_i) = a_i$ ② $V(a_i) \neq 0$

③ $\displaystyle\sum_{i=1}^{l} a_i = 0$ ④ $\bar{a} = 0$

1-3. 인자 A가 4수준, 3회 반복인 1원배치실험으로 분산분석을 한 결과, $S_A = 2.96$, $S_r = 4.29$일 때 인자 A의 순변동은 약 얼마인가?

[2011년 제4회, 2014년 제1회]

① 2.295 ② 2.461

③ 3.625 ④ 3.791

1-4. $l = 4$, $m = 5$인 1원배치실험에서 분산분석 결과 인자 A가 1[%]로 유의적이었다. $S_T = 2.478$, $S_A = 1.690$이고, $\bar{x}_{1\cdot} = 7.72$일 때, $\mu(A_1)$를 $\alpha = 0.01$로 구간 추정하면?(단, $t_{0.99}(16) = 2.583$, $t_{0.995}(16) = 2.921$이다)

[2014년 제2회 유사, 2015년 제1회, 2016년 제1회 유사, 2017년 제1회 유사]

① $7.430 \leq \mu(A_1) \leq 8.010$

② $7.396 \leq \mu(A_1) \leq 8.044$

③ $7.433 \leq \mu(A_1) \leq 8.007$

④ $7.464 \leq \mu(A_1) \leq 7.976$

1-5. 어떤 부품의 다수 로트에서 3로트(A_1, A_2, A_3)를 골라 각 로트에서 랜덤으로 8개씩 샘플링하여 그 치수를 측정한 후 분산분석표를 작성하였다. $\widehat{\sigma_A^2}$을 추정하면 약 얼마인가?

[2009년 제4회 유사, 2013년 제2회, 2017년 제2회 유사]

요 인	SS	DF	MS	F_0
A	0.206	( )	( )	( )
e	1.534	( )	( )	( )
T	1.740			

① 0.00374 ② 0.0220

③ 0.0515 ④ 0.073

1-6. 다음 표는 1요인실험(일원배치실험)에 의해 얻어진 특성치이다. F_0값과 F분포의 자유도는 얼마인가?

[2016년 제4회]

수준 I	90	82	70	71	81		
수준 II	93	94	80	88	92	80	73
수준 III	55	48	62	43	57	86	

① 10.42, (2, 15)

② 10.42, (3, 14)

③ 11.52, (14, 2)

④ 11.52, (15, 3)

1-7. 다음의 1요인실험(일원배치실험)에서 요인(인자) A의 제곱합 S_A의 값은?

[2008년 제2회 유사, 2009년 제2회 유사, 2016년 제4회]

A ＼ n	A_1	A_2	A_3	A_4	
1	−1	5	2	6	
2	2	−	3	−	
3	5	6	3	10	
4	4	4	1	−	
계	10	15	19	16	50

① 39.95 ② 46.66

③ 55.94 ④ 92.00

1-8. 어떤 화학반응실험에서 농도를 4수준으로 반복수가 일정하지 않은 실험을 하여 다음 표와 같은 결과를 얻었다. 분산분석 결과 $S_e = 2508.8$이었다. $\mu(A_3)$의 95[%] 신뢰 구간을 추정하면 약 얼마인가?(단, $t_{0.975}(15) = 2.131$, $t_{0.95}(15) = 1.753$이다)

[2013년 제1회, 2023년 제1회]

인 자	A_1	A_2	A_3	A_4
m_i	5	6	5	3
$\bar{x}_{i\cdot}$	52	35.33	48.20	64.67

① $37.938 \leq \mu(A_3) \leq 58.472$

② $38.061 \leq \mu(A_3) \leq 58.339$

③ $35.555 \leq \mu(A_3) \leq 60.845$

④ $35.875 \leq \mu(A_3) \leq 60.525$

1-9. 어떤 화학반응실험에서 농도를 4수준으로 반복수가 일정하지 않은 실험을 하여 다음 표와 같은 결과를 얻었다. 분산분석 결과 오차의 제곱합이 $S_e = 2508.8$이었다. $\mu(A_1)$과 $\mu(A_4)$의 평균치 차를 $\alpha = 0.05$로 검정하고자 한다. 평균치의 차가 약 얼마를 초과할 때 평균치의 차가 있다고 할 수 있는가?
(단, $t_{0.975}(15) = 2.131$, $t_{0.95}(15) = 1.753$이다)

[2009년 제1회, 2017년 제4회]

요 인	A_1	A_2	A_3	A_4
m_i	5	6	5	3
$\overline{x}_{i\cdot}$	51.87	56.11	53.24	64.54

① 15.866   ② 16.556
③ 19.487   ④ 20.127

1-10. 변량모형의 반복이 같은 1원배치법에서 A요인의 수준수가 7이고, 반복수가 4일 때, A요인의 분산의 추정치($\widehat{\sigma_A^2}$)를 구하는 식은?

[2007년 제4회 유사, 2016년 제2회]

① $\widehat{\sigma_A^2} = V_A$

② $\widehat{\sigma_A^2} = \dfrac{V_A - V_e}{3}$

③ $\widehat{\sigma_A^2} = V_A + V_e$

④ $\widehat{\sigma_A^2} = \dfrac{V_A - V_e}{4}$

1-11. 반복수가 4, 수준수가 4인 변량인자 A의 1원배치법의 실험 데이터에 대하여 분산분석하였더니 $V_A = 624.9$, $V_e = 167.25$이었다. 유의수준 0.05로 검정한 결과로 가장 적절한 것은?(단, $F_{0.95}(3, 12) = 3.49$, $F_{0.95}(3, 15) = 3.27$, $F_{0.95}(12, 3) = 8.74$, $F_{0.95}(15, 3) = 8.70$이다)

[2010년 제4회]

① 귀무가설을 채택한다.
② 검정결과는 유의하다(귀무가설 기각).
③ 자료의 부족으로 알 수 없다.
④ 변량모형은 검정을 할 수 없다(검정의 의미가 없다).

|해설|

1-1
일원배치법으로 교호작용의 유무를 알 수 없으며, 이것은 반복 있는 2원배치 이상에서 구할 수 있다.

1-2
모수모형이므로, $V(a_i) = 0$이다.

1-3
$$S_A' = S_A - \nu_A MS_e = 2.96 - 3 \times \frac{4.29 - 2.96}{8} \simeq 2.461$$

1-4
$$7.72 \pm 2.921 \times \sqrt{\frac{(2.478 - 1.690)/[4 \times (5-1)]}{5}}$$
$$\simeq 7.72 \pm 2.921 \times \sqrt{\frac{0.049}{5}} \simeq (7.430, \, 8.01)$$

1-5
$\nu_A = 3 - 1 = 2$

$\nu_T = (3 \times 8) - 1 = 23$

$\nu_e = \nu_T - \nu_A = 23 - 2 = 21$

$V_A = MS_A = \dfrac{S_A}{\nu_A} = \dfrac{0.206}{2} = 0.103$

$V_e = MS_e = \dfrac{S_e}{\nu_e} = \dfrac{1.534}{21} = 0.073$

$\widehat{\sigma_A^2} = \dfrac{MS_A - MS_e}{r}$

$\quad = \dfrac{0.103 - 0.0731}{8} = 0.00375$

1-6
F분포의 자유도
• 수준수 $l = 3$
• 특성치의 자유도 : $\nu_A = l - 1 = 3 - 1 = 2$
• 전체 자유도 $\nu_T = lr - 1 = 18 - 1 = 17$
• 오차항의 자유도 $\nu_e = \nu_T - \nu_A = l(r-1) = 17 - 2 = 15$
따라서, F분포의 자유도는 (2, 15)이다.

F_0값 : $F_0 = \dfrac{V_A}{V_e} = ?$

$$S_T = \sum\sum x_{ij}^2 - CT = (90^2 + \cdots + 86^2) - \frac{(90 + \cdots + 86)^2}{3 \times 5 + 3}$$
$$\simeq 104,815 - 100,501 = 4,314$$
$$S_A = \frac{\sum T_{i\cdot}^2}{r} - CT\left(\frac{394^2}{5} + \frac{600^2}{7} + \frac{351^2}{6}\right) - 100,501 = 2,508.3$$
$$S_e = S_T - S_A = 4,314 - 2,508.3 = 1,805.7$$
$$\therefore \; F_0 = \frac{V_A}{V_e} = \frac{S_A/\nu_A}{S_e/\nu_e} = \frac{2,508.3/2}{1,805.7/15} \simeq 10.42$$

1-7

$$S_A = \frac{1}{4}(10^2 + 9^2) + \frac{1}{3} \times 15^2 + \frac{1}{2} \times 16^2 - \frac{50^2}{13} \simeq 55.94$$

1-8

$$\bar{x}_{3\cdot} \pm t_{1-\alpha/2}(\nu_e)\sqrt{\frac{V_e}{r'}} = \bar{x}_{3\cdot} \pm t_{0.975}(15)\sqrt{\frac{S_e/\nu_e}{r_3}}$$

$$= 48.20 \pm 2.131 \times \sqrt{\frac{2,508.8/15}{5}}$$

$$\simeq 35.875 \sim 60.525$$

1-9

$$LSD = t_{1-\alpha/2}(\nu_e)\sqrt{V_e\left(\frac{1}{r_i} + \frac{1}{r_i'}\right)}$$

$$= t_{0.975}(15)\sqrt{\frac{2,508.8}{15} \times \left(\frac{1}{5} + \frac{1}{3}\right)}$$

$$\simeq 20.127$$

1-10

$$\hat{\sigma_A^2} = \frac{V_A - V_e}{r} = \frac{V_A - V_e}{4}$$

1-11

$$F_0 = \frac{V_A}{V_e} = \frac{624.9}{167.25} \simeq 3.736, \quad F_{0.95}(\nu_A, \nu_e) = F_{0.95}(3, 12) = 3.49$$

따라서, $F_0 \geq F_{0.95}(\nu_A, \ \nu_e)$이므로 귀무가설 기각(검정결과 유의)

정답 1-1 ④ 1-2 ② 1-3 ② 1-4 ① 1-5 ① 1-6 ① 1-7 ③
　　　1-8 ④ 1-9 ④ 1-10 ④ 1-11 ②

핵심이론 02 2원배치법(2요인실험)

2원배치법은 특성값에 영향을 주는 요인이 2개 있는 모형이다. 두 인자의 교호작용이 없다고 판단될 때는 '반복이 없는 2원배치법'을 사용하며, 두 인자의 교호작용이 있다고 판단될 때는 '반복이 있는 2원배치법'을 사용한다. 2원배치실험에서 반복의 장점은 다음과 같다.
• 실험의 재현성을 간접적으로 확인할 수 있다.
• 인자의 조합효과를 분리하여 구할 수 있다.
• 수준수가 작더라도 반복수의 크기를 적절히 조절하여 검출력을 높일 수 있다(인자의 효과에 대한 검출력이 좋아진다).
• 실험오차를 보다 정확하게 구할 수 있다.

① 반복이 없는 2원배치법 – 모수모형 : 교호작용이 없는 경우에 실시하는 반복이 없는 2원배치법(모수모형)은 교호작용과 실험오차를 분리할 수 없다.

　㉠ 데이터 배열표

구 분	A_1	A_2	$\cdots$	A_i	$\cdots$	A_l	$T_{\cdot j}$
B_1	x_{11}	x_{21}	$\cdots$	x_{i1}	$\cdots$	x_{l1}	$T_{\cdot 1}$
B_2	x_{12}	x_{22}	$\cdots$	x_{i2}	$\cdots$	x_{l2}	$T_{\cdot 2}$
$\vdots$	$\vdots$	$\vdots$	$\cdots$	$\vdots$		$\vdots$	$\vdots$
B_j	x_{1j}	x_{2j}	$\cdots$	x_{ij}		x_{lj}	$T'_{\cdot j}$
$\vdots$	$\vdots$	$\vdots$	$\vdots$	$\vdots$	$\vdots$	$\vdots$	$\vdots$
B_m	x_{1m}	x_{2m}	$\cdots$	x_{im}	$\cdots$	x_{lm}	$T_{\cdot m}$
$T_{i\cdot}$	$T_{1\cdot}$	$T_{2\cdot}$	$\cdots$	$T'_{i\cdot}$	$\cdots$	$T_{l\cdot}$	T'

　㉡ 데이터 구조식
　　• $x_{ij} = \mu + a_i + b_j + e_{ij}$
　　• $\bar{x}_{i\cdot} = \mu + a_i + \bar{e}_{i\cdot}$
　　• $\bar{x}_{\cdot j} = \mu + b_j + \bar{e}_{\cdot j}$
　　• $\bar{\bar{x}} = \mu + \bar{\bar{e}}$

　　(단, $\sum_i a_i = 0$, $\sum_j b_j = 0$, $e_{ij} \sim N(0, \ \sigma_e^2)$이고, 서로 독립)

　㉢ 분산분석
　　• 변동분해
　　　– 수정항 : $CT = \dfrac{T^2}{lm} = \dfrac{T^2}{N}$
　　　– $S_T = S_A + S_B + S_e = \sum\sum x_{ij}^2 - CT$
　　　– $S_A = \sum \dfrac{T_{i\cdot}^2}{m} - CT$

$$- S_B = \sum \frac{T_{.j}^2}{l} - CT, \ S_e = S_T - S_A - S_B$$

- 순변동 S'

$$S_A' = S_A - \nu_A V_e$$
$$S_B' = S_B - \nu_B V_e$$
$$S_e' = S_e + (\nu_A + \nu_B) V_e$$

• 자유도(ν)
  - 각 인자의 자유도 : 수준수 -1
  - 총자유도 : 총실험 횟수 -1
  - 오차항의 자유도 : 총자유도 $-$ 각 인자의 자유도
  - 반복이 없는 2원배치에서 오차항의 자유도 : $(l-1)(m-1)$이며 교호작용 $A \times B$의 자유도와 공식이 일치하는데, 그 이유는 반복이 없는 2원배치에서의 교호작용과 오차항은 서로 교락되어 있다는 것을 의미하기 때문이다.

[교 락]

• 2개 이상의 원인이 동시에 영향을 가짐으로써 분리 불능인 원인을 말한다.
• 완전 교락과 부분 교락으로 구분된다.
• 교락법은 실험 횟수를 늘리지 않고 실험 전체를 몇 개의 블록으로 나누어 배치시킴으로써 동일한 환경 내에서 실험 횟수를 적게 하도록 고안해 낸 배치법이다.

• 분산분석표 작성

요 인	SS	ν	V	$E(V)$	F_0	$F_{1-\alpha}$	S'	ρ
A	S_A	$l-1$	V_A	$\sigma_e^2 + m\sigma_A^2$	$\dfrac{V_A}{V_e}$	$F_{1-\alpha}$ (ν_A, ν_e)	$S_A' = S_A - \nu_A V_e$	ρ_A
B	S_B	$m-1$	V_B	$\sigma_e^2 + l\sigma_B^2$	$\dfrac{V_B}{V_e}$	$F_{1-\alpha}$ (ν_B, ν_e)	$S_B' = S_B - \nu_B V_e$	ρ_B
e	S_e	$(l-1)$ $(m-1)$	V_e	σ_e^2			$S_e' = S_e + (\nu_A + \nu_B) V_e$	ρ_e
T	S_T	$lm-1$						

$$- \rho_A = \frac{S_A'}{S_T} \times 100 [\%]$$
$$- \rho_B = \frac{S_B'}{S_T} \times 100 [\%]$$
$$- \rho_e = \frac{S_e'}{S_T} \times 100 [\%]$$

• 가설검정(인자 A인 경우)
  - 가설 설정 : $H_0 : a_1 = a_2 = \cdots = a_m = 0$, $H_1 : a_i \neq 0$
  - 유의수준 : $\alpha = 0.05, 0.01$
  - 검정통계량 : $F_0 = \dfrac{V_A}{V_e}$
  - 판정 : $F_0 = \dfrac{V_A}{V_e} \geq F_{1-\alpha}(\nu_A, \ \nu_e)$이면, H_0가 기각되며 A요인이 특성치에 영향을 주고 있다고 판정한다.

ⓔ 분산분석 후의 추정
• 모평균의 추정
  - 점 추정 : $\hat{\mu}(A_i) = \widehat{\mu + a_i} = \bar{x}_{i.}, \ \hat{\mu}(B_j) = \widehat{\mu + b_j} = \bar{x}_{.j}$
  - 구간 추정 :
$$\bar{x}_{i.} \pm t_{1-\alpha/2}(\nu_e)\sqrt{\frac{V_e}{m}}, \ \bar{x}_{.j} \pm t_{1-\alpha/2}(\nu_e)\sqrt{\frac{V_e}{l}}$$
여기서, l : A의 수준
m : B의 수준

• 각 수준의 모평균차의 신뢰구간 추정
  - A인자 :
$$\hat{\mu}(A_i - A_i') = (\bar{x}_{i.} - \bar{x}_{i.}') \pm t_{1-\alpha/2}(\nu_e)\sqrt{\frac{2V_e}{m}}$$
  - B인자 :
$$\hat{\mu}(B_j - B_j') = (\bar{x}_{.j} - \bar{x}_{.j}') \pm t_{1-\alpha/2}(\nu_e)\sqrt{\frac{2V_e}{l}}$$

• $\mu(A_i B_j)$의 추정 : 실험에 배치된 두 인자 (A, B)가 모두 유의한 경우 A의 i수준과 B의 j수준에서 최적 조건의 모평균 추정을 조합평균의 추정이라고 한다. 반복이 없는 2원배치의 경우 최적 조건에서의 데이터가 단 하나밖에 존재하지 않으므로 이에 대한 평균 추정은 다음과 같다.
  - 점 추정 :
$$\hat{\mu}(A_i B_j) = \widehat{\mu + a_i + b_j} = \widehat{\mu + a_i} + \widehat{\mu + b_j} - \hat{\mu}$$
$$= \bar{x}_{i.} + \bar{x}_{.j} - \bar{\bar{x}} = \frac{T_{i.}}{m} + \frac{T_{.j}}{l} - \frac{T}{lm}$$
  - 구간 추정 : $(\overline{x_{i.}} + \bar{x}_{.j} - \bar{\bar{x}}) \pm t_{1-\frac{\alpha}{2}}(\nu_e)\sqrt{\dfrac{V_e}{n_e}}$

여기서, n_e : 유효 반복수(NR), 수치맺음을 하지 않음

ⓓ 유효 반복수 : 2요인 이상의 조합평균을 구간 추정할 때 우선적으로 점 추정값인 데이터에서 조합평균을 구하는데, 이때 데이터가 하나밖에 없거나 여러 개 있지만 그 값이 실반복수의 유효성이 없는 경우에 유효 반복수가 사용된다.

- 다구치(田口) 공식 :

$$n_e = NR = \frac{총실험\ 횟수}{유의한\ 요인의\ 자유도합 + 1}$$

$$= \frac{lm}{\nu_A + \nu_B + 1} = \frac{lm}{l + m - 1}$$

- 이나(伊奈) 공식 :

$$\frac{1}{n_e} = \frac{1}{NR} = 모수\ 추정식\ 계수들의\ 합$$

$$= \frac{1}{l} + \frac{1}{m} - \frac{1}{lm} = \frac{l + m - 1}{lm}$$

ⓗ 결측치 처리방법 : 반복이 없는 2원배치법의 경우 결측치가 존재하면 분산분석을 할 수가 없으므로 결측치는 반드시 추정하여 추정 데이터를 삽입하여 분산분석을 한다. 이때 결측치는 추정되지만 원데이터가 없어지므로 오차항과 데이터 전체의 자유도(총자유도)는 결측치만큼 감소된다. 결측치 추정($A_i B_j$에 결측치 y_{ij}가 있는 경우)은 다음의 예이츠(Yates) 계산법을 이용한다.

$$y_{ij} = \frac{l\,T'_{i\cdot} + m\,T'_{\cdot j} - T'}{(l-1)(m-1)}$$

② 반복이 없는 2원배치법 – 혼합모형 : 1인자는 모수이고 1인자는 변량(블록인자, 층별인자)인 반복이 없는 2원배치실험이며 일반적으로 '난괴법'이라고 한다. 편의상 인자 A는 모수인자, 인자 B는 변량인자로 한다. 변량인자는 실험일, 실험 장소 또는 시간적 차이를 두고 실시되는 반복 블록인자나 랜덤으로 선택한 드럼통, 로트 등이 집단인 집단인자이다.

ⓐ 특 징

- 논에서 벼 품종의 수확량을 알아보기 위하여 논을 l개의 블록(Block)으로 층별하고 각각의 논에 4종류의 벼 품종을 랜덤으로 재배하고자 하는 실험을 하는 경우 가장 적절한 실험설계방법이다.
- 변량요인(변량인자)의 경우, 모평균을 추정하는 것은 의미가 없으며 각 수준 간의 산포(σ_B^2)를 구하는 것만 의미가 있다.

- 변량요인(변량인자)의 경우를 보통 블록요인(블록인자)이라고 한다.
- 변량요인을 실험일 또는 실험 장소 또는 시간 간격을 두고 실시되는 반복 등의 경우에는 블록요인이 되고, 랜덤으로 선택한 로트는 집단인자가 된다.
- 모수요인(모수인자)의 경우에는 각 수준 간에서의 모평균 추정에 의미가 있다.
- 블록별(처리별) 반복수가 일정(동일)하여야 한다.
- 처리수(모수), 블록수(변량)에 구애받지 않는다.
- 실험을 한 블록씩 블록 내에서 랜덤하게 실시하므로 실험배치가 간단하고 통계분석이 용이하다.
- 실험설계 시 실험환경을 균일하게 하여 블록 간에 차이가 없을 때 오차항에 풀링하면, 1원배치실험과 동일하다.
- 블록 간에 오차가 없을 때는 블록 간의 변동을 오차항에 풀링시켜서 해석한다.
- 일반적으로 1원배치로 단순 반복실험을 하는 것보다 반복을 블록으로 나누어 2원배치하는 경우, 층별이 잘되면 정보량이 많아진다.
- 처리수별에 따른 반복수가 동일해야 하므로 결측치가 존재하면 해석이 불가능하다.
- 정보량이 증가하면 오차분산의 자유도는 감소하므로 완전 임의배열법보다 정도가 좋다.
- 확률화와 층화(층별화, 블록화)의 2가지 원리에 따른다.
- 난괴법은 모수모형인 반복이 없는 2원배치법과 동일하게 구성되므로 분산분석은 반복이 없는 2원배치법과 동일하지만, 인자 B는 변량인자이므로 평균치 추정은 의미가 없고 분산 추정만 의미를 갖는다.
- 교호작용이 존재하지 않으므로 교호작용의 효과는 구할 수 없다.
- 제곱합의 계산은 반복 없는 2원배치의 모수모형과 동일하다.
- k개의 처리를 r회 반복실험하는 경우, 오차항의 자유도는 1요인실험이 난괴법보다 $r-1$이 크다.
- $COV(e_{ij},\ b_j) = 0$이다.

ⓛ 데이터 구조식

- 기본가정(조건식) : $\sum_{i=1}^{l} a_i = 0$, $\sum_{j=1}^{m} b_j \neq 0$,

  $b_j \sim N(0, \sigma_B^2)$, $e_{ij} \sim N(0, \sigma_e^2)$

- $x_{ij} = \mu + a_i + b_j + e_{ij}$
- $\overline{x}_{i\cdot} = \mu + a_i + \overline{b} + \overline{e}_{i\cdot}$
- $\overline{x}_{\cdot j} = \mu + b_j + \overline{e}_{\cdot j}$
- $\overline{\overline{x}} = \mu + \overline{b} + \overline{\overline{e}}$

ⓒ 분산분석 : 데이터의 배열, 분산분석표 작성과 검정은 반복이 없는 2원배치(모수모형)의 경우와 동일하다. 차이점은 인자 B가 변량이므로 인자 B의 모평균의 추정은 전혀 의미가 없으며, σ_B^2의 추정치를 구할 필요가 있다.

ⓔ 분산분석 후의 추정

- 모수인자 A의 모평균 신뢰구간 추정 :

  $\hat{\mu}(A_i) = \overline{x}_{i\cdot} \pm t_{1-\alpha/2}(\nu_e^*) \sqrt{\dfrac{V_B + (l-1)V_e}{lm}}$

  (단, $\nu_e^* = \dfrac{[V_B + (l-1)V_e]^2}{\dfrac{V_B^2}{\nu_B} + \dfrac{[(l-1)V_e]^2}{\nu_e}}$: Satterthwaite의

  자유도)

- $V(\overline{x}_{i\cdot}) = V(\mu + a_i + \overline{b} + \overline{e}_{i\cdot}) = \dfrac{V_B + (l-1)V_e}{lm}$

- 각 수준 간의 모평균차의 신뢰구간 추정 :

  $\hat{\mu}(A_i - A_i') = (\overline{x}_{i\cdot} - \overline{x}_{i\cdot}') \pm t_{1-\alpha/2}(\nu_e) \sqrt{\dfrac{2V_e}{m}}$

- 변량인자 B의 분산 추정 : $\widehat{\sigma_B^2} = \dfrac{V_B - V_e}{l}$

[균형불완비블록계획법(BIBD)]

- 개요 : 블록인자의 모든 수준이 모수인자의 모든 수준에 대해 1회씩 실험하는 난괴법과는 달리 어떤 블록은 모든 수준에 대해 실험을 못하는 경우의 블록을 불완비블록이라고 하고, 불완비블록에 의한 실험을 불완비블록계획법이라고 한다. 불완비블록에서 균형불완비블록의 배치에 의한 실험계획법을 균형불완비블록계획법(BIBD ; Balanced Incomplete Block Design)이라고 한다.
- 균형불완비블록의 조건(l개의 처리와 m개의 블록이 있을 때)

- 모든 블록에서 p개의 처리가 나타난다($p < l$).
- 각 처리에 r개의 블록이 나타난다($r < m$).
- 어느 처리를 보더라도 이 두 처리가 동시에 행해지는 블록수(λ)는 동일하다.
- 처리수가 블록수보다 많지 않다($l \leq m$).

처리번호 블록번호	1	2	3	4	5	6	7
1	☆	☆		☆			
2		☆	☆		☆		
3			☆	☆		☆	
4				☆	☆		☆
5	☆				☆	☆	
6		☆				☆	☆
7	☆		☆				☆

☆ : 실험이 이루어진 곳($l = 7$, $m = 7$, $p = 3$, $r = 3$, $\lambda = 1$)

- 데이터 구조식 : $y_{ijk} = \mu + a_i + b_j + e_{ijk}$

  (단, $i = 1, 2, \cdots, l$, $j = 1, 2, \cdots, m$, $k = n_{ij}$,

  $e_{ijk} \sim N(0, \sigma_e^2)$)

③ 반복이 있는 2원배치법 – 모수모형 : 2인자 A, B의 lm개 수준조합을 각각 r회씩 반복하여 실험을 할 때 2인자의 교호작용이 있다고 판단되면, lmr회의 실험 전부를 랜덤하게 행하는 완전 랜덤화 실험법이다.

ⓐ 특 징

- A, B 간에 교호작용이 존재할 때도 실험은 유효하다.
- 교호작용의 효과를 실험오차로부터 분리할 수 있다.
- 인자의 주효과의 검출력이 좋아진다.
- 실험오차를 단독으로 구할 수 있다.
- 실험의 재현성과 관리 상태를 파악할 수 있다.
- 수준수가 적더라도 반복의 크기를 적절히 조절하여 검출력을 높일 수 있다.
- 실험 횟수와 실험비용이 증가한다.
- 실험의 재현성이 좋지 않다.
- 인자 A, B의 조합조건마다 실험오차가 등분산인가 아닌가를 검토하여 실험이 관리 상태하에 있는지 체크하기 위하여 R관리도를 사용한다.

ⓑ 데이터 구조식

- $x_{ijk} = \mu + a_i + b_j + (ab)_{ij} + e_{ijk}$
- $\overline{x}_{ij\cdot} = \mu + a_i + b_j + (ab)_{ij} + \overline{e}_{ij\cdot}$
- $\overline{x}_{i\cdot\cdot} = \mu + a_i + \overline{e}_{i\cdot\cdot}$

- $\overline{x}_{\cdot j} = \mu + b_j + \overline{e}_{\cdot j}$
- $\overline{\overline{x}} = \mu + \overline{\overline{e}}$

(단, $(ab)_{ij}$: A, B 교호작용의 효과,

$$\sum_i a_i = \sum_j b_j = \sum_i ab_{ij} = \sum_j ab_{ij} = 0)$$

ⓒ 관리 상태 검정(등분산성 검토)
- 각 수준조합에서 R_{ij}를 구한다.
- $D_4\overline{R}$을 구한다(단, $\overline{R} = \sum\sum R_{ij}/lm$).
- 모든 R_{ij}가 $D_4\overline{R}$보다 작으면 분산분석을 실시한다.

ⓓ 분산분석
- 변동분해 : 반복이 있는 2원배치법에서 처음으로 교호작용의 변동인 $S_{A \times B}$가 단독으로 분리되어 구해진다. S_{AB}는 수준조합의 변동인 급간변동이며 두 변동 간에는 관계식 $S_{A \times B} = S_{AB} - S_A - S_B$이 성립한다.
  - $S_T = \sum\sum\sum x_{ijk}^2 - CT$
  - $S_A = \sum \dfrac{T_{i\cdot\cdot}^2}{mr} - CT$
  - $S_B = \sum \dfrac{T_{\cdot j\cdot}^2}{lr} - CT$
  - $S_{A \times B} = S_{AB} - S_A - S_B$, $S_{AB} = \sum_i\sum_j \dfrac{T_{ij}^2}{r} - CT$
  - $S_e = S_T - (S_A + S_B + S_{A \times B}) = S_T - S_{AB}$
- 자유도
  - $\nu_A = l - 1$
  - $\nu_B = m - 1$
  - $\nu_{A \times B} = (l-1)(m-1)$
  - $\nu_e = lm(r-1)$
  - $\nu_T = lmr - 1$
- 분산분석표 작성

요 인	SS	ν	V	$E(V)$	F_0	$F_{1-\alpha}$
A	S_A	$l-1$	V_A	$\sigma_e^2 + mr\sigma_A^2$	$\dfrac{V_A}{V_e}$	$F_{1-\alpha}$ (ν_A, ν_e)
B	S_B	$m-1$	V_B	$\sigma_e^2 + lr\sigma_B^2$	$\dfrac{V_B}{V_e}$	$F_{1-\alpha}$ (ν_B, ν_e)
$A \times B$	$\begin{array}{c}S_{AB}-S_A\\-S_B\end{array}$	$\begin{array}{c}(l-1)\\(m-1)\end{array}$	$V_{A \times B}$	$\sigma_e^2 + r\sigma_{A \times B}^2$	$\dfrac{V_{A \times B}}{V_e}$	$F_{1-\alpha}$ $(\nu_{A \times B}, \nu_e)$
e	$S_T - S_{AB}$	$lm(r-1)$	V_e	σ_e^2		
T	S_T	$lmr-1$				

- 가설검정(요인 $A \times B$인 경우)
  - 가설 설정 : $H_0 : \sigma_{A \times B}^2 = 0$, $H_1 : \sigma_{A \times B}^2 \neq 0$
  - 유의수준 : $\alpha = 0.05, 0.01$
  - 검정통계량 : $F_0 = \dfrac{V_{A \times B}}{V_e}$
  - 판정 : $F_0 = \dfrac{V_{A \times B}}{V_e} \geq F_{1-\alpha}(\nu_{A \times B}, \nu_e)$ 이면, H_0가 기각되며 요인 $A \times B$가 특성치에 영향을 주고 있다고 판정한다.

ⓜ 풀링(Pooling)
- 풀링은 분산분석표에서 F검정결과, 유의하지 않은 교호작용을 오차항에 넣어서 새로운 오차항으로 만드는 과정이다.
  - $F_0 = \dfrac{V_{A \times B}}{V_e} \leq F(\nu_{A \times B}, \nu_e : \alpha)$ 이면 교호작용은 유의하지 않으므로, 이때 교호작용을 오차항에 풀링한다.
  - 풀링한 경우 새로운 오차분산(V_e') :

    $S_e' = S_e + S_{A \times B}$, $\nu_e' = \nu_e + \nu_{A \times B}$에서 $V_e' = \dfrac{S_e}{\nu_e}$

- 원칙적으로 교호작용만 풀링 대상이지만 실험에 가능한 한 많은 인자를 넣는 직교배열표에 의한 실험계획에서는 오차의 자유도가 작아서 검출력이 나쁘므로 유의하지 않은 인자도 오차항에 풀링할 수 있다.
- 유의하지 않은 교호작용을 오차항에 풀링할 경우 실험의 목적, 기술적 지식, 통계적 측면, 제2종의 과오 등을 고려하여 결정한다.
- 실험목적 고려 : 교호작용의 존재 여부가 중요한 실험에서는 유의하지 않아도 풀링하지 않는다.
  - 기술적·통계적 측면 고려 : ν_e와 $\sigma_{A \times B}^2$의 계수 r의 크기를 고려하여 결정한다.
    ⓐ $F_0 = \dfrac{V_{A \times B}}{V_e} \leq 1$이면, 교호작용은 풀링한다.
    ⓑ $\nu_e \leq 20$인 경우, $1 < F_0 < F(\nu_{A \times B}, \nu_e : 0.01)$ 일 때 $r \geq 3$이면 풀링한다.
    ⓒ $\nu_e > 20$인 경우 $\alpha = 0.05$에서 유의하지 않으면 풀링하지만, ν_e가 매우 크므로 실질적인 큰 변화는 없다.
  - 제2종의 과오를 범하는 것이 큰 잘못일 때 : $F_0 \leq 1$인 경우에만 풀링한다.

ⓗ 분산 후의 추정(요인 $A \times B$인 경우)
- 모평균의 추정
  - 점 추정

    $$\hat{\mu}(A_i) = \widehat{\mu + a_i} = \bar{x}_{i\cdot\cdot}, \quad \hat{\mu}(B_i) = \widehat{\mu + b_i} = \bar{x}_{\cdot j\cdot}$$

  - 구간 추정

    $$\bar{x}_{i\cdot\cdot} \pm t_{1-\alpha/2}(\nu_e)\sqrt{\frac{V_e}{mr}}, \quad \bar{x}_{\cdot j\cdot} \pm t_{1-\alpha/2}(\nu_e)\sqrt{\frac{V_e}{lr}}$$

    여기서, l : A의 수준
    　　　　m : B의 수준
    　　　　r : 반복수

- 두 수준에서의 모평균의 차의 신뢰 구간 추정
  - 점 추정

    $$\widehat{\mu(A_i) - \mu(A_i{}')} = \widehat{\mu + a_i} - \widehat{\mu + a_i{}'} = \bar{x}_{i\cdot\cdot} - \bar{x}_{i\cdot\cdot}{}'$$

  - 구간 추정

    $$\widehat{\mu(A_i) - \mu(A_i{}')} = (\bar{x}_{i\cdot\cdot} - \bar{x}_{i\cdot\cdot}{}') \pm t_{1-\alpha/2}(\nu_e)\sqrt{\frac{2V_e}{mr}}$$

- $\mu(A_i B_j)$의 추정 : 실험에 배치된 두 인자 (A, B)가 모두 유의한 경우 A의 i수준과 B의 j수준에서 최적 조건의 모평균 추정을 조합평균의 추정이라고 한다. 반복이 없는 2원배치의 경우 최적 조건에서의 데이터가 단 하나만 존재했지만, 반복이 있는 2원배치의 경우는 다음과 같이 2가지로 분류된다.
  - 교호작용($A \times B$)이 유의한 경우($A \times B$가 무시되지 않는 경우) : 교호작용이 유의한 경우 인자 A, B가 유의하여도 각각의 모평균을 추정하는 것은 의미가 없다. A, B 간에 교호작용이 존재할 때는 모든 수준조합 $A_i B_j$에서 모평균을 추정하여 추정치를 가장 좋게 하는 수준조합이 최적의 조건이다. 교호작용이 유의한 경우, $\mu(A_i B_j)$를 추정하여 이것으로부터 최적의 조건을 선택한다.
    ⓐ 점 추정 : $\hat{\mu}(A_i B_j) = \mu + a_i + \widehat{b_j} + (ab)_{ij} = \bar{x}_{ij\cdot}$
    ⓑ 구간 추정 : $\bar{x}_{ij\cdot} \pm t_{1-\alpha/2}(\nu_e)\sqrt{\dfrac{V_e}{r}}$
    ⓒ 유효 반복수

    $$n_e = NR = \frac{lmr}{\nu_A + \nu_B + \nu_{A \times B} + 1}$$

    $$= \frac{lmr}{(l-1) + (m-1) + (l-1)(m-1) + 1}$$

    $$= r$$

- 교호작용($A \times B$)이 유의하지 않은 경우($A \times B$가 무시되는 경우) : A, B 간에 교호작용이 존재하지 않을 때는 A인자의 최적 조건에서의 평균과 B인자의 최적 조건에서의 평균을 구한 후에 전체 데이터의 평균을 뺀 값이 최적 조건에서의 평균값이다. 교호작용이 유의하지 않으면, 유의한 인자에 대해 각 수준의 모평균을 추정하므로 $\mu(A_i)$와 $\mu(B_j)$의 추정은 의미가 있다. 교호작용이 무시된다는 것은 분산분석표에서 나타나는 요인들(A, B, $A \times B$, e) 중에서 요인 $A \times B$의 검정결과가 유의하지 않음에 따라 오차항에 풀링된다는 것이므로, 요인 $A \times B$에 의해 나타나는 모든 값들이 오차항으로 편입되어 새로운 오차항이 발생되며 이때의 분산값을 $V_e{}'$로 표시한다.

  ⓐ 점 추정 :

  $$\hat{\mu}(A_i B_j) = \widehat{\mu + a_i + b_j} = \widehat{\mu + a_i} + \widehat{\mu + b_j} - \hat{\mu}$$
  $$= \bar{x}_{i\cdot\cdot} + \bar{x}_{\cdot j\cdot} - \bar{\bar{x}}$$

  ⓑ 구간 추정 :

  $$(\bar{x}_{i\cdot\cdot} + \bar{x}_{\cdot j\cdot} - \bar{\bar{x}}) \pm t_{1-\alpha/2}(\nu_e{}')\sqrt{\frac{V_e{}'}{n_e}}$$

  ⓒ $V_e{}' = \dfrac{S_e{}'}{\nu_e{}'} = \dfrac{S_{A \times B} + S_e}{\nu_{A \times B} + \nu_e}$

  ⓓ 유효 반복수

  $$n_e = NR = \frac{\text{총실험 횟수}}{\text{유의한 인자의 자유도합} + 1}$$

  $$= \frac{lmr}{l + m - 1}$$

ⓢ 결측치 처리방법
- 결측치가 있으면 결측치가 들어 있는 조합에서 나머지 데이터들의 평균치로 결측치를 추정한다.
- 결측치가 있으면 추정값으로 대입시켜 분산분석표를 작성하면 되지만, 결측치의 수만큼 총변동과 오차변동의 자유도는 감소한다.
- ν_T = (총실험 횟수 -1) $-$ 결측치수,
  ν_e = 기존 오차항의 자유도 $-$ 결측치수

④ 반복이 있는 2원배치법 - 혼합모형

　㉠ 개 요

　　• 혼합모형 : 모수인자와 변량인자로 구성된 모형이다. 인자 A가 모수인자, 인자 B가 변량인자인 경우로서, 각 수준수가 l, m이고 반복수가 r회라고 하면, lmr회의 전체 실험을 랜덤으로 행하여야 한다. 만약 변량인자가 랜덤으로 선택된 원료로트 또는 로트와 같은 집단인자인 경우에는 전체 실험에 대해 lmr회를 랜덤으로 수행하는데 실험일과 같은 블록인자인 경우에는 변량인자 B의 각 수준마다 lr회의 실험을 랜덤하게 행하여야 한다.

　　• 반복이 있는 2원배치법-모수모형과 분산분석표는 동일하지만 인자 B가 변량인자이므로 모수인자인 A에서 F_0검정방법과 $E(V)$가 모수모형과 차이가 생긴다.

　㉡ 데이터 구조식

　　• 기본가정(조건식)

　　　$- \sum_{i=1}^{l} a_i = 0, \ \sum_{j=1}^{m} b_j \neq 0, \ \sum_{j=1}^{m} (ab)_{ij} \neq 0$

　　　$- b_j \sim N(0, \sigma_B^2), \ e_{ij} \sim N(0, \sigma_e^2)$

　　• $x_{ijk} = \mu + a_i + b_j + (ab)_{ij} + e_{ijk}$

　　• $\overline{x}_{ij\cdot} = \mu + a_i + b_j + (ab)_{ij} + \overline{e}_{ij\cdot}$

　　• $\overline{x}_{i\cdot\cdot} = \mu + a_i + \overline{b} + \overline{(ab)}_{i\cdot} + \overline{e}_{i\cdot\cdot}$

　　• $\overline{x}_{\cdot j\cdot} = \mu + b_j + \overline{e}_{\cdot j\cdot}$

　　• $\overline{\overline{x}} = \mu + \overline{b} + \overline{\overline{e}}$

　㉢ 분산분석표 작성

요 인	SS	ν	V	$E(V)$	F_0	$F_{1-\alpha}$
A	S_A	$l-1$	V_A	$\sigma_e^2 + r\sigma_{A\times B}^2 + mr\sigma_A^2$	$\dfrac{V_A}{V_{A\times B}}$	$F_{1-\alpha}$ $(\nu_A, \nu_{A\times B})$
B	S_B	$m-1$	V_B	$\sigma_e^2 + lr\sigma_B^2$	$\dfrac{V_B}{V_e}$	$F_{1-\alpha}$ (ν_B, ν_e)
$A \times B$	$S_{A\times B}$	$(l-1)(m-1)$	$V_{A\times B}$	$\sigma_e^2 + r\sigma_{A\times B}^2$	$\dfrac{V_{A\times B}}{V_e}$	$F_{1-\alpha}$ $(\nu_{A\times B}, \nu_e)$
e	S_e	$lm(r-1)$	V_e	σ_e^2		
T	S_T	$lmr-1$				

A는 $A \times B$로 검정$\left(F_A = \dfrac{V_A}{V_{A\times B}} \right)$하고, B와 $A \times B$는 e로 검정한다.

㉣ 분산 후의 추정

　• 모수인자 A 각 수준에 있어서 모평균을 추정한다.

　• 인자 A 두 수준 간의 모평균차에 관한 추정을 한다.

　• 변량인자 B의 모평균 추정은 의미가 없으므로 산포만 추정한다.

　• 2인자의 수준조합 A_iB_j에서도 모평균 추정은 무의미하며, 산포의 추정만 유의미하다.

$$\widehat{\sigma_B^2} = \frac{V_B - V_e}{lr}, \ \widehat{\sigma_{A\times B}^2} = \frac{V_{A\times B} - V_e}{r}$$

핵심예제

2-1. 반복이 없는 2원배치법에 대한 설명 중 틀린 것은?(단, A의 수준수는 l, B의 수준수는 m이다) [2013년 제2회, 2017년 제2회]

① 특별히 한 인자는 모수이고, 나머지 인자는 변량인 경우를 난괴법이라고 한다.

② 분리해 낼 수 있는 변동의 종류에는 S_A, S_B, $S_{A\times B}$, S_e가 있다.

③ 오차항의 자유도는 $(l-1)(m-1)$이다.

④ 모수모형의 경우 결측치가 발생하면 Yates가 제안한 방법으로 결측치를 추정하여 분석할 수 있다.

2-2. 반복이 없는 2원배치법에서 인자 A의 자유도 $\nu_A = 4$이고, 잔차변동의 자유도 $\nu_E = 16$이라면 인자 B의 수준수는?

[2014년 제2회]

① 4　　　　　　　　　② 5
③ 20　　　　　　　　④ 12

2-3. 다음 데이터는 2개의 모수요인 A와 B의 각 수준에서 실험된 것이다. 요인 A의 효과를 검정할 수 있는 F_0값은 약 얼마인가?(단, 오차의 제곱합 $S_e = 0.56$이다)

[2004년 제1회 유사, 2016년 제1회 유사, 2017년 제4회]

B ＼ A	A_1	A_2	A_3
B_1	7.6	7.3	6.7
B_2	8.6	8.2	6.9
B_3	9.0	8.0	7.9
B_4	8.0	7.7	6.5

① 6.25　　　　　　　② 7.93
③ 15.25　　　　　　④ 18.49

2-4. 5수준의 모수인자 A와 4수준의 모수인자 B로 2원배치의 실험(반복 없음)을 한 결과 주효과 A, B가 모두 유효한 경우, 최적 조합조건하에서 공정평균 추정 시 유효 반복수 n_e는?

[2004년 제2회, 2006년 제2회]

① 20/7　　　　② 2.5
③ 4　　　　④ 3

2-5. 반복이 없는 모수모형 2원배치실험에서 한 개의 결측치 ⓨ 를 Yates의 방법으로 추정하면? [2013년 제4회, 2023년 제2회]

구 분	A_1	A_2	A_3	A_4	A_5
B_1	4	1	−1	ⓨ	1
B_2	2	3	2	2	2
B_3	3	2	1	4	3

① 2　　　　② 2.25
③ 3.25　　　　④ 3

2-6. 모수모형 2원배치법의 분산분석을 실시한 결과 교호작용이 무시되었다. 오차항에 풀링한 후 요인 B의 분산비를 구하면 약 얼마인가? [2015년 제2회]

요 인	SS	DF	MS
A	30	2	15
B	55	5	11.0
$A \times B$	12	10	1.2
e	72	18	4.0
T	169	35	

① 2.75　　　　② 3.67
③ 5.50　　　　④ 9.17

2-7. 다음 분산분석표로부터 모수인자 A, B에 대한 유의수준 10[%]에서의 가설검정결과로 올바른 것은?(단, $F_{0.90}(2, 6) = 3.46$, $F_{0.90}(3, 2) = 9.16$, $F_{0.90}(3, 6) = 3.29$, $F_{0.90}(6, 11) = 2.39$) [2013년 제4회, 2023년 제2회]

요 인	SS	DF	MS	F_0
A	185	3	61.7	3.63
B	54	2	27	1.59
e	102	6	17	
T	341	11		

① $F_{0.90}(2, 6) = 3.46$이므로, 귀무가설($\sigma_A^2 = 0$)을 기각할 수 없다.
② $F_{0.90}(3, 6) = 3.29$이므로, 귀무가설($\sigma_A^2 = 0$)을 기각한다.
③ $F_{0.90}(3, 2) = 9.16$이므로, 귀무가설($\sigma_B^2 = 0$)을 기각한다.
④ $F_{0.90}(6, 11) = 2.39$이므로, 귀무가설($\sigma_B^2 = 0$)을 기각한다.

2-8. 다음 분산분석표를 해석한 결과가 틀린 것은?(단, 유의수준(α)은 5[%]이며, 인자 A, B는 모수인자, $F_{0.95}(2, 6) = 5.14$, $F_{0.95}(3, 6) = 4.76$이다) [2016년 제2회]

요 인	SS	DF	MS	F_0
A	495	3	165	9.71
B	54	2	27	1.59
e	102	6	17	
T	651	11		

① 인자 B에 대한 귀무가설 $H_0 : b_1 = b_2 = b_3 = 0$은 유의수준 $\alpha = 0.05$에서 채택된다.
② 인자 A에 대한 귀무가설 $H_0 : a_1 = a_2 = a_3 = 0$은 유의수준 $\alpha = 0.05$에서 기각된다.
③ 인자 A의 각 수준에서의 평균에 대한 95[%] 신뢰구간의 폭을 구하기 위해서는 오차의 평균제곱 $V_e = 17$값이 반드시 필요하다.
④ 인자 A의 각 수준에서의 평균에 대한 95[%] 신뢰구간의 폭을 구하기 위해서는 인자 A의 평균제곱 $V_A = 165$ 값이 반드시 필요하다.

2-9. 다음 표는 요인 A, B에 대한 반복 없는 모수모형 2요인실험의 분산분석표이다. 이 실험의 품질특성을 망대특성이라고 할 때 틀린 것은?　[2017년 제1회]

수 준	A_1	A_2	A_3	A_4
B_1	16	26	30	20
B_2	13	22	20	17
B_3	7	9	19	5

요 인	SS	DF	MS	F_0	$F_{0.95}$
A	344	2	172	18.429	5.14
B	222	6	74	7.929	4.75
e	56	3	9.333		
T	622	11			

① 최적해의 점 추정치는 $\hat{\mu}(A_3B_1) = \overline{x}_3 + \overline{x}_1$이며, 점 추정치는 29이다.

② 모평균의 95[%] 신뢰구간을 위한 $Var(\overline{x}_3 + \overline{x}_1 - \overline{\overline{x}})$
$= \dfrac{lm}{l+m-1}\sigma_e^2$이다.

③ $t_{0.975}(6) = 2.447$일 때 최적 조건에서의 모평균의 신뢰구간은 약 23.71~34.29이다.

④ 유의수준 5[%]로 요인 A, B는 모두 유의하며, 망대특성이므로 최적해는 $\hat{\mu}(A_3B_1)$이다.

2-10. 난괴법에 관한 설명으로 틀린 것은?
　[2005년 제4회, 2016년 제1회]

① 1인자는 모수이고 1인자는 변량인 반복이 없는 2원배치의 실험이다.

② 일반적으로 실험배치의 랜덤에 제약이 있는 경우, 몇 단계로 나누어 설계하는 방법이다.

③ 실험설계 시 실험환경을 균일하게 하여 블록 간에 차이가 없을 때 오차항에 풀링하면, 1원배치실험과 동일하다.

④ 일반적으로 1원배치로 단순 반복실험을 하는 것보다 반복을 블록으로 나누어 2원배치하는 경우, 층별이 잘되면 정보량이 많아진다.

2-11. 난괴법에 관한 설명으로 가장 거리가 먼 것은?
　[2014년 제1회, 2023년 제2회]

① 제곱합의 계산은 반복이 없는 2원배치의 모수모형과 동일하다.

② 1인자는 모수이고 1인자는 변량인 반복이 없는 2원배치실험이다.

③ 인자 B가 변량인자이면, σ_B^2의 추정값을 구하는 것은 의미가 없다.

④ 인자 A가 모수인자, 인자 B가 변량인자이면 $\displaystyle\sum_{i=1}^{l} a_i = 0$, $\displaystyle\sum_{j=1}^{m} b_i \neq 0$이다.

2-12. 반복이 없는 2원배치법에서 A는 모수인자이고, B는 변량인자인 경우, 다음 설명 중 틀린 것은?
　[2008년 제1회, 2013년 제4회, 2023년 제2회]

① 난괴법의 형태이다.

② 이러한 경우에는 교호작용이 존재하지 않는다.

③ 모수인자인 경우 $\displaystyle\sum_{i=1}^{l} a_i = 0$이고, 변량인자인 경우 $\displaystyle\sum_{j=1}^{m} b_j \neq 0$이다.

④ 모수인자인 경우 a_i는 $N(0, \sigma_A^2)$를 따른다.

2-13. 1요인실험에서 완전 랜덤화 모형과 2요인실험의 난괴법에 관한 설명으로 틀린 것은?
　[2010년 제2회, 2017년 제1회]

① 난괴법에서 변량요인 B에 대해 모평균을 추정하는 것은 의미가 없다.

② 난괴법은 A요인이 모수요인, B는 변량요인이며 반복이 없는 경우를 지칭한다.

③ 난괴법에서 변량요인 B를 실험일 또는 실험 장소 등인 경우로 선택할 때 집단요인이 된다.

④ k개의 처리를 r회 반복실험하는 경우에 오차항의 자유도는 1요인실험이 난괴법보다 $r-1$이 크다.

2-14. 벼 품종 A_1, A_2, A_3의 단위당 수확량을 비교하기 위하여 2개의 블록으로 층별하여 난괴법 실험을 하였다. 각 품종별 단위당 수확량이 다음과 같을 때 블록별(B) 변동 S_B는?

[2002년 제1회, 2014년 제2회]

블록 1			블록 2		
A_1	A_2	A_3	A_1	A_2	A_3
47	43	50	46	44	48

① 0.67
② 0.89
③ 0.97
④ 1.23

2-15. 표 1은 모수요인 A와 블록요인 B에 대해 난괴법 실험을 하는 경우이며 표 2는 블록요인 B를 반복으로 하는 요인 A의 1요인실험으로 변환시킨 경우이다. 이때 A의 제곱합(S_A)에 관한 설명으로 맞는 것은?

[2007년 제4회 유사, 2012년 제1회 유사, 2017년 제4회]

[표 1]

A	B			
	1	2	3	4
1	9.3	9.4	9.6	10.0
2	9.4	9.3	9.8	9.9
3	9.2	9.4	9.5	9.7
4	9.7	9.6	10.0	10.2

[표 2]

A	r			
	1	2	3	4
1	9.3	9.4	9.6	10.0
2	9.4	9.3	9.8	9.9
3	9.2	9.4	9.5	9.7
4	9.7	9.6	10.0	10.2

① 난괴법에서의 A의 제곱합(S_A)보다 1요인실험의 제곱합(S_A)이 더 크다.

② 난괴법에서의 A의 제곱합(S_A)보다 1요인실험의 제곱합(S_A)이 더 작다.

③ 난괴법에서의 A의 제곱합(S_A)과 1요인실험의 제곱합(S_A)은 같다.

④ 난괴법에서의 A의 제곱합(S_A)과 B의 제곱합(S_B)을 합한 것과 1요인실험의 제곱합(S_A)은 값이 같다.

2-16. 모수인자 A를 5수준 택하고 블록인자로 실험일(B)을 랜덤으로 4일 택하여 난괴법으로 실험했다. $\widehat{\sigma_B^2}$ 의 공식으로 맞는 것은?

[2014년 제2회 유사, 2015년 제1회]

① $\widehat{\sigma_B^2} = \dfrac{V_B - V_e}{4}$

② $\widehat{\sigma_B^2} = \dfrac{V_E - V_B}{4}$

③ $\widehat{\sigma_B^2} = \dfrac{V_A - V_e}{5}$

④ $\widehat{\sigma_B^2} = \dfrac{V_B - V_e}{5}$

2-17. 반복이 있는 2원배치법에서 인자 A, B의 수준수와 반복이 각각 $l = 4$, $m = 3$, $r = 2$일 경우 교호작용의 자유도($\nu_{A \times B}$)는?

[2010년 제4회 유사, 2015년 제4회]

① 6
② 12
③ 15
④ 17

2-18. 모수인자 A, B의 수준수가 각각 l, m이고, 반복수가 r회인 2원배치실험에서 요인 A의 평균제곱 V_A의 기댓값은?

[2013년 제4회 유사, 2014년 제1회]

① $\sigma_e^2 + lm\sigma_A^2$

② $\sigma_e^2 + lr\sigma_A^2$

③ $\sigma_e^2 + mr\sigma_A^2$

④ $\sigma_e^2 + lmr\sigma_A^2$

2-19. 반복이 있는 모수모형 2원배치에서 다음의 실험 데이터를 얻었다. ( )는 결측치이다. 이 결측치를 추정하여 넣은 후에 분산분석을 실시할 때 오차항의 자유도(ν_e)는?

[2013년 제1회, 2023년 제1회]

구 분	A_1	A_2	A_3
B_1	3	6	8
	5	7	7
	4	( )	6
B_2	2	5	7
	1	6	8
	3	7	8

① 5
② 11
③ 12
④ 17

2-20. 반복이 있는 2원배치법의 실험에서 다음의 분산분석표를 얻었다. 이 실험의 반복수 r은 얼마인가? [2013년 제2회]

요 인	SS	DF
A		3
B		2
$A \times B$		6
e		24
T		35

① 2　　　　　　　　　② 3
③ 4　　　　　　　　　④ 5

2-21. 다음은 인자 A를 4수준, 인자 B를 3수준으로 하여 반복 2회의 2원배치법으로 실험한 결과이다. 이에 대한 설명으로 옳지 않은 것은?(단, 인자 A, B는 모두 모수인자이다)

[2014년 제1회]

인 자	SS	DF	MS	F_0	$F_{0.95}$
A	3.3	3	1.1	5.5	3.49
B	1.8	2	0.9	4.5	3.89
$A \times B$	0.6	6	0.1	0.5	3.00
e	2.4	12	0.2		
T	8.1	23			

① 유의수준 5[%]로 인자 A와 B는 의미가 있다.
② 교호작용 $A \times B$는 유의하지 않으며 1보다 작으므로 기술적 풀링을 검토할 수 있다.
③ 풀링할 경우 오차분산은 교호작용 $A \times B$와 오차항 E의 분산의 평균, 즉 0.15가 된다.
④ 모평균의 점 추정치는 인자 A, B가 유의하므로
$\hat{\mu}(A_i B_j) = \bar{x}_{i\cdot\cdot} + \bar{x}_{\cdot j\cdot} - \bar{\bar{x}}$ 로 추정된다.

2-22. 반복이 있는 2요인실험의 분산분석에서 교호작용이 유의하지 않아 오차항에 풀링했을 경우, 요인 B의 F_0(검정통계량)은 약 얼마인가? [2017년 제2회]

요 인	SS	DF	MS
A	542	3	180.67
B	2,426	2	1,213.00
$A \times B$	9	6	1.50
e	255	12	21.25
T	3,232		

① 53.32　　　　　　② 57.10
③ 82.70　　　　　　④ 84.05

2-23. 반복이 있는 2원배치(인자 A는 모수, 인자 B는 변량)에서 제곱평균이 기대치($E(V_A)$)들에 대한 표현으로 틀린 것은?(단, A는 l수준, B는 m수준, 반복 r회이다)

[2014년 제4회, 2015년 제1회 유사, 2015년 제2회, 2017년 제1회 유사, 제4회 유사]

① $E(V_e) = \sigma_e^2$
② $E(V_B) = \sigma_e^2 + lr\sigma_B^2$
③ $E(V_A) = \sigma_e^2 + mr\sigma_A^2$
④ $E(V_{A \times B}) = \sigma_e^2 + r\sigma_{A \times B}^2$

|해설|

2-1
반복이 없는 2원배치법에서 변동의 종류에는 S_A, S_B, S_e 등이 있으나 반복이 없기 때문에 교호작용에 대한 변동 $S_{A \times B}$는 구할 수 없다.

2-2
$\nu_e = (l-1)(m-1) = 16 = 4 \times (m-1)$ 따라서, $m = 5$

2-3
$F_0 = \dfrac{V_A}{V_e} = ?$

$V_A = \dfrac{S_A}{\nu_A} = \dfrac{\left[\frac{1}{4}(33.2^2 + 31.2^2 + 28^2) - \frac{92.4^2}{12} \right]}{2} = \dfrac{3.44}{2} = 1.72$

$V_e = \dfrac{S_e}{\nu_e} = \dfrac{S_e}{(l-1)(m-1)} = \dfrac{0.56}{6} = 0.093$

$\therefore F_0 = \dfrac{V_A}{V_e} = \dfrac{1.72}{0.093} = 18.49$

2-4

$$n_e = \frac{l_m}{\nu_A + \nu_B + 1} = \frac{l_m}{(l-1) + (m-1) + 1}$$

$$= \frac{5 \times 4}{(5-1) + (4-1) + 1} = 2.5$$

2-5

$$y_{ij} = \frac{lT'_{i \cdot} + mT'_{\cdot j} - T'}{(l-1)(m-1)} = \frac{lT'_{4 \cdot} + mT'_{\cdot 1} - T'}{(l-1)(m-1)}$$

$$= \frac{5 \times 6 + 3 \times 5 - 29}{(5-1) \times (3-1)} = 2$$

2-6

$$S_e' = S_e + S_{A \times B} = 72 + 12 = 84$$

$$\nu_e' = \nu_e + \nu_{A \times B} = 18 + 10 = 28$$

$$V_e' = \frac{S_e'}{\nu_e'} = \frac{84}{28} = 3$$

$$\therefore \ F_B = \frac{V_B}{\nu_e'} = \frac{11}{3} = 3.67$$

2-7

$F_0 = 3.63 > F_{0.90}(3, 6) = 3.29$이므로, 귀무가설$(\sigma_A^2 = 0)$을 기각
한다.

2-8

인자 A의 각 수준에서의 평균에 대한 95[%] 신뢰구간 추정식은
$\bar{x}_{i \cdot} \pm t_{1-\alpha/2}(\nu_e)\sqrt{\dfrac{V_e}{m}}$ 이므로, 신뢰구간의 폭을 구하기 위해서
인자 A의 평균 제곱 V_A의 값이 아니라 오차의 평균제곱합 V_e 가
반드시 필요하다.

2-9

모평균의 95[%] 신뢰구간을 위한
$Var(\bar{x}_3 + \bar{x}_1 - \bar{\bar{x}}) = \dfrac{(l+m-1)}{lm}\sigma_e^2$이다.

2-10

실험배치의 랜덤에 제약이 있는 경우, 몇 단계로 나누어 설계하는
방법은 분할법이다.

2-11

인자 B가 변량인자이면, σ_B^2의 추정값은 의미가 있다.

2-12

모수인자인 경우 a_i는 $N(a_i, \ \sigma_A^2)$를 따르며, 변량인자인 경우 b_i는
$N(0, \ \sigma_B^2)$를 따른다.

2-13

난괴법에서 변량요인 B를 실험일 또는 실험 장소 등인 경우로
선택할 때 블록요인이 된다.

2-14

$$S_B = \frac{1}{3}\left[(47+43+50)^2 + (46+44+48)^2\right] - \frac{278^2}{6}$$

$$= 0.67$$

2-15

난괴법에서의 A의 제곱합(S_A)과 1요인실험의 제곱합(S_A)은 모두
$(l-1)$로 같다.

2-16

$$\widehat{\sigma_B^2} = \frac{V_B - V_e}{l} = \frac{V_B - V_e}{5}$$

2-17

$$\nu_{A \times B} = (l-1)(m-1) = (4-1)(3-1) = 6$$

2-18

요인 A의 평균제곱 V_A의 기댓값
- 모수모형 $E(V_A) = \sigma_e^2 + mr\sigma_A^2$
- 혼합모형 $E(V_A) = \sigma_e^2 + r\sigma_{A \times B}^2 + mr\sigma_A^2$

2-19

$$\nu_e = \text{기존 오차항의 자유도} - \text{결측치수}$$

$$= lm(r-1) - \text{결측치수}$$

$$= 3 \times 2 \times (3-1) - 1 = 11$$

2-20

- 해법 1
  총실험 횟수 = 인자 A의 수준수 × 인자 B의 수준수 × 반복수
  $36 = 4 \times 3 \times r$
  $\therefore$ 반복수 $r = 3$
- 해법 2
  $l-1 = 3$이므로, $l = 4$
  $m-1 = 2$이므로, $m = 3$
  $lm(r-1) = 24, \ 4 \times 3(r-1) = 24$
  $\therefore \ r = 3$

2-21

$$MS_e' = \frac{S_e'}{\nu_e'} = \frac{S_e + S_{A \times B}}{v_e + v_{A \times B}} = \frac{2.4 + 0.6}{12 + 6} = 0.167$$

2-22

$$F_0 = \frac{V_B}{V_e'} = \frac{1,213.00}{264/18} = 82.70$$

2-23

$$E(V_A) = \sigma_E^2 + r\sigma_{A \times B}^2 + mr\sigma_A^2$$

① 다원배치법

　㉠ 다원배치법의 개요

　　• 다원배치법은 2원배치법과 유사하지만 인자수가 3개 이상인 경우이다.

　　• 인자수가 3개이면 3원배치법, 4개이면 4원배치법, n개이면 n원배치법이라고 한다.

　㉡ 다원배치법의 특징

　　• 실험 횟수가 급격히 증가한다.

　　• 실험하는 데 비용이 많이 든다.

　　• 실험의 랜덤화가 용이하지 않다.

　　• 불필요한 인자라고 판단되면 인자의 수를 줄여가는 노력이 필요하다.

② 반복이 없는 3원배치법 – 모수모형

　㉠ 개 요

　　• 반복이 없는 3원배치법–모수모형은 반복이 있는 2원배치–모수모형과 거의 차이가 없다.

　　• 인자가 3개이므로 분산분석표에서 요인들이 몇 개 더 나타나며, 반복이 없으므로 교호작용 $A \times B \times C$는 오차항에 교락되어 분리되지 않는다.

　㉡ 데이터의 구조 : A, B, C의 인자수준이 각각 l, m, n인 반복이 없는 3원배치의 데이터 구조식은 $x_{ijk} = \mu + a_i + b_j + c_k + (ab)_{ij} + (ac)_{ik} + (bc)_{jk} + e_{ijk}$로 표현된다.

　　• $i = 1, 2, \cdots, l, \ j = 1, 2, \cdots, m, \ k = 1, 2, \cdots, n$

　　• $e_{ijk} \sim N(0, \sigma_e^2)$이고 서로 독립이다.

　　• A, B, C인자의 3인자 교호작용 $(abc)_{ijk}$는 오차항 e_{ijk}에 교락되어 있어서 별도로 검출할 수 없으므로 데이터 구조식에는 쓰여 있지 않다.

　㉢ 분산분석

요 인	SS	ν	V	E(V)	F_0
A	S_A	$l-1$	V_A	$\sigma_e^2 + mn\sigma_A^2$	$\dfrac{V_A}{V_e}$
B	S_B	$m-1$	V_B	$\sigma_e^2 + ln\sigma_B^2$	$\dfrac{V_B}{V_e}$
C	S_C	$n-1$	V_C	$\sigma_e^2 + lm\sigma_C^2$	$\dfrac{V_C}{V_e}$
$A \times B$	$S_{A \times B}$	$(l-1)(m-1)$	$V_{A \times B}$	$\sigma_e^2 + n\sigma_{A \times B}^2$	$\dfrac{V_{A \times B}}{V_e}$
$A \times C$	$S_{A \times C}$	$(l-1)(n-1)$	$V_{A \times C}$	$\sigma_e^2 + m\sigma_{A \times C}^2$	$\dfrac{V_{A \times C}}{V_e}$
$B \times C$	$S_{B \times C}$	$(m-1)(n-1)$	$V_{B \times C}$	$\sigma_e^2 + l\sigma_{B \times C}^2$	$\dfrac{V_{B \times C}}{V_e}$
e	S_e	$(l-1)(m-1)(n-1)$	V_e	σ_e^2	
T	S_T	$lmn-1$			

　• 수정항 : $CT = \dfrac{T^2}{lmn}$

　• 제곱합

　　– $S_A = \sum \dfrac{T_{i\cdot\cdot}^2}{mn} - CT$

　　– $S_B = \sum \dfrac{T_{\cdot j\cdot}^2}{ln} - CT$

　　– $S_C = \sum \dfrac{T_{\cdot\cdot k}^2}{lm} - CT$

　　– $S_{AB} = \sum \sum \dfrac{T_{ij\cdot}^2}{n} - CT$

　　– $S_{AC} = \sum \sum \dfrac{T_{i\cdot k}^2}{m} - CT$

　　– $S_{BC} = \sum \sum \dfrac{T_{\cdot jk}^2}{l} - CT$

　　– $S_{A \times B} = S_{AB} - S_A - S_B$

　　– $S_{A \times C} = S_{AC} - S_A - S_C$

　　– $S_{B \times C} = S_{BC} - S_B - S_C$

　　– $S_e = S_T - (S_A + S_B + S_C + S_{A \times B} + S_{A \times C} + S_{B \times C})$

　　– $S_T = \sum \sum \sum x_{ijk}^2 - CT$

　㉣ 분산분석 후의 추정

　• 주효과만 유의한 경우(각 수준의 모평균 신뢰구간 추정)

　　– A인자 : $\hat{\mu}(A_i) = \bar{x}_{i\cdot\cdot} \pm t_{1-\alpha/2}(\nu_e{}') \sqrt{\dfrac{V_e{}'}{mn}}$

　　– B인자 : $\hat{\mu}(B_j) = \bar{x}_{\cdot j\cdot} \pm t_{1-\alpha/2}(\nu_e{}') \sqrt{\dfrac{V_e{}'}{ln}}$

　　– C인자 : $\hat{\mu}(C_k) = \bar{x}_{\cdot\cdot k} \pm t_{1-\alpha/2}(\nu_e{}') \sqrt{\dfrac{V_e{}'}{lm}}$

- 주효과만 유의한 경우, 수준조합 $A_iB_jC_k$의 모평균 추정
  - 점 추정 :
$$\hat{\mu}(A_iB_jC_k) = \mu + \widehat{a_i + b_j} + c_k$$
$$= \widehat{\mu + a_i} + \widehat{\mu + b_j} + \widehat{\mu + c_k} - 2\hat{\mu}$$
$$= \overline{x}_{i\cdot\cdot} + \overline{x}_{\cdot j\cdot} + \overline{x}_{\cdot\cdot k} - 2\overline{\overline{x}}$$
  - 구간 추정 :
$$(\overline{x}_{i\cdot\cdot} + \overline{x}_{\cdot j\cdot} + \overline{x}_{\cdot\cdot k} - 2\overline{\overline{x}}) \pm t_{1-\alpha/2}(\nu_e') \sqrt{\frac{V_e'}{n_e}}$$

(단, $V_e' = \dfrac{S_e}{\nu_e} = \dfrac{S_e + S_{A\times B} + S_{B\times C} + S_{A\times C}}{\nu_e + \nu_{A\times B} + \nu_{B\times C} + \nu_{A\times C}}$ 이며,

$n_e = \dfrac{lmn}{\nu_A + \nu_B + \nu_C + 1} = \dfrac{lmn}{l+m+n-2}$ 이다)

- 주효과와 $A \times C$가 유의한 경우, 수준조합 $A_iB_jC_k$에서의 모평균 추정
  - 점 추정 :
$$\hat{\mu}(A_iB_jC_k) = \mu + \widehat{a_i + b_j} + c_k + (ac)_{ik}$$
$$= \mu + \widehat{a_i + c_k} + (ac)_{ik} - \widehat{\mu + b_j} - \hat{\mu}$$
$$= \overline{x}_{i\cdot k} + \overline{x}_{\cdot j\cdot} - \overline{\overline{x}}$$
  - 구간 추정 :
$$(\overline{x}_{i\cdot k} + \overline{x}_{\cdot j\cdot} - \overline{\overline{x}}) \pm t_{1-\alpha/2}(\nu_e') \sqrt{\frac{V_e'}{n_e}}$$

(단, $V_e' = \dfrac{S_e'}{\nu_e'} = \dfrac{S_e + S_{A\times B} + S_{B\times C}}{\nu_e + \nu_{A\times B} + \nu_{B\times C}}$ 이며,

$n_e = \dfrac{lmn}{\nu_A + \nu_B + \nu_C + \nu_{A\times C} + 1} = \dfrac{lmn}{ln+m-1}$ 이다)

- 주효과와 교호작용 $A \times B$, $A \times C$, $B \times C$가 모두 유의할 경우, 수준조합 $A_iB_jC_k$에서의 모평균 추정
  - 점 추정 :
$$\hat{\mu}(A_iB_jC_k)$$
$$= \mu + a_i + b_j + c_k + \widehat{(ab)}_{ij} + (ac)_{ik} + (bc)_{jk}$$
$$= \mu + a_i + \widehat{b_j} + (ab)_{ij} + \mu + a_i + \widehat{c_k} + (ac)_{ik}$$
$$\quad + \mu + b_j + \widehat{c_k} + (bc)_{ik} - (\widehat{\mu + a_i}) - (\widehat{\mu + b_j})$$
$$\quad - (\widehat{\mu + c_k}) + \hat{\mu}$$
$$= \overline{x}_{ij\cdot} + \overline{x}_{i\cdot k} + \overline{x}_{\cdot jk} - \overline{x}_{i\cdot\cdot} - \overline{x}_{\cdot j\cdot} - \overline{x}_{\cdot\cdot k} + \overline{\overline{x}}$$

- 구간 추정 :
$$(\overline{x}_{ij\cdot} + \overline{x}_{i\cdot k} + \overline{x}_{\cdot jk} - \overline{x}_{i\cdot\cdot} - \overline{x}_{\cdot j\cdot} - \overline{x}_{\cdot\cdot k} + \overline{\overline{x}})$$
$$\pm t_{1-\alpha/2}(\nu_e) \sqrt{\frac{V_e}{n_e}}$$

(단, $n_e = \dfrac{lmn}{\nu_A + \nu_B + \nu_C + \nu_{A\times B} + \nu_{A\times C} + \nu_{B\times C} + 1}$

$= \dfrac{lmn}{lm + ln + mn - l - m - n + 1}$ 이다)

- 모수요인 A와 $A \times C$만 유의할 때 수준조합에서 최적해의 점 추정치 : $\hat{\mu}(A_iC_k) = \overline{x}_{i\cdot k} - \overline{x}_{\cdot\cdot k} + \overline{\overline{x}}$
- 교호작용 $B \times C$를 오차항에 풀링했을 때의 최적해의 추정치 : $\hat{\mu}(A_iB_jC_k) = \overline{x}_{ij\cdot} + \overline{x}_{i\cdot k} - \overline{x}_{i\cdot\cdot}$
- 유효 반복수(n_e)의 계산
  - 교호작용이 모두 유의하지 않을 때 $\hat{\mu}(A_iC_k)$의 신뢰구간 추정 시 사용되는 유효 반복수 :
$$n_e = \frac{lmn}{\nu_A + \nu_C + 1} = \frac{lmn}{(l-1)+(n-1)+1}$$
$$= \frac{lmn}{l+n-1}$$
  - 각 모수요인과 $A \times C$만 유의할 때 수준조합에서 신뢰구간 추정 시 사용되는 유효 반복수 :
$$n_e = \frac{lmn}{\nu_A + \nu_B + \nu_C + \nu_{A\times C} + 1}$$
$$= \frac{lmn}{(l-1)+(m-1)+(n-1)+(l-1)(n-1)+1}$$
$$= \frac{lmn}{ln+m-1}$$
  - 모수 요인 A와 $A \times C$만 유의할 때 수준조합에서 신뢰 구간 추정 시 사용되는 유효 반복수 :
$$n_e = \frac{lmn}{\nu_A + \nu_{A\times C} + 1}$$
$$= \frac{lmn}{(l-1)+(l-1)(n-1)+1} = \frac{lmn}{ln-n+1}$$

③ 반복이 없는 3원배치법 – 혼합모형
  ㉠ 개 요
   • 일반적으로 모수인자는 A, B로, 변량인자는 C로 표시한다(반복이 하나인 변량인자로 취급하여 C를 R로 표시하기도 한다).

- 반복이 없는 3원배치법–혼합모형은 반복이 있는 2원배치–혼합모형과 거의 차이가 없지만 인자가 3개이므로 분산분석표에서 요인들이 몇 개 더 나타나며, 반복이 없으므로 모수인자 A, B, 변량인자 C일 때 교호작용 $A \times B \times C$는 오차항에 교락되어 분리되지 않는다.
- 인자 C가 변량인자이므로 모수인자 A, B에서 F_0 검정방법과 $E(V)$가 모수모형과 차이가 있다.

ⓛ 데이터 구조

$$x_{ijk} = \mu + a_i + b_j + c_k + (ab)_{ij} + (ac)_{ik} + (bc)_{jk} + e_{ijk}$$

- $e_{ijk} \sim N(0,\ \sigma_e^2)$ 이고, 서로 독립이다.
- $\sum a_i = 0,\ \sum b_j = 0,\ \sum c_k = 0$

ⓒ 분산분석

요인	SS	ν	V	$E(V)$	F_0
A	S_A	$l-1$	V_A	$\sigma_e^2 + m\sigma_{A\times C}^2 + mn\sigma_A^2$	$\dfrac{V_A}{V_{A\times C}}$
B	S_B	$m-1$	V_B	$\sigma_e^2 + l\sigma_{B\times C}^2 + ln\sigma_B^2$	$\dfrac{V_B}{V_{B\times C}}$
C	S_C	$n-1$	V_C	$\sigma_e^2 + lm\sigma_C^2$	$\dfrac{V_C}{V_e}$
$A\times B$	$S_{A\times B}$	$(l-1)(m-1)$	$V_{A\times B}$	$\sigma_e^2 + n\sigma_{A\times B}^2$	$\dfrac{V_{A\times B}}{V_e}$
$A\times C$	$S_{A\times C}$	$(l-1)(n-1)$	$V_{A\times C}$	$\sigma_e^2 + m\sigma_{A\times C}^2$	$\dfrac{V_{A\times C}}{V_e}$
$B\times C$	$S_{B\times C}$	$(m-1)(n-1)$	$V_{B\times C}$	$\sigma_e^2 + l\sigma_{B\times C}^2$	$\dfrac{V_{B\times C}}{V_e}$
e	S_e	$(l-1)(m-1)(n-1)$	V_e	σ_e^2	
T	S_T	$lmn-1$			

ⓔ 분산분석 후의 추정
- 각 수준(A_i)의 모평균 구간 추정
  - 교호작용 $A \times C$가 유의한 경우 :

$$\bar{x}_{i\cdot\cdot} \pm t_{1-\alpha}(\nu_e^*)\sqrt{\dfrac{V_C + lV_{A\times C} - V_e}{lmn}}$$

$$\left(\text{단, } \nu_e^* = \dfrac{(V_C + lV_{A\times C} - V_e)^2}{\dfrac{V_C^2}{\nu_C} + \dfrac{(lV_{A\times C})^2}{\nu_{A\times C}} + \dfrac{(-V_e)^2}{\nu_e}} \text{ 이다}\right)$$

- 교호작용 $A \times C$가 유의하지 않은 경우 :

$$\bar{x}_{i\cdot\cdot} \pm t_{1-\alpha/2}(\nu_e^*)\sqrt{\dfrac{V_C + (l-1)V_e'}{lmn}}$$

$$\left(\text{단, } \nu_e^* = \dfrac{V_C + (l-1)V_e'}{\dfrac{V_C^2}{\nu_C} + \dfrac{(l-1)V_e'}{\nu_e}} \text{ 이며,}\right.$$

$$\left. V_e' = \dfrac{S_e'}{\nu_e'} = \dfrac{S_e + S_{A\times C}}{\nu_e + \nu_{A\times C}} \text{ 이다}\right)$$

- 변량인자와 교호작용의 분산 추정

$$- \ \widehat{\sigma_C^2} = \dfrac{V_C - V_e}{lm}$$

$$- \ \widehat{\sigma_{A\times B}^2} = \dfrac{V_{A\times C} - V_e}{m}$$

$$- \ \widehat{\sigma_{B\times C}^2} = \dfrac{V_{B\times C} - V_e}{l}$$

- 만약 교호작용이 무시될 경우 σ_C^2의 추정에 있어서 V_e 대신에 교호작용을 풀링한 오차분산 V_e'를 사용한다.

④ 반복이 있는 3원배치법 – 모수모형

ⓐ 개요 : 각 변동의 계산 공식이나 분산분석 및 추정은 반복 없는 3원배치법과 거의 유사하지만, 반복에 따른 교호작용 $A \times B \times C$가 오차항에서 분리되어 단독적으로 나타나게 된다는 점이 다르다.

ⓑ 데이터의 구조

$$x_{ijkp} = \mu + a_i + b_j + c_k + (ab)_{ij} + (ac)_{ik} + (bc)_{jk} + (abc)_{ijk} + e_{ijkp}$$

- $i = 1, 2, \cdots, l,\ j = 1, 2, \cdots, m,\ k = 1, 2, \cdots, n,\ p = 1, 2, \cdots, r$
- $e_{ijkp} \sim N(0, \sigma_e^2)$
- $\bar{x}_{i\cdots} = \mu + a_i + \bar{e}_{i\cdots}$
- $\bar{x}_{\cdot j\cdot\cdot} = \mu + b_j + \bar{e}_{\cdot j\cdot\cdot}$
- $\bar{x}_{\cdot\cdot k\cdot} = \mu + c_k + \bar{e}_{\cdot\cdot k\cdot}$
- $\bar{x}_{ij\cdot\cdot} = \mu + a_i + b_j + (ab)_{ij} + \bar{e}_{ij\cdot\cdot}$
- $\bar{x}_{i\cdot k\cdot} = \mu + a_i + c_k + (ac)_{ik} + \bar{e}_{i\cdot k\cdot}$
- $\bar{x}_{\cdot jk\cdot} = \mu + b_j + c_k + (bc)_{jk} + \bar{e}_{\cdot jk\cdot}$
- $\bar{\bar{x}} = \mu + \bar{\bar{e}}$
- $\bar{x}_{ijkp} = \mu + a_i + b_j + c_k + (ab)_{ij} + (ac)_{ik} + (bc)_{jk} + (abc)_{ijk} + \bar{e}_{ijk\cdot}$

ⓒ 분산분석

요 인	SS	ν	V	$E(V)$	F_0
A	S_A	$l-1$	V_A	$\sigma_e^2 + mnr\sigma_A^2$	$\dfrac{V_A}{V_e}$
B	S_B	$m-1$	V_B	$\sigma_e^2 + lnr\sigma_B^2$	$\dfrac{V_B}{V_e}$
C	S_C	$n-1$	V_C	$\sigma_e^2 + lmr\sigma_C^2$	$\dfrac{V_C}{V_e}$
$A \times B$	$S_{A \times B}$	$(l-1)(m-1)$	$V_{A \times B}$	$\sigma_e^2 + nr\sigma_{A \times B}^2$	$\dfrac{V_{A \times B}}{V_e}$
$A \times C$	$S_{A \times C}$	$(l-1)(n-1)$	$V_{A \times C}$	$\sigma_e^2 + mr\sigma_{A \times C}^2$	$\dfrac{V_{A \times C}}{V_e}$
$B \times C$	$S_{B \times C}$	$(m-1)(n-1)$	$V_{B \times C}$	$\sigma_e^2 + lr\sigma_{B \times C}^2$	$\dfrac{V_{B \times C}}{V_e}$
$A \times B \times C$	$S_{A \times B \times C}$	$(l-1)(m-1)$ $(n-1)$	$V_{B \times C}$	$\sigma_e^2 + r\sigma_{A \times B \times C}^2$	$\dfrac{V_{A \times B \times C}}{V_e}$
e	S_e	$lmn(r-1)$	V_e	σ_e^2	
T	S_T	$lmnr-1$			

- 수정항 : $CT = \dfrac{T^2}{lmnr}$

- 제곱합

  - $S_A = \sum \dfrac{T_{i\cdots}^2}{mnr} - CT$

  - $S_B = \sum \dfrac{T_{\cdot j\cdot}^2}{lnr} - CT$

  - $S_C = \sum \dfrac{T_{\cdot\cdot k\cdot}^2}{lmr} - CT$

  - $S_{AB} = \sum\sum \dfrac{T_{ij\cdots}^2}{nr} - CT$

  - $S_{AC} = \sum\sum \dfrac{T_{i\cdot k\cdot}^2}{mr} - CT$

  - $S_{BC} = \sum\sum \dfrac{T_{\cdot jk\cdot}^2}{lr} - CT$

  - $S_{A \times B} = S_{AB} - S_A - S_B$
  - $S_{A \times C} = S_{AC} - S_A - S_C$
  - $S_{B \times C} = S_{BC} - S_B - S_C$
  - $S_{A \times B \times C} = S_{ABC} - (S_{AB} + S_{AC} + S_{BC})$
    $+ (S_A + S_B + S_C)$

  - $S_{ABC} = S_{A \times B \times C} + (S_{AB} + S_{AC} + S_{BC})$
    $- (S_A + S_B + S_C)$
  - $S_{ABC} = S_{A \times B \times C} + (S_{A \times B} + S_{A \times C} + S_{B \times C})$
    $+ (S_A + S_B + S_C)$
  - $S_e = S_T - (S_A + S_B + S_C + S_{A \times B} + S_{A \times C} + S_{B \times C}$
    $+ S_{A \times B \times C}) = S_T - S_{ABC}$
  - $S_{ABC} = \sum\sum\sum \dfrac{T_{ijk\cdot}^2}{r} - CT$
  - $S_T = \sum\sum\sum\sum x_{ijkp}^2 - CT$

- $A \times B \times C$의 교호작용을 오차항에 풀링한 후의 오차항의 자유도

  $\nu_e{'} = \nu_e + \nu_{A \times B \times C}$
  $= lmn(r-1) + (l-1)(m-1)(n-1)$

ⓓ 분산분석 후의 추정

- 모수인자 A, B, C만 유의하고 교호작용은 유의하지 않은 경우

  - 각 모수인자의 최적 수준

    $\mu(A_i) = \dfrac{T_{i\cdots}}{mnr}$

    $\mu(B_j) = \dfrac{T_{\cdot j\cdot}}{lnr}$

    $\mu(C_k) = \dfrac{T_{\cdot\cdot k\cdot}}{lmr}$

  - 각 모수인자의 모평균의 추정

    $\hat{\mu}(A_i) = \overline{x}_{i\cdots} \pm t_{1-\alpha/2}(\nu_e)\sqrt{\dfrac{V_e}{mnr}}$

    $\hat{\mu}(B_j) = \overline{x}_{\cdot j\cdot} \pm t_{1-\alpha/2}(\nu_e)\sqrt{\dfrac{V_e}{lnr}}$

    $\hat{\mu}(C_k) = \overline{x}_{\cdot\cdot k\cdot} \pm t_{1-\alpha/2}(\nu_e)\sqrt{\dfrac{V_e}{lmr}}$

  - 최적 수준조합의 점 추정

    $\hat{\mu}(A_iB_jC_k) = \mu + a_i + b_j + c_k$
    $= \widehat{\mu + a_i} + \widehat{\mu + b_j} + \widehat{\mu + c_k} - 2\hat{\mu}$
    $= \overline{x}_{i\cdots} + \overline{x}_{\cdot j\cdot} + \overline{x}_{\cdot\cdot k\cdot} - 2\overline{\overline{x}}$

  - 최적 수준조합의 구간 추정 :

    $\hat{\mu}(A_iB_jC_k) \pm t_{1-\alpha/2}(\nu_e)\sqrt{\dfrac{V_e}{n_e}}$

    여기서, $n_e = \dfrac{lmnr}{(l-1)+(m-1)+(n-1)+1}$
    $= \dfrac{lmnr}{l+m+n-2}$

- 모수인자 A, B, C와 교호작용 $A \times C$만 유의하고 나머지 교호작용은 유의하지 않은 경우
  - 각 모수인자와 교호작용 $A \times C$의 최적 수준 :

  $$\mu(A_i) = \frac{T_{i\cdots}}{mnr}$$

  $$\mu(B_j) = \frac{T_{\cdot j \cdot \cdot}}{lnr}$$

  $$\mu(C_k) = \frac{T_{\cdot \cdot k \cdot}}{lmr}$$

  $$\mu(A_i C_k) = \frac{T_{i \cdot k \cdot}}{lr}$$

  - 각 모수인자의 모평균의 추정 :

  $$\hat{\mu}(A_i) = \bar{x}_{i\cdots} \pm t_{1-\alpha/2}(\nu_e)\sqrt{\frac{V_e}{mnr}}$$

  $$\hat{\mu}(B_j) = \bar{x}_{\cdot j\cdot\cdot} \pm t_{1-\alpha/2}(\nu_e)\sqrt{\frac{V_e}{lnr}}$$

  $$\hat{\mu}(C_k) = \bar{x}_{\cdot\cdot k\cdot} \pm t_{1-\alpha/2}(\nu_e)\sqrt{\frac{V_e}{lmr}}$$

  - 최적 수준조합의 점 추정

  $$\hat{\mu}(A_i B_j C_k) = \bar{x}_{i\cdot k\cdot} + \bar{x}_{\cdot j\cdot\cdot} - \bar{\bar{x}}$$

  - 최적 수준조합의 구간 추정 :

  $$\hat{\mu}(A_i B_j C_k) \pm t_{1-\alpha/2}(\nu_e)\sqrt{\frac{V_e}{n_e}}$$

  여기서,

  $$n_e = \frac{lmn}{(l-1)+(m-1)+(n-1)+(l-1)(n-1)+1}$$
  $$= \frac{lmn}{ln+m-1}$$

⑤ 반복이 있는 3원배치법 – 혼합모형

  ㉠ 개 요
  - 일반적으로 모수인자를 A, B, C로, 반복수를 R로 표시한다.
  - 각 요인의 제곱합, 자유도는 반복이 있는 3원 배치 모수모형의 경우와 동일하다.

  ㉡ 데이터 구조
  $$x_{ijkp} = \mu + a_i + b_j + c_k + (ab)_{ij} + (ac)_{ik} + (bc)_{jk} + (abc)_{ijk} + e_{ijkp}$$
  - $i = 1, 2, \cdots, l$, $j = 1, 2, \cdots, m$, $k = 1, 2, \cdots, n$, $p = 1, 2, \cdots, r$

- $c_k \sim N(0, \sigma_C^2)$, $e_{ijk} \sim N(0, \sigma_e^2)$
- $\sum c_k \neq 0$ & $\bar{c} \neq 0$, $\sum (ac)_{ik} \neq 0$, $\sum (bc)_{jk} \neq 0$, $\sum (abc)_{ijk} \neq 0$
- $\bar{x}_{i\cdots} = \mu + a_i + \bar{e}_{i\cdots}$
- $\bar{x}_{\cdot j\cdot\cdot} = \mu + b_j + \bar{e}_{\cdot j\cdot}$
- $\bar{x}_{\cdot\cdot k\cdot} = \mu + c_k + \bar{e}_{\cdot\cdot k\cdot}$
- $\bar{x}_{ij\cdot\cdot} = \mu + a_i + b_j + (ab)_{ij} + \bar{e}_{ij\cdot}$
- $\bar{\bar{x}} = \mu + \bar{c} + \bar{\bar{e}}$

㉢ 분산분석

요 인	SS	ν	V	$E(V)$	F_0
A	S_A	ν_A	V_A	$\sigma_e^2 + mr\sigma_{A \times C}^2 + mnr\sigma_A^2$	$\dfrac{V_A}{V_{A \times C}}$
B	S_B	ν_B	V_B	$\sigma_e^2 + lr\sigma_{B \times C}^2 + lnr\sigma_B^2$	$\dfrac{V_B}{V_{B \times C}}$
C	S_C	ν_C	V_C	$\sigma_e^2 + lmr\sigma_C^2$	$\dfrac{V_C}{V_e}$
$A \times B$	$S_{A \times B}$	$\nu_{A \times B}$	$V_{A \times B}$	$\sigma_e^2 + r\sigma_{A \times B \times C}^2 + nr\sigma_{A \times B}^2$	$\dfrac{V_{A \times B}}{V_{A \times B \times C}}$
$A \times C$	$S_{A \times C}$	$\nu_{A \times C}$	$V_{A \times C}$	$\sigma_e^2 + mr\sigma_{A \times C}^2$	$\dfrac{V_{A \times C}}{V_e}$
$B \times C$	$S_{B \times C}$	$\nu_{B \times C}$	$V_{B \times C}$	$\sigma_e^2 + lr\sigma_{B \times C}^2$	$\dfrac{V_{B \times C}}{V_e}$
$A \times B \times C$	$S_{A \times B \times C}$	$\nu_{A \times B \times C}$	$V_{B \times C}$	$\sigma_e^2 + r\sigma_{A \times B \times C}^2$	$\dfrac{V_{A \times B \times C}}{V_e}$
e	S_e	ν_e	V_e	σ_e^2	
T	S_T	ν_T			

핵심예제

3-1. A는 2수준, B는 3수준, C는 4수준인 3개의 인자를 선정해서 삼원배치법 실험을 하였다. 교호작용 $A \times C$의 자유도는?

[2008년 제2회 유사, 2010년 제2회 유사, 2014년 제4회, 2015년 제1회 유사]

① 3　　　　　　　　② 4
③ 5　　　　　　　　④ 6

3-2. 다음은 모수인자 반복이 없는 삼원배치 분산분석결과를 풀링하여 다시 정리한 것이다. 설명 중 틀린 것은? [2015년 제2회]

인 자	SS	DF	MS	F_0	$F_{0.95}$
A	743.6	2	371.8	163.8	6.93
B	753.4	2	376.7	165.9	6.93
C	1380.9	2	690.4	304.1	6.93
$A \times B$	651.9	4	163.0	71.8	5.41
$A \times C$	56.6	4	14.2	6.3	5.41
e	27.2	12	2.27		
T	3613.6	26			

① 풀링 전 오차의 자유도는 8이었다.
② 교호작용 $B \times C$는 오차항에 풀링되었다.
③ 최적해의 추정치는 $\hat{\mu}(A_i B_j C_k) = \overline{x}_{ij\cdot} + \overline{x}_{i\cdot k} - \overline{x}_{i\cdot\cdot}$이다.
④ 현재의 자유도로 보아 결측치가 하나 있는 것으로 나타났다.

3-3. 3인자 A(2수준), B(3수준), C(4수준) 3원배치법의 실험계획에서 각각 2회 반복하여 실험하였다. 3인자 교호작용을 오차항에 풀링하였을 때 오차항의 자유도는?

[2013년 제4회, 2023년 제2회]

① 18   ② 24
③ 30   ④ 36

|해설|

3-1
$\nu_{A \times C} = (l-1)(n-1) = 1 \times 3 = 3$

3-2
④ 결측치는 없다.
① $12 = \nu_e + 4$이므로 $\nu_e = 8$이다.
② $B \times C$를 오차항에 풀링하였다.
③ $B \times C$를 오차항에 풀링하였기 때문이다.

3-3
$\nu_e' = \nu_e + \nu_{A \times B \times C}$
$\quad = lmn(r-1) + (l-1)(m-1)(n-1)$
$\quad = 2 \times 3 \times 4 \times (2-1) + (2-1)(3-1)(4-1)$
$\quad = 24 \times 1 + 1 \times 2 \times 3 = 24 + 6 = 30$

정답 3-1 ①   3-2 ④   3-3 ③

핵심이론 04 대비와 직교분해

① 대비와 직교분해의 개요
  ㉠ 선형식 : n개의 측정치 $x_1, x_2, \cdots, x_n$의 정수계수 1차식으로 표시한 것이다.

$$L = c_1 x_1 + c_2 x_2 + \cdots + c_n x_n = \sum_{i=1}^{n} c_i x_i (단, c_1, c_2, \cdots, c_n$$

  모두가 동시에 0이 아니다)
  ㉡ 대비(Contrast)
  • 선형식을 이루고 있는 계수가 각각 모두 0이 아니며 이들의 합이 0일 때 대비한다고 정의한다.
  • 선형식 $L = c_1 x_1 + c_2 x_2 + \cdots + c_n x_n$의 대비가 되기 위한 조건 : $c_1 + c_2 + \cdots + c_n = \sum c_i = 0$
  ㉢ 직교(Orthogonal)
  • 서로 대비하는 선형식 각 항의 계수들의 곱의 합이 0일 경우이다.
  • 두 대비의 계수 곱의 합, 즉 $c_1 c_1' + c_2 c_2' + \cdots + c_l c_l'$가 0이면 두 대비는 서로 직교한다.
  • 두 개의 대비 $L_1 = c_1 T_1. + c_2 T_2. + \cdots + c_l T_l.$와 $L_2 = c_1' T_1. + c_2' T_2. + \cdots + c_l' T_l.$이 직교가 되는 조건 : $c_1 c_1' + c_2 c_2' + \cdots + c_l c_l' = \sum c_i c_i' = 0$
  • 어떤 변동을 직교분해하면 어떤 대비의 변동이 큰 부분을 차지하고 있는지 알 수 있다.
  • 선형식 L_1과 L_2가 서로 직교할 때 분산분석을 실시하면 인자가 유의하게 나타난다.
  ㉣ 선형식의 단위수 선형식의 변동 자유도
  • 선형식(L)의 단위수(D) : 선형식 계수들의 제곱합 $D = c_1^2 + c_2^2 + \cdots + c_n^2 = \sum c_i^2$
  • 선형식의 변동(S_L) : 선형식(L)의 제곱합을 그 단위수(D)로 나눈 것이다. $S_L = \dfrac{L^2}{D} = \dfrac{\left(\sum_{i=1}^{n} c_i x_i\right)^2}{\sum_{i=1}^{n} c_i^2}$

  • 어떤 요인이 수준수가 l인 경우 이 요인을 직교분해하면 $(l-1)$개의 직교하는 대비의 변동을 구할 수 있다.
  • 선형식 L의 자유도 $\nu_L = 1$
  (직교분해된 변동의 자유도는 항상 1이 된다)

② 1원배치 또는 반복이 없는 2원배치

  ㉠ 반복수가 일정한 1원배치(수준수 $= l$, 반복수 $= m$) 또는 반복이 없는 2원배치(인자 A의 수준수 $= l$, 인자 B의 수준수 $= m$)에서 인자 A의 각 수준의 합을 $T_1{}_\cdot$, $T_2{}_\cdot$, $\cdots$, $T_l{}_\cdot$ 이라고 하면, 선형식은 $L = c_1 T_1{}_\cdot + c_2 T_2{}_\cdot + \cdots + c_l T_l{}_\cdot$ 로 나타낸다.

  ㉡ 선형식은 대비조건인 $c_1 + c_2 + \cdots + c_n = \sum c_i = 0$을 만족한다.

  ㉢ 변동 : $S_L = \dfrac{L^2}{\left(\sum c_i^2\right) \cdot m}$

  ㉣ 1원배치나 반복이 없는 2원배치에서 각 요인의 수준수가 l이면 $(l-1)$개의 대비되는 선형식 $L_1{}_\cdot$, $L_2{}_\cdot$, $\cdots$, L_{l-1}이 있고 이 모든 선형식이 직교일 때

  • $S_A = S_{L_1} + S_{L_2} + \cdots + S_{L_{l-1}}$

  • 각 선형식의 자유도 $\nu_L = 1$, $\nu_A = \sum\limits_{i=1}^{l-1} \nu_L$

③ 반복이 일정하지 않은 1원배치

  ㉠ 선형식 $L = c_1 T_1{}_\cdot + c_2 T_2{}_\cdot + \cdots + c_l T_l{}_\cdot$ 에서 반복수가 일정하지 않으므로 대비, 직교, 변동 등에 있어서 반복(m)이 일정한 1원배치와는 약간 다르게 나타난다.

  ㉡ 대비 : $m_1 c_1 + m_2 c_2 + \cdots + m_l c_l = \sum m_i c_i = 0$

  ㉢ 직교 : $m_1 c_1 c_1{}' + m_2 c_2 c_2{}' + \cdots m_l c_l c_l{}' = \sum m_i c_i c_i{}' = 0$

  ㉣ 변동 : $S_L = \dfrac{L^2}{\sum m_i c_i^2}$

④ 반복이 있는 2원배치

  (A, B의 수준수를 각각 l, m, 반복수를 r이라고 하면)

  ㉠ 인자 A의 선형식 $L = c_1 T_1{}_{\cdot\cdot} + c_2 T_2{}_{\cdot\cdot} + \cdots + c_l T_l{}_{\cdot\cdot}$ 의 경우 제곱합(변동) $S_L = \dfrac{L^2}{\left(\sum c_i^2\right) \cdot mr}$

  ㉡ 인자 B의 선형식 $L = c_1 T_{\cdot 1 \cdot} + c_2 T_{\cdot 2 \cdot} + \cdots + c_m T_{\cdot m \cdot}$ 의 경우 변동 $S_L = \dfrac{L^2}{\left(\sum c_i^2\right) \cdot lr}$

  ㉢ 반복수가 동일한 일원배치법에서 처리제곱합(Sum of Square Treatment)의 분해 가능한 직교대비의 수는 인자의 자유도와 같다(자유도 : 수준수 -1).

4-1. 4개의 처리를 각각 n회씩 반복하여 평균치 $\bar{y}_1$, $\bar{y}_2$, $\bar{y}_3$, $\bar{y}_4$를 얻었다. 대비가 될 수 없는 것은?

[2015년 제1회 유사, 2017년 제1회]

① $\bar{y}_1 - \bar{y}_3$

② $\bar{y}_1 - \bar{y}_2 + \bar{y}_3 + \bar{y}_4$

③ $\bar{y}_1 + \bar{y}_2 - \bar{y}_3 - \bar{y}_4$

④ $\bar{y}_1 + \bar{y}_2 + \bar{y}_3 - 3\bar{y}_4$

4-2. 3개의 수준에서 반복 횟수가 8인 일원배치법 각 수준에서 측정값의 합이 y_1, y_2, y_3라고 할 때, 관심을 갖는 대비는 다음과 같은 2개가 있다. 이 두 대비가 서로 직교대비를 이루기 위해서 k값이 가져야 할 값은?

[2004년 제2회, 2007년 제2회, 2014년 제4회, 2021년 제1회]

$c_1 = y_1 - y_2$
$c_1 = \dfrac{1}{2} y_1 + k y_2 - y_3$

① 1

② $\dfrac{1}{2}$

③ $\dfrac{3}{2}$

④ -1

4-3. 선형식(L)이 다음과 같을 때 이 선형식의 단위수는?

[2003년 제4회 유사, 2007년 제4회 유사, 2010년 제4회 유사, 2014년 제1회 유사, 2015년 제2회, 2022년 제1회]

$L = \dfrac{x_1 + x_2 + x_3}{3} - \dfrac{x_4 + x_5 + x_6 + x_7}{4}$

① $\dfrac{1}{4}$

② $\dfrac{3}{4}$

③ $\dfrac{5}{12}$

④ $\dfrac{7}{12}$

4-4. 어떤 작업의 가공 순서를 2수준으로 하고 각각 5회씩 실험을 실시하여 다음과 같은 결과를 얻었다. 이때 A_1과 A_2 평균치의 차 $L = \dfrac{T_{1\cdot}}{5} - \dfrac{T_{2\cdot}}{5}$ 의 제곱합(S_L)은 얼마인가?

[2009년 제2회, 2015년 제4회, 2017년 제4회]

A_1 : 20 25 18 22 30	
A_2 : 15 21 20 16 24	

① 15.4   ② 36.1
③ 40.8   ④ 51.7

4-5. 반복수가 n으로 동일하고 a개의 수준을 갖는 일원배치법에서 처리제곱합(Sum of Square Treatment)은 몇 개의 직교대비로 분해 가능한가?

[2013년 제2회, 2016년 제1회]

① a개   ② n개
③ $a-1$개   ④ $n-1$개

|해설|

4-1
계수의 합이 0이면 대비가 된다. 따라서 $\bar{y}_1 - \bar{y}_2 + \bar{y}_3 + \bar{y}_4 = 1 - 1 + 1 + 1 = 2$이므로, 대비가 될 수 없다.

4-2
c_1, c_2의 계수를 곱하여 0이 되는 k값을 찾으면,
$1 \times \dfrac{1}{2} + (-1) \times k = 0$에서 $k = \dfrac{1}{2}$

4-3
$D = 3 \times \left(\dfrac{1}{3}\right)^2 + 4 \times \left(\dfrac{1}{4}\right)^2 = \dfrac{1}{3} + \dfrac{1}{4} = \dfrac{7}{12}$

4-4
$S_L = \dfrac{L^2}{D} = ?$

$L = \dfrac{T_{1\cdot}}{5} - \dfrac{T_{2\cdot}}{5} = \dfrac{115}{5} - \dfrac{96}{5} = 3.8$

$D = \left(\dfrac{1}{5}\right)^2 \times 5 + \left(-\dfrac{1}{5}\right)^2 \times 5 = \dfrac{2}{5} = 0.4$

$\therefore S_L = \dfrac{L^2}{D} = \dfrac{3.8^2}{0.4} = 36.1$

4-5
직교대비로 분해 가능한 개수는 인자의 자유도와 같다. 수준수가 a개이므로 직교분해의 수는 $a-1$개가 된다.

정답 4-1 ②   4-2 ②   4-3 ④   4-4 ②   4-5 ③

---

① 계수치 데이터 분석의 개요

㉠ 계수치 데이터 분석의 선행조건
• 선택된 인자는 모두 모수인자이어야 한다.
• 반복수는 충분히 커야 한다.
• 인자 간의 교호작용이 없어야 한다.

㉡ 중심극한의 정리 : 계수치 분포라도 데이터수가 많으면 계량치 분포인 정규분포에 근사하게 된다는 이론이다.

② 계수치 1원배치법(계수값 1요인실험)

㉠ 개 요
• 계수치의 데이터가 성별(남녀), 불량 여부(양품, 부적합), 신용(좋고, 나쁨) 등과 같이 두 가지 성질로 분류되는 경우에 사용한다.
• 일반적으로 0(데이터수가 많은 것), 1(데이터수가 적은 것)의 계량값으로 변형시켜서 분산분석한다.

㉡ 데이터의 구조식
• $x_{ij} = \mu + a_i + e_{ij} = 0$(적합품)
• $x_{ij} = \mu + a_i + e_{ij} = 1$(부적합품)

㉢ 분산분석

요 인	SS	ν	V	F_0	$F_{1-\alpha}$
A	S_A	$l-1$	V_A	$\dfrac{V_A}{V_e}$	$F_{1-\alpha}(\nu_A, \nu_e)$
e	S_e	$l(r-1)$	V_e		
T	S_T	lr			

• 수정항 : $CT = \dfrac{T^2}{lr}$

• 제곱합
 - $S_T = \sum\sum x_{ij}^2 - CT = \sum\sum x_{ij} - CT = T - CT$
 - $S_A = \sum \dfrac{T_{i\cdot}^2}{r} - CT$
 - $S_e = S_T - S_A$

㉣ 각 수준 모부적합품률의 추정
• 점 추정치 : $\widehat{P_{A_i}} = \left(\dfrac{T_{i\cdot}}{r}\right) \times 100\%$

• 신뢰구간 추정 :
$$P_{A_i} = \widehat{p_{A_i}} \pm t_{1-\frac{\alpha}{2}}(\nu_e)\sqrt{\dfrac{V_e}{r}} = \widehat{p_{A_i}} \pm u_{1-\frac{\alpha}{2}}\sqrt{\dfrac{V_e}{r}}$$

- 위의 식에서 $t_{1-\frac{\alpha}{2}}(\nu_e)$가 $u_{1-\frac{\alpha}{2}}$로 변경 : 계수치 데이터분석에서는 반복수가 계량치에 비해서 상당히 크므로 오차항의 자유도 ν_e가 무한대에 가까워진다.
- 일반적으로 자유도가 120을 넘으면, t분포표값은 정규분포와 같이 취급된다.
⑪ 오차항에 관한 정규 가정 :
$$mp > 5, \ m(1-p) > 5$$
여기서, m : 반복수
$\qquad P$: 부적합품률, $P < 0.5$

③ 계수치 2원배치법(계수값 2요인실험)
㉠ 개 요
- 계수치 2원배치법과 계량치 2원배치법과의 실험 실시방법의 차이 : 계량치 2원배치법은 실험 전체를 랜덤화하는 실험인 반면에, 계수치 2원배치법은 A_iB_j의 수준조합에서 랜덤화를 시키고 각 조건에서 r회 반복 실시한 형태이다.
- 2원배치법은 1원배치법과 마찬가지로 0, 1회의 계량값으로 변환시켜 분산분석을 한다.
- 계수치 2원배치법은 사실상 분할법과 같은 실험이므로 교호작용이 나타나지 않는다.
㉡ 데이터 구조식 : $x_{ijk} = \mu + a_i + b_j + e_{(1)ij} + e_{(2)ijk}$
㉢ 분산분석표

요 인	SS	ν	V	F_0	$F_{1-\alpha}$
A	S_A	$l-1$	V_A	$\dfrac{V_A}{V_{e_1}}$	$F_{1-\alpha}(\nu_A, \nu_{e_1})$
B	S_B	$m-1$	V_B	$\dfrac{V_B}{V_{e_2}}$	$F_{1-\alpha}(\nu_B, \nu_{e_1})$
$e_1(A \times B)$	S_{e_1}	$(l-1)(m-1)$	V_{e_1}	$\dfrac{V_{e_1}}{V_{e_2}}$	$F_{1-\alpha}(\nu_{e_1}, \nu_{e_2})$
e_2	S_{e_2}	$lm(r-1)$	V_{e_2}		
T	S_T	$lmr-1$			

- 수정항 : $CT = \dfrac{T^2}{lmr}$
- 제곱합
  - $S_A = \sum \dfrac{T_{i\cdots}^2}{mr} - CT$
  - $S_B = \sum \dfrac{T_{\cdot j}^2}{lr} - CT$
  - $S_{e_1} = S_{A \times B} - S_A - S_B$

- $S_{e_2} = S_T - S_{AB}$
- $S_{AB} = S_{T_1} = \sum \sum \dfrac{T_{ij}^2}{r} - CT$
- $S_T = \sum \sum \sum x_{ijk}^2 - CT = T - CT$

㉣ 데이터의 추정
- 계수치 2원배치법에서 $A \times B$는 유의하지 않으므로 오차항에 풀링된 상태에서 추정된다.
- 모부적합품률의 신뢰구간 추정
  - $P_{A_i} = \widehat{p_{A_i}} \pm u_{1-\alpha/2} \sqrt{\dfrac{V_e^*}{mr}} \ \left(\widehat{P_{A_i}} = \dfrac{T_{i\cdots}}{mr} \times 100[\%]\right)$
  - $P_{B_j} = \widehat{p_{B_j}} \pm u_{1-\alpha/2} \sqrt{\dfrac{V_e^*}{lr}} \ \left(\widehat{P_{B_j}} = \dfrac{T_{\cdot j}}{mr} \times 100[\%]\right)$
- 수준조합의 부적합품률의 추정
  - 점 추정치 :
  $$\widehat{P_{A_iB_j}} = \widehat{P_{A_i}} + \widehat{P_{B_j}} - \hat{P}$$
  $$= \left(\dfrac{T_{i\cdots}}{mr} + \dfrac{T_{\cdot j}}{lr} - \dfrac{T}{lmr}\right) \times 100[\%]$$
  - 신뢰구간 :
  $$P_{A_iB_j} = \widehat{p_{A_iB_j}} \pm u_{1-\alpha/2} \sqrt{\dfrac{V_e^*}{n_e}}$$
  $$= (\widehat{p_{A_i}} + \widehat{p_{B_j}} - \hat{p}) \pm u_{1-\alpha/2} \sqrt{\dfrac{V_e^*}{n_e}}$$
  $$= \left(\dfrac{T_{i\cdots}}{mr} + \dfrac{T_{\cdot j}}{lr} - \dfrac{T}{lmr}\right) \times 100[\%]$$
  $$\pm u_{1-\alpha/2} \sqrt{\dfrac{V_e^*}{n_e}}$$
  $$\left(\text{단, } n_e = \dfrac{lmr}{l+m-1}, \ V_e^* = \dfrac{S_e'}{\nu_e'} = \dfrac{S_{e_1} + S_{e_2}}{\nu_{e_1} + \nu_{e_2}}\right)$$

5-1. Y공장은 프레스 가공기계 4대로 작업하고 있다. 적합품은 0, 부적합품은 1의 값을 주기로 하고, 4대의 기계에서 100개씩의 제품을 가지고 실험했더니 다음과 같은 데이터를 얻었다. 이때 총제곱합(S_T)은 약 얼마인가?

[2013년 제1회 유사, 2015년 제4회 유사, 2016년 제1회 유사, 2017년 제2회]

기 계	A_1	A_2	A_3	A_4
적합품	93	90	95	85
부적합품	7	10	5	15

① 0.57 ② 30.71
③ 33.01 ④ 33.58

5-2. 적합품 여부의 동일성에 관한 실험에서 적합품이면 0, 부적합품이면 1의 값을 주기로 하고, 4대의 기계에서 나오는 200개씩의 제품을 만들어 부적합품 여부를 조사하였다. 기계 간의 변동 S_A를 구하면?

[2010년 제1회 유사, 2010년 제4회 유사, 2015년 제1회 유사, 2015년 제2회]

기 계	A_1	A_2	A_3	A_4
적합품	190	178	194	170
부적합품	10	22	6	30
계	200	200	200	200

① 0.15 ② 1.82
③ 5.78 ④ 62.22

5-3. 다음 표와 같이 1요인실험(일원배치실험) 계수치 데이터를 얻었다. 적합품을 0, 무적합품을 1로 하여 분산분석한 결과 오차의 제곱합(S_e)은 60.4를 얻었다. 기계 A_2에서의 모부적합품에 대한 95[%] 신뢰구간을 구하면 약 얼마인가?

[2006년 제2회, 2016년 제4회, 2021년 제1회]

기 계	A_1	A_2	A_3	A_4
적합품수	190	178	194	170
부적합품수	10	22	6	30

① 0.11±0.0195
② 0.11±0.0382
③ 0.11±0.0422
④ 0.11±0.0565

5-4. 제품을 조건 A_iB_j에서 각각 100회 검사한 결과 부적합품수는 다음 표와 같다. S_{e_1}은 약 얼마인가?

[2007년 제2회 유사, 2014년 제4회]

구 분	A_1	A_2	A_3
B_1	5	3	8
B_2	8	5	13

① 0.005 ② 0.016
③ 0.023 ④ 0.053

5-5. 기계와 열처리방법에 따라서 부적합률에 차가 있는가를 검정하기 위하여 다음의 실험 데이터를 얻었다. 적합품을 0, 부적합품을 1로 하는 계수치 데이터를 만드는 경우에 A인자(기계)의 제곱합(S_A)을 구하면 약 얼마인가?

[2013년 제4회 유사, 2016년 제2회]

구 분	기계 A_1	기계 A_2	기계 A_3
열처리B_1	적합품 115 부적합품 5	적합품 108 부적합품 12	적합품 117 부적합품 3
열처리B_2	적합품 110 부적합품 10	적합품 100 부적합품 20	적합품 112 부적합품 8

① 1.036 ② 2.782
③ 10.362 ④ 27.823

5-6. 다음의 표는 기계와 열처리온도의 조합에서 나타나는 부적합품수를 가지고 계수치 2원배치 분산분석을 한 자료이다. 설명이 옳지 않은 것은?

[2014년 제1회 유사, 2014년 제2회]

인 자	SS	DF	MS	F_0	$F_{0.95}$
A	2.641	3	0.8803		9.28
B	0.416	1	0.4160		10.10
$E_1(A \times B)$	0.076	3	0.0253		2.60
E_2	86.450	952	0.0908		
T	89.583	959			

① 교호작용이 나타나지 않는 이유는 계수치 2원배치는 실험이 사실상 분할법과 같기 때문이다.
② 기계의 수준수 4, 열처리온도의 수준수 2 그리고 수준조합당 검사수는 각 120회이다.
③ 유의수준 5[%]로 열처리온도 인자 B의 분산비는 4.581로 유의하다고 할 수 없다.
④ 1차 단위오차 E_1은 분산비가 1보다 작으므로 2차 단위오차에 풀링시켜 다시 분산분석하는 것이 좋다.

5-1

$$S_T = \sum_i \sum_j x_{ij}^2 - CT = 37 - \frac{37^2}{4 \times 100} = 33.58$$

5-2

$$S_A = \frac{10^2 + 22^2 + 6^2 + 30^2}{200} - \frac{68^2}{4 \times 200} = 7.6 - 5.78 = 1.82$$

5-3

기계 A_2에서의 모부적합품에 대한 95[%] 신뢰구간

$$= \hat{p}(A_2) \pm t_{1-\alpha/2}(\nu_e) \sqrt{\frac{V_e}{r}} = ?$$

1원배치 계수치 0, 1 데이터에서

$\nu_e = l(r-1) = 4(200-1) = 794 > 120$이므로 $\nu_e \to \infty$로 간주하

면, $t_{1-\alpha/2}(\infty) = u_{1-\alpha/2} = u_{0.975} = 1.960$

$$\hat{p}(A_2) = \frac{T_{2 \cdot}}{r} = \frac{22}{200} = 0.11$$

$$\therefore \hat{p}(A_2) \pm t_{1-\alpha/2}(\nu_e) \sqrt{\frac{V_e}{r}}$$

$$= 0.11 \pm t_{0.975}(\infty) \sqrt{\frac{60.4/794}{200}} = 0.11 \pm u_{0.975} \times 0.0195$$

$$= 0.11 \pm 1.96 \times 0.0195 = 0.11 \pm 0.0382$$

5-4

$$S_{e_1} = S_{A \times B} = S_{AB} - S_A - S_B = ?$$

$$S_{AB} = \frac{5^2 + 3^2 + \cdots + 13^2}{100} - \frac{42^2}{600} = 3.56 - 2.94 = 0.62$$

$$S_A = \frac{13^2 + 8^2 + 21^2}{200} - \frac{42^2}{600} = 3.37 - 2.94 = 0.43$$

$$S_B = \frac{16^2 + 26^2}{300} - \frac{42^2}{600} = 3.107 - 2.94 = 0.167$$

$$S_{e_1} = S_{A \times B} = S_{AB} - S_A - S_B$$

$$= 0.62 - 0.43 - 0.167 = 0.023$$

5-5

$$S_A = \sum_{i=1}^{3} \frac{T_{i \cdot \cdot}^2}{mr} - CT$$

$$= \frac{1}{2 \times 120}(15^2 + 32^2 + 11^2) - \frac{58^2}{3 \times 2 \times 120} = 1.036$$

5-6

열처리온도 인자 B의 분산비는 $F_0 = \dfrac{V_B}{V_{e_1}} = \dfrac{0.416}{0.0253} = 16.443$이

므로 인자 B는 유의하다.

정답 5-1 ④ 5-2 ② 5-3 ② 5-4 ③ 5-5 ① 5-6 ③

제3절 | 분할법 · 방격법 · K^n형 요인배치법 (K^n형 요인실험)

핵심이론 01 분할법

① 분할법의 개요와 특징

㉠ 분할법의 개요

- 분할법(Split-plot Design)의 정의
  - 일반적으로 실험배치의 랜덤에 제약이 있는 경우 몇 단계로 나누어 설계하는 방법이다.
  - 실험 순서가 완전히 랜덤으로 정해지지는 않고, 실험 전체를 몇 단계로 나누어서 단계별로 랜덤화하는 실험계획법이다.
  - 실험 전체를 완전 랜덤화하는 것이 곤란한 경우, 실험 순서가 랜덤으로 정해지지 않고, 실험 전체를 몇 단계로 나누어 단계별로 랜덤화하는 실험계획법이다(예를 들어, 1차 단위 인자수준의 변경은 어렵지만 2차 단위 인자수준의 변경은 쉬울 경우 사용함).
  - 요인배치법에서 실험 실시를 완전 랜덤화하는 것이 곤란한 경우에 사용하는 실험계획법이다.
  - 실험 전체를 완전 랜덤화하는 것이 곤란하거나 비경제적인 경우 실험 전체를 랜덤화하지 않고 몇 단계로 나누어 랜덤화하는 실험법이다.
- 개발 동기 : 농사실험에서 실험 구역으로 선정된 여러 구역에서 각각의 구역(1차 단위)을 몇 개의 하위 구역(Sub구역, 2차 단위)으로 나누어(분할) 거기에 다른 인자를 배치한 것에서 고안된 방법이다.
- 인자수준들의 조합 lm회만 랜덤으로 선택하고 선택된 각각의 수준조합 $A_i B_j$에서 r회를 계속 실험하는 랜덤화는 전체 실험 lmr회를 랜덤하게 행한 것이 아니므로 랜덤화의 원칙에 맞지 않는데, 분할법은 이처럼 완전 랜덤화가 안 된 실험이다.

㉡ 분할법의 특징

- 여러 개의 인자 중에서 랜덤화가 어려운 인자가 있을 때 사용한다.
- 실험 실시 시 완전 랜덤화가 불가능한 경우에 사용한다.
- 실험 전체를 랜덤화하지 않고 몇 단계로 나누어서 부분적으로 랜덤화시킨다.

- 같은 실험 내에서 많은 인자를 함께 조사하는 데 유리하다.
- 분할된 각 단위에서 실험오차가 분할되어 나온다.
- 오차는 랜덤화하는 방법에 따라 1차 단위의 실험오차, 2차 단위의 실험오차 등으로 오차분산이 단위별로 분할된다.
- 오차가 2개 이상 나타난다.
- 분할된 각 단위에서 실험오차가 분할되어 나오기 때문에 각종 검·추정에 있어서(어떤 오차를 사용하는 것이 좋은가를 정해 주어야 하므로) 다원배치법의 경우보다 더 복잡하다.
- 1차 단위인자의 수준 변경은 곤란하지만 2차 단위인자의 수준 변경은 비교적 용이할 때 사용된다.
- 1차 단위가 1원배치라는 것은 1차 단위에 인자가 1개밖에 없는 경우이다.
- 1차 단위의 인자에 대해서는 다원배치법의 실험을 하는 것보다는 분할법의 실험을 하는 것이 일반적으로 소요되는 원료의 양을 줄일 수 있다.
- 인자 2개가 1차 단위에 속한다면 1차 단위는 2원배치이다.
- 1차 단위오차 자유도는 2차 단위오차 자유도보다 작다.
- 일반적으로 2차 단위인자가 1차 단위인자보다 정도가 높게 추정된다(2차 인자의 효과가 1차 인자의 효과보다 정도가 더 좋게 추정된다).
- 2차 인자 B나 교호작용 $A \times B$의 효과가 1차 인자 A의 효과보다 정도가 더 좋게 추정된다.
- 1차 인자와 2차 단위에 배치한 인자의 교호작용 효과는 1차 인자와 주효과보다 좋은 정밀도를 추정할 수 있다.
- n차 인자와 m차 인자의 교호작용은 $n < m$일 때 m차 요인이 되며, n차 인자와 n차 인자의 교호작용은 그대로 n차 요인이 된다.
  - 1차 단위인자와 2차 단위인자의 교호작용은 2차 단위에 속하는 요인이 된다.
  - 2차 인자와 3차 인자의 교호작용은 3차 단위의 요인이 된다.
- 2차 단위까지의 실험에서 만약 1차 오차를 무시할 수 있어서 2차 오차에 풀링된다면 검·추정도 보통의 다원배치법 때와 동일하며 실험을 간단히 행한 것만큼 유리해진다.

② **단일분할법** : 실험의 랜덤화가 어려운 경우에 랜덤화가 어려운 것과 쉬운 것을 나누어 하는 실험이다.
  ㉠ 1차 단위가 1원배치인 단일분할법 : 한 번만 분할(Split)이 일어나는 것으로 1차 단위와 2차 단위로 나누어진다.

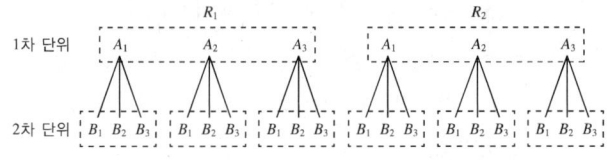

- 1차 단위 1원배치는 1차 단위에 속하는 인자가 하나밖에 없는 경우이다.
- 1차 단위(인자 A)와 2차 단위(인자 B)의 교호작용 ($A \times B$)을 알고자 하는 분할법이다.
- 데이터 구조
  - $x_{ijk} = (1차\ 단위) + (2차\ 단위)$
    $= (\mu + a_i + r_k + e_{(1)ik}) + (b_j + (ab)_{ij} + e_{(2)ijk})$
  - 인자 A, B의 수준수를 각각 l, m, 반복 R(변량인자 취급)인자의 수준수 r로 취급하므로 반복이 있는 2원배치와는 상이한 데이터 구조가 된다.
- 분산분석표

요 인		SS	ν	V	$E(V)$	F_0
1 차 단 위	A	$S_A = \sum \dfrac{T_{i\cdot\cdot}^2}{mr} - CT$	$l-1$	V_A	$\sigma_{e_2}^2 + m\sigma_{e_1}^2 + mr\sigma_A^2$	$\dfrac{V_A}{V_{e_1}}$
	R	$S_R = \sum \dfrac{T_{i\cdot k}^2}{lm} - CT$	$r-1$	V_R	$\sigma_{e_2}^2 + m\sigma_{e_1}^2 + lm\sigma_R^2$	$\dfrac{V_R}{V_{e_1}}$
	e_1	$S_e = S_{AR} - S_A - S_R$	$(l-1)(r-1)$	V_{e_1}	$\sigma_{e_2}^2 + m\sigma_{e_1}^2$	$\dfrac{V_{e_1}}{V_{e_2}}$
2 차 단 위	B	$S_B = \sum \dfrac{T_{\cdot j\cdot}^2}{lr} - CT$	$m-1$	V_B	$\sigma_{e_2}^2 + lr\sigma_B^2$	$\dfrac{V_B}{V_{e_2}}$
	$A \times B$	$S_{A \times B} = S_{AB} - S_A - S_B$	$(l-1)(m-1)$	$V_{A \times B}$	$\sigma_{e_2}^2 + r\sigma_{A \times B}^2$	$\dfrac{V_{A \times B}}{V_{e_2}}$
	e_2	$S_{e_2} = S_T - (S_A + S_R + S_{e_1} + S_B + S_{A \times B})$	$l(m-1)(r-1)$	V_{e_2}	$\sigma_{e_2}^2$	
T		$S_T = \sum\sum\sum x_{ijk}^2 - CT$	$lmr-1$			

- 수정항 : $CT = \dfrac{T^2}{N}$
- 제곱합

  - $S_{AR} = \sum \sum \dfrac{T_{i \cdot k}^2}{m} - CT$
  - $S_{e_1} = S_{A \times R}(e_1$과 $A \times R$은 교락$)$
  - $S_{e_2} = S_{B \times R} + S_{A \times B \times R}$
  - e_2, $B \times R$, $A \times B \times R$은 서로 교락관계이다.

- 검정방법
  - 1차 단위오차 e_1이 유의할 때 1차 단위는 e_1으로, 2차 단위는 e_2로 검정한다.
  - e_1이 유의가 아니면, e_2에 풀링하여 e_2로 모든 요인들을 검정한다(e_2로서 e_1을 검정).

- 분산 후의 추정
  - R, e_1이 유의하지 않은 경우 : R, e_1이 e_2에 풀링되면 반복 있는 2원배치법과 동일하다.
  - R, e_1이 유의한 경우

    $\bar{x}_{i \cdot \cdot} = \mu + a_i + \bar{r} + \bar{e}_{(1)i \cdot \cdot} + \bar{e}_{(2)i \cdot \cdot}$

    $\mu(A_i) = \bar{x}_{i \cdot \cdot} \pm t_{1-\alpha/2}(\nu_e{}^*) \sqrt{\dfrac{V_R + (l-1)V_{e_1}}{lmr}}$

    $\mu(B_j) = \bar{x}_{\cdot j \cdot} \pm t_{1-\alpha/2}(\nu_e{}^*) \sqrt{\dfrac{V_R + (m-1)V_{e_2}}{lmr}}$

    $\widehat{\sigma_R^2} = \dfrac{V_R - V_{e_1}}{lm}$, $\widehat{\sigma_{e_1}^2} = \dfrac{V_{e_1} - V_{e_2}}{m}$, $\widehat{\sigma_{e_2}^2} = V_{e_2}$

    $\nu^* = \dfrac{[V_R + (l-1)V_{e_1}]^2}{\dfrac{V_R^2}{\nu_R} + \dfrac{[(l-1)V_{e_1}]^2}{\nu_{e_1}}}$

ⓛ 1차 단위가 2원배치인 단일분할법

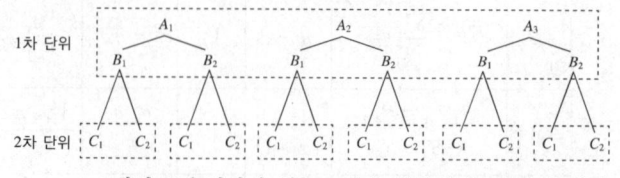

- 3개의 모수인자가 있는 3인자 실험에서 두 가지 인자는 랜덤화가 곤란하고, 한 가지 인자는 랜덤화가 쉬운 경우, 랜덤하기 곤란한 두 인자를 1차 단위인자로 놓고 랜덤화가 쉬운 한 인자는 2차 단위로 하는 실험계획법을 1차 단위가 2원배치인 단일분할법이라고 한다.

- A, B, C가 모수요인이고, R이 변량요인이며, A는 어떤 화학용액으로 제조 후의 숙성시간이 일정한 조건을 유지해야 하며 사용시간의 제한으로 A_1, A_2, A_3를 분할할 수밖에 없고 실험물량을 최소화하기 위해 A, B요인을 1차 요인으로 하고 수준 변화가 용이한 요인 C를 2차 요인으로 하여 실험을 수행할 때, 단일분할법이 가장 적절하다.

- 요인 A, B, C가 있는 3요인실험에서 A, B요인은 랜덤화가 곤란하고, C요인은 랜덤화가 용이하며, A, B요인을 1차 단위로, C요인을 2차 단위로 하여 단일분할법을 적용하였을 때, 2차 단위의 요인은 C, $A \times C$, $B \times C$, e_2 등이다.

- 데이터 구조

  $x_{ijk} = $ (1차 단위) + (2차 단위)

  $\quad = (\mu + a_i + b_j + e_{(1)ij}) + (c_k + (ab)_{ik} + (bc)_{jk} + e_{(2)ijk})$

- 분산분석표

요인	SS	ν	V	$E(V)$	F_0
A	$\sum \dfrac{T_{i \cdot \cdot}^2}{mn} - CT$	$l-1$	V_A	$\sigma_{e_2}^2 + m\sigma_{e_1}^2 + mn\sigma_A^2$	$\dfrac{V_A}{V_{e_1}}$
R	$\sum \dfrac{T_{\cdot j \cdot}^2}{ln} - CT$	$m-1$	V_B	$\sigma_{e_2}^2 + n\sigma_{e_1}^2 + ln\sigma_B^2$	$\dfrac{V_B}{V_{e_1}}$
e_1	$S_{AB} - S_A - S_B$	$(l-1)(m-1)$	V_{e_1}	$\sigma_{e_2}^2 + n\sigma_{e_1}^2$	$\dfrac{V_{e_1}}{V_{e_2}}$
C	$\sum \dfrac{T_{\cdot \cdot k}^2}{lm} - CT$	$n-1$	V_C	$\sigma_{e_2}^2 + lm\sigma_C^2$	$\dfrac{V_C}{V_{e_2}}$
$A \times C$	$S_{AC} - S_A - S_C$	$(l-1)(n-1)$	$V_{A \times C}$	$\sigma_{e_2}^2 + m\sigma_{A \times C}^2$	$\dfrac{V_{A \times C}}{V_{e_2}}$
$B \times C$	$S_{BC} - S_B - S_C$	$(m-1)(n-1)$	$V_{B \times C}$	$\sigma_{e_2}^2 + l\sigma_{B \times C}^2$	$\dfrac{V_{B \times C}}{V_{e_2}}$
e_2	$S_T - (S_A + S_R + S_{e_1} + S_C + S_{A \times C} + S_{B \times C})$	$(l-1)(m-1)(n-1)$	V_{e_2}	$\sigma_{e_2}^2$	
T	$S_T = \sum_{i=1}^{l} \sum_{j=1}^{m} \sum_{k=1}^{n} \sum_{p=1}^{r} x_{ijkp}^2 - CT$	$lmn-1$			

- 1차 단위오차 e_1은 교호작용 $A \times B$가, 2차 단위오차 e_2는 교호작용 $A \times B \times C$가 교락되어 있다.
- 1차 단위가 2원배치일 때 1차 단위오차의 자유도는 $(l-1)(m-1)$, 2차 단위오차의 자유도는 $(l-1)(m-1)(n-1)$이다.

③ 다단계분할법(지분실험법)

  ⊙ 지분실험법
- 로트 간·로트 내의 산포, 기계 간의 산포, 작업자 간의 산포, 측정의 산포 등 여러 가지 샘플링 및 측정의 정도를 추정하여 샘플링방식의 설계를 하거나 측정방법을 검토하기 위한 변량요인들에 대한 실험설계방법으로 가장 적합한 실험설계법이다.
- 여러 가지 샘플링 및 측정의 정도를 추정하여 샘플링방식을 설계하거나 측정방법을 검토할 때 사용 가능하다.

  ⊙ 특 징
- 일반적으로 변량인자들에 대한 실험계획법으로 많이 사용된다.
- 완전 랜덤실험과는 거리가 멀다.
- 인자가 유의할 경우 모평균의 추정은 별로 의미가 없고 산포의 정도를 추정하는 것이 효과적이다.
- 여러 가지 샘플링 및 측정의 정도를 추정하여 샘플링방식을 설계하거나 측정방법을 검토할 때도 사용이 가능하다.
- 인자 A와 B는 확률변수이다.
- 인자 A, B가 변량인자인 지분실험법은 먼저 인자 A의 수준이 정해진 후에 인자 B의 수준이 정해진다(A인자의 수준이 정해진 후에 B인자의 수준이 A인자의 각 수준으로부터 가지쳐(지분되어) 나온 형상이다).
- A의 수준수에 따라 B의 수준수가 반드시 같을 필요는 없으나, 일반적으로 같게 잡아 주는 것이 통례이다.
- 인자 A와 B의 교호작용을 검출해도 무의미하다(A, B, C 모두 대응이 없는 변량인자이므로 $A \times B$, $A \times C$, $B \times C$ 등의 교호작용을 구하는 것은 의미가 없다).
- A_1수준에 속해 있는 B_1과 A_2수준에 속해 있는 B_1은 동일하지 않다.

- A_1, A_2, A_3, A_4에서 각 B_1을 합쳐서 B_1의 평균을 구한다는 것은 의미가 없다.
- 의미가 있는 것은 A(일간) 내에 있어서의 B(트럭)의 산포와 B(트럭) 내에서의 C(삽)의 산포와 의미가 같은 것이다(아래 ⓒ 데이터 구조 참고).
- 다단계의 위쪽 인자들이 작은 자유도를 갖고 아래쪽 인자들이 큰 자유도를 가지므로, 분산 추정을 할 때 아래쪽 인자들의 분산의 정도가 좋게 추정된다.

  ⓒ 데이터의 구조

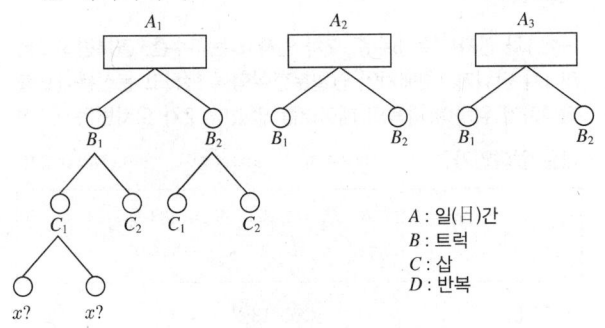

A : 일(日)간
B : 트럭
C : 삽
D : 반복

- $x_{ijkp} = \mu + a_i + b_{j(i)} + c_{k(ij)} + e_{p(ijk)}$
- $e_{p(ijk)} \sim N(0, \sigma_e^2)$, $a_i \sim N(0, \sigma_A^2)$, $b_{j(i)} \sim N(0, \sigma_{B(A)}^2)$, $e_{K(ij)} \sim N(0, \sigma_{C(AB)}^2)$

  ⓔ 분산분석표

요 인	SS	ν	V	$E(V)$	F_0
A	$\overset{\circ}{S}_A = \sum \dfrac{T_{i\cdots}^2}{mnr} - CT$	$l-1$	V_A	$\sigma_e^2 + r\sigma_{C(AB)}^2 + nr\sigma_{B(A)}^2 + mnr\sigma_A^2$	$\dfrac{V_A}{V_{B(A)}}$
$B(A)$	$S_{B(A)} = S_{AB} - S_A$	$l(m-1)$	$V_{B(A)}$	$\sigma_e^2 + r\sigma_{C(AB)}^2 + nr\sigma_{B(A)}^2$	$\dfrac{V_{B(A)}}{V_{C(AB)}}$
$C(AB)$	$S_{C(AB)} = S_{ABC} - S_{AB}$	$lm(n-1)$	$V_{C(AB)}$	$\sigma_e^2 + r\sigma_{C(AB)}^2$	$\dfrac{V_{C(AB)}}{V_e}$
e	$S_e = S_T - S_{ABC}$	$lmn(r-1)$	V_e	σ_e^2	
T	$S_T = \sum\limits_{i=1}^{l}\sum\limits_{j=1}^{m}\sum\limits_{k=1}^{n}\sum\limits_{p=1}^{r} x_{ijkp}^2 - CT$	$lmnr-1$			

- 지분실험법 오차항의 자유도는 $lmn(r-1)$이다.

ⓜ 분산성분의 추정

- $\hat{\sigma_A^2} = \dfrac{V_A - V_{B(A)}}{mnr}$

- $\hat{\sigma_{B(A)}^2} = \dfrac{V_{B(A)} - V_{C(AB)}}{nr}$

- $\hat{\sigma_{C(AB)}^2} = \dfrac{V_{C(AB)} - V_e}{r}$

- $\hat{\sigma_e^2} = V_e$

핵심예제

1-1. 1차 인자 A는 3수준, 2차 인자 B는 3수준, 블록반복 2회의 1차 단위가 1원배치인 단일분할실험을 행하고 분산분석표를 작성하기 위하여 다음의 데이터를 얻었다. 2차 오차변동 S_{e_2}의 값은 얼마인가? [2003년 제4회, 2014년 제2회, 2016년 제4회 유사]

$$S_T = 1,267.6,\ S_A = 713.4,\ S_B = 483.1,$$
$$S_{A \times B} = 55.6,\ S_R = 1.4,\ S_{AR} = 718.9$$

① 14.5 ② 13.2
③ 12.0 ④ 10.0

1-2. 1차 단위가 1원배치인 단일분할법에서 A를 1차 단위, B를 2차 단위로 블록반복 2회의 분할실험을 하여 다음과 같은 블록반복(R)과 A의 2원표를 얻었다. 블록반복(R) 간의 제곱합 S_R을 구하면?(단, m은 B의 수준수이다) [2013년 제1회, 2023년 제1회]

$m=4$	A_1	A_2	A_3	A_4	A_5
블록반복 Ⅰ	5	3	12	13	-31
블록반복 Ⅱ	-19	-18	-8	7	6

① 22.5 ② 28.9
③ 42.0 ④ 225.4

1-3. 열처리 공장에서 고무의 접착력을 높이기 위하여 고려된 수준이 4인 모수인자 A, B와 재현성 확인을 위해 2회 반복한 변량인자 R인 분할법 실험을 실시하였다. 여기서 A를 1차 단위로, B를 2차 단위로 하였을 때 $S_B = 483.1$, $S_T = 1267.6$, $S_R = 1.4$, $S_{AR} = 718.9$, $S_{A \times B} = 55.6$을 얻었다. 2차 오차분산 V_{e_2}는 약 얼마인가? [2013년 제4회, 2023년 제2회]

① 15.0 ② 10.0
③ 0.83 ④ 112.0

1-4. 1차 단위가 1원배치인 단일분할법에서 인자 A, B는 모수인자, 블록반복 R은 변량인자인 경우, 추정치 및 통계량을 구하는 공식이 틀린 것은?(단, A, B의 수준수는 l, m, 블록반복 R의 수준수는 r이다) [2013년 제2회, 2016년 제2회]

① $\hat{\sigma_{e_2}^2} = V_{e_2}$ ② $\hat{\sigma_R^2} = \dfrac{V_R - V_{e_1}}{lm}$

③ $F_{e_1} = \dfrac{V_{e_1}}{V_{e_2}}$ ④ $\hat{\sigma_{e_1}^2} = \dfrac{V_{e_2} - V_{e_1}}{m}$

1-5. 다음은 인자 A는 4수준, 인자 B는 2수준, 인자 C는 2수준, 반복 2회의 지분실험법을 실시한 결과를 분산분석표로 나타낸 것이다. 설명으로 옳지 않은 것은? [2014년 제4회]

인 자	SS	DF	MS	F_0	$F_{0.95}$
A	1.893	3	0.631		6.59
$B(A)$	0.748	4	0.187		3.01
$C(AB)$	0.344	8	0.043		2.59
e	0.032	16	0.002		
T	3.017				

① 인자 $B(A)$의 분산비는 3.349로 유의수준 5[%]에서 유의하다.

② $\hat{\sigma_{C(AB)}^2} = \dfrac{V_{C(AB)} - V_e}{r} = \dfrac{0.043 - 0.002}{2} = 0.0205$

③ 인자 $C(AB)$의 분산의 기댓값 $E(V_{C(AB)})$은 $\sigma_e^2 + 4\sigma_{c(AB)}^2$이다.

④ 인자 A는 검정결과 유의수준 5[%]로 유의하지 않다.

1-6. 다음 표는 지분실험을 실시하여 얻은 분산분석표의 일부이다. $\hat{\sigma_A^2}$의 값은 약 얼마인가?(단, A, B, C는 변량요인(변량인자)이다) [2007년 제1회, 2009년 제2회 유사, 2011년 제4회, 2016년 제4회, 2017년 제1회 유사]

요 인	SS	DF	MS
A	90	2	45
$B(A)$	60	6	10
$C(AB)$	36	18	2
e	27	27	1
T	213	53	

① 1.94 ② 2.50
③ 4.50 ④ 45.00

1-7. 다음은 변량인자 A 와 B로 이루어진 지분실험법의 분산분석표이다. 여기서 $\sigma^2_{B(A)}$의 추정값은?

[2010년 제1회 유사, 2015년 제2회, 2017년 제2회 유사, 2020년 제4회]

요 인	SS	DF	MS	F_0
A	62.0	2	31	
$B(A)$	7.5	3	2.5	
e	9.0	6	1.5	
T	78.5	11		

① 0.5

② 1.0

③ 1.5

④ 2.5

|해설|

1-1

$$S_{e_2} = S_T - (S_A + S_R + S_{e_1} + S_B + S_{A \times B})$$
$$= S_T - (S_{AR} + S_B + S_{A \times B})$$
$$= 1,267.6 - (718.9 + 483.1 + 55.6) = 10$$

1-2

$$S_R = \frac{\sum T^2_{\cdot\cdot k}}{lm} - \frac{T^2}{lmr}$$
$$= \frac{2^2 + (-32)^2}{5 \times 4} - \frac{(-30)^2}{5 \times 4 \times 2} = 28.9$$

1-3

$$S_{e_2} = S_T - (S_A + S_B + S_{AR} - S_A - S_R - S_B - S_{A \times B})$$
$$= S_T - S_B - S_{AR} - S_{A \times B} = 10$$
$$\nu_{e_2} = l(m-1)(r-1) = 4 \times 3 \times 1 = 12$$
$$V_{e_2} = \frac{S_{e_2}}{\nu_{e_2}} = \frac{10}{12} = 0.83$$

1-4

$$\widehat{\sigma^2_{e_1}} = \frac{V_{e_1} - V_{e_2}}{m}$$

1-5

인자 $C(AB)$의 분산의 기댓값

$$E(V_{C(AB)}) = \sigma^2_e + r\sigma^2_{C(AB)} = \sigma^2_e + 2\sigma^2_{C(AB)}$$

1-6

$$\widehat{\sigma^2_A} = \frac{V_A - V_{B(A)}}{mnr} = ?$$
$$\nu_A = l - 1 = 2, \quad \therefore \ l = 3$$
$$\nu_{B(A)} = l(m-1) = 3(m-1) = 6, \quad \therefore \ m = 3$$
$$\nu_{C(AB)} = lm(n-1) = 3 \times 3(n-1) = 18, \quad \therefore \ n = 3$$
$$\nu_e = lmr(r-1) = 3 \times 3 \times 3 \times (r-1) = 27, \quad \therefore \ r = 2$$
$$\therefore \ \widehat{\sigma^2_A} = \frac{V_A - V_{B(A)}}{mnr} = \frac{45 - 10}{3 \times 3 \times 2} = 1.94$$

1-7

$$\sigma^2_{B(A)} = \frac{MS_{B(A)} - MS_E}{r} = ?$$

$l - 1 = 2$에서 $l = 3$, $l(m-1) = 3$에서 $3(m-1) = 3$이므로 $m = 2$

$lm(r-1) = 6$에서 $(3 \times 2)(r-1) = 6$이므로 $r = 2$

$$\therefore \ \sigma^2_{B(A)} = \frac{MS_{B(A)} - MS_E}{r} = \frac{2.5 - 1.5}{2} = \frac{1}{2} = 0.5$$

정답 1-1 ④ 1-2 ② 1-3 ③ 1-4 ④ 1-5 ③ 1-6 ① 1-7 ①

① 라틴방격법

    ⊙ 라틴방격법의 개요

- 주효과만 구하고자 할 때 이용되는 방법으로, 행과 열에 비교하고자 하는 처리가 오직 한 번씩($k \times k$) 나타나도록 배치한 실험계획법이다.
- 수준수 k개의 숫자 또는 문자를 어느 행이나 어느 열에서든 하나씩만 있도록 나열하여 가로와 세로 각각 k개씩의 숫자 또는 문자가 4각형이 되도록 한 것을 $k \times k$ 라틴방격이라고 한다.
- 4각형 속에 라틴문자 A, B, C를 나열하여 4각형을 만들어 사용해서 라틴방격이란 명칭이 붙게 되었다.

1	2	3
2	3	1
3	1	2

(a)

1	3	2
2	1	3
3	2	1

(b)

2	1	3
3	2	1
1	3	2

(c)

- 표준 라틴방격 : 제1행, 제1열이 자연수 순서로 나열되어 있는 라틴방격
  - 그림 (a)는 1행, 1열이 자연수 순서로 나열되어 있으므로 표준 라틴방격이다(□ 안의 숫자는 인자의 수준수).
  - 수준수에 따른 표준 라틴방격수 : 3×3 라틴방격(1개), 4×4 라틴방격(4개), 5×5 라틴방격(56개), 6×6 라틴방격(9,408개)
- $k \times k$ 라틴방격의 수(배열 가능수 또는 총방격수) : (표준 라틴방격수)$\times k! \times (k-1)!$이므로, 3×3 라틴방격에는 12개, 4×4 라틴방격에는 576개, 5×5 라틴방격에는 $56 \times 5! \times 4!$개, 6×6 라틴방격에는 $9,408 \times 6! \times 5!$개가 있다.
- 라틴방격(Latin Square)의 예 : 다음의 표는 가로, 세로 3개씩의 숫자(인자 A, B의 수준수)로 배치하고 표 안은 인자 C의 수준수를 종횡으로 중복이 되지 않게 배치하여 각 조건에 맞게 실험을 랜덤으로 실시한 3×3 라틴방격법이다.

구 분	A_1	A_2	A_3
B_1	$C_1(7)$	$C_2(4)$	$C_3(6)$
B_2	$C_3(6)$	$C_1(1)$	$C_2(8)$
B_3	$C_2(1)$	$C_3(4)$	$C_1(9)$

    ⊙ 라틴방격법의 특징

- 모수모형에만 적용된다(모수인자만 사용한다).
- 실험 횟수가 다른 실험법에 비해 상대적으로 적으며 인자의 수준수에 거의 제한을 받지 않는다.
- 인자 간의 교호작용이 무시될 수 있을 때, 적은 실험 횟수로 주효과에 대한 정보를 얻고자 할 때 사용한다.
- 블록에 의해 층별효과를 올리고 실험오차를 더 줄일 수 있다.
- 예비실험에 유용하다.
- 각 처리는 모든 행과 열에 꼭 한 번씩 나타날 수 있다.
- 적은 실험 횟수로 주효과에 대한 정보를 간편히 얻을 수 있다(적은 실험 횟수로 측정치 분석이 가능하다).
- 3인자의 실험에 쓰이며 각 인자의 수준수가 반드시 동일해야 한다.
- 3원배치실험보다 적은 실험 횟수로 실험이 가능하다(실험 횟수가 3원배치실험의 경우보다 $\frac{1}{k}$ 배 작다).
- 수준수를 k라고 하면 총실험 횟수는 k^2이 된다.
- 수준수가 일정한(반복이 없는) 3원배치의 실험 횟수는 k^3, 라틴방격법의 실험 횟수는 k^2이므로 서로 같지 않다.
- (교호작용이 존재하지 않으므로) 인자 간의 교호작용의 효과를 검출할 수 없다(인자 간의 교호작용의 효과를 구할 수 없다).

    ⊙ 데이터 구조

- $x_{ijl} = \mu + a_i + b_j + c_l + e_{ijl}$
- $\bar{x}_{i..} = \mu + a_i + \bar{e}_{i..}$
- $\bar{x}_{.j.} = \mu + b_j + \bar{e}_{.j.}$
- $\bar{x}_{..l} = \mu + c_l + \bar{e}_{..l}$
- $\bar{x}_{ij.} = \mu + a_i + b_j + \bar{e}_{ij.}$
- $\bar{x}_{.jl} = \mu + b_j + c_l + \bar{e}_{.jl}$
- $\bar{x}_{i\cdot j} = \mu + a_i + c_l + \bar{e}_{i\cdot l}$
- $\bar{\bar{x}} = \mu + \bar{\bar{e}}$

ⓛ 분산분석표

요인	SS	ν	V	$E(V)$	F_0	$F_{1-\alpha}$
A	$\sum \dfrac{T_{i\cdot\cdot}^2}{k} - CT$	$k-1$	V_A	$\sigma_e^2 + k\sigma_A^2$	$\dfrac{V_A}{V_e}$	
B	$\sum \dfrac{T_{\cdot j\cdot}^2}{k} - CT$	$k-1$	V_B	$\sigma_e^2 + k\sigma_B^2$	$\dfrac{V_B}{V_e}$	$F_{1-\alpha}$ $(k-1, \nu_e)$
C	$\sum \dfrac{T_{\cdot\cdot k}^2}{k} - CT$	$k-1$	V_C	$\sigma_e^2 + k\sigma_C^2$	$\dfrac{V_C}{V_e}$	
e	$S_T - (S_A + S_B + S_C)$	$(k-1)$ $(k-2)$	V_e	σ_e^2		
T	$\sum\sum\sum x_{ijk}^2 - CT$	k^2-1				

- 오차항의 자유도는 $(k-1)(k-2)$이므로 오차항의 자유도가 존재하려면 수준수 k는 3 이상이 되어야 한다.

ⓜ 모평균의 추정
- 인자 각 수준에서 모평균의 추정
  - $\hat{\mu}(A_i) = \overline{x}_{i\cdot\cdot} \pm t_{1-\frac{\alpha}{2}}(\nu_e)\sqrt{\dfrac{V_e}{k}}$
  - $\hat{\mu}(B_j) = \overline{x}_{\cdot j\cdot} \pm t_{1-\frac{\alpha}{2}}(\nu_e)\sqrt{\dfrac{V_e}{k}}$
  - $\hat{\mu}(C_l) = \overline{x}_{\cdot\cdot l} \pm t_{1-\frac{\alpha}{2}}(\nu_e)\sqrt{\dfrac{V_e}{k}}$
- 2인자 조합 평균의 추정
  - 3인자 중 2개의 인자만 유의한 경우(인자 A, C 유의함, 인자 B 유의하지 않음)

  $\hat{\mu}(A_iC_l) = (\overline{x}_{i\cdot\cdot} + \overline{x}_{\cdot\cdot l} - \overline{\overline{x}}) \pm t_{1-\alpha/2}(\nu_e)\sqrt{\dfrac{V_e}{n_e}}$

  $\left(\text{단, } n_e = \dfrac{k^2}{2k-1}\right)$
- 3인자 조합 평균의 추정
  - 3인자 모두 유의한 경우

  $\hat{\mu}(A_iB_jC_l) = (\overline{x}_{i\cdot\cdot} + \overline{x}_{\cdot j\cdot} + \overline{x}_{\cdot\cdot l} - 2\overline{\overline{x}})$

  $\pm t_{1-\alpha/2}(\nu_e)\sqrt{\dfrac{V_e}{n_e}}$

  $\left(\text{단, } n_e = \dfrac{k^2}{3k-2}\right)$

ⓑ 라틴방격법에서의 유효 반복수
- 2인자 조합평균 :

  $n_e = \dfrac{lm}{l+m-1} = \dfrac{k \times k}{k+k-1} = \dfrac{k^2}{2k-1}$
- 3인자 조합평균 :

  $n_e = \dfrac{lm}{\nu_A + \nu_B + \nu_C + 1}$

  $= \dfrac{k \times k}{(k-1)+(k-1)+(k-1)+1} = \dfrac{k^2}{3k-2}$

② 그레코 라틴방격법
 ㉠ 개요
  - 그레코 라틴방격은 서로 직교하는 2개의 라틴방격을 조합한 방격이다.
  - 다음의 예에서 조합한 숫자 13은 C_1D_3를 의미하므로 그레코 라틴방격법은 인자가 4개가 사용되고 각 인자의 수준수는 반드시 동일해야 한다.

1	2	3
2	3	1
3	1	2

(a)

1	3	2
2	1	3
3	2	1

(b)

11	23	32
22	31	13
33	12	21

(c)

(a)와 (b)를 조합했을 때 (c)와 같이 한 번 나온 조합이 똑같이 반복되어 나오지 않는 경우를 직교라고 한다.

 ㉡ 특징
  - 4인자가 실험에 사용되는 그레코 라틴방격법은 라틴방격법의 형태를 확장실험한 경우이므로 총실험 횟수는 라틴방격법과 마찬가지로 k^2이 되고 교호작용은 검출 불가하다.
  - 난괴법은 1방향 제약형, 라틴방격은 2방향 제약형, 그레코 라틴방격은 3방향 제약형의 완비블록계획이다. 여기에 완전 랜덤화법을 더한 실험계획법의 기본형이 완비형 실험이다.

 ㉢ 데이터 구조
  - $x_{ijl} = \mu + a_i + b_j + c_l + e_{ijl}$
  - 3×3 그레코 라틴방격

구 분	A_1	A_2	A_3	요인
B_1	C_1D_1	C_2D_3	C_3D_2	$T_{\cdot 1\cdot\cdot}$
B_2	C_2D_2	C_3D_1	C_1D_3	$T_{\cdot 2\cdot\cdot}$
B_3	C_3D_3	C_1D_2	C_2D_1	$T_{\cdot 3\cdot\cdot}$
계	$T_{1\cdot\cdot\cdot}$	$T_{2\cdot\cdot\cdot}$	$T_{3\cdot\cdot\cdot}$	T

② 분산분석표

요 인	S	ν	V	$E(V)$	F_0	$F_{1-\alpha}$
A	$\sum \dfrac{T_{i\cdots}^2}{k} - CT$	$k-1$	V_A	$\sigma_e^2 + k\sigma_A^2$	$\dfrac{V_A}{V_e}$	
B	$\sum \dfrac{T_{\cdot j\cdot\cdot}^2}{k} - CT$	$k-1$	V_B	$\sigma_e^2 + k\sigma_B^2$	$\dfrac{V_B}{V_e}$	$F_{1-\alpha}$ $(k-1, \nu_e)$
C	$\sum \dfrac{T_{\cdot\cdot k\cdot}^2}{k} - CT$	$k-1$	V_C	$\sigma_e^2 + k\sigma_C^2$	$\dfrac{V_C}{V_e}$	
D	$\sum \dfrac{T_{\cdots m}^2}{k} - CT$	$k-1$	V_D	$\sigma_e^2 + k\sigma_D^2$	$\dfrac{V_D}{V_e}$	
e	$S_T - (S_A + S_B + S_C + S_D)$	$(k-1)$ $(k-3)$	V_e	σ_e^2		
T	$\sum\sum\sum\sum x_{ijkm}^2$ $- CT$	k^2-1				

⑩ 모평균의 추정
- 각 인자의 수준에서 모평균 추정 :

$$\hat{\mu}(A_i) = \overline{x}_{i\cdots} \pm t_{1-\alpha/2}(\nu_e)\sqrt{\dfrac{V_e}{k}}$$

- 2인자의 수준에서 모평균 추정 :

$$\hat{\mu}(A_iB_j) = (\overline{x}_{i\cdots} + \overline{x}_{\cdot j\cdot\cdot} - \overline{\overline{x}}) \pm t_{1-\alpha/2}(\nu_e)\sqrt{\dfrac{V_e}{n_e}}$$

$$\left(\text{단, } n_e = \dfrac{k^2}{2k-1}\right)$$

- 3인자의 수준에서 모평균 추정 :

$$\hat{\mu}(A_iB_jC_k) = (\overline{x}_{i\cdots} + \overline{x}_{\cdot j\cdot\cdot} + \overline{x}_{\cdot\cdot k\cdot} - 2\overline{\overline{x}})$$

$$\pm t_{1-\alpha/2}(\nu_e)\sqrt{\dfrac{V_e}{n_e}}$$

$$\left(\text{단, } n_e = \dfrac{k^2}{3k-2}\right)$$

- 모든 인자의 수준에서 모평균 추정 : (모평균의 추정은 라틴방격법과 유사하지만, 그레코 라틴방격법에서는 4인자 조합평균이 발생한다.

$$\hat{\mu}(A_iB_jC_kD_l) = (\overline{x}_{i\cdots} + \overline{x}_{\cdot j\cdot\cdot} + \overline{x}_{\cdot\cdot k\cdot} + \overline{x}_{\cdots l} - 3\overline{\overline{x}})$$

$$\pm t_{1-\alpha/2}(\nu_e)\sqrt{\dfrac{V_e}{n_e}}$$

$$\left(\text{단, } n_e = \dfrac{k^2}{4k-3}\right)$$

③ 초그레코 라틴방격법 : 초그레코 라틴방격(Hyper Graeco Latin Square)은 서로 직교하는 라틴방격을 3개 조합하여 만든 방격으로, 인자는 5개 이상이다.

㉠ 일반적으로 k가 2와 6이 아닌 이상 $k \times k$ 라틴방격에는 최소한 $(k-1)$개의 서로 직교하는 라틴방격이 존재하고, $(k+1)$개의 인자배치가 가능하다.

㉡ 5인자를 사용하는 $k \times k$ 초그레코 라틴방격에서는 각 인자의 자유도가 $(k-1)$이고, 오차항의 자유도는 $(k-1)(k-4)$가 되므로, $k \leq 4$인 경우는 오차 자유도가 존재하도록 하기 위하여 반드시 반복실험을 해야 한다.

㉢ 만약 $k \geq 5$인 경우는 오차항의 자유도가 존재하므로 반복시키지 않아도 된다.

핵심예제

2-1. 3×3 라틴방격법에 의하여 다음의 실험 데이터를 얻었다. 요인 C의 제곱합(S_C)을 구하면?(단, ( ) 안의 값은 데이터이다)

[2013년 제4회 유사, 2017년 제4회]

구 분	A_1	A_2	A_3
B_1	$C_1(5)$	$C_2(6)$	$C_3(8)$
B_2	$C_2(7)$	$C_3(8)$	$C_1(6)$
B_3	$C_3(7)$	$C_1(3)$	$C_2(4)$

① 14.0
② 15.8
③ 16.2
④ 30.3

2-2. 다음 그림에서 나타내고 있는 방격(Square)들에 관한 설명으로 옳지 않은 것은? [2004년 제1회, 2010년 제2회, 2014년 제1회]

2	3	1
1	2	3
3	1	2

㉠

3	2	1
1	2	3
1	3	2

㉡

1	3	2
2	1	3
3	2	1

㉢

1	2	3
2	3	1
3	1	2

㉣

① 방격 ㉠과 ㉡은 서로 직교하고 있다.
② 방격 ㉡과 ㉢은 서로 직교하고 있다.
③ 방격 ㉠과 ㉣은 서로 직교하고 있지 않다.
④ 방격 ㉡과 ㉣은 서로 직교하고 있지 않다.

2-3. 다음 반복 없는 5×5 라틴방격에 의하여 실험을 행하고 분산분석한 후 3요인(인자) 수준조합($A_1B_2C_3$)에 대한 구간 추정을 할 때 유효 반복수(n_e)는 얼마인가?

[2009년 제2회 유사, 2015년 제4회 유사, 2016년 제4회]

① $\dfrac{8}{25}$ ② $\dfrac{7}{9}$

③ $\dfrac{35}{20}$ ④ $\dfrac{25}{13}$

2-4. 수준수가 $k=5$인 라틴방격법 실험을 하여 분산분석한 결과가 다음 표와 같다. C_1수준에서의 평균치가 $\overline{x}_{..1} = 12.38$이라면, $\mu(C_1)$의 95[%] 신뢰구간은? [2004년 제2회, 2014년 제2회]

요 인	SS	DF
A	12	4
B	16	4
C	25	4
e	6	12
T	59	24

① 12.38 ± 0.69
② 12.38 ± 1.38
③ 12.38 ± 2.33
④ 12.38 ± 3.83

2-5. 4×4 그레코 라틴방격에 의한 실험계획에서 분산분석 후 $A_iB_jC_k$에서의 모평균 $\mu(A_iB_jC_k)$의 신뢰구간을 나타내는 것은? [2006년 제1회, 2016년 제2회]

① $(\overline{x}_{i...} + \overline{x}_{.j..} + \overline{x}_{..k.} - 2\overline{\overline{x}}) \pm t_{1-\alpha/2}(\nu_e)\sqrt{\dfrac{V_e}{n_e}}$

② $(\overline{x}_{i...} + \overline{x}_{.j..} + \overline{x}_{..k.} - 2\overline{\overline{x}}) \pm t_{1-\alpha/2}(\nu_e)\sqrt{\dfrac{V_e}{k}}$

③ $(\overline{x}_{i...} + \overline{x}_{.j..} + \overline{x}_{..k.} - 2\overline{\overline{x}}) \pm t_{1-\alpha/2}(\nu_e)\sqrt{\dfrac{2V_e}{n_e}}$

④ $(\overline{x}_{i...} + \overline{x}_{.j..} + \overline{x}_{..k.} - 2\overline{\overline{x}}) \pm t_{1-\alpha/2}(\nu_e)\sqrt{\dfrac{2V_e}{k}}$

| 해설 |

2-1

$S_C = \dfrac{1}{3}(14^2 + 17^2 + 23^2) - \dfrac{54^2}{9} = 14.0$

2-2

방격 ㉠과 ㉣은 같은 수준조합이 없으므로 서로 직교하고 있다.

21	32	13
12	23	31
33	13	22

2-3

$n_e = \dfrac{k^2}{3k-2} = \dfrac{5 \times 5}{3 \times 5 - 2} = \dfrac{25}{13}$

2-4

$\overline{x}_{..1} \pm t_{0.975}(12)\sqrt{\dfrac{V_e}{k}}$

$= 12.38 \pm 2.179\sqrt{\dfrac{6/12}{5}}$

$= 12.38 \pm 0.69$

2-5

4×4 그레코 라틴방격에 의한 실험계획에서 분산분석 후 $A_iB_jC_k$에서의 모평균 $\mu(A_iB_jC_k)$의 신뢰구간은

$(\overline{x}_{i...} + \overline{x}_{.j..} + \overline{x}_{..k.} - 2\overline{\overline{x}}) \pm t_{1-\alpha/2}(\nu_e)\sqrt{\dfrac{V_e}{n_e}}$ 이다.

여기서, $n_e = \dfrac{k^2}{3k-2}$

정답 2-1 ① 2-2 ③ 2-3 ④ 2-4 ① 2-5 ①

① K^n 요인배치법의 개요와 특징
  ㉠ 개 요
    • k^n 요인배치법 : 인자의 수가 n개이고 각 인자의 수준수가 k개인 실험계획법이다.
    • $p^m \times q^n$ 요인실험 : 인자수 $(m+n)$개, m개 인자의 수준수 p개, n개 인자의 수준수 q개
    • k^n 요인실험은 2수준계(2^n), 3수준계(3^n)가 주로 사용되며, 이는 기존의 2원배치, 3원배치실험에서 수준수를 각 인자에 한정시킨 형태라고 할 수 있다.
    • 총실험 횟수 : k^n회(모든 인자 간의 수준조합에서 실험 실시)
    • 2^2형 요인실험 : 2^n 실험에서 $n=2$인 경우로서 인자 A, B에 수준수가 각각 2이며 A_0, A_1, B_0, B_1으로 표시한다.
  ㉡ 특 징
    • 모든 인자 간의 수준조합에서 실험이 이루어지는 실험이다.
    • 모든 요인효과(인자의 효과와 교호작용)를 추정할 수 있다.
    • 실험이 반복되지 않아도 k^n개의 실험 횟수가 실시되어야 한다.
    • 2수준이면 0, 1, 3수준이면 0, 1, 2로 나타난다.

② 반복이 없는 2^2형 요인실험
  ㉠ 특 징
    • 2개의 주효과가 존재한다.
    • 교호작용이 무시되어도 주효과에 대한 검정이 가능하다.
    • 주효과를 검정할 수 없는 경우 실험을 반복해 주어야 한다.
  ㉡ 데이터 구조 : $x_{ij} = \mu + a_i + b_j + (ab)_{ij} + e_{ij}$
    (단, $i, j = 0, 1$이며, $e_{ij} \sim N(0, \sigma_e^2)$이고 서로 독립)

구 분	A_0	A_1	요 인
B_0	$x_{00}(1)$	$x_{10}(a)$	$T_{\cdot 0}$
B_1	$x_{01}(b)$	$x_{11}(ab)$	$T_{\cdot 1}$
계	$T_{0\cdot}$	$T_{1\cdot}$	T

  ㉢ 효과의 계산
    • A의 주효과

$$A = \frac{1}{2^{n-1}} (A\text{인자의 높은 수준 데이터의 합}$$
$$- A\text{인자의 낮은 수준 데이터의 합})$$
$$= \frac{1}{2}(T_{1\cdot} - T_{0\cdot}) = \frac{1}{2}[x_{10} + x_{11} - x_{00} - x_{01}]$$
$$= \frac{1}{2}[a + ab - (1) - b] = \frac{1}{2}(a-1)(b+1)$$

    • B의 주효과

$$B = \frac{1}{2^{n-1}} (B\text{인자의 높은 수준 데이터의 합}$$
$$- B\text{인자의 낮은 수준 데이터의 합})$$
$$= \frac{1}{2}(T_{\cdot 1} - T_{\cdot 0}) = \frac{1}{2}[x_{01} + x_{11} - x_{00} - x_{10}]$$
$$= \frac{1}{2}[b + ab - (1) - a] = \frac{1}{2}(a+1)(b-1)$$

    • 교호작용($A \times B$)의 효과

$$A \times B = \frac{1}{2^{n-1}} (A, B\text{인자 수준의 합이 짝수인 데이}$$
$$\text{터의 합} - A, B\text{인자 수준의 합이 홀수인}$$
$$\text{데이터의 합})$$
$$= \frac{1}{2}[x_{00} + x_{11} - x_{10} - x_{01}]$$
$$= \frac{1}{2}[(1) + ab - a - b] = \frac{1}{2}(a-1)(b-1)$$

  ㉣ 변동의 계산
    • A의 변동

$$S_A = \frac{1}{2^n} (A\text{인자의 높은 수준 데이터의 합}$$
$$- A\text{인자의 낮은 수준 데이터의 합})^2$$
$$= \frac{1}{4}(T_{1\cdot} - T_{0\cdot})^2 = (A\text{의 주효과})^2$$

    • B의 변동

$$S_B = \frac{1}{2^n} (B\text{인자의 높은 수준 데이터의 합}$$
$$- B\text{인자의 낮은 수준 데이터의 합})^2$$
$$= \frac{1}{4}(T_{\cdot 1} - T_{\cdot 0})^2 = (B\text{의 주효과})^2$$

- 교호작용($A \times B$)의 변동(또는 오차항 e의 변동)

$$S_{A \times B} = \frac{1}{2^n}(A, B인자 수준의 합이 짝수인 데이터$$
$$의 합 - A, B인자 수준의 합이 홀수인 데이터의 합)^2$$
$$= \frac{1}{4}(x_{00} + x_{11} - x_{10} - x_{01})^2$$
$$= (교호작용 \ A \times B의 \ 효과)^2$$
$$= S_T - S_A - S_B$$

ⓜ 자유도
- 인자 A, B, 교호작용 $A \times B$는 모두 각각 1이다.
- 총자유도 : $\nu_T = 3$

③ 반복이 있는 2^2형 요인실험
　ⓐ 데이터의 구조 : $y_{ijk} = \mu + a_i + b_j + (ab)_{ij} + e_{ijk}$(단, $i, j = 0, 1, \ k = 1, 2, \cdots, r$이며 $e_{ijk} \sim N(0, \sigma_e^2)$이고 서로 독립)
　ⓑ 효과 계산
- A의 주효과

$$A = \frac{1}{2^{n-1} \cdot r}(A인자의 높은 수준 데이터의 합$$
$$- A인자의 낮은 수준 데이터의 합)$$
$$= \frac{1}{2r}[a + ab - (1) - b] = \frac{1}{2r}(a-1)(b+1)$$

- B의 주효과

$$B = \frac{1}{2^{n-1} \cdot r}(B인자의 높은 수준 데이터의 합$$
$$- B인자의 낮은 수준 데이터의 합)$$
$$= \frac{1}{2r}[b + ab - (1) - a] = \frac{1}{2r}(a+1)(b-1)$$

- 교호작용($A \times B$)의 효과

$$A \times B = \frac{1}{2^{n-1} \cdot r}(A, B인자 수준의 합이 짝수인$$
$$데이터의 합 - A, B인자 수준의 합이 홀수인 데이터의 합)$$
$$= \frac{1}{2r}[(1) + ab - a - b] = \frac{1}{2r}(a-1)(b-1)$$

　ⓒ 변동의 계산
- A의 변동

$$S_A = \frac{1}{2^n \cdot r}(A인자의 높은 수준 데이터의 합$$
$$- A인자의 낮은 수준 데이터의 합)^2$$
$$= \frac{1}{4r}(T_{1 \cdot \cdot} - T_{0 \cdot \cdot})^2 = r(A 의 \ 주효과)^2$$

- B의 변동

$$S_B = \frac{1}{2^n \cdot r}(B인자의 높은 수준 데이터의 합$$
$$- B인자의 낮은 수준 데이터의 합)^2$$
$$= \frac{1}{4r}(T_{\cdot 1 \cdot} - T_{\cdot 0 \cdot})^2 = r(B의 \ 주효과)^2$$

- 교호작용($A \times B$)의 변동

$$S_{A \times B} = \frac{1}{2^n \cdot r}(A, B인자 수준의 합이 짝수인 데이터의 합 - A, B인자 수준의 합이 홀수인 데이터의 합)^2$$
$$= r(교호작용 \ A \times B의 \ 효과)^2$$

- 오차항(e)의 변동

$$S_e = S_T - (S_A + S_B + S_{A \times B})$$

　ⓓ 자유도
- 인자 A, B, 교호작용 $A \times B$는 모두 1이다.
- 오차항(e)의 자유도 : $\nu_e = 4(r-1)$
- 총자유도 : $\nu_T = 4r - 1$

④ 반복이 없는 2^3형 요인실험
　ⓐ 데이터의 구조 :
$$y_{ijk} = \mu + a_i + b_j + c_k + (ab)_{ij} + (ac)_{ik} + (bc)_{jk} + e_{ijk}$$
(단, $i, j, k = 0, 1$이며 $e_{ijk} \sim N(0, \sigma_e^2)$이고 서로 독립)
　ⓑ 효과 계산
- A의 주효과

$$A = \frac{1}{4}(T_{1 \cdot \cdot} - T_{0 \cdot \cdot})$$
$$= \frac{1}{4}[a + ac + ab + abc - (1) - c - b - bc]$$
$$= \frac{1}{4}(a-1)(b+1)(c+1)$$

- B의 주효과

$$B = \frac{1}{4}(T_{\cdot 1 \cdot} - T_{\cdot 0 \cdot})$$
$$= \frac{1}{4}[b + bc + ab + abc - (1) - c - a - ac]$$
$$= \frac{1}{4}(a+1)(b-1)(c+1)$$

- C의 주효과

$$C = \frac{1}{4}(T_{..1} - T_{..0})$$
$$= \frac{1}{4}[c + bc + ac + abc - (1) - b - a - ab]$$
$$= \frac{1}{4}(a+1)(b+1)(c-1)$$

- 교호작용($A \times B$)의 효과

$$A \times B = \frac{1}{4}(T_{11.} + T_{00.} - T_{01.} - T_{10.})$$
$$= \frac{1}{4}(a-1)(b-1)(c+1)$$

- 교호작용($A \times C$)의 효과

$$A \times C = \frac{1}{4}(T_{1.1} + T_{0.0} - T_{0.1} - T_{1.0})$$
$$= \frac{1}{4}(a-1)(b+1)(c-1)$$

- 교호작용($B \times C$)의 효과

$$B \times C = \frac{1}{4}(T_{.11} + T_{.00} - T_{.01} - T_{.10})$$
$$= \frac{1}{4}[(1) + a + bc + abc - b - ab - c - ac]$$
$$= \frac{1}{4}(a+1)(b-1)(c-1)$$

ⓒ 변동의 계산

- A의 변동 : $S_A = \frac{1}{8}(T_{1..} - T_{0..})^2 = 2(A$의 주효과$)^2$

- B의 변동 : $S_B = \frac{1}{8}(T_{.1.} - T_{.0.})^2 = 2(B$의 주효과$)^2$

- C의 변동 : $S_C = \frac{1}{8}(T_{..1} - T_{..0})^2 = 2(C$의 주효과$)^2$

- 교호작용($A \times B$)의 변동 :
  $S_{A \times B} = 2($교호작용 $A \times B$의 효과$)^2$

- 교호작용($A \times C$)의 변동 :
  $S_{A \times C} = 2($교호작용 $A \times C$의 효과$)^2$

- 교호작용($B \times C$)의 변동 :
  $S_{B \times C} = 2($교호작용 $B \times C$의 효과$)^2$

- 오차항(e)의 변동
  $S_e = S_T - (S_A + S_B + S_C + S_{A \times B} + S_{A \times C} + S_{B \times C})$

ⓓ 자유도

- 인자 A, B, C와 교호작용 $A \times B$, $A \times C$, $B \times C$, 오차항(e)의 자유도는 모두 각각 1이다.

- 총자유도 : $\nu_T = 7$

⑤ 반복이 있는 2^3형 요인실험
ⓐ 데이터의 구조 :
$$y_{ijkm} = \mu + a_i + b_j + c_k + (ab)_{ij} + (ac)_{ik} + (bc)_{jk}$$
$$+ (abc)_{ijk} + e_{ijkm}$$
(단, i, j, $k = 0, 1$, $m = 1, 2, \cdots, r$이며
$e_{ijkm} \sim N(0, \sigma_e^2)$이고 서로 독립)

ⓑ 각 요인과 교호작용의 효과

- $A = \frac{1}{4r}(T_{1...} - T_{0...})$

- $B = \frac{1}{4r}(T_{.1..} - T_{.0..})$

- $C = \frac{1}{4}(T_{..1.} - T_{..0.})$

- $AB = \frac{1}{4r}(T_{11..} + T_{00..} - T_{01..} - T_{10..})$

- $AC = \frac{1}{4r}(T_{1.1.} + T_{0.0.} - T_{0.1.} - T_{1.0.})$

- $BC = \frac{1}{4r}(T_{.11.} + T_{.00.} - T_{.01.} - T_{.10.})$

- $ABC = \frac{1}{4r}(T_{111.} + T_{100.} + T_{010.} + T_{001.} - T_{011.} - T_{101.} - T_{110.} - T_{000.})$

ⓒ 자유도

- 인자 A, B, C와 교호작용 $A \times B$, $A \times C$, $B \times C$, $A \times B \times C$의 자유도는 모두 각각 1이다.

- 오차항의 자유도 : $\nu_e = k^n(r-1) = 8(r-1)$

- 총자유도 : $\nu_T = 8r - 1$

⑥ 3^2형 요인실험 : 인자의 수가 2이고 각 인자의 수준수가 3인 요인실험이며 2인자 3수준의 2원배치법과 동일하다.
ⓐ 대비에 의한 변동 분해 : 인자 A가 계량인자 또는 연속변수이고 수준 간의 간격이 일정할 때 1차 대비와 2차 대비를 만들어 인자 A의 1차 효과와 2차 효과의 존재 여부를 찾아볼 수 있다. 그러나 계수인자라면 1차 대비와 2차 대비를 만드는 것은 무의미하다.

- 데이터 구조식 : $x_{ij} = \mu + a_i + b_j + e_{ij}$

구 분		인자 A			계
		A_0	A_1	A_2	
인자 B	B_0	00	10	20	$T_{.0.}$
	B_1	01	11	21	$T_{.1.}$
	B_2	02	12	22	$T_{.2.}$
계		$T_{0..}$	$T_{1..}$	$T_{2..}$	T

- 1차 효과
$$C_L = (T_{1\cdot\cdot} - T_{0\cdot\cdot}) + (T_{2\cdot\cdot} - T_{0\cdot\cdot}) = T_{2\cdot\cdot} - T_{0\cdot\cdot}$$
- 2차 효과
$$C_Q = (T_{2\cdot\cdot} - T_{1\cdot\cdot}) - (T_{1\cdot\cdot} - T_{0\cdot\cdot}) = T_{2\cdot\cdot} - 2T_{1\cdot\cdot} + T_{0\cdot\cdot}$$
- 3수준의 대비

구 분	$T_{0\cdot\cdot}$	$T_{1\cdot\cdot}$	$T_{2\cdot\cdot}$
1차 효과	-1	0	1
2차 효과	1	-2	1

ⓛ S_A의 분해 : 인자 A의 l수준에서 $(l-1)$개의 직교하는 대비를 만들 경우 각 대비 변동의 합은 $S_A = S_{A_L} + S_{A_Q}$ 이다.

- $S_{A_L} = \dfrac{(T_{2\cdot\cdot} - T_{0\cdot\cdot})^2}{[(-1)^2 + 0^2 + 1^2] \cdot 3r} = \dfrac{1}{6r}(T_{2\cdot\cdot} - T_{0\cdot\cdot})^2$

- $S_{A_Q} = \dfrac{(T_{2\cdot\cdot} - 2T_{1\cdot\cdot} + T_{0\cdot\cdot})^2}{[1^2 + (-2)^2 + 1^2] \cdot 3r}$
$$= \dfrac{1}{18r}(T_{2\cdot\cdot} - 2T_{1\cdot\cdot} + T_{0\cdot\cdot})^2$$

ⓒ 교호작용의 변동 $S_{A \times B}$의 분해

- 인자 B의 각 수준에서 A의 1차 효과와 변동$(S_{A_L \times B})$

B_0 : $L_0 = (-1)T_{00\cdot} + (0)T_{10\cdot} + (1)T_{20\cdot}$
B_1 : $L_1 = (-1)T_{01\cdot} + (0)T_{11\cdot} + (1)T_{21\cdot}$
B_2 : $L_2 = (-1)T_{02\cdot} + (0)T_{12\cdot} + (1)T_{22\cdot}$

$$S_{A_L \times B} = \frac{L_0^2 + L_1^2 + L_2^2}{2r} - \frac{(L_0 + L_1 + L_2)^2}{6r}$$

- 인자 B의 각 수준에서 A의 2차 효과와 변동$(S_{A_Q \times B})$

B_0 : $Q_0 = (1)T_{00\cdot} + (-2)T_{10\cdot} + (1)T_{20\cdot}$
B_1 : $Q_1 = (1)T_{01\cdot} + (-2)T_{11\cdot} + (1)T_{21\cdot}$
B_2 : $Q_2 = (1)T_{02\cdot} + (-2)T_{12\cdot} + (1)T_{22\cdot}$

$$S_{A_Q \times B} = \frac{Q_0^2 + Q_1^2 + Q_2^2}{6r} - \frac{(Q_0 + Q_1 + Q_2)^2}{18r}$$

3-1. 반복이 없는 2^2요인실험법에 관한 설명으로 틀린 것은?
[2008년 제2회 유사, 2017년 제2회]

① B의 주효과는 $\dfrac{1}{2}[b + (1) - ab - a]$이다.

② A의 주효과는 $\dfrac{1}{2}[ab + a - b - (1)]$이다.

③ 교호작용효과 $A \times B$는 $\dfrac{1}{2}[ab + (1) - b - a]$이다.

④ A, B, 교호작용 $A \times B$의 자유도는 모두 1이다.

3-2. 2^2요인실험법(Factorial Design)을 사용, 2회 반복(Two Replication) 실험하여 다음과 같은 결과를 얻었다. A의 효과는?
[2013년 제1회, 2023년 제1회]

비 고	A_0	A_1
B_0	7 6	3 7
B_1	2 -2	-4 -5

① -3   ② -4
③ -5   ④ -6

3-3. 반복이 2회인 2^2요인배치법에서 요인 A의 효과가 -7.5일 때, 요인 A의 제곱합(S_A)는 얼마인가? [2016년 제2회]

① 56.5   ② 112.5
③ 168.5   ④ 225.5

3-4. 다음 표와 같이 반복이 있는 2^2요인배치법에서 $V_{A \times B}$는?
[2014년 제4회, 2017년 제1회 유사]

구 분	A_0	A_1
B_0	2 3	3 4
B_1	3 4	4 2

① 0.125   ② 1.125
③ 2.125   ④ 3.125

3-5. 다음은 온도(A), 농도(B), 촉매(C)가 각각 2수준인 2^3형 실험을 한 데이터이다. 교호작용 $B \times C$의 효과는?

[2014년 제1회 유사, 2014년 제4회]

조 합	데이터	조 합	데이터
(1)	59.61	c	50.54
a	74.70	ac	81.85
b	50.58	bc	46.44
ab	69.67	abc	79.81

① 3.96
② 2.64
③ 1.98
④ 1.58

3-6. 화공물질을 촉매반응시켜 촉매(A) 2종류, 반응온도(B) 2종류, 원료의 농도(C) 2종류로 하여 2^3요인실험으로 합성률에 미치는 영향을 검토하여 다음의 데이터를 얻었다. $S_{A \times B}$의 값은?

[2009년 제4회 유사, 2017년 제4회]

데이터 표현식	데이터
(1)	72
c	65
b	85
bc	83
a	58
ac	53
ab	68
abc	63

① 0.125
② 3.125
③ 15.12
④ 45.125

3-7. 다음 표는 3^2요인실험의 결과표이다. 인자 B의 변동 S_B를 구하면 약 얼마인가?

[2004년 제4회 유사, 2013년 제2회]

B＼A	A_1	A_2	A_3
B_1	1	-2	3
B_2	0	4	1
B_3	2	-1	2

① 1.56
② 4.22
③ 23.11
④ 28.89

|해설|

3-1

B의 주효과는 $\dfrac{1}{2}(a+1)(b-1) = \dfrac{1}{2}\left[(ab+b)-(a+1)\right]$ 이다.

3-2

$A = \dfrac{1}{4}[(3+7-4-5)-(7+6+2-2)] = -3$

3-3

$S_A = \dfrac{1}{2^2 r}(T_{1..} - T_{0..})^2 = \dfrac{1}{4 \times 2} \times (-7.5 \times 4)^2 = 112.5$

3-4

$V_{A \times B} = \dfrac{S_{A \times B}}{\nu_{A \times B}} = ?$

$S_{A \times B} = \dfrac{1}{2^n \cdot r}[(1)+ab-a-b]^2$

$\qquad = \dfrac{1}{8}(2+3+4+2-3-4-3-4)^2 = 1.125$

$\nu_{A \times B} = 1$

$V_{A \times B} = \dfrac{S_{A \times B}}{\nu_{A \times B}} = \dfrac{1.125}{1} = 1.125$

3-5

$B \times C$의 효과

$= \dfrac{1}{2^{n-1} \cdot r}[(1)+a+bc+abc-b-ab-c-ac]$

$= \dfrac{1}{2^2}(59.61+74.7+46.44+79.81$

$\qquad -50.58-69.67-50.54-81.85)$

$= 1.98$

3-6

$S_{A \times B} = \dfrac{1}{2^3}[(a-1)(b-1)(c+1)]^2$

$\qquad = \dfrac{1}{8}[((1)+ab+c+abc)-(a+b+ac+bc)]^2$

$\qquad = \dfrac{1}{8}[72+68+65+63)-(58+85+53+83)]^2 = 15.125$

3-7

$S_B = \sum \dfrac{T_{.j}^2}{l} - \dfrac{T^2}{lm} = \dfrac{2^2+5^2+3^2}{3} - \dfrac{10^2}{9} = 1.56$

정답 3-1 ① 3-2 ① 3-3 ② 3-4 ② 3-5 ③ 3-6 ③ 3-7 ①

제4절 | 교락법과 일부실시법

① 교락법의 개요
  ㉠ 교 락
    • 2개 이상의 원인이 한꺼번에 영향을 가지면서 분리가 불가능한 원인으로 되는 것이다.
    • 2개 이상의 요인효과를 합쳐서 동일한 환경 내에서 실험 횟수를 적게 하며 실험설계를 하는 방법이다.
  ㉡ 교락법(Confounding Method)
    • 실험 횟수를 늘리지 않고 실험 전체를 몇 개의 블록으로 나누어 배치시켜 동일한 환경 내에서 적은 실험 횟수로 실험의 정도를 향상시키기 위하여 고안한 실험계획법이다.
    • 검출할 필요가 없는 교호작용을 다른 요인과 교락하도록 배치하는 방법이다.
    • 교락 두 블록의 효과차와 주효과 또는 교호작용 효과가 혼용되어 있어서 분리하여 구할 수 없는 경우 불필요한 효과를 블록과 교락시킴으로써 동일한 환경 내에서 실험 횟수를 적게 하도록 고안해 낸 배치법이다.
  ㉢ 교락법의 특징
    • 실험 전체를 몇 개의 블록으로 나누어 배치한다.
    • 실험 횟수를 늘리지 않고도 실험 전체를 몇 개의 블록으로 나누어 간편하게 실험할 수 있다.
    • 동일 환경 내의 실험 횟수를 적게 하도록 고안되었다.
    • 실험오차를 적게 할 수 있으므로 실험 정(확)도가 향상된다.
    • 불필요한 효과(불필요한 고차의 교호작용 등)를 블록과 교락시켜서 동일한 환경 내의 실험 횟수를 감소시킨다.
    • 직교배열표를 많이 사용한다(교락법 배치를 위해 직교배열표를 이용할 수 있다).
    • 실험배치방법으로 인수분해식과 합동식을 이용한 방법이 사용된다.
    • 블록으로 나누어질 때 (1)을 포함한 것을 주블록이라고 한다.
    • 블록에 교락시킬 때 주인자를 교락시키지 않도록 세심한 설계가 필요하다.

    • 블록에 교락된 교호작용은 일반적으로 단독으로 제곱합을 검출할 수 없다.
  ㉣ 교락법의 종류
    • 단독교락 : 블록을 2개로 나누어 배치하는 교락법으로, 블록에 교락되는 요인의 효과는 1개이다.
    • 2중교락 : 블록을 4개로 나누어 배치하는 교락법으로, 블록에 교락되는 요인의 효과는 3개이다.
    • 완전교락 : 블록반복을 행할 때 반복마다 교락시키는 요인이 같은 교락이다(교락법의 실험을 여러 번 반복하여도 어떤 반복에서나 동일한 요인효과가 블록효과와 교락되어 있는 경우의 교락법).
    • 부분교락 : 블록반복을 행하는 경우에 각 반복마다 블록효과와 교락시키는 요인이 서로 다른 경우의 교락법이다.
  ㉤ 실험배치 : 블록에 조합을 배치시킬 때 사용되는 방법으로, 인수분해식과 합동식이 있는데 인수분해식이 많이 사용된다.
② 단독교락과 2중교락
  ㉠ 단독교락
    • 주효과와 블록의 교락 : 2^3형 요인배치에서 A의 주효과는

    $$A = \frac{1}{2^{3-1}}(a-1)(b+1)(c+1)$$

    $$= \frac{1}{4}[(a+ab+ac+abc)-((1)+b+c+bc)]$$

    로 되므로 A의 주효과를 블록인자와 교락시켜 두 블록에 배치시키려면 블록과 교락시키고 싶은 효과에 -1을 붙이고 나머지에는 $+$를 붙인 다음 이를 풀어서 $+$군과 $-$군으로 나누어 배치하면(I 에 a, ab, ac, abc 수준조합을, 블록 II 에 $(1), b, c, bc$ 수준조합을 배치하면) A의 주효과는 블록과 단독교락되었다고 할 수 있다(B의 주효과도 같은 방법으로 배치 가능).
    • 교호작용 효과와 블록과의 교락 : 2^3형 교호작용 $A \times B$를 블록과 교락시켜 배치하는 방법은 주효과를 블록효과와 교락시키는 방법과 마찬가지로, 블록과 교락시키고 싶은 효과 a, b에 -1을 붙이고 나머지에 $+$를 붙인 다음 이를 풀어서 $+$군과 $-$군으로 나누어 배치하면(I 에 $(1), ab, c, abc$ 수준조합을, 블록 II 에 a, b, ac, bc 수준조합을 배치하면) 수준조합이 배치된다.

- 2^3형 교호작용 $A \times B \times C$를 블록과 교락시켜 배치하는 법

$$ABC = \frac{1}{2^{3-1}}(a-1)(b-1)(c-1)$$

$$= \frac{1}{4}[(a+b+c+abc)-((1)+ab+ac+bc)]$$

- 2^4형 교호작용 $ABCD$를 블록과 교락시켜 배치하는 법

$$ABCD = \frac{1}{2^{4-1}}(a-1)(b-1)(c-1)(d-1)$$

$$= \frac{1}{8}[((1)+ab+ac+ad+bc+cd+abcd)$$

$$-(a+b+c+abc+abd+acd+bcd)]$$

ⓛ 2중 교락

- 2^4형 ABC, BCD를 블록과 교락시키는 경우 각 효과를 인수분해법으로 각각 2블록씩 구한다.

$$ABC = \frac{1}{2^{4-1}}(a-1)(b-1)(c-1)(d+1)$$

$$= \frac{1}{8}[(a+b+c+ad+bd+cd+abc+abcd)$$

$$-((1)+d+ab+ac+bc+abd+acd+bcd)]$$

$$BCD = \frac{1}{2^{4-1}}(a+1)(b-1)(c-1)(d-1)$$

$$= \frac{1}{8}[(b+c+d+ab+ac+ad+bcd+abcd)$$

$$-((1)+a+bc+bd+cd+abd+acd+bcd)]$$

- 집합에서 교집합의 개념으로 4개의 블록으로 나눈다.

블록 Ⅰ : (ABC에서 $+$)∩(BCD에서 $+$)인 수준조합
블록 Ⅱ : (ABC에서 $+$)∩(BCD에서 $-$)인 수준조합
블록 Ⅲ : (ABC에서 $-$)∩(BCD에서 $+$)인 수준조합
블록 Ⅳ : (ABC에서 $-$)∩(BCD에서 $-$)인 수준조합

블록 Ⅰ	블록 Ⅱ	블록 Ⅲ	블록 Ⅳ
b	a	d	(1)
c	bd	ab	bc
ad	cd	ac	abd
$abcd$	abc	bcd	acd

교락시킨 2개의 요인 ABC와 BCD를 곱하여 생기는 요인 AD도 역시 블록과 교락되어 있다.

$(ABC \times BCD = AB^2C^2D = AD)$

- 연산규칙
  - 2^n형 교락법의 경우 : $A^2 = B^2 = \cdots = D^2 = 1$
  - 3^n형 교락법의 경우 : $A^3 = B^3 = \cdots = D^3 = 1$

③ 완전교락과 부분교락

㉠ 완전교락 : 교락법의 실험을 반복실험해도 동일한 요인효과가 교락되는 경우이다.

  예 2^3형 요인실험에서 일어나는 완전교락
  (단, $I = ABC$, 반복 $r = 3$)

반 복	Ⅰ		Ⅱ		Ⅲ	
Block	1	2	3	4	5	6
	(1)	abc	bc	c	ac	a
	bc	a	(1)	a	(1)	b
	ab	c	ac	b	bc	abc
	ac	b	ab	abc	ab	c
교락된 교호작용	ABC 교락		ABC 교락		ABC 교락	

㉡ 부분교락 : 각 반복마다 블록효과와 교락시키는 요인이 다른 경우이다.

  예 2^3형 요인실험에서 일어나는 부분교락

반 복	Ⅰ		Ⅱ		Ⅲ	
Block	1	2	3	4	5	6
	a	(1)	ac	a	b	bc
	b	ab	abc	bc	c	(1)
	ac	c	(1)	ab	ac	a
	bc	abc	b	c	ab	abc
교락된 교호작용	ABC 교락		AC 교락		BC 교락	

1-1. 3^2형 요인의 실험을 동일한 환경에서 실험하기 곤란하여 3개의 블록으로 나누어 실험을 한 결과 다음과 같은 데이터를 얻었다. 인자 A의 제곱합(S_A)은 얼마인가?

[2007년 제4회, 2012년 제1회, 2016년 제1회]

블록 Ⅰ	블록 Ⅱ	블록 Ⅲ
$A_1B_1 = 3$	$A_2B_1 = 0$	$A_3B_1 = -2$
$A_2B_2 = 3$	$A_3B_2 = 1$	$A_1B_2 = 1$
$A_3B_3 = 3$	$A_1B_3 = 4$	$A_2B_3 = 2$

① 6 ② 7
③ 8 ④ 9

1-2. 2^3요인배치실험을 교락법을 사용하여 그림과 같이 2개의 블록으로 나누어 실험을 하려고 할 때의 설명으로 틀린 것은?

[2010년 제4회, 2014년 제1회 유사, 제4회 유사, 2015년 제1회 유사, 2017년 제1회, 제4회 유사]

블록 1	블록 2
(1)	a
ab	b
c	ac
abc	bc

① 블록에 교락된 것은 교호작용 $A \times B \times C$이다.
② 블록으로 나누어질 때 (1)을 포함한 것을 주블록이라고 한다.
③ 블록에 교락시킬 때 주인자를 교락시키지 않도록 세심한 설계가 필요하다.
④ 블록에 교락된 교호작용은 일반적으로 단독으로 제곱합을 검출할 수 없다.

|해설|

1-1

$$S_A = \frac{(3+4+1)^2 + (3+0+2)^2 + (3+1-2)^2}{3} - \frac{(8+5+2)^2}{9}$$
$$= 6.0$$

1-2

효과 계산 $= \frac{1}{4}[(1) + ab + c + abc - a - b - ac - bc]$

$$= \frac{1}{4}(a-1)(b-1)(c+1) = A \times B$$이므로,

블록에 교락된 것은 교호작용 $A \times B$이다.

정답 1-1 ① 1-2 ①

---

① 일부실시법의 개요

㉠ 일부실시법(Fractional Factorial Design)
- 필요한 요인에 대한 정보를 얻기 위하여 2인자 이상의 무의미한 고차 교호작용의 효과는 희생시켜 실험 횟수를 적게 하도록 고안된 인자의 조합 중에서 관심 있는 일부분만 실험하는 실험계획법이다.
- 불필요한 교호작용이나 고차의 교호작용을 구하지 않고 인자의 조합 가운데 일부만 실험하는 실험계획법이다.
- 별칭 : 부분요인실험

㉡ 일부실시법의 특징
- 각 인자의 조합 중에서 일부만 선택하여 실험을 실시하는 방법으로 실험 횟수를 가능한 한 적게 하고자 할 때 사용한다(실험의 크기를 가능한 한 작게 하고자 할 때 사용).
- 일부실시법은 실험의 크기를 감소시키고자 함이 목적이다. 그 이유는 인자수가 많으면 인자의 처리조합수가 급격히 증가하고 반복수를 1회만 증가시키더라도 실험 횟수가 크게 증가하여 실험 실시가 어렵기 때문이다.
- 일반적으로 인자수가 5개 이상일 경우에 사용되며, 이때에는 주효과와 2인자 교호작용의 별명은 3차 이상의 고차 교호작용이 되도록 배치한다.
- 반복 $r = 1$인 경우 필요한 일부요인효과만 실시한다.
- 인자의 교호작용은 무시될 수 있어야 한다.
- 고차의 교호작용이 존재하지 않는다는 가정을 전제로 한다(필요한 요인에 대해서만 정보를 얻기 위해서 실험 횟수를 가급적 적게 하고자 할 경우 매우 편리한 실험이지만, 고차의 교호작용은 거의 존재하지 않는다는 가정을 만족시켜야 한다).
- 불필요한 교호작용이나 고차의 교호작용을 구하지 않는다.
- 비용 측면에서는 유리하나 전문지식이 필요하다(조합 중에서 일부만을 선택하는 기술은 많은 경험을 필요로 한다).
- 교락법의 배치로부터 유도할 수 있다.

- 직교배열표를 이용하여 요인배치 후 실험을 실시한다.
- 별명은 정의대비로 구할 수 있다.
- 별명 중 어느 한쪽의 효과가 존재하지 않을 경우에 사용한다.
- 각 효과의 추정식이 같다면 각 요인이 별명이다.
- (실험수가 감소되므로) 실험의 정도는 저하된다.

② 2^n형의 $\frac{1}{2}$ 실시의 경우

㉠ 2^3형 요인실험에서 3인자의 교호작용 ABC를 블록과 교락시킨 배치는 다음과 같다.

정의대비 $I = ABC$	
블록 1	블록 2
a	(1)
b	ab
c	ac
abc	bc

㉡ 4개 조합만으로 실험을 마치고자 블록 1에 있는 4개 조합만 실험 : 인자 A의 주효과는 a를 포함하지 않는 조합의 차로서 $A = \frac{1}{2}[(a+abc)-(b+c)]$가 되며, 교호작용 BC는 b, c를 짝수 개 포함하는 조합과 아닌 것의 차로서 $BC = \frac{1}{2}[(a+abc)-(b+c)]$가 된다. 이것은 공교롭게 주효과 A와 동일한 추정식이 되며 이러한 현상을 별명(Alias)이라고 한다. 어느 요인효과가 별명관계가 있는지는 정의대비에 요인효과를 곱해서 얻을 수 있다. 블록 1의 정의대비 $I = +ABC$이며 주효과의 별명은 다음과 같다(2^n형에서는 $A^2 = B^2 = C^2 = 1$임).
- A의 별명 : $A \times (+ABC) = A^2BC = BC$
- B의 별명 : $B \times (+ABC) = AB^2C = AC$
- C의 별명 : $C \times (+ABC) = ABC^2 = AB$

㉢ 4개 조합만으로 실험을 마치고자 블록 2에 있는 4개 조합만 실험 : 블록 2의 정의대비 $I = -ABC$이며 주효과의 별명은 다음과 같다(2^n형에서는 $A^2 = B^2 = C^2 = 1$임).
- A의 별명 : $A \times (-ABC) = -A^2BC = -BC$
- B의 별명 : $B \times (-ABC) = -AB^2C = -AC$
- C의 별명 : $C \times (-ABC) = -ABC^2 = -AB$

③ 2^n형에서 $\frac{1}{4}$ 실시의 경우

㉠ 2^5형의 실험에서 이중교락을 시켜 블록과 $ABCD$, ACE와 BDE를 교락시키고자 할 때 정의대비는 $I = ABCD = ACE = BDE$이며, 이 경우 별명관계는 정의대비로부터 다음의 관계식을 얻는다.
- $A = BCD = CE = ABDE$
- $B = ACD = ABCE = DE$
- $C = ABD = AE = BCDE$
- $D = ABC = ABDE = BE$
- $E = ABCDE = AC = BD$

㉡ 어떤 블록을 실험하든지 2차 이상의 교호작용을 무시할 수 있는 경우는 $\frac{1}{4}$ 실시실험으로 주효과 A, B, C, D, E를 구할 수 있다.

㉢ $\frac{1}{4}$ 반복실험의 경우의 정의대비는 $I = ABCD = ACE = BDE$처럼 4글자, 3글자, 3글자가 되도록 선택해야 한다.

④ 3^n형 일부실시법

㉠ 3^n형에서 $A^3 = B^3 = C^3 = \cdots = 1$, 요인 X에 대하여 $X = X^2$이며 별명관계를 구할 때 별명을 구하려는 요인효과에 정의대비 I와 I^2을 곱하여 구한다.

㉡ 3^n형 실험에서 $I = AB^2C$를 블록과 교락시켜 3개의 블록을 만들고, 이 중에서 한 블록을 택하여 $\frac{1}{3}$ 반복 실험을 실시할 때 별명관계는 다음과 같다.
- XI, XI^2의 2개의 별명 존재($I = AB^2C$)
- A의 별명
  - $A(AB^2C) = A^2B^2C = (A^2B^2C)^2 = ABC^2$
  - $A(AB^2C)^2 = A(A^2B^4C^2) = A^3B^4C^2 = BC^2$
- B의 별명
  - $B(AB^2C) = AB^3C = AC$
  - $B(AB^2C)^2$
    $= A^2B^5C^2 = (A^2B^5C^2)^2 = A^4B^{10}C^4 = ABC$
- C의 별명
  - $C(AB^2C) = AB^2C^2$
  - $C(AB^2C)^2$
    $= A^2B^4C^3 = (A^2B^4C^3)^2 = A^4B^8C^6 = AB^2$

- BC의 별명
  - $BC(AB^2C) = AB^3C^2 = AC^2$
  - $BC(AB^2C)^2$
    $= A^2B^5C^3 = (A^2B^5C^3)^2 = A^4B^{10}C^6 = AB$

핵심예제

2-1. $I = ABCDE = ABC = DE$의 별명관계 중 틀린 것은?

[2002년 제1회, 2013년 제3회, 2023년 제1회]

① $A = BCDE = BC = ADE$
② $B = ACDE = AC = BDE$
③ $C = ABDE = AB = CDE$
④ $D = BCE = BCD = AE$

2-2. 2^3 요인실험에서 정의대비를 $A \times B \times C$로 잡아 $\frac{1}{2}$ 일부실시법으로 실험을 실시하는 경우, A와 별명관계에 있는 요인은?

[2005년 제1회 유사, 2009년 제4회, 2017년 제1회, 2017년 제4회]

① B
② $A \times B$
③ $B \times C$
④ $A \times C$

2-3. 2^3요인 배치법에서 abc, a, b, c의 4개의 처리조합을 일부실시법에 의해 실험하려고 한다. B의 별명은?

[2007년 제4회, 2016년 제1회]

① AB
② BC
③ AC
④ ABC

2-4. 2^3형 계획에서 교호작용 ABC를 블록과 교락시킨 후 abc가 포함된 블럭으로 $\frac{1}{2}$ 블록 일부실시법을 행하였을 때, 교호작용 BC와 별명(Alias) 관계에 있는 주인자의 주효과를 바르게 표현한 것은? [2009년 제2회, 2011년 제2회, 2015년 제1회, 2021년 1회]

① $\frac{1}{2}[(b + abc) - (a + c)]$
② $\frac{1}{2}[(a + abc) - (b + c)]$
③ $\frac{1}{2}[(c + abc) - (a + b)]$
④ $\frac{1}{2}[(abc + 1) - (bc + b)]$

2-5. 2^3형의 $\frac{1}{2}$ 일부실시법에 의한 실험을 하기 위해 다음과 같이 블록을 설계하여 실험을 실시하였다. 다음 중 실험결과에 대한 해석으로서 옳지 못한 것은? [2013년 제1회, 2023년 제1회]

$a = 76$	$b = 79$	$c = 74$	$abc = 70$

① 인자 A의 효과는 $A = \frac{1}{2}(76 - 79 - 74 + 70) = -3.5$이다.
② 블록에 교락된 교호작용은 $A \times B \times C$이다.
③ 인자 A의 별명은 교호작용 $B \times C$이다.
④ 인자 A의 변동은 인자 C의 변동보다 크다.

2-6. 2^4형 실험에서 $\frac{1}{2}$ 반복만 실험하기 위해 일부실시법을 이용하였다. 그 결과 다음과 같은 블록을 얻었다. 선택한 정의대비는? [2003년 제4회, 2006년 제1회, 2010년 제1회, 2014년 제1회]

[블록 1]
(1), ab, ac, ad, bc, bd, cd, $abcd$

① AB
② ABC
③ BCD
④ $ABCD$

2-7. 4요인(Factor) A, B, C, D에 관한 2^4요인실험의 일부실시(Fractional Replication)에서 정의대비(Defining Contrast)를 $M = ABCD$로 하였을 때 별명관계(Alias Relation)로 옳은 것은? [2004년 제4회, 2015년 제2회, 2021년 제1회]

① $A = BCD$
② $B = ABD$
③ $C = ACD$
④ $D = ABD$

2-8. 2^5형의 $\frac{1}{4}$ 실시실험에서 이중교락을 시켜 블록과 $ABCDE$, ABC, DE를 교락시켰다. AD와 별명관계 중 틀린 것은? [2008년 제1회, 2015년 제2회]

① AB
② AE
③ BCE
④ BCD

2-9. 3^3형의 $\frac{1}{3}$ 반복에서 $I = ABC^2$을 정의대비로 9회 실험을 하였다. 다음 중 틀린 것은?

[2007년 제2회, 2011년 제4회, 2016년 제2회, 2022년 제1회]

① C의 별명 중 하나는 AB이다.
② A의 별명 중 하나는 AB^2C이다.
③ AB^2의 별명 중 하나는 AB이다.
④ ABC의 별명 중 하나는 AB이다.

2-10. 2^4형 요인실험에서 정의대비 $I = ABC$, BCD, AD를 블록과 교락시켜 4개의 블록으로 나누어 실험을 실시한 결과 다음과 같은 데이터를 얻었다. 블록 간의 제곱합(S_R)은?

[2002년 제2회, 2010년 제2회, 2016년 제2회]

블록 Ⅰ	블록 Ⅱ	블록 Ⅲ	블록 Ⅳ
(1) = 3	$d = 2$	$a = 2$	$c = 4$
$bc = -2$	$ab = -4$	$bd = -3$	$b = 3$
$abc = 1$	$ac = 5$	$cd = -4$	$ad = 3$
$acd = -1$	$bcd = -2$	$abc = 5$	$abcd = -6$

① 1.37
② 2.25
③ 3.47
④ 4.58

|해설|

2-1

$D = D \times I = D \times ABCDE = ABCD^2E = ABCE$
$\quad = D \times ABC = ABCD = D \times DE = D^2E = E$

2-2

$AI = A \times (ABC) = A^2BC = BC$

2-3

• A의 별명 : $A \times (ABC) = A^2BC = BC$
• B의 별명 : $B \times (ABC) = AB^2C = AC$
• C의 별명 : $C \times (ABC) = ABC^2 = AB$

2-4

abc가 포함된 블록은$(abc + a + b + c)$이므로, $\frac{1}{2}$ 블록의 일부실시법을 수행하면 $BC = \frac{1}{2}[(a + abc) - (b + c)]$가 된다.

2-5

④ 인자 C의 변동은 인자 A의 변동보다 크다.
• 인자 A의 변동
$= S_A = \frac{1}{4}(a + abc - b - c)^2 = \frac{1}{4}(76 + 70 - 79 - 74)^2 = 12.25$
• 인자 C의 변동
$= S_C = \frac{1}{4}(c + abc - b - a)^2 = \frac{1}{4}(74 + 70 - 76 - 79)^2 = 30.25$

① 인자 A의 효과
$A = \frac{1}{2}(a - b - c + abc) = \frac{1}{2}(76 - 79 - 74 + 70) = -3.5$

② 블록에 교락된 교호작용은 $A \times B \times C$

$L = x_1 + x_2 + x_3 \,(\mathrm{mod}^2)$	
(1)	0
a	1
b	1
ab	0
c	1
ac	0
bc	0
abc	1

• 블록 1 : a, b, c, abc
• 블록 2 : ab, bc, ac

③ 인자 A의 별명은 교호작용 $B \times C$
$A \times A \times B \times C = A^2 \times B \times C = B \times C$

2-6

정의대비 : 블록에 교락시키려는 요인의 효과
$I = ABCD = \frac{1}{2^{n-1}r}(a-1)(b-1)(c-1)(d-1)$
$\quad = \frac{1}{2^3}(a-1)(b-1)(c-1)(d-1)$
$\quad = \frac{1}{8}(a-1)(b-1)(c-1)(d-1)$
$\quad = \frac{1}{8}[(abcd + ab + ac + ad + bc + bd + cd + (1))$
$\qquad - (abc + abd + acd + bcd + a + b + c + d)]$

2-7

① $A \times (ABCD) = A^2BCD = BCD$
② $B \times (ABCD) = AB^2CD = ACD$
③ $C \times (ABCD) = ABC^2D = ABD$
④ $D \times (ABCD) = ABCD^2 = ABC$

2-8

② $AD \times (DE) = AD^2E = AE$

③ $AD \times (ABCDE) = A^2BCD^2E = BCE$

④ $AD \times (ABC) = A^2BCD = BCD$

그러므로 ②, ③, ④는 AD와 별명관계이지만, ①은 별명관계가 아니다.

2-9

요인의 별명은 XI, XI^2의 2개가 존재한다. AB^2의 별명은 AC, AB^2C^2이다.

2-10

$$S_R = \frac{1^2 + 1^2 + 0^2 + 4^2}{4} - \frac{6^2}{16} = 2.25$$

제5절 | 직교배열법 · 회귀분석 · 다구치실험계획법

핵심이론 01 직교배열법

① 직교배열법의 개요
  ㉠ 직교배열법
  • 인자의 수가 많은 경우에 주효과와 기술적으로 존재할 것 같은 인자의 교호작용을 검출하고, 기술적으로 존재하지 않는다고 생각되는 교호작용은 희생시켜서 실험 횟수를 적게 할 수 있는 실험계획표이다.
  • 직교배열표의 표시 : $L_N(P^K)$

  여기서, L : 라틴방격
    N : 행의 수(실험 횟수)
    P : 수준수
    K : 열의 수(인자수 = 배치 가능한 요인의 수)

  ㉡ 직교배열법의 특징
  • 변동 계산이 용이하다(실험 데이터로부터 변동 계산이 쉽다).
  • 분산분석표의 작성이 수월하다.
  • 다른 실험배치법과 비교해 볼 때 실험 횟수가 줄어든다(실험의 크기를 확대시키지(증가시키지) 않아도 실험에 많은 요인(인자)를 짜 넣을 수 있다).
  • 이론을 잘 몰라도 기계적인 조작으로 일부실시법, 분할법, 교락법 등의 배치를 쉽게 할 수 있다.
  • 2수준 요인(인자)과 3수준의 요인(인자)이 존재하는 실험의 경우에는 가수준을 만들어 사용한다.
  • 인자 A가 4수준(자유도 3)이고 인자 B가 2수준(자유도 1)이면 교호작용 $A \times B$는 2수준계 직교배열표에서 3개의 열에 배치된다.
  • 4수준 요인(인자)도 배치 가능하다.

② 2수준계 직교배열법
  ㉠ 구 성
  • $L_{2^m}(2^{2^m-1})$

  여기서, L : Latin Square(라틴방격법)의 약자
    m : 2 이상의 정수
    2^m : 실험의 크기
    2 : 2수준계를 나타내는 숫자
    $2^m - 1$: 열의 수(배치 가능한 인자수)

- $L_4(2^3)$형 직교배열표

실험번호	열번호		
	1	2	3
1	0	0	0
2	0	1	1
3	1	0	1
4	1	1	0
기본 표시	a	b	ab

ⓛ 특 징
- 가장 작은 직교배열표는 m이 2일 때이다.
- 가장 작은 직교배열표 : $L_4(2^3)$
- 실험조건은 $2^2 = 4$가지이고, 열의 수는 $2^2 - 1 = 3$개이다.
- 모든 열은 서로 직교를 이루고 있다.
- 모든 열은 서로 직교하므로 하나의 인자효과를 구할 때 다른 인자의 효과에 의한 치우침이 없다(직교화의 원리).
- 어느 열이나 0의 수와 1의 수가 반반씩 나타난다.
- 각 열은 (0, 1), (1, 2), (−1, 1), (−, +) 등으로 표시하기로 한다.
- 한 열도 하나의 자유도를 갖고, 총자유도의 수는 열의 수와 같다.
- 1군은 1열, 2군은 2, 3열을 나타낸다.
- 기본 표시는 1열과 2열을 더한 후 Modulus 2로 3열이 만들어진다.
- 기본 표시가 X, Y라면 교호작용은 기본 표시의 곱 XY가 있는 열에 나타난다($a^2 = b^2 = c^2 = 1$).
- 2수준계 주효과 A, B, C, D, 교호작용 $A \times B$, $A \times C$를 배치하고자 할 때 열의 수는 4개(주효과) + 2개(교호작용) = 6개이므로, 최대 6개의 열이 필요하다. 따라서 7개의 인자배당 가능한 $L_8(2^7)$형 직교배열표가 가장 경제적이다.

ⓒ 배치방법
- 기본표시에 의한 방법($L_8(2^7)$형)

실험번호	열번호							실험조건	데이터
	1	2	3	4	5	6	7		
1	0	0	0	0	0	0	0	$A_0B_0C_0D_0 = (1)$	9
2	0	0	0	1	1	1	1	$A_0B_0C_1D_1 = cd$	12
3	0	1	1	0	0	1	1	$A_0B_1C_0D_1 = bd$	8
4	0	1	1	1	1	0	0	$A_0B_1C_1D_0 = bc$	15
5	1	0	1	0	1	0	1	$A_1B_0C_0D_0 = a$	16
6	1	0	1	1	0	1	0	$A_1B_0C_1D_1 = acd$	20
7	1	1	0	0	1	1	0	$A_1B_1C_0D_1 = abd$	13
8	1	1	0	1	0	0	1	$A_1B_1C_1D_0 = abc$	13
기본 표시	a	b	a b	c	a c	b c c	a b c	$T = 106$	
배 치	A	$A \times B$	B	C	$A \times C$	D	e		

교호작용 $A \times B$는 인자 A, B의 기본 표시인 a, ab의 곱 b가 있는 열에 배치시킨다($a^2 = b^2 = c^2 = 1$).

– 주효과 : $(A, B, C) = \frac{1}{4}[(1$수준 데이터의 합)
$- (0$수준 데이터의 합)]
$$A = \frac{1}{4}[(16+20+13+13) - (9+12+8+15)]$$
$$= 4.5$$

– 교호작용효과 : $(AB, AC) = \frac{1}{N/2}[(1$수준 데이터의 합) $- (0$수준 데이터의 합)] $= \frac{1}{4}[(1$수준 데이터의 합) $- (0$수준 데이터의 합)]
$$AB = \frac{1}{4}[(8+15+13+13) - (9+12+16+20)]$$
$$= -2.0$$

– 변동 : $(S_A, S_B, S_C, S_{A \times B}) = \frac{1}{N}[(1$수준 데이터의 합) $- (0$수준 데이터의 합)$]^2 = \frac{1}{8}[(1$수준 데이터의 합) $- (0$수준 데이터의 합)$]^2$
$$S_{A \times B} = \frac{1}{8}[(8+15+13+13) - (9+12+16+20)]^2$$
$$= 8.0$$

- 2수준 선점도에 의한 배치방법
– 점과 점은 각각 하나의 요인을 나타낸다.
– 두 점을 연결하는 선은 교호작용의 관계를 나타낸다.
– 선과 점은 다 같이 자유도 1을 갖고 하나의 열에 대응한다.

[$L_4(2^3)$형 선점도]

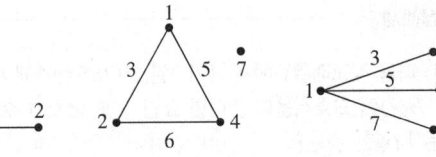

[$L_8(2^7)$형 선점도(2개)]

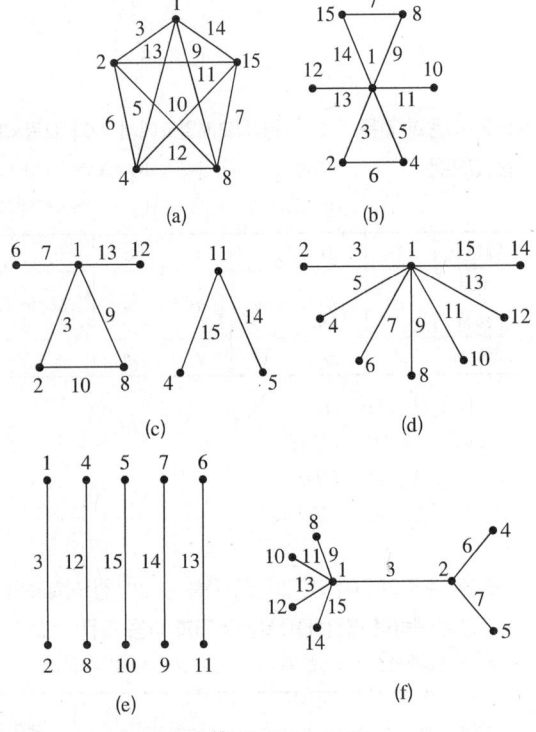

(a)　　　　　　(b)

(c)　　　　　　(d)

(e)　　　　　　(f)

[$L_{16}(2^{15})$형 선점도(6개)]

③ 3수준계 직교배열법

㉠ 구성 : $L_{3^m}\left(3^{\frac{3^m-1}{2}}\right)$

　여기서, L : Latin square(라틴방격법)의 약자

　　　　 m : 2 이상의 정수

　　　　 3^m : 실험의 크기

　　　　 3 : 3수준계를 나타내는 숫자

　　　　 $\dfrac{3^m-1}{2}$: 직교배열표의 열의 수

㉡ 특 징

　• 3수준계의 가장 작은 직교배열표 : $L_9(3^4)$

　• 각 열의 자유도는 2이다.

• 오차항의 자유도(ν_e)

　– 오차항으로 2개의 열이 배정되었을 때 오차항의 자유도 : $\nu_e = 2 \times 2 = 4$

　– 3수준 요인 11개의 주효과에만 관심이 있어서 $L_{27}(3^{13})$ 직교배열표를 이용할 때, 오차의 자유도 : $\nu_e = (13-11) \times 2 = 4$

　– $L_{27}(3^{13})$인 직교배열표에서 배치한 인자수가 8이고, 교호작용은 배치하지 않았을 때 오차항의 자유도 : $\nu_e = (13-8) \times 2 = 10$

• 기본 표시(성분)의 앞 문자에 제곱이 있는 표현은 사용하지 않으므로 전체를 제곱한 것도 같은 것으로 간주한다. 따라서 앞 문자에 제곱이 있을 때는 전체를 제곱한다(예 $a^2b = (a^2b)^2 = a^4b^2 = ab^2$).

• 3수준계에서는 $a^3 = b^3 = c^3 = \cdots = 1$로 간주한다.

• 2열의 교호작용은 성분이 XY인 열과 XY^2인 열에 나타난다. 예를 들면 기본 표시가 ab^2인 열에 A인자를 배치하고, 기본 표시가 abc인 열에 B인자를 배치하였다면 교호작용 $A \times B$는 다음과 같이 구한 기본 표시가 있는 열에 배치된다.

　– $ab^2 \times abc = a^2b^3c = a^2c = (a^2c)^2 = ac^2$

　– $ab^2 \times (abc)^2 = a^3b^4c^2 = a^3b^4c^2 = bc^2$

㉢ 배치방법

• 기본표시에 의한 방법($L_9 3^4$)

실험 번호	열번호				실험할 인자조합	데이터
	1	2	3	4		
1	0	0	0	0	$A_0B_0C_0=(0,0,0)$	$y_{000}=8$
2	0	1	1	1	$A_0B_1C_1=(0,1,1)$	$y_{011}=12$
3	0	2	2	2	$A_0B_2C_2=(0,2,2)$	$y_{022}=13$
4	1	0	1	2	$A_1B_0C_2=(1,0,2)$	$y_{102}=10$
5	1	1	2	0	$A_1B_1C_0=(1,1,0)$	$y_{110}=12$
6	1	2	0	1	$A_1B_2C_1=(1,2,1)$	$y_{121}=15$
7	2	0	2	1	$A_2B_0C_1=(2,0,1)$	$y_{201}=20$
8	2	1	0	2	$A_2B_1C_2=(2,1,2)$	$y_{212}=15$
9	2	2	1	0	$A_2B_2C_0=(2,2,0)$	$y_{220}=18$
기본 표시	a	b	a b	c b^2		$T=123$
배 치	A	B	e	C		
6	1	2	0	1	$A_1B_2C_1=(1,2,1)$	$y_{121}=15$

– 교호작용이 있는 경우 기본 표시를 이용한 요인의 배치($L_{27}3^{13}$)

열번호	1	2	3	4	5	6	7	8	9	10	11	12	13
기본 표시	a	b	a	a	c	a	a	b	a	a	b	a	a
			b	b^2		c	c^2	c	b	b^2	c^2	b^2	b
									c	c^2		c	c^2
배치	A	B	$A\times B$	$A\times B$	C	$A\times C$	$A\times C$	e	D	F	e	G	e

– 변동 : $\dfrac{1}{3^{m-1}}[(0\text{수준 데이터의 합})^2+(1\text{수준 데이}$
  $\text{터의 합})^2+(2\text{수준 데이터의 합})^2]-CT$
  $=\dfrac{1}{3^{m-1}}[T_{0..}^2+T_{1..}^2+T_{2..}^2]-\dfrac{T^2}{N}$

- **3수준 선점도에 의한 배치방법**
  - 3수준계의 선점도는 주인자의 배정을 점에 하는 것이 원칙이며, 선에는 교호작용이 나타나므로 주인자는 배정하지 않는다.
  - 가장 할당이 작은 것은 $L_9(3^4)$형 선점도로 오직 1가지이며, 교호작용을 고려하면 인자는 최대 3개밖에 할당할 수 없다.
  - 선점도에서 3인자의 교호작용 할당은 가능하지 않다.
  - 할당되지 않고 남는 점이나 선은 오차항으로 활용되므로, 가급적 불필요한 교호작용이나 관련 없는 인자는 억지로 할당하지 않는다.
  - 점은 하나의 열에 대응된다.
  - 점의 자유도는 2이다.
  - 선은 점과 점 사이의 교호작용을 나타내며 2개의 열에 대응된다.
  - 선의 자유도는 4이다.

```
1          3, 4          2
●━━━━━━━━━━━━━━━━━━━━━●
```
[$L_9(3^4)$형 선점도(1개)]

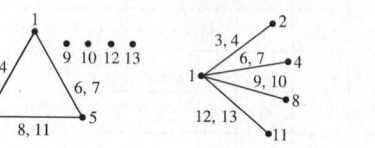

[$L_9(3^{13})$형 선점도(1개)]

핵심예제

1-1. 다음 직교배열표에서 A가 3열, B가 5열에 배치되었을 때 A, B 간에 교호작용이 있다면 요인 C를 배치할 수 있는 열을 모두 나열한 것은? [2004년 제1회, 2009년 제4회, 2017년 제1회]

열번호	1	2	3	4	5	6	7
성 분	a	b	ab	c	ac	bc	abc

① 1, 2, 6
② 1, 2, 4, 7
③ 1, 2, 7
④ 1, 2, 6, 7

1-2. 다음과 같은 $L_8(2^7)$형 직교배열표에서 D와 교락되어 있는 요인은? [2004년 제1회 유사, 2005년 제1회, 2007년 제2회, 2014년 제1회, 2016년 제1회 유사, 2022년 제1회 유사]

열번호	1	2	3	4	5	6	7
기본 표시	a	b	ab	c	ac	bc	abc
배 치	A	B	C	D	E	e	e

① $ABCD$, AE, BCE
② AC, $ABDE$, CDE
③ AB, $ACDE$, BDE
④ BC, DE, $ABCDE$

1-3. 두 수준의 인자 A, B, C, D를 $L_8(2^7)$형 직교표의 1, 2, 4, 7열을 택하여 배치하고 실험한 결과 다음 표를 얻었다. 인자 A의 주효과는? [2005년 제4회 유사, 2006년 제4회 유사, 2014년 제2회]

실험번호	A	B	C	D	데이터
	1	2	4	7	
1	1	1	1	1	2
2	1	1	2	2	1
3	1	2	1	2	14
4	1	2	2	1	1
5	2	1	1	2	20
6	2	1	2	1	5
7	2	2	1	1	26
8	2	2	2	2	27
계					96

① 10
② 15
③ 24
④ 48

1-4. 다음은 인자 A, B를 2수준(높은 수준 +, 낮은 수준 -)을 취하여 직교배열표에 의한 실험을 한 결과표이다. 교호작용의 제곱합($S_{A \times B}$)의 값은?

[2008년 제4회 유사, 2010년 제1회 유사, 제4회 유사, 2016년 제2회]

No.	1	2	3	데이터
1	+	+	+	9
2	+	-	-	7
3	-	+	-	8
4	-	-	+	4
배 치	A	B	$A \times B$	

① 0.5 ② 1.0
③ 1.3 ④ 2.0

1-5. $L_8(2^7)$ 직교배열표에서 교호작용 $C \times F$의 제곱합($S_{C \times F}$)는 얼마인가?

[2003년 제4회 유사, 2017년 제2회]

실험 번호	열번호							데이터 (y)
	1	2	3	4	5	6	7	
1	1	1	1	1	1	1	1	9
2	1	1	1	2	2	2	2	12
3	1	2	2	1	1	2	2	8
4	1	2	2	2	2	1	1	15
5	2	1	2	1	2	1	2	16
6	2	1	2	2	1	2	1	20
7	2	2	1	1	2	2	1	13
8	2	2	1	2	1	1	2	13
기본 표시	a	b	a b	c	a c	b c	a b c	$T = 84$
배치한 요인	A	C		D		B	F	

① 0.78 ② 4.5
③ 7.5 ④ 45

1-6. 다음과 같은 $L_8(2^7)$형의 선점도의 1, 2, 4, 7열에 각각 4개의 인자 A, B, C, D를 배치하여 실험하였다. 설명이 틀린 것은?

[2010년 제2회 유사, 2013년 제2회]

① 제4열 : C인자의 자유도는 1이다.
② 제5열 : 인자 A와 인자 C의 교호작용이 나타난다.
③ 제6열 : $B \times C$의 교호작용이 나타나며 자유도가 1이다.
④ 제7열 : D인자는 외단점으로 오차항으로 활용해야 한다.

1-7. $L_{27}(3^{13})$ 직교배열표에서 기본표시가 ac인 곳에 P, bc인 곳에 Q를 배치하면 $P \times Q$가 나타나는 열의 기본 표시는?

[2013년 제1회, 2023년 제1회]

① abc^2과 ab^2인 두 열
② ab^2과 c인 두 열
③ abc과 bc^2인 두 열
④ ab^2과 bc^2인 두 열

1-8. $L_{27}(3^{13})$형 직교배열표에서 요인 A를 5열, 요인 B를 10열에 배치하였다면, 교호작용 $A \times B$가 배치되는 열번호는?

[2013년 제4회, 2017년 제4회, 2023년 제2회]

열번호	1	2	3	4	5	6	7	8	9	10	11	12	13
기본 표시	a	b	a b	a b^2	c	a c	a c^2	b c	b c^2	a b c	a b^2 c^2	a b c^2	a b c^2
배 치					A					B			

① 4열, 7열 ② 4열, 10열
③ 4열, 12열 ④ 4열, 13열

1-9. $L_9(3^4)$를 이용하여 다음과 같이 실험을 배치한다. 실험번호 3번의 실험조건은?

[2014년 제2회]

실험번호	열번호				데이터
	1	2	3	4	
1	0	0	0	0	
2	0	1	1	1	
3	0	2	2	2	
4	1	0	1	2	
5	1	1	2	0	
6	1	2	0	1	
7	2	0	2	1	
8	2	1	0	2	
9	2	2	1	0	
기본표시	a	b	a b	a b^2	
군	1		2		
배 치	B	A	e	C	

① $A_0 B_2 C_2$ 　② $A_0 B_0 C_2$

③ $A_2 B_0 C_2$ 　④ $A_2 B_2 C_0$

1-10. 직교배열표 $L_9(3^4)$로 인자를 랜덤으로 배치한 결과, 다음의 표를 얻었다. A의 제곱합(S_A)은?

[2010년 제4회 유사, 2015년 제1회]

인자배치 열 No.	A	C		B	실험 데이터	X^2
	1	2	3	4	X	
1	1	1	1	1	8	64
2	1	2	2	2	12	144
3	1	3	3	3	10	100
4	2	1	2	3	10	100
5	2	2	3	1	12	144
6	2	3	1	2	15	225
7	3	1	3	2	22	484
8	3	2	1	3	18	324
9	3	3	2	1	18	324
				계	125	1,909

① 60.84 　② 98.01

③ 141.56 　④ 249.64

1-11. $L_9(3^4)$ 직교배열표를 이용하여 다음 표와 같이 실험을 배치하였다. 다음 중 틀린 것은?

[2016년 제1회]

실험번호	1열	2열	3열	4열	데이터
1	0	0	0	0	8
2	0	1	1	1	12
3	0	2	2	2	10
4	1	0	1	2	10
5	1	1	2	0	12
6	1	2	0	1	15
7	2	0	2	1	22
8	2	1	0	2	18
9	2	2	1	0	18
기본표시	a	b	ab	ab^2	$T=125$
인자할당	A	B	e	C	

① 수정항(CT)은 약 1736.1이다.

② 총실험수는 9개이며 총제곱합(S_T)은 약 170.1이다.

③ 위의 할당으로 보아 교호작용은 별로 영향을 끼치지 않는다고 판단한 것이다.

④ 실험번호 3의 실험조건은 $A_0 B_2 C_2$ 수준으로 조건을 설정하여 실험하였다는 뜻이다.

1-12. $L_{27}(3^{13})$형 선점도에서 A는 1열, B는 5열, C는 2열에 배치할 경우 $B \times C$ 교호작용은 어느 열에 배치해야 하는가?

[2008년 제1회, 2014년 제1회]

① 3열, 4열 　② 6열, 7열

③ 8열, 11열 　④ 9열, 12열

1-1

A가 3열, B가 5열, $A \times B = ab \times ac = bc \rightarrow$ 6열이므로 요인 C은 3, 5, 6열을 제외한 1, 2, 4, 7열에 배치 가능하다.

1-2

기본 표시로 C가 나타나는 요인이 D와 교락된 요인

$ABCD = a \times b \times ab \times c = a^2 b^2 c = c$

$AE = a \times ac = a^2 c = c$

$BCE = b \times ab \times ac = a^2 b^2 c = c$

1-3

A의 주효과

$= \dfrac{1}{4}(2수준 \ 데이터 \ 합 - 1수준 \ 데이터 \ 합)$

$= \dfrac{1}{4}(20 + 5 + 26 + 27 - 2 - 1 - 14 - 1)$

$= 15$

1-4

$S_{A \times B} = \dfrac{1}{4}[(9+4)-(7+8)]^2 = 1.0$

1-5

$C \times F$의 기본 배치는 $b \times abc = ac$이므로 5열이다.

∴ 교호작용 $C \times F$의 제곱합($S_{C \times F}$)

$= \dfrac{1}{8}[(2수준의 \ 합) - (1수준의 \ 합)]^2$

$= \dfrac{1}{8}[(12+15+16+13)-(9+8+20+13)]^2 = 4.5$

1-6

제7열 : D인자는 외딴섬으로 배치되고 자유도는 1이 되며 오차항으로 활용되지는 않는다. 인자가 배치되지 않은 번호가 오차항이 되므로 오차항으로는 배치되지 않은 열을 선택해야 한다.

1-7

$P \times Q = ac \times bc = abc^2$

$P \times Q^2 = ac \times (bc)^2 = ab^2 c^3 = ab^2$

1-8

$A \times B = c \times ab^2 c^2 = ab^2 \rightarrow$ 4열

$A \times B^2 = c \times (ab^2 c^2)^2 = a^2 bc^2 = (a^2 bc^2)^2 = ab^2 c \rightarrow$ 12열

1-9

실험번호 3에서 A인자의 수준수는 2로서 A_2, B인자의 수준수는 0으로서 B_0, C인자의 수준수는 2로서 C_2이므로 수준조합은 $A_2 B_0 C_2$이다.

1-10

$S_A = \dfrac{30^2 + 37^2 + 58^2}{3} - \dfrac{125^2}{9} = 141.6$

1-11

총실험수는 9개이며 총제곱합(S_T)은 약 172.9이다.

$S_T = \sum x_i^2 - CT = 1,909 - \dfrac{125^2}{9} = 172.9$

1-12

선점도에서 점은 인자, 선은 교호작용이다. 3수준계 직교배열표에서 각 요인의 자유도가 2이므로 교호작용의 자유도는 4이다. $B \times C$ 교호작용은 2열과 5열을 연결하는 선의 8열, 11열의 2개의 열에 배치된다.

정답 1-1 ② 1-2 ① 1-3 ② 1-4 ② 1-5 ② 1-6 ④ 1-7 ①
1-8 ③ 1-9 ③ 1-10 ③ 1-11 ② 1-12 ③

① 단순회귀분석

  ㉠ 개 요

- 독립변수 (x)의 값을 지정했을 때 종속변수 (y)가 갖는 값을 추정한다(인자수준 x를 지정했을 경우의 특성치 y를 추정).
- 단순회귀분석 : 독립변수 1개, 종속변수 1개로 이들 사이에 1차 함수(직선관계)를 가정한다.
- 중회귀분석 : 독립변수 2개 이상, 종속변수 1개로 이들 사이에 1차 함수를 가정한다.
- 곡선회귀분석 : 독립변수 1개, 종속변수 1개로 이들 사이에 2차 이상의 함수(고차함수)를 가정한다.
- 곡선중회귀분석 : 독립변수 2개 이상, 종속변수 1개로 이들 사이에 2차 이상의 함수(고차함수)를 가정한다.

  ㉡ 직선회귀모형 : $y_i = \beta_0 + \beta_1 x_i + \varepsilon_i$

- β_0, β_1 : 미지의 모수
  - $\beta_0 = \bar{y} - \hat{\beta}_1 \bar{x}$
  - $\hat{\beta}_1 = \dfrac{S_{(xy)}}{S_{(xx)}}$
- ε_i : 오차항
  - $\varepsilon_i \sim N(0, \sigma^2)$
  - 서로 독립이므로 오차항들 간에는 상관관계가 존재하지 않는다.

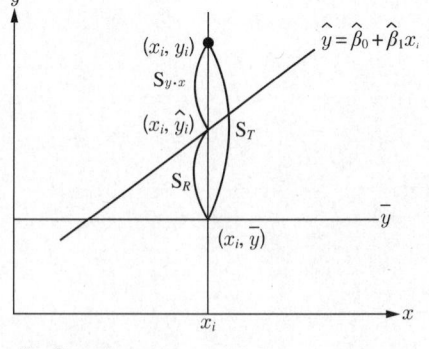

$S_T = S_{y \cdot x} + S_R$
총변동 = 잔차변동 + 회귀변동

- 잔차(Residual) : $e_i = y_i - \hat{y}$
  - 회귀선에 의하여 설명되지 않는 부분(편차)
  - 잔차들 간에는 상관관계가 존재한다.
  - 잔차들의 합은 0이다. $\sum e_i = 0$
  - 잔차들의 x_i에 의한 가중합은 0이다.
    $$\sum x_i e_i = 0$$
  - 잔차들의 $\hat{y}$(회귀직선추정식)에 의한 가중합은 0이다. $\sum \hat{y} e_i = 0$
  - 잔차들의 제곱과 $(y_i - \hat{y})$의 가중합은 0이 아니다.
    $$\sum (y_i - \bar{y}) e_i^2 \neq 0$$
- 표본자료를 회귀직선에 적합시킨 경우, 적합성의 정도를 판단하는 방법
  - 결정계수(r^2)를 구하여 판단한다.
  - 추정회귀계수와 추정회귀식의 분산을 구하여 판단한다.
  - 오차의 추정치(MS_e)를 구하여 판단한다.
  - 분산분석을 하여 판단한다.
- 결정계수(r^2) : 기여율 또는 관여율
  - 상관계수(r)의 제곱
  - $r^2 = \dfrac{S_R}{S_{(yy)}} = \left(\dfrac{S_{(xy)}}{\sqrt{S_{(xx)} S_{(yy)}}} \right)^2 = \dfrac{S_{(xy)}^2}{S_{(xx)} S_{(yy)}}$

    $= \dfrac{\beta_1^2 S_{(xx)}}{S_{(yy)}}$
  - x와 y 간의 상관관계가 클수록 r^2의 값은 1에 가까워지며, r^2의 값이 0에 가까워지면 추정된 회귀선은 쓸모가 없다.

  ㉢ 회귀직선의 추정식 : $\hat{y}_i = \hat{\beta}_0 + \hat{\beta}_1 x_i$

- β_0, β_1의 추정 : 오차의 제곱합을 최소화시켜서(편미분하여) 구한다.

  ㉣ 분산분석표

요 인	SS	ν	V	$E(V)$	F_0	$F_{1-\alpha}$
회 귀	S_R	1	V_R	$\sigma^2 + \beta_1^2 S_{(xx)}$	$\dfrac{V_R}{V_{y \cdot x}}$	$F_{1-\alpha}(1, n-2)$
잔 차	$S_{y \cdot x}$	$n-2$	$V_{y \cdot x}$	σ^2		
계	$S_{(yy)}$	$n-1$				

- 변동(제곱합)
  - 총변동($S_{(yy)}$)
    - ⓐ 잔차변동 + 회귀변동
    - ⓑ (회귀에 의하여 설명이 안 되는 변동) + (회귀에 의하여 설명이 되는 변동)
    - ⓒ $S_{(yy)} = S_{y \cdot x} + S_R = \sum(y_i - \bar{y})^2$
      $= \sum y_i^2 - \dfrac{(\sum y_i)^2}{n}$
  - 잔차의 제곱합 : $S_{y \cdot x} = \sum(y_i - \hat{y})^2 = S_{(yy)} - S_R$
  - 회귀에 의한 제곱합 : $S_R = \sum(\hat{y_i} - \bar{y})^2 = \dfrac{(S_{(xy)})^2}{S_{(xx)}}$
- 불편분산
  - 잔차의 불편분산 : $V_{y \cdot x} = \dfrac{\sum\limits_{i=1}^{n}(y_i - \hat{y_i})^2}{n-2}$
  - 회귀의 불편분산 : $V_R = \sum(\hat{y_i} - \bar{y})^2$
- F검정
  - $H_0 : \beta_1 = 0$, $H_1 : \beta_1 \neq 0$
  - $F_0 = \dfrac{V_R}{V_{y \cdot x}} > F_{1-\alpha}(1, n-2)$이면 귀무가설을 기각하고, $\beta_1 \neq 0$이므로 회귀직선이 유의적이다.
- ⓜ 분산분석 후의 검정과 추정

모 수	점추정치	분 산	신뢰구간
β_0	$\hat{\beta_0} = \bar{y} - \hat{\beta_1}\bar{x}$	$\left(\dfrac{1}{n} + \dfrac{(\bar{x})^2}{S_{(xx)}}\right)\sigma^2$	
β_1	$\hat{\beta_1} = \dfrac{S_{(xy)}}{S_{(xx)}}$	$\dfrac{\sigma^2}{S(xx)}$	$\hat{\beta_1} \pm t_{1-\frac{\alpha}{2}}(n-2)\sqrt{\dfrac{V_{y \cdot x}}{S_{(xx)}}}$
$E(y)$	$\hat{y} = \hat{\beta_0} + \hat{\beta_1}x_0$	$\left[\dfrac{1}{n} + \dfrac{(x_0 - \bar{x})^2}{S_{(xx)}}\right]\sigma^2$	$\dfrac{(\hat{\beta_0} \pm \hat{\beta_1}x_0) \pm t_{1-\frac{\alpha}{2}}(n-2)}{\sqrt{V_{y \cdot x}\left[\dfrac{1}{n} + \dfrac{(x_0 - \bar{x})^2}{S_{(xx)}}\right]}}$

- ⓗ 모상관계수(ρ)의 확률($1-\alpha$)인 신뢰한계를 구하려면 표본상관계수(r)를 z변환하고, z의 모수와의 신뢰한계를 구하여 ρ로 환원시키면 된다. 이때 r의 z변환식(피셔) $z = \dfrac{1}{2}\ln\dfrac{1+r}{1-r}$이며, z는 정규분포를 따른다.

② 1원배치법과 단순회귀
  - ⓘ 데이터 구조 : 1원배치법의 데이터에서 인자 A가 계량인자로서 수준 간에 양적 비교가 가능할 경우에 사용한다. 인자 A를 독립변수 x로 놓고 A의 각 수준에 측정된 측정치를 y로 보고 x와 y 간의 직선관계를 고찰한다.

x	$A_1(x_1)$	$A_2(x_2)$	$\cdots$	$A_i(x_i)$	$\cdots$	$A_l(x_l)$
	y_{11}	y_{21}	$\cdots$	y_{i1}	$\cdots$	y_{l1}
	$\vdots$	$\vdots$	$\cdots$	$\vdots$	$\cdots$	$\vdots$
y	y_{1j}	y_{2j}	$\cdots$	y_{ij}	$\cdots$	y_{lj}
	$\vdots$	$\vdots$	$\cdots$	$\vdots$	$\cdots$	$\vdots$
	y_{1m}	y_{2m}	$\cdots$	y_{im}	$\cdots$	y_{lm}
계	$T_{1 \cdot}$	$T_{2 \cdot}$	$\cdots$	$T_{i \cdot} = \sum\limits_{j=1}^{m}y_{ij}$	$\cdots$	$T_{l \cdot}$

  - ⓛ 분산분석표

요 인	S	ν	V	F_0
직선회귀	S_R	$\nu_R = 1$	V_R	$\dfrac{V_R}{V_e}$
나머지 (고차회귀)	$S_r = S_A - S_R$	$\nu_r = l-2$	V_r	$\dfrac{V_r}{V_e}$
A	S_A	$\nu_A = l-1$	V_A	$\dfrac{V_A}{V_e}$
e	$S_e = S_T - S_A$	$\nu_e = l(r-1)$	V_e	
T	$S_T = S_{(yy)}$	$\nu_T = n-1$		

$F_0 = \dfrac{V_r}{V_e} > F_{1-\alpha}(\nu_r, \nu_e)$이면 고차회귀가 필요하며, 그렇지 않으면 단순회귀로 추정 가능하다.

③ 중회귀분석
  - ⓘ 회귀모형 : $\hat{y} = \hat{\beta_0} + \hat{\beta_1}x_i + \hat{\beta_2}x_{2i} + \cdots + \hat{\beta_k}x_{ki} + \varepsilon_i$(단, $\varepsilon_i \sim N(0, \sigma^2)$이고 서로 독립, $i = 1, 2, \cdots, n$)
  - ⓛ 분산분석
    - 단순회귀변동의 분해와 동일하지만, 사용되는 기호가 다르다.
    - 총변동 : $SST = S_{(y, y)} = \sum_{yi}^2 - \dfrac{(\sum_{yi})^2}{n}$
    - 회귀에 의하여 설명되는 변동 : $SST = S_R = \dfrac{S_{(x, y)}^2}{S_{(x, x)}}$
    - 회귀에 의하여 설명 안 되는 변동 : $SSE = SST - SSR$

- 분산분석표

요 인	S	ν	V	F_0	기각역
회귀(R)	SSR	k	NSR	$\dfrac{MSR}{MSE}$	$F_{1-e}(k, n-k-1)$
잔차(E)	SSE	$n-k-1$	NSE		
계(T)	SST	$n-1$			

※ 표에서 k는 독립변수의 개수이다.

ⓒ 판 정

$F_0 = \dfrac{MSR}{MSE} \geq F_{1-a}(k,\ n-k-1)$ 이면 추정된 회귀방정식이 유의하다고 하고,

$F_0 = \dfrac{MSR}{MSE}$ 의 값이 크면 클수록 회귀방정식의 정도가 좋다고 할 수 있다.

④ **직교다항식** : 독립변수가 하나인 경우 k차 다항회귀모형이나 곡선회귀모형 $y = \beta_0 + \beta_{1x} + \beta_{2x^2} + \cdots + \beta_k x^k$(단, $\varepsilon \sim N(0,\ \sigma^2)$이고 서로 독립)에서 회귀계수 $\beta_0, \beta_1, \cdots, \beta_k$의 추정은 독립변수 x의 수준이 같은 간격으로 떨어져 있다면 직교다항식을 이용하여 구할 수 있다.

ⓐ 특 징
- 계산이 간단하다.
- 각 계수가 독립적으로 얻어진다.
- 추정치에 공분산을 생각할 필요가 없다.
- 필요하면 고차항을 회귀분석을 수정하지 않고 추가할 수 있다.

ⓑ 직교다항식의 전제조건
- 배치된 인자는 모수모형이어야 한다.
- 독립변수 x의 수준 간격은 등간격이어야 한다.
- 각 수준에 있어서 측정횟수가 동일한 경우에만 적용할 수 있다. 즉, 각 수준의 반복수는 같아야 한다.

ⓒ 회귀계수의 추정치
- $\widehat{\beta_{(k)}} = \dfrac{\sum\limits_i \omega_i^{(k)} T_i.}{(\lambda S)_k r c^k}$
- $\widehat{\beta_{(0)}} = \dfrac{\sum\limits_i T_i}{lr} = \dfrac{T}{lr} = \bar{y}$

(단, $k = 1, 2, \cdots, l-1$, r : 반복수, c : 수준의 간격)

ⓓ 회귀변동
- $S_{(k)} = \dfrac{\left[\sum \omega_i^{(k)} T_i.\right]^2}{(\lambda^2 S)_k r}$
- $S_{(0)} = \dfrac{T^2}{lr} = CT$

ⓔ 직교다항식 배열표 : 회귀분석에 있어서 독립변수 x의 간격이 등간격이고, 각 수준에 있어서의 측정 횟수가 일정한 경우에 회귀계수의 추정을 사용하는 것을 직교다항식 배열표라고 한다. 다음 표는 직교다항식 계수표의 예이다.

수준수(l)		2	3	4			5				6				
차수(k)		(1)	(1)	(2)	(1)	(2)	(3)	(1)	(2)	(3)	(4)	(1)	(2)	(3)	(4)	(5)
계수	ω_1	−1	−1	1	−3	1	−1	−2	2	−1	1	−5	5	−5	1	−1
	ω_2		1	0	−2	−1	3	−1	−1	2	−4	−3	−1	7	−3	5
	ω_3			1	1	0	−1	−3	0	−2	0	6	−1	−4	4	2	−10
	ω_4				3	1	1	1	−1	−1	−4	1	−4	−4	2	10
	ω_5							2	2	1	1	3	−1	−7	−3	−5
	ω_6											5	5	5	1	1
$(\lambda^2 S)_k$		2	2	6	20	4	20	10	14	10	70	70	84	180	28	252
$(\lambda S)_k$		1	2	2	10	4	6	10	14	12	24	35	56	108	48	120
$(S)_k$		$\frac{1}{2}$	2	$\frac{2}{3}$	5	4	$\frac{9}{5}$	10	14	$\frac{72}{5}$	$\frac{288}{35}$	$\frac{35}{2}$	$\frac{112}{3}$	$\frac{324}{5}$	$\frac{576}{7}$	$\frac{400}{7}$
λ_k		2	1	3	2	1	$\frac{10}{3}$	1	1	$\frac{5}{6}$	$\frac{35}{12}$	2	$\frac{3}{2}$	$\frac{5}{3}$	$\frac{7}{12}$	$\frac{21}{10}$

핵심예제

2-1. 변수 X와 Y의 값이 다음과 같을 때 상관계수는?

[2015년 제1회]

X	1	2	3	4	5
Y	4	5	3	1	2

① −0.8
② −0.4
③ 0.2
④ 0.5

2-2. 다음의 분산분석표에서 결정계수(r^2)의 값은 약 얼마인가?

[2007년 제2회, 2016년 제2회]

요 인	SS	DF	MS
회 귀	10	2	5
잔 차	2	14	0.14
계	12	16	

① 0.17
② 0.20
③ 0.45
④ 0.83

2-3. 두 변수의 데이터가 다음과 같을 경우 직선회귀 $y_i = \beta_0 + \beta_1 x_i + e_i$의 회귀계수 $\hat{\beta}_1$은?

[2010년 제2회 유사, 2014년 제2회]

x	1	2	3	4	5
y	2	3	5	7	8

① 2.0
② 1.8
③ 1.6
④ 1.5

2-4. 두 변수 X, Y 간에 다음의 데이터가 얻어졌다. 단순회귀식을 적용할 때 회귀에 의하여 설명되는 변동 S_R을 구하면?

[2013년 제1회, 2023년 제1회]

X_i	1	2	3	4	5
Y_i	8	7	5	3	2

① 0.4
② 0.98
③ 25.6
④ 26.0

2-5. 독립변수가 1개인 직선회귀의 분산분석표가 다음와 같을 때 F_0의 검정결과는?(단, $F_{0.99}(\nu_1, \nu_2) = 11.1$, $F_{0.95}(\nu_1, \nu_2) = 4.60$)

[2013년 제2회]

요 인	SS	DF
회 귀	3.612	ν_1
잔 차	1.086	ν_2
T	4.698	15

① 회귀관계가 깊다고 판단된다.
② 회귀관계가 거의 없다고 판단된다.
③ 회귀관계가 전혀 없다고 할 수 있다.
④ 위 자료로서는 판단할 수 없다.

2-6. 수준수 $l = 5$, 반복수 $m = 3$인 1원배치법 단순회귀분석에서 직선회귀의 자유도(ν_R)와 고차회귀의 자유도(ν_r)는 각각 얼마인가?

[2016년 제1회]

① $\nu_R = 1$, $\nu_r = 3$
② $\nu_R = 1$, $\nu_r = 4$
③ $\nu_R = 2$, $\nu_r = 3$
④ $\nu_R = 2$, $\nu_r = 4$

| 해설 |

2-1

$$r = \frac{S_{xy}}{\sqrt{S_{xx} \cdot S_{yy}}} = ?$$

$$S_{xy} = \sum xy - \frac{\sum x \sum y}{n} = 37 - 45 = -8$$

$$S_{xx} = \sum x^2 - \frac{(\sum x)^2}{n} = 55 - 45 = 10$$

$$S_{yy} = \sum y^2 - \frac{(\sum y)^2}{n} = 55 - 45 = 10$$

$$\therefore r = \frac{S_{xy}}{\sqrt{S_{xx} \cdot S_{yy}}} = \frac{-8}{10} = -0.8$$

2-2

$$r^2 = \frac{S_R}{S_{yy}} = \frac{10}{12} = 0.83$$

2-3

$$\hat{\beta}_1 = \frac{S_{xy}}{S_{xx}} = \frac{16}{10} = 1.6$$

2-4

$$S_R = \frac{S_{xy}^2}{S_{xx}} = \frac{(-16)^2}{10} = 25.6$$

2-5

$$F_0 = \frac{V_{회귀}}{V_{잔차}} = \frac{3.612/1}{1.086/14} = 46.56$$가 $F_{0.99}(\nu_1, \nu_2) = 11.1$보다 크기 때문에 회귀관계가 깊다고 판단한다.

2-6
- 직선회귀의 자유도 : $\nu_R = 1$
- 고차회귀의 자유도 : $\nu_r = \nu_A - \nu_R = (l-1) - 1 = l - 2$
$$= 5 - 2 = 3$$

정답 2-1 ① 2-2 ④ 2-3 ③ 2-4 ③ 2-5 ① 2-6 ①

① 다구치실험계획법의 개요

ⓐ 다구치실험계획법 : 로버스트 실험계획법이라고도 하며 파라미터설계, 허용차설계 등이 주축을 이루며, 모수인자와 잡음인자 등이 동시에 사용되고 주로 직교배열표가 이용되는 실험계획법이다.

ⓑ 다구치실험계획의 개념
- 다구치실험계획법은 다구치의 품질이론이자 수법 또는 철학이다.
- 다구치는 사회지향적인 관점에서 품질의 생산성을 높이기 위하여 '생산성 = 품질(Quality) + 비용(Cost)'으로 정의하였다.
- 다구치가 주장하는 품질은 사회에 영향을 미치는 손실의 측면에서 표현되며, 사회에 영향을 미치는 손실은 각각의 중요한 제품특성의 변동과는 함수관계에 있다.
- 품질특성은 목표치의 측면에서 표현된다.
- 요인 변화에 따른 영향에 대한 민감도는 SN비(Signal-to-noise Ratio)에서 측정 가능하다.
- 품질(손실)항목 : 사용비용, 기능산포에 의한 손실, 폐해항목에 의한 손실
- 다구치실험계획법은 라인 내(On-line) QC와 라인 외(Off-line) QC로 구분된다.
  - 라인 내 QC : 제조단계에서 생산부서가 추진하는 QC활동이다(모니터링(예측과 수정), 공정의 진단 조정, 검사(측정과 조치) 등).
  - 라인 외 QC : 설계단계에서 설계개발부서나 생산기술부서가 추진하는 QC활동이다(시스템 설계, 파라미터설계, 허용차 설계 등).
- 다구치방법에서 사용되는 수단 : Off-line QC, 손실함수, 파라미터설계

ⓒ 품질 향상계획의 초점

1	목표값에 대한 성능 특성치변동 지속적 감소	SN비를 특성치로 적용
2	제품 성능 특성치가 잡음에 둔감한 로버스트 설계	직교배열표 등의 실험계획법 적용
3	적은 비용 소요로 목표치 허용한계 만족, 설계변수 최적의 조건 모색	

② 다구치실험계획법의 설계

ⓐ 특 징
- 기능성의 추구, 선행성, 범용성, 재현성에 목적을 둔다.
- 오차요인을 적극적으로 이용하고 고의로 산포시켜서 안정화된(둔감한) 파라미터를 산정한다.
- 최적화의 수준 선택은 설계정수를 변화시켜서 직선성을 양호하게 하고, 동시에 산포를 작게 한다.
- 제품의 품질특성치가 잡음(Noise)에 의한 영향을 받지 않거나 덜 받게 하기 위하여 다구치방법을 적용하고자 할 때 가장 효과적인 단계는 설계단계이다.
- 잡음에 대한 영향을 적게 받도록 하는 제품설계, 즉 로버스트설계를 위해서는 라인 외 품질관리가 절대적으로 필요하다.
- 품질산포의 크기를 계량특성치(손실함수, SN비 등)로 변환시켜 사용한다.
- 광범위로 직교배열표를 사용하고, 인자수가 많은 경우에는 일부실시법도 사용한다.
- 신호인자(Signal Factor), 잡음인자(Noise Factor)로 구분하여 사용한다.
- 잡음인자는 외부 잡음, 내부 잡음, 제품 간 잡음으로 분류한다.
  - 외부 잡음 : 외부 사용환경 조건 변화에 의한 잡음
  - 내부 잡음 : 마찰에 의한 부품의 마모나 기계 세팅의 변동과 같은 생산공정이 불완전해서 오는 요인
  - 제품 간 잡음 : 제품 생산 시 제조조건의 변화로 인하여 발생되는 제품 간의 기능특성치의 산포로 인한 잡음
- 다구치방법의 특징과 관련된 항목 : SN비, 직교배열표, 손실함수 등

ⓑ 전통적인 기법과 다구치기법의 차이점

종 류	전통적 실험계획법	다구치기법
인 자	모수인자, 변량인자	제어인자, 표시인자, 신호인자, 잡음인자, 보조인자, 블록인자, 집단인자
목표치	반응물의 평균을 목표치로 이동	반응물의 평균을 목표치로 이동시킴과 동시에 반응물의 가변성을 최소화(품질관리의 일관성을 강조)

종 류	전통적 실험계획법	다구치기법
반응물 유형	계량치(측정 가능한) 반응물을 분석	계량치 반응물과 특성 또는 계수치(측정 불가능한) 반응물을 모두 분석
실험 횟수	많다.	적다.
잡음인자 (Noise Factor)	작동 변환, 기계의 마모, 제조환경의 변화 등과 같은 잡음(Noise)을 분석하지 못한다.	잡음효과를 분석한다.
동특성	분석 불가능	분석 가능
분석기법	분산분석, 회귀분석 등	평균치분석, 신호 대 잡음비분석 등

ⓒ 제품설계의 3단계 : 시스템설계 → 파라미터설계 → 허용차설계의 순서로 진행
- 시스템설계 : 기능설계로서 관련 기술이 중심이 되며 시스템을 어떤 방식으로 할 것인가를 연구하는 단계로, 1차 설계(또는 기능설계)라고도 한다.
- 파라미터설계 : 제품설계에 채택되는 파라미터(제어 가능한 인자)의 최적 수준을 결정하는 방법이다. 이는 품질은 좋게 하고 코스트는 낮게 하는 방법으로서 2차 설계라고도 한다.
- 허용차설계
  - 파라미터의 설계에 의하여 최적 조건을 구하였으나 품질특성의 산포가 만족할 만한 상태가 아닌 경우에 수행되는 설계이다.
  - 설계변수의 변동범위에 대하여 허용범위를 정하는 것으로 3차 설계라고도 한다.

③ **품질정보의 해석**
ⓐ 특성치의 분류(정특성과 동특성)
- 정특성(Static Characteristics) : 출력(y)이 일정한 특성

출 력	특성치	해 설	예
계량치	망목특성	특정한 목표치가 주어진 경우 특성치의 값이 목표치에 가까울수록 좋은 경우	전압, 전류, 제품의 두께, 길이, 무게 등
	망소특성	특성치가 작을수록 좋은 경우	진동, 수축, 불순물량, 마모량 등
	망대특성	특성치가 클수록 좋은 경우	강도, 수명, 내구성, 마찰력 등
계수치	계수치 데이터	양호, 불량 또는 결함수 등과 같은 경우	양호, 불량 등

- 동특성(Dynamic Characteristics) : 신호 입력 변화에 따라 출력이 선형적으로 변하는 특성(예 공작기계의 성능 등)
  - 수동적 동특성 : 인간의 의지와 상관없이 자연 상태나 환경조건에 따라 신호를 입력하면 출력이 직선적으로 변화하는 특성(유압제어회로에서 압력에 따른 On-off 작동관계 등)
  - 능동적 동특성 : 인간의 의도대로 신호를 입력하면 출력이 직선적으로 변화되는 특성(자동차의 액셀러레이터와 속도의 관계 등)
- 정특성과 동특성의 차이점

정특성	동특성
• 출력을 언제나 일정한 목표치에 맞춘다. • 사용자가 의도하는 인위적인 입력신호는 없다. • 제어인자 + 잡음인자	• 입력과 출력이 있다. • 입력신호에 따라 출력특성이 변한다. • 입출력 관계를 이용해서 출력을 목표치에 맞춘다. • 제어인자 + 잡음인자 + 신호인자

ⓛ SN비(단위 : [dB])
- 신호인자와 잡음인자 간의 비
- SN비

$$= \frac{신호의 \ 힘}{잡음의 \ 힘} = \frac{신호입력이 \ 산출물에 \ 전달하는 \ 힘}{잡음이 \ 산출물에 \ 전달되는 \ 힘}$$

$$= \frac{모평균의 \ 제곱(\mu^2)의 \ 추정치}{분산(\sigma^2)의 \ 추정치}$$

- SN비를 최대화시킴으로써 일관성 있는 제품을 생산할 수 있으며 다음과 같이 구분한다.
  - 정특성 SN비
    ⓐ 망목특성의 SN비

$$= 10\log\left[\frac{\frac{1}{n}(S_m - V)}{V}\right] \fallingdotseq 10\log\left[\frac{(\bar{y})^2}{V}\right]$$

$$= 20\log\left(\frac{\bar{y}}{s}\right)$$

ⓑ 망소특성의 SN비 $= -10\log\left(\frac{1}{n}\sum_{i=1}^{n} y_i^2\right)$

ⓒ 망대특성의 SN비 $= -10\log\left(\frac{1}{n}\sum_{i=1}^{n}\frac{1}{y_i^2}\right)$

– 동특성 SN비

$$SN\text{비} = 10\log\left[\dfrac{\dfrac{1}{r^*}(S_\beta - V_e)}{V_e}\right]$$

여기서, r^* : 유효 반복수
$\quad\quad S_\beta$: 비례항 또는 회귀의 변동
$\quad\quad V_e$: 오차분산

$$r^* = m_i \sum M_i^2$$

여기서, m_i : 반복수
$\quad\quad M_i$: 신호 입력

– 계수치 $SN\text{비} = -10\log\left(\dfrac{1}{p} - 1\right)$

ⓒ 손실함수
• 성능특성치(y), m(y의 목표치 또는 이상치)로 가정한다.
• 재료의 수명기간 중 어떤 시점에서 y가 m으로부터 벗어남에 따른 손실금액이다.

특성치	$L(y)$	기대손실(L)
망목특성	$L(y) = k(y-m)^2$ $= \dfrac{A_0}{\Delta^2}(y-m)^2$	$L = k[\sigma^2 + (\mu-m)^2]$
망소특성	$L(y) = ky^2 = \dfrac{A_0}{\Delta^2}y^2$	$L = k(\sigma^2 + \mu^2)$
망대특성	$L(y) = k\left(\dfrac{1}{y^2}\right) = A_0\Delta^2\dfrac{1}{y^2}$	$L = k\left(\dfrac{1}{y^2}\right)\cdot\left(1 + \dfrac{3\sigma^2}{\mu^2}\right)$

여기서, $L(y)$: 손실함수
$\quad\quad k$: 상수
$\quad\quad y$: 품질특성치
$\quad\quad m$: 목표값

ⓔ 자동차 제동장치의 성능에 대해 다구치기법에서 분류하고 있는 인자의 종류와 예
• 자동차의 브레이크 시스템은 제어인자에 해당하며 실험에서 중요한 인자로 취급된다.
• 자동차 브레이크 시스템에 대한 타이어 상태는 잡음인자로 실험에서 중요하게 고려되어야 한다.
• 자동차 브레이크 시스템의 브레이크를 밟는 힘은 신호인자로 동특성이며 제품특성이 원하는 의도대로 출력되는지를 확인한다.
• 자동차 브레이크 시스템의 자동차 주위 온도, 습도 등은 외부잡음(외부 사용조건의 변화에 의한 잡음)이다.

④ 파라미터설계 : 파라미터(Parameter)는 제품 성능의 특성치에 영향을 주는 제어 가능한 인자(Controllable Factor)를 의미하며 설계변수(Design Variable)라고도 한다. 파라미터설계는 각종 잡음의 영향하에서도 최적의 상태를 유지할 수 있도록 제어 가능한 인자의 최적 조건을 찾는 것이다.

㉠ 파라미터설계의 특징
• 주로 직교배열표를 이용하여 배치한다.
– 다구치방법의 파라미터계 단계에서 SN비를 최대화하는 파라미터의 최적 수준을 찾기 위해 사용되는 것은 직교배열표에 의한 실험계획이다.
– 직교배열표를 이용하여 잡음을 최소화시키고, 제품 성능 특성치에 영향을 미치는 제어 가능 인자의 최적 수준을 결정한다.
– 품질산포의 크기를 손실함수, SN비 등의 계량특성치로 변환시키고 직교배열표를 이용한다.
• 제어인자는 내측 배열에 배치하여 제어인자의 최적 조건을 찾아 준다.
• 잡음인자는 외측 배열에 배치하여 잡음에 따른 산포의 크기를 파악할 수 있도록 한다.
• 주로 직교배열표를 이용하여 설계되며 제어인자들의 한 실험조건(직교배열표의 한 행)에서 2개 이상의 특성치를 얻는다. 이처럼 반복 데이터를 얻는 것은 성능특성치에 대한 잡음이나 제어하기 어려운 변량인자의 영향을 파악하기 위해서이다. 특성치를 반복해서 얻는 방법에는 다음 2가지가 있다.
– 잡음인자들을 그대로 놔둔 상태에서 특성치를 반복하여 측정하는 방법
– 잡음인자들의 수준을 정하여 이들 수준조합에서 성능특성치를 측정하는 방법
• 이렇게 하여 실험계획이 이루어지는 경우에, 실험은 2개의 직교배열표가 교차되는 형태로 주어진다. 제어인자들로 이루어진 직교배열을 내측배열(Inner Array) 또는 설계변수행렬(Matrix of Design Variables)이라고 하고, 비제어인자들로 이루어진 직교배열을 외측배열(Outer Array) 또는 잡음인자행렬(Matrix of Design Noise Factors)이라고 한다.

구 분	내측배열($L_8(2^7)$)							외측배열($L_4(2^3)$)	
요인배치	A	B	C	D	F	ⓔ	ⓔ	원데이터	SN비
인자 이름									
수준 0								실험번호	비제어
1								1 2 3 4	인자 배치
열번호	1	2	3	4	5	6	7	0 0 1 1	U
실험번호								0 1 0 1	V
									0 1 1 0	W
1	0	0	0	0	0	0	0	$y_{11}\ y_{12}\ y_{13}\ y_{14}$	SN_1
2	0	0	0	1	1	1	1	$y_{21}\ y_{22}\ y_{23}\ y_{24}$	SN_2
3	0	1	1	0	0	1	1	⋮	⋮
4	0	1	1	1	1	0	0	⋮	⋮
5	1	0	1	0	1	0	1	⋮	⋮
6	1	0	1	1	0	1	0	⋮	⋮
7	1	1	0	0	1	1	0	⋮	⋮
8	1	1	0	1	0	0	1	$y_{81}\ y_{82}\ y_{83}\ y_{84}$	SN_8

분산분석 시에 성능특성치 y_{ij}(i번째 행의 j번째 데이터)에 대해 분석하지 않고 y_{ij}들로부터 SN비를 계산하여 SN비를 새로운 특성치로 정해 분석을 실시한다. 제품설계나 공정설계의 대상이 되는 시스템에 대해 다음 그림과 같은 인자특성관계도를 만들어 특성치에 영향을 줄 것으로 예상되는 모든 제어인자를 포함시키고 비제어인자로서 잡음인자, 블록인자, 보조인자 또는 표시인자 등을 배치하되 가능한 한 너무 많지 않게 배치한다. 비제어인자가 1개 또는 2개일 때는 1원배치나 2원배치를 외측배열에 배치시키는 것이 좋으나, 3개 이상인 경우에는 직교배열을 배치시키는 것이 좋다.

입력(Input) → 시스템 → 출력(Output)

제어인자	잡음인자	결과특성
A, B, C, D	U, V, W …	망소, 망대, 망목특성

ⓛ 파라미터설계의 주요 착안점
- 품질특성의 산포를 감소(최소화)시킨다.
- 평균치 이동이 목표치에 근접하도록 설계한다.
- 손실비용을 최소화한다.
- 설계변수의 조건들이 실험의 재현성이 있는 결과가 얻어졌는지 확인한다.

ⓒ 파라미터설계 방법
- 망목특성에 대한 파라미터설계 과정
  - 제어인자와 비제어인자들의 조합(제어인자를 내측에 배치, 비제어인자를 외측에 배치)으로 이루어진 실험을 실시한다.
  - 해당 SN비와 S_n을 계산한다.
  - SN비에 대한 분산분석(또는 간이분석)으로 SN비에 영향을 미치는 제어인자를 추출한다.
  - S_n에 대한 분산분석(또는 간이분석)으로 $\bar{y}$에 영향을 미치는 제어인자를 추출한다.
    ⓐ 산포제어인자 : SN비에 유의한 영향을 주는 인자
    ⓑ 평균조정인자 : $\bar{y}$에만 유의한 영향을 주는 인자
    ⓒ 기타 제어인자 : SN비나 $\bar{y}$에 유의한 영향을 미치지 못하는 인자
    ⓓ 어떤 인자가 SN비와 $\bar{y}$에 동시에 영향을 미치면 이것은 산포제어인자로 분류한다.
  - 최적 수준조합에서 재현성을 확인한다.
- 망소특성, 망대특성에 대한 파라미터설계 과정
  - 제어인자와 비제어인자들의 조합(제어인자를 내측에 배치, 비제어인자를 외측에 배치)으로 이루어진 실험을 실시한다.
  - 해당 SN비와 S_n을 계산한다.
  - SN비에 대한 분산분석(또는 간이분석)으로 SN비에 영향을 미치는 제어인자를 도출한다.
  - 도출된 제어인자에서 찾은 인자들의 최적 수준을 결정하고 그 외의 인자는 경제성, 작업성 등을 따져 결정한다.
  - 최적 수준조합에서 재현성을 확인한다.

3-1. 하나의 실험점에서 30, 40, 38, 49(단위 : [dB])의 반복 관측치를 얻었다. 자료가 망대특성치일 때 SN비의 값은 약 얼마인가? [2013년 제4회 유사, 2016년 제1회, 2017년 제2회 유사, 제4회]

① 24.86   ② 31.48

③ 38.68   ④ 42.43

3-2. TV의 이상적인 색상 밀도값이 m이고 규격이 $m \pm 10$으로 주어져 있다. 제품의 품질특성치가 규격을 벗어나는 경우 5,000원의 비용이 발생한다고 한다. 다구치 손실함수를 사용한다고 할 때 비례상수 k의 값은? [2005년 제3회, 2013년 제1회, 2023년 제1회]

① 5   ② 10

③ 50   ④ 500

3-3. 목표 출력전압이 110[V]인 스테레오 시스템에 사용되는 전력 공급의 기기가 출력전압이 110 ± 20[V]일 때, 출력 허용한계를 벗어나면 고장 나서 수선해야 한다. 스테레오 수리비가 50,000원이라고 가정할 때, 출력전압이 120[V]라면 평균 손실비용은? [2015년 제1회]

① 1,250원   ② 12,500원

③ 25,000원   ④ 30,000원

|해설|

3-1

$$SN = -10\log\left[\frac{1}{n}\sum\frac{1}{y_i^2}\right]$$
$$= -10\log\left[\frac{1}{4}\left(\frac{1}{30^2}+\frac{1}{40^2}+\frac{1}{38^2}+\frac{1}{49^2}\right)\right]$$
$$= -10\log(7.113\times10^{-4}) = -10\times(-3.148) = 31.48$$

3-2

망목특성 손실함수는 $L(y) = k(y-m)^2$이므로,

$5,000 = k[(m\pm10)-m]^2$가 된다.

따라서, $k = \dfrac{5,000}{10^2} = 50$

3-3

$$\frac{50,000}{20^2}\times(120-110)^2 = 12,500$$

정답 3-1 ②   3-2 ③   3-3 ②

통계적 품질관리

핵심이론 01 통계의 기초

① 모집단
  ㉠ 모집단(Population N)
    • 연구(조사) 대상 개체 또는 요소들 전체
    • 데이터를 분석하기 위한 원집단
    • 관심의 대상이 되는 모든 개체의 관측치나 특성치들의 집합
  ㉡ 모집단의 종류 : 무한 모집단(전수조사 거의 불가), 유한 모집단(전수조사 가능)
  ㉢ 모수(Parameter) : 모집단 전체로부터 구할 수 있는 수치로서 모집단의 특성을 나타내는 특성치의 총칭이다.
  ㉣ 모수의 종류 : 모평균, 모분산, 모표준편차 등
    • 모평균(μ) : 모집단 분포의 중심 위치를 표시한다.
$$\mu = \frac{\sum_{i=1}^{N} x_i}{N}$$
    • 모분산(σ^2) : 모집단의 산포(흩어짐)를 표시한다.
$$\sigma^2 = \frac{\sum_{i=1}^{N} (x_i - \mu)^2}{N}$$
    • 모표준편차(σ) : 모집단의 산포를 표시한다(분산의 제곱근 개념).
$$\sigma = \sqrt{\frac{\sum_{i=1}^{N} (x_i - \mu)^2}{N}}$$
    – 범위 R을 이용한 모표준편차는 $\overline{R} = d_2 \sigma$을 활용하여 $\hat{\sigma} = \dfrac{\overline{R}}{d_2}$로 추정한다.

  ㉤ 모집단의 특징
    • 무한 집단으로 간주한다(조사 불가능 집단).
    • 분산이 0이 아닌 집단이다.
    • 평균(기대치)과 편차가 있으나 계산이 불가능하다.
② 시료·통계량·추정량·데이터
  ㉠ 시 료
    • 모집단의 성질을 파악하기 위해 모집단에서 추출한 모집단의 일부이다.
    • 별칭 : 샘플, 표본
  ㉡ 통계량
    • 표본의 통계적 특성치이다.
    • 표본으로부터 구할 수 있는 계산되는 수치로서 표본의 특성을 나타내는 특성치의 총칭이다.
    • 통계량의 종류 : 표본평균, 표본분산, 표본표준편차 등(모평균은 표본의 통계적 특성치가 아님)
    • 통계량으로부터 모집단의 모수를 추측하여 모집단을 추정한다.
      – 표본표준편차 : 측정된 데이터에 대한 산포를 측정하는 데 널리 이용되는 통계량으로, 산술평균에서 각 데이터들에 대한 차의 제곱값을 계산하여 합한 후 자유도로 나누고 그 값에 대해 다시 제곱근을 취하여 구한 값이다.
  ㉢ 추정량 : 모수를 추정하기 위해서 사용되는 통계량이다.
  ㉣ 데이터(Data) : 특정 모집단에 대한 정보(특성)를 얻기 위한 시료

구 분	계수치 데이터	계량치 데이터
형태 특성	불연속형(이산형) : 측정값이 양품, 불량품 등의 불연속적인 형태로 나타남	연속형 : 측정값이 범위 내에서의 모든 가능값으로 연속적으로 나타날 수 있음
측정방법	개수를 세어서 측정	측정기기로 측정

구 분	계수치 데이터	계량치 데이터
데이터 예	불량 개수, 부적합수, 부적합품수, 결점수, 흠의 수, 얼룩의 수, 사고 건수, 에러 발생 건수, 클레임 접수 건수, 컴퓨터 부품의 부적합품수 등	수명, 강도, 순도, 비중, 무게, 부피, 길이, 온도, 시간, 압력, 부피, 수율, 불량률, KTX 일일 수입 금액, 소모전력, 냉장고의 평균수명, 철강제품의 인장강도 등
품질수준 측도	불량률, 부적합품률, ppm, DPU, DPO, DPMO	표준편차, 공정능력지수 등

- ppm : parts per million
- DPU : Defects per Unit(제품단위당 결함수)
- DPO : Defects per Opportunity(불량 발생 기회당 결함수)
- DPMO : Defects per Million Opportunity(100만 기회당 결함수, 결함 발생 기회 100만 개당 결함수)

[모집단과 시료]
- 측정 정도와 정확도는 서로 연관성이 낮아 측정 정도가 일정해도 정확도는 높아지지 않는다.
- 정규모집단에서 랜덤으로 취한 n개의 시료평균 분산은 모분산의 $\frac{1}{n}$과 대등하다($\frac{1}{n}$에 수렴한다).

$$V(x) = \sigma^2, \ V(\overline{x}) = \frac{\sigma^2}{n}$$

- 정규모집단에서 랜덤으로 n개의 시료를 발췌했을 때 이 시료에서 모분산을 추정하려면 편차제곱합의 $\frac{1}{n-1}$을 사용하면 치우침이 제일 작다.
- 정규확률지상의 두 직선이 평행한 경우는 모평균이 다르고 모표준편차가 같을 때이다.

③ 적 률

㉠ 적률(Moment)
- 무게중심
- 산술평균에서 분포의 중심에 있는 장소
- 확률변수 X의 원점에 대한 r차 적률 : 확률변수 X^r의 기댓값 $E(X^r)$

㉡ 적률 모함수
- 원점 주위의 1차 적률 : 산술평균
  - 중심(평균 $\overline{x}$) 주위에 작용하는 힘의 능률(편차의 합)은 $\sum f(x - \overline{x}) = 0$이다.
  - 힘은 중심(평균 $\overline{x}$) 주위에서 균형을 이룬다.

- 편차의 합만으로는 도수분포의 형(특성)을 알 수 없다.
- 평균치 주위의 2차 적률 : 분산
  - 편차 제곱합 $\sum f(x - \overline{x})^2$은 큰 편차의 제곱합 만큼 크게 작용하므로 분포의 형태를 파악할 수 있게 한다.
- 평균치 주위의 3차 적률 : 비대칭도 또는 왜도(S_k)
- 평균치 주위의 4차 적률 : 첨도(α_4)

④ 요약 통계를 이용한 정보처리

㉠ 중심적 경향(1차 적률함수)
- 중심적 경향은 자료가 어떤 값을 중심으로 분포하고 있는가를 파악하려는 것이다.
- 하나의 변수에 관한 자료의 중심적 경향분석은 자료의 분포를 대표하는 단일 수치를 찾아내는 것이다.
- 중심적 경향값 : 자료분포의 중심이 되는 값으로 종류로는 평균값, 최빈값, 중앙값, 범위 중앙값 등이 있다.
- 평균값 : 산술평균이 대표적이다.
  - 산술평균 $\overline{x} = \dfrac{\sum x_i}{n} = x_0 + \dfrac{\sum f_i u_i}{\sum f_i} \times h$

    $\left(단, \ u_i = (x_i - x_0) \times \dfrac{1}{h}, \ f_i : 빈도수 \right)$

  - 조화평균(H) : $H = \dfrac{1}{\dfrac{1}{n} \sum \dfrac{1}{x_i}} = \dfrac{n}{\sum \dfrac{1}{x_i}}$

  - 기하평균

    $G = (x_1 \cdot x_2 \cdot \cdots x_n)^{\frac{1}{n}} = \sqrt[n]{x_1 \cdot x_2 \cdot \cdots x_n}$

    $= \sqrt[n]{\prod_{i=1}^{n} x_i}$

  - 비교 : 산술평균 ≥ 기하평균 ≥ 조화평균
- 최빈수 또는 최빈값(Mode, M_o) : 가장 빈도가 많은 데이터
  - 도수표에서 도수가 최대인 곳의 대표치
  - 분포곡선의 봉우리가 극대로 되는 곳의 가로 좌표
  - 확률 또는 확률밀도가 극대가 되는 것
- 중앙값(중위수, Median, M_e) : 데이터를 크기 순으로 나열할 때 중앙에 위치한 값이다. 데이터 개수가 홀수이면 중앙에 있는 데이터이고, 짝수이면 중앙의 2개 데이터의 평균이다.

- 범위 중앙값(Mid-range, M) : $M = \dfrac{x_{\max} - x_{\min}}{2}$
- 중심적 경향값을 중심 위치의 척도라고도 한다.
- 산술평균 · 중앙값 · 최빈값의 관련성
  - 이상적인 정규분포(좌우가 완전히 대칭인 분포)에서는 산술평균, 중앙값, 최빈값이 항상 같다.
  - 전체 데이터 활용의 효율성은 산술평균이 중앙값보다 우수하지만, 중앙값은 이질적(극단적) 데이터(Outlier)에 영향을 받지 않으므로 이질적 데이터가 존재할 때는 중앙값이 산술평균보다 정도가 좋다.
  - 분포에서 산술평균, 최빈값, 중앙값이 상이한 값을 가질 때는 중앙값이 항상 가운데 있다.
  - 정점이 좌측 또는 우측으로 기울어진 분포가 될 때에는 최빈값이 항상 가운데 있다.
  - 정점이 오른쪽으로 치우친 분포에서는 산술평균이 중앙값보다 항상 작다.
  - 정점이 왼쪽으로 치우친 분포에서는 최빈값이 중앙값보다 항상 작다.
  - 명목척도와 서열척도는 최빈수 계산이 가능하지만 평균 계산은 불가능하다.
ⓛ 산포(흩어짐)의 척도(정밀도, 2차 적률함수)
- 편차 : $|x_i - \overline{x}|$
- 편차 제곱합(변동)
  - $S = \sum (x_i - \overline{x})^2 = \sum (x_i^2 - 2x_i\overline{x} + \overline{x}^2)$
  $= \sum x_i^2 - 2\left(\sum x_i\right)\left(\dfrac{\sum x_i}{n}\right) + \left(\dfrac{\sum x_i}{n}\right)^2$
  $= \sum x_i^2 - \dfrac{(\sum x_i)^2}{n} = \sum x_i^2 - CT$
  $= \left(\sum f_i u_i^2 - \dfrac{(\sum f_i u_i)^2}{\sum f_i}\right) \times h^2$
  - $CT = \dfrac{(\sum x_i)^2}{n} = n(\overline{x})^2$ 은 수정항(Correction Term)이라고 한다.
- 시료의 분산(표본분산, 불편분산, Sample Variance)
  $V = s^2 = \dfrac{S}{n-1} = \dfrac{S}{\nu}$ (단, ν : 자유도)
- 자유도(Degree of Freedom) : 통계적 추정 시 표본자료 중 모집단에 대한 정보를 주는 독립적인 자료수

- 시료의 표준편차
  $$s = \sqrt{V} = \sqrt{\dfrac{\sum\limits_{i=1}^{n}(x_i - \overline{x})^2}{n-1}} = \sqrt{\dfrac{S}{n-1}} = \sqrt{\dfrac{S}{\nu}}$$
- 절대편차(Mean Absolute Deviation) :
  $$MAD = \dfrac{\sum |x_i - \overline{x}|}{n}$$
- 범위 : $R = x_{\max} - x_{\min}$, $\hat{\sigma} = \dfrac{\overline{R}}{d_2}$
- 변동계수(변이계수) : 표준편차를 평균으로 나눈 값을 변동계수라고 한다. 이는 계량단위가 서로 다른 두 자료나 평균의 차이가 큰 두 로트의 상대적 산포 비교에 이용되고 단위에 영향을 받지 않는다.
  $$CV = V_c = \dfrac{s}{x} \times 100[\%]$$
- 상대분산 :
  변동계수의 제곱$(CV)^2 = (V_c)^2 = \left(\dfrac{s}{x}\right)^2 \times 100[\%]$
ⓒ 분포의 모양(비대칭도 : 3차 적률함수, 첨도 : 4차 적률함수)
- 비대칭도(k) : 평균치를 중심으로 한 분포의 대칭 또는 비대칭 여부를 결정하는 척도이다.
  - $\alpha_3 = k = \dfrac{1}{ns^3}\sum\limits_{i=1}^{n}(x_i - \overline{x})^3 = \dfrac{1}{ns^3}\sum\limits_{i=1}^{k'}(x_i - \overline{x})^3 \times f_i$
  - $k = 0$: 좌우대칭(산술평균 = 최빈값 = 중앙값)
  - $k < 0$: 좌측 방향으로 기울어짐(정점이 오른쪽으로 치우친 분포, 산술평균 < 중앙값)
  - $k > 0$: 우측 방향으로 기울어짐(정점이 왼쪽으로 치우친 분포, 최빈값 < 중앙값)
- 첨도(α_4) : 분포의 중심 집중(뾰족한) 정도를 나타내는 척도
  - $\alpha_4 = \beta_2 = \dfrac{1}{ns^4}\sum\limits_{i=1}^{n}(x_i - \overline{x})^4 = \dfrac{1}{ns^4}\sum\limits_{i=1}^{k'}(x_i - \overline{x})^4 \times f_i$
  - $\alpha_4 = 3$ 이면 도수분포는 표준 정규분포(중첨)
  - $\alpha_4 > 3$ 이면 도수분포는 예봉(고첨)
  - $\alpha_4 < 3$ 이면 도수분포는 둔봉(저첨)

② 모수와 통계량의 비교

구 분	평 균	표준편차	분 산	범 위
모 수	μ	σ	σ^2	
통계량	$\bar{x}$	s	s^2 또는 V	R
모수 추정치	$\hat{\mu}=\bar{x}$	$\hat{\sigma}=s=\sqrt{\dfrac{S}{n-1}}$	$\hat{\sigma}^2=s^2=V=\dfrac{S}{n-1}$	$\hat{\sigma}=\dfrac{\bar{R}}{d_2}=\dfrac{\bar{s}}{c_4}$

⑤ 그래프를 이용한 정보처리 : 도수분포표

ㄱ 개 요

- 도수분포표(Frequency Table, Distribution Table) : 전체 관측치(데이터)가 포함되는 구간을 여러 개의 계급(Classes)으로 구간 분할하고 관측치들의 빈도수를 이에 따라 분류하여 이를 분포로 나타낸 도표이다.
- 종류 : 질적 데이터의 도수분포표(분류목적 : 성별, 출신 학교, 출신 지역 등), 양적 데이터의 도수분포표
- 도수분포 수리 해석 : $u_i=(x_i-x_0)\times\dfrac{1}{h}$
- 용도 : 보고용, 해석용, 공정능력 · 기계능력 조사용, 관리용 등

ㄴ 도수분포표 작성방법

- 데이터 개수(n) 계산
- 범위(R) 계산 : $R=x_{\max}-x_{\min}$
- 계급의 수(k) 결정 : $k=1+3.3\log n$
  - 5~20개 정도가 적당하다.
  - 보통 표본 크기의 제곱근에 가까운 정수이다.
- 계급의 폭(h) 결정 : $h=\dfrac{\text{범위}}{\text{계급의 수}}=\dfrac{R}{k}$, 측정치 최소 단위의 정배수
- 계급의 경계값 결정
  - 제1구간 하측 경계치 $=x_{\min}-\dfrac{\text{측정치 최소 단위}}{2}$
  - 제1구간 상측 경계치 $=$ 1구간 하측 경계치 $+h$
- 계급의 중앙값(m_i) 계산 :
  $m_i=\dfrac{(\text{하측 경계치}+\text{상측 경계치})}{2}$
- 각 계급의 도수 계산
- 도수분포표 작성

ㄷ 상대도수와 누적도수

- 상대도수
  - 각 계급에 포함된 관측치의 수(절대계급 빈도수) 또는 구간에 속하는 값의 수를 전체 관측치의 수로 나눈 것이다.
  - 상대도수(출현율) $=\dfrac{f_i}{\sum f_i}=\dfrac{f_i}{n}$

  여기서, n : 표본의 수
  f_i : 각 계급에 포함된 관측치의 수

- 누적도수 : 어느 한 계급 간격의 상위 계급영역보다 작은 모든 값에 속하는 빈도수의 총계를 그 계급 간격 내의 빈도수를 포함한 것이다.

ㄹ 도수분포표에서 산술평균 · 분산 · 표준편차

- 산술평균 :

$$\bar{x}=\frac{\sum_{i=1}^{k}m_if_i}{\sum_{i=1}^{k}f_i}=\frac{\sum_{i=1}^{k}m_if_i}{n}=x_0+\frac{\sum f_iu_i}{\sum f_i}\times h$$

- 분산 :

$$V=s^2=\frac{\sum_{i=1}^{k}(m_i-\bar{x})^2f_i}{n-1}=\frac{\sum_{i=1}^{k}m_i^2f_i-n\bar{x}^2}{n-1}$$
$$=\left(\frac{\sum f_iu_i^2-(\sum f_iu_i)^2/\sum f_i}{n-1}\right)\times h^2$$

- 표준편차 : $s=\sqrt{V}$

⑥ 사분위수(Quartiles) : 특정 백분위수

ㄱ 데이터 표본을 4개의 동일한 부분으로 나눈 값으로, 데이터 집합의 범위와 중심 위치를 신속하게 평가할 수 있다.

ㄴ 사분위수의 구분

- 제1사분위수(Q1) : 데이터의 25[%]가 이 값보다 작거나 같다.
- 제2사분위수(Q2) : 중위수 데이터의 50[%]가 이 값보다 작거나 같다.
- 제3사분위수(Q3) : 데이터의 75[%]가 이 값보다 작거나 같다.

© 사분위수의 범위
  - 사분위수 범위는 제1사분위수와 제3사분위수 간의 거리(Q3-Q1)
  - 사분위수 범위는 제3사분위수와 제1사분위수의 차이
  - 사분위수 범위는 자료의 중앙 50[%]의 범위를 의미하며, 이는 극단값의 영향을 줄일 수 있다.
    – 사분위수 데이터의 예

최솟값	제1 사분위수	제2 사분위수	제3 사분위수	최댓값
1.7	3.5	5.2	8.7	13.5

    ⓐ 표본의 범위는 11.8이다. $13.5 - 1.7 = 11.8$
    ⓑ 표본의 평균치는 5.2보다 크다.
    ⓒ 범위의 중간(Midrange)은 7.6이다.
    ⓓ (오른쪽 방향에서 극단적인 값이 존재하므로) 표본의 왜도계수는 양의 값이 된다.

⑦ 기타 그래프를 이용한 정보처리
  ㉠ 히스토그램
    - 양적 자료의 도수분포표를 구한 다음 이것을 그림으로 나타내는 방법이다.
    - 도수분포표에서 도수를 막대 형태로 나타낸 것이다.
  ㉡ 줄기-잎 그림(Stem & Leaf Diagram)
    - 데이터의 변동이 작은 부분(예 십 자리)을 줄기로 삼고, 변동이 많은 부분(예 단 자리)을 잎으로 삼아 그린 그림으로 데이터의 분포를 대략 파악할 수 있다.
    - 자료의 줄기 부분을 선택하고 나머지 부분을 잎으로 정한다. 줄기는 값을 크기순으로 세로로 나열하고 그 옆에 수직선을 긋는다.
    - 각 줄기에 해당되는 자료의 잎 부분을 그 줄기의 오른쪽에 가로로 나열한다.
    - 각 줄기에서 잎의 값을 크기순으로 재배열한다.

1-1. 통계량으로부터 모집단 추정은 모집단의 무엇을 알기 위한 것인가?　[2004년 제1회, 2015년 제4회]
① 정 수
② 통계량
③ 모 수
④ 기각치

1-2. 히스토그램을 작성하기 위하여 도수표를 만들려고 한다. 계급의 폭을 0.5로 잡고 제1계급의 중심치가 7.9일 때, 제3계급의 경계는 얼마인가?　[2006년 제4회, 2010년 제4회, 2013년 제4회]
① 8.15~8.65
② 8.65~9.15
③ 9.15~9.65
④ 9.55~10.15

|해설|

1-2
제1계급의 중심치가 7.9이므로 제2계급의 중심치는 $7.9 + 0.5 = 8.4$이며, 제3계급의 중심치는 $8.4 + 0.5 = 8.9$이다. 따라서 제3계급의 경계치는 8.9 ± 0.25이므로 8.65~9.15이다.

정답 1-1 ③　1-2 ②

① 확 률

　㉠ 확률 관련 용어

　　• 집합(Set) : 확연히 구분될 수 있는 동질의 사물 또는 수치들의 집단

　　• 원소(Element) : 집합을 이루는 구성원(원소의 집단 : 집합)

　　• 전체 집합(Universal Set) : 가능한 모든 원소의 집합

　　• 여집합(여사상 또는 보집합, Complement, $\overline{A}$ 또는 A^c, A') : 전체 집합에 포함된 원소들을 제외한 원소들로 구성된 집합

　　• 교집합(공통 집합, Intersection, $A \cap B$) : 두 집합에 공통적으로 속하는 원소들로 이루어진 집합

　　• 합집합(Union, $A \cup B$) : 두 집합 각각 또는 두 집합 모두에 속하는 원소들로 이루어진 집합

　　• 공집합(Empty Set) : 두 집합에 공통 원소가 하나도 없는 집합

　　• 부분집합(Subset, $A \subseteq B$) : 다른 집합의 일부분으로 이루어진 집합

　　• 확률실험(Random Experiment) : 실험을 해 보기 전에는 실험결과를 정확하게 예측할 수 없는 불확실한 실험

　　• 시행(Trail) : 동일한 조건에서 반복될 수 있는 실험 · 관측조사

　　• 근원사상(Elementary Event) : 실험에서 나타날 수 있는 가장 기본적인 결과

　　• 표본공간(Sample Space, S) : 가능한 모든 근원사상들의 집합, 확률에서의 전체 집합

　　• 사상 또는 사건(Event) : 표본 공간의 부분집합

　　• 배반사상(Mutually Exclusive Event) : 두 개의 사상을 나타내는 부분집합들이 서로 동일한 근원사상을 포함하고 있지 않은 경우

　㉡ 확률집합함수(Probability Set Function)의 3가지 조건

　　• 임의사상 A에 대해 $0 \leq P(A) \leq 1$

　　• 표본 공간 전체 S에 대해 $P(S) = 1$, $P(\phi) = 0$

　　• 모든 $i \neq j$에 대해 $A_i \cap A_j = \phi$이면(모든 $i \neq j$ $(i, j = 1, 2, \cdots)$에 대해 A_i와 A_j가 서로 배반사건(동시에 일어날 수 없는 사건)이면

$$P\left(\bigcup_{i=1}^{\infty} A_i \right) = P(A_1) + P(A_2) + \cdots$$

② 확률법칙

　㉠ $P(A \cap B) = P(A)P(B|A)$은 두 사건이 서로 독립이든 아니든 성립한다. $P(B)$를 구할 때 표본 공간 S를 먼저 생각하고 그 확률값을 구하지만 $P(B|A)$(A가 발생했다는 가정하에 B가 일어날 확률)은 A가 일어났다고 하는 조건하에 B가 일어날 확률을 구하는 것이므로 원래의 표본 공간보다는 사건 A가 $B|A$의 새로운 표본 공간이 된다.

　㉡ 위의 식으로부터 베이스의 정리(Bayes' Theorem)를 얻게 된다.

　　• 베이스의 정리 : 두 확률변수의 사전 확률과 사후 확률 사이의 관계를 나타내는 정리

　　　– 새로운 근거가 제시될 때 사전적 확률을 사후적 확률로 수정(갱신)하는 데 사용된다.

　　　– 수정(갱신)은 추가 정보가 있을 때 가능한데, 새로운 정보나 표본을 통해서 구할 수 있는 추가 정보는 조건부 확률을 구하는 데 이용된다.

$$P(B|A) = \frac{P(A \cap B)}{P(A)}$$

$$= \frac{P(A|B)P(B)}{P(A|B)P(B) + P(A|\overline{B})P(\overline{B})}$$

$$P(B_j|A) = \frac{P(B_j \cap A)}{\sum_{i=1}^{k} P(B_i \cap A)} = \frac{P(B_j) \cdot P(A|B_j)}{\sum_{i=1}^{k} P(B_i) \cdot P(A|B_i)}$$

　㉢ 합사상과 여사상

　　• 합사상 : $P(A \cup B) = P(A) + P(B) - P(A \cap B)$

　　• 여사상 : $P(\overline{A}) = P(A^c) = P(A') = 1 - P(A)$

　㉣ 독립사상과 배반사상

　　• 독립사상 : 두 사건이 독립인 경우에는 $P(B|A) = P(B)$이므로, $P(A \cap B) = P(A) \cdot P(B)$

　　• 배반사상 : 두 사건이 배반인 경우에는 $P(A \cap B) = 0$이므로, $P(A \cup B) = P(A) + P(B)$

③ 확률변수(Random Variables) : 확률실험에서 나타날 수 있는 모든 결과에 대해 수치를 부여한 것(함수)으로서, 알파벳 대문자 X, Y, Z, U, V, W 등으로 표시한다.

㉠ 이산확률변수(계수치) : 셀 수 있는 확률변수 X
- 확률질량함수 $P(X)$: 이산확률변수 X에 대한 확률을 결정하는 함수
- 기본 형태 : $P(X) \geq 0$, $\sum P(X) = 1$
- 예 부적합품수, 부적합수, 주사위의 눈 등

㉡ 연속확률변수(계량치) : 적절한 구간 내의 연속된 모든 값을 취할 수 있고 셀 수 없는 확률변수 x
- 확률밀도함수 $f(x)$: 연속확률변수 x에 대한 확률을 결정하는 함수
- 기본 형태 : $f(x) \geq 0$, $\int_{-\infty}^{\infty} f(x)dx = 1$
- 예 강도, 중량, 치수, 통근 소요시간 등

㉢ 누적확률함수 또는 누적분포함수 : 이산확률변수, 연속확률변수값을 누적시킨 값으로서 비감소형 함수이다. 확률변수 X가 주어진 실수 x보다 작거나 같을 확률은 $F(x) = P(X \leq x)$로 나타내며, $F(+\infty) = 1$, $F(\pm\infty) = 0$이다.

④ 확률변수의 통계치
㉠ 기대치(평균)
- 이산확률변수의 기대치(평균)
  - $E(X) = \sum x p(x)$
  - $E[g(X)] = \sum g(x) p(x)$
- 연속확률변수의 기대치(평균)
  - $E(X) = \int_{-\infty}^{\infty} x f(x) dx$
  - $E[g(X)] = \int_{-\infty}^{\infty} g(x) f(x) dx$

㉡ 분산과 표준편차
- 분산 :
  $$V(X) = E[X - E(X)]^2 = E[(X-\mu)^2]$$
  $$= E(X^2) - E(X)^2 = E(X^2) - \mu^2$$
- 표준편차 : $D(X) = \sqrt{V(X)}$, $D(aX+b) = |a|D(X)$

㉢ 공분산(Covariance) : 두 확률변수가 서로 어떻게 변하는지(비례, 반비례, 무변화), 변화의 크기는 어느 정도인지를 측정하는 척도이다.

- 공분산의 기호 표기 : $COV(X, Y)$ 또는 σ_{xy} 또는 V_{xy}
- 공분산의 범위 : $-\infty < COV(X, Y) < \infty$
- x, y의 측정단위에 따라 $COV(x, y)$의 값이 변한다.
- (상관계수의 단위는 없으나) 공분산의 단위는 있다.
- $COV(X, Y) = V_{xy} = E[(X - E(X))(Y - E(Y))]$
  $= E[(X - \mu_x)(Y - \mu_y)] = E(XY) - \mu_x\mu_y$
- $COV(X, Y) = 0$의 의미
  - 상관관계가 없음을 뜻한다.
  - 즉, 서로 독립이라는 것이다.
  - $COV(X, Y) = E(XY) - E(X) \cdot E(Y)$
    $= E(X) \cdot E(Y) - E(X) \cdot E(Y) = 0$
- 공분산의 값은 각 확률변수가 취하는 값의 단위에 의존하는데, 이것을 없애기 위해 공분산을 두 확률변수의 표준편차의 곱으로 나눈 상관계수로 두 변수 간의 직선적 상관관계를 측정한다.

㉣ 상관계수 : $\rho = \dfrac{COV(X, Y)}{\sqrt{V(X)}\sqrt{V(Y)}}$ (단, $-1 \leq \rho \leq 1$)

⑤ 확률변수 통계치의 성질(단, a, b는 상수)
㉠ 기대치의 성질
- $E(a) = a$
- $E(aX) = aE(X)$
- $E(X \pm Y) = E(X) \pm E(Y)$
- $E(aX \pm b) = E(aX) \pm E(b) = aE(x) \pm b = a\mu \pm b$
- $E(aX \pm bY) = E(aX) \pm E(bY) = aE(x) \pm bE(Y)$
  $= a\mu_X \pm b\mu_Y$
- $E(a_1 X_1 + a_2 X_2 + \cdots + a_n X_n)$
  $= a_1 E(X_1) + a_2 E(X_2) + \cdots + a_n E(X_n)$
- $E(XY) = E(X)E(Y) + COV(X, Y)$: 서로 독립이 아닐 때
- $E(XY) = E(X)E(Y) = \mu_X\mu_Y$: 서로 독립일 때

㉡ 분산과 표준편차의 성질
- $V(a) = 0$
- $V(aX + b) = a^2 V(X)$
- $V(X \pm Y) = V(X) + V(Y) \pm 2COV(X, Y)$: 서로 독립이 아닐 때
- $V(aX \pm bY) = a^2 V(X) + b^2 V(Y) \pm 2abCOV(X, Y)$: 서로 독립이 아닐 때

- $V(X \pm Y) = V(X) + V(Y) \pm 2COV(X, Y)$
  $= V(X) + V(Y)$: 서로 독립일 때
- $V(aX \pm bY) = a^2 V(X) + b^2 V(Y)$: 서로 독립일 때
- $D(aX+b) = |a|D(X)$

[체비쇼프 부등식(Chebyshev)]
'확률변수 X의 값이 평균 μ로부터 표준편차 σ의 k배 이내에 있을 확률은 $1 - \dfrac{1}{k^2}$ 보다 작지 않다'는 것이다. 이것으로 확률분포를 몰라도 평균과 분산만으로 분포의 특성을 추측할 수 있다.

핵심예제

2-1. 임의의 두 사상 A, B가 독립사상이 되기 위한 조건은?

[2008년 제4회, 2017년 제1회, 2021년 제2회]

① $P(A|B) = \dfrac{P(A \cap B)}{P(A)}$

② $P(A \cap B) = P(A) + P(B)$

③ $P(A \cup B) = P(A) \times P(B)$

④ $P(A \cap B) = P(A) \times P(B)$

2-2. 갑, 을 2개의 주사위를 굴렸을 때 적어도 한쪽에 홀수의 눈이 나타날 확률은?

[2004년 제1회, 2007년 제1회, 2014년 제4회]

① $\dfrac{4}{6}$ ② $\dfrac{3}{4}$

③ $\dfrac{1}{4}$ ④ $\dfrac{1}{2}$

2-3. 확률변수 X의 평균이 15, 분산이 4라면 $E(2x^2 + 5x + 8)$의 값은?

[2010년 제2회 유사, 2016년 제2회]

① 493 ② 508

③ 525 ④ 541

2-4. 확률변수 X가 다음의 분포를 가질 때 Y의 기댓값을 구하면?(단, $Y = (X-1)^2$임)

[2007년 제4회 유사, 2014년 제1회, 2021년 제1회]

X	0	1	2	3
$P(x)$	$\dfrac{1}{3}$	$\dfrac{1}{4}$	$\dfrac{1}{4}$	$\dfrac{1}{6}$

① $\dfrac{1}{2}$ ② $\dfrac{3}{5}$

③ $\dfrac{3}{4}$ ④ $\dfrac{5}{4}$

2-5. 2개의 변량 x, y의 기대치는 μ_x, μ_y이며, 분산은 모두 σ^2이다. 이때의 기대치 $E\left(\dfrac{x^2+y^2}{2}\right)$는?

[2013년 제4회, 2015년 제2회 유사]

① $\mu_x^2 + \mu_y^2 + \dfrac{\sigma^2}{2}$ ② $\dfrac{1}{2}(\mu_x + \mu_y) + \sigma^2$

③ $\dfrac{1}{2}(\mu_x^2 + \mu_y^2) + \dfrac{\sigma^2}{4}$ ④ $\dfrac{1}{2}(\mu_x^2 + \mu_y^2) + \sigma^2$

|해설|

2-1
- 임의의 두 사상 A, B가 독립사상이라는 것은 사상 A와 사상 B가 일어날 확률이 서로 영향을 받지 않을 때이다.
- 두 사상 A, B가 서로 독립일 때 $P(A \cap B) = P(A) \times P(B)$, $P(A|B) = \dfrac{P(A \cap B)}{P(B)} = P(A)$가 성립한다.

2-2
$1 -$ 모두가 짝수일 확률 $= 1 - \left(\dfrac{1}{2}\right)^2 = \dfrac{3}{4}$

2-3
$E(2x^2 + 5x + 8) = 2E(X^2) + 5E(X) + 8 = ?$
$V(X) = E(X^2) - E(X)^2$에서
$E(X^2) = E(X)^2 + V(X) = (15 \times 15) + 4 = 229$이므로
$2E(X^2) + 5E(X) + 8 = 2 \times 229 + 5 \times 15 + 8 = 541$

2-4
$E(Y) = E(X^2 - 2X + 1) = E(X^2) - 2E(X) + 1 = ?$
$E(X) = \sum xp(x)$
$= 0 \times \dfrac{1}{3} + 1 \times \dfrac{1}{4} + 2 \times \dfrac{1}{4} + 3 \times \dfrac{1}{6} = \dfrac{5}{4}$
$E(X^2) = \sum x^2 p(x)$
$= 0^2 \times \dfrac{1}{3} + 1^2 \times \dfrac{1}{4} + 2^2 \times \dfrac{1}{4} + 3^2 \times \dfrac{1}{6} = \dfrac{11}{4}$
따라서,
$E(Y) = E(X^2 - 2X + 1) = E(X^2) - 2E(X) + 1$
$= \dfrac{11}{4} - 2 \times \dfrac{5}{4} + \dfrac{4}{4} = \dfrac{15}{4} - \dfrac{10}{4} = \dfrac{5}{4}$

2-5
$E\left(\dfrac{x^2+y^2}{2}\right) = \dfrac{1}{2}\left[E(x^2) + E(y^2)\right]$
$= \dfrac{1}{2}(\sigma^2 + \mu_x^2 + \sigma^2 + \mu_y^2) = \dfrac{1}{2}(\mu_x^2 + \mu_y^2) + \sigma^2$

정답 2-1 ④ **2-2** ② **2-3** ③ **2-4** ④ **2-5** ④

① 이산확률분포(확률질량함수) : 베르누이분포, 이항분포, 초기하분포, 푸아송분포

㉠ 이산확률분포의 특징
- 확률변수를 세거나 나열할 수 있다.
- 특정값을 가질 확률은 0보다 크거나 같고 1보다는 작거나 같다.
  $0 \leq P(X = x_i) \leq 1$
- 모든 확률변수에 해당되는 확률값을 모두 합하면 1이 된다.

$$\sum_{i=1}^{n} P(X = x_i) = \sum_{i=1}^{n} P_i = 1$$

- 확률변수가 x_i부터 x_j까지의 값을 가질 확률은 i부터 j까지의 확률을 합한 값이다.

$$P(x_i \leq X \leq x_j) = \sum_{\alpha=i}^{j} P_\alpha$$

  여기서, $i \leq j$, $j = 1, 2, 3, \cdots, n$
- 분포의 조건에 따라 연속확률분포함수에 근사할 수 있다.

㉡ 베르누이분포(Bernoulli Distribution)
- 정의 : 실험을 독립적으로 시행하는 경우 매 시행마다 2개의 가능한 결과만 일어나고 각 시행이 서로 독립적인 것을 확률밀도함수로 나타낸 분포(예 양호·불량, 성공·실패 등)
- 확률변수 X가 베르누이분포를 따를 때 성공확률이 p라면 그 기댓값은 p이며 실패확률은 $1-p$가 되며 보통 q로 표시한다.
- 베르누이분포 확률질량함수 : $f(x) = p^x (1-p)^{1-x}$
  (단, $x = 0, 1$)
- 기대치 : $E(X) = p$
- 분산 : $V(X) = p(1-p) = pq$
- 표준편차 : $D(x) = \sqrt{p(1-p)} = \sqrt{pq}$
- 베르누이 과정 : 다음의 조건을 만족하는 경우로, 이항분포 설명의 기초가 된다.
  – 각 베르누이시행(실험)이 독립적이어야 한다.
  – 각 실험마다 성공확률 p는 동일하여야 한다.

㉢ 이항분포(二項分布, Binomial Distribution)
- 정의 : n번 반복되는 베르누이시행에서 나타나는 각각의 결과를 $X_1, X_2, \cdots, X_n$이라고 할 때 성공 횟수 Y를 이항확률변수라고 한다. $Y = X_1 + X_2 + \cdots + X_n$으로 정의하며 이항확률변수의 확률분포를 이항분포라고 한다. 보통 모집단의 부적합품률의 로트로부터 채취한 샘플 중에서 발견되는 부적합품수의 확률 $X \sim B(n, p)$과 같이 표시한다.
- 용도 : 부적합품률(불량률), 부적합품수, 출석률 등의 계수치 관리에 많이 사용한다.
- 이항분포는 연속된 n번의 독립적 시행에서 각 시행이 확률 p를 가질 때의 이산확률분포이다. 이러한 시행은 베르누이시행이라고도 하는데, $n=1$일 때의 이항분포는 베르누이분포이다.
- 이항분포는 성공률이 p인 베르누이시행이 n번 반복 시행되었을 때, 확률변수 X를 n번 시행에서의 성공 횟수라고 하면, 이때 X는 이항분포 $B(n, p)$를 따른다.
- 로트 내 제품이 무수히 많은 경우, 한정되어 있어도 복원 추출(꺼낸 것을 다시 넣어 추출)하는 경우에 적용한다(몇 개를 뽑아도 로트 내 제품의 불량률이 변하지 않으므로).
- 이항분포 확률질량함수 : $f(x) = {}_n C_x p^x (1-p)^{n-x}$
  $(x = 0, 1, \cdots, n,\ 0 < p < 1)$
- 기대치 : $E(X) = np$, $E(\hat{P}) = p$(단, $p = \dfrac{x}{n}$)
- 분산 : $V(X) = np(1-p)$, $V(\hat{P}) = \dfrac{p(1-p)}{n}$
- 표준편차 :

$$D(X) = \sqrt{np(1-p)},\ D(\hat{P}) = \sqrt{\frac{p(1-p)}{n}}$$

- 특 징
  – ($N > 10n$ 또는 N이 알려져 있지 않을 때) N이 크면 초기하분포에 근접
  – $p = 0.5$일 때 평균치에 대해 좌우대칭 분포
  – p가 작고 n이 클 때($p \leq 0.5$, $np \geq 5$, $n(1-p) \geq 5$) 정규분포에 근접
  – p가 더 작고 n이 더 클 때($p \leq 0.1$, $n \geq 5$, $np = 0.1 \sim 10$) : 푸아송분포에 근접
  – $\dfrac{N}{n} < 10$(유한모집단)일 때 초기하분포에 근접

② 초기하분포(超幾何分布, Hypergeometric Distribution)
- 정의 : 이항분포에서 모집단 크기가 시료 크기의 10 배 이하인 비복원 추출 데이터의 분포이다.
- 적용 : 로트 내 제품이 유한하며 비복원 추출(꺼낸 것을 다시 넣지 않고 추출)할 때
- 초기하분포 확률질량함수 :

$$f(x) = \frac{\binom{k}{x}\binom{N-k}{n-x}}{\binom{N}{n}} \ (x = 0,\ 1,\ 2,\ \cdots)$$

여기서, N : 모집단수
$\quad\quad n$: 표본수
$\quad\quad k$: 모집단에서의 성공수
$\quad\quad x$: 표본에서의 성공수

- 기대치 : $E(X) = \dfrac{nk}{N} = np \left(\text{단, } p = \dfrac{k}{N}\right)$

- 분산 : $V(X) = \left(\dfrac{N-n}{N-1}\right)np(1-p) \ \left[\left(\dfrac{N-n}{N-1}\right) \leq 1\ :\right.$

$\left.\text{유한모집단수정계수}\right]$

※ 유한모집단수정계수 : 표본이 비복원 추출인 경우 분산을 구할 때 사용된다.

- 표준편차 : $D(x) = \sqrt{\dfrac{N-n}{N-1}} \times \sqrt{np(1-p)}$

- 특 징
  - $N \to \infty$ 이면(모집단의 크기가 아주 큰 무한모집 단인 경우) 이항분포로 근접하면서 유한수정계수 가 1이 되어 초기하분포의 분산이 이항분포의 분 산과 같아진다.

③ 푸아송분포(Poisson Distribution)
- 정의 : 주어진 시간, 생산량, 길이 등과 같은 단위 구간에서 어떤 특정 사건이 발생하는 수와 관련된 변수인 푸아송 확률변수의 분포(예 고장 건수, 단위 시간 중 전화의 호출수, 백화점 반려견 코너에 시간 당 방문하는 고객수, 시간당 현금자동인출기 사용 이 용자수, 월간지 한 쪽당 오자수, 서울특별시 성동구 에 거주하는 연령 77세인 노인수, 하루 동안 잘못 걸려온 전화수 등)이다.
- 용도 : 시료 크기가 불완전한 결점수 관리, 사건수 관리, 사고수 관리 등

- 푸아송분포는 단위시간, 단위면적, 단위부피에서 무 작위하게 일어나는 사건의 발생 횟수, 단위구간당 발 생하는 사건수에 대한 확률분포이다.
- 이항분포에서 $np = m$(평균) 또는 $np = \lambda$(평균)이 그리 크지 않은 일정한 값을 유지하면서 $n \to \infty$, $p \to 0$의 극한분포를 가정한 분포이다.
- 평균이 λ 또는 m인 푸아송분포는 근사적으로 $X \sim P(m)$로 표시한다.
- 이항분포의 근사값 형태를 지니고 있지만 정밀도는 이항분포보다 떨어진다.
- 일정한 크기의 시료 중 결점수의 분포가 안정되어 있다면 푸아송분포에 따른다.
- 푸아송분포의 누적 합계를 그래프화한 것을 누적확 률곡선(손다이크곡선)이라고 하는데, 이것을 이용하 면 누적확률을 쉽게 계산할 수 있다.
- 사용이 편리하여 많이 사용된다.
- 푸아송분포의 4가지 조건
  - 단위기간(예 1시간)은 많은 수의 부분 단위기간 (1초)으로 나누어져야 한다.
  - 소단위기간(주어진 구간) 중 사건이 일어날 확률 은 고려 대상 전체 기간(주어진 구간의 길이) 중 일정(비례)해야 한다.
  - 소단위기간(충분히 작은 구간) 중 사건이 2번 이 상 일어날 가능성은 무시할 정도로 아주 작아야 한다.
  - 각 기간에서의 사건 발생은 서로 독립적이어야 한다.
- 푸아송분포의 모수는 λ 또는 m으로 표시하며, 이것 은 단위구간당 발생하는 사건수의 평균이다.
- 푸아송분포 확률질량함수 :

$$f(x) = \frac{e^{-m}m^x}{x!} \ (\text{단, } m > 0,\ x = 0,\ 1,\ 2,\ \cdots)$$

여기서, x : 발생 횟수
$\quad\quad m$: 평균 발생 횟수(모수)
$\quad\quad e$: $2.71828\cdots$

- 기대치 : $E(X) = m$
- 분산 : $V(X) = m$
- 표준편차 : $D(X) = \sqrt{\lambda}$
- 푸아송분포를 하는 서로 독립된 n개의 확률변수의 합은 푸아송분포를 한다.

- 이항분포와 푸아송분포의 관계 : 확률변수 X가 $b(n, p)$인 이항분포를 하는 경우 n이 크다면 이항분포 대신에 푸아송분포를 사용하여 근사치를 구할 수 있다. n이 크고 p가 작으면 근사치는 만족할만하다. $n \geq 20$, $p \leq 0.05$라면 근사치는 상당히 정확해지며 $n \geq 100$, $np \leq 10$인 경우는 매우 정확하다.
- 모수가 n, p인 이항분포의 기대치는 np이므로 푸아송분포를 이용할 때 모수 m 대신 np를 이용한다.
- 특 징
  - 기대치(평균치)와 분산이 같다.
  - 오른쪽으로 비대칭(정의 비대칭)인 기울기를 지닌다.
  - m(기대치)의 크기가 증가할수록 비대칭도가 감소하여 대칭에 접근한다.
  - $m \geq 5$일 때 정규분포에 근접한다(평균값이 5 이상일 때 대칭에 가까워진다).
  - 단위구간의 크기에 의존하는 평균 m에 의해 푸아송분포가 결정되며 m은 단위구간이 변함에 따라 비례적으로 변한다(단위구간이 2배가 되면 m도 2배가 된다).
  - 이항분포의 근사값 형태를 지니지만 이항분포보다 정밀도가 떨어진다.
  - 사용이 편리하여 많이 사용된다.
② **연속확률분포(확률밀도함수)** : 정규분포, t분포, χ^2분포, F분포, 균등분포
  ㉠ 연속확률분포는 특정값에서의 확률을 나타내는 것이 아니라 구간에서의 확률을 나타내므로, 연속확률분포를 나타낼 때에는 확률질량함수가 아닌 확률밀도함수라는 개념을 사용한다.
  ㉡ 확률밀도함수의 특징
    - 항상 (+)값을 지닌다. $f(x) > 0$
    - 전체 면적은 1.0이다. $\int_{-\infty}^{\infty} f(x)dx = 1$
    - 특정값을 가질 확률은 0이다. $P(X=a) = 0$
    - 확률은 확률변수가 특정한 두 값 사이에 있을 확률로 표시된다($P(a \leq X \leq b)$는 구간 $[a, b]$에서 확률밀도함수 $f(x)$와 x축 사이의 면적 $\int_a^b f(x)dx$이다).

- 특정값을 가질 확률이 0이므로,
  $P(a \leq X \leq b) = P(a < X \leq b) = P(a \leq X < b)$
  $= P(a < X < b)$이 성립한다.
㉢ 정규분포(Normal Distribution)
  - 정의 : 데이터가 중심값 근처에 밀집되면서 좌우대칭의 종모양 형태로 나타나는 분포로 $X\{X \sim N(\mu, \sigma^2)\}$으로 표시한다.
    여기서, μ : 평균(정규분포 중심)
    σ^2 : 분산
  - 용도 : 평균 검·추정, 2개의 모부적합품률의 차에 대한 검정, 대학교 4학년들의 토익성적이 대학교 3학년 학생들의 토익성적보다 더 높은지를 알아보고자 할 때 등
  - 발견자 : 가우스(Gauss)
  - 별칭 : 가우시안분포(Gaussian Distribution)
  - 정규분포의 확률밀도함수 공식 :
  $$f(x) = \frac{1}{\sigma\sqrt{2\pi}}e^{-\frac{1}{2}\left(\frac{x-\mu}{\sigma}\right)^2}$$ (단, $-\infty \leq x, \mu \leq +\infty$, $\sigma > 0$, $\pi = 3.14$(원주율), $e = 2.71828$)

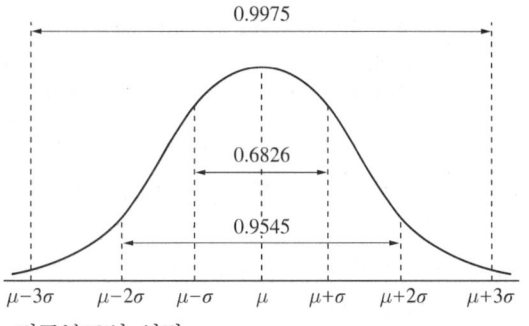

  - 정규분포의 성질
    - 정규분포는 정규곡선 아래의 영역이 μ와 σ^2의 값으로 정의되므로 모수 μ와 σ^2을 갖는다.
    - X의 특정값과 μ의 차이인 $(X-\mu)$가 제곱이 되었으므로 $(X-\mu)$의 절댓값을 동일하게 하는 X의 두 상이한 값은 동일한 확률밀도를 갖는다. 그러므로 정규분포는 μ를 중심으로 대칭이다.
    - 지수가 음수($-$)라는 사실은 μ와 X의 편차가 크면 클수록 X의 확률밀도는 점점 더 작아지는 것을 의미하므로, 정규분포는 $X=\mu$에서 최댓값이 되는 단봉(Unimodal)의 형태를 취한다.

- 밀도곡선의 기울기는 급격히 하락하고 밀도곡선 하의 99[%] 이상의 영역이 $\mu \pm 3\sigma$의 범위 내에 위치하므로 μ로부터 멀리 떨어진 구간의 확률은 무시할 만큼 작다. 이 속성은 정규분포를 이용하여 범위가 유한한 다른 분포들을 유추할 수 있게 한다.
- μ값의 변화는 정규곡선을 좌우로 이동시키는 반면, σ값의 변화는 정규곡선의 모양을 변화시킨다.
• 정규분포에 관한 정리
  - 정리 1 : 확률변수 X가 정규분포를 따를 때 X의 1차함수로 표시되는 새로운 변수 $Y = aX + b$ 역시 정규분포한다(따라서, $Z = \dfrac{X - \mu}{\sigma}$도 정규분포한다).
    ⓐ 기대치 : $E(Y) = E(aX + b) = a\mu + b$
    ⓑ 분산 : $V(Y) = V(aX + b) = a^2\sigma^2$
  - 정리 2 : 정규분포를 하는 서로 독립된 n개의 확률변수의 합은 정규분포를 한다. 서로 독립적인 확률변수들인 $X_1,\ X_2,\ \cdots,\ X_k$가 평균 μ_i, 분산 σ_i^2인 정규분포를 따를 때 이들의 합(S)도 정규분포를 한다.
    만약 $S = a_1 X_1 + a_2 X_2 + \cdots + a_k X_k$라면
    ⓐ 기대치 : $E(S) = a_1\mu_1 + a_2\mu_2 + \cdots + a_k\mu_k$
    ⓑ 분산 : $V(S) = a_1^2\sigma_1^2 + a_2^2\sigma_2^2 + \cdots + a_k^2\sigma_k^2$
• 표준정규분포
  - 표준정규분포의 정의 : 평균 0, 표준편차 1로 표준화한 분포
  - 표시 : $N(0, 1^2)$ 또는 $Z \sim N(0, 1^2)$ 또는 $U \sim N(0, 1^2)$
  - 표준정규분포의 확률밀도함수 :
    $$f(z) = f(u) = \frac{1}{\sqrt{2\pi}} e^{\frac{-z^2}{2}}\ (-\infty < u < \infty)$$
  - σ 기지일 때 평균 검·추정에서 유용하게 사용한다.
  - 표준화 식
    ⓐ $X \sim N(\mu, \sigma^2)$의 표준화 식 :
    $$Z = \frac{X - E(X)}{\sqrt{V(X)}} = \frac{X - \mu}{\sigma}$$이며
    $$E(X) = \mu,\ D(X) = \sigma,\ V(X) = \sigma^2$$이다.

ⓑ $\overline{X} \sim N\left(\mu,\ \dfrac{\sigma^2}{n}\right)$의 표준화 식 :
$$Z = \frac{\overline{X} - \mu}{\sigma / \sqrt{n}}$$이며 $E(\overline{X}) = \mu,\ D(\overline{X}) = \dfrac{\sigma}{\sqrt{n}}$,
$$V(\overline{X}) = \frac{\sigma^2}{n}$$이다.

• 중심극한의 정리(Central Limit Theorem) : 평균이 μ이고 분산이 σ^2인 임의의 분포로부터 추출된 표본 크기가 n인 확률표본 $X_1,\ X_2,\ X_3,\ \cdots,\ X_n$의 평균 $\left(\overline{X} = \sum \dfrac{X_i}{n}\right)$은 시료의 크기 n이 충분히 클 때 대략 정규분포 $\overline{X} \sim N\left(\mu,\ \dfrac{\sigma^2}{n}\right)$을 따르므로
$$Z = W = \frac{\overline{X} - \mu}{\sigma / \sqrt{n}} = \frac{\sum X_i - n\mu}{\sqrt{n\sigma^2}}$$의 분포는 n이 무한히 커짐에 따라 표준정규분포 $N(0, 1)$로 접근한다.
  - 유의수준 $\alpha = 0.10$일 때
    $u_{1-\alpha/2} = u_{0.95} = 1.645,\ u_{1-\alpha} = u_{0.90} = 1.282$
    $u_\alpha = -u_{1-\alpha},\ u_{\alpha/2} = -u_{1-\alpha/2}$
  - 유의수준 $\alpha = 0.05$일 때
    $u_{1-\alpha/2} = u_{0.975} = 1.960,\ u_{1-\alpha} = u_{0.95} = 1.645$
    $P(u < u_\alpha) = \alpha$
  - 유의수준 $\alpha = 0.01$일 때
    $u_{1-\alpha/2} = u_{0.995} = 2.576,\ u_{1-\alpha} = u_{0.99} = 2.326$
    $P(u > u_\alpha) = 1 - \alpha,\ P(u_{\alpha/2} < u < u_{1-\alpha/2}) = 1 - \alpha$

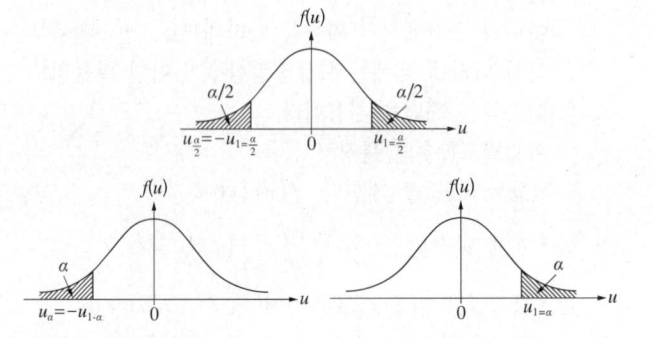

• 중심값
  - 최빈수(Mode) : 빈도가 가장 높은 곳, 분포곡선의 봉우리가 극대로 되는 곳의 가로 좌표, 확률 또는 확률밀도가 극대가 되는 곳이다.

- 이상적인 정규분포는 중심값(평균값, 중앙값, 최빈값 등)의 좌우대칭인 종모양의 분포이므로 이상적인 정규분포에서는 평균값, 중앙값, 최빈값이 모두 같다.

ⓒ t분포
- 정의 : 자유도(ν)에 의해 만들어지는 분포
- 용도 : σ 미지인 경우 평균치의 검·추정에 사용
- 고안자 : 고셋(W. S. Gosset)
- 별칭 : Student의 t분포
- 정규분포의 표준화 식 $\dfrac{\overline{x}-\mu}{\sigma/\sqrt{n}}$ 을 이용하고자 하는데 σ 미지의 경우 σ 대신 s를 사용하여 표준화 식은 $t=\dfrac{\overline{X}-\mu}{s/\sqrt{n}}$ 으로 표시되며, 자유도 $\nu=n-1$인 t분포를 따른다.
- $t(\nu)$: 자유도 $\nu=n-1$인 t분포를 따르는 확률변수 t
  - 기댓값 : $E(t)=0$
  - 분산 : $V(t)=\dfrac{\nu}{\nu-2}$
  - 표준편차 : $D(t)=\sqrt{\dfrac{\nu}{\nu-2}}\ \ (\nu>2)$
- 자유도가 커질수록 분포의 모양은 정규분포와 거의 유사하게 좌우대칭형 확률분포가 된다(자유도(ν)가 ∞에 접근하면 정규분포에 근접).

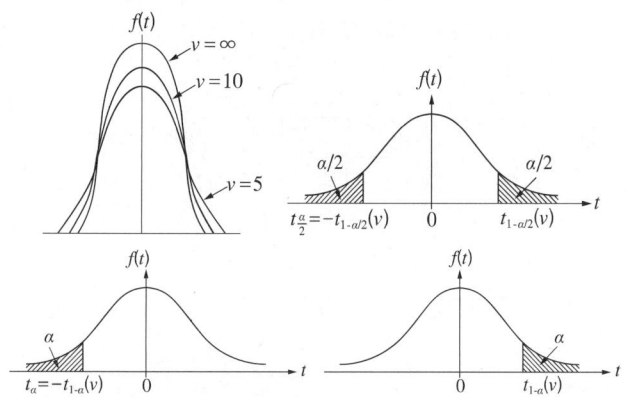

ⓓ 카이제곱(χ^2)분포
- 정의 : 서로 독립인 표준정규분포를 취하는 확률변수들의 제곱의 합이 따르는 확률분포이다.
- 용도 : 한 집단의 모분산 검·추정에 사용

• 적용 예
- 정규분포의 적합성 유무를 검정할 때
- 2×2 분할표에 의한 독립성을 검정할 때
- 지수분포를 따르는 평균수명을 구간 추정할 때
- 이론적으로 남녀의 비율이 같다고 하는데, 어느 마을의 남녀 성비가 이론을 따르는지를 검정할 때
- 한국인과 일본인의 야구, 축구, 농구에 대한 선호도가 다른가를 조사할 때
- 20대, 30대, 40대별로 좋아하는 음식(한식, 중식, 양식)에 영향을 미치는가를 조사할 때
• 고안자 : 피어슨(Karl Pearson)
• $X_1,\ X_2,\ \cdots,\ X_n$의 평균이 μ이고, 분산이 σ^2인 정규분포를 따를 때 다음의 통계량은 자유도 $\nu=n-1$인 카이제곱분포를 따른다.

$$\chi^2=\dfrac{\displaystyle\sum_{i=1}^{n}\left(X_i-\overline{X}\right)^2}{\sigma^2}\sim\chi^2(n-1)$$

• $\chi^2(\nu)$(자유도 $\nu=n-1$인 χ^2분포를 따르는 확률변수 χ^2)
  - 기대치 : $E(\chi^2)=\nu$
  - 분산 : $V(\chi^2)=2\nu$
• 특 징
  - 좌측으로 기울어진 모양의 분포로, 자유도에 의해 모양이 결정된다.
  - 자유도가 증가할수록 꼬리는 우측으로 길어지는 분포로 되다가 자유도가 무한대가 되면 좌우대칭의 분포가 된다.
  - 표준정규분포 확률변수의 u^2분포와 자유도 = 1인 χ^2분포가 같다.
  - χ^2분포를 하는 n개의 확률변수의 합은 χ^2분포를 한다.
  - 정규분포 $N(0,\ 1^2)$을 따르는 확률변수의 제곱은 χ^2분포를 따른다.

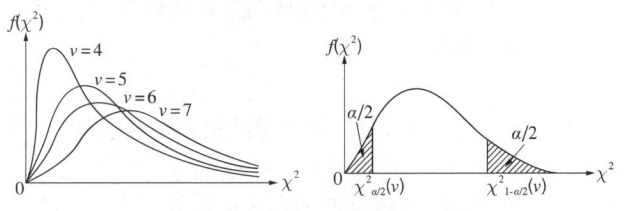

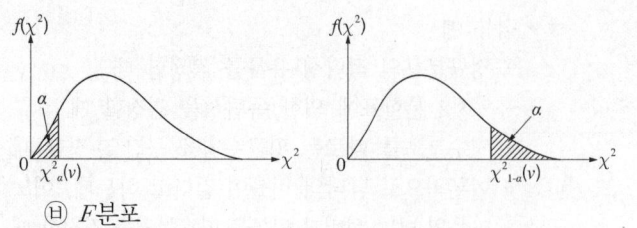

ⓑ F분포

- 정의 : σ 미지일 때 두 집단의 산포에 대한 검·추정분포

- 두 확률변수 χ_1^2, χ_2^2이 서로 독립이며 각각의 자유도가 $\nu_1 = m-1$, $\nu_2 = n-1$인 χ^2분포를 따를 때 확률변수 $F = \left(\dfrac{\chi_1^2}{\nu_1} \right) / \left(\dfrac{\chi_2^2}{\nu_2} \right)$는 자유도$(\nu_1, \nu_2)$의 F분포를 따른다고 정의한다.

- 용도 : 두 집단의 모분산 검·추정

- 적용 예 : 어느 대학의 산업공학과에서 샘플링한 4학년 10명의 토익성적과 3학년생 15명의 토익성적의 산포에 대한 등분산성을 검정할 때

- 두 확률변수 χ_1^2, χ_2^2이 서로 독립이며 각각의 자유도가 $\nu_1 = m-1$, $\nu_2 = n-1$인 χ^2분포를 따를 때 확률변수 $F = \left(\dfrac{\chi_1^2}{\nu_1} \right) / \left(\dfrac{\chi_2^2}{\nu_2} \right)$는 자유도$(\nu_1, \nu_2)$의 F분포를 따른다고 정의한다.

- $F(m-1, n-1)$ (자유도 $(m-1, n-1)$인 F분포를 따르는 확률변수)

  - 기대치 : $E(F) = \dfrac{n}{n-2}$

  - 분산 : $V(F) = \dfrac{2n^2(m+n-2)}{m(n-2)^2(n-4)}$

- $F_0 = \dfrac{V_1}{V_2} \left(단, \ V_1 = \dfrac{S_1}{n_1 - 1}, \ V_2 = \dfrac{S_2}{n_2 - 1} \right)$

- 상호 독립된 불편분산 V_A와 V_B의 분산비 $\dfrac{V_B}{V_A}$는 자유도 ν_B와 ν_A를 가진 F 분포를 한다.

- t분포를 하는 확률변수를 제곱한 확률변수는 F분포를 한다.

- 특 징
  - 좌측으로 기울어진 모양의 분포로 자유도에 의해 모양이 결정된다.
  - 자유도 ν_1에 비해 자유도 ν_2가 분포 모양에 더 큰 영향을 미친다.

- σ 미지일 때 두 집단의 산포에 대한 검·추정분포이다.

- $F_\alpha(\nu_1, \nu_2) = \dfrac{1}{F_{1-\alpha}(\nu_1, \nu_2)}$

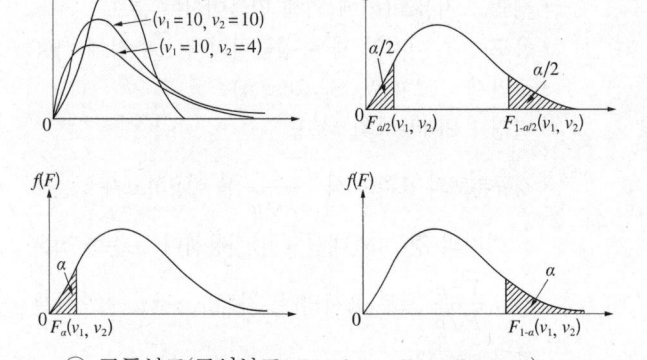

ⓐ 균등분포(균일분포, Uniform Distribution)

- 정의 : 확률변수 X가 취하는 모든 값이 출현될 확률이 같은 분포

- 주사위에서 나타나는 점의 수

- a와 b 사이에 나타나는 값이 똑같은 경우

  - 기대치 : $E(X) = \dfrac{a+b}{2}$

  - 분산 : $V(X) = \dfrac{1}{12}(b-a)^2$ (단, $a \le X \le b$)

◎ 분포들 간의 관계

- t분포와 정규분포의 관계 : $U_{1-\alpha/2} = t_{1-\alpha/2}(\infty)$

- t분포와 F분포의 관계 : $t_{1-\alpha}^2(\nu) = F_{1-\alpha}(1, \nu)$, $t_{1-\alpha}(\nu) = \sqrt{F_{1-\alpha}(1, \nu)}$

- χ^2분포와 정규분포의 관계 : $U_{1-\alpha}^2 = \chi_{1-\alpha}^2(1)$, $u_{1-\alpha} = \sqrt{\chi_{1-\alpha}^2(1)}$

- χ^2분포와 F분포와의 관계 : $\chi_{1-\alpha}^2(\nu) = \nu \times F_{1-\alpha}(\nu, \infty)$

- 카이제곱분포와 F분포는 서로 같아질 때가 없다.

3-1. 빨간 공이 3개, 하얀 공이 5개 들어 있는 주머니에서 임의로 2개의 공을 꺼냈을 때 2개가 모두 하얀 공일 확률은?

[2007년 제2회, 2012년 제2회, 2018년 제4회]

① $\dfrac{25}{64}$ ② $\dfrac{3}{14}$

③ $\dfrac{9}{28}$ ④ $\dfrac{5}{14}$

3-2. 3개의 주사위를 던질 때 짝수의 눈이 나오는 개수(X)의 기대치 및 분산은?

[2002년 제1회, 2014년 제2회]

① $E(X) = 1.5$, $V(X) = 0.75$
② $E(X) = 1.5$, $V(X) = 1.5$
③ $E(X) = 0.75$, $V(X) = 1.5$
④ $E(X) = 0.75$, $V(X) = 0.75$

3-3. 이항분포를 따르는 모집단에서 $n = 100$, $p = \dfrac{1}{2}$일 때, 표준편차의 기대치는 얼마인가?

[2004년 제2회, 2006년 제1회, 2016년 제1회]

① 5 ② 10

③ 15 ④ $5\sqrt{3}$

3-4. A자동차 회사의 신차종 K자동차는 신차 판매 후 30일 이내에 보증수리를 받을 확률이 5[%]로 알려져 있다. 신규 판매한 자동차 5대를 추출하여 30일 이내에 보증수리를 받는 차량수의 확률에 관한 내용으로 틀린 것은? [2010년 제1회, 2017년 제4회]

① 보증수리를 1대도 받지 않을 확률은 약 0.774이다.
② 적어도 1대가 보증수리를 필요로 할 확률은 약 0.226이다.
③ X를 보증수리받는 차량수라고 할 때, X의 기댓값은 0.25이다.
④ X를 보증수리받는 차량수라고 할 때, X의 분산은 약 0.27이다.

3-5. $m = 2$인 푸아송분포에 따르는 확률변수 x와 $m = 3$인 푸아송분포를 따르는 확률변수 y가 있을 때 $V\left(\dfrac{3x + 2y}{6}\right)$의 값은 약 얼마인가?(단, x와 y는 서로 독립이다)

[2013년 제1회, 2023년 제1회]

① 0.50 ② 0.83

③ 0.96 ④ 2.00

3-6. X 및 Y를 각각 정규분포 $N(2, 3)$ 및 $N(4, 6)$을 따르는 독립 확률분포라고 할 때 $Z = 2 + 3X + Y$의 분산은?

[2013년 제1회 유사, 2013년 제2회, 2017년 제2회]

① 9 ② 15

③ 33 ④ 35

3-7. 600명으로 이루어진 어떤 학년의 학생들의 키는 평균 175[cm], 분산 36[cm]인 정규분포를 따른다. 이때 190[cm] 이상인 학생들은 몇 명인가?(단, $\int_0^{2.5} \dfrac{1}{\sqrt{2\pi}} e^{-\frac{u^2}{2}} du = 0.4937$이다)

[2008년 제2회, 2010년 제4회, 2014년 제1회]

① 3명 ② 5명

③ 7명 ④ 9명

3-8. 어떤 공장에서 생산하는 탁구공의 지름은 평균 1.30인치, 표준편차 0.04인치인 정규분포를 따르는 것으로 알려져 있다. 탁구공 4개의 평균이 1.28인치에서 1.30인치 사이일 확률은?(단, $U \sim N(0, 1)$일 때 $P(0 \leq U \leq 0.5) = 0.1915$, $P(0 \leq U \leq 1.0) = 0.3413$이다) [2013년 제4회 유사, 2014년 제2회]

① 0.3413 ② 0.1915

③ 0.1498 ④ 0.5328

3-9. 어떤 회사의 사무실 출입은 엘리베이터에 의존하는 데 오랫동안 조사해 본 결과, 내려오는 것은 2분에 1회 정도로 균등(Uniform)분포를 따랐다. 어떤 사람이 12시에서 12시 10분 사이에 엘리베이터에 도착하여 30초 이내로 타고 내려올 수 있는 확률은? [2005년 제1회, 2015년 제4회]

① 1[%] ② 5[%]

③ 25[%] ④ 50[%]

3-10. 확률분포에 대한 설명으로 틀린 것은?

[2003년 제1회 유사, 2015년 제1회, 2017년 제2회]

① 푸아송분포의 평균과 분산은 같다.
② 이항분포의 평균은 np이고, 표준편차는 $\sqrt{np(1-p)}$이다.
③ 초기하분포에서 $\dfrac{N}{n} \geq 10$이면, 이항분포로 근사시킬 수 있다.
④ 평균이 μ이고 표준편차가 σ인 정규모집단에서 샘플링한 데이터의 평균분포는 평균이 μ이고, 표준편차가 $\dfrac{\sigma}{n}$이다.

3-11. $\chi^2_{0.95}(9) = 16.92$이면 $F_{0.95}(9,\ \infty)$의 값은?

[2003년 제1회 유사, 2009년 제2회 유사, 2016년 제4회]

① 0.94 ② 1.88
③ 4.11 ④ 16.92

|해설|

3-1

모집단의 크기는 $N=8$, 시료의 크기는 $n=2$이며

$\dfrac{N}{n}=4<10$인 유한모집단이다.

초기하분포를 적용하여 하얀 공의 수를 $M=NP$라고 할 때

$M=5$, $n=2$, $x=2$이며

주머니에서 임의로 2개의 공을 꺼냈을 때 2개 모두 하얀 공일 확률

$$P_r(X=2)=p(2)=\frac{\binom{NP}{x}\binom{N-NP}{n-x}}{\binom{N}{n}}=\frac{\binom{M}{x}\binom{N-M}{n-x}}{\binom{N}{n}}$$

$$=\frac{\binom{5}{2}\binom{3}{0}}{\binom{8}{2}}=\frac{10\times1}{28}=\frac{5}{14}$$

3-2

이 경우는 이항분포를 나타내므로

$E(X)=np=3\times0.5=1.5$

$V(X)=np(1-p)=3\times0.5\times(1-0.5)=0.75$

3-3

$D(X)=\sqrt{np(1-p)}=\sqrt{100\times0.5\times0.5}=5$

3-4

$P\le0.1$, $N\to\infty$이므로 이항분포에 근사한다.

④ X를 보증수리받는 차량수라고 할 때, X의 분산은 약 0.24이다.

  $V(X)=np(1-p)=5\times0.05\times(1-0.05)\simeq0.24$

① 보증수리를 1대도 받지 않을 확률은 약 0.774이다.

  $P(0)=\binom{5}{0}\times0.05^0\times(1-0.05)^{5-0}\simeq0.774$

② 적어도 1대가 보증수리를 필요로 할 확률은 약 0.226이다.

  $1-P(0)=1-0.774=0.226$

③ X를 보증수리받는 차량수라고 할 때, X의 기댓값은 0.25이다.

  $E(X)=np=5\times0.05=0.25$

3-5

$$V\left(\frac{3x+2y}{6}\right)=\left(\frac{3}{6}\right)^2V(x)+\left(\frac{2}{6}\right)^2V(y)$$

$$=\left(\frac{3}{6}\right)^2\times2+\left(\frac{2}{6}\right)^2\times3=0.83$$

3-6

$$V(Z)=V(2+3X+Y)=V(2)+3^2V(X)+V(Y)$$

$$=0+3^2\times3+6=33$$

3-7

$$P(X\ge190)=P\left(u\ge\frac{190-175}{6}\right)=P(u\ge2.5)=0.0063$$

따라서, $600\times0.0063=3.78\simeq3$명

3-8

$$\bar{x}\sim N\left(1.3,\ \frac{0.04^2}{4}\right)$$

$$P(1.28\le\bar{x}\le1.3)=P\left(\frac{1.28-1.3}{0.04/2}\le U\le\frac{1.3-1.3}{0.04/2}\right)$$

$$=P(-1\le U\le0)=P(0\le U\le1.0)$$

$$=0.3413$$

3-9

$$\frac{1}{b-a}=\frac{1}{5-1}=0.25=25[\%]$$

3-10

평균이 μ이고 표준편차가 σ인 정규모집단에서 샘플링한 데이터의

평균분포는 평균이 μ이고, 표준편차가 $\dfrac{\sigma}{\sqrt{n}}$이다.

3-11

$\chi^2_{0.95}(9)=\nu\times F_{0.95}(9,\ \infty)$에서

$$F_{0.95}(9,\ \infty)=\frac{\chi^2_{0.95}(9)}{9}=\frac{16.92}{9}=1.88$$

정답 3-1 ④ 3-2 ① 3-3 ① 3-4 ④ 3-5 ② 3-6 ③ 3-7 ①
3-8 ① 3-9 ③ 3-10 ④ 3-11 ②

핵심이론 01 검정과 추정의 기초이론

① 검정과 추정의 개요

표본이 갖고 있는 모집단의 모수에 관한 정보를 분석함으로써 그 모수에 관한 결론을 유도해 내거나 모수에 관한 결론의 진위 여부를 검정하는 것을 통계적 추론이라고 한다. 통계적 추론은 조사의 관심에 따라서 모수에 대한 가설검정, 모집단의 모수 추정으로 구분된다.

② 검정의 기초이론

㉠ 가설검정 : 모집단 모수의 값이나 확률분포에 대해 가설(귀무가설, 대립가설)을 설정하고 이 가설의 성립 여부를 표본(시료)의 데이터로 판단하여 통계적 결정을 내리는 것을 통계적 가설검정이라고 하는데, 이것은 귀무가설과 대립가설 중 하나를 결정하는 과정이다.

㉡ 귀무가설과 대립가설

• 귀무가설(Null Hypothesis H_0, 로널드 피셔, 1966) : '귀무(歸無)'는 모집단의 변화가 없다(없었던 상태로 돌아간다)는 의미이다. 귀무가설은 검정의 대상으로 삼는 (기준적인) 가설로서 영(0, Zero)가설이라고도 하는 특별한 입증자료가 없다면 그대로 고수하려는 기준가설인데, 통계학에서는 처음부터 버릴 것을 예상하는 가설이다. 차이가 없거나 의미 있는 차이가 없는 경우의 가설이며 이것이 맞거나 맞지 않다는 통계학적 증거를 통해 증명하려는 가설이다. 예를 들어, 범죄사건에 용의자가 있을 때 형사는 이 용의자가 범죄를 저질렀다는 추정인 대립가설을 세우게 된다. 이때 귀무가설은 용의자는 무죄라는 가설이다. 통계적인 방법으로 가설검정을 시도할 때 쓰인다.

• 대립가설(Alternative Hypothesis H_1) : 귀무가설의 반대(귀무가설에 대립하는 명제)인 가설로서 새로운 집단이 기존의 모집단과 달라졌다는 의미로, 연구가설 또는 유지가설이라고도 한다. 모집단에서 독립변수와 결과변수 사이에 어떤 특정한 관련이 있다는 가설 형태를 나타낸다. 가능성에 대해 확률적인 가설검정을 할 때 귀무가설과 함께 사용된다. 이 가설은 귀무가설처럼 검정을 직접 수행하기는 불가능하며 귀무가설을 기각함으로써 받아들여지는 반증의 과정을 거쳐 받아들여질 수 있다.

㉢ 과오 · 검출력 · 신뢰수준

• 제1종 과오(α) : 귀무가설이 참인데(진실인데) 참이 아니라고(거짓이라고) 판정하는 과오이다.
  – 별칭 : 기각률, 위험률, 유의수준, 생산자위험
  – 귀무가설을 채택해야 하는데도 귀무가설을 기각하고 대립가설을 채택하는 과오
  – 귀무가설이 진실일 때 귀무가설을 기각하는 과오
  – H_0가 성립되고 있음에도 불구하고 이것을 기각하는 과오
  – 제1종 과오는 기각역이 작을수록, 채택역이 클수록, 샘플 크기가 작을수록 감소한다.

[유의수준]
• 일반적으로 제1종의 과오를 범하는 확률
• 제1종 과오를 범할 확률의 최대 허용한계
• 가설이 성립되었을 때 이것을 잘못 기각하는 확률
• 귀무가설이 진실일 때 귀무가설을 기각하는 확률
• 검정에 앞서 미리 정해 두는 위험률
• 별칭 : 위험률, 기각률
• 유의수준 0.01, 0.05 중에서 제1종 과오를 감소시키려면 유의수준 0.01을 채택하는 것이 더 좋다.

• 제2종 과오(β) : 귀무가설이 참이 아닌데(거짓인데) 참이라고(진실이라고) 판정하는 과오이다.
  – 귀무가설을 기각해야 하는데도 귀무가설을 채택하고 대립가설을 기각하는 과오
  – 대립가설이 진실일 때 귀무가설을 채택하는 과오
  – 귀무가설 H_0가 옳지 않은 데도 불구하고 H_0를 버리지 않는 과오
  – H_0가 성립되고 있지 않음에도 불구하고 이것을 채택하는 과오
  – 별칭 : 소비자위험

• 검출력 : $1-\beta$
  – 거짓을 거짓이라고 판정하는 능력
  – 대립가설이 진실일 때 귀무가설을 기각하는 확률
  – 귀무가설이 거짓일 때 귀무가설을 기각하는 확률
  – 별칭 : 검정력(Power of Test)

• 신뢰수준 : $1-\alpha$
  – 참을 참이라고 판정하는 능력
  – 1에서 유의수준을 빼고 100[%]를 곱하면 신뢰율이 된다.
  – 별칭 : 신뢰계수, 신뢰도

- 제1종 과오, 제2종 과오, 검출력, 신뢰도 요약 및 관련성

구 분	H_0 사실(H_1 거짓)	H_0 거짓(H_1 사실)
H_0 기각(H_1 채택)	제1종 과오(α)	검출력($1-\beta$)
H_0 채택(H_1 기각)	신뢰도($1-\alpha$)	제2종 과오(β)

- α가 증가하면 β는 감소하고, α가 감소하면 β는 증가한다(반비례관계).
- β값을 감소시키려면(α값을 증가시키려면) : n 증가, $1-\beta$ 증가, σ 감소, 관리도에서 $|\mu-\mu_0|$를 증가시킨다.
- 표본의 크기가 고정되어 있을 경우 기각역을 넓히면 제1종 오류(생산자위험)는 증가하고, 제2종 오류(소비자위험)는 감소한다.
- 표본정규분포에서의 과오(한쪽 검정인 경우)에서 제1종 과오는 $C+D$영역, 제2종 과오는 $A+B$영역이다.

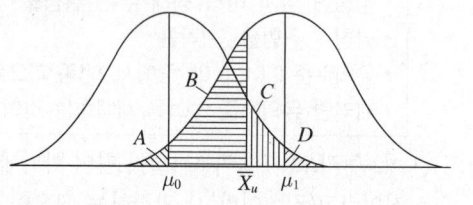

- '통계적으로 유의하다'의 의미
  - 검정에 이용되는 통계량의 실현치가 기각역에 들어간다는 의미이다.
  - 귀무가설을 기각하고, 대립가설을 채택한다.

ㄹ) 검정 절차
- 모집단에 대한 기본가정을 설정
  (정규모집단 $N(\mu, \sigma^2)$ 또는 σ 기지, σ 미지 등)
- 통계적 가설 설정(귀무가설과 대립가설의 설정)
  - 양쪽 검정 : $H_0 : \mu = \mu_0$ $H_1 : \mu \neq \mu_0$,
    $H_0 : \sigma^2 = \sigma_0^2$ $H_1 : \sigma^2 \neq \sigma_0^2$
  - 한쪽 검정 : $H_0 : \mu \geq \mu_0$ $H_1 : \mu < \mu_0$,
    $H_0 : \sigma^2 \geq \sigma_0^2$ $H_1 : \sigma^2 < \sigma_0^2$
  - 한쪽 검정 : $H_0 : \mu \leq \mu_0$, $H_1 : \mu > \mu_0$,
    $H_0 : \sigma^2 \leq \sigma_0^2$ $H_1 : \sigma^2 > \sigma_0^2$
- 유의수준(기각률, 위험률) α 결정 : 일반적으로 $\alpha = 0.05,\ 0.01$

- 표본자료로부터 검정통계량 계산
  - 가설검정에 이용되는 통계량(가설의 기각결정의 기준이 되는 통계량으로 분포가 가설에 정의된 모수에 의존)을 사용
  - u_0, t_0, χ^2, F_0 등의 검정통계량의 값 계산 : u_0(σ 기지인 평균치 검정), t_0(σ 미지인 평균치 검정), χ_0^2(σ 기지인 하나의 모집단 분산검정), F_0 (σ 미지인 두 모집단 분산비검정)
- 유의수준을 만족하는 기각역(CR) 설정
  - H_0를 기각하게 되는 검정통계량의 영역(검정통계량의 분포에서 유의수준의 크기에 해당하는 영역)을 정한다.
  - 검정력(검출력, 임계치, 기각역) $1-\beta$ 결정 ($1-\beta$: H_0가 성립되지 않을 때 이것을 기각하는 확률)
- 시료의 크기(n) 결정
- 결과 해석 : 통계적 의사결정
  - 판정 : 통계량과 기각역을 비교하여 유의성을 판정한다.
  - 검정통계량의 계산된 값이 기각역에 위치하면 H_0 기각, 채택역에 위치하면 H_0 채택한다.
  - H_0의 기각은 H_1의 채택(수용)을 의미하지만, H_0를 기각할 수 없다는 것이 반드시 H_0를 수용한다는 것은 아니다.

ㅁ) 바람직한 통계적 가설검정
- 통계적 가설검정은 귀무가설을 기각하는 제1종 과오를 가능한 한 감소시키고 귀무가설의 거짓을 찾아내는 검출력을 크게 하는 것이 바람직하다.
- 두 가지 오류인 α와 β는 서로 상반되는 관계에 있기 때문에 두 가지 오류를 동시에 감소시킬 수 없으므로, 일반적으로 제1종 오류인 α를 일정한 값으로 고정하고 제2종 오류인 β를 최소로 하는 검정을 실시한다.

ㅂ) 검정공식의 기본 형태
- 평균치 검정통계량의 기본공식 : $\dfrac{\text{평균치의 차}}{\text{표준편차}}$
- σ^2 기지 $u_0 = \dfrac{\bar{x} - \mu_0}{\sigma / \sqrt{n}}$, σ^2 미지 $t_0 = \dfrac{\bar{x} - \mu_0}{s / \sqrt{n}}$

- σ^2 미지여도 샘플 크기가 $n = 30$ 이상이면, σ^2 기지 $u_0 = \dfrac{\overline{x} - \mu_0}{\sigma / \sqrt{n}}$ 를 적용해도 무방하다.
- 분산치 검정통계량의 기본공식
  - $\chi_0^2 = \dfrac{S}{\sigma_0^2}$ (χ^2 검정의 대부분은 근사적인 검정방법이다)
  - $F_0 = \dfrac{V_1}{V_2}$

③ 추정의 기초이론
  ㉠ 개 요
  - 추정 : 표본(시료, 샘플)의 정보로부터 모수를 추측하는 통계적 절차이다.
  - 통계적 추정, 모수 추정이라고도 한다.
  - 구분 : 점 추정, 구간 추정
  ㉡ 점 추정 : 표본 정보로부터 모집단의 모수를 하나의 값으로 추정하는 것이다.
  - $\hat{\mu} = \overline{x}$
  - $\hat{\sigma^2} = s^2 = V$
  - $\hat{\sigma} = \dfrac{\overline{s}}{c_4} = \dfrac{\overline{R}}{d_2}$
  ㉢ 구간 추정 : 정해진 구간 속에 모수가 포함되어 있을 것이라고 추정하는 것이다.
  - 신뢰율($1 - \alpha$, 구간 추정에 있어서 그 구간 내에 포함될 확률)에 따라 구간의 폭(신뢰구간)이 변화된다.
  - 모집단의 표준편차를 알고 있을 경우 모평균의 구간 추정을 하고자 할 때 모표준편차가 작고, 시료의 크기가 클수록 신뢰구간이 가장 효과적으로 좁아진다.
  ㉣ 추정공식의 기본 형태
  - 평균치 추정의 기본공식 :
    평균치 ± 신뢰도계수 × 표준편차
  - 모표준편차를 알고 있을 때(σ^2 기지) 모평균의 양측 신뢰구간 추정식 :
    $$\overline{x} \pm u_{1-a/2} \sqrt{\dfrac{\sigma^2}{n}} = \overline{x} \pm u_{1-a/2} \dfrac{\sigma}{\sqrt{n}}$$
  - 모표준편차를 모를 때(σ^2 미지) 모평균의 양측 신뢰구간 추정식 :
    $$\overline{x} \pm t_{1-a/2}(\nu) \sqrt{\dfrac{s^2}{n}} = \overline{x} \pm t_{1-\alpha/2}(\nu) \dfrac{s}{\sqrt{n}}$$

- 분산치 추정의 기본공식은 분포가 좌우대칭되지 아니하므로 하한값 $\leq \hat{\sigma^2} \leq$ 상한값의 형태가 된다.
- 한쪽 검정의 경우, 커졌다는 검정결과가 나오면 하한값을, 작아졌다는 검정결과가 나오면 상한값을 구한다.
  ㉤ 추정량의 결정기준
  - 불편성(Unbiasedness) : 반복하여 같은 방법으로 샘플링해서 나온 추정값이 모수로부터 같은 방향으로 벗어나지 않는 성질이다.
    - 모수 θ의 모든 값에 대하여 $E(\hat{\theta}) = \theta$를 만족하는 추정량 $\hat{\theta}$를 불편추정량이라고 한다.
    - 모집단의 모표준편차(σ)를 추정하는데 있어서의 표본의 표준편차(s)를 불편추정량이라고 한다.
    - 불편분산은 모분산의 불편추정량이다.
    - 불편분산 V의 기대치는 모분산 σ^2과 같다.
  - 효율성(Efficiency) 또는 유효성 : 시료에서 계산된 추정량은 모집단의 모수에 근접하여야 하는데, 이렇게 되려면 모수를 기준으로 하여 추정량의 분산이 작아야 한다는 원칙이다. 추정량의 분산도가 더욱 작은 추정량이 보다 더 바람직한 추정량이 된다는 성질이다.
  - 일치성(Consistency) : 시료의 크기가 크면 클수록 추정량이 모수에 일치하게 되는 추정량이다.
  - 충분성(충족성) : 추정량이 모수에 대해 모든 정보를 제공한다면 그 추정량은 충분성이 있다고 한다.

1-1. 통계적 가설검정에서 유의수준에 대한 설명으로 틀린 것은?

[2010년 제4회, 2013년 제1회, 2017년 제1회]

① 검정에 앞서 미리 정해 두는 위험률이다.
② 일반적으로 제2종의 과오를 범하는 확률을 의미한다.
③ 1에서 유의수준을 빼고 100[%]를 곱하면 신뢰율이 된다.
④ 통계적 가설검정에서 귀무가설이 옳음에도 불구하고 기각할 확률이다.

1-2. '통계적으로 유의하다.'라는 것은?

[2003년 제2회, 2007년 제4회]

① 검정에 이용되는 통계량의 실현치가 기각역에 들어간다는 것을 의미한다.
② 통계량의 실현치와 모수가 일치하지 않음을 의미한다.
③ 통계적 해석을 하는데 있어서 그 값이 어떠한 의미를 내포하고 있음을 뜻한다.
④ 검정이나 추정을 하는 데 있어서 신뢰의 정도를 나타낸다.

1-3. 어떤 모집단에 관한 검정을 하고자 한다. 다음 중 가장 관계가 먼 것은?

[2003년 제2회, 2006년 제1회]

① 제1종 과오를 줄이고자 한다면 상대적으로 제2종 과오가 커진다.
② 측정오차가 없다는 전제하에 $\alpha = 0$, $\beta = 0$으로 하려면 통계적으로는 모집단 전체를 조사할 수밖에 없다.
③ 제1종 과오를 범할 확률을 일정하게 하였을 때에는 모집단의 참값과 기준치의 차가 작을수록 제2종 과오를 범할 확률이 상대적으로 작아진다.
④ 일반적으로 통계적 품질관리에서는 제1종 과오를 5[%] 또는 1[%]로 하는 것이 보통이다.

1-4. 남자와 여자의 음식 선호도를 조사하였다. 각각 100명씩 랜덤으로 추출하여 가장 좋아하는 음식을 선택하여 분류하였더니 다음의 표와 같을 때 설명이 맞는 것은?(단, $\chi_{0.95}^2(2) = 5.99$, $\chi_{0.95}^2(3) = 7.81$, $\chi_{0.95}^2(4) = 9.49$이다)

[2016년 제2회]

구 분	한 식	양 식	중 식
남 자	50	20	30
여 자	30	50	20

① 귀무가설(H_0)을 채택한다.
② χ^2통계량의 자유도는 2이다.
③ 검정통계량은 $\chi_0^2 = 5.857$이다.
④ 남자가 한식을 선택할 기대도수는 35이다.

|해설|

1-1
유의수준은 일반적으로 제1종의 과오를 범하는 확률을 의미한다.

1-2
통계적으로 유의라는 것은 검정에 이용되는 통계량의 실현치가 기각역에 들어간다는 것을 의미한다. 이때 귀무가설이 기각되며 기준을 정한 유의수준에서 유의하다고 판정하게 된다.

1-3
제1종 과오를 범할 확률을 일정하게 하였을 때에는 모집단의 참값과 기준치의 차가 작을수록 제2종 과오를 범할 확률이 상대적으로 커진다.

1-4
② χ^2통계량의 자유도는 $N - 1 = 3 - 1 = 2$이다.
① 차이가 있으므로 귀무가설(H_0)을 기각하고 대체가설(H_1)을 채택한다.
③ 검정통계량은 $\chi_{0.95}^2(2) = 5.99$이다.
④ 남자가 한식을 선택할 기대도수는 50이다.

정답 1-1 ② 1-2 ① 1-3 ③ 1-4 ②

① 개 요

  ㉠ 계수치 분포 : 초기하분포, 이항분포, 푸아송분포

  ㉡ 계수치 검·추정에 사용되는 분포 : 이항분포(부적합
품수, 부적합품률), 푸아송분포(부적합수, 단위당 부
적합수)

  ㉢ 계수치 검·추정을 실시할 때 해석을 편리하기 위해
계수치 분포를 정규분포에 근사시킨다.

  ㉣ 계수치 검정통계량의 기본공식 : $\dfrac{\text{평균치의 차}}{\text{표준편차}}$

    • 모부적합품률의 검정공식 :

$$u_0 = \frac{x - nP_0}{\sqrt{nP_0(1-P_0)}} = \frac{x/n - P_0}{\sqrt{P_0(1-P_0)/n}}$$

    • 모부적합수의 검정공식 : $u_0 = \dfrac{x - m_0}{\sqrt{m_0}}$

  ㉤ 계수치 추정의 기본공식 :

    평균치 ± 신뢰도계수 × 표준편차

    • 모부적합품률의 추정공식 : $\hat{p} \pm u_{1-\alpha/2} \sqrt{\dfrac{\hat{p}(1-\hat{p})}{n}}$

    • 모부적합수의 추정공식 : $x \pm u_{1-\alpha/2} \sqrt{x}$

② 한 개의 모부적합품률에 관한 검·추정

  ㉠ 기본가정 : P_0가 작고 n이 클 때 $p_0 \leq 0.5$, $nP_0 \geq 5$, $n(1-P_0) \geq 5$(정규분포에 근사)

귀무가설	대립가설	통계량	기각역
$P = P_0$	$P \neq P_0$	$u_0 = \dfrac{\dfrac{x}{n} - P_0}{\sqrt{\dfrac{P_0(1-P_0)}{n}}}$	$u_0 > u_{1-\frac{\alpha}{2}}$ 또는 $u_0 < -u_{1-\frac{\alpha}{2}}$
$P \geq P_0$	$P < P_0$		$u_0 < -u_{1-\alpha}$
$P \leq P_0$	$P > P_0$		$u_0 > u_{1-\alpha}$

신뢰 구간	비 고
$\hat{p} \pm u_{1-\frac{\alpha}{2}} \sqrt{\dfrac{\hat{p}(1-\hat{p})}{n}}$	$u_0 = \dfrac{x - nP_0}{\sqrt{nP_0(1-P_0)}}$
$P_U = \hat{p} + u_{1-\alpha} \sqrt{\dfrac{\hat{p}(1-\hat{p})}{n}}$	점 추정치
$P_L = \hat{p} - u_{1-\alpha} \sqrt{\dfrac{\hat{p}(1-\hat{p})}{n}}$	$\hat{P} = \dfrac{x}{n} = \hat{p}$

③ 2개의 모부적합품률 차의 검·추정

  ㉠ 기본가정 : n_A, n_B가 매우 크고 정규분포에 근사

귀무가설	대립가설	통계량	기각역
$P_A = P_B$	$P_A \neq P_B$	$u_0 = \dfrac{\hat{p_A} - \hat{p_B}}{\sqrt{\hat{p}(1-\hat{p})\left(\dfrac{1}{n_A} + \dfrac{1}{n_B}\right)}}$	$u_0 > u_{1-\frac{\alpha}{2}}$ 또는 $u_0 < -u_{1-\frac{\alpha}{2}}$
$P_A \geq P_B$	$P_A < P_B$		$u_0 < -u_{1-\alpha}$
$P_A \leq P_B$	$P_A > P_B$		$u_0 > u_{1-\alpha}$

신뢰구간
$(\hat{p_A} - \hat{p_B}) \pm u_{1-\frac{\alpha}{2}} \sqrt{\dfrac{\hat{p_A}(1-\hat{p_A})}{n_A} + \dfrac{\hat{p_B}(1-\hat{p_B})}{n_B}}$
신뢰 상한 $= (\hat{p_A} - \hat{p_B}) + u_{1-\alpha} \sqrt{\dfrac{\hat{p_A}(1-\hat{p_A})}{n_A} + \dfrac{\hat{p_B}(1-\hat{p_B})}{n_B}}$
신뢰 하한 $= (\hat{p_A} - \hat{p_B}) - u_{1-\alpha} \sqrt{\dfrac{\hat{p_A}(1-\hat{p_A})}{n_A} + \dfrac{\hat{p_B}(1-\hat{p_B})}{n_B}}$

$$\hat{p} = \frac{x_A + x_B}{n_A + n_B}, \ \hat{p_A} = \frac{x_A}{n_A}, \ \hat{p_B} = \frac{x_B}{n_B}$$

④ 한 개의 모부적합수에 관한 검·추정

  ㉠ 기본 가정 : $m_0 \geq 5$이며 푸아송분포는 정규분포에 근사

귀무가설	대립가설	통계량	기각역
$m = m_0$	$m \neq m_0$	$u_0 = \dfrac{x - m_0}{\sqrt{m_0}}$	$u_0 > u_{1-\frac{\alpha}{2}}$ 또는 $u_0 < -u_{1-\frac{\alpha}{2}}$
$m \geq m_0$	$m < m_0$		$u_0 < -u_{1-\alpha}$
$m \leq m_0$	$m > m_0$		$u_0 > u_{1-\alpha}$

신뢰구간	비 고
$x \pm u_{1-\frac{\alpha}{2}} \sqrt{x}$	$u_0 = \dfrac{\left(\dfrac{x}{n}\right) - u}{\sqrt{\dfrac{u}{n}}}$
$m_U = x + u_{1-\alpha} \sqrt{x}$	점 추정치 $\hat{m} = x$ 단위당 부적합수
$m_L = x - u_{1-\alpha} \sqrt{x}$	$\hat{U} = \dfrac{x}{n} = \hat{u}$ $\hat{u} \pm u_{1-\frac{\alpha}{2}} \sqrt{\dfrac{\hat{u}}{n}}$

⑤ 2개의 모부적합수 차에 관한 검·추정

㉠ 기본가정 : $m_A \geq 5$, $m_B \geq 5$(정규분포에 근사)

귀무가설	대립가설	통계량	기각역
$m_A = m_B$	$m_A \neq m_B$	$u_0 = \dfrac{x_A - x_B}{\sqrt{x_A + x_B}}$	$u_0 > u_{1-\frac{\alpha}{2}}$ 또는 $u_0 < -u_{1-\frac{\alpha}{2}}$
$m_A \geq m_B$	$m_A < m_B$		$u_0 < -u_{1-\alpha}$
$m_A \leq m_B$	$m_A > m_B$		$u_0 > u_{1-\alpha}$

신뢰구간	비 고
$(x_A - x_B) \pm u_{1-\frac{\alpha}{2}} \sqrt{x_A + x_B}$	
신뢰상한 $= (x_A - x_B) + u_{1-\alpha} \sqrt{x_A + x_B}$	$\widehat{m_A - m_B} = x_A - x_B$
신뢰하한 $= (x_A - x_B) - u_{1-\alpha} \sqrt{x_A + x_B}$	

※ 모부적합품률 차, 모부적합수 차의 추정에서 '차'는 항상 음이 아니다. 하한이 음이라는 것은 통계적으로 허용될 수 없으므로, 재시도하여 결론을 내리며 일반적으로 하한이 음이면 '0'으로 하한을 삼는다.

핵심예제

2-1. A자동차는 신차 구입 후 5년 이상 자동차를 보유하는 고객의 비율을 추정하기 원한다. 신뢰수준 95[%]에서 오차한계를 ±0.05로 하기 위해서 필요한 최소의 표본 크기는 약 얼마인가?

[2009년 제4회, 2011년 제2회, 2017년 제4회, 2022년 제1회]

① 373
② 380
③ 382
④ 385

2-2. 최근 대졸자의 정규직 취업이 사회적 문제로 대두되고 있다. 올해 정부의 대졸 정규직 취업률 목표치인 70[%]보다 실제 취업률이 낮은지를 검정하기 위하여 대졸자 500명을 조사해 본 결과, 300명이 정규직으로 취업한 것으로 나타나 목표치보다 낮은 것으로 검증되었다. 올해 취업률에 대한 95[%] 위쪽 신뢰한계는 약 얼마인가? [2010년 제1회, 2012년 제2회, 2016년 제1회]

① 0.632
② 0.636
③ 0.638
④ 0.643

2-3. 1로트 약 5,000개에서 100개의 랜덤 시료 중에 부적합품 수가 10개 발견되었다. 이 로트의 모부적합품률의 95[%] 추정의 정밀도를 구하면 약 얼마인가?

[2006년 제4회, 2016년 제4회, 2017년 제4회 유사]

① ±0.035
② ±0.059
③ ±0.196
④ ±0.345

2-4. 모부적합수 $m = 25$인 공정에 대해 작업방법을 변경한 후에 확인해 보니 표본부적합수 $c = 20$으로 나타났다. 모부적합수가 달라졌다고 할 수 있는지에 대한 판정으로 옳은 것은?(단, 유의수준 $\alpha = 0.05$이다)

[2007년 제4회 유사, 2013년 제1회, 2023년 제1회]

① $u_0 = -1.0$으로 H_0 채택, 결점수가 달라지지 않는다.
② $u_0 = -1.12$으로 H_0 채택, 결점수가 달라지지 않는다.
③ $u_0 = -4.8$으로 H_0 기각, 결점수가 달라졌다.
④ $u_0 = -5.0$으로 H_0 기각, 결점수가 달라졌다.

2-5. 랜덤하게 채취한 도금 제품의 표면을 검사하였더니 핀홀수가 15개가 있었다. 모부적합수의 95[%] 신뢰 구간의 상한을 추정하면 약 얼마인가?

[2007년 제1회 유사, 2010년 제2회 유사, 2016년 제2회]

① 21.371
② 22.591
③ 24.008
④ 24.977

2-6. 두 집단의 모부적합수 차에 대한 통계적 가설검정을 정규분포 근사를 활용할 때, 검정통계량(u_0)의 값은 얼마인가?(단, 두 집단 각각의 부적합수 $x_1 = 10$, $x_2 = 6$이다)

[2006년 제2회 유사, 2011년 제2회 유사, 2017년 제4회]

① 1
② 2
③ 3
④ 4

2-7. A, B 두 회사에서 제조되는 자전거 표면의 흠의 수를 조사하였더니, A회사는 자전거 1대당 10군데, B회사는 자전거 1대당 25군데가 검출되었다. 유의수준 1[%]로 B회사에서 제조되는 자전거 1대당 표면의 흠의 수가 A회사보다 더 많은지에 대한 검정 결과로 맞는 것은?(단, $u_{0.995} = 2.576$, $u_{0.99} = 2.326$이다)

[2003년 제1회 유사, 2010년 제4회 유사, 2015년 제1회, 2017년 제1회 유사, 제2회]

① 알 수 없다.
② 두 회사 제품의 흠의 수는 같다.
③ A회사 제품의 흠의 수가 더 많다.
④ B회사 제품의 흠의 수가 더 많다.

2-1

$$\pm 0.05 = \pm 1.96 \times \sqrt{\frac{0.5 \times (1-0.5)}{n}}$$

$$0.05^2 = 1.96^2 \times \frac{0.5 \times 0.5}{n}, \quad n = 384.12$$

$$\therefore \ 385\text{개}$$

2-2

$$P_u = \hat{P} + u_{1-\alpha}\sqrt{\frac{P(1-\hat{P})}{n}} = 0.6 + 1.645\sqrt{\frac{0.6 \times 0.4}{500}} = 0.636$$

2-3

$$\pm u_{1-\alpha/2}\sqrt{\frac{\hat{p}(1-\hat{p})}{n}} = \pm u_{0.975}\sqrt{\frac{\frac{10}{100}\left(1-\frac{10}{100}\right)}{100}}$$

$$\pm 1.96 \times \sqrt{\frac{0.1 \times 0.9}{100}} = \pm 0.059$$

2-4

$$H_0 : m = 25, \ H_1 : m \neq 25$$

$$\alpha = 5[\%]$$

검정통계량 : $u_0 = \dfrac{c - m_0}{\sqrt{m_0}} = \dfrac{20 - 25}{\sqrt{25}} = -1$

기각치 : $-u_{0.975} = -1.96, \ u_{0.975} = 1.96$

판정 : $-1.96 < u_0 = -1 < 1.96$이므로 귀무가설 채택

즉, 결점수가 달라지지 않았다.

2-5

신뢰 구간 $x \pm u_{1-\alpha/2}\sqrt{x} = 15 \pm 1.96\sqrt{15} = 7.409 \sim 22.591$이므로 상한 추정값은 22.591이다.

2-6

$$u_0 = \frac{c_A - c_B}{\sqrt{c_A + c_B}} = \frac{x_1 - x_2}{\sqrt{x_1 + x_2}} = \frac{10 - 6}{\sqrt{10 + 6}} = 1.0$$

2-7

$$u_0 = \frac{c_B - c_A}{\sqrt{c_B + c_A}} = \frac{25 - 10}{\sqrt{25 + 10}} = 2.535, \ u_{0.99} = 2.326$$이고

$u_0 > u_{0.99}$이므로, B회사 제품의 흠의 수가 더 많다.

정답 2-1 ④ 2-2 ② 2-3 ② 2-4 ① 2-5 ② 2-6 ① 2-7 ④

핵심이론 03 계량치의 검정과 추정

① 1개의 모평균에 관한 검·추정

㉠ 기본가정 σ^2 기지

귀무가설	대립가설	통계량	기각역
$\mu = \mu_0$	$\mu \neq \mu_0$	$u_0 = \dfrac{\bar{x} - \mu_0}{\dfrac{\sigma}{\sqrt{n}}}$	$u_0 > u_{1-\frac{\alpha}{2}}$ 또는 $u_0 < -u_{1-\frac{\alpha}{2}}$
$\mu \geq \mu_0$	$\mu < \mu_0$		$u_0 < -u_{1-\alpha}$
$\mu \leq \mu_0$	$\mu > \mu_0$		$u_0 > u_{1-\alpha}$

신뢰 구간	비 고
$\bar{x} \pm u_{1-\frac{\alpha}{2}}\dfrac{\sigma}{\sqrt{n}}$ (신뢰 상한, 신뢰 하한)	
$\bar{x} + u_{1-\alpha}\dfrac{\sigma}{\sqrt{n}}$ (신뢰 상한)	$n \geq \left(\dfrac{k_{1-\frac{\alpha}{2}} + k_{1-\beta}}{\mu - \mu_0}\right)^2 \cdot \sigma^2$ $u_{0.975} = 1.960, \ u_{0.995} = 2.576$
$\bar{x} - u_{1-\alpha}\dfrac{\sigma}{\sqrt{n}}$ (신뢰 하한)	

㉡ 기본가정 σ^2 미지 : t검정을 이용

귀무가설	대립가설	통계량	기각역
$\mu = \mu_0$	$\mu \neq \mu_0$	$t_0 = \dfrac{\bar{x} - \mu_0}{\dfrac{s}{\sqrt{n}}}$	$t_0 > t_{1-\frac{\alpha}{2}}(\nu)$ 또는 $t_0 < -t_{1-\frac{\alpha}{2}}(\nu)$
$\mu \geq \mu_0$	$\mu < \mu_0$		$t_0 < -t_{1-\alpha}(\nu)$
$\mu \leq \mu_0$	$\mu > \mu_0$		$t_0 > t_{1-\alpha}(\nu)$

신뢰구간	비 고
$\bar{x} \pm t_{1-\frac{\alpha}{2}}(\nu)\dfrac{s}{\sqrt{n}}$ (신뢰 상한, 신뢰 하한)	
$\bar{x} + t_{1-\alpha}(\nu)\dfrac{s}{\sqrt{n}}$ (신뢰 상한)	$-t_{1-\alpha}(\nu) = t_0(\nu)$
$\bar{x} - t_{1-\alpha}(\nu)\dfrac{s}{\sqrt{n}}$ (신뢰 하한)	

• t검정은 모집단의 분산이나 표준편차를 알지 못할 때 모집단을 대표하는 표본으로부터 추정된 분산이나 표준편차를 가지고 검정하는 방법으로, 한쪽에만 관심이 있을 경우는 한쪽 t검정을, 양쪽에 모두 관심

이 있을 경우는 양쪽 t검정을 실시한다. 모집단의 평균이 기존에 알고 있는 모평균보다 큰지를 알아보려고 하는데 모표준편차값을 모른다면, 한쪽 t검정을 하여야 한다.

② 2개의 모평균차에 관한 검·추정

㉠ 기본가정 σ_1^2, σ_2^2 기지

귀무가설	대립가설	통계량	기각역
$\mu_1 = \mu_2$	$\mu_1 \neq \mu_2$	$u_0 = \dfrac{\bar{x}_1 - \bar{x}_2}{\sqrt{\dfrac{\sigma_1^2}{n_1} + \dfrac{\sigma_2^2}{n_2}}}$	$u_0 > u_{1-\frac{\alpha}{2}}$ 또는 $u_0 < -u_{1-\frac{\alpha}{2}}$
$\mu_1 \geq \mu_2$	$\mu_1 < \mu_2$		$u_0 < -u_{1-\alpha}$
$\mu_1 \leq \mu_2$	$\mu_1 > \mu_2$		$u_0 > u_{1-\alpha}$

신뢰구간	비 고
$(\bar{x}_1 - \bar{x}_2) \pm u_{1-\frac{\alpha}{2}} \sqrt{\dfrac{\sigma_1^2}{n_1} + \dfrac{\sigma_2^2}{n_2}}$ (신뢰 상한, 신뢰 하한)	$n \geq \left(\dfrac{k_{1-\frac{\alpha}{2}} + k_{1-\beta}}{\mu_1 - \mu_2}\right)^2 (\sigma_1^2 + \sigma_2^2)$
$(\bar{x}_1 - \bar{x}_2) + u_{1-\frac{\alpha}{2}} \sqrt{\dfrac{\sigma_1^2}{n_1} + \dfrac{\sigma_2^2}{n_2}}$ (신뢰 상한)	$n \geq \left(\dfrac{k_{1-\alpha} + k_{1-\beta}}{\mu_1 - \mu_2}\right)^2 (\sigma_1^2 + \sigma_2^2)$
$(\bar{x}_1 - \bar{x}_2) - u_{1-\frac{\alpha}{2}} \sqrt{\dfrac{\sigma_1^2}{n_1} + \dfrac{\sigma_2^2}{n_2}}$ (신뢰 하한)	

㉡ 기본가정 σ_1^2, σ_2^2 미지 $\sigma_1^2 = \sigma_2^2$

귀무가설	대립가설	통계량	기각역
$\mu_1 = \mu_2$	$\mu_1 \neq \mu_2$	$t_0 = \dfrac{\bar{x}_1 - \bar{x}_2}{\sqrt{s^2\left(\dfrac{1}{n_1} + \dfrac{1}{n_2}\right)}}$	$t_0 > t_{1-\frac{\alpha}{2}}(\nu)$ 또는 $t_0 < -t_{1-\frac{\alpha}{2}}(\nu)$
$\mu_1 \geq \mu_2$	$\mu_1 < \mu_2$		$t_0 < -t_{1-\alpha}(\nu)$
$\mu_1 \leq \mu_2$	$\mu_1 > \mu_2$		$t_0 > t_{1-\alpha}(\nu)$

신뢰구간	비 고
$(\bar{x}_1 - \bar{x}_2) \pm t_{1-\frac{\alpha}{2}}(\nu) \sqrt{s^2\left(\dfrac{1}{n_1} + \dfrac{1}{n_2}\right)}$ (신뢰 상한, 신뢰 하한)	
$(\bar{x}_1 - \bar{x}_2) + t_{1-\alpha}(\nu) \sqrt{s^2\left(\dfrac{1}{n_1} + \dfrac{1}{n_2}\right)}$ (신뢰 상한)	$\nu = n_1 + n_2 - 2$ $s^2 = \dfrac{S_1 + S_2}{n_1 + n_2 - 2}$
$(\bar{x}_1 - \bar{x}_2) - t_{1-\alpha}(\nu) \sqrt{s^2\left(\dfrac{1}{n_1} + \dfrac{1}{n_2}\right)}$ (신뢰 하한)	

㉢ 기본가정 σ_1^2, σ_2^2 미지, $\sigma_1^2 \neq \sigma_2^2$

귀무가설	대립가설	통계량	기각역
$\mu_1 = \mu_2$	$\mu_1 \neq \mu_2$	$t_0 = \dfrac{\bar{x}_1 - \bar{x}_2}{\sqrt{\dfrac{s_1^2}{n_1} + \dfrac{s_2^2}{n_2}}}$	$t_0 > t_{1-\frac{\alpha}{2}}(\nu^*)$ 또는 $t_0 < -t_{1-\frac{\alpha}{2}}(\nu^*)$
$\mu_1 \geq \mu_2$	$\mu_1 < \mu_2$		$t_0 < -t_{1-\alpha}(\nu^*)$
$\mu_1 \leq \mu_2$	$\mu_1 > \mu_2$		$t_0 > t_{1-\alpha}(\nu^*)$

신뢰구간	비 고
$(\bar{x}_1 - \bar{x}_2) \pm t_{1-\frac{\alpha}{2}}(\nu^*) \sqrt{\dfrac{s_1^2}{n_1} + \dfrac{s_2^2}{n_2}}$ (신뢰 상한, 신뢰 하한)	등가자유도 $\nu^* = \dfrac{\left(\dfrac{s_1^2}{n_1} + \dfrac{s_2^2}{n_2}\right)^2}{\dfrac{\left(\dfrac{s_1^2}{n_1}\right)^2}{\nu_1} + \dfrac{\left(\dfrac{s_2^2}{n_2}\right)^2}{\nu_2}}$
$(\bar{x}_1 - \bar{x}_2) + t_{1-\alpha}(\nu^*) \sqrt{\dfrac{s_1^2}{n_1} + \dfrac{s_2^2}{n_2}}$ (신뢰 상한)	
$(\bar{x}_1 - \bar{x}_2) - t_{1-\alpha}(\nu^*) \sqrt{\dfrac{s_1^2}{n_1} + \dfrac{s_2^2}{n_2}}$ (신뢰 하한)	

㉣ 분산의 가법성과 등가자유도

• 분산의 가법성 : 분산은 산포값이므로 절대 뺄 수 없고 무조건 더해야 한다.

• 평균치의 차 검정에서 분모의 값이 $\sqrt{\dfrac{\sigma_1^2}{n_1} + \dfrac{\sigma_2^2}{n_2}}$ 로 되는 이유는 두 집단 평균치 차의 표준편차는 각 집단의 분산값을 더한 후 그 로트로 표준편차를 만들기 때문이다.

③ 대응 있는 두 조의 모평균차에 관한 검·추정

㉠ 기본가정 σ_d^2 기지

귀무가설	대립가설	통계량	기각역
$\Delta = \Delta_0$	$\Delta \neq \Delta_0$	$u_0 = \dfrac{\bar{d} - \Delta_0}{\dfrac{\sigma_d}{\sqrt{n}}}$	$u_0 > u_{1-\alpha/2}$ 또는 $u_0 < -u_{1-\alpha/2}$
$\Delta \geq \Delta_0$	$\Delta < \Delta_0$		$u_0 < -u_{1-\alpha}$
$\Delta \leq \Delta_0$	$\Delta > \Delta_0$		$u_0 > u_{1-\alpha}$

신뢰구간	비 고
$\overline{d} \pm u_{1-\alpha/2} \dfrac{\sigma_d}{\sqrt{n}}$ (신뢰 상한, 신뢰 하한)	
$\overline{d} + u_{1-\alpha} \dfrac{\sigma_d}{\sqrt{n}}$ (신뢰 상한)	$-u_{1-\alpha} = u_\alpha$
$\overline{d} - u_{1-\alpha} \dfrac{\sigma_d}{\sqrt{n}}$ (신뢰 하한)	

ⓛ 기본가정 σ^2 미지

귀무가설	대립가설	통계량	기각역
$\Delta = \Delta_0$	$\Delta \neq \Delta_0$	$t_0 = \dfrac{\overline{d} - \Delta_0}{\dfrac{s_d}{\sqrt{n}}}$	$t_0 > t_{1-\alpha/2}(\nu)$ 또는 $t_0 < -t_{1-\alpha/2}(\nu)$
$\Delta \geq \Delta_0$	$\Delta < \Delta_0$		$t_0 < -t_{1-\alpha}(\nu)$
$\Delta \leq \Delta_0$	$\Delta > \Delta_0$		$t_0 > t_{1-\alpha}(\nu)$

신뢰구간	비 고
$\overline{d} \pm t_{1-\frac{\alpha}{2}}(\nu) \dfrac{s_d}{\sqrt{n}}$ (신뢰 상한, 신뢰 하한)	$d_i = x_{A_i} - x_{B_i}$ $\overline{d} = \sum d_i / n$
$\overline{d} + t_{1-\alpha}(\nu) \dfrac{s_d}{\sqrt{n}}$ (신뢰 상한)	$S_d = \sum (d_i - \overline{d})^2$ $= \sum d_i^2 - (\sum d_i)^2 / n$
$\overline{d} - t_{1-\alpha}(\nu) \dfrac{s_d}{\sqrt{n}}$ (신뢰 하한)	$s_d = \sqrt{\dfrac{S_d}{n-1}}$

④ 1개의 모분산에 관한 검·추정

ⓘ 기본가정 σ^2 기지

귀무가설	대립가설	통계량	기각역
$\sigma^2 = \sigma_0^2$	$\sigma^2 \neq \sigma_0^2$	$\chi_0^2 = \dfrac{S}{\sigma_0^2}$	$\chi_0^2 > \chi_{\alpha/2}^2(\nu)$ 또는 $\chi_0^2 < \chi_{\alpha/2}^2(\nu)$
$\sigma^2 \geq \sigma_0^2$	$\sigma^2 < \sigma_0^2$		$\chi_0^2 < \chi_\alpha^2(\nu)$
$\sigma^2 \leq \sigma_0^2$	$\sigma^2 > \sigma_0^2$		$\chi_0^2 > \chi_{1-\alpha}^2(\nu)$

신뢰 구간	비 고
$\dfrac{S}{\chi_{1-\alpha/2}^2(\nu)} \leq \widehat{\sigma^2} \leq \dfrac{S}{\chi_{\alpha/2}^2(\nu)}$	
$\sigma_U^2 = \dfrac{(n-1)s^2}{\chi_\alpha^2(\nu)}$	$S = (n-1)V$
$\sigma_L^2 = \dfrac{(n-1)s^2}{\chi_{1-\alpha}^2(\nu)}$	

⑤ 2개의 모분산비에 관한 검·추정

ⓘ 기본가정 σ_1^2, σ_2^2 미지

귀무가설	대립가설	통계량	기각역
$\sigma_1^2 = \sigma_2^2$	$\sigma_1^2 \neq \sigma_2^2$	$F_0 = \dfrac{V_1}{V_2}$ (단, $V_1 > V_2$)	$F_0 > F_{1-\alpha/2}(\nu_1, \nu_2)$ 또는 $F_0 < F_{1-\alpha}(\nu_1, \nu_2)$
$\sigma_1^2 \leq \sigma_2^2$	$\sigma_1^2 > \sigma_2^2$		$F_0 > F_{1-\alpha}(\nu_1, \nu_2)$
$\sigma_1^2 \geq \sigma_2^2$	$\sigma_1^2 < \sigma_2^2$		$F_0 < F_\alpha(\nu_1, \nu_2)$

신뢰구간
$\dfrac{V_1/V_2}{F_{1-\alpha/2}(\nu_1, \nu_2)} \leq \left(\dfrac{\widehat{\sigma_1^2}}{\sigma_2^2}\right) \leq \dfrac{V_1/V_2}{F_{\alpha/2}(\nu_1, \nu_2)}$
$\left(\dfrac{\sigma_1^2}{\sigma_2^2}\right)_U = \dfrac{s_1^2/s_2^2}{F_{1-\alpha/2}(\nu_1, \nu_2)}$
$\left(\dfrac{\sigma_1^2}{\sigma_2^2}\right)_L = \dfrac{s_1^2/s_2^2}{F_\alpha(\nu_1, \nu_2)}$

⑥ 3개 이상의 모분산비의 검정

ⓘ Hartley(하틀리)검정 : 단일 요인실험에서 여러 분산들의 동질성에 대한 검정방법으로, 표본의 크기가 모두 동일한 경우에 사용한다.

- 기본가정 : σ_i^2 미지
- H_0 : 등분산이다. $\sigma_1^2 = \sigma_2^2 = \cdots = \sigma_k^2$,

  H_1 : 등분산이 아니다. $\sigma_1^2 \neq \sigma_2^2 \neq \cdots \neq \sigma_k^2$
- 유의수준 : α
- 검정통계량 : $H_0 = \dfrac{V_{\max}}{V_{\min}}$
- 판정 : $H_0 \geq F_{1-\alpha}(k, \nu)$ 이면, 귀무가설(H_0) 기각

ⓛ Bartlett(바틀릿)검정 : 셋 이상의 모집단들이 동일한 분산(등분산)을 갖는지에 대한 검정방법으로, 표본의 크기가 모두 동일하지 않을 경우에 사용한다. 여러 개의 정규모집단으로부터 사례수가 동일하지 않은 독립적인 확률표본을 추출하였을 때 표본분산들이 어떤 의의 있는 차이가 있는가를 동시에 검정한다.

- 검정통계량 :

  $B = \dfrac{2.302585}{C} \times (n-k) \times (\log V_w - \log V_g)$
- 판정 : $B > \chi^2(K-1 : \alpha)$ 이면, 귀무가설(H_0) 기각

ⓒ Cochran(코크런) 검정 : 각 표집이 독립적일 때 여러 개의 집단 변량 간의 차를 검증해 주는 추리 통계적 방법의 하나로서, 보통 컴퓨터를 이용하여 검정한다. 각 집단의 전집변량 추정치를 σ_k^2라고 하고, K개의 집단의 변량 중 최대치를 σ_{max}^2라고 하면, 코크란의 동변량검증 C는 $C = \dfrac{\sigma_{max}^2}{\sum \sigma_k^2}$로 표현된다. 여기에서 얻어진 C값을 전집에서 변량의 차가 없다는 가정하에 표집오차에 의해서 이론적으로 기대되는 C값과 비교검증한다. 각 집단의 사례수가 동일하다는 것을 전제로 하고 있으나 검증하고자 하는 집단의 수가 많을 때에는 통계적 검증력이라는 면에서 Hartley의 F 검증법보다 우수하다. 이 검증방법이 Hartley의 검증과 다른 점은 주어진 집단들의 최대 및 최소치만을 고려하는 것이 아니라 위의 검증공식에서 보는 바와 같이 분모에 모든 집단의 변량을 고려하고 있다는 점이다.

ⓓ R관리도에 의한 방법 : 범위 R과 평균범위 $\overline{R}$를 구한 후 R관리도의 상한선에 해당하는 $D_4\overline{R}$를 계산한다. 모든 R의 값이 $D_4\overline{R}$보다 작으면 등분산의 가정이 옳으므로 관리 상태에 있다고 판단한다.

ⓔ S관리도(σ관리도)에 의한 방법

핵심예제

3-1. $N(\mu,\ \sigma^2)$을 따르는 모집단에서 크기 n인 시료를 추출하여 시료평균 $\overline{X}$를 구하여 모평균(μ)를 추정할 경우 모평균이 신뢰구간 $\overline{X} - 1.96\sigma/\sqrt{n}$와 $\overline{X} + 1.96\sigma/\sqrt{n}$에 포함될 확률은 얼마인가?

[2014년 제4회]

① 5[%]　　　　　　　② 10[%]
③ 95[%]　　　　　　　④ 99[%]

3-2. A사에서 생산하는 강철봉의 길이는 평균 2.8[m], 표준편차 0.20[m]인 정규분포를 따르는 것으로 알려져 있다. 25개의 강철봉의 길이를 측정하여 구한 평균이 2.72[m]라면 평균이 작아졌다고 할 수 있는가를 유의수준 5[%]로 검정할 때, 기각역(R)과 검정통계량(u_0)의 값은?

[2005년 제4회 유사, 2007년 제1회 유사, 2010년 제2회 유사, 2017년 제1회]

① $R = \{u < -1.645\}$, $u_0 = -2.0$
② $R = \{u < -1.96\}$, $u_0 = -2.0$
③ $R = \{u > 1.645\}$, $u_0 = 2.0$
④ $R = \{u > 1.96\}$, $u_0 = 2.0$

3-3. A업종에 종사하는 종업원의 임금 실태를 조사하기 위하여 시료의 크기 120명을 조사하였더니 평균 98.87만원, 표준편차 8.56만원이었다. 이들 종업원 전체 평균 임금을 유의수준 1[%]로 추정하면 신뢰구간은 약 얼마인가?(단, $u_{0.995} = 2.58$, $u_{0.99} = 2.33$이다)

[2015년 제4회]

① 96.99~101.08만원　　② 96.85~100.98만원
③ 97.19~100.55만원　　④ 97.45~100.28만원

3-4. 어느 주물공장에서 제조한 제품의 무게는 정규분포를 한다고 한다. 이 제품의 모평균 μ을 구간 측정하기 위해 모집단에서 6개를 무작위로 표본 추출하였더니 다음과 같다. 이 제품의 95[%] 신뢰구간은 약 얼마인가?(단, $t_{0.975}(5) = 2.571$이다)

[2014년 제4회 유사, 2016년 제4회 유사, 2017년 제1회]

[다 음]
70, 74, 76, 68, 74, 71

① (69.02, 75.31)　　② (73.08, 79.90)
③ (75.50, 78.90)　　④ (80.65, 86.90)

3-5. A약품 순도의 모표준편차 $\sigma = 0.3$[%]인 공정으로부터 $n = 4$의 샘플링을 하여 측정한 결과 다음의 데이터가 나왔다. 이 공정의 순도[%]의 모평균에 대한 신뢰구간은 약 얼마인가?(단, 신뢰율은 95[%]이다)

[2005년 제1회, 2008년 제2회, 2013년 제2회, 2023년 제2회]

(데이터[%])	16.1　15.5　15.3　15.5

① 15.01~15.19[%]　　② 15.31~15.89[%]
③ 15.35~15.92[%]　　④ 15.25~15.65[%]

3-6. 전기 마이크로미터의 정확도를 비교하기 위하여 A, B 2개의 전기 마이크로미터로 크랭크 샤프트 5개에 대해 각각 외경을 측정하여 다음의 결과를 얻었다. A, B 간의 차이를 검정하기 위한 검정통계량은 약 얼마인가? [2015년 제1회]

시료번호	1	2	3	4	5
A	16	15	11	16	13
B	14	13	10	14	12

① 1.31   ② 3.21
③ 3.42   ④ 6.53

3-7. $\mu = 23.30$인 모집단에서 $n = 6$개를 추출하여 어떤 값을 측정한 결과는 다음 자료와 같다. 모평균의 검정을 위하여 검정통계량(t_0)을 구하면 약 얼마인가?

[2004년 제2회, 2006년 제1회, 2015년 제2회]

[자 료]
$X_i = (x_i - 25) \times 10$으로 수치 변환하여
$$\sum X_i = 20, \quad \sum X_i^2 = 2{,}554$$

① 1.23   ② 1.32
③ 2.23   ④ 4.98

3-8. Y공작기계로 만든 샤프트 중에서 랜덤으로 12개를 샘플링하여 외경을 측정하였더니, 평균($\bar{x}$) = 112.7, 제곱합(S) = 176을 얻었다. 샤프트 외경의 모평균 μ의 95[%] 신뢰구간은 약 얼마인가?(단, $t_{0.975}(11) = 2.201$, $t_{0.975}(12) = 2.179$이다)

[2009년 제2회, 2017년 제2회]

① 112.7 ± 2.045
② 112.7 ± 2.541
③ 112.7 ± 3.045
④ 112.7 ± 3.541

3-9. M기계회사로부터 납품되고 있는 부품의 표준편차는 0.4[%]이었다. 이번에 납품된 로트의 평균치를 신뢰도 95[%], 정도 0.3[%]로 추정할 경우, 샘플은 최소 몇 개 취득하여야 하는가?

[2013년 제2회 유사, 2017년 제2회]

① 3개   ② 5개
③ 7개   ④ 9개

3-10. M제조공정에서 제조되는 부품의 특성치는 $\mu = 40.10$[mm], $\sigma = 0.08$[mm]인 정규분포를 하고 있다. 이 공정에서 25개를 샘플링하여 특성치를 측정한 결과 $\bar{x} = 40.12$[mm]로 나타났다. 유의수준 5[%]에서 이 공정의 모평균에 차이가 있는지를 검정한 결과는? [2003년 제2회, 2013년 제1회, 2023년 제1회]

① 통계량이 1.96보다 크므로, H_0 기각
② 통계량이 1.96보다 작고 −1.96보다 크므로, H_0 채택
③ 통계량이 1.96보다 크므로, H_0 채택
④ 통계량이 1.96보다 작고 −1.96보다 크므로, H_0 기각

3-11. 타이어 제조회사에서 생산 중인 타이어의 수명시간은 평균이 37,000[km]이고, 표준편차는 5,000[km]인 것으로 알려져 있다. 타이어의 수명을 증가시키는 공정을 개발하고 시제품을 100개 생산하여 조사한 결과 평균수명이 38,000[km]였다. 타이어 수명시간의 표준편차가 5,000[km]로 유지된다고 할 때, 유의수준 5[%]로 평균수명이 증가하였는지 검정한 결과로 틀린 것은? [2014년 제4회]

① 대립가설 H_1 : $\mu > 37{,}000$
② 기각치 = 1.96
③ 검정통계량 $\mu_0 = 2.0$
④ 귀무가설(H_0) 기각

3-12. $\sigma_1 = 2.0$, $\sigma_2 = 3.0$인 모집단에서 각각 $n_1 = 5$개, $n_2 = 6$개를 추출하여 어떤 특성치를 측정한 결과 $\sum x_1 = 22.0$, $\sum x_2 = 25.1$이었다. 두 모평균 차의 검정을 위한 검정통계량(u_0)의 값은 약 얼마인가?

[2006년 제4회, 2016년 제1회]

① 0.143   ② 0.341
③ 2.982   ④ 3.535

3-13. Y제조회사의 라인 1, 2에서 생산되는 품질특성에 대해 평균값의 차이를 추정하고자 10일 동안 품질특성을 측정하였더니 다음과 같았다. 2개 라인의 품질특성에 대한 모평균차 $\mu_1 - \mu_2$에 대한 95[%] 신뢰구간을 구하면 약 얼마인가?(단, $t_{0.975}(18) = 2.101$, $t_{0.995}(18) = 2.878$이고, 두 모집단은 등분산이 성립되고 정규분포를 따르며 관리 상태라고 가정한다) [2015년 제4회]

라인 1	1.3	1.9	1.4	1.2	2.1
	1.4	1.7	2.0	1.7	2.0
라인 2	1.8	2.3	1.7	1.7	1.6
	1.9	2.2	2.4	1.9	2.1

① $-0.574 \sim -0.006$ ② $-0.574 \sim 0.006$
③ $-0.679 \sim 0.099$ ④ $-0.679 \sim -0.099$

3-14. Y제품의 품질특성에 대해 8개의 시료를 측정한 결과 3, 4, 2, 5, 1, 4, 3, 2로 나타났다. 이 데이터를 활용하여 σ^2에 대한 95[%] 신뢰구간을 구했더니 $0.75 \leq \sigma^2 \leq 7.10$이었다. 귀무가설 $H_0 : \sigma^2 = 9$, 대립가설 $H_1 : \sigma^2 \neq 9$에 대하여 유의수준 $\alpha = 0.05$로 검정한 결과로 맞는 것은?

[2010년 제2회, 2014년 제1회, 2016년 제1회 유사, 2017년 제2회]

① H_0를 기각한다.
② H_0를 채택한다.
③ H_0를 보류한다.
④ H_0를 기각해도 되고 채택해도 된다.

3-15. 어떤 제품의 품질특성치는 평균 μ, 분산 σ^2인 정규분포를 따른다. 20개의 제품을 표본으로 취하여 품질특성치를 측정한 결과 평균 10, 표준편차 2를 얻었다. 분산 σ^2에 대한 95[%] 신뢰구간은 약 얼마인가?(단, $\chi^2_{0.975}(19) = 32.852$, $\chi^2_{0.025}(19) = 8.907$이다)

[2006년 제4회 유사, 2010년 제4회 유사, 2015년 제4회, 2022년 제2회 유사]

① $2.21 \sim 8.20$
② $5.21 \sim 19.20$
③ $2.31 \sim 8.53$
④ $5.31 \sim 19.53$

3-16. 원료 A와 원료 B에서 만들어지는 제품의 순도를 측정한 결과 다음과 같다. 원료 A로부터 만들어지는 제품의 분산을 σ_A^2이라고 하고, 원료 B로부터 만들어지는 제품의 분산을 σ_B^2이라고 할 때 유의수준 0.05로 $\sigma_A^2 = \sigma_B^2$인가를 검정하는 데 필요한 F_0의 값은 얼마인가? [2007년 제1회, 2013년 제2회, 2023년 제2회]

| [원료 A] | 74.9[%] | 75.0[%] | 75.4[%] |
| [원료 B] | 75.0[%] | 76.0[%] | 75.5[%] |

① 0.280
② 1.003
③ 1.889
④ 2.571

3-17. A, B 두 개의 천칭으로 같은 물건을 측정하여 얻은 데이터로부터 편차 제곱합을 구하였더니 $S_A = 0.04$, $S_n = 0.24$로 나타났다. 천칭 A는 5회, 천칭 B는 7회 측정한 결과였다면 유의수준 5[%]로 두 천칭 A, B 간 정밀도에 차이가 있는가?(단, $F_{0.975}(6, 4) = 9.20$, $F_{0.975}(4, 6) = 6.23$이다)

[2005년 제1회, 2014년 제4회]

① 차이가 있지만 어느 것이 좋은지 알 수 없다.
② 차이가 있다고 할 수 없다.
③ A의 정밀도가 좋다.
④ B의 정밀도가 좋다.

3-18. 두 모집단에서 각각 $n_1 = 5$, $n_2 = 6$으로 추출하여 어떤 특정치를 측정한 결과가 다음의 데이터와 같았다. 모분산비의 검정을 위한 검정통계량은 약 얼마인가? [2002년 제1회, 2004년 제1회, 2006년 제1회, 2013년 제4회, 2017년 제1회, 2021년 제1회]

[데이터]	
$\sum x_1 = -3$	$\sum x_1^2 = 99$
$\sum x_2 = -3$	$\sum x_2^2 = 41$

① 2.08
② 2.80
③ 3.08
④ 3.80

| 해설 |

3-1

$\bar{x} \pm u_{1-\alpha/2} \dfrac{\sigma}{\sqrt{n}}$에서 $u_{1-\alpha/2} = 1.96$이므로, $u_{1-\alpha/2} = u_{0.975}$가 되고 $1 - \alpha = 95[\%]$가 된다.

3-2

기각역은 $u_{0.05} = -1.645$이며,

검정통계량은 $u_0 = \dfrac{\bar{x} - \mu_0}{\sigma/\sqrt{n}} = \dfrac{2.72 - 2.80}{0.20/\sqrt{25}} = -2.0$이다.

3-3

$\hat{\mu} = \bar{x} \pm u_{1-\alpha/2} \dfrac{\sigma}{\sqrt{n}} = 98.87 \pm 2.58 \times \dfrac{8.56}{\sqrt{120}} = 96.85 \sim 100.89$

3-4

$\bar{x} \pm t_{1-\alpha/2}(\nu) \dfrac{s}{\sqrt{n}} = 72.167 \pm 2.571 \times \dfrac{2.995}{\sqrt{6}} = (69.02, 75.31)$

3-5

$\bar{x} \pm u_{0.975} \dfrac{\sigma}{\sqrt{n}} \simeq 15.6 \pm 1.96 \times \dfrac{0.3}{\sqrt{4}} \simeq 15.31 \sim 15.89[\%]$

3-6

No.	1	2	3	4	5
A	16	15	11	16	13
B	14	13	10	14	12
$d = A - B$	2	2	1	2	1

$$t_0 = \frac{\bar{d} - \Delta_0}{s_d / \sqrt{n}} = \frac{1.6 - 0}{0.548 / \sqrt{5}} = 6.53$$

3-7

$$t_o = \frac{\bar{X} - \mu_0}{\frac{s}{\sqrt{n}}} = \frac{(\frac{\bar{X}}{10} + 25) - 23.3}{\frac{s}{\sqrt{6}}} = ?$$

$$\bar{x} = \frac{\sum X_i}{6} = \frac{20}{6} = 3.33 \text{이며}$$

$$s = \frac{\left[\sum X_i^2 - \frac{(\sum X_i)^2}{n} \right]}{10^2} = 24.873$$

$$\therefore \ t_0 = \frac{\left(\frac{3.33}{10} + 25 \right) - 23.3}{\frac{24.873}{\sqrt{6}}} = 2.23$$

3-8

샤프트 외경의 모평균 μ의 95[%] 신뢰구간 :

$$\bar{x} \pm t_{1-\alpha/2}(\nu) \frac{s}{\sqrt{n}} = ?$$

$$s \simeq \sqrt{V} = \sqrt{\frac{176}{12-1}} = 4 \text{이므로}$$

샤프트 외경의 모평균 μ의 95[%] 신뢰구간 :

$$\bar{x} \pm t_{1-\alpha/2}(\nu) \frac{s}{\sqrt{n}}$$

$$= 112.7 \pm 2.201 \times \frac{4}{\sqrt{12}} = 112.7 \pm 2.541$$

3-9

$$\beta_{\bar{x}} = \pm u_{1-\alpha/2} \frac{\sigma}{\sqrt{n}} \text{에서 } 0.3 = \pm 1.96 \frac{0.4}{\sqrt{n}} \text{이므로},$$

$$n = 6.83 \simeq 7\text{개}$$

3-10

$$H_0 : \mu = 40.1, \ H_1 : \mu \neq 40.1$$

$$\alpha = 5[\%]$$

검정통계량 : $u_0 = \dfrac{\bar{x} - \mu_0}{\sigma / \sqrt{n}} = \dfrac{40.12 - 40.10}{0.08 \sqrt{25}} = 1.25$

기각치 : $-u_{0.975} = -1.96, \ u_{0.975} = 1.96$

판정 : $-1.96 < u_0 = 1.25 < 1.96$이므로, 귀무가설 채택

3-11

$$H_0 : \mu \leq 37,000, \ H_1 : \mu > 37,000$$

$$\alpha = 5[\%]$$

검정통계량 : $u_0 = \dfrac{\bar{x} - \mu_0}{\sigma / \sqrt{n}} = \dfrac{38,000 - 37,000}{5,000 \sqrt{100}} = 2.0$

기각치 : $u_{0.95} = 1.645$

판정 : $u_0 = 2.0 > u_{0.95} = 1.645$이므로, 귀무가설 기각

3-12

$$u_0 = \frac{\bar{x}_1 - \bar{x}_2}{\sqrt{\frac{\sigma_1^2}{n_1} + \frac{\sigma_2^2}{n_2}}} = \frac{22/5 - 25.1/6}{\sqrt{\frac{2.0^2}{5} + \frac{3.0^2}{6}}} = 0.1429$$

3-13

$$(\bar{x}_1 - \bar{x}_2) \pm u_{1-\frac{\alpha}{2}} \sqrt{\frac{\sigma_1^2}{n_1} + \frac{\sigma_2^2}{n_2}}$$

$$= (1.67 - 1.96) \pm 2.101 \times \sqrt{\frac{0.326^2}{10} + \frac{0.276^2}{10}} = (-0.574, 0.006)$$

3-14

$\sigma^2 = 9$는 $0.75 \leq \sigma^2 \leq 7.10$ 사이에 존재하지 않으므로, H_0를 기각한다.

3-15

$$\frac{S}{\chi_{1-\frac{\alpha}{2}}^2(\nu)} \leq \hat{\sigma}^2 \leq \frac{S}{\chi_{\frac{\alpha}{2}}^2(\nu)} \text{ 이므로}$$

$$\frac{(n-1)V}{32.852} \leq \hat{\sigma}^2 \leq \frac{(n-1)V}{8.907}$$

따라서 $\dfrac{19 \times 4}{32.852} \leq \hat{\sigma}^2 \leq \dfrac{19 \times 4}{8.907}$ 에서 $2.31 \sim 8.53$

3-16

$$F_0 = \frac{V_A}{V_B} = ?$$

$$V_A = \frac{S_A}{\nu_A} = \frac{S_A}{n_A - 1} = \frac{1}{n_A - 1} \left\{ \sum x_A^2 - \frac{(\sum x_A)^2}{n_A} \right\}$$

$$= \frac{1}{2} \left\{ 16,920.17 - \frac{225.3^2}{3} \right\} = 0.07$$

$$V_B = \frac{S_B}{\nu_B} = \frac{S_B}{n_B - 1} = \frac{1}{n_B - 1} \left\{ \sum x_B^2 - \frac{(\sum x_B)^2}{n_B} \right\}$$

$$= \frac{1}{2} \left\{ 17,101.25 - \frac{226.5^2}{3} \right\} = 0.25$$

따라서, $F_0 = \dfrac{V_A}{V_B} = \dfrac{0.07}{0.25} = 0.280$

3-17

$H_0 : \sigma_A^2 = \sigma_B^2,\ H_1 : \sigma_A^2 \neq \sigma_B^2$

$\alpha = 5[\%]$

검정통계량 : $F_0 = \dfrac{s_A^2}{s_B^2} = \dfrac{0.04/4}{0.24/6} = 0.25$

기각치 :

• $F_{0.025}(4, 6) = \dfrac{1}{F_{0.975}(6, 4)} = \dfrac{1}{9.2} = 0.1087$

• $F_{0.975}(4, 6) = 6.23$

판정 $F_{0.025}(4, 6) = 0.1087 < F_0 = 0.25 < F_{0.975}(4, 6) = 6.23$이므로, 차이가 있다고 할 수 없다.

3-18

$F_0 = \dfrac{V_1}{V_2} = ?$

$V_1 = \dfrac{S_1}{n_1 - 1} = \dfrac{\left[\sum x_1^2 - \dfrac{(\sum x_1)^2}{n_1}\right]}{4} = \dfrac{97.2}{4} = 24.3$

$V_2 = \dfrac{S_2}{n_2 - 1} = \dfrac{\left[\sum x_2^2 - \dfrac{(\sum x_2)^2}{n_2}\right]}{5} = \dfrac{39.5}{5} = 7.9$

$\therefore\ F_0 = \dfrac{V_1}{V_2} = \dfrac{24.3}{7.9} = 3.08$

정답 3-1 ③ 3-2 ① 3-3 ③ 3-4 ① 3-5 ② 3-6 ④ 3-7 ③
3-8 ② 3-9 ③ 3-10 ② 3-11 ② 3-12 ① 3-13 ②
3-14 ① 3-15 ③ 3-16 ① 3-17 ② 3-18 ③

핵심이론 04 적합도 검정·독립성 검정·동일성 검정

① 적합도 검정(Test for Goodness-of-fit)

㉠ 개 요

적합도 검정(Pearson)은 실험 또는 관측으로 얻은 결과가 이론과 일치하는 정도인 적합도를 검정하는 것이다. 도수분포가 주어져 있는 경우에 도수분포에 대응하는 모집단의 확률분포가 특정한 분포(정규분포, 푸아송분포 등)라고 보아도 좋은지를 조사하고자 할 때 이용되며, 사용되는 확률변수는 이산형이다. 이산형 확률변수들 간 차이의 유무를 알아보는 산포검정으로 χ^2분포를 이용한다. χ^2검정은 카이제곱(χ^2)분포를 이용한 검정으로, 어떤 가설에 바탕을 두고 계산되는 이론치와 실제치의 적합도를 검정하는 경우에 사용되며, 적합도 검정이라고도 한다. χ^2검정은 이론치와 실제치의 차가 큰 경우에만 가설이 기각되므로 형식적으로는 편측검정이다.

㉡ 특 징

• 기대도수는 계산된 수치이다.

• 검정통계량(사용되는 확률변수)은 이산형으로 χ^2분포를 따른다.

• 검정통계량의 자유도는 전체 실험수 − (추정되는 모수의 개수 + 1)이다.

• 주어진 데이터가 정규분포인지 알아내는 데 사용할 수 있다.

• 기대도수는 귀무가설에 맞추어 구한다.

• 귀무가설은 정규분포라고 가정한다.

• 각각의 분류한 급에 대한 기대도수는 정규분포로 계산한다.

• 관측도수는 실제 조사하여 얻은 것이다.

• 일반적으로 기대도수는 관측도수보다 크다.

• 계수형 자료에 적합하다.

• 모집단의 확률분포가 어떤 특정한 분포라고 보아도 좋은가를 조사하고 싶을 때 적용할 수 있다.

• 주어진 데이터가 정규분포인지 알아내는 데 사용할 수 있다.

• 이론치 또는 기대치가 $nP_i \geq 5$일 때 근사의 정도가 좋아진다.

- 확률의 가정된 값이 정해진 경우는 물론, 정해지지 않는 경우에도 사용할 수 있다.
- 확률 P_i의 가정된 값이 주어진 경우 유의수준 α에서 기각역은 $\chi^2_{1-\alpha}(k-1)$이다.
- 확률 P_i의 가정된 값이 주어지지 않은 경우, 자유도 $\nu = k-p-1$이다(단, p는 parameter의 수이다).
- 추정모수는 $2(\mu$와 $\sigma)$이며 자유도 $\nu =$ 급의 수 $-$ 추정모수 $-1 =$ 급의 수 -3이다.
- 적합도 검정의 예 : 남자아이와 여자아이가 태어나는 확률이 같은지를 검정하는 방법
  - 태어난 아이들의 성별을 조사하여 적합도 검정을 실시한다.
  - 적합도 검정 시 남자아이와 여자아이들의 기대도수는 같다.
  - 남자와 여자, 2그룹이므로 자유도는 2에서 1을 뺀 수이다.
  - 귀무가설은 남자아이와 여자아이가 태어날 확률을 각각 0.5로 둔다.

ⓒ 확률 P_i가 정해진 경우

귀무가설 (H_0)	대립가설 (H_1)	유의수준	검정통계량
$P_1 = P_{1_0}$ $P_2 = P_{2_0}$ $\vdots$ $P_k = P_{k_0}$	$P_1 \neq P_{1_0}$ $P_2 \neq P_{2_0}$ $\vdots$ $P_k \neq P_{k_0}$	α	$\chi^2_0 = \sum_{i=1}^{k} \dfrac{(O_i - E_i)^2}{E_i}$ O_i : 관측도수 $\sum O_i = n$ E_i : 기대도수 $E_i = nP_{i_0}$

기각역	판정(H_0 기각)
$\chi^2_{1-\alpha}(k-1)$	$\chi^2_0 > \chi^2_{1-\alpha}(k-1)$

ⓔ 확률 P_i가 정해지지 않은 경우

귀무가설 H_0	대립가설 H_1	유의수준	검정통계량
데이터는 특정분포를 따른다.	데이터는 특정분포를 따르지 않는다.	α	$\chi^2_0 = \sum_{i=1}^{k} \dfrac{(O_i - E_i)^2}{E_i}$ O_i : 관측도수 $\sum O_i = n$ E_i : 기대도수 $E_i = nP_{i_0}$

기각역	판정(H_0 기각)
$\chi^2_{1-\alpha}(k-p-1)$ p : 데이터로부터 추정한 모수의 수	$\chi^2_0 > \chi^2_{1-\alpha}(k-p-1)$

ⓜ A병원에서의 환자 처리수가 푸아송분포를 따르는지 알기 위해 적합도 검정을 하고자 하는 경우의 검정
- 귀무가설은 '환자 처리수의 분포는 푸아송분포이다.'라고 놓는다.
- 검정통계량의 분포는 카이제곱분포를 따른다.
- 기대도수는 푸아송확률을 구하여 계산한다.
- 기각이 되면 푸아송분포를 따르지 않는다는 뜻이다.

② $r \times c$ 분할표에 의한 독립성 검정
- 독립성 검정은 모집단으로부터의 시료를 속성 A와 B의 양자에 대해 2원적으로 분류한 표에서 시료가 A_i라는 속성을 가지는 확률을 $P_{i\cdot}$, B_j라는 속성을 가지는 확률을 $P_{\cdot j}$, A_i 및 B_j의 속성을 함께 가지는 확률을 P_{ij}라고 할 때 분할표의 두 속성 간의 독립관계 여부를 결정하는 것이다.

귀무가설 H_0	대립가설 H_1	유의수준	검정통계량
$P_{ij} =$ $P_{i\cdot} \times P_{\cdot j}$	$P_{ij} \neq$ $P_{i\cdot} \times P_{\cdot j}$	α	$\chi^2_0 = \sum_{i=1}^{r} \sum_{j=1}^{c} \dfrac{(O_{ij} - E_{ij})^2}{E_{ij}}$ O_{ij} : 관측도수 E_{ij} : 기대도수

기각역	판정(H_0 기각)
$\chi^2_{1-\alpha}[(r-1)(c-1)]$	$\chi^2_0 > \chi^2_{1-\alpha}[(r-1)(c-1)]$

- $E_{ij} = nP_{ij} = nP_{i\cdot} \times P_{\cdot j} = n \times \dfrac{n_{i\cdot}}{n} \times \dfrac{n_{\cdot j}}{n} = \dfrac{n_{i\cdot} \times n_{\cdot j}}{n}$
- 2×2 분할표에 대한 χ^2 검정의 경우 자유도는 1이다.
- 2×2 분할표의 경우는 비율차에 관한 검정에 이용할 수 있다.

③ 동일성 검정 : 여러 집단에 대해 특성이 동일한지를 알아보는 검정이다.
ⓐ 특 징
- 동일성 검정은 계수형 자료에 적합하다.
- 동일성 검정의 검정통계량은 카이제곱분포를 따른다.
- 기대도수를 구하기 위해 사용되는 확률의 합은 1이다 (즉, $p_{11} + \cdots + p_{1c} = 1$이다).
- 동일성 검정통계량의 자유도는 일반적으로 $(r-1)(c-1)$로 표현된다.
  여기서, r : 조사표에서 행의 수
  c : 조사표에서 열의 수

ⓛ 동일성 검정의 적용 예 : 대학생들이 학년별로 좋아하는 가수가 바뀌는가를 검정하고자, 각 학년별로 랜덤으로 100명씩 선정하여 가수 4명 중에서 좋아하는 가수를 조사하여 표를 만든 경우

ⓒ $r \times c$ 분할표에 의한 동일성 검정 : 부차모집단의 각 속성에 속하는 비율이 동일한가를 검정한다.

귀무가설 (H_0)	대립가설 (H_1)	유의수준	검정통계량
$P_{1j} = P_{2i}$ $= \cdots = P_j$ $j = 1, 2, 3,$ $\cdots, c$	$P_{1j} \neq P_{2i}$ $\neq \cdots \neq P_j$	α	$\chi_0^2 = \sum_{i=1}^{r} \sum_{j=1}^{c} \dfrac{(O_{ij} - E_{ij})^2}{E_{ij}}$
기각역		판정(H_0 기각)	
$\chi_{1-\alpha}^2 [(r-1)(c-1)]$		$\chi_0^2 > \chi_{1-\alpha}^2 [(r-1)(c-1)]$	

④ 2×2 분할표(Yates의 추정 간편식)

구 분	B_1	B_2	합 계
A_1	a	c	$T_1 = a + c$
A_2	b	d	$T_2 = b + d$
합 계	$T_A = a + b$		$T = a + b + c + d$
	$T_B = c + d$		

귀무가설 (H_0)	대립가설 (H_1)	유의수준	검정통계량
독립성이나 동일성의 가설		α	$\chi_0^2 = \dfrac{\left(|ad - bc| - \dfrac{T}{2}\right)^2 \cdot T}{T_1 \cdot T_2 \cdot T_A \cdot T_B}$
기각역		판정(H_0 기각)	
$\chi_{1-\alpha}^2 (1)$		$\chi_0^2 > \chi_{1-\alpha}^2 (1)$	

4-1. 적합도 검정에 관한 설명으로 틀린 것은?
[2010년 제2회, 2014년 제2회 유사, 2015년 제2회, 제4회 유사, 2017년 제1회 유사]

① 기대도수는 계산된 수치이다.
② 적합도 검정은 주로 카이제곱 분포를 따른다.
③ 주어진 데이터가 정규분포인지 알아내는 데 사용할 수 있다.
④ 적합도 검정은 확률의 가정된 값이 정해지지 않는 경우 사용할 수 없다.

4-2. 다음 표는 주사위를 60회 던져서 1부터 6까지의 눈이 몇 회 나타나는가를 기록한 것이다. 이 주사위에 관한 적합도 검정을 하고자 할 때 검정통계량(χ_0^2)은 얼마인가?
[2009년 제4회, 2013년 제1회, 2023년 제1회]

눈	1	2	3	4	5	6
관측치	9	12	13	9	11	6

① 1.9
② 2.5
③ 3.2
④ 4.5

4-3. 어느 농장에서 양이 염소보다 평소 2배 더 많은 것으로 알고 있다. 이 주장을 검정하기 위하여 농장의 표본을 조사하였더니, 양은 2,500마리, 염소는 500마리였다. 적합도 검정을 하고자 할 때, 검정통계량(χ_0^2) 값은 얼마인가?
[2007년 제4회 유사, 2009년 제1회 유사, 제4회 유사, 2013년 제1회 유사, 2017년 제4회]

① $\chi_0^2 = 125$
② $\chi_0^2 = 250$
③ $\chi_0^2 = 300$
④ $\chi_0^2 = 375$

4-4. 4×2 분할표에서 독립성을 검정하고자 할 때 χ^2 분포의 자유도는?
[2010년 제4회 유사, 2015년 제1회]

① 2
② 3
③ 4
④ 6

4-1

적합도 검정은 확률의 가정된 값이 정해진 경우는 물론, 정해지지 않는 경우에도 사용할 수 있다.

4-2

눈	1	2	3	4	5	6
관측치	9	12	13	9	11	6
기대치	10	10	10	10	10	10

각 눈이 나오는 기대치는 공히 $E_i = nP_{i_0} = 60 \times \frac{1}{6} = 10$이므로

따라서, $\chi_0^2 = \sum \frac{(관측치 - 기대치)^2}{기대치}$

$$= \frac{(9-10)^2 + (12-10)^2 + \cdots + (6-10)^2}{10} = 3.2$$

4-3

$$\chi_0^2 = \sum_{i=1}^{k} \frac{(O_i - E_i)^2}{E_i} = \frac{(2,500 - 2,000)^2}{2,000} + \frac{(500 - 1,000)^2}{1,000} = 375$$

4-4

$$\nu = (r-1)(c-1) = 3 \times 1 = 3$$

정답 4-1 ④ 4-2 ③ 4-3 ④ 4-4 ②

제3절 | 상관분석과 회귀분석

변수들 사이의 상호 관련 정도를 분석하는 것을 상관분석이라 하고 한 변수가 또 다른 한 변수에 미치는 영향을 분석하는 것을 회귀분석이라고 한다. 상관분석과 회귀분석은 2변수 x, y에서 x는 독립변수, y는 종속변수라고 할 때 이들 사이의 관계분석에 가장 적합한 분석이다. 사용목적 및 이유로는 대용특성 발견, 특성과 요인 간 관계 파악, 특성과 특성 간의 상호관계 파악, 층별하여 상관을 취함으로써 교호작용을 발견하기 위함 등이 있다.

핵심이론 01 상관분석

① 상관분석의 개요

　㉠ 산점도와 산점도의 형태

　　• 산점도 : 서로 대응관계에 있는 두 변량 데이터 x, y를 x, y축 평면에 도시한 것이다.

　　• 산점도 형태 : 정상관, 부상관, 무상관

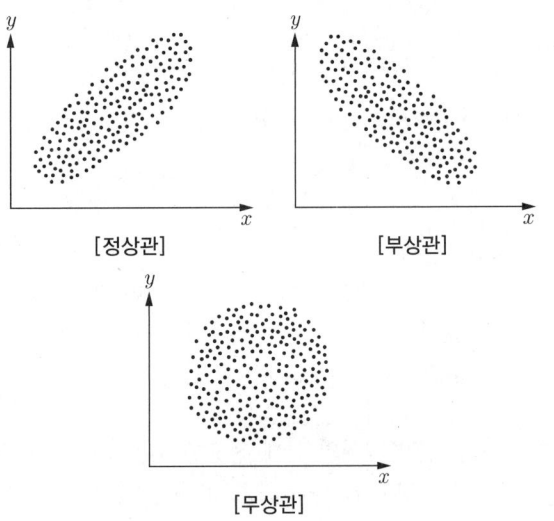

[정상관]　　　　[부상관]

[무상관]

　㉡ 상관과 상관분석

　　• 상관 : 독립변수가 변화할 때 종속변수가 독립변수에 따라 변화하는 관계이다.

　　• 상관분석 : 상관관계를 통계적으로 해석하는 방법이다.

　㉢ 공분산(Covariance) : 1개의 변수의 이산 정도를 나타내는 분산과는 별개로 2개의 확률변수의 상관 정도를 나타내는 값이다.

- 공분산 표시 : $COV(X, Y)$ 또는 σ_{xy}^2 또는 V_{xy}
- $COV(X, Y) = E[(x - \mu_x)(y - \mu_y)] = E(XY) - \mu_x \mu_y$

  여기서, $E(XY)$:

  이산형일 경우 $\sum_x \sum_y xyp(x, y)$,

  연속형일 경우 $\int_{-\infty}^{\infty} \int_{-\infty}^{\infty} xyf(x, y)dxdy$

- $\sigma_{xy}^2 = V_{xy} = \dfrac{S(xy)}{n-1}$

- 2개의 변수 중 한 변수가 상승할 때 다른 변수도 상승하면 공분산값은 양수가 되고, 반대로 하강하면 공분산값은 음수가 되므로 공분산은 상관관계의 상승 또는 하강하는 경향이다.

- 원데이터의 측정단위 변환에 따라 값이 달라지기 때문에 상관의 정도를 나타내는 척도로 사용할 수 없다.

ⓔ 모상관계수(ρ)

- 상관분석에서 상관관계의 정도를 나타내는 단위로 사용된다.

- 모상관계수

  $\rho = \dfrac{Cov(X, Y)}{\sqrt{V(X)}\sqrt{V(Y)}} = \dfrac{Cov(X, Y)}{D(X)D(Y)} = \dfrac{\sigma_{xy}}{\sigma_x \sigma_y}$

  $\sigma_{xy} = E(x - \mu_x)(y - \mu_y)$

  $\sigma_x^2 = E(x - \mu_x)^2$

  $\sigma_y^2 = E(y - \mu_y)^2$

ⓜ 상관관계

- 서로 대응관계에 있는 두 변량 데이터의 관계이다.

- 상관관계 용도 : 두 변량 데이터 간에 얼마나 선형적 형태를 취하는지를 파악하는 데 사용한다.

ⓗ 표본상관계수

- 두 변량 사이의 관계 정도를 재는 측도이다.

- 상관 정도를 수치적으로 표현한 것이다.

- $r_{xy} = \hat{\rho}$

  $= \dfrac{x와\ y의\ 표본공분산}{\sqrt{X의\ 표본분산}\ \sqrt{Y의\ 표본분산}}$

  $= \dfrac{COV(x, y)}{\sqrt{V(x)\,V(y)}} = \dfrac{V_{xy}}{\sqrt{V_x}\sqrt{V_y}} = \dfrac{(n-1)V_{xy}}{\sqrt{S_{(xx)}}\sqrt{S_{(yy)}}}$

  $= \dfrac{S(x, y)}{\sqrt{(n-1)^2 V(x)\,V(y)}} = \dfrac{S_{(xy)}}{\sqrt{S_{(xx)}}\sqrt{S_{(yy)}}}$

  $= \dfrac{n\sum xy - (\sum x)(\sum y)}{\sqrt{n\sum x^2 - (\sum x^2)}\ \sqrt{n\sum y^2 - (\sum y^2)}}$

$= \dfrac{\sum(x_i - \bar{x})(y_i - \bar{y})}{\sqrt{\sum(x_i - \bar{x})^2 \sum(y_i - \bar{y})^2}}$

여기서, V_{xy} : 공분산

V_x : X의 분산

V_y : Y의 분산

n : 표본의 수

S_{xx} : 확률변수 X의 제곱의 합

S_{yy} : 확률변수 Y의 제곱의 합

S_{xy} : X, Y의 곱의 합

- $S_{(xx)} = \sum(x_i - \bar{x})^2 = \sum x^2 - \dfrac{(\sum x)^2}{n}$

- $S_{(yy)} = \sum(y_i - \bar{y})^2 = \sum y^2 - \dfrac{(\sum y)^2}{n}$

- $S_{(xy)} = \sum(x_i - \bar{x})(y_i - \bar{y}) = \sum xy - \dfrac{(\sum x)(\sum y)}{n}$

ⓢ 상관계수의 성질

- 범위 : $-1 \leq r \leq 1$

- 상관계수의 값이 0에 가까울수록 일정한 경향선으로부터의 산포는 커진다.

- r의 값은 수치변환을 하여도 그 값에는 영향을 미치지 않는다.

- $r = \pm 1$: 완전상관(완전한 직선관계)

- $r > 1$: 정상관(직선적 양의 상관관계)

- $r < 1$: 부상관(직선적 음의 상관관계)

- $r = 0$: 완전 무상관, x, y가 서로 관계가 없는 경우 (일정한 경향선으로부터 산포가 커지며 두 변수의 직선관계가 없음)

② **모상관계수 유무검정** : 자유도 $\nu = n-2$, $\nu \geq 10$인 t분포 또는 r분포(r표)를 사용하여 통계량과 비교하여 두 변수 간 상관관계 존재에 대한 유무를 검정하는 것이다.

ⓐ 가설 : $H_0 : \rho = 0$, $H_1 : \rho \neq 0$

ⓑ 통계량

$t_0 = \dfrac{r}{\sqrt{\dfrac{1-r^2}{n-2}}} = r \times \sqrt{\dfrac{n-2}{1-r^2}} \sim t_{1-\alpha/2}(n-2)$ 또는

$r_0 = \dfrac{S_{xy}}{\sqrt{S_{xx}S_{yy}}}$

- t분포 기각역 : $t_0 > t_{1-\alpha/2}(n-2)$ 또는 $t_0 < -t_{1-\alpha/2}(n-2)$

- r분포 기각역 : $r_0 > r_{1-\alpha/2}(n-2)$ 또는
  $r_0 < -r_{1-\alpha/2}(n-2)$
  ⓒ 판정 : H_0 채택이면 무상관, H_0 기각이면 유상관
  ⓔ 상관관계가 유의하다는 것은 모상관계수가 0이라고 인정할 수 없다는 것을 뜻한다.
③ 모상관계수값에 대한 검정 : 모집단 상관계수의 변화 여부 검정
  ⓐ n의 크기가 비교적 큰 경우($n \geq 25$) 통계량과의 비교는 표준정규분포의 표값으로 검정한다.
  ⓑ 모상관계수의 추정은 피셔가 고안했으며, 정규분포의 구간 추정을 사용 후 다시 상관계수값으로 환원시킨다.
  - 모상관계수의 구간 추정은 Z변환하여 정규분포를 사용할 수 있다.
  - 상관의 검정결과 모상관계수 $\rho \neq 0$라는 결과가 나왔다면 상관관계가 있음을 의미한다.

가 설	$H_0 : \rho = \rho_0,$ $H_1 : \rho \neq \rho_0$	$Z = \dfrac{1}{2}\ln\left(\dfrac{1+r}{1-r}\right)$ $E(Z) = \dfrac{1}{2}\ln\left(\dfrac{1+\rho_0}{1-\rho_0}\right)$
기각역	$Z_0 > u_{1-\alpha/2}$ 또는 $Z_0 < -u_{1-\alpha/2}$	
검정 통계량	$Z_0 = \sqrt{n-3}$ $\left[\dfrac{1}{2}\ln\left(\dfrac{1+r}{1-r}\right) - \dfrac{1}{2}\ln\left(\dfrac{1+\rho_0}{1-\rho_0}\right)\right]$	$V(Z) = \dfrac{1}{n-3}$
추정식	$Z \pm u_{1-\alpha/2}\sqrt{V(Z)}$ $= Z \pm u_{1-\alpha/2}\dfrac{1}{\sqrt{n-3}}$	$D(Z) = \dfrac{1}{\sqrt{n-3}}$
	$\tanh^{-1}r_L \leq E(Z)$ $\leq \tanh^{-1}r_U$	$Z = \dfrac{1}{2}\ln\left(\dfrac{1+r}{1-r}\right) = \tanh^{-1}r$
추정 환원식	$\tanh E(Z_L) \leq \rho$ $\leq \tanh E(Z_U)$	$r = \dfrac{e^{2Z}-1}{e^{2Z}+1} = \tanh Z$

1-1. 다음의 두 상관도 (a), (b)에서 x, y 사이의 표본상관계수에 대한 크기를 비교한 것으로 맞는 것은?

[2010년 제1회, 2016년 제2회, 2022년 제2회]

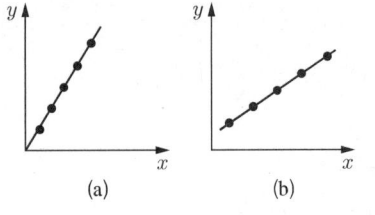

① (a) = (b)
② (a) > (b)
③ 비교할 수 없다.
④ (a) < (b)

1-2. $X = (x-10) \times 10$, $Y = (y-70) \times 100$으로 수치변환하여 X와 Y의 상관계수를 구했더니 0.5이었다. 이때 X와 Y의 상관계수는 얼마인가?

[2009년 제1회, 2013년 제2회 유사, 2014년 제1회]

① 0.005   ② 0.05
③ 0.5   ④ 5.0

1-3. 두 집단으로부터 추출된 다음의 자료를 이용하여 표본상관계수를 구하면 약 얼마인가? [2015년 제1회]

집단 1	1	2	3	5	6	7
집단 2	3	4	6	8	9	12

① 0.858   ② 0.958
③ 0.985   ④ 0.909

1-4. 어떤 직물의 물세탁에 의한 신축성 영향을 조사하기 위해 150점을 골라 세탁 전(x), 세탁 후(y)의 길이를 측정한 결과가 $S_{(xx)} = 1,072.5$, $S_{(yy)} = 919.3$, $S_{(xy)} = 607.6$일 때 $H_0 : \rho = 0$, $H_1 : \rho \neq 0$에 대한 검정통계량(t_0)은? [2015년 제4회, 2021년 제1회]

① 9.412   ② 9.446
③ 11.953   ④ 11.993

1-1

상관계수값은 기울기의 크기와 상관없이 흩어진 정도를 수치화한 것이다. 따라서 두 직선의 흩어진 정도가 비슷하므로 상관계수가 거의 비슷하다.

1-2

수치변환해도 상관계수는 변하지 않고 동일하다.

1-3

$$r = \frac{S_{xy}}{\sqrt{S_{xx}S_{yy}}} = ?$$

$$S_{xy} = \sum xy - \frac{\sum x \sum y}{n} = 207 - 168 = 39$$

$$S_{xx} = \sum x^2 - \frac{(\sum x)^2}{n} = 124 - 96 = 28$$

$$S_{yy} = \sum y^2 - \frac{(\sum y)^2}{n} = 350 - 294 = 56$$

$$\therefore \ r = \frac{S_{xy}}{\sqrt{S_{xx}S_{yy}}} = \frac{39}{\sqrt{28 \times 56}} = \frac{39}{39.6} = 0.985$$

1-4

$$r = \frac{S_{xy}}{\sqrt{S_{xx}S_{yy}}} = \frac{607.6}{\sqrt{1072.5 \times 919.3}} = 1.94$$

$$t_0 = r\sqrt{\frac{n-2}{1-r^2}} = 1.94 \times \sqrt{\frac{150-2}{1-1.94^2}} = 9.412$$

정답 **1-1** ① **1-2** ③ **1-3** ③ **1-4** ①

핵심이론 02 회귀분석

① 회귀분석의 개요

　㉠ 회귀분석 : 데이터로부터 수학적 모형을 추정하는 통계적 분석이다.

　㉡ 회귀모형의 적합성 여부 검토방법 : 회귀계수 검정, 분산분석, 결정계수(단, 오차의 검토는 해당 없음)

　㉢ 회귀모형의 분류

　　• 단순회귀 : 독립변수가 1개이며, 종속변수와의 관계가 선형(직선)이다.

　　• 중회귀 : 독립변수가 2개 이상이며, 종속변수와의 관계가 선형(직선)이다.

　　• 다항회귀 : 독립변수가 2개 이상이며, 종속변수와의 관계가 2차 함수 이상이다.

　　• 곡선회귀 : 독립변수가 1개이며, 종속변수와의 관계가 비선형(곡선)이다.

　　• 비선형회귀 : 회귀식의 모양이 미지의 모수들의 선형 관계로 이루어져 있지 않다.

② 추정회귀방정식

　㉠ 일정한 직선으로부터 산포도에 나타난 점들의 산포가 최소가 되게 하는 최소자승법으로 회귀직선을 추정한다.

　㉡ 추정회귀방정식의 수식 :

$$y_i = a + bx_i \ \ \text{또는} \ \ \hat{y}_i = \hat{\beta}_0 + \hat{\beta}_1 x$$

　　• $\hat{\beta}_1$: 1차 방향계수 $\hat{\beta}_1 = \dfrac{S(xy)}{S(xx)} = b$

　　• $\hat{\beta}_0$: 절편 $\hat{\beta}_0 = \bar{y} - \hat{\beta}_1\bar{x} = a$

　　• 수식 계산 : $y - \bar{y} = b(x - \bar{x})$

　　• 회귀계수와 상관계수와의 관계 : 회귀계의 값이 +이면 직선방정식의 기울기가 +라는 의미이므로, 상관계수값도 +가 된다. 마찬가지로 회귀계수의 값이 −이면 상관계수의 값도 −값을 갖는다.

　　• 회귀계수와 상관계수의 관계는 부호만 관련이 있고 그 값의 크기와는 무관하다.

③ 직선회귀분석

　㉠ 회귀직선은 회귀방정식의 수식으로 쉽게 구할 수 있으나 함수관계를 어느 정도 잘 기술하는지는 알 수 없다. 이를 보다 구체적으로 파악하기 위하여 사용되는 것이 분산분석이며 F분포를 사용한다.

x_i	x_1	x_2	x_3	$\cdots$	x_n	$\sum x_i$
y_i	y_1	y_2	y_3	$\cdots$	y_n	$\sum y_i$

요 인	S	ν	V	F_0	$F_{1-\alpha}$
회 귀	$S_R = \dfrac{S(xy)^2}{S(xx)}$	1	V_R	V_R/V_e	$F_{1-\alpha}(\nu_R,\nu_e)$
잔차 (오차)	$S_e = S_{(y/x)}$ $= S(yy) - S_R$	$n-2$	V_e		
계	$S_T = S(yy)$	$n-1$			

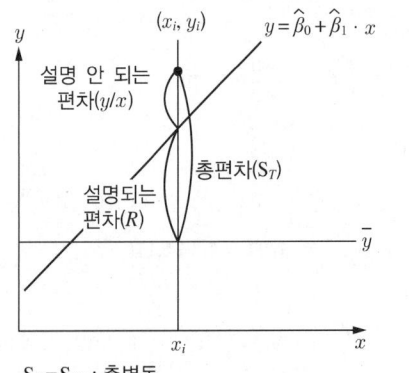

$$y = \hat{\beta}_0 + \hat{\beta}_1 \cdot x$$

설명 안 되는 편차(y/x)

총편차(S_T)

설명되는 편차(R)

$S_T = S_{yy}$: 총변동
S_R : 1차 회귀의 변동(회귀에 의한 변동)
$S_{y/s}$: 회귀로부터의 변동(잔차변동)

ⓛ 제곱합의 분석
- 총변동($S_T = S_{(yy)}$)
  - 회귀에 의하여 설명이 안 되는 변동 + 회귀에 의하여 설명이 되는 변동
  - $S_T = S_{(yy)} = S_{(y \cdot x)} + S_R$
    $$= \sum (y_i - \overline{y})^2 = \sum y_i^2 - \frac{(\sum y_i)^2}{n}$$
- 회귀로부터의 변동(잔차의 제곱합)
  $$S_{(y/x)} = \sum (y_i - \hat{y}_i)^2 = S_{(yy)} - S_R$$
- 회귀에 의한 변동(회귀에 의한 제곱합)
  $$S_R = \sum (\hat{y}_i - \overline{y})^2 = \frac{(S_{(xy)})^2}{S_{(xx)}}$$

ⓒ 회귀분석
- $H_0 : \beta_1 = 0, \quad H_1 : \beta_1 \neq 0$
- 위험률 $\alpha = 0.05$
- 검정통계량 및 분석 : $F_0 = \dfrac{V_R}{V_{(y/x)}} > F_{1-\alpha}(1, n-2)$

이면 귀무가설 기각, $\beta_1 \neq 0$이므로 회귀직선이 유의하다.

ⓡ 결정계수(기여율, 관여율, r^2)
- 결정계수는 상관계수의 제곱 또는 분산분석표에서 총변동에 따른 회귀변동값으로 구할 수도 있다.
- $r^2 = \dfrac{S_R}{S(yy)} = \left(\dfrac{S(xy)}{\sqrt{S(xx) S(yy)}} \right)^2$
- 결정계수의 범위는 0부터 +1 사이의 값으로 나타낸다. $0 \leq r^2 \leq 1$
- 상관관계가 클수록 결정계수값이 커지며, 상관관계가 작을수록 결정계수값이 작아진다.
- 결정계수값이 0에 근접하면 추정된 회귀선은 쓸모가 없다는 것이다.
- 결정계수값은 수치변환의 영향을 받지 않는다.

④ 추정회귀방정식에서의 검·추정 : 회귀방정식에서의 검·추정에는 1차 회귀방정식에서의 1차 방향계수, 즉 기울기에 해당되는 $\hat{\beta}_1$의 검·추정과 결과값인 $E(y)$의 검·추정으로 구분된다.

구 분	1차 방향계수 β_1	$E(y)$
가 설	$H_0 : \hat{\beta}_1 = \beta_1,$ $H_1 : \hat{\beta}_1 \neq \beta_1$	$H_0 : E(y) = \eta_0,$ $H_1 : E(y) \neq \eta_0$
위험률	$\alpha = 0.05$ 또는 0.01	$\alpha = 0.05$ 또는 0.01
검정 통계량	$t_0 = \dfrac{\hat{\beta}_1 - \beta_1}{\sqrt{V_{y/x}/S(xx)}}$	$t_0 = \dfrac{(\hat{\beta}_0 + \hat{\beta}_1 \cdot x_0) - \eta_0}{\sqrt{V_{y/x}\left(\dfrac{1}{n} + \dfrac{(x_0 - \overline{x})^2}{S(xx)}\right)}}$
기각역	$\|t_0\| > t_{1-\alpha/2}(n-2)$	$\|t_0\| > t_{1-\alpha/2}(n-2)$
추정식	$\hat{\beta}_1 \pm t_{1-\alpha/2}$ $(n-2)\sqrt{\dfrac{V_{y/x}}{S(xx)}}$	$(\hat{\beta}_0 + \hat{\beta}_1 \cdot x_0) \pm t_{1-\alpha/2}$ $(n-2)\sqrt{V_{y/x}\left(\dfrac{1}{n} + \dfrac{(x_0 - \overline{x})^2}{S(xx)}\right)}$

2-1. 반응온도(x)와 수율(y)의 관계를 조사한 결과 $S_{xx} = 147.6$, $S_{yy} = 56.9$, $S_{xy} = 80.4$였다. 회귀로부터의 변동($S_{y/x}$)은 약 얼마인가? [2004년 제2회 유사, 2006년 제2회 유사, 2011년 제1회 유사, 2013년 제2회 유사, 제2회 유사, 제4회, 2020년 제4회]

① 10.354
② 13.105
③ 43.795
④ 56.942

2-2. 두 변수 X, Y 간의 관계를 조사하기 위해 다음의 데이터를 얻었다. 이 데이터로부터 단순회귀직선을 추정할 때 회귀계수값을 구하면 약 얼마인가? [2015년 제1회]

번 호	X	Y
1	20	35
2	30	50
3	60	60
4	70	65
5	80	70
합	260	280

① 0.319
② 0.519
③ 0.921
④ 0.968

2-3. 12개의 표본으로부터 두 변수 X, Y에 대하여 데이터를 구하였더니, X의 제곱합 $S_{xx} = 10$, Y의 제곱합 $S_{yy} = 26$, X, Y 곱의 합 $S_{xy} = 16$이었다. 이때 회귀계수 β_1의 95[%] 신뢰구간을 추정한 것은?(단, $t_{0.975}(10) = 2.228$, $t_{0.975}(11) = 2.201$이다) [2009년 제4회, 2016년 제4회]

① 1.6 ± 0.139
② 1.6 ± 0.141
③ 2.6 ± 0.139
④ 2.6 ± 0.141

2-4. 어떤 회귀식에 대한 분산분석표가 다음과 같을 때 회귀관계에 대한 설명으로 옳은 것은?(단, $F_{0.95}(2, 7) = 4.74$, $F_{0.99}(2, 7) = 9.55$이다) [2014년 제4회]

요 인	제곱합	자유도
회 귀	5.3	2
잔 차	1.2	7

① 유의수준 1[%]로, 회귀관계는 매우 유의하다.
② 유의수준 5[%]로, 회귀관계는 유의하지 않다.
③ 유의수준 5[%]로 회귀관계는 유의하나, 1[%]로는 유의하지 않다.
④ 위의 자료로는 판단할 수 없다.

|해설|

2-1

$$S_{y/x} = S_T - S_R = S_{yy} - S_R = 56.9 - \frac{80.4^2}{147.6} = 13.105$$

2-2

$$\beta_1 = \frac{S_{xy}}{S_{xx}} = ?$$

$$S_{xy} = \sum xy - \frac{\sum x \sum y}{n} = 15,950 - 14,560 = 1,390$$

$$S_{xx} = \sum x^2 - \frac{(\sum x)^2}{n} = 16,200 - 13,520 = 2,680$$

$$\therefore \beta_1 = \frac{S_{xy}}{S_{xx}} = \frac{1,390}{2,680} = 0.519$$

2-3

$$\widehat{\beta_1} = b \pm t_{1-\alpha/2}(n-2)\sqrt{\frac{V_e}{S_{(xx)}}} = 1.6 \pm t_{0.975}(10)\sqrt{\frac{0.04}{10}}$$

$$= 1.6 \pm 2.228 \times 0.063 = 1.6 \pm 0.141$$

2-4

$$F_0 = \frac{5.3/2}{1.2/7} = 15.59 > F_{0.99}(2, 7) = 9.55$$이므로 유의수준 1[%]로 회귀관계는 매우 유의하다.

정답 2-1 ② 2-2 ② 2-3 ② 2-4 ①

제4절 | 샘플링검사

핵심이론 01 샘플링검사의 개요

① 검사(Inspection)
  ㉠ 검사의 정의 : 물품을 측정한 결과를 판정기준과 비교하여 개개의 물품의 적합품·부적합품, 로트의 합격·불합격판정을 내리는 것이다.
  ㉡ 검사의 목적
    • 좋은 로트와 나쁜 로트를 구분하기 위해서이다.
    • 적합품과 부적합품을 구별하기 위해서이다.
    • 공정 변화의 여부를 판단하기 위해서이다.
    • 측정기기의 정밀도를 평가하기 위해서이다.
    • 검사원의 정확도를 평가하기 위해서이다.
    • 제품설계에 필요한 정보를 획득하기 위해서이다.
    • 공정능력을 측정하기 위해서이다.
    • 다음 공정, 고객에게 부적합품이 전달되지 않도록 하기 위해서이다.
    • 생산자의 생산 의욕 및 고객에게 신뢰감을 부여하기 위해서이다.
  ㉢ 검사의 종류
    • 검사가 행해지는 공정(목적)에 의한 분류
      – 수입(구입)검사 : 원재료, 반제품, 제품 구입 입고 시 행하는 검사
      – 공정(중간)검사 : 공정 간 검사
      – 최종(완성)검사 : 완성된 제품에 대해 행하는 검사
      – 출하검사 : 제품 출하 시 최종적으로 행하는 검사
    • 검사가 행해지는 장소에 의한 분류 : 정위치검사, 순회검사, 출장(외주)검사
      – 정위치검사 : 정해진 위치에서 집중적으로 실시하는 검사
      – 순회검사 : 검사전문요원이 생산공정을 돌아다니면서 실시하는 검사
      – 출장(외주)검사 : 외주업체나 타 공장에서 타 책임자의 입회하에 실시하는 검사
    • 검사의 성질에 의한 분류 : 파괴검사(반드시 샘플링검사로 수행), 비파괴검사, 관능검사(인간의 감각을 이용한 검사)

• 검사방법에 의한 분류 : 전수검사, 무검사, 로트별 샘플링검사, 관리샘플링검사
  – 관리샘플링검사(체크검사) : 제조공정관리, 공정검사의 조정 및 체크를 목적으로 행하여지는 검사방법
• 검사항목에 의한 분류 : 수량검사, 중량검사, 치수검사, 외관검사, 성능검사

㉣ 검사의 계획
  • 전수, 샘플링, 무검사 중 어떤 검사가 전체 비용에 더 유리한지를 파악하기 위한 그래프

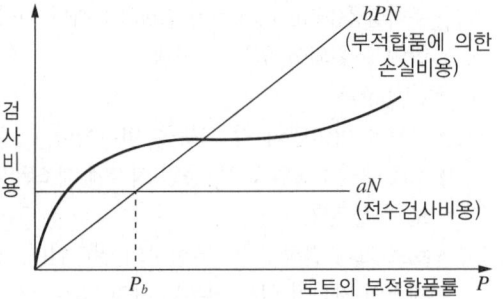

여기서, N : 검사단위(로트) 크기
  a : 개당 검사비용
  b : 부적합품에 의한 개당 손실비용
  c : 개당 재가공비용
  d : 개당 폐각처리비용
  aN : 전수검사비용
  bPN : 부적합품 발생으로 인한 손실비용(무검사 비용)
  $aN + cPN$: 전수검사비용(재가공비 포함)
  $aN + dPN$: 전수검사비용(폐각처리비용 포함)

  – 임계부적합률$\left(P_b = \dfrac{a}{b} \right)$: 무검사가 유리($P_b > P$), 전수검사가 유리($P_b < P$)
  – 계산식 : $aN = bP_bN$ $\therefore P_b = \dfrac{aN}{bN} = \dfrac{a}{b}$

• 재가공비용과 폐각처리비용이 존재하는 경우
  – 임계부적합률($P_b = \dfrac{a}{b}$) : 무검사가 유리($P_b > P$), 전수검사가 유리($P_b < P$)
  – 계산식 : $aN + cPN = bP_bN = aN + dPN$
    $\therefore P_b = \dfrac{a}{(b-c)} = \dfrac{a}{(b-d)}$

② 아이템과 로트

　㉠ 아이템(Item) : 제품의 단위로 개개로 기술하고 고찰할 수 있는 것(물건)이다.

　　• 하나의 물리적 아이템, 규정량의 원자재, 하나의 서비스·활동·프로세스 등

　　• 샘플 선택 아이템은 일반적으로 단순 랜덤샘플링으로 하며 로트가 서브로트로 분리되어 있는 경우에는 층별샘플링으로 한다.

　　• 샘플링 시기는 로트의 생산 완료나 로트의 생산 도중이라도 무방하다.

　　• 부적합품(Nonconformity Item) : 하나 이상의 부적합이 포함되어 있는 아이템

　㉡ 로트(Lot)

　　• 로트 : 아이템의 각 그룹을 의미한다.

　　• 로트 구성 : 동일 조건, 동일 시기에 제조된 아이템으로 구성된다.

　　• 로트 크기 결정 : 소관권한자의 권리이며, 생산프로세스의 지식이 없는 경우는 하지 않는 것이 좋지만, 통상 로트 크기의 상한 및 하한을 결정한다.

　　• 로트검사

　　　– 연속로트검사 : 선행 로트결과는 후속 로트검사 전에 이용되어 후속 로트 샘플링검사 절차를 결정(보통검사, 수월한 검사, 까다로운 검사 중에서 결정)한다.

　　　– 고립로트검사

　　• 불합격로트의 처치 : 폐기, 선별(부적합품의 제거 또는 치환), 수리, 재평가(추가 정보를 얻은 후에 특정한 사용성에 대한 판정기준에 대하여 함) 등이 있으며 소관권한자가 결정한다.

　　• 재제출로트 : 로트가 불합격되면 각 당사자에게 신속히 통지한다. 불합격로트는 전 아이템을 재점검 또는 재시험하고 모든 부적합품을 제거하거나 적합품으로 치환한다. 모든 부적합품이 수정되었다고 확신할 때까지는 재검사를 위하여 재제출해서는 안 된다.

③ 오차(Error)

　㉠ 개 요

　　• 오차 : 모집단 참값과 시료 측정치와의 차$(x_i - \mu)$이다.

　　• 오차에 대한 검토 시 측정치의 분포에 주목하여 통계적으로 생각해서 어떠한 조치를 취하여야 되겠는가를 모색해야 한다.

　　• 오차의 검토 순서 : 신뢰도 → 정밀도 → 정확도(치우침)

　　　– 신뢰도(Reliability) : 시료에서 측정한 데이터로 모집단을 추정하는데 이 데이터를 얼마나 믿을 수 있는지를 표현한 값이다.

　　　– 정밀도(Precision) : 데이터 분포의 폭 크기이다.
　　　　ⓐ 산포 크기 또는 측정값(분포)의 흩어짐의 정도이다.
　　　　ⓑ 평행(반복) 정밀도, 재현 정밀도로 구분한다.
　　　　ⓒ σ, σ^2, s, s^2, CV, R, 신뢰구간 등으로 표시한다.
　　　　ⓓ 측정값의 σ값이 작을수록 측정값의 정밀도는 좋아진다.

　　　– 정확도(치우침) : 데이터 분포의 평균치와 모집단의 참값과의 차$(\overline{x} - \mu)$

　　• 로트에서 시료를 취하여 로트 평균을 추정하는 경우에 시료를 몇 개 취하는가, 시료 1개에 대해 몇 번 측정하는가에 따라서 측정 정밀도는 변한다.

　㉡ 측정오차 : 측정계기의 부정확, 측정자의 기술 부족 등으로 인한 오차이다.

　㉢ 샘플링오차 : 표본을 랜덤으로 샘플링하지 못함으로 인해 발생하는 오차이다.

　　• 표본의 크기가 클수록 샘플링오차는 작아진다.

　　• 샘플링오차와 측정오차는 서로 독립적이므로 비례 관계를 갖지 않는다.

　　• 전수검사를 할 경우 이론적으로 샘플링오차는 없다.

　　• 샘플링오차(σ_s^2)와 측정오차(σ_M^2)는 서로 독립이라고 가정하여 모집단의 유한수정계수를 무시하면, 분산의 가법성에 의하여 단위체의 경우, 집합체의 경우로 구분하여 데이터 결과값을 도출한다.

　　　– 단위체의 경우(축분 혼합이 행하여지지 않는 경우)
　　　　ⓐ 단위체를 n개 취하여 1회 측정할 경우 시료 평균의 분산 : $V(\overline{x}) = \dfrac{1}{n}(\sigma_s^2 + \sigma_M^2)$
　　　　ⓑ 단위체를 n개 취하여 각 단위체 k회를 측정하여 평균하는 경우 : $V(\overline{x}) = \dfrac{1}{n}\left(\sigma_s^2 + \dfrac{\sigma_M^2}{k}\right)$

- 집합체의 경우(축분 혼합이 행하여질 때)
  ⓐ 시료를 n개 취하여 각 1회씩 축분하여 분석만을 k회 반복하여 평균하는 경우 :

$$V(\overline{x}) = \frac{1}{n}\left(\sigma_s^2 + \sigma_R^2 + \frac{\sigma_M^2}{k}\right)$$

  ⓑ 시료를 n개 취하여 전부를 혼합하여 혼합시료로 하고 그것을 1회 축분하여 조제한 분석시료를 k회 분석하는 경우 :

$$V(\overline{x}) = \frac{\sigma_s^2}{n} + \sigma_R^2 + \frac{\sigma_M^2}{k}$$

④ 샘플링검사 이론의 개요
 ㉠ 샘플링검사 창안자와 샘플링요동
  • 샘플링검사를 품질관리에 본격적으로 적용한 시기 : 1930년대 닷지와 로믹(H. F. Dodge & H. G. Romig)의 연구 이후
  • 샘플링요동(Sampling Fluctuation) : 로트 불량률이 일정하더라도 샘플 속에 포함되는 샘플의 불량률은 우연에 의해 좌우되는 현상이다.
 ㉡ 샘플링검사의 정의 : 로트로부터 시료를 뽑아 그 결과를 판정기준과 비교하여 그 로트의 합격과 불합격을 판정하는 검사이다.

반드시 전수검사	반드시 샘플링검사
• 부적합품이 1개라도 혼입되면 안 되는 경우 • 안전에 중대한 영향을 미치는 경우(브레이크 작동시험, 고압용기의 내압시험) • 경제적으로 큰 영향을 지닌 경우(귀금속 등) • 부적합품이 다음 공정에 커다란 손실을 줄 경우 • 검사비용에 비해 얻어지는 효과가 큰 경우	• 파괴검사인 경우(인장시험, 수명시험 등) • 연속체 또는 대량품인 경우(섬유, 화학, 약품, 석탄, 화학제품 등) • 품질특성치가 치명결점을 포함하는 경우

 ㉢ 샘플링검사가 유리한 경우(전수검사에 비해)
  • 다수, 다량의 것으로 어느 정도 부적합품의 혼입이 허용되는 경우
  • 검사항목이 많은 경우
  • 불완전한 전수검사에 비해 높은 신뢰성을 얻을 수 있는 경우
  • 생산자에게 품질 향상의 자극을 주고 싶은 경우
  • 파괴검사를 해야 하는 경우
  • 수명시험을 해야 하는 경우
  • 검사비용을 적게 하는 것이 이익이 되는 경우

 ㉣ 전수검사가 유리한 경우(샘플링검사에 비해)
  • 검사가 손쉽고 검사비용에 비해 얻어지는 효과가 클 때
  • 검사항목이 적은 경우
  • 검사비용에 비해 제품이 고가인 경우
  • 품질특성치가 치명적인 결점을 포함하는 경우
 ㉤ 샘플링검사의 장점
  • 검사량이 적어 경제적이다.
  • 적은 수의 검사인원으로 검사가 가능하다.
  • 세심한 검사가 이루어질 가능성이 높다.
  • 측정 실수가 감소된다.
 ㉥ 샘플링검사의 선택조건
  • 실시하기 쉽고 관리하기 쉬울 것
  • 목적에 맞고 경제적인 면을 고려할 것
  • 샘플링을 실시하는 사람에 따라 차이가 없을 것
  • 공정이나 대상물 변화에 따라 바꿀 수 있을 것
 ㉦ 샘플링검사의 실시조건
  • 제품이 로트로 처리될 수 있을 것
  • 합격로트에 어느 정도의 부적합품이 섞여 들어가는 것을 허용할 것
  • 품질기준이 명확할 것
  • 시료의 샘플링은 랜덤성이 있을 것
  • 계량형 샘플링검사에서는 검사단위의 특성치 분포를 알고 있을 것
 ㉧ 샘플링단위 결정 시 고려사항 : 기술 정보, 시험방법, 샘플링비용, 샘플링목적, 공정·제품의 산포 등
 ㉨ 샘플링을 할 때 샘플이 갖추어야 할 조건
  • 정밀도가 충분할 것
  • 치우침이 작을 것
  • 신뢰할 수 있는 샘플링에 의해서 얻어질 것
  • 모집단에 대해 신속히 조처를 취할 수 있을 것
 ㉩ 샘플링검사에서 발생할 수 있는 오류
  • 생산자위험과 소비자위험은 반비례관계가 성립한다.
  • 생산자위험과 소비자위험은 근본적으로 샘플링오차에 기인하는 것이다.
  • 소비자위험이란 불만족스러운 품질의 로트가 검사에서 합격판정받을 가능성을 확률로서 표현한 것이다.
  • 생산자위험이란 충분히 좋은 품질의 로트가 검사에서 불합격판정받을 가능성을 확률로서 표현한 것이다.

ⓓ 검사단위의 품질 표시방법 : 적합품·부적합품, 부적합수, 특성치, 로트, 시료에 의한 품질 표시 등
  - 적합품·부적합품에 의한 표시방법
    - 치명부적합품 : 인명에 위험을 주거나 설비를 파괴할 우려가 있는 경우
    - 중부적합품 : 물품을 소기의 목적에 사용할 수 없게 하는 경우
    - 경부적합품 : 물품의 능률을 떨어뜨리거나 수명을 감소시키는 경우
    - 미부적합품 : 상품 가치를 저하시키지만 물품 성능, 능률, 수명 등에는 영향을 미치지 않는 경우
  - 부적합수에 의한 표시방법 : 치명부적합, 중부적합, 경부적합, 미부적합
  - 특성치에 의한 표시방법 : 검사단위의 특성을 측정하여 그 측정치에 따라 품질을 나타내는 방법(계량치)
  - 로트의 품질 표시방법 : 부적합품률(%), 검사단위당 평균 부적합수, 평균치, 표준편차
  - 시료의 품질 표시방법 : 부적합품 개수, 검사단위당 평균 부적합수, 평균치, 표준편차, 범위

핵심예제

1-1. 다음 중 전수검사가 필요한 경우로 가장 옳은 것은?
[2002년 제1회, 2012년 제2회, 2013년 제2회 2023년 제2회]
① 파괴검사의 경우
② 검사항목이 많은 경우
③ 안전이 중요한 영향을 미치는 경우
④ 대량품인 경우

1-2. 전수검사가 불가능하여 반드시 샘플링검사를 하여야 하는 경우는?
[2005년 제4회, 2008년 제1회 유사, 2011년 제2회 유사, 2013년 제4회]
① 전기제품의 출력전압 측정
② 주물제품의 내경가공에서 내경 측정
③ 전구의 수입검사에서 전구의 점등시험
④ 전구의 수입검사에서 전구의 평균수명 추정

1-3. 샘플링검사의 선택조건으로 틀린 것은? [2017년 제1회]
① 실시하기 쉽고 관리하기 쉬울 것
② 목적에 맞고 경제적인 면을 고려할 것
③ 샘플링을 실시하는 사람에 따라 차이가 있을 것
④ 공정이나 대상물 변화에 따라 바꿀 수 있을 것

1-4. 전수검사와 샘플링검사에 관한 비교 설명 중 틀린 것은?
[2006년 제2회 유사, 2015년 제1회 유사, 2016년 제2회]
① 전수검사에서는 이론적으로 샘플링오차가 발생하지 않는다.
② 일반적으로 전수검사는 샘플링검사에 비하여 검사비용이 많이 든다.
③ 부적합품이 로트에 포함될 수 없다면 전수검사로 실행하여야 한다.
④ 시료를 랜덤으로 추출할 경우에는 샘플링검사의 결과와 전수검사의 결과가 일치하게 된다.

1-5. 재가공이나 폐기처리비를 무시할 경우, 부적합품 발생으로 인한 손실비용(무검사비용)을 맞게 표시한 것은?(단, N은 전체 로트 크기, a는 개당 검사비용 b는 개당 손실비용, p는 부적합품률이다) [2002년 제2회, 2010년 제4회, 2014년 제1회, 2017년 제2회]
① aN ② bN
③ apN ④ bpN

1-6. 크기가 1,500개인 어떤 로트에 대해서 전수검사 시 개당 검사비는 10원이고, 무검사로 인하여 부적합품이 혼입됨으로써 발생하는 손실은 개당 200원이다. 이때 임계부적합품률(P_b)는 얼마이며, 로트의 부적합품률을 3[%]라고 할 때는 어떤 검사를 하는 편이 이익인가? [2007년 제1회, 2016년 제4회]
① P_b = 1.3[%], 무검사
② P_b = 1.3[%], 전수검사
③ P_b = 5[%], 무검사
④ P_b = 5[%], 전수검사

1-7. 임계부적합품률이 45[%]이다. 부적합품 1개로 인한 손해액이 250원일 때 개당 검시비용은 약 얼마인가?
[2006년 제3회, 2014년 제4회]
① 200원 ② 113원
③ 90원 ④ 75원

1-8. 샘플링오차에 관한 설명으로 틀린 것은?

[2008년 제4회, 2017년 제4회]

① 샘플링오차와 측정오차는 비례관계를 가진다.
② 전수검사를 할 경우 이론적으로 샘플링오차는 없다.
③ 시료의 크기가 클수록 샘플링오차는 작아진다.
④ 샘플링오차는 표본을 랜덤으로 샘플링하지 못함으로 인해 발생하는 오차이다.

|해설|

1-1
①, ②, ④ : 샘플링검사

1-2
전구의 수입검사에서 전구의 평균수명 추정은 파괴검사이므로, 전수검사를 하면 안 되고 샘플링검사를 해야 한다.

1-3
샘플링검사는 샘플링을 실시하는 사람에 따라 차이가 없어야 한다.

1-4
시료를 랜덤으로 추출하더라도 샘플링검사의 결과와 전수검사의 결과가 일치할 수는 없다.

1-5
aN : 전수검사비용
bpN : 부적합품 발생으로 인한 손실비용(무검사비용)

1-6
$P_b = \dfrac{a}{b} = \dfrac{10}{200} = 5[\%]$
$p = 3[\%] < P_b$이므로, 무검사가 유리하다.

1-7
$P_b = \dfrac{a}{b}$, $a = P_b \times b = 0.45 \times 250 = 113$

1-8
샘플링오차와 측정오차는 서로 독립적이므로 비례관계를 갖지 않는다.

정답 1-1 ③ 1-2 ④ 1-3 ③ 1-4 ④ 1-5 ④ 1-6 ③ 1-7 ② 1-8 ①

핵심이론 02 샘플링검사의 분류

① 샘플링방법에 따른 샘플링검사의 분류 : 랜덤샘플링(단순랜덤샘플링, 계통샘플링, 지그재그샘플링), 2단계 샘플링, 층별샘플링, 취락샘플링, 다단계샘플링, 유의샘플링

㉠ 랜덤샘플링 : 모집단에서 동등한 확률로 샘플링하는 방법이므로 시료수가 증가할수록 샘플링 정도가 높다. 랜덤샘플링의 종류에는 단순랜덤샘플링, 계통샘플링, 지그재그샘플링이 있다.

• 단순랜덤샘플링 : 모집단에서 완전히 랜덤으로 샘플링하는 방법

– 크기가 N인 모집단에서 1개를 $\dfrac{1}{N}$의 확률로 뽑고 나머지는 $N-1$개 중에서 1개를 $\dfrac{1}{(N-1)}$의 확률로 뽑는 작업을 시료 n개가 뽑힐 때까지 반복하는 샘플링방법

– 시료 평균($\bar{x}$)의 분산(정밀도) :
유한모집단의 경우 $V(\bar{x}) = \dfrac{\sigma^2}{n} \times \dfrac{N-n}{N-1}$,

무한모집단의 경우 $V(\bar{x}) = \dfrac{\sigma^2}{n}$

$\left(\dfrac{N-n}{N-1} \right.$은 유한수정계수로서 $\dfrac{N-n}{N-1} \leq 1$이지만, $N \geq 10n$일 때는 유한수정계수를 무시하고 무한모집단으로 취급해도 무방하다$\left. \right)$

– 사전에 모집단에 대한 정보나 지식이 없을 경우 단순랜덤샘플링이 적당하다.

– 종류 : 난수표, 난수주사위, 샘플링카드 등

– 랜덤샘플링을 하기 위한 원칙
ⓐ 샘플링은 대상물의 이동 중 실시한다.
ⓑ 샘플링은 책임 있는 사람의 입회하에 실시한다.
ⓒ 시료채취관계자에게 샘플링의 목적과 중요성을 인식시켜야 한다.
ⓓ 제품 생산에 종사하는 사람에게 샘플링을 맡기면 안 된다.

• 계통샘플링(Systematic Sampling) : 유한모집단의 데이터를 배열시키고 일정한 간격으로 샘플링하는 방법이다. 주기성이 잠재되는 위험성이 있으며 특징은 다음과 같다.

- 시간적·공간적으로 층별샘플링의 효과를 지닌다.
- 층간산포(σ_b^2)는 샘플링 정밀도에 거의 영향을 주지 않는다.
- 시료의 크기가 같으면 단순샘플링보다 정밀도가 좋기도 하다.
- 제품 생산에 주기성이 있으면 사용할 수 없다.
- 단순샘플링보다 시료채취가 용이하다.
- 벨트컨베이어 방식과 같이 물품이 연속적으로 나올 때의 샘플링방식으로 유용하다.
- 모집단이 순서대로 정리되어 있을 때 유용하다.
• 지그재그샘플링
- 특성 변화에 주기성이 있어 그 주기성을 피하기 위하여 고안한 샘플링방법이다.
- 계통샘플링에서 주기성에 의한 편기의 위험성을 방지하도록 한 샘플링방법이다.
- 샘플링 채취 간격이 주기성보다 길거나 짧으면 단순랜덤샘플링을 사용해야 한다.
ⓒ 2단계 샘플링(Two Stage Sampling)
• 검사 대상 로트를 하위 로트로 나누고 그 하위 로트 중에서 랜덤으로 하위 로트를 복수로 선택하고 이들 중에서 각각 랜덤으로 샘플링하는 방법이다.
• 크기가 N인 로트를 N_i개씩 제품이 들어 있는 M개의 서브로트로 나누어 랜덤하게 m개 서브로트를 취하고, 각각의 서브로트로부터 n_i개의 제품을 랜덤으로 채취하는 샘플링방법이다.
• 모집단을 몇 개의 부분(1차 샘플링 단위)으로 나누고 우선 제1단계로 그중 몇 개의 부분을 1차 시료로, 뽑은 부분 중에서 각각 몇 개씩의 단위 개체 또는 단위 분량(2차 샘플링 단위)을 시료(2차 시료)로 뽑는 방법이다.

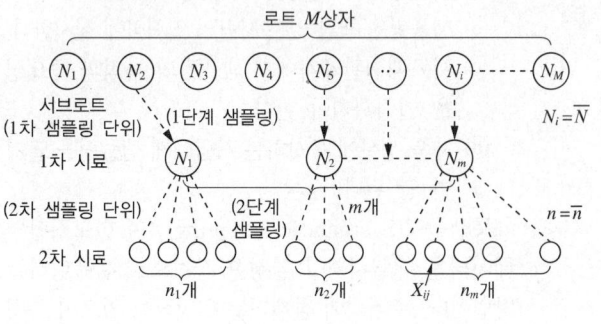

• 예
- 10[ton]씩 적재하는 100대의 화차에서 5대의 화차를 샘플링하여 각 화차로부터 3인크리먼트(Increment, 증가)씩 랜덤으로 시료를 채취하는 경우
- 1,000본들이 볼트(Bolt) 80상자가 있는데 이 중 100본을 발취하기 위해 우선 80상자에서 5상자를 랜덤으로 발취하고 다음에 5상자에서 각각 20본씩 랜덤으로 발취하는 경우
- 옷감의 로트가 있을 경우 우선 제1단계로 그중에서 5필을 랜덤으로 뽑고 각각 1[m]씩 시료를 뽑을 경우
• 2단계 샘플링의 특징
- 정밀도가 랜덤샘플링, 층별샘플링, 취락샘플링보다 나쁘다.
- 샘플링방법이 복잡하지만 샘플 크기를 다른 샘플링보다 작게 하여 샘플링 조작을 쉽게 할 수 있어 비용이 저렴하다.
- 샘플링 오차분산은 층간산포와 층내산포의 합성으로 이루어진다.
• 모평균 추정의 오차분산
- 유한모집단의 경우 :
$$V(\overline{x}) = \frac{\sigma_b^2}{m} \times \frac{M-m}{M-1} + \frac{\sigma_w^2}{m\overline{n}} \times \frac{\overline{N}-\overline{n}}{\overline{N}-1}$$
(단, $\overline{N} < 10\overline{n}$, $M < 10m$)
- 무한모집단의 경우 : $V(\overline{x}) = \dfrac{\sigma_b^2}{m} + \dfrac{\sigma_w^2}{m\overline{n}}$
(단, $\overline{N} \geq 10\overline{n}$, $M \geq 10m$)
ⓐ $m\overline{n}$의 시료를 각 1회 측정하는 경우 :
$$V(\overline{x}) = \frac{\sigma_b^2}{m} + \frac{\sigma_w^2}{m\overline{n}} + \frac{\sigma_m^2}{m\overline{n}}$$
ⓑ $m\overline{n}$의 시료를 혼합하여 1회 축분하여 k회 측정하는 경우 : $V(\overline{x}) = \dfrac{\sigma_b^2}{m} + \dfrac{\sigma_w^2}{m\overline{n}} + \sigma_r^2 + \dfrac{\sigma_m^2}{k}$
• 랜덤샘플링과의 분산 비교
$$\alpha = \frac{V_2(\overline{x})}{V_R(\overline{x})} = \frac{\dfrac{\sigma_b^2}{m} + \dfrac{\sigma_w^2}{m\overline{n}}}{\dfrac{\sigma^2}{n}} = \frac{\sigma_w^2 + \overline{n}\sigma_b^2}{\sigma_w^2 + \sigma_b^2} = \frac{\sigma_w^2 + \overline{n}\sigma_b^2}{\sigma^2}$$
(단, $n = m\overline{n}$, $\sigma^2 = \sigma_w^2 + \sigma_b^2$)

- $\overline{n}=1$일 때 $\alpha=1$이므로, 추정 정밀도가 동일하다.
- $\overline{n}\geq 2$일 때 $\alpha>1$이므로, 랜덤샘플링의 추정 정밀도가 더 좋다.
- 시료의 최적 배분 : 1차 및 2차 단위의 샘플링비용을 각각 k_1, k_2라고 하고, 시료의 크기와 무관하게 발생하는 비용을 k_0이라고 하면, 샘플링 소요 총비용은 $T=k_0+k_1 m+k_2 m\overline{n}$이다.
  - T를 일정하게 하고 $V(\overline{x})$를 최소로 하는 경우 :

$$\overline{n}=\sqrt{\frac{k_1\sigma_w^2}{k_2\sigma_b^2}}, \quad m=\frac{T-k_0}{k_1+k_2\overline{n}}=\frac{T-k_0}{k_1+\sqrt{k_1 k_2\frac{\sigma_w^2}{\sigma_b^2}}}$$

  - $V(\overline{x})$를 일정하게 하고 T를 최소로 하는 경우 :

$$\overline{n}=\sqrt{\frac{k_1\sigma_w^2}{k_2\sigma_b^2}},$$

$$m=\frac{1}{V(\overline{x})}\left(\sigma_b^2+\frac{\sigma_w^2}{\overline{n}}\right)=\frac{\sigma_b^2+\sigma_b\cdot\sigma_w\sqrt{\frac{k_2}{k_1}}}{V(\overline{x})}$$

  - 샘플링 비용이 2차 샘플링 단위에 의해 결정되는 경우
    ⓐ T를 일정하게 하고 $V(\overline{x})$를 최소로 하는 경우

$$m\overline{n}=\frac{T-k_0}{k_2}$$

    ⓑ $V(\overline{x})$를 일정하게 하고 T를 최소로 하는 경우

$$m\overline{n}=\frac{\overline{n}\sigma_b^2+\sigma_w^2}{V(\overline{x})}$$

    ⓒ 총비용 $T=k_0+k_1 m\overline{n}=k_0+k_2\left(\dfrac{n\sigma_b^2+\sigma_w^2}{V(\overline{x})}\right)$

      (단, $\overline{n}=1$인 경우)

ⓒ 층별샘플링(Stratified Sampling)
- 모집단을 몇 개의 층으로 나누어서 각 층으로부터 각각 랜덤으로 샘플링하는 방법이다.
- 층간은 가능한 한 크게 하고, 층내는 균일하게 층별하는 것이 원칙이다.
- 예
  - 10[ton]씩 적재하는 5대의 화차에서 각 화차로부터 3인크리먼트씩 랜덤으로 시료를 채취하는 샘플링방법

- L제과회사는 10개의 대형 도매업소를 통하여 각 슈퍼마켓에 제품을 판매하고 있는데, 새로 개발한 과자의 선호도를 평가하기 위해서 각 도매업소가 공급하는 슈퍼마켓 중에서 5개씩을 선택하여 시범 판매하려고 할 때의 샘플링방법
- 층별샘플링의 특징
  - 정밀도가 좋고 샘플링 조작이 용이하다.
  - 정밀도가 우수한 순서 : 층별샘플링 > 단순랜덤샘플링 > 취락샘플링 > 2단계 샘플링
  - 층별이 되면 될수록 샘플링 정도는 높아진다.
  - 랜덤샘플링보다 샘플 크기가 작아도 같은 정밀도를 얻을 수 있다.
  - 샘플링 오차분산은 분류 내 산포만으로 이루어지므로 층내는 균일하게, 층간은 불균일하게 하면 추정 정밀도가 좋아진다(층간산포 σ_b^2를 크게 한다).
  - 샘플링 오차분산($\sigma_{\overline{x}}^2$)은 층내산포 σ_w^2에 의해 결정된다.
  - 추정의 정밀도는 좋지만, 각 로트 내 산포가 크면 추정의 정밀도가 나빠진다.
- 층별샘플링의 종류
  - 층별비례샘플링 : 각 층의 서브로트가 일정치 않은 경우 층의 크기에 비례하여 샘플링하는 방법
  - 네이만(Neyman)샘플링 : 모집단을 몇 개의 층으로 나누고 나눈 각 층으로부터 그 층내의 표준편차와 층의 크기에 비례하여 샘플을 취하는 샘플링방법
  - 데밍(Deming)샘플링 : 각 층으로부터 샘플링비용도 고려하는 방법
- 모평균 추정의 오차분산
  - 유한모집단의 경우 : $V(\overline{x})=\dfrac{\sigma_w^2}{m\overline{n}}\times\dfrac{\overline{N}-\overline{n}}{N-1}$
  - 무한모집단의 경우 : $V(\overline{x})=\dfrac{\sigma_w^2}{m\overline{n}}$
- 랜덤샘플링과의 분산 비교

$$\alpha=\frac{V_{\tiny\text{층}}(\overline{x})}{V_R(\overline{x})}=\frac{\dfrac{\sigma_w^2}{m\overline{n}}}{\dfrac{\sigma^2}{n}}=\frac{\sigma_w^2}{\sigma^2}\leq 1$$

  (단, $n=m\overline{n}$, $\sigma^2=\sigma_w^2+\sigma_b^2$)

따라서 $\alpha \leq 1$이므로, 층별샘플링의 정밀도가 더 우수하다.

ⓔ 취락샘플링(Cluster Sampling)
- 모집단을 여러 개의 층으로 나누고 그중에서 일부를 랜덤샘플링한 층에 속해 있는 모든 제품을 조사하는 샘플링방법
- 모집단을 몇 개의 서브로트로 나누고 그중에서 몇 개를 랜덤으로 추출한 뒤 선택된 서브로트를 모두 검사하는 방법
- 예
  - $\overline{N}$개 들이 M상자가 있을 때 이 중 m상자를 취하고, 각 상자에서 $\overline{n}$개씩 시료를 택하면, $\overline{N} = \overline{n}$인 경우
  - 부품이 30개씩 들어 있는 100상자의 로트가 입고되었을 경우 이 중에서 랜덤으로 5상자를 뽑고 그 상자의 전부를 조사하는 샘플링방법
  - 어떤 제품의 한 로트는 100개의 상자로 구성되며 각 상자는 10개의 제품을 담고 있다. 이 제품의 특성을 조사하기 위한 로트로부터 10개의 상자를 랜덤으로 뽑고, 뽑은 상자들을 전수검사하는 샘플링방법
- 별칭 : 집락샘플링, 군락샘플링, 군집샘플링
- 취락샘플링의 특징
  - 샘플링 오차분산은 층간산포만으로 이루어진다.
  - 서브로트를 몇 개씩 랜덤으로 샘플링하고, 뽑힌 서브로트 중 정밀도는 층내변동과 층간변동 양자에 의해 결정된다.
  - 층내는 불균일, 층간은 균일하게 하여 취락군을 형성한다.
  - 층내변동(σ_w^2)은 크게 하고, 층간변동(σ_b^2)은 작게 한다.
  - 층간변동을 작게 할수록 유리하다(일반적으로 취락 간의 차를 되도록 작게 하는 것이 좋다).
  - 정밀도는 층간변동에 의해 결정된다.
  - 층간산포(σ_b^2)가 작아질수록 샘플링 정밀도는 높아진다.
  - 로트 간 산포가 크면 추정 정밀도는 나빠진다.

- 모평균 추정의 오차분산
  - 유한모집단의 경우 : $V(\overline{\overline{x}}) = \dfrac{\sigma_b^2}{m} \times \dfrac{M-m}{M-1}$
  - 무한모집단의 경우 : $V(\overline{x}) = \dfrac{\sigma_b^2}{m}$
- 랜덤샘플링과의 분산비교

$$\alpha = \frac{V_\text{취}(\overline{x})}{V_R(\overline{x})} = \frac{\dfrac{\sigma_b^2}{m}}{\dfrac{\sigma^2}{n}} = \frac{\dfrac{\sigma_b^2}{m}}{\dfrac{\sigma_w^2 + \sigma_b^2}{m\overline{N}}} = \frac{\overline{N}\sigma_b^2}{\sigma_w^2 + \sigma_b^2}$$

(단, $\sigma^2 = \sigma_w^2 + \sigma_b^2$, $\overline{n} = \overline{N}$)
  - $\overline{N}\sigma_b^2 > \sigma_w^2 + \sigma_b^2$일 때 $\alpha > 1$이므로, 랜덤샘플링의 정밀도가 우수하다.
  - $\overline{N}\sigma_b^2 = \sigma_w^2 + \sigma_b^2$일 때 $\alpha = 1$이므로, 랜덤샘플링의 정밀도와 같다.
  - $\overline{N}\sigma_b^2 < \sigma_w^2 + \sigma_b^2$일 때 $\alpha < 1$이므로, 취락샘플링의 정밀도가 우수하다.

ⓜ 다단계샘플링 : 모집단에서 랜덤으로 1차 시료를 샘플링한 후, 그 1차 시료에서 다시 2차 시료를 샘플링하고 다시 그 2차 시료 중에서 3차 시료를 샘플링하는 방법이다.

ⓗ 유의샘플링 : 로트의 평균치를 알기 위하여 로트 전체를 대표하는 시료를 샘플링하지 않고, 일부 특정 부분을 샘플링하여 그 시료값으로 전체를 판단하는 방법이다.

② 품질 판정방법에 따른 분류 : 계수형 샘플링검사, 계량형 샘플링검사
  ⊙ 계수형 샘플링검사 : 불량 개수(적합품수·부적합품수), 결점수(부적합수)
  - 숙련이 불필요하다.
  - 검사 소요시간이 짧다.
  - 검사비용이 저렴하다.
  - 검사설비가 간단하다.
  - 검사 기록이 간단하다.
  - 검사 인원 소요가 적다.
  - 샘플링검사 적용조건에 쉽게 만족한다.
  - 판별능력이 낮다.
  - 검사 기록 활용도가 낮다.

- 파괴검사에 불리하다.
- 검사 개수가 크다.
- 계량형 데이터로 바꾸어 적용할 수는 없다.
  ⓛ 계량형 샘플링검사 : 품질특성치, 계량치
- 판별능력이 높다.
- 검사 기록의 활용도가 높다.
- 파괴검사에 유리하다.
- 검사 개수가 적다.
- 샘플링검사 기록이 앞으로의 품질문제 해석에 상대적으로 큰 도움이 된다.
- 계수형 데이터로 바꾸어 적용할 수 있다.
- 고숙련이 필요하다.
- 검사 소요시간이 길다.
- 검사비용이 비싸다.
- 검사설비가 복잡하다.
- 품질특성의 측정이 상대적으로 복잡하다.
- 검사 대상제품의 특성에 대한 분리 샘플링검사가 필요하다.
- 검사 기록이 복잡하다.
- 검사 인원이 많이 필요하다.
- 샘플링에 랜덤성이 요구되며 적용범위가 정규분포나 특수한 경우로 제한된다.
- 검사를 위해 추출된 샘플에 부적합품이 포함되어 있지 않더라도 로트가 불합격될 수 있다.
- 부적합품이 전혀 없는 로트가 불합격될 가능성이 있다.
- 한 가지 샘플링검사만으로 모든 제품의 품질특성에 관한 판정을 내릴 수는 없다.
- 품질특성의 통계적 분포가 정규분포에 근사하지 않을 경우, 적용하기 곤란하다.
- 품질특성의 통계적 분포가 가정한 분포와 차이가 있을 경우, 심각한 문제를 야기시킬 수 있다.
  ⓒ 계수형 및 계량형 샘플링검사의 비교
- 계수치 샘플링검사의 경우, 계량형 샘플링검사의 경우보다 시료의 수가 많다(일반적으로 계수형 검사의 시료 크기가 계량형 검사의 시료 크기보다 크다).
- 단위 물품의 검사에 소요되는 시간은 계수형 검사의 경우가 일반적으로 작다.

- 일반적으로 계량형 검사는 계수형 검사보다 정밀한 측정기가 요구된다.
- 검사의 설계, 방법 및 기록은 계량형 검사가 계수형 검사보다 일반적으로 더 복잡하다.
- 계량형 샘플링검사의 경우, 계수형 검사보다 검사비용 및 관리비가 일반적으로 더 높다.
- 계량형 샘플링검사에서는 랜덤샘플링 외에 특성치가 정규분포를 따라야 한다고 볼 수 있는 경우에 한한다.
- 계량형 샘플링검사를 사용하기로 하였다면 적은 시료의 조사로서 로트 품질에 대하여 더 많은 정보를 얻어낼 수 있다.

③ 검사 실시방식에 따른 분류 : 규준형 샘플링검사, 선별형 샘플링검사, 조정형 샘플링검사, 연속생산형 샘플링검사
  ㉠ 규준형 샘플링검사
- 로트의 품질이 불량률로 표시된다고 할 때 생산자는 낮은 불량률(또는 합격 품질수준, AQL ; Acceptable Quality Level)을 갖는 좋은 품질의 로트가 불합격되는 것을 될 수 있는 한 피하고, 소비자는 높은 불량률(또는 로트 허용 불량률, Lot Tolerance Percent Defective)을 갖는 나쁜 품질의 로트가 합격되는 것을 될 수 있는 한 피하려고 한다.
- 규준형 샘플링검사는 생산자측과 소비자측이 요구하는 품질 보호를 동시에 만족시키는 형태의 검사이다.
  ㉡ 선별형 샘플링검사
- 합격된 로트는 그대로 받아들이고, 불합격된 로트는 전수 선별에 의하여 불량품이 모두 가려지는 형태의 검사이다.
- 로트가 합격되면 검사하여야 하는 시료의 개수는 시료의 크기와 같아지지만, 로트가 불합격되면 검사 개수는 로트의 크기와 같아진다.
- 다수의 로트가 이러한 검사를 받았을 때 이의 평균 검사수(ATR ; Average Total Inspection)가 적을수록 바람직하다. 크기가 다른 로트들에 대해서 동일한 검사특성곡선(OC Curve)을 갖도록 표본의 크기와 합격판정 개수를 정해야 한다.

ⓒ 조정형 샘플링검사
- 군수품 구입과 같이 다수의 공급자로부터 연속적이고 대량으로 구입하는 경우 좋은 공급자와 나쁜 공급자를 구별하고, 나쁜 공급자에게 합격을 덜 시키게 되는 까다로운 검사를 적용하고, 좋은 공급자에게는 합격을 많이 시키게 되는 수월한 검사를 적용하여 공급자가 품질 향상을 하도록 자극을 주려는 의도의 검사 형태이다.
- 요구 품질수준의 기준을 합격수준(AQL)으로 정하여 AQL보다 확실히 나쁜 경우에는 까다로운 검사로 바꾸어 나쁜 로트가 합격되는 것을 막고, 반대로 검사 성적이 AQL보다 확실히 좋은 경우에는 수월한 검사로 바꾸어 검사량의 감소라는 이점을 갖게 한다.
ⓓ 연속생산형 샘플링검사 : 컨베이어 벨트를 사용하는 생산방법 등과 같이 한 개 한 개 연속적으로 생산되는 제품의 검사처럼 검사가 연속적으로 계속되는 경우에 적용되도록 설계되어 있는 형태의 검사이다.
④ **검사 횟수에 따른 분류** : 1회 샘플링검사, 2회 샘플링검사, 다회 샘플링검사, 축차샘플링검사
ⓐ 1회 샘플링검사(Single) : 단 1회 샘플검사로 로트의 합격·불합격을 결정하는 방식이다. 시험기간이 길고 전 항목을 동시에 시험할 때 적합하다.
ⓑ 2회 샘플링검사(Double) : 1회 검사에서는 합격·불합격이 확실한 경우에만 판정을 내리고 그 중간 결과를 보였을 경우에는 2회째 샘플의 결과를 추가하여 합격·불합격을 결정하는 방식이다.
ⓒ 다회 샘플링검사(Multiple) : 2회 샘플링검사의 형식을 확장한 것으로, 매번 정해진 크기의 샘플을 뽑아내어 각 회의 샘플을 조사한 결과를 판정기준과 비교하여 합격·불합격·불확정의 3가지로 분류하면서 어느 일정 횟수까지 합격·불합격을 결정짓는 방식이다.
ⓓ 축차샘플링검사(Sequential)
- 하나씩 또는 일정 개수씩을 샘플링하여 검사하면서 누적된 성적을 그때마다 판정기준과 비교하여 로트의 합격·불합격·불확정(검사 계속)으로 분류해 가는 방식이다.

- 다회 샘플링검사는 판정 개수(c)를 판정기준으로 설정하지만, 축차방식은 판정영역(합격선과 불합격선에 의해 구분)을 설정하여 로트의 합격·불합격을 결정하며, 이들 영역에 속하지 않을 때는 판정기준에 다다를 때까지 샘플링검사를 계속 실시하는 방식이다.
- 이론적으로 검사가 무한히 계속될 수 있다는 것을 제외하면 다회 샘플링검사와 유사하다.
- 실무적으로 검사 개수가 1회 샘플링검사 개수의 3배에 달하면 검사를 중지한다.
- 비용이 많이 드는 검사이지만, 파괴검사 시 검사량을 줄이기 위해 적용된다.
ⓔ 검사 횟수에 따른 샘플링방식의 비교

구 분	1회 샘플링	2회 샘플링	다회 샘플링	축차 샘플링
평균검사 개수	많다.			적다.
개당 검사비용	싸다.			비싸다.
총검사비용	비싸다.			싸다.
검사 개수의 변동	없다.	← →		있다.
실시 및 기록 번잡성	간단하다.			복잡하다.
심리적 효과	나쁘다.			좋다.

- 검사단위의 검사비용이 싼 경우에는 1회 샘플링이 제일 유리하다.
- 검사단위의 검사비용이 비싼 경우에는 축차 샘플링이 제일 유리하다.
- 실시 및 기록의 번잡도에 있어서는 1회 샘플링이 제일 간단하다.
- 검사의 효율적인 측면에 있어서 2회 샘플링이 1회 샘플링보다 유리하다.
- 검사 로트당의 평균 샘플 크기는 일반적으로 다회 샘플링 형식의 경우가 제일 많다.
- 심리적 효과면에 있어서는 2회 샘플링이 1회 샘플링보다 충실하다는 느낌을 준다.

2-1. 계량형 샘플링검사에 대한 설명으로 틀린 것은?

[2009년 제2회, 2016년 제4회]

① 부적합품이 전혀 없는 로트가 불합격될 가능성이 있다.
② 계량형 품질특성치이므로 계수형 데이터로 바꾸어 적용할 수는 없다.
③ 검사 대상제품의 품질특성에 대한 분리 샘플링검사가 필요할 수 있다.
④ 품질특성의 통계적 분포가 정규분포에 근사하지 않을 경우, 적용하기 곤란하다.

2-2. 크기 N의 로트를 $m = M$층으로 나누었을 때 각 층의 크기가 모두 같아서 $N_i = \overline{N}$이고, 각 층에서의 2차 샘플링 개수가 $n_i = \overline{n}$로서 같은 경우의 층별샘플링에 대한 내용으로 옳지 않은 것은?(단, σ_b^2 = 층간분산, σ_w^2 = 층내분산)

[2014년 제1회]

① 규모가 작은 각 층(서브로트)에서 시료를 취함으로써 랜덤샘플링이 용이한 것이 장점이다.
② $\overline{n}/\overline{N} \leq 0.1$인 경우에 추정 정밀도인 $\overline{\overline{x}}$의 분산은

$$V(\overline{\overline{x}}) = \frac{\sigma_w^2}{m\overline{n}}$$ 이다(단, m은 층의 수).

③ $\sigma_b^2 > 0$일 경우 단순랜덤샘플링에 비해 추정 정밀도가 나빠진다.
④ N_i의 크기가 다를 때 각 층의 시료 크기 n_i를 층의 크기 N_i에 비례하여 취하는 것을 층별비례샘플링이라고 한다.

2-3. 취락샘플링에 대한 설명으로 옳지 않은 것은?

[2004년 제1회, 2013년 제1회, 2023년 제1회]

① 층간변동을 작게 할수록 유리하다.
② 서브로트를 몇 개씩 랜덤으로 샘플링하고 뽑힌 서브로트 중의 정밀도는 층내변동과 층간변동 양자에 의해 결정된다.
③ 취락샘플링의 정밀도는 층내변동과 층간변동 양자에 의해 결정된다.
④ $\overline{N}$개 들이 M상자가 있을 때 이 중 m상자를 취하고, 각 상자에서 $\overline{n}$개씩 시료를 택하면, $\overline{N} = \overline{n}$인 경우가 취락샘플링이다.

|해설|

2-1
계량형 품질특성치를 계수형 데이터로 바꾸어 적용할 수 있다. 그러나 계수형 품질특성치를 계량형 데이터로 바꾸어 적용할 수는 없다.

2-2
σ_b^2은 층별샘플링에 미치는 영향이 없어 정밀도가 좋다.

2-3
취락샘플링의 정밀도는 층간변동에 의해 결정된다.

정답 2-1 ② 2-2 ③ 2-3 ③

① 검사특성곡선(OC곡선)

  ㉠ 개 요

- 샘플링방식(Sampling Plan) : 로트의 합격・불합격을 결정하기 위해서 샘플의 크기(n)와 합격판정 개수(c)를 규정하는 것이다.
- 검사특성곡선(OC곡선, Operating Characteristics curve)
  - 샘플링방식에 따른 샘플링검사의 특성을 나타낸 그래프이다.
  - 샘플링검사방식이 부적합품률에 해당될 경우 로트의 부적합품률과 로트의 합격확률의 관계를 나타낸 그래프이다.
  - 부적합품률 또는 특성치에 따라 로트 자체가 얼마나 합격될 것인지를 예측하는 그래프이다.
  - 로트의 부적합품률 $p[\%]$(계수치), 특성치 m(계량치)를 가로축에, 로트가 합격하는 확률 $L(p)$(계수치), $L(m)$(계량치)를 세로축에 잡아 양자의 관계를 나타낸 그래프이다.

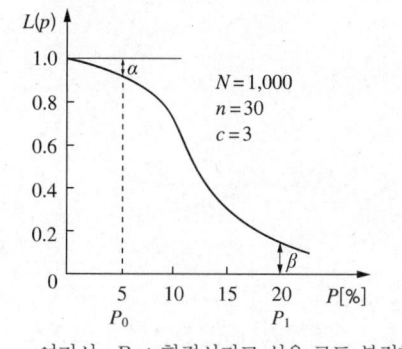

여기서, P_0 : 합격시키고 싶은 로트 부적합품률의 상한

        P_1 : 불합격시키고 싶은 로트 부적합품률의 하한

        α : 좋은 로트가 불합격될 확률

        β : 불합격시키고 싶은 로트가 합격될 확률

  ㉡ $L(p)$를 구하는 방법

- 로트 합격・불합격판정 요소 : 로트 크기(N), 샘플수(n), 합격판정 개수(c)
- 로트 합격 : 부적합품이 c 이하일 때
- 로트 불합격 : 부적합품이 c 이상일 때
- 로트 합격확률 분포 : 초기하분포, 이항분포, 푸아송분포 중에서 로트와 시료와의 관계에 따라 적절한 분포를 선택한다.

- 초기하분포 : $N/n \leq 10$일 때 사용(x : 부적합품 수), $L(p) = \sum_{x=0}^{c} \dfrac{\dbinom{pN}{x}\dbinom{N-pN}{n-x}}{\dbinom{N}{n}}$

- 이항분포 : 일반적인 방법

$$L(p) = \sum_{x=0}^{c} \binom{N}{x} p^x (1-p)^{n-x}$$

로트의 크기 N이 시료의 크기 n에 비하여 충분히 큰 경우에는 $\left(\dfrac{n}{N} \leq 0.1\right)$ 이항분포에 의하여 계산한다.

- 푸아송분포 : 특별한 조건이 없을 때 많이 사용

$$L(p) = \sum_{x=0}^{c} \frac{e^{-np}(np)^x}{x!}$$

> **[샘플링방식에 따른 분포의 적용]**
> - 초기하분포 : LQ지표, 고립로트의 부적합품퍼센트
> - 이항분포 : AQL지표, 스킵로트, 계수축차샘플링의 로트 평균부적합품퍼센트
> - 푸아송분포 : 100단위당 부적합수

  ㉢ OC곡선의 성질

- 모든 샘플링검사 방식에 적용할 수 있다(1회 샘플링검사, 2회 샘플링검사, 다회 샘플링검사, 계수형 샘플링검사, 계량형 샘플링검사 등에 모두 적용 가능).
- 부적합품률이 커짐에 따라 로트의 합격확률은 낮아진다.
- 샘플의 크기를 크게 하고 합격판정 개수를 작게 하면, 소비자위험을 가능한 한 작게 할 수 있다.
- 샘플링방식이 일정하다면 로트 크기가 샘플 크기의 10배 이상일 때는 OC곡선에 영향을 미치지 않아 큰 변화가 없다.
  - 시료의 크기 n과 합격판정 개수 c가 일정하고, 로트의 크기 N이 어느 정도 이상 크면 N의 크기는 OC곡선 모양에 거의 영향을 주지 않는다.
- 로트 크기에 비례해서 샘플 크기와 합격판정 개수를 샘플링하는 것을 백분율 샘플링 또는 비례 샘플링이라고 하는데, 이 방식은 로트 크기에 따라서 품질보증의 정도가 전혀 달라지므로 좋지 않은 검사방식이다.
- 로트 크기와 합격판정 개수가 일정하면 샘플 크기를 크게 할수록 샘플링검사의 성능이 향상된다.

- 로트 크기 N과 합격판정 개수 c가 일정할 때 시료의 크기 n이 증가하면 OC곡선은 급경사를 이룬다.
- 시료의 크기 n과 합격판정 개수 c를 각각 2배씩 증가시키면 OC곡선은 가파르게 된다(크게 변한다).
- 로트 크기와 샘플 크기가 일정하면 합격판정 개수가 작을수록 검사가 까다로워지고 생산자위험(α)에 큰 영향을 미치는 반면, 합격판정 개수가 클수록 불량한 로트가 합격될 확률이 높아진다. 그러므로 샘플 중에 불량이 하나라도 있으면 안 된다.
  - 합격판정 개수 0의 샘플링방식은 바람직하지 않다.
  - 시료의 크기 n과 로트의 크기 N이 일정하고 합격판정 개수 c가 증가하면 OC곡선은 우측으로 완만해진다.
  - 로트의 크기(N)와 샘플의 크기(n)를 일정하게 하고 합격판정 개수(c)를 증가시킬 때, 생산자위험은 감소하고 소비자위험은 증가하며 OC곡선은 완만한 곡선으로 나타난다.
- 기울기가 가장 완만한 경우의 생산자위험률이 가장 낮다.
- 기울기가 가장 급격한 경우의 소비자위험률이 가장 낮다.
  - 소비자위험이 작은 경우 : 샘플의 크기를 크게 하고 합격판정 개수를 작게 한다.
  - 소비자위험이 큰 경우 : 샘플의 크기와 합격판정 개수를 모두 크게 한다.

① N이 변하는 경우 (c, n은 일정)	② %샘플링검사 $\left(\dfrac{(c/n)}{N} = 일정\right)$
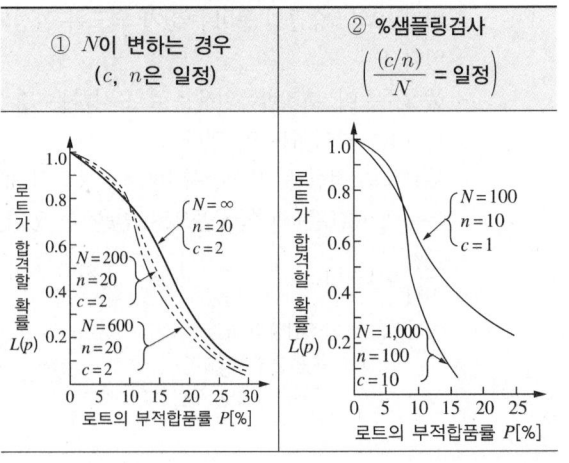	

- 곡선에 큰 영향을 미치지 않는다.
- N이 클 때는 N이 작을 때보다 시료의 크기를 크게 해서 좋은 로트가 불합격되는 위험을 작게 하여 행하는 것이 경제적이다.

- N에서 c, n에 [%] 개념을 도입한 샘플링
- N이 달라지면 품질보증의 정도도 달라져 일정한 품질을 보증하기 곤란하므로 부적절한 샘플링검사방법이다.

③ n 증가의 경우(N, c 일정)	④ c 증가의 경우(N, n 일정)
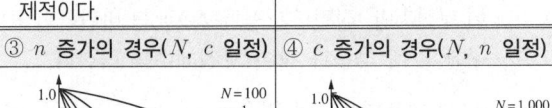	

- OC곡선의 기울기가 급경진다.
- 생산자위험(α)은 커지고 소비자위험(β)은 감소한다. 나쁜 로트의 합격 오류도 감소한다.

- OC곡선의 기울기 완만하다.
- α는 감소하고, β는 증가한다. 나쁜 로트의 합격 오류도 증가한다.
- $c=0$인 경우(N, n 일정) : $c=1$, 2로 증가시키는 것이 좋은 로트를 많이 합격으로 할 수 있으므로 $c=0$보다는 $c=1$, 2로 늘리는 것이 좋은 샘플링검사가 된다.

② 평균출검품질(AOQ)과 평균출검품질 한계(AOQL)

㉠ 평균출검품질(AOQ ; Average Outgoing Quality)
  - 검사 후의 평균 불량률
  - 합격된 로트와 불합격이 되어 전수검사를 받은 로트를 포함한 전체 출검 제품의 평균 품질
  - 부적합품을 적합품으로 대치한 경우의 값
  - $AOQ = \dfrac{평균 \ 불량품수}{로트 \ 크기} = \dfrac{Np - np}{N}L(p)$

    $= \dfrac{p(N-n)}{N}L(p) \simeq pL(p) \ (N \geq 10n)$

    여기서, $L(p)$: 로트가 합격될 확률
    p : (검사 전) 로트의 실제 불량률
    N : 로트 크기
    n : 샘플 크기
  - 표본 중에 불량품수가 합격수준을 넘으면 나머지는 전수검사를 한다. 이 때문에 전수검사가 끝나서 불량품이 제거된 로트는 검사 전의 불량률에 비해 낮아진다.

ⓛ 평균출검품질 한계(AOQL ; Average Outgoing Quality Level) : 평균출검품질은 검사 전의 로트 불량 비율 p와 관계없이 일정한 값을 넘지 않는다. 불량률의 가능한 값에 대한 평균출검품질의 최댓값을 평균 출검품질한계(AOQL)라고 한다. AOQL은 대부분 표에 의하여 구하지만, 정밀도가 높은 AOQL를 바란다면 표에서 구한 값에 다음과 같은 보정계수를 곱한다.

- 부적합품퍼센트의 경우 : $f = 1 - \dfrac{2n}{3N}(Ac > 0)$,

  $f = 1 - \dfrac{n}{3N}(Ac = 0)$

- 100아이템당 부적합수검사의 경우 :

  $f = 1 - \dfrac{Ac \times n}{(2Ac+3)N}$ (모든 Ac(합격판정 개수)에 대해)

ⓒ AOQ과 AOQL의 비교
- AOQ는 품질 p의 제품을 연속으로 산출하는 프로세스에서 다수 로트의 평균부적합품퍼센트이며 AOQL은 AOQ의 최댓값이다.
- AOQ 및 AOQL의 개념은 장기간의 연속 로트가 일정한 샘플링검사에 제출되었을 때만 의미가 있다.

③ 샘플링방식과 이해관계자의 보호
  ⓐ 개 요
- 합격판정 샘플링검사에서는 샘플링요동으로 실제 품질과는 다소 상이한 결과를 초래하여 생산자와 소비자, 판매자와 구매자 간의 거래에서 불공평한 위험부담을 안고 있다.
- 이들 이해관계자 모두가 위험 부담을 줄이고 원하는 수준의 품질보증(생산자와 판매자가 보증하는 품질을 소비자와 구매자가 받을 수 있는)을 제시하는 경제적인 샘플링방식을 설계해야 한다.
- 이런 개념에서 출발된 것이 합격품질수준(AQL)과 로트허용불량률(LTPD)이다.

  ⓑ 합격품질수준(AQL ; Acceptable Quality Level)
- 만족한 프로세스 평균의 상한(연속로트의 경우)
- 생산자의 목표에 맞고 소비자와의 계약이나 구매의 요구수준에 도달하는 바람직한 품질수준으로, 소비자와 구매자가 만족할 수 있는 최대한의 불량률과 같은 개념이다(예 계약상 10,000단위당 1의 불량률이라면 AQL은 0.0001이다).

- 샘플링검사에서 좋은 품질의 로트가 불합격될 확률은 제1종의 오류로서 생산자위험(α, Product's Risk)이라고 한다. 이것은 AQL의 품질수준을 가진 로트가 거부될 확률이다. 일반적으로 $\alpha = 0.05(5[\%])$가 되도록(즉, 로트의 합격확률은 95[%]) 샘플링방식을 정한다.
- 계량조정형 샘플링, 계수형 축차샘플링, 계량형 축차샘플링 등에서 하나의 지표의 하나로 사용된다.
- AQL 설정 시 주의사항
  - 요구품질에 맞춰서 설정한다.
  - 부적합의 등급에 따라 설정한다.
  - 프로세스 평균에 근거를 둔다.
  - 공급자와 협의한다.
  - AQL값의 계속적인 검토가 필요하다.
- AQL의 설정
  - 생산자는 평균품질이 AQL보다 좋은 로트를 생산하는 것을 요구받는다.
  - AQL 설정 시 고려해야 할 것은 소비자의 요구나 소비자가 실제로 필요하지 않은 현실적인 것은 요구하지 않으며, 문제의 아이템이 어떻게 사용되고 좋지 않은 결과는 어떤가를 고려할 필요가 있다.
  - AQL의 설정은 계약서 중에 또는 소관권한자에 의하여 정해진다.
  - 부적합품퍼센트로 표시되는 경우 AQL값은 0.01~10(16단계)을 사용하며 100아이템당 부적합수로 표현 시 0.01~1,000까지 26단계를 사용한다.
  - 26종류의 AQL은 인접하는 것의 비율이 1.5배(공비가 10의 5승근인 등비수열)가 되도록 설정되어 있다.
  - 품질수준이 부적합품퍼센트로 표시하는 경우에는 10을 넘어서는 안 된다.
  - 부분품의 적합품, 부적합품 판단이 독립일 때 부분품의 AQL은 확률의 곱으로 얻을 수 있다.

    $$\dfrac{X}{100} = 1 - \left(1 - \dfrac{x}{100}\right)^k$$

    여기서, X : 조립품의 AQL
    x : 부분품의 AQL
    k : 조립품 1개당 부분품의 개수

- AOQ 및 AOQL의 개념과 함께 AQL의 개념은 장기간 연속로트가 일정한 샘플링검사에 제출되었을 때만 의미가 있다.
ⓒ 로트허용불량률(LTPD ; Lot Tolerance Proportion Defective) : 소비자와 구매자가 불합격시키고 싶은 불합격품질수준(RQL ; Rejection Quality Level)으로, 소비자와 구매자가 수용할 수 있는 최저 품질수준이다. 샘플링검사에서 나쁜 품질의 로트가 합격될 확률을 나타내는 것은 제2종의 오류로서 소비자위험(β : Consumer's Risk)이라고 한다. 소비자위험은 LTPD의 품질수준을 가진 로트가 합격될 확률이다. 일반적으로 $\beta = 0.1(10[\%])$의 수준이 되도록(즉, 로트의 합격확률은 90[%]) 설계한다.

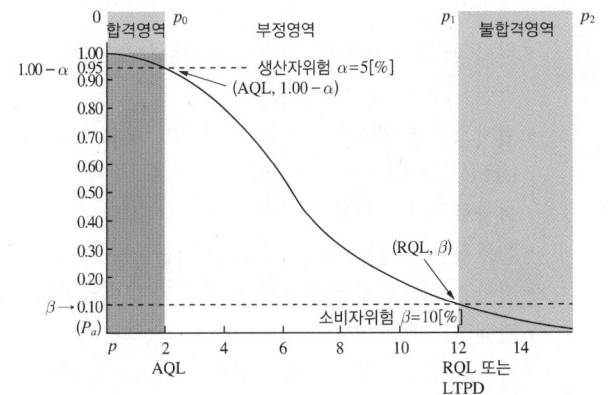

ⓔ 소관권한자 : KS Q ISO 2859-1 시스템의 중립성을 유지하고 합부판정 샘플링검사 절차가 원활하게 운용할 수 있는 충분한 지식과 능력을 가진 자이다.
- 규격의 중립성을 갖기 위하여 사전에(합부판정의 개시 이전에) 반드시 계약서상에 규정하는 것이 바람직하다.
  - 제1자 : 공급자의 품질 부문
  - 제2자 : 구입자 또는 조달기관의 검사 부문
  - 제3자 : 중립의 독립적인 검사(인증)기관
- 공급자에게 배분되는 기능
  - 로트가 2개 이상인 서브로트로 구성되어 있는가의 결정한다.
  - 다른 AQL의 등급에 대해서 공통의 샘플 크기를 사용하는가를 선정한다.
- 구입자에게 배분되는 기능
  - AQL값을 결정하고, 불합격로트를 처치한다.

- 치명적 불합격에 대한 특별 유보의 적용을 결정한다.
- 최초의 검사를 까다로운 검사 또는 수월한 검사에서 개시한다는 것을 결정한다.
- 수월한 검사로 옮겨서 좋은가를 결정한다.
- 무언가의 조건에서 보통검사로 복귀해야 한다는 것을 판단한다.
- 로트별 검사 대신 스킵로트 샘플링검사 절차를 적용해도 좋은가를 결정한다.
- 적절한 검사수준을 선정한다.
- 한계품질보호와 같은 특별 절차 사용을 선정한다.
- 검사기관에 배분되는 기능
  - 로트의 구성 및 제출방법의 지정 또는 승인한다.
  - 합격로트 중 부적합품의 재제출방법을 승인한다.
  - 재제출로트의 검사방법을 결정한다.
  - 생산 진도가 안정되어 있는가를 판단한다.
  - $Ac = 0$의 샘플링방식 대신에 대응하는 $Ac = 1$의 샘플링방식을 사용하는 것의 선정 또는 승인을 한다.
  - 2회 또는 다회 샘플링방식 사용의 결정(선정 또는 승인)을 한다.
  - 분수 합격판정 샘플링검사의 결정(선정 또는 승인)을 한다.
  - 스킵로트 샘플링검사를 승인한다.
  - 불합격로트의 조치를 한다.
④ 프로세스 평균과 치명적인 부적합
  ㉠ 프로세스 평균
  - 제출된 로트의 평균품질로 재제출된 로트는 제외된다.
  - 부적합품퍼센트 또는 100아이템당 부적합수로 표시한다.
    - 100아이템당 부적합수 $= 100p = 100\dfrac{d}{N}$

      여기서, p : 아이템당 부적합수
      d : 부적합수
      N : 로트 크기

    - 부적합품퍼센트[%] $= 100p = 100\dfrac{D}{N}$

      여기서, D : 부적합품 개수

  - AQL, AOQL, LQ와는 대조적으로 프로세스의 평균은 계산하거나 선택할 수 없고, 특정한 샘플링방식의 특징이 아니라 실제로 생산되고 있는 것과 관계가 있고, 검사방법과는 무관하다.

- 프로세스 평균 추정에는 제1샘플만 사용하는 것이 좋으며, 특성값이 2개 이상인 경우나 AQL의 등급이 2개 이상인 경우 프로세스 평균은 개별로 추정한다.

ⓒ 치명적인 부적합

위험을 초래하거나 사용성 또는 안전성에 중대한 악영향을 주는 부적합으로, 소관권한자의 판단에 따라 특정한 등급의 부적합항목에 대하여 로트 중 전 아이템을 검사하도록 요구하는 경우가 있다.

- 비파괴검사의 경우 : 샘플 크기는 로트 크기와 같고 합격판정 개수는 0의 샘플링방식을 사용한다.
- 파괴검사의 경우 : $n = \left(N - \dfrac{d}{2}\right)\left[1 - \beta^{\frac{1}{(d+1)}}\right]$로 계산 후 절상하여 가까운 정수로 한다.

여기서, N : 로트 크기

d : 로트 중 허용되는 치명적인 부적합수이며 $d = Np$로 계산 후 절사하여 가까운 정수를 취함

β : 최소 1개의 부적합을 발견하고 손상될 확률

[예제]

아이템수가 3,545개인 로트가 있다. β는 0.001, 치명적인 부적합품의 최대 비율은 0.2[%]로 규정한 경우 샘플링방식은?

[해설]

$p = 0.002$, $Np = 3,545 \times 0.002 = 6.908 \rightarrow 6$,

$n = \left(N - \dfrac{d}{2}\right)\left[1 - \beta^{\frac{1}{(d+1)}}\right]$

$= (3,545 - 3)\left(1 - 0.001^{\frac{1}{7}}\right) = 2,165$

$\therefore n = 2,165$, $Ac = 0$, $Re = 1$이 된다.

[예제]

시험한 n개의 아이템을 파괴한 후에 규정한 아이템의 개수($L = 1,500$)가 되도록 로트 크기(N)를 발견할 확률 $\beta = 0.001$ 및 로트 중 부적합품수($d = 6$)에서 샘플 크기는?

[해설]

$N = \dfrac{L - \dfrac{d}{2}}{\beta^{\frac{1}{(d+1)}}} + \dfrac{d}{2} = \dfrac{1,500 - \dfrac{6}{2}}{0.001^{\frac{1}{7}}} + \dfrac{6}{2} = 4,019$,

$n = N - L = 4,019 - 1,500 = 2,519$

⑤ 샘플링검사의 실시

ⓐ 샘플링검사 유형의 선택

- 샘플링검사의 형태(검사 실시방식)를 정한다.
- 품질판정방법(결점수, 불량 개수, 품질특성치)을 정한다.
- 샘플링검사의 형식을 정한다.
- OC곡선, AQL, LTPD, AOQL, 관리점, 샘플 크기 등을 고려하여 목적에 맞는 샘플링검사방식을 결정한다.

ⓑ 샘플링검사의 절차

- 검사단위와 검사항목을 정한다.
- 검사단위의 품질기준과 측정방법을 결정한다.
- 검사특성의 비중(치명 불량, 중불량, 경불량 등)을 결정한다.
- 검사의 종류(계량형·계수형, 규준형·조정형·선별형, 1회·2회·다회 등)를 정한다.
- 검사조건을 제시하고 샘플링검사의 제요소(AQL, LTPD, AOQL 등)를 선정한다.
- 검사로트의 범위를 구분하고 크기를 정한다.
- 샘플링방식(샘플 크기, 합격판정 개수)을 정한다.
- 검사 대상로트로부터 샘플을 랜덤으로 발췌한다.
- 정해진 측정방법으로 데이터를 측정한다.
- 측정결과를 품질기준 및 합격판정기준과 비교한다.
- 판정기준에 따라 해당 로트를 합격 또는 불합격판정 조치한다.
- 검사 기록은 관리 정보로 활용될 수 있도록 유지관리한다.
- 검사결과를 검사, 공정, 품질 표준 개선 및 공급자 선정, 평가 등에 활용한다.

3-1. 다음 중 OC곡선에서 소비자위험을 가능한 한 작게 하는 샘플링방식은? [2007년 제1회, 2010년 제4회 유사, 2014년 제1회]

① 샘플의 크기를 크게 하고 합격판정 개수를 크게 한다.
② 샘플의 크기를 크게 하고 합격판정 개수를 작게 한다.
③ 샘플의 크기를 작게 하고 합격판정 개수를 크게 한다.
④ 샘플의 크기를 작게 하고 합격판정 개수를 작게 한다.

3-2. 샘플링검사의 OC곡선에 관한 설명 중 틀린 것은?(단, n은 시료의 크기, c는 합격판정 개수, N은 로트의 크기이다)

[2003년 제1회, 2004년 제1회 유사, 2007년 제4회 유사, 2008년 제1회, 2012년 제2회, 2014년 제2회 유사, 2015년 제4회]

① n과 c를 각각 2배씩 증가시키면 OC곡선은 크게 변한다.
② n과 N이 일정하고, c가 증가하면 OC곡선은 기울기가 완만해진다.
③ n과 c가 일정하고, N이 어느 정도 이상 크면 OC곡선은 완만해진다.
④ N과 c가 일정할 때 n이 증가하면 OC곡선은 기울기가 급경사를 이룬다.

3-3. 샘플링검사에서 $n = 40$, $c = 0$인 검사방식을 적용할 때 $P_0 = 2[\%]$인 로트가 합격할 확률은?(단, $L(p)$는 이항분포로 근사시켜 구하시오)

[2009년 제2회 유사, 2011년 제4회 유사, 2015년 제2회 유사]

① 42.57[%]
② 44.57[%]
③ 46.57[%]
④ 48.57[%]

3-4. 다음 4개의 OC곡선은 각각 샘플링 계획 (a) $N = 1,000$, $n = 75$, $c = 1$, (b) $N = 1,000$, $n = 150$, $c = 2$, (c) $N = 1,000$, $n = 450$, $c = 6$, (d) $N = 1,000$, $n = 750$, $c = 10$을 나타낸 것이다. 이 중 (b)에 해당되는 OC곡선은 어느 것인가?

[2013년 제1회, 2023년 제1회]

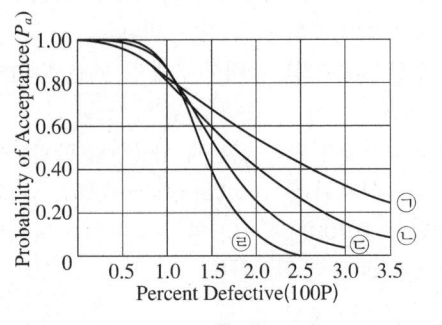

① ㉠
② ㉡
③ ㉢
④ ㉣

| 해설 |

3-2
n과 c가 일정하고, N이 어느 정도 이상 크면 OC곡선은 거의 변하지 않는다.

3-3
$$L_p = {}_{40}C_0 (0.02)^0 (1-0.02)^{40-0} = 1 \times 1 \times 0.98^{40} = 44.57[\%]$$

3-4
n이 작을수록 곡선의 기울기가 완만하며, n이 클수록 곡선의 기울기가 가파르다. 따라서 (a)는 ㉠곡선, (b)는 ㉡곡선, (c)는 ㉢곡선, (d)는 ㉣곡선이다.

정답 **3-1** ② **3-2** ③ **3-3** ② **3-4** ②

① 계수규준형 샘플링검사(KS Q 0001)

  ㉠ 1회 샘플링검사

- 부적합품의 수가 합격판정 개수 이하이면 로트 합격, 초과하면 로트 불합격판정이다.
- 생산자(판매자), 소비자(구매자) 모두 만족하는 설계이다.
- 전수검사가 불가능할 때 사용한다(파괴검사 등).
- α(생산자위험) : 0.05(0.03 ~ 0.07), β(소비자위험) : 0.10(0.04 ~ 0.13)
- 좋은 로트의 합격확률

$$1-\alpha = \sum_{x=0}^{c}\binom{n}{x}p_0^x(1-p_0)^{n-x}$$

    여기서, p_0 : α에 대한 합격시키고자 하는 로트의 부적합품률 상한

$$\beta = \sum_{x=0}^{c}\binom{n}{x}p_1^x(1-p_1)^{n-x}$$

    여기서, p_1 : β에 대한 불합격시키고자 하는 로트의 부적합품률 하한

- n, c는 검사표나 보조표를 이용하지만, 표를 이용할 수 없으면($p_1/p_0 < 1.86$)

$$n = \left(\frac{14.6}{\sqrt{p_0/p_1-1}}\right)^2 \cdot \frac{1}{p_0}, \quad c = \left(\frac{1.46}{\sqrt{p_1/p_0}}+0.82\right)^2$$을 이용한다.

- 절차 : 품질기준 설정 → p_0, p_1 지정 → 로트 형성 → 샘플링검사방식(n, c) 결정 → 시료채취방법 결정 → 시료시험 → 로트 판정 → 로트처리

  ㉡ 2회 샘플링검사

- 1회에서 판정될 수도 있고, 2회에서 판정이 이루어질 수 있어 샘플링 개수가 변하게 되므로 평균 샘플수(ASS ; Average Sample Size)가 존재한다.
- $ASS = n_1 + n_2(1-p_{\alpha_1}-p_{r_1})$

    여기서, n_1 : 1회 샘플수
             n_2 : 2회 샘플수
             p_{α_1} : 1회 샘플링의 합격확률
             p_{r_1} : 1회 샘플링의 불합격확률

- 절차

② AQL(로트별 합격품질한계)지표형 샘플링검사(KS Q ISO 2859-1) : 현재 검사 중인 로트의 합격 여부가 앞에서 검사한 로트의 검사결과에 따라 영향을 받게 되는 검사방식이다. 검사의 엄격도가 존재하므로 전(前) 로트 합격 여부에 따라 검사의 엄격도 조정이 가능하다.

  ㉠ 개 요

- 연속 시리즈의 로트계수값 합부판정 샘플링검사 품질지표로 AQL을 사용한다.
- 공급자에 대해서는 로트 불합격이라는 경제적이고 정신적인 압력을 통하여 프로세스의 평균(부적합품 퍼센트, 100아이템당 부적합수)을 적어도 AQL의 규정값과 같은 정도로 유지하도록 유도하고, 동시에 소비자에게는 품질이 나쁜 로트를 합격시킬 위험의 상한을 제공한다.

  ㉡ 적용범위

- 로트 품질보다 프로세스 품질에 관심이 있는 경우
- 연속으로 대량 구입할 경우
- 로트 합격·불합격에 공급자의 관심이 큰 경우
- 검사 적용의 예 : 최종 아이템, 부분품·원재료, 조작(오퍼레이션), 프로세스 중의 자재, 보관 중의 보급품, 보전 조작, 데이터·기록, 관리 절차 등

  ㉢ 특 징

- 구매자가 공급자를 선택할 수 있다.
- 장기적인 품질보증이 가능하다.
- 로트 크기와 샘플 크기의 비례관계가 분명하다.
- 로트 크기와 소비자 오류위험은 반비례한다.
- 샘플링형식은 3가지(1회, 2회, 다회~5회)이다.

- 검사수준이 복수이다(통상 3개, 특별 4개).
- AQL과 샘플 크기에 등비수열을 채택한다(R-5 : $\sqrt[5]{10}$ 등비수열).
- AQL의 지표형 샘플링검사를 실시하기 위한 수표를 찾기 위해 사전에 결정되어야 할 사항
  - 검사 로트의 크기
  - 검사수준
  - AQL
- 검사 로트의 크기에 따라 시료 문자가 결정되고 검사수준과 AQL의 범위를 표에서 찾게 되면 합격판정기준과 불합격판정기준이 나온다.

ㄹ 검사수준 : 시료의 상대적 크기
- 종류 : 3종류의 통상검사수준(Ⅰ, Ⅱ, Ⅲ), 4종류의 특별검사수준(S-1, S-2, S-3, S-4)이 있다.
- 별도로 수준을 규정하지 않으면, 수준 Ⅱ를 가장 많이 사용한다.
- 샘플의 크기 : Ⅰ은 Ⅱ의 반보다 작으며, Ⅲ은 Ⅱ의 약 1.5배이다.
- 특별검사수준 : 샘플 크기를 작게 하여야 하는 상황 때문에 설계되었다. 원칙적으로 로트의 크기가 클 때는 로트 크기가 작을 때보다 샘플 크기가 커지도록 되어 있으나, 이것은 비율이 커진다는 의미는 아니다.
- 샘플 비율 : 작은 로트 > 큰 로트
- 샘플 크기를 로트 크기에 따라 바꾸는 이유
  - 위험이 클 때는 정확한 판단이 중요하기 때문이다.
  - 작은 로트에서는 비경제적인 샘플 크기라도 큰 로트에서는 채용할 수 있다.
  - 샘플 크기가 로트의 극히 일부분일 때는 옳은 랜덤 샘플링이 곤란하다.

ㅁ 검사수준의 결정방법
- 낮은 수준 : 구조가 간단하고 저가인 제품, AQL보다 낮은 품질수준을 합격시키는 경우, 생산 안정, 로트 내/로트 간 산포가 적은 경우
- 높은 수준 : 검사비가 저렴한 경우

ㅂ 보통검사의 절차
- 품질기준의 설정
- AQL 결정

- 검사수준 결정 : 검사수준 Ⅰ, Ⅱ, Ⅲ 중에서 결정하는데, 보통 Ⅱ를 선택한다.
- 검사의 엄격도 설정 : 보통검사, 까다로운 검사, 수월한 검사 중에서 결정한다.
- 샘플링형식 결정 : 1회, 2회, 다회 중 결정한다.
- 검사로트의 구성 및 크기를 결정한다.
- 샘플링방식을 구한다.
- 시료채취를 한다.
- 시료조사를 한다.
- 검사로트 합격·불합격을 판정하여 로트처리를 한다.

ㅅ 샘플의 크기를 로트의 크기에 따라 바꾸는 이유 : 판정의 오류에 의한 손실이 클 때, 작은 로트에 대하여 경제적이지 않은 샘플 크기도 큰 로트에 대해서는 채용할 수 있다. 만약 샘플이 로트의 극히 일부일 때는 진정한 의미의 랜덤 샘플링에서는 상대적으로 더 많은 시간이 걸린다.

ㅇ 샘플링 형식
- 1회, 2회, 다회(5회) 샘플링 형식 중 어느 것을 사용하는가는 관리상의 곤란함과 평균 검사 개수를 기초로 한다.
- 평균 검사 개수는 다회, 2회, 1회순으로 작으며, 비용은 1회, 2회, 다회순으로 작다.
- 동일한 AQL, 동일한 시료문자, 동일한 엄격도 전환이 되어 있는 경우에는 어떤 샘플링형식을 취하여도 OC곡선은 거의 일치한다.
- 어떤 샘플링형식을 선택할 것인가는 OC곡선 이외의 물품검사비용, 샘플링비용, 검사관리상의 고려, 검사 소요시간, 이동로트 여부, 품질 관련 정보량, 심리적 효과 등을 고려하여야 한다.

ㅈ 검사의 엄격도 전환규칙 : 보통검사, 까다로운 검사 및 수월한 검사의 전환 절차, 검사 개시는 보통검사로 하며, 다만 소관권한자가 다른 지정을 한 경우는 예외이다.
- 1회 샘플링
  - 합격판정 개수가 0, 1일 때 로트가 합격하면 전환 스코어에 2를 더하고, 그렇지 않으면 전환 스코어를 0으로 되돌린다.
  - 합격판정 개수가 2 이상일 때 로트가 합격하면 전환 스코어에 3을 더하고, 그렇지 않으면 전환 스코어를 0으로 되돌린다.

- 2회 또는 다회 샘플링
  - 2회 샘플링방식을 사용할 때 제1샘플에서 로트가 합격되면 전환 스코어에 3을 더하고, 그렇지 않으면 전환 스코어를 0으로 되돌린다.
  - 다회 샘플링방식을 사용할 때 제3샘플까지 로트가 합격되면 전환 스코어에 3을 더하고, 그렇지 않으면 전환 스코어를 0으로 되돌린다.
- 전환 절차

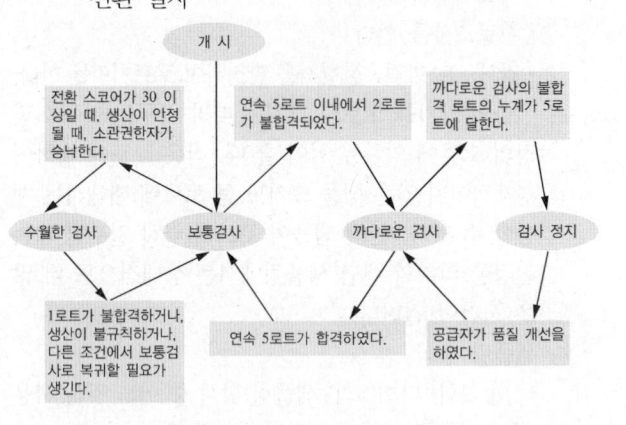

  - 까다로운 검사(소관권한자가 결정) : 공급자가 그전 계약에서 규정된 AQL을 만족시키지 못했을 때, 공급자가 제조 경험이 없을 때, 생산 전 공장검사의 결과가 나쁠 때, 그 전의 경험으로서 공급자가 제조 초기에 어려움이 있다고 인정될 때
  - 보통검사에서 연속 5로트 이내에 (초기검사에서) 2로트가 불합격되면 까다로운 검사로 이행한다.
  - 까다로운 검사에서 불합격로트의 누계가 5로트에 도달하면 검사를 중지한다.
  - 보통검사 : 특별한 지정이 없는 경우에 실시한다.
  - 까다로운 검사에서 연속 5로트가 (초기검사에서) 합격하면 보통검사로 이행한다.
  - 수월한 검사에서 1로트가 불합격되면 보통검사로 이행한다.
  - 수월한 검사(축소검사) : AQL보다 우수한 제품을 일관되게 좋은 품질로 공급할 때 보통검사표보다 샘플 크기는 $\frac{2}{5}$ 정도로 하고, Ac, Re도 상대적으로 작게 나타난다.
  - 전환 스코어의 현상값이 30 이상이 된 경우는 보통검사에서 축소검사로 전환한다.

- 소관권한자가 생산 진도가 안정되었다고 인정한 경우 보통검사에서 축소검사로 전환한다.
ⓩ 생산자위험 및 소비자위험 : 만약 시리즈 로트가 전환규칙의 적용을 허락할 정도로 길지 않다면 결정된 AQL하에서 소비자위험품질(CRQ)이 지정된 값을 넘지 않도록 하는 샘플링방식을 선택하는 것이 바람직하다.
ⓚ 전환 스코어(SS ; Switching Score) : 보통검사에서 수월한 검사로의 엄격도 전환에 사용된다. 연속하는 로트의 보통검사의 초기 검사 후 그때마다 갱신한다.
- 1회 샘플링방식
  - 합격판정 개수가 2 이상일 때 로트가 합격되고, AQL이 한 단계 엄격한 조건에서 합격되면 전환 스코어에 3을 더하고, 불합격되면 전환 스코어를 0으로 되돌린다.
  - 합격판정 개수가 0 또는 1일 때 로트가 합격되면 전환 스코어에 2를 더하고, 불합격되면 전환 스코어를 0으로 되돌린다.
- 2회 또는 다회 샘플링방식
  - 2회 샘플링방식을 사용할 때 제1샘플에서 로트가 합격된다면 전환 스코어에 3을 더하고, 불합격되면 전환 스코어를 0으로 되돌린다.
  - 다회 샘플링방식을 사용할 때 제3샘플까지 로트가 합격된다면 전환 스코어에 3을 더하고, 불합격되면 전환 스코어를 0으로 되돌린다.
ⓔ 분수 합격판정 개수의 1회 샘플링방식(옵션 절차) : 분수 합격판정 개수의 샘플링방식은 소관권한자가 승인했을 때 사용할 수 있다.
- 샘플링방식이 일정한 경우 : 샘플 중 부적합품이 없는 경우는 로트 합격, 2개 이상이면 불합격이다. 샘플 중 부적합품수가 1개뿐인 경우의 로트 합격기준은 다음과 같다.
  - $Ac = \frac{1}{2}$: 직전 로트의 수 1개에 부적합품이 없는 경우, 로트 합격
  - $Ac = \frac{1}{3}$: 직전 로트의 수 2개에 부적합품이 없는 경우, 로트 합격

- $Ac = \dfrac{1}{5}$: 직전 로트의 수 4개에 부적합품이 없는 경우, 로트 합격
- 샘플링방식이 일정하지 않은 경우 : 합부판정 스코어(AS ; Acceptance Score)를 사용하여 합부판정한다.
- 보통검사, 까다로운 검사, 수월한 검사의 개시 시점에서는 합격판정 스코어를 0으로 되돌린다.

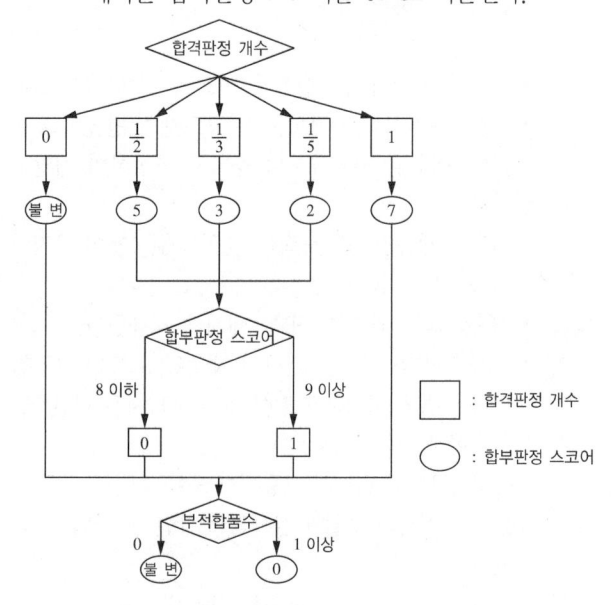

- 분수 합격판정 개수 샘플링방식의 적용은 소관권한자가 승인했을 때 사용할 수 있다.
- 주어진 합격판정 개수가 $\dfrac{1}{5}$ 이면, 합부판정 스코어에 2를 가산한다.
- 주어진 합격판정 개수가 $\dfrac{1}{3}$ 이면, 합부판정 스코어에 3을 가산한다.
- 주어진 합격판정 개수가 $\dfrac{1}{2}$ 이면, 합부판정 스코어에 5를 가산한다.
- 주어진 합격판정 개수가 1 이상이면, 합부판정 스코어에 7을 가산한다.
- 샘플링방식이 일정하지 않은 경우, 합격판정 스코어가 9 이상이면 합격판정 개수를 1로 하여 판정한다.
- 합부판정 스코어의 갱신(가산)은 샘플링방식을 구한 후 합부판정 전에 한다.

- 합부판정 스코어를 0으로 재설정하는 것은 합부판정 후에 한다.
- 전환 스코어의 갱신과 0으로 재설정하는 것은 양쪽 모두 합부판정 후에 한다.
- 전환규칙 : 전환 스코어를 제외한 나머지는 AQL지표형 샘플링검사와 동일하다.
- 전환 스코어 : 주어진 합격판정 개수가 $\dfrac{1}{3}$, $\dfrac{1}{2}$ 일 때 로트가 합격하면 전환 스코어에 2를 더하고, 불합격되면 전환 스코어를 0으로 되돌린다. 나머지는 동일하다.

③ LQ지표형 샘플링검사(KS Q ISO 2859-2) : 연속로트가 아닌 고립 상태의 로트, 단기간 로트의 품질보증방식에 적용하는 샘플링방식으로 LQ(Limiting Quality, 한계품질)의 표준값을 지표로 사용한다.

㉠ LQ : 합격시키고 싶지 않은 로트의 품질수준이다.
- LQ지표형 샘플링검사의 지표용으로 사용된다.
- 한계품질을 규정하는 것은 실제로는 바람직한 품질을 규정하는 것이다.
- LQ에서 소비자위험은 통상 10[%] 미만(아무리 나빠도 13[%] 미만)이다.
- 로트가 적절히 합격하기 위해서는 부적합품퍼센트를 LQ의 $\dfrac{1}{4}$ 이하로 LQ보다 훨씬 작게 하여야 한다.
- LQ는 바람직한 품질의 최저 3배라는 현실적인 선택을 하는 것이 바람직하다.
- 샘플링방식을 찾는 데 사용하는 LQ 표준값은 한계품질의 비표준값을 포함한 구간에 대응되는 값을 선택한다.
- 한계품질이 3.5[%]로 규정되어 있다면, 이것은 표준값이 아니다. 3.5[%]는 2.5[%] ≤ LQ ≤ 4[%]의 범위에 있으므로, 표준값은 이에 대응하는 3.15[%]를 사용한다.

㉡ 검사 절차의 종류
- 절차 A
  - 절차 A의 샘플링방식은 로트 크기 및 한계품질(LQ)로 구한다.
  - 공급자, 소비자가 모두 고립 상태인 경우에 적용한다.

- 어느 쪽의 절차를 사용하는가를 결정하지 않은 경우에는 절차 A를 사용한다.
- 합격판정 개수($A_C = 0$)가 0인 샘플링방식을 포함하고, 샘플 크기는 초기하분포를 기초로 한다.
- 절차 A의 종합적인 효과 : 한계품질이 8[%] 미만인 경우에는 AQL지표형 샘플링검사의 검사수준 Ⅰ과 비슷하며, 한계품질이 8[%]보다 큰 경우에는 검사수준 Ⅱ와 비슷하고, 한계품질이 8[%]인 경우에는 검사수준 Ⅰ, Ⅱ의 중간이다.
- 절차 A에서 합격판정 개수($A_C = 0$) 샘플링방식의 OC곡선에 대한 초기하분포의 데이터 분포
  ⓐ 모든 샘플링방식에 대하여 $A_C = 0$이다.
  ⓑ 샘플 크기는 각 난의 최상단에 표시한다.
  ⓒ R은 로트 중 부적합품의 개수를 나타낸다.
  ⓓ 로트의 합격확률(P_a)은 로트 크기의 구간 내에서의 최댓값을 [%]로 표시한다.
- 절차 B
  - 절차 B의 샘플링방식은 로트 크기, 한계품질(LQ) 및 검사수준에서 구한다.
  - AQL 지표형 샘플링검사의 샘플 크기와 합격판정 개수가 연계되어 있다.
  - 공급자는 로트가 연속 시리즈의 하나로 간주하는 것을 바라지만, 소비자는 로트를 고립 상태로 받아들인다고 생각하는 경우에 적용한다.
  - 절차 B는 특별한 지시가 있는 경우에 사용한다.
  - 합격판정 개수가 0인 샘플링방식은 포함하지 않고 충분히 작은 로트에 대해서는 전수검사로 한다.
- 불합격로트는 다음 조건을 만족하지 않는 한 재제출해서는 안 된다.
  - 소관권한자의 동의가 있을 때
  - 로트 중의 전 아이템을 재점검 또는 재시험하고, 모든 부적합이 제거되고 또는 적합품으로 치환되거나 모든 부적합품이 수정되었을 때
④ 스킵로트(Skip-lot) 샘플링검사(KS Q ISO 2859-3) : 연속으로 제출된 (시리즈) 로트나 실질적으로 안정된 연속 생산에 적용되는 검사로 로트 중 일부 로트를 검사 없이 합격시키는 샘플링 절차이다.

㉠ 스킵로트 샘플링검사를 적용할 수 있는 경우
  • 공급자가 모든 면에서 품질을 효과적으로 관리하는 능력이 있는 것을 실증하고 요구조건에 합치되는 로트를 계속 생산하는 경우
  • 제품 품질이 AQL보다 매우 좋은 경우(2배 이상 우수)
  • 연속으로 제출된 로트 중의 일부 로트를 검사 없이 합격으로 하는 경우
㉡ 특 징
  • 다량의 불합격품의 합격을 막도록 설계되어 있다.
  • 스킵로트검사의 자격 취득은 프로세스 평균이 AQL 값의 반과 같거나 그보다 좋다고 가정하여 개발되었다.
  • 제출된 제품검사의 노력을 감소시키는 것이 목적인 샘플링방식이다.
  • 연속 시리즈의 로트 또는 배치에 적용한다.
  • 검사 노력의 감소는 검사에 제출된 로트를 규정한 확률로 임의 선택하고 검사 없이 통과시킬 것인가를 결정한다.
  • 통상 검사수준하에서 보통검사 또는 수월한 검사 또는 보통검사와 수월한 검사의 조합인 경우에만 실시된다.
  • 스킵로트검사의 종류에는 $\frac{1}{2}$, $\frac{1}{3}$, $\frac{1}{4}$, $\frac{1}{5}$의 4가지가 있는데, 이 중에서 $\frac{1}{5}$은 스킵로트검사의 초기 빈도 결정에 포함되지 않는다.
  • 제품이 소정의 판정기준을 만족한 경우, 검사빈도는 $\frac{1}{5}$을 적용할 수 있다.
  • 다회 샘플링검사는 보통검사에서 자격심사의 페이즈(Phase) 경우에만 사용한다.
  • AQL지표형 샘플링검사와 함께 사용하도록 설계되었다.
  • AQL지표형 샘플링검사의 절차가 검사수준 Ⅰ, Ⅱ, Ⅲ하에서 보통검사 또는 수월한 검사 또는 보통검사와 수월한 검사의 조합인 경우에 실시한다.
  • 수월한 검사보다 비용면에서 유리한 경우에는 수월한 검사 대신 사용할 수 있다.

- 수월한 검사는 제품이 로트별 검사 상태에 있을 때 사용할 수 있으나, 스킵로트검사 또는 스킵로트 중단 상태에는 사용할 수 없다.
- 품질이 AQL값과 같거나 그보다 나쁜 경우에, 최초의 10로트에서 스킵로트검사의 자격을 취득하는 기회는 7.5[%] 이하이다.
- 품질의 AQL값과 같거나 그보다 나쁠 때는 스킵로트 검사 자격 취득까지의 로트수의 기댓값은 품질의 AQL값의 반일 때보다 훨씬 크다.
- 주어진 AQL에 대해서 다음 빈도로의 이행까지 로트 수의 기댓값은 자격 취득까지 로트수의 기댓값과 같다.
- 스킵로트 절차가 상태 2(스킵로트검사)에 있고, 품질의 AQL값의 2배이면 스킵로트 중단까지의 검사 로트수의(평균하여) 4로트 이하일 것이다.
- 참의 불합격품퍼센트가 AQL값의 반이면 스킵로트 중단까지 (평균하여) 15로트 이상이 검사될 것이다.
- 품질이 AQL값의 $\frac{1}{2}$과 같거나 그보다 좋을 때는 상태 3(스킵로트 중단)에서 스킵로트검사로 되돌아갈 확률은 90[%] 이상이고, 합격판정 개수가 2 이상이면 그 확률은 97[%] 이상이다.
- 품질이 AQL값의 2배와 같거나 그보다 나쁜 경우에는 상태 3(스킵로트 중단)에서 스킵로트검사로 되돌아올 확률은 30[%] 이하이다.
- 품질이 AQL값의 3배이면 스킵로트검사로 되돌아올 확률은 10[%] 이하이다.
- 고립로트에는 적용하지 않는다.
- 인원의 안전에 관계하는 제품특성의 검사에는 적용하지 않는다.
- 이 규격에서는 합격판정 개수가 0인 1회 샘플링방식을 사용하지 않는다.

ⓒ 공급자 및 제품의 자격심사
- 공급자의 자격심사
  - 제품 품질과 설계 변경을 관리하기 위한 문서를 갖추고 유지하고 있으며, 여기에는 공급자에 따른 각 생산로트의 검사와 검사결과의 기록이 포함되어 있다.
  - 품질수준의 이동을 검출 수정하고 품질의 저하를 초래하는 프로세스의 변화를 감지할 능력이 있는 시스템을 설치하고 있어야 한다.

- 시스템 적용의 책임을 가진 공급자쪽 담당자는 적용되는 규격, 시스템 및 따라야 할 절차에 대해 명확하게 이해해야 한다.
- 품질의 저하를 초래할 우려가 있는 조직 변경이 없어야 한다.

- 제품의 자격심사
  - 제품설계가 안정되어 있어야 한다.
  - 공급자와 소관권한자가 합의한 기간 동안 실질적으로 연속 생산된 것이어야 한다.
  - 기간이 규정되어 있지 않으면 6개월로 한다.
  - 제품 자격심사기간 중 Ⅰ, Ⅱ, Ⅲ 검사수준에서 보통검사 또는 수월한 검사, 보통검사와 수월한 검사의 조합이 적용되며 자격심사 기간 중 1로트라도 까다로운 검사를 적용받는 제품은 스킵로트 검사에서 제외된다.
  - 공급자와 소관권한자가 합의한 인정기간 중 AQL 또는 그보다 좋은 품질이 유지되어야 하며 다음의 품질 요구사항을 만족해야 한다.
    ⓐ 직전 10개 로트 이상 합격(보통검사, 수월한 검사 조건에서)한 경우
    ⓑ 직전 10로트나 10개 로트 이상으로 요구사항을 만족한 경우
    ⓒ 최근 각 2로트가 요구사항을 만족한 경우
- 2회 또는 다회 샘플링방식을 사용할 경우에는 ⓐ, ⓑ의 절차에서는 제1샘플의 결과만 사용한다.

ⓔ 스킵로트 절차
- 공급자 자격심사의 조건에 적합한 공급자에 의해 제품의 자격심사조건에 적합하여 생산되면 스킵로트 검사가 가능하며, 스킵로트검사의 절차에는 3개의 기본 상태가 존재한다.
  - 상태 1 : 로트별 검사
  - 상태 2 : 스킵로트검사
  - 상태 3 : 스킵로트 중단
- 상태 1 로트별 검사에서 공급자와 제품이 스킵로트 검사 자격을 취득하면 상태 2 스킵로트검사로 옮겨간다.
- 스킵로트는 보통 중단되어 상태 3으로 옮겨간다.
- 상태 3에서는 그 제품이 최초처럼 엄격하지 않은 조건에서 자격을 재취득하고, 상태 2로 되돌릴 수 있다.

- 상태 2 또는 상태 3에서 그 제품이 스킵로트검사의 자격을 상실하기도 한다. 이때 절차는 상태 1로 되돌리고 제품은 다시 스킵로트검사 자격을 만족하여야 한다.
ⓓ 자격 중단
  - 검사받은 최종의 1로트가 판정기준에 합치되지 않은 경우
  - 2회 샘플링방식에서 제2샘플이 필요한 경우
ⓑ 스킵로트 절차의 기본구조

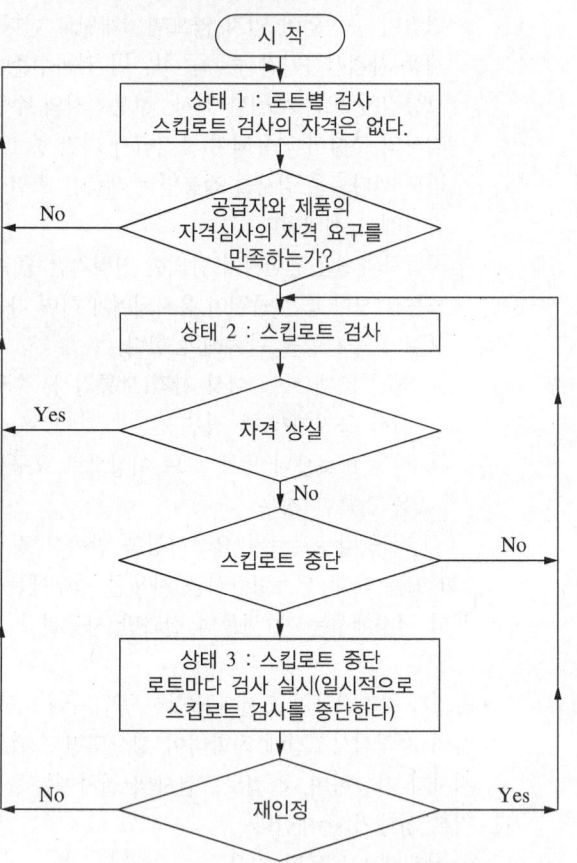

ⓢ 자격 재심사의 절차 : 스킵로트검사가 중단된 상태 3의 기간 중 연속 4로트가 합격하고, 최근 연속 2로트가 요구사항을 모두 만족하면 스킵로트검사로 되돌아가는데 다음으로 높은 빈도로 돌아간다(예 $\frac{1}{4}$ 에서 $\frac{1}{3}$ 으로).
ⓞ 자격 상실
  - 상태 3에서 1로트 불합격 경우
  - 상태 3에서 10로트 이내에 자격을 재취득하지 않았을 때
  - 공급자와 소관권한자가 합의한 기간 동안 생산활동이 없었을 때(기간 합의가 없는 경우는 2개월 기준)
  - 공급자가 채택되고 승인된 품질관리 절차를 현저히 이탈했을 때
  - 공급자·제품의 자격심사조건에 불일치할 때
  - 소관권한자가 로트별 검사로 되돌아오는 것을 바랄 때
ⓩ 초기 빈도결정 절차
  - $\frac{1}{2}$ 초기 빈도 : 자격 취득 필요 로트수 20개 초과
  - $\frac{1}{3}$ 초기 빈도 : 자격 취득 필요 로트수가 20개 이하이지만 개시, 계속, 재개 합격판정 개수 요구사항 불만족로트가 1로트 이상인 경우
  - $\frac{1}{4}$ 초기 빈도 : 자격 취득 필요 로트수 20개 이하
  - $\frac{1}{5}$ 은 초기 빈도로 사용할 수 없다.

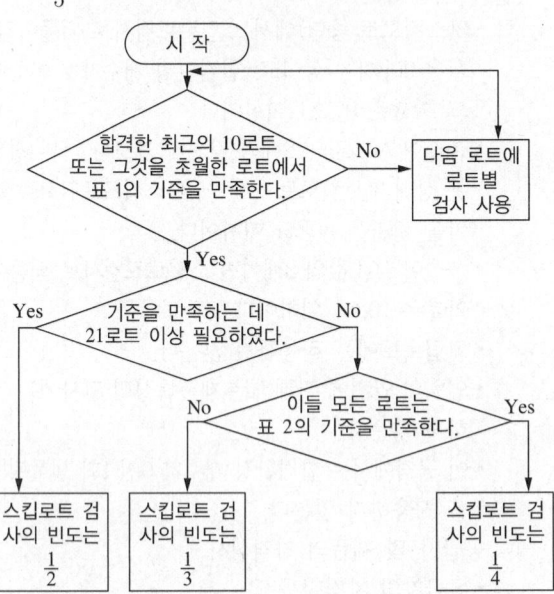

ⓩ 다음 조건이 만족되면 검사의 빈도는 낮은 빈도로 옮겨도 좋다(예 $\frac{1}{3}$ 에서 $\frac{1}{4}$ 로).
  - 현재 상태 2(스킵로트검사)에서 연속 10로트 이상이 스킵로트검사를 받아 합격하고, 이 로트의 데이터가 요구사항을 만족하는 경우

- 소관권한자가 이 빈도 이행을 승인하는 경우(단, 2회 샘플링의 경우에는 제1회 샘플의 결과만 계산)
- 자격 상실 사유가 발생하지 않은 경우

㉠ 로트의 선택 및 검사 절차 : 상태 2의 기간 중 검사해야 할 로트는 다음의 절차(정육면체 주사위를 사용하는 선택방법)를 따른다.

- 빈도 $\frac{1}{2}$: 로트가 검사에 제출될 때 정육면체 주사위를 흔든다. 주사위의 눈이 홀수이면 그 로트를 검사로트로 선택하고, 짝수이면 그 로트를 검사하지 않고 합격으로 한다.

- 빈도 $\frac{1}{3}$: 로트가 검사에 제출될 때 정육면체 주사위를 흔든다. 주사위의 눈이 1 또는 2이면 그 로트를 검사로트로 선택하고, 3 이상이면 그 로트를 검사하지 않고 합격으로 한다.

- 빈도 $\frac{1}{4}$: 로트가 검사에 제출될 때 정육면체 주사위를 흔든다. 주사위의 눈이 1이면 그 로트를 검사로트로 선택하고, 2, 3 또는 4이면 그 로트를 합격으로 한다. 주사위의 눈이 5 이상이면 주사위를 다시 흔들고, 1~4의 눈이 나올 때까지 이 절차를 반복한다.

- 빈도 $\frac{1}{5}$: 로트가 검사에 제출될 때 정육면체 주사위를 흔든다. 주사위의 눈이 1이면 그 로트를 검사로트로 선택하고, 2, 3, 4 또는 5이면 그 로트를 합격으로 한다. 주사위의 눈이 6이면 주사위를 다시 흔들고, 1~5의 눈이 나올 때까지 이 절차를 반복한다.

- 빈도가 $\frac{1}{k}$ 인 경우의 난수표를 사용하는 선택

  - 많은 난수표가 발표되고 있고, 난수 발생을 위해 여러 가지 컴퓨터 프로그램이 있다.
  - 00000에서 99999까지의 5자리 난수가 사용 가능한 것으로 가정한다.
  - 빈도 $\frac{1}{k}$ 로 선택하는 경우에는 얻어진 난수를 k로 나눈다. 그 비율이 1이면 그 로트를 검사로트로 선택하고, 1 이외이면 그 로트를 합격으로 한다.
  - 이 방법은 $k = 2, 3, 4$ 또는 5인 경우에 적합하다.
  - 난수표를 사용하는 경우에 사용한 난수는 그 후 검토 시에는 사용하지 않는다.

- 공급자와 소관권한자 양쪽이 합의한 기간 내에 최소한 1로트는 검사해야 한다. 만약 기간이 규정되어 있지 않으면 2개월로 한다.

㉢ 공급자의 책임

- 공급자는 제조방법, 검사방법의 변경, 그 제품의 생산에 관련된 공구, 게이지 또는 원재료의 개량, 시방 변경을 실시했을 때는 검사기능에 통지하여야 한다.
- 공급자는 불합격로트를 발견하고, 소정의 조직적 절차에 따른 준비가 필요해졌을 때는 즉시 검사기능에 통지하여야 한다. 그 로트는 소정의 조직적 절차에 따라서 소관권한자가 합격 승인을 할 때까지는 보류해 두어야 한다.
- 이 절차하에서 합격된 로트는 스킵로트검사 절차의 목적에 대해서는 존재하지 않은 것으로 취급한다.
- 공급자는 원재료가 새로운 리스트번호, 도면번호 또는 시방서에 따라서 최초로 제조되었을 때는 언제라도 검사기능에 통지하여야 한다.
- 공급자는 검사기능이 검사했는가에 관계없이 출하한 모든 로트에 대한 검사 데이터를 검사기능이 이용할 수 있도록 해 두어야 한다.
- 공급자는 시방서번호, 리스트 또는 도면번호, 계약 또는 구입 주문번호, 고객, 목적지, 출하량을 포함한 리스트를 검사기능에 공급하여야 한다.
- 검사기능이 검사하지 않은 로트를 출하할 때 공급자는 출하일자를 기록하고, 출하품에 스킵로트 절차의 검사기능 없이 출하한 제품인 것을 표시하는 스탬프를 찍어야 한다.

㉣ 검사기능의 책임과 소관권한자의 책임

- 검사기능의 책임
  - 검사기능은 스킵로트검사가 AQL의 수월한 검사보다 유리한가를 공급자와 고객의 관계, 검사의 고정비와 개개의 아이템에 의하여 변동하는 검사비용과의 관계, 스킵로트검사의 기간 중 사용하는 샘플링방식의 합격판정 개수를 고려하여 결정한 후 소관권한자에게 문서로 통지하고 그 제품에 대해서 스킵로트검사를 추진하여야 한다.
  - 포함되는 정보 : 품질이력, 제조기간, 스킵로트검사의 도입 희망시기, 초기 빈도 희망값, 공급자의 현행 품질관리 절차의 사본 및 그 절차에 대한 공급자의 능력 정리 등

- 검사기능은 공급자와 소관권한자가 합의한 빈도로 공급자의 품질관리시스템을 재조사하고 빈도의 합의가 없으면 6개월마다 1회 재조사하여야 한다.
- 검사기능은 프로세스 간 검사를 정기적으로 실시한다.
- 소관권한자의 책임
  - 공급된 정보의 재조사
  - 공급자가 제품 품질을 전면적으로 관리하는가에 대한 판정
  - 스킵로트의 개시일자 결정
ⓗ 스킵로트와 수월한 검사 선정 시 고려사항
  - 공급자와 고객의 관계
  - 검사의 고정비와 개개의 아이템에 의하여 변동하는 검사비용과의 관계
  - 스킵로트검사의 기간 중 사용하는 샘플링방식의 합격판정 개수

핵심예제

4-1. $N = 500$, $n = 40$, $c = 1$인 계수규준형 1회 샘플링검사에서 모부적합품률 $P = 0.3[\%]$일 때 로트가 합격할 확률 $L(p)$는 약 얼마인가?(단, 푸아송분포로 계산하시오)

[2009년 제2회 유사, 2011년 제4회 유사, 2016년 제1회]

① 0.621
② 0.887
③ 0.896
④ 0.993

4-2. 로트별 합격품질한계(AQL)지표형 샘플링검사방식에 대한 설명 중 틀린 것은?

[2016년 4회]

① 평균 샘플 크기(ASSI)는 1회보다 다회의 경우에 작게 나타난다.
② 샘플문자는 검사수준과 로트의 크기를 활용하여 구할 수 있다.
③ 검사수준은 상대적인 검사량을 나타내는 것으로 검사수준 Ⅰ이 검사수준 Ⅲ보다 샘플수가 커진다.
④ 수월한 검사는 KS Q ISO 2859-1의 특징의 하나로 보통검사보다 작은 샘플 크기를 사용할 수 있다.

4-3. 계수형 샘플링검사 절차 – 제1부 : 로트별 합격품질한계(AQL)지표형 샘플링검사 방식(KS Q ISO 2859-1 : 2014)에서 검사수준에 관한 설명 중 틀린 것은?

[2017년 제2회]

① 검사수준은 상대적인 검사량을 결정하는 것이다.
② 검사수준은 Ⅰ, Ⅱ 및 Ⅲ으로 3개의 검사수준이 있다.
③ $S-1$, $S-2$, $S-3$ 및 $S-4$로 4개의 특별검사수준이 있다.
④ 특별검사수준의 목적은 필요에 따라서 샘플을 크게 해 두는 것이다.

4-4. 로트별 합격품질한계(AQL)지표형 샘플링검사방식에서 전환규칙에 관한 설명으로 틀린 것은? [2010년 제1회, 2016년 제2회]

① 까다로운 검사에서 연속 5로트가 합격되면 보통검사로 복귀된다.
② 연속 5로트 중 2 로트가 불합격되면 보통검사에서 까다로운 검사로 전환한다.
③ 불합격로트의 누계가 10개가 될 동안 까다로운 검사를 실시하고 있으면 검사를 중지한다.
④ 검사 중지에서 공급자가 품질을 개선하여 소관권한자가 승인할 때 까다로운 검사로 실시한다.

4-5. 계수치 샘플링검사 절차–제1부 : 로트별 합격품질한계(AQL)지표형 샘플링검사 방안(KS Q ISO 2859-1)에 따라 샘플링검사를 행할 때, 까다로운 검사에서 보통검사로 전환되는 경우는?

[2008년 제4회, 2015년 제1회]

① 전환 스코어의 현상값이 30 이상이 된 경우
② 연속 5로트가 초기 검사에서 합격된 경우
③ 생산 진도가 안정되었다고 소관권한자가 인정한 경우
④ 연속 5로트 이내의 초기 검사에서 2로트가 불합격된 경우

4-6. KS Q ISO 2859-1 : 2010 계수치 샘플링검사 절차–제1부 로트별 합격품질수준(AQL)지표형 샘플링검사 방안에서 합격판정 개수 Ac가 2개 이상의 검사가 진행되는 경우이면 몇 개의 로트가 연속 합격되어야 수월한 검사로 전환할 수 있는가?

[2013년 제2회 유사, 2014년 제2회, 2015년 제4회 유사, 2016년 제1회 유사, 2017년 제4회 유사]

① 연속 8로트
② 연속 10로트
③ 연속 13로트
④ 연속 15로트

4-7. 고립로트의 검사에 대한 LQ지표형 샘플링검사방식(KS Q ISO 2859-2)에서 한계품질(LQ)에 대한 설명으로 옳지 않은 것은?

[2009년 제4회]

① LQ는 바람직한 품질의 최저 3배라는 현실적인 선택을 하는 것이 좋다.

② 합격판정 개수가 1인 샘플링방식의 로트 품질은 LQ의 0.1배보다 좋은 값이다.

③ LQ는 소비자에게 합격로트의 진정한 품질에 대하여 신뢰할 수 있는 기준을 주는 것은 아니다.

④ KS Q ISO 2859-2에서 LQ가 5[%]를 넘는 것에는 KS Q ISO 2859-1에서 주어진 검사수준 Ⅲ과 같다.

4-8. KS Q 2859-3 : 2010 계수치 샘플링검사 절차–제3부 : 스킵로트 샘플링검사 절차에서 공급자 책임으로 옳지 않은 것은?

[2014년 제1회]

① 공급자는 제조방법, 검사방법의 변경, 그 제품의 생산에 관련된 공구, 게이지 또는 원재료의 개량, 시방 변경을 하였을 때는 검사기능에 통지하여야 한다.

② 공급자는 불합격로트를 발견하면 즉시 선별하여 부적합이 없는 로트를 입고하여야 한다.

③ 공급자는 원재료가 새로운 리스트번호, 도면번호 또는 시방서에 따라서 최초로 제조되었을 때는 언제라도 검사기능에 통지하여야 한다.

④ 공급자는 시방서번호, 리스트 또는 도면번호, 계약 또는 구입주문번호, 고객, 목적지, 출하량을 포함한 리스트를 검사기능에 공급하여야 한다.

|해설|

4-1
$$L(p) = \sum_{x=0}^{c} \frac{e^{-np}(np)^x}{x!} = \sum_{x=0}^{c} \frac{e^{-(40\times0.003)}(40\times0.003)^x}{x!}$$
$$= e^{-0.12}\left(\frac{0.12^0}{0!} + \frac{0.12^1}{1!}\right) = e^{-0.12}(1+0.12) = 0.993$$

4-2
AQL 검사수준은 상대적인 검사량을 나타내는 것으로 검사수준 Ⅰ이 검사수준 Ⅲ보다 샘플수가 작아진다.

4-3
특별검사수준 : 샘플 크기를 작게 하여야 하는 상황 때문에 설계되었다. 원칙적으로 로트의 크기가 클 때는 로트 크기가 작을 때보다 샘플 크기가 커지도록 되어 있으나, 이것은 비율이 커진다는 의미는 아니다.

4-4
불합격로트의 누계가 5개가 될 동안 까다로운 검사를 실시하고 있으면 검사를 중지한다.

4-5
② 연속 5로트가 초기 검사에서 합격이 된 경우 : 까다로운 검사에서 보통검사로 전환
① 전환 스코어의 현상값이 30 이상이 된 경우 : 보통검사에서 수월한 검사로 전환
③ 생산 진도가 안정되었다고 소관권한자가 인정한 경우 : 보통검사에서 축소검사로 전환
④ 연속 5로트 이내의 초기 검사에서 2로트가 불합격된 경우 : 보통검사에서 까다로운 검사로 전환

4-6
보통검사에서 수월한 검사로 전환되려면 전환 스코어의 현상값이 30 이상이 되어야 한다. Ac가 2개 이상의 검사가 진행되는 경우이면 $3x=30$이다. 따라서 $x=10$로트이다.

4-7
절차 A의 종합적 효과는 LQ가 8[%] 미만인 경우는 검사수준 Ⅰ과 비슷하고, LQ가 8[%] 이상인 경우는 검사수준 Ⅱ와 비슷하다.

4-8
불합격로트의 처리는 소관권한자의 일이며 소관권한자의 판정 전까지는 일단 보류된다.

정답 4-1 ④ 4-2 ③ 4-3 ④ 4-4 ③ 4-5 ② 4-6 ② 4-7 ④ 4-8 ②

① 계량규준형 샘플링검사(KS Q 0001) : 모표준편차를 알고 있는 경우(σ 기지)

   ㉠ 특성치·모표준편차을 사용하여 계산한 합격판정치와 로트에서 샘플링한 샘플의 평균을 비교하여 로트의 합격·불합격을 판정하는 방법이다.

   ㉡ 검사 대상 로트 자체의 합격·불합격을 판정한다.

   ㉢ 생산자(판매자)와 소비자(구매자)를 모두 보호한다.

   • 생산자(판매자) 보호 : 품질이 좋은 로트가 불합격되는 확률 α(생산자위험)를 정하여 보호한다.

   • 소비자(구매자) 보호 : 품질이 나쁜 로트가 합격되는 확률 β(소비자위험)를 정하여 보호한다.

   ㉣ 로트 평균치 보증방법 : 로트에서 샘플링하여 샘플평균을 계산하여 상한 합격판정치 또는 하한 합격판정치와 비교하여 로트 합격·불합격판정을 한다.

   • 망대특성(특성치가 높을수록 강도, 내구성 등이 좋음)의 경우 : 하한 합격판정치를 설정하여 샘플 평균이 이보다 크거나 같으면($\overline{x} \geq \overline{X_L}$) 로트 합격, 이보다 작으면($\overline{x} < \overline{X_L}$) 로트 불합격으로 판정한다.

   − 합격판정선 :

   $$\overline{X_L} = m_0 - k_\alpha \frac{\sigma}{\sqrt{n}} = m_0 - G_0\sigma = m_1 + k_\beta \frac{\sigma}{\sqrt{n}}$$

   − 시료 크기 : 샘플링검사표 또는

   $$n = \left(\frac{k_\alpha + k_\beta}{m_0 - m_1} \right)^2 \cdot \sigma^2 \text{ 이용}$$

   − 판 정

   ⓐ $\overline{x} \geq \overline{X_L}$: 로트 합격

   ⓑ $\overline{x} < \overline{X_L}$: 로트 불합격

   − OC곡선 : $K_{L(m)} = \dfrac{\sqrt{n}\,(\overline{X_L} - m)}{\sigma}$

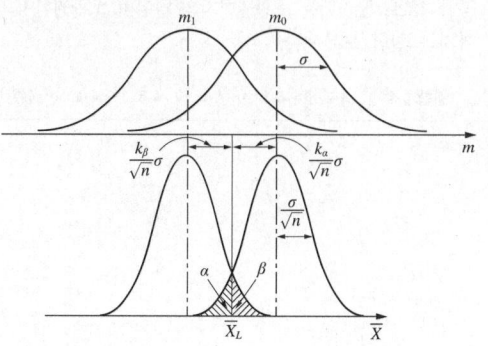

ⓐ α는 생산자위험을 나타낸다.

ⓑ β는 소비자위험을 나타낸다.

ⓒ 평균값이 m_0인 로트는 좋은 로트로 받아들일 수 있다.

ⓓ 시료로부터 얻어진 데이터의 평균이 $\overline{X_L}$보다 작으면 해당 로트는 불합격이다.

• 망소특성(특성치가 낮을수록 좋음)의 경우 : 상한 합격판정치를 설정하여 샘플 평균이 이보다 작거나 같으면($\overline{x} \leq \overline{X_U}$) 로트 합격, 이보다 크면($\overline{x} > \overline{X_U}$) 로트 불합격으로 판정한다.

   − 합격판정선 :

   $$\overline{X_U} = m_0 + k_\alpha \frac{\sigma}{\sqrt{n}} = m_0 + G_0\sigma = m_1 - k_\beta \frac{\sigma}{\sqrt{n}}$$

   − 시료 크기 : 샘플링검사표 또는

   $$n = \left(\frac{k_\alpha + k_\beta}{m_1 - m_0} \right)^2 \cdot \sigma^2 \text{ 이용}$$

   − 판 정

   ⓐ $\overline{x} \leq \overline{X_U}$: 로트 합격

   ⓑ $\overline{x} > \overline{X_U}$: 로트 불합격

   − OC곡선 : $K_{L(m)} = \dfrac{\sqrt{n}\,(m - \overline{X_U})}{\sigma}$

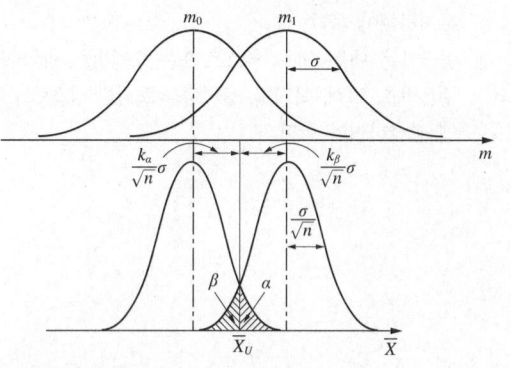

• 망목특성(특성치가 너무 높거나, 너무 낮거나, 모두 나쁨)의 경우 : 하한 합격판정치, 상한 합격판정치를 모두 정하고 샘플 평균이 상·하한 합격판정치와 같거나 그 사이에 있으면($\overline{X_L} \leq \overline{x} \leq \overline{X_U}$) 로트 합격, 하한 합격판정치보다 작거나 상한 합격판정치보다 크면($\overline{x} < \overline{X_L}$ 또는 $\overline{x} > \overline{X_U}$) 로트 불합격으로 판정한다.

   − 성립조건 : $\dfrac{m_0{}' - m_0{}''}{\sigma / \sqrt{n}} > 1.7$

   − 합격판정선 : $\overline{X_U} = m_0{}' + G_0\sigma$, $\overline{X_L} = m_0{}'' - G_0\sigma$

– 판 정

ⓐ $\overline{X_L} \le \bar{x} \le \overline{X_U}$: 로트 합격

ⓑ $\bar{x} < \overline{X_L}$ 또는 $\bar{x} > \overline{X_U}$: 로트 불합격

ⓜ 로트 부적합품률 보증방법 : 규격(상한·하한), 모표준편차을 사용하여 계산한 합격판정치와 로트에서 샘플링한 샘플의 평균을 비교하여 로트의 합격·불합격을 판정한다.

• 하한(S_L)만 주어진(특성치가 높을수록 좋은 망대특성) 경우 : 하한 합격판정치를 설정하여 샘플 평균이 이보다 크거나 같으면 로트 합격, 이보다 작으면 로트 불합격으로 판정한다.

– 합격판정선 : $\overline{X_L} = S_L + k\sigma$

– 판 정

ⓐ $\bar{x} \ge \overline{X_L}$: 로트 합격

ⓑ $\bar{x} < \overline{X_L}$: 로트 불합격

• 상한(S_U)만 주어진(특성치가 낮을수록 좋은 망소특성) 경우 : 상한 합격판정치를 설정하여 샘플 평균이 이보다 작거나 같으면 로트 합격, 이보다 크면 로트 불합격으로 판정한다.

– 합격판정선 : $\overline{X_U} = S_U - k\sigma$

– 판 정

ⓐ $\bar{x} \le \overline{X_U}$: 로트 합격

ⓑ $\bar{x} > \overline{X_U}$: 로트 불합격

• 하한(S_L), 상한(S_U) 모두 주어진(특성치가 너무 높거나 너무 낮거나 모두 나쁜 망목특성) 경우 : 하한 합격판정치, 상한 합격판정치를 모두 정하고 샘플 평균이 상하한 합격판정치와 같거나 그 사이에 있으면 ($\overline{X_L} \le \bar{x} \le \overline{X_U}$) 로트 합격, 상한 합격판정치보다 크거나 하한 합격판정치보다 작으면($\bar{x} < \overline{X_L}$ 또는 $\bar{x} > \overline{X_U}$) 로트 불합격판정으로 한다.

– 성립조건 : $S_U - S_L > 5\sigma$

– 합격판정선 : $\overline{X_L} = S_L + k\sigma$, $\overline{X_U} = S_U - k\sigma$

– 판 정

ⓐ $\overline{X_L} \le \bar{x} \le \overline{X_U}$: 로트 합격

ⓑ $\bar{x} < \overline{X_L}$ 또는 $\bar{x} > \overline{X_U}$: 로트 불합격

[공 통]

• 시료의 크기 $n = \left(\dfrac{k_\alpha + k_\beta}{k_{p_0} - k_{p_1}} \right)^2$

• 합격판정계수 $k = \dfrac{k_{p_0} k_\beta + k_{p_1} k_\alpha}{k_\alpha + k_\beta}$

• OC곡선 $K_{L(p)} = (k_p - k)\sqrt{n}$

---

② 계량규준형 샘플링검사(KS Q 0001) : 모표준편차를 모르고 있는 경우(σ 미지)

ㄱ 개 요

• 모표준편차(σ) 대신에 샘플표준편차(s_e)를 이용하므로 모표준편차를 알고 있는 경우보다 샘플의 크기가 더 커져야 한다.

• 실제 적용에 있어서 로트의 표준편차를 미리 정확히 알고 있다고 할 수 없기 때문에 검사 초기에는 표준편차를 모르는 경우를 사용하여야 한다.

• $\bar{x} + ks$ 의 분산을 $\sigma^2 \left(\dfrac{1}{n} + \dfrac{k^2}{2(n-1)} \right)$로 보고 근사 계산한다.

ㄴ 하한(S_L)만 주어진(특성치가 높을수록 좋은 망대특성) 경우

• 합격판정선 : $\overline{X_L} = S_L + ks_e$

• 판 정

ⓐ $\bar{x} - ks_e \ge S_L$: 로트 합격

ⓑ $\bar{x} - ks_e < S_L$: 로트 불합격

ㄷ 상한(S_U)만 주어진(특성치가 낮을수록 좋은 망소특성) 경우

• 합격판정선 : $\overline{X_U} = S_U - ks_e$

• 판 정

ⓐ $\bar{x} + ks_e \le S_U$: 로트 합격

ⓑ $\bar{x} + ks_e > S_U$: 로트 불합격

[공 통]

• 시료의 크기 $n = \left(1 + \dfrac{k^2}{2} \right) \left(\dfrac{k_\alpha + k_\beta}{k_{p_0} - k_{p_1}} \right)^2$

• 합격판정계수 $k = \dfrac{k_{p_0} k_\beta + k_{p_1} k_\alpha}{k_\alpha + k_\beta}$

• OC곡선 $K_{L(p)} = (k_p - k) / \sqrt{\dfrac{1}{n} + \dfrac{k^2}{2(n-1)}}$

5-1. σ 기지의 계량규준형 1회 샘플링검사(KS Q 1001 : 2005)에서 로트의 부적합품률을 보증하는 경우 $n=26$, $k=2.00$이었다. 만약 이 결과를 이용하여 σ를 모르는 경우(σ 미지)의 n과 k를 구한다면 각각 약 얼마로 변하는가?

[2007년 제4회, 2013년 제4회]

① $n=26$, $k=2.00$ ② $n=26$, $k=6.00$
③ $n=78$, $k=2.00$ ④ $n=78$, $k=6.00$

5-2. 계수 및 계량규준형 1회 샘플링검사에서 평균값 500[g] 이하는 합격시키고, 평균값 540[g] 이상의 로트는 불합격시키고 싶다. 표준편차가 25[g]이며 $\alpha=0.05$, $\beta=0.10$으로 샘플링검사를 할 때 필요한 샘플수(n)는?(단, $K_\alpha=1.645$, $K_\beta=1.282$이다)

[2008년 제4회 유사, 2012년 제4회 유사, 2015년 제4회 유사, 2017년 제4회]

① 4   ② 5
③ 6   ④ 7

5-3. 특성치의 분산이 기지인 경우에 로트의 부적합품률을 보증하기 위한 계량규준형 1회 샘플링검사(KS Q 1001 : 2005)에서 필요한 시료의 크기를 올바르게 나타낸 식은?(단, 생산자위험 $\alpha=0.05$, 소비자위험 $\beta=0.10$, $k_\alpha=1.645$, $k_\beta=1.282$이다)

[2005년 제1회, 2013년 제1회, 2023년 제1회]

① $n=\left[\dfrac{2.927}{\left(K_{P_0}-K_{P_1}\right)}\right]^2$

② $n=\dfrac{2.927}{\left(K_{P_0}-K_{P_1}\right)^2}$

③ $n=\left[\dfrac{2.927}{\left(m_0-m_1\right)^2}\right]^2$

④ $n=\dfrac{2.927}{\left(m_0-m_1\right)^2}$

5-4. 로트의 부적합품률을 보증하기 위한 계량규준형 샘플링검사에서 Lot의 부적합품률 $p=5.5$[%]일 때, $K_p=1.60$이다. 하한규격 $S_L=40[\text{kg/cm}^2]$이고, 이 Lot의 분포는 정규분포로서 $\sigma=4[\text{kg/cm}^2]$이다. 이때 Lot의 평균치 m은 얼마인가?

[2002년 제2회, 2015년 제1회]

① $31.4[\text{kg/cm}^2]$ ② $46.4[\text{kg/cm}^2]$
③ $49.1[\text{kg/cm}^2]$ ④ $51.2[\text{kg/cm}^2]$

5-5. KS Q 0001 : 2013 계수 및 계량규준형 1회 샘플링검사 - 제3부 : 계량규준형 1회 샘플링검사방식(표준편차기지)에서 평균치 50[g] 이하인 로트는 될 수 있는 한 합격시키고 싶으나 평균치 54[g] 이상인 로트는 될 수 있는 한 불합격시키고 싶고 종전의 결과로부터 표준편차는 2[g]임을 알고 있다. 시료수 n과 상한합격판정치 $\overline{X_U}$를 구하면 약 얼마인가?(단, $\alpha=0.05$, $\beta=0.10$이며, $k_a=1.645$, $k_\beta=1.282$이다)

[2010년 제4회 유사, 2014년 제4회]

① $n=4$, $\overline{X_U}=51.9$ ② $n=3$, $\overline{X_U}=51.9$
③ $n=4$, $\overline{X_U}=52.25$ ④ $n=3$, $\overline{X_U}=52.25$

5-6. Y제품의 인장강도의 평균값이 450[kg/cm^2] 이상인 로트는 통과시키고, 420[kg/cm^2] 이하인 로트는 통과시키지 않도록 하는 계량규준형 1회 샘플링검사법을 설계하고자 한다. 샘플링검사에서 로트의 평균값이 420[kg/cm^2] 이하인 로트가 운 좋게 합격될 확률을 0.10 이하로, 로트의 평균값이 450[kg/cm^2] 이상인 로트가 잘못되어 불합격될 확률을 0.05 이하로 하고 싶다. 다음 설명 중 틀린 것은?

[2009년 제4회, 2017년 제1회]

① 생산자위험은 5[%]이다.
② 소비자위험은 10[%]이다.
③ 로트의 평균값을 보증하는 방식이다.
④ 시료의 크기와 상한 합격판정값을 구하여야 한다.

5-7. 계량규준형 1회 샘플링검사 중 Lot의 부적합품률을 보증하는 경우 규격상한(U)을 주고 표본의 크기 n과 상한 합격판정치 $\overline{X_U}$에 대한 설명으로 틀린 것은?

[2004년 제2회 유사, 2008년 제2회 유사, 2016년 제2회]

① $\overline{x} \leq \overline{X_U}$ 이면 Lot는 합격이다.

② $m_1-m_0=(K_{P_0}-K_{P_1})\dfrac{\sigma}{\sqrt{n}}$ 로 표시된다.

③ 사선 친 $\alpha=0.05$ 와 $\beta=0.1$의 사이에 $\overline{X_U}$가 존재한다.

④ m_1의 평균을 가지는 분포의 Lot로부터 표본 n개를 뽑았을 경우 $\overline{X_U}$에 대하여 Lot가 합격할 확률은 β이다.

5-1

$k' = k = 2.00$

$n' = n \times \left(1 + \dfrac{k^2}{2}\right) = 26 \times \left(1 + \dfrac{4}{2}\right)$

$\quad = 26 \times 3 = 78$

5-2

$n = \left(\dfrac{k_\alpha + k_\beta}{m_1 - m_0}\right)^2 \cdot \sigma^2 = \left(\dfrac{1.645 + 1.282}{540 - 500}\right)^2 \cdot 25^2 = 3.35$

$\therefore$ 4개

5-3

$n = \left(\dfrac{k_\alpha + k_\beta}{k_{P_0} - k_{P_1}}\right)^2 = \left(\dfrac{1.645 + 1.282}{k_{P_0} - k_{P_1}}\right)^2 = \left[\dfrac{2.927}{\left(k_{P_0} - k_{P_1}\right)}\right]^2$

5-4

$m = S_L + K_p\sigma = 40 + 1.6 \times 4 = 46.4$

5-5

$n = \left(\dfrac{k_\alpha + k_\beta}{m_1 - m_0}\right)^2 = \left(\dfrac{1.645 + 1.282}{54 - 50}\right)^2 = 2.14$

$\therefore \ n = 3$

$\overline{X_U} = m_0 + k_\alpha \dfrac{\sigma}{\sqrt{n}} = 51.9$

5-6

시료의 크기와 하한 합격판정값을 구하여야 한다.

5-7

망소특성이며 이때의 합격판정선은

$\overline{X_u} = m_0 + k_\alpha \dfrac{\sigma}{\sqrt{n}} = m_0 + G_0\sigma = m_1 - k_\beta \dfrac{\sigma}{\sqrt{n}}$ 로 표시된다.

정답 5-1 ③ 5-2 ① 5-3 ① 5-4 ② 5-5 ② 5-6 ④ 5-7 ②

핵심이론 **06** 샘플링검사 각론 – 축차샘플링검사

① 계수치축차샘플링검사(KS Q ISO 8422)

※ KS Q ISO 8422는 2019년 12월 31일 폐지됨

㉠ 원리 : 계수치 축차 샘플링방식에서 항목은 임의로 선택되고 로트로부터 1개씩 검사하여 누계 카운트(D : 부적합품의 누계, 부적합수의 누계)와 합격판정 개수(A) 이하이면 합격시키고, 불합격판정 개수(R) 이상이면 로트를 불합격시킨다. 만약 누계 샘플 크기가 중지값(n_t)에 도달한 경우에 누계 카운터가 합격판정 개수의 중자값(A_t) 이하이면 합격, 불합격판정 개수($R_t = A_t + 1$) 이상이면 로트 불합격이다.

㉡ 축차샘플링검사의 장점과 단점

- 장점 : 1회, 2회 또는 다회 샘플링에 비하여 평균 샘플 크기가 작다.
- 단점 : 개개의 로트의 최종적인 샘플 크기를 몰라 실시상 곤란이 생길 수 있으며 1회 샘플링방식에 비해 검사원이 잘못을 범하기 쉽다.

㉢ 검사설계

- P_A, α, P_R, β로 h_A, h_R, g를 결정한다.
  - P_A(PRQ) : 될 수 있으면 합격으로 하고 싶은 로트의 부적합품률의 상한이다.
    ⓐ 부적합품률로 표시
    ⓑ 생산자위험 품질수준
    ⓒ 생산자위험 품질수준($p = p_A$일 때 $p_a = 1 - \alpha$)
  - P_R : 소비자위험 품질수준(CRQ)
  - h_A : 합격판정 개수(A)를 정하기 위해 사용되는 상수(합격판정선의 절편)
  - h_R : 불합격판정 개수(R)를 정하기 위해 사용되는 상수(불합격판정선의 절편)
  - g : 합격판정 개수 및 불합격판정 개수를 정하기 위해 누계 샘플 크기(n_{cum})에 곱하는 계수(합격판정선 및 불합격판정선의 기울기)
- 부적합품률 검사
  - $h_A = \dfrac{\log(1-\alpha)/\beta}{\log P_R(1-P_A)/\log P_A(1-P_R)}$
  - $h_R = \dfrac{\log(1-\beta)/\alpha}{\log P_R(1-P_A)/\log P_A(1-P_R)}$
  - $g = \dfrac{\log(1-P_A)/\log(1-P_R)}{\log P_R(1-P_A)/\log P_A(1-P_R)}$

- 100단위당 부적합수 검사

  - $h_A = \dfrac{\log(1-\alpha)/\beta}{\log P_R / \log P_A}$

  - $h_R = \dfrac{\log(1-\beta)/\alpha}{\log P_R / \log P_A}$

  - $g = \dfrac{0.43429(P_R - P_A)}{\log P_R / \log P_A}$

- 판정선
  - 합격판정선 : $A = -h_A + gn_{cum}$ (소수점 이하 버림)
  - 불합격판정선 : $R = h_R + gn_{cum}$ (소수점 이하 올림)

- 판 정
  - $D \leq A$이면, 로트 합격
  - $D \geq R$이면, 로트 불합격
  - $A < D < R$이면, 검사 속행

- 누적 샘플 크기의 중지값 및 A_t, R_t
  - 1회 샘플링방식의 샘플 크기 n_0를 아는 경우 :
    $n_t = 1.5n_0$

  - 부적합품률 검사 : $n_t = \dfrac{2h_A h_R}{g(1-g)}$

  - 100단위당 부적합수 : $n_t = \dfrac{2h_A h_R}{g}$

  - 판정 개수
    ⓐ 합격판정 개수 : $A_t = gn_t$ (끝수 버림)
    ⓑ 불합격판정 개수 : $R_t = A_t + 1$

- 판 정
  - $D \leq A_t$이면, 로트 합격
  - $D \geq R_t$이면, 로트 불합격
  - $A_t < D < R_t$이면, 검사 속행

② 계량치축차샘플링검사(KS Q ISO 8423) : 부적합품률, 표준편차를 이미 알고 있을 때(σ 기지)

※ KS Q ISO 8423은 2020년 5월 4일 폐지됨

㉠ 원리 : 로트로부터 아이템을 임의로 추출하여 1개씩 검사한 후 누계 여유치 Y를 계산하여 Y를 판정선과 비교하여 로트 합격을 결정한다.

㉡ 적용범위 : 다음 조건을 만족하는 경우에 사용하며 고립로트에는 적용할 수 없다.
  - 검사 절차가 적용되는 것은 이산적 아이템의 연속적 시리즈의 로트에서 모두가 동일 생산자의 동일 생산 프로세스 / 공정에서의 것이다. 생산자가 다른 경우는 이 규격의 절차는 각 생산자에 대하여 개별적으로 적용한다.

- 그 아이템의 단일 품질특성치 x만 고려한다. 이 특성치는 연속적 척도로 측정 가능한 것으로 한다. 복수의 특성치가 중요한 경우에는 이 규격을 적용할 수 없다.
- 생산은 안정되어 있고(거의 통계적 관리 상태에 있음), 품질특성치 x는 표준편차를 알고 있고 정규분포 또는 정규분포에 아주 가깝게 분포되어 있다.
- 계약 또는 규격에서 규격 상한 U, 규격 하한 L 또는 그 양쪽이 정해져 있다.

㉢ 기호의 정의
- LPSD(Limiting Process Standard Deviation) : 연결식 양쪽 규격에 적용되는 프로세스 표준편차의 상한이다.
- MPSD(Maximum Process Standard Deviation) : 개별식 양쪽 규격에 적용되는 프로세스 표준편차의 상한이다.
- 여유치(y)
  - $y = U - x$ (규격 상한)
  - $y = x - L$ (규격 하한 또는 양쪽 규격)
- 누계 여유치(Y) : 여유치의 합계
- 최소 심사력 품질수준(LAQ ; Least Assessable Quality level) : 주어진 축차샘플링방식에 대한 평균 샘플 크기가 최대가 되는 품질수준

㉣ 계량치 및 계수치의 선택
- 경제성 관점에서 다수의 제품 아이템을 비교적 간단한 방법으로 검사하는 계수치 샘플링방식과 손이 가는 절차를 필요로 하고, 일반적으로 아이템당 시간과 비용이 많이 드는 계량치 샘플링방식의 총비용의 비교가 필요하다.
- 계량치샘플링방식은 계수치샘플링방식보다 이해하기 어렵다. 예를 들면 계량치샘플링방식에서는 샘플이 부적합품을 포함하지 않아도 그 측정치를 기초로 하여 로트가 불합격이라고 판정되는 경우가 있다.
- 계수샘플링방식과 등가의 계량치샘플링방식의 샘플 크기를 비교하면 계량치샘플링방식쪽이 동일한 생산자위험 및 소비자위험을 가진 계수치샘플링방식보다 샘플 크기가 작다는 것을 알 수 있다. 따라서 검사 절차가 고가일 때, 예를 들면 파괴검사의 경우에는 계량치샘플링방식쪽이 충분히 유리하다.

- 이 규격의 샘플링방식은 특성치가 1개인 경우에만 적용할 수 있다. 2개 이상의 특성치에 대하여 규격에 대한 부적합을 심사하고 싶은 경우에는 이 규격은 각 특성치에 대하여 개별적으로 적용하여야 한다. 그런 경우에는 모든 품질특성치를 계수치로 처리하고 KS A 3109-1 또는 KS A 3107의 계수치 샘플링방식을 사용하는 것이 좋다.

ⓓ 프로세스 표준편차의 최대치
- 연결식 양쪽 규격 : $LPSD = (U-L)\psi$
  ($LPSD$; Limiting Process Standard Deviation, ψ : PRQ로 정해지는 값)
- 개별식 양쪽 규격 : $MPSD = (U-L)f$
  ($MPSD$; Maximum Process Standard Deviation, f : PRQ^U 및 PRQ^L로 정해지는 값)

> σ가 LPSD를 넘는 경우나 MPSD를 넘는 경우에는 축차샘플링방식을 사용할 수 없다.

ⓔ 검사설계
- 한쪽 규격(S_L 또는 S_U이 지정되는 경우)
  - PRQ, α, CRQ, β로 h_A, h_R, g, n_t를 결정한다.
  - 판정 : 자릿수는 검사에서 얻어진 결과보다 1자리 아래까지 구한다.

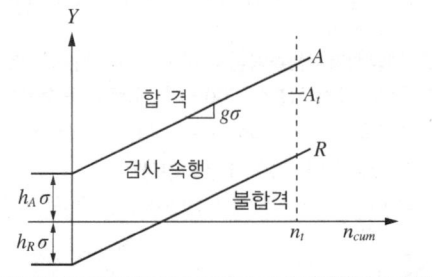

합격 판정선	$A = h_A\sigma + g\sigma n_{cum}$	
불합격 판정선	$R = -h_R\sigma + g\sigma n_{cum}$	
중지치	$A_t = g\sigma n_t$	
판 정	• $Y \geq A$: 로트 합격 • $Y \leq R$: 로트 불합격 • $R^L < Y < A^L$: 검사 속행	• $n_{cum} = n_t$인 경우 • $Y \geq A_t$: 로트 합격 • $Y < A_t$: 로트 불합격

- 연결식 양쪽 규격
  - PRQ, α, CRQ, β로 h_A, h_R, g, n_t를 결정
  - 판정 : 자릿수는 검사에서 얻어진 결과보다 1자리 아래까지 구한다.

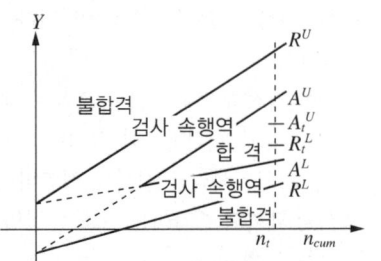

구 분	하한 규격(L)	상한 규격(U)
합격 판정선	$A^L = h_A\sigma + g\sigma n_{cum}$	$A^U = -h_A\sigma + (U-L-g\sigma)n_{cum}$
불합격 판정선	$R^L = -h_R\sigma + g\sigma n_{cum}$	$R^U = h_R\sigma + (U-L-g\sigma)n_{cum}$
중지치	$A_t^L = g\sigma n_t$	$A_t^U = (U-L-g\sigma)n_t$
판 정	• $A^L \leq Y \leq A^U$: 로트 합격 • $Y \leq R^L$ 또는 $Y \geq R^U$: 로트 불합격 • $R^L < Y < A^L$ 또는 $A^U < Y < R^U$: 검사 속행	• $n_{cum} = n_t$인 경우 • $A_t^L \leq Y \leq A_t^U$: 로트 합격 • $Y > A_t^U$ 또는 $Y < R_t^U$: 로트 불합격 • $A^U < Y < R^U$이면 검사 속행

- 개별식 양쪽 규격 : PRQ, σ, CRQ, β로 h_A, h_R, g, n_t를 구한다.

구 분	하한 규격(L)	상한 규격(U)
합격 판정선	$A^L = h_A^L\sigma + g^L\sigma n_{cum}$	$A^U = -h_A^U\sigma + (U-L-g^U\sigma)n_{cum}$
불합격 판정선	$R^L = -h_R^L\sigma + g^L\sigma n_{cum}$	$R^U = h_R^U\sigma + (U-L-g^U\sigma)n_{cum}$
중지치	$A_t^L = g^L\sigma n_t$	$A_t^U = (U-L-g^U\sigma)n_t$
판 정	• $A^L \leq Y \leq A^U$: 로트 합격 • $Y \leq R^L$ 또는 $Y \geq R^U$: 로트 불합격 • $R^L < Y < A^L$: 검사 속행	• $n_{cum} = n_t$인 경우 • $A_t^L \leq Y \leq A_t^U$: 로트 합격 • $Y > A_t^U$ 또는 $Y < R_t^U$: 로트 불합격 • $A^U < Y < R^U$이면 검사 속행

- 수치판정법
  - 정확하다.
  - 합부판정에 의문의 여지를 남기지 않는다.
  - 합부판정의 표준적 방법이 된다.
- 도식판정법
  - 점을 타점하거나 직선을 그리는 데 따르는 부정확성을 갖고 있지만 1회 작성하면 반복 사용할 수 있어 로트 시리즈 검사에 적합하다. 아이템이 검사될 때까지 증가하는 로트 품질의 정보를 시각적으로 나타낸다.
  - 정보는 검사 속행역 내에서의 꺾은선의 진행으로 표시되고, 그 선이 이 영역의 경계선에 도달하거나 그것과 교차할 때까지 계속된다.
  - 정밀한 합부판정에는 수치법을 사용한다는 단서가 붙은 경우 합부판정에 사용할 수는 있다.

핵심예제

6-1. 계수치축차샘플링검사방식(KS Q ISO 8422 : 2009)에서 100항목당 부적합수검사를 하는 경우, 1회 샘플링검사의 샘플 크기를 11개로 이미 알고 있다. 이때 누계 샘플 크기의 중지값은 얼마인가? [2009년 제2회, 2012년 제2회, 2013년 제2회, 2023년 제2회]

① 16개　　　　　　　　② 17개
③ 19개　　　　　　　　④ 21개

6-2. 계수치축차샘플링검사방식(KS Q ISO 8422 : 2006)에서 합격판정선(A)이 $A = -2.319 + 0.059n_{cum}$, 불합격판정선($R$)이 $R = -2.319 + 0.059n_{cum}$으로 주어졌다. 만약 어떤 로트가 이 검사에서 합격판정이 나지 않을 경우에 적용되는 누계 샘플 중지값(n_t)이 226개로 알려져 있다면, 이때 합격판정 개수(Ac_t)는 얼마인가? [2009년 제4회, 2017년 제2회]

① 8개　　　　　　　　② 10개
③ 13개　　　　　　　　④ 14개

6-3. $A = -2.1 + 0.2n_{cum}$, $R = 1.7 + 0.2n_{cum}$인 계수형축차샘플링검사방식(KS Q ISO 28591 : 2017)을 실시한 결과 6번째와 15번째, 20번째, 25번째, 30번째, 35번째 그리고 40번째에서 부적합품이 발견되었고, 44번 시료까지 판정결과 검사가 속행되었다. 45번째 시료에서 검사결과가 적합품일 때 로트의 처리방법으로 맞는 것은?(단, 중지 시 누적 샘플 크기(중간값)는 45개이다) [2003년 제1회 유사, 2012년 제4회 유사, 2015년 제4회, 2022년 제1회]

① 검사를 속행한다.
② 로트를 합격시킨다.
③ 생산자와 협의한다.
④ 로트를 불합격시킨다.

6-4. 계수치축차샘플링검사방식 규격에서 합격판정선(A)과 불합격판정선(R)이 다음과 같이 주어졌을 때, 어떤 로트에서 1개씩 채취하여 5번째와 40번째가 부적합품일 경우, 40번째에서 로트에 대한 조처로 맞는 것은?(단, 누계 샘플 크기의 중지값 $n_t = 226$이다) [2008년 제2회, 2016년 제4회]

$$A = -2.319 + 0.59n_{cum}$$
$$R = 2.702 + 0.59n_{cum}$$

① 검사를 속행한다.
② 로트를 합격으로 한다.
③ 로트를 불합격으로 한다.
④ 아무 조처도 취할 수 없다.

6-5. 계량치축차샘플링검사방식에 따라 제품의 특성을 검사하고자 한다. 규격 하한이 200[kN], 로트의 표준편차가 1.2[kN], $h_A = 4.312$, $h_R = 5.536$, $g = 2.315$, $n_t = 49$이다. $n = 12$에서 합격판정치(A)의 값은 약 얼마인가?
[2006년 제1회 유사, 2007년 제2회 유사, 2009년 제1회 유사, 2010년 제1회 유사, 2011년 제1회, 2013년 제4회 유사, 2014년 제2회 유사, 2016년 제1회]

① 26.693　　　　　　　② 29.471
③ 38.510　　　　　　　④ 41.293

6-6. 계량치축차샘플링검사방식(KS Q ISO 8423 : 2008)에서 주어진 값 및 파라미터는 하한 규격 200[kV], 로트 표준편차는 1.2[kV], $h_A = 4.312$, $h_R = 5.536$, $g = 2.315$, $n_t = 49$이다. $n = 12$번째까지 누계 여유치(Y)가 38.8이라면 $n = 12$에서 하측 불합격판정치 R의 값은?

[2012년 제2회 유사, 2014년 제4회 유사, 2015년 제2회]

① 23.125　　　　　　　② 26.693
③ 29.471　　　　　　　④ 31.147

6-1

중지값 $n_t = 1.5n_0 = 1.5 \times 11 = 16.5$

$\therefore 17$(소수점 이하는 올림한다)

6-2

$Ac_t = gn_t = 0.059 \times 226 = 13.33 \approx 13$개

6-3

합격 판정선 $A = -2.1 + 0.2 \times 45 = 6.9 = 6$(소수점 이하 버림)

불합격 판정선 $R = 1.7 + 0.059 \times 45 = 10.7 = 11$(소수점 이하 올림)

누계 카운트 $D = 7$

$n_{45} = n_t$이므로 $A_t = gn_t = 0.2 \times 45 = 9$

따라서 $D \leq A_t$이므로 로트를 합격시킨다.

6-4

$A = -2.319 + 0.59 \times 40 = 0.045 = 0$

$R = 2.702 + 0.59 \times 40 = 5.062 = 6$

$A = 0 < D = 2 < R = 6$이므로, 검사를 속행한다.

6-5

$A = h_A\sigma + g\sigma n_{cum} = 4.312 \times 1.2 + 2.315 \times 1.2 \times 12 = 38.510$

6-6

$R^L = -h_R^\sigma + g\sigma n_{cum} = -5.536 \times 1.2 + 2.315 \times 1.2 \times 12 = 26.693$

정답 6-1 ② 6-2 ③ 6-3 ② 6-4 ① 6-5 ③ 6-6 ②

제5절 | 관리도

핵심이론 01 관리도의 개요

① 품질변동(산포)의 구분 : 이상원인, 우연원인

　㉠ 이상원인 : 관리가 잘 안 되는 상태에서 생기는 피할 수 있는 변동을 발생시키는 원인이다.
- 별칭 : 가피원인, 우발적 원인, 억제할 수 있는 원인, 보아 넘기면 안 되는 원인
- 만성적으로 존재하는 것이 아니라 산발적으로 발생하여 품질변동을 일으키는 원인으로 현재의 기술수준으로 통제 가능한 원인이다.
- 이상원인에 의한 산포가 발생할 때 관리되지 않은 상태 또는 이상 상태에 있다고 한다.
- 이상원인이 발생되는 경우 : 주로 4M(Man, Machine, Material, Method)의 변동 등
- 이상원인은 제거해야 하는 대상이다.

　㉡ 우연원인 : 관리가 잘되고 있는 상태에서 생기는 피할 수 없는 변동을 발생시키는 원인이다.
- 별칭 : 불가피 원인, 만성적 원인, 억제할 수 없는 원인
- 이상원인이 없고 우연원인에 의한 산포만 발생할 때를 관리 상태에 있다고 한다.
- 우연원인이 발생되는 경우 : 천재지변 등

② 관리도와 슈하트(Shewhart) 관리도(3시그마 관리도)

　㉠ 관리도(Control Chart)
- 시간의 경과에 대한 공정의 품질특성 변화를 도식적으로 기록한 그래프로서, 공정의 안정 상태를 유지하는 데 사용하는 통계적 도구이다.
- 현장에서 작업자가 관리한계선을 벗어났을 때 즉시 조처를 취하기 위한 적절한 품질 개선의 도구이다.
- 공정에 대한 데이터를 관리하고 해석하여 필요한 정보를 수집하고, 이들 정보에 의해 공정의 산포를 효율적으로 관리하기 위한 도구이다.
- 공정의 관리 상태 유무를 그래프로 조사하여 공정을 안정 상태로 유지하기 위해 사용하는 통계적 관리기법이다.
- 관리도는 일반적으로 꺾은선그래프에 1개의 중심선과 2개의 관리한계선을 추가한 것이다.

- 실제 자료로 프로세스 상태를 측정하는 단순한 도표이다.
- 품질변동을 초래하는 우연요인과 이상요인 중 이상요인을 파악하여 관리하고자 하는 기법이다.
- 제품의 품질 유지와 개선 등을 해석하고 검토할 목적으로 널리 이용되는 통계적 방법의 하나이다.
- 현장에 공정의 이상이 발생하였을 때 작업자가 조처를 취하기 위한 공정의 품질 변화에 관한 모니터링 도구이다.
- 관리도의 사용목적에 따라 표준값이 없는 관리도와 표준값이 있는 관리도로 구분한다.
- 관리도의 사용목적 : 공정을 안정 상태로 유지하기 위한 공정관리의 수단뿐만 아니라 공정 상태를 평가하기 위한 목적으로도 활용된다.
  - 제조공정이 잘 관리된 상태에 있는가를 조사하기 위해서 사용된다.
  - 공정이 관리 상태일 경우 발생되는 가피한 변동원인인 이상원인을 탐지한다.
  - 현재의 공정 상태를 해석하고, 공정을 관리할 때 사용한다.
  - 공정과 평균, 분산 등 모수를 추정할 수 있다.
- 프로세스의 통계적 안정 · 불안정 상태를 특성(계수치, 계량치)으로 보여 준다.
- Montgomery(1985)가 언급한 관리도 사용 이유 5가지 : 생산성 향상, 불량품 감소, 불필요 공정 조정 방지, 공정 진단 정보 제공, 공정능력 정보 제공
- 관리도의 역사 : 미국 벨 전화연구소의 슈하트 3시그마 관리도법 개발(1924), KS A ISO 8258 관리도법 제정(1963)

ⓒ 슈하트 관리도(3시그마 관리도) : 프로세스의 통계적 관리 상태를 평가하기 위하여 군번호의 순으로 타점한 군의 특성값 그래프이다.
- 관리도에는 중심선이 있고 중심선은 타점되는 특성값에 대한 기준값인데, 보통 데이터의 평균값을 사용한다.
- 관리한계는 중심선으로부터 양쪽으로 3시그마의 거리가 된다.
- 타점하는 통계량이 관리한계선을 벗어날 경우 이상 상태라고 판단한다.

- 이상원인에 의한 공정의 변동이 있으면 관리한계선 밖으로 특성치가 나타난다.
- 타점한 점이 관리한계선 밖으로 나가면 원인을 조사하고 이상원인을 제거한다.
- 검사결과, 평균에서 3σ 범위 밖이면 통계적 관리 상태에 있지 않다고 판단한다.
- 평균치를 중심으로 $\pm 3\sigma$ 안에 포함될 확률은 정규분포에서 평균을 중심으로 표준편차의 3배까지의 거리와 같은 99.73[%]가 되므로, 만약 공정의 산포가 우연원인만 존재한다면 관리도의 3σ를 벗어날 확률(제1종 과오)은 0.27[%]가 된다.
- 비교적 작성이 용이하지만 샘플 크기가 커야 한다.
- 제1종 과오가 극히 작아지도록 만들어졌다.
- 공정 변화 탐지력이 높지는 않다.
- 통계적 관리 상태에 있는 공정이라도 항상 규격에 맞는 제품이 생산되는 것을 보장하는 것은 아니다.
- 관리도에서 일반적으로 시료의 크기를 크게 할수록 공정변동을 쉽게 찾을 수 있다.
- 품질의 변동이 우연원인 또는 이상원인에 의한 것인가를 가려내기 위해 관리도를 사용한다.
- 공정의 산포가 우연원인에 의한 산포로만 구성된다면 $E(X) \pm 3D(X)$를 벗어날 확률이 0.27[%]에 불과하다는 데 이론적 기초를 두고 있다.
- $\pm 3\sigma$ 관리도의 관리한계선을 벗어나는 제품이 반드시 부적합품은 아니지만 관리 이상 상태로 판정한다.
- $\bar{x}-R$ 관리도는 공정의 평균과 산포의 변화를 동시에 볼 수 있는 특징이 있다.
- $\pm 3\sigma$ 관리도의 관리한계선 안에 변동이 생기는 원인은 일반적으로 우연원인이다.

ⓒ 관리도와 과오
- 제1종 과오 : 공정이 관리 상태일 때 관리 상태가 아니라고 판단할 확률
- 제2종 과오 : 공정이 관리 상태가 아닐 때 관리 상태라고 판단할 확률

ⓔ 부분군 : 관리도상에서 한 점으로 나타나는 통계량의 값을 구하기 위해 추출되는 표본이다.
- 합리적인 부분군 형성의 기본개념은 이상요인이 존재할 때, 이를 보다 쉽게 찾기 위해 부분군 내의 변동은 최소가 되고 부분군 간의 변동은 최대가 되도록 하는 것이다.

ⓜ 관리도에서 관리하여야 할 항목
- 일반적으로 시간, 비용, 인력 등을 고려하여 꼭 필요하다고 생각되는 것이어야 한다.
- 가능한 한 대용특성을 선택하는 것이 좋다.
- 제품이 사용목적에 중요한 관계가 있는 품질특성이어야 한다.
- 공정의 적합품과 부적합품을 충분히 반영할 수 있는 특성치이어야 한다.
- 계측이 용이하고 경비가 적게 소요되며 공정에 대하여 조처가 쉬워야 한다.

③ 관리도의 구성 : 중심선, 관리한계선인 관리하한과 관리상한으로 구성
- ㉠ 중심선(CL ; Center Line) : 표본평균의 평균, 품질특성의 평균값(비랜덤변동이 없을 때), 프로세스가 달성하고자 하는 목표치
- ㉡ 관리한계(선)
  - 공정이 안정되어 우연변동만 존재할 때 품질특성치인 평균이나 범위 등의 표본 통계량이 변동할 수 있는 통계적 한계를 의미한다.
  - 품질변동의 랜덤변동·비랜덤변동을 구분하기 위해 설정한 기준이다.
  - 관리공정 통제의 목적으로 작성한다.
  - 보통 3σ 관리한계선을 사용한다.
  - 관리한계선인 관리상한선(UCL ; Upper Control Limit, 공정의 안정 상태 시 최대 허용 우연변동, $UCL = CL + 3\sigma$)과 관리하한선(LCL ; Lower Control Limit, 공정의 안정 상태 시 최소 허용 우연변동, $LCL = CL - 3\sigma$)은 각각 중심선의 위쪽과 아래쪽에 설정한다.
  - 관리한계선은 이상원인의 판정기준으로 사용된다.
  - 통계량이 관리한계선을 벗어나면 이상 상태라고 판단한다.
  - 관리도상의 점들이 불규칙적이며, 비정상적으로 큰 폭을 갖고 움직이는 경우를 불안정이라고 한다.
  - 관리한계선의 폭이 좁을수록 생산자위험이 높아진다.
  - 관리도를 활용하는 품질관리 방식으로 신뢰수준에 따라 관리 상한선과 관리 하한선이 달라질 수 있다.
  - 관리도에서 $CL \pm 3\sigma$를 조치선(Action Limit), $CL \pm 2\sigma$를 경고선(Warning Limit)이라고 한다.

- 관리한계선을 2σ 한계로 좁히면 관리의 폭이 줄어들어 α는 증가하고 β는 감소한다. 제1종 과오(α)는 증가하고 제2종 과오(β)는 감소되어 검출력은 증가한다.
- 품질특성 측정결과, 관리도상에 위치한 점들이 관리한계선 안에 있으면 관리 상태로 간주하고 이 점들이 관리한계선을 벗어나면 비랜덤변동으로 보아 관리되지 않는 상태로 간주한다.
- 3σ 법의 $\bar{x}$ 관리도에서 제1종 과오는 0.27[%]이다. 제2종 과오를 작게 하려고 관리한계를 3σ에서 1.96σ로 하면, 제1종 과오를 범할 확률은 0.27[%]에서 5[%]로 증가한다.
- 관리한계선과 규격한계선은 다르다.
- 규격한계는 제품설계에 나타난 허용치이며 관리한계는 공정의 관리 상태 여부를 판단하는 기준이 된다.
- 공정이 안정 상태에 놓여 있더라도 그 공정의 모든 생산물이 모두 규격한계 내에 있다고 보장할 수는 없다.

④ 관리도의 OC곡선(검출력곡선)
- ㉠ 탐지력 또는 검출력(Test Power, $1-\beta$)
  - 관리도에서 공정의 변화를 검출할 수 있는 능력
  - 공정 이상의 원인 탐지 확률
  - 공정에 이상원인이 존재할 때 이상원인이 있음을 판단할 수 있는 능력
  - 기존의 3σ 관리한계를 벗어날 확률
  - 공정이 변화했을 때 관리한계선 밖으로 벗어나는 확률
  - 탐지력의 표시 : $1-\beta$
    - 관리한계의 폭이 좁아질수록 탐지력($1-\beta$)이 높아진다(α 증가, β 감소).
    - 시료 크기가 클수록 이상 상태에 대한 탐지력이 높아진다.
    - 품질특성치에 대한 공정 변화량이 클수록 탐지력이 높아진다.
    - 시료의 채취 빈도를 높일수록 공정 변화를 빨리 탐지할 기회가 높아진다.
  - 탐지력 $1-\beta$는 α에 비례하지만, β에 반비례하여 기존의 평균과 새롭게 나타난 평균의 차이($\Delta\mu = |\mu' - \mu|$)가 클수록 탐지력이 우수하다.

- 공정평균의 변화($\Delta\mu$)와 n이 클수록 관리한계를 벗어나는 점들이 자주 발견됨에 따라 공정의 변화도 쉽게 발견된다. 이를 확률값으로 나타내면 검출력의 값은 높아진다.

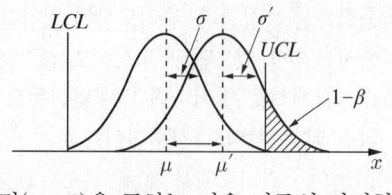

- 검출력($1-\beta$)을 구하는 것은 기존의 관리한계선을 벗어나는 면적과 같은 개념이므로 다음과 같이 구할 수 있다(μ', σ'는 새로 생성된 집단의 평균과 표준편차).

$$1-\beta = P(\bar{x} \geq UCL) + P(\bar{x} \leq LCL)$$
$$= P\left(Z \geq \frac{UCL - \mu'}{\sigma'/\sqrt{n}} + Z \leq \frac{LCL - \mu'}{\sigma'/\sqrt{n}}\right)$$

- 검출력($1-\beta$)은 관리도의 성능을 나타내는 지표이다.
ⓒ 관리도의 OC곡선(검출력곡선) : 관리도의 성능을 검토하기 위하여 가로축을 공정의 이상(평균의 변동, 부적합품률의 변화, 산포의 변화 등)으로 나타내고, 세로축을 제2종 과오(β)로 나타낸 그래프이다.

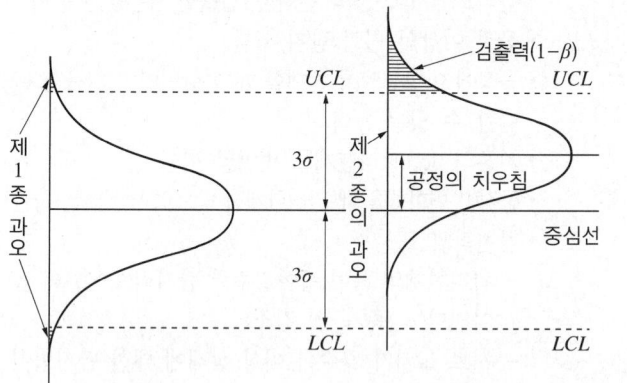

- 공정이 관리 상태일 때 OC곡선의 값은 $1-\alpha$이다.
- OC곡선은 관리도의 효율을 나타내는 중요한 척도이다.
- OC곡선은 관리도가 공정 변화를 얼마나 잘 탐지하는가를 나타낸다.
- 공정이 이상 상태일 때 OC곡선의 값은 제2종의 오류인 β이다.

- $\bar{x}$관리도에서 OC곡선은 $\bar{x}$가 관리한계선 안에 있을 확률이다.
- $\bar{x}$관리도의 경우, 정규분포의 성질을 잘 이용하여 OC곡선을 계산할 수 있다.
- 공정능력의 변화나 공정 표준편차의 변화는 R관리도의 OC곡선을 사용한다.
- 시료군의 크기(n)가 커지면 관리도의 OC곡선은 경사가 급해진다.
- 공정이 정상 상태에 있을 때 품질특성의 확률분포의 모수를 θ_0, 공정의 이상 유무를 판정하기 위한 시료를 추출하는 시점에서의 모수를 θ라 하고 $H_0 : \theta = \theta_0$ (공정의 관리 상태), $H_1 : \theta \neq \theta_0$ (공정의 이상 상태)의 가설을 설정할 때 시료에서 얻어진 데이터가 평균치를 중심으로 $\pm 3\sigma$ 안에 포함될 때 귀무가설 H_0를 채택하고 공정에는 이상원인이 없다고 결론을 내린다.
- H_0가 기각될 확률(제1종 과오)은 0.27[%], 모수 θ에 약간의 변화가 생겨 H_1이 옳은 경우에 H_1을 기각할 확률(제2종 과오)이 크다(검출력($1-\beta$)이 작다)는 특징이 있다.

⑤ 관리도의 작성 순서
ⓐ 관리 대상 제품(부품) 및 관리항목(품질특성)을 선정한다.
ⓑ 항목특성에 맞는 관리도를 선정한다.
ⓒ 일정기간 동안 예비 데이터를 채취한다.
ⓓ (해석용) 관리도를 작성한다.
- 속성·변량 형태 지정 : 중심값과 관리 제한을 알아내는 데 표본수를 사용하며, 적어도 20개의 하부 그룹의 자료를 선택한 후 관리한계를 설정한다.
- 관리한계 설정 : 각각 하부 그룹의 자료가 사용될 수 있다면 각각 하부구조의 관리는 관리도에 지정되어야 한다.
- 관리한계는 보통 중심값으로부터 3개의 시그마(Sigma)에 놓여 있으며, 시그마는 자료 규모를 간단하게 해 주며 표준편차와 비교된다.
- 시료의 99[%]는 평균으로부터 3개 시그마의 거리 안에 위치한다.

ⓜ 관리 상태를 조사하고 공정 안정 상태이면 공정관리
용 관리도로 전환한다.
ⓗ 정기 데이터를 공정관리용 관리도에 타점(플로팅)
한다.
ⓢ 이상원인을 발견한 즉시 원인 규명 및 조치를 취한다.
ⓞ 산포가 줄어들어 공정 안정 상태가 되면 기존 관리도
를 개선한다.

⑥ 목적에 따른 관리도의 분류
ⓐ 표준값이 주어져 있지 않은 관리도 : 해석용 관리도
• 통계적으로 관리 상태에 있는지를 평가하기 위한 관
리도이다.
• 제조공정에서 산출되는 품질의 산포원인이 어디에
있는지를 분석하거나, 공정 품질의 현상을 분석하기
위한 관리도로서 관리한계선을 파선(- - -)으로 기입
한다.
• 목적 : 공정에 큰 산포를 주는 원인분석, 공정 품질의
현상분석, 4M별로 층별 후 관리, 조사결과 안정 상태
이면 관리선을 연장하여 관리용 관리도로 사용한다.
ⓑ 표준값이 주어져 있는 관리도 : 관리용 관리도
• 프로세스를 관리 상태(안정 상태)로 유지하기 위한
관리도이다.
• 관리도를 이용하여 제조공정을 통계적으로 관리하
기 위한 것이다.
• 작업을 하면서 관리도에 의거, 그 결과를 체크하고
이상이 나타나면 그 원인을 추구하여 이를 제거 및
조처를 취하기 위하여 사용하는 관리도로서 관리한
계선을 일점쇄선(— · — · —)으로 기입한다.
• 이상원인의 존재는 가급적 검출할 수 있어야 한다.
• 우연원인의 존재는 가급적 검출할 수 없어야 한다.
• 변경점이 발생되어 표준값이 변할 경우 관리한계선
을 적절히 교정하여야 한다.
• 표준값이 주어져 있는 관리도는 공정성능지수를 측
정할 수 있다.
• 목적 : 작업 표준의 확실한 실시 여부를 판단하고,
공정 안정 상태를 유지하기 위해서
• 효과 : 문제 조기 발견, 공정 안정, 부적합품 감소,
품질 안정, 문제점 감소, 경험에 의한 판단 실수 방지
에 효과가 있다.

⑦ 관리도의 종류와 분포의 가정
ⓐ 관리도의 종류
• 계수치(속성)관리도
 - 정의 : 불량품수, 결점수 등과 같이 이산적인 값을
갖는 자료에 적용하는 관리도이다.
 - 종류 : p관리도(부적합품률), np(부적합품수, 불
량 개수), u관리도(단위당 부적합수), c관리도(부
적합수)
※ u관리도와 c관리도를 결점수관리도라고 한다.
• 계량치관리도
 - 정의 : 길이, 무게, 강도, 두께, 밀도, 온도, 압력
등과 같이 연속적인 값에 적용되는 관리도이다.
 - 종류 : $\bar{x}$관리도, R관리도, $\bar{x}-R$관리도(평균치
와 범위), $\bar{x}-s$관리도(평균치와 표준편차),
$Me-R$관리도(메디안과 범위), $x-R_s$관리도(개
개의 측정치와 이동범위), $L-S$관리도(최대치와
최소치)
 - 특수관리도 : $CUSUM$ 관리도(누적합), MA관리
도(이동평균), $EWMA$관리도(지수 가중 이동평
균), X_d-R_s관리도(차이), z변환관리도 등
ⓑ 분포의 가정

2항 분포	p관리도, np관리도
푸아송분포	u관리도, c관리도
정규분포	평균치관리도($\bar{X}$관리도), 범위관리도(R관리도)

1-1. 관리도에서 일반적으로 사용하는 3σ 관리한계 대신에 2σ 관리한계를 사용하면 그 결과는 어떻게 되는가?

[2007년 제2회, 2009년 제2회 유사, 2014년 제1회 유사, 2017년 제4회]

① 제1종 오류(α)가 커진다.
② 제2종 오류(β)가 커진다.
③ 제1종 오류(α), 제2종 오류(β)가 모두 커진다.
④ 제1종 오류(α), 제2종 오류(β)가 모두 작아진다.

1-2. $LCL=73$, $UCL=77$, $n=4$ 인 $\bar{x}$ 관리도에서 N(75, 2^2)을 따르는 로트의 경우 타점 통계량 $\bar{x}$ 가 관리한계선 밖으로 나타날 확률은?(단, Z가 표준정규변수일 때, $P(Z \le 1)=0.8413$, $P(Z<2)=0.9772$, $P(Z \le 1)=0.9987$이다)

[2003년 제2회, 2012년 제2회, 2013년 제2회, 2023년 제2회]

① 0.0013
② 0.0027
③ 0.0228
④ 0.0456

1-3. $N(65, 1^2)$을 따르는 품질특성치를 위해 3σ의 관리한계를 갖는 개별치(X)관리도를 작성하여 공정을 모니터링하고 있다. 어떤 이상요인으로 인해 품질특성치의 분포가 $N(67, 1^2)$으로 변화되었을 때, 관리도의 타점이 X관리도의 관리한계를 벗어날 확률은 약 얼마인가?(단, Z가 표준정규변수일 때, $P(Z \le 1)=0.8413$, $P(Z \le 1.5)=0.9332$, $P(Z \le 2)=0.9772$이며, 관리하한을 벗어나는 경우의 확률은 무시하고 계산한다)

[2003년 제4회 유사, 2004년 제2회 유사, 2008년 제2회 유사, 2017년 제2회]

① 0.0668
② 0.1587
③ 0.1815
④ 0.2255

1-4. 공정의 평균치가 28이고, 모표준편차(σ)가 10으로 알려져 있는 공정이 관리상태일 때 규격상한(U)이 40을 넘는 제품이 나올 확률은 약 얼마인가?

[2005년 제1회, 2008년 제1회, 2017년 제4회]

u	0.66	0.82	0.93	1.20
P_r	0.2546	0.2061	0.1762	0.1151

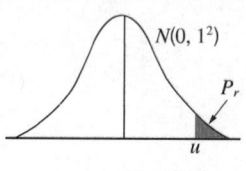

$N(0, 1^2)$

P_r

u

① 0.1151
② 0.1762
③ 0.2061
④ 0.2546

1-5. $\bar{x}$ 관리에서 OC곡선에 관한 설명으로 틀린 것은?

[2009년 제4회, 2014년 제2회 유사, 2016년 제1회 유사, 제4회]

① 공정이 관리 상태일 때 OC곡선값은 $1-\alpha$ 이다.
② OC곡선은 관리도의 효율을 나타내는 중요한 척도이다.
③ 공정이 이상 상태일 때 OC곡선의 값은 제2종의 오류인 β이다.
④ $\bar{x}$ 관리에서 OC곡선은 $\bar{x}$ 가 관리한계선 밖으로 나갈 확률이다.

|해설|

1-1
제1종 오류(α)가 커지고, 제2종 오류(β)는 감소된다.

1-2
LCL을 벗어날 확률 : $u=\dfrac{LCL-\mu}{\sigma\sqrt{n}}=\dfrac{73-75}{2\sqrt{4}}=-2.0$

UCL을 벗어날 확률 : $u=\dfrac{UCL-\mu}{\sigma\sqrt{n}}=\dfrac{77-75}{2\sqrt{4}}=2.0$

그러므로 관리한계선을 벗어날 확률은
$\alpha=(1-0.9772)\times 2=0.0456$이다.

1-3
$1-\beta=P(x \ge U_{CL})=P\left(Z \ge \dfrac{68-67}{1}\right)=P(Z \ge 1)$

$\qquad =1-P(Z \le 1)$

$\qquad =1-0.8413=0.1587$

1-4
$P_r(x>U)=P_r\left(u>\dfrac{U-\bar{\bar{x}}}{\sigma}\right)=P_r\left(u>\dfrac{40-28}{10}\right)$

$\qquad =P_r(u>1.20)$

$\qquad =0.1151$

1-5
$\bar{x}$ 관리에서 OC곡선은 $\bar{x}$ 가 관리한계선 안으로 들어올 확률이다.

정답 1-1 ① 1-2 ④ 1-3 ② 1-4 ① 1-5 ④

(Control Chart for Attributes, 속성값)

① p관리도 : 부적합품률(불량률) 관리도
　㉠ 개 요
　　• p관리도 : 군의 크기에 대한 부적합품수의 비율을 사용하여 프로세스를 평가하는 관리도이다.
　　• 이항분포를 따르는 계수치 데이터에 적용되며 계수치관리도 중에서 가장 많이 사용된다.
　　• 표본의 크기(n)가 변할 경우에도 적용 가능하다(부분군의 크기(n)가 일정하지 않아도 사용 가능).
　　• 시료군의 크기(n)는 반드시 일정하지 않아도 되지만 시료군 크기가 다를 때 n에 따라 관리한계폭이 변하는 계단식 형태의 관리도이다.
　　• 부분군의 크기는 가급적 $n = \dfrac{1}{p} \sim \dfrac{5}{p}$를 따른다.
　　• 측정이 불가능하여 계수치로만 나타내야 하는 품질특성이나 측정이 가능하더라도 합격 여부 판정만이 목적인 경우에 적용된다.
　　• 일반적으로 부적합품률에는 하나의 관리도 속에 많은 특성이 포함되므로 $\overline{X} - R$관리도보다 해석이 어려울 수 있다.
　　• 관리 대상(사용목적, 용도) : 품질측정수단, 이항분포를 근거로 공정의 부적합품률 변화 탐지, 평균 부적합품률 추정, 공정관리(공정 조정 시기 파악), $\overline{x} - R$관리도 적용을 위한 예비조사분석, 샘플링검사의 엄격도 조정 등
　　• 적용 예 : 전구의 부적합품률, 나사 치수의 부적합품률 등
　㉡ 관리한계선
　　• 통계량 : $p\left(p = \dfrac{np}{n}\right)$
　　• 중심선 : $\overline{p} = \dfrac{\sum np}{\sum n}$
　　• 관리상하한값(UCL, LCL) :
　　　$\overline{p} \pm 3\sqrt{\overline{p}(1-\overline{p})/n} = \overline{p} \pm A\sqrt{\overline{p}(1-\overline{p})}$
　　　여기서, $A = \dfrac{3}{\sqrt{n}}$
　　　　$\overline{p}$: 평균 부적합품률
　　　　n : 표본의 크기

　　• 관리한계는 시료의 크기에 영향을 받는다.
　　• 시료의 크기가 다를 경우 관리한계선에 요철이 생긴다.
　　• 관리한계선을 일정하게 하려면 시료 크기를 일정하게 해야 한다.
　　• 시료 크기가 커질수록 관리한계의 폭은 좁아진다.
　　• 관리하한이 음(-)인 경우는 고려하지 않는다.
　㉢ p관리도에서 불안정 습성이 발생하는 요인
　　• 미숙련 작업
　　• 작업 부주의
　　• 정비 부적합

② np관리도 : 부적합품수(불량 개수) 관리도
　㉠ 개 요
　　• 관리항목으로 부적합품의 개수를 취급하는 경우에 사용한다.
　　• 부적합품의 수, 1급 품의 수 등 특정한 것의 개수에도 사용할 수 있다.
　　• p관리도보다 계산이 쉽고 표현이 구체적이어서 계산도 간편하고 작업자가 이해하기 쉽다. 그러나 시료의 크기가 일정해야 한다는 제약이 있다.
　　• 표본(시료) 크기, 군의 크기, 부분군의 크기는 반드시 일정해야 한다(크기가 일정한 경우로만 그 사용을 제한함).
　　• 부적합품수가 1~5개 정도 나오도록 샘플링하는 것이 바람직하다.
　　• 부분군의 크기는 가급적 $n = \dfrac{1}{p} \sim \dfrac{5}{p}$를 따른다.
　　• 관리대상 : 이항분포를 근거로 공정의 부적합품수(불량 개수)를 관리한다.
　　• 적용 예 : 전구의 부적합품수, 나사 치수의 부적합품수 등
　㉡ 관리한계선
　　• 통계량 : np
　　• 중심선 : $n\overline{p} = \sum \dfrac{np}{k}$
　　• 관리 상하한값(UCL, LCL) : $n\overline{p} \pm 3\sqrt{n\overline{p}(1-\overline{p})}$
　　　여기서, $\overline{p} = \dfrac{\sum np}{\sum n} = \sum \dfrac{np}{kn}$
　　• 이항분포이론에 따른 계산식에 의해 결정된다.
　　• 관리하한이 음(-)인 경우는 고려하지 않는다.

- 표본 크기가 커질수록 관리한계의 폭은 넓어진다.
- 표본 크기가 변할 경우 중심선이 변한다.

③ u관리도 : 단위당 부적합수 관리도

㉠ 개 요
- 부분군의 크기가 일정하지 않을 때 사용 가능하다.
  - 관리 대상 : 푸아송분포를 근거로 공정의 단위당 부적합품수 관리(결점률 관리, 단위당 결점수 관리), 표본변동(군 단위수 다름, 표본 크기 상이(계단식 관리도)). 어느 일정 단위 중 나타나는 부적합수의 관리에 사용한다.
  - 적용 예 : 단위당 직물의 얼룩수, 단위당 에나멜 동선의 핀홀수 등

㉡ 관리한계선
- 통계량 : pu
- 중심선 : $\bar{u} = \dfrac{\sum c}{\sum n}$
- 관리 상하한값 : $\bar{u} \pm 3\sqrt{\bar{u}/n} = \bar{u} \pm A\sqrt{\bar{u}}$

  여기서, $A = \dfrac{3}{\sqrt{n}}$
- 표본 크기가 일정하지 않아도 중심선은 변하지 않는다.
- 표본 크기가 일정하지 않을 때, 관리한계는 n에 따라 변한다.
- 부분군의 샘플수가 다르면 관리한계는 요철형이 된다.

④ c관리도 : 부적합수 관리도

㉠ 개 요
- 표본의 크기가 일정해야 한다(부분군에 대한 샘플 크기가 반드시 일정해야 함).
- 관리대상 : 푸아송분포를 근거로 공정의 일정 단위 중 부적합수(결점 개수) 관리, 표본 크기는 반드시 일정(일정단위), 서비스업에서 유리
  - 적용 예 : 직물 흠의 수, 기판 납땜 부적합수 등

㉡ 관리한계선
- 통계량 : c
- 중심선 : $\bar{c} = \sum \dfrac{c}{k}$
- 관리상하한값 $\bar{c} \pm 3\sqrt{\bar{c}}$
- 표본 크기가 일정할 때 중심선은 변하지 않는다.

2-1. 2σ 관리한계를 갖는 p관리도에서 $\bar{p} = 0.1$, 시료 크기 $n = 81$이면 관리하한(LCL)은 약 얼마인가?

[2002년 제2회 유사, 2004년 제4회 유사, 2005년 제4회 유사, 2007년 제2회 유사, 2008년 제1회, 2009년 제4회 유사, 2016년 제4회]

① -0.033 ② 0
③ 0.033 ④ 고려하지 않는다.

2-2. 다음의 데이터로 np관리도를 작성할 경우 관리한계선은 약 얼마인가? [2007년 제4회, 2013년 제2회, 2023년 제2회]

No.	1	2	3	4	5
검사 개수	200	200	200	200	200
부적합품수	14	13	20	13	20

① 16 ± 8.51 ② 16 ± 11.51
③ 15 ± 1.51 ④ 15 ± 11.51

2-3. 어떤 제조공정으로부터 np관리도를 작성하기 위해 $n = 100$개씩 20조를 취하여 부적합품수를 조사했더니 $\sum np = 68$이었다. np관리도의 관리상한(UCL)은 약 얼마인가?

[2004년 제4회 유사, 2016년 제2회]

① 5.437 ② 7.025
③ 8.837 ④ 8.932

2-4. u관리도에 대한 설명으로 옳은 것은?

[2005년 제2회, 2014년 제4회]

① 부적합수 c의 분포는 일반적으로 이항분포를 따른다.
② 시료의 면적이나 길이가 일정할 경우에만 사용한다.
③ $\left.\begin{matrix} UCL \\ LCL \end{matrix}\right\}$ 은 $\bar{u} \pm A\sqrt{\bar{u}}$ 에 의해 구할 수 있다.
④ $\left.\begin{matrix} UCL \\ LCL \end{matrix}\right\}$ 은 C관리도를 이용하면 $n\bar{u} \pm 3n\sqrt{\bar{u}}$ 와 같다.

2-5. u관리도에서 1,300m 에나멜선의 검사에서 핀홀이 10개 있는 경우 단위(1,000m)당 부적합수는 약 얼마인가?

[2004년 제1회 유사, 2013년 제1회]

① 2.1개   ② 2.5개
③ 7.7개   ④ 10개

2-6. $\sum c = 80$, $k = 20$일 때 c관리도(Count Control Chart)의 관리하한(Lower Control Limit)은? [2017년 제4회]

① -3

② 2

③ 10

④ 고려하지 않는다.

2-7. 5대의 라디오를 하나의 시료군으로 구성하여 25개 시료군을 조사한 결과 195개의 부적합이 발견되었다. 이때 c관리도와 u관리도의 UCL은 각각 약 얼마인가?

[2017년 제2회, 2020년 제4회, 2023년 제1회]

① 7.8, 1.56

② 16.18, 5.31

③ 16.18, 3.24

④ 57.73, 5.31

2-6

$LCL = \bar{c} - 3\sqrt{c} = 4 - 3\sqrt{4} = -2$이므로, LCL은 고려하지 않는다.

2-7

• c관리도의 $UCL = \bar{c} + 3\sqrt{c} = \dfrac{195}{25} + 3\sqrt{\dfrac{195}{25}} = 16.18$

• u관리도의 $UCL = \bar{u} + 3\sqrt{u/n} = \dfrac{7.8}{5} + 3\sqrt{\dfrac{7.8/5}{5}} = 3.24$

정답 **2-1** ③ **2-2** ② **2-3** ③ **2-4** ③ **2-5** ③ **2-6** ④ **2-7** ③

|해설|

2-1

$$LCL = \bar{p} - 2\sqrt{\dfrac{\bar{p}(1-\bar{p})}{n}} = 0.1 - 2\sqrt{\dfrac{0.1(1-0.1)}{81}} = 0.033$$

2-2

$\bar{p} = \dfrac{\sum np}{\sum n} = \dfrac{80}{10} = 0.08$이므로

$$n\bar{p} \pm 3\sqrt{n\bar{p}(1-\bar{p})}$$
$$= 200 \times 0.08 \pm 3\sqrt{200 \times 0.08(1-0.08)}$$
$$= 16 \pm 11.51$$

2-3

관리상하한

$$n\bar{p} \pm 3\sqrt{n\bar{p}(1-\bar{p})} = \dfrac{\sum np}{k} \pm 3\sqrt{\dfrac{\sum np}{k}\left(1 - \dfrac{\sum np}{kn}\right)}$$
$$= \dfrac{68}{20} \pm 3\sqrt{\dfrac{68}{20}\left(1 - \dfrac{68}{20 \times 100}\right)}$$
$$= 3.4 \pm 3\sqrt{3.4(1-0.034)} = 3.4 \pm 5.437$$
$$= 2.037 \sim 8.837$$

2-4

① 부적합수 c의 분포는 푸아송분포를 따른다.

② 시료의 면적이나 길이가 일정하지 않은 경우에 사용한다.

④ $\left.\begin{array}{c} UCL \\ LCL \end{array}\right\}$은 c관리도를 이용하면 $\bar{c} \pm 3\sqrt{u}$와 같다.

2-5

$$\hat{u} = \dfrac{\sum c}{\sum n} = \dfrac{10}{1.3} = 7.7개$$

① $\overline{x}$관리도

　㉠ 개 요

　　• 군의 평균값을 사용하여 군간의 차이를 평가하기 위한 관리도이다.

　　• 공정의 평균 변화 여부를 관리하여 프로세스 상태를 파악한다.

　　• 군간산포의 변화를 모니터링한다.

　　• x관리도보다 검출력이 우수하다.

　　• 로트가 정규분포를 따른다는 가정이 필요하다.

　　• $\overline{x}$관리도에서 점이 $\overline{\overline{x}}$ 근처에만 배열되어 있는 경우 가장 큰 원인은 군 구분이 잘못되었기 때문이며 이는 비관리 상태이다.

　㉡ 관리한계선

　　• 중심선$(CL) = \overline{\overline{x}} = \sum \dfrac{\overline{x}_i}{k}$

　　　여기서, $\overline{\overline{x}}$: 모든 군의 $\overline{x}$의 평균값

　　• 관리상한$(UCL) = \overline{\overline{x}} + A\sigma = \overline{\overline{x}} + A_2\overline{R} = \overline{\overline{x}} + A_3\overline{s}$,

　　　관리하한$(LCL) = \overline{\overline{x}} - A\sigma = \overline{\overline{x}} - A_2\overline{R} = \overline{\overline{x}} - A_3\overline{s}$

　　　$\left(\text{단, } A = \dfrac{3}{\sqrt{n}}, \ A_2 = \dfrac{3}{d_2\sqrt{n}}, \ A_3 = \dfrac{3}{c_4\sqrt{n}}\right)$

　　• 부분군의 크기가 증가하면 관리한계는 좁아진다.

② R관리도

　㉠ 개 요

　　• 군의 범위를 사용하여 프로세스 내의 산포를 평가하기 위한 관리도이다.

　　• 프로세스의 변동성이 사전에 설정한 관리 상한선과 관리 하한선 사이에 있는가를 판별하여 공정의 변동 폭을 관리한다(제품특성 평균값의 변동 검토).

　　• 공정평균값의 변동 폭을 보는 데 사용된다.

　　• 범위 : $R = x_{\max} - x_{\min}$

　㉡ 관리한계선

　　• 중심선$(CL) = \overline{R} = \sum \dfrac{R_i}{k}$

　　　여기서, $\overline{R}$: 모든 군의 R의 평균값

　　• 관리상한$(UCL) = D_4\overline{R} = D_2\sigma$,

　　관리하한$(LCL) = D_3\overline{R} = D_1\sigma$

　　$\left(\text{단, } D_4 = 1 + 3\dfrac{d_3}{d_2}, \ D_3 = 1 - 3\dfrac{d_3}{d_2}, \ D_2 = d_2 + 3d_3,\right.$

　　$\left. D_1 = d_2 - 3d_3, \ \sigma = \dfrac{\overline{R}}{d_2}\right)$

　　┌──────────────────────────┐
　　│ A, A_2, A_3, d_2, d_3, c_4, D_1, D_2, D_3, D_4의 값은
　　│ n에 의해 정해지는 상수값
　　└──────────────────────────┘

　　• $n \leq 6$인 경우 : D_3와 D_1값이 없으므로 R관리도의 관리 하한선은 존재하지 않는다.

③ $\overline{x} - R$관리도(평균치와 범위)

　㉠ 개 요

　　• 중심값과 산포를 동시에 관리할 수 있는 관리도이다.

　　• 관리 대상

　　　- 길이, 무게, 시간, 강도, 성분 등과 같은 연속적인 계량치이다.

　　　- 데이터의 수집은 군의 수(k) 20~25, 시료의 크기(n) 4~5개를 사용한다.

　　　- $\overline{x}$는 중심관리(군간변동 σ_b^2), R은 산포관리(군내변동 σ_w^2)를 한다.

　　• 적용 예 : 완성 축 지름, 쓸 인장강도, 아스피린 순도, 전구 소비전력, 강 소입온도 등

　　• 중심선에서 관리한계선까지의 폭을 통계량의 표준편차의 3배수로 주로 사용한다.

　　• $\overline{x}$관리도의 타점이 관리한계선 밖으로 벗어나면 공정평균에 변화가 일어났을 가능성이 높다.

　　• R관리도의 타점이 관리한계선 밖으로 벗어나면 공정산포에 변화가 일어났을 가능성이 높다.

　　• 관리도 작성 순서 : 데이터 채취$(n, \ k$ 결정$)$ → 각 시료의 평균·범위 계산 → 관리한계선 계산 → 관리도 작성 및 평균치 타점 → 정해진 규칙에 따른 관리 상태의 판정

　㉡ 관리한계선($\overline{x}$관리도와 R관리도 참조)

　　• $\overline{x}$관리도 :

　　$E(\overline{x}) \pm 3D(\overline{x}) = \mu \pm 3\sigma / \sqrt{n} = \overline{\overline{x}} \pm \dfrac{3}{\sqrt{n}} \cdot \dfrac{\overline{R}}{d_2}$

　　$\qquad\qquad\qquad\quad = \overline{\overline{x}} \pm A_2\overline{R}$

　　$\left(\text{단, } \dfrac{\overline{R}}{d_2} = \hat{\sigma}, \ A_2 = \dfrac{3}{\sqrt{n} \cdot d_2}\right)$

- R관리도 :

$$E(R) \pm 3D(R) = d_2\sigma \pm 3d_3\sigma = (d_2 \pm 3d_3)\sigma_0$$
$$= \begin{cases} D_2\sigma_0 = \left(1 \pm 3\dfrac{d_3}{d_2}\right)\overline{R} = \begin{cases} D_4\overline{R} \\ D_3\overline{R} \end{cases} \\ D_1\sigma_0 \end{cases}$$

ⓒ p관리도와 $\overline{x} - R$관리도의 비교
- 일반적으로 p관리도가 $\overline{x} - R$관리도보다 시료수가 많다.
- 파괴검사의 경우 p관리도보다 $\overline{x} - R$관리도를 적용하는 것이 유리하다.
- 일반적으로 $\overline{x} - R$관리도가 p관리도보다 얻을 수 있는 정보량이 많다.
- $\overline{x} - R$관리도를 적용하기 위한 예비적인 조사분석을 할 때 p관리도를 적용할 수 있다.

④ $\overline{x} - s$관리도(평균치와 표준편차)
 ㄱ 관리 대상 : 군의 크기가 클 때($n \geq 10$) 효율성 우수, 표준편차 추정 $\dfrac{s}{c_4}$, 고정도 산포관리
 ㄴ 공 식
- $\overline{x}$관리 : 통계량 $\overline{x}$, 중심선 $\overline{\overline{x}} = \sum \dfrac{\overline{x}}{k}$, 관리상하한값 $\overline{\overline{x}} \pm A_3\overline{s}$
- s관리 : 통계량 s, 중심선 $\overline{s} = \sum \dfrac{s}{k}$, 관리상한값 $B_4\overline{s}$, 관리하한값 $B_3\overline{s}$

 ㄷ 수리 해석
- $\overline{x}$관리도 :

$$E(\overline{x}) \pm 3D(\overline{x}) = \mu \pm 3\sigma/\sqrt{n} = \overline{\overline{x}} \pm \dfrac{3}{\sqrt{n}} \cdot \dfrac{\overline{s}}{c_4}$$
$$= \overline{\overline{x}} \pm A_3\overline{s}$$
$$\left(\text{단, } \dfrac{\overline{s}}{c_4} = \hat{\sigma}, \ A_3 = \dfrac{3}{\sqrt{n} \cdot c_4}\right)$$

- s관리도 :

$$E(s) \pm 3D(s) = c_4\sigma \pm 3c_5\sigma = (c_4 \pm 3c_5)\dfrac{\overline{s}}{c_4}$$
$$= \left(1 \pm 3\dfrac{c_5}{c_4}\right)\overline{s} = \begin{cases} B_4\overline{s} \\ B_3\overline{s} \end{cases}$$

> $\hat{\sigma} = \dfrac{\overline{s}}{c_4}, \ B_3 = 1 - 3\dfrac{c_5}{c_4}, \ B_4 = 1 + 3\dfrac{c_5}{c_4}$
>
> $c_4, \ c_5, \ B_3, \ B_4, \ A_3$값은 n에 의해 정해지는 상수값

⑤ x관리도
 ㄱ 하루 생산량이 아주 적어 합리적인 군으로 나눌 수 없는 경우에 사용된다.
 ㄴ 통계량 $\overline{x}$, 중심선 $\overline{\overline{x}} = \sum \dfrac{\overline{x}}{k}$, 관리상하한값 $\overline{\overline{x}} \pm E_2\overline{R}$

⑥ $x - R$관리도 또는 $x - R_s$관리도
 ㄱ 개 요
- 측정 대상이 되는 생산 로트나 배치(Batch)로부터 1개의 측정치밖에 얻을 수 없거나 측정에 많은 시간과 비용이 소요되는 경우에 이동범위(R_s)를 병용해서 사용하는 관리도이다.
- 개개의 측정값과 이동범위를 관리한다.
- 관리 대상
  - 데이터를 군으로 나누지 않고 개개의 측정치를 그대로 사용하여 공정을 관리할 경우
    ⓐ 1로트 또는 배치로부터 1개의 측정치밖에 얻을 수 없는 경우
    ⓑ 정해진 공정에서 많은 측정치를 얻어도 의미가 없는 경우
    ⓒ 측정치를 얻는 데 시간이나 경비가 많이 들어서 정해진 공정으로부터 현실적으로 1개의 측정치밖에 얻을 수 없는 경우
  - 데이터 특성상 x관리도는 합리적인 군으로 나눌 수 있는 경우와 합리적인 군으로 나눌 수 없는 경우로 구별한다.
  - 어떤 공장에 입하한 볼트의 각 로트마다 5개의 시료로 샘플링하여 측정한 지름을 품질특성으로 할 때 적합하다.
- 적용 예 : 시간이 많이 소요되는 화학분석치, 알코올의 농도, 배치반응공정의 수율, 1일 전력소비량 등
 ㄴ 관리한계선
- 합리적인 군으로 나눌 수 있는 경우의 관리한계선
  - x관리 : 통계량 $\overline{x}$, 중심선 $\overline{\overline{x}} = \sum \dfrac{\overline{x}}{k}$, 관리상하한값 $\overline{\overline{x}} \pm E_2\overline{R}$
  - R관리 : 통계량 R, 중심선 $\overline{R}$, 관리상한값 $D_4\overline{R}$, 관리하한값 $D_3\overline{R}$

> 범위관리에서 $n \leq 6$일 때 D_3의 값은 음(−)이므로 관리하한은 고려하지 않는다.

- 합리적인 군으로 나눌 수 없는 경우의 관리한계선
  - x관리 : 통계량 x, 중심선 $\overline{x}=\sum \dfrac{x}{k}$, 관리상하한 값 $\overline{x}\pm2.66\overline{R_s}$
  - R관리 : 통계량 R_s, 중심선 $\overline{R_s}$, 관리상한값 $3.27\overline{R_s}$, 관리하한값 미고려

  > R관리에서 $n \leq 6$일 때 D_3의 값은 음(−)이므로 관리하한은 고려하지 않는다.
  >
  > $\overline{R_s}=\sum \dfrac{R_s}{(k-1)}$,
  >
  > $R_{s_i}=|i$번째 측정치 $-(i+1)$번째 측정치$|$
  >
  > $n=2$일 때 $E_2=2.66$, $D_4=3.27$, $D_3='-'$

  - ⓒ 수리 해석

    $E(x)\pm3D(x)=\mu\pm3\sigma=x_0\pm3\sigma_0=\overline{\overline{x}}\pm3\overline{R}/d_2$
    $=\overline{\overline{x}}+E_2\overline{R}$

    $\left($단, $\dfrac{\overline{R}}{d_2}=\hat{\sigma}$, $E_2=3/d_2=\sqrt{n}\,A_2\right)$

- ⑦ $Me-R$관리도(메디안과 범위)
  - ⓐ 개 요
    - Me관리도(중앙값 관리도)의 특징
      - 극단적인 이상치에 민감하게 반응하지 않는다(극단적인 이상치에 둔감하게 반응함).
      - $\overline{x}$관리도보다 제1종 과오가 작다.
      - 시료의 크기는 계산 편의상 홀수 개가 좋다.
      - $n=5$인 계량형 관리도를 작성할 때 $\overline{x}$값보다 Me값의 계산이 일반적으로 더 쉽다.
      - 관리한계의 폭이 $\overline{x}$관리도보다 더 넓고 정확성이 떨어져서 검출력은 $\overline{x}$관리도보다 좋지 않다.
    - 관리 대상
      - 평균 계산 시간과 노력을 피하고 평균 대신에 중앙치(Median)를 사용한다.
      - 관리한계폭이 $\overline{x}$관리도보다 $m_3(\geq1)$배 증가하므로 $\overline{x}$관리도에 비해 정밀도가 떨어지나 이질적 데이터에 크게 영향을 받지 않는다.
      - 공정의 아웃풋의 산포를 나타내고, 공정변동을 시계열적으로 파악할 수 있다.

  - ⓑ 관리한계선
    - Me관리 : 통계량 Me, 중심선 $\overline{Me}=\sum \dfrac{Me}{k}$, 관리상하한값 $\overline{Me}\pm A_4\overline{R}$
    - R관리 : 통계량 R, 중심선 $\overline{R}$, 관리상한값 $D_4\overline{R}$, 관리하한값 $D_3\overline{R}$
  - ⓒ 수리 해석

    $E(Me)\pm3D(Me)=\mu\pm3m_3\sigma/\sqrt{n}$
    $=\overline{Me}\pm3m_3\dfrac{1}{\sqrt{n}}\cdot\dfrac{\overline{R}}{d_2}$
    $=\overline{Me}\pm A_4\overline{R}$

    $\left($단, $\dfrac{\overline{R}}{d_2}=\hat{\sigma}$, $A_4=\dfrac{3m_3}{\sqrt{n}\cdot d_2}=m_3A_2\right)$

- ⑧ $L-S$관리도(최대치와 최소치)
  - ⓐ 개 요
    - 각 군에서 최대치(L)와 최소치(S)를 합한 후 2로 나눈 값(M)을 관리도에 타점한다.
    - 공정의 극한값에 크게 영향을 받지 않는다.
    - 공정의 미세변동을 민감하게 탐지할 수 있다.
  - ⓑ 관리한계선
    - 통계량 : M
    - 중심선 : $\overline{M}=\dfrac{\overline{L}+\overline{S}}{2}$
    - 관리상하한값 : $\overline{M}\pm A_9\overline{R}$

    > $\overline{L}=\sum \dfrac{L}{k}$, $\overline{S}=\sum \dfrac{S}{k}$, $A_9=\dfrac{1}{2}+3\dfrac{e_3}{d_2}$,
    >
    > $\overline{R}=\sum \dfrac{R}{k}$

- ⑨ 특수관리도(기타 계량값관리도)
  - ⓐ 누적합관리도(CUSUM ; Cumulative Sum)
    - 고안자 : 페이지(E. X Page)
    - 데이터의 누적합을 근거로 공정평균 변화 탐지를 위한 관리도이다.
    - 슈하트의 $\pm3\sigma$ 관리도와는 별도로 데이터의 누적합에 근거한 관리도이다.
    - 적은 비용으로 슈하트관리도 이상의 효율을 얻을 수 있다.
    - 시료를 주기적으로 추출하여 평균값과 공정 기대값(공정 목표치)의 차를 누적합하여 그래프로 그린다.

- 과거의 모든 데이터를 사용한다.
- 공정 변화가 일어난 시간을 보여 준다.
- 현장에서 작성하기가 용이하지 않다.
- 미세한 공정 변화 탐지가 가능하다.
- 공정 변화를 민감하게 반영한다.
- 공정평균에 갑작스런 변화가 발생될 때 슈하트관리도보다 변화를 빨리 검출할 수 있다.
- 공정 변화가 서서히 일어나고 있을 때도 슈하트관리도보다 더 민감하게 탐지할 수 있다.
- 공정 이상의 유무는 관리도상에서 마지막 시료군에 대응하는 점과 V-mask의 P점이 일치하고, 찍힌 시료군의 점이 모두 V-mask 안에 있어야 관리 상태가 된다.
- V-mask에서 찍힌 시료군의 점이 하나라도 V-mask에 가려져 있으면 공정에 변화가 일어난다고 판단한다.

ⓛ 이동평균관리도(MA ; Moving Average)
- 가장 최근의 관측값을 포함하면서 과거의 일정 시점까지의 관측값을 이용하여 이동평균값을 구하여 관리도에 타점한다.
- 이동평균 : $M_k = \dfrac{(\overline{x}_k + \overline{x}_{k-1} + \cdots + \overline{x}_{k-w+1})}{w}$
- 이동평균관리도로 산포의 변화를 체크하기는 어렵다.
- 이동평균관리도에서는 V-mask 작성을 하지 않는다.
- $\overline{x}$관리도와 함께 사용하면 더 효율적이다($\overline{x}$관리도와 이동평균관리도를 함께 사용하면 각 군 평균치의 변화와 이동평균의 변화를 동시에 확인할 수 있으므로 데이터 관리 효율성이 우수해짐).
- UCL과 LCL이 일정하지 않다.
- 관리한계선 : $\overline{\overline{x}} \pm \dfrac{3\sigma}{\sqrt{nw}}$

  여기서, w : 이동평균의 수
  n : 군의 크기
- 관리한계선을 벗어날 경우 공정 이상으로 간주한다.
- 일반적으로 이동평균수의 값(w값)이 클수록 민감도가 크다.

ⓒ 지수가중이동평균관리도(EWMA ; Exponentially Weighted MA)
- 지수가중이동평균(지수평활이동평균)을 사용하여 프로세스 수준을 평가하기 위한 관리도이다.

- 현시점에서 거슬러 올라간 개개의 관측치 또는 군의 평균치에 대하여 과거로 거슬러 올라간 것만큼 작은 비중을 부여하여 가중 평균을 계산한 관리도이다.
- 별칭 : 기하이동평균관리도(GMA ; Geometric Moving Average)
- 연속적으로 관측되는 각 표본 평균에 대해 최근의 측정값에 더 큰 가중치를 주어서 공정 변화를 민감하게 만들어 공정 변화를 빠르게 감지할 수 있다.
- 지수가중이동평균 : $Z_k = \lambda \overline{x}_k + (1-\lambda)Z_{k-1}$
- 관리한계선 : $\overline{\overline{x}} \pm \dfrac{3\sigma}{\sqrt{n}} \sqrt{\dfrac{\lambda}{2-\lambda}}$ (단, λ : 지수평활계수)
- 공정 변화에 민감하게 반응한다.
- 지수평활계수값이 작을수록 민감도가 크다.

ⓔ 차이관리도($X_d - R_s$)
- 기준치와의 차이를 비교하는 관리도이다.
- 다품종 소량 생산의 형태 중 짧은 생산주기이면서 다품종을 동일한 기계로 생산하는 경우에 적합하다.
- 데이터의 산포가 작을수록 관리도의 효율성을 높일 수 있다.
- X_d관리도의 중심선은 0, 상하한선은 $\pm 2.66 \overline{R}_s$를 사용한다.
- $X_d = x -$기준치가 된다.

ⓜ $Z - W$관리도(정규변환관리도)
- 다품종 소량 생산의 형태 중 다품종 간의 산포가 다르고, 목표값이 다르게 설정된 경우에 적합한 관리도이다.
- Z관리도 : Z변환(정규변환)시켜 타점한 관리도
- W관리도 : 범위를 정규변환(표준화)시켜 타점한 관리도

ⓗ 다변량 관리도
- 제품의 품질특성을 나타내는 품질특성치들이 서로 높은 상관관계를 지니면 각각의 품질특성치에 대한 개별적인 관리도의 시행이 잘못된 판정을 내릴 가능성이 높아지므로 이러한 단점을 극복하고자 하는 관리도이다.
- 품질변동의 형태나 주기를 이용하여 찾아 준다.
- 수학적인 수식을 사용하지 않고 그래프에 의해 표현한다.

- 품질에 문제가 생겼을 때 가능한 원인을 찾기 위한 현상 파악용으로 사용된다.
- 품질특성치의 변동에 영향을 주는 여러 가지 요인을 조사하기 위해 작성한다.

핵심예제

3-1. $\overline{x} = 20.5$, $\overline{R} = 5.5$, $n = 5$일 때 $\overline{x}$관리도의 UCL과 LCL을 구하면 약 얼마인가?(단, $d_2 = 2.326$, $d_3 = 0.864$이다)

[2008년 제4회 유사, 2010년 제2회 유사, 2014년 제1회]

① $UCL = 25.05$, $LCL = 15.95$
② $UCL = 22.77$, $LCL = 18.23$
③ $UCL = 22.43$, $LCL = 18.57$
④ $UCL = 23.67$, $LCL = 17.33$

3-2. $\overline{x}$관리도에 있어서 $\overline{\overline{x}} = 122.968$, $\overline{R} = 2.8$, $n = 6$일 때 UCL의 값은 약 얼마인가?(단, $n = 6$일 때, $A_2 = 0.483$이다)

[2006년 제2회 유사, 2014년 제4회]

① 123.30
② 124.32
③ 126.30
④ 128.32

3-3. 3σ 관리한계를 적용하는 부분군의 크기(n) 4인 $\overline{x}$관리도에서 $UCL = 13$, $LCL = 4$일 때, 이 로트 개개의 표준편차(σ_x)는 얼마인가? [2008년 제1회 유사, 2013년 제4회 유사, 2017년 제1회]

① 1.5
② 2.25
③ 3
④ 4

3-4. 10개의 배치에서 각각 4개씩의 샘플을 뽑아 범위(R)을 구하였더니 $\sum R = 16$이었다. 이때 $\hat{\sigma}$은 약 얼마인가?(단, 군의 크기가 4일 때, $d_2 = 2.059$, $d_3 = 0.880$이다) [2016년 제4회]

① 0.78
② 1.82
③ 1.94
④ 4.55

3-5. $\overline{X} - R$관리도에서 $\overline{R} = 2$이고, R관리도의 UCL이 4.56이다. 이때 군의 크기 n은 얼마인가? [2014년 제2회, 2017년 제2회]

n	3	4	5	6
D_4	2.57	2.28	2.11	2.00

① 3
② 4
③ 5
④ 6

3-6. 합리적인 군 구분이 안 될 때 $k = 25$군이고, $\sum x = 128.10$이고, $\sum R_s = 8.20$이다. 이때 UCL과 LCL은 약 얼마인가?

[2015년 제4회, 2016년 제4회 유사]

① $UCL = 6.033$, $LCL = 4.215$
② $UCL = 6.133$, $LCL = 5.214$
③ $UCL = 6.330$, $LCL = 4.521$
④ $UCL = 7.240$, $LCL = 5.521$

3-7. 군의 크기 $n = 4$의 $\overline{x} - R$관리도에서 $\overline{\overline{x}} = 18.50$, $\overline{R} = 3.09$인 관리 상태이다. 지금 공정평균이 15.50으로 되었다면 본래의 3σ 한계로부터 벗어날 확률은?(단, $n = 4$일 때 $d_2 = 2.059$이다) [2000년 제2회, 2008년 제1회 유사, 2015년 제2회]

μ	1.00	1.12	1.50	2.00
P	0.1587	0.1335	0.0668	0.0228

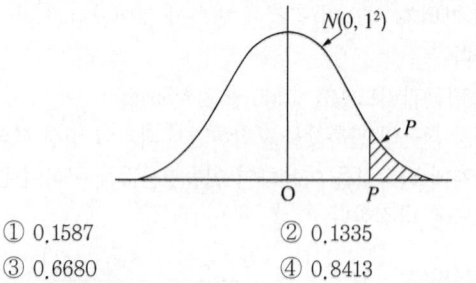

① 0.1587
② 0.1335
③ 0.6680
④ 0.8413

3-8. $n = 5$인 $\overline{x} - R$관리도에서 $UCL = 43.4$, $LCL = 16.6$이었다. 공정의 분포가 $N(30, 10^2)$일 때 $\overline{x}$관리도가 관리한계선 밖으로 벗어날 확률은 약 얼마인가?

[2005년 제1회 유사, 2015년 제1회]

① 0.027
② 0.013
③ 0.0027
④ 0.0013

3-9. 다음 자료로서 $\overline{x}$관리도의 UCL을 구하면?(단, 합리적인 군 구분이 가능한 경우이다) [2014년 제1회]

[자 료]
$n = 4$, $\overline{\overline{x}} = 5.0$, $\overline{R} = 1.5$, $A_2 = 0.73$

① 5.05
② 6.10
③ 6.46
④ 7.19

3-1

$$\text{상하한} = \overline{\overline{x}} \pm 3\frac{\overline{R}}{d_2\sqrt{n}} = 20.5 \pm 3\frac{5.5}{2.326\sqrt{5}} \simeq 17.33 \sim 23.67$$

3-2

$$UCL = \overline{\overline{x}} + A_2\overline{R} = 122.968 + 0.483 \times 2.8 \simeq 124.32$$

3-3

$$\binom{13}{4} = 8.5 \pm \frac{3\sigma_x}{\sqrt{4}} \text{ 에서 } \sigma_x = 3$$

3-4

$$\hat{\sigma} = \frac{\overline{R}}{d_2} = \frac{\sum R/k}{d_2} = \frac{16/10}{2.059} \simeq 0.78$$

3-5

$$UCL = D_4\overline{R} = 4.56 \text{ 에서 } D_4 = \frac{4.56}{2} = 2.28 \text{이므로 } n = 4$$

3-6

$$CL = \overline{x} = \frac{\sum x}{k} = \frac{128.1}{25} = 5.124$$

$$\overline{R} = \frac{\sum R_S}{k-1} = \frac{8.2}{25-1} \simeq 0.342$$

$$UCL = \overline{x} + 2.66\overline{R} \simeq 6.033, \quad UCL = \overline{x} - 2.66\overline{R} \simeq 4.215$$

3-7

$$LCL = \overline{\overline{x}} - 3\frac{\sigma}{\sqrt{n}} = 18.5 - 3 \times \frac{1}{\sqrt{4}} \times \frac{3.09}{2.059}$$

$$= 18.5 - 3 \times 0.75 = 16.25$$

$$u = \frac{LCL - 15.5}{0.75} = \frac{16.25 - 15.5}{0.75} = 1.0$$

$$\therefore P = P(u < 1.0) = (1 - 0.1587) = 0.8413$$

3-8

$$u_1 = \frac{UCL - \mu}{\sigma/\sqrt{n}} = \frac{43.4 - 30}{10/\sqrt{5}} \simeq 2.996 \simeq 3.0$$

$$u_2 = \frac{LCL - \mu}{\sigma/\sqrt{n}} = \frac{16.6 - 30}{10/\sqrt{5}} \simeq -2.996 \simeq -3.0 \text{이므로,}$$

$\overline{x}$관리도가 관리한계선 밖으로 벗어날 확률은 0.0027이 된다.

3-9

$$UCL = \overline{\overline{x}} + E_2\overline{R} = \overline{\overline{x}} + \sqrt{n}\,A_2\overline{R}$$

$$= 5.0 + \sqrt{4} \times 0.73 \times 1.5 = 7.19$$

정답 **3-1** ④ **3-2** ② **3-3** ③ **3-4** ① **3-5** ② **3-6** ① **3-7** ④
　　　3-8 ③ **3-9** ④

핵심이론 **04** 관리도의 상태판정 및 공정 해석

① 관리도의 상태판정

　㉠ 기준값이 주어진 관리도와 기준값이 주어지지 않은 관리도

　　• 기준값이 주어진 관리도에서는 자료를 얻을 때마다 관리도에 타점하고 이상 유무를 판단한다.

　　• 기준값이 주어진 관리도에서 사용하는 관리한계는 공정이 개선되면 주어진 값을 사용하지 않아도 된다.

　　• 기준값이 주어지지 않은 관리도에서는 도출된 관리한계가 만족스러운 경우, 그 관리한계를 연장하여 기준값이 주어진 관리도의 관리한계로 사용할 수 있다.

　　• 기준값이 주어지지 않은 관리도에서는 관리한계를 벗어나는 점에 대해서는 그 원인을 찾아 조치한 경우, 그 점에 관한 데이터를 제거한 후 관리한계를 다시 계산한다.

　㉡ 공정의 관리 상태 판정기준

　　• 관리 상태 : 점이 관리한계를 벗어나지 않고 점의 배열에 아무런 습관성이 존재하지 않는다. 관리도상의 타점(Plot)들이 일정한 패턴을 보이면 관리한계를 벗어나지 않더라도 공정 내에 이상이 있음을 뜻한다.

　　• 습관성 : 연, 경향, 주기성

　　　– 연(Run) : 중심선 한쪽에서 점이 연속되어 나타나는 현상으로, 길이 9 이상이 나타나면 비관리 상태로 판정한다.

　　　– 경향(Trend) : 점이 연속으로 상승 또는 하강하는 현상이다.

　　　　ⓐ 경향은 점이 점차 올라가거나 또는 점차 내려가는 상태를 말한다.

　　　　ⓑ 길이 6 이상 발생하거나 연속 11점 중에서 10점의 상승 하강이 나타나면 비관리 상태로 판정한다.

　　　　ⓒ 공정에 점진적으로 영향을 미치는 원인에 의해서 나타난다.

　　　　ⓓ p관리도에서의 경향은 부적합품률이 계속하여 증가 또는 감소할 때 나타난다.

　　　　ⓔ R관리도에서의 경향은 산포가 계속하여 증가 또는 감소할 때 나타난다.

– 주기성(Cycle) : 점이 상하로 변동하여 주기적인 파형이 나타나는 현상으로, 상황에 따라 비관리 상태로 판정한다.

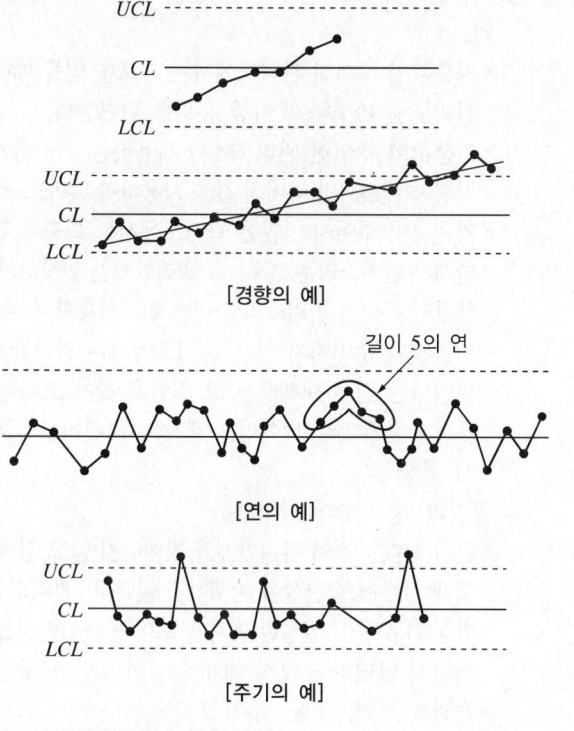

[경향의 예]

[연의 예]

[주기의 예]

ⓒ 비관리상태의 판정기준
  • 규칙 1~8 : KS Q ISO 8258 슈하트관리도의 이상원인에 대한 판정기준, 슈하트관리도에 소개된 Western Electric Rule을 활용한 관리도의 이상 상태 판정규칙(A : $\pm 3\sigma$선, B : $\pm 2\sigma$선, C : $\pm 1\sigma$선)

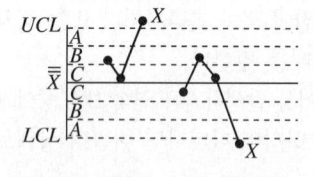

규칙 1 : 1점이 영역 A를 넘고 있다.

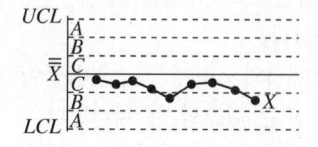

규칙 2 : 9점이 중심선에 대하여 같은 쪽에 있다.

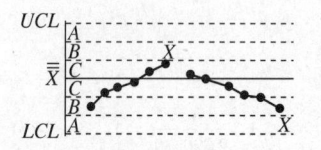

규칙 3 : 6점이 증가 또는 감소하고 있다.

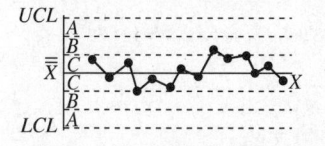

규칙 4 : 14점이 교대로 증감하고 있다.

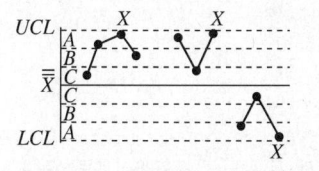

규칙 5 : 연속하는 3점 중 2점이 영역 A 또는 그것을 넘은 영역에 있다.

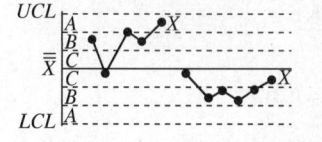

규칙 6 : 연속하는 5점 중 4점이 영역 B 또는 그것을 넘은 영역에 있다.

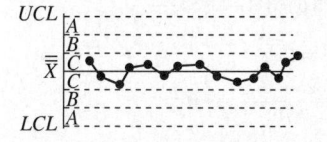

규칙 7 : 연속하는 15점이 영역 C에 존재한다.

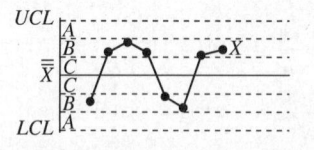

규칙 8 : 연속하는 8점이 영역 C를 넘은 영역에 있다.

  • 연속하는 11점 중 10점의 상승이나 하강이 나타난다 (경향).
  • 점이 관리한계선에 근접($-2\sigma \sim -3\sigma$ 또는 $2\sigma \sim 3\sigma$)해서 연속 3점 중 2점 이상 나타나는 경우, 중심선의 위쪽 또는 아래쪽의 한쪽 기준으로 정의한다.

- 점이 특수한 상태로 나타나는 경우
  - 중심선 근처에 많은 점이 연속해서 나타나는 경우 : 비관리 상태로 판정하나 군 구분이 부적당할 경우에 나타나므로 이질적인 로트에서 얻어진 데이터는 최대한 배제시키면서 군 구분을 다시 하면 이러한 현상을 없앨 수 있다.
  - 많은 점들이 관리한계선을 벗어나는 경우 : $\bar{x}$ 관리도의 경우 군내변동이 군간변동에 비해서 상대적으로 너무 작아서 나타나는 현상이므로, 시료의 채취방법, 군 구분방법 등을 변경하여 군내변동을 좀 더 커지도록 하여 이러한 현상을 배제하는 것이 바람직하다.
- 품질변동 원인 중 우연원인에 의한 것으로 볼 수 있는 것
  - 연속 4점이 중심선 한쪽에 나타난다.
  - 점들이 관리한계선을 벗어나지 않는다.
  - 점들이 랜덤하게 정규분포로 나타난다.
  - 점들의 움직임이 임의적이다.

② 관리도의 공정 해석
　㉠ 공정 해석을 위한 특성치 선정 시 고려해야 할 주의사항
　　• 수량화하기 쉬운 것을 택한다.
　　• 해석을 위한 특성은 되도록 많이 택한다.
　　• 기술상으로 보아 공정이나 제품에 있어서 중요한 것을 택한다.
　　• 해석을 위한 특성과 관리를 위한 특성을 반드시 일치시킬 필요는 없다.
　㉡ 공정 해석의 순서
　　• 공정에 요구되는 특성치 검토 및 선정
　　• 특성치와 관계있는 요인 선정
　　• 특성치와 요인의 관계 조사
　　• 공정실험 실시
　　• 해석결과 표준화
　　• 표준에 따라 작업 실시 및 결과 체크
　㉢ 군 구분방법
　　• 군내는 가능한 균일하게 되도록 하여 이상원인이 포함되지 않도록 하고, 군내의 산포는 우연원인에 의한 것만으로 나타나게 한다.

- 군내의 산포에 의한 원인과 군간의 산포에 의한 원인을 기술적으로 구별되도록 한다.
- 그 공정에서 관리하고자 하는 산포가 군간의 산포로 나타날 수 있도록 한다.
　㉣ 공정 변화에 따른 점의 움직임

공정이 관리 상태일 때 (평균과 산포가 불변인 경우)	
공정산포는 불변이고, 공정평균이 변하는 경우	
공정평균은 불변이고, 공정산포가 변하는 경우	

　㉤ 군내변동(σ_w^2)과 군간변동(σ_b^2)
　　• $\bar{x}$ 관리도에서 타점이 되는 데이터인 $\bar{x_i}$ 들의 산포
　　 = 로트 내의 산포 + 로트 간의 산포
　　 = 군내변동 + 군간변동

$$= \sigma_{\bar{x}}^2 = \frac{\sigma_w^2}{n} + \sigma_b^2$$

　　여기서, $\sigma_{\bar{x}}^2$: $\bar{x}$ 의 변동
　　　　　　σ_w^2 : 군내변동
　　　　　　n : 군의 크기
　　　　　　σ_b^2 : 군간변동

$$- \widehat{\sigma_w^2} = \left(\frac{\bar{R}}{d_2} \right)^2$$

$$- \widehat{\sigma_{\bar{x}}^2} = \frac{\sum_{i=1}^{k} (\bar{x_i} - \bar{\bar{x}})^2}{k-1} = \left(\frac{\bar{R_s}}{d_2} \right)^2 = \left(\frac{\bar{R_s}}{1.128} \right)^2$$

　　여기서, k : 군의 수, $n=2$ 일 때 $d_2 = 1.128$

　　• 개개의 데이터가 나타내는 전체의 산포(x, 개개의 변동) : $\sigma_H^2 = \sigma_w^2 + \sigma_b^2$($H$: Histogram)
　　• 완전한 관리 상태($\sigma_b^2 = 0$) :

$$\sigma_{\bar{x}}^2 = \frac{\sigma_w^2}{n}, \ n\sigma_{\bar{x}}^2 = \sigma_H^2 = \sigma_w^2$$

　　• 완전한 관리 상태가 아닌 경우($\sigma_b^2 \neq 0$) :

$$n\sigma_{\bar{x}}^2 > \sigma_H^2 > \sigma_w^2$$

- $\overline{x}$관리도에서 관리한계를 벗어나는 점이 많아질수록 군간변동(σ_b^2)이 크게 되어 $\overline{x}$의 변동($\sigma_{\overline{x}}^2$)도 커진다.
- 완전한 관리 상태에서 군간변동은 0이다.
  ⓑ 공정에서 작은 변화의 발생을 빨리 탐지하기 위한 방법 (공정 변화를 민감하게 탐지할 수 있는 방법)
- 부분군의 채취 빈도를 늘린다.
- 부분군의 크기를 크게 한다.
- 관리도의 종류를 변경한다.
- 관리도상의 런의 길이, 타점들의 특징이나 습성을 세심하게 관찰한다.
- 슈하트(Shewhart)관리도보다 지수가중이동평균 (EWMA)관리도를 이용한다.

핵심예제

4-1. 품질변동의 원인 중 우연원인에 의한 것으로 볼 수 없는 것은?
[2014년 제4회, 2017년 제4회 유사]

① 연속 4점이 중심선 한쪽에 나타난다.
② 점들이 관리한계선을 벗어나지 않는다.
③ 점들이 랜덤하게 정규분포로 나타난다.
④ 연속 15점이 중심선 근처에 나타난다.

4-2. 슈하트관리도에 소개된 Western Electric Rules을 활용한 관리도의 이상 상태 판정규칙과 관계없는 것은?
[2013년 제2회 유사, 2016년 제4회]

① 14점이 연속적으로 오르내리고 있음
② 6개의 점이 연속적으로 증가하거나 감소하고 있음
③ 9개의 점이 중심선의 한쪽으로 연속적으로 나타남
④ 연속된 5개의 점 중 2개의 점이 중심선의 한쪽에서 연속적으로 2σ와 3σ 사이에 있음

4-3. 공정 해석을 위한 특성치 선정 시 고려해야 할 주의사항으로 틀린 것은?
[2014년 제1회 유사, 2015년 제2회]

① 수량화하기 쉬운 것을 택한다.
② 해석을 위한 특성은 되도록 많이 택한다.
③ 기술상으로 보아 공정이나 제품에 있어서 중요한 것을 택한다.
④ 해석을 위한 특성과 관리를 위한 특성은 반드시 일치시킨다.

4-4. $\overline{X}$관리도에서 $\overline{X}$의 변동을 $\sigma_{\overline{x}}^2$, 개개의 데이터가 나타내는 전체의 산포를 σ_H^2, 국내변동을 σ_w^2라 하면 이들 간의 관계식으로 맞는 것은?(단, n은 시료의 크기이다)
[2005년 제2회 유사, 2009년 제2회, 2013년 제4회, 2016년 제1회 유사, 제4회]

① $\sigma_H^2 \geq \sigma_{\overline{x}}^2 \geq \sigma_w^2$

② $n a_{\overline{x}}^2 \geq \sigma_H^2 \geq \sigma_w^2$

③ $n a_w^2 \geq \sigma_H^2 \geq \sigma_{\overline{x}}^2$

④ $n a_H^2 \geq \sigma_w^2 \geq \sigma_{\overline{x}}^2$

4-5. $\overline{X} - R$관리도에서 $\overline{x}$의 산포를 $\sigma_{\overline{x}}^2$, 군간산포를 σ_b^2, 군내산포를 σ_w^2로 표현할 때 틀린 것은?(단, k의 부분군의 수, n은 부분군의 크기, d_2는 부분군의 크기가 n일 때의 값이다)
[2017년 제2회]

① $\hat{\sigma}_b = \dfrac{\overline{R}}{d_2}$

② $\sigma_{\overline{x}}^2 = \sigma_b^2 + \dfrac{\sigma_w^2}{n}$

③ $\hat{\sigma}_b = \dfrac{\sum\limits_{i=1}^{k}(\overline{x_i} - \overline{\overline{x}})^2}{k-1}$

④ 완전한 관리 상태일 때 $\sigma_b^2 = 0$

4-6. 병당 100정이 들은 약품 10,000병이 있다. 이것에서 10병을 랜덤으로 고르고 각 병으로부터 5정씩 랜덤으로 샘플링하여 각 정마다 중량을 측정하였다. 그 결과 병 내의 군내변동($\widehat{\sigma_w^2}$)은 400[mg], 각 병 간의 군간변동($\widehat{\sigma_b^2}$)은 200[mg]이 되었다. 측정오차를 고려하지 않을 때, 이 데이터의 정밀도($\sigma_{\overline{x}}^2$)는 얼마인가?
[2016년 제1회]

① 5.3[mg]
② 10.0[mg]
③ 28.0[mg]
④ 100.0[mg]

4-1

연속 15점이 중심선 근처에 나타나면 이상원인에 의한 것이다.

4-2

연속된 5개의 점 중 4개의 점이 2σ 또는 그 이상 영역에 있다.

4-3

해석을 위한 특성과 관리를 위한 특성을 반드시 일치시킬 필요는 없다.

4-4

- 관리 상태일 때 : $n a_{\bar{x}}^2 = \sigma_H^2 = \sigma_w^2$
- 관리 상태가 아닐 때 : $n a_{\bar{x}}^2 > \sigma_H^2 > \sigma_w^2$

4-5

$$\hat{\sigma_w} = \frac{\bar{R}}{d_2}$$

4-6

$$\sigma_{\bar{x}}^2 = \frac{\sigma_w^2}{mn} + \frac{\sigma_b^2}{m} = \frac{400}{10 \times 5} + \frac{200}{10} = 8 + 20 = 28[\text{mg}]$$

정답 4-1 ④ **4-2** ④ **4-3** ④ **4-4** ② **4-5** ① **4-6** ③

핵심이론 05 관리도의 성능·검정·관리계수

① 관리도의 성능
  ㉠ $\bar{x}$관리도가 Me관리도보다 검출력이 좋다.
  ㉡ p관리도의 OC곡선은 n과 $\bar{p}$에 따라서 변한다.
  ㉢ np관리도는 n과 $\bar{p}$에 따라서 OC곡선을 변하게 한다.
  ㉣ $\bar{x}$관리도에서 검출력은 n이 클수록 좋아진다.

② $\bar{x} - R$관리도 평균치 차의 검정 : 두 개의 $\bar{x} - R$관리도에서 중심치(평균치) 사이의 차를 검정하는 경우이다. 전제조건을 만족하고 검정식이 성립하면, 두 관리도 간에는 유의한 차가 존재한다.
  ㉠ 전제조건
    • 두 개의 관리도가 완전한 관리 상태로 되어 있을 것
    • 두 관리도의 시료군의 크기 n이 같을 것
    • k_A, k_B가 충분히 클 것(15 이상 정도)
    • $\bar{R}_A$, $\bar{R}_B$에 유의차가 없을 것
    • 본래의 분포 상태가 대략적인 정규분포를 따를 것
  ㉡ 검정방법
    • $\bar{R}_A$, $\bar{R}_B$의 유의차 검정 : 관리도 평균치 차의 검정에서 두 관리도의 산포가 같아야 한다는 전제조건에 '$\bar{R}_A$, $\bar{R}_B$ 사이에 유의차가 없을 것'이라는 조건이 있다. 따라서 이를 검정하는 방법은 다음과 같이 실행한다. 이때 만약 유의차가 존재한다면 두 관리도 평균치 차의 검정이 의미가 없다는 것이다.
      - 가설 : $H_0 : \sigma_A^2 = \sigma_B^2$, $H_1 : \sigma_A^2 \neq \sigma_B^2$
      - 유의수준 : $\alpha = 0.05$ 또는 0.01
      - 검정통계량 : $F_0 = \left(\dfrac{\bar{R}_A}{C_A}\right)^2 / \left(\dfrac{\bar{R}_B}{C_B}\right)^2$
      - 판 정
        ⓐ $F_0 > F_{1-\alpha/2}(\nu_A, \nu_B)$이면, H_0 기각(평균치 차의 검정이 의미가 없음)
        ⓑ $F_{\alpha/2}(\nu_A, \nu_B) \leq F_0 \leq F_{1-\alpha/2}(\nu_A, \nu_B)$이면, H_0 채택(평균치 차의 검정 실시)
    • 평균치 차의 검정
      - 가설 : $H_0 : \mu_A = \mu_B$, $H_1 : \mu_A \neq \mu_B$
      - 유의수준 : $\alpha = 0.27$

– 검정 : $\left|\overline{\overline{x}}_A - \overline{\overline{x}}_B\right| > A_2 \overline{R} \sqrt{\dfrac{1}{k_A} + \dfrac{1}{k_B}}$

여기서, $\overline{\overline{x}}_A,\ \overline{\overline{x}}_B$: 각각의 $\overline{x}$관리도의 중심선

$k_A,\ k_B$: 각각의 시료군의 수

$$\overline{R} = \dfrac{k_A \overline{R}_A + k_B \overline{R}_B}{k_A + k_B}$$

– 판정 : 위의 식이 성립하면 두 관리도의 중심 간에 차이가 있다고 판정한다.

③ 관리계수

㉠ 관리계수$\left(C_f = \dfrac{\sigma_{\overline{x}}}{\sigma_w}\right)$: 공정의 관리 상태 여부를 간단하게 파악할 수 있는 척도이다.

㉡ $\overline{x} - R$관리도의 경우에만 측정 가능하다.

㉢ 판 정

- $C_f \geq 1.2$: 급간변동이 크다.
- $1.2 > C_f \geq 0.8$: 관리 상태로 판단한다.
- $0.8 > C_f$: 군 구분이 나쁘다.

5-1. 다음은 두 개의 층 A, B의 데이터로 작성한 $\overline{X} - R$관리도로부터 층의 평균치 차이를 검정할 때 사용하는 식이다. 이 식의 전제조건으로 틀린 것은?

[2004년 제4회 유사, 2006년 제1회 유사, 2007년 제4회 유사, 2008년 제2회 유사, 2010년 제4회 유사, 2014년 제2회 유사, 2016년 제2회]

$$\left|\overline{\overline{X}}_A - \overline{\overline{X}}_B\right| > A_2 \overline{R} \sqrt{\dfrac{1}{k_A} + \dfrac{1}{k_B}}$$

① $k_A,\ k_B$는 충분히 클 것
② $\overline{R}_A,\ \overline{R}_B$ 간에 유의차가 없을 것
③ 두 개의 관리도는 관리 상태에 있을 것
④ 두 관리도의 부분군의 크기가 충분히 클 것

5-2. $n = 5$, $k = 30$인 $\overline{X} - R$관리도에서 관리계수 $C_f = 1.50$이라면 공정이 어떻다고 생각되는가?

[2004년 제2회 유사, 2009년 제4회 유사, 2016년 제2회]

① 급간변동이 크다.
② 군 구분이 나쁘다.
③ 대체로 관리 상태이다.
④ 이상원인이 존재하지 않는다.

|해설|

5-1

전제조건 : ①, ②, ③과 두 관리도의 시료군의 크기가 같을 것, 본래의 분포 상태가 대략적인 정규분포를 하고 있을 것

5-2

$C_f \geq 1.2$이므로, 급간변동이 크다.

정답 5-1 ④ 5-2 ①

03 생산시스템

제1절 | 생산시스템

핵심이론 01 생산시스템의 개요

① 생산과 생산관리
  ㉠ 생산 : 생산요소를 유형, 무형의 경제재로 변환(생산과정)시킴으로써, 효용을 산출하는 과정이다.
    • 생산의 기능 : 생산목표를 달성하는 기능(변환기능, 관리기능)
    • 생산목표(생산시스템의 운영 시 수행목표) : Q(Quality, 품질), C(Cost, 원가), D(Delivery, 납기), F(Flexibility, 유연성)의 최적화를 통한 고객만족(재화·서비스의 효용 창출과 경제적 생산)
  ㉡ 생산관리 : 생산목표를 달성할 수 있도록 적절한 품질의 제품·서비스를 적시, 적량, 적가로 생산할 수 있도록 생산과정을 수행하고 생산활동을 관리 및 조직하는 활동이다.
    • 생산관리의 3가지 기본기능 : 계획, 설계, 통제
    • 생산관리의 4가지 기본기능 : 계획, 설계, 운영, 통제
  ㉢ 생산관리의 목적
    • 생산목적인 고객만족을 경제적으로 달성할 수 있도록 생산활동이나 생산과정을 효율적으로 관리하기 위해서이다.
    • 품질, 원가, 납기, 유연성은 생산시스템의 주요 관리대상에 속한다.
    • 생산자는 원가를 절감하여 이익을 최대화하기 위한 명목으로 품질과 기능을 희생시키면 절대 안 된다.
    • 납기관리를 위해서는 약속한 납기를 정확하게 지키는 것과 공장에서 제조하는 데 걸리는 시간을 단축하는 두 가지 목적을 동시에 달성해야 한다.
  ㉣ 생산관리의 일반원칙 3S
    • Simplification(단순화)
    • Standardization(표준화)
    • Specialization(전문화)

  ㉤ 생산관리는 크게 생산계획과 조달계획으로 구분할 수 있다.
    • 생산계획 : 제품계획, 일정계획, 생산능력계획 등
    • 조달계획 : 자재계획, 구매계획, 외주계획 등
② 시스템
  ㉠ 시스템(System) : 하나의 전체(복합체)를 구성하는 서로 관련 있는 구성요소의 모임이다.
  ㉡ 시스템의 기본 속성(특성) : 집합성, (상호) 관련성, 목적 추구성, 환경 적응성
  ㉢ 시스템 어프로치 : 시스템 사고를 행하는 방법(시스템 이론, 시스템 분석, 시스템 경영)이다.
  ㉣ 시스템 어프로치의 효과
    • 주어진 문제를 전체적인 입장에서 명확히 밝힐 수 있다.
    • 구성요소 간의 상호 관련성 내지 상호작용을 이해할 수 있다.
    • 관련되는 요인의 원인과 결과(또는 목적과 수단)를 밝힐 수 있다.
    • 문제가 되는 변수와 제약요소의 상호관계를 밝힐 수 있다.
    • 시스템 전체의 성과를 높일 수 있다.
    • 환경 변화에 적응할 수 있다.
  ㉤ 시스템 경영의 4가지 기본원칙 : 목표중심체제, 전체시스템중심체제, 책임중심체제, 인간중심체제
③ 생산시스템
  ㉠ 생산시스템 구조를 위한 시스템의 특징
    • 생산시스템은 목표를 가지고 있어야 한다.
    • 생산시스템은 복수 개의 독립된 부분으로 구성되어야 한다.
    • 생산시스템은 항상 전체로서의 의미가 있으며 생존할 수 있다.
    • 생산시스템은 독립된 부분만으로는 고유의 목표를 성취할 수 없다.

ⓛ 생산시스템의 구성 : 투입, 변환과정, 산출, 피드백
  • 투입(Input)단계 : 가치 창출을 위하여 노동력, 관리, 설비, 원료, 에너지 등이 필요한 단계이다.
  • 변환과정(Transformation Process)
    – 조업과 변환을 통하여 새로운 가치를 창출하는 단계이다.
    – 기업의 부가가치 창출활동이 이루어지는 구조적 단계이다.
    – 재료는 공장의 변환과정을 통해서 제품으로 변환된다.
    – 변환과정은 기계나 장치를 조합하여 만든 일련의 시스템이다.
    – 변환과정을 정상적으로 작동하기 위한 생산관리 시스템이 필요하다.
    – 생산에 따라 변환되는 과정을 체계적으로 관리할 필요가 있다.
  • 산출(Output) : 필요한 재화나 서비스를 확보하는 단계이다.
  • 피드백(Feedback) : 산출결과의 실제 데이터와 정보를 전 단계에 반영시켜 생산시스템을 개선할 수 있는 도구로 활용한다.

④ 테일러시스템
  ㉠ 개 요
    • 창안자 : 테일러(F. W. Taylor, 1856~1915)
    • 별칭 : 테일러시스템, 테일러리즘, 과업관리법, 과학적 관리법 등
    • 목표(기본철학) : 고임금, 저노무비
    • 특징 : 성공에 대한 우대
  ㉡ 과학적 관리의 4가지 원칙
    • 공정한 1일 과업량 결정
    • 표준화된 제작업조건
    • 과업을 성공적으로 달성한 근로자에 대한 우대(고임금 지급)
    • 주어진 과업량을 달성하는 데 실패한 근로자의 손실
  ㉢ 과학적 관리법의 운영제도 : 기획부제도, 직능식(기능식) 직장제도, 작업지도카드제도, 차별적 성과급 제도(Differential Piece-rate System)

㉣ 테일러시스템 과업관리의 원칙
  • 작업에 대한 표준
  • 공정한 1일 과업량 결정
  • 과업 미달성 시 작업자의 손실

⑤ 포드시스템
  ㉠ 개 요
    • 창안자 : 포드(H. Ford, 1863~1947)
    • 별칭 : 포디즘, 컨베이어시스템 등
    • 목표(기본 철학) : 저가격·고임금, 동시 관리, 사회 봉사 이념
  ㉡ 이동조립법(Moving Assembly Method, 컨베이어 시스템) : 조립 라인에서 작업능률을 높이기 위하여 유동작업의 원칙을 적용한 것으로, 특성은 다음과 같다.
    • 작업준칙 : 가능하다면 작업자가 한 발 이상 움직이지 말고 허리를 굽히지 않도록 작업을 설계해야 한다.
    • 조립작업원칙 : 작업공정 순서에 따라 작업자 배치, 각 작업 단위 작업시간을 균등하게 유지, 각 작업자 사이를 컨베이어로 연결하여 작업물을 운반하고 컨베이어를 시간적 규칙성에 따라 운전하며 원활한 작업수행이 되도록 해야 한다.
    • 유동작업원칙 : 올바른 작업물이 정확한 올바른 시간에 정확한 올바른 장소로 운반되게 생산공정을 유지하여야 하며, 작업자 간에 조립된 부품·제품은 기계적 방법(컨베이어)에 의해 운반되어야 하며 작업을 단순한 요소동작으로 세분화하여 분할한다.
  ㉢ 생산요인에 대한 표준화(3S)
    • 단순화 : 제품의 단순화, 작업의 단순화
    • 표준화 : 부품의 표준화
    • 전문화 : 기계·공구의 전문화
  ㉣ 컨베이어시스템의 장단점

장 점	• 대량 생산방식이 가능하다.
단 점	• 작업속도가 강제적이다(작업자의 비인간화, 기계화). • 한 공정의 정지가 전체 공정에 미치는 영향이 크다. • 고정비가 높아 조업도가 낮을 때는 제품당 제조원가가 상승한다. • 제품 단순화로 다양한 수요에 대한 대응력 저조 및 시장구조 변화 적응에 곤란하다. • 표준화 특성으로 인하여 제품과 생산설비의 변경이나 개량이 어렵다.

⑥ 테일러시스템과 포드시스템의 비교

구 분	테일러시스템	포드시스템
제창자	• F. W. Taylor	• H. Ford
일반 통칭	• 과업관리	• 동시 관리
적용목적	• 주로 개별 생산의 공장, 특히 기계제작 공장에서의 관리기술의 합리화가 목적이다.	• 연속생산의 능률 향상 및 관리의 합리화가 목적(테일러 시스템의 결점을 보완)이다.
근본정신	• 고임금, 저노무비의 원칙	• 저가격, 고임금의 원칙
원리 (기본 이념)	• 최적 과업 결정 • 제조건의 표준화 • 성공에 대한 우대 • 실패 시 노동자 손실	• 최저 생산비로 사회에 봉사한다는 이념

수단방법 (구체적 전제)	• 과업관리합리화 수단
	  – 시간연구
	  – 직능조직
	  – 차별성과급제
	  – 작업지도표제도 도입
		• 동시관리합리화 전제
		  – 3S
		  – 이동 조립법
		  – 일급제 급여
		  – 대량 소비 시장 존재

⑦ 생산의 기본조직
　㉠ 라인조직(전통적 조직 또는 직계식 조직 또는 군대식 조직, 수직적 조직) : 집권적 조직구조이며 명령 일원화의 원칙을 중심으로 하여 최고경영자에서부터 하위 계층에 이르기까지 명령 권한이 수직적으로 연결되는 가장 기본적인 조직 형태이다.
　㉡ 기능식 조직(또는 직능식 조직) : 기업의 생산조직에서 작업을 전문화하기 위하여 테일러가 제시한 조직 형태이다.
　㉢ 라인스태프조직(직계–참모조직) : 에머슨(H. Emerson)이 제시한 라인조직과 스태프조직을 결합시킨 것으로 현대 기업조직구조 형태 중 가장 보편적인 조직 형태이다.
　　• 라인(Line) : 생산이나 판매와 같이 기업목표 달성에 필요한 핵심적인 활동을 책임지고 수행하는 구성원들
　　• 스태프(Staff) : 기획, 회계, 재무, 인사와 같이 전문적인 지식이나 기술을 이용하여 라인의 활동이 원활히 이루어질 수 있도록 도와주는 역할을 담당하는 구성원들

⑧ 제품설계 기법
　㉠ 가치공학(Value Engineering)
　　• 고객이 요구하지 않는 기능(불필요한 기능)을 파악하여 제거하는 기법을 기능분석이라고 하며 기능 정의, 기능평가, 대체안의 개발로 진행된다.
　　• 가치공학은 과학적인 기능 추구를 바탕으로 하는 가치에 관한 문제해결기법이다.
　　• 가치공학은 요구되는 기능을 최저 원가로 달성하기 위한 조직적·체계적인 접근방법이다.
　　• 가치계수 공식 : $V = \dfrac{F}{C}$

　　여기서, V : 가치(사용 가치, 매력 가치)
　　　　　 F : 기능
　　　　　 C : 비용

　　• 가치가 상승하는 경우 : 비용 감소와 기능 향상이 각각 발생하는 경우와 비용 감소와 기능 향상이 동시에 발생하는 경우가 있다.
　　• 가치가 상승할 때 비용은 정체 내지는 감소되어야지 상승되어서는 안 된다.
　㉡ 동시공학(CE ; Concurrent Engineering)
　　• 제품 개발과정을 신속히 하기 위한 방법이다.
　　• 신제품 개발과정의 초기 단계부터 다양한 기능별 집단들이 모두 참여하여 기능 간 통합과 제품 및 공정의 동시 개발 등을 수행한다.
　　• 사내의 신제품 관련 부서뿐만 아니라 외부의 공급자까지 신제품 개발팀에 참여시켜 공동작업을 통해 제품이나 서비스를 설계하고 생산공정을 선택한다.
　㉢ 모듈러 설계(Modular Design)
　　• 제품의 다양성은 높이면서 동시에 제품 생산에 사용되는 구성품의 다양성은 낮추는 제품설계의 한 방법이다.
　　• 모듈(Module)이란 다수의 부품으로 구성되어 있는 표준화된 중간 조립품 또는 제품의 기본 구성품이다.
　　• 모듈러 설계는 제품이 모듈의 결합으로 완성되도록 설계하는 것으로, 제조공정의 효율화 및 리드타임의 단축을 가능하게 한다.

ㄹ 로버스트 설계(Robust Design)
- 제품이나 공정을 처음부터 환경 변화에 의해 영향을 덜 받도록 하는 설계이다.
- 로버스트 설계에서는 계획된 실험을 통해 제조상의 변동이나 환경상의 변동에 가장 둔감한 제품이나 공정설계의 파라미터값을 구한다.
- 별칭 : 강건설계, 다구치설계

ㅁ 글로벌 설계(Global Design) : 과거에는 국내 시장용으로 제품을 설계한 후 수출용으로 수정하였지만, 오늘날에는 자동차, 전자제품, 기계도구와 같은 제품은 처음부터 글로벌 시장을 겨냥하여 글로벌 제품으로 설계한다.

핵심예제

1-1. 시스템(System)의 개념과 관련되는 주요 내용들은 시스템의 특성 내지 속성으로 나타내는데 시스템의 기본 속성이 아닌 것은?
[2011년 제2회, 2015년 제2회]

① 환경 적응성 ② 기능성
③ 목적 추구성 ④ 관련성

1-2. 생산시스템의 투입(Input)단계에 대한 설명으로서 가장 적합한 것은? [2006년 제2회, 2008년 제2회, 2013년 제2회, 2017년 제1회]

① 기업의 부가가치 창출활동이 이루어지는 구조적 단계이다.
② 가치 창출을 위하여 노동력, 관리, 설비, 원료, 에너지 등이 필요한 단계이다.
③ 변환을 통하여 새로운 가치를 창출하는 단계이다.
④ 필요로 하는 재화나 서비스를 산출하는 단계이다.

1-3. 생산관리의 기본기능을 크게 3가지로 분류할 경우 해당되지 않는 것은? [2007년 제1회, 2009년 제1회, 2012년 제4회, 2015년 제4회]

① 실행기능 ② 계획기능
③ 통제기능 ④ 설계기능

1-4. 테일러시스템 과업관리의 원칙에 해당되지 않은 것은?
[2004년 제1회 유사, 2007년 제4회, 2011년 제4회, 2013년 제1회 유사, 제2회 유사, 제4회 유사, 2017년 제2회]

① 작업에 대한 표준
② 이동조립법의 개발
③ 공정한 1일 과업량의 결정
④ 과업 미달성 시 작업자의 손실

1-5. 포드시스템과 관련이 없는 것은?
[2003년 제2회 유사, 2005년 제4회, 2006년 제4회 유사, 2013년 제2회 유사, 2015년 제4회, 2016년 제1회 유사]

① 과업관리 ② 컨베이어
③ 동시 작업 ④ 고임금, 저가격

1-6. 기업의 생산조직에서 작업을 전문화하기 위하여 테일러가 제시한 조직 형태는? [2008년 제4회, 2011년 제1회, 2015년 제1회]

① 라인조직 ② 기능식 조직
③ 스태프조직 ④ 사업부 조직

|해설|

1-1
시스템의 기본 속성 : 집합성, 상호 관련성, 목적 추구성, 환경 적응성

1-2
①, ③ : 변환과정(Transformation Process)
④ : 산출(Output)단계

1-3
- 생산관리의 3가지 기본기능 : 계획기능, 설계기능, 통제기능
- 생산관리의 4가지 기본기능 : 계획기능, 설계기능, 운영기능, 통제기능

1-4
이동조립법의 개발은 포드시스템이다.

1-5
과업관리는 테일러시스템에서 한다.

1-6
- 라인조직(전통적 조직 또는 직계식 조직 또는 군대식 조직, 수직적 조직) : 집권적 조직구조이며 명령 일원화의 원칙을 중심으로 하여 최고경영자에서부터 하위 계층에 이르기까지 명령 권한이 수직적으로 연결되는 가장 기본적인 조직 형태
- 라인스태프조직(직계-참모조직) : 에머슨(H. Emerson)이 제시한 라인조직과 스태프조직을 결합시킨 조직으로 현대 기업조직구조 형태 중 가장 보편적인 조직 형태
  - 라인(Line) : 생산이나 판매와 같이 기업목표 달성에 필요한 핵심적인 활동을 책임지고 수행하는 구성원들
  - 스태프(Staff) : 기획, 회계, 재무, 인사와 같이 전문적인 지식이나 기술을 이용하여 라인의 활동이 원활히 이루어질 수 있도록 도와주는 역할을 담당하는 구성원들

정답 1-1 ② 1-2 ② 1-3 ① 1-4 ② 1-5 ① 1-6 ②

① 판매(시장 수요) 형태에 의한 분류
- ㉠ 계획 생산(MTS ; Make To Stock) : 제품의 시장 수요를 예측한 불특정 다수 고객을 대상으로 대량 생산하는 방식이다.
  - 시장 수요를 예측하여 생산하므로 정확한 수요 예측이 필요하다.
  - 시장 수요의 불확실성 때문에 제품 재고 통제가 중요하다.
  - 생산량을 사전에 계획하여 생산하므로 생산 통제가 용이하다.
  - 생산설비는 전용설비인 경우가 많다.
  - 작업자의 고숙련이나 경험이 요구되지 않는다.
- ㉡ 주문 생산(MTO ; Make To Order) : 고객 주문에 의하여 제품을 생산하는 방식이다.
  - 재고가 없으므로 재고 자산 투자비율이 낮다.
  - 주문이 많을 경우 고객이 원하는 납기일에 공급하려면 치밀한 일정계획이 필요하다.
  - 주문량이 일정하지 않으므로 적정 수준의 기계와 인원 유지가 쉽지 않다.
  - 주로 범용기계를 사용한다.
  - 설비 선정 시 주문 생산과 같이 제품별 생산량이 적고, 제품설계의 변동이 심할 경우 유연성이 높은 범용기계설비의 설치가 유리하다.
  - 여러 제품에 대한 작업자의 기술과 경험이 필요하다.

② 품종과 생산량에 의한 분류
- ㉠ 소품종 대량 생산
  - 제품 생산 변동의 탄력성이 낮다.
  - 생산설비는 주로 전용설비인 경우가 많다.
  - 제품단위당 생산비가 비교적 낮다.
  - 생산공정 통제가 용이하고 생산량, 원료, 구매 재고의 통제 등이 중점관리가 된다.
  - 작업자는 단순화, 전문화가 된 업무에 종사하는 경우가 많다.
  - 자본집약적 생산공정이다.
- ㉡ 다품종 소량 생산
  - 제품 생산 변동의 탄력성이 높다.
  - 생산설비는 주로 범용기계를 사용한다.
  - 주문 생산이 많으므로 생산공정의 통제가 용이하지 않다.
  - 작업자에게 다기능화가 요구된다.
  - 단위당 생산비용이 높다.
  - 노동집약적 생산공정이다.

③ 작업 연속성에 의한 분류

구 분	단속 생산	연속 생산
생산시기	주문 생산	예측 생산(계획 생산)
품종과 생산량	다품종 소량 생산	소품종 대량 생산
생산 형태	공정 중심	제품 중심
생산속도	느 림	빠 름
단위당 생산원가	높 음	낮 음
단위당 운반비용	높 음	낮 음
운반설비	선택 경로형	고정 경로형
기계설비	범용설비(일반목적용)	전용설비(특수목적용)
설비투자액	적 음	많 음
마케팅 활동	주문 위주의 단기적이고 불규칙적인 판매활동 전개	수요 예측과 시장조사에 따른 장기적인 마케팅 활동 전개

④ 공정 수명주기에 의한 분류(생산량과 기간에 의한 분류)
- ㉠ 프로젝트 생산
  - 단속 생산 형태
  - 교량, 댐, 고속도로 건설 등을 프로젝트 생산이라고 할 수 있으며, 시간과 비용이 많이 든다.
  - 다대장(多大長) : 제품 크기, 생산비, 제품 다양성, 설비 유연성, 생산 소요기간
  - 소소단(小少短) : 생산 수량, 자동화, 설비 전용
- ㉡ 개별 생산
  - 단속 생산 형태로 범용기계를 사용한다. 생산 예측이 곤란하여 원자재를 계획하여 구매하기 어려우며, 생산 착수와 진도관리에 중점을 둔다.
  - 선박, 토목, 특수기계 제조, 맞춤 의류, 자동차 수리업 등에서 볼 수 있는 개별 생산은 수요 변화에 대한 유연성이 높지만 생산성 향상과 관리가 어렵다.
  - 다대장(多大長) : 생산비, 제품 다양성, 설비 유연성, 감독자・작업자의 경험과 지식, 운반방법과 경로(자유경로형 운반설비 필요), 생산 소요기간(단, 프로젝트 공정보다는 짧음), 비정형적인 의사결정 경향
  - 소소단(小少短) : 생산 수량, 자동화, 설비 전용

ⓒ Lot 생산 또는 Batch 생산
- 단속 생산 형태(로트 : 셀 수 있는 제품의 한 묶음, 배치 : 동일한 장치에서 동종/이종 제품 생산)로, 주로 범용기계를 사용하지만 로트 크기가 커지면 전용설비 이용 경향 있다.
- 로트 크기가 작은 소로트 생산은 개별 생산에 가깝고 로트 크기가 큰 대로트 생산은 연속 생산에 가까워서 로트 생산시스템은 개별 생산과 연속 생산의 중간 형태라고 할 수 있다.
- 다대장(多大長) : 생산비, 제품 다양성, 설비 유연성, 감독자·작업자의 경험과 지식, 운반방법과 경로(자유 경로형 운반설비 필요)
- 소소단(小少短) : 자동화, 설비 전용

ⓓ 대량 생산
- 연속 생산 형태, 주로 전용기계를 사용하지만 범용설비를 이용한 전용화 경향 있다.
- 시멘트, 비료 등 장치산업이나 TV, 자동차 등을 대량 생산하는 조립업체에서 볼 수 있는 연속 생산은 품질 유지 및 생산성 향상이 용이한 반면 수요에 대한 적응력이 떨어진다.
- 다대장(多大長) : 자동화, 설비 전용
- 소소단(小少短) : 생산비, 제품 다양성, 설비 유연성, 감독자·작업자의 경험과 지식

ⓔ 조립 생산

⑤ 생산 형태의 분류(종합)

생산시기	생산의 반복성	품종과 생산량	생산 흐름	생산량과 기간
주문 생산	개별 생산	다품종 소량 생산	단속 생산	프로젝트 생산
	소로트 생산			개별 생산
예측 생산	중·대 로트 생산	중품종 중량 생산		로트(Lot) 또는 배치(Batch) 생산
	연속 생산	소품종 대량 생산	연속 생산	대량 생산

⑥ 공장자동화 등
ⓐ 개 요
- 생산시스템의 효율을 제고하기 위해 생산공정 전반에 걸쳐 인간, 기계, 자재, 정보를 가장 조화롭게 통합시켜 작업과정을 자동적·연속적으로 운영되도록 조직화한 것이다.
- 자동화 메커니즘 : 피드백 컨트롤에 의한 연속 자동화, 자기규제, 자기제어
- POP(Point Of Production) : 제품 생산 시 발생되는 데이터를 실시간으로 수집하고 조회하며 이들 정보를 통하여 생산 통제하는 1차 기능과 분석 및 평가를 통한 생산성 향상을 기할 수 있는 시스템이다.

ⓑ 자동화 사유(효과)
- 상승요인 : 생산성, 생산효율, 안전성, 품질, 서비스 분야로 노동력 이동현상 등
- 감소요인 : 인건비, 소요 노동력, 제조 리드타임, 재공품 재고, 생산시간 등

ⓒ 자동화 유형
- 메커니컬 오토메이션 : 고임금 억제, 트랜스퍼머신, 수치제어 공작기계 등이 중심 되는 자동연속생산공정으로, 표준화 완제품을 연속 생산하거나 조립공정에 적용 가능한 유형으로 기계류, 자동차, 전자기기 생산공정에서 많이 사용된다.
- 프로세스 오토메이션 : 피드백을 중심으로 하는 생산 공정으로 주로 석유정제, 화학공업, 제철 등 장치산업에 적용된다.
- 사무자동화(OA) : 경영 의사결정에 이용되는 사무에서 각종 거리와 시간에 구속되지 않고 신속 정확하게 처리하는 자동화이다.

ⓓ 유형 생산가공방법에 의한 자동화 분류
- 고정자동화(Fixed Automation)
- 프로그램화된 자동화(Programmable Automation)
- 유연자동화(Flexible Automation)

ⓔ 자동화된 공장설비
- FMS(Flexible Manufacturing System, 유연생산시스템) : 생산요소에 대한 유연성을 감안한 생산방식으로, 특히 컴퓨터를 사용한 DNC(여러 대의 수치제어 기계)와 자동 컨베이어시스템을 제어 컴퓨터에 연결시켜 다양한 생산에 적합하게 설계된 시스템이다.

- 생산가공작업장에 자동화된 자재 취급 및 저장수단이 상호 연결되어 있고 통합된 컴퓨터시스템에 의해 제어되는 생산시스템이다.
- FMS의 3대 구성요소
  ⓐ 가공작업장(Processing Station) : CNC방식에 의해 여러 부품을 여러 작업장에서 동시에 가공하는 작업장이다.
  ⓑ 자재 취급 및 저장소(Material Control & Storage)
  ⓒ 컴퓨터 제어시스템 : 가공작업장의 생산활동과 자재취급시스템을 컴퓨터의 제어시스템에 의해 조정하는 시스템이다.
- CAD(Computer Aided Design, 컴퓨터응용설계) : 컴퓨터를 이용해서 설계를 자동으로 행하는 시스템이다.
  - 제품특성의 수치를 컴퓨터에 입력하면 이에 따라 적정한 정보 또는 설계가 제시되는 대화형 시스템이다.
  - 컴퓨터를 이용한 제품설계로, 설계의 자동화가 쉽게 현실화되도록 하는 결정적인 대화형 시스템이다.
- CAM(Computer Aided Manufacturing) : 컴퓨터를 이용하여 생산활동을 통제 및 제어하는 기능을 효과적으로 수행하는 시스템이다.
- LCA(Low Cost Automation, 부분자동화 또는 간이자동화) : CAD/CAM과 CIM이 갖추어지면 무인화 공장이 가능해 보이지만, 실제로 무인화 공장은 자동 생산을 위한 투자비용이 매우 클 뿐만 아니라 사람에게 의존하는 것이 더 유리하다면 자동화를 부분적으로 하게 되는데 이것을 LCA라고 한다.
- CIM(Computer Integrated Manufacturing) : 컴퓨터에 의한 종합생산시스템으로 설계, 생산계획, 작업 통제 등 생산 관련 관리자료를 처리하고 제반업무를 수행하는 종합적인 생산자동화시스템이다.
  - 종합적인 생산정보관리시스템으로 공장 전체를 통합관리할 수 있도록 하는 시스템이다.
  - 제조업의 기업전략에 따른 목표를 달성하기 위하여 CAD, CAM, CAPP, CAPC 부문의 정보시스템을 통신 네트워크와 데이터베이스를 활용하여 통합한 종합적 생산정보관리시스템이다.

- Smart 공장 : 인공지능, IoT를 생산시스템에 적용한다.

핵심예제

2-1. 제품의 시장 수요를 예측한 불특정 다수 고객을 대상으로 대량 생산하는 방식은?

[2003년 제1회 유사, 2008년 제1회 유사, 2012년 제4회, 2016년 제1회]

① 계획 생산　　　　　　② 주문 생산
③ 동시 생산　　　　　　④ 프로젝트 생산

2-2. 단속 생산시스템 대비 연속 생산시스템의 특징에 대한 설명으로 옳은 것은?　　　[2013년 제4회, 2023년 제2회]

① 생산속도가 느리다.
② 공정 중심의 생산 형태이다.
③ 주문 위주의 단기적이고 불규칙적인 판매활동을 전개한다.
④ 소품종 대량 생산시스템에 적합하다.

|해설|

2-1

판매(시장 수요) 형태에 의한 분류
- 계획 생산(MTS ; Make To Stock) : 제품의 시장 수요를 예측한 불특정 다수 고객을 대상으로 대량 생산하는 방식이다.
  - 시장 수요를 예측하여 생산하므로 정확한 수요 예측이 필요하다.
  - 시장 수요의 불확실성 때문에 제품 재고 통제가 중요하다.
  - 생산량을 사전에 계획하여 생산하므로 생산 통제가 용이하다.
  - 생산설비는 전용설비인 경우가 많다.
  - 작업자의 고숙련이나 경험이 요구되지 않는다.
- 주문 생산(MTO ; Make To Order) : 고객 주문에 의하여 제품을 생산하는 방식이다.
  - 재고가 없으므로 재고 자산 투자비율이 낮다.
  - 주문이 많을 경우 고객이 원하는 납기일에 공급하려면 치밀한 일정계획이 필요하다.
  - 주문량이 일정하지 않으므로 적정 수준의 기계와 인원 유지가 쉽지 않다.
  - 주로 범용기계를 사용한다.
  - 설비 선정 시 주문 생산에서와 같이 제품별 생산량이 적고 제품설계의 변동이 심할 경우 유연성이 높은 범용기계설비의 설치가 유리하다.
  - 여러 제품에 대한 작업자의 기술과 경험이 필요하다.

2-2
①, ②, ③은 단속 생산시스템에 대한 설명이다.

정답 2-1 ① 2-2 ④

① 설비배치 개요

　㉠ 설비배치(Facility Layout, Plant Layout) : 제품·서비스 생산공정의 공간적 배열의 흐름에 맞춰 건물, 시설, 기계설비, 통로, 창고, 사무실 등의 위치를 공간적으로 적절하게 배치하는 것이다.

　㉡ 설비배치의 목적
　　• 설비 및 인력의 최적화(최소화)
　　• 공간의 효율적 이용
　　• 공정의 균형화와 생산 흐름의 원활화
　　• 운반 및 물자 취급의 최소화
　　• 안전 확보와 작업자의 직무만족
　　※ 설비배치의 근본적인 목적은 생산시스템의 유용성이 크도록 기계, 원자재, 작업자 등의 생산요소와 생산설비의 배열을 최적화하는 것이다.

　㉢ P-Q분석(Product-Quantity분석, 제품-수량분석) : 설비배치 전에 배치 유형의 결정을 위하여 생산 품종과 생산량에 따라 A, B, C로 분류하여 각각 적합한 설비를 배치하는 분석기법이다.
　　• A(소품종 대량 생산, 제품별 설비배치)
　　• B(다품종 중량 생산, 셀방식 설비배치)
　　• C(다품종 소량 생산, 공정별 설비배치)

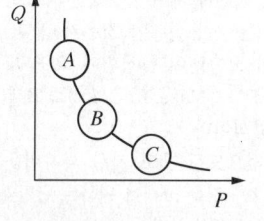

　㉣ 설비배치의 형태에 영향을 주는 요인 : 생산품목의 종류, 품목별 생산량, 운반설비의 종류
　㉤ 설비배치의 개선원칙 : 분업화, 전문화, 최적화, 시스템화
　㉥ 설비 흐름의 형태에 영향을 주는 요인
　　• 외부 운반설비
　　• 제품 내의 부품수
　　• 각 부품의 가공작업의 수

② 설비배치의 종류

　㉠ 제품별 배치(라인)
　　• 특정제품 생산에 필요한 기계설비, 작업자를 제품의 생산공정 순으로 배치하는 방식이다.
　　• 대량 생산, 연속 생산 형태에서 주로 볼 수 있는 배치 형태이다.
　　• 설비 선정 시 표준품을 대량으로 연속 생산할 경우 전용기계설비를 사용하는 것이 유리하다.
　　• 제품별 배치의 장단점

장 점	• 표준품을 양산할 경우 단위당 생산 코스트가 공정별 배치보다 훨씬 낮다. • 자재의 운반거리가 짧고 공정 흐름이 빠르다(운반거리가 단축되고 가공물이 빠르게 흐른다). • 재고와 재공품 수량이 적어진다. • 재고(재공품)가 차지하는 면적이 작아진다. • 일단 계획이 수립되면 생산계획 및 통제가 쉽다(일정계획이 단순하여 관리가 용이함). • 작업이 단순하며 노무비가 저렴하고, 작업자의 훈련 및 감독이 용이하다.
단 점	• 전용설비의 도입으로 초기 설비투자비가 높다. • 다양한 수요 변화에 대한 신축성이 적다. • 제품의 설계 변경 시 많은 비용이 소요된다. • 보다 많은 설비투자액이 소요된다. • 기계 고장이나 재료 부족 등으로 전체 공정에 영향을 줄 수 있다. • 적은 수량을 제조할 때 공정별 배치에 비하여 생산 코스트가 높다. • 작업이 단조로워 직무만족이 떨어진다.

　㉡ 공정별 배치(기능별 배치)
　　• 다품종 소량 생산 환경에서 수요나 공정의 변화에 대응하기 쉽도록 주로 범용설비를 이용하여 구성하는 배치 형태이다.
　　• 다품종 소량 생산시스템에 적합하도록 범용설비를 기능별로 배치한다.
　　• 동일한 기능의 기계설비를 기능별로 배치하는 형태이다.
　　• 설비 선정 시 주문 생산에서와 같이 제품별 생산량이 적고, 제품설계의 변동이 심할 경우 범용기계의 설치가 유리하다.

- 공정별 배치의 장단점

장 점	• 변화(수요 변동, 제품의 변경, 작업 순서의 변경 등)에 대한 유연성이 크다. • 범용설비가 많아 시설투자 측면에서 비용이 저렴하며 진부화의 위험도 작다. • 한 설비의 고장으로 인해 전체 공정에 미치는 영향이 작다. • 수요 변화와 제품 변경 등에 대응하는 제조 부문의 유연성이 크다. • 기계 고장, 재료 부족, 작업자의 결근 등에도 생산량 유지가 용이하다. • 적은 수량을 제조할 때에는 제품별 배치에 비하여 생산 코스트가 유리하다. • 다양한 작업으로 직무만족을 증가시킬 수 있다.
단 점	• 단위당 생산시간이 길다. • 단위당 생산비가 높고 생산성이 낮다. • 대량 생산의 경우 제품별 배치보다 단위당 생산 코스트가 높다. • 운반거리가 길어 운반능률이 낮다. • 로트 생산 시 작업 흐름이 느리고 재공품 재고가 많다. • 물자의 흐름이 더디어 재고나 재공품이 늘어 이에 대한 투자액이 높다. • 재고와 재공품이 차지하는 면적이 크다. • 생산시스템의 계획 및 통제가 복잡하다. • 주문별 절차계획, 일정계획 등이 달라 관리가 복잡하다.

ⓒ 위치 고정형 배치(프로젝트 배치)
- 작업 진행 중인 제품이 한 작업에서 다른 작업으로 이동하지 않고 작업자, 자재 및 설비가 이동하는 배치법이다.
- 대형 선박이나 토목 건축 공사장에 적용하는 배치방법이다.
- 이동이 곤란하거나 불가능한 대형 제품, 복잡한 구조물 등의 제품을 움직이지 않고 (또는 못하고) 제품 생산에 필요한 자재, 기계, 설비, 작업자 등이 제품이 있는 장소로 이동하여 작업하는 배치방식이다.
- 위치 고정형 배치의 장단점

장 점	• 생산물의 이동을 최소한 줄일 수 있다. • 다양한 제품을 신축성 있게 제조할 수 있다. • 크고 복잡한 제품 생산에 적합하다.
단 점	• 제조현장까지 자재와 기계설비를 옮기려면 많은 시간과 비용이 소요된다. • 기계설비의 이용률이 낮다. • 고도의 숙련이 필요하다.

ⓓ GT배치 : 유사한 생산 흐름을 갖는 제품들을 그룹화하여 생산효율을 증대시키려는 설비의 배치방식이다.
 ※ GT(Group Technology) : 부품 및 제품을 설계하고 제조하는 데 있어서 설계상, 가공상 또는 공정경로상 비슷한 부품을 그룹화하여 유사한 부품들을 하나의 부품군으로 만들어 설계, 생산하는 방식이다.
- 유사작업을 요하는 가공물별로 그룹을 이루어 배치하는 방법이다.
- 유사부품을 그룹화하여 생산하는 방식이다.
- 중품종 중량 생산시스템에서 생산능률을 향상시키기 위한 방법이다.
- 설계상, 제조상 유사성으로 구분하여 집단화한다.
- 가공 순서에 따라 기계나 설비를 배치한다는 점에서 공정별 배치보다 제품별 배치에 가까운 배치방식이다.
- 배치 시에는 주로 혼합형 배치를 사용한다.
- 생산설비를 기계군이나 셀로 분류, 정돈한다.
- 공정별 배치보다 유리한 점 : 준비시간과 비용 절감, 기계효율 증대, 운반비용 감소, 공정품 감소, 책임 소재 명확화 등
- 셀룰러(Cellular) 생산방식 : GT공정에서 유연성을 향상시킨 생산방식(GT + FMS)이다.
- 모듈러(Modular) 생산시스템
  - 표준화부품을 이용하여 다양한 제품을 생산하는 방식이다.
  - 적은 종류의 부품을 조합하여 다양한 제품을 생산하여 수요 변동에 신축성 있는 대응을 하기 위한 생산시스템이다.
  - 표준화된 자재 또는 구성 부분품을 단순화시켜 다양한 제품을 만드는 것으로, 다품종 생산에 의해서 다양한 수요를 흡수하고 표준화된 자재에 의해서 표준화의 이익, 즉 경제적 생산을 달성하는 생산시스템이다.
- GT 셀룰러 생산시스템
  - GT(그룹 테크놀로지) + Cell 생산방식
  - 기능식 공정이 비교적 복잡하게 얽혀 있는 공정 흐름을 가지고 있는 반면, GT 셀룰러 생산시스템은 기계가 유사부품군에 필요한 모든 작업을 처리할 수 있도록 배치되어 있어 모든 부품들이 동일한 경로를 따르게 되어 있는 생산시스템이다.

• GT배치의 장단점

장 점	• 흐름이 일정하고, 이동거리가 짧아 운반시간 및 비용이 적게 든다. • 가공물의 흐름이 원활하여 재공품이 적다. • 유사품을 모아서 가공할 수 있다. • 반복작업에 따른 관리가 용이하다.
단 점	• 배치비용이 타 배치에 비해 많이 든다. • 가공물의 라인 균형화가 쉽지 않다. • 설비특성상 다기능공이 필요하나, 양성 및 관리가 쉽지 않다. • 설비 이용률이 그다지 높지 않다.

③ 배치 유형 비교

구 분	제품별 배치	공정별 배치	프로젝트 배치
생산 제품	소품종 다량의 표준품	다품종 소량 생산	극소수 특정품
공정 흐름	제품별 연속 흐름	주문별 다양한 단속 경로	생산물 고정, 시설 이동
운반거리와 운반비용	단거리, 저운반비	장거리, 고운반비	장거리, 고운반비
시설 및 공간 활용	높은 활용률	낮은 활용률	낮은 활용률
설비투자	고가 전용설비	저가 범용설비	이동 가능 범용설비
설비 및 변경비용	매우 높음	낮 음	낮 음
생산비	고고정비, 저변동비	고변동비, 저고정비	고변동비, 저고정비
주요 관심사항	라인 밸런싱	작업장(기계) 배치	시방 변경, 일정관리

핵심예제

3-1. P-Q 분석에서 품종과 설비배치 유형을 올바르게 짝지어 놓은 것은? [2013년 제4회, 2016년 제2회, 2017년 제1회, 2023년 제2회]

① 소품종 대량 생산 : 제품별 배치
② 소품종 대량 생산 : 공정별 배치
③ 다품종 대량 생산 : 제품별 배치
④ 다품종 대량 생산 : 흐름별 배치

3-2. 설비 선정 시 표준품을 대량으로 연속 생산할 경우 어떤 기계설비를 사용하는 것이 유리한가?

[2005년 제2회 유사, 2008년 제4회 유사, 2012년 제2회 유사, 2017년 제1회]

① 범용기계설비　　　　② 전용기계설비
③ GT　　　　　　　　④ FMS

3-3. GT(Group Technology)에 관한 설명으로 가장 거리가 먼 것은? [2015년 제4회 유사, 2016년 제1회, 2017년 제2회 유사]

① 배치 시에는 혼합형 배치를 주로 사용한다.
② 생산설비를 기계군이나 셀로 분류, 정돈한다.
③ 설계상, 제조상 유사성으로 구분하여 집단화한다.
④ 소품종 대량 생산시스템에서 생산능률을 향상시키기 위한 방법이다.

3-4. 제품별 배치와 비교할 때 공정별 배치의 장점이 아닌 것은? [2003년 제4회 유사, 2006년 제4회 유사, 2013년 제2회 유사, 2014년 제1회 유사, 2015년 제1회 유사, 제2회 유사, 2016년 제4회]

① 단위당 생산시간이 짧다.
② 범용설비가 많아 시설투자 측면에서 비용이 저렴하다.
③ 한 설비의 고장으로 인해 전체 공정에 미치는 영향이 작다.
④ 수요 변화와 제품 변경 등에 대응하는 제조 부문의 유연성이 크다.

3-5. 위치 고정형 배치가 적절한 산업은?

[2003년 제2회 유사, 2004년 제1회 유사, 2008년 제1회 유사, 2017년 제1회]

① 스키장　　　　　　② 휴대폰 제조
③ 출판업　　　　　　④ 금형 제작업

|해설|

3-1
② 공정별 배치 : 다품종 소량 생산
③ 제품별 배치 : 소품종 대량 생산
④ 흐름별 배치 : 소품종 대량 생산

3-2
표준품을 대량으로 연속 생산할 경우 전용기계설비를 사용하는 것이 매우 유리하다.

3-3
GT는 중품종 중량 생산시스템에서 생산능률을 향상시키기 위한 방법이다.

3-4
단위당 생산시간이 짧은 경우는 제품별 배치이다.

3-5
위치 고정형 배치는 프로젝트 공정으로, 스키장이 이에 해당된다.

정답 3-1 ①　3-2 ②　3-3 ④　3-4 ①　3-5 ①

① 제품별 배치분석

　㉠ 개 요

　　• 제품별 배치는 제품의 흐름이 일정하므로 각 공정 간 균형이 매우 중요하다.

　　• 공정대기현상이 발생하는 경우(라인 불균형 현상 발생요인)

　　　- 각 공정 간의 평형화가 되어 있지 않기 때문에 발생한다(공정의 불평형).

　　　- 일반적인 여력의 불균형 때문에 발생한다(여력의 불균형).

　　　- 병렬공정으로부터 흘러 들어올 때 발생한다(병렬공정의 합류).

　　　- 전후 공정의 로트 크기, 작업시간이 다를 때 발생한다.

　　　- 수주 변경, 일부 부품의 너무 빠른 조달, 애로공정 등으로 인해 발생한다.

　　• 애로공정 : 상대적으로 작업시간이 가장 길게 소요되는 공정이다.

　　　- 별칭 : 중요공정, 병목(Bottle Neck)공정 등

　　　- 상대적으로 더디게 진행되는 공정이다.

　　　- 애로공정은 전체 공정의 능력에 지대한 영향을 미친다.

　　　- 전체 공정의 능력을 좌우한다.

　　　- 전체 공정의 능력은 애로공정의 생산속도에 좌우된다.

　　　- 공정능력이 부하량을 소화하지 못하여 발생한다.

　㉡ 라인 밸런싱(Line Balancing) : 제품별 배치에 있어서 각 작업장에 작업부하를 적절하게 할당하여 각 작업장에서 작업시간의 균형을 이루도록 하는 활동이다.

　　• 제품별 배치설계를 가장 합리적으로 하기 위한 방법으로 전체 라인을 균형화하는 라인 밸런싱이 매우 유용하다.

　　　- 공정의 효율을 도출한다.

　　　- 조립라인의 균형화를 뜻한다.

　　　- 유휴시간의 최소화를 추구한다.

　　• 라인 밸런싱을 위한 대책 : 작업방법 개선, 표준화, 작업 분할과 합병 등

　　• 라인 밸런싱 단계별 순서 : 라인 선정 및 시간 관측 → 현상평가 → 애로공정 분할 → 최적안 결정

　　• 라인 밸런싱 기법 종류 : 피치다이어그램, 피치타임, 탐색법(Heuristic), 대기행렬이론, 순열조합이론, 시뮬레이션, 실험계획법, 동적계획법 등

　㉢ 피치 다이어그램에 의한 라인 밸런싱

　　• 순서 : 공정시간(사이클 타임) 결정 → 피치다이어그램 작성 → 애로공정작업을 분할하거나 결합하여 라인 밸런싱 실시

　　• 라인 밸런스 효율

　　　- 각 작업장의 표준 작업시간이 균형을 이루는 정도이다.

　　　- 생산작업에 투입되는 총시간에 대한 실제작업시간의 비율로 나타낸다.

　　　- 사이클 타임과 작업장의 수를 얼마로 하느냐에 따라서 결정된다.

　　　- 사이클 타임을 짧게 하면 생산속도가 빨라져 생산율이 높아진다.

　　　- 라인 밸런스 효율 : $E_b = \dfrac{\sum t_i}{m t_{\max}} \times 100\,[\%]$

　　　　여기서, $\sum t_i$: 각 작업의 공정시간 합계
　　　　　　m : 작업장수
　　　　　　$t_{\max}$: 애로공정 공정시간

　　　- 경제적인 흐름작업을 위해서는 라인 밸런스의 효율이 80[%] 이상되어야 한다.

　　　- 80[%] 미만이면 애로공정을 분할하여야 효율을 올릴 수 있다.

　　• 불균형률(Balance Delay or Loss) : 라인의 유휴시간비율을 나타낸 산식으로, 균형손실이라고도 한다.

　　　- 불균형률 공식 : $d = 1 - E_b = 1 - \dfrac{\sum t_i}{m t_{\max}} \times 100\,[\%]$

　　　　$= \dfrac{m t_{\max} - \sum t_i}{m t_{\max}} \times 100\,[\%]$

　　　- 불균형률은 라인의 유휴율이며 생산라인 작업의 비능률(라인이 작업되지 않고 쉬는 것)이다.

　　　- 불균형률 공식에서 $m t_{\max} - \sum t_i$은 총유효손실시간이 된다.

② 피치타임(Pitch Time)에 의한 라인 밸런싱
  • 피치타임
    – 일간 생산목표량을 달성하기 위한 제품단위당 제작 소요시간
    – 최종 공정으로부터 완성품이 나오는 시간 간격
    – $P = \dfrac{T}{N}$

      여기서, P : 피치타임
           T : 일일 실가동시간(분)
           N : 일일 생산 수량(개, 대)

    – 택트작업 시 : 택트타임 = 피치타임
  • 컨베이어와 공정 재고 관련 내용
    – 피치마크 : 컨베이어상에 제품을 놓을 위치를 표시한 것이다.
    – 컨베이어의 속도 $v = \dfrac{l'}{P}$

      여기서, l' : 피치마크 간의 평균 길이

    – 컨베이어상 1공정의 평균 고유 길이 l과 피치마크 간의 평균 길이 l'의 관계 :
      $l' \leq l$ (택트작업의 경우 $l' = l$)
    – 컨베이어의 유효 길이 : $L = n \cdot l$
      여기서, n : 공정수

    – 공정 재고량 : $S = \dfrac{L}{l'} - n$

  • 피치타임 계산
    – 이상적인 흐름작업일 때
      $P = t_1 = t_2 = \cdots = t_n$

      $\therefore \ P = \dfrac{\sum t_i}{n}$

    – 부적합을 감안할 경우

      $N' = \dfrac{N}{(1-\alpha)} \ \therefore P = \dfrac{T}{N'} = \dfrac{T(1-\alpha)}{N}$

      여기서, N' : 부적합품 포함한 일일 생산량
           α : 부적합품률

    – 라인 여유율을 감안할 경우

      $T' = T(1-y_1) \ \therefore \ P = \dfrac{T'}{N} = \dfrac{T(1-y_1)}{N}$

      여기서, T' : 정미 실가동시간(불시 정지를 제외한 컨베이어 운전시간)
           y_1 : 라인 여유율

    – 부적합품률과 라인 여유율을 모두 감안할 경우

      $P = \dfrac{T'}{N'} = T(1-y_1) / \dfrac{N}{(1-\alpha)} = \dfrac{T(1-y_1)(1-\alpha)}{N}$

⑩ 탐색법의 4가지 배치원칙
  • 후속 작업수가 많은 것을 우선 배치한다.
  • 작업시간이 긴 것을 우선 배치한다.
  • 선행 작업수가 적은 것을 우선 배치한다.
  • 후속 시간의 합이 큰 것을 우선 배치한다.

② 공정별 배치분석
  ㉠ 개 요
  • 공정별 배치는 주로 다품종 소량 생산배치이며 공정·작업장 최적 배열 결정 최대 변수인 전체 운반비용(TC)이 최소되는 지점에 각 공정을 배열하는 것이 이상적이다.
  • 전체 운반비용 : $TC = \sum\limits_{i} \sum\limits_{j} C_{ij} N_{ij} D_{ij}$

    여기서, C_{ij} : 공정 i에서 공정 j까지의 단위당 운반비용
         N_{ij} : 일정기간 중 i에서 j까지의 운반 횟수
         D_{ij} : i에서 j까지의 운반거리

  ㉡ 공정별 배치분석 종류
  • 도시해법에 의한 분석(Graphical Approach) : 마일리지 차트(Mileage Chart)의 작업 순서에 따른 운반량과 운반거리를 표시하여 공정 간의 배열을 분석, 검토하는 방법이다.
  • 체계적 설비계획(SLP ; Systematic Layout Planning) : 머더(R. Muther)에 의해 개발된 것으로 생산, 운수, 창고, 지원서비스, 사무활동과 관련된 여러 문제들을 적용하여 계획을 수립하는 조직적인 접근방법이다. SLP 수립 4단계는 다음과 같다.
    – 입지계획 : 설비배치의 입지 선정(배치지역 위치 선정)
    – 기본배치 : 개괄적인 배치안 수립(일반적인 배치 결정)
    – 상세배치 : 세부배치안 수립(설비의 실제 위치 결정)
    – 배치 : 설치(상세 설계도에 의해 실물 배치)

- 구성형 프로그램에 의한 분석
  - ALDEP(Automated Layout Design Program) : 인접 선호도를 절대 필요(A)부터 관계가 거의 없는 경우(X)까지의 기호 A, B, C, V, X로 입력시켜 최대 선호도를 점수로 평가하는 방법이다.
  - CORELAP(Computerized Relationship Layout Planning) : 인접 선호도를 높은 것부터 낮은 것까지 A, E, I, O, U, X로 표시하고, 최대 총선호도를 기준으로 평가하는 방법이다.
- 개선형 프로그램에 의한 분석(CRAFT ; Computerized Relative Allocation of Facilities Techniques) : 각 작업장의 운송량, 수송비용 행렬을 사용하여 총수송비용이 낮은 대안을 선택하는 방법으로, 최초의 배치안, 부문 간 운반 횟수, 운반 코스트를 입력하여야 한다.

핵심예제

4-1. 애로공정에 대한 설명으로 가장 거리가 먼 것은?
[2013년 제4회, 2023년 제2회]

① 상대적으로 더디게 진행되는 공정이다.
② 애로공정은 전체 공정의 능력과는 무관하다.
③ 병목(Bottle Neck)공정이라고도 한다.
④ 애로공정이 있을 경우 전체 공정의 능력은 애로공정의 생산속도에 좌우된다.

4-2. 라인 밸런싱에 관한 내용이 아닌 것은? [2016년 제2회]

① 공정의 효율을 도출한다.
② 조립라인의 균형화를 뜻한다.
③ 유휴시간의 최소화를 추구한다.
④ 체계적 설비배치기법을 이용한다.

4-3. 공정 간의 균형을 위해 애로공정을 합리적으로 해결하는 방법에 속하지 않는 것은? [2013년 제1회, 2017년 제1회]

① 부하거리법
② 라인 밸런싱
③ 시뮬레이션
④ 대기행렬이론

4-4. 다음 표와 같은 내용을 갖는 조립라인에서 사이클 타임(c)과 최소의 이론적 작업장수(N_t)를 구하면 얼마인가?(단, 목표 생산량은 120개/일이고, 총작업시간은 420분/일이다)

[2005년 제2회 유사, 2008년 제2회 유사, 2014년 제1회]

작 업	선행작업	작업 소요시간(분)
A	–	2.8
B	A	4.2
C	B	3.6
D	C	3.8

① $c = 3.5$, $N_t = 5$
② $c = 3.5$, $N_t = 6$
③ $c = 4.2$, $N_t = 5$
④ $c = 4.2$, $N_t = 6$

4-5. 휴대전화의 플래시메모리 1로트를 생산하는 데 소요시간은 다음과 같다. 이때 라인 불균형률 $(1 - E_b)$을 구하면 약 얼마인가?
[2004년 제4회 유사, 2007년 제4회 유사, 2017년 제4회]

공 정	1	2	3	4	5
소요시간	20	30	25	18	22
인 원	1	1	1	1	1

① 23[%]
② 25[%]
③ 75[%]
④ 80[%]

4-6. 어떤 조립라인 작업에 있어서 1일 생산량 500개, 근무시간 8시간, 중식을 포함한 휴식시간은 100분일 때, 최종 공정에서 피치마크상 완성품이 없는 경우 3[%], 라인 정지율이 4[%]일 때, 피치타임은 약 얼마인가?

[2014년 제4회, 2015년 제2회 유사, 2017년 제1회, 제4회 유사]

① 0.708분
② 0.793분
③ 0.875분
④ 0.975분

4-7. 제품 A의 공정별 소요시간을 이용하여 총6명의 작업자로 구성된 생산라인을 편성하고자 한다. 균형효율이 최대가 되는 편성안을 채택했을 때 이 라인의 1일 최대 생산량은?(단, 1일 실제 가동시간은 480분, 각 공정에는 최소 1명의 작업자를 배치한다)

[2015년 제2회]

공 정	1	2	3	4	5
소요시간(초)	10	15	20	9	11

① 1,100개
② 1,152개
③ 1,440개
④ 1,920개

4-1

애로공정은 전체 공정의 능력을 좌우한다.

4-2

체계적 설비배치기법을 이용한다고 해서 라인 밸런싱을 완벽하게 할 수 있는 것은 아니다.

4-3

공정 간의 균형을 위해 애로공정을 합리적으로 해결하는 방법 : 라인 밸런싱, 시뮬레이션, 대기행렬이론, 피치다이어그램법, 피치타임, 순열조합이론 등

4-4

$$c = \frac{420}{120} = 3.5$$

$$N_t = \frac{(2.8 + 4.2 + 3.6 + 3.8)}{3.5} = 4.1$$

$$\therefore \ 5$$

4-5

라인 불균형률

$$(1 - E_b) = 1 - \frac{\sum t_i}{m t_{max}} = 1 - \frac{115}{5 \times 30} = 0.233 \simeq 23[\%]$$

4-6

피치타임

$$P = \frac{T(1 - y_1)(1 - \alpha)}{N} = \frac{(8 \times 60 - 100)(1 - 0.04)(1 - 0.03)}{500}$$

$$= 0.708분$$

4-7

3공정에 2명 배치하면 2공정 15초가 생산량을 좌우하므로

$$\frac{480 \times 60}{15} = \frac{28,800}{15} = 1,920개$$

정답 4-1 ② 4-2 ④ 4-3 ① 4-4 ① 4-5 ① 4-6 ① 4-7 ④

핵심이론 05 운반시스템의 설계

① 운반 개선의 원칙

ㄱ 물품의 활성관계에 관한 원칙

- 개 요
  - 활성(Liveliness) : 운반 물품의 취급하기 쉬운 정도, 운반 중 화물을 산(活) 상태로 두는 것이다.
  - 활성지수(활성계수) : 취급하기 쉬운 정도를 나타내는 지수, 물건 운반 시 동작의 생략수이다.
- 활성하물의 원칙 : 활성지수 높이기
- 단위하물의 원칙 : 유닛로드시스템, 컨테이너시스템
- 재취급의 원칙 : 재운반의 회피 및 활성의 유지
- 팰릿화 방식 : 팰릿채로 운반함으로써 활성지수를 향상시킨다.
- 트레일러열차방식 : 팰릿화의 확장 개념

ㄴ 자동화 관계에 관한 원칙

- 중력화의 원칙 : 경사진 롤러 컨베이어나 슈트 등을 사용한다.
- 기계화의 원칙 : 인력 운반의 기계화로 운반효율을 증대시킨다.
- 자동화의 원칙 : 기계화를 확장한 개념이다. 운반을 자동화하는 것으로 무인반송차(AGV), 로봇, 트랜스퍼머신 등이 있다.

ㄷ 대기관계에 관한 원칙

- 팀워크의 원칙 : 구성원의 협동으로 시너지효과를 발휘한다.
- 시계추방식 : 트레일러열차방식의 진보 개념이다.
  - 동력차(트랙터) 1대로 트레일러 3개조를 움직이는 방식이다.
  - 동력차가 A조를 끄는 동안 B조에 짐을 싣고 C조는 짐을 내리는 순서를 유지하여 동력차가 쉬지 않고 마치 시계추처럼 왕복을 반복하는 방식이다.
- 정시 운반방식 : 헛운반을 하지 않도록 운행시각표를 정해 놓고 운반하는 방식이다.
- 가동률의 향상 : 운반차를 세워 놓고 화물을 싣는 것도 엄격히 볼 때는 정체이므로, 가동률을 최대로 높여야 한다.

ⓔ 운반 경로에 관한 원칙
- 배치의 원칙 : 배치의 적정화로 운반거리 단축 및 운반의 간편화를 도모한다.
- 흐름 또는 직선화의 원칙 : 운반 경로의 굴곡과 교차 회피로 직선적 흐름을 추구한다.
ⓜ 기타의 원칙 : 스피드화의 원칙, 안전의 원칙, 자중 경감의 원칙, 보전의 원칙 등

② 운반설비의 종류
ⓐ 고정 통로용 운반설비 : 컨베이어, 궤도차, 승강기, 기중기, 호이스트, 파이프라인 등
ⓑ 자유 통로용 운반설비 : 수동 하차, 트럭, 핸드리프트 트럭, 포크리프트트럭, 트랙터, 트레일러 등
ⓒ 고정용 및 자유 통로용 겸비 운반설비 : 무인반송차 (AGV)

③ 운반설비의 선정 시 고려사항
ⓐ 운반 경로
ⓑ 운반물의 종류 및 상태
ⓒ 건물의 물리적 특성
ⓓ 운반할 수량
ⓔ 경제성과 유효성

운반 개선에는 이동 전후의 물품 취급에 대한 분석을 하게 되는데, 취급하기 쉬운 정도를 나타내는 지수는?

[2009년 제2회, 2015년 제1회]

① 수송지수
② 취급지수
③ 관성지수
④ 활성지수

|해설|
- 활성 : 운반 물품의 취급하기 쉬운 정도, 운반 중 화물을 산(活) 상태로 두는 것
- 활성지수 : 취급하기 쉬운 정도를 나타내는 지수, 물건 운반 시 동작의 생략수

정답 ④

① 생산전략
ⓐ 생산전략의 개요
- 생산전략을 구성하는 3가지 부분 : 운영효과성 (Operations Effectiveness), 고객관리(Customer Management), 제품혁신(Product Innovation)
- 생산전략의 4가지 핵심 구성요소 : 생산의 사명, 차별적 능력, 생산목표, 생산정책
ⓑ 스키너가 주장한 집중화 공장(Focused Factory)의 5가지 특징
- 공정기술
- 시장 요구
- 제품 생산량
- 품질수준
- 생산과업
ⓒ 휠 라이트에 의해 제시된 생산과업의 우선순위 단계별 평가기준 순서 : 전략사업 단위 인식 → 과업기준 및 측정의 정의 → 전략사업 우선순위 결정 → 전략사업 우선순위 평가

② SCM
ⓐ SCM(Supply Chain Management, 공급사슬관리)
- 고객서비스 수준을 만족시키면서 시스템의 전체 비용을 최소화하기 위해 공급자, 제조업자, 참고업자, 소매업자들을 효율적으로 통합하는 데 이용되는 일련의 접근방법이다.
- 고객의 요구를 효율적으로 충족시키기 위해 공급자, 생산자, 유통업자 등 관련된 모든 단계의 정보와 자재의 흐름을 계획, 설계 및 통제하는 관리기법이다.
- SCM에서 가장 중요한 것은 고객 수요 변동에 대한 능동적인 대응이다.
ⓑ 공급사슬(Supply Chain)
- 고객에게 제품 및 서비스를 인도하는 데 포함되는 모든 활동의 네트워크이다.
- 제품 및 서비스를 고객에게 연결시키는 모든 수송과 물류서비스를 포함하는 가치 창조의 통로이다.
- 원자재를 제품 및 서비스로 변환하여 고객에게 제공하는 공급업체들을 연쇄적으로 연결한 집합이다.

- 자재, 서비스가 공급자로부터 생산자까지의 변화과정을 거쳐 완성된 산출물을 고객에게 인도하기까지의 상호 연결된 사슬(Chain) 또는 연쇄구조이다.
- 공급사슬의 분류 : 내부 공급사슬(기업 내에서의 자재 흐름과 관련된 사슬), 외부 공급사슬(기업 외부 공급자와 고객과 관련된 사슬)

ⓒ 채찍효과(Bullwhip Effect) : 공급사슬 내에서 역으로 거슬러 올라갈수록 불확실성에 의한 변동 폭이 커지는 현상이다.
- 공급사슬이론에서 채찍효과를 발생시키는 주원인은 수요나 공급의 불확실성에 있다.
- SCM은 채찍효과를 제거하기 위하여 전체 공급사슬의 실시간 정보 공유를 통한 동기화(Synchronization)를 기본으로 한 전략적 제휴시스템이다.
- 채찍효과의 발생원인 : 내부 원인(설계 변경, 정보 오류, 서비스·제품 판매 촉진 등), 외부 원인(주문 수량 변경 등)
- 라이트(J. M. Wright)가 주장한 채찍효과의 대처방안 : 변동 폭의 감소, 리드타임의 단축, 전략적 파트너십, 불확실성의 감소 등

ⓓ SCM 목적 : 공급사슬상에서 자재의 흐름을 효과적·효율적으로 관리하고 불확실성과 위험을 감소시켜서 재고수준과 리드타임을 감소시키고 고객서비스 수준을 제고함에 있다.

ⓔ SCM의 효과 : 재고 감소, 업무 처리시간 단축, 생산성 증가, 공급 안정화, 자금 흐름의 개선, 이익 증대, 상호 이익 등

ⓕ SCM 프로세스 분류
- 공급자 측면에서의 프로세스 : 공급자로부터 제조사까지의 공급사슬 프로세스이다. 이 프로세스의 효율성을 위해서는 물류비, 시간 등을 고려한 적절한 공급사 네트워크 구성, 입지 선정, 제조사와의 정보 공유, 전략적 제휴 및 표준화, 모듈화 등을 고려한 사전·사후 제품 및 생산설계, 크로스 도킹(배달된 상품을 수령 즉시 배송지점으로 배송하는 것), 자동발주시스템 등이 중요하다.
- 고객 측면에서의 프로세스 : 고객으로부터 제조사까지의 공급사슬 프로세스이다. 이 프로세스의 효율성을 위해서는 효과적인 유통전략, 판매점의 네트워크 구성, 입지 선정, 주문방법, 고객 수요 변동에 대한

예측, 정보 공유를 위한 전략적 제휴, 판촉활동 등의 최적화가 중요하다.

ⓖ 4가지 유형의 공급사슬전략

공급의 불확실성 (H. Lee)	수요의 불확실성(M. Fisher)	
	낮다(기능성 상품)	높다(혁신적 상품)
낮다 (안정적 프로세스)	효율적 공급사슬 (식품, 기본 의류, 가솔린 등)	반응적 공급사슬 (패션의류, PC 등)
높다 (진화적 프로세스)	위험방지형 공급사슬 (일부 식품, 수력발전)	민첩형 공급사슬 (반도체, 텔레콤, 첨단 컴퓨터 등)

- 효율적 공급사슬전략 : 재고 최소화를 목적으로 하며 공급사슬에서 제조기업과 서비스 공급자의 효율을 최대화하고자 하는 SCM전략이다.
- 반응적 공급사슬전략 : 재고와 생산능력의 적절한 조정을 통해 수요의 불확실성에 대처함으로써 시장 수요에 신속하게 반응하고자 하는 SCM전략이다.
- 위험방지형 공급사슬전략 : 주요한 원자재나 핵심 부품의 공급이 단절되지 않도록 공급선을 다변화하거나 안전 재고를 높이는 등의 방식으로 구성하는 SCM전략이다.
- 민첩형 공급사슬전략 : 위험방지형 공급사슬과 반응적 공급사슬의 장점을 결합한 SCM전략이다. 재고나 능력의 풀링을 통하여 공급 부족이나 단절 위험을 방지하면서 고객의 니즈에 대응하는 전략이다.

ⓗ SCM의 성과 측정 : 평균 총괄 재고 가치, 공급 주수, 재고 회전율
- 평균 총괄 재고 가치(Average Aggregate Inventory Value) : 기업이 재고로 보유하는 모든 품목의 총가치로, 얼마나 많은 자산이 재고에 묶여 있는지를 나타낸다.
- 공급 주수(Weeks of Supply) : 평균 총괄 재고 가치를 주당 매출원가로 나누어 얻은 재고척도로, 공급 주수가 적을수록 전반적인 재고수준도 작아진다.
- 재고 회전율(Inventory Turnover) : 연간 매출원가를 연간 평균 총괄 재고 가치로 나누어 얻은 재고척도로서 재고 회전율이 높을수록 재고자산이 효율적으로 운용된다.

ⓐ SCM의 제반 실행기법
- 공급자 주도형 재고관리(VMI ; Vendor Managed Inventory)시스템 : 자재공급업체에서 파견된 직원이 구매기업에 상주하면서 적정 재고량이 유지되도록 관리하는 기법으로, 재고 보충에 대한 책임은 자재공급업체에 있다.
- 협업 재고관리(CMI ; Co-Managed Inventory)시스템 : 구매기업에서 필요로 하는 재고를 구매기업과 자재공급업체가 함께 관리하는 기법으로, 재고 보충에 대한 책임은 구매기업에 있다.
- 협력적 계획, 수요 예측 및 재고 보충 (CPFR ; Collaborative Planning, Forecasting and Replenishment)시스템 : 자재공급업체와 구매기업이 상호 협력하여 제조 정보와 판매·유통 정보 등을 공유함으로써 수요 예측과 재고 보충의 효율성을 향상시키는 기법이다. 수요 예측과 재고 보충을 위한 공동사업을 수행하기 위하여 자재공급업체와 구매기업의 내부 정보를 상호 공개해야 하므로 상호 신뢰를 전제로 한다.
- 지속적 제품보충프로그램/자동재고보충프로그램 (CRP ; Continuous Replenishment Program) : 구매기업의 제품 판매 정보와 재고 정보를 자재공급업체와 공유하여 구매기업체의 제품 재고 부족 시 재고를 자동으로 보충, 관리하는 프로그램이다. 소비자의 수요에 근거하여 자재공급업체가 제품을 구매기업에 공급하는 Pull방식으로, 구매기업의 재고 유무에 관계없이 자재공급업체가 제품을 공급하는 Push방식과는 반대의 개념이다. 전자문서교환시스템 (EDI ; Electronic Data Exchange)이 근간이 되며 공급자주도형 재고관리(VMI) 시스템이 가장 보편적으로 사용된다.
- 컴퓨터지원주문(CAO ; Computer Assisted Ordering) 시스템 : 구매기업의 POS를 통해 얻어지는 상품 흐름에 대한 판매량, 판매제품, 재고수준, 안전재고수준, 상품 수령 상태 등의 실제 정보와 소비자 수요 변화에 대한 계절적 요인 등의 외부 정보를 컴퓨터를 이용해 통합 및 분석하여 주문서를 작성하는 시스템이다. 구매기업의 주문 관련 업무를 보다 정확하고 신뢰성 있게 지원해 주는 기술이다.
- 자동발주시스템/전자주문시스템(EOS ; Electronic Ordering System) : 컴퓨터와 통신회선을 이용하여 자동으로 발주하는 시스템으로, 주로 구매기업에서 자동발주하기 위한 목적으로 사용된다.
- 전자구매조달시스템/e-프로규어먼트(e-Procurement) : 기업 간(B2B) 발생하는 구매 및 조달업무를 인터넷을 통해 온라인에서 구현해 주는 인터넷 구매 조달시스템으로 인터넷을 이용하기 때문에 주요 원자재에 대한 표준구매업무 흐름을 정립할 수 있다.
- 카테고리 관리/상품군 관리(Category Management) : 특정 카테고리/제품군을 중심으로 구매기업과 자재공급업체가 협력을 통해 공동의 수익을 창출하는 과정을 수행한다. 여기에서의 카테고리는 최종 소비자가 사용하는 제품들을 가정용품, 신선식품, 냉동식품, 문구류 등으로 그룹화하는 것이다. 카테고리 구성은 구매기업과 자재공급업체 중심이 아니라 반드시 소비자 중심이어야 한다.

③ ERP
㉠ ERP(Enterprise Resource Planning, 전사적 자원관리)
- 종래 독립적으로 운영되어 온 생산, 유통, 재무, 인사 등의 단위별 정보시스템을 하나로 통합하여, 수주에서 출하까지의 공급망과 기간업무를 지원하는 통합된 자원관리시스템이다.
- 별칭 : 기업자원계획 또는 전사적 자원계획
- 컴퓨터 기술의 발전과 더불어 기업 전체의 경영자원을 유효하게 활용하고자 하는 대표적인 생산정보관리시스템이며, 기업의 전 부문에 걸친 기업 전체 자원의 효율적 관리시스템이다.
- 협의의 의미 : 통합형 업무 패키지 소프트웨어
㉡ ERP의 특징
- 기업수준의 기간업무(생산, 마케팅, 재무, 인사 등)를 지원한다.
- 모든 응용프로그램이 서로 연결된 리얼타임 통합시스템이다.
- 오픈 클라이언트 서버시스템이다.
- 하나의 시스템으로 하나의 생산, 재고거점은 물론이며 글로벌 생산, 재고거점도 관리할 수 있다.
- 통합 데이터베이스이다.

- 파라미터 설정에 의한 단기간 도입과 개발이 가능하다.
- 오픈시스템이다.
- 베스트 프랙티스
- BPR(Business Process Reengineering) Enabler
- 글로벌라이제이션(Globalization)

④ 계량의사결정론
  ㉠ 계량의사결정론의 정의
   - 계량의사결정론이란 의사결정(Decision Making) 환경을 수리적으로 나타내어 최적화하는 기법이다.
   - 경영과학(Management Science)을 오퍼레이션 리서치(OR ; Operation Research)라고도 하는데, 경영과학은 의사결정에 계량적 분석법을 적용하는 것을 핵심으로 하며, 이를 구체적으로 계량의사결정론이라고 한다.
  ㉡ 상황에 따른 계량의사결정론의 분류
   - 확실성하(Under Certainty)의 의사결정 : 의사결정 대안에 따른 발생 가능한 유일한 결과에 대해서 확실히 알고 있는 상황에서의 의사결정이다(선형계획법, 수송법, 할당법, 목표계획법, 정수계획법, 동적계획법, 비선형계획법 등).
     - 선형계획법(LP ; Linear Programming) : 계량의사결정의 여러 기법 중에서 가장 잘 알려져 있으며, 가장 많이 이용되는 기법 중의 하나다. 이 기법은 환경적인 제약조건하에서 특정한 목적을 달성하기 위하여 최소한의 자원을 배분하기 위한 수학적인 방법이다.
     - 수송법 : 다수의 출발지(공급지)로부터 다수의 목적지(수요지)로 동질의 재화나 용역을 최소의 비용으로 수송하기 위한 의사결정기법이다.
     - 할당법 : 선형계획법의 일종으로서 생산 자원, 종업원 등을 여러 업무나 기계에 총비용이 최소화되도록 할당할 때 사용되는 방법이다.
     - 목표계획법 : 선형계획법의 확장된 형태로서 다수의 상충된 목표를 동시에 해결하고자 하는 기법이다.
     - 정수계획법 : 경우에 따라서는 현실적으로 가분성의 전제가 비현실적인 경우가 있다는 점을 고려한 계획법이다.
     - 동적계획법 : 여러 기간이나 여러 단계에 걸쳐서 일어나는 상호 관련된 다단계 의사결정 문제를 하나로 결합하여 전체적인 관점에서 최적해(최소 거리, 최단 거리, 최소 비용, 판매량 배분, 자본 예산, 생산 및 재고 통제 등)를 구하는 수리적 계획기법이다.
     - 비선형계획법(Non-linear Planning Method) : 선형계획법보다 다소 복잡하지만 현실적인 의사결정 상황에서는 선형의 목적함수와 제약조건보다는 비선형적인 경우가 많다. 이러한 비선형적인 상황은 일반적으로 비가법성, 비비례성, 규모의 경제 등의 이유가 있다.
   - 위험성하(Under Risk)의 의사결정 : 의사결정 대안에 따른 발생 가능한 결과와 각각의 결과가 나타날 확률을 알고 있는 상황에서의 의사결정이다(사전 정보를 이용한 의사결정법, 사전 정보와 표본 정보를 이용한 의사결정법, 의사결정 나무, 시뮬레이션, 마코브체인모형, PERT-CPM, 대기행렬이론 등).
     - 사전 정보를 이용한 의사결정법 : 각 대안에서 가장 큰 기대가치를 지니는 대안 또는 가장 작은 기대기회손실을 지니는 대안을 선택하는 의사결정법이다. 기대가치기준과 기대기회손실 기준에 의해 선택되는 대안은 항상 같다.
     - 사전 정보와 표본 정보를 이용한 의사결정법
       ⓐ 완전 정보의 기대가치(EVPI ; Expected Value of Perfect Information) : 의사결정자가 미래의 모든 불확실성을 없앨 수 있는 완전 정보를 얻기 위해 지불할 수 있는 최대 금액이다. EVPI = 완전 정보하의 기대가치 - 기존 정보하의 기대가치
       ⓑ 표본 정보의 기대가치(EVSI ; Expected Value of Sample Information) : 의사결정자가 추가적인 정보를 얻기 위하여 지급할 수 있는 최대 금액을 표본 정보의 기대가치로, 불완전정보의 기대가치라고도 한다. EVSI = 불완전 정보하의 기대가치 - 기존 정보하의 기대가치
     - 의사결정 나무(Decision Tree) : 각종 대안과 상황의 상호 관련성을 하나의 표에 표시하여 최적 결정을 하는 기법이다.

- 시뮬레이션(Simulation, 모의실험) : 문제해결을 위해 실제와 거의 동일한 모형을 만들어 실험을 통해 얻은 결과를 이용하여 실제현상의 특성을 설명하고 예측하는 기법이다.
- 마코브체인모형(Markov Chain, Markov Analysis, 마코브분석) : 미래 형태를 예측하기 위해서 그 시스템의 현재 상태를 분석하는 것이다.
- PERT-CPM : PERT(Program Evaluation Review Technique)와 CPM(Critical Path Method)은 네트워크를 이용하여 프로젝트를 효과적으로 수행할 수 있도록 시간, 비용과 관련해서 합리적으로 계획하고 통제하는 기법이다.
- 대기행렬이론 : 확률이론을 이용하여 고객과 서비스시설 간의 관계를 모형화하여 고객의 도착상황에 대응할 수 있는 서비스시설의 적정한 규모를 결정하기 위해 대기비용(고객 상실과 판매기회 상실)과 서비스비용(추가 종업원 채용 및 시설의 투자비)을 합한 것이 최소화되도록 하는 기법이다.
• 불확실성하(Under Uncertainty)의 의사결정 : 발생 가능한 결과를 전부 알 수는 있지만, 각각의 결과가 나타날 확률을 알 수 없는 상황하에서의 의사결정이다(라플라스기준, 맥시민기준, 맥시맥스기준, 후르비치기준, 유감기준 등).
- 라플라스기준(Laplace Criterion) : 미래의 발생 가능한 상황에 대해 동일한 확률을 부여하여 각 대안별 기댓값을 계산하고 그중에서 최대 이익액을 가져오는 대안을 선택하는 방법(가능한 한 성과의 기대치가 가장 큰 대안을 선택)으로, 동일확률기준이라고도 한다.
- 맥시민기준(Maximin Criterion, Wald Criterion) : 대안별 최소 이익액을 비교하여 최소 이익액이 가장 큰 대안을 선택하는 방법으로, 비관주의적 기준이다(가능한 한 최소의 성과를 최대화하는 대안을 선택).
- 맥시맥스기준(Maximax Criterion) : 대안별 최대 이익액을 비교하여 최대 이익액이 가장 큰 대안을 선택하는 방법으로, 낙관주의적 기준이다(가능한 한 최대의 성과를 최대화하는 대안을 선택).
- 후르비치기준(Hurwicz Ctiterion) : 맥시민준거와 맥시맥스준거를 절충한 방법이다. 일반적으로 의사결정자는 낙관적이지도 비관적이지도 않으므로, 의사결정자들은 화폐 예측치를 구하여 그중 가장 큰 값을 선택한다는 것을 가정한다. 낙관계수를 σ, 비관계수를 $(1-\sigma)$라고 하면 화폐예측치 공식은 다음과 같다.

화폐예측치 = $\sigma \times$ 최대 이익액

$+ (1 - \sigma) \times$ 최소 이익액

σ는 0~1의 값을 가지며 σ가 1이면 완전 낙관주의(맥시맥스기준), σ가 0이면 완전비관주의(맥시민준거)에 해당한다.
- 유감기준(Regret Criterion) : 경영자의 의사결정 시 상황별 최대 이익액과 나머지 이익액의 차액으로 유감액을 구한 후, 이 중에서 유감액의 크기가 가장 작은 대안을 선택하는 방법으로, 후회의 크기가 가장 작은 대안을 선택한다. 최대후회최소화(Minimax Regret)기준이라고도 한다(기회손실의 최댓값이 최소화되는 대안을 선택).
• 상충성하의 의사결정 : 둘 이상의 의사결정자가 상호 경쟁적인 이해관계 상황하에서의 의사결정이다(게임이론, 비영화게임 등).
- 게임이론 : 2인 이상의 참가자가 상호 경쟁적인 이해관계자로서 서로 경쟁적으로 자신의 이익을 최대화하려고 할 때 선택해야 할 최선의 전략을 연구하는 분야로 상충하에서의 의사결정 모형을 제시한다.
- 비영화게임(Non-zero Sum Game, 비제로섬게임) : 경쟁자 간에 득실의 합이 0이 되지 않는 게임이다. 완전한 경쟁관계는 아니며, 공동의 이해가 존재하여 성과가 완전 대립되지 않고 어느 정도의 타협이 가능하다.

6-1. 공급사슬이론에서 채찍효과를 발생시키는 주원인은 수요나 공급의 불확실성에 있다. 이러한 채찍효과의 원인을 내부 원인과 외부 원인으로 구분하였을 때, 내부 원인에 해당하지 않는 것은?

[2017년 제2회]

① 설계 변경
② 정보 오류
③ 주문 수량 변경
④ 서비스·제품 판매 촉진

6-2. 라이트(J. M. Wright)가 주장한 채찍효과의 대처방안으로 틀린 것은?

[2017년 제1회]

① 변동 폭의 감소
② 리드타임의 단축
③ 전략적 파트너십
④ 불확실성의 증가

6-3. 리(H. Lee)가 주장한 4가지 유형의 '공급사슬전략'과 '수요 - 공급의 불확실성' 및 '기능적, 혁신적 상품'의 연결관계로 틀린 것은?

[2017년 제4회]

① 효율적 공급사슬 - 수요 및 공급 불확실성 낮음 - 식품
② 민첩성 공급사슬 - 수요 및 공급 불확실성 높음 - 반도체
③ 반응적 공급사슬 - 수요 불확실성 높음, 공급 불확실성 낮음 - 패션 의류
④ 위험방지 공급사슬 - 수요 불확실성 낮음, 공급 불확실성 높음 - 팝뮤직

6-4. ERP의 특징으로 볼 수 없는 것은?

[2016년 제4회]

① 기업수준의 기간업무(생산, 마케팅, 재무, 인사 등)를 지원한다.
② 모든 응용프로그램이 서로 연결된 리얼타임 통합시스템이다.
③ 오픈 클라이언트 서버시스템이다.
④ 하나의 시스템으로 하나의 생산, 재고거점을 관리하는 것이 원칙이다.

6-5. 불확실성하에서의 의사결정 기준에 대한 설명으로 틀린 것은?

[2018년 제1회]

① Laplace기준 : 가능한 한 성과의 기대치가 가장 큰 대안 선택
② Maximin기준 : 가능한 한 최소의 성과를 최대화하는 대안 선택
③ Hurwicz기준 : 기회손실의 최댓값이 최소화되는 대안 선택
④ Maximax기준 : 가능한 한 최대의 성과를 최대화하는 대안 선택

| 해설 |

6-1
주문 수량 변경은 외부 원인이다.

6-2
채찍효과 대처방안은 불확실성의 감소이다.

6-3
위험방지 공급사슬 - 수요 불확실성 낮음, 공급 불확실성 높음 - 수력발전, 일부 식품

6-4
ERP는 하나의 시스템으로 하나의 생산, 재고거점은 물론이며 글로벌 생산, 재고거점도 관리할 수 있다.

6-5
• 후르비치기준(Hurwicz Ctiterion) : 맥시민준거와 맥시맥스준거를 절충한 방법이다.
• 유감기준(Regret Criterion) : 기회손실의 최댓값이 최소화되는 대안을 선택한다.

정답 6-1 ③ 6-2 ④ 6-3 ④ 6-4 ④ 6-5 ③

핵심이론 01 수요 예측

① 수요 예측의 개요
  ㉠ 수요 예측 : 기업의 산출물인 재화나 서비스에 대한 수량, 시기 등의 미래 시장 수요를 추정하는 예측 유형이다.
  ㉡ 수요예측기법 선정 시 고려하여야 할 요소
    • 예측비용
    • 예측기간의 길이
    • 분석 및 예측 소요시간
    • 예측상 기대되는 정확도의 정도
    • 과거 실적자료의 유용성과 정확성
    • 예측에 영향을 주는 변동요소의 복잡성
  ㉢ 예측시스템의 평가기준
    • 예측의 정확성
    • 예측의 적시성
    • 예측의 간편성
  ㉣ 예측기법의 필수요건 : 적시성, 정확성, 단순성, 신뢰성, 문서화, 의미 있는 단위 등
  ㉤ 수요예측기법의 분류
    • 정성적 기법
      – 직관력에 의한 예측 : 델파이(Delphi)법, 판매원 의견 종합법, 경영자 판단
      – 의견조사에 의한 예측 : 소비자(시장)조사법, 패널동의법
      – 유추에 의한 예측 : 라이프 사이클 유추법, 자료 유추법, 역사적 유추법
    • 정량적 기법
      – 시계열분석기법 : 단순이동평균법, 가중이동평균법, 지수평활법, 추세분석법, 시계열분해법, 박스젠킨스법 등
      – 인과형 모형 : 계량경제모형, 선도지표방법
      – 복수의 예측기법 : 조합예측법, 초점예측법

② 정성적 기법
  ㉠ 개 요
    • 계량적 자료를 수집하고 분석할 시간이 충분하지 않거나 신제품의 도입으로 예측에 이용할 경험적인 자료가 없는 경우에 주로 이용한다.
    • 별칭 : 수요 예측의 질적방법(Qualitative Method)
  ㉡ 정성적 기법의 특징
    • 예측이 간단하다.
    • 고도의 기술을 요하지 않는다.
    • 소요비용이 저렴하다.
    • 전문가의 능력, 경험에 따른 예측결과의 차이가 크다.
    • 예측의 정확도가 낮다.
  ㉢ 델파이법(Delphi Method)
    • 정성적인 방법으로, 기술적 예측에 활용되고 장기 예측이 가능하며 정확성이 우수한 수요예측기법이다.
    • 예측하고자 하는 대상의 전문가 그룹을 선정한 다음, 전문가들에게 여러 차례 질문지를 돌려 의견을 수렴함으로써 예측치를 구하는 기법이다.
    • 주로 우편 등을 이용하며 취합하여 재회신하고 다시 취합하는 식으로 진행된다.
    • 전문가들끼리 별도의 회합은 없다.
    • 시간과 비용이 많이 드는 단점이 있으나, 예측에 불확실성이 크거나 과거의 자료가 없는 경우에 유용하다.
    • 특히 설비계획, 신제품 개발, 시장전략 등을 위한 장기 예측이나 이익 예측, 기술 예측 등에 적합하다.
  ㉣ 시장조사법(Market Research)
    • 설문지, 직접 인터뷰, 전화에 의한 조사, 시제품 발송 등 여러 가지 방법을 통해 소비자들의 의견을 조사함으로써 수요를 예측한다.
    • 정성적 기법 중 시간과 비용이 가장 많이 들지만, 예측은 비교적 정확하다.
  ㉤ 패널동의법(Panel Consensus) : 패널을 경영자, 판매원, 소비자 등으로 구성하여 자유롭게 의견을 제시하게 함으로써 예측치를 구한다.
  ㉥ 역사적 유추법(Historical Analogy) : 신제품의 경우와 같이 과거의 자료가 없을 때 이와 비슷한 기존 제품이 과거의 시장에서 어떻게 도입기, 성장기, 성숙기를 거치면서 수요가 성장해 갔는가에 입각하여 수요를 유추한다.

③ 시계열분석기법
  ㉠ 시계열분석기법의 개요
    • 시계열은 일별, 주별, 월별 판매량 등의 일정한 시간 간격으로 본 일련의 과거 자료이다.
    • 시계열분석기법은 과거 자료를 이용하여 장래의 수요를 예측하는 기법이다.
    • 시계열자료의 주요 구성요소 : 추세변동(T), 순환변동(C), 계절변동(S), 우연 또는 불규칙변동(I) 등

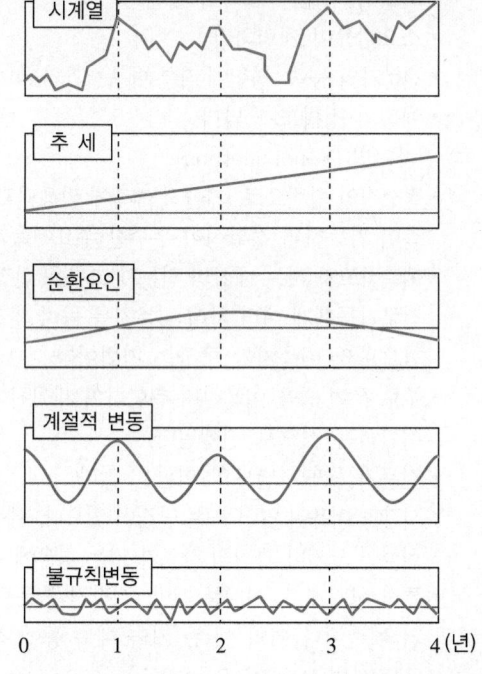

    – 추세변동(T : Trend) : 수요가 지속적으로 상승 또는 하강하는 형태를 보이는 변동으로, 인구변동이나 소득수준의 변화 등에 의해서 발생한다.
    – 순환변동(C) : 일정한 주기를 보이는 변동이다.
    – 계절변동(S) : 계절에 따른 변동이다.
    – 우연 또는 불규칙변동(I) : 원인을 알 수 없고 규칙성이 없는 변동이다.
    • 시계열분석모형에서는 수요(Y)를 시계열의 4가지 구성요소의 함수로 파악한다.
    – $Y = f(T, C, S, I)$
    – 승법모형 : $Y = T \times C \times S \times I$
    – 가법모형 : $Y = T + C + S + I$

• 시계열의 패턴

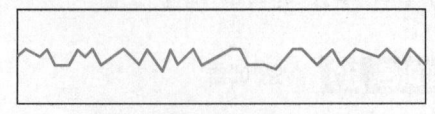

[추세나 계절적 변동이 없는 경우]

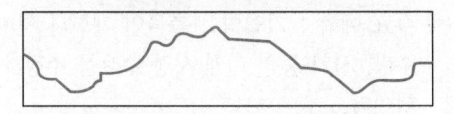

[추세는 없고 계절적 변동만 있는 경우]

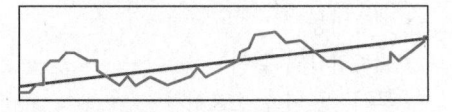

[선형 추세, 가법적인 계절적 변동]

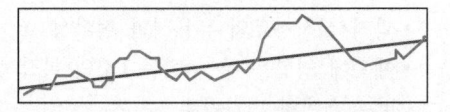

[선형 추세, 승법적인 계절적 변동]

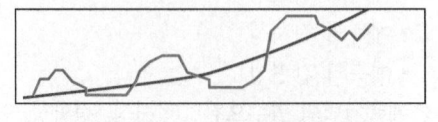

[비선형 추세, 가법적인 계절적 변동]

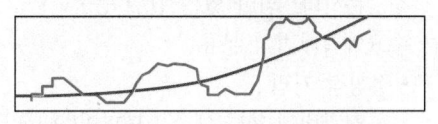

[비선형 추세, 승법적인 계절적 변동]

  ㉡ 단순이동평균법(Simple Moving Average)
    • 이동 평균을 통하여 우연변동을 제거시키며 예측하고자 하는 기간의 직전 일정기간 동안의 실제 수요의 단순 평균치를 예측치로 하는 방법이다.
    • 시계열에 계절적 변동이나 급속한 증가 또는 감소의 추세가 없고 우연변동만 크게 작용하는 경우에 유용하다.
    • 최소 과거 2년간의 자료가 필요하며 주로 소량 품목의 재고관리에 사용된다.
    • 예측 계산식 : $F_t = \dfrac{A_{t-1} + A_{t-2} + \cdots + A_{t-N}}{N}$

    여기서, F_t : 기간 t의 수요예측치
        A_t : 기간 t의 실제수요
        N : 이동평균기간

- 예를 들어, 월별 실제 수요가 1월 4, 2월 3, 3월 4, 4월 5(총이동평균기간 : 1~4월의 4개월)라고 할 때, 5월의 수요를 예측하고, 5월의 실제 수요가 경기의 일시적인 호황으로 예측 수요와는 다르게 7로 나타났을 때 6월의 수요예측치를 단순이동평균에 의해서 구하면,
  - 5월의 수요예측치 :
  $$F_5 = \frac{5+4+3+4}{4} = \frac{16}{4} = 4$$
  - 5월이 경과하여 5월 실제수요가 7로 나타났을 때 4개월 단순이동평균에 의한 6월 수요예측치 :
  $$F_6 = \frac{7+5+4+3}{4} = 4.75$$
- 이동평균기간은 예측의 안정성과 수요 변화에 반응하는 반응도 간의 상충관계를 적절히 고려하여 선택한다.
- 이동평균기간을 길게 할수록 우연요인이 더 많이 상쇄되어 예측선은 고르게 되나 수요의 실제 변화에는 늦게 반응한다.

ⓒ 가중이동평균법(Weighted Moving Average)
- 과거 자료 중 최근의 실제치를 더 많이 예측치에 반영한다.
- 가중이동평균법에서 최근 자료에 높은 가중치를 부여하는 가장 큰 이유는 (변화 대응성을 고려하여) 매개변수를 파악하기 위해서이다.
- 직전 N기간의 자료치에 합이 1이 되는 가중치를 부여한 다음, 가중합계치를 예측치로 한다.
- 예측 계산식 :
$$F_t = W_{t-1}A_{t-1} + W_{t-2}A_{t-2} + \cdots + W_{t-N}A_{t-N}$$
여기서, F_t : 기간 t의 수요예측치
$\qquad A_t$: 기간 t의 실제수요
$\qquad W_t$: 기간 t에 부여된 가중치, $\sum_{i=t-1}^{t-N} W_i = 1$
- 예를 들어, 월별 실제 수요가 1월 100, 2월 90, 3월 105, 4월 95, 가중치를 예측하고자 하는 달의 직전 달에 0.4, 2개월 전에 0.3, 3개월 전에 0.2, 4개월 전에 0.1로 둘 때
  - 4개월 가중이동평균에 의한 5월의 수요예측치 :
  $$F_5 = 0.4 \times 95 + 0.3 \times 105 + 0.2 \times 90 + 0.1 \times 100$$
  $$= 97.5$$

  - 5월 실제수요가 110일 때의 6월 수요예측치 :
  $$F_6 = 0.4 \times 110 + 0.3 \times 95 + 0.2 \times 105 + 0.1 \times 90$$
  $$= 102.5$$

ⓔ 지수평활법(Exponential Smoothing)
- 가중이동평균법의 일종이지만, 가중치를 부여하는 방법이 다르다.
- 지수적으로 감소하는 가중치를 이용하여 최근의 자료일수록 더 큰 비중을, 오래된 자료일수록 더 작은 비중을 두어 미래 수요를 예측하는 방법이다.
- 예측치를 계산하기 위하여 기간에 부여하는 가중치는 그들의 과거로 거슬러 올라갈수록 데이터의 중요성은 감소한다.
- 가장 가까운 과거에 가장 큰 가중치를 부여하기 때문에 도소매상의 재고관리 등의 단기 예측법으로 가장 많이 사용된다.
- 지수평활법의 종류
  - 윈터식 : 추세나 계절적 변동을 보정해 나가는 고차적인 지수평활법(계절변동, 경향변동이 있는 시계열 제품에 적용)
  - 브라운식
    ⓐ 단순평활법 : 다른 변동은 없고 우연변동만 존재하는 시계열 제품에 적용한다.
    ⓑ 2차 평활법 : 하강 경향의 경향 변동이 있는 시계열 제품이다.
    ⓒ 3차 평활법 : 상승 경향의 경향 변동이 있는 시계열 제품이다.

ⓜ 단순지수평활법
- 보다 최근의 자료에 더 큰 비중을 두어 미래 수요를 예측하는 방법이다.
- 수요예측치는 과거 모든 기간의 실제수요의 지수적 가중평균치이다.
- 추세변동이 뚜렷하면 유용한 기법이 되지 못한다.
- 심한 계절변동이 존재하면 효과성이 매우 낮아진다.
- 단순지수평활법은 이동평균법과 마찬가지로 시계열에 계절적 변동, 추세 및 순환요인이 크게 작용하지 않을 때 유용하다.
- 최소 과거 2년간의 자료가 필요하며 생산 및 재고관리, 이익 예측 등에 사용된다.

- 예측 계산식 :
$$F_t = \alpha A_{t-1} + (1-\alpha)F_{t-1} = \alpha A_{t-1} + F_{t-1} - \alpha F_{t-1}$$
$$= F_{t-1} + \alpha(A_{t-1} - F_{t-1})$$
여기서, α : 평활상수, $0 \le \alpha \le 1$
- 신예측치 = 구예측치 + αX(예측오차)
- 예를 들어, 지난달 수요예측치가 100개, 실제 수요가 110개, 평활상수 α가 0.3일 때 이번 달의 수요예측치 :
$$F_t = F_{t-1} + \alpha(A_{t-1} - F_{t-1}) = 100 + 0.3(110 - 100)$$
$$= 103개$$
- 평활상수 α값
  - α값은 평활의 정도, 예측치와 실제치의 차이에 반응하는 속도를 결정하는 역할을 한다.
  - α값은 $0 \le \alpha \le 1$인 실수값으로 결정한다.
  - 일반적으로 0.01에서 0.3 사이의 값을 취한다.
  - 수요가 불안정하면 0.5~0.9의 값을 사용하기도 한다.
  - 초기에 설정한 α값은 변경할 수 있다.
  - α값이 클수록 최근의 자료가 예측치에 더 많이 반영된다.
  - α값이 큰 경우는 최근의 실제 수요에 보다 큰 비중을 둔다.
  - α값이 클수록 과거 예측치의 가중치가 낮아지고, 최근 실측치의 가중치가 높아진다.
  - α값이 클수록 예측치는 수요 변화에 더 많이 반응하며, α값이 작을수록 평활의 효과는 더 커진다.
  - 실질적인 수요변동이 예견될 때는 예측의 감응도를 높이기 위하여 α값을 크게 한다.
  - 신제품이나 유행상품의 수요 예측에서는 α값을 크게 한다.
  - 수요의 추세가 안정적인 경우에는 α값을 작게 한다.
  - 수요의 기본수준에 큰 변동이 없는 것으로 예견되면 α값을 작게 하여 예측의 안정도를 높인다.
  - 수요의 증가속도가 빠를수록 α값을 크게 설정한다.
ⓑ 추세분석법(Trend Analysis)
- 시계열을 잘 관통하는 추세선을 구한 다음 그 추세선상에서 미래 수요를 예측하는 방법이다.
- 별칭 : 최소자승법

- 관측치와 경향치의 편차제곱합이 최소가 되도록 하는 회귀직선을 구하여 추세변동을 예측한다.
- 과거 5년간의 판매자료로 출발하여 그 이후의 연속 자료를 사용한다.
- 중장기 신제품 수요 예측 등에 사용된다.
- 예측 계산식 : 연도 x, 판매량 y일 때 1차식으로 나타내는 회귀선 $\hat{y} = a + bx$이다.
$$\left(\text{단, } a = \frac{(\sum y_i \sum x_i^2) - (\sum x_i \sum x_i y_i)}{(n\sum x_i^2) - (\sum x_i)^2}, \right.$$
$$\left. b = \frac{(n\sum x_i y_i) - (\sum x_i \sum y_i)}{(n\sum x_i^2) - (\sum x_i)^2} \right)$$
ⓐ 시계열분해법
- 과거의 자료에서 수요가 증가하면서 계절적 변동을 보일 때 가장 적합한 예측기법이다.
- 시계열자료를 구성요소들로 분해하여 수요를 예측한다.
- 시계열의 구성요소 중 계절적 변동은 1년 단위로 반복된다.
- 쌀 판매량에는 계절적 변동이 크게 작용하지 않는다.
- 추세와 계절적 변동의 결합 형태에서 FITS(Forecast Including Trend and Seasonal 추세와 계절적 변동을 포함한 예측치)는 다음과 같다.
  - 가법적인 계절적 변동 : 추세와 관계없이 계절적 변동치는 언제나 일정하다.
  FITS = 추세 + 계절적 변동
  - 승법적인 계절적 변동 : 추세에 따라 계절적 변동의 폭이 변한다.
  FITS = 추세 × 계절지수

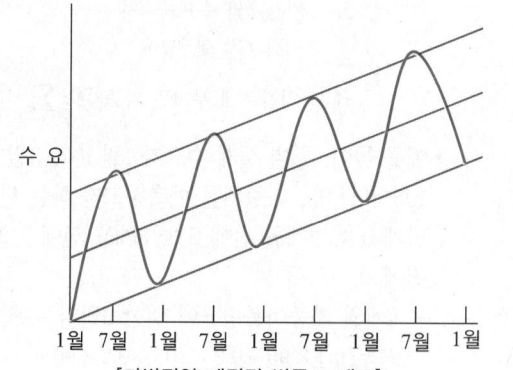

[가법적인 계절적 변동 그래프]

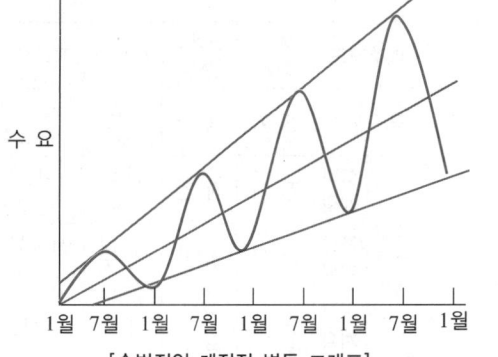

[승법적인 계절적 변동 그래프]

- 예를 들면, 제품의 작년도 총수요는 200개, 계절별로 봄 60개, 여름 80개, 가을 40개, 겨울 20개였고, 올해의 총수요는 전년 대비 20[%] 증가한 240개로 예측되고 있다면, 가법적인 계절변동을 가정할 때 올여름의 예측치는 90개가 된다.

계 절	2007년			2008년 예측치	
	실제 수요	계절 변동 폭	계절지수	가법적인 경우	승법적인 경우
봄	90	90 − 100 = −10	$\frac{90}{100} = 0.9$	110 − 10 = 100	110 × 0.9 = 99
여 름	150	150 − 100 = 50	$\frac{150}{100} = 1.5$	110 + 50 = 160	110 × 1.5 = 165
가 을	110	110 − 100 = 10	$\frac{110}{100} = 1.1$	110 + 10 = 120	110 × 1.1 = 121
겨 울	50	50 − 100 = −50	$\frac{50}{100} = 0.5$	110 − 50 = 60	110 × 0.5 = 55
합 계	400			440	440

평균 계절 수요치(2007년) = $\frac{400}{4}$ = 100

평균 계절 수요예측치(2008년) = $\frac{440}{4}$ = 110

◎ 박스-젠킨스법(Box-Jenkins Model)
- 지수평활법의 일종으로서 시계열자료의 사용으로 인한 예측오류가 최소가 되도록 매개변수를 추정하여 사용하는 예측기법이다.
- 계산이 다소 복잡하며 과거 실적이 2년 이상의 것으로 구성되어야 예측이 정확하다.
- 계획 생산의 생산 및 재고관리, 자료계획 등에 이용된다.

④ 인과형 모형 : 수요를 여러 기업 환경요인에 의해 나타나는 결과로 간주하여 이를 종속변수로, 수요에 영향을 미치는 요인들을 독립변수로 놓고 양자의 관계를 여러 모형으로 파악하여 수요를 예측하는 방법이다.
  ㉠ 계량경제모형
   - 인과관계에 근거한 예측을 수행하기 위한 계량경제모형의 대표적인 도구는 회귀분석(Regression Analysis)이다.
   - 회귀방정식을 연립적으로 추정하고 회귀변수를 이용하여 변수 간 상호관계를 토대로 경제활동의 하나인 수요량을 예측한다.
   - 독립변수의 수가 1개이면 단순회귀분석, 독립변수가 2개 이상이면 다중회귀분석이라고 한다.
   - 종속변수와 독립변수의 관계에 따라서 선형이면 선형회귀분석, 비선형이면 비선형회귀분석이라고 한다.
   - 독립변수에 대한 과거 몇 년 간의 분기별 자료가 필요하다.
   - 제품별 판매 예측, 이익 예측 등에 사용된다.
  ㉡ 선도지표방법
   - 특정 방향에서 어떤 경제활동이 타 경제활동보다 앞서나가는 경우에 전자를 선도지표로 보고 이를 예측에 이용하는 기법이다.
   - 자료로는 유사한 제품의 연간 판매(추세)량이 필요하며 신제품 수요 예측에 사용된다.
⑤ 복수의 예측기법 : 조합예측기법, 초점예측기법
  ㉠ 조합예측(Combination Forecasting)기법 : 기존의 기법이나 상이한 자료를 사용하거나 양자의 방법을 모두 사용하여 얻은 개별예측치를 평균하는 예측기법이다.
  ㉡ 초점예측(Focus Forecasting)기법
   - 미리 여러 룰을 만들어 놓고 매 시점마다 룰에 의한 예측치의 예측오차를 비교하여 예측오차가 가장 작은 값을 찾아내어 수요를 예측하는 휴리스틱기법이다.
   - 과거의 정보로부터 논리적 규칙을 도출하여 이를 과거자료에 대한 시뮬레이션을 통해 검증하는 방식으로 진행되므로 기본적으로 컴퓨터를 활용해야 한다.
   - 각 품목에 사용되는 기법은 매번 달라질 수 있다.

- 작년 같은 달의 값, 작년 같은 달의 110[%] 값, 작년 같은 달에 성장률을 곱한 값, 지난 6개월의 평균, 지난 3개월의 평균, 지난 3개월의 평균 곱하기 작년의 3개월 평균과의 성장률 등을 예측치의 룰로 활용한다.

⑥ 예측기법의 적용

　㉠ 예측오차의 측정

- 예측오차 = 실적치 − 예측치 = $A_t - F_t$

- 평균제곱오차 : $MSE = \dfrac{\sum (A_t - F_t)^2}{n}$

- 절대평균편차 : $MAD = \dfrac{\sum |A_t - F_t|}{n}$

- $1\sigma = \sqrt{\dfrac{\pi}{2}} \times MAD = 1.25MAD, \ 1MAD \simeq 0.8\sigma$

- 추적지표(TS ; Tracking Signal) : 예측치의 평균이 일정 진로를 유지하고 있는지를 나타내는 척도이다.
  - 누적예측오차(Cumulative Sum of Forecast Errors)를 절대평균편차(Mean Absolute Deviation)로 나눈 것이다.
  - 예측오차의 누적값(RSFE : Running $\sum$ of Forecast Error)을 MAD로 나눈 값으로, 예측의 정확성이 높을수록 추적지표값은 0에 근접한다.
  - 추적지표 계산식 : $TS = \dfrac{RSFE}{MAD} = \dfrac{\sum (A_t - F_t)}{MAD}$

- 예측오차가 평균이 0인 정규분포를 따를 때, 절대평균편차(MAD ; Mean Absolute Deviation)와 오차제곱평균(MSE ; Mean Squared Error)과의 관계 : $\sqrt{MSE} \doteqdot 1.25MAD$이다. MSE와 MAD가 작으면 예측치가 정확하며, 크면 예측오류가 크다.

　㉡ 생산관리에서의 적용

- 예측기법 선정과 적용요소 : 과거 실적자료의 유용성과 정확성, 예측상 기대되는 정확도의 정도, 예측비용, 예측기간의 길이, 분석 및 예측 소요시간, 예측에 영향을 주는 변동요소의 복잡성 등

- 생산관리에서 수요 예측은 생산 의사결정(특히 공정설계, 생산능력계획 및 재고에 관한 의사결정)의 기초자료를 제공하며, 재고(계획) 생산과 주문 생산 양쪽에 모두 중요하지만, 특히 재고(계획) 생산에 더 중요하다.

- 생산관리상의 예측용도와 예측기법

예측용도		예측기간	정확도 요구	제품수	적합한 예측기법
공정설계		장 기	중 간	단일, 소수	정성적 기법, 인과형 모형
생산능력계획	설비계획	장 기	중 간	단일, 소수	정성적 기법, 인과형 모형
	총괄계획	중 기	높다.	소 수	시계열분석기법, 인과형모형
	일정계획	단 기	매우 높다.	다 수	시계열분석기법
재고관리		단 기	매우 높다.	다 수	시계열분석기법

핵심예제

1-1. 시계열분석에 의한 수요예측모형에서 추세변동(T), 순환변동(C), 계절변동(S), 불규칙변동(I)과 판매량(Y)의 관계식은? [2004년 제2회, 2013년 제2회]

① $Y = T \times C \times S \times I$

② $Y = \dfrac{T \times C}{S \times I}$

③ $Y = \dfrac{T \times C \times S}{I}$

④ $Y = (T \times C) - (S \times I)$

1-2. 3개월 가중이동평균법을 이용하여 4월 수요의 예측값은?

[2004년 제1회 유사, 2007년 제2회 유사, 2009년 제2회 유사, 2011년 제4회 유사, 2012년 제4회 유사, 2014년 제4회]

시 기	1월	2월	3월
판매량	500	700	800
가중치	0.2	0.3	0.5

① 510　　　　　② 610

③ 710　　　　　④ 810

1-3. 지수평활상수(α)에 대한 설명으로 가장 올바른 내용은?

[2006년 제2회 유사, 2015년 제2회, 제4회 유사, 2016년 제2회 유사]

① 초기에 설정한 α값은 변경할 수 없다.

② α값은 −1 이상, 1 이하인 실수값으로 결정한다.

③ 수요의 추세가 안정적인 경우에는 α값을 크게 한다.

④ α가 큰 경우는 최근의 실제 수요에 보다 큰 비중을 둔다.

1-4. 7월의 판매 실적치가 20,000개, 판매 예측치가 22,000개였고, 8월의 판매 실적치가 25,000개일 때 7월과 8월, 2개월의 실적을 고려하여 지수평활법으로 9월의 판매 예측치를 계산하면 얼마인가?(단, 지수평활상수 α는 0.2이다)

[2003년 제1회 유사, 2004년 제4회 유사, 2006년 제1회 유사, 2009년 제1회, 2015년 제1회 유사, 2016년 제4회, 2017년 제4회 유사]

① 20,880개   ② 22,080개
③ 22,280개   ④ 24,090개

1-5. 최소자승법에 의한 예측의 설명으로 틀린 것은?

[2017년 제1회]

① 예측오차의 합을 최소화시킨다.
② 예측오차의 제곱의 합을 최소화시킨다.
③ 예측오차는 실제치와 예측치의 차이이다.
④ 회귀선, 추세선, 예측선은 같은 의미이다.

1-6. 추적지표(TS) 산정을 위한 표에서 빈칸에 해당하는 통계량은?

[2013년 제2회, 2016년 제1회]

월 별	예측치	실측치	실제 편차	( )
1	100	94	−6	−6
2	100	108	+8	+2
3	100	110	+10	+12
4	100	96	−4	+8
5	100	115	+15	+23
6	100	119	+19	+42

① 절대평균편차(MAD)
② 누적예측오차(CFE)
③ 추적지표(TS)
④ 평균제곱오차(MSE)

1-7. 예측오차가 평균이 0인 정규분포를 따를 때 절대평균편차 (MAD ; Mean Absolute Deviation)와 오차제곱평균(MSE ; Mean Squared Error)과의 관계로 가장 타당한 것은?

[2008년 제1회, 2009년 제4회, 2013년 제2회]

① $MSE \fallingdotseq 1.25MAD$
② $\sqrt{MSE} \fallingdotseq 1.25MAD$
③ $MAD \fallingdotseq 1.25MSE$
④ $\sqrt{MAD} \fallingdotseq 1.25MSE$

|해설|

1-1
시계열분석모형에서는 곱($Y = T \times C \times S \times I$)이나 합($Y = T + C + S + I$)으로 표현한다.

1-2
4월 수요예측값 $= \dfrac{500 \times 0.2 + 700 \times 0.3 + 800 \times 0.5}{0.2 + 0.3 + 0.5} = 710$

1-3
① 초기에 설정한 α값은 변경할 수 있다.
② α값은 $0 \leq \alpha \leq 1$인 실수값으로 결정한다.
③ 수요의 추세가 안정적인 경우에는 α값을 작게 한다.

1-4
• $F_t = \alpha A_{t-1} + \alpha(1-\alpha)A_{t-2} + (1-\alpha)^2 F_{t-2}$
• $F_9 = \alpha A_8 + \alpha(1-\alpha)A_7 + (1-\alpha)^2 F_7$
• $F_9 = 0.2 \times 25,000 + 0.2 \times 0.8 \times 20,000 + (0.8)^2 \times 22,000$
   $= 22,280$개

1-5
예측오차의 제곱의 합을 최소화시킨다.

1-6
추적지표(TS)는 예측치의 평균이 일정 진로를 유지하는지를 나타내는 척도로, 누적예측오차를 절대평균편차로 나눈 값이다. 예측 정확성이 높을수록 TS는 0에 근접한다. 빈칸에 해당하는 통계량은 누적예측오차(CFE)이며, 누적예측오차(CFE) = 실제 편차누적의 합 = 예측오차의 누적값(RSFE)이다.

1-7
$\sqrt{MSE} \fallingdotseq 1.25MAD$이다. MSE와 MAD가 작으면 예측치가 정확하고, 크면 예측오류가 크다.

정답 **1-1** ①   **1-2** ③   **1-3** ④   **1-4** ③   **1-5** ①   **1-6** ②   **1-7** ②

① 제품 조합의 개요

ㄱ 제품 조합(Product Mix)
- 각종 생산제품의 이익을 최대로 할 수 있는 제품들의 조합이다.
- 원재료의 공급능력한계나 노력의 한도, 기계설비능력의 한계 등을 고려하여 최대 이익을 올릴 수 있거나 최소 비용으로 생산할 수 있는 제품별 생산비율을 결정하는 행위이다.
- 최적 제품 조합의 의미 : 총이익을 최대화하는 제품들의 조합을 의미한다.
- 제품 조합에서 추구하고자 하는 것은 제품의 최대 이익이다.
- 제품의 최적 구성에 대한 비중을 결정할 때 성장성, 안전성, 수익성 등을 중심으로 결정하고, 그중에서도 수익성에 가장 큰 비중을 둔다.

ㄴ 제품 수명주기의 관리가 제품 조합의 결정에 중요한 이유
- 적시의 제품 조합을 통하여 기업의 수익률을 제고한다.
- Life Cycle 단계가 서로 다른 제품과 적절하게 조합할 수 있다.
- 최적 제품 Mix를 통해 기업의 안정과 지속적 성장을 기대할 수 있다.
- 쇠퇴기에 있는 품목의 수요 감소에 따른 유휴 생산능력을 활용할 수 있다.

ㄷ 제품 조합 결정방법 : 손익분기점 분석, 선형계획법으로 대별된다.

② 손익분기점 분석에 의한 최적 제품의 조합

ㄱ 손익분기점 분석 : 조업도(매출량, 생산량)의 변화에 따라 수익 및 비용이 어떻게 변하는가를 분석하는 기법으로, 손익분기분석이라고도 한다.

ㄴ 손익분기점 분석 시행을 위한 인자
- 고정비 : 감가상각비, 임차료, 임금, 세금, 노무비 등은 기업 운영에서 고정적으로 발생하는 비용이다.
  고정비 = 판매 가격 × 한계이익률 × 생산량
- 변동비 : 직접재료비, 직접노무비, 소모품비, 연료비, 외주가공비 등은 기업 운영에서 생산량(판매량)의 증감에 따라서 변동되는 변동비용이다.

- 변동비율 $= \dfrac{\text{변동비}(V)}{\text{매출액}(S)} = \dfrac{V}{PQ}$

  여기서, P : 판매 가격
  Q : 생산량

- 한계이익률 $= \dfrac{\text{매출액} - \text{변동비}}{\text{매출액}} = \dfrac{\text{한계이익}}{\text{매출액}}$

  $= 1 - \dfrac{V}{S} = 1 - \dfrac{V}{PQ}$

- 총한계이익 = (예상 판매가 − 단위 제품의 변동비) × 예상 판매량

ㄷ 손익분기점 산출공식 :

$$BEP = \dfrac{\text{고정비}(F)}{\text{한계이익률}} = \dfrac{F}{1 - \dfrac{V}{S}} = \dfrac{F}{1 - \dfrac{V}{PQ}}$$

$$= \dfrac{F}{1 - \text{변동비율}}$$

여기서, F : 고정비
V : 변동비
P : 개당 판매 가격
Q : 생산량

ㄹ 손익분기점 분석방법 : 평균법, 기준법, 개별법, 절충법
- 평균법 : (한계이익률이 서로 다른 경우) 평균한계이익률을 이용하여 손익분기점을 구하거나 이익계획을 수립하는 방법으로, 총한계이익률을 총매출액으로 나눈 것이다.
- 기준법 : 다른 품종의 제품 중에서 대표적인 품종을 기준 품종으로 선택하고 그 품종의 한계이익률로 손익분기점을 계산하는 방법이다. 이익계획 수립 시 제품을 선택할 때 편리하다.
- 개별법 : 각 품종별 한계이익률을 사용하여 한계이익액을 산출하고 이를 고정비와 대비하여 손익분기점을 구하는 방법이다. 특히 생산시기, 판매시기, 일정계획 등을 수립할 때 편리하다.
- 절충법 : 개별법을 기본으로 하고, 평균법과 기준법을 절충하여 손익분기점을 구하는 방법이다. 제품의 품종과 생산공정을 변경시켜야 하는 Product Mix와 Process Mix를 검토하는 데 유용하게 이용된다.

③ 선형계획법(LP)에 의한 제품조합

  ㉠ 선형계획법의 개요

- LP(Linear Programming) : 제품별로 수요량, 생산량, 생산능력이 다를 경우 최적의 제품 조합을 구하는 데 가장 적합한 기법이다.
- 변수 간의 관계를 직선적 관계로 전제하고 제약조건 하의 목적함수를 만족시키는 해를 구하는 기법이다.
- 생산계획에서 수익의 극대화 또는 비용의 최소화를 위한 기계의 능력, 작업자수 등과 같은 여러 변수를 고려하여 최적의 제품 조합을 결정하고자 할 때 사용한다.

  ㉡ LP기법 적용조건 : 선형성, 가법성, 독립성, 가분성

  ㉢ 종류 : 심플렉스 해법[여유변수 (Slack Variables, S)를 사용], 도시해법(Graphic Solution Method), 전산법 등

핵심예제

2-1. 한국회사의 Y제품 가격이 1,500원, 한계이익률이 0.75일 때 생산량은 150개이다. 고정비는 얼마인가?

[2002년 제2회, 2013년 제2회, 2017년 제4회]

① 975원   ② 1,388원
③ 18,475원   ④ 168,750원

2-2. 각 제품의 매출액과 한계이익률이 다음 표와 같다. 평균 한계이익률을 사용한 손익분기점은?(단, 고정비는 1,300만원이다)

[2003년 제4회 유사, 2006년 제1회 유사, 2007년 제4회 유사, 2015년 제2회]

제 품	매출액(만원)	한계이익률[%]
A	500	20
B	300	30
C	200	30

① 4,600만원   ② 4,800만원
③ 5,000만원   ④ 5,200만원

2-3. 생산계획을 위한 제품 조합에서 A제품의 가격이 2000원, 직접재료비 500원, 외주가공비 200원, 동력 및 연료비가 50원일 때 한계이익률은 얼마인가?

[2004년 제4회, 2006년 제2회, 2007년 제1회 유사, 2009년 제1회, 2014년 제1회]

① 37.5[%]   ② 62.5[%]
③ 65.0[%]   ④ 75.0[%]

2-4. 제품 A를 자체 생산할 경우 연간 고정비는 100,000원, 개당 변동비는 50원, 판매가격은 150원이다. 손익분기점의 수량은?

[2005년 제1회 유사, 2014년 제4회]

① 800개   ② 900개
③ 1,000개   ④ 1,100개

2-5. A제품의 판매 가격이 개당 300원, 한계이익률(또는 공헌이익률)은 50[%], 고정비는 1,000만원이다. 500만원의 이익을 올리기 위하여 필요한 A제품의 판매 수량은 얼마인가?

[2016년 제4회]

① 5만개   ② 6만개
③ 8만개   ④ 10만개

|해설|

2-1

고정비 = 가격 × 한계이익율 × 생산량 = $1,500 \times 0.75 \times 150$
    = 168,750원

2-2

$$BEP = \frac{고정비(F)}{한계이익률} = \frac{1,300만원}{\left(\frac{500 \times 0.2 + 300 \times 0.3 + 200 \times 0.3}{1,000} \right)}$$

$$= 5,200만원$$

2-3

한계이익률 $= 1 - \dfrac{변동비}{판매 가격} = 1 - \dfrac{750}{2,000} = 0.625 = 62.5[\%]$

2-4

$$BEP = \frac{F}{P-V} = \frac{100,000}{150-50} = 1,000개$$

2-5

한계이익 = 고정비 + 이익 = 매출액 × 한계이익률이므로,
구하고자 하는 판매 수량을 N이라고 하면
1,000만원 + 500만원 = (300원×N)×0.5에서
$N = \dfrac{15,000,000}{300 \times 0.5} = 100,000개$

정답 2-1 ④   2-2 ④   2-3 ②   2-4 ③   2-5 ④

핵심이론 01 자재관리

① 자재관리의 개요
  ㉠ 자재관리의 정의 : 제품·서비스 생산에 필요한 자재를 계획대로 확보하여 필요한 부서에 적시에, 적량을 조달하는 기능으로서 자재의 흐름을 계획, 조직, 통제하는 과학적 관리기법이다.
  ㉡ 자재관리의 목표 : 원가 절감(재고에 수반되는 각종 비용 절감, 구입자재 원가 절감, 사용자재 절감), 생산 합리화(적재 사용으로 품질 향상, 적량과 적시 확보로 납기 준수)
  ㉢ 수행기능 분류 : 자재계획 및 통제, 구매관리, 공정관리, 창고 및 재고관리
  ㉣ 자재관리의 절차 : 원단위 산정 > 사용(소요)계획 > 재고계획 > 구매계획
  ㉤ 자재관리의 기본활동
    • 자재와 부품의 구매는 생산계획에 따라 세부적인 계획이 이루어져야 한다.
    • 구매계획 수립에는 MRP시스템을 활용할 수 있다.
    • 수립된 생산계획과 구매계획은 변경 사유 발생 시 변경할 수 있다.
    • 생산에 필요한 소요량 산정, 구매, 보관의 활동을 합리적으로 수행하는 것이다.
  ㉥ 자재 분류의 비교(전통적인 방법과 SCM에 의한 방법)

구 분	전통적 접근법	SCM접근법
비용분석	개별 회사의 비용 절감을 목표로 한다.	공급망 전체 비용을 최소화하는 것을 목표로 한다.
시간적 요인	단 기	장 기
결속력	거래에 기반을 둔다.	지속적인 관계를 유지한다.
정보 체제	독립적	공유함

② 자재계획
  ㉠ 자재계획의 정의 : 생산에 소요되는 자재의 적정량을 적기에, 필요한 장소에 공급하는 행위이다.
    • 자재관리의 출발점이다.

  • 생산계획을 기초로 하여 자재 소모량 산출, 자재 구매량 결정, 불용자재의 처분 등에 따르는 일련의 계획활동이다.
  ㉡ 활동 전개 순서 : 자재계획의 방침 설정 → 자재의 기본계획 수립 → 생산계획에 따른 원단위 산정 → 사용계획 → 재고계획 → 구매계획
  ㉢ 자재계획 수립의 제반적인 고려 요인
    • 수량적 요인 : 적정 수량 결정으로 구매시기의 적정성 추구
    • 품질적 요인 : 생산능률과 기계 가동률 향상을 전제로 한 적정 품질 확보
    • 시간적 요인 : 발주점, 발주점과 납입점 사이의 기간, 납기의 확실성, 지불기간 문제 해결
    • 공간적 요인 : 저장 공간 결정, 구매방식(집중 구매, 분산 구매) 결정, 적정 재고수준 결정
    • 자본적 요인 : 자재 조달 가격 등의 문제 해결, 자본조건, 자재 재고기간과 재고량의 적정성 확보
    • 원가적 요인 : 자재계획에서 출고에 이르기까지 전 과정에서 원가 절감을 위한 자재 사용 및 통제, 재공품 재고의 감소, 진도관리 등의 문제 해결, 적정자재의 유리한 조달
  ㉣ 자재계획 수립 시 고려하여야 할 사항
    • 자재계획은 설계도에 의한 소요자재를 결정하고, 설계도 변경 시에는 당연히 재료를 변경해야 한다.
    • 소요량 계획 시 (하위품목은 상위품목의) 작업 착수 시기에 맞춰 납기를 정하고 조달기간을 고려하여 발주시기를 정하여야 한다.
    • 자재 소요량과 발주량은 일치하지 않을 수 있다.
    • 자재 소요량과 발주량이 반드시 일치할 필요는 없지만, 상비품이나 장기 사용품목은 장기 견적 구매방식을 병행하는 것이 좋다.
    • 외주 생산품의 경우, 외주업체가 필요한 자재를 직접 구매 조달하면 발주업체는 그 자재에 대해 별도의 자재계획을 세울 필요는 없다.
    • 외주 시 외주처에서 자재를 직접 구매 조달하는 경우에도 소재계획을 꼭 세워야만 하는 것은 아니다.

③ 자재 분류의 원칙

ㄱ 점진성 : 과학기술의 발전과 시장 소비성의 변동에 따라 현재 상용자재가 미래 폐자재가 될 수 있는데, 이를 대비하기 위하여 자재번호체계에 미리 여유를 두어야 한다.

ㄴ 포괄성 : 자재 분류 시 어떤 품목이 추가되더라도 현재의 분류체계를 증가시킴 없이 모든 자재가 하나도 빠짐없이 포함될 수 있도록 분류할 수 있어야 한다.

ㄷ 상호 배제성 : 한 자재의 분류항목이 둘이 될 수 없는 분류원칙으로, 자재 명칭 또는 규격 및 재질을 혼동하지 않도록 하나의 동일한 자재가 둘 이상의 분류체계에 해당되는 것을 방지하는 원칙이다.

ㄹ 용이성 : 자재의 분류는 누구나 그 번호만으로도 용이하게 식별 가능하도록 하여 현장, 창고, 생산 부문, 판매 부문이 전체적으로 간편하고 기억하기 쉽게 해야 한다.

④ 원단위와 자재 소요량

ㄱ 원단위

• 최종 설계안에 의해 산출된 제품 또는 반제품 1단위당 자재별 소요량(완성된 제품설계를 기초로 하여 산출한 제품 또는 반제품의 단위당 기준재료 소모량)

• 제품 또는 반제품의 단위 수량당 자재별 기준소요량

• 생산제품 단위당 자재 소요량

ㄴ 원단위의 용도

• 자재계획 수립의 기초자료

• 생산계획에 따르는 재료의 소요량 산출, 구매계획, 재고계획, 자금계획 등의 기초자료

ㄷ 원단위 산정방법의 종류

• 실적치에 의한 방법 : 제일 양호한 실적과 불량한 실적의 평균치, 최근 3개월, 6개월 이상의 평균치, 양호한 실적의 평균치, 평균 이상의 평균치 등

• 이론치에 의한 방법 : 화학, 전기공업에서 많이 이용한다.

• 시험분석치에 의한 방법 : 과거의 실적이 정비되어 있지 않을 때 사용한다.

ㄹ 원단위의 계산

• 공정이 간단한 경우 : 원료 투입량과 제품 생산량의 대비로 산정한다.

– 재료의 원단위 $= \dfrac{\text{원료의 투입량}}{\text{제품의 생산량}} \times 100[\%]$

• 공정이 복잡한 경우 : 공정별, 작업별, 단계별로 원단위 산정을 한다.

– X의 원단위 $= \dfrac{X\text{의 소요량}}{Y\text{의 소요량}} \times Y\text{의 원단위}$

여기서, X : 임의의 재료
Y : X의 투입으로 인한 생산물

ㅁ 원단위 산정 시 고려해야 할 사항 : 원료나 제품뿐만 아니라 부산물, 스크랩의 발생도 표준량을 산정, 제품규격과 재료규격을 명확히 합리적으로 설정, 재료의 품질 고려, 종업원의 숙련도 등을 고려한다.

ㅂ 자재 소요량 $M = m \times (1 + k)$

여기서, m : 자재명세서(BOM)의 기준량
k : 여유율 또는 예비율(자재 불량, 가공 불량, 분실, 손모 등을 고려)

핵심예제

1-1. 원단위란 제품 또는 반제품의 단위 수량당 자재별 기준소요량을 의미하며, 이러한 원단위를 산출하는 데에는 여러 방법이 있다. 원단위 산출방법이 아닌 것은?

[2013년 제1회, 2017년 제4회, 2023년 제1회]

① 실적치에 의한 방법
② 이론치에 의한 방법
③ 연속치를 고려하는 방법
④ 시험분석치에 의한 방법

1-2. 화합물 A를 200[ton] 생산하는 데 화합물 B가 188[ton]이 소비되었고, 화합물 B를 100[ton] 생산하는 데 90[ton]의 원료 C가 소비되었다. 이때 화합물 A 1[ton]당 원료 C의 원단위는?

[2002년 제2회]

① 0.846[ton]
② 1.044[ton]
③ 1.178[ton]
④ 0.957[ton]

1-1

원단위 산정방법의 종류
- 실적치에 의한 방법 : 제일 양호한 실적과 불량한 실적의 평균치, 최근 3개월, 6개월 이상의 평균치, 양호한 실적의 평균치, 평균 이상의 평균치 등
- 이론치에 의한 방법 : 화학, 전기공업에서 많이 이용한다.
- 시험분석치에 의한 방법 : 과거의 실적이 정비되어 있지 않을 때 사용한다.

1-2

화합물 A 1[ton]당 원료 C의 원단위

$$= \frac{C의\ 소비량}{B의\ 생산량} \times B의\ 원단위$$

$$= \frac{C의\ 소비량}{B의\ 생산량} \times \left(\frac{B의\ 소비량}{A의\ 생산량} \times A의\ 원단위 \right)$$

$$= \frac{90}{100} \times \left(\frac{188}{200} \times 1 \right) = 0.846[ton]$$

정답 **1-1** ③ **1-2** ①

핵심이론 **02** **외주 및 구매관리**

① **외주관리**
  ㉠ 외주관리
    - 자사의 설계, 시방에 의한 부품 조립, 가공 등을 외부 공장에 의뢰하고 관리하는 것이다.
    - 외주 공장의 설비나 용역을 일시적으로 구매하는 관리활동이다.
    - 넓은 의미에서 외주관리는 구매관리에 속한다.
  ㉡ 외주관리의 주기능 : 외주 의뢰품을 적정한 가격으로 적정한 시기에, 적정한 수량을 필요로 하는 부문에 공급하는 것이다.
  ㉢ 외주의 목적 및 효과
    - 원가 절감
    - 자사 공장의 능력·기술 보완
    - 일시적, 부분적 부하 증가에 대한 작업량 조정으로 생산능력 균형 유지
    - 투자설비 및 자본 절약
    - 자산의 경영상의 위험 분산
  ㉣ 외주업체의 선정과 평가기준
    - 전략적 중요도와 전략적 위험도를 고려하여 선정한다.
    - 외주기업의 주요 평가기준 : 품질(Q), 원가(C), 납기(D)
  ㉤ 자체 생산과 외주의 장단점
    - 자체 생산의 장단점

장 점	단 점
• 자사 고유의 기술, 설비, 인력, 기밀 유지로만 제작 가능한 내용 처리 가능 • 자사의 생산능력에 대한 충분한 활용 • 자체 생산능력 조정 용이 • 품질 신뢰도 관리 유지에 유리 • 자재의 소요시기 변동, 조정 용이 • 긴급 소요자재의 제작 용이	• 기술, 설비, 인력, 수량 측면에서 자체 제작이 불가능한 경우가 있음 • 자체 생산 원가가 높은 경우가 있음 • 원자재나 재공품의 재고 증가 우려

- 외주의 장단점

장 점	단 점
• 고정비 감소	• 운반비용 소요
• 외주 공장이 자재 부담인 경우 재료비 불필요	• 선급 자재관리, 횟수 및 폐기처리 곤란
• 외주 횟수의 증감에 의해 생산 수량의 조정을 용이하게 함	• 긴급작업에 대한 융통성이 약함
• 전문 제작 외주공장의 제조품질이 자사보다 우수한 경우 유리	• 적극적인 원가 절감 곤란
• 제조원가 절감 가능	• 품질과 납기 문제가 초래되기도 함

- ㉎ 아웃소싱
  - 아웃소싱(Outsourcing) : 기업의 목적을 효율적으로 달성하기 위하여 자신의 능력을 핵심 부문에 집중하고, 조직 내부의 활동 또는 기능의 일부를 외부의 조직 또는 외부 기업체에 전문용역을 활용하여 처리하는 경영기법이다.
  - 기업들이 아웃소싱을 하는 일반적인 이유
    - 비용 절감을 위해
    - 자본 부족을 보강하기 위해
    - 생산능력의 탄력성을 위해
    - 기술 부족을 보강하기 위해
    - 자사의 핵심역량에 집중하기 위해
    - 효과적인 서비스와 품질을 제공하기 위해
- ㉏ 외주 형태
  - 비용 절감형
  - 분사형 : 이익 추구형, 스핀 오프형
  - 네트워크형
  - 핵심역량 자체의 아웃소싱
- ② 구매관리
  - ㉠ 구매관리 개요
    - 구매관리
      - 기업 경영활동에 필요한 모든 자재를 적시에 적질의 적량을 최소의 비용으로 획득하기 위한 관리활동이다.
      - 생산활동에 소요되는 자재 또는 용역을 품질, 수량, 가격, 시기, 구매처, 구매조건 등 6가지 기본요소를 고려하여 가장 경제적으로 구입할 수 있도록 관리하는 기술이다.
    - 구매 부문의 주요 업무 흐름 : 구매계획 → 구매수속 → 구매평가
    - 구매의 5적(5원칙)
      - 적정한 품질(적질)
      - 적정한 가격(적가)
      - 적정한 납기(적기)
      - 적정한 수량(적량)
      - 적정한 공급자(적소)
    - 일반적인 구매 절차 : 구매 요구 → 구매처 선정 → 견적과 대조 → 구매 계약 → 감독 → 납품(입고) → 대금결제
    - 구매효과 측정의 객관적 척도
      - 예산 절감액
      - 납기이행 실적
      - 구매 물품의 품질수준
    - 구매 시장조사의 원칙 : 비용·경제성, 시장조사 적시성, 조사 탄력성, 조사 정확성, 조사 계획성
    - 시장 구매 : 기업이 현재 자재의 가격은 낮지만 앞으로는 가격이 상승할 것으로 예상되어 구매하는 방법으로, 시장의 가격변동을 이용하여 기업에 유리한 구매를 하려는 것이다.
  - ㉡ 구매관리의 기본적 사고방식
    - 구매기능은 이익을 창출하는 기능으로, 경영의 주요 기능이다.
    - 구매업무는 구매요구서가 접수되기 전부터 시작한다.
    - 구매관리는 고도로 숙련된 전문요원에 의해 수행되는 기능이다.
  - ㉢ 구매방침
    - 구매방침의 의의 : 적시·적질·적량의 자재 확보, 구입 가격 절감, 재고 감소, 납기관리, 조달기간 단축 등을 통한 기업의 발전을 도모할 목적으로 수행되는 것이다.
    - 구매방침의 주요내용 : 회사의 이익 우선 고려, 표준화 발전 노력, 적절한 경쟁 상대 확보, 많은 거래처 확보, 새로운 재료·제품·공정 모색, 거래처와의 유대관계 강화
  - ㉣ 구매계획 : 집중 구매, 분산 구매
    - 집중 구매(Centralized Purchasing) : 특정의 구매부서에 의해서 구매행위가 일어나는 것

장 점	• (회사의 요구 집중으로) 대량 구매로 가격과 거래 조건이 유리하다. • 대량 구매에 따른 구매가격의 인하가 가능해진다. • 종합 구매로 구매단가가 싸고 구매비용이 적게 든다. • 공통 자재를 일괄로 구매하므로 재고를 줄일 수 있다. • 자재 단순화, 표준화, 대용품화가 가능하다. • 구매 관련 업무의 중복 회피가 가능하다. • 구매전문가의 육성이 용이하다. • 거래처가 한정되어 있어 품질관리가 수월해진다. • 시장조사, 거래처조사, 구매효과 측정 등을 효과적으로 실행할 수 있다. • 구매활동의 평가가 치밀할 수 있으므로 높은 성과를 얻을 수 있는 효율적인 관리가 가능하다. • 공급자와 좋은 관계를 유지할 수 있다.
단 점	• 각 사업장의 재고현황 파악이 어렵다. • 구매의 자주성 결여와 수속이 복잡해진다. • 구매 요구에 신속하게 대응할 수 없다. • 자재의 긴급 조달이 어렵다.

• 분산 구매 : 기업에서 필요한 상품을 현장에 따라 개별 구매하는 방식

장 점	• 자주 구매가 가능하여 구매 자주성이 확보된다. • 대체로 구매 수속이 간단하므로 구매업무 처리시간과 노력이 절약되며 구매 수속을 신속히 처리할 수 있다. • 긴급 수요의 경우에 유리하다. • (생산과 밀착된 구매가 가능하여) 공장별 자재의 긴급 조달이 용이하므로 긴급 수요에 매우 유리하다. • 각 사업장의 재고상황을 알기 쉽다. • 공장을 둘러싼 지역사회와 좋은 관계를 창조, 유지할 수 있고 지역사회에 경제적으로 기여할 수 있다.
단 점	• 본사 방침과 다른 자재를 구입할 수도 있다. • 일괄 구매에 비해 비용이 비싸다. • 적절한 자재 구입이 쉽지 않다.

• 집중 구매와 분산 구매의 유리한 점 비교

집중 구매가 유리한 경우	분산 구매가 유리한 경우
• 구매금액이 큰 경우 • 중요 자재 구매 시 • 고도의 기술적 지식 요구 자재 • 상호 구매 수행의 경우 • 자본적 지출의 경우	• 소액품목, 구입이 용이한 품목 • 개발단계상의 자재 • 공장 생산의 연장으로 삼는 외주 가공품 • 납기가 시급한 자재 • 보수·유지에 필요한 자재

ⓜ 구매 수속
• 구매 수속 : 구매방법과 공급자 선정, 구매가격 등을 검토하고 결정하는 일이다.
• 구매방법 : 경쟁계약방식, 수의계약방식
• 공급자 선정 시 중요한 평가기준
  - 기존 공급자 : 납품 가격, 납기 이행률, 품질수준
  - 신규 공급자 : 기존 공급자 선정조건 + 기술능력, 제조능력, 재무 상태, 관리능력, 공장과의 거리 등
• 구매 가격 결정기준 : 원가계산, 수요와 공급, 동업 타사와의 경쟁관계에 따른 가격 결정 등
• 외주업체를 다수의 복수 공급자로 가져갈 경우 규모의 경제가 어려워지므로 글로벌 기업들은 구성품 단위로 단일 공급자를 가져가는 경우가 일반적이다.
• 단일 공급자(공급자 일원화)의 장단점

장 점	단 점
• 구매금액이 큰 경우, 중요한 자재나 고도의 기술적 지식 요구 자재 구매 시, 상호 구매 수행 경우, 자본적 지출의 경우 등에 유리 • 품질 균일 • 규모의 경제 실현 • 신제품 개발 협력 용이	• 소액 품목, 구입이 용이한 품목, 개발단계상의 자재, 공장 생산의 연장으로 삼는 외주 가공품, 납기가 시급한 자재, 보수·유지에 필요한 자재 등의 구매 시 불리 • 문제 발생 시 공급자 교체 불가능 • 공급에 차질이 발생할 경우 대응이 어려움

ⓗ 구매평가 : 구매업무 능률 및 구매 성과를 평가하는 객관적인 성과 측정으로 예산(원가) 절감액, 납기 이행률, 품질수준, 구매비용, 부과 벌과금 등을 평가한다.
ⓢ 구매기능의 변화 추세
• 가치분석 중심
• JIT 생산에 따른 JIT 구매
• 소수 공급업자와 장기 거래
• 구매시장의 글로벌화

2-1. 집중 구매의 장점으로 틀린 것은?

[2008년 제2회 유사, 2010년 제2회, 제4회 유사, 2014년 제4회 유사,
2015년 제1회, 2017년 제4회 유사]

① 구매 수속을 신속하게 처리할 수 있다.
② 공통 자재를 일괄 구매하므로 재고를 줄일 수 있다.
③ 대량 구매로 가격과 거래조건을 유리하게 할 수 있다.
④ 시장조사, 거래처조사, 구매효과의 측정 등을 효과적으로 할 수 있다.

2-2. 분산 구매의 장점에 해당하는 것은?

[2008년 제4회 유사, 2009년 제1회, 2011년 제1회 유사, 2016년 제4회,
2017년 제1회 유사]

① 긴급 수요의 경우에 유리하다.
② 구매전문가의 육성이 용이하다.
③ 구매 단가가 싸고 재고를 줄일 수 있다.
④ 시장조사, 구매효과의 측정을 효과적으로 할 수 있다.

2-3. 다음 중 공급자가 복수일 경우와 비교하여 공급자를 일원화할 경우 장점에 해당되지 않는 것은?

[2013년 제1회, 2023년 제1회]

① 품질 균일
② 규모의 경제 실현
③ 신제품 개발 협력 용이
④ 문제 발생 시 공급자 교체 가능

|해설|

2-1
구매 수속을 신속하게 처리할 수 있는 것은 분산 구매의 장점이다.

2-2
분산 구매는 긴급 수요의 경우에 유리하며, ②, ③, ④는 집중 구매의 장점에 해당된다.

2-3
공급자를 일원화할 경우 문제 발생 시 공급자 교체가 불가능하다.

정답 2-1 ① 2-2 ① 2-3 ④

핵심이론 03 재고관리

① 재고관리의 개요
　㉠ 재고관리의 의의
　　• 재고관리는 제품을 제조하는 생산활동을 원활하게 하기 위하여 필요한 시점에, 필요한 재고를, 최소의 비용으로 유지하도록 관리하는 활동이다.
　　• 재고는 물품(재고 자산)의 흐름이 시스템 내의 한 지점에 정체되어 있는 상태를 시간적 관점에서 파악한 관리개념이다.
　㉡ 기능(목적)에 따른 재고유형
　　• 안전재고(완충재고) : 판매(생산)의 불확실성이나 자재 조달의 불확실성에 대처하여 보유하는 재고유형이다.
　　• 예상재고(예비재고 또는 비축재고) : 경기변동, 계절적 수요변동에 대비한 재고유형(공정의 독립을 위한 예비품)이다.
　　• 주기재고(로트 사이즈 재고) : 경제적 구매를 위한 재고유형이다.
　　• 수송재고 : 수송기간 중에 발생하는 재고유형이다.
　㉢ 재고보유동기(A. J. Arrow)
　　• 거래동기 : 수요량을 미리 알고 시장의 가치가 시간적으로 변화하지 않는 경우
　　• 예방동기 : 만일의 위험에 대비하기 위한 경우(대다수의 기업에서 가장 중요)
　　• 투기동기 : 대폭적 가격변동을 고려한 경우
　㉣ 재고관리시스템의 기본모형 : 수요량, 재고량, 발주량 등 3가지 변수 간의 상관관계에서 총비용이 최소가 되는 적정재고량을 결정하는 방식이다.
　㉤ 로트 사이즈 결정방법 : 고정기간소요방법, 기간발주량방법, 경제적 1회 주문량방법 등
　　• 와그너-위틴(Wagner-Whitin Algorithm) 방법 : 동적계획법을 이용하여 재고 유지비와 주문비의 합이 최소가 되도록 주문하는 방법이다.

ⓗ 독립수요와 종속 수요에 따른 재고 특성

구 분	독립수요	종속 수요
품 목	완제품, 교체품(장비)	부분품, 부품, 원자재
수요요인	시장수요	조립 및 생산되는 완제품
수요형태	고정적 또는 확률적으로 발생	산발적, 일괄적(Lumpy)으로 발생
재고정책	재고보충정책	소요량정책
재고모형	EOQ, EPQ	MRP

② 재고와 관련된 비용들

　㉠ 발주비용(주문비용, Ordering Cost)

　　• 필요한 물품을 주문하여 이것이 입수될 때 구매 및 조달에 수반되어 발생하는 비용이다.

　　• 발주비용 요소 : 주문처리 및 촉진비, 가격 및 거래처에 대한 조사비용, 물품운송비・입고비, 검사료・통관료, 서류 작성 및 대금 지불 사무비 등

　　• 주문비는 주문량과는 무관하게 일정한 것으로 가정하므로, 주문비 크기는 주문 횟수에 의존한다.

　㉡ 준비비용(Setup Cost)

　　• 특정제품을 생산하기 위하여 생산공정의 변경, 기계설비, 공구 교환 등으로 발생하는 비용이다.

　　• 준비비용 요소 : 준비 중 기계의 유휴시간, 준비에 소요되는 직접노무비, 부품의 준비나 교체 등

　　• 준비비용은 생산량과 무관하게 생산 횟수에 비례하여 발생되며 주문비용보다 높다.

　㉢ 재고유지비용(Carrying Cost or Holding Cost)

　　• 재고를 유지・보관하는 데 수반되는 비용이다.

　　• 재고량에 따라 직접 변화하는 일종의 변동비적인 성격을 갖는 비용이다.

　　• 재고유지비용 요소 : 재고투자에 묶인 자금에 관련된 기회비용, 보관비용, 보험료, 진부화에 따른 손실, 재고에 부과되는 세금, 재고감손비(도난, 변질 등에 따른 비용) 등

　㉣ 재고부족비용(Shortage Cost or Stock Out Cost)

　　• 재고 부족(품절, 주로 조달기간이 예정보다 길어질 때 발생)으로 인하여 발생되는 기회비용적 손실비용이므로, 재고비용 중 가장 측정하기 곤란한 비용이다.

　　• 재고비용 중 수요량이 공급량을 초과할 때 발생한다.

　　• 판매 기회의 상실로 인한 기회비용이다.

　　• 일반적으로 주관적 판단이 용이하다.

　　• 재고부족비용 요소 : 판매 기회 상실, 고객 상실로 인한 기회비용, 촉진비용, 특별운반비용, 특별주문비 또는 특별준비비, 조업 중단으로 발생되는 비용, 신용 상실 등

　㉤ 총재고비용 : 발주비용 + 준비비용 + 재고유지비용 + 재고부족비용

③ 재고모형

　㉠ 재고모형 개요

　　• 재고관리시스템의 재고모형은 발주량・재고량・수요량이라는 3개의 변수 간 상관관계에서 총비용이 최소가 되는 적정 재고량을 결정하는 방식이다.

　　• 재고보충 개념에 입각하는 독립수요의 재고관리는 주로 재고량과 발주량의 관계에서 전개되며, 여기에 속하는 모델에는 정량발주형 모델(발주점 방식)과 정기발주형 모델이 대표적이다.

　　• 종속 수요에 관한 재고모형은 MRP시스템에 의해 관리된다.

　㉡ 정량발주시스템과 정기발주시스템의 비교

　　• 정량발주시스템(Q시스템) : 발주점방식이라고도 하며 재고가 일정수준(발주점)에 이르면 일정한 양을 발주하는 시스템이다.

　　• 정기발주시스템(P시스템) : 발주점과는 무관하게 일정기간마다 발주하는 방식이다.

　　　－ 발주량은 최대 재고량과 현 재고량의 차액으로 결정되어 주문량은 매회 달라진다.

　　　－ 2개의 매개변수 : 최대 재고수준과 주문주기

　　• 정량발주시스템과 정기발주시스템의 비교

구 분	정량발주시스템(Q시스템)	정기발주시스템(P시스템)
별 칭	고정주문량모형	고정주문주기모형
개 요	재고가 발주점(주문점)에 이르면 정량발주	정기적으로 부정량 발주
발주 시기	부정기적	정기적
발주량	정량(경제적 발주량)	부정량 (최대 재고량－현재고량)
재고 조사 방식	계속 실시(수시)	정기 실시
안전 재고	조달기간 동안의 수요 변화 대비	조달기간과 발주주기 동안의 수요 변화에 대비

구 분	정량발주시스템(Q시스템)	정기발주시스템(P시스템)
적용 품목	• 금액 및 중요도가 높지 않은 B급 품목으로 수요 변동의 기복이 작은 품목 • 품목 및 중요도가 낮은 C급 품목으로 수요가 계 속적인 품목	• 금액 및 중요도가 높은 A급 품목 • 계속 수요는 있지만 수 요변동이 큰 품목

④ 경제적 발주량(주문량)

㉠ 경제적 발주량(주문량) 모형(EOQ ; Economic Order Quantity)의 개요
- 자재 발주에 수반되는 각종 비용과 재고유지비용 및 자재 수요 등을 고려해서 가장 경제적으로 설정하는 발주량이다.
- 총재고비용(주문비용과 재고유지비용의 합)을 최소화하여 재고자산 관련 비용이 최소가 되는 1회 주문량을 결정하기 위한 재고모형이다.
- EOQ는 연간 재고유지비용과 연간 주문비용이 같아지는 1회 주문량이다. 즉, EOQ모형에서 최적의 주문량이 결정되어야 하는 상태에서 재고주문비와 재고유지비는 같아야 한다.

㉡ EOQ의 기본가정
- 단일 제품(단일 품목)을 대상으로 한다.
- 구입 단가(발주비용)는 발주량의 크기와 관계없이 매 주문마다 일정하다.
- 재고유지비는 발주량의 크기와 정비례하여 발생한다.
- 수요량과 조달기간이 일정한 확정적 모델이므로 단위당 재고유지비용은 일정하다.
- 주문품의 조달기간은 일정하게 고정되어 있으므로 재고조달기간이 정확하게 지켜진다.
- 주문량과 인도량이 동일하여 품절이 발생하지 않는다.
- 주문품은 계속 공급받고 전량이 일시에 공급된다.
- 주문대상 상품의 단위당 가격은 판매량에 관계없이 일정하다(할인이 없다).
- 재고 부족은 없다.
- 안전재고량은 0이다.
- 관련 비용은 재고유지비용과 발주비용 2가지밖에 없다.

㉢ EOQ 공식
- 총재고비용은 총주문비용과 총유지비용을 합한 값(총재고비용 = 연간 총주문비용 + 연간 총재고유지비용)이므로, 총재고비용(TC)은 $TC = \dfrac{CD}{Q} + \dfrac{HQ}{2}$ 이 된다.

  여기서, C : 1회 주문당 주문비용
D : 연간 수요량
Q : 1회 주문량
H : 1단위당 연간 재고유지비용

- 총재고비용을 최소화하기 위한 Q를 구하기 위해 총재고비용을 Q에 대해 미분한 후 0으로 놓으면, 경제적 발주량(EOQ)을 구하는 공식 $EOQ = \sqrt{\dfrac{2CD}{H}}$ 이 유도된다.

- 다른 조건이 일정할 때 이 공식을 근거로 다음과 같은 사항을 유추해 낼 수 있다.
  - 주문비용이 감소하면 EOQ는 감소한다.
  - 연간 단위당 재고유지비용이 증가하면 EOQ는 감소한다.
  - 조달기간이 늘어나더라도 주문량은 변함없다.
  - 조달기간이 길수록 안전재고의 양도 많아진다.
  - 주문비용이 2배로 늘어나면 EOQ는 $\sqrt{2}$ 배 증가한다.
  - 발주 횟수가 증가함에 따라 재고유지비용은 감소한다.

- 경제적 주문량 모형에서는 조달기간 동안 수요에 변동성이 없다면, 재주문점은 조달기간 동안 일일 평균 수요의 합과 동일하다.

- 재주문점의 수준은 수요율, 조달기간의 길이, 수요와 조달기간 변동의 정도, 고객에 대한 서비스 수준에 따라 변동한다.

- EOQ 이외에 알아두어야 할 공식
  - 적정 발주 횟수 : $n = \dfrac{D}{EOQ} = \sqrt{\dfrac{HD}{2C}}$
  - 적정 발주주기 : $T = \dfrac{EOQ}{D} = \sqrt{\dfrac{2C}{HD}}$
  - 재고 부족 허용 시 : $EOQ = \sqrt{\dfrac{2CD}{H}} \times \sqrt{\dfrac{H+s}{s}}$
    (단, s : 품절비용(단위당 연간 재고 부족비용))

② 발주점과 안전재고의 결정
- 발주점(OP ; Order Point) : 재발주점, 재주문점이라고도 하며, 발주 시점 내지 조달기간(L) 동안의 수요량을 의미한다.
- 안전재고(Buffer or Safety Stock) : 수요 변화와 조달기간의 변동으로 야기되는 품절 위험 배제역할을 하는 보유 물품으로, 안전재고가 필요한 경우는 다음과 같다.
  - 재고 부족에 따른 손실비가 안전재고 유지비용보다 큰 경우
  - 안전재고 유지비가 소액인 경우
  - 수요가 불확실하거나 변동이 심한 경우
  - 품절의 위험이 높은 경우
- 중요 포인트 : 안전재고의 크기 결정 그리고 품절 손실과 재고비용 및 발주비용의 합계 최소 수준 결정
- 발주점 결정 공식
  - 수요율과 조달기간이 일정한 경우 :
    발주점 = 조달기간 중의 수요량
    ＝ 수요율 × 조달기간
  - 수요율이 변하고 조달기간이 일정한 경우 :
    발주점 = 조달기간 중의 최대 수요량
    ＝ 최대 수요율 × 조달기간
    ＝ 조달기간 중의 평균 수요량 + 안전재고
    ＝ 조달기간 중의 평균 수요량 + 안전계수 × 조달기간 중의 수요량의 표준편차
- 안전재고 결정 공식
  - 조달기간 중의 최대 수요량 - 조달기간 중의 평균 수요량
  - 안전계수 × 조달기간 중의 수요량의 표준편차
  - 안전계수 × $\sqrt{\text{조달기간}}$ × 1일 수요율의 표준편차
- 안전재고 수준의 결정요인
  - 품절의 위험
  - 재고유지비용
  - 수요의 불확실성
- 안전재고 결요소 : 수요율, 납품기간 길이, 수요와 납품기간의 변동, 고객 서비스 수준 등

⑤ 경제적 생산량(EPQ ; Economic Production Quantity)
  ⊙ 개 요
  - EOQ모형은 전량을 외부에 주문하여 주문량 Q가 일시에 입고된다는 가정하에서 전개되었지만 이 가정은 자체 생산의 경우에는 적용되지 못한다.
  - 자체 생산의 경우에는 생산에 일정기간이 소요되며 주문량이 일시에 입고되는 경우가 드물고, 대부분의 경우에는 생산량만큼씩 점진적으로 입고된다. 이때 적용 가능한 모형은 EPQ(경제적 생산량) 모형이다. EPQ는 재고 관련 비용이 최소가 되는 1회 생산량이다. 경제적 생산 로트 크기(ELS ; Economic Lot Size)라고도 한다.
  - EPQ는 기업 자체 내에서 필요한 자재를 직접 제조하는 경우에 생산량과 생산시기를 결정, 통제하기 위한 기법이다.
  - 재고의 입고 : EOQ는 일시적으로 일어나는데 반해, EPQ는 점차적으로 커진다.
  - EPQ에서는 EOQ에서 사용하는 구매비용 대신에 생산 준비비용을 사용한다.
  ⊙ EPQ의 기본가정
  - 생산량은 일정 생산기간에 걸쳐 점진적으로 쌓인다.
  - 생산량은 수요량을 초과한다.
  - 생산기간이 끝나면 재고량은 점차 떨어진다.
  - 재고가 모두 없어지면 생산작업이 되풀이된다.
  - 생산기간 중의 재고 보충량은 생산율에서 수요율을 차감한 양이다.
  ⊙ EPQ 공식
  - 연간 총재고비용 = 연간 총준비비용 + 연간 총재고 유지비용

$$TC = \frac{CD}{Q} + \frac{HQ}{2} \times \frac{(p-d)}{p}$$

  여기서, C : 1회 준비비용
  　　　　D : 연간 수요량
  　　　　Q : 1회 생산량
  　　　　H : 단위당 연간 재고유지비용
  　　　　p : 연간 생산율
  　　　　d : 연간 수요율
  - 총재고비용을 최소화하기 위한 Q값을 찾기 위해 총재고비용을 Q에 대해 미분한 후 0으로 놓으면,

$$EPQ = \sqrt{\frac{2CD}{H} \times \left(\frac{p}{p-d}\right)}$$ 의 식이 유도된다.

- EPQ 이외에 알아두어야 할 공식
  - 연간 생산 횟수 : $n = \dfrac{D}{EPQ} = \sqrt{\dfrac{HD}{2C} \times \left(\dfrac{p-d}{p}\right)}$
  - 연간 생산주기 :
  $$T = \dfrac{1}{n} = \dfrac{EPQ}{D} = \sqrt{\dfrac{2C}{HD} \times \left(\dfrac{p}{p-d}\right)}$$
  - 최적 생산기간
  $$T = \dfrac{EPQ}{p} = \sqrt{\dfrac{2CD}{H} \times \left(\dfrac{p}{p-d}\right)} \times \dfrac{1}{p}$$
  $$= \sqrt{\dfrac{2CD}{H} \times \dfrac{1}{p(p-d)}}$$

ⓔ 경제적 주문량(EOQ)과 경제적생산량(EPQ) 모형의 비교
  - EOQ에서는 주문비용, EPQ에서는 생산준비비용을 고려한다.
  - EOQ에서는 일정한 수요율을 가정하나, EPQ에서는 수요율이 매일 고정적으로 일정량이 발생하지만 생산량보다는 적다고 가정한다.
  - EPQ는 자가 생산되는 품목을, EOQ는 외부 공급원으로부터 공급되는 품목을 대상으로 한다.
  - EOQ에서는 재고가 일시에 보충되는 것으로 가정하나, EPQ에서는 일정한 비율을 꾸준히 보충되는 것으로 가정한다.

⑥ 재주문점(ROP ; Reorder Point) 결정
  ⓙ 재주문점의 수준을 결정하는 요인
    - 수요율과 조달기간
    - 수요율과 조달기간 변동의 정도
    - 감내할 수 있는 재고 부족 위험의 정도
  ⓛ 수요와 조달기간이 확실한 경우 : $ROP = dL$
    여기서, d : 수요량
    L : 조달기간
  ⓒ 수요와 조달기간이 불확실한 경우 :
    ROP = 조달기간 동안의 예상 수요 + 안전재고
    - 수요가 불확실한 경우 : $ROP = \bar{d}' + r = \bar{d}L + Z\sigma_d$
    여기서, $\bar{d}'$: 조달기간의 평균 수요
      r : 안전재고
      $\bar{d}$: 1일 평균 수요
      L : 조달기간
      Z : 신뢰수준의 평균 수요
      σ_d : 수요량의 표준편차

- 조달기간이 불확실한 경우 : $ROP = \bar{d}' + r = d\bar{L} + Z\sigma_L$
  여기서, $\bar{d}'$: 조달기간의 평균 수요
    r : 안전재고
    d : 1일 평균 수요
    $\bar{L}$: 조달기간의 평균
    Z : 신뢰수준의 평균 수요
    σ_L : 조달기간의 표준편차

⑦ ABC 관리방식과 투빈시스템
  ⓙ ABC 관리방식 : 재고품목의 연간 사용금액에 따라 품목을 구분하고 통제 노력을 차별화하는 시스템이다. 자재의 종목별 연간 사용액을 산출하여 금액이 가장 높은 자재의 그룹을 A급 자재, 다음으로 높은 그룹을 B급 자재, 가장 낮은 그룹을 C급 자재로 구분하여 그 중요도에 따라 차별관리하는 방식이다.

등급	내용	비율[%]		관리 비중	발주 형태
		전 품목 대비	총사용금 액 대비		
A	고가 치품	10~20	70~80	중점관리	정기발주 시스템
B	중가 치품	20~40	15~20	정상관리	정량발주 시스템
C	저가 치품	40~60	5~10	관리체제 간소화	Two-bin 시스템

  - 재고자산의 차별관리이다.
  - 품목의 가치나 중요도에 따라 재고를 분류한다.
  - 품목의 중요도에 따라 관리방식이 달라진다.
  - 주요 품목(중요한 소수 품목)을 중점관리하는 방식이다.
  - A품목은 C품목에 비하여 상대적으로 많은 통제 노력을 기울여야 한다.
  - C품목은 일반적으로 전체 품목의 50[%] 정도이지만 연간 사용금액은 5~10[%] 정도로 비중이 작다.
  - 저가 볼트(Bolt)는 C품목으로 분류하여 투빈시스템 발주방식을 취한다.
  - 중점관리를 위한 목적으로 활용되는 기법 : ABC분석, PQ분석, 파레토도 등
  - 파레토분석 등을 통해 품목의 중요도를 결정한다.
  ⓛ 투빈시스템(Two-bin)
    - 재고를 2개의 용기(Bin)에 두어, 한쪽 용기의 재고가 떨어지면 발주와 동시에 다른 용기의 재고를 사용하는 방식(수량이 많고 부피가 작은 저가품의 재고관리 시스템)이다.

- 재고 저장 공간을 품목별로 두 칸으로 나누고, 위칸에는 운전재고를, 아래칸에는 재주문점에 해당하는 재고를 쌓아 두어, 위칸의 재고가 없으면 재주문점에 이르렀음을 시각적으로 파악할 수 있는 방법이다.
- 재고의 저장 공간을 두 개로 나누는 것으로, 발주점의 수량만큼을 각각 두 개의 저장 공간에 확보하는 재고시스템이다.
- 별칭 : 더블빈시스템(Double-bin)

⑧ **자재소요계획(MRP)시스템 : 종속 수요품의 재고관리**

  ㉠ MRP(Material Requirements Planning, 자재소요계획) 개요 : 제품 생산 수량 및 일정을 토대로 그 생산제품에 필요한 원자재, 부분품, 공정품, 조립품 등의 소요량 및 소요시기를 역산하여 자재조달계획을 수립하여, 일정관리를 겸하고 효율적인 재고관리를 모색하는 시스템이다.

  ㉡ MRP시스템의 특징
  - 주문의 우선순위에 대한 관심
  - 주문에 대한 독촉과 지연
  - 필요한 시기에의 관심
  - 설비의 가동률 향상
  - 언제, 얼마나 발주할 것인지 예측 가능
  - 생산시스템의 정확한 유효능력 파악 용이
  - 자재 결정에서 우선순위 계획 수립 시 정보 제공 가능
  - 주문의 발주계획 생성
  - 제품구조를 반영한 계획 수립
  - 생산 통제와 재고관리기능의 통합
  - 주문에 대한 독촉과 지연 정보 제공
  - 적절한 납기 이행
  - 상황 변화(수요 공급 생산능력의 변화 등)에 따른 생산일정 및 자재계획의 변경 용이
  - 공정품을 포함한 종속 수요품의 평균재고 감소
  - 종속 수요품 각각에 대하여 수요 예측을 별도로 행할 필요 없음
  - 상위품목의 생산계획에 따라 부품의 소요량과 발주시기 계산
  - 부품 및 자재 부족 현상의 최소화
  - 작업의 원활 및 생산 소요시간 단축
  - 산발적인 수요 패턴에도 대응성 우수

  ㉢ MRP시스템의 주요 기능 : 재고수준 통제, 우선순위 통제, 생산능력 통제, 일정계획 수립
  - 필요한 물자를 언제, 얼마를 발주할 것인지 알려 준다.
  - 주문 또는 제조 지시 전에 경영자가 계획 등을 사전에 검토할 수 있다.
  - 언제 주문을 독촉하고 늦출 것인지 알려 준다.
  - 상황 변경에 따라서 주문 변경이 용이하다.
  - 상황의 완료에 따라 우선순위를 조절하여 자재 조달 생산작업을 적절히 진행한다.
  - 능력계획에 도움이 된다.

  ㉣ MRP에서 부품 전개를 위해 사용되는 양식에 쓰이는 용어
  - 총소요량(Gross Requirements) : 각 기간 중에 예상되는 총수요
  - 순소요량(Net Requirements)
    - 주일정계획(MPS)에 의하여 발생된 수요를 충족시키기 위해 새로 계획된 주문에 의해 충당해야 하는 수량
    - 총소요량에서 현 재고량과 예정수취량을 뺀 후 안전재고량을 더한 것이다.
    - 순소요량 = (총수요량 + 안전재고량) − (현 재고량 + 예정수취량)
  - 예정수취량 : 주문은 했으나 아직 도착하지 않은 주문량
  - 계획수취량(Planned Recdipts)
    - 초기에 보충되어야 할 계획된 주문량
    - 아직 발주하지 않은 신규 발주에 따라 예정된 시기에 입고될 계획량
  - 발주계획량
    - 구매 주문으로 발주하는 수량
    - 계획수취량
    - 필요시 수령이 가능하도록 구매 주문이나 제조 주문을 통해 발주하는 수량
  - 보유재고량(Projected on Hand Inventory) : 주문량을 인수하고 총소요량을 충족시킨 후 기말에 남는 재고량으로, 현재 이용 가능한 기초재고량이다.
  - 로트별(Lot for Lot) 주문법을 사용하는 경우, 초기에 보충되어야 할 계획된 주문량을 의미하는 계획수취량과 순소요량은 같은 값을 갖는다.

ⓜ MRP시스템의 입력 정보(MRP시스템의 구조, MRP 시스템의 투입자료, MRP시스템에서 반드시 필요한 3대 입력요소, MRP시스템의 수립을 위한 요건) : 주생산일정계획, 자재명세서, 재고기록철
- 주생산일정계획(MPS ; Master Production Scheduling)
  - 총괄생산계획을 기초로 하여 완제품의 생산량과 생산시기가 산출되는 계획
  - 수주로부터 출하까지의 일정계획을 다루며, 제품의 종류 및 수량에 대한 생산시기를 결정하는 계획
  - 보통 6주 내지 8주간의 주별 계획
  - 계획기간 동안 최종 품목이 언제 얼마만큼 주문 (또는 생산)되어야 할 것인지가 나타난다.
  - 별칭 : 대일정계획, 주일정계획
- 자재명세서(BOM ; Bill Of Materials)
  - 최종 품목 한 단위 생산에 소요되는 구성품목의 종류와 수량을 명시한 입력자료이다.
  - 완제품 1단위에 필요한 원자재, 부품, 중간 조립품의 종류와 수량을 명시한 일람표이다.
  - 완제품 1단위가 생산되기 위해 종속 수요재고가 결합하는 것을 보여 주는 구조도이다.
  - 한 제품이 완성되는 과정인 생산의 계층적인 단계를 보여 준다.
  - 최종 품목과 각 구성품 간의 관계를 나타낸 것이다.
  - 최종 품목의 생산에 사용되는 모든 구성품과 각 구성품의 필요량, 각 구성품의 조립 순서 등이 명시된다.
- 재고기록철(IRF ; Inventory Record File) : 재고기록철의 내용에는 구성품의 보유량뿐만 아니라 등록번호, 기주문 구성품의 주문량, 납품기일, 로트 크기, 각 구성품의 리드타임 등이 포함된다.

ⓗ MRP시스템의 출력결과
- 계획 주문의 양과 시기
- 발령된 주문의 독촉 또는 지연 등의 여부
- 계획 납기일

ⓢ MRP시스템의 전개 절차
- 제품의 생산일정과 생산량 파악
- 제품분석
- 품목별 재고현황과 조달기간 파악
- MRP계획표 작성(부품 전개)

ⓞ MRP시스템의 로트 사이즈 결정방법
- 고정주문량(FOQ ; Fixed Order Quantity)방법 : 주문을 할 때 로트 크기를 고정시켜서 늘 일정한 크기의 로트를 주문하는 방법으로, 명시된 고정량으로 주문한다.
- 기간주문량(POQ ; Periodic Order Quantity)방법 : 주문을 할 때 일정한 기간 동안에 필요한 소요량을 모아서 주문하는 방법이다.
- 로트 대 로트(LFL : Lot-For-Lot) 방법 : 주문을 할 때 매 기간 동안에 필요한 소요량을 기간마다 주문하는 방법으로 해당 기간에 순소요량으로 주문한다 (대응발주방법).
- 경제적 주문량(EOQ ; Economic Order Quantity)방법 : 총비용(준비비용 + 재고유지비용)을 최소화시키는 양으로 주문한다.
- 최소단위비용(LUC ; Least Unit Cost)방법 : 수요가 발생하는 첫 주부터 시작하여 재고유지비와 주문비를 계산해 가면서 비용이 감소하다가 증가하게 될 때, 비용 증가 바로 전까지의 수요량을 모두 합하여 1회 주문 로트로 정하는 방식이다.
- 부분기간방법(PPB ; Part Periodic Balancing) : 재고유지비와 작업준비비(주문비)가 균형화되는 점을 고려하여 주문한다.
- PPA(Part Period Algorithm)방법 : 재고유지비와 주문비의 경제적 비율이라고 할 수 있는 EPP(Economic Part Period)값을 계산한 후 부품의 재고 보유기간 합이 EPP값을 넘지 않는 데까지 부품의 순소요량을 모아 한 로트로 정해 발주하는 방식이다.
※ 준비비용이 중요한 경우는 기간주문량방법이 적절하며 그 외의 어느 경우나 로트 대 로트 방법을 사용할 수 있다.

ⓩ MRP계획의 갱신
- 재생시스템(재계획법) : 일정기간 중 발생된 모든 변경사항을 배치방식으로 처리하여 MRP계획을 갱신하는 방식이다. 정기적으로 완전한 전개를 통해 각 품목에 대한 기간별 소요량을 계산한다.
  - 자료처리비용이 적게 든다.
  - 자료의 오류는 정기적으로 수정된다.
  - 생산시스템이 안정되어 있지 않은 경우에 적절하다.

– 1주일 정도의 시간 간격을 두고 갱신되므로 자재계획의 반영이 그만큼 느려진다.
– 전반적인 재계획(계획 수정)이 번거롭다.
- 순변환(Net Change)시스템(순변경법) : 계획 변경사항이 발생될 때마다 변경이 필요한 품목에 한하여 부분적으로 수정하는 방식이다.
– 변경사항을 수시로 처리하기 위해서 컴퓨터를 온라인 상태로 운영한다.
– 변경사항을 MRP계획에 즉시 반영하여 관리할 수 있다.
– 처리비용이 많이 든다.
– 동적 생산시스템에 적합하며, 계산시간이 길다.
– 변화에 민감한 시스템이다.
– 재고 정확성이 높다.
– 적당한 시기에 자재 이용이 가능하다.
– 대부분의 MRP시스템 신규 이용자는 이 시스템으로 시작한다.
ⓩ MRP와 발주점 방식의 비교

구 분	발주점 방식	MRP시스템
대상 물품	연속 생산품	조립산업, 주문 생산 공장
발주 개념	보충(Replenishment) 개념	소요(Requirement) 개념
물품의 수요	독립 수요(완제품, 부품)	종속 수요(원재료, 부분품)
수요 패턴	연속적	산발적
수요 예측 자료	과거 수요 실적자료	안정된 MPS(대일정계획)
발주량 크기	경제적 주문량(일괄적)	순소요량(임의적)

3-1. A사는 연간 40,000개의 품목을 개당 1,000원에 구매하고 있다. 이 품목의 수요가 일정하고, 회당 주문비용이 2,000원, 연간 단위당 재고유지비용이 40원일 때 경제적 주문량(EOQ)과 최적 주문 횟수는?
[2005년 제2회 유사, 2008년 제2회 유사, 2011년 제2회 유사, 2012년 제2회 유사, 2013년 제4회 유사, 2014년 제1회, 제2회 유사, 2016년 제2회 유사]

① 2,000개, 16회
② 2,500개, 16회
③ 2,000개, 20회
④ 2,500개, 20회

3-2. 연간 수요량이 240,000개, 1회당 발주비용이 10,000원, 1회 발주량이 20,000인 경우 연간 발주비용은? [2016년 제1회]

① 12,000원
② 48,000원
③ 120,000원
④ 480,000원

3-3. 평균 발주량이 70,000개이고, 안전재고가 1,000개일 때 평균 재고량은 얼마인가?
[2014년 제4회]

① 71,000개
② 70,000개
③ 35,000개
④ 36,000개

3-4. A회사에서 생산되는 어느 제품의 연간 수요량은 4,000개이며, 연간 생산능력은 8,000개이다. 1회 생산 시 준비비용은 2,000원, 연간 단위당 재고유지비용은 20원일 때, 경제적 생산량(EPQ)은 약 몇 개인가?
[2014년 제1회]

① 1,064.9
② 1,164.9
③ 1,264.9
④ 1,364.9

3-5. ABC 재고관리기법의 특징이 아닌 것은?
[2006년 제4회 유사, 2012년 제1회 유사, 2014년 제2회 유사, 2015년 제2회, 제4회 유사]

① 품목의 중요도에 따라 관리방식이 달라진다.
② 중요한 소수 품목을 중점관리하는 방식이다.
③ 파레토분석 등을 통해 품목의 중요도를 결정한다.
④ 모든 품목의 비용을 최소화하는 발주량을 수리적으로 결정한다.

3-6. MRP시스템의 특징이 아닌 것은?
[2014년 제2회 유사, 2015년 제2회, 제4회 유사, 2016년 제2회 유사]

① 주문의 발주계획 생성
② 제품구조를 반영한 계획 수립
③ 생산 통제와 재고관리기능의 분리
④ 주문에 대한 독촉과 지연 정보 제공

3-7. MRP에서 부품 전개를 위해 사용되는 양식에 쓰이는 용어에 관한 설명으로 틀린 것은? [2013년 제2회, 2017년 제2회]

① 순소요량은 총소요량에서 현 재고량을 뺀 후 예정수취량을 더한 것이다.
② 예정수취량은 주문은 했으나 아직 도착하지 않은 주문량을 의미한다.
③ 계획수취량은 아직 발주하지 않은 신규 발주에 따라 예정된 시기에 입고될 계획량을 의미한다.
④ 발주계획량은 필요시 수령이 가능하도록 구매 주문이나 제조 주문을 통해 발주하는 수량으로 보통 계획수취량과 동일하다.

3-8. 제품 A의 구조도가 다음 그림과 같을 때 주생산계획(MPS)이 100개인 경우 자재 E의 총소요량은?(단, 그림에서 ( ) 안의 숫자는 상위품목 1단위 생산에 필요한 하위품목 수량이다)

[2009년 제1회 유사, 2011년 제2회 유사, 2016년 제1회]

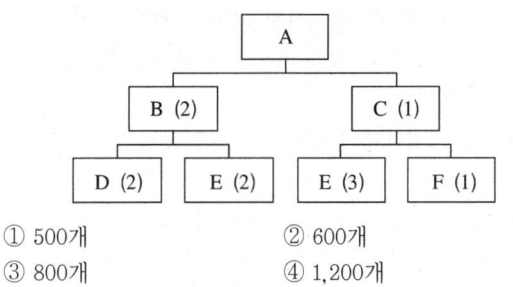

① 500개　　　　② 600개
③ 800개　　　　④ 1,200개

3-9. 발주점 방식과 MRP 방식을 비교한 것으로 틀린 것은?

[2010년 제1회, 2013년 제4회, 2017년 제1회, 2023년 제2회]

① 발주점 방식은 수요 패턴이 산발적이지만 MRP 방식은 연속적이다.
② 발주점 방식의 발주 개념은 보충개념이나 MRP 방식의 경우 소요 개념이다.
③ 발주점 방식의 수요예측자료는 과거의 수요 실적에 기반을 두지만, MRP 방식은 주일정계획에 의한 수요에 의존한다.
④ 발주점 방식에서 발주량의 크기는 경제적 주문량으로 일괄적이지만, MRP 방식에서는 소요량으로 임의적이다.

|해설|

3-1
$$EOQ = \sqrt{\frac{2CD}{H}} = \sqrt{\frac{2 \times 2,000 \times 40,000}{40}} = 2,000개$$
$$최적\ 주문\ 횟수 = \frac{D}{EOQ} = \frac{40,000}{2,000} = 20회$$

3-2
$$연간\ 발주비용 = 10,000 \times \frac{240,000}{20,000} = 120,000원$$

3-3
$$평균\ 재고량 = \frac{최대\ 재고량 + 최저\ 재고량}{2} + 안전재고$$
$$= \frac{70,000 + 0}{2} + 1,000 = 36,000개$$

3-4
$$EPQ = \sqrt{\frac{2CD}{H} \times \frac{p}{p-d}}$$
$$= \sqrt{\frac{2 \times 2,000 \times 4,000}{20} \times \frac{8,000}{8,000 - 4,000}}$$
$$= 1,264.9개$$

3-6
MRP시스템은 생산 통제와 재고관리기능을 통합한다.

3-7
순소요량은 총소요량에서 현 재고량과 예정수취량을 뺀 후 안전재고량을 더한 것이다.
순소요량 = (총수요량 + 안전재고량) − (현 재고량 + 예정수취량)

3-8
$$E = A \times (B \times E + C \times E) = 100 \times (2 \times 3 + 1 \times 2)$$
$$= 100 \times 8 = 800개$$

3-9
발주점 방식은 수요 패턴이 연속적이지만 MRP 방식은 산발적이다.

정답 3-1 ③ 3-2 ③ 3-3 ④ 3-4 ③ 3-5 ④ 3-6 ④ 3-7 ①
3-8 ③ 3-9 ①

① 개 요
  ㉠ JIT 생산방식(적시생산방식) : 생산량을 늘리지 않고 생산성을 향상시켜야 하는 과제를 해결하기 위하여 생산에 필요한 부품을 필요한 때 필요한 양을 생산공정이나 현장에 인도하여 적시에 생산하는 방식이다. TPS(도요타 생산시스템) 자체를 JIT라고 할 정도로 TPS의 대표적인 기법이며, 린 생산방식(Lean Production)이라고도 한다.
  ㉡ 7대 낭비 : 과잉 생산의 낭비, 재고의 낭비, 불량의 낭비, 동작의 낭비, 운반의 낭비, 대기의 낭비, 가공의 낭비
  ㉢ MRP시스템과 JIT시스템 비교

구 분	MRP시스템	JIT시스템
관리시스템	계획안에 따른 Push System	주문에 따른 Pull System
관리목표	생산계획 및 통제	최소량의 재고
관리 수단	프로그램 관리	눈으로 보는 관리
생산계획	변경이 잦은 MPS	안정된 MPS(대일정계획)
적용 분야	비반복적 생산 (업종 제한 없음)	소로트 반복 생산

  • JIT시스템에서 납품업자는 동반자 관계로 보지만, MRP시스템에서는 이해관계에 의한다.
  • JIT시스템에서는 재고를 부채로 인식하지만, MRP시스템에서는 재고를 자산으로 인식한다.
  • MRP시스템에서 작업자 관리는 지시, 명령에 의하지만, JIT시스템에서는 의견 일치 등의 합의제에 의해 관리한다.
  • JIT시스템에서는 최소량의 로트 크기를 추구하지만, MRP시스템에서는 생산준비비용과 재고유지비용의 균형점에서 로트의 크기를 결정한다.

② JIT시스템의 핵심 구성요소 : 간판시스템, 평준화 생산, 소로트 생산(생산준비시간의 축소와 소로트화), 사람인변 자동화, 설비배치와 다기능공 양성, 풀 프루프 방식 등
  ㉠ 간판시스템(Kanban System)
    • Pull 생산방식(부품 사용 작업장의 요구가 없으면 부품 공급 작업장에서는 생산을 중단한다)

    • 간판(칸반, Kanban)은 어떤 부품이 언제, 얼마나 필요한가를 알려 주는 작업지시표 또는 이동표 역할을 한다.
    • 간판은 작업지시기능을 가지고 있다.
    • 간판은 Pull시스템을 활용한 경영 개선도구이다.
    • 간판의 사용수칙으로 부적합품을 후속공정에 보내지 않는다.
    • 간판의 사용수칙으로 후속공정에서 필요한 부품을 전 공정에서 가져온다.
    • 간판의 수 : $\dfrac{리드타임}{간판\ 소요시간}$
    • 최대 재고수 : 간판수 × 용기용량
    • 발주점방식 및 간판방식의 유사점
      – 자동으로 발주하는 것이 가능하다.
      – 수요변동을 의식하지 않아도 된다.
      – 수요변동이 심한 것은 적용하기에 부적합하다.
  ㉡ 평준화 생산
    • 최종 조립단계에 있는 모든 작업장에 균일한 부하를 부과한다.
    • 2단계 전개 : 월차 적응, 일차 적응
  ㉢ 소로트 생산(생산준비시간의 축소와 소로트화)
    • 생산준비시간을 고정된 개념으로 보지 않고 소로트화로 생산준비시간을 단축하려고 한다.
    • 생산준비시간의 축소는 준비 소요시간을 감소시켜 실현하는 것을 목적으로 한다.
    • 소로트화는 회차당 생산량을 가능한 한 최소화하는 것을 뜻한다.
    • JIT시스템에서는 평준화 생산방식으로 소로트 생산 방식을 실현한다.
  ㉣ 사람인변자동화
    • 자율적 품질관리를 전제로 한다.
    • 自働化(Autonomation)로 표기한다.
    • 작업자 또는 기계가 공정을 체크하여 이상 여부를 판단한다.
  ㉤ 설비배치와 다기능공 양성
    • 소인화 가능 생산시스템 구축
    • 소인화 달성을 위한 전제조건으로 수요변동에 유연한 설비배치(U자형 배치), 다기능 작업자의 육성, 표준작업의 평가 개정이 충족되어야 한다.

ㅂ 풀 프루프(Fool-proof) 방식
- 바보라도 극히 사소한 실수가 생기지 않도록 하는 방식이다.
- 제품 생산 시 미가공, 조립 망각, 역가공, 설치 부진, 치수 불량, 착각, 오해 등을 예방하고 규제하는 장치를 적용한다.
- 불량 방지, 신뢰성 향상 등을 도모한다.

③ JIT 생산방식의 특징과 장단점
㉠ JIT 생산방식의 특징
- 낭비를 철저히 제거한다.
- 필요한 양만큼 제조 및 구매, 생산준비시간의 최소화를 추구한다.
- 풀(Pull, 당기기) 방식의 자재 흐름을 가진다.
- U자형, Cell형 설비배치를 한다.
  - U-line의 원칙 : 입식작업의 원칙, 다공정 담당의 원칙, 작업량 공평의 원칙
- 공간 활용의 극대화 추구, 재고·운반설비를 위한 공간을 축소화시킨다.
- 생산준비시간의 단축으로 리드타임(조달기간)이 단축된다(생산준비시간의 최소화 추구).
- 소요량을 산정하여 필요량만 생산한다(필요한 양만큼 제조 및 구매).
- 재고가 없고 조달기간은 짧게 유지한다.
- 간판(Kanban)이라는 부품인출시스템을 사용한다.
- 간판시스템의 운영으로 재고수준을 감소시킨다.
- 작업자의 다기능공화로 작업의 유연성을 높인다.
- 생산의 평준화로 작업부하량이 균일해진다.
- 생산의 평준화를 위해 소로트화를 추구한다.
- 작업의 표준화로 라인의 동기화를 달성할 수 있다.
- 준비 교체시간을 최소화시켜 유연성의 향상을 추구한다.
- 소수(파트너십) 납품업자와 장기 계약을 맺어 저렴하고 질 좋은 품질의 공급을 유도한다.
- 납품업자를 자사의 생산시스템의 일부로 간주한다.
- 공급자와는 긴밀한 유대관계로 사내 생산팀의 한 공정처럼 운영한다.
- 예측오차와 불확실성에 대비하기 위한 안전재고를 운영하지 않는다.
- JIT를 사용하기 위해서는 대일정생산계획이 안정화, 평준화를 모두 만족해야 한다.

- 간판시스템은 대일정계획에서 최종 조립계획을 충족시킬 수 있도록 부품을 연속적으로 끌어오는 데 사용된다.

㉡ JIT시스템에서 작업자의 특징
- 문제 해결에 적극적으로 참여시킨다.
- 작업자는 제품검사활동 및 품질관리업무를 직접 수행한다.
- 부적합품이 발생하면 직접 공정을 중단시키고 시정할 권한이 부여된다.
- 작업자는 지정된 한 가지 작업을 지속적으로 반복하여 충실히 이행하는 것이 아니라 여러 가지 작업을 수행하게 된다(다기능공화).

㉢ JIT생산방식의 장단점

장 점	- 생산의 평준화로 작업부하량이 균일해진다. - 생산준비시간의 단축으로 리드타임이 단축된다. - 작업 공간과 문서작업이 축소된다. - 수요 변화에 신속 유연하게 대응한다. - 재고수준을 현격히 줄일 수가 있다. - 준비시간의 단축과 총생산 소요시간 단축이 가능하다. - 문제 해결에 작업자를 참여시켜 주인의식을 고취시킨다. - 설비의 이용효율이 높다.
단 점	- 공급자의 부품 조달이 원활하지 않은 경우, 생산에 지대한 영향을 미친다. - 근로자에게는 과다한 노동을 강요할 수 있다.

㉣ JIT시스템에서 생산준비시간의 단축과 소로트화
- 기능적 공구의 채택으로 작업시간을 단축시킨다.
- 조정 위치를 정확하게 설정하여 조정작업시간을 단축시킨다.
- 기계 가동을 중지하여 작업 준비를 하는 경우는 내적 작업 준비이며, 외적 작업 준비는 기계의 비가동 상태에서 작업준비를 하는 경우이다.
- 내적 작업 준비는 가급적 지양하고, 가능한 한 외적 작업 준비로 바꾼다.
- 소로트화는 고객이 원하는 만큼 생산하는 것으로, 단위 생산 분량을 줄이는 것이다.
- 생산준비시간을 고정된 개념으로 보지 않고 소로트화로 생산준비시간을 단축하려고 한다.
- 소로트화와 생산준비시간의 축소는 리드타임을 감소시키고, 간판수도 감소시킨다.

- 소로트화의 극단적인 값인 '로트 1단위'는 JIT시스템에서 가장 이상적인 경제적 주문량이다.
ⓗ JIT에서 간판의 기능·운영규칙(사용수칙)
  - 후공정에서 전공정으로 움직이는 풀시스템이다.
  - 간판의 사용수칙으로 부적합품을 후속공정에 보내지 않는다(후속공정에 부적합품을 약간이라도 보내는 것은 인정할 수 없다).
  - 생산량은 인수량과 같아야 한다.
  - 간판은 반드시 표준상자에 부착되어야 한다.
  - 간판의 사용수칙으로 후속공정에 필요한 부품을 전공정에서 가져온다.
  - 간판은 과잉 생산, 표준화 등의 경영 개선도구와 상관이 많다.
  - 간판은 작업지시기능을 가지고 있다.

핵심예제

4-1. JIT 생산방식의 특징으로 틀린 것은?
[2013년 제1회 유사, 제2회 유사, 2014년 제1회 유사, 2015년 제1회 유사, 제4회 유사, 2016년 제4회 유사, 2017년 제4회]

① U자형 설비배치
② 고정적인 직무 할당
③ 생산준비시간의 최소화 추구
④ 필요한 양만큼 제조 및 구매

4-2. 도요타 생산방식에서 제시한 7가지 낭비에 해당되지 않는 것은?
[2014년 제4회, 2016년 제1회, 2016년 제2회]

① 가공의 낭비   ② 동작의 낭비
③ 납기의 낭비   ④ 운반의 낭비

4-3. JIT를 적용하는 생산현장에서 부품의 수요율이 1분당 3개이고, 용기당 30개의 부품을 담을 수 있을 때 필요한 간판의 수와 최대 재고수는?(단, 작업장의 리드타임은 100분이다)
[2013년 제4회, 2017년 제1회, 2023년 제2회]

① 간판수 = 5, 최대 재고수 = 100
② 간판수 = 10, 최대 재고수 = 200
③ 간판수 = 10, 최대 재고수 = 300
④ 간판수 = 20, 최대 재고수 = 400

|해설|

4-1
JIT 생산방식은 직무 할당이 유연하다.

4-2
7대 낭비 : 과잉 생산의 낭비, 재고의 낭비, 불량의 낭비, 동작의 낭비, 운반의 낭비, 대기의 낭비, 가공의 낭비

4-3

$$간판수 = \frac{리드타임}{간판소요시간} = \frac{100분}{30개 \times 1분/3개} = 10개$$

최대 재고수 = 간판수 × 30개 = 10 × 30 = 300개

정답 4-1 ② 4-2 ③ 4-3 ③

제4절 | 총괄생산계획과 일정관리

핵심이론 01 총괄생산계획

① 총괄생산계획 개요

　㉠ 총괄생산계획(APP ; Aggregate Production Planning)
　　• 변동하는 수요에 대응하여 생산율, 재고수준, 고용수준, 하청 등의 관리 가능 변수를 최적으로 결합하기 위한 용도로 수립되는 계획이다.
　　• 장기계획에 의해 생산능력이 고정된 경우, 중기적인 수요변동에 대응하기 위해 고용수준, 재고비용 등을 결정하는 계획이다.
　　• 향후 6~18개월(향후 약 1년 정도)의 중기기간을 대상으로 수요 예측에 따른 생산목표를 효율적으로 달성할 수 있도록 기업의 전반적인 생산수준, 고용수준, 잔업수준, 외주수준, 재고수준 등을 결정한다.

　㉡ 생산율의 조정 : 수요변동에 따라 종업원을 일일이 고용, 해고하는 어려움을 대신하여 고용인원을 고정하고 잔업, 운휴 또는 조업 단축, 하도급 계약, 다수 교대제도 등을 이용함으로써 수요변동에 대응하는 전략이다.

　㉢ 목표, 고려요소, 관리비용
　　• 목표 : 예측된 수요를 충족시켜야 한다. 중기에는 고정되어 있는 생산설비 능력범위 내에서 이루어져야 하며, 관련 비용이 최소화되도록 수립해야 한다.
　　• 고려요소 : 생산율, 고용수준, 재고수준, 하청 등
　　• 관리비용
　　　－ 정규시간비용, 잔업비용, 고용비용, 해고비용, 재고유지비용, 재고부족비용, 하청비용 등
　　　－ 납기 지연으로 인한 손실비용은 재고수준에 따라 발생되는 비용이다.

　㉣ 용도와 결과물
　　• 용도 : 생산해야 할 제품 수량과 생산의 시간적 배분에 대한 계획 수립
　　• 결과물 : 생산수량계획, 생산품종계획, 생산일정계획 등

　㉤ 총괄생산계획 수립과정
　　• 제품군 형성 : 제품군은 공통의 공정처리과정, 인력 및 자재 소요를 갖는 제품끼리 군을 형성한다.
　　• 총괄수요예측 : 계획대상기간 각 기간별로 총괄 단위를 이용하여 각 제품군의 총괄수요를 예측한다.
　　• 시설 이용의 평준화 : 생산시설이 전 기간 동안 고르게 이용되도록 계절성 수요변동 폭을 조절한다.
　　• 생산방안 개발 : 제품·서비스 수요변동 대처 생산방안을 개발한다.
　　• 최적 생산전략 선정 : 생산방안 중 개발비용 최소 생산전략을 채택한다.

　㉥ 총괄생산계획 절차
　　① 각 기간의 수요를 결정한다.
　　② 각 기간의 공급능력(정규시간, 초과시간, 하청)을 결정한다.
　　③ 회사 또는 부서별 방침(예 수요의 5[%]를 안전재고로 유지한다)을 파악한다.
　　④ 정규시간, 초과시간, 하청, 보유재고, 미납 주문, 다른 관련 비용에 대한 단위원가를 결정한다.
　　⑤ 몇 가지의 대안을 개발하고 각 대안의 총비용을 계산한다.
　　⑥ 만족할 만한 계획이 있으면 선택하여 목표를 달성한다. 그렇지 않으면 5단계로 돌아간다.

② 총괄생산계획전략의 유형

　㉠ 순수전략(Pure Strategy) : 생산방안 개발 시 고려하는 여러 변수들 중에서 하나의 변수만 사용하여 수요변동을 흡수하는 전략으로, 추종전략(Chase Strategy)과 평준화전략(Level Strategy)으로 구분한다.

구 분	추종전략	평준화전략
정 의	• 생산성(가동률, 생산율), 고용수준을 수요의 변동에 대응시키는 전략이다. • 수요가 줄면 고용인원을 해고하고, 수요가 증가하면 다시 채용함으로써 수요변동에 대응하는 전략이다.	• 계획대상기간 동안에 생산, 고용수준을 일정하게 유지하는 전략이다.
특 징	• 예상 재고나 단축근무가 사용되지 않는 반면에 고용, 해고, 잔업(초과근무), 하청 등의 방법을 사용한다.	• 생산율의 증감대책으로 고용수준을 일정하게 유지하면서 잔업, 단축근무 등을 이용하여 조정, 수요변동 대응은 재고 증감으로 하고 수요를 즉시 만족시킬 수 없을 때는 하청을 이용한다.

구 분	추종전략	평준화전략
장 점	• 수요 변화에 유동적 대응이 가능하다. • 재고와 주문 적체가 감소된다.	• 평준화된 생산율 • 안정적인 고용수준을 유지한다.
단 점	• 계획대상기간마다 작업자수의 변동에 따른 비용이 발생한다. • 사기 저하로 인한 생산성이 감소한다. • 품질 저하가 우려된다. • 고려되는 비용 : 잔업수당, 신규 채용에 따른 광고, 채용 및 훈련비용	• 재고비용이 증가한다. • 단축근무, 잔업 관련 비용이 증가한다. • 주문 적체가 우려된다.

ⓒ 혼합전략(Mix Strategy) : 추종전략과 평준화전략의 요소를 혼합한 것이다. 생산방안 개발 시 고려하는 고용수준, 작업시간, 재고수준, 주문 적체 및 하청 등의 변수들 중에서 2가지 이상의 변수를 이용하여 수요변동을 흡수하는 전략이다.

③ **의사결정 대안**

ⓐ 반응적 대안(Reactive Alternatives, 생산관리자 담당)

• 수요를 주어진 것으로 보고 이에 대처하기 위한 것이다.

• 고용수준, 초과근무, 단축근무, 휴가, 예상 재고, 하청, 추후 납품, 미납 주문, 재고 고갈 등을 이용한다.

• 단축근무와 추후 납품은 주로 공정중심적 기업에서 이용하며, 미납 주문과 재고 고갈은 주로 제품중심적 기업에서 이용한다.

ⓑ 공격적 대안(Aggressive Alternatives, 마케팅관리자 담당)

• 수요를 조절하여 자원의 소요를 조절하려는 것이다.

• 유사자원을 이용하는 보완재 생산, 창조적 가격 결정 등을 이용한다.

④ **총괄생산계획의 기법** : 도시법, 수리적 기법, 휴리스틱(Huristic)기법

ⓐ 도시법(시행착오법)

• 그림으로 이해를 용이하게 하는 도시법은 생산량과 재고수준의 총비용이 최소가 되는 생산계획을 모색하는 방법이다.

• 시행착오의 방법으로 이해하기 쉽고 사용하기 간편하다.

• 도표에서 나타내는 모델이 정적이며 여러 대안 중 최적안 제시가 어렵다.

ⓑ 수리적 최적화 기법

• 선형계획법(LP ; Linear Programming) : 일정한 생산능력의 조건 아래에서 생산비와 재고비용의 합이 최소가 되도록 각 생산설비에 생산량을 할당하는 방법으로, 모델이 이해하기 쉽고 일정 제약조건하에서 최적치를 얻을 수 있다.

• 선형결정규칙(LDR ; Linear Decision Rule)

– 2차 비용함수에 의한 선형결정법으로 작업지수와 생산율 등의 결정문제를 계량화하여 이들의 최적 결정모델을 제시한 기법이다.

– 사용되는 근사비용함수 : 잔업비용, 고용 및 해고비용, 재고비용·재고부족비용·생산준비비용

ⓒ 휴리스틱계획기법

• 경영계수이론(MCT ; Management Coefficient Theory) : 경영진들이 행한 과거의 의사결정들을 다중회귀분석하여 의사결정규칙(생산율 및 작업자수를 결정하는 경영계수)을 추정하는 방법이다.

• 매개변수에 의한 생산계획(Parameteic Production Planning) : 특정 기업의 독특한 비용구조를 가지고 일련의 매개변수 등을 조합하여 계획기간 중 최저비용이 예상되는 매개변수의 조합을 선택하는 방법이다.

• 생산전환탐색법(Production Switching Heuristic) : 수요 예측 내지 재고수준을 토대로 생산율이나 고용수준을 결정할 수 있다는 입장에서 개발되었고, 탐색절차를 이용하여 주어진 비용함수의 최소치를 추구하는 것이 특징이다.

• 탐색결정규칙(SDR ; Search Decision Rule)

– 타우버트(W. H. Taubert)에 의해 개발된 휴리스틱기법이다.

– 생산일정계획을 수립함에 있어서 가장 우수한 방법으로, 복잡한 비용관계에 있어서는 비용결정변수를 경영자의 경험적인 결정으로 수리적인 약점을 없애면서 컴퓨터를 이용하여 최적해를 구한다.

– 하나의 가능해를 구한 후 패턴탐색법을 이용하여 해를 개선해 나간다.

– 총비용함수의 값을 더 이상 감소시킬 수 없을 때 탐색을 중단한다.

– 장점 : 현실적인 모델 구출이 가능하며, 상황 변화에 따라 모델 변경 및 적응이 용이하다.
– 단점 : 최적해를 제시할 수 없는 것과 변수의 수가 컴퓨터 이용의 제약요인이 될 수 있다.

핵심예제

1-1. 총괄생산계획(APP)전략 중 고용수준을 수요의 변동에 대응시키는 전략에서 고려되는 비용은? [2010년 제2회, 2012년 제2회]

① 하도급비용
② 자재구매비용
③ 재고유지비용
④ 신규 채용에 따른 광고, 채용 및 훈련비용

1-2. 총괄생산계획기법 중 탐색결정규칙에 대한 설명으로 옳지 않은 것은? [2003년 제2회, 2014년 제2회, 2017년 제4회 유사]

① Taubert에 의해 개발된 휴리스틱기법이다.
② 하나의 가능해를 구한 후 패턴탐색법을 이용하여 해를 개선해 나간다.
③ 총비용함수의 값을 더 이상 감소시킬 수 없을 때 탐색을 중단한다.
④ 과거의 의사결정들을 다중회귀분석하여 의사결정규칙을 추정한다.

|해설|

1-1
추종전략(Chase Strategy)은 수용변동에 대해 생산율이나 고용수준을 조정하는 전략이며, 고용수준을 수요의 변동에 대응시킬 때 고려되는 비용은 신규 채용에 따른 광고, 채용 및 훈련비용 등이다.

1-2
과거의 의사결정들을 다중회귀분석하여 의사결정규칙을 추정하는 방법은 경영계수이론(MCT ; Management Coefficient Theory)이다.

정답 1-1 ④ **1-2** ④

핵심이론 02 일정관리와 통제

① 일정(공정)관리
　㉠ 개 요
　　• 일정관리 : 생산자원을 합리적으로 활용하여 최적의 제품을 정해진 납기에 생산할 수 있도록 공장이나 현장의 생산활동을 계획하고 통제하는 것이다.
　　• 일정계획
　　　– 부분품 가공이나 제품 조립에 필요한 자재가 적기에 조달되고, 이들을 생산에 지정된 시간까지 완성될 수 있도록 기계 내지 작업을 시간적으로 배정하고 일시를 결정하여 생산일정을 계획하는 행위이다.
　　　– 노동력, 설비, 물자, 공간 등의 생산자원을 누가, 언제, 어디서, 무엇을, 얼마나 사용할 것인가를 결정하는 작업계획으로, 주·일·시간 단위별 계획을 수립하는 것이다.
　　• 일정계획의 주요기능 : 부하 결정, 작업 우선순위 결정, 작업 할당, 작업 독촉
　　• 일정계획의 수립에 필요한 고려사항 : 생산기간, 작업능력 및 기계부하량, 납기, 일정표 작성(다품종 생산일정계획 수립 시에는 상기 사항 및 품목별 생산완료 시점, 품목별 생산 수량, 작업장별 생산품목 등의 내용을 포함하여 고려함)
　　• 일정계획의 효과 측정평가기준 : 평균 처리시간, 기계설비 이용률, 주문의 평균 대기시간 등
　　• 개별 생산의 일정관리 : 공정관리를 의미하며 원재료나 부분품의 가공 및 조립의 흐름을 계획하고 생산활동이 원활하게 진행되도록 계획하고 통제하는 것이다.
　　• 로트 생산이나 대량 생산에 비해 개별 생산시스템의 일정계획이 더 어려운 이유
　　　– 제품별 가공방법이 서로 다른 경우가 많다.
　　　– 설비 및 장비가 범용이다.
　　　– 주문받기 전 계획된 일정계획을 수립하기 어렵다.
　㉡ 일정계획의 단계
　　• 대일정계획
　　　– 수주로부터 출하까지의 일정계획을 다루며, 제품의 종류 및 수량에 대한 생산시기를 결정하는 계획이다.

- 제품별, 부분품별 생산시기(착수시기와 완성기일)를 정한다.
- 별칭 : 주일정계획, 기본일정계획
- 중일정계획 : 작업공정별 일정계획으로서, 대일정계획의 납기를 토대로 각 작업장의 개시일과 완성일을 예정한다.
- 소일정계획
  - 주문 진척도와 작업장 또는 설비의 능력을 고려하여 일간 처리할 작업을 배정하여 구체적인 작업일정이 수립되는 활동이다.
  - 작업자별 또는 기계별 일정계획으로 세우는 세부 일정계획으로서, 구체적인 작업을 지시하기 위해 일정을 예정한다.
ⓒ 일정의 구성
  - 기준 일정의 결정 : 각 작업을 개시해서 완료될 때까지 소요되는 표준적인 일정, 즉 작업의 생산기간에 대한 기준을 결정하는 것으로 일정계획의 기초가 된다.
  - 기준 일정의 필요성 : 최종 완성일(납기)과 비교하여 각 공정의 가공시기와 사전 가공일자를 파악하여 각 공정의 일일 부하량 예측으로 일정별 부하와 능력의 평균을 사전에 조정한다.
  - 기준 일정의 종류 : 개별 공정 일정의 기준, 부품작업 일정의 기준, 조립작업 일정의 기준, 준비작업 일정의 기준
  - 일정계획의 합리화 방침 : 작업 흐름의 신속화(가공 로트 감축, 이동 로트수 단축, 공정계열의 병렬화), 생산기간의 단축(반제품 생산 감소), 작업 안정화와 가동률 향상, 애로공정 능력 증감, 생산활동 동조화(생산라인의 평형화), 작업 의욕 고취 등
  - 생산일정의 결정 : 기준 일정과 생산능력을 고려하여 생산일정표를 상세하게 작성한 후 주어진 생산 제품에 대해 작업 개시일자와 완성일자 등 현장작업과 관련된 일정을 확실하게 결정한다. 생산일정표는 작업의 완급 순서와 기계의 능력 및 부하량 등을 감안하여 기준 일정의 공정 일수를 실제의 역일로 환산해서 작성하는 것이 보편적이다.
ⓓ 배정번호의 설정
  - 각 공정마다 기준 일정에 따라 공정기간이나 공정번호를 알면 이것과 공정라인을 결합시켜 각 공정의 배정시간을 알 수 있다.

- 최종 완성일로부터 역산하면 며칠 전에 배정하면 좋은지의 배정시기를 알 수 있는데, 이 표시를 배정번호라고 한다.
- 배정번호 구분
  - 단일공정 : 공정번호 = 가공 순번 + 여유 순번
  - 부품공정 : 착수 순번 = 완성 순번 + (공정 순번 − 1)
② 부하계획
  ㉠ 부하계획의 개요
    - 작업장에 얼마만큼의 작업량을 할당할 것인지를 결정하는 것이다.
    - 원재료의 공급능력, 가용 노동력 그리고 기계설비의 능력 등을 고려하여 이익을 최대화하기 위한 제품별 생산비율을 결정하는 것이다.
    - 별칭 : 부하 할당, 능력소요계획, 공수계획
    - 개별 생산(단속공정)에서의 일정계획은 부하 할당(Loading) → 작업 순서 결정(Sequencing) → 상세 일정계획의 순서로 이루어진다.
  ㉡ 부하 및 능력의 계산
    - 부하 : 생산능력에 있어서 개별 제조공수의 합
    - 작업능력 = 작업자수 × 능력환산계수 × 월 실가동시간 × 가동률
    - 기계능력 = 월가동일수 × 1일 실가동시간 × 가동률 × 기계 대수
    - 여력 = $\dfrac{능력 - 부하}{능력} \times 100[\%]$
  ㉢ 부하계획의 기법 : 간트도표, 부하지수법, 헝가리법
  ㉣ 공수체감현상(학습곡선효과)
    - 공수체감현상 : 작업(생산)을 반복함에 따라 공수(Man Hour, 작업 소요시간)가 점차적으로 줄어드는 현상이다. 개별적 공수체감현상(작업자의 학습)과 종합적 공수체감현상(기계설비 개선, 치공구 개선, 설계 개량, 제작기술 개선, 관리기술 개선, 불량품 발생의 감소, 임금제도의 자극도 등)으로 구분된다.
    - 공수체감현상의 활용 분야 : 제품·부품의 적정 구입가격 결정, 작업 로트의 크기에 따라 표준공수 조정, 성과급 결정, 신제품 생산 개시 때 표준공수견적·정원계획·출하계획·원가계측, 새로운 작업자 교육 훈련계획, 장려급 설정 기초자료 등

- 제약점 : 생산량이 아주 적거나 작업 개선의 여지가 작은 기존 제품, 대부분 기계로 처리되는 작업에는 적용하기가 어렵다.
- 공수체감곡선 또는 학습곡선(Learning Curve) : 공수체감이 되면서 공수가 일정한 율로 감소되어 가는 형의 곡선이다.
- 공수체감곡선의 수학적 특성($-1 < B < 0$)
  - 대수선형 : $Y = AX^B$
  - 경사율, 학습률 : $PI = 2^B$
  - 누계 총공수 : $\int Y dx = \dfrac{AX^{B+1}}{B+1}$
  - 평균 공수 : $\overline{Y} = \dfrac{AX^B}{B+1} = \dfrac{Y}{B+1}$
  - 대수비선형 : $Y = A(X+\beta)^B$
  - 지수함수형 : $Y = Ae^{BX}$
- 생산량이 누적되어 증가함에 따라 작업 소요시간은 지수함수로 감소한다.
- 새로운 작업의 시초에는 학습효과가 높지만, 시간이 지남에 따라 학습효과는 점차 감소된다.
- 학습률이 낮을수록 학습곡선은 더 가파르며, 학습효과도 크다.

③ 작업 순위 결정방법
  ㉠ 작업 순위 결정 개요
    - 작업 순위 또는 작업 순서(Job Sequencing) : 절차계획에서 작업의 순서와 각 작업의 표준시간 및 각 작업의 장소를 결정하고 배정하는 것으로, 작업 순서에 따라 작업 완료 시점의 차이가 커진다.
    - 목적 : 작업장의 평균 진행시간과 작업 지연 비율을 최소화하여 작업 완료 시점을 최대한 단축시키는 것이다.
    - 여러 개의 공작물을 단일 기계로 생산하는 경우 평균 작업시간을 최소화할 수 있는 작업 순서를 결정한다. 평균 처리시간은 다음과 같이 계산한다.

$$\overline{T} = \frac{\sum\limits_{i=1}^{n} T_i}{n} = \frac{\sum\limits_{i=1}^{n} (t_i + x_i)}{n}$$

여기서, T_i : 공작물 i번째의 처리시간
$\quad\quad\quad t_i$: 작업시간
$\quad\quad\quad x_i$: 대기시간

  ㉡ 작업 순서의 우선순위 규칙 : 선입선출법, 최단처리시간법(최소작업시간법), 납기우선법(최소납기법), 최소여유시간법, 평균여유시간법, 긴급률법, 소진기간법
    - 선입선출법(FCFS ; First Come First Served) : 작업장 도착 순서대로 작업을 수행한다.
    - 최단처리시간법 또는 최소작업시간법(SPT ; Shortest Processing Time) : 작업시간이 가장 짧은 작업을 먼저 수행한다.
      - 납기가 주어진 단일설비 일정계획에서 모든 작업을 납기 내에 완료할 수 없는 경우 평균 흐름시간(Average Flow Time)을 최소화하는 작업 순위 규칙이다.
    - 납기우선법 또는 최소납기법(EDD ; Earliest Due Date) : 납기 예정일이 가장 빠른 작업을 먼저 수행한다.
      - 납기 예정일이 주어지는 단일설비 일정계획에서 최소작업지연시간(L_{MAX})과 최대작업지연시간(T_{MAX})이 최소화된다.
      - 최대 납기지체일을 최소화하기 위해서는 납기일이 빠른 순으로 작업 순서를 결정한다.
      - 납기일이 급한 순서대로 작업하는 방법이므로 작업효율이 가장 효율적이다.
    - 최소여유시간법(S ; Slack time remaining) : 여유시간이 가장 짧은 것부터 작업을 수행한다(여유시간 = 잔여 납기일수 − 잔여 작업일수).
    - 평균여유시간법(S/O : Least Slack per Remain Operation) : 평균 여유시간이 가장 짧은 것부터 작업을 수행한다. 납기 이행 측면에서 가장 우수하며 개별 생산에 널리 이용한다$\left(\text{평균 여유시간} = \dfrac{\text{여유시간}}{\text{잔여 작업시간}}\right)$.
    - 긴급률법(CR ; Critical Ratio) : 긴급률이 가장 낮은 작업부터 우선 작업을 수행한다.
      - 개발자 : American Production Inventory Control Society(1996)
      - 주문생산시스템에서 주로 활용한다.
      - 최소작업지연시간에 초점을 두고 개발한 방법이다.

- 긴급률이 작은 순으로 배정하면 대체로 평균 납기 지체일을 줄일 수 있다.
- 납기 관련 평가기준에 가장 우수한 방법이다.
- $CR = \dfrac{\text{잔여 납기일수}}{\text{잔여 작업일수}}$
- 잔여 납기일수 : 수주 생산의 경우는 (납품 요구일자 - 현재일자)이며, 재고생산의 경우는 (현재고 수준 - 안전재고)/하루 평균 소요량이다.
- 잔여 작업일수 = 생산 완료 가능일자 = 총생산기간 - 완료된 작업의 생산기간 = 현시점에서부터 작업완료 시까지의 남은 제조 소요시간(LTR)
- $CR = 1$을 기준으로 해서 작업 우선순위의 높낮이가 결정된다.
  • CR은 음의 값이 나올 수 있다.
  - CR값이 작을수록 작업의 우선순위를 빠르게 한다.
  - $CR < 1$이면, 일정보다 늦게 생산되어 우선 긴급 작업을 해야 하므로 선순위이다.
  - $CR > 1$이면, 일정보다 빨리 생산되어 작업 여유가 있으므로 후순위이다.
  - $CR = 1$이면, 계획대로 완료 가능하므로 일정에 맞춘 생산을 실시한다.
  • 소진기간법 : 재고량의 소진기간이 가장 짧은 순서대로 생산을 우선적으로 시행하는 방법이다.
  ㉢ 존슨의 규칙(Johnson's Rule)
  • 여러 개의 공작물을 두 대의 기계로 가공하는 경우 가공시간을 최소화하고 기계의 이용도를 최대화하는 기법이다.
  • 두 대의 기계를 거쳐 수행되는 작업들의 총작업시간을 최소화하는 투입 순서를 결정하는 데 가장 중요한 것은 두 기계의 최단작업소요시간(공정별·작업별 소요시간)이다.
  • 가공물의 가공(처리)시간이 가장 짧은 작업을 선택한다.
  • 만일 최단처리시간이 작업장 1에 속하면 제일 앞 공정으로 처리하고, 작업장 2에 속하면 가장 뒷 공정으로 처리한다.
  ㉣ 페트로프(Petrov)방법
  • 여러 개의 작업이 여러 개의 작업장을 통하여 이루어지는 경우에 존슨규칙을 합성시키는 방법이다.

  • 작업장의 수가 짝수(작업장이 4개)이면, 가상작업장 1에는 작업장 1, 2의 처리시간을 합하고 가상작업장 2에는 작업장 3, 4의 처리시간을 합한 후 존슨규칙을 적용한다.
  • 작업장의 수가 홀수(작업장이 3개)이면, 작업장 1, 2를 가상작업장 1로 처리하고 작업장 2, 3을 가상작업장 2로 처리한다.
  ㉤ 소진기간법 : 재고량의 소진기간이 가장 짧은 순서대로 생산을 시행하는 방법으로, 소진기간은 $\dfrac{\text{기초 재고}}{\text{주당 수요}}$로 계산하며, 계산값이 가장 작은 것부터 작업을 시행한다.
  ㉥ 공정에 따른 작업 순위 결정기법
  • 흐름공정형 : Johbsin법(2개 작업장), Branch & Bound법(2개 작업장), 우선순위법, 완전열거법(3개 작업장)
  • 개별공정형 : 우선순위법, 완전열거법, Jaskson법, Giffler & Thompson법
④ 일정관리의 통제기능
  ㉠ 작업 배정(Dispatching) : 가급적 일정계획과 절차계획에 예정된 시간과 작업 순서에 따르지만, 현장의 실정을 감안하여 가장 유리한 작업 순서를 정하여 작업을 명령하거나 지시하는 것을 작업 배정이라고 한다. 이는 계획과 실제의 생산활동을 연결시키는 중요한 역할을 수행한다.
  ㉡ 진도관리
  • 진도관리(Expediting) : 작업 배정에 의해 현재 진행 중인 작업에 대해서, 즉 처음의 작업부터 시작해서 완성되기까지의 진도상황이나 과정을 수량적으로 관리하는 것이다.
  • 진도관리의 목적 : 납기의 확보, 공정품의 감소(생산속도의 향상)
  • 진도관리가 안 되는 이유
  - 작업 배정의 오류
  - 절차계획이나 일정계획의 불완전
  - 작업자의 결근율이 예상 외로 높은 경우
  - 기계의 고장이나 부적합품률이 높은 경우
  - 돌발작업이나 급한 주문 등이 발생한 경우
  - 개별 생산으로 다양한 작업이 여러 작업장에서 행해지기 때문에 현상 파악이 제대로 안 될 경우

- 진도관리의 업무순서 : 진도조사 → 진도 판정 → 진도 수정 → 지연조사 → 지연대책 → 회복 확인
- 컴업방식 : 외주품의 납기를 확보하기 위한 방식으로, 개별 생산공장에 적합하다.

ⓒ 여력관리 또는 능력관리
- 개 요
  - 여력 : 공정능력이 부하량을 초과하는 경우 공정능력과 부하량의 차이
  - 여력 $= \dfrac{(능력 - 부하)}{능력}$
  - 여유 공수 : 여유능력 또는 여력
- 여력관리 또는 능력관리
  - 실제의 능력과 부하를 조사하여 양자가 균형을 이루도록 조정하기 위한 활동이다.
  - 일반적으로 라인 생산보다는 주문 생산(단속 생산)에서 주로 활용된다.
- 여력관리의 목표
  - 수요변동이나 부하변동에 따른 일정관리의 조정
  - 납기 수량 확보
  - 적정조업도의 유지와 적정재고 보유
- 생산능력과 부하량을 조정하는 방법
  - 잔업으로 생산능력을 증강한다.
  - 생산능력의 초과량을 외주처리한다.
  - 여력이 있는 대체 워크센터에 생산능력 초과량을 돌려서 작업한다.
- 부하(작업량을 조정하는 방법) : 부하와 능력이 균형이 맞지 않으면 많은 문제가 생기고, 여력이 부족할 경우 사람, 기계의 보충이나 외주의 이용 등과 같은 대책이 필요하다.
  - 부하 < 능력 : + 여력(능력에 여유)
    ⓐ 작업자나 기계설비에 유휴가 발생해서 손실을 일으킨다.
    ⓑ 남는 힘을 다른 용도로 활용하거나 부하를 증가시키는 쪽으로 노력한다.
  - 부하 > 능력 : - 여력(능력이 부족)
    ⓐ 반제품이 증대하고 생산기간을 연장시키며 공정관리를 어렵게 만든다.
    ⓑ 능력을 증대시키거나 능력에 맞추어 부하를 감소시키는 쪽으로 조정한다.

- 여력의 검토
  - 부하율 $= \left(\dfrac{부하}{능력} \right) \times 100[\%]$
  - 부하율이 100[%]를 초과하면 여력이 없다는 것을 나타낸다.
  - 여력 = 능력 - 부하 $= \left(\dfrac{능력 - 부하}{능력} \right) \times 100[\%]$
    = 1 - 부하율

ⓔ LOB(Line Of Balance) : 여러 개의 구성품을 포함하고 있는 제작, 조립공정의 일정 통제를 위한 기법이다.
- 공정이 고정되어 있고 표준품을 대량 생산하는 계속 생산형태의 제작, 조립공정을 대상으로 하는 일정계획 및 통제기법이다.
- LOB기법을 적용하기 위하여 사용하는 도표 : 조립도표, 목표도표, 진도도표 및 균형선
- 통제점(전체 공정 중 중점관리 대상 작업장)을 중점관리하여 납기지연공정을 분석 및 조치하여 일정을 통제하는 기법이다.

ⓜ OPT(Optimized Production Technology) : 애로공정을 규명하여 생산(물자 또는 작업)의 흐름을 동시화하는 데 주안점을 둔 일정계획획시스템으로, 다음의 9가지 원칙으로 요약된다.
- 공정의 능력보다는 흐름을 균형화시킨다.
- 비애로공정의 이용률은 시스템 내의 다른 제약자원에 의해 결정된다.
- 자원의 이용률(Utilization)과 활성화(Activation)는 다르다.
- 애로공정의 1시간 손실은 전체 시스템의 1시간 손실이 된다.
- 비애로공정의 시간 단축은 무의미하다.
- 애로공정이 시스템의 산출량과 재고를 결정한다.
- 이동배치와 생산배치의 크기가 동일해야 하는 것은 아니다.
- 생산배치(로트)의 크기는 고정되지 않고 변화가 가능해야 한다.
- 시스템의 모든 제약을 고려하여 생산일정을 수립(우선순위 결정)한다.

2-1. 일정계획(Scheduling)을 수립하는 데 고려하여야 할 사항과 가장 거리가 먼 것은? [2013년 제2회, 2014년 제4회 유사]

① 생산기간
② 경기변동
③ 작업능력 및 부하량
④ 납 기

2-2. 평균시간모형에 따른 학습률이 75[%]인 공정에서 100개의 제품을 생산하였다. 첫 번째 제품을 생산하는 데 80시간이 소요되었다면, 100번째 제품의 생산 소요시간은 약 몇 시간인가?
[2003년 제4회 유사, 2009년 제2회, 2014년 제1회]

① 11.83시간
② 27.68시간
③ 33.9시간
④ 45.31시간

2-3. 작업 우선순위 결정기법 중 긴급률(CR) 규칙에 대한 설명으로 틀린 것은? [2013년 제4회, 2017년 제2회, 2023년 제2회]

① $CR = \dfrac{\text{잔여 납기일수}}{\text{잔여 작업일수}}$

② CR값이 작을수록 작업의 우선순위를 빠르게 한다.
③ 긴급률 규칙은 주문생산시스템에서 주로 활용된다.
④ 긴급률 규칙은 설비 이용률에 초점을 두고 개발한 방법이다.

2-4. 다음의 자료를 보고 작업 순서를 우선순위에 의한 긴급률법으로 구하면? [2007년 제1회, 2013년 제1회, 2023년 제1회]

작 업	작업일	납기일	여유일
A	6	10	4
B	2	8	6
C	2	4	2
D	2	10	8

① A-B-C-D
② A-C-B-D
③ D-C-B-A
④ D-B-C-A

2-5. 5개의 일감을 2대의 기계(기계 1, 기계 2)로 순차적으로 처리하는 데 소요되는 시간이 다음 표와 같다. 존슨규칙에 따라 처리 순서를 정한 결과로 맞는 것은? [2004년 제1회 유사, 제2회 유사, 2008년 제1회 유사, 제4회 유사, 2015년 제4회 유사, 2016년 제4회]

기 계 \ 작 업	A	B	C	D	E
기계 1	5	1	9	3	10
기계 2	2	6	7	8	4

① A → E → C → D → B
② B → C → D → E → A
③ B → D → C → E → A
④ B → D → E → C → A

2-6. 4가지 부품을 1대의 기계에서 가공하려고 한다. 처리일수 및 잔여 납기일수가 다음의 표와 같을 때, 최단작업시간규칙을 적용할 경우 평균 처리일수는 얼마인가? [2002년 제1회, 2005년 제1회, 2006년 제4회 유사, 2008년 제2회, 2009년 제4회 유사, 2016년 제2회 유사, 2017년 제4회]

부 품	처리일수	잔여 납기일수
A	7	20
B	4	10
C	2	8
D	10	13

① 10일
② 11일
③ 12일
④ 13일

2-7. 다음 자료와 SPT(Shortest Processing Time)규칙을 이용하여 3가지 제품을 생산하는 단일 기계 M의 처리 순서를 결정했을 때, 평균 지체시간(Average Job Tardiness)은? [2009년 제1회 유사, 2010년 제2회 유사, 2011년 제2회 유사, 2016년 제1회]

구 분	제품 1	제품 2	제품 3
처리시간	10일	5일	7일
납 기	16일	16일	16일

① 1일
② 2일
③ 3일
④ 4일

2-8. 다음 표에서 주어진 4개의 주문작업을 1대의 기계에서 처리하고자 한다. 최대 납기지연을 최소화하기 위한 주문작업의 가공 순서는?

[2003년 제2회, 2015년 제1회]

작 업	가공시간(일)	납 기
A	7	4
B	4	10
C	2	12
D	11	20

① A-B-C-D ② C-B-A-D
③ D-C-B-A ④ D-A-B-C

2-9. 단일설비에서 처리하는 주문 A, B, C의 처리시간과 납기가 다음 표와 같다. 최소처리시간법(SPT ; Shortest Precessing Time)과 최단납기일법(EDD ; Earliest Due Date)에 의해 산출한 작업 순서와 평균 납기지연시간(일)은?

[2014년 제1회]

주 문	A	B	C
처리시간(일)	9	7	16
납기(일)	13	16	23

① SPT : A-B-C(3일), EDD : B-A-C(4일)
② SPT : B-A-C(3일), EDD : A-B-C(4일)
③ SPT : A-B-C(4일), EDD : B-A-C(3일)
④ SPT : B-A-C(4일), EDD : A-B-C(3일)

2-10. 어떤 가공공정에서 1명의 작업자가 2대의 기계를 담당하고 있다. 작업자가 기계에서 가공품을 꺼내고 가공될 자재를 장착시키는데 2.4분이 소요되며, 가공품을 검사, 포장, 이동하는 기계와 무관한 작업자의 활동시간은 1.6분이 소요된다. 기계의 자동가공시간이 8.6분이라면, 제품 1개당 소요되는 정미시간은 약 몇 분인가?

[2017년 제2회]

① 4.0분 ② 5.5분
③ 6.3분 ④ 8.0분

|해설|

2-1
일정계획의 수립에 필요한 고려사항 : 생산기간, 작업능력 및 기계부하량, 납기, 일정표 작성(다품종 생산일정계획 수립 시에는 상기 사항 및 품목별 생산 완료 시점, 품목별 생산 수량, 작업장별 생산품목 등의 내용을 포함하여 고려함)

2-2
$$B = \frac{\log R}{\log 2} = \frac{\log 0.75}{\log 2} = -0.415$$
$$Y = AX^B = 80 \times 100^{-0.415} = 11.83 \text{시간}$$

2-3
긴급률 규칙은 최소작업지연시간에 초점을 두고 개발한 방법이다.

2-4
긴급률 $= \dfrac{\text{잔여 납기일}}{\text{잔여 작업일}}$ 이므로 긴급률이 작은 것부터 우선순위로 할당한다.

각 긴급률은 $A = \dfrac{10}{6} = 1.67$, $B = \dfrac{8}{2} = 4$, $C = \dfrac{4}{2} = 2$, $D = \dfrac{10}{2} =$ 5이므로 우선순위 할당은 A → C → B → D 순으로 한다.

2-5
존슨규칙은 여러 개의 공작물을 2대의 기계로 가공하는 경우, 처리시간을 최소화하고 기계의 이용도를 최대화하는 기법이다. 처리시간이 가장 짧은 작업을 우선 선택한다. 만약 최단처리시간이 작업장 1에 속하면 제일 앞 공정으로 처리하고, 작업장 2에 속하면 가장 뒷 공정으로 처리한다. 이에 따르면 순서는 B → D → E → C → A가 된다.

2-6
작업 순서(처리일수, 총일수)
C(2, 2) - B(4, 6) - A(7, 13) - D(10, 23)
평균 처리일수 $= \dfrac{2+6+13+23}{4} = 11$일

2-7
평균 납기 지연일수(평균 지체시간) $= \dfrac{0+0+6}{3} = 2$일

2-8
일정계획

작업 순서	A	B	C	D
납기 지연	7 - 4 = 3	11 - 10 = 1	13 - 12 = 1	24 - 20 = 4

2-9

• SPT기준

주 문	처리시간	납기일	흐름 작업시간	납기지연일
B	7	13	7	0
A	9	16	7 + 9 = 16	0
C	16	23	16 + 16 = 32	9

평균 납기지연일 $= \dfrac{(0+3+9)}{3} = 4$일

• EDD기준

주 문	처리시간	납기일	흐름 작업시간	납기지연일
A	9	16	7	0
B	7	13	7 + 9 = 16	0
C	16	23	16 + 16 = 32	9

평균 납기지연일 $= \dfrac{(0+0+9)}{3} = 3$일

2-10

정미시간 $= \dfrac{2.4+8.6}{2} = 5.5$분

① 간트차트(Gantt Chart, 간트도표)

　㉠ 개 요

　　• 생산계획, 작업계획과 실제 작업량을 작업일정에, 시간을 작업표시판에 가로막대선으로 표시하는 전통적인 일정관리기법(계획과 통제기능을 동시 수행)이다.

　　• 계획된 작업과 실적을 같은 시간축에 횡선으로 표시하여 계획과 통제를 할 수 있게 만든 봉 도표이다.

　㉡ 도표의 종류와 용도

　　• 도표 : 작업자 기계기록도표, 작업부하도표, 작업진도표

　　• 용도 : 작업계획, 작업실적기록, 여력 통제, 진도 통제

　㉢ 간트차트의 특징

　　• 일정계획의 변경에 융통성 내지는 탄력성이 작다.

　　• 작업의 계획과 실적 내지는 결과를 명확히 파악할 수 있다.

　　• 작업장별로 작업의 성과를 파악 및 비교할 수 있다.

　　• 사용이 간편하고 비용이 적게 든다.

　㉣ 간트차트에서 사용되는 기호

　　• [　　　 : 예정 시작일

　　• 　　　] : 예정 완료일

　　• [　　] : 예정된 생산기간

　　• ▆▆▆▆　] : 완료된 작업(굵은 선)

　　• ∨ : 체크한 일자

　　• | 13　| : 일정기간에서의 계획된 작업량

　　• |　25 | : 일정기간 동안에 완료해야 할 작업량

　　• ⋈ : 작업 지연을 회복하기 위해 예정된 시간

　　• 작업 지연 원인의 기호

　　　– Ⓜ : 자재 부족으로 인한 지연

　　　– Ⓡ : 기계 수리로 인한 지연

　　　– Ⓣ : 공구 부족으로 인한 지연

　　　– Ⓟ : 동력 정지로 인한 지연

　　　– Ⓔ : 준비 대기로 인한 지연

　　　– Ⓗ : 노동력 부족으로 인한 지연

　　　– Ⓥ : 휴 일

　　　– Ⓞ : 작업자의 실수로 인한 지연

ⓜ 장단점

장 점	• 작업을 시간적, 수량적으로 질서정연하고 일목요연하게 나타낼 수 있어 쉽게 파악이 가능하다. • 작업일정을 알 수 있다. • 작업의 계획과 실적으로 명확히 파악할 수 있다. • 작업의 성과를 작업장별로 파악할 수 있다. • 작업장별 작업 성과를 비교할 수 있다. • 작업자별, 부서별로 상호 비교할 수 있고 객관적 평가가 가능하다. • 작업의 지체요인을 규명하여 다음에 연결된 작업일정을 조정할 수 있다.
단 점	• 일정계획 변경에 탄력성(융통성)이 작다. • 예측이 어렵고 정확한 진도관리가 어렵다. • 문제점을 파악하여 사전에 중점관리할 수 없다. • 작업의 전후관계를 다룰 수가 없다. • 작업의 선후 연결관계를 잘 표현할 수 없다. • 정성적이며, 계획 변경에 대한 적응성이 약하다.

② PERT/CPM

㉠ PERT와 CPM의 비교

PERT	• 미국 NASA에서 Time을 위주로 개발한 것이다. • 간트도표의 단점을 보완한 기법이다. • 활동시간이 확률적인 경우에 사용한다. • 활동의 소요시간은 베타분포를 따른다고 가정한다. • 3점 추정한다.
CPM	• 미국 Dupont사에서 Cost를 위주로 개발한 것이다. • 활동시간뿐 아니라 비용도 같이 고려한다. • 주로 활동의 소요시간을 정확히 추정할 수 있는 경우에 적합하다. • 시간 단축을 하기 위해서는 주경로상의 활동 중 비용구배가 가장 작은 활동을 택하여 단축한다. • 1점 추정한다.

㉡ PERT/CPM의 개요

• Time과 Cost를 모두 고려한다.
• 여유시간이 0인 활동을 주활동이라고 한다.
• 주공정(Critical Path)
  – 별칭 : 주공정선
  – PERT/CPM 네트워크에서 시간적으로 가장 긴 경로이다.
  – 주공정선은 개시점부터 종료점까지의 최장 시일 경로이다.
  – 주공정활동이 지연되면 전체 프로젝트의 완료시간도 지연된다.
  – 프로젝트 완료시간을 단축시키려면 주공정활동의 활동시간을 단축시켜야 한다.

  – 공정 단축 시에는 주공정선상의 작업이 고려되어야 한다.
  – 주공정선상의 작업 중에는 여유시간이 0이다.
  – PERT/CPM 네트워크에서 최소 여유시간을 가진 단계(여유시간이 0인 단계)를 연결하면 주공정이다.
  – 주공정선은 최소 1개 이상 존재한다.
• 시간, 인원, 비용을 최소화하기 위해 사용된다.
• 일정 계산방식 : 단계 중심(Event Oriented, PERT방식), 활동 중심(Activity Oriented, CPM방식)
• 적용 분야(1회성, 비반복적인 대규모 사업계획에 적합) : 단속적인 생산(비반복적인 대형 주문 생산)의 공정관리, 토목건설공사, 설비 보존, 연구 개발 및 제품 개발, 마케팅 새로운 시스템(공장시설 및 컴퓨터 등)의 도입 등
• PERT/CPM 운용에 대한 특징
  – 효율적인 진도관리
  – 책임 소재의 명확화
  – 자원 분배의 효율성
  – 의사소통의 명료성
• PERT/CPM 도입에 따른 장점(기대효과)
  – 효율적인 진도관리가 가능하다.
  – 문제점 예견과 사전조치가 가능하다.
  – 최저 비용으로 공기 단축이 가능하다.
  – 업무수행에 따른 문제점을 예측하여 사전에 이에 대한 조처를 취할 수 있다.
  – 작업 배분 및 진도관리를 보다 정확히 할 수 있다.
  – 계획자원 일정비용 등에 대하여 간결명료한 의사소통이 가능하다.
  – 최적 계획안의 선택이 가능하며 한정된 자원을 효율적으로 사용할 수 있다.
  – 주공정에 관한 정보 제공으로 중점적 일정관리가 가능하다.

㉢ 간트도표와 PERT/CPM의 비교
• 간트도표는 계획 변경에 대처하기 어렵지만, PERT/CPM은 계획 변경에 대처하기 용이하다.
• 간트도표는 일정계획의 확률적 분석이 불가능한 반면, PERT/CPM은 일정계획의 확률적 분석이 가능하다.

- 간트도표를 활용하면 문제점을 명확히 파악할 수 없지만, PERT/CPM의 경우 문제점을 명확히 파악할 수 있으며 중요성에 따라 중점관리를 할 수 있다.
- PERT/CPM을 활용하면 의사소통, 정보 교환의 활발화로 팀워크가 좋아질 수 있지만, 간트도표의 경우 의사소통, 정보 교환이 거의 없다.

② 네트워크의 구성요소
- 단계(Event or Node, ○) : 작업·활동 시작 또는 완료 시점, 다른 활동과의 연결 시점, 시간이나 자원을 소비하지 않는 순간적 시점이다.
- 활동(Activity or Job, →) : 과업수행상 시간 및 자원(인원, 물자, 설비 등)이 소요되는 작업이나 활동으로, 특성은 다음과 같다.
  - 전체 프로젝트를 구성하는 하나의 요소작업(개별작업)을 표시
  - 반드시 선행단계와 후속단계를 하나씩 가지고 있다.
  - 하나 또는 여러 활동이 한 단계에서 착수도 되고 완료도 된다.
- 가상활동 또는 명목상 활동(Dummy Activity, ┄→) : 시간이나 자원의 요소를 포함하지 않는 가상활동이다.
  - 점선 화살표(┄→)로 표시한다.
  - 비용과 시간이 소요되지 않는 요소작업이다.
  - 다음 활동의 제약 표시로 많이 사용된다.
  - 작업의 선후관계를 충족시키기 위하여 사용한다.
  - 네트워크(Network)를 작성할 때 반드시 필요하지는 않다.
  - 효과적으로 사용하면 공정계획표를 합리적으로 작성할 수 있지만, 남용하면 복잡하고 난해해진다.

⑩ 네트워크 작성의 기본원칙
- 공정원칙 : 모든 공정은 특정공정에 대한 대체공정이 아니라 각각 독립된 공정으로 간주되어야 하며, 공정이 모두 의무적으로 수행되어야 목표가 달성된다.
- 단계원칙 : 네트워크상 각 단계들은 모든 단계가 완료되고 후속작업을 개시할 수 있는 시점을 표시한다.
- 활동원칙 : 활동이 개시될 때 선행하는 모든 활동은 완료되어야 한다.
- 연결원칙 : 단계 자체를 바꿀 수 없다. 각 활동은 한쪽 방향으로 화살표로 표시한다.

⑭ 작업(활동)시간의 추정
- 1점 견적법 : CPM, PERT/Cost
- 3점 견적법 : PERT/Time
- 시간 추정요소
  - 낙관시간치(Optimistic Time, t_0 또는 a) : 작업활동 수행에 필요한 최소 시간, 모든 일이 예정대로 잘 진행될 때의 소요시간
  - 정상시간치(Most Likely Time, t_m 또는 m) : 작업활동을 정상으로 수행하는 데 소요되는 시간, 최선의 시간치
  - 비관시간치(Pessimistic Time, t_p 또는 b) : 작업활동 수행에 필요한 최대 시간
  - 기대시간치(Expected Time, t_e) :
    $$t_e = \frac{a+4m+b}{6}$$
    t_e의 분산 : $\sigma^2 = \left(\frac{b-a}{6}\right)^2$ (β분포에 의거하여 산출됨)
  - 확률벡터(Z, Probability Factor) : $Z = \frac{TS-TE}{\sqrt{\sum \sigma^2}}$
    (단, TS : 예정 달성기일, TE : 최종 단계의 TE)

⑦ 단계시간에 의한 일정 계산 : PERT/Time에 의한 계획으로, 3점 견적법이다. AOA(Activity On Arc)방식을 사용하여 기대시간치(t_e)를 구하고, 이를 토대로 작업 완성시간을 관리하는 방법이다.
- 가장 이른 예정일(Earliest Expected Date, TE, 전진 계산)
  - $(TE)_j = (TE)_i + (t_e)_{ij}$
  - 합병단계의 경우는 각 경로별로 선행단계의 $(TE)_i$에 각 단계 사이의 소요시간 $(t_e)_{ij}$를 가산하여 얻은 수치 중 최대치를 취한다.
- 가장 늦은 완료일(Latest Allowable Date, TL, 후진 계산)
  - $(TL)_i = (TL)_j - (t_e)_{ij}$
  - 최종 단계의 TL은 예정 달성기일(TS, Scheduled Completion Date)의 지시가 없을 때는 최종 단계의 TE와 동일한다.
  - 분기단계의 경우는 후속단계의 $(TL)_j$로부터 경로별로 각 두 단계 사이의 $(t_e)_{ij}$를 고려한 수치의 최소치를 취한다.

- 단계여유(S, Slack)
  - $S = TL - TE$
  - 단계여유의 종류 : 정여유($TL - TE > 0$, $TL > TE$), 영여유($TL - TE = 0$), 부여유($TL - TE < 0$)
- 주공정의 발견(애로공정) CP : 단계여유시간이 0이 되는 단계를 연결한 경로
- 단계시간에 의한 일정 계산 : 다음 그림에서 주공정은 ①, ③, ⑤, ⑥의 경로이다.

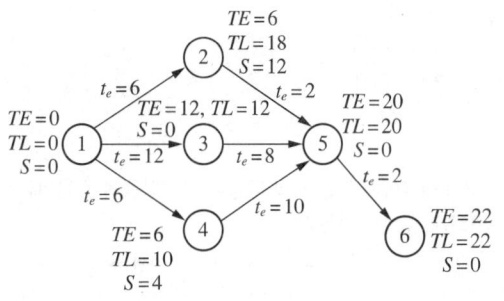

◎ 활동시간에 의한 일정계산(CPM)
- 가장 이른 개시시간(EST, $(ES)_{ij}$, Earliest Start Time) : $(ES)_{ij} = (TE)_i$
  $\qquad\qquad\qquad$ = 다음 단계의 EST – 소요시간
- 가장 이른 완료시간(EFT, $(EF)_{ij}$, Earliest Finish Time) : $(ES)_{ij} = (ES)_{ij} + D_{ij} = (TE)_i + (t_e)_{ij}$
  $\qquad\qquad\qquad$ = 앞 단계의 EST + 소요시간
- 가장 이른 개시시간(ES_{ij})에 활동 경과시간(D_{ij} 또는 $(t_e)_{ij}$, Duration Time)을 더하여 구한다.
- 가장 늦은 개시시간(LS_{ij} : Latest Start Time) : $(LS)_{ij} = (LF)_{ij} - D_{ij} = (TL)_j - (t_e)_{ij}$
  $\qquad\qquad\qquad$ = 다음 단계의 LET – 소요시간
- 가장 늦은 완료시간(LF_{ij}, Latest Finish Time) : $(LF)_{ij} = (TL)_j$ = 앞 단계의 LST + 소요시간
- 총여유시간(TF ; Total Float)
  - 어떤 작업이 그 전체 공사의 최종 완료일에 영향을 주지 않고 지연될 수 있는 최대한의 여유시간이다.
  - $TF = TL_j - [(TE)_i + (t_e)_{ij}] = LFT - EFT$
    $\qquad = LST - EST$

- 자유여유시간(FF ; Free Float)
  - 모든 후속작업이 가능한 한 빨리 시작될 때 어떤 작업의 이용 가능한 여유시간이다.
  - $EF = TE_j - [(TE)_i + (t_e)_{ij}]$
- 독립여유시간(IF ; Independent Float)
  - 선행작업이 가장 늦은 개시시간에 착수되고, 후속작업이 가장 빠른 개시시간에 착수되더라도 그 작업기일을 수행한 후에 발생되는 여유시간이다.
  - $IF = TE_j - [(TE)_i + (t_e)_{ij}] = FF - S$
- 간섭여유시간(DF ; Dependent Float)
  - 후속활동을 가장 빠른 시간에 착수함으로써 얻게 되는 여유시간이다.
  - $DF = TF - FF = (TL)_j - (TE)_j$

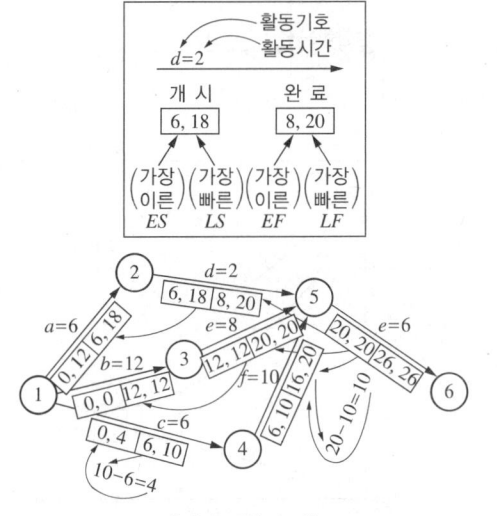

[전진 계산의 예]

㉗ 자원과 일정의 최적 배분 : 계획공정도가 작성되고 이로부터 작업일정과 주공정이 결정되면 그 프로젝트를 수행함에 있어 투입자원의 제약 내지 일정의 제약으로 어려울 때가 있는데 이 경우 자원 조정(자원 제약)과 일정 조정(일정 제약)으로 해결 가능하다.
- 최소 비용에 의한 일정 단축 : 정상적인 계획(Normal Program)에 의해 수립된 공기(일정)가 계약기간보다 긴 경우나 공사가 지연되어 전체 공기의 연장이 예상되는 경우 공기 단축이 불가피하다. 이런 경우는 각 활동(요소작업의 소요공기추정치(t_e))을 재검토하고 주공정상의 활동 병행 가능성을 검토하며, 계획공정의 로직 변경 등을 우선 검토하여 공사비의 증가 없이 전체 일정을 단축할 수 있는지를 검정한다.

- 최소비용계획법(MCX ; Minimum Cost eXpedition) :
주공정상의 요소작업 중 비용구배(Cost Slope)가 가
장 낮은 요소의 작업부터 1단위 시간씩 단축해 가는
방법으로, 활동의 소요시간은 정상 소요시간과 긴급
소요시간으로 구분할 수 있다. 이에 따른 비용도 정
상비용과 긴급비용이 다르게 발생된다. 이때 단위당
증가하는 비용, 즉 증분비용을 비용구배라고 한다.

$$비용구배 = \frac{특급비용 - 정상비용}{정상시간 - 특급시간}$$

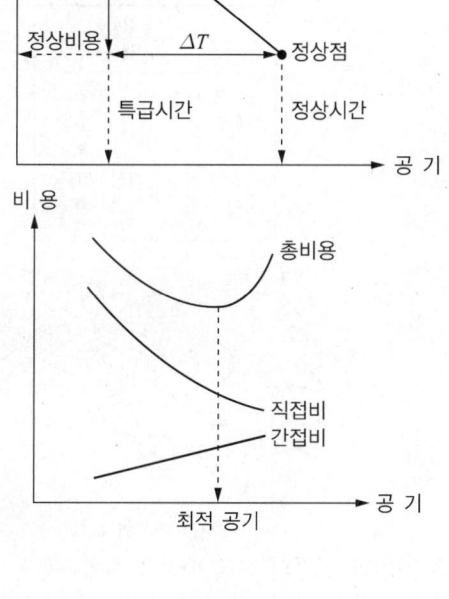

3-1. 다음 그림과 같은 프로젝트 네트워크의 주공정은?

[2006년 제1회 유사, 2009년 제2회 유사, 2014년 제4회, 2016년 제1회 유사]

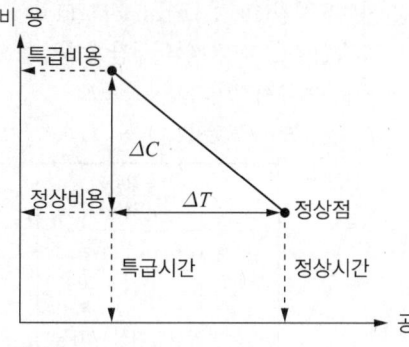

① ①-③-④-⑥
② ①-②-⑤-⑥
③ ①-②-⑤-④-⑥
④ ①-⑤-⑥

3-2. PERT에서 활동 A의 추정시간이 다음과 같을 때 기대시간($E(t)$)과 분산(V)은?

[2002년 제1회 유사, 2005년 제1회, 2007년 제4회 유사, 2008년 제2회 유사,
2014년 제2회, 2015년 제1회 유사, 2017년 제2회 유사]

활 동	낙관적 시간치(a)	최빈 시간(m)	비관적 시간(b)
A	3	6	9

① $E(t) = 4.0$, $V = 1.0$
② $E(t) = 6.0$, $V = 1.0$
③ $E(t) = 6.0$, $V = 2.0$
④ $E(t) = 4.0$, $V = 2.0$

3-3. 다음 네트워크에서 활동 F의 가장 빠른 착수시간(ES)과 가장 빠른 완료시간(EF)은 얼마인가?

[2004년 제4회 유사, 2012년 제4회 유사, 2014년 제1회]

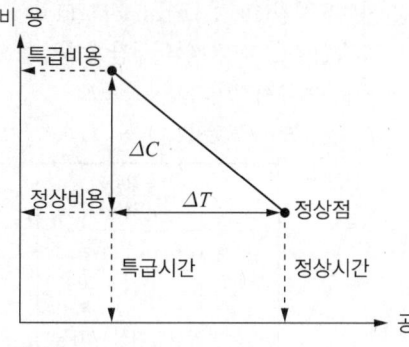

① $ES = 18$, $EF = 26$
② $ES = 17$, $EF = 25$
③ $ES = 18$, $EF = 25$
④ $ES = 17$, $EF = 26$

3-4. PERT에서 어떤 요소작업을 정상작업으로 수행하면 5일에 2,500만원이 소요되고, 특급작업으로 수행하면 3일에 3,000만원이 소요된다. 비용구배는 얼마인가? [2002년 제2회, 2004년 제2회, 2005년 제4회 유사, 2008년 제4회 유사, 2015년 제2회 유사, 2017년 제1회]

① 100만원/일
② 167만원/일
③ 250만원/일
④ 500만원/일

3-5. 프로젝트 K와 관련된 정보가 다음의 표와 같다. 모든 작업을 정상작업으로 수행할 경우의 주경로(Critical Path)는 유일하며 (A-B-E)라고 가정한다. 이 프로젝트의 전체 일정을 1일 단축시키기 위해서는 어떤 작업을 단축하는 것이 가장 경제적인가?

[2013년 제2회]

작 업	정상 작업		긴급 작업	
	기간(일)	비용(만원)	기간(일)	비용(만원)
A	4	400	2	1,000
B	5	300	3	500
C	13	1,200	11	2,000
D	6	400	4	500
E	6	600	5	800

① A
② B
③ C
④ D

| 해설 |

3-1

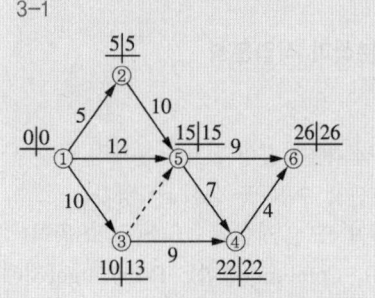

3-2

$$E(t) = \frac{a+4m+b}{6} = \frac{3+4\times6+9}{6} = 6.0$$

$$V(t) = \left(\frac{b-a}{6}\right)^2 = \left(\frac{9-3}{6}\right)^2 = 1.0$$

3-3

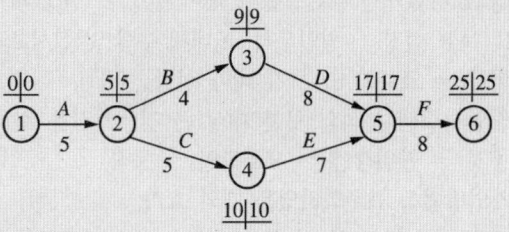

3-4

$$\text{비용구배} = \frac{3,000-2,500}{5-3} = 250$$

3-5

• A 비용구배 $= \dfrac{1,000-400}{4-2} = 300$ 만원/일

• B 비용구배 $= \dfrac{500-300}{5-3} = 100$ 만원/일

• E 비용구배 $= \dfrac{800-600}{6-5} = 200$ 만원/일

따라서, B의 비용구배가 가장 작다.

정답 3-1 ③ 3-2 ② 3-3 ② 3-4 ③ 3-5 ②

핵심이론 01 공정분석과 작업분석

① 작업관리의 개요

　㉠ 작업 개선(문제점 해결) 진행 절차 : 문제점 발견 → 현상분석 → 개선안 수립 → 실시 → 평가

　㉡ 작업 개선의 원칙 또는 개선의 4요소(ECRS원칙) : Eliminate(제거), Combine(결합), Rearrange(재배치), Simplify(단순화)

　㉢ 개선 대상 : S(Safety), Q(Quality), C(Cost), D(Delivery), P(Productivity), M(Morale)

　㉣ 개선의 4가지 목표 : 피로 경감, 시간 단축, 품질 향상, 경비 절감

　㉤ QC Story(개선 추진방법) : 테마 선정 → 현상 파악 및 목표 설정 → 원인분석 → 대책 수립 및 실시효과 파악 → 표준화 → 차기 테마 선정

　㉥ 작업시스템 분석의 구분 대상(큰 것 → 작은 것) : 공정 → 단위작업 → 요소작업 → 동작

　㉦ 작업방법을 표준화하였을 때의 효과

　　• 대량 생산이 가능하다.

　　• 품질관리의 기초가 된다.

　　• 종업원의 노동능률과 숙련도는 비례관계를 지닌다.

　　• 불합격품 및 재고의 감소 등으로 관리비용을 절감할 수 있다.

　㉧ 작업관리의 제기법

구분단위	공 정	단위작업	요소작업	동 작
분석기법	공정분석	작업분석		동작분석

방법 연구	**공정 분석**	제품 공정 분석	단순공정분석(OPC), 세밀공정분석(FPC)
		사무공정분석	
		작업자공정분석	
		부대 분석	기능분석, 제품분석, 부품분석, 수율분석, 경로분석 등
	작업 분석	작업 분석표	기본형, 시간란 부가, 시간눈금 부가, 작업자공정시간분석표 등
		다중 활동 분석표	MM Chart, Gang Process Chart, Man-multi-Machine Chart, Multi-man Machine Chart

방법 연구	동작 분석	목시동작분석, 미세동작분석
작업 측정	표준 시간 결정	스톱워치법, 표준자료법, 워크샘플링법, PTS (MTM, WF)

② 공정분석

　㉠ 개 요

　　• 공정분석의 정의 : 생산공정이나 작업방법의 내용을 공정 순서에 따라 각 공정의 조건(발생 순서, 가공조건, 경과시간, 이동거리 등)을 분석, 조사, 검토하여 공정계열의 합리화(생산기간 단축, 재공품 절감, 생산공정 표준화)를 모색하는 것이다.

　　• 목적 : 생산공정의 설계 및 개선, 공장 레이아웃 설계 및 개선, 공정관리시스템의 설계 및 개선, 생산공정 표준화, 생산기간 단축, 재공품 절감 등

　　• 종류 : 제품공정분석, 작업자공정분석, 사무공정분석, 기타 부대분석

　㉡ 제품공정분석(Product Process Chart)

　　• 제품공정분석의 개요

　　　- 제품과 부품이 갖는 제요소의 개선 및 설계에 대한 분석이다.

　　　- 원료나 자재가 순차적으로 가공되어 제품화되는 과정을 분석하고 각 공정내용을 가공, 운반, 검사, 정체 및 저장 등 4가지 종류의 기호를 사용하여 도시 기록한 도표로, 공정 개선을 도모하는 분석법이다.

　　　- 제품공정의 합리화, 능률화를 기한다.

　　• 제품공정분석의 유형

　　　- 단순공정분석 : 세밀분석을 위한 사전조사용으로 사용되며 가공, 검사만의 기호를 사용하는 작업공정도(OPC)가 이용된다. 조립형, 분해형이 있다.

　　　- 세밀공정분석 : 가공, 검사, 운반, 정체기호를 사용한다. 공정도는 흐름공정도(FPC)가 이용되며 단일형, 조립형, 분해형이 있다.

　　• 공정분석도표 : 작업방법의 개선을 위해서 제품이 어떤 과정 또는 순서에 따라 생산되는지를 분석, 조사하는 데 활용되는 도표이다.

- 제품(부품)공정도(Product Process Chart) : 단일부품의 제작공정이 원자재가 제품화되는 과정을 상세히 분석 및 기록하기 위해 사용되며 작업, 운반, 저장, 정체, 검사의 공정도시기호를 사용한다.
- 작업공정도(Operation Process Chart) : 공정계열의 개요를 파악하기 위해서 또는 가공, 검사공정만의 순서와 시간을 알기 위해 활용되는 공정도이다. 여러 품종의 제품이 흐르고 있는 현장에서 설비배치를 개선하고자 하는 경우 중점적으로 두세 가지 제품에 대해 부품공정분석을 하고 다른 대표적 제품은 1작업공정도를 분석한다.
- 조립공정(Assembly Process Chart, Gozinto Chart) : 작업, 검사의 두 개 기호를 사용하는 공정도이다. 많은 부품 또는 원재료를 조립, 분해 또는 화학적 변화를 일으키는 사항을 나타낸다.
- 흐름공정도(Flow Process Chart) : 공정 중에 발생하는 모든 작업, 검사, 대기, 운반, 정체 등을 도식화한 것이다.
  ⓐ 보통 단일부품에 사용되며 기호를 기입할 필요 없이 해당 기호에 색칠해 주면 된다.
  ⓑ 각 공정기호별로 데이터를 집계하는 데 편리하며 작업자공정도(OPC)에 비해서 대상을 세밀하게 기록하지만, 어떤 대상이든 사용하는 기호나 공정도 양식은 동일하며 하나의 작업을 하나의 행에 기록해야 하는 제약이 따른다.
  ⓒ 흐름공정도는 제조과정에서 발생되는 작업, 운반, 검사, 정체, 저장 등의 내용을 표시해 주지만, 이러한 사항이 생산현장의 어느 위치에서 발생되는지를 알 수 없다는 단점이 있다.
- 흐름선도(FD ; Flow Diagram) : 부품이 운반되는 경로를 투명한 입체배치도에 표시한 후에 작업의 발생 위치에 공정기호를 표기한 그림이다. 이동경로를 작업장의 배치도상에 기입한 도표로서 String Diagram, Wire Diagram 등이 있으며, 설비배치의 개선, 혼잡한 지역 파악, 공정 흐름의 원활 여부 파악 등에 사용된다.

• 제품공정분석 시 사용되는 공정도시의 기호

KS 원용기호				기호의 의미
ASME식		길브레스식		
기 호	명 칭	기 호	명 칭	
○	작 업	○	가 공	원재료, 부품 또는 제품이 물리적·화학적 변화를 받는 상태 또는 다음 공정을 위한 준비 상태이다.
⇨	운 반	○	운 반	원재료, 부품, 제품 등이 일정한 장소에서 다른 장소로 이동하는 상태를 의미하며, 화살표가 반드시 흐름의 방향을 의미하지는 않는다(작은 원의 크기는 가공기호의 $\frac{1}{2} \sim \frac{1}{3}$).
D	저 장	△	원재료의 저장	가공이나 검사되지 않으면서 일정한 장소에서 저장되고 있는 상태로서, 원재료의 저장과 반제품, 제품의 저장으로 구분된다(△는 원재료 창고 내의 저장, ▽는 제품 창고 내의 저장, 일반적으로는 △에서 시작해서 ▽로 끝남).
		▽	(반)제품의 저장	
	정 체	✡	(일시적) 정체	가공이나 검사되지 않으면서 일정한 장소에서 정체하고 있는 상태로, 일정한 장소에 일시적으로 보관 또는 계획적으로 저장되어 있는 상태이다(✡는 로트 중 일부가 가공되고 나머지는 정지되고 있는 상태, ▽는 로트 전부가 정체하고 있는 상태를 의미).
		▽	(로트) 대기	
□	검 사	◇	질검사	원재료, 부품 또는 제품을 어떤 방법으로 측정하고 그 결과를 기준과 비교해서 합격 또는 불합격을 판정하는 행위이다.
		□	양검사	
		◇	양과 질검사	

ⓒ 작업자공정분석(Operator Process Chart)
  • 작업자공정분석 : 작업자가 어떠한 장소에서 다른 장소로 이동하면서 수행하는 일련의 행위로, 업무의 범위와 경로 등을 계통적으로 조사·기록·검토하는 분석방법이다.
  • 용도 : 운반계, 창고계, 보전계, 감독자 등의 행동분석 등에 사용한다.

- 종류 : 기본형 작업자공정분석표, 시간란을 부가한 작업자공정분석표, 시간 눈금을 부가한 작업자공정분석표, 작업자공정시간분석표
- 창고, 보전계 등의 업무범위와 경로 등의 개선에 적용된다.
- 기계와 작업자 공정의 관계를 분석하는 데 편리하다.
- 이동하면서 작업하는 작업자의 작업점, 작업 순서, 작업동작 개선에 대한 분석이다.
- 작업자공정분석표에 사용되는 기호와 의미

분석기호	시간기호	호 칭	기호의 의미
○	■	작 업	한 장소에 있어서의 작업
○	▦	신체 이동	한 장소에서 다른 장소로의 신체 이동 또는 한 장소에 있어서의 일 보 이상의 신체 이동
⊖	▩	운반 및 이동	한 장소에서 다른 장소로의 운반 및 이동 또는 한 장소에 있어서의 일 보 이상의 운반 및 이동
▽	☐	정 체	수대기, 휴식 또는 작업에 불필요한 활동
▽	▨	유지 (Hold)	대상물을 일정한 위치에 유지
◇	▥	검 사	표준과 목적물의 질적·양적 비교
◺	◲	중 단	분석작업과 직접 관계가 없는 생산적 활동

② 사무공정분석
- 특정한 사무 절차에 필요한 각종 장표와 현품의 관계 등에 대한 정보의 흐름을 조사하여 사무처리의 방법이나 제도조직을 개선하는 기법이다.
- 사무작업의 중복이나 불필요한 요소를 제거시키고 단순화를 목적으로 한다.
- 공정수행 시 장표의 합리화, 능률화를 기한다.
- 한 종류의 서류흐름분석에는 흐름공정도(FPC)를, 사무작업의 흐름을 분석하는 데는 시스템 차트를 이용한다.

⑩ 경로분석 : 다품종 소량 생산의 경우 부품을 몇 개의 그룹으로 분류하여 가공공정의 추이를 조사하는 데 사용되는 기법이다.

- 자재흐름분석 : 자재 흐름을 $P-Q$분석에 따른 A(소품종 다량 생산, 흐름식 또는 제품별 설비 배치), B(다품종 중량 생산, 셀방식 설비 배치), C(다품종 소량 생산, 기능별 또는 공정별 설비배치, 고정형 배치) 부류의 제품에 대해 개별적 분석을 하는 것이다.

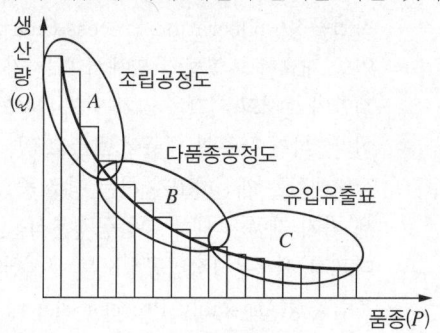

[$P-Q$ 곡선]

- 활동상호관계분석 : 공장 내에서 생산활동에 기여하는 활동 간의 관계, 근접도, 이유를 파악하기 위하여 사용한다. 활동상호관계분석표에서 배치도를 그릴 때 사용하는 근접도 표시방법은 다음과 같다.
  - 근접도 A를 갖는 활동은 반드시 인접해 있어야 하며, 4선으로 표시한다.
  - 근접도 I를 갖는 활동은 중요함을 나타내며, 2선으로 표시한다.
  - 근접도 O를 갖는 활동은 보통임을 나타내며, 1선으로 표시한다.
  - 근접도 U를 갖는 활동은 인접하든 안하든 상관없음을 나타낸다.
※ A(절대 인접), E(인접 매우 중요), I(인접 중요), O(보통 인접), U(인접과 무관), X(인접해서는 안 됨), XX(인접해서는 절대 안 됨)

③ 작업분석 : 작업의 생산적 요소 내지 비생산적 요소를 분석하는 것이다.
㉠ 개 요
- 의의 : 생산 주체인 작업자의 활동을 중심으로 생산 대상물을 움직이게 하는 과정을 검토, 분석하는 것으로, 작업 개선을 위해 작업의 모든 생산적, 비생산적 요인을 분석하여 단위당 생산량을 증가시키고 단위당 비용을 감소시키기 위한 기법이다.

- 목표 : 작업방법 개선, 작업 절차와 운반관리 단순화, 작업 여건 개선과 작업자 피로 감소, 품질보증, 능률 향상, 생산량 증가와 단위비용 감소가 작업분석의 목표이다.
- 작업 개선을 위한 작업분석 : 작업자에 의하여 수행되는 개개의 작업내용을 개선한다.
- 작업분석의 접근방법 : 작업목적, 부품설계, 공차와 시방, 재료, 제조공정, 설비와 공구, 작업환경, 운반관리, 공장 배치, 동작경제의 원칙
  - 작업환경이 개선되면 산업재해가 줄고 작업자의 사기가 올라가서 생산성과 품질이 향상되고 노사관계도 개선된다.
- 작업분석에 이용되는 도표 : 복수작업자분석도표, 다중활동분석도표, 작업자-기계작업분석도표 등
ⓒ 작업공정도(Operation Process Chart)
- 개 요
  - 자재가 공정으로 들어오는 지점 및 공정에서 행해지는 작업기호와 검사기호만 사용하여 공정 전체를 파악하기 위한 공정분석도표이다.
  - 한 장소에서 일하는 작업자를 대상으로 하며 그 작업이 어떤 방법으로 진행되고 있는가를 기록하기 위하여 고안된 도시적 모델이다.
  - 정체, 저장, 대기, 취급운반(Material Handling) 등의 사항이 생산현장의 어느 위치에서 발생하는지 한눈에 알아볼 수 있도록 표시된 도표이다.
  - 별칭 : 작업공정도표
- 작업공정도 작성요령
  - 수직선은 제조과정의 순서로 표시한다.
  - 수평선은 작업에 투입되는 자재를 표시한다.
  - 주된 공정은 도표의 정중앙에 위치한다.
  - 검사나 작업에 소요되는 시간 및 위치 정보를 기입한다.
- 종류 : 기본형 작업자공정분석표, 시간란을 부가한 작업자공정분석표, 시간 눈금을 부가한 작업자공정분석표, 작업자공정시간분석표

- 작업분석표에 사용되는 기호의 종류와 의미

분석기호	시간기호	호 칭	기호의 의미
◯	■	서브오퍼레이션	작업 장소 내의 한 작업역에 있어서 신체 부위의 활동
◯	▦	신체 부위 이동	작업 장소 내의 한 작업역으로부터 다른 작업역으로의 신체 부위의 이동
⊖	▨	화물 운반 및 이동	작업 장소 내의 한 작업역으로부터 다른 작업역으로의 화물 운반 및 이동
▽	▨	유지 (Hold)	작업을 추진하기 위하여 대상물을 정위치에 유지
▽	□	정 체	손대기 또는 유휴시간

ⓒ 다중활동분석표(Multi-activity Chart)
- 의의 : 작업자 간의 상호관계 또는 작업자와 기계 사이의 상호관계를 분석함으로써, 가장 경제적인 작업 조를 편성하거나 작업방법을 개선하여 작업자와 기계설비의 이용도를 높이고 작업자에 대한 이론적 기계 소요 대수를 결정하기 위하여 고안된 분석표이다.
- 다중활동분석표의 용도
  - 경제적인 작업 조 편성
  - 기계 또는 작업자의 유휴시간 단축
  - 한 명의 작업자가 담당할 수 있는 기계 대수의 산정
- 작업자-기계 작업분석의 검토 리스트 항목
  - 작업역의 배치를 개선시켜 작업자의 동작을 줄일 수 없는가?
  - 기계가 가동 중에 다음 작업을 위한 준비작업을 할 수 없는가?
  - 설비 운전 중에 작업자가 준비작업을 미리 실시하여 설비의 가동률을 올릴 수 없는가?
- 종 류
  - 작업자-기계 작업분석표(Man-Machine Chart, MM차트) : 작업자에게 최적의 경제적 기계 담당 대수를 결정하기 위하여 작성하는 분석표
  - 작업자-복수기계 작업분석표(Man-Multi Machine Chart) : 1인의 작업자가 2대 이상의 기계를 운전하는 경우의 사이클 타임분석에 사용하는 분석표

– 복수작업자분석표(Multi Man Chart, Gang Process Chart, Aldridge 개발) : 2인 이상의 작업자가 조를 이루어 협동적으로 작업하는 경우에 상호 관련 상태를 분석하는 데 사용되는 분석표
– 복수작업자–기계 작업분석표(Multi Man-Machine Chart) : 복수의 작업자가 1대의 기계를 조작할 경우에 사용하는 분석표
– 복수작업자–복수기계 작업분석표(Multi Man-Multi Machine Chart) : 복수의 작업자가 2대 이상의 기계를 조작할 경우에 사용하는 분석표

• 이론적 기계 대수(n) : $n = \dfrac{a+t}{a+b}$

여기서, a : 기계, 사람의 동시 작업시간
b : 수작업시간
t : 기계작업시간

1-1. 제품공정분석 시 사용되는 공정도시기호에 대한 설명으로 옳지 않은 것은? [2008년 제1회, 2009년 제1회 유사, 2013년 제2회]

① ○ : 가공물을 작업함

② □ : 가공물을 검사함

③ D : 가공물을 이동함

④ ▽ : 가공물을 보관함

1-2. 다중활동분석표(Multiple-activity Chart)를 사용하는 경우로 틀린 것은?

[2007년 제4회 유사, 2009년 제4회 유사, 2015년 제4회, 2016년 제4회 유사]

① 복수의 작업자가 조작업을 할 경우
② 한 명의 작업자가 1대 또는 2대 이상의 기계를 조작할 경우
③ 복수의 작업자가 1대 또는 2대 이상의 기계를 조작할 경우
④ 사이클(Cycle) 시간이 길고 비반복적인 작업을 개인이 수행하는 경우

|해설|

1-1
D : 가공물의 정체

1-2
다중활동분석표는 사이클(Cycle) 시간이 짧고 반복적인 작업에 사용된다.

정답 1-1 ③ 1-2 ④

① 동작분석의 개요
　㉠ 의 의
　　• 하나의 고정된 장소에서 행해지는 작업자의 동작내용을 도표화하고 분석하여, 움직임의 낭비를 없애고 피로가 보다 적은 동작의 순서나 합리적인 동작을 마련하기 위한 기법이다.
　　• 불합리한 동작을 제거하여 최선의 작업방법을 모색하는 것이다.
　㉡ 목 적
　　• 작업동작의 각 요소의 분석과 능률 향상
　　• 작업동작과 인간공학의 관계분석에 의한 동작 개선
　　• 작업동작의 표준화 최저 동작의 구성
　㉢ 종 류
　　• 목시동작분석 : 서블릭분석, 동작경제의 원칙
　　• 미세동작분석 : 필름(Film)분석, VTR분석, 사이클그래프(Cycle Graph)분석, 크로노사이클그래프(Chrono Cycle Graph), 스트로보(Strobo)분석, 아이카메라(Eye Camera)분석

② 서블릭(Therblig)분석 : 길브레스(F. B. Gillbreth)가 창안한 동작분석기법
　㉠ 서블릭분석의 개요
　　• 서블릭분석
　　　- 서블릭기호를 사용하여 작업자의 작업을 18개 정도의 기본동작으로 나누어 분석표를 작성하고, 이들을 다시 총괄표에 정리하여 작업 개선의 착안점을 찾아내는 데 이용되는 분석이다.
　　　- 작업자의 작업을 요소동작으로 나누어 총 18종류의 서블릭기호로 분석하는 방법으로, 현재는 찾아냄(F)이 생략되어 17종류를 사용하고 있다.
　　• 작업을 기본적인 동작요소인 서블릭으로 나눈다.
　　• 정성적 분석이며, 정량적으로는 유효하지는 않다.
　　• 간단한 심벌마크, 기호, 색상으로 서블릭을 표시한다.

[서블릭기호의 종류와 의미]

종 류	기 호	명 칭	기호의 의미
제1류	TE ⌣	빈손 이동 (Transport Empty)	빈 접시 모양
	G ∩	쥐기(Grasp)	물건을 집거나 쥐어서 가진다.
	TL ⌣	운반(Transport Loaded)	물건을 접시에 담은 모양
	P 9	바로 놓기 (Position)	다음 동작을 하기 위해 위치 조정
	A ♯	조립(Assemble)	물건을 조립시키거나 서로 끼운다.
	U U	사용(Use)	영어 Use의 머리글자 모양
	DA ♯♯	분해(Disassemble)	조립되어 있는 것을 분해한다.
	RL ⌢	놓는다 (Release Load)	잡고 있던 것을 놓아 버린다.
	I 0	검사한다(Inspect)	렌즈 모양
제2류	Sh �⟩	찾음(Search)	눈으로 물건을 찾는 모양
	St →	선택(Select)	몇 가지 물건 중에서 하나를 고른다.
	Pn ⟨	계획(Plan)	머리에 손을 대고 생각하는 모양
	PP ○	준비함 (Pre Position)	볼링핀 모양
제3류	H ⊓	잡고 있기(Hold)	자석에 쇳조각이 붙어 있는 모양
	R ⟨	휴식(Rest)	사람이 의자에 앉아 있는 모양
	UD ⟨	불가피한 지연 (Unavoidable Delay)	사람이 넘어진 모양
	AD ⌐	피할 수 있는 지연 (Avoidable Delay)	사람이 누워 있는 모양

　㉡ 서블릭 기호의 분류
　　• 제1류(9가지) : 작업을 할 때 필요한 동작
　　• 제2류(4가지) : 제1류 동작을 늦출 경향이 있는 동작으로 작업의 보조동작에 해당
　　• 제3류(4가지) : 작업이 진행되지 않는 동작, 무조건 없애야 할 동작

③ **동작경제의 원칙** : 신체(인체) 사용에 관한 원칙, 작업장에 관한 원칙, 공구·설비의 설계(디자인)에 관한 원칙

　㉠ 신체 사용에 관한 원칙
　　• 두 손의 동작은 동시에 시작하고, 동시에 완료한다.
　　• 휴식시간을 제외하고 양손이 동시에 쉬지 않도록 한다.
　　• 두 팔의 동작은 동시에 서로 반대 방향으로 대칭적으로 움직이도록 한다.
　　• 근무시간 중 휴식이 필요할 때에는 충분히 쉰다.
　　• 구속되거나 제한된 동작보다는 탄력적인 동작이 쉽고 빠르며 정확하다.
　　• 동작은 최적, 최저 차원의 신체 부위로 행해야 한다.
　　• 동작은 편하게 할 수 있도록 한다.
　　• 직선동작이나 급격한 방향 전환을 없애고 연속곡선 동작을 취하게 하는 것이 좋다.
　　• 동작은 거리가 최소가 될 수 있도록 직선으로 할 것이 아니라 서서히 연속 곡선, 유선형으로 움직인다.
　　• 가능하다면 쉽고 자연스러운 리듬이 작업동작에 생기도록 작업을 배치한다.
　　• 손과 몸의 동작은 가능한 한 원만하게 처리할 수 있도록 간단하게 취해져야 한다.
　　• 가능한 한 작업자의 노력을 덜기 위해 관성을 이용해야 하나, 관성을 근육의 힘으로 극복해야 하는 작업의 경우에는 관성을 최소로 줄여야 한다.
　　• 불필요한 동작을 배제한다.
　　• 개개의 동작거리를 최소로 한다.
　　• 작업영역
　　　– 어깨까지 사용하여 작업할 수 있는 범위 : 최대 작업영역
　　　– 전면의 팔만 사용하여 작업할 수 있는 범위 : 정상 작업영역

　㉡ 작업장에 관한 원칙
　　• 모든 공구나 재료는 정해진 위치에 두어야 한다.
　　• 재료나 공구는 최선의 동작 순서에 따라 배치하여야 한다.
　　• 작업동작이 원활하게 수행되도록 공구나 재료의 위치를 정해 준다.
　　• 공구와 재료는 작업 순서대로 나열한다.
　　• 시각에 가장 적당한 조명을 만들어 주어야 한다.
　　• 작업면에 적정한 조명을 준다.
　　• 공구와 재료, 제어장치들은 사용 위치에 가깝게 놓아야 한다.
　　• 중력이송원리를 이용한 부품상자나 용기를 이용하여 부품을 사용 장소에 가깝게 보낼 수 있도록 한다.
　　• 가능하다면 낙하식 운반방법을 사용하여야 한다.

　㉢ 공구·설비의 설계(디자인)에 관한 원칙
　　• 가능하면 두 개 이상의 기능이 있는 공구를 사용한다.
　　• 2가지 이상의 공구는 가능한 기능을 결합하여 사용한다.
　　• 공구와 지그는 가능한 한 사용하기 쉽도록 미리 위치를 잡아 준다.
　　• 발로 조작하는 장치로써 효과적으로 수행할 수 있는 작업에는 손을 사용하지 말아야 한다.
　　• 각 손가락이 서로 다른 작업을 할 때에는 작업량을 각 손가락의 능력에 맞게 분배해야 한다.
　　• 손 이외의 신체 부분을 이용하여 손의 노력을 경감시켜야 한다.
　　• 도구와 재료는 가능한 한 다음에 사용하기 쉽게 놓아야 한다.

④ **필름(Film)분석** : 대상작업을 촬영하여 그 한 프레임, 한 프레임을 분석함으로써 동작내용, 동작 순서 및 동작시간을 명확히 하여 작업 개선에 도움을 주는 기법이다.

　㉠ 미세동작분석(Micro Motion Analysis)
　　• 창안자 : 길브레스(F. B. Gillbreth)
　　• 의의 : 인간의 동작을 연구하기 위하여 화면에 측시장치를 삽입한 영화를 매초 16~24Frame으로 촬영하고 동시동작사이클분석표를 작성하여 동작을 연구하는 방법이다.
　　• 동시동작사이클분석표(Simo Chart) : 작업이 한 작업구역에서 행해질 경우 손, 손가락 또는 다른 신체 부위의 복잡한 동작을 영화 또는 필름분석표를 사용하여 서블릭기호에 의하여 상세히 기록하는 동작분석표이다.
　　• 특 징
　　　– 사이클 타임이 짧은 작업, 극히 짧은 작업에 이용된다.
　　　– 목시로서 놓칠 수 있는 것도 기록할 수 있다.
　　　– 분석대상이 복수가 되어도 기록할 수 있다.
　　　– 객관적인 기록을 얻을 수 있다.

- 복잡한 작업, 빠른 작업, 빠르면서 세밀한 작업의 기록도 용이하게 행할 수 있다.
- 관측자가 들어가기 곤란한 장소나 환경에서도 자동적으로 기록할 수 있다.
- 재현성이 좋다.
- 작업 장소의 분위기를 파악할 수 있다.
- 프레임수보다 정확한 시간치를 얻을 수 있다.
- 교육 훈련용으로 사용할 수 있다.

ⓛ 메모동작분석(Memo Motion Analysis) : 작업을 저속 촬영(매초 1Frame 또는 매분 100Frame)한 후 이를 도표로 그려 분석하는 기법으로, 사이클 타임이 긴 작업을 효과적으로 분석한다.
- 창안자 : 먼델(M. E. Mundel)
- 메모동작(Memo Motion)분석 적합작업 및 활동
  - 불규칙적인 사이클 시간을 갖는 작업
  - 집단으로 수행되는 작업자의 활동
  - 장기적 연구대상 작업
- 특 징
  - 장시간의 작업을 연속적으로 기록하기에 용이하다.
  - 촬영이 장시간이므로 작업자의 자연스러운 행동을 기록할 수 있다.
  - 장 사이클의 작업 기록에 알맞다.
  - 불규칙적인 사이클을 가지고 있는 작업을 기록하는 데 알맞다.
  - 불안정한 작업을 기록하는 데 편리하다.
  - 조작업 또는 사람과 기계의 연합작업을 기록하는 데 알맞다.
  - 배치나 운반 개선을 행하는 데 적합하다.
  - Work Sampling방법을 실시할 수도 있다.
  - 메모동작속도를 촬영한 필름을 보통속도로 영사함으로써 생기는 과장효과에 의하여 작업 개선점을 쉽게 찾아낼 수 있다.
  - 작업 개선의 교육용 및 PR용으로 적합하다.

ⓒ 기타 분석방법
- VTR분석 : 즉시성, 확실성, 재현성, 편의성을 가지고 있으며, 레이팅의 오차한계가 5[%] 이내로 신뢰도가 높다.
- 사이클그래프분석 : 손가락, 손과 신체의 각기 다른 부분에 꼬마전구를 부착하여 동작의 궤적을 촬영하는 방법이다.

- 크로노(Chrono)사이클그래프분석 : 광원을 일정한 시간 간격으로 비대칭적인 밝기로 점멸시키면서 사진을 촬영하여 분석하는 방법으로, 작업의 속도, 동작 방향 등의 궤적을 파악할 수 있다.
- 스트로보(Strobo)사진분석 : 1초에 몇 회 또는 수십 회 개폐하는 스트로보 셔터나 플래시를 사용하여 동작의 궤적을 촬영하는 방법이다.
- 아이카메라(Eye Camera)분석 : 눈동자의 움직임을 분석·기록하는 방법이다.

핵심예제

2-1. 다음은 작은 컵을 손으로 잡고 병에 씌우는 서블릭 동작분석의 일부이다. ( ) 안에 들어갈 서블릭기호가 바르게 나열된 것은? [2016년 제4회]

• 컵으로 손을 뻗는다.	(㉠)
• 컵을 잡는다.	(㉡)
• 컵을 병까지 나른다.	(㉢)
• 컵의 방향을 고친다.	(㉣)

① ㉠ ⌣(TL), ㉡ 9(P), ㉢ ∪(TE), ㉣ O(PP)
② ㉠ ⌣(TL), ㉡ 9(P), ㉢ ⌒(RE), ㉣ ∪(TE)
③ ㉠ ∪(TE), ㉡ ∩(G), ㉢ ⌣(TL), ㉣ O(PP)
④ ㉠ ∪(TE), ㉡ ∩(G), ㉢ O(PP), ㉣ ⌣(TL)

2-2. 비효율적인 동작으로서 작업을 중단시키는 요소는 어떤 서블릭(Therblig)동작인가? [2006년 제1회, 2009년 제1회, 2013년 제2회]
① 쥐기(Grasp)
② 잡고 있기(Hold)
③ 내려놓기(Release Load)
④ 빈손 이동(Transport Empty)

2-3. 동작경제의 원칙 중 신체 사용에 관한 원칙으로 맞는 것은? [2008년 제4회 유사, 2010년 제4회 유사, 2013년 제4회 유사, 2014년 제1회 유사, 2017년 제2회]

① 모든 공구나 재료는 정위치에 두도록 하여야 한다.
② 팔 동작은 곡선보다는 직선으로 움직이도록 설계한다.
③ 근무시간 중 휴식이 필요할 때에는 한 손만 사용한다.
④ 두 손의 동작은 동시에 시작하고 동시에 끝나도록 한다.

핵심이론 03 표준시간과 작업 측정

① 개 요

㉠ 작업 측정은 작업 및 관리의 과학화에 필요한 여러 정보를 얻기 위하여 작업자가 행하는 여러 활동을 시간을 기초로 측정하는 것이며, 최종적으로 표준시간을 설정하는 데 그 목적이 있다.

㉡ 표준시간의 측정목적
• 원가를 견적하기 위하여
• 작업방법의 비교, 선택을 위하여
• 작업능률의 평가 소요 인원의 결정을 위하여

㉢ 표준시간 측정방법의 종류
• 시간연구법 : Stop Watch법, 촬영법
• Work Sampling법(WS법) : 관측 비율로 각 항목의 표준시간을 산정한다.
• 표준자료법 : 유사작업을 파악하여 작업조건의 변경에 따른 작업시간의 변화를 분석하여 표준시간을 산정한다.
• PTS법 : MTM법, WF법, BMT법, DMT법, MTA법, HPT법, MCD법 등(스톱워치법, MTM법, WF법 등은 주기가 짧고 반복적인 작업에 적합하고, 워크샘플링법은 주기가 길고 비반복적인 작업에 적합한 작업측정기법이다)

㉣ 정상시간(정미시간, Normal Time)
• 정상적인 작업수행에 필요한 시간
• 스톱워치로 구한 관측 평균 시간에 작업수행도 평가를 반영한 시간
• PTS법에 의하여 산출된 시간

㉤ 시간연구를 통하여 표준시간을 결정하는 절차 : 요소작업 분할 → 작업수행도 평가 → 대상작업자 선정 → 여유율 결정 → 표준시간 결정

② 표준시간의 정의, 구성, 산출법

㉠ 표준시간(Standard Time) 정의 : 소정의 표준작업조건하에서 일정한 작업방법에 따라서 숙련된 작업자가 정상적인 속도로 작업을 수행하는 데 필요한 시간이다.

㉡ 표준시간의 구성
• 표준시간(ST) = 정미시간 + 여유시간 $= NT + AT$
• 정미시간 : 관측시간(OT)을 수정하여 사용한다.
  – 정상적인 작업수행에 직접 필요한 시간

- 정미시간 = 관측시간 × 레이팅계수,
  표준시간 = 정미시간 + 여유시간
- 스톱워치에 의하여 관측 평균 시간을 구한 후 정상화작업을 행한 시간
- 훈련이 잘된 다수의 작업자가 표준화된 작업방법으로 작업할 때의 시간
- 여유시간 : 여유율(A)을 수정하여 사용

ⓒ 표준시간의 산출법
  • 외경법
    - 여유율$(A) = \dfrac{여유시간}{정미시간} = \dfrac{AT}{NT}$
    - 정미시간(NT) = 평균 관측시간(OT) × (정상화 계수)
    - 표준시간$(ST) = NT + AT = NT + (NT \times A)$
      $= NT(1 + A)$
  • 내경법
    - 여유율$(A) = \dfrac{여유시간}{(정미시간 + 여유시간)}$
      $= \dfrac{AT}{(NT + AT)}$
    - 정미시간(NT) = 평균관측시간(OT) × (정상화 계수)
    - 표준시간$(ST) = NT + AT = NT \times \dfrac{1}{1 - A}$

③ 수행도평가(Performance Rating)
  ⓐ 개 요
    • 실제 관측된 작업속도를 정상적인 기준의 작업속도와 비교한 평정계수로 관측시간치를 정상적인 속도로 수정하는 것이다.
    • 별칭 : 수행도평정, 정상화(Normalizing), 레이팅(Rating), 평준화(Leveling), 작업자 평정계수 등
    • 레이팅(Rating) 정의 : 정상적인 페이스와 비교하여 관측 평균 시간치를 보정해 주는 과정이다.
    • 작업의 정미시간(Normal Time)을 구하는 데 사용된다.
    • 작업의 표준 페이스와 실제 페이스의 비율을 의미한다.
    • 작업수행도 평가 실시 절차
      - 정상 작업속도의 개념 정립(기준이 되는 정상적인 작업속도의 개념을 익히고 레이팅의 단위를 정한다)
      - 작업 관측 및 평균 관측시간 계산(평가하려는 작업이 표준화된 작업방법에 의해서 수행되고 있음을 확인하고, 그 작업의 관측 중에 기준속도와 해당 작업의 유효(실제)속도를 서로 비교함)
      - 작업자 수행도평가(비교한 결과를 정량적(레이팅계수)로 나타냄)
      - 정상시간 계산(정미시간 산출 : 정미시간 = 관측 평균시간 × 레이팅계수
    • 수행도 평가방법의 종류 : 속도평가법, 객관적 평가법, 평준화법(웨스팅하우스법), 페이스평가법, SAM 레이팅, 합성평가법 등

  ⓑ 속도평가법 : 작업동작의 속도와 기준속도를 비교하고 작업동작의 속도를 계량화하여, 작업자의 작업속도를 정상 속도화하는 것이다(작업 난이도 상승 표준속도와 작업과의 유효속도 비교).
    • 수행도(속도) 오차 유발요인(작업방법, 조건, 환경 등은 동일)
      - 능력(재능, 기능, 육체적 조건 등) : 적성, 숙련
      - 의욕(의지, 흥미, 인내력 등) : 긴장, 노력
    • 정상수행도 척도의 예
      - 52장의 트럼프카드를 0.5분에 나누어 주는 손의 동작속도이다.
      - 30개의 핀이 가득 들어 있는 용기에서 양손으로 동시에 2개씩 집어 판자 구멍에 넣는 데 0.41분이 걸릴 때 손의 속도이다.
      - 짐을 갖지 않고 곧고 평탄한 길 4.8[km]를 1시간 안에 걸을 때 발의 동작속도이다.
    • 레이팅 결과분석
      - 그래프의 대각선에 오차 10[%]의 범위 내에 있는 레이팅은 정확성이 있는 것으로 간주한다.
      - 후한 레이팅 : 점들이 대각선 위에 위치한다.
      - 짠 레이팅 : 점들이 대각선 아래에 위치한다.
      - 보수적 경향의 레이팅 : 아주 빠른 작업은 약간 빠르게, 아주 늦은 작업은 약간 늦게 평가하는 경우
      - 극단적 레이팅(급경사인 경우) : 빠른 작업은 아주 더 빠르게 평가하고, 늦은 작업은 아주 더 늦게 평가하는 경우, 긴류(緊留)효과(Anchoring Effect)

ⓒ 객관적 평가법
- 창안자 : 먼델(Mundel)
- 의의 : 객관적 레이팅 필름에 의해서 1차 속도 평가를 행하고, 작업의 난이도에 따라 2차 평가를 하며 평가자 주관의 개입을 작게 하고 평가오차를 감소시킨다.
- 객관적 평가법의 절차
  - 1차 평가 : 다상필름 또는 스텝필름을 상당 횟수를 보고 훈련하여 체득한 표준 페이스 척도 개념과 관측 중의 작업 페이스를 비교하거나 관측한 작업 필름과 다상필름을 2대로 동시에 영사하여 비교·평가한다.
  - 2차 평가 : 작업내용 및 난이도 등에 대하여 미리 실험하여 결정한 수치를 기계적으로 적용하여 요소작업마다 별도로 작업의 난이성을 조정한다.
  - 2차 조정계수 내용 분류인자 : 사용되는 신체 부위, 양손의 동시 동작 정도, 물품 취급상의 주의 여부, 족답 페달의 상황, 눈과 동작 조정의 필요도, 중량 또는 저항요소 등
  - 정미시간 산출 :
    정미시간 = 관측 평균치 × 속도 평가계수
    × (1차 + 2차 조정계수)

ⓓ 평준화법(웨스팅하우스법) : 관측한 작업속도를 작업의 숙련도(Skill), 작업의 노력도(Effort), 작업의 조건, 작업의 일관성(Consistency) 등의 4가지를 변동요인(수행도 평가 반영요소) 또는 평정시스템의 요소로 하여 작업을 평가하고 각각의 평가에 상당하는 평준화계수를 반영하여 정미시간을 산출하는 방법이다.
- 정미시간 = 관측 평균 시간 × (1 + 평준화계수)
- 평준화 실시상의 주의사항
  - 작업방법에 변화가 없거나 변화가 있어도 작업자가 평균 또는 평균에 근접한 수행도를 나타내고 있다면 양호한 결과를 얻을 수 있다.
  - 요소작업보다도 전체 작업에 대한 평가에 사용한다.
  - 평가는 반드시 관측 시에 행하여야 하며 한 번 평가하였다면 절대 변용해서는 안 된다.

ⓔ 페이스평가법(Pace Rating) : 속도평가법과 노력평가법을 발전시켜 페이스라는 개념으로 변경하고 여러 가지 다른 형태의 작업에 대해 일련의 기본 표준을 설정하며 각종 작업 고유의 정상 페이스를 습득하여 실제 작업을 평가하는 방법이다.

- 작업속도는 동작 그 자체의 속도보다 일정한 작업을 수행하는 데 필요한 속도이다. 직접 생산량에 영향을 미쳐 수행도평가법(Performance Rating)이라고도 한다.
- 워크샘플링방법 중 레이팅을 하여 표준시간을 산출하는 대표적인 방법이다.
- 시간연구자의 레이팅 훈련용으로 많이 사용되는 SAM의 레이팅필름으로, 사회적으로 공인된 작업속도의 기준척도이며 일반적으로 널리 사용된다.

ⓕ SAM 레이팅(Society for Advancement of Management)
- SAM의 레이팅연구위원회가 개발하였다.
- 공정한 1일 작업량 산출을 위하여 24종의 간단한 현장작업, 사무작업, 실험실 작업을 16[mm] 정속 모터가 장착된 카메라로 촬영 및 조사하며 레이팅하는 방법이다.

ⓖ 합성평가법(종합적 평준화법 또는 합성레이팅법, Synthetic Rating) : 관측된 작업 중에서 요소작업에 대한 대표치를 PTS법으로 분석하고, PTS에 의한 시간치와 관측시간치의 비율을 구하여 레이팅계수를 산정한 후 다른 요소작업에 적용시키는 레이팅기법이다.
- 창안자 : 모로(R. I. Morrow)
- 전제조건 : 작업이 요소작업으로 구분이 가능해야 하며, 몇 개의 요소작업에 대해 사전에 표준시간을 얻을 수 있어야 한다.
- 레이팅계수 산정 : $P = \dfrac{F_i}{O}$

  여기서, P : 레벨링 팩터
  F_i : PTS를 적용하여 산정된 시간치
  O : F_i와 같은 요소작업에 대한 실제 관측시간치
- 합성평가법(종합적 평준화법)의 순서
  - 작업을 요소작업으로 구분한 후 시간연구를 통해 개별시간을 구한다.
  - 요소작업 중 임의의 작업자 요소(Manually Paced Element)를 몇 개 선정한다.
  - 선정된 요소작업에 대하여 PTS시스템 중 어느 한 개를 적용하여 대응되는 시간치를 구한다.
  - PTS에 의한 시간치와 관측시간치의 비율을 구하여 레이팅계수를 산정한다.

- 특 징
  - 시간연구자의 주관적 판단에 의한 결함을 보정하고, 높은 수준의 정확성을 얻을 수 있다.
  - 기계요소작업의 레이팅계수는 보통 100[%]로 취급하기 때문에 작업자 요소작업만 선정하여 비율을 구한다.
  - 일종의 샘플링방법이기 때문에 샘플오차를 줄이기 위해 두 개 이상의 요소작업을 선정한다.
  - 샘플수를 너무 많이 취하면 PTS에 의해 정미시간을 구하는 것과 차이가 없기 때문에 시간연구를 한 이유가 없어진다.
  - PTS에 내재되어 있는 표준 페이스를 인정하여 받아들인다.
  - 다른 레이팅방법과 비교하면 소요시간이 길다.
  - 샘플링오차를 피할 수 없다.
④ **여유시간** : 작업을 진행시키는 데 있어서 물적·인적으로 필요한 요소이기는 하지만, 발생하는 것이 불규칙적이고 우발적이므로 편의상 그들의 발생률, 평균시간 등을 조사 측정하여 이것을 정미시간에 가산하는 형식이다. 보상하는 시간치로서의 종류는 일반여유(용무여유, 피로여유, 작업여유, 관리여유)와 특수여유(기계간섭여유, 조여유, 소로트여유, 장사이클여유, 장려여유)로 대별된다.
  ㉠ **용무여유** : 인간의 생리적, 심리적 요구에 의한 자연과 환경조건에 따른 영향(물 마시기, 세면, 용변 등)에 의해 발생되는 시간을 보상하기 위한 여유이다.
  ㉡ **피로여유** : 작업수행에 따르는 정신적, 육체적 피로로부터 효과적으로 회복하고, 장기간에 걸친 작업능률을 최고로 유지하기 위한 인적인 여유이다.
    - 피로의 원인 : 육체적 근육노동, 정신적 긴장, 작업강도, 작업의식 긴장도, 작업속도, 작업시간 길이, 작업환경 등
    - 피로여유 결정방법
      - $F = (F_a + F_b) \times L + F_c$
        여기서, F : 총피로여유율
        F_a : 정신적 노력에 대한 여유율
        F_b : 육체적 노력에 대한 여유율
        L : 휴식시간에 대한 회복계수
        F_c : 단조감에 대한 여유율

- $R = \dfrac{(작업으로\ 소비되는\ 대사량 - 안정\ 시\ 대사량)}{기초대사량}$
  $= \dfrac{(작업\ 시\ 산소소비량 - 안정\ 시\ 산소소비량)}{기초\ 산소소비량}$
  $= \dfrac{(작업\ 시\ 소비칼로리 - 안정\ 시\ 소비칼로리)}{기초\ 칼로리}$

- RMR(에너지대사율) 측정법 : 직접 칼로리 측정법, 간접 칼로리 측정법, 폐쇄식 간접 칼로리 측정법 등

㉢ **작업여유** : 작업수행 과정에서 불규칙적으로 발생하고, 정미시간에 포함시키기 곤란하거나 바람직하지 못한 작업상의 지연을 보상하기 위한 여유(재료 취급, 기계 취급, 치공구 취급, 몸 준비, 작업 중의 청소, 작업 중단 등)이다.

㉣ **관리여유** : 직장관리상 필요하거나 관리상 준비되지 않아 발생하는 작업상의 지연을 보상하기 위한 여유(재료 대기, 치공구 대기, 설비 대기, 지시 대기, 관리상 지연, 사고에 의한 지연 등)이다.

㉤ **기계간섭여유** : 1명의 작업자가 2대 이상의 기계를 조작할 때 기계 간섭이 발생하여 생산량이 감소하는 것을 보상하기 위한 여유이다.
  - 기계 간섭률 산정
    $$I = 50 \left[\sqrt{(1+X-N)^2 + 2N} - (1+X-N) \right],$$
    $$i = t \times (I/100)$$
    여기서, I : 손 취급시간(t)에 대한 기계 간섭률
    $$X : \frac{기계\ 가공시간}{손\ 취급시간} = \frac{T}{t}$$
    T : 기계 가공시간
    t : 손 취급시간
    i : 기계 간섭시간

㉥ **조여유** : 조립의 컨베이어식 흐름작업이나 도금과 같은 연합작업 등 그룹을 이루고 있는 수평의 작업자 공정계열로 연계되어 있고, 개개인이 맡고 있는 분담작업을 수행할 경우 상호작업을 동시화시키기 위하여 발생하는 개개인의 작업 지연을 보상하기 위한 여유이다.

㉦ **소로트여유** : 로트수가 작기 때문에 정상작업 페이스를 유지하기 곤란하게 되는 것을 보상하기 위한 여유이다.

- 로트수가 작아 능률이 충분히 오르기 전에 작업이 완료되기 때문에 표준시간의 유지가 어렵게 되는데 이러한 지연을 보상하기 위한 여유이다.
- 작업자의 습숙과 가장 관련이 깊은 여유이다.
◎ 장사이클여유 : 작업 사이클이 길어서 발생되는 작업의 변동이나 육체적 곤란 및 복잡성을 보상하기 위한 여유이다.
㉧ 장려여유 : 장려제도(성과급제도, 자극급제도, 능률급제도 등)가 실시되고 있는 경우 평균 작업자가 기본급에 대해 몇 [%]의 할증금을 지급받을 수 있는지를 결정하여야 하는데, 표준시간의 기본급에 대한 할증금의 비율을 포함시키기 위한 작업시간을 고려한 계수이다.

⑤ 표준시간 측정방법
  ㉠ 스톱워치(Stop Watch)에 의한 시간연구
    • 테일러(F. W. Taylor)의 과학적 관리에서 이용한 기법이다.
    • 잘 훈련된 자격을 갖춘 작업자가 정상적인 속도로 완료하는 특정작업 결과의 표본을 추출하여 이로부터 표준시간을 설정하는 방법이다.
    • 반복적이고 짧은 주기의 작업에 적합하다.
    • 종업원에 대한 심리적 영향을 가장 많이 주는 측정방법이다.
    • 시간치 측정단위 : $\frac{1}{100}$ 분(1DM = 0.6초decimal minute)을 사용

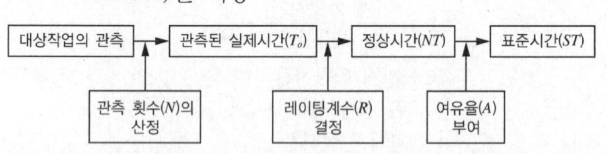

    • 시간 관측을 위한 준비사항 : 시간 관측자 선정, 조직화, 일정계획 수립, 관측용구 준비(스톱워치, 관측판, 관측용지), 대상 작업자 선정, 분위기 조성 등
    • 작업의 요소별 분류방법
      - 요소는 정확하게 시간을 측정할 수 있도록 기간을 알맞게 잡아야 한다.
      - 작업자의 시간과 기계 작동시간은 서로 분리되어야 한다.
      - 정수요소는 변수요소와 분리되어야 한다.

- 관측 위치와 자세 : 작업자 전방 1.5~2[m] 떨어진 곳에서 작업이 잘 보이는 위치에서 방해되지 않도록 작업자의 동작 부분과 스톱워치와 눈이 일직선상에 있도록 한다.
- 스톱워치에 의한 시간연구에서 관측대상 작업을 여러 개의 요소작업으로 구분하여 시간을 측정하는 이유
  - 모든 요소작업의 여유율을 다르게 부여하여 여유시간을 정확하게 구할 수 있다.
  - 요소작업을 명확하게 기술함으로써 작업내용을 보다 정확하게 파악할 수 있다.
  - 작업방법이 변경되면 해당되는 부분만 시간연구를 다시 하여 표준시간을 쉽게 조정할 수 있다.
  - 같은 유형의 요소작업 시간자료로부터 표준자료를 개발할 수 있다.
- 관측방법의 분류
  - 반복법 : 한 요소작업이 끝날 때 시간치를 읽은 후 원점으로 되돌려 다음 요소작업을 측정하며 비교적 작업주기가 긴 요소작업에 적합하다.
  - 계속법 : 첫 번째 소요작업이 시작되는 순간에 시계를 작동시켜 관측이 끝날 때까지 시계를 멈추지 않고, 요소작업의 종점마다 시계바늘을 읽어 관측용지에 기입하는 방법으로 측정한다.
    ⓐ 규칙적이거나 반복적인 작업 측정에 적합하다.
    ⓑ 요소작업의 사이클 타임이 짧은 경우에 적용이 용이하다.
    ⓒ 매 작업요소가 끝날 때마다 바늘을 멈추고 원점으로 되돌릴 때 발생하는 측정오차가 거의 없다.
  - 누적법 : 두 개의 스톱워치를 사용하여 요소작업이 끝날 때마다 한쪽의 시계를 정지시키고, 다른 시계는 움직여 시간을 측정하는 방식이다.
  - 순환법 : 관측 대상의 요소작업이 너무 짧아 개별적으로 측정할 수 없을 때 관측대상의 요소작업을 모두 측정하여 시간을 기록한 후 관측대상의 모든 요소작업 중 한 요소작업을 제외한 시간치 측정을 각각 수행하여 요소작업의 시간을 산출하는 방식이다.

- 관측 횟수의 결정
  - 그랜트(E. L. Grant)법
    - ⓐ 신뢰도 95[%], 소요 정도 ±5[%]일 경우 관측

    횟수 : $N' = \left(40 \times \dfrac{\sqrt{N\sum x^2 - \left(\sum x_i\right)^2}}{\sum x}\right)^2$

    - ⓑ 신뢰도 95[%], 소요 정도 ±10[%]일 경우 관측

    횟수 : $N' = \left(20 \times \dfrac{\sqrt{N\sum x^2 - \left(\sum x_i\right)^2}}{\sum x}\right)^2$

    여기서, N : 예비 관측 횟수
    x : 예비 관측 개별시간치 신뢰도
  - 메이택(Maytag)사의 방법 : 관측 실시(예비 관측)
  → 범위 R의 계산 → 평균치 $\bar{x}$의 계산 → $\dfrac{R}{x}$ 계산
  → 표에 의해 필요 관측 횟수 결정
- 이상치 취급
  - 메릭(D. V. Merrick)의 방법 : 개별시간을 크기순으로 나열하고 인접치보다 25[%] 이상 작거나 30[%] 이상 큰 것을 이상치로 취급한다.
  - 셔트(W. H. Shutt)의 방법 : 개별시간의 평균치를 구하고 그 값으로 25[%] 이상 떨어져 있는 것을 이상치로 취급한다.
  - 먼델(M. E. Mundel)의 방법 : 표준작업방법에 따르지 않았을 경우 이상치로 취급하고, 어떤 요소작업이 고유인 경우 이상치로 취급하지 않는다. 불규칙적으로 발생하는 것에 대해서는 별도로 평가하여 발생 비율에 따라 표준시간에 부가한다.
  - 기각한계법 : $\bar{x} \pm \sigma \sqrt{\dfrac{n+1}{n}F_{1-\alpha}(1,\ n-1)}$ 에서 벗어나면 이상치로 취급한다.
- 스톱워치(Stop Watch)법의 표준시간 설정 절차
  - 모든 필요한 정보를 수집한다.
  - 작업을 단위 또는 요소작업으로 구분한다.
  - 현장에서 측정 및 기록한 작업시간의 평균시간을 산출한다.
  - 관측대상자를 평가하고 정상화 작업을 한 시간치로서 정미시간을 산출한다.
  - 여유율을 산정한다.
  - 표준시간을 결정한다.

- ⓛ WS(Work Sampling)법
  - 창안자 : 티펫(L. H. C. Tippett)
  - 작업주기가 길거나 활동내용이 일정하지 않은 비반복적인 작업을 측정하는 데 적합하며, 표본이론의 응용과 무작위 표본 추출의 이론을 적용한 통계적 표준시간 측정기법이다.
  - 표본이론의 응용과 무작위 표본 추출의 이론을 적용한 통계적 표준시간 측정기법이다. 통계적인 샘플링 방법을 이용하여 작업자의 활동, 기계의 활동, 물건의 시간적 추이 등의 상황을 통계적, 계수적으로 파악한다.
  - 특 징
    - 작업주기가 길거나 활동내용이 일정하지 않은 비반복적인 작업 측정에 적합하다.
    - 사이클 타임이 긴 작업에도 적용이 가능하다.
    - 한 사람이 여러 작업자를 대상으로 실시할 수 있다.
    - 워크샘플링의 관측요령 : 랜덤한 시점에서 순간 관측한다(Snap Reading기법).
    - 대상자가 의식적으로 행동하는 일이 적으므로 결과의 신뢰도가 높다.
    - 노력이 적게 든다.
    - 개개의 작업에 대한 깊은 연구는 곤란하다.
    - 작업방법이 변경되면 처음부터 다시 실시해야 한다.
    - 대상자가 작업장을 떠났을 때는 그 행동을 알 수 없다.
    - 워크샘플링 관측치의 변동을 추정하기 위해 관리도를 사용하고자 할 때 가장 적당한 관리도 형태는 관측비율과 관련 있는 P관리도가 가장 적당하다.
  - 통계량값
    - 상대오차 : $S = \dfrac{u_{1-\alpha/2}\sqrt{p(1-p)/n}}{p}$
    - 절대오차 : $S_p = u_{1-\alpha/2}\sqrt{p(1-p)/n}$
    - 신뢰한계 : $\mu \pm u_{1-\alpha/2}\sigma = p \pm Sp = p(1 \pm S)$
    - 관측 횟수(신뢰도 95[%]인 경우) :
    $n = \dfrac{4p(1-p)}{(Sp)^2}, \quad n = \dfrac{4(1-p)}{S^2 p}$
  - WS법에 의한 표준시간 설정
    - WS법으로 현장작업을 관측하여 표준화한다.
    - 표준화된 작업을 WS법으로 재차 관측한다.

- 관측 중 주체작업에 관해서는 레이팅한다.
- 관측시간 중의 전 시간, 주체 작업시간, 생산량 및 레이팅 계측에 의해 작업 정미시간을 산출한다.
- 작업 정미시간에 여유율을 곱하여 작업 표준시간을 결정한다.

ⓒ 표준자료법
  - 작업요소별 관측된 표준자료(Standard Data)가 존재하는 경우, 이들 작업요소별 표준자료들을 합성하여 정미시간을 구하고 여유시간을 반영하여 표준시간을 설정하는 방법이다.
  - 정미시간을 산출하기 위하여 다중회귀분석(Multiple Regression Analysis)법을 이용하는 방법이다.
  - 주로 다품종 소량 생산, 소로트 생산에 이용한다.
  - 특 징
    - 레이팅이 필요 없다.
    - 작업의 표준화가 유지, 촉진된다.
    - 누구라도 일관성 있게 표준시간을 산정하기 쉽고, 적용이 간편하다.
    - 제조원가의 사전 견적이 가능하며, 현장에서 데이터를 직접 측정하지 않아도 된다.
    - 반복성이 적거나 표준화가 곤란하면 적용하기 어렵다.
    - 모든 시간의 변동요인을 고려하기 곤란하므로 표준시간의 정도가 떨어진다.
    - 표준자료 작성 시 초기 비용이 많이 들어 반복성이 적거나 제품이 큰 경우에는 부적합하다.
  - 표준자료의 작성 순서 : 표준자료 적용범위 결정 → 자료 수집과 분석 → 시간 측정과 마스터테이블 정립 → 표준자료 정리 및 분석

ⓔ PTS(Predetermined Time Standards System)법
  - 미리 정해 놓은 기본동작별 시간자료로부터 작업을 구성하는 동작들의 시간을 합성하여 표준시간을 결정하는 작업 측정기법이다.
  - 사람이 행하는 작업 또는 작업방법을 기본적으로 분석하고 각 기본동작에 대하여 그 성질과 조건에 따라 이미 정해진(Predetermined) 기초동작치(Time Standards)를 사용하여 알고자 하는 작업동작 또는 운동의 시간치를 구하고 이를 집계하여 작업의 정미시간을 구하는 방법이다.

- 종류 : MTA(Motion Time Analysis, 최초의 PTS), MTM(Method Time Measurement, 가장 보편적으로 사용), WF(Work Factor), MODAPTS
- PTS법의 특징
  - (사전 제조)원가의 견적을 보다 정확하게 할 수 있다.
  - 표준자료법을 도입할 경우 정도를 보다 향상시킬 수 있다.
  - 흐름작업을 설계하는 데 있어 라인밸런스 효율을 높일 수 있다.
  - 작업방법과 작업시간을 분리하여 동시에 연구할 수 있다.
  - 작업방법만 알고 있으면 관측을 행하지 않고도 표준시간을 알 수 있다.
  - 작업자의 능력이나 노력에 관계없이 객관적으로 시간을 결정할 수 있다.
  - 작업자의 인종·성별·연령 등을 고려할 필요가 없고, 작업 측정 시 스톱워치 등과 같은 도구도 필요 없다.
  - 표준시간 설정과정에 있어서 현재의 방법을 좀 더 합리적인 방법으로 개선할 수 있다.
  - 표준자료의 작성이 용이하고, 그 결과 표준시간 설정의 공수를 대폭 삭감할 수 있다.
  - 동작과 시간의 관계를 현장의 관리자나 작업자에게 보다 잘 인식시킬 수 있다.
  - 작업자에게 최적의 작업방법을 훈련할 수 있다.
  - 작업방법에 변용이 생겨도 표준시간의 개정을 신속하고, 용이하게 할 수 있다.
  - 생산 개시 전에 미리 표준시간 설정을 할 수 있다.
  - 공평하고 정확한 표준 설정이 가능하므로 높은 생산성을 기대할 수 있다.
  - PTS법 중 주로 MTM, WF, MTA 등이 사용된다.
  - 시스템 도입 초기에도 별도의 전문가 자문이 필요하다.
  - 사이클 타임 중 수작업 시간에 수 분 이상이 소요되면 분석에 소요되는 시간이 다른 방법과 비교해서 상당히 길어지므로 비경제적일 위험이 있다.
  - 비반복작업에는 적용될 수 없다.
  - 자유로운 손동작이 제약될 경우에는 적용될 수 없다.

- PTS의 여러 시스템 중 회사의 실정에 알맞은 것을 선정하는 것 자체가 용이한 일이 아니며 시스템 활동을 위한 교육 및 훈련이 곤란하다.
- PTS법의 작업속도는 절대적인 것이 아니기 때문에 회사의 작업에 합당하게 조정하는 단계가 필요하다.

ⓜ MTM법
- 인간이 행하는 작업을 기본동작으로 분석하고 각 기본동작은 그 성질과 조건에 따라 미리 정해진 시간치를 적용하여 정미시간을 구하는 방법이다.
- MTM법의 시간치 : 1TMU = 0.00001시간 = 0.0006분 = 0.036초, 1초 = 27.8TMU, 1분 = 1,666.7TMU, 1시간 = 100,000TMU
- MTM법의 특징
  - 레벨링이나 레이팅 등으로 수행도를 평가할 필요가 없다.
  - 작업연구원으로서는 시간치보다 작업방법에 의식을 집중할 수 있다.
  - 작업방법에 정확한 설명이 필요하다.
  - 생산 착수 전에 보다 좋은 작업방법을 설정할 수 있다.
  - 각 직장, 각 공장에 일관된 표준을 만든다.
  - 작업이나 수행도평가에 대한 불만을 제거할 수 있다.
- MTM법의 적용범위
  - 대규모 생산시스템
  - 단 사이클의 작업형
  - 초단 사이클의 작업형
- 적용범위를 적용할 수 없는 경우
  - 기계에 의하여 통제되는 작업
  - 정신적 시간(계획하고 생각하는 시간)
  - 육체적으로 제한된 동작
  - 주물과 같은 중공업
  - 대단히 복잡하고 절묘한 손으로 다루는 형의 작업
  - 변화가 많은 작업이나 동작
- MTM법의 기본동작 : 손을 뻗침(R ; Reach), 운반(M ; Move), 회전(T ; Turn), 누름(AP ; Apply Pressure), 잡음(G ; Grasp), 정치(P ; Position), 방치(RL ; Release), 떼놓음(D ; Disengage), 크랭크 운동(C ; Cranking Motion), 눈의 이동시간(ET ; Eye Travel Time), 눈의 초점 맞추기 시간(EF ; Eye Focus Time), 전체동작(Body Motion), 신체의 보조동작 (Body Assists)
  - 예 '제품을 떨어뜨리면서 손을 멈추지 않고 6[inch] 손을 뻗치고 계수 Counter의 Level을 누르며 부품에 손을 뻗침'의 MTM 표시법 : M(Move), R(Reach), 6(6inch), A(케이스 A), M(Move)
- PTS(MTM)법의 표준시간 설정 절차
  - 필요한 모든 정보를 수집한다.
  - 작업을 단위 또는 요소작업으로 분할한다.
  - 단위작업을 기본동작으로 구분한다.
  - 각 동작에 MTM데이터를 적용하여 정미시간을 산출한다.
  - 여유율을 산정한다.
  - 표준시간을 결정한다.

ⓗ WF법
- 사람이 행하는 작업을 요소동작으로 분석하고 각 요소동작에 대해서 그 성질과 조건에 따라 WF법의 규정을 적용하여 WF 동작시간표로부터 시간치를 구하고 집계하여 그 작업의 정미시간을 구하는 방법이다.
- WF법의 기본원리
  - 인간이 통제할 수 있는 작업동작은 모두 제안된 종류의 기본요소동작으로 세분할 수 있다.
  - 각 기본요소동작은 일정한 조건하에서는 언제 어디서 발생해도 일정한 시간치를 갖는다.
  - 일련의 작업동작에 요하는 총시간은 필요 기본요소동작시간의 합계에 지나지 않는다.
- WF법의 특징
  - WF 시간치는 정미시간이다.
  - 시간단위로는 1WFU = $\dfrac{1}{10,000}$ 분을 사용한다.
  - Stop Watch를 사용하지 않는다.
  - 정확성과 일관성이 증대한다.
  - 동작 개선에 기여한다.
  - 사전에 표준시간 산출이 가능하다.
  - 작업방법 변경 시 표준시간 수정이 용이하다.
  - 작업연구의 효과를 증가시킨다.
  - 유통공정의 균형 유지가 용이하다.
  - 기계의 여력 계산과 생산관리를 위하여 견실한 기준이 작성된다.

- WF법의 종류 : Detailed WF법, Simplified WF법, Abbreviated WF법, Ready WF법
- WF법에 사용되는 표준요소 : 이동(Transportation), 붙잡기(Grasp), 정치(Preposition), 조립(Assemble), 사용(Use), 분해(Disassemble), 놓기(Release), 정신과정(Mental Process)
- WF법의 주요 변수 : 사용되는 신체 부위, 동작거리, 중량 또는 저항(Weight, Resistance), 동작의 곤란성(Work-Factors : 일시정지(Definite Stop), 방향조절(Steering), 주의(Precaution) 방향 변경(Change of Direction))
- 인간이 작업시간을 통제하는 작업의 경우 WF법의 4가지 시간변동요인 중 인위적 조절에 해당하는 것 : S(방향 조절), P(주의), U(방향 변경), D(일정한 정지)
⓼ WF법과 MTM법의 공통점과 상이점
- 공통점
  - 상세법과 간이법 등이 있다.
  - 정규교육을 받고 시험에 합격함으로써 정규자격 소지자가 될 수 있다.
  - 정해진 규칙에 따라 분석한 후 정해진 시간표에 따라 시간치를 설정한다.
  - 넓은 적응성을 가지고 있다.
- 상이점
  - WF법은 관측 중심주의로 관측을 체득하는 데 다소 곤란하지만, 관측만 안다면 많은 경험이 없어도 올바른 분석을 할 수 있다.
  - MTM법의 관측은 WF법에 비하면 매우 간단하나 경험과 판단력이 없으면 규칙을 바르게 적용하기 곤란하다.
  - DWF(Detailed WF, WF 상세법)의 시간단위 : $1WFU = 0.0001분 = \dfrac{1}{10,000}$ 분
  - MTM법의 시간단위 : $1TMU = 0.00001시간 = \dfrac{1}{100,000}$ 시간 = 0.0006분
  - WF법의 시간치는 작업속도가 장려 페이스(125[%])를 기준으로 하며, MTM법의 시간치는 정상 페이스(100[%])를 기준으로 한다.

ⓞ MODAPTS(MODular Arrangement of Predetermined Time Standards)
- 신체의 특정 부분을 움직이는 시간으로 나타내어 작업시간을 측정하는 기법이다.
- 단위 : MOD = 1회의 손가락 동작 = $\dfrac{1}{8}$ 초(0.00215분)
- 50개 미만의 동작이 사용된다.
- 동작의 3분류
  - 이동동작 : 목적물에 이르거나 접근하는 데 사용되는 손가락, 손, 팔, 어깨, 몸통의 동작
  - 종결동작 : 동작 끝에 이루어지는 쥐기(Get)나 놓기(Put)의 동작
  - 보조동작 : 걷거나 허리를 구부리거나 검사하는 등의 동작
- 작업동작별 시간치

작업동작	동작 표시	시간치
손가락 동작	M 1	1MOD
손동작	M 2	2MOD
팔꿈치 아랫동작	M 3	3MOD
팔꿈치 윗동작	M 4	4MOD
어깨, 팔 전체 동작	M 5	5MOD

- 특 징
  - 이동거리를 측정하지 않고 시스템이 단순하여 반복적인 표준작업에 쉽게 적용할 수 있다.
  - 표준시간 설정이 신속하고 단순하다.
  - 비용이 적게 든다.
  - 다양한 응용이 가능하다.
  - MTM에 비해서 정확성이 2~3[%] 정도 낮다.

3-1. 어느 작업자의 시간연구결과, 평균 작업시간이 단위당 20분 소요되었다. 작업자의 레이팅계수는 95[%]이고, 여유율은 정미시간의 10[%]일 때, 표준시간은 약 얼마인가?

[2008년 제1회 유사, 2014년 제1회]

① 14.5분   ② 16.4분
③ 18.1분   ④ 20.9분

3-2. 부품 A의 시간연구결과, 관측시간 평균 5분, 레이팅계수 80[%], 정미시간(또는 정상시간)에 대한 비율로 정의한 여유율은 25[%]이다. 부품 A를 1개월에 9,600개 생산하기 위해 필요한 최소 작업 인원은 몇 명인가?(단, 1개월 25일, 1일 8시간을 작업한다)

[2016년 제4회]

① 3   ② 4
③ 5   ④ 6

3-3. 스톱워치를 이용한 시간연구결과, 평균 실측시간은 10분, 레이팅계수는 120[%]로 측정되었다. 외경법에 의한 여유율이 25[%]인 경우, 이 작업의 표준시간은 얼마인가?

[2003년 제1회 유사, 2009년 제4회 유사, 2012년 제4회 유사, 2016년 제2회]

① 12.5분   ② 13.3분
③ 15.0분   ④ 16.0분

3-4. 개당 정미시간(Normal Time)이 2.0분, 외경법을 적용한 여유율이 15[%]인 품목의 1일(480분) 표준 생산량은 약 몇 개인가?

[2015년 제1회]

① 168개   ② 208개
③ 248개   ④ 288개

3-5. 제품 A를 생산하기 위한 한 로트당 정상시간은 400분이다. 외경법에 의한 여유율이 20[%]일 때 제품 A를 300로트 생산하는 데 필요한 작업시간은? [2005년 제4회 유사, 2014년 제2회]

① 2,200시간   ② 2,400시간
③ 4,067시간   ④ 4,200시간

3-6. 관측 평균시간이 0.8분, 정상화계수가 110[%], 여유율이 5[%]일 때, 내경법에 의한 표준시간은 약 몇 분인가?

[2002년 제1회, 2012년 제2회, 2013년 제2회]

① 0.044   ② 0.836
③ 0.924   ④ 0.926

3-7. 관측 평균시간 5분, 객관적 레이팅에 의해서 1단계 평가계수 95[%], 2단계 조정계수 15[%], 여유율 20[%]일 경우의 표준시간은 약 몇 분인가? [2006년 제2회 유사, 2017년 제2회]

① 5.09분   ② 6.56분
③ 7.56분   ④ 8.39분

3-8. 웨스팅하우스법에 의한 작업수행도 평가에 반영되는 요소가 아닌 것은?

[2003년 제1회 유사, 2012년 제4회 유사, 2014년 제4회 유사, 2015년 제2회]

① 작업의 숙련도(Skill)
② 작업의 노력도(Effort)
③ 작업의 난이도(Difficulty)
④ 작업의 일관성(Consistency)

3-9. 다음의 데이터를 이용하여 외경법에 의해 표준시간을 구하면 몇 분인가? [2013년 제4회, 2023년 제1회]

> [데이터]
> 1) 평균관측시간 : 0.86분
> 2) Westinghouse법에 의한 평준화계수
>   ① 숙련도 B2 0.08   ② 노력도 C1 0.05,
>   ③ 작업환경 B 0.04   ④ 일관성 E −0.02
> 3) $\dfrac{여유시간}{정미시간} = 25\%$

① 1.16353분   ② 1.23625분
③ 1.26471분   ④ 1.31867분

3-10. 워크샘플링법을 이용하여 기계 가동 실태를 조사한 결과, 정지율이 29[%]로 추정되었다. 정지율 추정에 사용된 관측치가 모두 1,000개였다면, 신뢰수준 95[%] 수준에서 상대오차는 약 몇 [%]인가? [2005년 제4회, 2016년 제1회]

① ±8.21[%]   ② ±14.8[%]
③ ±9.9[%]   ④ ±19.8[%]

3-11. 다음 표는 M회사의 시간연구자료다. 이 자료를 활용하여 단위당 표준시간을 구하면, 약 얼마인가?

[2004년 제2회, 2017년 제4회]

내 용	데이터
작업시간	450분
생산량	300개
작업시간율(1 − 유휴시간율)	90[%](1 − 10[%])
Rating계수	105[%]
여유율	11[%]

① 0.16분
② 1.43분
③ 1.59분
④ 1.65분

|해설|

3-1

표준시간 = 평균 작업시간 × 레이팅 × (1 + 여유율)
$\qquad$ = 20 × 0.95 × (1 + 0.1) = 20.9

3-2

$$\frac{5[\text{min}] \times 0.8 \times (1+0.25) \times 9,600\text{개}}{25[\text{day}] \times 8[\text{hr/day}] \times 60[\text{min/hr}]} = 4\text{명}$$

3-3

$ST = $ 정미시간 × (1 + 여유율) = (10 × 1.2) × (1 + 0.25) = 15분

3-4

$ST = 2.0 \times (1+0.15) = 2.3$이므로, 표준 생산량 $= \dfrac{480}{2.3} = 208\text{개}$

3-5

작업시간 = 정상시간 × (1 + 여유율) × 로트 수량
$\qquad$ = 400 × (1 + 0.2) × 300 = 2,400시간

3-6

표준시간 = 관측 평균시간 × 정상화계수 × $\left[\dfrac{1}{(1-\text{여유율})}\right]$

$\qquad = 0.8 \times 1.10 \times \dfrac{1}{0.95} = 0.926$

3-7

표준시간 $= 5 \times 0.95 \times 1.15 \times 1.2 = 6.56$분

3-8

평준화법(웨스팅하우스법) : 관측한 작업속도를 작업의 숙련도(Skill), 작업의 노력도(Effort), 작업의 조건, 작업의 일관성(Consistency) 등의 4가지를 변동요인(수행도 평가 반영요소) 또는 평정시스템의 요소로 하여 작업을 평가하고 각각의 평가에 상당하는 평준화계수를 반영하여 정미시간을 산출하는 방법이다.

3-9

표준시간 = 정미시간(1 + 여유율)이다.
평준계수 = 숙련도 + 노력도 + 작업환경 + 일관성
$\qquad$ = 0.08 + 0.05 + 0.04 − 0.02 = 0.15
정미시간 = 관측 평균시간(1 + 평준계수) = 0.86(1 + 0.15)
$\qquad$ = 0.989분
그러므로 표준시간 = 정미시간(1 + 여유율) = 0.989(1 + 0.25)
$\qquad$ = 1.23625분

3-10

$$S = \pm \frac{u_{1-\alpha/2}\sqrt{P(1-P)/n}}{P}$$

$$= \pm \frac{2 \times \sqrt{0.29(1-0.29)/1,000}}{0.29} = \pm 0.099 = \pm 9.9[\%]$$

3-11

$$ST = \frac{450}{300} \times 0.9 \times 1.05 \times \frac{1}{1-0.11} = 1.59\text{분}$$

정답 3-1 ④ 3-2 ② 3-3 ③ 3-4 ② 3-5 ② 3-6 ④ 3-7 ②
$\qquad\qquad$ 3-8 ③ 3-9 ② 3-10 ③ 3-11 ③

핵심이론 01 설비보전의 개요

① 설비보전업무
- ㉠ 기계설비는 사용하면서 마모나 부식, 파손 등으로 열화현상이 나타난다.
- ㉡ 열 화
  - 열화의 진도는 보전(Maintenance, 수리나 정비)을 행하면서 시간적으로 지연할 수 있다.
  - 설비의 열화손실 요소 : 환경조건의 악화
  - 설비 청소는 열화방지와 밀접하다.
- ㉢ 설비관리의 지표 : 신뢰성, 보전성, 경제성
- ㉣ 설비 고장과 관련한 물리적 잠재결함 : 결함이 있지만 물리적으로 비가시적인 결함
  - 유형 : 분석하거나 진단하지 않으면 알 수 없는 내부 결함
  - 발생 사유 : 노화 징후 측정이나 분해점검의 태만, 부품 형상이나 부착 위치의 문제, 오물이나 먼지의 청소 상태 열악 등
- ㉤ 설비보전의 직접기능과 그 목적
  - 정비-열화의 방지
  - 검사-열화의 측정
  - 수리-열화의 회복
- ㉥ 합리적인 설비보전 요원의 수를 결정하기 위한 대책
  - 긴급 돌발고장의 제거
  - 보전요원의 능력 개발
  - 작업자의 협력의식 고취
  - 전문 외주업체의 적극적 활용

② 설비보전방식
- ㉠ 사후보전(BM ; Breakdown Maintenance)
  - 고장 정지 또는 유해한 성능 저하를 초래한 뒤 수리하는 보전방법
  - 돌발보전
  - 구입한 지 오래된 설비는 결국 사후보전을 하게 된다.
- ㉡ 예방보전(PM-1 ; Preventive Maintenance)
  - 정기적인 점검검사와 조기 수리를 행하는 보전방식이다.
  - 사전보전
  - 예방보전 활동 : 점검, 교환, 수리, 조정 등
  - 설비를 예정한 시기에 점검, 조정, 분해 정비, 계획적 수리 및 부분품 갱신 등을 하여 설비성능의 저하와 고장 및 사고를 미연에 방지하고 설비의 성능을 표준 이상으로 유지하는 보전활동이다.
  - 생산의 정지 또는 유해한 성능 저하를 초래하는 상태를 발견하기 위한 정기적인 검사는 예방보전에 속한다.
  - 정기보전
    - 일정한 주기에 의해 부품을 교체하는 방식
    - 설비별 최적 수리주기에 맞춰 부품을 교체하여 일정기간마다 예방보전을 행하는 방식
  - 정기점검 주기 결정
  - 예비부품의 적정 재고 확보
  - 제품의 불량 감소 및 품질의 균일화가 목적이다.
  - 예방보전을 효율적으로 수행할 경우의 효과
    - 기계 수리비용 절감
    - 생산시스템의 신뢰도 향상
    - 유휴손실 감소
    - 납기 지연 감소
    - 제조원가 절감
  - 예방보전 활동을 하기 위한 중점설비 분석사항
    - 정지손실의 영향이 큰 설비
    - 품질 저하에 미치는 영향이 큰 설비
    - 설비환경과 작업조건에 미치는 영향이 큰 설비
- ㉢ 시간기준보전(TBM ; Time Based Maintenance) : 돌발고장, 프로세스 트러블을 예방하기 위해 정기적으로 설비검사, 정비, 청소, 부품 교체 등을 수행하는 보전방식이다.
- ㉣ 개량보전(CM ; Corrective Maintenance)
  - 신뢰성, 보전성, 경제성의 개선 및 설계 시의 약점을 개선하는 활동
    - 신뢰성 : 설비열화를 적게 하고 수명을 연장하도록 설비 자체의 체질 개선
    - 보전성 : 일상보전, 검사, 수리가 용이하도록 설비 자체의 체질 개선
    - 경제성 : 비용과 개량의 정도를 변수로 한 보전비 + 개량비 + 열화손실비용의 최소화
  - 고장의 원인분석 및 설비 개선 시 적용

ⓜ 예지보전(PM-2 ; Predictive Maintenance)
- 설비의 열화 상태를 주기적으로 간이진단에 의하여 경향관리를 하며, 이상 징후가 있다고 판정한 설비는 정밀하게 진단하여 조치를 취하는 보전방식이다.
- 설비의 정기적인 수리주기를 미리 정하지 않고 설비 진단기술에 의해 설비열화나 고장의 유무를 관측하여 그 결과에 의하여 필요한 시기에 적당한 수리를 실시하는 보전방식이다.
- 고장이 발생하기 쉬운 부분에 감도가 높은 계측장비를 연결하여 기계설비의 트러블을 모니터링함으로써 사전에 고장위험을 검출하는 보전활동방식이다.
- 과다한 보전비용의 발생을 방지할 수 있다.
- 불필요한 예방보전을 줄이면서 미연에 트러블 방지를 도모한다.
- 부품이 정상적으로 작동하면 교체하지 않고 지속적으로 사용하며 상태를 체크한다.

ⓗ 상태기준보전(CBM ; Condition Based Maintenance) : 예측 또는 예지보전으로서 고장이 발생하기 쉬운 부분에 진동분석장치, 광학측정기, 저항측정기 등 감도가 높은 계측장비를 사용하여 기계설비의 문제점을 예측하여 사전에 고장 위험을 검출하는 보전방식이다.
- 신뢰성 : 운전, 조작 미스 배제, 열화방지를 위한 일상보전, 윤활, 청소, 조정, 교체
- 보전성 : 예방보전검사, 계획공사, 수리보전의 작업방법, 기기, 재료의 선택
- 경제성 : 비용과 보전의 정도를 변수로 한 보전비 + 열화손실비용의 최소화

ⓢ 보전예방(MP ; Maintenance Prevention)
처음부터 보전이 불필요한 설비를 설계하여 보전을 근원적으로 방지하는 방식으로, 신뢰성과 보전성을 동시에 높일 수 있는 보전방식이다.
- 신뢰성 : 고장 빈도에 소요되는 시간과 유관하며, 고장이 적고 운전 미스가 적은 열화를 방지하기 쉬운 시험, 수입검사의 이행설비를 선택하는 것이다.
- 보전성 : 고장의 수리에 소요되는 시간과 유관하며 쉽게, 잘, 빨리, 싸게 보전·수리할 수 있는 설비를 선택하는 것이다.
- 경제성 : 비용과 신뢰의 정도를 변수로 한 보전비 + 설비 제작비 + 열화손실비용의 최소화

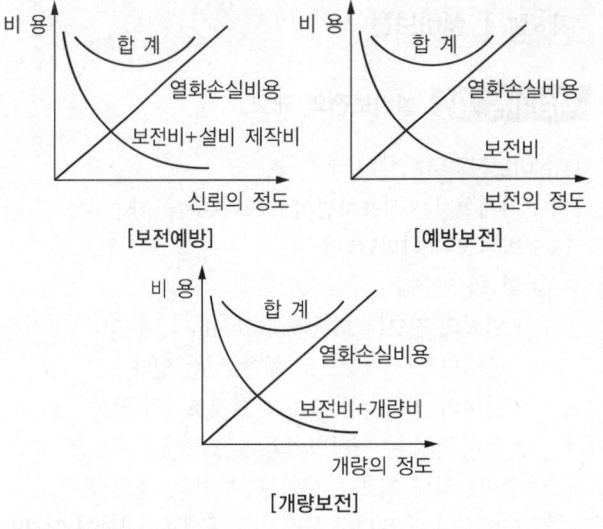

[보전예방]　　[예방보전]

[개량보전]

③ 보전조직의 형태
ⓐ 집중보전 : 보전요원이 특정관리자 밑에 상주하면서 보전활동을 실시한다.
ⓑ 지역보전 : 보전요원이 특정지역에 분산배치되어 보전확률을 실시한다.
ⓒ 부문보전
- 각 제조 부문의 감독자 밑에 보전업무를 담당하는 작업자를 배치하는 형태의 보전조직이다.
- 각 부서별, 부문별로 보전요원을 배치하여 보전활동을 실시한다.
- 특정설비에 대한 습숙이 용이하다.
- 보전책임의 소재가 불명확하다.
- 보전기술의 향상이 곤란하다.
- 생산 우선으로 보전이 경시된다.
ⓓ 절충식 보전 : 집중보전, 지역보전, 부문보전의 3가지 보전방식의 장점을 절충한 방식이다.

④ 최적 수리주기의 결정과 보전비
ⓐ 최적 수리주기의 결정
- 설비의 최적 수리주기는 단위기간당 고장 정지 및 열화손실비와 단위기간당 보전비의 합계가 최소가 되는 시점에서 결정하는 것이 경제적이다.
- 단위시간당 보전비 $= \dfrac{a}{x}$

　여기서, a : 1회 보전비
　　　　　x : 시간

- 열화손실비 곡선함수 : $f(x) = l + mx$

  여기서, l : 열화손실비

  　　　　m : 월 수리비

- 최적 수리주기 : $x_0 = \sqrt{\dfrac{2a}{m}}$

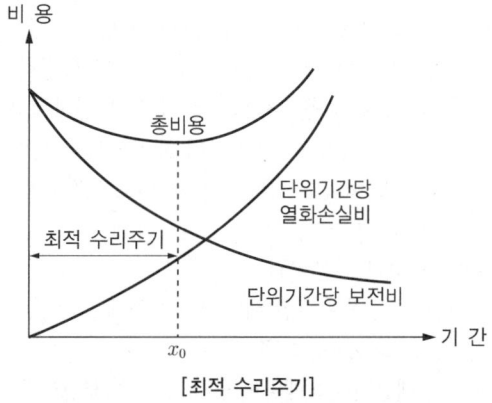

[최적 수리주기]

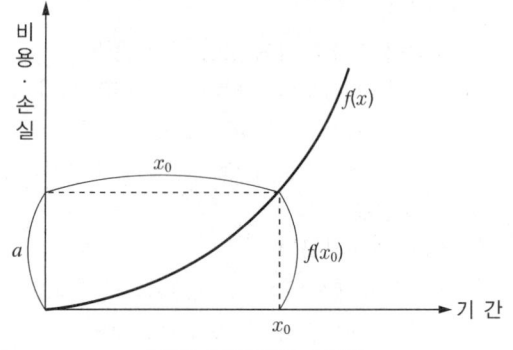

[최적 수리주기와 수리비]

   ○ 보전비를 감소하기 위한 조치

- 보전담당자의 교육훈련
- 외주업자의 적절한 이용
- 보전작업의 계획적 이용

⑤ 보전자재관리

   ○ 보전자재의 특징

- 사용 빈도가 낮고 부품 교체속도가 늦다.
- 보전자재 구입, 수량 산출, 발주시기 등의 계획 수립이 용이하지 않다.
- 보전자재 재고량은 보전기술수준과 관리수준에 민감하다.
- 불용자재의 발생 우려가 있다.
- 정비 후 재사용 가능한 순환품이 있다(모터, 펌프, 일부 밸브류, 감속기 등).

   ○ 보전자재의 구분 : 상비품과 비상비품

- 상비품 : 항상 재고로 보관 및 관리하는 보전자재이며 보전자재의 재고 감축을 위하여 가능한 한 최소로 하여야 한다.
- 비상비품 : 항상 재고로 보관 및 관리하지 않고 필요 시 구매하는 보전자재이다.

   ○ 상비품의 요건

- 여러 공정에 공통적으로 사용되는 것
- 계속 사용되고 사용량이 많은 것
- 단가가 비싸지 않은 것
- 중량, 체적, 변형 등의 문제로 보관에 지장을 주지 않는 것

   ○ 상비품의 발주방식

- ABC 방식에 의한 그룹 구분
  - A그룹 : 정기 발주방식, 불출후 발주방식, JIT 발주방식
  - B그룹 : 정량 발주방식
  - C그룹 : 투빈방식(더블빈방식), 정량 발주방식, 포장법방식

- 정기 발주량 계산식 :

  주문량 $Q = (L + T) - D_I - I + D_O$

  여기서, L : 조달기간

  　　　　T : 발주주기

  　　　　D_I : 주문되었으나 입고되지 않은 양(현재의 발주잔량)

  　　　　I : 현재 재고량

  　　　　D_O : 재고 부족으로 불출하지 못하고 미납품 주문으로 처리된 양

  　　　　$(L + T)$: 최대 재고량 $I_{max} = T$ 기간 동안의 사용량 + SS(안전 재고량)

- 정량 발주량 계산식 :

  발주점 $OP = DT + \alpha(D\sigma_T + \sigma_D\sqrt{T + \alpha\sigma_T})$

  여기서, D : 단위기간당 평균사용량

  　　　　T : 평균조달기간

  　　　　α : 안전계수

  　　　　σ_D : 단위기간당 사용량의 변동

  　　　　σ_T : 조달기간의 변동

1-1. 예지보전에 대한 설명으로 틀린 것은?

[2009년 제4회, 2016년 제1회]

① 과다한 보전비용의 발생을 방지할 수 있다.
② 일정한 주기에 의해 부품을 교체하는 방식이다.
③ 불필요한 예방보전을 줄이면서 미연에 트러블 방지를 도모한다.
④ 부품이 정상적으로 작동하면 교체하지 않고 지속적으로 사용하며 상태를 체크한다.

1-2. 설비보전의 조직 형태에서 집중보전(Central Maintenance)의 장점이 아닌 것은?

[2015년 제4회]

① 보전활동의 책임이 명확하다.
② 보전용 설비공구의 유효한 이용이 유리하다.
③ 보전요원은 각 현장에 배치되어 있어 빠르게 작업할 수 있다.
④ 분업화, 전문화가 진행되어 전문직으로서 고도의 기술을 갖게 된다.

1-3. 1회 수리비는 30만원이고 월간 보전비가 10만원인 설비의 최적 수리주기는?

[2004년 제4회]

① 2.0개월
② 2.5개월
③ 3.0개월
④ 3.5개월

|해설|

1-1
일정한 주기에 의해 부품을 교체하는 방식은 예방보전이다.

1-2
각 현장에 보전요원이 배치되어 있어 빠르게 작업할 수 있는 것은 지역보전의 장점이다.

1-3
최적 수리주기 $x_0 = \sqrt{\dfrac{2a}{m}} = \sqrt{\dfrac{2 \times 30}{10}} = \sqrt{6} \simeq 2.5$개월

정답 1-1 ② 1-2 ③ 1-3 ②

---

① TPM 개요

　㉠ TPM(Total Productive Maintenance)은 설비를 더욱더 효율 좋게 사용하는 것(종합적 효율화)을 목표로 하고 보전예방, 예방보전, 개량보전 등 설비의 생애에 맞는 PM의 Total System을 확립하며 설비를 계획하는 사람, 사용하는 사람, 보전하는 사람 등 모든 관계자가 Top에서부터 제일선까지 전원이 참가하여 자주적인 소집단활동에 의해 PM을 추진하는 것이다.

　㉡ TPM의 기본이념
　　• 돈을 버는 기업 체질 조성 : 경제성 추구, 재해 Zero, 불량 Zero, 고장 Zero
　　• 예방철학 : 예방보전(PM), 보전예방(MP), 개량보전(CM)
　　• 전원 참가 : 참여 경영, 인간존중
　　• 현장·현물주의 : 바람직한 상태의 설비, 눈으로 보는 관리, 쾌적한 직장 조성
　　• 자동화·무인화시스템 : 근로자의 안전과 근로시간의 단축

　㉢ TPM의 기본목적
　　• 인간의 체질 개선 : 오퍼레이터의 자주보전 능력 향상, 보전요원의 메카트로닉스(Mechatronics) 설비의 보전능력 향상, 생산기술자는 보전이 필요 없는 설비계획 능력 개발
　　• 설비의 체질 개선 : 현존 설비의 체질 개선에 의한 효율화, 신설비의 LCC(Life Cycle Cost) 설계와 조기 안정화 도모

　㉣ TPM의 기본방침
　　• 전원 참가의 활동으로 고장 Zero, 불량 Zero, 재해 Zero를 지향한다.
　　• 자주보전을 통해 자주보전 능력의 향상과 활기찬 현장을 구축한다.
　　• 보전기술을 습득하고 설비에 강한 인재를 육성한다.
　　• 생산성 높은 설비 상태를 유지하고, 설비의 효율화를 꾀한다.

　㉤ TPM 추진단계 : 도입 준비단계 → 도입 실시단계 → 정착단계

- 준비단계 : Top의 도입결의 선언 → TPM의 도입교육 및 홍보 → TPM의 추진기구 조직 편성 → TPM의 기본방침과 목표의 설정 → TPM 전개의 Master Plan 작성
- 실시단계 : 생산효율화 체제 구축 → 보전예방(MP) 활동 및 초기 관리체계 철저 구축 → 품질보전체제 확립 간접 부문의 업무효율화 → 안전·위생·환경의 관리체제 확립
- 정착단계 : TPM 완전 실시와 Level-up

② TPM 활동
  ㉠ 중점활동
  - 5가지 기둥(기본활동) : 설비효율화 개별 개선활동, 자주보전활동, 계획보전활동, 교육훈련활동, 설비 초기관리활동
  - 8대 중점활동 : 5가지 기둥(기본활동) + 품질보전활동, 관리부문 효율화 활동, 안전·위생·환경관리활동
  ㉡ 5S 활동
  - 5S 정의
    - 정리(Seiri) : 필요한 것과 필요 없는 것을 구분하여 필요 없는 것은 없애는 것
    - 정돈(Seiton) : 필요한 것을 필요할 때 꺼내 사용할 수 있도록 하는 것
    - 청소(Seisou) : 먼지를 닦아 내고 그 밑에 숨어 있는 부분을 보기 쉽게 하는 것, 쓰레기와 더러움이 없는 생태로 만드는 것
    - 청결(Seiketsu) : 정리, 정돈, 청소의 상태를 유지하는 것
    - 습관화(Shitsuke) : 정해진 일을 올바르게 지키는 습관을 생활화하는 것
  - 5S의 기본사고 : 생산활동의 기초, 모든 낭비와 불량 발생을 사전에 방지, 전원 참가와 전원 실천이 필수요건, 넓은 활동 공간 창출, 품질 행상 도모 및 불량 Zero 달성, 원가 절감과 납기준수를 가능하게 함, 안전사고 방지 및 고장 감소, 인간관계 개선 및 근무의욕 향상, 작은 개선×N = 큰 성과가 나타남 등
  - 5S의 목적 : 코스트 감축, 능률 향상, 품질 향상, 고장 감축, 안전 보장, 공해방지, 의욕 향상
  - 5S 추진단계 : 5S 추진체제 확립 → 5S 추진계획 입안 → 5S 운동 선언 → 사내 계몽교육 실시 → 평가 유지

③ 자주보전
  ㉠ 자주보전의 개요
  - 자주보전활동
    - 운전요원이 수시로 근무 중 짧은 시간에 간단히 청소, 급유, 점검 등의 활동을 행하는 것
    - 생산설비를 운전하는 운전원(오퍼레이터)을 중심으로 전원 참여의 소집단활동을 기본으로 전개하는 오퍼레이터의 보전활동
  - 설비의 기본조건(청소, 급유, 더 조이기)을 정비하여 그것을 유지·관리하고 사용조건을 준수하여 설비에 강한 운전원을 육성한다.
  ㉡ 자주보전의 목적
  - 분임조 활동의 실천에 의한 사람과 조직의 개혁
  - 노후설비 복원과 강제열화방지를 통한 제조공정 안정화
  - 발생원, 곤란 개소 대책 등에 의해 불필요한 작업을 극소화하여 효율적인 작업기반 조성
  - 눈으로 보는 관리의 철저와 기준 작성으로 점검·보전기능 향상
  - 설비를 주제로 한 전달교육의 철저한 시행과 설비 및 예비품·공구의 관리를 통하여 자주관리체제 확립 진단을 실시함으로써 그룹을 활성화시킨다.
  ㉢ 자주보전활동 7스텝
  - 1스텝 : 초기 청소(먼지, 더러움을 없애고 설비의 불합리 발견과 복원)
  - 2스텝 : 발생원·곤란 개소 대책(먼지, 더러움의 발생원, 비산의 방지나 청소·급유의 곤란 개소를 개선하여 청소·급유의 시간을 단축시킴)
  - 3스텝 : 청소·급유·점검기준 작성(단시간에 청소·급유를 확실히 유지할 수 있도록 행동기준 작성)
  - 4스텝 : 총점검
    - 점검 매뉴얼에 의한 점검기능교육과 총점검 실시에 의한 설비 미흡을 적출하고 복원시킨다.
    - 설비기능의 구조를 알고 보전기능을 몸에 익힌다.
  - 5스텝 : 자주점검(체크시트의 작성 실시로 오퍼레이션의 신뢰성 향상)
  - 6스텝 : 정리, 정돈(각종 현장관리의 표준화를 실시하고 작업의 효율화와 품질 및 안전의 확보를 꾀함)
  - 7스텝 : 자주관리의 철저(MTBF 분석기록을 확실하게 해석하여 설비 개선을 꾀함)

2-1. TPM의 5가지 기둥(기본활동)으로 틀린 것은? [2016년 제1회]

① 5S 활동
② 계획보전활동
③ 설비 초기관리활동
④ 설비효율화 개별 개선활동

2-2. 다음의 내용은 자주보전 활동 7 스텝 중 몇 스텝에 해당하는가? [2008년 제1회, 2016년 제2회]

> 각종 현장관리의 표준화를 실시하고 작업의 효율화와 품질 및 안전의 확보를 꾀한다.

① 4스텝 : 총점검
② 5스텝 : 자주점검
③ 6스텝 : 정리, 정돈
④ 7스텝 : 자주관리의 철저(생활화)

2-3. 다음은 자주보전 7가지 단계의 내용이다. 순서를 맞게 나열한 것은? [2005년 제2회, 2009년 제4회 유사, 2016년 제4회]

> ㉠ 생활화
> ㉡ 총점검
> ㉢ 초기 청소
> ㉣ 자주점검
> ㉤ 정리, 정돈
> ㉥ 발생원·곤란 개소 대책
> ㉦ 청소·점검·급유기준의 작성

① ㉦ → ㉢ → ㉥ → ㉡ → ㉣ → ㉤ → ㉠
② ㉢ → ㉥ → ㉦ → ㉡ → ㉣ → ㉤ → ㉠
③ ㉦ → ㉢ → ㉥ → ㉣ → ㉤ → ㉡ → ㉠
④ ㉢ → ㉥ → ㉦ → ㉣ → ㉤ → ㉡ → ㉠

| 해설 |

2-1
TPM의 5가지 기둥(기본활동) : 설비효율화 개별 개선활동, 자주보전활동, 계획보전활동, 교육훈련활동, 설비 초기관리활동

2-2
자주보전활동 7스텝
- 1스텝 : 초기 청소(먼지, 더러움을 없애고 설비의 불합리 발견과 복원)
- 2스텝 : 발생원·곤란 개소 대책(먼지, 더러움의 발생원, 비산의 방지나 청소·급유의 곤란 개소를 개선하여 청소·급유의 시간을 단축시킴)
- 3스텝 : 청소·급유·점검기준 작성(단시간에 청소·급유를 확실히 유지할 수 있도록 행동기준 작성)
- 4스텝 : 총점검
  - 점검 매뉴얼에 의한 점검기능교육과 총점검 실시에 의한 설비 미흡을 적출하고 복원시킨다.
  - 설비기능의 구조를 알고 보전기능을 몸에 익힌다.
- 5스텝 : 자주점검(체크시트의 작성 실시로 오퍼레이션의 신뢰성 향상)
- 6스텝 : 정리, 정돈(각종 현장관리의 표준화를 실시하고 작업의 효율화와 품질 및 안전의 확보를 꾀함)
- 7스텝 : 자주관리의 철저(MTBF 분석기록을 확실하게 해석하여 설비 개선을 꾀함)

2-3
자주보전 7단계 : 초기 청소 → 발생원·곤란 개소 대책 → 청소·점검·급유기준의 작성 → 총점검 → 자주점검 → 정리, 정돈 → 생활화

정답 2-1 ① 2-2 ③ 2-3 ②

① 개 요
  ㉠ 설비 종합효율화 : 설비의 가동 상태를 질적·양적으로 파악하여 부가가치를 생성하기 위한 수단이다.
    • 양적 측면 : 설비의 가동시간 증대, 단위시간 내의 생산량 증대
    • 질적 측면 : 불량품 감소, 품질 안정화, 품질 향상
  ㉡ 효율화 저해요소 : 속도손실, 불량·재작업손실, 생산개시손실 등
  ㉢ 설비효율화 추진을 위한 개별 개선 : 개별 개선이란 설비, 공정 등 정해진 대상에 대하여 철저한 로스의 배제와 성능 향상을 추구하여 최고의 효율을 이루기 위한 개선활동이다.
  ㉣ 종합효율화의 목표 : 일반적으로 종합효율화의 수준은 업종, 설비특성, 생산체제에 따라 차이가 있으나, 개선책을 마련한다면 최종적으로 85~95[%] 수준까지는 도달해야 한다.

② 설비효율화의 지표 :
  설비 종합효율 = 시간 가동률 × 성능 가동률 × 양품률

  ㉠ 시간가동률(설비 가동률) $= \dfrac{\text{실가동시간}}{\text{부하시간}}$

  $= \dfrac{(\text{부하시간} - \text{정지시간})}{\text{부하시간}}$

    • 부하시간 = 조업시간 - 휴지시간
  ㉡ 성능 가동률 = 속도 가동률 · 정미 가동률

  $= \dfrac{(\text{이론 사이클 타임} \times \text{생산량})}{\text{가동시간}}$

    • 속도가동률 $= \dfrac{\text{이론 사이클 타임}}{\text{실제 사이클 타임}}$

    • 정미가동률 $= \dfrac{(\text{총생산량} \times \text{실제 사이클 타임})}{(\text{부하시간} - \text{정지시간})}$

  ㉢ 양품률 $= \dfrac{(\text{총생산량} - \text{불량 개수})}{\text{총생산량}}$

③ 설비 종합효율 분석(가공·조립 부문)

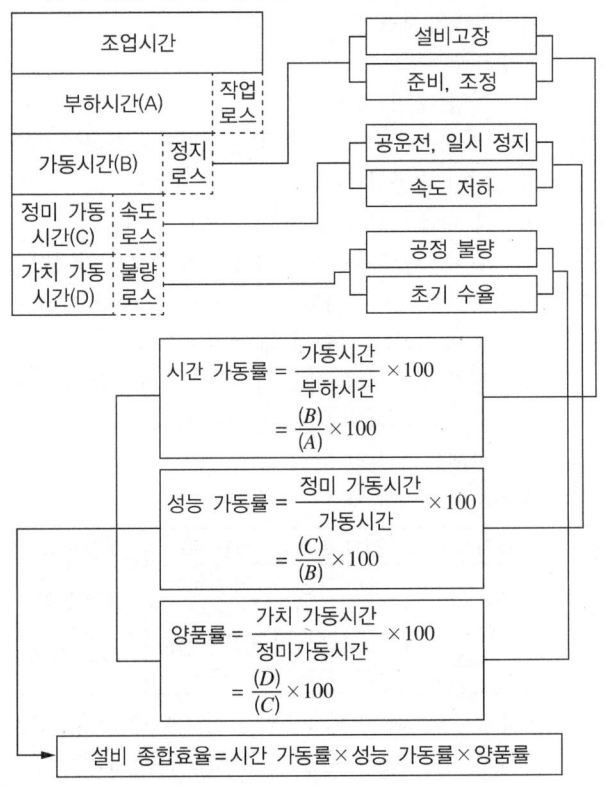

④ 로스(Loss, 손실)
  ㉠ 가공·조립산업의 6대 로스(Loss)

정지 로스	속도 로스	불량 로스
고장 정지 로스, 작업 준비·조정 로스	공전·순간 정지 로스, 속도 저하 로스	재가공 로스, 초기 수율 로스

    • 고장 정지 로스 : 돌발적, 만성적으로 발생되는 고장 정지이다.
    • 작업 준비·조정 로스 : 최초의 양품이 나올 때까지의 정지로, 가공조립산업에서 설비 종합비율을 높이기 위하여 시간 가동률을 저해하는 로스이다.
    • 공전·순간 정지 로스(잠깐 정지·공회전 손실) : 공전 또는 일시적 트러블에 의한 설비 정지로, 설비의 압력이나 온도 등의 제어요소가 어떤 운전한계를 초과한 경우, 자동제어체계에 의해서 설비가 일시 정지된 상태의 손실이다.

- 속도 저하 로스 : 기준 사이클 타임과 실제 사이클 타임과의 속도차
- 재가공 로스
  - 불량 수정 로스
  - 가공된 원료의 일부가 공정 불량으로 인하여 리턴되어 후공정으로 재투입되는 로스
- 초기 수율 로스(가동 초기 손실)
  - 설비 종합효율을 관리함에 있어 품질을 안정적으로 유지하기 위해 초기제품을 검수하고 리셋(Reset)하는 작업에 해당되는 손실
  - 정기 수리 후의 시동 시, 장시간 정지 후의 시동 시, 휴일 후의 시동 시, 점심시간 후의 시동 시 발생하는 손실 등
ⓒ 장치산업의 8대 로스

휴지 로스	정지 로스	성능 로스	불량 로스
SD 로스, 생산 조정 로스	설비 고장 로스, 프로세스 고장 로스	정상 생산 로스, 비정상 생산 로스	품질 불량 로스, 재가공 로스

- SD(Shut-Down) 로스 : 연간 계획보전에 의한 SD공사(정기 수리), 주주검사 등으로 인한 휴지시간
- 생산 조정 로스
  - 주문량이 적어 조업률을 조정하는 로스
  - 생산계획상의 생산 및 재고 조정을 위한 정지시간
- 설비 고장 로스 : 설비・기기의 고장에 의해 돌발적으로 정지하는 시간
- 프로세스 고장 로스
  - 프로세스 이상으로 설비가 정지되는 로스
  - 물성 변화, 조작 미스 등과 같은 공정상의 문제가 발생하여 정지하는 시간
- 정상 생산 로스 : 생산 안정화를 위한 속도 저하로 발생하는 로스
- 비정상 생산 로스 : 플랜트의 불합리, 이상으로 인해 생산량을 저하하여 생산하는 성능로스
- 품질 불량 로스 : 부적합품의 발생에 의한 로스
- 재가공 로스 : 재가공에 따른 로스

ⓒ 설비 종합효율을 저해시키는 로스와 효율관리 지표의 관계
- 고장 로스와 작업 준비 조정 로스는 시간 가동률를 저하시킨다.
- 일시 정지 로스와 속도 저하 로스는 양품률을 저하시킨다.
- 공정 불량 로스와 초기 수율 저하 로스는 성능 가동률을 떨어지게 한다.
- 휴지 로스, 관리 로스는 부하율을 저하시킨다.

핵심예제

3-1. 플랜트 공장에서 1개월(30일) 중 27일을 가동하였다. 1일 작업시간은 24시간이고, 기준 생산량은 1일 1,000[ton]이다. 1개월 간 실제 생산량은 24,000[ton]이고, 실제 생산량 중 150[ton]은 부적합품이었다면 시간 가동률은 얼마인가?

[2003년 제2회 유사, 2007년 제1회 유사, 2008년 제4회 유사, 2017년 제4회]

① 90[%]   ② 93[%]
③ 95[%]   ④ 97[%]

3-2. 1일 부하시간은 460분, 작업 준비 및 고장 등으로 인한 정지시간은 30분, 1일 총생산량은 600개, 설비작업의 이론 사이클 타임은 0.3분/개이며, 실제 사이클 타임은 0.5분/개이다. 적합품률이 95[%]일 경우, 설비종합효율은 약 몇 [%]인가?

[2009년 제2회, 2010년 제4회 유사, 2014년 제4회 유사, 2016년 제4회]

① 37.2[%]   ② 39.1[%]
③ 39.8[%]   ④ 41.9[%]

|해설|

3-1

$$\text{시간 가동률} = \frac{27}{30} \times 100[\%] = 90[\%]$$

3-2

$$\text{설비 종합효율} = \text{시간 가동률} \times \text{성능 가동률} \times \text{양품률}$$
$$= \frac{(460-30)}{460} \times \frac{600 \times 0.3}{430} \times 0.95 = 37.2[\%]$$

정답 3-1 ①   3-2 ①

제1절 | 신뢰성 관리의 개요

핵심이론 01 신뢰성의 기초개념

① 신뢰성과 신뢰도

　㉠ 신뢰성

　　• 믿을 수 있는 능력(Reliability = Rely + Ability)에 대한 정성적 성질이다.

　　• 아이템(시스템, 기기, 제품, 부품 등)이 주어진 조건 (규정된 사용조건)하에서 의도하는 기간(규정된 기간) 동안 만족하게 작동되는 시간적인 안정성을 나타내는 정도 또는 성질이다.

　㉡ 신뢰도

　　• 제품이 주어진 사용조건하에서 의도하는 기간 동안 정해진 기능을 성공적으로 수행할 확률이다.

　　• 아이템(시스템, 기기, 제품, 부품 등)이 주어진 조건 (규정된 사용조건)하에서 의도하는 기간(규정된 기간) 동안 요구되는 기능(정해진 기능)을 수행할 확률이다.

　　• 일반적으로 가정용 오디오, TV, 에어컨 등의 시스템, 기기 및 부품 등이 정해진 사용조건에서 의도하는 기간 동안 정해진 기능을 발휘할 확률이다.

　　• 믿을 수 있는 능력에 시간에 따른 동적 의미의 정량적 수치이다.

② 신뢰성의 3대 요소와 필요성(중요성)

　㉠ 신뢰성의 3대 요소

　　• 내구성 : 평균고장시간(MTTF), 평균고장간격(MTBF) 등

　　• 보전성 : 예방보전(PM), 평균수리시간(MTTR) 등

　　• 설계신뢰성 : 페일세이프(Fail Safe), 풀 프루프 (Fool-proof), 조작 용이성, 인간공학 등

　㉡ 신뢰성의 필요성(중요성)

　　• 시스템이나 제품에 부과되는 임무나 기능이 고도화되고 인간생활과 밀접하여, 시스템이 고장 나면 일상생활이나 사회적으로 커다란 손해를 끼친다.

　　• 시스템이나 부품들의 구조가 복잡하기 때문에 고장 기회가 증대된다.

　　• 시스템이나 제품기능상의 요구를 실현하려면 안전 보수와 제품의 기능 상실로 인한 비용, 경제적으로나 기술적으로도 합리적인 신뢰성 기술이 필요하다.

　　• 기술 개발주기의 단축 및 신재료 등의 출현으로 인한 설계 중심의 시간 지연 없이 보증할 수 있는 기술이 요구된다.

　　• 시스템 및 제품의 복잡성이 사용자의 과실에 따른 고장이나 사고의 큰 요인이 된다.

　　• 상기 문제점들을 해결하는 시스템이나 제품의 품질, 특히 시간적 품질을 보증하기 위한 기술의 축적과 활용을 도모하여 여러 기술을 유기적으로 종합할 수 있는 기술이 필요하다.

③ 신뢰성 관리의 발전과정과 품질관리의 비교 등

　㉠ 신뢰성의 발전과정

　　• 수명분포 연구 개시(Weibull 분포 제안, 1930년대 말)

　　• 신뢰성을 고려한 진공관 설계(1940년대 초)

　　• VTDC(Vacuum Tube Development Committee) 결성(1943년)

　　• ARINC(Aeronautical Radio Incorporated)를 설립하여 체계적인 신뢰성 연구 개시(1946년)

　　• 신뢰성과 보전성 향상을 위한 전자기기신뢰성위원회 (Group on Reliability of Electronic Equipment) 구성(1950년 12월)

　　• 전자기기신뢰성위원회가 미국 국방성의 전자기기신뢰성자문위원회(AGREE ; Advisory Group on Reliability of Electronic Equipment)로 승격되어 전자기기의 신뢰성에 관한 체계적인 연구 개시(1952년)

- AGREE 최초 신뢰성연구보고서 발간, 신시스템 개발 시 신뢰성시험 당위성 강조(1957년)
- NASA를 창설하여 인공위성과 로켓시스템의 신뢰성 해석 및 예측, FMEA·FTA 등의 기법 개발(1958년)
- NASA 인공위성 개발 시 제반 신뢰성이론 개발, 활용되면서 학문적 포지션 구축(1960년대)

ⓒ 품질관리와 신뢰성 관리의 비교

항 목	품질관리	신뢰성 관리
발생 근원	• 산포 발생원인	• 고장 발생원인
시 간	• $t = 0$에서의 품질	• 요구시간 t까지의 품질 유지
중요한 품질	• 제조 품질(출하 시점의 품질)	• 사용 품질, 설계 품질
관련이 깊은 부문	• 제조, 검사	• 설계, 시험, 보전, 서비스
사양서	• 사양서와 일치	• 사양서의 강화
자주 사용되는 분포	• 정규분포	• 지수분포
데이터수	• 최소 10개 이상	• 적거나 없어도 적용 가능
부적합품·고장 빈도	• 부적합품률(P)	• 고장률(λ)
검사의 OC곡선	• 합격품질수준(AQL) • 한계품질수준(LQL)	• 합격신뢰성 수준 (ARL) • 합격고장률(AFR) • 로트허용고장률 (LTFR)

핵심예제

1-1. 일반적으로 가정용 오디오, TV, 에어컨 등의 시스템, 기기 및 부품 등이 정해진 사용조건에서 의도하는 기간 동안 정해진 기능을 발휘할 확률은? [2015년 제2회]

① 신뢰도
② 고장률
③ 불신뢰도
④ 전자부품수명관리도

1-2. AGREE란 무엇을 말하는가? [2006년 제1회, 2012년 제4회]

① 전파연구소
② 전자기기신뢰성자문위원회
③ 미사일신뢰성조사위원회
④ 전자관개발부

| 해설 |

1-1

신뢰도 : 아이템(시스템, 기기, 제품, 부품 등)이 주어진 조건(규정된 사용조건)에서 의도하는 기간(규정된 기간) 동안 요구되는 기능(정해진 기능)을 수행할 확률

1-2

AGREE(Advisory Group on Reliability of Electronic Equipment) : 전자기기신뢰성자문위원회

정답 1-1 ① **1-2** ②

① 신뢰도함수와 불신뢰도함수

　㉠ 신뢰도함수 : 어느 시점 이후에 구성품이 여전히 기능을 수행하고 있을 확률을 나타내는 함수이다.

　　• 기호 표시 : $R(t)$

　　• 시간이 증가할수록 감소하는 단조(Monotonic) 감소함수로 나타난다.

　　• $R(t) = P(T > t) = \int_t^\infty f(t)dt = e^{-\int_0^t \lambda(t)dt}$
$$= e^{-\lambda t} = e^{-t/MTBF}$$

　　여기서, $f(t)$: 고장확률밀도함수

　　　　　$\lambda(t)$: 고장률 함수

　　　　　λ : 시간당 평균 고장률

　　　　　$MTBF$: 평균 고장시간 또는 평균수명

　㉡ 불신뢰도함수 : 구성품이 어느 시점 이전에 고장이 나는 확률

　　• 기호 표시 : $F(t)$

　　• $F(t) = P(T \le t) = \int_0^t f(t)dt = 1 - R(t)$
$$= 1 - e^{-\int_0^t \lambda(t)dt}$$

　㉢ 신뢰도 $R(t)$와 불신뢰도 $F(t)$의 관계

　　• $R(t) + F(t) = \int_0^\infty f(t)dt = 1$

　　• $F(t) = 1 - R(t)$

　　• 신뢰도가 증가하면 불신뢰도는 감소하여 음의 상관관계를 갖는다.

　　• 신뢰도는 일정 t시점에서의 잔존확률이고, 불신뢰도는 일정 t시점에서의 누적고장확률이다.

② 고장확률밀도함수와 고장률함수

　㉠ 고장확률밀도함수

　　• 단위시간당 고장 발생 비율을 나타내는 함수

　　• 기호 표시 : $f(t)$

　　• $f(t) = \dfrac{dF(t)}{dt} = \dfrac{d[1 - R(t)]}{dt} = -\dfrac{dR(t)}{dt} = -R'(t)$

　㉡ 고장률함수

　　• 가동 중인 제품에 대한 단위시간당 고장수

　　• 일정한 시점까지의 잔존확률

　　• 별칭 : 순간 고장률 또는 고장률

　　• 기호 표시 : $\lambda(t)$ 또는 $h(t)$

• $\lambda(t) = h(t) = \dfrac{f(t)}{R(t)} = \dfrac{f(t)}{\int_t^\infty f(t)dx} = \dfrac{f(t)}{1 - F(t)}$

• 유효 고장률함수 요건 : 영역 $0 \le t \le \infty$에서 정의되고 $\lambda(t) \ge 0$이며, $\int_0^\infty \lambda(t) \to \infty$ 이어야 한다.

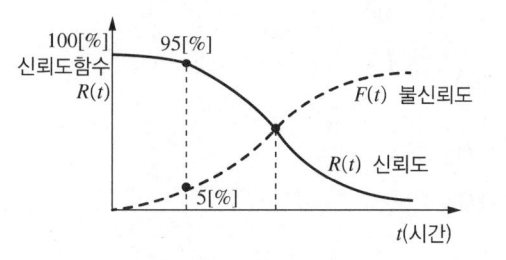

[신뢰도함수와 불신뢰도함수]

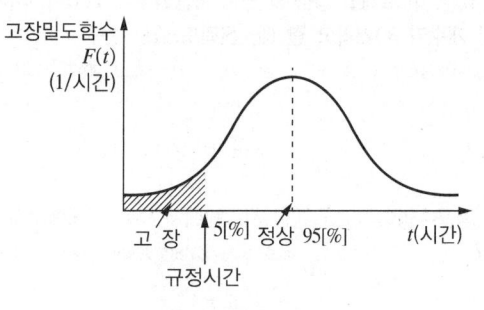

[고장확률밀도함수]

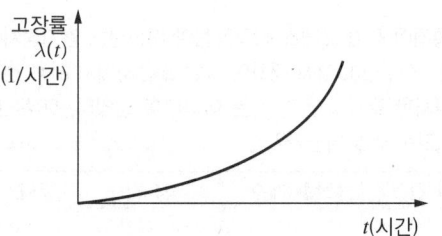

[고장률함수]

2-1. 신뢰도 관련 함수 중 틀린 것은?

[2004년 제1회 유사, 2006년 제2회 유사, 2007년 제2회 유사, 2008년 제1회 유사, 2009년 제1회 유사, 2012년 제2회 유사, 2013년 제1회 유사, 2014년 제4회 유사, 2015년 제1회, 제2회 유사, 2017년 제4회 유사]

① $f(t) = -\dfrac{dR(t)}{dt}$

② $R(t) = e^{-\int_0^1 \lambda(t)dt}$

③ $F(t) = e^{1-\int_t^1 \lambda(t)dt}$

④ $\lambda(t) = \dfrac{f(t)}{R(t)}$

2-2. 어느 가정의 연말 크리스마스트리가 50개의 전구로 구성되어 있다. 이 트리를 접등 후 연속 사용할 때 1,600시간까지 고장 난 개수가 30개라고 할 때, 신뢰도 $R(t)$는?

[2008년 제4회 유사, 2015년 제1회 유사, 2016년 제2회, 2019년 제4회 유사]

① 0.3　　　　　　　　② 0.2

③ 0.4　　　　　　　　④ 0.5

2-3. 평균수명이 5로 일정한 시스템에서 $t=2$시점에서의 신뢰도는?

[2014년 제2회 유사, 2016년 제4회 유사, 2017년 제2회]

① $e^{-0.6}$　　　　　　② $e^{-0.5}$

③ $e^{-0.4}$　　　　　　④ $e^{-0.3}$

2-4. 충격이 심한 프레스 작업공정의 이상신호 감지장치에 부착된 1회용 전구 300개에 대하여 동일 조건하에서 사용 전 수명시험을 실시한 결과 다음과 같은 데이터를 얻었다. 50시간에서의 불신뢰도는 약 얼마인가?

[2009년 제4회, 2016년 제4회]

시 간	잔존 개수	시 간	잔존 개수
초 기	300	40시간	155
10시간	290	50시간	100
20시간	265	60시간	20
30시간	205		

① 0.33　　　　　　　　② 0.56

③ 0.67　　　　　　　　④ 0.78

|해설|

2-1

③ 불신뢰도함수 : $F(t) = 1 - R(t) = 1 - e^{-\int_0^t \lambda(t)dt}$

① 고장확률밀도함수 : $f(t) = -\dfrac{dR(t)}{dt}$

② 신뢰도함수 : $R(t) = e^{-\int_0^1 \lambda(t)dt}$

④ 고장률함수 : $\lambda(t) = \dfrac{f(t)}{R(t)}$

2-2

$R(t) = 1 - F(t) = 1 - \dfrac{30}{50} = 0.4$

2-3

$R(t) = e^{-\lambda t} = e^{-t/MTBF} = e^{-2/5} = e^{-0.4}$

2-4

$F(t=50) = \dfrac{N - n(t)}{N} = \dfrac{300 - 100}{300} = 0.67$

정답 2-1 ③　2-2 ③　2-3 ③　2-4 ③

핵심이론 01 수명분포

① 지수분포(Exponential Distribution)

㉠ 지수분포의 개요
- 고장률함수 $\lambda(t) = \lambda$로 시간 변화에 관계없이 고장률이 일정한 경우의 분포이다(고장률 $\lambda(t)$가 일정한 CFR 구간인 경우에 사용하는 분포).
- 제품 중 전자적인 특성을 지니는 부품은 고장률이 일정한 형태를 취하게 되는데 이러한 고장의 형태이다.
- 신뢰성보증시험에서 계량형 특성을 갖는 자료를 분석하는 데 사용되는 수명분포이다.
- 시스템을 충분히 오랜 기간 동작시키고 구성요소수가 충분히 크다면 시스템의 고장시간 간격은 점근적으로 지수분포를 따른다.
- 드레닉(Drenick)의 정리 : 서로 다른 부품으로 이루어진 시스템의 수명분포는 각각의 부품들이 지수분포를 따르지 않아도 근사적으로 고장 발생의 시점이 랜덤으로 발생하는 지수분포를 따른다.

㉡ 지수분포의 특징
- 여러 부품이 조합되어 만들어진 시스템이나 제품의 전체 고장률이 시간에 관계없이 일정한 경우 적용되는 고장분포로 가장 적합하다.
- 비기억 또는 무기억 특성(Memoryless Property)을 지닌 유일한 연속 확률분포로서 신뢰성 관리에서 중요하게 취급된다.
- 고장률은 평균수명에 대해 역의 관계가 성립한다.
- 시스템의 사용시간이 경과한 뒤에도 측정하는 관심 모수의 값은 변하지 않는다.
- t시간을 사용한 뒤에도 작동되고 있다면 고장률은 처음과 같이 늘 일정하다.
- 단위시간당의 고장 횟수는 푸아송분포를 따른다.

㉢ 지수분포의 적용(가정)
- 시스템은 반드시 동종이 아닌 구성요소로 이루어진다.
- 고장시간은 상호 간 확률적으로 독립이다.
- 구성요소 중 하나라도 고장 나면 전체 시스템이 고장난다.
- 구성요소가 고장 나면 즉시 교체 가능하다.
- 고장 발견 및 교체 소요시간은 무시 가능하다.

㉣ 지수분포에서의 신뢰도 함수
- 신뢰도함수 $R(t)$: 시점 t에 있어서의 잔존확률(생존확률)
- 불신뢰도함수 $F(t)$: 시점 t까지의 누적고장확률
- 고장확률밀도함수 $f(t)$: 전체에서 단위시간당 고장 빈도율[%]
- 고장률함수 $\lambda(t)$: 단위시간당 고장률의 극한값(순간 고장률)

㉤ 지수분포에서의 신뢰도 관련 공식
- 신뢰도함수 :

$$R(t) = e^{-\lambda t} = P(T \geq t) = \int_t^\infty f(t)dt = e^{-\int_0^t \lambda(t)dt}$$
$$= e^{-H(t)}$$

- 불신뢰도함수 :

$$F(t) = 1 - e^{-\lambda t} = P(T < t) = \int_0^t f(t)dt$$
$$= 1 - e^{-\int_0^t \lambda(t)dt} = 1 - R(t), \ F(t = \infty) = 1$$

- 신뢰도함수 + 불신뢰도함수 :

$$R(t) + F(t) = e^{-\lambda t} + 1 - e^{-\lambda t} = 1$$

- 신뢰도가 증가하면 불신뢰도는 감소하여 음의 상관관계를 갖는다.
- 고장확률밀도함수 :

$$f(t) = \frac{dF(t)}{dt} = \frac{d[1 - R(t)]}{dt} = -\frac{dR(t)}{dt}$$
$$= -R'(t) = \lambda(t) \cdot e^{-\int_0^t \lambda(t)dt} = \lambda e^{-\lambda t} = \frac{1}{\theta} e^{-\frac{t}{\theta}}$$

- 고장률함수 :

$$\lambda(t) = \lim_{\Delta t \to 0} \frac{R(t) - R(t + \Delta t)}{R(t) \cdot \Delta t} = \frac{f(t)}{R(t)} = \frac{\lambda e^{-\lambda t}}{e^{-\lambda t}}$$
$$= \lambda(\text{상수})$$

- 기대치 :

$$E(t) = \mu = \theta = \frac{1}{\lambda} = \frac{T}{r} = MTTF = \int_0^\infty R(t)dt$$
$$= \int_0^\infty t f(t)dt = MTBF$$

- 분산 : $V(t) = \sigma^2 = \dfrac{1}{\lambda^2} = \theta^2$

여기서, λ : 평균 고장률

ⓗ 지수분포와 푸아송분포
- 지수분포는 임의의 사건과 사건 사이의 지속시간에 관한 분포이며, 푸아송분포는 단위시간당 사건의 발생 횟수에 관한 분포이다.
- 시료가 크고 고장률이 지수분포를 따를 때 사용시간당 고장 발생확률은 푸아송분포로 구할 수 있다.
- 푸아송분포는 모수가 λ 하나이므로 계산이 간편하다.

② 정규분포(Normal Distribution)
ⓐ 정규분포
- 사용시간이 경과함에 따라 고장률이 증가하는(IFR) 경우의 분포이다.
- 기계적 특성을 지닌 부품들의 열화고장 고장확률밀도분포이다.

ⓑ 정규분포에서의 신뢰도 관련 공식
- 신뢰도함수

$$R(t) = P(T > t) = \int_t^\infty f(t)dt = P\left(u > \frac{t-\mu}{\sigma}\right)$$

$$= 1 - P\left(u \leq \frac{t-\mu}{\sigma}\right) = 1 - \phi(Z)$$

여기서, $\phi(Z) = \frac{1}{\sqrt{2\pi}} e^{-\frac{Z^2}{2}}$: t시점까지의 정규(누적)확률분 표표를 이용

- 고장확률밀도함수

$$f(t) = \phi(z) = \frac{1}{\sqrt{2\pi} \cdot \sigma} exp\left[-\frac{(t-\mu)^2}{2\sigma^2}\right]$$

여기서, $-\infty < t < \infty$

- 고장률함수 : $\lambda(t) = \frac{f(t)}{R(t)} = \frac{\phi(Z)}{\sigma R(t)}$

- 기대치 $E(t) = \frac{\sum t_i r_i}{\sum r_i}$

여기서, t_i : i급의 고장시간
r_i : i급의 고장 개수

- 분산 $V(t) = \dfrac{\sum_i r_i \sum t_i^2 r_i - \left(\sum t_i r_i\right)^2}{\sum_i r_i \left(\sum r_i - 1\right)}$

③ 와이블분포(Weibull Distribution)
ⓐ 와이블분포 개요
- 와이블분포 : 고장률함수 $\lambda(t)$가 상수, 증가 또는 감소함수인 수명분포들을 모형화할 때 적당한 분포이며 신뢰성 모델로 가장 자주 사용되는 분포이다.
- 고안자 : 왈로디 와이블(Waloddi Weibull)
- 와이블분포에 의거 고장시간데이터를 해석하고 신뢰성을 추정하는 이유는 고장률이 어떤 패턴이 따르는지 모르기 때문이다.
- 3개의 모수(위치모수, 척도모수, 형상모수)에 의해 분포모양이 결정된다.
  - 위치모수(Location Parameter, γ) : $\gamma = 0$으로 가정한다.
  - 척도모수(Scale Parameter, η) : 가로축의 척도를 규정한다.
  - 형상모수(Shape Parameter, m) : 고장률함수 $\lambda(t)$의 분포모양을 결정한다.
    ⓐ $m < 1$이면, DFR(감소형 고장률)
    ⓑ $m = 1$이면, CFR(일정형 고장률), 지수분포
    ⓒ $m > 1$이면, IFR(증가형 고장률), 정규분포 ($m = 3.5$)
- 특성수명 : 만약 $m = 1$, $\gamma = 0$이면, $R(t)$는 지수분포가 되고, 사용시간 $t = \eta$이면 m에 관계없이 $R(t = \eta) = e^{-1} = 0.386$, $F(t = \eta) = 0.632$의 값이 된다. 이때의 η를 특성수명이라고 하는데, 특성수명은 63.2[%] 고장 나는 시간이다.

ⓑ 와이블분포의 특징
- 신뢰성 모델로 가장 자주 사용되는 분포이다.
- 수명자료분석에 많이 사용된다.
- 지수분포를 일반화한 분포이다.
- 지수분포에 비해 모수 추정이 복잡하다.
- 고장률함수가 멱함수(Power Function) 형태를 갖는다.
- 증가, 감소, 일정한 형태의 고장률을 모두 표현할 수 있다(고장률함수는 형상모수 m의 변화에 따라 증가형, 감소형, 일정형으로 나타난다).
- 고장확률밀도함수에 따라 고장률함수의 분포가 달라진다.
- 형상모수에 따라 다양한 고장특성을 갖는다.

- 형상모수의 값이 1보다 작은 경우, 고장률이 감소한다.
- 형상모수의 값이 3.5인 경우, 정규분포에 거의 근사한다.
- 사용시간과 척도모수가 같으면, 형상모수(m)값과 무관하게 신뢰도는 일정하다.
- 위치모수가 1이고 사용기간이 $t = \eta$이면, 형상모수와 관계없이 신뢰도는 e^{-1}이 된다.
- $t = \eta$일 때의 수명을 특성수명이라고 한다.

ⓒ 와이블분포에서의 신뢰도 관련 공식

- 신뢰도함수 : $R(t) = e^{-\left(\frac{t-r}{\eta}\right)^m} = e^{-\left(\frac{t}{\eta}\right)^m}$

- 고장률함수 : $\lambda(t) = \dfrac{f(t)}{R(t)} = \dfrac{m}{\eta}\left(\dfrac{t-\gamma}{\eta}\right)^{m-1}$

- 고장확률밀도함수

$$f(t) = \frac{m}{\eta}\left(\frac{t-\gamma}{\eta}\right)^{m-1} \cdot e^{-\left(\frac{t-\gamma}{\eta}\right)^m}$$

여기서, $m > 0,\ r = 0,\ \eta > 0,\ -\infty < r < \infty$

- 기대치 : $E(t) = \eta \Gamma\left(1 + \dfrac{1}{m}\right)$

- 분산 : $V(t) = \eta^2\left\{\Gamma\left(1 + \dfrac{2}{m}\right) - \Gamma^2\left(1 + \dfrac{1}{m}\right)\right\}$

④ 대수정규분포

㉠ 대수정규분포 개요

- 정규분포를 따르는 확률변수 x에 대해 지수를 취하는 경우 얻어지는 확률분포로서, 수명시간 t 대신 $\ln t$가 정규분포를 따른다.
- 평균값이 항상 중앙값보다 크다.
- 시간에 따라 고장률함수가 증가하다가 감소한다.
- 대수로 변환된 수명이 정규분포를 따른다.
- μ가 σ에 비해서 충분히 크면 정규분포에 가깝다.
- 대수정규분포는 수명시간의 분포 이외에도 수리에 필요한 시간, 재료강도, 피로수명, 강우량 정도, 대기오염 등의 자료를 정리할 때에도 유용하다.

㉡ 대수정규분포에서의 신뢰도 관련 공식

- 신뢰도 함수

$$R(t) = P(T > t) = \int_t^\infty f(t)dt = P\left(u > \frac{t-\mu}{\sigma}\right)$$
$$= 1 - P\left(u \le \frac{t-\mu}{\sigma}\right) = 1 - \phi\left(\frac{\ln t - \mu}{\sigma}\right)$$

- 고장확률밀도함수

$$f(t) = \left(\frac{1}{\sigma \cdot t}\right) \cdot \phi\left(\frac{\ln t - \mu}{\sigma}\right)$$

(단, $0 < t < \infty,\ -\infty < \mu < \infty,\ \sigma > 0$)

- 고장률함수

$$\lambda(t) = \frac{f(t)}{R(t)} = \frac{\phi\left(\dfrac{\ln t - \mu}{\sigma}\right)}{t \cdot \sigma\left[1 - \phi\left(\dfrac{\ln t - \mu}{\sigma}\right)\right]}$$

- 기대치 $E(t) = e^{\left(\mu + \sigma^2/2\right)}$

- 분산 $V(t) = e^{\left(2\mu + 2\sigma^2\right)} - e^{\left(2\mu + \sigma^2\right)}$

⑤ 감마분포

㉠ 감마분포 개요

- 우발적인 충격이 k회 누적되었을 때의 고장수명분포이다.
- 대기(Stand-by)시스템의 수명을 나타낼 수 있다.
- 고장률함수 표현이 불편하다.
- 형상모수 k는 고장률의 형태(증가, 감소, 일정)를 결정짓는 모수이다.
  - $k < 1$이면, 고장률함수 $\lambda(t)$는 DFR(감소형 고장률)에 따른다.
  - $k = 1$이면, 고장률함수 $\lambda(t)$는 CFR(일정형 고장률)에 따르며, 고장확률밀도함수 $f(t)$는 지수분포에 대응한다.
  - $k > 1$이면, 고장률함수 $\lambda(t)$는 IFR(증가형 고장률)에 따른다.

㉡ 감마분포의 특징

- 고장률함수를 표현하기 불편하다.
- 대기시스템의 수명을 나타낼 수 있다.
- 시간이 증가함에 따라 고장률함수의 값을 수렴한다.
- 감소 고장률을 표현할 수 있다.

㉢ 감마분포에서의 신뢰도 관련 공식

- 고장확률밀도함수 :

$$f(t) = \frac{\lambda^k t^{k-1} e^{-\lambda t}}{\Gamma(k)} = \lambda e^{-\lambda t}\frac{(\lambda t)^{k-1}}{\Gamma(k)}$$

- 기대치 : $E(t) = \dfrac{k}{\lambda}$

- 분산 $V(t) = \dfrac{k}{\lambda^2}$

⑥ 적합성 검정 또는 적합도 검정(분포도의 적합도) : 수명데이터를 분석하기 전에 먼저 그 데이터의 분포를 알아보기 위하여 분포의 적합성 검정을 실시한다. 적합성 검정은 수집된 고장자료에 대해 어떤 확률분포가 적합한가를 검정하는 방법으로 카이제곱검정, 콜모고로프-스미르노프검정, 바틀릿검정, 확률지타점법 등이 있다.

> **[최우추정법(Method of Maximum Likelihood)]**
> 표본의 결과를 보고 모집단의 상태, 즉 모수가 어떤 값을 가질 때 이러한 표본결과가 나올 가능성이 가장 높은가를 따져 이 값을 모수 추정값으로 하는 방법으로, 분포의 적합성 검정과는 무관하다.

⑦ χ^2 적합도 검정 : 분포를 가정하여 얻어진 데이터가 그 가정한 이론분포에서 얻어진 것인지를 조사하는 데 사용된다.
- (이론상의 분포 가정) 가설 H_0 : 모집단의 분포 = 특정한 분포, H_1 : 모집단의 분포 ≠ 특정한 분포
- 검정통계량 $\chi_0^2 = \displaystyle\sum_{i=0}^{k} \frac{(관측치-이론치)^2}{이론치}$ (단, k : 급수)
- 판 정
  - $\chi_0^2 \geq \chi_{1-\alpha}^2(k-p-1)$ 이면, H_0 기각, H_1 채택
  - $\chi_0^2 < \chi_{1-\alpha}^2(k-p-1)$ 이면, H_0 채택, H_1 기각
    (단, p : 추정모수의 개수)
- 단점 : 구간 설정범위에 따라 검정통계량 값과 검정 결과가 변화된다.
⑧ 콜모고로프-스미르노프(Kolmogorov-Smirnov)검정 : 가정된 분포함수와 표본분포함수를 비교하여 검정한다.
- 가정한 이론분포에 따라 누적분포함수 $F_0(t_i)$를 구한다(단, t_i는 고장시간).
- 누적고장확률 $F(t_i)$를 메디안랭크법이나 평균순위법에 의해 구한다.
- $D = \max|F(t_i) - F_0(t_i)|$을 이용하여 통계량 D를 구한다.
- 콜모고로프-스미르노프의 검정표에서 $d(n, a)$값을 찾는다.
- $D \geq d(n, a)$이면, 이론상의 분포가 틀린 것이며, $D < d(n, a)$이면, 이론상의 분포가 적합한 것이다.

- 특 징
  - 관측자료값을 집단화할 필요가 없어서 정보손실 방지가 가능하다.
  - 임의 표본의 크기 n에 대해 유용하고 정확한 기법이다.
  - 표본의 크기가 작은 경우에 특히 유용하며, 일반적으로 카이제곱검정보다 뛰어난 검정기법이다.
  - 양쪽 검정, 한쪽 검정이 모두 가능하다.
  - 변수들이 모두 기지인 연속분포일 경우에 유용하다.
  - 적용범위가 한정된다.
  - 검정방법이 복잡하다.
⑨ 바틀릿(Bartlett)의 적합도 검정 : 얻어진 신뢰성시험데이터가 가정한 모집단의 분포인 지수분포에 적합한지를 검정한다.
- $n \geq 20$인 경우에만 적합하지만, χ^2 적합도 검정과 콜모고로프-스미르노프검정보다 간단하다.
- 이론상의 분포를 가정한다.
  - $B_r = \dfrac{2r\left[\ln t_r/r - 1/r\left(\displaystyle\sum_{i=1}^{r}\ln x_i\right)\right]}{1+(r+1)/6r}$
    여기서, x_i : i번째 고장시간 간격
    r : 고장 개수
    $t_r = \displaystyle\sum_{i=1}^{r} x_i$: r번째까지의 고장 발생시간의 합
  - $\chi_{\alpha/2}^2(r-1) < B_r < \chi_{1-\alpha/2}^2(r-1)$이면 이론상의 분포에 대한 가정이 옳은 것으로 판정한다.
⑩ 확률지타점법 : 타점된 점들이 직선관계이면 고장데이터가 가정된 분포를 따른다고 가정한다.

1-1. 트랜지스터의 수명분포는 지수분포를 따르고, 고장률은 $\lambda = \dfrac{0.002}{10,000}$/hr 이다. 1,000시간에서 트랜지스터의 신뢰도는 약 얼마인가?

[2005년 제2회 유사, 2010년 제1회 유사, 2011년 제2회 유사, 2013년 제1회 유사, 2017년 제2회]

① 0.9980   ② 0.9990
③ 0.9998   ④ 0.9999

1-2. 부품 A는 평균수명이 100시간인 지수분포를 따르고, 부품 B는 평균 100시간, 표준편차 46시간인 정규분포를 따를 경우, 이들 부품 10시간에서의 신뢰도에 대하여 맞게 표현한 것은? (단, $u_{0.90} = 1.282$, $u_{0.95} = 1.645$, $u_{0.975} = 1.96$이다)

[2008년 제2회, 2016년 제2회]

① 동일하다.
② 비교 불가능하다.
③ 부품 A의 신뢰도가 더 높다.
④ 부품 B의 신뢰도가 더 높다.

1-3. 수명분포의 평균이 100, 표준편차가 5인 정규분포를 따르는 제품을 이미 105시간 사용하였다. 그렇다면 앞으로 5시간 이상 더 작동할 신뢰도는 약 얼마인가?(단, Z가 표준정규분포를 따르는 확률변수라면 $P(Z \geq 1) = 0.1587$, $P(Z \geq 2) = 0.0228$ 이다)

[2010년 제2회 유사, 2016년 제4회]

① 0.0228   ② 0.1437
③ 0.1587   ④ 0.1815

1-4. 기계의 고장시간분포가 평균이 110시간, 표준편차가 20시간인 정규분포를 따른다. 기계를 149.2시간 사용하였을 때 신뢰도는?(단, $Z_{0.025} = 1.96$, $Z_{0.05} = 1.645$, $Z_{0.1} = 1.282$이다)

[2015년 제2회]

① 0.025   ② 0.050
③ 0.950   ④ 0.975

1-5. M제품의 평균수명이 450시간, 표준편차가 50시간인 정규분포를 따른다고 한다. 이 제품 100개를 새로 사용하기 시작했다면 지금부터 500~600시간 사이에서는 평균 몇 개가 고장 나겠는가?(단, $u_{0.8413} = 1.0$, $u_{0.9987} = 3.0$)

[2013년 제2회]

① 16   ② 14
③ 12   ④ 10

1-6. 와이블(Weibull) 수명분포에 대한 설명으로 가장 거리가 먼 것은?

[2005년 제1회, 2008년 제2회, 2010년 제4회, 2014년 제4회 유사, 2016년 제4회 유사]

① 증가, 감소, 일정한 형태의 고장률을 모두 표현할 수 있다.
② 고장률함수가 멱함수(Power Function) 형태를 갖는다.
③ 비기억(Memoryless)특성을 가지므로 사용이 편리하다.
④ 형상모수에 따라 다양한 고장특성을 갖는다.

1-7. 샘플 5개를 수명시험하여 간편법에 의해 와이블 모수를 추정하였더니 형상모수(m)가 2, 척도모수(t_0)가 90시간, 위치모수(r)가 0이었다. 이 샘플의 평균수명은 약 얼마인가? (단, $\Gamma(1.2) = 0.9182$, $\Gamma(1.3) = 0.8873$, $\Gamma(1.5) = 0.8362$이다)

[2003년 제1회 유사, 2007년 제1회 유사, 2014년 제4회 유사, 2016년 제2회, 2017년 제4회 유사]

① 7.93시간   ② 8.42시간
③ 8.68시간   ④ 8.71시간

1-8. 수명데이터를 분석하기 위해서는 먼저 그 데이터가 가정된 분포에 적합한지를 검정하여야 한다. 이 경우 적용되는 기법이 아닌 것은?

[2017년 제2회]

① χ^2검정
② Pareto검정
③ Bartlett검정
④ Kolmogorov−Smirnov검정

|해설|

1-1

$$R(t) = e^{-\lambda t} = e^{-\frac{0.002}{10,000} \times 1,000} = 0.9998$$

1-2

- 부품 A : $R(t = 100) = e^{-\lambda t} = e^{-\frac{10}{100}} = 0.9048$
- 부품 B : $R(t = 100) = P(u > t) = P\left(\dfrac{T - \mu}{\sigma} \geq \dfrac{10 - \mu}{\sigma}\right)$

$$= P\left(u > \dfrac{10 - 100}{46}\right) = P(u > -1.956)$$
$$= P(u \leq 1.956) = 0.975$$

∴ 부품 B의 신뢰도가 부품 A의 신뢰도보다 높다.

1-3

$$R(110/105) = \frac{P_r(T \geq 110)}{P_r(T \geq 105)}$$

$$= P_r\left(u > \frac{110 - \mu}{\sigma}\right) \Big/ P_r\left(u > \frac{105 - \mu}{\sigma}\right)$$

$$= P_r\left(u > \frac{110 - 100}{5}\right) \Big/ P_r\left(u > \frac{105 - 100}{5}\right)$$

$$= \frac{P_r(u \geq 2)}{P_r(u \geq 1)} = \frac{0.0228}{0.1587} = 0.1437$$

1-4

$$\frac{149.2 - 110}{20} = 1.96 = Z_{0.025}$$

$$\therefore \text{신뢰도} = 1 - 0.025 = 0.975$$

1-5

$$F(t) = P\left(\frac{500 - 450}{50} < u < \frac{600 - 450}{50}\right) = P(1 < u < 3)$$

$$= 0.9987 - 0.8413 = 0.1574$$

따라서 $1,100 \times 0.1574 = 15.741 \simeq 16$

1-6

와이블 수명분포는 비기억(Memoryless)특성을 가지므로 사용이 편리한 분포는 지수분포이다.

1-7

$$E(t) = MTTF = t_0 \Gamma(1 + 1/m) = 90^{\frac{1}{2}} \times \Gamma(1 + 1/2)$$

$$= 9.487 \times 0.8362 = 7.93 \text{시간}$$

1-8

①, ③, ④는 분포의 적합도 검정방법이다.

정답 1-1 ③ 1-2 ④ 1-3 ④ 1-4 ④ 1-5 ① 1-6 ③ 1-7 ① 1-8 ②

핵심이론 02 인자(Factor)

① 고장의 개요

㉠ 고장(Failure) : 아이템이 요구기능을 수행하지 못하게 되거나 요구성능을 만족하지 못하게 되는 사건이다.

㉡ 고장시간(Failure Time) 또는 수명시간(Life Time) : 아이템이 요구성능을 수행하지 못하게 되거나 요구성능을 만족하지 못하게 되는 사건이 발생할 때까지의 기간이다.

㉢ 소비자들이 인식하는 고장시간과 아이템의 실제 고장시간이 다를 수 있다. 특히, 성능이 저하되어 발생하는 고장은 소비자들이 고장이라고 인식하기 훨씬 이전에 설계성능 규격을 벗어나는 것이 일반적이며, 이 경우 설계 관점에서는 이미 고장 난 상태라고 할 수 있다.

㉣ 수명 : 수리 불가능한 아이템이 고장 날 때까지의 시간 또는 수리 가능한 아이템이 더 이상 수리할 수 없는 고장이 발생할 때까지의 기간이다. 불확실성을 내포하고 있는 수명을 확률변수(Random Variable)로 정의한다.

② 고장의 종류

㉠ 고장결과에 따른 분류 : 치명고장, 중고장, 경고장, 미고장

㉡ 기타 고장

• 간헐고장 : 어느 시간 동안 고장 상태를 나타내다가 자연히 당초의 기능을 회복하는 경우의 고장이다.

• 돌발고장 : (갑자기 발생하여) 사전시험이나 모니터링에 의해 예견될 수 없는 고장이다.

• 복합고장 : 2개 이상의 고장원인이 복합되어 일어나는 아이템의 고장이다.

• 연관고장 : 시험 또는 운용결과를 해석하거나 신뢰성 척도를 계산하는 데 포함되어야 하는 고장으로, 판정기준을 미리 명확히 해 두어야 한다.

• 열화고장 : 아이템의 주어진 특성이 시간에 따른 점진적인 변화에 의해 발생하여, 요구기능 중 일부 기능을 수행할 수 없게 되는 고장(점진고장 + 부분고장)이다.

- 오용고장 : 사용 중 규정된 아이템의 능력을 초과하는 스트레스에 의한 고장이다.
- 점진고장 : 아이템의 주어진 특성이 시간에 따른 점진적인 변화에 의해 발생하는 고장(경향고장)이다.
- 체계적 고장 : 설계 또는 제조공정, 운용 절차, 문서화 또는 다른 요인의 수정에 의해서만 제거될 수 있는 확정적 원인이 있는 고장(재생적 고장)이다.
- 파국고장 : 갑자기 아이템의 모든 기능을 전혀 수행할 수 없게 하는 돌발고장이다.
- 파급고장(2차 고장) : 타 부분의 고장이 원인이 되어 발생하는 고장이다.

핵심예제

KS A 3004 : 2002 용어 – 신인성 및 서비스 품질에서 정의하고 있는 고장에 관한 용어 중 아이템의 주어진 특성이 시간에 따른 점진적인 변화에 의해 발생하여 요구기능 중 일부기능을 수행할 수 없게 하는 고장은? [2009년 제2회, 2014년 제2회 유사, 제4회]

① 열화고장   ② 돌발고장
③ 취약고장   ④ 일차고장

|해설|

② 돌발고장 : 사전시험이나 모니터링에 의해 예견될 수 없는 고장
③ 취약고장 : 아이템의 규정된 능력 이내의 스트레스에 놓이더라도 아이템 자체의 취약점에 의한 고장
④ 일차고장 : 다른 아이템의 고장 또는 결함에 의해 직접 또는 간접적으로 야기되지 않는 아이템의 고장

정답 ①

핵심이론 03 고장률곡선(Bathtub Curve)

① 개 요

　㉠ 신뢰성 관리는 시간의 영역에서 고장의 분포를 다룬다는 점이 특징이다.

　㉡ 일반적으로 고장의 발생 빈도는 욕조모양의 곡선을 보이는데 이를 고장률곡선(Bathtub Curve)이라고 한다.

　㉢ 고장률곡선은 고장률을 제품 수명주기 단계별(초기, 정상 가동, 마모)로 나타내어 '제품수명특성곡선'이라고도 한다.

　㉣ 예방보전에 의한 사전 교체를 하지 않은 경우 인간의 사망률과 유사한 곡선을 얻을 수 있다.

　㉤ 기계장치와 인간의 신체는 유사한 관계를 지닌다.

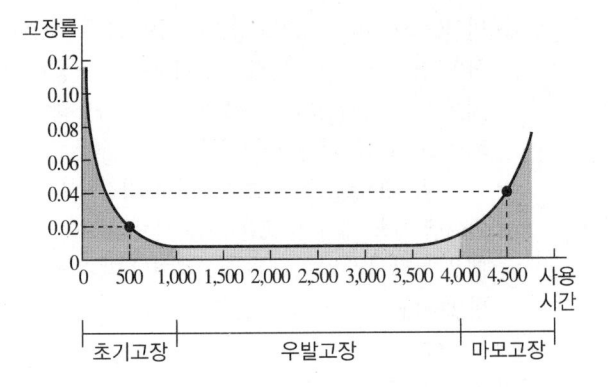

② 초기고장(유아기)

　㉠ DFR(Decreasing Failure Rate)형 : 시간의 경과와 함께 고장률이 감소한다.

　㉡ 고장확률밀도함수 : 형상모수 $\alpha < 1$인 감마분포, $m < 1$인 와이블분포

　㉢ 특 징

　　• 높은 초기 사망률(고장률)을 나타낸다.
　　• 점차 고장률이 감소한다.
　　• 부품 수명이 짧다.
　　• 설계 불량, 제작 불량에 의한 약점이 이 기간에 나타난다.
　　• 예방보전(PM)은 불필요(무의미)하다.
　　• 보전원은 설비를 점검하고 불량 개소를 발견하면 개선, 수리하여 불량부품은 수시로 대체한다.

ⓔ 원 인
- 설계 결함
- 조립상의 과오(조립상의 결함)
- 불충분한 번인(Burn-in)
- 빈약한 제조기술
- 표준 이하의 재료 사용
- 불충분한 품질관리
- 낮은 작업 숙련도
- 불충분한 디버깅
- 취급기술 미숙련(교육 미흡)
- 오염·과오, 부적절한 설치·조립
- 부적절한 저장·포장·수송(운송)·운반 중의 부품 고장

ⓜ 조 처
- 번인(Burn-in) : 초기고장기간 동안 모든 고장에 대하여 연속적인 개량보전을 실시하면서 규정된 환경에서 모든 아이템의 기능을 동작시켜 하드웨어의 신뢰성을 향상시키는 과정이다.
- 디버깅(Debugging) : 초기고장을 경감시키기 위해 아이템 사용 개시 전 또는 사용 개시 후 초기에 아이템을 동작시켜 부적합을 검출하거나 제거하는 개선방법이다.
- 보전예방

③ 우발고장(성장기, 청년기)
ⓐ CFR(Constant Failure Rate)형 : 시간이 경과해도 고장률은 일정하다.
ⓑ 고장확률밀도함수 : 지수분포, 형상모수 = 1인 와이블분포, 형상모수 = 1인 감마분포
ⓒ 특 징
- 사망률(고장률)이 낮고 안정적이다.
- 고장률이 거의 일정한 추세이다(예측할 수 없는 고장률 일정형).
- 유효수명(내용수명)을 나타낸다.
  - 유효수명은 우발고장기간에서 고장률이 규정의 고장률보다 낮고 안정되어 있는 시간의 길이로 나타난다.
  - 내용수명의 기간을 증가시키려면 디버깅을 통한 초기고장을 빨리 제거함과 동시에 예방보전에 의한 마모고장기간에 들어가는 시기를 지연시켜야 한다.

- 고장 정지시간을 감소시키는 것이 가장 중요하다.
- 설비보전원의 고장 개소의 감지능력을 향상시키기 위한 교육훈련이 필요하다.
- 일정한 고장률을 저하시키기 위해서 개선, 개량이 반드시 필요하다.
- 예비품 관리가 중요하다.

ⓔ 원 인
- 과중한 부하(예상치 이상의 과부하)
- 사용자의 과오
- 낮은 안전계수
- 불충분한 정비
- 미흡한(낮은) 안전계수
- 무리한 사용
- 최선의 검사방법으로도 탐지되지 않은 결함
- 부적절한 PM주기
- 디버깅에서도 발견되지 않은 결함
- 미검증된 고장
- 예방보전에 의해서도 예방될 수 없는 고장
- 천재지변

ⓜ 조 처
- 사후보전(BM)을 실시한다.
- 사용상의 과오를 범하지 않게 한다.
- 혹사되지 않도록 한다.
- 과부하가 걸리지 않게 한다.
- 충분한 안전계수를 고려하여 설계한다.
- 극한상황을 고려하여 설계한다.

④ 마모고장(노년기)
ⓐ IFR(Increasing Failure Rate)형 : 시간의 경과와 함께 고장률이 증가한다.
ⓑ 고장확률밀도함수 : 형상모수 $\alpha > 1$인 감마분포, $m > 1$인 와이블분포, 정규분포
ⓒ 특 징
- 사망률(고장률)이 급상승한다.
- 부품의 마모나 열화에 의하여 고장이 증가한다(고장률 증가형).
- 사전에 미리 파악하고 일상점검 시 청소, 급유, 조정 등을 잘하면 열화속도는 현저히 떨어지고 부품수명은 길어진다.

ㄹ 원 인
 • 부식, 산화, 마모, 피로, 노화, 퇴화, 수축, 균열 등
 • 불충분한 정비
 • 부적절한 오버홀(Overhaul)
ㅁ 조처 : 예방보전(PM)
 • DFR

$R(t)$	$f(t)$	$\lambda(t)$
		감소형

 • CFR

$R(t)$	$f(t)$	$\lambda(t)$
	지수분포	일정형 λ

 • IFR

$R(t)$	$f(t)$	$\lambda(t)$
	정규분포	증가형

3-1. 여러 가지 종류의 부품으로 구성된 기기의 고장률함수는 욕조곡선을 따른다고 할 때 다음 중 틀린 것은?
[2004년 제1회 유사, 2006년 제2회 유사, 2007년 제4회 유사, 2010년 제4회 유사, 2014년 제4회]

① 초기고장은 번인(Burn-in)시험에 의해 감소시킬 수 있다.
② 초기고장기간은 시간이 경과함에 따라 고장률이 점점 증가한다.
③ 마모고장기간의 고장률을 감소시키기 위해서는 예방보전이 유효하다.
④ 일정형 고장률을 갖는 우발고장기간에는 사후보전이 유효하다.

3-2. 시스템 수명곡선인 욕조곡선의 초기고장기간에 발생하는 고장의 원인에 해당되지 않은 것은?
[2016년 제1회 유사, 2017년 제2회]

① 불충분한 정비
② 조립상의 과오
③ 빈약한 제조기술
④ 표준 이하의 재료를 사용

3-3. 다음 그림은 고장시간의 전형적인 분포를 보여 주는 욕조곡선이다. 이 중 B기간을 분포로 모형화할 때, 어떤 분포가 적절한가?
[2013년 제1회, 2023년 제1회]

① 지수분포
② 정규분포
③ 형상모수가 1보다 큰 와이블분포
④ 형상모수가 1보다 작은 와이블분포

3-4. 우발고장기간의 고장률을 감소시키기 위한 대책으로 틀린 것은?
[2007년 제1회, 2016년 제2회]

① 혹사하지 않도록 한다.
② 주기적인 예방보전을 한다.
③ 과부하가 걸리지 않도록 한다.
④ 사용상의 과오를 범하지 않게 한다.

3-1

초기고장기간은 시간이 경과함에 따라 고장률이 점점 감소한다.

3-2

불충분한 정비는 마모고장기간에 발생하는 고장의 원인이다.

욕조곡선의 초기고장기간에 발생하는 고장의 원인

- 설계결함
- 조립상의 과오(조립상의 결함)
- 불충분한 번인(Burn-in)
- 빈약한 제조기술
- 표준 이하의 재료 사용
- 불충분한 품질관리
- 낮은 작업 숙련도
- 불충분한 디버깅
- 취급기술 미숙련(교육 미흡)
- 오염·과오, 부적절한 설치·조립
- 부적절한 저장·포장·수송(운송)·운반 중의 부품고장

3-3

- A(초기고장기) : 형상모수가 1보다 작은 와이블분포
- B(우발고장기) : 지수분포
- C(마모고장기) : 정규분포, 형상모수가 1보다 큰 와이블분포

3-4

우발고장기간의 고장률을 감소시키기 위한 대책

- 사후보전(BM)을 실시한다.
- 사용상의 과오를 범하지 않게 한다.
- 혹사되지 않도록 한다.
- 과부하가 걸리지 않게 한다.
- 충분한 안전계수를 고려하여 설계한다.
- 극한상황을 고려하여 설계한다.

정답 3-1 ② **3-2** ① **3-3** ① **3-4** ②

핵심이론 04 고장해석기법

① 개 요

㉠ 고장해석이란 고장의 인과관계를 명확히 하는 것이다.

㉡ 신뢰성과 안전성은 서로 밀접한 관계를 가지고 있다.

㉢ 고장이나 안전성의 원인분석은 발생할 수 있는 모든 상황을 고려하여 결정한다.

㉣ 고장해석에 따라 제품의 고장을 감소시킴과 동시에 고장으로 인한 사용자의 피해를 감소시키는 것이 안전성 제고이다.

㉤ 고장이나 안전성의 예측방법 내지는 신뢰성과 안전성을 예측하기 위한 방법 또는 고장해석기법으로 FMEA(고장 형태 및 영향분석), FTA(고장수분석) 등이 많이 사용된다.

㉥ 제품을 소형화·고밀도화하면 중량은 작아지지만 고장수는 증가된다.

㉦ 간섭이론에서는 스트레스와 강도의 평균 및 산포에 대한 시간적 변화를 고려하여 고장확률을 구한다.

② FMEA에 의한 고장해석

㉠ FMEA(Failure Mode and Effects Analysis)

- 고장 형태 및 영향분석
- 아이템의 모든 서브 아이템에 존재할 수 있는 결함모드에 대한 조사와 다른 서브 아이템 및 아이템의 요구기능에 대한 각 결함모드의 영향을 확인하는 정성적 신뢰성 분석방법이다.
- 설계에 대한 신뢰성 평가의 한 방법이다. 설계된 시스템이나 기기의 잠재적인 고장모드(Mode)를 찾아내고 가동 중인 시스템 등에 고장이 발생하였을 경우의 영향을 조사, 평가하여 영향이 큰 고장모드에 대하여는 적절한 대책을 세워 고장 발생을 미연에 방지하고자 하는 기법이다.

㉡ FMEA의 특징

- 고장 발생을 최소화하기 위한 수단이다.
- 설계평가뿐만 아니라 공정의 평가나 안전성의 평가 등에도 널리 활용한다.
- 정성적 분석방법이다.
- 제품을 구성하는 모든 부품을 찾아내고 상향식(Bottom-up)으로 분석하는 방법이다.
- 실시과정에서 고장 메커니즘에 대한 많은 정보와 지식이 필요하다.

ⓒ 기본설계 단계에서 FMEA 실시결과로 얻을 수 있는 효과(항목)
- 설계상 약점이 무엇인지 파악한다.
- 임무 달성에 큰 방해가 되는 고장모드를 발견한다.
- 인명 손실, 건물 파손 등 넓은 범위에 걸쳐 피해를 주는 고장모드를 발견한다.

ⓓ FMEA의 실시 절차의 순서 : 시스템 분해수준 결정 → 신뢰성 블록도 작성 → 효과적인 고장모드 선정 → 고장모드에 대한 추정원인 열거 → 고장 등급 결정
- 시스템 분해수준 결정 전에 시스템/서브시스템의 구성과 임무를 확인한다.
- 시스템의 분해레벨을 결정한다.
  일반적인 분해레벨의 배열 순서 : 시스템 → 서브시스템 → 컴포넌트 → 부품
- 신뢰성 블록도를 작성한다.
- 효과적인 고장모드를 선정한다.
- 고장 등급 결정 전에 고장모드에 대한 추정원인을 열거한다.
- 고장 등급을 결정한다.

ⓔ FMEA의 RPN(Risk Priority Number)평가에서 빈도(Occurrence)와 중요도(Severity)의 평가
- 항목 빈도(O) : 고장원인/메커니즘
- 중요도(S) : 고장 영향

ⓕ 고장 메커니즘(Failure Mechanisms) : 고장을 유발하는 물리적, 화학적 또는 그 밖의 과정이다.

ⓖ 고장원인-고장 메커니즘-고장모드의 예 : 기계부품이 진동에 의한 피로현상으로 파괴되었을 때
- 고장원인-진동, 고장 메커니즘-피로, 고장모드-파괴로 분석한다.

ⓗ ESS(Environmental Stress Screening)에서 임의 진동 스트레스에 의하여 확인될 수 있는 일반적인 고장모드
- 입자 오염 및 끊어진 와이어
- 두 부품 단락 및 기계적 결함
- 결함 수정 및 인접 모드와의 마찰

ⓘ 고장 등급의 결정방법
- 고장평정법 : 5가지 평가요소 모두 또는 2~3개의 평가요소를 사용하여 고장평점 C_s를 계산하고, 이에 상응하는 고장등급을 결정하는 방법이다. 고장평점 법에서 고장평점을 산정하는 데 사용되는 인자는 다음과 같다.
  - C_1 : 기능적 고장의 영향의 중요도
  - C_2 : 영향을 미치는 시스템의 범위
  - C_3 : 고장 발생 빈도
  - C_4 : 고장 방지의 가능성
  - C_5 : 신규설계의 정도(가부, 여부)

- 고장평점 공식 : $C_s = (C_1 \cdot C_2 \cdot \cdots \cdot C_i)^{\frac{1}{i}}$
  - 5개 평가요소 모두 사용 :
    $$C_s = (C_1 \cdot C_2 \cdot C_3 \cdot C_4 \cdot C_5)^{\frac{1}{5}}$$
  - 3개 평가요소 사용 : $C_s = (C_1 \cdot C_2 \cdot C_3)^{\frac{1}{3}}$
  - 2개 평가요소만 사용 : $C_s = (C_1 \cdot C_3)^{\frac{1}{2}}$
  - $C_1 \sim C_5$의 값은 10점 만점으로 채점한다.
  - 고장 등급(총 4등급)

고장 등급	C_s	고장 구분	판단기준	대책내용
I	7점 이상 ~10점	치명 고장	임무수행 불능, 인명 손실	설계 변경 필요
II	4점 이상 ~7점	중대 고장	임무의 중대한 부분 불달성	설계 재검토 필요
III	2점 이상 ~4점	경미 고장	임무의 일부 불달성	설계 변경 불필요
IV	2점 미만	미소 고장	전혀 영향이 없음	설계 변경 전혀 불필요

- 치명도평점법 : 고장 영향의 크기에 따라 평점을 구하고, C_E를 계산한 후 고장 등급을 결정하며 고장 발생시간은 고려하지 않는다.

고장 등급	C_E	치명도 평점
I	3.0 이상	$C_E = F_1 \cdot F_2 \cdot F_3 \cdot F_4 \cdot F_5$ F_1 : 기능적 고장의 영향의 중요도(고장의 영향 크기)
II	1.0~3.0	F_2 : 영향을 미치는 시스템의 범위(시스템에 미치는 영향의 정도)
III	1.0	F_3 : 고장 발생의 빈도
IV	1.0 미만	F_4 : 고장방지의 가능성 F_5 : 신규설계의 정도(가부, 여부)

㉣ 치명도해석법(CA ; Criticality Analysis)
- CA : FMEA를 실시한 결과, 고장 등급이 높은 고장모드(Ⅰ, Ⅱ)가 시스템이나 기기의 고장에 어느 정도 기여하는가를 정량적으로 계산하고, 고장모드가 시스템에 미치는 영향을 정량적으로 평가하는 방법이다.
- FMECA(Failure Mode Effect and Criticality Analysis) : FMEA + CA
  - FMEA로 식별한 치명적 품목에 발생확률을 고려해서 치명도지수를 구한 다음에 고장 등급을 결정하는 해석방법이다.
  - 구성품의 치명적 고장모드 번호 $= n(n = 1, 2, \cdots, j)$, 운용 시의 고장률 보정계수 $= K_A$, 운용 시의 환경조건의 수정계수 $= K_E$, 기준고장률(시간 또는 사이클당) $= \lambda_G$, 임무당 동작시간(또는 횟수) $= t$, λ_G 중에 해당 고장이 차지하는 비율 $= \alpha$, 해당 고장이 발생하는 경우에도 치명도 영향이 발생할 확률 $= \beta$일 때 치명도 지수는

$$C_r = \sum_{n=1}^{j} (\alpha \cdot \beta \cdot K_A \cdot K_E \cdot \lambda_G \cdot t)_n \text{로 표시된다.}$$

  - 치명도 해석을 위해서는 정량적 데이터가 필요하므로 고장데이터를 수집 및 해석하여 고장률을 명확히 알고 있어야 한다(신규 제품설계평가에서는 FMECA를 잘 사용하지 않고 FMEA만 사용한다).
③ FTA에 의한 고장해석
  ㉠ FTA의 개요
    - 벨(Bell) 전화연구소의 왓슨(H. A Watson)에 의해 고안되었다. 1961년 미사일 발사제어시스템(ICBM 계획) 안전성 확립에 적용하며, 1965년 보잉(Boeing) 항공사 하슬(D. F. Haasl)에 의해 보완되었다. 이후 원자력공장, 교통시스템 등의 안전성 해석에도 활용되고 있다.
    - FT(Fault Tree, 고장목, 고장나무, 고장수, 고장수목) : 고장의 원인을 추적하여 나무의 형태로 만든 것이다.
    - FTA(Fault Tree Analysis, 결함수분석) : 시스템 고장을 발생시키고 사상(Event)과 그 원인의 인과관계를 논리기호를 사용하여 나뭇가지 모양의 그림으로 나타낸 고장나무를 만들고, 이에 의거 시스템의 고장확률을 구함으로써 문제되는 부분을 찾아내어 시스템의 신뢰성을 개선하는 계량적 고장해석기법이다.

- 고장원인의 인과관계를 정상사상(Top Event)으로부터 하향식(Top Down)으로 분석하는 방법이다.
㉡ FTA의 특징
  - 최상위 고장(Top Event)으로부터의 하향식 고장해석 방법이다.
  - 톱다운(Top-down) 접근방식이다.
  - 연역적 방법이다(예 그것이 발생하기 위해서는 무엇이 필요한가?).
  - 불 대수의 지식이 필요하다.
  - 논리기호를 사용하여 해석한다.
  - 컴퓨터를 사용하여 실시할 수 있다.
  - 시스템 고장의 잠재원인을 추적할 수 있다.
  - 기능적 결함의 원인을 분석하는 데 용이하다.
  - 계량적 데이터가 축적되면 정량적 분석이 가능하다.
  - 정성적 분석, 정량적 분석이 모두 가능하다.
  - 짧은 시간에 점검할 수 있다.
  - 비전문가라도 쉽게 할 수 있다.
  - 특정사상에 대한 해석을 한다.
  - 소프트웨어나 인간의 과오까지도 포함한 고장해석이 가능하다.
  - 복잡하고, 대형화된 시스템의 신뢰성분석이 가능하다.
㉢ 논리기호와 명칭

기본사상	결함사상	통상사상	생략사상	전이기호
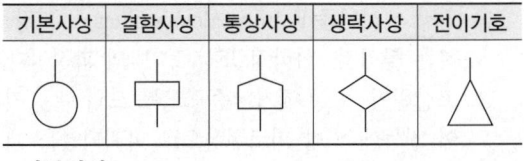				

- 기본사상
  - 더 이상의 세부적인 분류가 필요 없는 사상
  - 더 이상 전개되지 않는 기본적인 사상 또는 발생확률이 단독으로 얻어지는 낮은 레벨의 기본적인 사상
- 결함사상
  - 두 가지 상태 중 하나가 고장 또는 결함으로 나타나는 비정상적인 사상
  - 해석하고자 하는 사상인 정상사상과 중간사상에 사용하는 사상
- 통상사상 : 시스템의 정상적인 가동 상태에서 일어날 것이 기대되는 사상

- 생략사상(최후사상)
  - 불충분한 자료로 결론을 내릴 수 없어 더 이상 전개할 수 없는 사상
  - 사상과 원인의 관계를 충분히 알 수 없거나 필요한 정보를 얻을 수 없기 때문에 더 이상 전개할 수 없는 최후의 사상
  - 작업 진행에 따라 해석이 가능할 때는 다시 속행할 수 있는 사상
- 전이기호(이행기호) : 다른 부분의 이행 또는 연결을 나타내는 기호

㉣ FT도에 사용되는 게이트

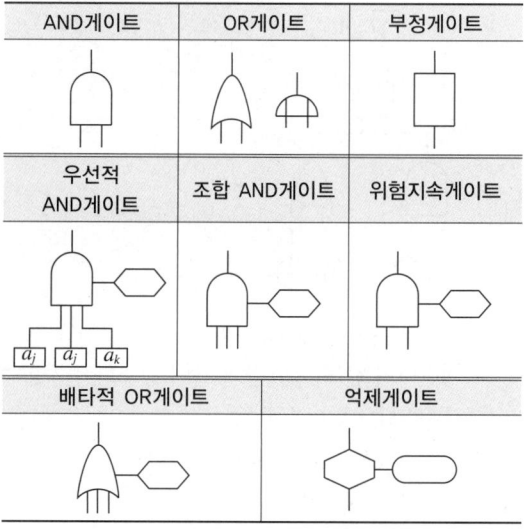

AND게이트	OR게이트	부정게이트
우선적 AND게이트	조합 AND게이트	위험지속게이트
배타적 OR게이트	억제게이트	

- AND게이트 : 입력사상이 모두 발생해야지만 출력사상이 발생하는 게이트이다(논리곱의 게이트).
- OR게이트 : 입력사상 중 어느 하나라도 발생하면 출력사상이 발생하는 게이트이다(논리합의 게이트).
- 부정게이트 : 입력과 반대되는 현상으로 출력되는 게이트이다.
- 우선적 AND게이트
  - 여러 개의 입력사상이 정해진 순서에 따라 순차적으로 발생해야만 결과가 출력되는 게이트
  - 입력현상 중에 어떤 현상이 다른 현상보다 먼저 일어난 때에 출력현상이 생기는 게이트
- 조합 AND게이트
  - 3개의 입력현상 중 임의의 시간에 2개가 발생하면 출력이 생기는 게이트
  - 3개 이상의 입력현상 중 2개가 발생할 경우 출력이 생기는 게이트

- 위험지속게이트 : 입력현상이 생겨서 어떤 일정한 시간이 지속될 때 출력이 생기는 게이트로, 만약 그 시간이 지속되지 않으면 출력은 생기지 않는다.
- 배타적 OR게이트 : OR게이트이지만 2개 또는 그 이상의 입력이 동시에 존재하는 경우 출력이 일어나지 않는 게이트이다.
- 억제게이트(Inhibit Gate)
  - 조건부 사건이 발생하는 상황에서 입력현상이 발생할 때 출력현상이 발생되는 게이트
  - 입력현상이 일어나 조건을 만족하면 출력현상이 생기고, 만약 조건이 만족되지 않으면 출력이 생기지 않는 게이트이다. 조건은 수정기호 내에 기입한다.
㉤ 고장확률의 계산
- AND게이트
  - 신뢰성 블록도 : 병렬
  - 정상사상이 고장 날 확률
    $$F = F_1 \cdot F_2 \cdot \cdots \cdot F_n = \Pi F_i$$
  - 모든 입력사상이 고장 날 경우에만 상위사상이 발생하는 게이트

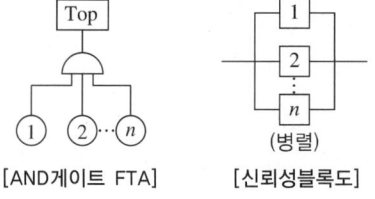

[AND게이트 FTA]　　[신뢰성블록도]

- OR게이트
  - 신뢰성 블록도 : 직렬
  - 정상사상이 고장 날 확률
    $$F = 1 - (1 - F_1)(1 - F_2) \cdots (1 - F_n)$$
    $$= 1 - \Pi (1 - F_i)$$
  - 입력사상 중 하나만 고장 나더라도 상위사상이 발생하는 게이트

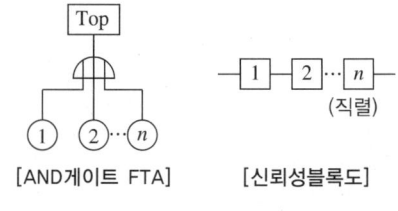

[AND게이트 FTA]　　[신뢰성블록도]

- 고장목의 간소화 : 고장목이 기본사상의 중복이 있으면 불 대수로 간소화한다.

흡수법칙 (Law of Absorption)	$A+(A \cdot B) = A$ $A \cdot (A \cdot B) = A \cdot B$ $A \cdot (A+B) = A$
동정법칙 (Law of Identities)	$A+A = A$ $A \cdot A = A$
분배법칙 (Law of Distribution)	$A \cdot (B+C) = (A \cdot B) + (A \cdot C)$

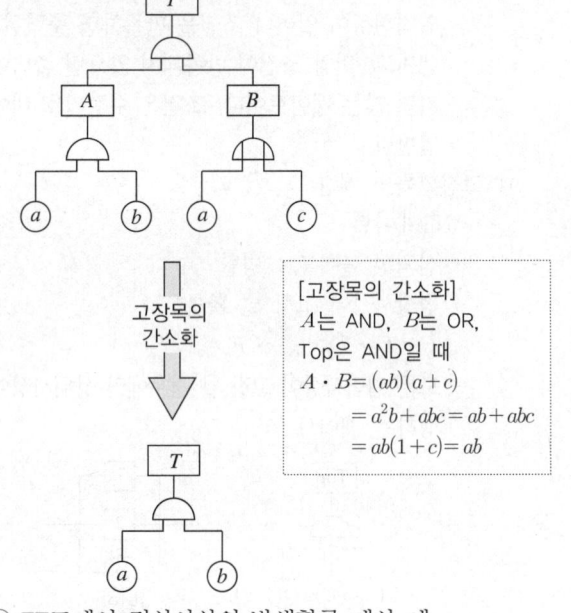

고장목의
간소화

[고장목의 간소화]
A는 AND, B는 OR,
Top은 AND일 때
$$A \cdot B = (ab)(a+c)$$
$$= a^2 b + abc = ab + abc$$
$$= ab(1+c) = ab$$

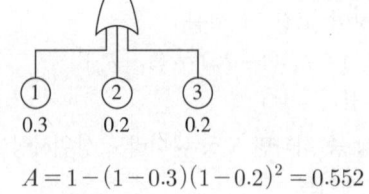

ⓗ FT도에서 정상사상의 발생확률 계산 예

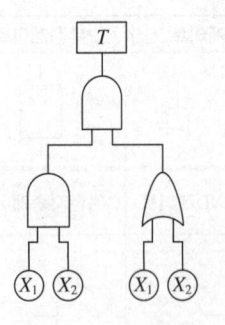

$$A = 1 - (1-0.3)(1-0.2)^2 = 0.552$$

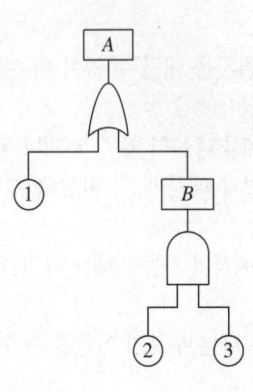

$$A = 1 - (1 - ①)(1 - B) = 1 - (1 - ①)[1 - (② \times ③)]$$

이 경우는 $T = (X_1 \cdot X_2)[1 - (1 - X_1)(1 - X_3)]$으로 접근하면 안 되며 다음과 같이 간소화 절차를 따른다.

$$T = (X_1 \cdot X_2)(X_1 + X_3)$$
$$= X_1(X_1 \cdot X_2) + X_3(X_1 \cdot X_2)$$
$$= X_1 \cdot X_2 + X_1 \cdot X_2 \cdot X_3$$
$$= X_1(X_2 + X_2 \cdot X_3)$$
$$= X_1[X_2(1 + X_3)]$$
$$= X_1 \cdot X_2$$

ⓐ FTA 실시 순서
- 시스템 및 구성부품 각각의 기능을 파악한다(시방서 참조).
- 톱사상을 선정한다.
- 톱사상과 관련된 1차 요인을 열거한다.
- 톱사상과 1차 요인들 간의 관계를 논리기호로 연결한다.
- 1차 요인과 관련된 2차 요인, 2차 요인과 관련된 3차 요인 등을 논리기호로 순차적으로 연결하여 FT(고장목)를 작성한다.
- TF의 간소화 : 불 대수 공식에 의거 고장목을 간소화한다.

- 각각의 요인에 발생확률을 할당한다.
- 톱사상의 발생확률 계산 및 문제점을 모색한다.
- 대책 검토(필요시) : 문제점 개선 및 신뢰성 향상책을 강구한다.

◎ 톱사상 선정요건
- 사상이 명확히 정의되어야 하며 평가될 수 있어야 한다.
- 하위수준을 되도록 많이 포함시켜야 한다.
- 설계상, 기술상 대처 가능한 사상이어야 한다.
- 톱사상과 관련된 1차 요인(직접적 원인요인)은 환경조건을 포함하여 모두 기입해야 한다.

④ ETA(Event Tree Analysis)에 의한 고장해석
ㄱ 특정한 원인으로부터 어떤 결과에 이르기까지의 경로를 추적하는 기법이다.
ㄴ FTA와 ETA의 비교
- 같은 점 : 시스템, 기기의 고장 간 인과관계를 도시하여 검토하는 점
- 다른 점 : FTA는 톱사상(결과)으로부터 복수의 기본사상(원인)으로 검토되는데, ETA는 하나의 기본사상(원인)으로부터 톱사상(결과)으로 거슬러 올라간다.
- ETA 사용 시 각 단계에서의 발생확률을 알거나 추정할 수 있으면 초기 유발사건이 발생하는 경우 마지막 결과가 일어날 확률을 구할 수 있다.

핵심예제

4-1. 기본설계 단계에서 FMEA를 실시한다면 큰 효과를 발휘할 수 있다. FMEA의 결과로 얻을 수 있는 항목이 아닌 것은?

[2006년 제2회, 2007년 제4회, 2013년 제2회, 2017년 제2회]

① 설계상 약점이 무엇인지 파악
② 컴포넌트 고장이 발생하는 확률의 발견
③ 임무 달성에 큰 방해가 되는 고장모드 발견
④ 인명손실, 건물 파손 등 넓은 범위에 걸쳐 피해를 주는 고장모드 발견

4-2. 다음 표는 고장평점법의 고장 등급에 따른 고장 구분, 판단기준 및 대책을 나타낸 것이다. 내용이 틀린 등급은?

[2003년 제2회 유사, 2009년 제1회, 2016년 제4회]

등 급	고장 구분	판단기준	대 책
Ⅰ	치명고장	임무수행 불능, 인명손실	설계 변경 필요
Ⅱ	중대고장	임무의 중한 부분 불달성	설계 재검토 필요
Ⅲ	경미고장	임무의 일부 불달성	설계 변경은 불필요
Ⅳ	미소고장	일부 임무가 지연	설계 변경은 불필요

① Ⅰ
② Ⅱ
③ Ⅲ
④ Ⅳ

4-3. 고장평점법에서 평점요소로 기능적 고장 영향의 중도도(C_1), 영향을 미치는 시스템의 범위(C_2), 고장 발생 빈도(C_3)를 평가하여 평가점을 $C_1 = 3$, $C_2 = 9$, $C_3 = 6$을 얻었다면 고장평점(C_s)은?

[2002년 제2회 유사, 2004년 제4회 유사, 2005년 제1회 유사, 2007년 제2회 유사, 2010년 제4회 유사, 2012년 제2회 유사, 2015년 제1회, 2016년 제2회 유사]

① 4.45
② 5.45
③ 8.72
④ 12.72

4-4. FMEA 실시 절차의 순서로 맞는 것은?

[2002년 제1회, 2008년 제4회, 2017년 제1회, 제4회]

ㄱ 시스템의 분해 레벨을 결정한다.
ㄴ 효과적인 고장모드를 선정한다.
ㄷ 고장 등급을 결정한다.
ㄹ 신뢰성 블록도를 작성한다.
ㅁ 고장모드에 대한 추정원인을 열거한다.

① ㄱ → ㄴ → ㄹ → ㄷ → ㅁ
② ㄹ → ㄴ → ㄱ → ㄷ → ㅁ
③ ㄱ → ㄹ → ㄴ → ㅁ → ㄷ
④ ㄹ → ㄴ → ㄱ → ㅁ → ㄷ

4-5. 우선적 AND게이트가 있는 고장목(Fault Tree)에 관한 설명으로 가장 적절한 것은?

[2006년 제2회, 2013년 제1회, 2023년 제1회]

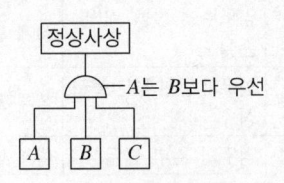

① 입력사상 A, B, C가 모두 발생될 때 정상사상이 발생된다.
② 입력사상 A, B, C가 모두 발생하고, 입력사상 A가 B보다 우선적으로 발생될 때 정상사상이 발생된다.
③ 입력사상 A, B, C가 모두 발생하고, 입력사상 A가 B와 C보다 우선적으로 발생될 때 정상사상이 발생된다.
④ 3개의 입력사상 A, B, C 중 2개의 입력사상 A와 B만 발생하고, A가 B보다 우선적으로 발생될 때 정상사상이 발생된다.

4-6. 다음 그림과 같은 FT도와 일치하는 신뢰성 블록도는?

[2002년 제1회 유사, 2005년 제1회 유사, 제4회 유사, 2008년 제1회, 2010년 제1회 유사, 2012년 제2회, 2014년 제4회 유사, 2015년 제2회 유사, 2016년 제2회]

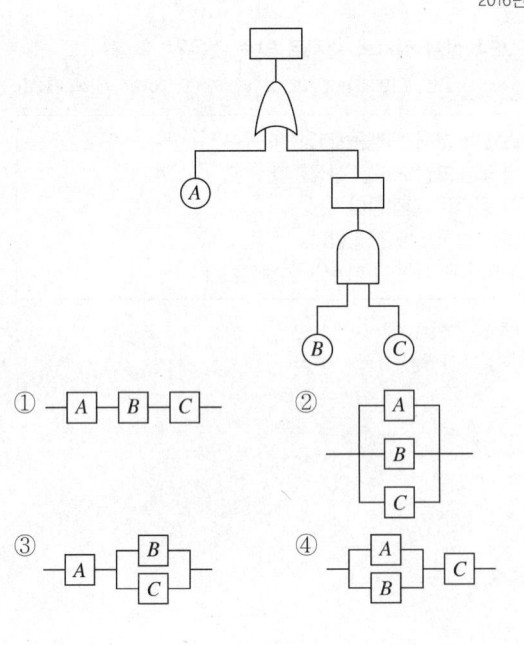

4-7. 다음 그림에서 A, B, C의 고장확률이 각각 0.02, 0.1, 0.05인 경우 정상사상의 고장확률은?

[2002년 제2회, 2007년 제1회, 2010년 제4회, 2012년 제4회, 2014년 제1회 유사, 2016년 제1회 유사, 2017년 제1회]

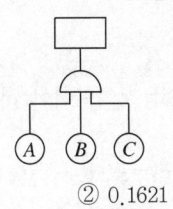

① 0.0001   ② 0.1621
③ 0.8379   ④ 0.9999

4-8. 다음 FT도에서 시스템의 고장확률은 얼마인가?

[2004년 제2회 유사, 2008년 제2회 유사, 2010년 제2회 유사, 2012년 제1회 유사, 2016년 제4회]

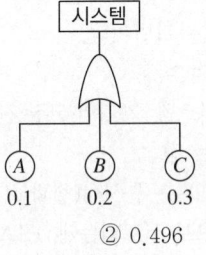

① 0.006   ② 0.496
③ 0.504   ④ 0.994

4-9. 다음 그림의 FTA에서 정상사상의 고장확률은 약 얼마인가?(단, 기본사상의 고장확률은 0.1로 동일하다)

[2004년 제1회, 2006년 제1회, 2011년 제1회, 2015년 제4회]

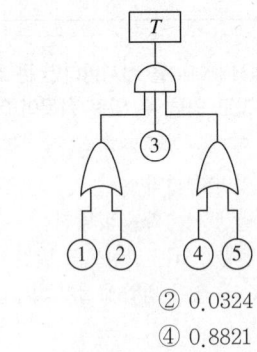

① 0.0036   ② 0.0324
③ 0.0987   ④ 0.8821

4-10. 다음 FT(Faurt Tree)도에서 시스템의 고장확률은 얼마인가?(단, 각 구성품의 고장은 독립이며, 주어진 수치는 각 구성품의 고장확률이다)

[2003년 제4회, 2008년 제4회, 2014년 제2회, 2023년 제2회]

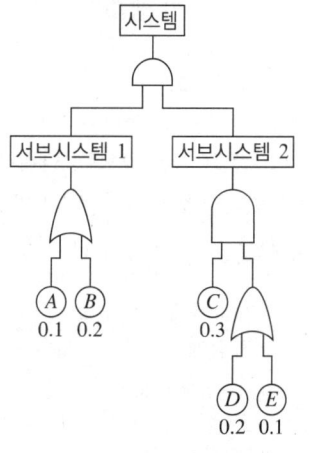

① 0.02352   ② 0.02552

③ 0.32772   ④ 0.35572

4-11. 다음 그림의 고장목(FT)에서 정상사상의 고장확률은 얼마인가?(단, 기본사상의 고장확률은 $P(A) = 0.002$, $P(B) = 0.003$, $P(C) = 0.004$이다)

[2003년 제2회, 2007년 제2회, 2009년 제2회 유사, 2013년 제4회 유사,
2017년 제4회]

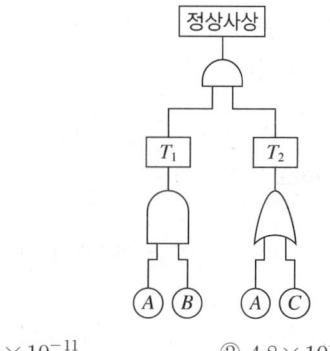

① 1.2×10^{-11} ② 4.8×10^{-11}

③ 3.6×10^{-8} ④ 6×10^{-6}

|해설|

4-1

컴포넌트 고장이 발생하는 확률의 발견은 FTA의 결과로 얻을 수 있다.

4-2

Ⅳ : 미소고장, 판단기준은 전혀 영향 없음, 대책은 설계 변경 전혀 불필요

4-3

$$C_s = \left(C_1 \cdot C_2 \cdot C_3\right)^{\frac{1}{3}} = (3 \times 9 \times 6)^{\frac{1}{3}} = 5.45$$

4-4

FMEA 실시 절차 순서

① 시스템의 분해 레벨을 결정한다.
② 신뢰성 블록도를 작성한다.
③ 효과적인 고장모드를 선정한다.
④ 고장모드에 대한 추정원인을 열거한다.
⑤ 고장 등급을 결정한다.

4-5

AND게이트이므로 입력사상 A, B, C가 모두 발생하고, 조건부 A는 B보다 우선에 있으므로 입력사상 A가 B보다 우선적으로 발생될 때 정상사상이 발생된다.

4-6

신뢰성 블록도와 FT도는 쌍대성으로 나타나므로 직렬이면 OR기호, 병렬이면 AND기호가 된다.

4-7

$$F_T = F_A F_B F_C = 0.02 \times 0.1 \times 0.05 = 0.0001$$

4-8

$$F_s = 1 - (1-0.1)(1-0.2)(1-0.3) = 0.496$$

4-9

$$F_{12} = 1 - 0.9 \times 0.9 = 0.19$$
$$F_{45} = 1 - 0.9 \times 0.9 = 0.19$$
$$F_T = 0.19 \times 0.1 \times 0.19 = 0.0036$$

4-10

$$F_{DE} = 1 - 0.8 \times 0.9 = 0.28$$
$$F_1 = 1 - 0.9 \times 0.8 = 0.28$$
$$F_2 = 0.3 \times 0.28 = 0.084$$
$$F_s = F_1 \times F_2 = 0.28 \times 0.084 = 0.02352$$

4-11

$$T = T_1 \times T_2 = AB(A+C) = A^2 B + ABC = AB + ABC$$
$$= AB(1+C) = AB = 0.002 \times 0.003 = 6 \times 10^{-6}$$

정답 4-1 ② 4-2 ④ 4-3 ② 4-4 ③ 4-5 ③ 4-6 ③ 4-7 ①
     4-8 ② 4-9 ① 4-10 ① 4-11 ④

핵심이론 01 신뢰성척도 계산

① 신뢰성척도 계산의 개요
  ㉠ 신뢰도를 사용시간(t)의 함수로 나타내는 신뢰도함수는 신뢰성의 대표적인 척도이다.
  ㉡ 신뢰성척도를 이용하면 제품수명 예측, 사용시간과 고장 발생 간의 관계 파악, 제품 가동상황 예측 및 추정 등의 효과를 얻을 수 있다.

② 대시료의 신뢰성척도 계산
  ㉠ 개 요
    • 주어진 부품의 수명분포가 알려져 있지 않을 경우 부품의 수명에 대한 신뢰성을 알기 위해서 관찰된 수명자료를 이용하여 신뢰성척도를 추정해야 한다.
    • 일반적으로 대시료의 경우는 샘플수가 12개를 초과하는 경우이다.
    • 누적고장확률과 신뢰도함수의 합은 어느 시점에서나 항상 동일하게 1로 나타난다.
    • 어떤 시점 0에서 t까지 고장확률밀도함수를 적분하면 그 시점까지의 불신뢰도 $F(t)$를 알 수 있다.
    • 어느 정도 시간이 경과하여 고장 개수가 상당히 발생하였을 때, 그 시점에서 고장확률밀도함수는 고장률함수보다 작거나 같다($f(t) \leq \lambda(t)$).
    • 어떤 시점 t와 $(t+\triangle t)$ 시간 사이에 발생한 고장 개수를 시점 t에서의 생존 개수로 나눈 뒤 이것을 $\triangle t$로 나눈 것을 고장률함수 $\lambda(t)$라고 한다.
  ㉡ 신뢰성척도 계산
    • 신뢰도 $R(t)$: 시점 t에 있어서의 잔존(생존)확률
    $$R(t) = \frac{n(t)}{N}$$
    여기서, N : 초기의 총수(샘플수)
        $n(t)$: t시점에서의 잔존수
    • 불신뢰도 $F(t)$: 시점 t까지 고장 나 있을 확률(누적고장확률)
    $$F(t) = 1 - R(t) = 1 - \frac{n(t)}{N}$$
    • $R(t) + F(t) = 1$

• 고장확률밀도함수 $f(t)$: 단위시간당 전체의 몇 %가 고장 났는지의 빈도를 나타낸 것으로, 단위시간당 어떤 비율로 고장이 발생하고 있는지를 나타내는 척도이다.
$$f(t) = \frac{\text{구간시간에서의 고장 개수}}{\text{초기 샘플수}} \times \frac{1}{\text{구간시간}}$$
$$= \frac{n(t) - n(t + \triangle t)}{N \cdot \triangle t}$$

• 순간고장률 또는 고장률함수 $\lambda(t)$: $\triangle t$가 0으로 수렴할 때 고장률의 극한값으로, 단위시간당 얼마씩 고장 나고 있는지를 나타낸 척도이다.
$$\lambda(t) = \frac{f(t)}{R(t)} = \frac{1}{1 - F(t)} \times \frac{dF(t)}{dt}$$
$$= \frac{\text{구간시간에서의 고장 개수}}{t\text{지점에서의 생존 개수}} \times \frac{1}{\text{구간시간}}$$
$$= \frac{n(t) - n(t + \triangle t)}{n(t)} \times \frac{1}{\triangle t}$$
$$= \frac{n(t) - n(t + \triangle t)}{n(t) \cdot \triangle t}$$

• 구간고장률
  – 어떤 시점 t와 $(t+\triangle t)$ 시간 사이에 발생한 고장률이다.
  – 구간고장률 $= \dfrac{R(t) - R(t + \triangle t)}{R(t)}$

• 단위시간당 고장률
  – 구간 고장률을 $\triangle t$로 나누어 환산한 것이다(단위시간 : 주행거리, 사용 횟수 등).
  – 단위시간당 고장률 $= \dfrac{R(t) - R(t + \triangle t)}{\triangle t \cdot R(t)}$

③ 소시료의 신뢰성척도 계산
  ㉠ 개 요
    • 일반적으로 소시료의 경우는 샘플수가 12개 이하인 경우이다.
    • 알려지지 않은 수명분포에서 관찰된 수명자료를 이용하여 신뢰성 척도들을 추정하는 경우 각 부품들의 고장시간을 구간별($\triangle t$)로 나열하지 않고 각각의 고장시간치, 즉 $t_1 \leq t_2 \leq t_3 \leq \cdots \leq t_N$로 나타낸다면 신뢰성척도 계산은 다음과 같이 할 수 있다(단, n : 샘플수, i : 고장 순번(등급, t시간까지의 누적고장 개수), t_i : i번째 고장 발생시간, t_{i+1} : $(i+1)$번째 고장 발생시간).

ⓛ 중앙순위법 또는 메디안순위법(Benard's Median Rank법)

- 신뢰도 : $R(t_i) = 1 - F(t_i) = \dfrac{n-i+0.7}{n+0.4}$

- 불신뢰도 : $F(t_i) = 1 - R(t) = \dfrac{i-0.3}{n+0.4}$

- 고장확률밀도함수 : $f(t_i) = \dfrac{1}{(n+0.4)(t_{i+1}-t_i)}$

- 고장률함수 :

$$\lambda(t_i) = \dfrac{1}{(t_{i+1}-t_i)(n-i+0.7)} = \dfrac{f(t)}{R(t)}$$

ⓒ 평균순위법(Average Rank법)

- 신뢰도 : $R(t_i) = 1 - F(t_i) = \dfrac{(n+1)-i}{n+1}$

- 불신뢰도 : $F(t_i) = 1 - R(t_i) = \dfrac{i}{n+1}$

- 고장확률밀도함수 : $f(t_i) = \dfrac{1}{(n+1)(t_{i+1}-t_i)}$

- 고장률함수 :

$$\lambda(t_i) = \dfrac{1}{(t_{i+1}-t_i)(n-i+1)} = \dfrac{f(t_i)}{R(t_i)}$$

ⓔ 모드순위법(Mode Rank법)

- 신뢰도 : $R(t_i) = 1 - \dfrac{i-0.5}{n} = \dfrac{n-i+0.5}{n}$

- 불신뢰도 : $F(t_i) = 1 - R(t_i) = \dfrac{i-0.5}{n}$

- 고장확률밀도함수 : $f(t_i) = \dfrac{1}{n(t_{i+1}-t_i)}$

- 고장률함수 :

$$\lambda(t_i) = \dfrac{1}{(t_{i+1}-t_i)(n-i+0.5)} = \dfrac{f(t_i)}{R(t_i)}$$

ⓜ 선험적(Empirical) 방법

- 신뢰도 : $R(t_i) = 1 - \dfrac{i}{n} = \dfrac{n-i}{n}$

- 불신뢰도 : $F(t_i) = 1 - R(t) = \dfrac{i}{n}$

- 고장확률밀도함수 : $f(t_i) = \dfrac{1}{n(t_{i+1}-t_i)}$

- 고장률함수 : $\lambda(t_i) = \dfrac{1}{(t_{i+1}-t_i)(n-i)} = \dfrac{f(t_i)}{R(t_i)}$

1-1. 전구 100개에 대한 수명시험을 한 결과, 다음 표와 같은 데이터를 얻었다. $t = 120$시간에서의 누적고장확률은 얼마인가?

[2004년 제1회, 2007년 제2회, 2013년 제2회]

시간(t)	생존 개수(n)	시간(t)	생존 개수(n)
0	00	120	35
30	95	150	10
60	85	180	0
90	85		

① 0.85 ② 0.65
③ 0.35 ④ 0.15

1-2. 샘플 54개에 대한 수명시험을 한 결과, 다음 표와 같은 데이터를 얻었다. 구간 4~5시간에서의 고장률은 약 얼마인가?

[2005년 제4회 유사, 2006년 제1회 유사, 2008년 제1회 유사, 2010년 제4회 유사, 2012년 제1회 유사, 2013년 제1회]

시간 간격	고장 개수
0~1	2
1~2	5
2~3	10
3~4	16
4~5	9
5~6	7
6~7	4
7~8	1
계	54

① 0.167/시간 ② 0.429/시간
③ 0.611/시간 ④ 0.750/시간

1-3. 5개의 타이어를 시험기에 걸어 마모실험을 한 결과, 다음과 같은 수명데이터를 얻었다. 수명시간 320시간에서의 중앙순위법(Median Rank)에 의한 $F(t_i)$는 약 얼마인가?

[2004년 제1회 유사, 2006년 제1회 유사, 2회 유사, 2008년 제1회 유사, 제2회 유사, 2010년 제1회 유사, 2015년 제4회, 2017년 제1회, 제2회 유사]

320, 250, 400, 310, 300 (단위 : 시간)

① 0.6667 ② 0.6852
③ 0.8000 ④ 0.8704

1-4. 300개의 소자로 구성된 전자제품의 수명시험을 한 결과 2시에서 4시 사이의 고장계수가 23개였다. 이 구간에서 고장확률밀도함수[$f(t)$]의 값은 약 얼마인가?

[2007년 제2회 유사, 2015년 제2회 유사, 2016년 제1회]

① 0.0333/시간
② 0.0367/시간
③ 0.0383/시간
④ 0.0457/시간

1-5. 5, 10.5, 18, 34, 47.6, 55, 67.2, 82, 100.5, 117.8과 같은 완전 데이터의 고장률함수 $\lambda(t=34)$값은?(단, 중앙순위법(Median Rank)에 의해 계산한다) [2009년 제4회, 2015년 제1회]

① 0.0110/시간
② 0.0149/시간
③ 0.0222/시간
④ 0.0235/시간

1-6. 메디안 순위표에서 $n=8$, 고장 순위 $i=1$일 때 $R(t)$값은 약 얼마인가? [2012년 제1회 유사, 2013년 제2회]

① 0.872
② 0.917
③ 0.945
④ 0.95

1-7. 평균 순위를 이용하여 소시료 시험결과, 2번째 순위에서의 고장률함수 $\lambda(t_2)=0.02$/hr이었다. 이때 실험한 시료수가 5개이고, 3번째 고장 난 시료의 고장시간이 20시간 경과 후였다면 2번째 시료가 고장 난 시간은? [2011년 제4회, 2016년 제2회]

① 7.5시간
② 10시간
③ 12시간
④ 15시간

1-8. 샘플수가 35개, n시간까지의 누적고장 개수가 22개일 때, 신뢰도 $R(t)$는 약 얼마인가?(단, 신뢰도는 평균순위법을 이용하여 구한다)

[2005년 제2회 유사, 2014년 제4회 유사, 2015년 제2회, 2022년 제2회]

① 0.327
② 0.347
③ 0.367
④ 0.389

1-9. 다음 표는 샘플 200개에 대한 수명시험 데이터이다. 구간 (500, 1,000)에서의 경험적(Empirical) 고장률[$\lambda(t)$]은 얼마인가?

[2014년 제2회, 2023년 제2회]

구간별 관측시간	구간별 고장 개수
0~200	15
200~500	10
500~1,000	30
1,000~2,000	40
2,000~5,000	50

① 1.50×10^{-4}/h
② 1.62×10^{-4}/h
③ 3.24×10^{-4}/h
④ 4.44×10^{-4}/h

|해설|

1-1

$$F(t=120) = \frac{t=120에서의 누적고장수}{초기 샘플수} = \frac{(100-35)}{100} = 0.65$$

1-2

$$고장률 = \frac{n(t=4)-n(t=5)}{n(t=4) \times \Delta t} = \frac{9}{21 \times 1} = 0.429$$

1-3

$$F(t_i) = \frac{i-0.3}{n+0.4} = \frac{4-0.3}{5+0.4} = 0.6852$$

1-4

$$f(t) = \frac{n(t)-n(t+\Delta t)}{N \cdot \Delta t} = \frac{23}{300 \times 2} = 0.0383 시간$$

1-5

$$\lambda(t) = \frac{1}{(t_{i+1}-t_i)(n-i+0.7)} = \frac{1}{(47.6-34)(10-4+0.7)}$$
$$= 0.0110$$

1-6

$$R(t=1) = 1 - F(t=1) = 1 - \frac{i-0.3}{n+0.4} = \frac{n+0.7-i}{n+0.4} = \frac{7.7}{8.4}$$
$$= 0.917$$

1-7

$$\lambda(t_i) = \frac{1}{(t_{i+1}-t_i)(n-i+1)} 에서 \quad 0.02 = \frac{1}{(20-t_i)(5-2+1)}$$

이므로 $t_i = 7.5$

1-8

$$R(t) = 1 - F(t) = \frac{(n+1)-i}{n+1} = \frac{(35+1)-22}{35+1} = 0.389$$

1-9

$$\lambda(t) = \frac{\text{고장 개수}}{n(t=500)\varDelta t} = \frac{30}{185 \times 500} = 3.24 \times 10^{-5}/\text{h}$$

정답 1-1 ② 1-2 ② 1-3 ② 1-4 ③ 1-5 ① 1-6 ② 1-7 ①
1-8 ④ 1-9 ③

핵심이론 02 신뢰성시험

① 신뢰성시험의 개요

㉠ 신뢰성시험의 정의
  • 협의의 신뢰성시험 : 신뢰성결정시험(부품, 제품의 신뢰도를 추정하기 위한 시험)과 신뢰도적합시험(규정된 신뢰성 요구에 합치되는지를 판정하는 시험)의 총칭이다.
    – 신뢰성결정시험(Reliability Determination Test) : 아이템의 신뢰성 특성치를 결정하기 위한 시험
    – 신뢰성적합시험(Reliability Compliance Test) : 아이템의 신뢰성 요구에 합치되어 있는지의 여부를 판정하는 시험
  • 광의의 신뢰성시험 : 신뢰성을 평가하고 향상시키기 위해 수행하는 모든 시험이다(의도한 기간 내에 안정된 품질 확보를 위해 상품의 기획단계부터 출하 후 실사용 상태까지를 고려하여 각 단계별 제품의 신뢰성 향상을 위한 선택, 개선 또는 신뢰성의 확인, 실증을 위하여 실시하는 모든 시험).
    – 신뢰성성장시험 : 시험분석 및 시정조치(TAAF) 프로그램에 의하여 설계 및 제조상의 결함을 발견하고 이를 시정조치함으로써, 시간이 지남에 따라 신뢰성척도가 점진적으로 향상되는 과정에 대한 시험

㉡ 신뢰성시험을 실시하는 적합한 이유
  • MTBF 추정을 위하여
  • 설정된 신뢰성 요구조건을 만족하는지 확인하기 위하여
  • 설계의 약점을 밝히기 위하여
  • 제조품의 수입이나 보증을 위하여

㉢ 신뢰성시험 계획
  • 목적, 척도, 항목 판정기준 : 시험의 목적에 따라 시험방식이나 평가척도가 달라지므로 목적에 적당한 항목을 선정하고 고장과 판정기준을 명확히 규정함으로써 그 결과를 간단하고 명확하게 해야 한다.
  • 시험기간과 샘플수 : 요구되는 정보에 따라 어느 정도의 샘플수로, 어느 정도의 시간 동안 시험하는 것이 경제적인지 규정되어야 한다.

- 스트레스 선정 : 제품 사용 상태에서 가해지는 스트레스의 종류와 수준을 조사하고, 실제로 문제가 되는 고장모드의 정보를 수집하고 문제가 되는 환경조건에 따라 시험을 실시해야 한다.
  ㉣ 신뢰성시험 데이터의 취급방법
  - 주로 정시중단시험과 정수중단시험을 하므로 데이터도 중단데이터를 이용하여 해석해야 한다.
    - 정시중단시험 : 미리 시간을 정해 놓고 그 시간이 되면 고장수에 관계없이 시험을 중단하는 방식이다(n개의 샘플이 모두 고장 날 때까지 기다리지 않고, 미리 계획된 시점 t_0에서 시험을 중단하는 시험).
    - 정수중단시험 : 규정된 고장 발생수에 도달하면 시험을 종결하는 방식이다.
  - 축차시험방식이다(총시험시간이 누적됨에 따라 축차 시점까지의 총고장수에 따라 합격, 불합격, 시험 계속 여부를 결정해 가는 신뢰성적합시험).
  - 시험시간 단축을 위해 가속시험(기준조건보다 엄한 조건으로 행하는 시험)을 행한다.
  - 시험시간데이터, 시험조건, 고장모드, 고장 메커니즘 등을 상세하게 기록해야 한다.
  - 신뢰성시험 데이터를 취하기 위해서는 '①의 데이터 ↔ ②의 데이터 ↔ ③의 데이터'와 같은 형태로 이 3자 특성에 대한 상관을 잘 파악해야 한다.
② 신뢰성시험의 종류 : 현장시험, 모의시험으로 대별된다.
  ㉠ 현장시험 또는 실용시험(Field Test) : 실제 사용 상태에서 아이템의 동작, 환경, 보전, 관측의 조건을 기록하면서 실시하는 신뢰성시험으로, 생산품을 출하하는 경우 신뢰성 확인을 위해서 행해지는 시험이다.
  ㉡ 모의시험(공장시험, 실험실시험) : 공장, 실험실에서 실제 사용조건을 모의나 규정된 동작 및 환경조건에서 실시하는 신뢰성시험이다.

파괴 시험	수명시험 : 정상수명시험, 가속수명시험, 강제열화시험, 단계스트레스시험, 방치(저장)시험
	가혹시험 : 한계시험, 환경시험, 내구성시험
비파괴 시험	동작시험 : 환경시험, 정상동작시험
	방치시험(무부하시험이며, 정상수명시험)
	스크리닝시험(번인시험)
	목시시험, 현미경시험

- 파괴시험 : 시험에 의해 그 대상물의 상품가치를 잃어버리는 시험이다. 재료, 부품 등이 스트레스를 어느 정도까지 견디는지 확인하는 스트레스한계시험으로, 고장 날 때까지의 시험이다.
  - 수명시험(Life Test) : 규정조건하에서의 아이템 수명에 대한 시험이다.
  - 단계스트레스시험(Step Stress Test) : 등간격으로 증가하는 스트레스 수준을 순차적으로 적용하는 시험이다.
  - 한계시험(Marginal Teat) : 사용한계를 확인하기 위한 시험으로, 보전 중에 비파괴적으로 하는 경우가 있다.
  - 내구성시험(Endurance Test) : 아이템의 성능이 스트레스와 시간의 경과에 따라 어떤 영향을 받는가를 조사하는 시험이다.
- 비파괴시험 : X선, 초음파, 잡음 측정, 자기, 염색, 적외선 변형 등에 의하여 대상은 파괴하지 않고 결함을 검지하거나 고장원을 제거하기 위해 실시하는 시험이다.
③ 환경시험 : 여러 가지 사용조건에 대한 스트레스의 영향을 조사하기 위하여 실시하는 신뢰성시험이다.
  ㉠ 환경시험의 조건
  - 환경시험 설계 시의 고려사항 : 단독(조합) 환경의 발생확률, 예측되는 결과와 고장모드, 하드웨어의 성능과 환경의 영향, 유사한 환경에 설치된 다른 기기로부터 얻어진 정보
  - 기준적인 환경시험조건
    - 표준 주위조건 : 온도 $25 \pm 10[℃]$, 상대습도는 관리되고 있지 않은 실내 주위조건, 대기압은 측정지점의 기압
    - 관리되는 주위조건 : 온도 $23 \pm 2[℃]$, 상대습도 $50 \pm 5[\%]$, 대기압 $725 + 50[mmHg](725 \sim 770[mmHg])$
  ㉡ 환경시험의 요령
  - 실제 상황에서 발생하기 쉬운 조건의 순서로 시험을 행하는 것이 원칙이다.
  - 샘플수가 불충분한 경우 '개발 시의 시험샘플'에는 비파괴시험에서 파괴시험으로 전환한다.

④ 가속수명시험

  ㉠ 가속수명시험

- 시험시간을 단축시킬 목적으로 실제의 사용조건보다 강화된 사용조건에서 실시하는 신뢰성시험이다.
- 예정된 시험기간 내에 샘플이 모두 고장 나지 않아 시험조건을 사용조건보다 가혹하게 부가하여 고장 발생시간을 단축하는 시험이다.
- 가속인자인 기계적 부하나 온도, 습도, 전압 등의 사용조건(Stress)을 악화시켜 고장시간을 단축시키는 시험이다.
- (수명시험 중) 특히 수명시간을 단축할 목적으로 고장 메커니즘을 촉진하기 위해 가혹한 환경조건에서 행하는 시험이다.

  ㉡ 개 요

- 가속수명시험 설계 시 고장 메커니즘을 추론할 때 가장 효과적인 도구는 FMEA/FTA이다.
- 사용조건을 정상조건보다 악화시켜 고장시간을 단축시켜 신뢰성 척도를 추정한다.
- 가속시험 : 한계시험, 강제노화시험, 단계스트레스시험
- 가속수명시험 데이터 분석에 필요한 것은 수명분포와 수명-스트레스관계식이다.
- 가속요인으로 전압이나 온도 등이 활용된다.
- 가속시험에서 얻어진 수명을 정상조건으로 환원할 때 수명 추정의 신뢰도는 수명분포에 따라 변하지 않는다.
- 가속수명시험은 시험시간을 단축시키기 위해 실시한다.
- 가속수명시험의 종류 : 아레니우스(Arrhenius) 모델, 아이링(Eyring) 모델
  - 온도가 가속요인일 때 활용되는 모델은 아레니우스 모델(Arrhenius Model)이다.
- 가속수명시험의 가정 : 정상 사용조건 n에서의 고장시간을 t_n, 강제화한 조건 s에서의 고장시간을 t_s라고 할 때 Stress와 고장시간 간의 그래프를 선형으로 가정한다.

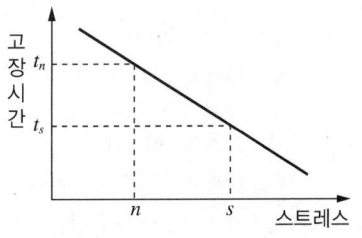

- 와이블분포를 따르는 경우 가속조건의 형상모수는 정상조건의 형상모수와 같다.
- 정규분포를 따르는 경우 가속조건의 표준편차는 정상조건의 표준편차와 같다.

  ㉢ 가속계수 및 관련 사항

- 가속계수(AF ; Acceleration Factor) : 정상조건의 수명을 가속조건의 수명으로 나누어 계산한다.

$$AF = \frac{정상조건의\ 수명}{가속조건의\ 수명} = \frac{t_n}{t_s}$$

- 정상수명 :

$$\theta_n = 가속계수 \times 가속조건의\ 수명 = AF \times \theta_s$$

- 정상조건의 고장률은 가속조건의 고장률을 가속계수로 나누어 계산한다.

  ㉣ 데이터 해석

- 지수분포인 경우
  - 정상수명 : $\theta_n = AF \times \theta_s$
  - 고장률 : $\lambda_n = \dfrac{1}{AF} \times \lambda_s$
  - 신뢰도 : $R_n(t) = e^{-\lambda_n t} = e^{-\frac{1}{AF}\lambda_s t}$
  - 불신뢰도 : $F_n(t) = 1 - R_n(t) = 1 - e^{-\frac{1}{AF}\lambda_s t}$
- 정규분포인 경우 : $\sigma_n = \sigma_s$, $\theta_n = AF \times \theta_s$
- 와이블분포인 경우 : $m_n = m_s$, $\eta_n = AF \times \eta_s$, $\lambda_n(t) = \left(\dfrac{1}{AF}\right)^m \lambda_s(t)$, $\theta_n = AF \times \theta_s$

  ㉤ 아레니우스 모델

- 온도를 가속인자로 사용하며 50[%]가 고장 나는 시간 T_{50}은 다음과 같이 계산하며 지수분포의 $\dfrac{1}{\lambda}$, 와이블분포의 η로 표현된다.

$$T_{50} = AF \cdot e^{\frac{\Delta H}{kT}}$$

여기서, $AF = e^{\frac{\Delta H}{k}\left(\frac{1}{T_1} - \frac{1}{T_2}\right)}$

$\quad k$: 볼츠만상수($= 8.617 \times 10^{-5}$eV/K)

$\quad T$: °K($=$°C $+ 273$)

$\quad \Delta H$: 활성화에너지

- 가속수명시험에서 주로 사용하는 아레니우스모형 $t = A\exp(E/kT)$ 의 인자에 관한 설명은 다음과 같다.
  - t는 고장시간을 나타낸다.
  - E는 활성화에너지(Activation Energy)이다.
  - k는 볼츠만상수로 약 8.167×10^{-5}eV/K이다.
  - T는 켈빈온도를 나타낸다.

ⓑ 아이링 모델 : 가속인자로 온도 외에 다른 스트레스인 자(전압, 습도 등)도 사용한다.
- 온도 + 다른 스트레스 한 가지 :

  $T_{50} = AF \cdot T^\alpha \cdot e^{\frac{\Delta H}{kT}} \cdot e^{\left(B + \frac{C}{T}\right)S_1}$

- 온도 + 전압(V) : $T_{50} = AF \cdot e^{\frac{\Delta H}{kT}} \cdot V^{-B}$, $C = 0$, $\alpha = 0$, $S_1 = \ln V$
- 전압만 고려(온도 일정) : $T_{50} = AF \cdot V^{-B}$
- 습도만 고려(온도 일정) : $T_{50} = AF \cdot (RH)^{-B}$

  여기서, RH : 상대습도

- 10°C 법칙 : 정상온도보다 10[°C] 증가시켜서 가속수 명시험을 하면 수명이 반으로 감소된다.
  - $\theta_n = 2^\alpha \cdot \theta_s$

    여기서, $\alpha = \dfrac{\text{가속온도 - 정상온도}}{10}$

  - $AF = 2^\alpha = \dfrac{\theta_n}{\theta_s}$

- α승 법칙 : 압력 또는 전압을 가속인자로 사용한다.
  - $\theta_s = \dfrac{\theta_n}{V^\alpha}$

    여기서, V : 전압 또는 압력

    $\quad \alpha$: 재질에 따른 상수

  - $AF = \left(\dfrac{V_s}{V_n}\right)^\alpha$

⑤ 스크리닝시험(Screening Test)

ⓐ 스크리닝시험
- 생산단계에서 초기고장을 제거하기 위하여 실시하 는 시험이다.

- 고장 메커니즘에 따른 시험에 의해 잠재결점을 포함 하는 아이템을 제거하는 시험이다.
- 잠재고장을 초기에 제거하는 비파괴적 선별기술이다.
- 제품의 수입, 확인, 출하, 인정 등에 있어서 신뢰성을 보증하고 확인하는 시험이다.
- 공정 종료 직후나 부품 완성 직후에는 양품이 나왔어 도 다음 공정이나 사용에 들어가면 불량이 발생하는 것을 미연에 방지하기 위해 다음 공정이나 사용 시 적용될 스트레스보다 더 큰 스트레스를 가해서 선별 하는 시험이다.

ⓑ 개 요
- 특히, IC와 같이 공정이 긴 부품의 경우에는 공정 후반에서 불량이 발생하면 고부가가치를 상실하므 로 공정 초기에 스크리닝시험을 수행한다.
- 스크리닝시험은 실제 사용 시 쉽게 고장 나는 잠재결 함을 지닌 부품을 강제적으로 초기에 제거하는 기술 이므로 다른 시험과는 다르게 스크리닝 중에 결함이 발생한다.
- 스크리닝시험의 고장형태와 실제 사용 시의 고장형 태가 반드시 같지는 않다.
- 번인(Burn-in)시험 : 초기고장의 감소를 위하여 아 이템의 친숙함을 좋게 하거나 특성을 안정시켜서 사 용 전 일정한 시간 동안 동작시키는 시험이다(번인시 험은 대표적인 스크리닝시험이므로, 스크리닝시험 을 번인시험이라고도 함).

ⓒ 스크리닝의 원칙
- 잠재결함의 고장 메커니즘에 대해 실행한다.
- 전수시험으로 행하며 비파괴적인 방법으로 실행한다.
- 결함 발생 즉시 공정의 원류에서 실시한다.
- 단시간에 실행하며 경제성을 검토한다.
- 고장 발생 시 반드시 고장원인을 규명하여 해석한다.
- 초기고장의 감소에 기여하는 잠재고장을 문제로 삼 는다.

ⓓ 스크리닝방법
- 육안 스크리닝
- 전기적 스크리닝
- 환경스트레스 스크리닝(온도주기, 열충격, 기계적 충격 등)

2-1. α승 법칙에 따르는 콘덴서에 대하여 정상전압 220[V]를 가속전압 260[V]에서 가속수명시험을 하였다. 이 콘덴서에는 $\alpha = 5$인 α승 법칙에 따른다. 가속계수는 약 얼마인가?

[2002년 제1회 유사, 2004년 제4회, 2008년 제4회 유사, 2011년 제4회, 2016년 제4회]

① 1.182　　　　　② 2.31
③ 8　　　　　　　④ 40

2-2. 정상 사용온도(30[℃])에서 수명이 10,000시간이라면 10℃ 법칙에 의거 가속수명시험온도 130[℃]에서의 수명을 구하면 약 몇 시간인가?

[2006년 제1회 유사, 2007년 제2회 유사, 2010년 제4회 유사, 2013년 제1회, 2016년 제2회]

① 10시간　　　　　② 12시간
③ 14시간　　　　　④ 16시간

2-3. 어떤 전자부품은 150[℃] 가속수명시험에서 평균수명이 100시간으로 추정되었다. 이 부품의 활성화에너지가 0.25[eV]이고 가속계수가 2.0일 때, 정상 사용조건의 온도는 약 몇 [℃]인가?(단, 볼츠만 상수는 8.617×10^{-5}[eV/K]이며, 아레니우스 모델을 적용하였다)

[2009년 제4회, 2015년 제1회]

① 47　　　　　　　② 73
③ 100　　　　　　④ 111

|해설|

2-1

$$AF = \left(\frac{260}{220}\right)^5 = 1.1818^5 = 2.31$$

2-2

$\theta_n = 2^\alpha \cdot \theta_s$ 에서 $10,000 = 2^{\frac{130-30}{10}} \cdot \theta_s$ 이므로,

$$\theta_s = \frac{10,000}{1,024} = 9.765 \simeq 10시간$$

2-3

$2.0 = r^{\frac{0.25}{8.617 \times 10^{-5}}\left(\frac{1}{T_1} - \frac{1}{423}\right)}$ 의 양변에 로그를 취하면

$\ln 2.0 = \frac{0.25}{8.617 \times 10^{-5}}\left(\frac{1}{T_1} - \frac{1}{423}\right)$ 이므로

$$T_1 = 384.175[^\circ K] = 111[^\circ C]$$

정답 2-1 ②　2-2 ①　2-3 ④

핵심이론 03 신뢰성 추정

① 개 요

　㉠ 데이터의 종류

　　• 완전데이터 : 모든 표본에 대한 고장시간이 관측된 경우에 얻어지는 데이터이다.

　　• 불완전데이터 : 모든 표본에 대한 고장시간이 관측되지 않은 경우에 얻어지는 데이터이다.

　　• 정시중단데이터(제1종 중단데이터) : 시험 중단시점을 미리 정하고 이 시점에서 시험을 중단하는 경우에 얻어지는 데이터로, 시험 중단시점이 미리 정해지기 때문에 고장수가 확률변수(푸아송분포 적용)가 되며 표본수가 많으면 고장수가 증가한다.

　　• 정수중단데이터(제2종 중단데이터) : 전체 표본 중 미리 정해진 수의 표본이 고장 나면 시험을 중단하는 경우에 얻어지는 데이터로, 특정 개수가 고장 나는 시험 중단시점이 확률변수(와이블분포 적용)가 되며 표본수가 많으면 수명시험에 소요되는 시간이 짧아진다.

　　• 랜덤중단데이터 : 각 표본의 시험 중단시점이 랜덤한 경우에 얻어지는 데이터로, 랜덤중단데이터는 각 표본마다 시험 도중 노화 등의 원인으로 더 이상 시험이 불가능한 경우에 얻어진다. 가장 일반적인 형태로 특수한 경우, 정시 및 정수중단데이터가 얻어진다.

　㉡ 신뢰성 추정과 시험의 개요

　　• 정상수명시험 : 시료에 대하여 정상 사용조건하에서 기능을 잃고 고장 나는 시간을 관측하는 수명시험방법으로, 수명시험의 일반적인 방법으로 이용된다.

　　• 전수시험 : 신뢰성을 정확히 파악하기 위해 이용한다.

　　• 중도중단시험, 가속수명시험 : 검사비용 감소의 경제성 고려와 검사데이터수의 감소를 위해서 시행한다.

　　• 중도중단시험 : 일반적인 신뢰성시험의 평균수명시험을 추정하는 방법으로 시간이나 개수를 정해 놓고 그때까지만 수명시험을 하는 계량형 특성을 갖는 시험으로, 정시중단시험과 정수중단시험이 있다. 이때의 수명분포는 지수분포를 나타낸다.

　　　– 정시중단시험 : 샘플수와 총시험시간이 주어지고, 총시험시간까지 시험하여 발생한 고장 개수가 합격판정 개수보다 적을 경우 로트를 합격하는 시험이다.

- 정수중단시험 : 계량 1회 샘플링검사에서 샘플수 n, 중단고장 개수 r이 주어지고, r번째의 고장이 발생할 때까지 시험하여 얻은 데이터에 의거 MTBF의 측정값이 합격판정기간보다 클 경우 로트를 합격시키는 시험방법으로, 정수중단시험에서 고장 개수가 0개인 경우 푸아송분포를 이용하여 평균수명을 구한다.

ⓒ 신뢰성 추정과 고장확률밀도함수의 개요
- 고장확률밀도함수가 지수분포, 정규분포 또는 와이블분포 중 어느 하나를 따른다는 것을 알면 샘플데이터에 의거하여 그 확률분포의 모수만 추정하면 신뢰성척도인 $F(t)$, $R(t)$, $f(t)$, $\lambda(t)$ 및 평균수명을 구할 수 있다. 즉, 고장률의 형태에 따른 신뢰성척도의 추정이 가능하다.
- CFR, 즉 고장확률밀도함수가 지수분포를 따르는 경우 지수분포의 모수인 평균수명 θ(또는 MTBF), 평균고장률 λ의 추정이 가능하다.
- IFR, 즉 고장확률밀도함수가 정규분포를 따르는 경우 정규분포의 모수인 평균수명 μ, 표준편차 σ 추정이 가능하다.
- 고장률이 CFR인지, IFR인지, DFR인지 확실히 모르는 경우에는 와이블분포로 가정하고 샘플로부터 m, η, γ 추정에 의한 μ, σ의 추정이 가능하다.

② 지수분포에서의 신뢰성 추정
ⓐ 점 추정(Point Estimation)
- 전수시험 : 전수고장 시의 신뢰성 추정으로 고장이 지수분포를 따른다.
  - 정시중단시험에서 정해진 시간치가 되기 전에 시험데이터(샘플)가 모두 고장 난 경우(중도 중단이라고 볼 수 없는 경우) 평균수명 θ의 점 추정 :

  $$\widehat{MTTF} = \frac{1}{\lambda} = \hat{\theta} = \frac{\sum_{i=1}^{n} t_i}{n} = \frac{T}{n}$$

  여기서, λ : 고장률
  　　　n : 샘플수
  　　　T : 총시험시간(총고장시간)
  　　　t_i : i번째 고장 발생시간

  - 고장이 지수분포를 따르고 전수고장(완전 시료)일 때 평균수명(θ)의 구간 추정은 정수중단규정을 따라 실시한다.

- 정시중단시험 : 시간(시간치)을 미리 정해 놓고(미리 정해진 시험중단시간 t_0) 그때까지 시험을 행하여 평균고장시간(MTBF)과 고장 개수(r)로 신뢰성척도를 추정한다.
  - 교체하지 않는 경우 :

  $$\widehat{MTTF} = \hat{\theta} = \frac{\sum_{i=1}^{r} t_i + (n-r)t_0}{r}$$

  - 교체하는 경우 : $\widehat{MTTF} = \hat{\theta} = \frac{nt_0}{r}$

- 정수중단시험 : 고장 개수(r)를 정해 놓고 그때까지의(t_r : r번째(마지막) 고장 발생기간) 시간치 평균고장시간으로 신뢰성척도를 추정한다.
  - 교체하지 않는 경우 :

  $$\widehat{MTTF} = \hat{\theta} = \frac{\sum_{i=1}^{r} t_i + (n-r)t_r}{r},$$

  $$\lambda = \frac{r}{T} = \frac{r}{\sum t_i + (n-r)t_r}$$

  - 교체하는 경우 : $\widehat{MTTF} = \hat{\theta} = \frac{nt_r}{r}$,

  $$\lambda = \frac{r}{T} = \frac{r}{nt_r}$$

  - r_i, k_i 둘 다 존재하는 경우

  $$\widehat{MTTF} = \hat{\theta} = \frac{\sum t_i r_i + \sum t_i k_i}{r}$$

  여기서, t_i : i번째 점검시간
  　　　r_i : i시간에서의 고장 개수
  　　　k_i : i시간에서 고장 날만한 것의 교체 개수
  　　　r : 전체 고장 개수

- 고장 개수 $r=0$인 경우 : 단위시간 간격 중 발생하는 고장 개수 r은 푸아송분포를 따르므로 고장 개수 r이 일정 개수 c 이하가 나올 확률은

  $$P_r(r \le c) = \sum_{r=0}^{c} \frac{e^{-m}m^r}{r!} = \alpha \text{(단, } m = \lambda T = \lambda n T)$$

  이다. 여기서 r과 c가 모두 0이면,
  $$P_r(r=0) = e^{-\lambda T} = \alpha \text{이 된다.}$$

  - 신뢰수준 90[%]($\alpha = 0.1$)일 때 :
  $$\hat{\theta}_L = \frac{T}{2.3} \quad (T = nt_0)$$

– 신뢰수준 95[%]($\alpha = 0.05$)일 때 :

$$\hat{\theta}_L = \frac{T}{2.99} \ \ (T = nt_0)$$

ⓛ 구간 추정(Interval Estimation)
- 정시중단시험의 경우
  - 양쪽 구간 추정 :

$$\frac{2T}{\chi^2_{1-\alpha/2}\{2(r+1)\}} \le \theta \le \frac{2T}{\chi^2_{\alpha/2}(2r)} \ \ \text{또는}$$

$$\frac{2r\hat{\theta}}{\chi^2_{1-\alpha/2}\{2(r+1)\}} \le \theta \le \frac{2r\hat{\theta}}{\chi^2_{\alpha/2}(2r)}$$

여기서, $T = r\hat{\theta}$

$\hat{\theta} = \widehat{MTBF}$

$\dfrac{2r}{\chi^2_{1-\alpha/2}\{2(r+1)\}}$: 신뢰성 하한계수

$\dfrac{2r}{\chi^2_{\alpha/2}(2r)}$: 신뢰성 상한계수

  - 한쪽 구간 추정 :

$$\theta_L = \frac{2T}{\chi^2_{1-\alpha}\{2(r+1)\}} = \frac{2r\hat{\theta}}{\chi^2_{1-\alpha}\{2(r+1)\}}$$

- 정수중단시험의 경우
  - 양쪽 구간 추정

$$\frac{2T}{\chi^2_{1-\alpha/2}(2r)} \le \theta \le \frac{2T}{\chi^2_{\alpha/2}(2r)} \ \ \text{또는}$$

$$\frac{2r\hat{\theta}}{\chi^2_{1-\alpha/2}(2r)} \le \theta \le \frac{2r\hat{\theta}}{\chi^2_{\alpha/2}(2r)}$$

여기서, $T = r\hat{\theta}$

$\hat{\theta} = \widehat{MTBF}$

$\dfrac{2r}{\chi^2_{1-\alpha/2}(2r)}$: 신뢰성 하한계수

$\dfrac{2r}{\chi^2_{\alpha/2}(2r)}$: 신뢰성 상한계수

  - 한쪽 구간 추정 : $\theta_L = \dfrac{2T}{\chi^2_{1-\alpha}(2r)} = \dfrac{2r\hat{\theta}}{\chi^2_{1-\alpha}(2r)}$

ⓒ 지수분포의 확률지에 의한 방법
- 개 요
  - 관측중단데이터도 사용할 수 있다.
  - 가속수명시험의 시험조건 사이에 가속성이 성립한다는 것은 확률용지에서 각 시험조건의 수명분포 추정선들이 서로 평행인지를 보면 파악이 가능하다.

- 세로축은 누적고장률, 가로축은 고장시간을 타점하도록 되어 있다.
- 누적고장률은 $F(t) = \dfrac{i}{n-1} \times 100[\%]$를 계산하여 정규 확률지의 세로축에 타점한다.
- 타점결과, 원점을 지나는 직선의 형태가 되면 지수분포라고 할 수 있다.
- 수명시험데이터에 관측 중단된 데이터가 있으면 관측중단데이터는 누적분포함수[$F(t)$] 계산에만 사용하고 타점은 고장시간만 한다.
- 누적고장률법
  - 고장시간 t_i에 대한 누적고장률 $H(t) = -\ln e^{-\lambda t} = \lambda t$를 계산한다.
  - 가로축이 고장시간(t_i), 세로축이 누적고장률 $H(t)$인 확률지에 플롯(Plot)한다.
  - 플롯결과, 회귀직선의 기울기가 평균고장률 λ가 된다.
- 누적고장확률법
  - 고장시간 t_i에 대한 $\dfrac{1}{1-F(t)}$을 구한다.
  - 가로축이 고장시간(t_i), 세로축이 $F(t)$인 확률지에 플롯한다.
  - 플롯결과, 직선의 기울기가 평균고장률 λ가 된다.
  - $F(t)$ 계산
    ⓐ 평균순위법 : $F(t_i) = \dfrac{i}{n+1}$
    ⓑ 메디안순위법 : 대칭분포 경우
    $$F(t_i) = \frac{i-0.3}{n+0.4}$$
    ⓒ 선험적 방법 : 일정시간 간격으로 고장 개수가 조사된 경우 $F(t_i) = \dfrac{i}{n}$

③ 정규분포에서의 신뢰성 추정
  ⓣ 전수시험인 경우
  - 최대 우도 추정량(MLE) $\widehat{MTTF} = \hat{\mu} = \dfrac{\sum t_i r_i}{\sum r_i}$,

$$\hat{\sigma} = \sqrt{\frac{\sum t_i^2 r_i - \sum r_i \cdot \hat{\mu^2}}{\sum r_i}}$$

- 균일 최소 분산 비편향 추정량(UMVUE)

$$\widehat{MTTF} = \hat{\mu} = \frac{\sum t_i r_i}{\sum r_i}, \quad \hat{\sigma} = \sqrt{\frac{\sum t_i^2 r_i - \sum r_i \cdot \hat{\mu_i^2}}{\sum r_i - 1}}$$

- 신뢰도 추정 $R(t) = P_r(T > t) = 1 - \phi\left(\dfrac{t - \mu}{\sigma}\right)$

 ⓛ 중도중단시험인 경우
- 최소제곱법
  - 신뢰도 추정 $R(t_i) = \pi\dfrac{N_i + 1 - r_i}{N_i + 1}$ (순위법),

   $F(t) = \dfrac{i}{n}, \quad \dfrac{i}{n+1}, \quad \dfrac{i+0.3}{n+0.4}$
  - 정규분포의 모수값 μ, σ의 추정

   $\widehat{MTTF} = \hat{\mu} = \dfrac{\sum t_i}{r} - \dfrac{\sum y_i}{r}\hat{\sigma}$,

   $\hat{\sigma} = \dfrac{r\sum t_i y_i - \sum t_i \sum y_i}{r\sum y_i^2 - (\sum y_i)^2}$

- 정규확률지에 의한 방법
  - 고장시간을 작은 것부터 크기순으로 나열한다.
  - 가로축에는 고장시간(t_i), 세로축에는 누적고장확

   률 $F(t) = \dfrac{i}{n+1} \times 100[\%]$ (평균순위법)을 계산하

   여 정규확률지에 플롯한다.
  - 플롯된 모든 점을 통과하는 직선(이하 회귀선)을 긋는다.
  - 회귀선과 $F = 50[\%]$인 선이 만나는 점의 고장시간 t_i을 읽어 μ값(평균수명)을 구한다.
  - $\mu - \sigma(F = 16[\%])$ 또는 $\mu + \sigma(F = 84[\%])$인 선과 회귀선이 만나는 점의 t_i값을 읽고 이 t_i값에서 μ값을 빼면 이것이 고장시간의 표준편차 σ값이 된다.

④ 와이블분포에서의 신뢰성 추정
 ㉠ 개 요
- 관측 중단된 데이터라도 사용할 수 있다.
- 고장분포가 지수분포일 때도 사용할 수 있다.
- 분포의 모수들을 확률지로부터 구할 수 있다.
- t를 고장시간 $F(t)$를 누적분포함수라고 할 때 $\ln t$와

 $\ln\ln\dfrac{1}{1 - F(t)}$ 과의 직선관계를 이용한 것이다.

- 와이블분포의 신뢰도함수 $R(t) = e^{1/(t/\eta)^m}$을 이용하여 사용시간 $t = \eta$에서 m의 값에 관계없이 $R(\eta) = e^{(-1)}$, $F(\eta) = 1 - e^{(-1)} = 0.632$임을 알 수 있으며, 이때 와이블분포를 따르는 부품들의 약 63[%]가 고장 나는 시간 η를 특성수명이라고 한다.

 ⓛ 통계적 방법
- 위치모수 $\gamma = 0$으로 가정, m은 형상모수, η(또는 t_0)은 척도모수, $\eta^m = t_0$
- $R(t) = e^{\left[-\left(\frac{t-\gamma}{\eta}\right)^m\right]} = e^{-\left(\frac{t}{\eta}\right)^m} = e^{-\frac{t^m}{t_0}}$
- $f(t) = \dfrac{m}{\eta}\left(\dfrac{t}{\eta}\right)^{m-1} \cdot e^{-\left(\frac{t}{\eta}\right)^m} = \dfrac{m}{t_0}t^{m-1}e^{-\frac{t^m}{t_0}}$

 여기서, $t > 0$

※ η와 m에 대한 최우 추정치는 모두 존재하나 수치해석적 방법으로 풀어야 한다.

- $\lambda(t) = \dfrac{m}{t_0}t^{m-1}$

 ㉢ 간편법
- 형상모수 m을 추정한다.
- 평균고장시간 $\bar{t}$, 분산 $Var(t)$를 계산한다.

 $\bar{t} = \dfrac{\sum t_i}{n}, \quad Var(t) = \dfrac{\sum(t_i - \bar{t})^2}{n-1}$

- 변동계수 $CV = \dfrac{\sqrt{Var(t)}}{\bar{t}}$에 대응하는 형상모수 m

 값을 구한다.

CV	2.00	1.50	1.00	0.75	0.50	0.45	0.35	0.25
m	0.55	0.71	1.00	1.35	2.10	2.35	3.11	4.55

- 척도모수 $\eta = t_0^{\frac{1}{m}}$를 구한다. $t_0 = \dfrac{\sum t_i^m}{n}$

㉣ 와이블확률지에 의한 방법(와이블확률지를 사용하여 μ와 σ를 추정하는 방법)
- 관측중단데이터가 있어도 사용할 수 있다.
- 분포의 모수를 확률지로부터 추정할 수 있다.
- 모든 타점을 관통하는 직선이므로 반드시 원점을 지나는 직선이 아니다.
- $H(t)$가 t의 곡선함수임을 이용한 것이다.
- 가로축(x축)과 세로축(y축)은 $(\ln t, \ln(-\ln[1 - F(t)]))$ 이다.

- 고장시간데이터 t_i를 작은 것부터 크기순으로 나열한다.

- $F(t_i)$%를 가로축은 $\ln t_i$, 세로축은 $\ln \ln \dfrac{1}{1-F(t)}$ 로 된 와이블확률지상에 플롯한다($F(t)$는 지수분포의 $F(t)$ 계산법과 동일하다).

- 모든 타점을 관통하는 직선(이하 회귀선)을 긋는다 (만약 직선이 안 되면 위치모수 $r=0$이 아니므로 시간 지연이 있는 경우).

- 타점의 직선과 $F(t)=63[\%]$가 만나는 점의 아래측 t눈금을 특성수명 η의 추정치로 한다.

- $\ln t_0=1.0$과 $\ln\ln\dfrac{1}{1-F(t)}=0$과의 교점을 m 추정점이라고 한다.

- 형상모수 m을 추정한다(추정점으로부터 회귀선과 평행선을 긋고, $\ln t=0$인 선과 만나는 점을 우측으로 이동시켜 만나는 값의 부호를 바꾸면 m의 추정치가 됨).

- m추정점에서 타점의 직선과 평행선을 그을 때, 그 평행선이 $\ln t=0.0$과 만나는 점을 우측으로 연장하여 $\dfrac{\mu}{\eta}$와 $\dfrac{\sigma}{\eta}$의 값을 읽는다.

- 특성수명 t_0를 추정한다.

- 평균수명(μ)과 모분산(σ^2)을 추정한다.

$$\hat{\mu}=E(t)=\eta\Gamma\left(1+\frac{1}{m}\right)=t_0^{\frac{1}{m}}\Gamma\left(1+\frac{1}{m}\right)$$

여기서, η : 척도모수
Γ : 감마분포
m : 형상모수

$$\hat{\sigma^2}=Var(t)=\eta^2\left\{\Gamma\left(1+\frac{2}{m}\right)-\Gamma^2\left(1+\frac{1}{m}\right)\right\}$$
$$=t_0^{\frac{2}{m}}\left[\Gamma\left(1+\frac{2}{m}\right)-\Gamma^2\left(1+\frac{1}{m}\right)\right]$$

⑤ 감마분포와 얼랑(Erlang)분포에서의 신뢰성 추정
　㉠ 감마분포에서의 신뢰성 추정

- $f(t)=\lambda e^{-\lambda t}\times\dfrac{(\lambda t)^{k-1}}{\Gamma(k)}$

- $R(t)=P[T\geq t]=\displaystyle\int_t^\infty f(t)dt$

- $MTTF=\dfrac{k}{\lambda}$

- $\sigma^2=\dfrac{k}{\lambda^2}$

- 감마분포에서 형상모수 $k=1$이면 지수분포가 된다.

　㉡ 얼랑분포에서의 신뢰성 추정

- 감마분포에서 k값이 정수(n)가 되면 얼랑분포가 된다.

- $f(t)=\lambda e^{-\lambda t}\times\dfrac{(\lambda t)^{n-1}}{(n-1)!}$

- $R(t)=\displaystyle\sum_{k=0}^{n-1}\dfrac{(\lambda t)^k e^{-\lambda t}}{k!}$

- $MTTF=\dfrac{l}{\lambda}$

- $\sigma^2=\dfrac{k}{\lambda^2}$

- 얼랑분포에서 $n=1$이 되면 지수분포가 되며 이때 $MTTF=\dfrac{1}{\lambda}$, $\sigma^2=\dfrac{1}{\lambda^2}$ 이다.

- 고장률이 λ인 n개의 부품이 대기구조(Stand-by)를 이루면 이 시스템의 수명은 얼랑분포를 따른다.

핵심예제

3-1. 수명이 지수분포를 따르는 제품에 대해 10개를 샘플링하여 7개가 고장 날 때까지 수명시험을 하였더니 다음과 같은 고장시간데이터를 얻었다. 그리고 샘플 중 고장 난 것은 새것으로 교체하지 않았다. 평균수명시간의 점 추정값을 구하면 약 몇 시간인가?
[2002년 제2회 유사, 2005년 제1회 유사, 2008년 제4회 유사, 2012년 제4회 유사, 2013년 제1회 유사, 2014년 제4회, 2016년 제2회 유사]

고장시간 : 3, 9, 12, 18, 27, 31, 43

① 28시간 ② 35시간
③ 39시간 ④ 42시간

3-2. 20개의 제품에 대해 5,000시간의 수명시험을 실시한 실험 결과 6개의 고장이 발생하였다. 고장시간은 다음과 같다. 고장시간이 지수분포를 따른다고 가정할 때 고장률을 구하면 약 얼마인가?
[2016년 제4회 유사, 2017년 제4회]

50, 630, 790, 1,670, 2,300, 3,400

① 0.000076/hr ② 0.00018/hr
③ 0.00025/hr ④ 0.00068/hr

3-3. 고장확률밀도함수가 지수분포를 따르는 세탁기 3대를 97시간 동안 시험했을 때 고장이 한 번도 발생하지 않았다면 평균수명의 하한값은?(단, 신뢰수준 = 90[%]일 때의 MTBF 하한치 추정계수는 2.3이다)

[2004년 제2회, 2006년 제4회, 2013년 제1회, 제2회 유사, 2015년 제4회, 2017년 제2회 유사]

① 32.33시간
② 42.17시간
③ 97.32시간
④ 126.52시간

3-4. 수명분포가 지수분포인 샘플 10개에 대하여 4개가 고장 날 때까지 시험한 결과 얻어진 MTBF의 점 추정치는 2,000시간이다. 신뢰수준 90[%]로 MTBF의 신뢰구간을 추정하면 약 얼마인가?(단, 정수중단 시 신뢰수준 90[%], $r = 4$일 때의 신뢰구간 하한과 상한의 추정계수값은 각각 0.52와 2.93이다)

[2015년 제2회]

① 1,040~2,000시간
② 1,800~2,000시간
③ 1,040~5,860시간
④ 2,000~5,860시간

3-5. 지수분포를 따르는 부품 10개에 대해 고장이 나면 즉시 교체가 되는 수명시험으로 100시간에서 중지하였다. 이 시간 동안 고장 난 부품이 4개로 고장이 각각 10, 30, 70, 90시간에서 발생하였다. 이 부품에 대한 $t_0 = 100$시간에서의 누적고장률 $H(t)$는 얼마인가?

[2017년 제1회]

① 0.33/hr
② 0.40/hr
③ 0.50/hr
④ 0.67/hr

3-6. 20개의 동일한 설비를 6개가 고장이 날 때까지 시험을 하고 시험을 중단하였다. 시험결과 6개 설비의 고정시간은 각각 56, 65, 74, 99, 105, 115시간째이었다. 이 제품의 수명이 지수분포를 따르는 것으로 가정하고, 평균수명에 대한 90[%] 신뢰구간 추정 시 하측 신뢰한계값을 구하면 약 얼마인가?(단, $\chi^2_{0.95}$(12) = 21.03, $\chi^2_{0.95}$(14) = 23.68, $\chi^2_{0.975}$(12) = 23.34, $\chi^2_{0.975}$(14) = 26.120이다)

[2009년 제2회, 2017년 제2회, 2022년 제2회]

① 101
② 179
③ 182
④ 202

3-7. 가속계수가 12인 가속수준에서 총시료 10개 중 5개의 부품이 고장 났을 때, 시험을 중단하여 다음의 데이터를 얻었다. 정상 사용조건에서의 평균수명은?(단, 이 부품의 수명은 가속수준과 상관없이 지수분포를 따른다)

[2007년 제4회 유사, 2011년 제1회 유사, 2015년 제4회, 2020년 제4회]

24, 72, 168, 300, 500

① 59.4[hr]
② 356.4[hr]
③ 2553.6[hr]
④ 8553.6[hr]

|해설|

3-1

$$\frac{\sum t_i + (n-r)t_r}{r} = \frac{3+9+\cdots+43+(10-7)\times 43}{7} = 39$$

3-2

$$\hat{\lambda} = \frac{r}{\sum_{i=1}^{r} t_i + (n-r)t_0} = \frac{6}{8,840 + (20-14)\times 5,000}$$

$$= 0.000076/hr$$

3-3

$$\theta_L = \frac{T}{2.3} = \frac{3\times 97}{2.3} = 126.52시간$$

3-4

$\hat{\theta} = 2,000$이므로,

$0.52\times 2,000 \leq \theta \leq 2.93\times 2,000$

∴ $1,040 \leq \theta \leq 5,860$

3-5

$$H(t) = \lambda(t)\times 100 = \frac{r}{T}\times 100 = \frac{4}{10\times 100}\times 100 = 0.40/hr$$

3-6

$T = 56+65+74+99+105+115 = 2,124$

$$\frac{2T}{\chi^2_{1-\alpha/2}(2r)} \leq \theta \leq \frac{2T}{\chi^2_{\alpha/2}(2r)}$$이며,

$$\frac{2\times 2,124}{21.03} \leq \theta \leq \frac{2T}{\chi^2_{\alpha/2}(2r)}$$에서 $202 \leq \theta \leq \frac{2T}{\chi^2_{\alpha/2}(2r)}$이므로,

하측 신뢰한계값은 202이다.

3-7

$$\theta_s = \frac{(24+72+168+300+500)+(500\times 5)}{5} = 712.8$$

$$\theta_n = AF \times \theta_s = 12\times 712.8 = 8553.6$$

정답 3-1 ③ 3-2 ① 3-3 ④ 3-4 ③ 3-5 ② 3-6 ④ 3-7 ④

핵심이론 01 신뢰성 샘플링검사의 개요와 특징

① 신뢰성 샘플링검사 개요

　㉠ 신뢰성시험에서의 파괴시험은 QC의 품질검사보다 많으므로, 재료나 제품의 샘플로부터 품질을 파악하여 로트의 합격 여부를 판정하는 샘플링검사가 많이 사용된다.

　㉡ 특히 대량 생산 제품의 인정이나 수입시험에서 샘플링방식을 자주 사용한다.

　㉢ 지수분포를 가정한 신뢰성 샘플링방식의 경우 고장률 척도 : λ_0, λ_1

　　• λ_0 : ARL(Acceptable Reliability Level : 합격신뢰성수준)

　　• λ_1 : LTFR(Lot Tolerance Failure Rate : 로트허용고장률)

　㉣ 신뢰성 샘플링검사에서 MTBF와 같은 수명 데이터를 기초로 로트의 합부판정을 결정하는 것은 계량형 샘플링검사이다.

　㉤ QC의 샘플링검사와 신뢰성 샘플링검사의 비교

구 분	품질관리의 샘플링검사	신뢰성의 샘플링검사
기초 분포	정규분포에 의한 샘플링검사	지수분포가 중심이 된 샘플링검사
척 도	평균, 불량률, 부적합품률 등	고장률, MTBF(MTTF), 신뢰도
데이터 종류	완전데이터	불완전데이터, 정수중단데이터
OC곡선	$\alpha=0.05$, $\beta=0.1$이 보통이다.	α, β값을 크게 취한다 ($\alpha=0.3$, $\beta=0.4$).
	부적합품률 p_0, p_1 AQL(합격품질수준) LTPD(로트허용 부적합품률)	고장률 λ_0, λ_1 ARL(합격신뢰성수준) LTFR(로트허용고장률)
	판별비(p_0/p_1)	판별비(λ_0/λ_1)
	시료의 크기	시료의 크기 × 시간

　㉥ 고장분포에 따른 신뢰성 샘플링검사 : 제품 고장시간의 분포에 따라 샘플링방식이 다르다. 제품 고장형태는 지수분포를 따르는 경우가 대부분이므로, 지수분포를 가정한 신뢰성 샘플링방식이 보편화되어 있다. 분포 가정에 따른 샘플링방식은 다음과 같다.

구 분	샘플링검사명	가정고장분포
계수 1회	DOD-hand Book H 108	지수분포
	MIL-STD-19500C	지수분포
	Good와 Kao의 표	와이블분포
	GE사의 샘플링검사표	와이블분포
계량 1회	DOD-hand Book H 108	지수분포
계량축차	DOD-hand Book H 108	지수분포

② 신뢰성 샘플링검사의 특징

　㉠ 정시중단과 정수중단방식을 채용하고 있다.

　㉡ 품질의 척도로 MTBF, MTTF, 고장률, 신뢰도 등을 사용한다.

　㉢ 지수분포와 와이블분포를 가정한 방식이 주류를 이루고 있다.

　㉣ 고장률을 척도로 하는 경우 위험률 α와 β의 값을 크게 취한다.

핵심예제

1-1. 신뢰성 샘플링검사의 특징에 대한 설명으로 틀린 것은?

[2009년 제4회, 2013년 제1회, 2016년 제1회]

① 위험률 α와 β의 값을 작게 취한다.
② 정시중단방식과 정수중단방식을 채용하고 있다.
③ 품질의 척도로 MTBF, 고장률 등을 사용한다.
④ 지수분포와 와이블분포를 가정한 방식이 주류를 이루고 있다.

1-2. 신뢰성 샘플링검사에서 지수분포를 가정한 신뢰성 샘플링방식의 경우 λ_0과 λ_1을 고장률 척도로 하게 된다. 이때 λ_1을 무엇이라고 하는가?

[2010년 제2회, 2011년 제4회 유사, 2013년 제2회, 2015년 제1회 유사, 2017년 제2회]

① ARL　　　　　　　　② AFR
③ AQL　　　　　　　　④ LTFR

|해설|

1-1
신뢰성 샘플링검사에서는 위험률 α와 β의 값을 크게 취해야 한다.

1-2
λ_0 : ARL(합격신뢰성수준), λ_1 : LTFR(로트허용고장률)

정답 1-1 ① 1-2 ④

① 계수 1회 샘플링방식(MIL-STD-19500C)

  ㉠ 계수형 샘플링검사
  - 총시험기간 중에 발생한 총고장수가 OC곡선을 만족하도록 규정된 고장수(합격판정 개수)보다 같거나 적으면 로트를 합격시키는 방식이다.
  - λ_1(LTFR)을 소비자위험 β로 보증하기 위한 샘플수 n과 시험시간 t 및 합격판정 고장 개수 c를 결정하는 검사방식이다.
  - 주로 부품의 인정시험이나 수입검사에 적용하는 것에 대한 계수 1회 샘플링검사 방식이 가장 많이 사용된다.

  ㉡ 계수 1회 샘플링방식
  - 총시험시간 사이에 발생한 고장 개수가 합격판정 개수보다 적으면 그 로트는 신뢰수준$(1-\beta)$으로 합격시키는 샘플링방식이다.
  - 총시험시간은 n개의 샘플의 시험시간(고장 난 것은 고장 날 때까지의 시간)의 누계이다.
  - r이 적으면 총시험시간은 $T = nt$로 표시한다.
  - 샘플수 n은 푸아송분포에 의해 신뢰수준 90[%]$(\beta = 0.1)$로 고장률 LTFR $= \lambda_1$(%/1,000시간)을 보증하기 위해서 합격판정 개수 c와 $\lambda_1 t$가 주어졌을 때 샘플의 크기를 나타낸 표이다.
  - $L(\lambda_1) = \displaystyle\sum_{r=0}^{c} \frac{e^{-\lambda_1 T}(\lambda_1 T)^r}{r!} \leq \beta$

② 계량 1회 샘플링검사(DOD-HDBK H-108)

  ㉠ 계량형 샘플링검사 : 계량데이터로부터 MTBF를 계산하여 그것이 규정치 이상이면 로트의 합격판정을 하는 샘플링검사방식이다.

  ㉡ 계량 1회 샘플링검사는 정수중단시험과 정시중단시험으로 분류한다.

  ㉢ n개의 샘플에 대해 정시중단시험이나 정수중단시험을 행한 경우 MTBF의 추정치는 $\hat{\theta} = \dfrac{T}{r}$가 된다. 따라서 $T = r \cdot \hat{\theta}$가 된다.

  - $\hat{\theta} \geq c$이면, 로트 합격 : 정수중단 시 n과 정수중단고장 개수 r이 주어지고, r번째 고장이 발생할 때까지 시험하여 얻은 데이터에 의거 $\hat{\theta}$를 구한 후 이것이 합격판정시간(c)보다 크면 이 로트는 합격이다.

  - $r \leq c$이면, 로트 합격 : 정수중단 시 n과 총시험시간 T가 주어지고, 이 시간까지 시험하여 발생한 고장 개수가 합격판정시간(c)보다 적으면 이 로트는 합격이다.

  ㉣ 로트의 평균수명 MTBF를 θ, MTBF의 상한값을 θ_0, MTBF의 하한값을 θ_1이라고 하면
  - $\theta = \theta_0$일 때, 로트의 합격확률 $L(\theta = \theta_0) = 1 - \alpha$
  - $\theta = \theta_1$일 때, 로트의 합격확률 $L(\theta = \theta_1) = \beta$
  - $\dfrac{2r\hat{\theta}}{\theta_0} \sim \chi^2(2r)$이므로, $\dfrac{2T}{\theta} = \dfrac{2r\hat{\theta}}{\theta_0} = \chi^2(2r)$
  - $\theta = \theta_0$의 합격범위
    - MTBF의 추정치$(\hat{\theta} \geq$ 합격판정시간 $c)$이면 로트 합격
    - 정리하면, $\hat{\theta} \geq c = \dfrac{\theta_0 \chi^2_{1-\alpha}(2r)}{2r}$이 된다.

  ㉤ 정수중단 고장 개수 r : $\dfrac{\lambda_0}{\lambda_1} = \dfrac{\theta_0}{\theta_1} \leq \dfrac{\theta_0 \chi^2_{1-\alpha}(2r)}{\chi^2_{\beta}(2r)}$을 만족하는 최소 정수$\left(\text{단}, \theta_0 = \dfrac{1}{\lambda_0}, \theta_1 = \dfrac{1}{\lambda_1}, \dfrac{2r\hat{\theta}}{\theta} \geq \dfrac{\theta_0 \chi^2_{1-\alpha}(2r)}{\theta_1} \geq \chi^2_{\beta}(2r)\right)$

  ㉥ 정수중단시험
  - θ_0를 생산자위험 α로, θ_1을 소비자위험 β로 보증하기 위한 샘플수 n, 정수중단고장 개수 r 및 합격판정시간 c를 결정하는 샘플링검사방식이다.
  - DOC-HABK H-108은 α와 β 그리고 $\dfrac{\theta_1}{\theta_0}$의 각 값에 대해 샘플링방식 r과 $\dfrac{c}{\theta_0}$을 구해 놓은 것으로서, 이것을 사용하면 필요로 하는 샘플링방식을 쉽게 결정할 수 있다.

  ㉦ 정시중단시험 : 정시중단시험의 계수 1회 샘플링검사표에는 샘플 중 고장이 발생한 것을 교체하는 경우(With Replacement)와 교체하지 않는 경우(Without Replacement) 등의 2가지가 있다.

2-1. 계수 1회 샘플링검사에 의하여 총시험시간을 9,000시간으로 하여 고정 개수가 0개이면 로트를 합격시키고 싶다. 로트허용고장률이 0.0001/시간인 로트가 합격될 확률은 약 몇 %인가? [2009년 제2회 유사, 2013년 제4회 유사, 2016년 제2회, 2020년 제4회]

① 10.04[%]　　　　② 20.04[%]
③ 30.66[%]　　　　④ 40.66[%]

2-2. 신뢰성 샘플링검사에서 MTBF와 같은 수명데이터를 기초로 로트의 합부판정을 결정하는 것은?

[2009년 제1회, 2011년 제2회, 2015년 제2회]

① 계수형 샘플링검사
② 계량형 샘플링검사
③ 조정형 샘플링검사
④ 선별형 샘플링검사

|해설|

2-1

$$L(\lambda_1) = \sum_{r=0}^{c} \frac{e^{-\lambda_1 T}(\lambda_1 T)^r}{r!} = \frac{e^{-0.0001 \times 9,000} \times (0.0001 \times 9,000)^0}{0!}$$

$$= 0.4066$$

2-2

① 계수형 샘플링검사 : 총시험기간 중에 발생한 총고장수가 OC곡선을 만족하도록 규정된 고장수(합격판정 개수)보다 같거나 적으면 로트를 합격시키는 방식이다.

③ 조정형 샘플링검사 : 군수품 구입에서와 같이 다수의 공급자로부터 연속적이고 대량으로 구입하는 경우, 좋은 공급자와 나쁜 공급자를 구별하고 나쁜 공급자에게 합격을 덜 시키게 되는 까다로운 검사를 적용하고, 좋은 공급자에게는 합격을 많이 시키게 되는 수월한 검사를 적용하여 공급자가 품질 향상을 하도록 자극을 주려는 의도의 검사형태이다.

④ 선별형 샘플링검사 : 합격된 로트는 그대로 받아들이고, 불합격된 로트는 전수 선별에 의하여 불량품이 모두 가려지는 형태의 검사이다. 로트가 합격되면 검사하여야 하는 시료의 개수는 시료의 크기와 같아지지만, 로트가 불합격되면 검사 개수는 로트의 크기와 같아진다.

정답 2-1 ④　2-2 ②

핵심이론 03　계수축차샘플링검사

① 계수축차샘플링검사의 개요

　㉠ 신뢰성 축차시험 : 시험 중에 연속적으로 총시험시간 대비 고장 발생 개수를 평가하고, 합격영역, 불합격영역, 시험계속영역으로 구분하여 시험 종료시점이 미리 정해져 있지 않은 시험법이다.

　㉡ 계수축차샘플링방식은 부품이 아닌 비교적 복잡한 제품이나 장치에 대하여 AGREE가 권장하고 미군 MIL 시방에 채용된 방식이다.

　㉢ 처음부터 많은 수의 샘플을 취할 수 없는 장치나 제품의 경우 점차로 데이터의 축적을 기다려 그때마다 확률비를 이용해서 로트의 합부판정을 하는 샘플링검사방식이다.

　㉣ 별칭 : 확률비 축차시험(PRST ; Probability Ratio Sequential Test)

② $p_r(\lambda = \lambda_1)$과 $p_r(\lambda = \lambda_0)$의 확률비

　㉠ $p_r\left(\dfrac{\lambda_1}{\lambda_0}\right) = \dfrac{p_r(\lambda = \lambda_1)}{p_r(\lambda = \lambda_0)} = \left(\dfrac{\lambda_1}{\lambda_0}\right)^r \exp\{-(\lambda_1 - \lambda_0)T\}$

　　여기서, T : 총시험시간(θ_0의 배수)

　　　　　　λ_0 : AFR(합격고장률)

　　　　　　λ_1 : $LTFR$

　　　　　　r : 총고장 개수

　㉡ 로트판정 : α와 β의 값이 지정되면 A와 B는 상수가 된다.

　　• 합격 : $p_r\left(\dfrac{\lambda_1}{\lambda_0}\right) < \dfrac{\beta}{1-\alpha} = B$

　　• 불합격 : $p_r\left(\dfrac{\lambda_1}{\lambda_0}\right) < \dfrac{1-\beta}{\alpha} = A$

　　• 시험 계속 : $B < p_r\left(\dfrac{\lambda_1}{\lambda_0}\right) < A$

③ 합격선 T_a와 불합격선 T_r

  ㉠ 로트판정식을 이용하여 합격선과 불합격선을 구한다.

  • 합격선 : $T_a = s \cdot r + h_a$

  • 불합격선 : $T_r = s \cdot r - h_r$

  여기서, $s = \dfrac{\ln\left(\dfrac{\lambda_1}{\lambda_0}\right)}{(\lambda_1 - \lambda_0)}$

  r : 계량 1회 샘플링검사의 정수중단고장 개수

  $h_a = \dfrac{\ln\left(\dfrac{1-\alpha}{\beta}\right)}{(\lambda_1 - \lambda_0)}$

  $h_r = \dfrac{\ln\left(\dfrac{1-\beta}{\alpha}\right)}{(\lambda_1 - \lambda_0)}$

  ㉡ 고장밀도함수가 지수분포를 따를 경우 $\alpha = 0.1$, $\beta = 0.1$, $\dfrac{\theta_0}{\theta_1} = 1.5$의 계수축차샘플링검사의 합격선과 불합격선을 그리면 다음과 같다.

  여기서, $r_{\max}$: 최대 허용고장수

  $T_{\max}$: 최대 허용시험시간

여기서 s는 판정선의 기울기이고, h_a와 h_r은 판정선의 절편이다.

④ 시험계속역에서의 검사 종결 : 계속시험을 수행하다가 시험계속역에 있을 경우 다음과 같이 검사를 종결한다.

  ㉠ $r_{\max}$에 이르면, 불합격

  (단, $T_{\max} = 3r$)

  ㉡ $T_{\max}$에 이르면 불합격

  (단, $T_{\max} = s \cdot r_{\max}$)

3-1. 축차샘플링검사에서 사용되는 공식 중 틀린 것은?

[2012년 제1회 유사, 2017년 제4회]

① $T_a = s \cdot r + h_a$

② $s = \dfrac{\ln\left(\dfrac{\lambda_1}{\lambda_0}\right)}{(\lambda_1 - \lambda_0)}$

③ $h_a = \dfrac{\ln\left(\dfrac{1-\alpha}{\beta}\right)}{(\lambda_1 - \lambda_0)}$

④ $h_r = \dfrac{\dfrac{1-\alpha}{\beta}}{\ln\left(\dfrac{\lambda_1}{\lambda_0}\right)}$

3-2. λ_0=0.001/시간, λ_1=0.005/시간, β=0.1, α=0.05로 하는 신뢰성 계수축차샘플링검사의 합격선은?(단, 수식 계산 시 소수점 이하는 반올림하시오)

[2016년 제4회]

① $T_a = 402r + 563$

② $T_a = 563r + 402$

③ $T_a = 420r + 563$

④ $T_a = 563r + 420$

| 해설 |

3-1

$h_r = \dfrac{\ln\left(\dfrac{1-\beta}{\alpha}\right)}{(\lambda_1 - \lambda_0)}$

3-2

합격판정선 $T_a = Sr + h_a = ?$

$S = \dfrac{\ln(\lambda_1/\lambda_0)}{\lambda_1 - \lambda_0} = \dfrac{\ln(0.005/0.001)}{0.005 - 0.001} = 402$

$h_a = \dfrac{\ln\left(\dfrac{1-\alpha}{\beta}\right)}{\lambda_1 - \lambda_0} = \dfrac{\ln\left(\dfrac{1-0.05}{0.1}\right)}{0.005 - 0.001} = 503$

$\therefore T_a = Sr + h_a = 402r + 563$

정답 3-1 ④ 3-2 ①

핵심이론 01 직렬결합시스템의 신뢰도

① 개 요

　㉠ 직렬결합시스템

　　• 기기나 시스템을 구성하는 소자나 부품 중 어느 하나라도 고장이 나면 전체 시스템이 고장 나는 시스템이다.

　　• 최소수명계 또는 최약링크모델이라고 하는데, 매우 좋지 않은 결합시스템이다.

　㉡ 직렬결합시스템의 구성 모형

```
○─[ 부품 1 ]──[ 부품 2 ]─ … ─[ 부품 n ]──○
```

　㉢ 직렬결합시스템의 특징

　　• 전체 시스템의 수명은 부품(구성요소) 중에서 최소수명을 갖는 것에 따라 정해진다.

　　• 시스템 신뢰도는 구성부품의 신뢰도보다 클 수 없다.

　　• 직렬구조의 신뢰도는 단일부품의 신뢰도보다 항상 낮다.

　　• 부품의 고장률함수가 증가형인 직렬구조에서는 시스템의 고장률함수도 증가형이다.

　　• 최소경로집합(MPS)의 개수는 항상 1개이다.

　　• 시스템 신뢰도는 구성부품 신뢰도의 곱으로 표현된다.

　　• 최소절단집합(MCS ; Minimum Cut Set)의 개수는 구성부품의 개수와 같다.

　　• 자동차가 안전하게 고속도로를 주행할 수 있는 조건을 차체 엔진부, 동력전달부, 브레이크부, 운전기사 등의 하위 시스템으로 나눌 때처럼, 하위 시스템이 동시에 이상 없이 작동해야 하는 모형에 적합하다.

② 직렬결합시스템의 정적 신뢰도 : 시간 t가 경과해도 신뢰도가 항상 일정하다.

　㉠ n개의 부품이 직렬결합되어 있는 경우 :

$$R_s = R_1 \times R_2 \times \cdots \times R_n = \prod_{i=1}^{n} R_i$$

　㉡ n개의 부품의 신뢰도가 동일한 경우 : $R_s = R_i^n$

③ 직렬결합시스템의 동적 신뢰도 : 시간 t가 경과되면서 시스템의 신뢰도가 변한다. 고장밀도함수 $f(t)$가 지수분포를 따른다면 n개의 부품이 직렬결합되어 있는 경우의 신뢰도는 다음과 같다.

$$R_s(t) = R_1(t) \times R_2(t) \times \cdots \times R_n(t) = \prod_{i=1}^{n} R_i$$
$$= e^{-(\lambda_1 + \lambda_2 + \cdots + \lambda_n)t} = e^{-\lambda_s t}$$

④ 시스템의 평균고장률(λ_s)과 평균수명(MTBF), 각 부품의 중요도(W_i)

　㉠ 시스템의 평균고장률 : $\lambda_s = \sum_{i=1}^{n} \lambda_i$

　㉡ 평균수명 : $MTBF = \dfrac{1}{\lambda_s}$

　㉢ 각 부품의 중요도 : $W_i = \dfrac{\lambda_i}{\displaystyle\sum_{i=1}^{n} \lambda_i}$

핵심예제

1-1. 각 부품의 신뢰도가 동일한 10개의 부품으로 조립된 제품이 있다. 제품의 설계목표 신뢰도를 0.99로 하기 위한 각 부품의 신뢰도는 약 얼마인가?(단, 각 부품은 직렬결합으로 구성된다)

[2014년 제2회, 2023년 제2회]

① 0.9989955　　　　　② 0.9998995
③ 0.9999895　　　　　④ 0.9999995

1-2. 신뢰도가 0.9인 부품과 0.8인 부품이 조합되어 만들어진 기기가 있다. 그런데 이 기기는 2개의 부품 중 어느 하나라도 고장 나면 기능을 발휘할 수 없다고 한다. 이 기기의 불신뢰도는 약 얼마인가?

[2016년 제4회]

① 0.08　　　　　　　② 0.16
③ 0.28　　　　　　　④ 0.72

1-3. 신뢰도가 0.95인 부품이 직렬로 결합되어 시스템을 구성한다면, 시스템의 목표 신뢰도 0.90을 만족시키기 위한 부품의 수는?

[2017년 제1회]

① 2개　　　　　　　② 3개
③ 4개　　　　　　　④ 5개

1-4. 3개의 부품 B_1, B_2, B_3로 이루어진 직렬구조의 시스템이 있다. 서브시스템 B_1, B_2, B_3의 고장률이 각각 0.002, 0.005, 0.004(회/시간)로 알려져 있을 때, 20시간에서 시스템의 신뢰도를 0.9 이상 되도록 하려면 서브시스템 B_1에 배분되어야 할 고장률은 약 얼마인가?

[2002년 제1회, 2014년 제2회, 2016년 제1회, 2023년 제2회]

① 0.00096/시간   ② 0.00176/시간
③ 0.00527/시간   ④ 0.18182/시간

1-5. 1,000시간당 고장률이 각각 2.8, 3.6, 10.2, 3.4인 부품 4개를 직렬결합으로 설계한다면 이 기기의 평균수명은 약 얼마인가?(단, 각 부품의 고장밀도함수는 지수분포를 따른다)

[2013년 제1회, 2023년 제1회]

① 50시간   ② 98시간
③ 277시간   ④ 357시간

1-6. A, B, C 총 3개의 부품이 직렬연결된 시스템의 MTBF를 60시간 이상으로 하고자 한다. A와 B의 MTBF가 각각 300시간, 400시간이면 C부품의 MTBF는 약 얼마 이상인가?

[2008년 제1회, 제4회 유사, 2013년 제1회 유사, 2014년 제4회 유사, 2015년 제2회 유사, 2017년 제2회]

① 70시간 이상   ② 80시간 이상
③ 90시간 이상   ④ 93시간 이상

|해설|

1-1

$R_s = r^{10}$이므로, $r = 0.99^{\frac{1}{10}} = 0.9989955$

1-2

$F(t) = 1 - 0.9 \times 0.8 = 1 - 0.72 = 0.28$

1-3

$R_s = R_i^n$에서 $0.90 = 0.95^n$이므로 양변에 $\ln$을 취하면,

$\ln 0.90 = n \ln 0.95$이므로 $n = \dfrac{\ln 0.90}{\ln 0.95} = 2.054$

∴ 2개

1-4

$R_s(t=20) = e^{-\lambda_s t}$, $\lambda_s = 0.00527$

서브시스템 B_1의 고장률

$= \dfrac{0.002}{0.002 + 0.005 + 0.004} \times 0.00527 = 0.00096$

1-5

시간당 고장률 $= \dfrac{2.8 + 3.6 + 10.2 + 3.4}{1,000} = 0.02$

평균수명 $= MTBF_s = \dfrac{1}{\lambda_s} = \dfrac{1}{0.02} = 50$

1-6

$\dfrac{1}{60} = \dfrac{1}{300} + \dfrac{1}{400} + \dfrac{1}{x}$에서 $x = 92.31$

∴ 93시간 이상

정답 1-1 ①   1-2 ③   1-3 ①   1-4 ①   1-5 ①   1-6 ④

① 개 요

㉠ 병렬결합시스템

- 기기나 시스템을 구성하는 소자나 부품 중 어느 하나가 고장 나도 전체 시스템이 고장 나지 않는 시스템이다.
- 구성하는 소자나 부품 모두가 고장 나야 고장이 발생되는 시스템이다.
- 병렬 리던던시 설계 또는 용장설계라고도 한다.
  - 리던던시(Redundancy) : 구성품의 일부가 고장 나더라도 그 구성 부분이 고장 나지 않도록 설계된 것
  - 동일한 부품 2개의 직렬체계에서 리던던시 부품 2개를 추가할 때 가장 신뢰도가 높은 구조는 부품 수준에서의 중복이다.

㉡ 병렬결합시스템의 구성 모형

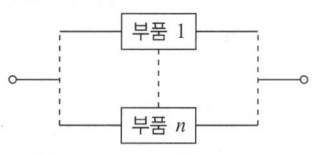

㉢ 병렬결합시스템의 특징

- 직렬결합시스템보다 신뢰성이 우수하다.
- 병렬구조의 신뢰도는 단일부품의 신뢰도보다 항상 높다.

② 병렬결합시스템의 정적 신뢰도

㉠ n개의 부품이 병렬결합되어 있는 경우

$$R_s = 1 - (1 - R_1)(1 - R_2) \cdots (1 - R_n)$$
$$= 1 - (F_1)(F_2) \cdots (F_n)$$
$$= 1 - \prod_{i=1}^{n} F_i = 1 - \prod_{i=1}^{n} (1 - R_i)$$

㉡ n개의 부품 신뢰도가 동일한 경우

$$R_s = 1 - (1 - R)^n$$

③ 병렬결합시스템의 동적 신뢰도

㉠ 2개 부품이 병렬결합모델인 경우

- $R_s(t) = R_1(t) + R_2(t) - R_1(t)R_2(t)$
$$= e^{-\lambda_1 t} + e^{-\lambda_2 t} - e^{-\lambda_1 t} \times e^{-\lambda_2 t}$$
$$= e^{-\lambda_1 t} + e^{-\lambda_2 t} - e^{-(\lambda_1 + \lambda_2)t}$$

- $MTBF_s = \dfrac{1}{\lambda_s} = \dfrac{1}{\lambda_1} + \dfrac{1}{\lambda_2} - \dfrac{1}{\lambda_1 + \lambda_2}$

- $\lambda_0 = \lambda_1 = \lambda_2$라면

$$MTBF_s = \dfrac{1}{\lambda_0} + \dfrac{1}{\lambda_0} - \dfrac{1}{2\lambda_0} = \dfrac{3}{2\lambda_0}$$

- $\lambda_0 = \lambda_1 = \lambda_2 = \cdots = \lambda_n$라면

$$MTBF_s = \dfrac{1}{\lambda_0} + \dfrac{1}{2\lambda_0} + \cdots + \dfrac{1}{n\lambda_0} = \sum_{i=1}^{n} 1/i\lambda_0$$

- $MTBF_s$는 $\left(1 + \dfrac{1}{2} + \cdots + \dfrac{1}{n}\right)$배로 늘어난다.

㉡ 3개 부품이 병렬결합모델인 경우

- $R_s(t) = 1 - (1 - R_1(t))(1 - R_2(t))(1 - R_3(t))$
$$= e^{-\lambda_1 t} + e^{-\lambda_2 t} + e^{-\lambda_3 t} - e^{-(\lambda_1 + \lambda_2)t}$$
$$- e^{-(\lambda_1 + \lambda_3)t} - e^{-(\lambda_2 + \lambda_3)t} + e^{-(\lambda_1 + \lambda_2 + \lambda_3)t}$$

- $MTBF_s = \dfrac{1}{\lambda_s}$
$$= \dfrac{1}{\lambda_1} + \dfrac{1}{\lambda_2} + \dfrac{1}{\lambda_3} + \dfrac{1}{\lambda_1 + \lambda_2} + \lambda_3$$
$$- \left(\dfrac{1}{\lambda_1 + \lambda_2} + \dfrac{1}{\lambda_1 + \lambda_3} + \dfrac{1}{\lambda_2 + \lambda_3}\right)$$

- $\lambda_0 = \lambda_1 = \lambda_2 = \lambda_3$라면

$$MTBF_s = \dfrac{1}{\lambda_0} + \dfrac{1}{2\lambda_0} + \dfrac{1}{3\lambda_0} = \dfrac{11}{6\lambda_0}$$

핵심예제

2-1. 각 부품의 신뢰도는 0.9로 일정하고, 이러한 부품 6개로 구성된 병렬시스템의 신뢰도는? [2014년 제4회 유사, 2016년 제1회]

① $(0.9)^6$
② $1 - (0.9)^6$
③ $1 - (1 - 0.9)^6$
④ $(1 - 0.9)^6$

2-2. 동일한 신뢰도를 갖는 2개의 부품으로 병렬 구성되어 있는 장비의 목표 신뢰도가 0.95가 되려면 각 부품의 신뢰도는?

[2005년 제4회, 2008년 제1회, 2011년 제1회 유사, 2013년 제1회 유사, 2015년 제1회]

① 0.0500
② 0.2236
③ 0.7764
④ 0.9500

2-3. 고장시간이 지수분포를 따르고 평균수명이 100시간인 2개의 부품이 병렬결합모델로 구성되어 있을 때 150시간에서의 신뢰도는 약 얼마인가?

[2007년 제4회, 2008년 제2회 유사, 2012년 제4회 유사, 2014년 제4회, 2022년 제2회]

① 0.396 ② 0.487
③ 0.513 ④ 0.632

2-4. 다음 그림과 같이 3개의 부품이 연결된 시스템이 있다. 이 시스템의 신뢰도가 85[%] 이상 되도록 설계하려면 부품 R_A의 신뢰도는 최소 약 얼마 이상이 되어야 하는가?(단, R_1과 R_2의 신뢰도는 각각 90[%], 80[%]이다) [2013년 제1회, 2023년 제1회]

① 0.852 ② 0.873
③ 0.905 ④ 0.951

2-5. 각각의 신뢰도가 0.7인 부품을 사용하여 시스템의 신뢰도를 95[%] 이상으로 하기 위해서는 최소한 몇 개의 구성요소를 병렬로 연결해야 하는가? [2015년 제2회]

① 2개 ② 3개
③ 4개 ④ 6개

2-6. MTTF가 50,000시간인 세 개의 부품이 병렬로 연결된 시스템의 MTTF는 약 몇 시간인가?

[2002년 제2회 유사, 2009년 제4회, 2014년 제1회, 2016년 제4회 유사, 2017년 제1회 유사]

① 13,333.33시간
② 18,333.33시간
③ 47,666.47시간
④ 91,666.67시간

2-7. 고장률이 0.001/시간으로 동일한 부품 2개가 둘 중 어느 하나만 작동하면 기능을 발휘하도록 만들어진 시스템이 있다. 이 시스템의 평균수명시간은?

[2003년 제4회, 2013년 제4회, 2014년 제2회 유사]

① 500 ② 1,000
③ 1,500 ④ 2,000

2-8. 병렬 리던던시(Redundancy) 시스템의 목표 설계 평균수명이 약 41,666시간이 되도록 설계하고자 한다. 고장률이 0.05회/1,000시간인 부품으로 구성할 때 필요한 부품수는?

[2014년 제1회, 2016년 제2회]

① 1개 ② 2개
③ 3개 ④ 4개

2-9. Y부품의 요구 신뢰도는 0.96인데 시중에서 구입 가능한 이 부품의 신뢰도는 0.8밖에 되지 않는다. 따라서 이 부품이 사용되는 부분을 병렬 리던던시 설계를 사용하기로 하였다. 요구되는 최소 병렬부품수(n)는 몇 개인가?

[2006년 제2회, 2017년 제4회]

① 1 ② 2
③ 3 ④ 4

2-10. 부품 1의 신뢰도는 0.9, 부품 2의 신뢰도는 0.9, 부품 3의 신뢰도는 0.8이다. 이 3개의 부품이 직렬결합으로 만들어지는 전기회로가 있다. 만일 이 전기회로의 신뢰도를 높이기 위해 부품 3에 대하여 병렬 리던던시 설계를 실시하였다면 전기회로 전체의 신뢰도는 약 얼마인가? [2013년 제2회]

① 0.5184 ② 0.6480
③ 0.7128 ④ 0.7776

|해설|

2-1
병렬이면 $R_s = 1 - (1-R)^n$ 이므로, 이 시스템의 신뢰도는 $1 - (1-0.9)^6$ 이다.

2-2
$0.95 = 1 - (1-R)(1-R) = 1 - (1-R)^2$ 이므로,
$(1-R)^2 = 0.05$, $(1-R) = \sqrt{0.05} = 0.2236$
따라서 $R = 1 - 0.2236 = 0.7764$

2-3
$R(t=150) = 2e^{-\lambda t} + e^{-2\lambda t}$
$\qquad = 2e^{-0.01 \times 150} + e^{-2 \times 0.01 \times 150} = 0.396$

2-4
$R_s = R_1 \times (1 - F_2 \times F_2)(1 - F_A \times F_A) > 0.85$
$\quad = 0.9(1 - 0.2 \times 0.2)[1 - (1 - R_A)^2] > 0.85$ 에서
$R_A > 0.873$

2-5

$$R_S = 0.95 = 1 - (1-R)^n = 1 - (1-0.7)^n = 1 - 0.3^n, \ 0.3^n = 0.05$$

$$\therefore \ n = 2.488 \ \text{이므로 3개}$$

2-6

$$MTTF_s = MTTF \times \left(\frac{1}{1} + \frac{1}{2} + \frac{1}{3}\right)$$

$$= 50,000 \times \frac{11}{6} = 91,666.67 \ \text{시간}$$

2-7

$$\sum_{m=1}^{2} \frac{1}{m\lambda} = \frac{3}{2} \times \frac{1}{\lambda} = \frac{3}{2} \times \frac{1}{0.001} = 1,500 \ \text{시간}$$

2-8

$$MTBF_s = 41,666 = \left(1 + \frac{1}{2} + \cdots + \frac{1}{n}\right) \times MTBF$$

$$= \left(1 + \frac{1}{2} + \cdots + \frac{1}{n}\right) \times \frac{1,000}{0.05}$$

$$= \left(1 + \frac{1}{2} + \cdots + \frac{1}{n}\right) \times 20,000 \ \text{이므로,}$$

$$\left(1 + \frac{1}{2} + \cdots + \frac{1}{n}\right) = \frac{41,666}{20,000} = 2.083 \ \text{이다.}$$

따라서 $n = 4$개

2-9

$$0.96 = 1 - (1-0.8)^n \ \text{에서} \ 0.2^n = 0.04 \ \text{이며}$$

$$n \ln 0.2 = \ln 0.04 \ \text{이므로,} \ n = \frac{\ln 0.04}{\ln 0.2} = 2 \ \text{개}$$

2-10

$$R_s = R_1 \times R_2 \times (1 - F_3 \times F_3)$$

$$= 0.9 \times 0.9 \times (1 - 0.2 \times 0.2) = 0.776$$

정답 **2-1** ③ **2-2** ③ **2-3** ① **2-4** ② **2-5** ② **2-6** ④ **2-7** ③
2-8 ④ **2-9** ② **2-10** ④

핵심이론 **03** 기타 결합시스템의 신뢰도

① 대기결합시스템(Stand-by Redundancy 대기 리던던시)

  ㉠ 개 요
  - 구성품이 규정된 기능을 수행하고 있는 동안 고장 날 때까지 예비로서 대기하고 있는 리던던시이다.

  - 처음부터 병렬로 연결되어 있지 않고 온라인으로 작동하고 있던 주부품에 고장이 발생하면, 대기 중인 부품이 그 기능을 인계받아 계속 수행하도록 결합되어 있는 방식이다.
  - 여분의 부품이 처음부터 병렬로 연결되어 있지 않고 처음에는 부품 1이 그 기능을 수행하다가 이것이 고장 나면 여분의 부품 2가 그 기능을 인계받아 계속 기능을 수행하도록 결합된 구조이다.
  - 대기(Stand-by)의 구분
    - 냉대기(Cold Stand-by) : 전원이 끊어진 상태에서의 대기로, 대기 중인 부품의 고장률을 0으로 가정하는 시스템이다.
    - 온대기 : 전원만 연결된 상태에서의 대기이다.
    - 열대기 : 대기 구성요소를 늘 동작 상태로 놓고 언제라도 절환할 수 있도록 되어 있는 대기이다.
  - 전환스위치의 신뢰도를 고려하지 않을 경우 대기형 구조는 단일부품의 신뢰도보다 항상 높다.

  ㉡ 2개 부품이 대기결합모델인 경우($R_{s/w}$: 전환스위치 신뢰도)

  - $R_s = e^{-\lambda_1 T} + \int_0^T \lambda_1 e^{-\lambda_1 t} e^{-\lambda_2 (T-t)} dt$

    $= \dfrac{1}{\lambda_1 - \lambda_2} \left(\lambda_1 e^{-\lambda_2 T} - \lambda_2 e^{-\lambda_1 T}\right)$

  - $R_{s/w} = 1$ 이라면, $\lambda_1 = \lambda_2 = \lambda$ 인 경우 주부품 한 개인 경우보다 $MTBF_s$ 는 2배, 신뢰도 R_s 는 $(1 + \lambda T)$ 배 증가한다.

    - $MTBF_s = \dfrac{2}{\lambda}$

    - $R_S = e^{-\lambda T}(1 + \lambda T)$

- $R_{s/w} \neq 1$이라면, $\lambda_1 = \lambda_2 = \lambda$인 경우
    $$R_S = e^{-\lambda T}(1 + R_{s/w} \cdot \lambda T)$$
- © n개의 부품이 대기결합모델인 경우
  ($\lambda_1 = \lambda_2 = \cdots = \lambda_n = \lambda$인 경우)
  - $R_s = e^{-\lambda t}\left[1 + \dfrac{\lambda t}{1!} + \dfrac{(\lambda t)^2}{2!} + \cdots + \dfrac{(\lambda t)^{n-1}}{(n-1)!}\right]$
  - $MTBF_s = \dfrac{1}{\lambda} + \dfrac{1}{\lambda} + \cdots = \dfrac{n}{\lambda}$

② k Out of n 시스템(n 중 k 시스템)
  ㉠ 개 요
  - n개 중 k개 이상의 부품이 기능을 수행하면 작동이 가능하도록 결합된 시스템이다($\lambda_1 = \lambda_2 = \cdots = \lambda_n = \lambda$로 가정).
  - k/n계 리던던시 또는 n 중 k 구조의 시스템이라고도 한다.
  - $k = n$이면 직렬구조이고, $k = 1$이면 병렬구조이다.
  ㉡ k Out of n 시스템의 신뢰도와 평균수명
  - 신뢰도 : $R_s = \displaystyle\sum_{i=k}^{n}\binom{n}{i}R^i(1-R)^{n-i}$
  - 평균수명 :
    $$MTBF_s = \theta_s = \sum_{i=k}^{n}\frac{\theta}{i} = \sum_{i=k}^{n}\frac{1}{i\lambda_0}$$
    $$= MTBF_0\left(\frac{1}{k} + \frac{1}{k+1} + \cdots + \frac{1}{n}\right)$$
  ㉢ 2 Out of 3 시스템의 신뢰도와 평균수명
  - 신뢰도
    $$R_s = {}_3C_2R^2(1-R)^1 + {}_3C_3R^3(1-R)^0$$
    $$= R^2(3-2R) = e^{-2\lambda t}(3 - 2e^{-\lambda t})$$
  - 평균수명 : $MTBF_s = \dfrac{5}{6}MTBF_0$

③ 브리지 구조(Bridge Structure)시스템
  ㉠ 개 요
  - 다음 그림과 같은 브리지 구조시스템은 복잡한 시스템이다.

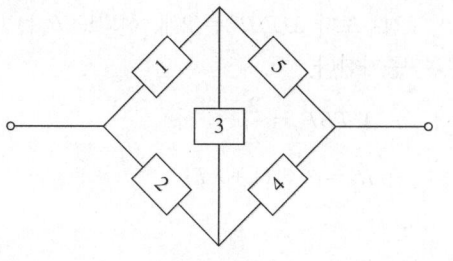

- 이를 분해하여 몇 개의 하위 시스템이나 부품들로 나누었을 때, 그 신뢰도 구조는 직렬과 병렬구조의 반복구조이기 때문에 좀 더 간단한 구조로 간략화시킬 수 있다.
- 브리지 구조의 시스템이 간략화된 구조는 가락구조 또는 간략구조(Reducible Structure)라고 할 수 있다.
- 컷과 패스
  - 컷(Cut) : 시스템이 작동 불가능하도록 하는 경로
  - 최소절단(Cut)집합 : 시스템이 고장 나게 되는 최소한의 유닛들의 고장집합
  - 패스(Path) : 시스템이 작동 가능하도록 하는 경로
  - 최소경로(Path)집합 : 시스템이 작동되도록 하는 최소 크기의 작동유닛의 집합
  ㉡ 전체 신뢰도
  - 브리지 구조의 신뢰도
    $$R_s = R_1R_5 + R_1R_3R_4 + R_2R_3R_5 + R_2R_4$$
    $$+ 2R_1R_2R_3R_4R_5 - (R_1R_3R_4R_5 + R_1R_2R_3R_5$$
    $$+ R_1R_2R_4R_5 + R_1R_2R_3R_4 + R_2R_3R_4R_5)$$
  - 각 부품의 신뢰도 $R_i = R = 0.9$라면,
    $R_s = 2R^2 + 2R^3 - 5R^4 + 2R^5 = 0.9785$가 된다. 이렇게 정확한 계산방법은 각 Path와 Cut이 동일한 부품을 포함하므로 계산이 복잡하다. 따라서 이러한 경우에는 모든 Path가 병렬결합으로 된 경우의 신뢰도 R_p와 모든 Cut이 직렬결합으로 된 경우의 신뢰도 R_c를 구하고, 이 브리지구조의 신뢰도 R_s는 $R_c \leq R_s \leq R_p$의 관계가 있다는 전제하에 R_s를 추정하는 편법을 사용한다.

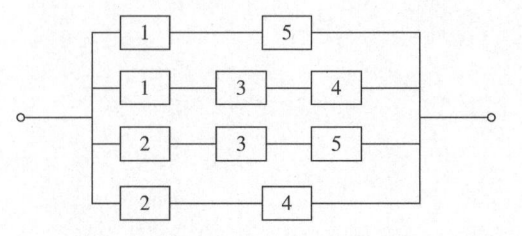

- 먼저, 위 그림의 모든 경로(Path)가 병렬결합된 경우 신뢰도 R_p를 구한다. 여기서 경로는 전체 시스템이 작동할 수 있는 각 부품의 집합이다. 브릿지모형의 R_p는 위의 그림과 같다. 다음의 그림에서 모든 Cut이 직렬결합으로 된 경우의 신뢰도 R_c를 구한다.

- 여기에서 Cut이란 그 부품들이 고장 나면 전체 시스템이 고장 나는 부품들의 집합을 가리킨다.
- 만약 $R_i = R = 0.9$라면,
  $R_p = 1 - (1-R^2)^2(1-R^3)^2 = 0.9973$,
  $R_c = [1-(1-R^2)]^2[1-(1-R^3)]^2 = 0.9781$이므로,
  이것은 앞에서 정확한 계산방법으로 구한 $R_s = 0.9785$가 R_c와 R_p 사이에 있음을 알 수 있다.

④ 비가락구조
  ㉠ 비가락구조는 매우 복잡한 구조로 구성되어 있어 시스템을 세분화시켜도 직렬이나 병렬로 나눌 수 없는 시스템이다.
  ㉡ 비가락구조의 시스템 신뢰도 분석기법
    - 사상공간법(Event Space Method) : 시스템의 발생 가능한 모든 경우의 상태를 나열하고, 시스템이 작동 가능한 경우와 작동 불가능한 경우로 나누어 신뢰도를 계산하는 방법이다.
    - 경로추적법(Path Tracing Method) : 시스템의 정상 작동경로를 알고 있는 경우, 각 경로의 발생확률을 집합사상들의 합을 구하여 시스템 신뢰도를 계산하는 방법이다.
    - 분해법(Pivotal Decomposition Method) : 핵심부품(중추부품, 축부품)의 작동 여부를 근거로 하여 시스템의 신뢰도 구조를 간단한 하부 구조로 분해하여 각각의 신뢰도를 구한 후, 조건부 확률이론을 이용하여 다시 통합하여 시스템의 신뢰도를 계산하는 방법이다.

핵심예제

3-1. 두 개의 부품 A와 B로 구성된 대기시스템이 있다. 두 부품의 고장률이 각각 $\lambda_A = 0.02$, $\lambda_B = 0.03$일 때, 50시간까지 시스템이 작동할 확률은 약 얼마인가?(단, 스위치의 작동확률은 1.00으로 가정한다) [2010년 제2회, 2014년 제2회, 2023년 제2회]

① 0.264
② 0.343
③ 0.657
④ 0.736

3-2. 고장률 $\lambda = 0.001$/시간 인 지수분포를 따르는 부품이 있다. 이 부품 2개를 신뢰도 100[%]인 스위치를 사용하여 대기결합모델로 시스템을 만들었다면, 이 시스템을 100시간 사용하였을 때의 신뢰도는 부품 1개를 사용한 경우와 비교하면 몇 배 증가하는가? [2002년 제2회 유사, 2017년 제2회]

① 1.0
② 1.1
③ 1.5
④ 2.0

3-3. 2개의 부품을 대기 중복으로 설계하는 경우 전환스위치의 신뢰도가 100[%]라면 전체 시스템의 평균수명은 몇 배로 증가하는가?(단, 구성부품의 고장률은 λ임)

[2004년 제1회, 2006년 제2회, 2010년 제1회, 2014년 제2회 유사]

① 1.5배
② 2배
③ $(1 + \lambda t)$배
④ λt배

3-4. 신뢰도가 0.9인 동일한 기기로 구성된 4 중 2 시스템의 신뢰도는? [2004년 제4회 유사, 2007년 제1회 유사, 2015년 제1회 유사, 2016년 제1회, 제2회 유사, 제4회]

① 0.9801
② 0.9900
③ 0.9963
④ 0.9999

3-5. n 중 k 시스템에서 각 부품의 신뢰도가 $R(t) = e^{-\lambda t}$로 주어졌을 때, 시스템의 평균수명은? [2009년 제1회, 2013년 제4회]

① $\dfrac{\lambda}{kn}$

② $\lambda\left(\dfrac{1}{k} + \dfrac{1}{k+1} + \cdots + \dfrac{1}{n}\right)$

③ $\dfrac{1}{\lambda}\left(\dfrac{1}{k} + \dfrac{1}{k+1} + \cdots + \dfrac{1}{n}\right)$

④ $\dfrac{1}{\dfrac{1}{\lambda}\left(\dfrac{1}{k} + \dfrac{1}{k+1} + \cdots + \dfrac{1}{n}\right)}$

3-6. 다음과 같은 신뢰성 블록도를 갖는 시스템의 신뢰성이 0.999 이상되려면 N은 최소 얼마 이상이 되어야 하는가?(단, 모든 부품의 신뢰성은 0.9이다)

[2009년 제2회, 2015년 제2회]

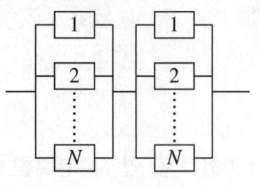

① 2
② 3
③ 4
④ 5

| 해설 |

3-1

$$R_s(t=50) = \frac{\lambda_B}{\lambda_B - \lambda_A} \times e^{-\lambda_A t} - \frac{\lambda_A}{\lambda_B - \lambda_A} \times e^{-\lambda_B t} = 0.657$$

3-2

$$R_s = e^{-\lambda t}(1+\lambda t) \quad R_s = e^{-\lambda t}(1+0.001 \times 100) = 1.1 e^{-\lambda t}$$

3-3

평균수명은 $MTBF_s = \frac{1}{\lambda} \times 2 = MTBF_0 \times 2$이므로, 2배로 증가한다.

3-4

$$R_s = \sum_{i=k}^{n} {}_nC_i R^i (1-R)^{n-i}$$
$$= {}_4C_2 R^2 (1-R)^{4-2} + {}_4C_3 R^3 (1-R)^{4-3} + {}_4C_4 R^4 (1-R)^{4-4}$$
$$= \frac{4!}{2!(4-2)!} \times 0.9^2 \times 0.1^2 + \frac{4!}{3!(4-3)!} \times 0.9^3 \times 0.1^1 + 0.9^4$$
$$= 0.0486 + 0.2916 + 0.6561 = 0.9963$$

3-5

$$\sum_{m=k}^{n} \frac{1}{m\lambda} = \frac{1}{\lambda} \left(\frac{1}{k} + \frac{1}{k+1} + \cdots + \frac{1}{n} \right)$$

3-6

$$R_S = 0.999 = \{1-(1-R)^n\}\{1-(1-R)^n\} = (1-0.1^n)^2$$ 에서
$n = 3.3$이므로, 최소 4개가 되어야 한다.

정답 3-1 ③　3-2 ②　3-3 ②　3-4 ③　3-5 ③　3-6 ③

핵심이론 01 보전성

① 보전과 보전성 개요

ㄱ 보 전

• 보전(Maintenance) : (마모의 열화현상에 대하여) 수리 가능한 시스템을 사용 가능한 상태로 유지시키고, 고장이나 결함을 회복시키기 위한 제반조치 및 활동이다.

• 보전의 3요소
  - 장치 자체의 보전품질 : 보전을 받아들이는 장치 등
  - 보전과 관계된 인간요소 : 보전을 행하는 기술자 등
  - 보전시설과 조직의 질 : 보전을 유지하는 주변 시설 등

ㄴ 보전성(Maintainability) : 주어진 조건에서 규정된 기간에 보전을 완료할 수 있는 성질이다.

ㄷ 주어진 조건 : 보전성 설계, 보전자의 자질, 설비 및 예비품의 정비

• 보전성 설계
  - 고장이나 결함이 발생한 부분의 접근성이 좋아야 한다.
  - 고장이나 결함의 징조를 용이하게 검출할 수 있어야 한다.
  - 고장, 결함부품, 결함자재 교환이 신속하고 용이해야 한다.
  - 수리와 회복이 신속하고 용이해야 한다.

• 보전자의 자질 : 고장 진단 및 원인 탐구능력 우수, 경험 풍부, 수리 숙련능력 보유, 보전규정·정비매뉴얼·취급설명서·체크리스트 등에 대해 숙지 및 내용 완전 이해, 철저한 교육훈련 이수, 사기 진작 등

• 설비 및 예비품의 정비 : 수리용 공구와 공작기계 등의 정비, 측정용 기기의 정도관리와 시험 및 검사설비 정비, 예비품·보조부품·재료·소모품 등의 원활한 보급, 작업환경 정비 등

ㄹ 보전성 결정요소 : 보전시간, 설계상 판단, 보전방침, 보전요원

ⓜ 신뢰성 및 보전성 보증 : 아이템이 어떤 계약이나 프로젝트와 관련된 규정된 신뢰성 및 보전성 요구 조건들을 만족시킴을 보증하는 조직, 구조, 책임, 절차, 활동, 능력 및 자원들의 이행을 지원하는 문서화된 일정 계획된 활동, 자원 및 사건들을 뜻한다.

② 보전의 분류
　㉠ 사후보전(BM ; Breakdown Maintenance)
　　• 고장이 발생한 후에 아이템을 작동 가능한 상태로 회복하기 위한 보전이다.
　　• 고장이나 결함이 발생한 후에 이것을 수리하여 원상 복구시키는 보전이다.
　　• 고장 발견 즉시 교환, 수리하는 것이다.
　㉡ 예방보전(PM ; Preventive Maintenance)
　　• 제품이나 시스템이 고장 나기 전에 실시하는 예방적인 보전활동(점검, 교환, 수리, 조정 등)으로, 고장을 미연에 방지하거나 고장률이 급증하기 전에 고장률을 저하시키고자 하는 보전활동 예방보전활동이다.
　　• 아이템의 고장확률 또는 기능 열화를 줄이기 위해 미리 정해진 간격 또는 규정된 기준에 따라 수행되는 보전방식이다.
　　• 예방보전활동
　　　- 노화가 시작되는 부품의 수리
　　　- 주유, 청소, 조정 등의 실시
　　　- 결점을 가진 아이템의 교환, 수리
　　　- 고장의 징조 또는 결점을 발견하기 위한 시험, 검사의 실시
　　• 일상보전과 정기보전으로 분류한다.
　㉢ 개량보전(CM ; Corrective Maintenance)
　　• 고장이 발생한 후 설계 변경, 재료 개선 등으로 수명을 연장하거나 수리, 검사가 용이하도록 설비 자체의 체질 개선을 하는 보전방식이다.
　　• 고장이 일어났을 때 그 원인을 분석하여 같은 고장이 반복되지 않도록 설비의 열화를 적게 하면서 수명을 연장할 수 있고 경제적으로 설비 자체의 체질 개선을 하여야 한다는 보전방식이다.
　　• 별칭 : 교정적 보전

• 단순히 설비의 사고나 고장 발견 또는 회피 등에 치중하는 것이 아니라, 항상 설비의 개량과 개선을 도모하여 사고나 고장의 발생확률 그 자체를 줄이고 보전작업이나 수리작업을 간단히 할 수 있도록 연구할 것을 강조한다.
• 설비가 대형화 · 복잡화됨에 따라 이와 같은 보전에 대한 생각은 더욱 중요시되고 있다.
　㉣ 보전예방(MP ; Maintenance Prevention)
　　• 신설비를 계획 · 설계하는 단계에서 보전 정보나 새로운 기술을 채용해서 신뢰성, 보전성, 경제성, 조작성, 안전성 등을 고려하여 보전비나 열화손실을 적게 하는 보전활동이다.
　　• 궁극적인 목적 : 보전이 불필요한 설비 실현

③ 보전조직의 형태
　㉠ 집중보전
　　• 보전요원이 특정관리자 밑에 상주하면서 보전활동을 실시하는 형태로, 모든 보전이 보전요원에게 집중되는 경향이 있다.
　　• 장점 : 우수한 기동성, 인원 배치의 유연성, 노동력 유효 이용, 보전설비공구 유효 이용, 보전기술 향상, 확실한 보전비 통제, 보전기술자 스킬 업, 보전책임 명확화 등
　　• 단점 : 운전 부문(생산부서)과의 일체감 부족, 현장감독의 어려움, 현장 왕복시간 증가, 보전작업 일정조정의 어려움, 특정설비 습숙 곤란 등
　㉡ 지역보전
　　• 특정지역에 분산 배치되어 보전활동을 실시한다.
　　• 장점 : 운전 부문(생산부서)과의 일체감 조성, 현장감독 용이, 현장 왕복시간 감소, 작업일정 조정 용이, 특정설비 습숙 가능 등
　　• 단점 : 노동력 유효 이용 곤란, 인원 배치 유연성 제약, 보전용 설비공구 중복 등
　㉢ 부문보전
　　• 각 부서별 · 부문별로 보전요원을 배치하여 보전활동을 실시한다.
　　• 장점 : 지역보전과 유사하다.
　　• 단점 : 생산 우선에 의한 보전 경시 풍조 조성 우려, 보전기술 향상 어려움, 보전 책임 분산, 노동력 유효 이용 곤란, 보전설비공구 중복성, 인원 배치 유연성 제약 등

ⓔ 절충보전
- 집중보전, 지역보전 부문보전의 장점만 절충한 형태이다.
- 장점 : 기동성(집중보전 측면), 운전 부문(생산부서)과의 일체감(지역보전 측면)
- 단점 : 보행 로스(집중보전측면), 노동효율 저하(지역보전 측면)

```
        공장장                      공장장
          |                          |
       보전팀장                    보전팀장
      /      \                    /      \
  현장계장   현장계장        제1지구      제2지구
    |          |            보전계장     보전계장
  보전원      보전원           |           |
                            보전원      보전원
   [집중보전]                  [지역보전]
```

```
              공장장
            /        \
      제1제조부장   제2제조부장
          |            |
        제조과장     제조과장
          |            |
        보전계장     보전계장
          |            |
        보전원       보전원
              [부문보전]
```

```
                공장장
              /        \
        지역보전과장   집중보전과장
         /     \         /      \
    제1지구   제2지구  전문보전  전문보전
    보전계장  보전계장 기술계장  기술계장
      |        |        |         |
    보전원    보전원   보전원     보전원
                [절충보전]
```

④ 보전성의 척도
ㄱ 보전도 $M(t)$
- 보전의 용이성 정도(보전성)을 확률로 나타낸 척도이다.
- 수리하면서 사용하는 시스템, 기기, 부품 등이 규정된 조건에서 보전될 때 규정된 시간 내에 보전이 완료될 확률이다.
- 고장 발생 후 기준시간 내에 수리가 완료될 확률이다.
- 고장에 거역해서 인위적으로 회복하려는 작용이다.

- 보전도와 직접 관계된 것들 : 점검 용이성, 검지 용이성, 수리 용이성, 수리·서비스 담당자의 능력, 스페어 유무, 수리공구 완비, 보전서비스 조직 기능 등
- 보전도 측정 : 총보전시간을 층별(고장검지기간, 실수리기간, 부품 보급 대기시간 등)로 나누어 수집하여 문제점에 대한 조처를 취할 수 있는 대안을 적절하게 분석한다.
- 보전도 공식 : $M(t) = 1 - e^{-\mu t}$(평균수리율 μ인 지수분포에 따를 경우)
- 보전도는 정해진 시간까지 보전될 확률이므로, 시간 t까지 확률밀도함수를 적분한 것이다.

$$M(t) = P(T \leq t) = \int_0^t m(t)dt$$

ㄴ 보전 관련 평균 개념
- 평균수명
  - 평균수명(Mean Life) : 기대시간 $E(t)$

  $$E(t) = \int_0^\infty t \cdot f(t)dt = -\int_0^\infty t \frac{dR(t)}{dt}dt$$
  $$= -\int_0^\infty tdR(t) = \int_0^\infty R(t)dt$$

  - 고장확률밀도함수 $f(t)$가 지수분포일 때 신뢰도 함수 $R(t) = e^{-\lambda t}$이므로,

  $$E(t) = \int_0^\infty R(t)dt = \int_0^\infty e^{-\lambda t}dt = 1/\lambda$$

  - $E(t)(= \theta,\ MTBF,\ MTTF) = \dfrac{T}{r} = \dfrac{총작동시간}{고장\ 횟수}$

- MTBF(Mean Time Between Failure, 평균고장간격)
  - 수리 가능한 아이템(예 자동차)의 서로 이웃하는 고장 사이의 동작시간의 평균시간
  - 수리 가능한 제품의 평균수명
  - 수리 완료에서 다음 고장까지(고장에서 고장까지)가 제품이 정상 상태에 머무르는 동작시간
  - 고장이 나도 수리해서 쓸 수 있는 제품의 대표적 신뢰도 척도
  - $MTBF = \theta = \dfrac{1}{\lambda} = \dfrac{총동작시간(T)}{고장\ 횟수(r)}$
  - $MTBF = MTTR + MTTF$

- 시스템의 수명분포의 확률밀도함수를 $f(x)$ 라고 할 때, $MTBF = \int_0^\infty R(t)dt = \int_0^\infty xf(x)dx$
- 부품의 수명시험 결과가 고장밀도함수 $f(t) = \mu \cdot \exp(-\mu t)$ 의 식과 근사할 때, $MTBF = 1/\mu$

• MTTF(Mean Time To Failure, 평균고장시간)
  - 수리 불가능한 아이템(예 형광등) 고장까지의 동작시간의 평균시간으로, 곧 수리 불가능한 제품의 평균수명이다.
  - 고장이 발생되면 수명이 없어지는 제품의 평균수명으로, 수리하지 않는 시스템, 제품, 기기, 부품 등이 고장 날 때까지 동작시간의 평균치이다.
  - $MTTF = MTBF = \int_t^\infty R(t)dt$

    여기서, $R(t)$: 신뢰도함수

• MTTFF(Mean Time To First Failure, 최초고장까지의 평균시간) : 수리계(수리 가능한 아이템)의 최초고장까지의 동작시간 평균치이다.

• MTTR(Mean Time To Repair, 평균수리시간)
  - 고장 발생 시 수리하는 데 소요되는 평균시간으로, 사후보전만 실시할 때의 보전성의 척도는 MTTR이다.
  - 평균수리시간(MTTR)의 추정치

    $$MTTR = \frac{1}{\mu} = \frac{\text{총작동시간}}{\text{고장 횟수}} = \frac{\sum_{i=1}^n x_i}{n}$$

  - $\frac{1}{\mu}$: 수리시간이 평균수리율 μ인 지수분포를 따를 경우의 평균수리시간
  - 단체기(설비 1대)의 경우 : 보전도함수식과 같으며, 수리시간이 평균수리율 μ인 지수분포에 따를 때, $MTTR = \frac{1}{\mu}$ 이 된다. 실제로 고장이 발생하여 수리하는 데 소요된 시간을 t_i(i번째 고장 발생 시의 수리시간)라고 하면 MTTR은

    $$MTTR = \frac{1}{\mu} = \int_0^\infty (1 - M(t))dt = \frac{\sum_{i=1}^n t_i}{n}$$

    $$= \frac{\text{총수리시간}}{\text{수리 횟수(또는 관측된 고장 횟수)}}$$

- 여러 개의 구성부품으로 조립된 설비의 경우
  ⓐ 기계의 구성부품수 n과 각 구성부품의 평균고장률 λ_i, 각 부품이 고장 났을 때 평균시간이 t_i인 경우 : $MTTR = \dfrac{\sum_{i=1}^n \lambda_i t_i}{\sum_{i=1}^n \lambda_i}$

  ⓑ 각 부분의 구성부품수 n_i와 각 구성부품의 평균고장률 λ_i개의 부품으로 구성된 k개의 부분인 시스템인 경우 : $MTTR = \dfrac{\sum_{i=1}^k n_i \lambda_i t_i}{\sum_{i=1}^k n_i \lambda_i}$

• MTTR(평균수리시간) 또는 MDT(Mean Down Time, 평균정지시간) : 고장 난 후 시스템이나 제품이 제 기능을 발휘하지 않은 시간부터 회복할 때까지의 소요시간에 대한 평균척도이다.
  - MTTR : 사후보전만 실시할 때의 평균수리시간을 나타낸다.
  - MDT
    ⓐ 예방보전과 사후보전을 모두 실시할 때의 평균정지시간을 나타낸다.
    ⓑ 장치의 보전을 위해 장치가 정지된 평균시간으로, 예방보전(PM)과 사후보전(BM)을 모두 실시한 경우의 보전성 척도가 된다.
    ⓒ 만일 사후보전(BM)만 실시된 경우에는 $MDT = MTTR$이다.
    ⓓ $MDT = \dfrac{1}{\mu} = \dfrac{\text{총보전작업시간}}{\text{총보전작업 건수}}$

      $$= \frac{M_p f_p + M_b f_b}{f_p + f_b}$$

      여기서, M_p : 평균예방보전시간
      f_p : 예방보전 건수
      M_b : 평균사후보전시간
      f_b : 사후보전 건수

• MTBO(Mean Time Between Overhaul, 평균오버홀 간격) : 경제적인 분해 조립 시점을 결정할 때 사용하는 지표로, 예방보전에 사용된다.

© 필요 예비품 보유수와 최적 점검주기

- 필요 예비품 보유수(C) : 평균고장률이 λ인 지수분 포를 따르는 n개의 부품을 t시간 사용할 때 발생하는 고장건수 x가 푸아송분포를 따를 때 품절률을 α이 하가 되도록 할 때의 필요 예비품 보유수(C)는 $C \geq \lambda nt + u_{1-\alpha}\sqrt{\lambda nt}$ 이다.

  여기서, $\lambda n T \geq 5$

       α : 품절률

       n : 부품수(개)

       t : 작동시간

- 최적 점검주기 : $T = \sqrt{\dfrac{2C_i}{\lambda C_e}}$

      여기서, C_i : 1회 점검비용,

                 C_e : 고장시간당 손실비용

② MQ분석, MTBF분석

- MQ분석(Machine Quality Analysis) : 품질변동이 어느 공정의 설비조건과 가공조건에 연관이 있는지 를 분석하고 설비보증을 위한 설비보전이나 일상보 전방식을 표준화하는 분석법이다.

- MTBF분석(Mean Time Between Failure Analysis) : 물리적인 정지형 고장이나 성능 저하의 실태를 분석 하여 작업자의 행동을 표준화하는 분석법이다.

핵심예제

1-1. 시스템이 고장 상태에서 정상 상태로 회복하는 시간(보전 시간)을 t라고 할 때, $t = 0$에서 보전도 함수 $M(t)$의 값은?

[2014년 제1회 유사, 2016년 제1회 유사, 제4회]

① 0.000   ② 0.500

③ 0.667   ④ 1.000

1-2. 현장시험의 결과, 다음 표와 같은 데이터를 얻었다. 5시간 에 대한 보전도를 구하면 약 몇 [%]인가?(단, 수리시간은 지수 분포를 따른다)

[2005년 제1회, 2007년 제1회, 2010년 제1회 유사, 2017년 제2회]

횟 수		6	3	4	5	5
수리시간		3	6	4	2	5

① 60.22   ② 65.22

③ 70.22   ④ 73.34

1-3. 냉장고의 고장 후 수리시간(T)은 $Y = \ln T$, $\mu = 1.48$[hr], $\sigma = 0.37$[hr]을 따르는 대수 정규분포를 한다고 알려져 있다. 이 때 보전도가 90[%]되는 시간(T)은 약 얼마인가?(단, $u_{0.05} = 1.645$, $u_{0.10} = 1.282$이다)

[2015년 제4회]

① 7.06[hr]   ② 7.82[hr]

③ 8.06[hr]   ④ 8.82[hr]

1-4. 어떤 장치의 고장 후 수리시간(T)은 다음과 같은 파라미터 의 값을 갖는 대수정규분포를 한다고 알려져 있다. 이 장치의 40 시간에서의 보전도 $M(40)$은 약 얼마인가?(단, 표준화상수 u값 계산 시 소수점 셋째 자리 이하는 버린다)

[2004년 제1회, 2013년 제1회, 2023년 제1회]

$Y = \ln T$, $\mu_Y = 2.5$, $\sigma_Y = 0.86$

u	P_r
1.34	0.0901
1.36	0.0869
1.38	0.0838
1.40	0.0808

① 0.9099   ② 0.9131

③ 0.9162   ④ 0.9192

1-5. 다음은 어떤 전자장치의 보전시간을 집계한 표이다. MTTR은 약 몇 시간인가?

[2007년 제4회, 2013년 제4회]

보전시간(h)	보전 완료 건수
1	18
2	12
3	5
4	3
5	1
6	1

① 1
② 2
③ 3
④ 4

|해설|

1-1
$$M(t) = 1 - e^{-\mu t} = 1 - e^{-0} = 1 - 1 = 0$$

1-2
$$MTTR = \frac{1}{\mu} = \frac{\sum_{i=1}^{n} t_i}{n}$$
$$= \frac{(6 \times 3) + (3 \times 6) + (4 \times 4) + (5 \times 2) + (5 \times 5)}{23} = 3.7826$$
$$M(t) = 1 - e^{-\mu t} = 1 - e^{-t/MTTR} = 1 - e^{-5/3.7826} = 73.34[\%]$$

1-3
$$\frac{\ln T - 1.48}{0.37} = 1.282 \text{이므로}, \quad T = 7.06$$

1-4
$$M(t = 40) = P(T \leq 40) = P(\ln T \leq \ln 40)$$
$$= P\left(u \leq \frac{\ln 40 - 2.5}{0.86}\right) = P(u \leq 1.38)$$
$$= 1 - 0.0838 = 0.9162$$

1-5
$$MTTR = \frac{\text{총보전시간}}{\text{보전 건수}} = \frac{1 \times 18 + 2 \times 12 + \cdots + 6 \times 1}{18 + 12 + \cdots + 1} = 2$$

정답 1-1 ① 1-2 ④ 1-3 ① 1-4 ③ 1-5 ②

핵심이론 **02** 가용성(Availability)

① 가용성과 가용도
  ㉠ 가용성(가동성, 유용성, 이용성) : 시스템이 가동되고 있는 정도이다.
  ㉡ 가용도(가동도, 가용도, 이용도)
    • 일정시점에서 시스템이 가용될 확률이다.
    • 어느 특정 순간에 기능을 유지하고 있을 확률이다.
    • 신뢰도와 보전도를 결합한 평가척도이다.
    • 가용도 = $\dfrac{\text{동작 가능시간}}{(\text{동작 가능시간} + \text{동작 불가능시간})}$
    • 수리율이 높아지면 가용도는 높아진다.
  ㉢ 수리와 연관된 개념
    • 수리 가능한 기기 : 가용도 = 신뢰도 + 보전도
    • 수리 불가능한 기기 : 가용도 = 신뢰도
② 가용성의 향상
  ㉠ 보전요원에 대한 보전교육훈련을 강화한다.
  ㉡ 마모고장기간에 진입하면 예방보전을 강화한다.
  ㉢ 사후보전 횟수 감소를 위하여 고신뢰도 부품을 사용한다.
③ 역법상의 시간의 분류
  ㉠ 비동작시간(오프 타임) : 자유시간 또는 사용계획이 없는 시간
  ㉡ 계획시간(스케줄 타임)
    • 동작 가능시간(U) : 동작시간, 대기시간, 가동 준비시간
    • 동작 불가능시간(D)
      - 보전시간 : 예방보전(PM : 준비, 고장검지, 수리, 교환, 조정, 점검, 교정, 한계시험, 주유, 청소, 검사 등), 사후보전(BM)
      - 자유휴지시간 : 보급대기시간(보전에 필요한 부품재료가 입수되지 않아 기다리는 시간), 관리시간(보전관리에 필요한 시간)

④ 가용성의 척도(가용도)
  ㉠ 시간의 가용도
    • 장비가 고장 나면 수리하는 행위를 무한히 반복하는 것을 의미한다.
    • 가용도 공식

    $$A = \frac{\text{작동시간}}{\text{작동시간} + \text{고장시간}} = \frac{MTBF}{MTBF + MTTR}$$
    $$= \frac{MUT}{MUT + MDT} = \frac{1/\lambda}{1/\mu + 1/\lambda} = \frac{\mu}{\lambda + \mu}$$

  ㉡ 보전계수 $= 1 - A = \dfrac{\lambda}{\mu + \lambda}$

  ㉢ 장비의 가용도
    • Repairable $A(T:t) = R(T) + F(T) \cdot M(T)$
    • Non-repairable $A(T:0) = R(T)$
    여기서, T : 총작동시간
            t : 수리 제한시간

핵심예제

2-1. 어떤 시스템의 MTBF가 500시간, MTTR이 40시간이라고 할 때 이 시스템의 가용도(Availability)는 약 얼마인가?

[2010년 제1회, 2013년 제2회, 2015년 제4회 유사, 2017년 제2회 유사]

① 91.4[%]   ② 92.6[%]
③ 97.2[%]   ④ 98.2[%]

2-2. 시스템의 고장률이 0.03/hr이고, 수리율이 0.1/hr인 경우, 시스템의 가용도는?(단, 고장시간과 수리시간은 지수분포를 따른다)

[2006년 제1회 유사, 2013년 제1회 유사, 2016년 제2회 유사, 2017년 제1회]

① $\dfrac{13}{3}$ ② $\dfrac{13}{10}$
③ $\dfrac{3}{13}$ ④ $\dfrac{10}{13}$

2-3. 어떤 시스템을 80시간 동안(수리시간 포함) 연속 사용한 경우 5회의 고장이 발생하였고, 각각의 수리시간이 1.0, 2.0, 3.0, 4.0, 5.0시간이었다면 이 시스템의 가용도는 약 얼마인가?

[2004년 제1회 유사, 2010년 제2회 유사, 2017년 제4회]

① 81[%]   ② 85[%]
③ 88[%]   ④ 89[%]

2-4. 지수분포의 고장시간과 수리시간을 갖는 어떤 장비를 관찰하여 다음과 같은 데이터를 얻었다. 이 장비의 가용도(Availability)는 약 얼마인가?

[2009년 제1회 유사, 2015년 제2회]

번 호	사용시간	수리시간	총시간
1	16	3	19
2	15	1	16
3	35	4	39
4	24	9	33
5	42	17	59
6	34	6	40

① 0.8   ② 0.6
③ 0.4   ④ 0.2

2-5. 한 대의 기계를 50시간 동안 연속 사용(수리시간 포함)한 경우 5회의 고장이 발생하였고, 각각의 고장수리기간이 다음과 같다. 이 기계의 가용도는?(단, 작동시간을 이용하여 구한다)

[2014년 제4회]

고장 순번	1	2	3	4	5
고장수리시간	0.5	0.5	1.0	2.0	2.0

① 80[%]   ② 82[%]
③ 88[%]   ④ 94[%]

2-6. 평균수리시간이 2시간인 시스템의 가용도가 0.95 이상이 되려면 이 시스템의 MTBF는 얼마 이상이어야 하는가?(단, 이 시스템의 수명분포는 지수분포를 따른다)

[2009년 제4회, 2013년 제4회, 2016년 제4회]

① 35   ② 36
③ 37   ④ 38

2-7. Y시스템의 고장률이 시간당 0.005라고 한다. 가용도가 0.990 이상이 되기 위해서는 평균수리시간은 약 얼마인가?

[2003년 제4회, 2006년 제4회, 2014년 제1회]

① 0.4957시간
② 0.9954시간
③ 2.0202시간
④ 2.5252시간

2-1

$$A = \frac{MTBF}{MTBF + MTTR} = \frac{500}{500 + 40} \times 100[\%] = 92.6[\%]$$

2-2

$$A = \frac{\mu}{\lambda + \mu} = \frac{0.1}{0.03 + 0.1} = \frac{10}{13}$$

2-3

$$A = \frac{80 - 15}{80} = 0.81 = 81[\%]$$

2-4

$$A = \frac{\text{사용시간}}{\text{총시간}} = \frac{166}{206} = 0.8$$

2-5

$$A = \frac{MTBF}{MTBF + MTTR} = ?$$

$MTBF = \frac{44}{5} = 8.8$이며 $MTTR = \frac{0.5 + 0.5 + 1 + 2 + 2}{5} = 1.2$

따라서 $A = \frac{MTBF}{MTBF + MTTR} = \frac{8.8}{8.8 + 1.2} = 88[\%]$

2-6

$A = \frac{MTBF}{MTBF + MTTR} \geq 0.95$이며 $\frac{MTBF}{MTBF + 2} \geq 0.95$이므로,

$MTBF \geq 38$

2-7

$A = \frac{MTBF}{MTBF + MTTR} = \frac{1/0.005}{1/0.005 + MTTR} = 0.99$이므로,

$MTTR = 2.0202$시간

정답 **2-1** ② **2-2** ④ **2-3** ① **2-4** ① **2-5** ③ **2-6** ④ **2-7** ③

제7절 | 신뢰성 설계와 신뢰성 관리

핵심이론 01 신뢰성 설계

① 신뢰성 설계의 의의

　㉠ 신뢰성 설계의 개요

- 제품의 신뢰성 설계는 제품의 신뢰성 시방을 작성하는 것부터 시작된다.
- 신뢰성 시방의 기본은 신뢰성 설계목표치 R_s(측정 가능한 신뢰도 특성치)의 규정과 이를 실현하기 위한 사용환경에 관련된 정책과 생각을 구체적으로 기술하는 것이다.
- 신뢰성 설계기술 : 신뢰성 시방과 목표에 합치되는 설계도 또는 설계지시서를 작성하기 위한 기술적인 방법과 절차의 총칭이다.
  - 설계품질을 목표품질이라고도 한다.
  - 시스템의 품질은 설계에 의해 많이 좌우된다.
  - 설계품질에는 설계 및 기능, 신뢰성 및 보전성, 안정성이 포함된다.
  - 설계단계에서 설계품질이 떨어지면 제조단계에서 아무리 노력해도 좋은 품질시스템을 만들 수 없다.

　㉡ 신뢰성 설계의 일반적인 절차(신뢰성 설계의 순서) : 신뢰성 요구사항 분석 → 신뢰도 목표 설정 → 신뢰도 분배 및 설계 → 설계부품 선택 → 시험 및 검사규격 작성 → 양산품의 신뢰성시험

- 신뢰성 요구사항을 분석한다(소비자의 요구사항 파악, 사용조건·환경조건, 신뢰도 및 평균수명, 비용 등).
- 설계하고자 하는 시스템의 요구기능에 의거하여 꼭 필요한 직렬결합 부품수 n을 결정하고, 시스템의 신뢰성 설계목표치 R_s를 결정한다.
- 신뢰성 설계목표치 R_s를 하위 시스템, 구성부품, 부품에 대해 신뢰성을 배분한다.

  $R_i = \sqrt[n]{R_s}$

  여기서, R_i : 구성 부분 또는 부품의 신뢰성 요구치

- 구성부품이나 부품에 대해 시장조사를 실시하고, 부품별 신뢰성 요구치에 부합되는지 확인한다.

- 가용부품 신뢰성으로 신뢰성 설계목표치 R_s를 달성할 수 있도록 최적 중복 설계를 실시한다. 설계 시 원가, 부피, 중량 등의 제한사항을 확인한다.
- 최적 리던던시 설계 결과, 결정된 중복 설계를 위한 중복 부분 또는 부품수에 따라 시스템 설계를 실시한다.

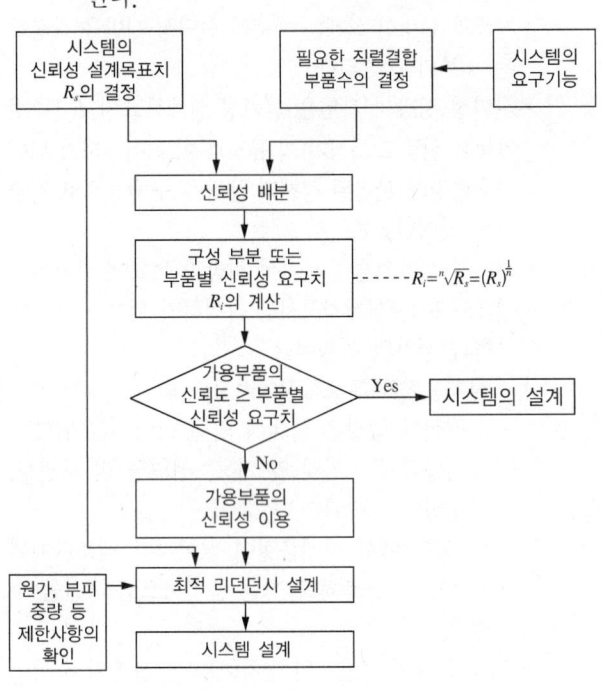

ⓒ 신뢰성을 직접적으로 증가시키는 방법
- 안전계수의 증가
- 구성부품수의 감소
- 스트레스의 감소
- 구성부품 개개의 신뢰도 제고

ⓔ 신뢰성 설계의 5원칙
- 과거의 경험을 살린다.
- 부품의 수를 최소로 한다.
- 표준품을 많이 사용한다.
- 보전성(점검, 교환, 교정 등)이 쉽도록 설계한다.
- 부품에 호환성을 갖도록 설계한다.

ⓜ 신뢰성 설계지침(신뢰성을 증가시키기 위한 신뢰성 설계방법, 신뢰성을 향상시키는 설계의 요점)
- 구성품에 걸리는 부하의 정격값에 여유를 두고 설계한다.
- 구성품의 고장이 가급적 전체 고장을 일으키지 않도록 한다.

- 사람에 의한 오류를 방지하도록 설계한다(실수방지장치(Fool Proof), 자동화, 로봇화, 인간 신뢰도, 인간공학 등 적용).
- 사용부품의 종류와 수를 줄인다(표준화, 간소화, 일체화, IC화).
- 요구되는 기능을 가급적 적은 수의 부품으로 실현되도록 한다.
- 부품에 걸리는 스트레스를 경감시킨다.
- 스트레스의 집중을 피한다(힘, 열, 전류 등의 분산화).
- 스트레스를 분산시키거나 피한다.
- 스트레스에 대한 내성을 갖게 한다.
- 스트레스에 대한 안전계수를 크게 한다.
- 평판이 좋고 실적 있는 부품을 사용하고 부품사양을 엄격히 지켜서 사용한다.
- 품질을 알 수 없는 부품은 반드시 평가하고 사용한다.
- 고장이 발생해도 안전하게 설계한다(Fail Safe).
- 고장 날 때 크게 중요하지 않은 부분은 희생시킨다(예 자동차의 범퍼).
- 고장이 다른 부분에 파급되는 것을 방지한다(고립화).
- 보전성(교환성, 호환성, 적응성, 접근성, 점검성 등)을 충분히 고려한다.
- 리던던시 설계를 고려한다(단, 트레이드오프를 충분히 고려함).
- 생산성을 고려한다(프로세스 설계, 자동화, 로봇화, 생산설계, 라인 밸런스).
- 타인의 지혜를 살린다(설계 심사).

② 신뢰성 설계기술의 유형
ⓖ 중복(Redundancy) 설계
- 고도의 신뢰도가 요구되는 특정 부분에 여분의 구성품을 더 설치함으로써 구성품의 일부가 고장 나도 그 구성 부분이 고장 나지 않도록 설계하여 그 부분의 신뢰도를 높이는 방법이다.
- 종류 : 병렬 리던던시, 대기 리던던시, k Out of n 리던던시 설계

ⓛ 부품의 단순화와 표준화
- 요구되는 기능을 될 수 있는 대로 적은 수의 부품으로 할 것
- 가능하면 단순 기능의 부품을 많이 사용할 것
- 사용부품의 종류를 줄일 것
- 표준부품, 표준회로, 표준재료 등을 사용할 것

ⓒ 최적 재료의 선정
- 기기 특성 : 인장강도, 압축강도, 전단강도 등이 커야 한다.
- 비중 : 가볍고 강한 재료를 사용해야 한다.
- 가공성 : 절삭이 용이하고, 용접 또는 접착성이 좋으며, 판인 경우에는 프레스 가공이 용이해야 한다.
- 원가 : 구입 가격뿐만 아니라 제작, 가공 및 보전을 포함한 Life Cycle Cost가 저렴해야 한다.
- 내구성 : 피로, 마모, 열화 등의 손상이 적고 긴 수명이 유지되어야 한다.
- 품질과 납기 : 품질이 균일하고, 소요량이 언제라도 확보가 가능해야 한다.

ⓓ 디레이팅(Derating) 설계
- 시스템의 구성부품에 걸리는 부하의 정격값에 여유를 두고 설계하는 방법이다.
- 디레이팅의 사고방법 : 기계적 제품의 안전계수 또는 안전율과 비슷한 것으로 리던던시 설계법과 더불어 과잉품질에 해당된다.
- 사용상의 여유를 고려한 이 설계방법은 신뢰도 향상에 많은 도움을 주기 때문에 신뢰도 설계기술로 많이 사용된다.

ⓔ 내환경성 설계
- 제품의 여러 가지 사용환경과 영향도 등을 추정 평가하고, 제품의 강도와 내성을 결정하는 설계이다.
- 내환경성 설계는 강도나 스트레스의 해석과 시험에 의한 확인에 그 초점을 두고 있는 데 반하여, 수집된 고장데이터는 통계적인 의미만을 갖고 있기 때문에 개개 아이템의 시험데이터와의 대응이 어렵다.

ⓕ 인간공학적 설계와 보전성 설계
- 인간공학적 설계
  - 인간의 육체적 행동심리학적 조건으로부터 도출된 인간공학의 제 원칙을 활용하여 제품의 상세부분의 구조를 설계한다.
  - 계측기의 오류를 방지하기 위하여 디지털로 표시하거나 색채를 사용하는 것과 같이 조작의 과오를 되도록 범하지 않도록 인간공학의 연구결과를 활용하여 기기를 설계한다.
- 보전성 설계
  - 시스템의 수리 회복률, 보전도 등의 정량값에 근거한 인간공학적 설계이다.

- 기본목적 : 인간의 능력과 역할을 시스템의 요소로 적합시키기 위하여 시스템의 모든 부분에 대한 오조작, 오판단의 원인이 되는 요소를 제거시키고, 신속 확실한 조작과 보전 및 수리가 가능하도록 하는 데 있다.
- 종 류
  - Fail Safe : 조작상의 과오로 기기의 일부에 고장이 발생하더라도 다른 부분에 고장이 발생하는 것을 미연에 방지하고 안전측으로 이행하여 작동할 수 있도록 설계하는 방법이다(예 퓨즈, 엘리베이터 정전 시 제동장치 등).
  - Fool-proof : 사용자가 잘못된 조작을 하더라도 고장이 발생하지 않도록 설계하는 방법이다(예 카메라에서 셔터와 필름돌림대가 연동됨으로써 이중 촬영을 방지하도록 한 것).

③ 신뢰도 배분(Reliability Allocation)
ⓐ 신뢰도 배분의 개요
- 신뢰도 배분은 설계 초기단계에 이루어진다.
- 신뢰도 배분은 과거 고장률 데이터가 없어도 할 수 있다.
- 신뢰도 배분은 시스템의 신뢰성 목표를 서브시스템으로 배분하는 것이다(체계 전체의 설계목표치를 설정함과 동시에 하위 체계에 대하여 각각의 신뢰성 목표치를 배분하는 것).
- 신뢰도 배분을 위해서는 시스템의 신뢰도 블록 다이어그램이 필요하다.
- 신뢰도 배분 시 안전성, 경제성을 고려하여 시스템 전체로 보아 균형을 취한다.
- 시스템의 신뢰도 블록 다이어그램이 필요하다.
- 시스템 측면에서 요구되는 고장률의 중요성에 따라 신뢰도를 배분한다.
- 상위 시스템부터 시작하여 하위 시스템으로 배분한다.
- 시스템의 요구기능에 필요한 직렬결합 부품수, 시스템 설계목표치 등의 자료가 필요하다.
- 구성품이나 시스템의 설계는 신뢰도 배분 이후에 한다.
- 리던던시 설계는 신뢰도 배분 이후에 한다.

ⓑ 신뢰성 배분의 목적 : 전체 시스템에 요구되는 신뢰도 목표값을 서브시스템이나 더 낮은 수준의 아이템의 신뢰도 목표값으로 배정하기 위하여 시험한다.

ⓒ 신뢰도 배분의 일반적인 방침(신뢰도를 배분할 때 고려되는 항목)
- 낮은 목표치 배분 : 기술적으로 복잡한 구성품, 고성능 요구 구성품
- 높은 목표치 배분 : 원리적으로 단순한 구성품, 사용 경험이 많은 구성품, 신뢰도가 높은 구성품, 중요한 구성품

④ 간섭이론과 안전계수
ⓐ 간섭이론(Interference Theory)
- 전자부품의 신뢰성 평가 : CFR 개념을 사용한다.
- 기계부품의 신뢰성 평가 : 간섭이론(Stress분포와 강도분포의 중첩현상)을 이용한다.
- 간섭이론의 부하-강도(Stress-Strength) 분석곡선 : 부하의 평균이 작을수록, 강도의 평균이 클수록, 평균차가 클수록 신뢰도는 높아진다.

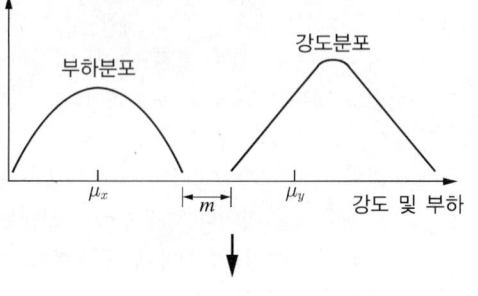

t_1의 고장확률밀도함수

부하분포

강도분포

μ_x ├─ m ─┤ μ_y 강도 및 부하

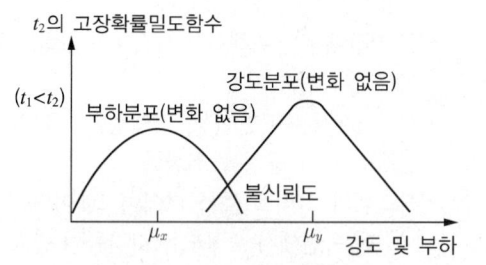

t_2의 고장확률밀도함수

$(t_1 < t_2)$ 부하분포(변화 없음)

강도분포(변화 없음)

불신뢰도

μ_x μ_y 강도 및 부하

- 부하-강도 모형에서 고장이 발생할 경우
  - 불신뢰도는 부하가 강도보다 클 확률이다.
  - 고장의 발생확률은 불신뢰도와 같다.
  - 안전계수가 작을수록 고장이 증가한다.
  - 강도보다 부하가 커지므로 고장이 증가한다.

ⓑ 안전계수(Safety Factor)
- 안전계수 : 기기에 걸리는 부하(Stress)와 강도(Strength)의 비 $m = \dfrac{\mu_y - n_y \sigma_y}{\mu_x + n_x \sigma_x}$

여기서, μ_y : 강도의 평균
  n_y : μ_y로부터의 거리
  σ_y : 강도의 표준편차
  μ_x : 부하의 평균
  n_x : μ_x로부터의 거리
  σ_x : 부하의 표준편차

- 부하~$N(\mu_x, \sigma_x^2)$, 강도~$N(\mu_y, \sigma_y^2)$ 일 때
  불신뢰도 $= P(부하 - 강도 > 0)$
  $= P\left(u > \dfrac{\mu_y - \mu_x}{\sqrt{\sigma_x^2 + \sigma_y^2}}\right)$

여기서, 부하-강도의 확률 분포 : $N(\mu_x - \mu_y, \sigma_x^2 + \sigma_y^2)$

⑤ 설계심사(DR ; Design Review)
ⓐ 개 요
- 설계심사의 정의 : 아이템의 설계단계에서 성능, 기능, 신뢰성 등을 가격, 납기 등과 비교해 가면서 주어진 설계에 대해 심사하여 개선을 추구하는 일이다.
- 설계심사 참여자 : 설계, 제조, 검사, 운용 등 각 분야의 전문가들
- 설계심사 사용 데이터 패키지 : 기본설계, 상세설계 등에 따라서 내용이 다르다.
- 설계심사는 품질보증활동과 병행하는 것이 효율적이다.
- 특히 신제품 개발과정인 상품기획, 개발, 실험 제작, 양산단계에서 심사내용을 잘 결정하면 우수한 품질의 제품과 저비용, 단납기를 도모하게 한다.

ⓑ 설계심사팀 구성
- 위원장 : 해당 설계 경험 보유자, 기술 식견을 갖춘 자, 결단력이 있는 자
- 팀원 : 제품설계자 이외의 기술자(설계자와 다른 각도의 심사와 기술적 총합화를 위하여)

1-1. 체계 전체의 설계목표치를 설정함과 동시에 하위 체계에 대하여 각각 신뢰성 목표치를 배분하는 신뢰성 배분의 일반적인 방침과 가장 거리가 먼 것은?

[2004년 제4회, 2007년 제1회, 2013년 제2회, 2015년 제2회 유사]

① 기술적으로 복잡한 구성품에 대해서는 낮은 목표치를 배분한다.
② 원리적으로 단순한 구성품에 대해서는 높은 목표치를 배분한다.
③ 사용 경험이 많은 구성품에 대해서는 높은 목표치를 배분한다.
④ 고성능을 요구하는 구성품에 대해서는 높은 목표치를 배분한다.

1-2. 재료에 가해지는 부하는 평균(μ_x)이 1, 표준편차(σ_x)가 0.5인 정규분포를 따르고, 재료의 강도는 평균이 μ_y, 표준편차(σ_y)가 0.5인 정규분포를 따른다. μ_x와 μ_y로부터의 거리가 각각 $\eta_x = \eta_y = 2$이고 안전계수(m)를 2로 하고 싶은 경우, 재료의 평균 강도(μ_y)는 얼마인가?

[2008년 제1회 유사, 2009년 제4회 유사, 2011년 제2회 유사, 2012년 제4회 유사,
2015년 제2회 유사, 2016년 제1회]

① 1.5
② 2.8
③ 4.4
④ 5.0

1-3. 부품에 가해지는 부하(y)는 평균이 25,000, 표준편차가 4,272인 정규분포를 따르며, 부품의 강도(x)는 평균이 50,000이다. 신뢰도 0.999가 요구될 때 부품강도의 표준편차는 약 얼마인가?(단, $P(Z \geq -3.1) = 0.999$이다)

[2002년 제1회, 2016년 제1회 유사, 2017년 제1회]

① 6,840[psi]
② 7,840[psi]
③ 9,850[psi]
④ 13,680[psi]

1-4. 재료의 강도는 평균 50[kg/mm²], 표준편차 2[kg/mm²], 하중은 평균 45[kg/mm²], 표준편차가 2[kg/mm²]인 정규분포를 따른다고 한다. 이 재료가 파괴될 확률은?(단, Z는 표준정규분포의 확률변수이다)

[2002년 제2회 유사, 2003년 제4회 유사, 2009년 제1회, 2010년 제4회 유사,
2012년 제2회 유사, 2014년 제1회, 2015년 제1회 유사,
2017년 제2회, 2020년 제3회]

① $Pr(Z > -1.77)$
② $Pr(Z > 1.77)$
③ $Pr(Z > -2.50)$
④ $Pr(Z > 2.50)$

1-5. Y 부품에 가해지는 부하는 평균 3,000[kg/mm²], 표준편차는 300[kg/mm²]이며, 강도는 평균 4,000[kg/mm²], 표준편차 400[kg/mm²]인 정규분포를 따른다. 부품의 신뢰도는 약 얼마인가?(단 $u_{0.90} = 1.282$, $u_{0.95} = 1.645$, $u_{0.9772} = 2$, $u_{0.9987} = 3$이다)

[2008년 제4회 유사, 2009년 제2회 유사, 2011년 제4회 유사, 2013년 제1회 유사,
제2회 유사, 2015년 제4회 유사, 2016년 제2회, 제4회 유사]

① 90.00[%]
② 95.46[%]
③ 97.72[%]
④ 99.87[%]

|해설|

1-1
고성능을 요구하는 구성품에 대해서는 낮은 목표치를 배분한다.

1-2
$$m = 2 = \frac{\mu_y - n_y \sigma_y}{\mu_x + n_x \sigma_x} = \frac{\mu_y - 2 \times 0.5}{1 + 2 \times 0.5}$$ 이므로 $\mu_y = 4 + 1 = 5.0$

1-3
$$\frac{25,000 - 50,000}{\sqrt{4,272^2 + x^2}} = -3.1$$ 에서 $x = 6,840$

1-4
$$P\left(Z > \frac{50 - 45}{\sqrt{2^2 + 2^2}}\right) = P(Z > 1.77)$$

1-5
$$u_x = \frac{4,000 - 3,000}{\sqrt{400 + 300}} = 2$$ 이므로, $x = 0.9772 = 97.72[\%]$

정답 1-1 ④ 1-2 ④ 1-3 ① 1-4 ② 1-5 ③

① 신뢰성관리

  ㉠ 신뢰성관리의 개요

  • 신뢰성관리의 정의 : 성능, 신뢰성, 보전성, 가용성 등이 우수한 제품을 경제적으로 제조하기 위해 제품의 개발, 설계, 제조, 사용에 이르기까지 제품의 전체 수명주기에 걸친 신뢰성 확보와 유지를 위한 종합적 활동이다.

  • 신뢰성 향상 : 신뢰성을 향상시키기 위해 제품의 개발, 설계, 제조, 사용 등 전체 수명주기에 걸쳐 미리 설정된 계획에 따라 예정된 기일까지 목표에 도달하도록 관리해 나가야 한다.

    – 제품의 사용단계에 있어서 제품의 신뢰도는 증가하지 않는다.

    – 철저한 신뢰성 예측으로 제품책임예방까지 실현하기에는 무리가 있다.

  ㉡ 신뢰성관리를 효과적으로 실시하기 위해서 필요한 사항

  • 사용조건을 명확히 규정한다.

  • 고장의 정의를 명확히 규정한다.

  • 신뢰성 목표값을 확실하게 정량화한다.

  ㉢ NASA의 경우

  • 신뢰성 확보과정 : 구상 → 정의 → 개발 및 설계 → 운용

  • 신뢰성 보증요령 : 해석적인 신뢰성과 안전성의 평가, 설계심사(Design Review), 시작품과 실용품의 시뮬레이션 시험

  ㉣ Ford사의 신뢰성관리 절차

  • 각 차종의 시스템, 서브시스템의 신뢰성 요구의 명확화

  • 설 계

  • 설계의 타당성 검토시험

  • 사내의 제조 부문, 사외의 납입업자에 대한 부품 규격의 명세 제시

  • 시장데이터의 파악과 설계 및 공정의 피드백

  ㉤ Buick사의 신뢰성관리 절차

  • 설계 : 제품의 심사, 과거 데이터의 조사, 신뢰도 예측과 배분

  • 시험 : 개발시험, 기술시험, 시작품 시험과 해석

  • 제 조

  • 애프터서비스 : 시장데이터의 해석과 피드백

  ㉥ 신뢰성 평가의 5요소(RACER법)

  • Reliability : 신뢰도

  • Availability : 대량 생산품으로 언제나 입수 가능하다.

  • Compatibility : 시스템의 기능이나 환경에 대한 적응성, 호환성

  • Economy : 경제성

  • Reproducibility : 제조의 균일성, 품질관리의 수준

② 신뢰성관리 대상

  ㉠ 개요 : 신뢰성관리 대상은 제품의 신뢰성을 생각할 때 제조자측과 사용자측의 입장을 분리해서 고유 신뢰성(Inherent Reliability, R_i)과 사용 신뢰성(Use Reliability, R_u)으로 구분되며 운용(동작, 작동) 신뢰성(Operational Reliability R_o)은 이들을 곱한 것이다.

  작동신뢰성(R_0) = 고유 신뢰성(R_i) × 사용 신뢰성(R_u)

  ㉡ 고유 신뢰성(R_i)

  • 제품 자체가 지닌 신뢰성으로 기획, 원자재 구매, 설계, 시험, 제조, 검사 등 제품이 만들어지는 모든 단계에서의 신뢰성이다.

  • 신뢰성 설계(제품의 수명을 연장하고 고장을 적게 하는 것)와 품질관리활동(공정관리, 공정 해석에 의해 기술적 요인을 찾아서 이를 시정하는 것)에 의해 유지, 개선된다.

  • 고유 신뢰성에서 특히 중시되는 것은 설계기술이다.

  • 설계 변경에 의해 개선할 수 있는 신뢰도이다.

  • 양산단계 전에 제품의 고유 신뢰도를 증대시킬 수 있다.

  • 제품의 사용단계에서는 설계나 제조과정에서 형성된 제품의 고유 신뢰도를 될 수 있는 대로 장기간 보존하는 것이다.

  • 고유 신뢰성은 설계기술이 중요하지만, 설계는 사용 신뢰성도 고려해야 한다.

ⓒ 사용 신뢰성(R_u)
- 취급·조작, 서비스, 설치환경, 인간의 사용에 따른 신뢰성이다.
- 취급·조작, 서비스, 설치환경 및 운용에 관한 것으로서, 제품의 신뢰도를 증가시키는 것이 아니라 설계와 제조과정에서 형성된 제품의 신뢰도를 장기간 보존하려는 신뢰성이다.
- 제품이 만들어진 후 설계나 제조과정에서 형성된 제품의 고유 신뢰성이 유지 및 관리되도록 하는 신뢰성으로, 제품제조 후 모든 단계(포장, 수송, 배송, 보관, 취급·조작, 보전기술, 보전방식, 조업기술, A/S, 교육훈련 등)에서의 신뢰성이다.
- 사용과정에서 나타나는 사용 신뢰성은 인간의 요소에 밀접하게 관련된다.
- 과거의 경험을 토대로 사용조건을 고려한 설계는 물론, 사용 신뢰성도 고려해 제품이 설계, 제조되어야 한다.
- 출하 후의 신뢰성관리를 위해 중요한 것은 예방보전과 사후보전의 체계를 확립하는 것이다.
- 예방보전과 수리방법을 과학적으로 설정하여 실시하여야 한다.

③ 신뢰성 증대방법
  ㉠ 고유 신뢰성 증대방안

설계단계	제조단계
• 부품 고장의 영향을 감소시키는 구조적 설계방안 강구 • 병렬 및 대기 리던던시 설계(중복 설계방법의 활용) • 고신뢰도 부품의 사용 • 사용방식, 사용 중 발생할 스트레스 고려 • 부품의 전기적, 기계적, 열적, 기타 작동조건의 고부하(Stress)를 경감시킬 수 있는 디레이팅(Derating) 설계(경감 설계) • 고장 후 영향을 줄이기 위한 구조적 설계방안 강구(Fail Safe, Fool Proof 설계) • 신뢰성 작동시험 자동화 • 부품, 제품 단순화 및 표준화 • 안전성, 보전성, 사용 편리성 고려 • 고장데이터 피드백 등	• 제조기술의 향상 • 제조공정의 자동화 • 제조품질의 통계적 관리 • 부품과 제품의 번인(Burn-in) 시험

㉡ 사용 신뢰성 증대방안
- 기기나 시스템에 대한 사용자 매뉴얼 작성 및 배포
- 예방보전 및 사후보전체제의 확립
- 포장, 보관, 운송, 판매단계에서의 품질 관리의 철저
- 개량보전(CM ; Corrective Maintenance)
- A/S 제공
- 조작방법 교육 실시
- 사용방법 숙지
- 사용열화 정보 수집 후 차기 제품 개발 반영
- 수리방법의 과학적 설정
- 적절한 점검주기와 횟수의 결정
- 적절한 보관조건의 설정
- 적절한 연속 작동시간(또는 1회 사용기간) 결정
- 포장, 보관, 운송, 판매 등 모든 과정에서 철저한 관리

㉢ 제품 신뢰성 증대 5가지 기본방법
- 병렬설계, 대기설계
- 제품의 고장률 감소
- 제품의 안전성 제고
- 부품고장 영향 감소
- 제품의 연속 작동시간 감소

2-1. 신뢰성에 관한 설명으로 틀린 것은?

[2006년 제2회, 2007년 제2회 유사, 2014년 제1회 유사, 2016년 제2회]

① 고유 신뢰성에서 특히 중시되는 것은 설계기술이다.
② 사용과정에서 나타나는 고유 신뢰성은 인간의 요소에 밀접하게 관련된다.
③ 과거의 경험을 토대로 사용조건을 고려한 설계는 물론, 사용 신뢰성도 고려해 제품이 설계, 제조되어야 한다.
④ 제품의 신뢰성을 생각할 때 제조자측과 사용자측의 입장을 분리해서 고유 신뢰성과 사용 신뢰성으로 나눈다.

2-2. 다음 중 설계단계에서 고유 신뢰성을 향상시키는 방법으로 가장 거리가 먼 것은? [2008년 제1회, 2013년 제2회, 2016년 제1회 유사]

① 제품의 단순화
② 중복설계 방법의 활용
③ 고신뢰도 부품의 사용
④ 부품과 제품의 번인(Burn-in) 시험

2-3. 제품의 제조단계에서 고유 신뢰도를 증대시키기 위한 방법이 아닌 것은? [2013년 제4회 유사, 2016년 제1회]

① 제조기술의 향상
② 디레이팅
③ 제조품질의 통계적 관리
④ 스크리닝 또는 번인

2-4. 제품의 신뢰성은 고유 신뢰성과 사용 신뢰성으로 구분된다. 다음 중 사용 신뢰성의 증대방법에 속하는 것은?

[2004년 제2회, 2007년 제1회, 2010년 제1회, 2015년 제2회, 2022년 제2회 유사]

① 기기나 시스템에 대한 사용자 매뉴얼을 작성 배포한다.
② 부품의 전기적, 기계적, 열적 및 기타 작동조건을 경감한다.
③ 부품고장의 영향을 감소시키는 구조적 설계방안을 강구한다.
④ 병렬 및 대기 리던던시(Redundancy) 설계방법에서 활용한다.

제1절 | 품질경영

핵심이론 01 품질의 개요

① 품질 개념
  ㉠ 품질(Quality)의 정의
    • 제품, 서비스가 지니는 고유한 성질, 특성, 개성
    • 제품, 서비스의 규정된 요구사항 만족 여부를 평가하는 특성 및 성능
    • 우수함의 정도
    • 기준과의 일치성 정도
    • 구조의 적합성
    • 명시적, 묵시적인 요구를 만족시키는 능력과 관계되는 특성 전체
    • 사용목적 만족 여부 결정을 위한 평가 대상이 되는 고유 성질, 성능 전체
    • 고유특성의 집합이 명시적인 요구 또는 기대, 일반적으로 묵시적이거나 의무적인 요구 또는 기대를 충족시키는 정도(KS Q ISO 9000)
    • 고객이 그러하다고 느끼는 정도
  ㉡ 품질 개념의 흐름
    • 전통적인 품질개념은 '설계규격의 적합성', '사용에 대한 적합성'(Fitness For Use), '가치 또는 용도에 대한 적합성', '제품의 특성'(Characteristics) 등으로 정의되었으나, TQC(Total Quality Control, 종합적 품질관리)를 제창한 파이겐바움(A. V. Feigenbaum)에 이르러 '소비자 기대의 적응도'라는 보다 포괄적인 소비자지향적인 개념으로 확대(변천)되었다.
    • 현재는 품질 개념이 더욱 확대되어 만족도, 적합성, 소비자 부응도, 성능, 특징, 내구성, 편의성, 기호 등을 포함하여 '고객의 욕구를 만족시키는 것' 또는

'고객 요구에의 적합성'과 같이 소비자 및 사회의 현재적, 잠재적 요구조건에 대한 충족이라는 포괄적이고 적극적인 개념으로 확장 발전되었다.
    • 자재 구입, 제조공정, 판매 후의 서비스까지 보증활동이 이루어져야 한다.
  ㉢ 가빈(Garvin, 1993)의 품질의 차원 8가지(전략적 분석의 틀) : '품질을 단순히 생산과정의 통제를 위한 수단으로만 좁게 보지 말고, 소비자들의 요구와 선호도를 평가하는 기준으로 삼아야 한다.'는 관점에서 가빈이 제시한 품질 구성 8가지 요인은 다음과 같다.
    • 성능(Performance) : 제품의 기본적인 특성이다(예 자동차 : 가속능력, 주행속도, 승차감/패스트푸드 : 고객 주문의 처리시간).
    • 특징(Features) : 성능의 부차적인 측면으로서 제품이나 서비스의 기본기능을 보완한다(예 TV 수상기의 리모트 컨트롤, 항공사의 식음료 제공).
    • 신뢰성(Reliability) : 제품의 시간적 안정성, 규정된 조건하에서 의도하는 기간 동안 규정된 기능을 성공적으로 수행할 확률이다. 신뢰성의 주체는 고장, 수명의 문제 등을 취급하며 트러블에 대해 기술적으로 원인을 규명하여 고장 발생을 예지하는 방법이다.
      - MTTF(Mean Time To Failure, 처음 고장 시까지의 평균시간) : 전구 등의 None Repairable Item, MTTF가 길면 신뢰성이 좋음
      - MTBF(Mean Time Between Failure, 평균고장 간격) : 자동차 엔진・미션 등의 Repairable Item
    • 적합성(Conformance) : 제품의 설계나 운영 특성이 설정된 표준에 부합하는 정도(예 감기약 : 수면제의 함량이 0.01g이어야 하는데 적거나 많은 문제)
    • 내구성(Durability) : 수리를 포함한 유효수명의 길이

- 서비스성(Serviceability) : 수리의 신속성, 수리요원의 친절성, 수리능력 및 수리 용이성 등[예 서비스성과 내구성 중 어느 것이 더 고객에게 영향을 미치느냐,(구두 굽 교체 문제 → 서비스성은 점점 더 요구됨, 장난감 매뉴얼이 너무 어려운 경우 → 서비스성 안 좋음, 장난감 매뉴얼이 쉬운 경우 → 서비스성 좋음, Tank 주의)]
- 심미성(미관성, Aesthetics) : 제품의 외관, 느낌, 소리, 맛, 냄새, 질감 등의 감각적 특성
- 인지품질(Perceived Quality) : 브랜드명, 기업 이미지, 기업에 관한 신뢰감 등의 간접적 특성에 대한 품질 인식, 평판이라고도 한다.

② 품질시스템을 제대로 구축하기 위한 품질개념을 중시하는 내용
- 품질 담당 중역이 회사에서 핵심역할을 한다.
- 품질은 모든 부서, 모든 사람들의 책임이라는 인식이 퍼져 있어야 한다.
- 품질에 대한 충분한 교육과 훈련, 품질성과에 대한 동기부여를 위한 제도 등이 정립되어야 한다.

② **품질의 정의**
⊙ 생산자 관점 : 기존의 전통적 견해
- 크로스비(P. B. Crosby) : 요건에 대한 일치성
- 그루콕(J. M. Groocock) : 특징 및 특성 전체에 대해 규정되고 광고된 것에 대한 실제 특성 전체의 적합 정도
- 세게지(H. D. Seghezzi) : 시방과의 일치성

ⓒ 소비자 관점 : 소비자 요구 만족 정도
- 주란(J. M. Juran) : 용도에 대한 적합성
- 파이겐바움(A. V. Feigenbaum) : 고객 기대에 부응하는 특성들
- 그리나(F. M. Gryna, Jr.) 2세 : 고객만족
- KS : 사용목적을 만족시키는 성질 및 특성

ⓒ 사회적 관점 : 1980년대 중반 이후 제기
- 일본공업규격(JIS), 한국산업규격(KS) : 제품, 서비스가 사용목적을 만족시키고 있는지의 여부를 결정하기 위한 평가 대상이 되는 고유의 성질, 성능의 전체이다.

- 국제표준화기구(ISO) : 고유특성의 집합이 요구사항을 충족시키는 정도이다.
- 다구치(Taguchi, 田口玄一) : 다구치 공학에서 품질을 '사회에 미치는 손실'로 정의하면서 지속적 품질 개선과 원가 절감은 기업이 경쟁사회에서 존속하기 위한 필수요건이며, 이를 위한 프로그램은 품질특성의 목표치와의 편차를 끊임없이 감소시켜 나가는 것임을 강조한다.

③ **품질의 분류**
⊙ 품질의 형성단계에 따른 품질 분류 : 시장품질, 설계품질, 제조품질, 사용품질
- 시장품질(Quality of Market)
  - 시장품질 = 요구품질 = 목표품질 = 기대품질
  - 실제 시장에서 소비자가 요구하는 기대품질
  - 시장조사, 클레임 등을 통해 파악한 소비자의 요구조건
  - 사용품질, 실용품질, 고객의 필요(Needs)와 직결된 품질
  - 설계품질 결정의 중요한 정보
  - 제품설계, 판매정책에 반영되는 품질
- 설계품질(Quality of Design)
  - 시장품질을 실현하기 위해 제품을 기획하고 그 결과를 시방(Specification)으로 정리하여 도면화한 품질
  - 소비자의 요구를 충분히 조사한 다음 공장의 제조기술, 설비, 관리 등의 상태에 따라 경제성을 고려하여 제조 가능한 수준으로 설정한 품질
  - 품질 자체가 기업의 기본방침에 일치하는지의 여부를 확인하는 기준
  - 기술수준과 코스트(비용) 고려 : 품질을 높이면 품질 코스트가 올라가고 품질 가치도 올라가지만 최적 수준을 지나면 가치와 코스트의 차이가 점점 작아지는 반면에, 설계품질이 최적 수준 이하로 내려가면 품질 코스트는 적게 들지만 품질 저하로 인한 시장 가치는 더 크게 하락한다.

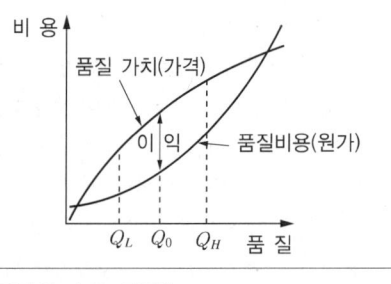

- 제조품질(Quality of Conformance)
  - 제조품질 = 적합품질 = 합치품질
  - 설계품질이 결정되어 재료나 기계에 주의하면서 설계품질대로 만들어진 제품의 (실제) 품질
  - 실제 제조된 품질특성
  - 실현되는 품질
  - 기술적, 경제적으로 허용되는 범위 안에서 설계품질에 접근시키는 것
  - 실제로 제조된 제품이 설계품질에 적합한지에 대한 여부를 나타내는 기준
  - 공정능력, 산포(분포), 관리도 등으로 표현

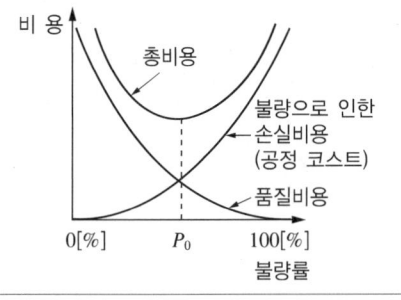

- 제품품질 차이의 축소는 설계품질 차이와 제조품질 차이를 좁혀서 할 수 있다.
- 한편, 생산된 제품의 불량품과 합격품을 가늠하는 기준을 검사품질이라고 한다.
- 사용품질(Quality of Use)
  - 사용품질 = 성과품질
  - 고객에 의해 실제 사용상에서 평가되는 품질
  - 고객이 제품 사용을 통해 인지하는 품질

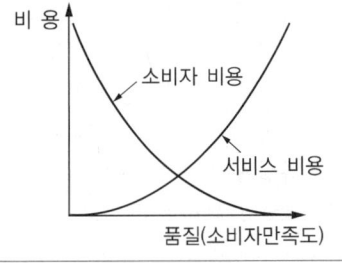

- 사용품질은 목표품질의 가장 중요한 근거가 되므로 사용품질을 목표품질로 보는 관점도 간과할 수 없다.

ⓛ 기능에 따른 품질의 분류 : 비기능적 품질, 기능적 품질
  - 비기능적 품질 : 사회학적, 심리학적, 생리학적 의미를 내포한 품질
  - 기능적 품질 : 객관적이고 실용적인 품질

④ 품질특성(Quality Characteristics)
  ㉠ 품질특성 개요
    • 품질특성
      - 제품, 서비스의 성질을 규정하는 요소이다.
      - 품질을 평가할 때 평가의 지표가 되는 요소이다.
      - (수명, 색상, 재질 등과 같이) 고객이 요구하는 것을 제품의 특성으로 나타내는 것이다.
      - 품질평가의 대상이 되는 성질·성능이다.
      - 품질특성의 예 : 화학약품의 순도, 금속재료의 강도, 부품의 치수나 수명 등
    • 품질특성값 : 품질특성을 정량적으로 측정한 값(특성치), 품질관리에서 사용되는 데이터
    • 품질특성에 영향을 주는 요인 5M + 1E : Man, Machines, Materials, Methods, Measurement, Environment
    • 테너(A. R. Tenner)가 제시한 고객이 기대하는 제품과 품질특성의 3단계 계층구조(가장 낮은 단계로부터 높은 단계의 순서) : 묵시적 요구 → 명시적 시방 및 요건 → 내면적인 기쁨(감동)
    • 품질특성의 특징
      - 품질특성은 측정할 수 있어야 한다.
      - 품질특성을 제품마다 하나씩만 정의하면 개선효과가 떨어진다.
      - 품질특성은 실제 영역에서 다루어지며, 품질학자들도 가장 정확하게 아는 것은 아니다.
    • 소비자가 요구하는 품질특성을 만족시키기 위해서 고려하여야 할 사항
      - 고객이 원하는 제품의 특성은 무엇인가?
      - 현재의 수행수준에서 고객들은 얼마나 만족하고 있는가?
      - 고객의 기대사항을 충족시키는 데 필요한 수행수준은 무엇인가?
    • 생산자 입장에서 품질특성을 만들어내기 위해 고려하여야 할 사항
      - 현재의 제조공정은 부적합품률이 얼마나 낮아지고 있는가?

  ㉡ 품질특성의 종류
    • 실용특성(참특성, 주관적 특성) : 제품의 실제 사용목적을 달성하기 위해 고객이 요구하는 본질적 특성(사용에 대한 적합성, 안전성, 무공해, 승차감, 스타일, 내구성, 가속성, 소유의 우월감 등)
    • 대용특성(객관적 특성) : 실용특성을 간접적으로 보증하기 위한 것으로서, 실용특성을 해석하여 그 대용으로 사용하는 품질특성(기능, 성능, 신뢰성, 제동거리 등)
    ※ 성능 : 실용특성을 직접적으로 보증하기 위한 것으로, 성능의 규격치는 그것을 구하는 방법, 조건, 측정기기의 정밀도 및 정확도를 고려하여 규정해야 한다.
  ㉢ 참특성과 대용특성의 의의
    • 초우량기업의 상품이 품질측면에서 좋은 평가를 받고 있는 이유는 고객이 요구하는 품질해석에 노력했기 때문이다.
    • 고객이 요구하는 품질해석을 위해 우선 참품질특성이 어떤 것인지를 파악해야 한다.
    • 참품질특성을 어떻게 측정하고 시험할 것인가 등을 명확하게 한 다음 이에 영향을 미친다고 판단되는 대용특성을 설정한다.
    • 대용특성들을 어느 정도 표현하여 참특성을 만족시킬 수 있는 관계를 올바르게 파악해야 한다.
    • 품질설계는 고객요구 품질(참특성치)을 추리, 번역, 전환하여 대용특성으로 바꾸는 것이다.

1-1. 가빈(D. A. Garvin) 교수가 제시한 것으로 품질의 전략적 분석을 위한 프레임으로 활용할 수 있는 품질요소에 포함되지 않는 것은?

① 성능(Performance)
② 내구성(Durability)
③ 심미성(Aesthetics)
④ 커뮤니케이션(Communication)

1-2. 품질은 주관적 특성과 객관적 특성으로 형성되어 있는데, 품질의 주관적 특성으로 틀린 것은?

[2002년 제2회 유사, 2003년 제4회 유사, 2010년 제1회, 2016년 제2회]

① 신뢰성
② 안전성
③ 소유의 우월감
④ 사용에 대한 적합성

1-3. 설계품질이 결정된 후 제품의 제조단계에서 설계품질을 제품화함으로써 실현된 품질은?

[2005년 제4회 유사, 2008년 제2회 유사, 2014년 제1회]

① 사용품질   ② 시장품질
③ 목표품질   ④ 적합품질

|해설|

1-1
가빈의 품질의 차원 8가지
성능(Performance), 특징(Features), 신뢰성(Reliability), 적합성(Conformance), 내구성(Durability), 서비스성(Serviceability), 심미성(미관성, Aesthetics), 인지품질(Perceived Quality)

1-2
신뢰성은 객관적 특성이다.

1-3
① 사용품질, ③ 목표품질 : 고객에 의해 실제 사용상에서 평가되는 품질로, 목표품질의 가장 중요한 근거가 되므로 사용품질을 목표품질로 보는 관점도 간과할 수 없다.
② 시장품질 : 실제 시장에서 소비자가 요구하는 기대품질로, 시장조사, 클레임 등을 통해 파악한 소비자의 요구조건이다. 사용품질, 실용품질, 고객의 필요(Needs)와 직결되며 설계품질 결정의 중요한 정보가 되어 제품설계, 판매정책에 반영되는 품질이다.

정답 1-1 ④ 1-2 ① 1-3 ④

핵심이론 02 품질관리와 품질경영의 개요

① 품질관리의 개요
ㄱ 품질관리(Quality Control)의 정의
• 공정 및 제품의 부적합품 감소를 위해 품질표준을 설정하고, 이의 적합성을 추구하는 수단이다.
• 제품의 품질에 대한 표준을 정하고, 표준이 유지될 수 있도록 관리, 통제하는 활동이다.
• 소비자가 원하는 일정한 수준의 품질을 가진 제품을 경제적으로 생산하는 관리기능이다.
• 불량품 발생에 의한 손실과 품질관리비용의 균형을 고려하여 품질의 유지, 개선을 통합하고 조정하는 조직 내의 순환과정이다.
• 제품, 서비스가 기업이 정한 표준에 어느 정도 근접하는가를 측정하는 것이다.
• 설계품질, 제조품질, 시장품질 등 3가지 종류의 품질을 계획하고 통제하는 것이다.
• 수요자 요구에 맞는 품질의 제품을 경제적으로 만들어내기 위한 모든 수단의 체계로, 품질요구를 만족시키기 위해 사용되는 운용상의 제반기법 및 활동이다.
• 표준을 설정하고 이것에 도달하기 위해 사용되는 모든 수단의 체계이다.
ㄴ 품질관리의 4대 기능 : 품질의 설계, 공정의 관리, 품질의 보증, 품질의 조사 및 개선
• 품질의 설계
– 시장에서의 소비자 요구와 회사의 전략에 부응해야 한다.
– 기술적으로 공정능력을 고려한다.
– 품질에 관한 정책이 명료하게 밝혀져 있을 것
– 사내규격이 체계화되어 품질에 대한 정책이 일관되어 있을 것
– 연구, 개발, 설계, 조사 등에 대해서 조직이 구성되어 있으며 책임과 권한이 명확하게 되어 있을 것
• 공정의 관리(실행기능)
– 설비, 기계의 능력이 품질 실현의 요구에 적합하도록 보전하는 업무이다.
– 검사, 시험방법, 판정의 기준이 명확하며 판정결과가 올바르게 처리되도록 하는 업무이다.

- 원재료가 회사 규격에 정해진 품질대로 확실히 수입되어, 적시에 적량을 제조현장에 납품하는 업무이다.
- 적절한 공정능력을 결정한다.
- 기술적 규격에 대한 품질 적합도를 판단한다.
- 품질의 변동요인을 규명한다.
- 품질의 보증 : 사내규격이 체계화되어 품질에 대한 정책이 일관되도록 하는 업무로, 제품이나 용역이 실제 사용되는 과정에서 설계된 내용처럼 잘 유지될 때 품질보증의 기능이 완성된다. 품질관리를 하는 이유도 궁극적으로 품질을 보증하기 위한 것이다.
- 품질의 조사 및 개선 : 시장조사를 통해서 소비자의 의견을 파악하고, 불량품 및 클레임의 발생원인을 찾아 품질방침이나 품질목표를 개선시키는 기능을 의미한다.
ⓒ 품질관리 제반 관련 사항
- 품질관리 목적 달성의 기본적인 이념 : 표준화, 통계, 피드백 기능
- 품질관리 실시의 목적 : 제품시방(Specification) 일치로 고객만족, 저렴한 가격으로 신속·정확한 생산 및 통제, 다음 공정작업의 원활화, 오동작 불량 재발방지로 폐기 및 불량품 감소, 요구 품질의 수준과 비교하여 공정관리, 현 공정능력에 대한 적정 품질의 수준 설정에 의한 설계시방 지침화, 스크랩 불량품 감소, 검사방법 검토 및 개선, 검사결과 및 원인 규명의 내용을 작업자에게 인식시킴, 계획적 품질 개선 및 고급화로 고객 요구 충족
- 품질관리시스템의 5원칙 : 예방의 원칙, 과학적 관리의 원칙, 종합 조정의 원칙, 전원 참가의 원칙, 스태프(Staff) 원조의 원칙
- 품질관리의 2가지 접근방법 : 설계적 접근방법(부적합품 또는 결함의 예방), 실행적 접근방법(부적합품 또는 결함의 해결)
ⓔ 품질관리 실시의 기대효과
- 품질이 좋아지고 필요한 시기에 공급된다.
- Bottom-up(하의상달)에 의한 관리의 정착이 이루어진다.
- 품질이 좋아지면 검사 및 시험비용이 줄어든다.
- 부적합품률 감소로 수율이 향상되고 원가가 절감된다.

- 품질의 균일화·개선·향상, 클레임 감소, 자재 절감, 납기 단축, 생산성 향상, 기술 향상, 분임조 활동 등을 통하여 작업자의 의식과 품질에 대한 책임감과 관심 고취, 인간관계 개선, 합리적 기업활동의 촉진, 고객만족도 증가로 수요 촉진 및 판매액과 이익 증대 등
ⓜ 품질시스템의 개요
- 구체적으로는 품질경영시스템을 의미한다.
- 반드시 해야 할 바를 규정하고 규정대로 이행하는 체제로서, 실증하여 제3자에게 보여 줄 수 있어야 한다.
- 품질목표를 충족시키는 데 필요한 유기체이다.
- 조직구조, 절차, 프로세스 및 자원 등의 네트워크이다.
② 품질경영 개요
㉠ 품질경영의 정의
- 최고경영자의 품질방침에 따른 고객만족을 위한 모든 부문의 전사적 활동이다.
- 기업조직 전체가 소비자가 요구하는 제품과 서비스의 기준을 모두 능가할 수 있도록 경영하는 것이다.
- 품질을 통한 경제 우위의 확보에 중점을 두고 고객만족, 인간성 존중, 사회 공헌을 중시하여 최고경영자의 리더십 아래 전 종업원이 총체적 수단을 활용하여 끊임없는 혁신과 개선에 참여하는 기업문화의 창달을 통해 기업의 경쟁력을 키워감으로써, 기업의 장기적 성공을 추구하는 전사적·종합적인 경영관리체계이다.
- 품질에 관하여 조직을 지휘하고 관리하기 위해 품질방침, 품질목표 수립, 품질계획, 품질관리, 품질보증, 품질개선 등을 포함하는 조정되는 활동이다(KSQ ISO 9000 : 2015).
- 최고경영자의 품질방침 아래 고객만족을 위한 목표 및 책임을 결정하고, 품질시스템 내에서 품질계획(QP), 품질관리(QC), 품질보증(QA), 품질개선(QI) 등의 수단에 의해 이들을 수행하는 전반적인 경영기능의 모든 부문의 전사적 활동이다.
- 품질방침 및 품질계획, 협의의 품질관리, 품질보증, 품질개선을 포함한다.
- 품질경영(QM) = 품질계획(QP) + 품질관리(QC) + 품질보증(QA) + 품질개선(QI)

ⓛ 품질경영의 흐름
- 품질관리는 관리(Control)를 넘어 기업경영(Management)으로 자리 매김하여, 현재는 품질관리라는 용어보다는 품질경영이라는 용어를 보편적으로 사용한다.
- 품질경영의 강조점 : 고객지향의 기업문화와 조직행동적 사고 및 실천
- QC, IE, VE, TPM, JIT 등의 모든 관리기술을 총체적으로 활용한다.
- 기업은 경쟁자와 동등한 수준의 품질을 확보하여 시장을 유지하려는 전통적 품질관리에서 벗어나 품질 우위를 통한 경쟁력 확보를 해야 한다.
- 공정과 제품의 질은 물론이고 설계업무나 사람의 질까지도 포함하는 총체적 품질 향상을 목표로 한다.
- 품질경영은 기업의 경쟁우위전략으로 활용되어야 한다.
- 전사적 품질경영(TQM ; Total Quality Management)은 최고경영자를 비롯한 마케팅, 구매, 생산 부문의 종합적인 경영관리활동이다.
- 품질경영전략의 발전
  - 품질경영전략의 초기에는 제조기업에서 규모의 경제성에 의한 대량생산전략에서 품질우위전략으로 발전한다.
  - 다음은 신제품에 의한 기술우위전략으로 발전한다.
  - 다음은 서비스로 차별화하려는 서비스우위전략으로 발전한다.
  - 현재는 시장지향적인 관점에서 고객우위전략단계로 발전한다.
- SQM(Strategic Quality Management)
  - 장기적인 목표 품질을 수립하여 전략적으로 전개해 나가는 것이다.
  - 제품의 품질은 생산, 판매하는 기업이 아니라 제공받고 이를 소비하는 고객이 판단하는 것이다. 제품에 대한 고객의 만족은 구매시점은 물론 제품의 수명이 다할 때까지 지속되어야 한다는 것과 고객의 최대 만족을 위해서는 경영자의 전략적 참여가 필요하다.
- 품질시스템 발전단계 : 검사 → SQC → QA → SQM

ⓒ 품질경영의 4대 기능(수행 절차)
- 품질계획(QP) : 품질설계(설계 품질, 목표 품질을 품질표준이나 시방서의 형태로 표현), 자원 배분, 교육 훈련
- 품질관리(QC) : 공정관리(공정설계, 작업표준, 제조표준, 계측시험표준 등 설정과 공정 품질 감시, 품질 규격 만족을 위한 현장관리활동)
- 품질보증(QA) : 목표 품질을 기준으로 제품제조단계, 출하단계 및 사용단계에서의 제조품질, 사용품질을 점검(고객만족을 보장하기 위한 서비스 위주의 관리활동)
- 품질개선(QI) : 계약 검토, 설계 검토, 추적성 고려, 형식관리, 클레임·고객 의견을 조사하여 설계, 제조, 판매에 피드백시키고 품질방침이나 설계 품질, 제조공정관리 개선, 부적합성 관리 및 개선(설계 및 공정단계에서 품질 유효성을 증가시키는 활동)

ⓔ 품질경영의 요건
- 품질은 소비자, 즉 고객의 요구를 만족시키는 것이다.
- 고객이 요구하는 품질의 제품, 서비스를 경제적으로 산출하여야 한다.
- 고객만족의 효과적 수행을 위해 모든 구성원의 참여가 필요하다.
- 문제해결을 위해 통계적 수법을 포함하여 다양한 수단의 적용이 요구된다.
- 전사적이며 종합적인 품질경영의 전개가 필요하다.

ⓜ 품질관리와 품질경영의 차이점 비교

품질관리(QC)	품질경영(QM)
• 요구 충족 강조 • 생산중심관리기법 • 제품요건 충족을 위한 운영기법, 전사적 활동 TQC • 제품 부적합품 감소를 위한 품질표준 설정 및 적합성 추구	• 고객만족과 경제적 생산 강조 • 고객지향의 기업문화, 조직적 사고와 실천 • CEO의 품질방침에 따른 고객만족을 위한 전사적 활동 TQM • 총체적 품질 향상을 통해 경영목표 달성

2-1. 품질관리의 기능을 4가지로 대별할 때 해당되지 않는 것은?

[2004년 제2회, 2006년 제2회, 2013년 제1회, 2015년 제2회]

① 품질의 관리
② 품질의 설계
③ 공정의 관리
④ 품질의 보증

2-2. 품질경영에 대한 설명으로 틀린 것은?

[2004년 제4회 유사, 2008년 제4회 유사, 2015년 제4회]

① 품질방침 및 품질계획, 품질관리, 품질보증, 품질개선을 포함한다.
② 고객지향의 기업문화와 조직행동적 사고 및 실천을 강조한다.
③ 최고경영자의 품질방침에 따른 고객만족을 위한 모든 부문의 전사적 활동이다.
④ 활동과 프로세스의 유효성을 증가시키는 활동은 품질경영 분야 중 품질관리에 해당된다.

|해설|

2-1
품질관리기능 4가지 : 품질의 설계, 공정의 관리, 품질의 보증, 품질의 조사

2-2
활동과 프로세스의 유효성을 증가시키는 활동은 품질경영 분야 중 품질개선에 해당된다.

정답 2-1 ① 2-2 ④

핵심이론 03 품질의 구루와 품질경영의 역사

① 품질의 구루(Guru, 전문가)
  ㉠ 테일러(F. W. Taylor) : 테일러리즘(Taylorism)
    • 테일러가 제시한 과학적 관리의 4대 원칙(Principles of Scientific Management, 1911)
      − 주먹구구식 방법을 철저하게 타파하고, 참된 과학(True Science, 오늘날의 IE)을 수립하여야 한다.
      − 종업원은 과학적으로 선발하고, 좋은 방법으로 훈련시켜야 한다.
      − 경영자가 해야 할 일과 작업자가 해야 할 일을 명확히 구분하고, 경영자와 작업자는 분담된 업무를 확실히 수행하여야 한다.
      − 경영자와 작업자는 친밀하고도 우호적인 유대관계를 유지하여야 한다.
    • 고임금 저노무비(High Wages and Low Labor Cost)를 추구한다.
    • 차별성과급제도(Differential Piece-rate System)
    • 직능식 조직을 도입한다.
    • 테일러식 관리의 장단점
      − 장점 : 저원가 − 고생산성 − 고임금, 부품 호환성, 비숙련근로자 용이, 예측 정확, 결과 예측 가능, 잘 훈련된 전문해결사 등
      − 단점 : 타인에 의한 관리, 근로자의 사기 저하 우려, 품질 저하, 자부심 결여, 소외감, 작업자 불평으로 인한 기업 이미지 저하, 자기계발 기회 적음, 감독 문제, 사람보다는 전문영역에만 관심을 두는 전문가 등
  ㉡ 슈하트(W. A. Shewhart, 1891~1967)
    • 본격적인 품질학자의 사상은 슈하트로부터 시작되었다.
    • 품질변동
      − 모든 생산단계에서 변동이 존재하지만, 그 변동은 샘플링이론이나 확률분석과 같은 단순한 통계적 수단을 적용함으로써 이해할 수 있다.
      − 공정을 그대로 두어야 할 때와 조처해야 할 때를 정의함으로써 작업공정을 안정 상태로 관리할 수 있다.

- 과업을 수행할 때 일어나는 우연변동의 한계를 정의할 수 있으며, 이러한 한계를 넘었을 때에만 조처를 취해야 한다.
- 관리도(Control Chart) 개발 : 시간에 따른 상태를 추적하기 위하여 개발하였다. 작업자 스스로 품질을 감시하고, 한계를 벗어나거나 불량이 나올 가능성이 있는 때를 예측할 수 있다.
- 통계적 품질관리(SQC) 제창 : 보증, 검사 등의 관리단계의 통합화를 위해 통계학이론의 원리와 기법을 적용하여 일정한 공식에 따라 비율을 산출하여 통합적 관리에 이용하는 형태이다. 대량생산방식에 의해 제조되는 제품관리에 많이 쓰이고 있는 방법이며, 관리도(개발자 : 슈하트)와 샘플링검사(개발자 : 닷지, 로믹)가 대표적이다. 제조단계에서 변동이 존재하며, 이는 샘플링이론이나 확률분석과 같은 통계적 수단을 적용하면 이해할 수 있다.
ⓒ 데밍(W. Edward Deming)
- 일본에 품질기법을 전파한 공로가 크며 작업자가 스스로 문제를 해결해야 함과 검사부서가 필요 없음을 강조하였다.
- 슈하트가 최초 제안한 품질변동 개념을 계승 및 발전시켰다.
- 우연원인
  - 별칭 : 불가피 원인, 억제할 수 없는 원인
  - 생산시스템 자체의 특성상 항상 생산라인에 존재하며, 품질에 변화를 가져오는 어쩔 수 없는 원인이다.
  - 순수하게 우연히 발생되는 변동원인이다.
  - 업무조건이 잘 관리된 상태하에서도 발생하는 불가피한 변동이다.
  - 공정 내의 변동이 원인며 불가피원인이라고도 한다.
  - 업무처리과정에서 일상적으로 일어나고 있는 정상적 산포이다.
  - 불규칙적으로 작용하여 그 영향이 상쇄되는 경우가 많아 소폭의 변동으로 끝나고, 일일이 식별하고 제거할 수 없어 통제의 대상이 되지 않는다.
  - 업무처리과정이 우연원인에 의해서만 관리된다면 품질특성치가 어느 범위 내에서 균일하게 유지될 것이며, 앞으로 일어날 결과도 예측할 수 있다.

- 공정 내에 우연변동만 존재한다면, 공정 안정 상태를 유지한다.
- 우연원인으로만 이루어진 상태를 관리 상태 또는 안정 상태라고 하며, 업무처리과정이나 생산공정은 대부분 관리 상태로 가동되고 있음을 의미한다.
- 이상원인
  - 별칭 : 가피원인, 보아 넘기기 어려운 원인, 억제할 수 있는 원인
  - 보통 때와는 다른 특별한 이유가 있는 산포이다.
  - 그냥 보아 넘기기 어려운 산포이며 우선적으로 제거되어야 한다.
  - 재료의 불량, 작업자에 대한 교육 부족, 도구의 마모, 측정기구의 오조정 등 대부분이 4M(Machine, Man, Material, Method) 변동에서 발생되는 원인으로 품질변동이 발생한다.
  - 만성적으로 존재하는 것이 아니라 산발적, 돌발적으로 발생하며 품질변동에 큰 영향을 준다.
  - 이상원인이 한 가지만 발생하더라도 이상 상태가 되며 향후 처리해야 할 업무의 품질 예측이 어렵다.
- 품질변동 원인의 제거 : 이상원인은 현장에서 즉시 제거하여 문제의 재발을 방지하고, 우연원인에 대해서는 현상 유지 내지는 더 줄일 수 있도록 생산설비의 개선, 업무방법의 개선, 관계자의 교육 및 훈련, 업무환경의 개선 등을 지속적으로 추진해야 한다.
- 데밍의 사이클(PDCA 사이클)
  - PDCA 사이클 : 지속적 개선의 툴로 사용되며 슈하트의 사이클, 데밍의 사이클, 데밍 휠(Deming Wheel)이라고도 한다.
  - 품질변동을 감소시키기 위하여 지속적인 관리활동이 요구되며 이는 계획(Plan) – 실시(Do) – 확인(Check) – 조치(Action)의 PDCA 관리사이클을 통해 실행한다.
    ⓐ P(Plan, 계획) : 표준(기준) 설정
    ⓑ D(Do, 실시) : 프로세스 실행(표준에 의한 적합도 평가, 교육훈련 포함)
    ⓒ C(Check, 확인) : 고객 요구사항 및 회사방침에 따라 목표와 비교(방침, 목표, 제품 요구사항에 대해 프로세스 및 제품의 모니터링, 측정 및 결과 보고, 차이 시정조치, 공정 해석 포함)

ⓓ A(Action, 조치) : 표준적합계획과 표준 개선 입안

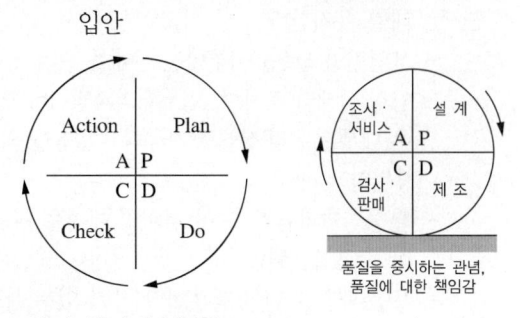

품질을 중시하는 관념,
품질에 대한 책임감

- 7가지 치명적 병폐(7 Deadly Diseases)
  - 일관된 목적의식의 결여
  - 단기적 이익만 중시
  - 성과평가, 근무평가 또는 연간 업적평가
  - 관리자의 잦은 교체(Mobility)
  - 가시적 수치에만 의존하는 기업경영
  - 과도한 의료비 지출
  - 과도한 제품책임(PL)비용
- 데밍의 품질개선 14가지 실행항목
  - 경영 참여 : 회사나 조직의 목표를 세우고 모든 종업원에게 알린다. 관리자는 끊임없이 이러한 경영이념에 대한 그들의 실천의지를 보여야 한다.
  - 새로운 철학 학습 : 최고경영자를 포함한 모든 구성원들이 새로운 철학을 배운다.
  - 원가 절감 및 공정 개선을 위한 검사의 목적 이해 : 공정 개선과 비용 절감을 위해서 검사의 목적을 이해한다.
  - 가격보다 품질 중심의 구매의사 결정 : 가격표에만 치중하는 관례를 없앤다.
  - 전사적으로 일관된 품질개선 노력 : 생산 및 서비스시스템을 지속적으로 개선한다.
  - 훈련의 제도화 : 기술 습득을 위한 훈련을 실시한다.
  - 감독과 리더십의 제도화 : 리더십을 가르치고 함양한다.
  - 두려움 제거 : 두려움을 없애고, 신뢰를 쌓게 하고, 혁신적인 분위기를 조성한다.
  - 팀 노력의 극대화 : 기업의 목적과 목표를 향해 팀, 그룹, 스태프의 노력을 최적화한다.
  - 작업자에 대한 강요 제거 : 근로자를 강권(强勸)하지 않는다.

- 생산목표 할당 및 목표관리의 제거 : 수치적인 생산 할당량을 없애는 대신 개선을 위한 방법을 배우고 실천하도록 한다. 목표에 의한 관리(MBO ; Management By Objectives)를 없애는 대신 공정능력과 그것을 개선하는 방법을 배운다.
  - 작업자들의 자존심 보호 : 장인정신(匠人精神)과 같은 자부심을 저해하는 장벽을 제거한다.
  - 전 조직원 교육 및 자기개선 실시 : 모든 구성원들을 위해 교육과 자기개발을 장려한다.
  - 변혁을 위한 조치 : 변혁을 이루기 위해 필요한 행동을 실행에 옮긴다.
- 데밍이 지적하는 미국 기업의 단점
  - 단기적인 이윤 추구에 몰두한다.
  - 품질관리에 통계적인 방법을 적절하게 활용하지 못한다.
  - 효율적인 의사소통 방법, 교육훈련 프로그램이 결핍되어 있다.
  - 근로자들이 두려움 없이 일할 수 있는 분위기 조성이 미흡하다.

ⓛ 주란(J. M. Juran)
- 1951년 「Quality Control Handbook」을 발간한 이후 품질관리전문가로서 세계적 명성을 얻었다.
- 품질을 사용 적합성으로 규정 및 이를 4가지 범주로 세분화하였다.
  - 설계품질 : 시장조사, 제품 개념, 설계규격 강조
  - 적합품질 : 기술, 인력, 경영 포함
  - 유효성 : 신뢰성, 유지 가능성 그리고 물적 지원 등을 강조
  - 서비스 품질 : 신속성, 능력, 성실성을 포함
- 품질 트릴로지(Quality Trilogy) : 품질계획(Quality Planning), 품질관리(품질통제, Quality Control), 품질개선(Quality Improvement)

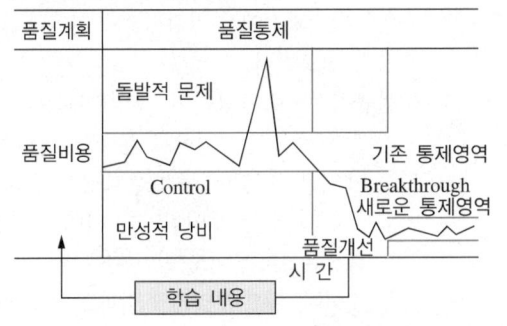

ⓜ 크로스비(Philip Bayard Crosby)
- 품질문제의 80[%]는 경영층과 관계되었다고 주장하고, 경영층의 리더십을 통한 개선 외에 다른 대안은 없다고 하였다.
- 무결점(Zero Defect, 1961)의 개념을 창안하였다.
- 품질경영에 대한 4가지 기본사상 절대원칙(Absolutes) : 품질원칙, 품질경영사상, 기본개념, 기본철학
  - 품질의 정의는 요구에의 적합성(Conformance to Requirements)(제조 품질)
  - 수행표준은 무결점(ZD)
  - 시스템은 예방이며 이는 처음부터 올바르게 일을 행하는 것이다(Do It Right The First Time).
  - 품질의 척도는 품질비용(부적합비용)
- 베스트셀러「Quality is Free(1979, 품질은 무료)」 저술 : '품질은 하키가 아니라 발레와 같다.'라고 하면서 품질은 발레처럼 장기적인 계획하에 훈련을 거듭하여 조화 있는 아름다움의 극치를 이룰 때 관중으로부터 박수갈채를 받는 것과 같다고 하였다.
ⓗ 파이겐바움(Armond V. Feigenbaum)
- TQC(Total Quality Control) 최초 제안 : 품질에 대한 책임을 제조 부문에 국한시키지 않고 전사적 접근 방법을 개발하였다.
- 품질에 영향을 주는 요소 9M : Markets, Money, Management, Men, Motivation, Materials, Machines & Mechanization, Modern Information Methods, Mounting Product Requirement

② 품질경영의 역사
  ㉠ 품질관리, 품질경영의 발전과정
  - 작업자 품질관리(Operator Quality Control) : 최초의 품질관리는 생산을 담당하고 있는 작업자가 자신의 작업 결과물에 대한 품질까지도 담당한다.
  - 직(조)장 품질관리(Foremen Quality Control) : 생산성 향상의 요구에 따라 작업자는 생산만 하고 품질검사는 직장(조장, 반장)이 담당한다.
  - 검사 위주 품질시대(검사자 품질관리, Inspection Quality Control) : 생산자는 품질에 대하여 책임이 있으며, 검사자는 부적합품(불량품)이 소비자에게 보내지지 않도록 해야 한다.

- 생산량 증대에 따라 정해진 작업 순서에 따라 호환성 있는 부품을 생산할 수 있는 전용기계가 등장하였다.
- 지그(Jig)나 치공구들도 부품의 호환성을 높일 수 있도록 설계되었다.
- 20세기 초반 과학적 관리의 창시자 테일러는 기능별 조직을 제창하였다.
- 품질에 대한 책임이 생산자에게 있으며, 검사자는 부적합품이 소비자에게 보내지지 않도록 해야 한다.
- 통계적 품질관리 시대(SQC ; Statistical Quality Control) : 예방의 원칙에 입각하여 합리성과 경제성을 추구하고 제품이 대량생산될 때 일일이 검사할 수 없는 현실적인 문제에 적합하다.
  - 관리도(Control Chart) : 슈하트는 어떠한 과업을 수행할 때 일어나는 우연변동의 한계를 정의할 수 있으며, 이 한계를 벗어날 때에만 필요한 조처를 취해야 한다고 주장하였다.
  - 샘플링검사(Sampling Inspection) : 닷지와 로믹이 제안하였다.
- 품질보증시대 : 품질보증시대의 탄생에는 다음과 같은 4가지 요소(품질비용, TQC, 신뢰성 공학, ZD)가 중요한 역할을 하였다.
  - 품질비용(J. M. Juran) : 일정한 수준의 품질을 성취하는 데 소요되는 비용이다.
    ⓐ 불가피비용(Unavoidable Cost) : 예방비용과 평가비용(검사, 샘플링, 분류 및 기타 품질관리활동에 관계된 비용)
    ⓑ 가피비용(Avoidable Cost) : 실패비용(불량에 관계된 폐기 원자재, 재작업이나 수리에 들어가는 공수, 고객 불만 처리비용 및 불만족한 고객으로부터 초래되는 재무적 손실)
    ⓒ 주란(J. M. Juran)은 실패비용을 '광산에 묻혀 있는 황금'이라고 표현하였다.
  - 종합적 품질관리(TQC ; Total Quality Control)
  - 신뢰성공학
  - 무결점(ZD ; Zero Defect)운동

- 품질경영시대
- TQM(Total Quality Management, 종합적 품질경영) 시대
  - 소비자를 위한 제품보증체계와 고객만족을 위한 대폭적인 품질개선을 위해서 창의성과 품질시스템 구축에 중점을 둔다.
  - 고객의 욕구를 충족시켜 줄 수 있는 품질의 제품을 경제적으로 생산하고 서비스할 수 있도록 조직의 모든 부서가 협력체계를 이루어 통계적 기법은 물론 제반기법 및 활동을 통하여, 품질의 개발·유지 및 개선의 과업을 수행하는 체계이다.
  - 종합적 품질경영은 소비자를 위한 제품보증체계와 고객만족을 위한 대폭적인 품질개선을 위해서 창의성과 품질시스템 구축에 중점을 둔다.
ⓛ 시대적 품질관점의 비교

전통적 품질관점	현대적 품질관점
• 대응형(Reactive)	• 선행형(Proactive)
• 검사 중심	• 예방 중심
• AQL이 표준	• ZD가 표준
• 제품중심 (Product-oriented)	• 과정중심 (Process-oriented)
• 일정 최우선	• 품질 최우선
• 품질과 비용의 양자택일	• 품질과 비용의 동시 추구
• 품질의 대상은 작업	• 개발에서 서비스까지 모두 대상
• 품질비용에 대한 대략적 짐작	• 품질비용에 대한 공식적 조사
• 품질은 품질 부문의 문제	• 품질은 전 부문의 문제
• 규격에 적합하면 오케이	• 지속적 개선이 요구됨
• 품질은 기술적 문제	• 품질은 경영의 문제

3-1. 품질 선구자들의 품질관리사상을 설명한 것으로 옳지 않은 것은?

[2006년 제2회 유사, 2010년 제2회 유사, 2011년 제4회 유사, 2014년 제4회]

① 슈하트 : 관리도 개발
② 데밍 : 통계적 방법에 의한 종합품질 확보
③ 크로스비 : 제품 품질과 설계의 통합
④ 파이겐바움 : 종합적 품질관리

3-2. 파이겐바움이 제시한 품질에 영향을 주는 요소인 9M에 해당되지 않은 것은? [2009년 제1회 유사, 2014년 제2회 유사, 2017년 제1회]

① Men
② Motivation
③ Markets
④ Monitoring

| 해설 |

3-1
크로스비 : 무결점운동(ZD)

3-2
품질에 영향을 주는 요소 9M : Markets, Money, Management, Men, Motivation, Materials, Machines & Mechanization, Modern Information Methods, Mounting Product Requirement

정답 3-1 ③ 3-2 ④

① 품질비용의 개요
  ㉠ 품질비용의 분류와 집계목적
    • 공정품질의 해석기준으로 활용하기 위해서
    • 계획을 수립하는 기준으로 활용하기 위해서
    • 품질비용을 줄이기 위해서
    • 예산 편성의 기초자료로 활용하기 위해서
  ㉡ 품질경영 정보로서 품질비용의 역할
    • 품질경영활동의 목적을 예산으로 구체화한다.
    • 품질 내지 품질문제의 중요도를 화폐 가치로 제시한다.
    • 품질개선활동을 객관적으로 측정·평가한다.
    • 품질경영에 대한 자본적 지출을 평가한다.
  ㉢ 품질 확보를 위해 준수해야 할 3가지 기본원칙
    • 고객의 불만을 초래할 우려가 있는 불량품은 처음부터 만들지 않는다.
    • 첫 번째 원칙을 준수하지 못해 불량품이 나오는 경우가 있다면, 이것이 절대로 고객에게 전달되지 않도록 한다.
    • 두 번째 원칙마저도 무너져 불량품이 고객에게 전달되는 경우가 발생한다면 신속하게 조처해야 한다.
  ㉣ 품질비용의 주요기능
    • 경영자 : 품질경영, 품질문제의 중요성을 이해시키고 독려하는 데 필요한 정보와 지표로 삼아 경영자원의 효과적 배분을 도모한다.
    • 관리자 : 품질비용 절감의 목표 설정 및 계획 수립에 필요한 정보와 지표를 모색한다.
    • 현장감독자 : 품질문제 발생 부위와 심각성에 대한 정보로 삼아 효과적 해결방안을 모색한다.
    • 구성원 : 도전적 목표 설정, 동기부여 및 목표 달성
  ㉤ 부문별로 품질 코스트를 집계할 때 각 부문의 책임
    • 연구 부문의 책임 : 연구 개발설계의 실수에 의한 것
    • 구매·외주 부문의 책임 : 외주 선정 실수, 출고 실수 등에 의한 것
    • 생산기술 부문의 책임 : 치공구, 표준 설정 등의 실수에 의한 것
    • 제조 부문의 책임 : 제조공정상의 실수에 의한 것

② 품질비용의 분류
  ㉠ 예방비용(Prevention Cost, P-cost)
    • 품질 개발 및 불량 사전예방 품질 창출(Quality Creation)활동에 소요되는 품질비용이다(소정의 품질수준을 유지하고 처음부터 부적합품이 발생하지 않도록 하는 데 소요되는 품질비용).
    • 예방비용 항목 : 품질기술, 품질계획의 수립, 품질설계, 품질개발, 품질개선을 위한 프로젝트, 검사계획, 시험계획, QC 기술, 품질교육훈련, 품질관리 교육, QC/QM 사무, 품질분임조 활동, 소집단활동 포상, 신제품설계, 신제품검사, 공정 및 품질분석, 협력업체 지도(외주업체 지도), 부품품질의 향상을 위해 협력업체를 지도할 때 소요되는 컨설팅, 인정시험, 품질시스템 개발 및 관리, 공급자 품질평가, 제품 오용 방지 계몽 및 소비자교육, 시장조사, 상품 개발을 위한 소비자 반응조사, 거래처 심사, 계약 및 거래조건 심사, 공정관리, 치공구의 정도 유지, 품질관리에 관한 세미나 수강 등 예방적인 품질경영과 관련된 활동에 소요되는 품질비용
  ㉡ 평가비용(Appraisal Cost, A-cost)
    • 품질평가(Quality Evaluation) 활동에 소요되는 비용이다.
    • 평가비용 항목 : 품질시험, 품질검사, 수입검사, 공정검사, 완성검사, 측정, 실험 및 실험실, 확인 및 점검, 제품품질 평가, 시험설비의 정도관리, 계량기·계측기의 검·교정, 검사·시험기기의 보전, 제품품질인증, 제품 출하 시 품질 검토 및 현지시험, 검사재료 및 부대서비스, 보유품의 품질평가, 측정기기 및 자동공정시스템의 감가상각 등에 소요되는 품질비용
      - 수입검사비용은 구입재료, 부품 및 외주가공품 등의 수입검사에 소요된 비용이다.
      - 제조라인의 조립공정검사 및 부품가공검사에는 소요된 공정검사 인원의 인건비·경비에 소요된 비용이 포함된다.
      - 측정시험 및 검사장비에 관한 비용에는 기준기 또는 계량기의 검정시험 등에 들어간 비용이 포함된다.
      - 시험기기·측정기 및 치공구의 수입검사, 정기검사, 조정, 수리 또는 기준기의 검정시험 등에 들어간 품질비용은 PM 코스트(예방보전비용)에 해당된다.

ⓒ 실패비용(Failure Cost, F-cost) : 일정 품질수준(규격)에 미달됨으로써 야기된 품질결과(Quality Resultant)인 품질 불량손실비용이며 내부 실패비용과 외부 실패비용으로 구분된다.
- 내부 실패비용(IF-cost)
  - 제품이 고객(소비자)에게 전달(인도)되기 전에 발생되는 시점 이전인 생산시스템 내에서 발생되는 불량손실비용
  - 내부 실패비용 항목 : 협력업체 부적합 손실, 공정 불균형 유실시간, 공정 부적합 손실, 부적합품의 처리, 폐기, 스크랩(폐각손실), 재작업, 재손질, 부적합품에 대한 수정작업, 수율손실, 수입자재 및 외주 불량, 고장 발견 및 불량분석, 등급 저하로 인한 손실, 설계 변경, 결함제품에 대한 재설계, 품질문제 대책, 불량대책(재심 코스트 포함), 고장 해석, 전수 선별검사, 재검사 및 재시험, 과다한 공정평균 설정, 품질 등급 저하 등에 소요되는 사내 실패비용
- 외부 실패비용(EF-cost)
  - 제품·서비스가 소비자에게 인도된 후에 발생하는 불량손실비용이다.
  - 외부 실패비용 항목 : 소비자 불만처리(고객 불평처리), 보증이행 부담, 무상서비스, 애프터서비스, 현지서비스, 지참(Bring Into)서비스, 대품서비스, 수리, 반품, 클레임대책, 벌과금, 환불처리, 불량 감안 여유분, 제품책임, 판매기회손실, 영업권 감손손실 등에 소요되는 사외 실패비용

ⓔ 기타 품질비용
- 과잉속성비용 : 고객으로부터 가치를 인정받지 못하는 제품·서비스의 특성으로 인하여 발생되는 비용 (가치공학(VE ; Value Engineering) 측면의 낭비 등)
- 기회상실비용 : 고객이 경쟁업체로부터 구매함으로써 초래되는 수입의 상실비용(기회손실비용)

③ 예방비용, 평가비용, 실패비용 상호관계
ⓐ 품질창출활동에 투입되는 예방비용과 품질평가활동에 투입되는 평가비용은 품질결과인 실패비용에 영향을 준다.

- 관리비용(Cost of Control) : 독립변수인 예방비용과 평가비용으로, 일치비용이라고도 한다.
- 관리불량비용(Cost of Failure of Control) : 종속변수인 실패비용으로, 불일치비용이라고도 한다.
- 관리비용과 관리불량비용은 반비례관계이다.
- 관리비용(예방비용과 평가비용)을 통해서 품질불량비용(실패비용)을 간접적으로 관리한다.
- 적합품질이 향상될수록 예방비용은 증가하지만, 평가비용과 실패비용은 감소한다.

ⓑ 실패비용에 대한 관리비용의 영향력
- 예방비용 : 예방활동은 불량과 오류를 감소시키므로 예방비용을 증가시키면 불량이 감소하여 내부 실패비용과 외부 실패비용이 모두 감소한다.
- 평가비용
  - 평가활동은 불량을 찾아낼 수는 있지만 감소시킬 수 없으므로, 평가비용이 증대되어도 이미 발생된 불량이 감소하지는 않는다.
  - 불량이 발견되어 이를 재작업하거나 처분하면 불량품으로 발생되는 외부 실패비용은 감소된다.
  - 평가비용이 투입되면 전체 실패비용은 감소하지만 감소폭은 예방비용의 효과보다 작다.

ⓒ 예방활동과 평가활동의 관계 : 예방활동이 미약하면 품질관리는 대부분 평가활동에 의존하나, 예방활동이 강화되면 평가활동의 필요성은 감소된다.

ⓓ 품질학자의 견해와 차지 비율 관련 사항
- 파이겐바움
  - 미국에서 일반적으로 제품비용에 대한 품질비용의 비율은 9[%]가 적합하다.
  - 각 비용의 비율은 예방비용이 5[%], 평가비용이 25[%], 실패비용이 70[%] 정도를 차지한다.
  - 고객 요구 충족을 위해 예방비용은 증가시키고, 평가 및 실패비용은 줄이는 것이 바람직하다.
- 커크패트릭(Kirkpatrick)
  - 예방비용은 총품질비용의 약 10[%], 평가비용은 약 25[%], 실패비용은 50~75[%]이다.

– 커크패트릭의 품질비용에 관한 모형

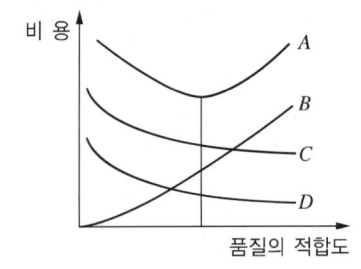

ⓐ A : 총비용, B : 예방비용, C : 실패비용, D : 평가비용
ⓑ 예방 코스트가 증가하면 평가 코스트와 실패 코스트는 모두 감소한다.
- 제조원가에 대한 품질비용의 비율 : 대체로 6~7[%]가 적당하다는 것이 일반적인 견해이다.
- 품질비용의 레버리지(Leverage)효과 : 예방, 평가(검사), 실패 비율을 표현하여 1 : 10 : 100의 원칙(IBM)이라고도 한다(품질 확보를 위해 준수해야 할 3가지 기본 원칙과 일맥상통함).

④ 품질비용의 측정과 분석
㉠ 품질비용 산정
- 품질비용 데이터 수집 : 기존의 회계시스템을 이용하여 많은 정보를 얻을 수 있다.
- 품질비용 주요 자료원 : 급여명세서, 제조경비철, 폐각손실보고서, 재작업보고서, 여비·출장비명세서, 제조원가보고서, 수리일보, 클레임접수보고서, 검사·시험기록(보고서), 생산작업분석기록, A/S 및 제품보증비용명세서, 부서별 임률 및 경비율 자료 등
㉡ 품질비용 집계
- 품질의 불량원인 및 책임부서를 체계적으로 규정할 수 있도록 비목별 코드에 부가해서 원인별, 발생 장소별, 책임부서별 코드를 부여한다.
- 품질비용을 부서별로 집계하여 품질비용자료보고서를 작성한다.
- 품질비용자료보고서를 모아서 품질비용요소별로 집계한 품질비용을 비용항목별로 분류·집계한 품질비용집계표를 작성한다.
- 부문공통비나 간접비는 주어진 배부기준에 의거하여 부문별로 배부하고 계량화되지 않은 것은 비용항목별로 추정하여 품질비용집계표에 산정한다.

⑤ 품질비용분석
㉠ 측정기준에 의한 비교분석

매출액 대비[%]	$\dfrac{품질비용}{매출액} \times 100$
제조원가 대비[%]	$\dfrac{품질비용}{제조원가} \times 100$
노무비 대비[%]	$\dfrac{품질비용}{노무비} \times 100$
부가가치 대비[%]	$\dfrac{품질비용}{부가가치} \times 100$
일인당 실패비용	$\dfrac{실패비용}{종업원수}$

㉡ 도표에 의한 품질비용분석
- 도표를 이용하면 분석이 쉽고, 이해하기 수월하다.
- 품질비용분석에 주로 이용되는 도표 : 그래프, 막대도표, 파이도표
  – 그래프 : 시간의 흐름에 따른 품질비용의 요소별 구성 및 경향을 쉽게 파악할 수 있다.
  – 막대도표, 파이도표 : 품질비용의 요소별 구성분석이나 기간별, 제품별, 불량원인별 구성분석에 이용된다.

⑥ 품질경영의 성숙과정(Quality Management Maturity Grid)을 5단계로 나눈 품질 코스트 프로그램의 추진단계, 크로스비)
㉠ 제1단계 불확실한 단계(Uncertaininty) : 수동적 관리단계로 품질관리가 전혀 실시되지 않고 있는 수준이다.
㉡ 제2단계 눈을 뜨는 단계(Awakening) : 품질관리 필요성 인식단계로 품질검사 등의 기본적인 품질관리 활동을 수행한다.
㉢ 제3단계 터득하는 단계(Enlightening) : 공정관리단계로 공정 품질의 개선을 통해서 품질이 안정되어 품질경영이 점차 제도화되는 단계이다.
㉣ 제4단계 보급하는 단계(Wisdom) : 예방적 관리단계로 전사적인 품질경영의 필요성이 인식되고 품질경영에서 최고경영자와 구성원의 역할이 강조된다.
㉤ 제5단계 성숙 정착하는 단계(Certainty) : 품질경영 정착단계로 품질경영이 기업시스템의 필수기능이 되는 단계이다.

4-1. 품질 코스트(Q-cost)와 해당 내역의 연결이 잘못된 것은?

[2003년 제1회 유사, 2010년 제1회 유사, 2017년 제1회]

① A코스트 : 품질교육 코스트
② P코스트 : 품질기술 코스트
③ F코스트 : A/S 수리 코스트
④ F코스트 : 부적합대책 코스트

4-2. 품질 코스트에 대한 분류방식으로 틀린 것은?

[2004년 제4회 유사, 2016년 제1회]

① 클레임 대책비와 벌과금은 외부 실패비용이다.
② 계량기 검·교정비용과 현지 서비스 비용은 평가비용이다.
③ 협력업체 지도비용과 소집단활동 포상금은 예방비용이다.
④ 협력업체 부적합 손실과 공정 부적합 손실비용은 내부 실패비용이다.

4-3. 품질 코스트의 한 요소인 실패 코스트와 적합비용의 관계에 관한 설명으로 가장 적절한 것은?

[2003년 제1회, 2013년 제1회, 2023년 제1회]

① 적합비용과 실패 코스트는 전혀 무관하다.
② 적합비용이 증가되면 실패 코스트는 줄어든다.
③ 적합비용이 증가되면 실패 코스트는 더욱 높아진다.
④ 실패 코스트는 총품질 코스트 중 극히 일부에 불과하므로 적합비용에 미치는 영향이 매우 작다.

4-4. A부서의 직접작업비는 500원/시간, 간접비는 800원/시간이라고 한다. 손실시간이 30분인 경우, 이 부서의 실패비용은 약 얼마인가?

[2009년 제2회, 제3회 유사, 2015년 제4회]

① 333원
② 533원
③ 650원
④ 867원

4-5. 품질비용에 대한 설명 중 틀린 것은?

[2002년 제2회 유사, 2006년 제1회 유사, 2015년 제2회]

① 예방비용과 평가비용이 증가하면 실패비용은 감소한다.
② 실패비용은 공장 내 문제인 내부 실패비용과 클레임 등에서 발생되는 외부 실패비용으로 구성된다.
③ 일반적으로 실패비용이 크기 때문에 실패비용 감소효과가 예방비용이나 평가비용의 증가를 상쇄할 수 있다.
④ 회사 입장에서 총품질비용을 최소화하려면 예방비용, 평가비용 및 실패비용 사이에 적당한 타협점을 찾아야 한다. 타협점은 예방비용 + 평가비용 = 실패비용의 공식이 성립한다.

4-6. 다음의 데이터의 품질 코스트 항목에서 예방 코스트(P-cost)를 집계한 결과로 맞는 것은?

[2003년 제2회 유사, 2005년 제1회 유사, 2009년 제1회 유사, 2017년 제2회]

[데이터]
• 시험 코스트 : 500원
• 검·교정 코스트 : 1,000원
• 재가공 코스트 : 1,500원
• 외주불량 코스트 : 4,000원
• 불량대책 코스트 : 3,000원
• 수입검사 코스트 : 1,000원
• QC계획 코스트 : 150원
• QC사무 코스트 : 100원
• QC교육 코스트 : 250원
• 공정검사 코스트 : 1,500원
• 완제품검사 코스트 : 5,000원

① 예방 코스트는 250원이다.
② 예방 코스트는 400원이다.
③ 예방 코스트는 500원이다.
④ 예방 코스트는 1,500원이다.

|해설|

4-1
품질교육 코스트는 P코스트에 해당된다.

4-2
계량기 검·교정비용은 평가비용이지만, 현지 서비스 비용은 외부 실패비용이다.

4-3
① 적합비용과 실패 코스트는 밀접한 관계가 있다.
③ 적합비용이 증가되면 실패 코스트는 낮아진다.
④ 실패 코스트는 적합비용에 미치는 부정적 영향이 매우 크다.

4-4
$(500+800) \times \dfrac{30}{60} = 650$원

4-5
타협점 : 품질수준을 높이면 높일수록 좋으나 비용이 수반되므로 비용 상승을 고려해서 품질과 비용을 어느 선에서 상호 타협하는 것이 현실적인 최선책이다. 이러한 고정관념에 갇혀 있어서 잘못된 현상을 타파하지 못했던 것이다.

4-6
예방 코스트 = QC계획 코스트 150원 + QC사무 코스트 100원
　　　　　 + QC 교육 코스트 250원
　　　　 = 500원

정답 4-1 ① 4-2 ② 4-3 ② 4-4 ③ 4-5 ④ 4-6 ③

① 품질조직 개요

  ㉠ 품질조직의 의의와 조직 편성의 목적

    • 품질조직은 제품품질 정보를 모든 관계자에게 알리기 위한 통신계통이며, 사내의 모든 부문, 모든 계층의 사람들을 품질관리활동에 동원시키는 방법이어야 한다.

    • 조직편성의 목적 : 직책과 상호관계의 한계 명시, 책임과 권한의 소관범위 중복 회피, 조직 공동목표 제시 및 협동체제 부양, 업무 원활화와 통제 용이화 도모, 자율적 협력환경 조성

  ㉡ 조직의 원칙

    • 목적의 원칙(수단의 원칙) : 명확한 권한의 연결이 있어야 한다.

    • 명령일원화의 원칙 : 명확한 권한의 연결이 필요하고, 한 사람에게 보고해야 한다.

    • 권한과 책임 명확화의 원칙 : 책임과 권한에 대한 서류상 명확한 규정이 필요하며, 권한에는 이에 상응하는 책임이 따른다.

    • 계층 단축화의 원칙 : 결재라인이 간소화되어야 한다.

    • 예외의 원칙 : 예외 및 이상사항을 표준화해야 한다.

    • 직무 할당의 원칙 : 라인과 스태프 분리, 스태프에게 충분한 활동을 보장해야 한다.

    • 감독범위 적정화의 원칙 : 한 사람이 관리할 수 있는 인원의 한계가 있다.

      – 정밀복잡한 작업 : 3~4명

      – 평범한 작업 : 5~7명

      – 단순한 작업 : 8~12명

    • 유연성의 원칙 : 정세 변화에 대응성이 높도록 조직이 탄력적이어야 한다(제도의 간결성).

    • 분업과 전문화의 원칙

    • 권한위임의 원칙

    • 조정의 원칙

    • 전원 참가의 원칙

  ㉢ 품질관리시스템을 효율적으로 운영하기 위해 제시되는 원칙

    • 예방의 원칙 : 당초에 올바르게 만들어야 한다.

    • 과학적 접근의 원칙 : PDCA의 관리과정을 거쳐서 행한다.

    • 전원 참가의 원칙 : 품질관리활동에 모든 임직원이 적극적으로 동참한다. 그러나 회의에 전원이 꼭 참석해서 함께 토론해야 한다는 것은 아니며, 회의시간과 빈도는 적을수록 바람직하다.

    • 종합 조정의 원칙 : 각 부서의 최적이 전체의 최적이 안 되는 경우가 발생하므로, 전체적으로 부서의 역할을 조정한다.

    • 스태프 원조의 원칙 : 전문 스태프인 QC요원이 품질관리활동을 지원한다.

  ㉣ 관리활동을 효율적으로 수행하기 위한 PDCA의 4가지 스텝

    • P(Plan) : PDCA 사이클을 반복하면서 더 좋은 계획을 설정하도록 노력한다.

    • D(Do) : 충분한 교육과 훈련을 실시하고 계획에 따라 수행한다.

    • C(Check) : 실행결과를 계획하고, 비교한다.

    • A(Action) : 수정조치는 책임과 권한을 가지고 신속히 수행한다.

  ㉤ 품질관리조직 편성의 3원칙 : 전원 참가의 원칙, 전문가의 원칙, 종합 조정의 원칙

  ㉥ 품질조직 편성 도구, 기능, 조직 구조

    • QC조직에 이용되는 3가지 도구 : 직무기술서, 조직표, 책임분장표

      – 직무기술서 : 해당 직종의 책임, 권한, 수행업무 및 타 직무와의 관계 등을 나타낸 것

  ㉦ 품질관리의 기능 : 계획기능(품질설계), 실행기능(공정관리), 확인기능(품질보증), 조처기능(품질조사)

  ㉧ 품질관리조직의 구조 : 감독자 계층의 최소화로 짧은 커뮤니케이션 라인을 구축하고, 감독의 범위(Span)는 넓게 하고, 하나의 작업군에 동일한 작업요소를 배치한다.

② 파이겐바움(Feigenbaum)의 견해

　㉠ 파이겐바움이 제시한 품질관리조직 편성의 2원칙
　　• 제1원칙 : 품질책임은 공동책임이므로 사내 조직구성원에게 품질업무를 분담하게 하고, 이에 따른 권한과 책임을 분명히 해야 한다.
　　• 제2원칙 : 품질에 대한 책임이 공동책임이어서 무책임이 되기 쉬우므로 전체 조직구성원이 각각 맡은 품질책임을 효율적으로 이행할 수 있도록 품질관리부서에서 적절히 지원해야 한다.

　㉡ 파이겐바움이 제시한 품질관리 업무 4가지
　　• 신제품관리(신설계에 대한 품질관리, New-design Control) : 제품에 대한 바람직한 코스트, 기능 및 신뢰성에 대한 품질표준을 확립한다.
　　• 수입자재관리(Incoming-material Control)
　　• 제품관리(Product Control) : 부적합(불량)품이 발생하기 전에 품질시방으로부터 벗어나는 것을 시정하고, 서비스를 통해 제품을 관리하는 것이다.
　　• 특별공정관리 : 제품의 부적합원인을 찾고 이를 제거해서 제조공정을 개선하는 것이다.

　㉢ 파이겐바움이 분류한 품질관리부서의 하위 기능 부문 3가지
　　• 품질관리기술 부문(계획기능 부문) : 품질계획, 품질정의, 품질목표 설정, 품질관리계획 입안, 품질교육, 품질정보 제공, 품질비용 구성 및 분석, 품질문제 진단 등 전반적인 품질기획을 실시한다.
　　• 품질정보기술 부문 : 품질측정용 검사·시험장치의 설계 및 개발, 측정기술의 개발, 품질정보시스템의 설계와 운영, 품질정보시스템의 측정설비의 기계화와 자동화 등
　　• 공정관리기술 부문(통제기능 부문) : 공장품질관리 활동의 모니터링(품질관리활동 감시), 품질계획 실행, 계측기 유지 및 보수, 품질검사, 공정능력 조사, 원자재 및 제품검사, 데이터 기록, 품질계획에 따라 제품기술시방에 대한 검사와 실험을 포함한 적합성과 성능평가(품질평가) 등

　㉣ 파이겐바움이 언급한 품질관리의 역할, 권한과 책임
　　• 품질관리의 역할 : 품질관리방침 심의 및 확인, 전개 또는 이들에 대한 보좌역할(품질관리위원회, TQC 추진위원회 외 품질관리 부문 설치)
　　• 권한 : 제품품질보증 기준 마련 및 최적 품질비용으로 제품보증을 지원한다.
　　• 책임
　　　- 기업 책임 : 시장의 확대, 원가관리, 제품계획 등에 관한 경영계획 및 활동에 대해 기본적이고 직접적으로 기여해야 한다.
　　　- 시스템 책임 : 설계, 생산, 서비스에 이르는 종합품질시스템을 구축하고 관리하는 데 품질관리부서가 기업 내에서 강력한 리더십을 행사해야 한다.
　　　- 전문적 책임 : 품질개선활동의 전개와 보증활동 지원, 품질관리기술, 품질정보기술, 검사 및 시험을 포함하는 공정관리기술과 연관된 일을 수행해야 한다.

③ 품질관리업무 제반

　㉠ 그리나(F. M. Gryna) 교수가 언급한 품질 담당임원의 2가지 중요한 역할
　　• 품질부서관리(기본기능) : 전사적 품질계획 수립, 품질에 관한 경영자보고서 작성, 출하품질검사, 품질향상 프로젝트 조정 및 지원, 품질교육·훈련, 품질지도·상담, 새로운 품질개선방법 개발
　　• 전략적 품질경영에 관한 상위 경영자 지원 : 품질감사, 품질목표 수립, 품질방침 설정, 품질경영의 새로운 방향 제시 및 실행전략 개발, 조직의 책임 이양, 성과에 대한 보상체계 수립, 다른 경영전략시스템과의 통합

　㉡ 관리항목 : 부문 담당업무가 목적대로 실시되고 있는가를 판단하여 필요한 조처를 취하고자 정해 놓은 항목이다.

　㉢ 미즈노 박사가 주장하는 기능 전개방법에 따른 품질관리업무 4가지 관리항목
　　• 기능의 관리항목
　　• 업무의 관리항목
　　• 공정의 관리항목
　　• 프로젝트(신규업무 계획사항)의 관리항목

④ 품질조직과 최고경영자
  ㉠ 최고경영자의 중요한 역할
    • 최고경영자는 회사의 경영철학을 바탕으로 경영목표를 설정하고 품질방침을 결정하는 주체이다.
    • 전사적이고 효율적으로 전개할 수 있는 품질경영시스템을 확립한다.
    • 조직의 경영철학을 바탕으로 품질방침을 결정한다.
    • 강력하고 지속적인 리더십을 발휘한다.
  ㉡ 최고경영자 관점에서의 품질가치 기준
    • 품질이 조직의 중심적인 가치기준이어야 한다.
    • 품질이 경영전략의 중요 변수임을 알아야 한다.
    • 품질 담당조직뿐만 아니라 각 부서의 관리자에게 품질에 대한 궁극적인 책임과 권한을 부여하여야 한다.
⑤ 품질조직의 종류
  ㉠ 일반적인 조직의 분류
    • 직계식 조직
      – 의사명령이 일사불란하게 위에서 아래로 전달되는 조직이다.
      – 별칭 : 라인조직, 군대식 조직
    • 기능식 조직
      – 분야별 전문관리자가 전문적으로 지휘와 감독을 하는 조직이다.
      – 제안자 : 테일러(F. W. Taylor)
    • 직계참모조직
      – 직계식 조직의 지휘와 명령의 통일성을 유지하면서 스태프가 지원하는 조직이다.
      – 공장조직의 가장 보편적인 조직이다.
    • 직계기능조직
      – 기능식 조직을 직계식 조직과 결합한 조직
      – 참모격인 직원이 지휘명령권을 부여한다.
      – 제안자 : 오터슨(J. E. Otterson)
      – 별칭 : 오터슨조직
    • 사업부제 조직
      – 각 제품단위별로 독립된 자주적인 운영으로 독립채산제를 채택한 조직이다.
      – 별칭 : 부문조직, 분권적 관리조직
    • 위원회식 조직 : 공장조직의 기본형태의 공식조직에서 소규모 조직에 사용되는 원탁형 조직으로 수평적 의사소통 체계를 갖는 비교적 전문화된 조직이다.

  ㉡ 규모별 품질조직
    • 소규모(기업) : 개인관리조직(최고경영자 바로 밑에 품질관리담당자를 두고 품질관리활동 전개)
    • 중규모(기업) : 중앙관리조직(기능별 조직)
    • 대규모(기업) : 분산관리조직(사업부별 조직)
⑥ 품질조직 구성
  ㉠ 품질경영위원회 : 품질 향상을 위해 구성원들을 지휘하고 각 부서 간의 업무를 조정하는 조직체의 임원들로 구성된 협의체이다.
  ㉡ 품질관리위원회
    • 정의 : 품질기능의 조정을 위해 특정한 프로그램이나 프로젝트를 중심으로 구성되는 조직으로서, 품질관리의 계획과 추진을 위하여 사장, 공장장 등 품질에 대한 최고 의사결정권자의 자문기관이다(품질에 관한 최고 의사결정기구, 품질관리 추진과 실시의 중추적 역할 수행기관).
    • 주업무 : 품질수준 조정, 품질관리업무의 심의(감사), 품질관리방침과 실시계획 검토
    • 품질관리위원회의 토의사항(심의사항)
      – 품질방침
      – 품질관리 추진프로그램의 결정(교육계획, 표준화계획)
      – 품질표준 및 목표
      – 품질관리 추진계획의 결정
      – 품질관리활동에 대한 감사
      – 중요한 품질문제 및 중요항목 검토
      – 연구개발에 관한 사항
      – 신제품의 품질목표 및 품질수준 등의 심의
      – 불만처리(클레임처리)사항 및 사내대책
      – 각 부문의 트러블 조정
  ㉢ 품질관리 부문
    • 정의 : 품질관리를 도입 및 추진하는 조직(QC사무국, QC부서, QC과 등)
    • 품질관리 부문의 역할(임무, 기능)
      – 품질관리방침의 심의·확인·전개와 이들에 대한 보좌(품질관리위원회, TQC추진위원회 외 품질관리 부문 설치)
      – 품질관리계획 입안 및 실시

- 품질관리활동의 총합 조정
- 품질관리에 대한 교육
- 품질관리에 관련되는 규정이나 표준류의 관리
- 품질관리 정보 제공 및 품질 정보시스템 정비
- 품질관리체제 정비 및 개선활동
- 품질문제 제기 및 해결
- 품질평가와 품질보고
- 품질보증·제조물책임예방(PLP)체제 정비
- 품질 측정 및 검사와 검사에 대한 감사
- 품질 서클 지원 및 육성, 행사 개최, 품질관리에 관계되는 모든 회의나 위원회의 사무국 역할
• 품질관리 부문을 조직하는 데 있어서 일반적인 고려사항
  - 권한과 책임은 상응해야 한다.
  - 감독자의 계층을 최소로 한다.
  - 감독의 범위를 넓게 한다.
  - 하나의 직업군에 동일한 작업요소를 배치한다.
② 부서별 품질관리업무(품질책임)
• 부서별로 품질을 책임지는 업무내용의 연관성
  - 품질수준 결정에는 판매, 설계, 공장장 등과 관계가 깊다.
  - 공정 내 품질 측정은 생산, 검사부서와 관계가 깊다.
  - 품질 코스트 분석은 회계, 품질관리부서와 관계가 깊다.
  - 불만데이터 수집 및 분석은 판매, 설계, 품질보증 부서와 관계가 깊다.
• 영업부(마케팅 및 영업, 판매) : 시장조사를 통한 고객의 소리(VOC)·소비자 요구사항 파악, 시장의 수요와 분야 확정, 불만데이터 수집 및 고객 요구사항을 회사 내부로 제공(피드백), 보관·수송의 문제 파악 및 대처, 사용 후 폐기관리, 제품 사후서비스(기대수명시간, 보증기간 동안 제품이 그 기능을 잘 유지할 수 있도록 지원)
• 연구개발부(연구 개발 및 설계) : 고객 요구 품질요건을 규격(외관 및 사양(시방) 치수와 공차 등), 검사특성 등으로 변환, 안전·환경 및 기타 규제 요구사항 파악, 소비자 요구와 경제성을 고려(적극 모색)하여 제품 설계·설계심사 등

• 제품이나 서비스의 시방 및 설계를 담당하는 연구개발부서에서 담당해야 할 업무 : 품질 정보를 수집하고 해석하여 제품 및 서비스의 설계품질 연구, 제품 및 서비스에 대한 설계기준 설정, 제품 및 서비스의 시제품 개발
• 생산부(생산 및 생산기술) : 양품 생산공정과 절차 개발(시방서 및 품질규격 확인, 공정설계, 재료 식별 및 품질 상태에 대한 추적성 확보 등), 규격 일치 양품 생산(기계·치공구 등의 설비에 대한 사용 전 교정 여부 확인, 생산 진행, 공정관리 등), 시방서 및 품질규격 확인, 재료 식별 및 품질 상태에 대한 추적성 확보, 기계·지그·공구 등의 사용 전 교정 여부 확인, 포장·운송 등
• 품질보증부(검사, 시험, 조사) : 측정설비 신뢰성 확보, 검사·시험·조사방법 및 합격기준 설정, 구매품·외주품 수입검사, 자작품 검사 및 평가, 관련 부서에 평가결과 피드백 등
• 구매부(구매 및 외주 조달) : 설계규격 지정 자재 조달(공급자 선정기준 마련, 시험방법과 품질보증 합의사항 반영, 품질문제 해결방안대책 수립, 구매관리, 구매검사, 품질 기록 등)
• 관리부서 : 품질업무와 관리사항을 명확히 수립하여 부서의 업무분장 실시
• 중간관리자의 역할
  - 품질경영활동 프로그램 개발
  - 품질 정보를 수집하고 해석하여 품질문제 확인
  - 품질분임조 활동의 개선결과 평가
• 품질관리 담당자의 역할
  - 사내표준화와 품질경영에 대한 계획 및 추진
  - 경쟁사 상품 및 부품 품질 비교
  - 공정 이상 등의 처리, 애로공정, 불만처리 등의 조치 및 대책의 지원
⑦ 품질조직 관련 특기사항
  ㉠ 킬만(R. H. Kilmann)이 제시하는 바람직한 품질조직 : 네트워크형 조직
  • 네트워크형 조직의 특징은 부서 간 벽이 없다는 것이다.

- 전통적인 기능 부서별 조직은 책임이 분명하고 기능별로 활동능률을 높인다는 장점이 있으나, 부서 간의 장벽이 높아 의사소통이 원활하지 못해 신제품 개발 과정에서 소비자의 요구를 충분히 반영하지 못하는 한다는 단점이 있다. 네트워크형 조직은 이를 해결하기 위한 조직이다.
ⓒ 품질조직의 재편성
  - 품질조직의 변화 : 품질경영 과업이 품질부서보다는 기능적인 현장부서에 부여(공정능력 조사업무는 품질부서에서 생산기술부서로 이전), 품질경영의 범주가 생산활동에서 모든 활동으로 확대, 외부 고객으로부터 외부 및 내부 고객으로 확대, 대다수 기업의 직능별 부서에서 품질경영 차원의 교육훈련 실시, 품질팀의 적용 확대, 의사결정 권한이 하위계층으로 이양
  - 품질 담당임원의 이행사항
    - 기술이 아닌 사업에 중점을 두어야 한다.
    - 시방의 일치보다는 고객요구에 초점을 맞춰야 한다.
    - 상위 경영자와 라인부서에 대한 봉사에 충실해야 한다.
    - 품질부서의 목표가 아닌 기업품질 목표에 중점을 두어야 한다.
    - 촉진자의 역할을 해야 한다.
    - 다른 부서에 자원을 제공하는 실체가 되어야 한다.

5-1. 품질관리시스템을 효율적으로 운영관리하기 위해 제시되는 원칙에 대한 설명으로 옳지 않은 것은?

[2004년 제1회, 2008년 제2회, 2013년 제4회, 2023년 제2회]

① 예방의 원칙 : 당초에 올바르게 만들어야 한다.
② 과학적 접근의 원칙 : PDCA의 관리과정을 거쳐서 행한다.
③ 전원 참가의 원칙 : 회의에 전원이 꼭 참석해서 함께 토론해야 한다.
④ 종합 조정의 원칙 : 각 부서의 최적이 전체의 최적이 안 되는 경우가 발생하므로, 전체적으로 부서의 역할을 조정한다.

5-2. 품질관리규정에서 품질관리위원회의 토의사항으로 가장 거리가 먼 것은?

[2006년 제2회 유사, 2008년 제2회, 제4회 유사, 2010년 제1회, 2011년 제2회 유사, 2015년 제1회]

① 작업표준의 개선 연구
② 연구개발에 관한 사항
③ 불만처리사항 및 사내대책
④ 품질관리활동에 대한 감사

5-3. 품질에 대한 책임은 전 부서의 공동책임이기 때문에 무책임되기 쉽다. 이에 각 부서별로 품질에 대해 책임지는 업무내용의 연관성에 관한 설명으로 틀린 것은?

[2010년 제4회 유사, 2017년 제4회]

① 품질수준 결정에는 생산, 검사부서와 관계가 깊다.
② 공정 내 품질 측정은 생산, 검사부서와 관계가 깊다.
③ 품질 코스트 분석은 회계, 품질관리부서와 관계가 깊다.
④ 불만데이터 수집 및 분석은 판매, 설계, 품질보증부서와 관계가 깊다.

|해설|

5-1
전원 참가의 원칙 : 품질관리활동에 모든 임직원이 적극적으로 동참한다. 그러나 회의에 전원이 꼭 참석해서 함께 토론해야 한다는 것은 아니며, 회의시간과 빈도는 적을수록 바람직하다.

5-2
작업표준의 개선 연구는 생산기술부서나 작업 개선과 연관 부서의 업무에 해당한다.

5-3
품질수준 결정에는 판매, 설계, 공장장 등과 관계가 깊다.

정답 5-1 ③ 5-2 ① 5-3 ①

① 품질계획

　㉠ 품질계획 개요

　　• 품질계획의 정의 : 품질목표 및 품질 요구사항을 수립하고 품질시스템 요소를 적용하기 위한 활동으로, 특히 신제품 개발, 신공정 추가, 기존 제품 및 공정의 주요한 변경 등에서 필요하다.

　　• 품질계획 포함 내용 : 품질시스템 요소의 적용과 제품품질의 요구사항 충족방법이 포함되어야 한다.

　　　– 제품계획 : 품질목표, 품질 요구사항 및 제한사항 수립, 품질의 특성 파악 및 분류, 중요도 부여 등

　　　– 경영 및 운영계획 : 품질시스템 적용 준비를 위해 조직화, 일정계획 작성

　　　– 품질개선을 위한 품질계획서 작성

　　• 품질계획의 수립 : 품질목표 설정 → 고객 식별(영향을 줄 대상) → 고객의 요구(필요) 탐색 → 제품특성 개발 → 공정특성 개발 → 관리항목 설정, 생산 준비

　㉡ 품질계획 단계에서의 고려사항

　　• 품질요소 : 물성적·기능적·인간적·시간적·경제적·생산적·시장적 요소 등에 대해 품질표시법, 게이징(Gaging, 측도), 계측법, 평가법을 명확히 해야 한다.

　　• 품질시스템 : 제품의 탄생부터 사멸(Cradle to Grave)에 이르기까지 전 프로세스에 관한 내용을 미리 계획한다.

　　• 품질방침(Quality Policy)

　　　– 최고경영자에 의해 공식적으로 표명된 품질에 관한 조직의 전반적 의도와 방향이 있어야 한다.

　　　– 품질과 관련된 기본적 사고방식이 명시되어야 한다.

　　　– 회사 전반에 걸친 일관성 있고, 통일된 견해로 받아들여져야 한다.

　　• 품질관리 추진의 중요항목 : 품질방침의 명확화, 품질목표와 계획의 확립 및 명시, 교육 실시와 팔로우업, 관리의식과 품질의식의 철저화

• 생산공정에 투입될 4M(Man, Material, Machine, Method)에 대한 작업상의 준비사항

　– Man : 필요한 기능이나 지식을 갖는 사람을 확보하고, 교육과 훈련을 실시하여 사람의 적정배치를 도모하여야 한다.

　– Machine : 품질표준을 충족시킬 수 있는 정도(精度)나 능력을 갖춘 설비, 기계, 검사용구를 선정하여 생산에 쓸 수 있도록 준비한다.

　– Material : 설계의 품질에 적합한 원재료나 부품을 원자재규격이나 부품규격으로 정리하고 원활하게 조절될 수 있도록 준비한다.

　– Method : 노하우와 창의적인 아이디어를 발휘하여 최적의 작업방법을 모색한다.

• QC공정도

　– QC공정도는 공정품질관리 표준으로 활용하기 위한 표이다.

　– 공정관리의 준비단계나 공정관리를 실시해 나가는 데 있어서 공정관리 표준의 하나로 이용된다.

　– 제조공정 순으로 제조 부문 및 검사 부문이 어떤 품질특성을 어떻게 관리하여 최종 제품의 품질을 어떻게 결정하는지에 관한 약속이다.

　– 별칭 : QC공정표 또는 관리공정표

• QC공정표에는 선정된 검사항목뿐만 아니라 가공, 저장, 정체, 이동 등 모든 공정을 표시한다.

② 방침관리·품질방침·목표관리·일상관리·기능별 관리

　㉠ 방침관리(Policy Management)

　　• 방침관리의 정의

　　　– 기업의 목적, 경영이념, 경영정책, 중장기 경영계획 등을 토대로 수립된 연도 경영방침(사장방침)을 달성하기 위해서 계층별로 방침을 전개·책정, 즉 실행계획을 세워서 이를 실시한 다음 그 결과를 검토하여 필요한 조처를 취하는 조직적인 관리활동이다.

　　　– 기업경영의 방향, 목표, 방책을 위에서부터 말단 사원에 이르기까지 전달 및 전개하고 각 지위의 사람들이 계획에 의거, 활동하여 실시한 결과를 평가 및 검토와 피드백을 거쳐 PDCA사이클을 계속 지속하여 업적의 향상을 도모하는 것이다.

- 방침관리는 방침전개라고도 하며, 일본식 TQC (TQM)의 중점활동이다.
- 경영의 방침, 목표, 방책(계획)을 톱에서 말단사원에 이르기까지 전달하고 전개하여(Plan) 각 계층이 이들 목표, 계획을 토대로 활동하고(Do) 실시결과를 평가, 검토한(Check) 것을 피드백 (Action)시키는 PDCA사이클을 통해 계획적이며 체계적인 경영개선을 지속적으로 도모하는 것이다(방침 전개, Policy Deployment).
- 방침관리는 계층구조의 조직을 채택하고 있는 기업에게 각 부문이 임무를 수행하기 위해서 하는 활동이다.
- 방침관리의 4가지 과정(효과적 품질방침 관리를 위한 4가지 조건)
  - 방침 책정(설정, 명시)
  - 구체적 실시계획 작성 및 전개(계획화, 중점관리 항목 설정 포함)
  - 실시결과의 정기적 검토
  - 통제 및 검토결과의 차기 방침에의 피드백(반영)
- 방침 전개는 조직의 목표 설정보다는 계획과정 자체에 초점을 맞추고 방침(활동 방향), 목표, 시책(목표 달성 방법)을 결정하여 진행한다.
- 방침관리 추진 주요사항(유의사항) : 도전적 목표 설정, 목표관리 기반으로 목표 추진, 부문 및 기능 간 조정(계층 간·부문 간 조정), 품질관리 문제해결기법 적용
- 방침관리의 관리항목 : 업무(방침관리 항목 - 목표와 시책, 일상관리 항목), 공정(공정관리 항목 - QC 공정도)
- 방침관리의 특징
  - 최고경영자의 의지와 철학 기반
  - 중요한 문제점 파악
  - 문제해결방식과 방법 적용
  - 품질관리방식과 수법 활용
  - 관리 추진 프로세스 중시
  - 종합관리체계 명확화와 방침관리를 주축으로 품질보증체제 확립
- 방침관리가 잘되는 회사의 특징 : CEO의 사업목표를 작업자까지도 잘 알고 있다.

ⓛ 품질방침(Policy)
- 정의 : 최고경영자에 의하여 공식적으로 표명된 품질에 관한 조직의 전반적인 의도 및 방향으로, 경영방침 요소 중의 하나이다.
- 품질방침의 수립에 관한 요구사항(품질방침 요건)
  - 품질목표의 설정을 위한 틀을 제공한다.
  - 요구사항 준수 의지 : 적용되는 요구사항의 충족에 대한 의지 표명을 포함한다.
  - 조직목표의 적절성 : 조직의 목적과 상황에 적절하고 조직의 전략적 방향을 지원한다.
  - 품질경영시스템의 지속적인 개선에 대한 실행 의지를 포함한다.
  - 조직 내 의사소통 및 이해가 원활해야 한다.
- 품질방침 전개의 3가지 구성요소
  - 방침(활동의 방향)
  - 목적(목표, 방침 전개 후 결과)
  - 수단(시책, 목표 달성의 수단)
- 품질방침의 주요내용 : 제품 판매 대상, 품질 리더십의 정도, 제품전략의 중점, 고객관계에 대한 입장, 공급업자와의 관계, 품질보증활동의 강화

ⓒ 품질경영과 품질방침의 관계
- 계획적, 효과적 경영활동 수행을 위한 계획 수립 3단계 과정 : 방침의 확립, 목표의 설정, 계획(방책)의 수립 순으로 전개된다.
- 기본계획과정(전략의 결정과정) + 실행계획과정(전략의 실행과정)
- 품질경영의 계획과정 : 품질방침의 확립, 품질목표의 설정, 품질계획의 수립으로 전개
- 품질방침 : 도로규칙과 지도에 비유할 수 있다.
- 품질경영 : 운전기사에 비유할 수 있다.
- 품질시스템 : 차량에 비유할 수 있다.

ⓐ 목표관리(Management by Objectives)
- 기업에서 일정기간의 중점목표 또는 기대되는 성과를 자체 설정하고(목표의 자기설정), 그 달성과정에서 자유재량을 주어 관리과정-목표 설정-실시-결과의 평가에서 구성원의 의욕, 능력을 발휘하도록 하는 것으로, 경영의 결과를 중시하는 관리형태로 변화가 일어난다.

- 상사와 사원의 공동 참여에 의한 목표 및 계획의 수립, 자율적인 업무계획 실행 및 평가에 의한 관리기법으로서, 개인의 동기부여를 통하여 업적을 향상시킬 수 있을 뿐만 아니라 더욱 합리적인 인사관리가 가능하다.
- 방침관리 속의 세부사항
- ㉤ 방침관리와 목표관리의 공통점
  - 목표 : 업적 향상, 목적 달성을 통한 기업의 번영
  - 목표 설정의 과정에서 공통적으로 고려해야 할 사항 : 자주성 존중, 각 지위 간 커뮤니케이션 긴밀화 도모, 상사는 부하에 대해 지도 및 조언, 부하는 창조성 발휘 및 사기 제고
  - 인재 육성능력 개발 향상 도모
- ㉥ 일상관리(Daily Management) : 경영의 가장 기본활동인 기업 내 각 부문에서 당연히 일상적으로 실시되어야 할 업무에 관해 그 업무의 목적을 효율적으로 달성하기 위한 모든 활동이다.
- ㉦ 기능별 관리 : 품질, 원가, 수량, 납기와 같이 경영 기본요소별로 전사적 목표를 정하여 이를 효율적으로 달성하기 위해 각 부문의 업무 분담의 적정화를 도모하고 동시에 부문 횡단적으로 제휴, 협력해서 행하는 활동이다.
  - 방침관리가 수직적인 데 비해 기능별 관리는 수평적이며, 경영요소별 관리라고도 한다.
  - 기능별 관리는 기능별로 전사적인 목표를 정해서 이를 각 부문의 업무와 횡적으로 연결하여 그 기능에 대한 의사 통일을 도모하고, 유기적인 관계에서 목표 달성을 전개하는 전사적인 활동이다.
  - 기능별 관리는 업종, 규모, 경영방침에 따라 차이는 있지만, 대부분 생산목표인 품질, 원가, 납기를 중심으로 품질보증, 원가관리, 생산량 관리가 제시된다.
  - 기능별 관리는 수평구조의 조직을 채택하고 있는 기업에게 각 부문이 임무를 수행하기 위해서 하는 활동이다.
- ㉧ 제조 변경점 관리 : 모기업이 협력업체와의 품질에 관한 계약을 맺을 때 협력업체가 양산 중 설비를 새로운 설비로 교체하였을 경우, 반드시 모기업에 신고하여 승인을 받은 후 실시하도록 유도하는 관리방식이다.

③ 품질관리활동과 품질경영활동
- ㉠ 품질관리활동의 3단계 피드백 사이클
  - 품질계획(Quality Planning) : 품질관리기술 부문에서 이루어진다. 이것에 의해서 제품에 대한 품질관리조직의 기본체제가 확립되며 품질정보기술 부문이 행하는 품질측정장치도 포함한다.
  - 품질평가(Quality Appraising) : 공정관리기술 부문(검사, 실험 포함)에서 수행하며 품질계획에 따라 부품, 제품의 기술시방에 대한 적합성과 성능을 평가한다.
  - 품질해석(Quality Analysis)
    - 품질해석을 위해서는 공정관리기술 부문에 의한 신속한 피드백이 이루어져야 한다.
    - 해석의 결과를 가지고 새로운 계획을 창출함으로써 사이클을 완료한다.
    - 즉시 시정조치를 할 수 있는 신속한 피드백 시스템과 피드백 사이클이 단절되지 않고 연속적인 피드백시스템이 될 수 있도록 설계해야 한다.
- ㉡ 품질경영활동 단계별 사용도구
  - 시장품질 조사 : 표본조사방법, 데이터 해석법 등
  - 연구 및 개발 : 실험계획법, 신뢰성분석, 분산분석, 상관분석, 회귀분석 등
  - 품질설계 : 신뢰성분석, 공정능력지수, 공차설계 등
  - 표준품질 결정 : 품질기능전개(QFD) 등
  - 공정설계 : 공정도, 공정총괄표, 작업표준서
  - 표준작업의 결정 및 관리 : 기술표준, 작업표준, 검사표준, 관리표준 등
  - 표준에 의한 제조(생산) : 공정 해석과 공정 개선(QC 7가지 도구 활용), 공정능력지수, 표준 개정 등
  - 검사 : 샘플링검사, 표준품질 개정 등

④ 교육훈련
- ㉠ OJT와 Off JT

구 분	직장 내 훈련(OJT)	직장 외 훈련(Off JT)
정 의	일상작업 중에 교육을 실시하여 작업자로 하여금 업무수행에 필요한 지식, 기능, 태도 등에 대해서 배우도록 하는 직장 내 훈련방식	종업원을 한곳에 모아 근무와 별개의 교육을 실시하는 방식

구 분	직장 내 훈련(OJT)	직장 외 훈련(Off JT)
장 점	• 현실적, 실제적 교육훈련 • 상사, 동료 간 협동정신 강화 • 훈련받은 내용은 바로 활용 가능함 • 훈련과 직무가 직결되어 경제적임 • 종업원의 개인적 능력에 따른 훈련 가능 • 용이한 실시와 저렴한 훈련비용 • 훈련으로 종업원 동기부여 가능 • 개인 능력에 따른 훈련	• 현장작업과 관계없이 계획적인 훈련이 가능함 • 다수 종업원들의 통일적 교육훈련이 가능함 • 전문적 지도자의 지도 • 직무부담에서 벗어나 훈련에 전념하므로 훈련효과가 높음
단 점	• 다수 종업원의 동시 훈련이 어려움 • 원재료 낭비 • 작업과 훈련 모두가 철저하지 못할 가능성 있음 • 잘못된 관행 전수 가능성이 있음 • 통일된 내용을 가진 훈련이 어려움 • 우수한 상사가 반드시 우수한 교사는 아님	• 작업시간 감소 • 비용이 많이 소요됨 • 훈련시설의 설치로 경제적 부담 가중 • 훈련의 결과를 현장에 바로 쓸 수 있는 것은 아님

ⓛ 품질관리 교육훈련의 효과적인 추진을 위한 사항
- 상위직부터 교육을 실시한다.
- QC의 기본적인 사고방식을 확실하게 이해하도록 한다.
- QC 7가지 도구를 확실하게 익혀 사용하도록 한다.
- TQM 사무국에서 QC 교육훈련 프로그램을 담당하여 추진한다.

⑤ 품질 모티베이션(동기부여)
　ㄱ 개 요
- 동기(Motive) : 인간이 일정한 행동을 하도록 움직이게 하는 근원으로 외부 자극에 의한 요인과 내적 요인이 있다.
- 동기부여(Motivation) : 동기를 유발시키는 것으로, 동기로 인하여 발생한 행동을 유지시키고 추구하는 목표로 방향을 잡아 이끌어나가는 과정이다.
- 품질 모티베이션(Motivation) : 품질에 대하여 구성원들의 품질개선 의욕을 불러일으키는 작용 또는 과정이다.

- 동기부여 프로그램 : 품질분임조 활동, ZD 혁신운동, 자율경영(작업)팀 활동, 제안제도, 품질 프로젝트팀, 종업원품질회의, QWL(Quality of Work Life) 등
- 명확한 동기부여가 되기 위해서는 일선 작업자나 종업원에게 권한위임(Empowerment)하여 이니셔티브(Initiative)와 창의력을 실행에 옮길 수 있도록 독려하는 것이 바람직하다.

　ㄴ 품질 모티베이션 운동의 유형
- 동기부여형(Motivation Package) : 작업자 책임의 부적합품을 감소시키도록 작업자에게 자극을 주어 동기를 부여하는 것이다.
  - 고의적 오류 억제
  - 품질의식을 높이기 위한 동기부여 앙양교육
  - 우수한 작업자의 기술 습득, 기술 개선 교육훈련 실시
  - 국부적 기술 변경에 대한 품질개선
- 부적합예방형(Prevention Package) : 관리자 책임의 부적합품을 감소시키도록 작업자가 지원하고 협력하도록 동기를 부여하는 것이다.
  - 구성원들의 품질개선 의욕을 불러일으키는 일련의 과정
  - 관리자 책임 부적합품 또는 부적합이라는 관점에서 작업자의 개선행위 추구
  - 관리자 책임의 부적합품 또는 부적합은 관리자에게 있음
  - 부적합품 또는 부적합을 탐색, 추구하는 데 있어서 작업자의 협조를 구함

　ㄷ 동기부여이론
- 욕구계층이론(A. H. Maslow) : 인간의 욕구는 최하위 욕구인 생리적 욕구(육체적 욕구)를 시작으로 안전의 욕구, 사회적 욕구, 존경의 욕구를 거쳐 최상위 욕구인 자아실현의 욕구까지 하위 단계가 충족되어야 순차적으로 상위 단계로 욕구가 진행된다는 이론이다.
  - 생리적 욕구(Physiological) : 배고픔, 갈증, 성욕 등의 욕구
  - 안전의 욕구(Safety) : 육체적, 심리적으로 상처받지 않기를 바라는 욕구

- 사회적 욕구(Social) : 애정, 소속감, 우정, 수용되기를 바라는 욕구
- 존경의 욕구(Esteem) : 자기존중, 자율성(Autonomy), 성취감 같은 내적인(상위의) 존경과 사회적 지위, 타인의 인정과 관심에 대한 욕구 등의 외적인(하위의) 존경 등을 포함
- 자아실현의 욕구(Self-actualization) : 존재의 가능성을 완전히 구현하고자 하는 욕구, 잠재력의 완전한 활용, 자기충족적 상태에 이르고자 하는 욕구
- ERG이론(C. P. Alderfer) : 매슬로의 욕구계층이론에서 주장한 5단계의 욕구수준을 존재욕구, 관계욕구 및 성장욕구의 3단계로 분류하고, 욕구는 순서와 무관하게 일어난다는 이론이다.
  - 존재욕구(Existence Needs) : 생리적 욕구와 안전욕구(배고픔, 갈증 및 성욕), 매슬로 이론의 생리적 욕구와 안전의 욕구(물질적 안정)에 대응하는 욕구이다.
  - 관계욕구(Relatedness Needs) : 사회적·외부적 평가(가족, 친구 및 고용주와의 관계), 매슬로 이론의 두 번째(정신적 안정), 세 번째(사회적 욕구), 네 번째 욕구(외적 자존감, 존경)에 해당한다.
  - 성장욕구(Growth Needs) : 내부적 평가와 자아실현(의미 있는 일을 하고 싶은 욕구), 매슬로 이론의 네 번째(내적 자존감, 존경), 다섯 번째 욕구(자아실현)에 해당한다.
- X이론·Y이론(D. McGregor) : X이론은 인간은 원래 일을 하기 싫어하는 게으른 특성이 있다는 이론이다. Y이론은 이와는 반대로 인간은 본능적으로 외적 강제나 차별 등의 위협이 없더라도 조건만 갖추어지면 자아의 욕구, 자기실현의 욕구를 충족시키려고 일을 하게 된다는 이론이다.
- 성취동기이론(D. C. McClelland) : 작업환경에는 3가지 주요한 동기 또는 욕구가 있다고 주장하며, 특히 3가지 욕구 중 성취욕구의 중요성을 지적한 이론이다.
  - 성취욕구 : 무엇인가를 보다 잘 또는 능률적으로 수행하고 문제를 해결하며, 보다 복잡한 과업을 완수하려는 의욕이다.

- 권력욕구 : 다른 사람을 통제하고 다른 사람의 행동에 영향을 미치려는 욕구이다. 높은 권력욕구를 가지고 있는 사람은 리더가 되어 남을 통제하는 위치에 서는 것을 선호하며, 타인들로 하여금 자신이 바라는 대로 강요하는 경향이 크다.
- 친교욕구 : 다른 사람과 우호적이고 정이 넘치는 관계를 형성하고 유지하려는 욕구이다.
- 2요인 이론(F. Herzberg) : 회사정책과 관리, 감독, 작업조건 등을 종업원의 불만요인으로, 성취감, 인정, 직무, 책임감, 향상, 개인정보의 가능성 등을 만족요인으로 주장한 동기부여이론이다.
  - 인간에게 불만을 주는 직무요인 : 위생요인(Hygiene' Needs or Maintenance Factors)
  - 만족을 주는 직무요인 : 동기요인(True Motivators)
  - 별칭 : 위생요인이론, 동기부여-위생이론, 위생-동기이론 등

구 분	위생요인(불만족 요인)	동기요인(만족요인)
초래 원인	주로 직무 외적 요인(기업정책, 상사와의 관계, 작업조건, 임금·보수, 회사 차량, 신분·지위, 대인관계, 직장의 안정성, 개인의 삶 등)	직무 자체의 정신적 충족요인(성취감, 인정·인식(Recognition), 일 그 자체, 책임감, 도전, 승진·성장·발전, 보람 있는 직무내용, 자기실현 등)
충족 시	불만족감 감소 (만족감 증가는 아님)	적극적 만족감 증가
미충족 시	불만족	적극적 만족감 감소(불만족감 증가는 아님)
동기 부여성	진짜의 동기부여 요인이 아니다.	진짜의 동기부여 요인이다.

② 효과적인 동기부여 방법
- 품질의 근본이념을 인식시킨다.
- 품질목표를 명확히 설정한다.
- 결과의 가치를 알려 준다.
- 상과 벌을 준다.
- 경쟁과 협동을 유도한다.
- 동기유발의 최적 수준을 유지한다.
⑩ 종업원의 동기부여를 촉진하기 위한 방안
- 직무와 연관된 책임을 확대시키고 타 직무로 정기적 순환을 실시한다.
- 고용인이 의사결정에 참여한다.
- 개인적인 목표와 조직의 목표를 부합시킨다.

⑥ 소집단활동 : 품질개선팀, 품질 프로젝트팀, ZD 혁신활동, 품질분임조, 자율경영팀

　㉠ 품질개선팀
　　• 품질정책을 설정하고 실행 가이드를 제시한다.
　　• 초기에는 자주 모인다.
　　• 별칭 : 품질평의회, 운영위원회 등
　㉡ 품질 프로젝트팀
　㉢ ZD(Zero Defect) 혁신활동
　　• 인간의 오류에 의한 결함을 없애고자 하는 경영관리 기법
　　• 1960년대(1961년) 미국 마틴(Martin)사에서 로켓 생산의 무결점을 목표로 하는 운동에서 시작되어 원가 절감으로 전개된 운동이다.
　　• 1963년 GE사가 전 부문을 대상으로 모든 업무를 무결점으로 하자는 운동으로 확대되었다.
　　• 별칭 : ZD운동, 무결점운동, 무결점혁신활동, 완전무결혁신활동 등
　　• 부적합의 발생은 인간의 실수에서 오고 또한 '인간은 왜 실수를 저지를까?', '그 까닭은 무엇일까?' 등을 연구해서 3가지를 알아내었다. 이를 대응하기 위해 Zero Defect 운동이 시작되었다.
　　• 3가지 오류 : 부주의, 지식과 교육훈련의 부족, 충분하지 못한 작업 준비
　　• 품질 향상에 대한 종업원의 동기부여 프로그램에 해당된다.
　　• 목적 : 종업원 각자의 주의와 연구에 의해 작업의 결함을 제로(0)로 하여 제품·서비스의 고도의 신뢰성을 유지하고, 원가 절감 및 납기 준수 등의 촉진을 통한 고객만족 및 종업원의 동기부여를 위해서
　　• ZD운동의 효율적 추진을 위한 4가지 요건
　　　– 작업자에게 작업 및 작업성과 중요성을 인식시키기
　　　– 결점 제거 목표에 대한 작업자의 자주적 설정과 달성 노력
　　　– 오류원인에 대한 작업자의 자주적 방안 구상 및 제안
　　　– 목표 달성 그룹에 대한 공적 인정 및 격려를 위한 표창

　㉣ 품질분임조
　　• QM의 실천과 산업기술 혁신에 도전하는 소집단이다.
　　• 회사 전체의 품질관리활동의 일환으로 전원 참여를 통한 자기계발 및 상호계발을 행하고 품질관리방법을 활용하여 직장의 관리와 개선을 지속적으로 수행한다.
　　• 같은 직장 또는 같은 부서 내에서 품질 생산 향상을 위해 계층 간 또는 계층별 소집단을 형성하고 자주적·지속적으로 작업 또는 업무 개선을 하는 전사적 품질기술혁신조직이다.
　　• 별칭 : 품질분임조, 품질기술분임조, 품질 서클, 교정팀, 문제해결팀 등
　　• 품질분임조 활동의 기본이념
　　　– 기업의 체질 개선 및 발전에 기여한다.
　　　– 인간성을 존중하여 보람 있는 밝은 직장을 만든다.
　　　– 인간의 능력을 발휘하여 무한한 가능성을 끌어낸다.
　　　– Bottom-up 방식의 활동을 통해 기업의 주인의식을 확산한다.
　　• 분임조 활동 시 주제 선정의 원칙
　　　– 구체적인 주제를 선정한다.
　　　– 분임조원들의 공통적인 주제를 선정한다.
　　　– 단기간에 해결할 수 있는 주제를 선정한다.
　　　– 개선의 필요성을 느끼고 있는 주제를 선정한다.
　　• 분임조 활동의 문제해결 과정에서 목표 설정의 기준
　　　– 간단명료한 목표 설정
　　　– 분임조 수준에 맞는 목표 설정
　　　– 구체적이고 달성 가능한 목표 설정
　　• 품질관리분임조의 의의와 역할
　　　– 지속적인 교육훈련과 능력개발을 하면서 개개인 간의 유대를 강화시킨다.
　　　– 리더를 중심으로 공식·비공식적인 인간관계를 형성하여 개인과 가정의 인간다운 삶을 추구하면서 직장에서의 자발적인 참여와 근로의욕을 고취시킨다.
　　　– 제안제도와 다양한 분임조활동을 통해 품질 향상, 생산성 향상, 원가 절감 등을 끊임없이 추구한다.

- 분임조 간의 건전한 활동을 통해 노사 간의 불필요한 마찰 감소, 노사 안정을 도모하여 기업의 중장기적 발전전략을 지속적으로 추진한다.
- 분임조 내 리더의 리더십이 자율적·경쟁적으로 개발되어 국제경쟁에 대처할 수 있는 유능한 리더를 많이 확보한다.
- 민주 고도산업사회에서는 개개인의 창의와 자발적인 참여를 전제로 하므로, 분임조를 조직하고 활성화하는 것은 기업목표에 대해 종업원에서부터 상향적 도전을 가능하게 한다.
- 분임조 활동 문제해결 활동계획 수립 : 5W1H에 의한 세밀한 활동계획, 전문가가 아닌 소그룹활동으로 계획, 문제를 세분하여 하나하나 담당자 책임으로 진행, 전원 검토·전원 참여·전원 추진
- QC Story(단계별 문제해결과정) : 주제 선정 → 목표 설정 → 활동계획 수립 → 현상조사분석 → 대책검토 및 수립 → 대책 실시 → 결과분석 → 재발방지 및 표준화(정착화) → 종합 정리 향후계획 → 보고서 작성 및 개선 제안 제출
- 품질분임조 활동의 활성화 조건
  - 자주적이고 자발적인 활동
  - 팀 구성원 스스로 운영할 수 있도록 권한 부여
  - 구성원 간의 두터운 신뢰관계 형성
  - 근로자의 만족과 사기 앙양 토대
  - 실천 가능하며 쉽게 접근할 수 있는 활동도구의 개발과 활용
- 품질분임조를 성공적으로 운영하기 위해서 지켜야 할 내용
  - 품질분임조 활동을 시작하기 전에 종업원 교육에 시간을 투자해야 한다.
  - 종업원들이 각 부서별로 자발적으로 가입하도록 유도하여야 한다.
  - 품질분임조 활동을 일상활동과 구별해서는 안된다.
  - 품질분임조 활동의 주제 선정은 분임조장이 연구하여 결정하는 것이 아니라 분임원들이 토의하여 결정한다.

ⓜ 자율경영팀
- 개 요
  - 1980년대 초반, 미국 기업에 도입되어 급속히 퍼졌다.
  - 매일 행하는 일을 스스로 관리하도록 책임을 부여받은 사람이 최소한의 직접적인 관리감독으로 일을 행하는 구성원 집단이다.
  - 종래의 QC 서클에 권한부여(Empowerment)를 하였다.
  - 직무에 대한 주인의식을 갖게 하여 끊임없는 개선을 유도한다.
  - 자율경영팀의 도입과 운영에 있어서 가장 중요한 문제점은 중간관리층을 어떻게 이 팀에 동화시키는가 하는 것이다.
- 특 징
  - 상호 신뢰와 책임감을 고취시킨다.
  - 큰 집단보다는 소집단을 전제로 한다.
  - 작업계획 및 통제는 물론 작업 개선에 중점을 둔다.
  - 공동의 목적을 달성하기 위해 상당한 권한을 위임받는다.

⑦ 외주 품질관리
ⓐ 발주자와 공급자가 행하는 품질관리활동
- 발주자 : 공급자의 품질 유지와 향상을 위해 수행하는 품질관리 활동, 요구 품질과 일치하는 외주품을 받기 위해 수행하는 수입검사활동 등
- 공급자 : 발주자의 요구 제품 제조를 위한 품질관리 활동, 품질보증을 위해 수행하는 제품검사활동 등
ⓑ 발주자가 행하는 외주 품질관리의 주내용
- 외주 품질관리방침 제시
- 외주 품질에 관한 조직과 관리
- 공급자 선정
- 납품품질 평가
- 공급자 평가 및 감사
- 외주 불량재발방지시스템 구축
- 공급자 지도 육성

ⓒ 외주 품질의 평가척도

- 검사 부적합품률(검사 불량률)

$$= \frac{부적합 \ 개수}{검사 \ 개수} \times 100[\%]$$

- 로트 불합격률 $= \frac{불합격 \ 로트수}{검사 \ 로트수} \times 100[\%]$

- 반품률 $= \frac{반품 \ 로트수}{입하 \ 로트수} \times 100[\%]$

- 후공정 부적합품 발생률

$$= \frac{후공정 \ 부적합품 \ 발생 \ 개수}{검사 \ 로트수} \times 100[\%]$$

- 특채율 $= \frac{특채 \ 로트수}{검사 \ 로트수} \times 100[\%]$

핵심예제

6-1. 품질경영시스템-요구사항을 도입하는 조직은 품질방침을 세우고 실행 및 유지하여야 한다. 이러한 품질방침의 수립에 관한 요구사항에 해당되지 않는 것은? [2016년 제2회]

① 품질목표의 설정을 위한 틀을 제공
② 적용되는 요구사항의 충족에 대한 의지 표명을 포함
③ 조직의 목적과 상황에 적절하고 조직의 전략적 방향을 지원
④ 제품 및 서비스의 적합성과 고객만족의 증진과 관련되어야 함

6-2. Herzberg의 동기부여-위생이론에서 만족(동기)요인에 해당하지 않는 것은? [2011년 제1회, 제2회 유사, 2014년 제4회]

① 승진, 지위   ② 인 정
③ 성취감   ④ 자기실현

6-3. 품질관리 교육훈련의 효과적인 추진을 위한 사항으로 가장 거리가 먼 것은? [2013년 제4회, 2023년 제2회]

① 하위직부터 교육을 실시한다.
② QC의 기본적인 사고방식을 확실하게 이해하도록 한다.
③ QC 7가지 도구를 확실하게 익혀 사용하도록 한다.
④ TQM사무국에서 QC 교육훈련 프로그램을 담당하여 추진한다.

6-4. 품질분임조 활동의 기본이념으로 틀린 것은? [2005년 제2회 유사, 2009년 제1회 유사, 2015년 제1회]

① 기업의 체질 개선 및 발전에 기여한다.
② 인간성을 존중하여 보람 있는 밝은 직장을 만든다.
③ 인간의 능력을 발휘하여 무한한 가능성을 끌어낸다.
④ Top Down 방식의 활동을 통해 기업의 주인의식을 확산한다.

6-5. 분임조 활동 시 주제를 선정하는 원칙으로 옳지 않은 것은? [2006년 제4회, 2008년 제4회 유사, 2012년 제1회 유사, 2014년 제1회]

① 개선의 필요성을 느끼고 있는 문제를 선정한다.
② 장기간에 걸쳐 해결해야 할 중요한 문제를 선정한다.
③ 분임조원들의 공통적인 문제를 선정한다.
④ 구체적인 문제를 선정한다.

6-6. 일종의 품질 모티베이션 활동인 자율경영팀에 관한 내용으로 틀린 것은? [2010년 제4회, 2017년 제2회]

① 상호신뢰와 책임감을 고취시킨다.
② 소집단보다는 큰 집단을 전제로 한다.
③ 작업계획 및 통제는 물론 작업 개선에 중점을 둔다.
④ 공동의 목적을 달성하기 위해 상당한 권한을 위임받는다.

|해설|

6-1
품질방침 수립 시 품질경영시스템의 지속적 개선에 대한 실행 의지를 포함해야 한다.

6-2
승진, 지위는 불만(위생)요인에 해당한다.

6-3
품질관리 교육훈련 시 상위직부터 교육을 실시한다.

6-4
Bottom-up 방식의 활동을 통해 기업의 주인의식을 확산한다.

6-5
분임조 활동 시 주제는 단기간에 해결할 수 있는 과제로 선정한다.

6-6
큰 집단보다는 소집단을 전제로 한다.

정답 6-1 ④ 6-2 ① 6-3 ① 6-4 ④ 6-5 ② 6-6 ②

① 품질경영시스템 인증제도

ⓐ 개 요
- 기업은 제품·서비스를 제공받는 소비자에게 일정한 수준의 품질을 보장해야 하며, 품질보장활동을 통하여 미래의 수요를 확보할 수 있도록 소비자에 대한 기업의 전반적인 품질보증능력을 알리는 품질시스템 인증제도가 필요하다.
- 품질경영시스템 인증 획득 후 기업에 나타나는 긍정적인 효과
  - 책임과 권한이 상당히 명확하게 되었다.
  - 무역장벽에 대해 대처할 수 있는 힘이 생겼다.
  - 품질에 대한 마인드가 제고되고, 자신감이 생겼다.

ⓑ ISO 9000 시리즈(패밀리) : 품질경영시스템
- ISO 9000 시리즈의 의의
  - 품질보증에 관한 국제표준으로, 제품 자체에 대한 품질을 보증하는 것이 아니라 제품 생산과정 등의 프로세스(품질시스템)를 신뢰할 수 있는지의 여부를 판단하기 위한 기준이다.
  - 생산자 중심의 규격이 아닌 구입자 중심의 규격으로서, 구입자가 외부로부터 제품을 구입한 경우 그 품질을 신뢰할 수 있는 판단기준을 제공하게 된다. 이 기준은 생산자도 구입자도 아닌 제3의 인증기관이 만들기 때문에 판단기준의 객관성을 더욱 높일 수 있다.
  - 제품에 대한 인증이 제품의 성능이나 해당 규격의 적합성을 증명하는 것이라면, 품질시스템의 인증은 고객에게 제품 및 서비스를 공급하는 기업의 품질보증능력을 증명하는 것이다.
  - 국제적인 인증기관으로부터 품질인증을 받게 되는 기업은 그 자체만으로도 고객에 대한 신임을 기대할 수 있으며, 이를 통해 경쟁력을 확보할 수 있다.
  - 공식 명칭 : 공급자 품질시스템에 대한 제3자 심사 및 등록제도(Third-Party Assessment Registration of A Supplier's Quality System)
  - ISO 9000 시리즈 인증제도는 품질을 주제로, 인증대상을 시스템으로 하고 있는 국제적 인증제도이다.

- ISO에서는 제3자 심사를 통해 기업을 평가하며, 이러한 방법을 통해 기업과 고객 상호 간의 관련 비용을 최소화시키고 노력을 줄임으로써 인증 주체와 대상의 경쟁력을 향상시킨다.
- ISO 9000 시리즈 도입의 필요성 : 구매자의 요구, 품질 신뢰의 객관적 수단 입증, 업무관리의 기초, 품질보증을 위한 최적 생산자원 구비수준과 관리요건의 척도, 기업활동을 형식적인 것에서 실질적인 것으로 변화시키는 것 등
- ISO 9000 시리즈의 인증효과 : 품질 향상, 품질 마인드 제고, 일관성 있는 조직 유지, 책임과 권한의 명확화, 부서 간과 개인 간 업무분장 용이, 조직원의 의식개혁, 기업 이미지 제고, 무역장벽에 대한 대처능력 원활화, 마케팅 강화, 제조물책임(PL) 대비에 기여
- ISO 9000 시리즈 개정 필요성 검토주기 : 5년

- ISO 9000 인증을 위한 요구사항의 특성
  - 품질보증을 위해 기업이 갖추어야 할 최소한의 요구사항
  - 기업의 품질보증능력에 대한 소비자 입장의 요구사항
  - 제품목표 품질을 위한 시스템에 대한 요구사항
  - 소비자가 공급자에게 요구하는 강제력을 가진 품질시스템

- ISO 9000 인증을 위한 본질적 요구사항
  - 철저하고 엄격한 문서화(품질매뉴얼, 절차서, 지침서)
  - 이행의 증거인 기록의 명확화
  - 전 사원에 대한 교육
  - 필수적인 문서화 절차의 요구사항 : 납기관리, 품질기록관리, 시정조치

- 적용범위
  - 품질경영시스템의 실행을 통하여 우위를 추구하는 조직
  - 제품 요구사항이 만족될 것이라는 신뢰감을 공급자로부터 얻으려는 조직
  - 제품 사용자
  - 품질경영에서 사용되는 용어의 상호 이해와 관련 있는 자(例 공급자, 고객, 규제기관)

- ISO 9001의 요구사항에 대한 적합성에 관하여 품질경영시스템을 평가 또는 심사하는 조직의 내부 또는 외부인(예 심사원, 규제기관, 인증/등록기관)
- 조직의 내부 또는 외부인으로서 그 조직에 적절한 품질경영시스템에 관하여 자문 또는 교육·훈련을 행하는 자
- 관련되는 규격의 개발자
• ISO 9000시리즈(패밀리) 구성
  - 구성개요 : ISO 9000, ISO 9001, ISO 9004 (ISO 9002와 ISO 9003은 ISO 9001에 결합되어 더 이상 사용하지 않음)
  - ISO 9000(품질경영시스템 – 기본사항 및 용어) : ISO 9001, ISO 9004에 사용되는 용어를 정의하는 문서
  - ISO 9001(품질경영시스템 – 요구사항) : ISO 9000 시리즈의 핵심구성요소인 문서이며 품질경영시스템 심사 및 인증 문서
  - ISO 9004(조직의 지속적 성공을 위한 경영방식 – 품질경영접근법) : ISO 9001의 이점, 광범위한 이해관계자에게 확대하기 위한 지침을 포함한 문서
• ISO 9000 문서체계
  - 품질문서(품질매뉴얼, 품질절차서, 품질지침서 등) : 활동과 프로세스를 일관되게 수행하기 위한 방법에 대한 정보를 제공하는 문서
  - 문서의 상위 순서 : 품질매뉴얼 > 품질절차서 > 품질지침서

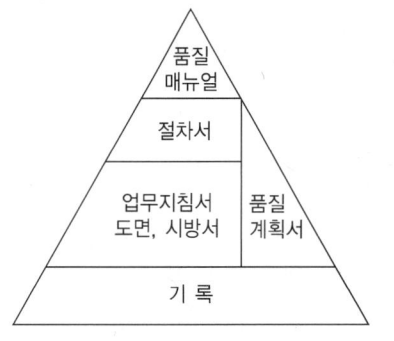

  - 품질매뉴얼 : 품질경영시스템에 대해 내·외부적으로 일관성 있는 정보를 제공하는 문서이며, 품질경영시스템 및 그들의 상호관계에 대한 핵심요소를 언급한 최상위 문서이다.

- 품질매뉴얼에 반드시 포함되거나 기술되어야 할 내용
  ⓐ 지향하는 품질시스템
  ⓑ 품질경영시스템의 범위(적용의 제외에 대한 상세한 내용 및 정당성 포함)
  ⓒ 품질목표 및 의지
  ⓓ 문서화된 절차서 또는 관련 기준의 포함 및 인용
  ⓔ 규격의 요구사항
  ⓕ 파악된 프로세스 및 프로세스의 상호관계
- 절차서, 업무지침서, 도면, 시방서 : 활동 및 프로세스를 일관되게 수행하기 위한 방법에 대한 정보를 제공하는 문서
  ⓐ 절차서 : 문서체계의 상세한 구조
  ⓑ 지침 : 권고 또는 제안을 명시한 문서
  ⓒ 시방서 : 요구사항을 명시한 문서
- 품질계획서 : 특정 프로젝트, 특정 제품, 특정 프로세스, 특정 계약에 대해 절차와 관련된 자원이 누구에 의해 언제 적용되는지를 규정한 문서
- 기록 : 수행된 활동 또는 달성된 결과에 대한 객관적 증거를 제공하는 문서
• ISO 9000 인증 관련 사항
  - ISO 인증 구성 : 품질매뉴얼 심사와 공장심사로 구성
  - 인증절차 : 품질매뉴얼(Quality Manual) 심사 → 공장심사 → 사후관리
ⓒ IATF 16949(자동차 품질경영시스템)
  • 국제자동차전담기구인 IATF(International Automotive Task Force)와 ISO/TC 176은 기존의 개별적인 자동차 품질경영시스템 표준을 통합하여 전 세계적으로 자동차 산업 공급사슬 내 모든 기업의 품질시스템에 적용할 수 있는 ISO/TS 16949 표준을 제정한 후, 2016년 10월에 개정판인 IATF 16949 : 2016으로 변경하였다. 자동차 산업의 공급기업 및 협력기업은 IATF 16949 인증 획득을 통해 지속적 개선, 결함 예방 및 산포와 낭비 감소를 위한 품질경영시스템을 갖추고 있음을 증명받는다.

- IATF 16949 인증효과
  - 제품 및 프로세스 품질에 대한 개선의 기회 제공 및 지속적 개선 달성
  - 국제적으로 공통적인 품질시스템 요구사항을 적용함으로써 일관성 유지
  - 산포 감소 및 효율성 제고
  - 고객만족도 제고
  - 중복 인증방지를 통한 시간 및 비용 절감
- IATF 16949 : 2016 주요 변경 요구사항
  - 조직상황을 경영시스템에 반영하여 리스크 관리와 최고경영자 리더십을 강조하였다.
  - 안전과 관련된 부품 및 프로세스에 대한 요구사항을 강조하였다.
  - 공급자 관리와 개발 요구사항을 명확히 하였다.
  - 최신의 법과 규제 변화에 대응하기 위한 제품 추적성 요구사항을 강화하였다.
  - 내장 소프트웨어가 포함된 제품에 대한 요구사항(ASPICE)을 추가하였다.
  - NTF(No Trouble Found)와의 연계성 및 자동차 산업 지침의 사용을 포함하는 보증관리 프로세스를 추가하였다.
  - 기업 책임 요구사항을 추가하였다.
- 본체와 부속 매뉴얼
  - 본체 : 품질 매뉴얼
  - 부속서 : 참고 매뉴얼
  - APQP/CP(Advanced Product Quality Planning/Control Plan) 사전제품 품질계획
  - PPAP(Production Part Approval Process) 양산부품 승인절차
  - FMEA[(Potential) Failure Mode and Effects Analysis] 잠재적 고장형태 및 영향 분석
  - MSA(Measurement Systems Analysis) 측정시스템 분석
  - SPC(Statistical Process Control) 통계적 공정관리
  - QSA(Quality System Assessment) 품질시스템 심사

- 부속매뉴얼 내용 요약

참고 매뉴얼	ISO 9001 주요 관련 요건	주요내용(또는 목적)
APQP/CP 사전제품 품질계획	• 경영 책임 • 품질시스템 • 설계관리 • 공정관리	• 초기계획, 설계 및 공정분석단계에서의 단계적인 제품품질계획 활동 설명 • 생산단계에서의 산포를 최소화하기 위한 공정분석 및 특성의 모니터링을 위한 도구 설명 • 각 활동과 관련된 체크리스트 사례 제시
PPAP 생산부품 승인 절차	• 설계관리 • 공정관리 • 부적합관리	• 부품 공급자가 고객(빅 3)에게 부품을 승인받는 절차 • 제출 준비요령, 제출요건, 수준 등을 안내
FMEA 잠재적 고장 형태 영향분석	• 설계관리 • 공정관리	• 설계 FMEA와 공정 FMEA로 나누어 그 적용과 작성시점, 작성 시 고려해야 할 사항 등을 설명
MSA 계측시스템 분석	• 계측장비	• 측정시스템 분석·연구를 위한 가이드
SPC 통계적 공정관리	• 공정관리 • 통계기법	• 공정관리에 통계적 기법을 적용할 수 있도록 네 부분으로 설명 - 지속적 개선과 통계적 공정관리 - 계량형 관리도 - 계수형 관리도 - 공정측정시스템 분석
QSA 품질시스템 평가	• 품질감사	• QS 9000 인증심사 시 평가의 가이드가 되는 표준점검표 제시

ⓒ ISO 14000
- 환경보호를 목적으로 ISO가 기업환경관리의 총체적인 관리체계와 능력을 심사하여 인증하는 환경인증제도이다.
- 품질과 더불어 기업경영시스템 전반에 걸쳐 환경보호에 관한 점수를 부여하고, 환경보호를 중심으로 기업의 환경관리체계 활동을 이루어지게 함으로써 수요자의 신뢰성을 확보하기 위한 목적으로 제정하였다.

- 주요 구성내용 : 환경경영시스템과 지침, 환경감사와 지침, 환경 라벨링(환경 라벨 표시의 기본원리, 환경 라벨의 선언, 표시, 검증방법 등), 환경성과평가(일반적인 환경성과 평가방법), 환경경영 라이프 사이클 평가, 환경경영 용어 및 정의
- 환경경영은 기존의 환경관리방법으로는 경제적 수익성과 환경적 지속 가능성이 양립할 수 없다는 인식을 기반으로 새로운 환경전략을 기업의 경영전략으로 수립할 것을 강력하게 주장하고 있으며, 이러한 주장의 내용을 ISO 14001에 담고 있다.
- ISO 14001의 서론에는 전사적 차원에서 환경문제를 해결하고 개선할 체계적인 방안을 모색하고 이를 기업의 경영시스템과 통합할 것을 요구하고 있다. 즉, 환경 개선을 위한 조직체계를 마련하고 전 종업원에 대한 책임을 명백히 하여 환경 개선을 위한 노력이 효과적으로 이루어질 수 있도록 조직 내 자원의 적절한 배분을 강조하고 있다.
- ISO 14001의 내용 요약
  - 결의 및 방침 : 조직은 경영자의 결의를 바탕으로 환경방침을 제정한다. 환경방침을 통해 기업활동과 관련된 환경성과의 개선과 천연자원의 보존 및 보호에 대한 조직의 결의를 공표한다.
  - 목표 및 계획 수립 : 환경방침을 달성하기 위한 일련의 목표 및 구체적인 환경경영추진계획을 수립한다. 이 과정에서는 조직의 일상업무 등 조직활동 전반에 걸쳐 환경적인 요인을 반영한다.
  - 실행 및 운영 : 조직체계와 자원을 활용하여 수립된 추진계획을 실천한다. 이 과정에서 조직구성원을 대상으로 환경문제에 대한 인식과 실천기법에 관한 교육·훈련을 실시한다.
  - 측정 및 평가 : 조직은 계획단계에서 설정된 목표 및 세부목표를 기준으로 조직의 환경경영 성과를 측정·감사·검토한다.
  - 검토 및 개선 : 조직은 전반적인 환경성과의 개선을 실현할 수 있도록 경영자가 환경경영체제를 검토하고 지속적으로 개선해 나간다.
- ISO 14001 : 2015 개정의 핵심
  - 강조 : 최고경영자의 리더십, 전략 연계, 환경보호, 전 과정 고려, 의사소통 활동 강화, 변경관리

  - 추가 : 조직 및 조직의 상황 이해, 이해관계자 니즈 및 기대 이해, 환경경영시스템의 범위 결정, 환경경영시스템, 조직의 역할·책임·권한, 리스크와 기회를 위한 활동, 준수의무 등의 요구사항 추가
  ※ ISO 18000 시리즈는 기업의 생산활동이 환경에 미치는 영향을 사전에 평가하여 이를 객관적으로 인증해 산업 활동의 신뢰성을 확보해 주는 제도이다.
② **말콤볼드리지 품질상**(MBNQA ; Malcolm Baldrige National Quality Award)
  ㉠ 특 징
  - 데밍상을 벤치마킹하여 제정한 것이다.
  - 기업경영 전체의 프로그램으로, 전략에서 실행까지를 전개한다.
  - 3개 요소 7개 범주로 구분하고 있다.
  - 품질 향상을 위해 'What to Do'를 추구하는 목적지향형이다.
  - 채점방식 : 접근방법, 전개, 성과
  - 평가 프로세스 : 독립심사 → 협의심사 → 현장방문심사
  - 말콤볼드리지의 약칭 : MB
  ㉡ MB상과 데밍상의 차이점
  - MB상은 기업경영 업적중심의 평가지만 데밍상은 기업 품질관리과정에서 SQC를 기업경영에 얼마나 효율적으로 응용하는가와 새로운 품질관리기법을 개발하여 품질관리에 효과적으로 사용하였는지가 수상의 관건이다.
  - MB상은 'What to Do'의 목적지향형, 데밍상은 'How to Do'의 프로세스지향형이다.
  ㉢ MB 품질경영 4가지 기본요소
  - 경영자 : 리더십을 발휘하며 시스템을 운전한다. 즉, 가치와 목표를 창출하고 시스템을 구축하며 품질목적과 성과목적을 달성하도록 노력한다(경영자 리더십).
  - 시스템 : 품질요건과 성과요건을 달성하기 위해 명확하게 정의되고, 잘 설계된 일련의 과정을 포함한다(프로세스, 인적자원, 전략적 품질계획, 정보와 분석).
  - 성과 측정 : 진행과정의 성과 측정은 지속적인 고객가치의 개선과 기업성과를 달성하기 위해 일관된 행동을 제공한다(품질성과, 운영성과).

- 품질목표 : 품질 진행에 대한 기본 목표는 고객에게 지속적으로 가치를 개선시키는 것이다(고객 중시, 고객만족).
ㄹ. 말콤볼드리지상의 평가기준(7가지 범주 총 1,000점) : 리더십(120점), 전략계획(85점), 고객초점(85점), 측정·분석·지식경영(90점), 인력초점(85점), 운영초점(85점), 사업성과(450점)
  - Leadership(리더십) : 경쟁에서 품질에 대한 가치가 중요해지면서 경영자의 품질에 대한 철학이 기업의 운명을 결정하는 영향을 주게 되었다. 경영자의 품질에 대한 구체적인 인식과 고객지향적 가치관 그리고 품질에 대한 일관된 목표를 제시해 줌으로써 조직 구성원들의 품질 향상의 의지를 제고할 수 있다.
  - Strategic Planning(전략계획) : 기업이 품질 리더십을 실현하기 위하여 필요한 품질계획의 수립과정과 품질개선계획을 통합하는 기업의 계획을 가지고 있는지를 평가한다.
  - Customer Focus(고객초점) : 고객만족을 결정하는 기업의 방법, 현재 고객만족의 추이 및 수준을 심사하고 평가한다.
  - Measurement, Analysis, and Knowledge Management(측정, 분석 및 지식경영) : 기업전략을 성과로 이어 주는 바탕이며, 기업의 모든 활동을 지원하는 버팀목 역할을 한다. 데이터와 정보 및 분석을 통해 기업의 품질 및 고객만족을 위한 기업의 지원시스템이 어떠한지를 평가한다. 데이터는 일관성, 표준화, 재검토, 보완 등을 보여야 하고 경쟁사들과의 비교에서 자사의 수준이 정확히 나타나 있어야 한다. 정보는 기업의 모든 업무 프로세스를 지원한다.
  - Workforce Focus(인력초점) : 기업 구성원을 포함하여 인적자원에 대한 개발과 품질 리더십, 개인 성장과 조직 성장을 유도하기 위한 여건을 조성하고자 하는 기업의 노력을 평가한다.
  - Operations Focus(운영초점) : 프로세스 설계, 모든 작업 단위와 공급자의 프로세스 품질관리, 체계적인 품질개선, 품질평가활동 등에 대하여 평가한다.
  - Results(사업성), 품질 성과, 운영 성과 : 기업의 품질수준과 품질개선 추이를 평가한다. 주요 제품 및 서비스의 특성뿐만 아니라 전반적인 기업의 운영 성과, 관리과정 및 지원서비스 등도 같이 평가한다.

7-1. 품질경영시스템의 일반적인 문서화의 구조에 해당되지 않는 것은?
[2013년 제1회]

① 절차서
② 약 관
③ 지 침
④ 품질매뉴얼

7-2. 말콤볼드리지상에 관한 설명 중 틀린 것은?
[2008년 제4회, 2011년 제1회, 2015년 제4회]

① 3개 요소 7개 범주로 구분하고 있다.
② 데밍상을 벤치마킹하여 제정한 것이다.
③ 기업경영 전체의 프로그램으로 전략에서 실행까지는 전개한다.
④ 품질 향상을 위해 실천적인 'How to Do'를 추구하는 프로세스지향형이다.

7-3. 종합적 품질경영(TQM)의 모델로 제시되는 말콤볼드리지 평가기준 7개 범주에 해당되지 않는 것은?
[2016년 제1회, 제4회 유사]

① 리더십
② 운영초점
③ 제조프로세스 초점
④ 측정, 분석 및 지식경영

|해설|

7-1
약관은 문서구조와 무관하며, 일반적인 문서화 구조의 순서는 품질매뉴얼 → 절차서 → 지침 순이다.

7-2
말콤볼드리지상은 품질 향상을 위해 실천적인 'What to Do'를 추구하는 목적지향형이다.

7-3
말콤볼드리지 평가기준 7개 범주 : 리더십, 전략계획, 고객초점, 측정·분석·지식경영, 인력 중시, 프로세스관리, 운영초점

정답 7-1 ② 7-2 ④ 7-3 ③

① 개 요

　㉠ 품질시스템과 품질경영시스템의 정의

　　• 품질시스템

　　　− 품질에 책임이 있는 사내의 모든 부문을 조정 및 통합하는 효과적인 품질관리체계(A. V. Feigenbaum)

　　　− 지정된 품질표준을 갖는 제품을 생산하고 인도하는 데 필요한 관리 및 기술상 순서의 네트워크(A. V. Feigenbaum)

　　　− 사용 적합성을 달성하기 위한 전체 활동(품질기능)의 체계화(J. M. Juran)

　　• 품질경영시스템

　　　− 품질경영을 실행하기 위한 품질목표를 충족시키는 데 필요한 조직구조·책임·절차·공정(프로세스)·자원 등의 네트워크로 구성된 유기체

　　　− 품질에 관하여 조직을 지휘하고 관리하는 경영시스템(ISO 9000)

　㉡ 시스템경영의 4가지 기본원칙

　　• 전체 시스템중심체제

　　• 목표중심체제

　　• 책임중심체제

　　• 인간중심체제

　㉢ PDCA 사이클로 설명한 품질경영시스템

　　• Plan : 목표 달성에 필요한 계획 또는 표준의 설정

　　• Do : 계획된 것의 실행

　　• Check : 실시결과를 측정하여 해석하고 평가

　　• Action : 표준 적합 계획과 표준 개선 입안

② 품질경영시스템의 기본사항

　㉠ 품질경영시스템 접근방법의 구성단계

　　• 고객 및 기타 이해관계자의 요구 및 기대사항 결정

　　• 조직의 품질방침 및 품질목표 수립

　　• 품질목표 달성에 필요한 프로세스 및 책임 결정

　　• 품질목표 달성에 필요한 자원의 결정 및 제공

　　• 프로세스 효과성 및 효율성을 측정하는 방법 수립

　　• 부적합 예방 및 원인 제거 수단 결정

　　• 품질경영시스템의 지속적인 개선을 위한 프로세스 수립 및 적용

　㉡ 프로세스 접근방법

　　• 효과적인 기능을 발휘하는 조직운영을 위하여 서로 연관되고 상호작용하는 많은 프로세스를 파악 및 관리하는 것이다.

　　• 제품 실현과 품질경영시스템 수행을 포함하며 이에 주요구사항 항목으로 경영책임, 자원관리, 제품 실현, 측정, 분석 및 개선 등이 포함된다.

　㉢ 품질방침 및 품질목표

　　• 조직 지휘 초점 제공

　　• 품질방침 : 품질목표 실행 의지와 일관성이 있어야 한다.

　　• 품질목표 : 달성 여부의 측정 가능성이 있어야 하며 품질방침 및 지속적 개선의 달성을 위한 자원 결정에 도움을 준다.

　㉣ 문서화(문서화의 가치)

　　• 고객 요구사항과의 적합성 및 품질개선 달성

　　• 적절한 교육훈련 제공

　　• 반복성

　　• 추적성

　　• 객관적 증거

　　• 품질경영시스템의 효과성 및 지속적 적절성 평가

　㉤ 품질경영시스템 평가 : 프로세스 평가, 품질경영시스템의 심사 및 검토, 자체평가

　　• 프로세스 평가

　　　− 프로세스가 파악되고 적절히 정해져 있나?

　　　− 책임이 부여되고 있나?

　　　− 절차는 실행 및 유지되는가?

　　　− 프로세스는 요구결과 달성에 효과적인가?

　　• 품질경영시스템의 심사 : 품질경영시스템의 요구사항 충족 정도를 결정한다.

　　• 품질심사 주체에 따른 품질심사의 분류

　　　− 제1자 심사 : 기업에 의한 자체 품질활동 평가(내부목적을 위하여 조직 자체 또는 조직을 대리하는 사람에 의해 수행)

　　　− 제2자 심사 : 구매자에 의한 협력업체에 대한 품질활동 평가 및 고객사에 의한 협력업체 제품의 품질수준 평가(고객이나 고객을 대리하는 다른 사람에 의해 수행)

　　　− 제3자 심사 : 심사기관에 의한 인증 대상기업의 품질활동 평가(외부의 독립적인 기관에 의해 수행)

- 품질경영시스템의 검토 : 품질방침 및 품질목표에 대한 품질경영시스템의 적절성, 충족성, 효과성, 효율성에 대해 정기적이고 체계적인 평가수행(최고경영자 역할 중의 하나)
- 자체평가 : 품질경영시스템에 대한 포괄적이고 체계적인 검토
ⓗ 지속적인 개선 : PDCA사이클을 지속적으로 돌리면서 피드백하는 것으로, 이때 종업원의 창의성이 매우 긴요하다. 목적은 고객, 기타 이해관계자들의 만족 가능성 증가이며, 개선을 위한 조치는 다음 사항들을 포함한다.
- 개선 분야 파악을 위한 현재 상황 분석 및 평가
- 개선 목표 수립
- 목표 달성을 위한 해결 가능방법 조사
- 해결방법 평가 및 선택
- 선택된 해결방법 실행
- 목표 충족 결정 실행결과 측정, 검증, 분석, 평가
- 변경사항 공식화
ⓢ 통계적 기법의 역할
- 변동 이해(변동 측정, 표현, 분석, 해석, 모델링, 문제예방 등), 문제해결, 지속적인 개선, 효과성과 효율성 개선에 도움을 준다.
- 통계적 공정관리(SPC)로 품질문제 해결이 가능한 경우
  - 테마 선정 이유, 관리특성, 목표가 명확한 경우
  - 과학적 수법활용으로 충분한 해석이 이루어진 경우
  - 대책을 폭 넓게 검토한 다음에 나온 것(원인과 결과관계 도출, 이전의 경우는 해당 없음)
ⓞ 품질경영시스템의 초점 : 이해관계자의 요구, 기대 및 요구사항 충족을 위한 품질목표와 관련된 결과의 성취
③ 품질경영시스템의 변천
ⓖ 품질경영시스템의 합리적 구축단계
- 1단계 : RQC(Root Quality Control, 원점적 품질관리)
- 2단계 : SQC(Statistical Quality Control, 통계적 품질관리)
- 3단계 : SPC(Stastical Process Control, 통계적 공정관리)

- 4단계 : TQC(Total Quality Control, 전사적 품질관리)
- 5단계 : TQM(Total Quality Management, 전사적 품질경영), ISO 품질경영시스템 중심의 품질시스템
ⓛ 품질경영시스템의 시간 흐름과 기술의 발전에 따른 진화 순서 : 교정위주시스템 → 비용위주시스템 → 고객위주시스템
④ 품질경영시스템의 기본사항 및 용어
ⓖ 품질에 관한 기본사항 및 용어
- 품질(Quality) : 대상의 고유 특성의 집합이 요구사항을 충족시키는 정도
- 요구사항(Requirement) : 명시되어 있는, 보통 묵시적으로 이해되고 있는 또는 의무로서 요구되고 있는 니즈 또는 기대
- 등급(Grade) : 동일한 용도의 제품, 프로세스 또는 시스템에 대하여 상이한 품질 요구사항에 부여되는 범주 또는 순위(Rank)
- 고객만족(Customer Satisfaction) : 고객의 요구사항이 충족되어 있는 정도에 관한 고객의 인식
  - 고객 불만은 낮은 수준의 고객만족에 대한 일반적 지표이며, 고객 불만이 없다고 해서 반드시 높은 수준의 고객만족을 의미하는 것이 아니다.
  - 고객 요구사항이 고객과 합의되고 충족되었더라도 그것이 반드시 높은 고객만족을 보장하지는 않는다.
- 실현능력(Capability) : 제품에 대한 요구사항을 충족시킬 제품을 실현하는 조직, 시스템 또는 프로세스의 능력
ⓛ 경영시스템에 관한 기본사항 및 용어
- 시스템(System) : 상호 관련되거나 상호작용하는 요소의 집합
- 경영시스템(Management System) : 방침 및 목표를 수립하고 그 목표를 달성하기 위한 시스템
- 품질경영시스템(Quality Management System) : 품질에 관하여 조직을 지휘하고 관리하는 경영시스템
- 품질방침(Quality Policy) : 톱매니지먼트(최고경영자)에 의해 공식적으로 표명된 품질에 관한 조직의 전반적인 의도 및 방향

- 품질방침은 조직의 전반적인 방침과 일관성이 있어야 하며 품질목표를 설정하기 위한 틀을 제공한다.
- 국제규격에 제시된 품질경영원칙은 품질방침의 수립을 위한 토대가 될 수 있다.

- **품질목표(Quality Objective)** : 품질에 관하여, 추구하고 지향하는 것
  - 품질목표는 일반적으로 조직의 품질방침에 근거한다.
  - 품질목표는 일반적으로 조직의 관련 기능 및 계층에 대해 규정한다.
  - 품질목표 달성방법을 기획할 때 조직에서 정의해야 할 사항 : 달성 대상, 필요한 자원, 책임자, 완료 시기, 결과 평가방법
- **경영(Management)** : 조직을 지휘하고 관리하기 위해 조정된 활동
- **톱매니지먼트(Top Management, 최고경영자)** : 최고 계층에서 조직을 지휘하고 관리하는 개인 또는 그룹
- **품질경영(Quality Management)** : 품질에 관하여 조직을 지휘하고 관리하기 위한 조정된 활동
  - 품질에 관한 지휘 및 관리는 품질방침 및 품질목표의 설정, 품질계획, 품질관리, 품질보증과 품질개선을 포함한다.
- **품질계획(Quality Planning)** : 품질목표를 설정하고 품질목표를 달성하기 위해 필요한 운영 프로세스 및 관련 자원을 규정하는 데 초점을 맞추는 것
  - 품질계획서 작성이 품질계획의 일부가 되는 경우가 있다.
- **품질관리(Quality Control)** : 품질 요구사항을 충족하는 데 초점을 맞추는 것
- **품질보증(Quality Assurance)** : 품질 요구사항이 충족될 것이라는 신뢰를 제공하는 데 초점을 맞추는 것
- **품질개선(Quality Improvement)** : 품질 요구사항을 충족시키는 능력을 증진하는 데 초점을 맞추는 것
- **지속적 개선(Continual Improvement)** : 요구사항을 충족시키는 능력을 증진시키기 위하여 반복하여 행하는 활동

- 목표를 수립하고 개선을 위한 기회를 찾는 프로세스는 감사 소견 및 감사 결론의 이용, 데이터 분석, 경영 리뷰 또는 기타의 방법을 활용한 지속적인 프로세스이며 시정조치 또는 예방조치와 연결된다.
- **효과성(유효성, Effectiveness)** : 계획한 활동이 실현되어 계획한 결과가 달성된 정도
- **효율성(능률성, Efficiency)** : 달성된 결과와 사용된 자원의 관계

ⓒ 조직에 관한 기본사항 및 용어
- **조직(Organization)** : 책임, 권한 및 상호관계가 정해진(배치된) 인원 및 시설의 집단
  - 회사·법인·사업소·기업, 단체·자선단체·개인사업자·협회 또는 이들의 일부 또는 조합
  - 배치는 일반적으로 질서가 있다.
  - 조직은 공적 또는 사적일 수 있다.
- **조직구조** : 인원 간의 책임, 권한, 상호관계의 배치
  - 조직구조의 공식적인 기술은 흔히 품질매뉴얼 또는 프로젝트에 대한 품질계획서에 제시된다.
  - 조직구조의 범위에는 관련되는 외부 조직과의 인터페이스를 포함할 수 있다.
- **기반구조(인프라스트럭처, Infrastructure)** : 조직의 운영을 위하여 필요한 프로세스 장비(하드웨어 및 소프트웨어), 건물 업무장소 및 관련된 유틸리티, 지원서비스(운송, 통신 등) 등에 관한 시스템
- **작업환경(Work Environment)** : 업무가 수행되는 조건의 집합
  - 조건에는 물리적, 사회적, 심리적 및 환경적 요인(온도, 포상제도, 인간공학 및 공기의 성분과 같은) 등이 포함된다.
- **고객(Customer)** : 제품을 제공받는 조직 또는 사람
  - 고객에는 소비자, 의뢰인, 최종 사용자, 소매업자, 수익자, 구매자 등이 포함된다.
  - 고객은 조직의 내부 또는 외부에 있을 수 있다.
- **공급자(Supplier)** : 제품을 제공하는 조직 또는 사람
  - 공급자는 제품 생산자, 배급자, 소매업자, 납품자, 서비스 또는 정보 제공자 등이 포함된다.
  - 공급자는 조직의 내부 또는 외부일 수 있다.
  - 계약관계에서 공급자는 때때로 계약자라고도 한다.

- 이해관계자(Interested Party) : 조직의 퍼포먼스(성과) 및 성공에 이해관계를 갖는 사람 또는 집단
  - 이해관계자에는 고객, 소유자, 종업원, 공급자, 은행, 노동조합, 파트너, 사회 등이 포함된다.
  - 집단은 하나의 조직, 그 일부 또는 복수의 조직이 될 수 있다.
- ㉣ 프로세스 및 제품에 관한 기본사항 및 용어
  - 프로세스(Process) : 입력을 출력으로 변환시키는 상호 관련되거나 상호작용하는 활동의 집합
    - 프로세스로의 인풋은 일반적으로 다른 프로세스의 아웃풋이다.
    - 조직에서의 프로세스는 가치를 부가하기 위하여 일반적으로 관리된 조건하에서 계획되고 수행된다.
    - 결과로 산출된 제품의 적합이 쉽게 또는 경제적으로 검증되지 않는 프로세스를 특수 공정이라고 한다.
  - 제품(Product) : 활동 또는 공정의 결과로서 유형 또는 무형이거나 이들의 조합이며, 프로세스의 결과로 하드웨어(Hardware), 소프트웨어(Software), 가공물질, 서비스(Service) 등의 4가지로 분류된다.
    - 대부분의 제품은 서로 상이한 일반적인 제품 분류에 속하는 요소로 구성된다.
    - 해당 제품의 분류는 그 제품의 지배적인 요소로 결정된다.
    - ㉠ 제공제품인 자동차는 하드웨어(타이어), 소재제품(연료, 냉각수), 소프트웨어(엔진 컨트롤 소프트웨어, 운전자용 매뉴얼) 및 서비스(자동차 조작에 대한 영업사원의 설명)로 구성되어 있다.
  - 서비스 : 공급자와 고객 간의 인터페이스에서 시행되는 적어도 하나의 활동결과이며 일반적으로 무형의 제품 형태를 지닌다. 서비스의 제공에는 다음과 같은 내용을 포함할 수 있다.
    - 고객 지급의 유형의 제품(㉠ 수리가 필요한 자동차)에 수행된 활동
    - 고객 지급의 무형의 제품(㉠ 납세신고에 필요한 수지 정보)에 대하여 수행되는 활동
    - 무형 제품의 제공(㉠ 지식 전달이라는 의미에서 정보 제공)
    - 고객을 위한 분위기 조성(㉠ 호텔 및 식당)

- 소프트웨어 : 정보로 구성되어 일반적으로 무형의 제품이며 어프로치, 처리 또는 절차와 같은 형태일 수 있다.
- 하드웨어 : 일반적으로 유형의 제품으로서 그 양을 셀 수 있는 특성을 갖는다. 소재제품은 일반적으로 유형의 제품으로서 그 양은 연속적인 특성을 갖는다. 하드웨어 및 소재제품은 흔히 상품이라고 한다.
- 품질보증은 주로 의도된 제품에 초점을 맞춘다.
- 프로젝트(Project) : 착수일과 종료일이 있는 조정되고 관리되는 일련의 활동으로 구성되어 시간, 코스트 및 자원의 제약을 포함한 특정 요구사항에 적합한 목표를 달성하기 위해 수행되는 독특한 프로세스이다.
  - 개별 프로젝트는 보다 규모가 큰 프로젝트의 일부를 구성할 수 있다.
  - 어떤 프로젝트에서는 목표가 세밀하게 세워지고 프로젝트가 진행되면서 제품특성이 점차 정의된다.
  - 프로젝트의 결과는 한 개의 제품 또는 복수의 제품이 될 수 있다.
- 설계 및 개발(Design and Development) : 요구사항을 제품, 프로세스 또는 시스템의 규정된 특성 또는 시방서로 변환하는 일련의 프로세스이다.
  - 설계 및 개발이라는 용어는 때로는 동의어로 사용되고, 때로는 설계·개발의 전체 프로세스의 서로 다른 단계를 정의하기 위해 사용된다.
  - 설계 및 개발 대상의 본질을 나타내기 위해 수식어가 사용될 수 있다(㉠ 제품의 설계 및 개발 또는 프로세스 설계 및 개발).
- 절차(Procedure) : 활동 또는 프로세스를 수행하기 위하여 규정된 방식이다.
  - 절차는 문서화될 수도 있고 문서화되지 않을 수도 있다.
  - 절차가 문서화되면 작성된 절차 또는 문서화된 절차라는 용어가 흔히 사용된다.
  - 절차를 포함하고 있는 문서를 절차서라고 할 수 있다.
- ㉤ 특성에 관한 기본사항 및 용어
  - 특성(Characteristic) : 특징을 식별(구별)하는 것
    - 특성은 고유적인 것 또는 부여된 것일 수 있다.
    - 특성은 정성적 또는 정량적일 수 있다.

- 특성의 분류
  - ⓐ 물리적 특성(예 기계적, 전기적, 화학적, 생물학적 특성 등)
  - ⓑ 감각적 특성(예 냄새, 촉각, 맛, 시각, 청각에 관련된 특성 등)
  - ⓒ 행위적 특성(예 예의, 정직, 성실 등)
  - ⓓ 시간적 특성(예 정시성, 신뢰성, 가용성 등)
  - ⓔ 인간공학적 특성(예 생리적 특성 또는 인명 안전에 관련된 특성 등)
  - ⓕ 기능적 특성(예 비행기의 최고 속도 등)
- 품질특성(Quality Characteristic) : 요구사항과 관련된 대상의 고유 특성
  - 고유라는 용어는 본래부터 가지고 있는 또는 존재하고 있는 한 영원히 가지고 있는 특성을 뜻한다.
  - 제품, 프로세스 또는 시스템에 부여된 특성(예 제품의 가격, 제품의 소유자)은 그 제품, 프로세스 또는 시스템의 품질특성은 아니다.
- 신인성(Dependability) : 가용성(Availability) 및 그 영향을 미치는 요인
  - 신인성이란 신뢰성, 보전성 및 보전 지원의 능력을 기술하기 위하여 사용하는 용어의 총칭이다.
  - 신인성은 비정량적인 표현에서 일반적인 서술에만 사용한다.
- 추적성(Traceability) : 고려 대상이 되어 있는 것의 이력, 적용 또는 위치를 추적하기 위한 능력이다.

ⓗ 적합성에 관한 기본사항 및 용어
- 적합(일치, Conformity) : 요구사항 충족
- 부적합, 불일치(Nonconformity) : 요구사항의 불충족
- 결함(Defect) : 의도되거나 규정된 용도, 사용과 관련된 요구사항의 불충족
  - 의도된 용도 또는 규정된 용도와 관련된 요구사항을 충족하지 않는 것이다.
  - 결함과 부적합이라는 개념의 구별, 특히 제품의 제조물책임문제와 관련되어 있는 경우에는 법적 책임문제와 관련되기 때문에 중요하다.
  - 결함이라는 용어를 특별한 주의를 기울여 사용하는 것이 좋다.
  - 결함이라는 용어를 사용할 때 극도의 주의를 기울여야 한다.
  - 고객에 의해 의도된 용도는 공급자가 제공한 정보의 성질에 따라 영향을 받는다. 이와 같은 정보의 예를 들면, 취급설명서, 메인터넌스설명서 등이 있다.
- 예방조치(Preventive Action) : 잠재적인 부적합 또는 기타 바람직하지 않은 잠재적 상황의 원인을 제거하기 위한 조치이다.
  - 잠재적인 부적합의 원인은 하나 이상이 있을 수 있다.
  - 시정조치는 재발방지를 위하여 취해지는 반면, 예방조치는 발생을 미연에 방지하기 위해 취해진다.
- 시정조치(Corrective Action) : 발견된 부적합 또는 기타 발견된 바람직하지 않은 상황의 원인을 제거하기 위한 조치, 부적합의 재발방지를 목적으로 부적합의 원인을 제거하기 위한 조치이다.
  - 부적합에는 하나 이상의 원인이 있을 수 있다.
  - 예방조치는 발생을 미연에 방지하기 위해 취해지는 반면, 시정조치는 재발을 방지하기 위해 취해진다.
  - 수정과 시정조치는 구별된다.
- 수정(Correction) : 발견된 부적합을 제거하기 위한 조치이다.
  - 시정조치와 연계하여 수정이 행해질 수도 있다.
  - 수정의 예를 들면, 재작업 또는 재등급이 있다.
- 재작업(Rework) : 부적합, 불일치 제품을 요구사항에 적합하도록 취하는 조치이다.
- 재등급(Regrade) : 최초의 요구사항과 다른 요구사항에 적합하도록 부적합 제품에 대해 취하는 조치이다.
- 수리(Repair) : 부적합 제품이 의도된 용도로 쓰일 수 있도록 하는 조치이다.
  - 수리는 보수의 일환으로서, 한때 적합했던 제품을 사용 가능하도록 복구하는 교정조치를 포함한다.
  - 수리는 재작업과 달리 부적합 제품의 일부에 영향을 미치거나 일부를 변경시킬 때도 있다.
- 폐기(Scrap) : 부적합, 불일치 제품에 취하는 조치로 리사이클(재자원화), 파기 등이 이에 속한다.
  - 서비스에서 스크랩이란 해당 서비스가 부적합한 경우에 그 서비스를 중지함으로써 그 이용을 불가능으로 만드는 것이다.

- 특채(Concession) : 규정 요구사항에 적합하지 않은 제품의 사용 또는 불출(릴리스, Release)을 허용하는 것이다.
  - 규격에는 적합하지 않으나 그 사안이 경미하고 제품의 신뢰성 및 품질에 차질이 없는 범위 내에서 부적합심의회의를 거쳐 제품을 구제하는 처분이다.
  - 특채는 일반적으로 특정범위 내에서 부적합이 된 특성을 갖는 제품을 합의된 기간 또는 제품의 수량 내에서 인도하는 합의에 한정된다.
- 편차 허용(기준이탈허가, Deviation Permit) : 제품의 최초의 규정 요구사항에서 벗어남을 제품 실현 전에 허용하는 것이다.
  - 편차 허용은 일반적으로 제품의 수량 또는 기간을 한정하여 또는 특정의 용도에 대하여 주어진다.

Ⓢ 문서에 관한 기본사항 및 용어
- 문서화의 중요한 관점
  - 문서의 사용자 입장에서 작성되고, 이해할 수 있어야 한다.
  - 공식적인 문서(시스템 문서)이어야 한다.
  - 문서의 최신본 관리가 이루어져야 한다.
  - 문서화의 내용은 개정 및 진보성이 있어야 한다.
- 일반적인 문서화 구조의 순서 : 품질매뉴얼 → 절차서 → 지침
- 정보(Information) : 의미 있는 데이터
- 문서(Document) : 정보 및 정보 지원 매체
  - 기록, 시방서, 절차서, 도면, 보고서, 규격 등
  - 매체로서는 종이, 자기, 전자식 또는 광학식 컴퓨터 디스크, 사진, 견본 또는 그 조합이 될 수 있다.
  - 문서의 한 세트, 예를 들면 시방서 및 기록은 '문서화'라고 불리는 일이 많다.
  - 어떤 요구사항(읽기 쉽도록 하는 요구사항)은 모든 형태의 문서와 관계되지만, 시방서(개정관리의 요구사항) 및 기록(검색이 가능하도록 하는 요구사항)에 대해서는 별개의 요구사항이 있을 수 있다.
  - 기록을 제외한 문서는 개정관리의 대상이다.
  - 문서관리의 근본적인 목적은 올바른 문서만 필요한 장소에서 사용되게 하기 위함이다.

- 주문한 제품을 명확하게 기술한 구매문서의 기술 내용 및 관련 자료에 포함되는 것 : 사양서(시방서), 구매품의 표시, 구매품의 종류와 등급 등
- 시방서(Specification) : 요구사항을 명시한 문서로 활동에 관한 것(예 절차서, 프로세스시방서 및 시험시방서) 또는 제품에 관한 것(예 제품시방서, 도면 및 성능시방서)이 있다.
- 기록(Record) : 달성된 결과를 기술하거나 수행한 활동의 증거를 제공하는 문서이다.
  - 기록의 예를 들면, 트레이서빌리티를 문서화하고 검증, 예방조치 및 시정조치에 대한 증거를 제공하기 위하여 사용될 수 있다.
  - 일반적으로 기록은 개정관리할 필요가 없다.
- 파일링시스템 : 업무를 수행하면서 발생되는 모든 문서, 자료, 전표, 도면, 기록 등을 필요에 따라 즉시 이용할 수 있도록 그 발생에서부터 조직적이고 체계적으로 분류, 정리한 후 보관 및 보존의 단계를 거쳐 폐기시키는 일련의 관리시스템이다.
- 품질매뉴얼(Quality Manual) : 조직의 품질경영시스템을 규정한 문서로, 개별 조직의 규모 및 복잡성에 적당하도록 품질매뉴얼의 세부사항 및 형식은 달라질 수 있다.
- 품질계획서(Quality Plan) : 품질경영시스템이 어떻게 특정제품, 프로젝트 또는 계약에 적용되는지를 기술한 문서이다.
  - 일반적으로 품질계획서 절차에는 품질경영 프로세스 및 제품 실현 프로세스에 관련되는 것을 포함한다.
  - 품질계획서는 품질매뉴얼 또는 절차서를 많이 인용한다.
  - 품질계획서는 일반적으로 품질계획의 결과 중 하나이다.

◎ 조사에 관한 기본사항 및 용어
- 객관적 증거(Objective Evidence) : 사물의 존재 또는 진실을 입증하는 자료로 관찰, 측정, 시험 또는 기타 수단을 통하여 얻어질 수 있다.
- 검사(Inspection) : 필요에 의하여 측정, 시험 또는 게이지 사용을 동반하는 관찰 및 판정에 의한 적합성 평가이다.

- 시험(Test) : 특정하게 의도된 용도 또는 적용을 위한 요구사항에 따른 확인 결정, 어떤 물체의 특성을 조사하여 데이터를 구하는 것이다(절차에 따라 하나 또는 그 이상의 특성을 결정하는 것).
- 검증(Verification) : 규정된 요구사항이 충족되었음을 객관적 증거 제시를 통하여 확인하는 것이다.
  - '검증된'이라는 용어는 검증이 완료된 상태를 나타내는 데 사용된다.
  - 확인은 다음과 같은 활동을 포함할 수 있다.
    ⓐ 대체 계산(다른 계산방법의)수행
    ⓑ 새로운 설계시방서를 입증된 유사한 설계시방서와 비교
    ⓒ 시험과 실증의 실시
    ⓓ 배포 전 문서의 리뷰
- 타당성 확인(Validation) : 특별하게 의도된 용도 또는 적용에 대한 요구사항이 충족되었음을 객관적 증거 제시를 통하여 확인하는 것이다.
  - '타당성이 확인된'이라는 용어는 타당성 확인이 완료된 상태를 나타내는 데 사용된다.
  - 타당성 확인을 위한 사용조건은 실제 또는 모의상황이라도 좋다.
- 적격성 확인(자격 인정) 프로세스(Qualification Process) : 규정된 요구사항을 충족시키는 능력을 실증하는 프로세스이다.
  - '적격성이 있는'이라는 용어는 적격성 확인이 완료된 상태를 나타내는 데 사용된다.
  - 적격성 확인은 사람, 제품, 프로세스 또는 시스템과 관련될 수 있다.
  - 감사원의 적격성 확인 프로세스, 자재의 적격성 확인 프로세스 등이 있다.
- 검토(리뷰, Review) : 설정된 목표를 달성하기 위한 검토 대상의 적절성, 타당성 및 유효성을 판정하기 위해 시행되는 활동이다.
  - 리뷰는 효율의 판정도 포함할 수 있다.
  - 경영 리뷰, 설계 및 개발 리뷰, 고객 요구사항 리뷰 및 부적합 리뷰 등이 있다.

ⓒ 심사에 관한 기본사항 및 용어
- 심사(Audit) : 심사기준이 충족되어 있는 정도를 판정하기 위하여 심사 증거를 수집하고 그것을 객관적으로 평가하기 위한 체계적이고, 독립적이며, 문서화된 프로세스이다.
  - 내부심사는 제1자 심사라고도 한다. 내부심사는 내부목적을 위하여 그 조직 자신 또는 대리인에 의하여 행해지며 그 조직의 적합을 자기선언하기 위한 기초로 삼을 수 있다.
  - 외부심사에는 일반적으로 제2자 심사 또는 제3자 심사가 포함된다.
  - 제2자 심사는 고객 등 그 조직에 이해관계가 있는 단체 또는 그 대리인에 의하여 행해진다.
  - 제3자 심사는 외부의 독립적인 조직에 의해 행해진다.
  - 이러한 조직은 ISO 9001, ISO 14001 등의 요구사항에 대한 적합의 인증 또는 심사등록을 행한다.
  - 품질경영시스템과 환경경영시스템을 함께 심사하는 경우, 이것을 통합심사라고 한다.
  - 2개 이상의 조직이 하나의 피심사자를 합동하여 심사하는 경우, 이것을 합동심사라고 한다.
- 심사프로그램(Audit Program) : 어떤 목적의 달성을 위하여 정해진 기간 내에 실시하도록 계획된 일련의 심사이다.
- 심사기준(Audit Criteria) : 대조를 위한 자료로 사용되는 일련의 방침, 절차 또는 요구사항이다.
- 심사 증거(Audit Evidence) : 심사기준과 관련되고 검증할 수 있는 기록, 사실의 기술 또는 기타의 정보로, 정성적 또는 정량적인 것이 있다.
- 심사 소견(심사 발견사항, Audit Findings) : 수집된 심사 증거를 심사기준에 대비하여 평가한 결과이다.
  - 심사 소견에는 심사기준에 대한 적합이나 부적합을 지적할 수 있다.
  - 개선의 기회도 지적할 수 있다.
- 심사 결론(Audit Conclusions) : 심사목적과 모든 심사 발견사항을 고려한 후에 심사팀이 제출한 심사의 결론이다.
- 심사 의뢰자(Audit Client) : 심사를 요청하는 조직 또는 사람
- 피심사자(Auditee) : 심사를 받는 조직

- 심사원(Auditor) : 심사를 행하는 역량을 가진 사람
- 심사팀(Audit Team) : 심사를 수행하는 1인 이상의 심사원
  - 일반적으로 심사팀 내의 1인이 심사팀의 리더로 임명된다.
  - 심사팀에는 훈련 중의 심사원을 포함시킬 수 있고, 필요한 경우에는 기술전문가를 포함시킬 수 있다.
  - 옵서버는 팀에 동행할 수 있으나, 심사팀의 일원으로 행동하지 않는다.
- 기술전문가(Technical Expert) : 심사 대상에 관한 고유의 지식 또는 전문기술을 제공하는 사람이다.
  - 고유의 지식 또는 전문적인 기술에는 번역의 능력 및 문화를 이해하고 대응하는 기능과 함께 심사받는 조직 프로세스 또는 활동에 관한 것이 포함된다.
  - 기술전문가는 심사팀의 심사원으로서의 행동은 하지 않는다.
- 역량(적격성, Competence) : 지식과 기술을 적용하기 위해 실증된 능력이다.

ⓧ 측정 프로세스의 품질보증에 관한 기본사항 및 용어
- 측정관리시스템(Measurement Control System) : 측정 확인 및 측정 프로세스의 지속적인 관리를 달성하기 위해 필요한 상호 관련 또는 작용하는 일련의 요소이다.
- 측정 프로세스(Measurement Process) : 양적인 값을 결정하는 일련의 조작(업무의 집합)이다.
- 계량 확인(도량형적 확인, Meteorological Confirmation) : 측정기기가 의도된 용도에 관한 요구사항에 적합하다는 것을 보장하기 위해 요구되는 일련의 조작이다(운영의 집합).
  - 계량 확인은 일반적으로 교정 또는 검증, 필요한 조정 또는 수리 및 후속의 재교정, 장치의 의도된 용도에 관한 계량 요구사항과의 비교는 물론 요구되는 밀봉 및 레이블링을 포함한다.
  - 의도된 용도에 대하여 측정기기의 적절성이 실증되고 문서화될 때까지 또는 이런 사항이 실시되지 않는 한 계량 확인은 달성되지 않는다.
  - 의도된 사용에 관한 요구사항에는 측정범위, 분해능, 최대 허용오차 등의 고려사항을 포함한다.

- 계량 확인에 대한 요구사항은 보통 제품 요구사항과는 별개이고, 그중에는 규정되지 않는다.
- 측정기기(Measuring Equipment) : 측정 프로세스의 실현에 필요한 측정기기, 소프트웨어, 측정 표준, 표준물질 또는 보조장치 또는 그들의 조합(집합)이다.
- 계량특성(도량형적 특성, Meteorological Characteristic) : 측정결과에 영향을 줄 수 있고 그것을 식별할 수 있는 성질이다.
  - 측정기기는 일반적으로 여러 가지 계량특성을 갖고 있다.
  - 계량적 특성은 교정의 대상이 될 수 있다.
- 계량기능(도량형적 기능, Meteorological Function) : 측정관리시스템을 정의하고 실행하기 위한 조직적 책임을 갖는 기능이다.

⑤ 품질경영시스템 – 요구사항
ㄱ 품질경영관리 시스템-요구사항의 특징
- 제조프로세스에서 경영프로세스로 확대하였다.
- 품질경영시스템적 요소이다.
- 제조업보다는 범산업적으로 사용된다.
ㄴ 품질경영의 7대 원칙
- 고객 중시(Customer Focus)
- 리더십(Leadership)
- 인원의 적극 참여(Engagement of People)
- 프로세스 접근법(Process Approach)
- 개선(Improvement)
- 증거기반 의사결정(Evidence-based Decision Making)
- 관계관리(Relationship Management)
ㄷ 품질경영시스템 내에서 최고경영자의 역할
- 품질목표를 달성하기 위하여 효과적이고 효율적인 품질경영시스템이 수립, 실행 및 유지됨을 보장
- 품질경영시스템 및 환경경영시스템의 효과성에 대한 책무
- 품질방침 및 환경방침과 품질목표 및 환경목표가 품질경영시스템을 위하여 수립되고, 조직상황과 전략적 방향에 조화됨을 보장
- 품질경영시스템과 환경경영시스템 요구사항이 조직의 비즈니스 프로세스와 통합됨을 보장
- 프로세스접근법 및 리스크 기반 사고의 활용 촉진
- 필요한 자원의 가용성 보장

- 의사소통
- 의도한 결과 달성 보장 : 인원을 적극 참여시키고, 지휘하고 지원함
- 품질경영시스템의 개선을 위한 활동 결정
- 개선 촉진
- 리더십 실증 지원
- 고객 및 기타 이해관계자의 요구사항이 충족되고 품질목표가 달성될 수 있도록 적절한 프로세스 실행 보장
- 고객 중시 : 전 조직에 걸쳐 고객 요구사항에 초점을 맞추고 있음을 보장
- 조직의 품질방침 및 품질목표, 환경방침의 수립·실행·유지
- 품질방침 및 품질목표와 관련된 활동 결정
- 책임과 권한 부여, 의사소통 및 이해됨을 보장
- 주기적으로 품질경영시스템 검토
- 경영대리인을 임명할 수는 있지만, 경영대리인에게 이전의 버전에서와 같은 책임과 권한을 부여할 수는 없다. 최고경영자는 최고경영자에게 요구되는 책임과 권한을 직접 수행하여야 한다.
② 품질방침에 관한 최고경영자의 보장사항
- 조직의 목적에 적절할 것
- 지속적인 적절성이 검토될 것
- 품질목표의 수립 및 검토를 위한 틀을 제공할 것
⑩ 문서화에 포함되는 일반사항
- 품질매뉴얼
- 문서화하여 표명된 품질방침 및 품질목표
- 프로세스의 효과적인 기획, 운영 및 관리를 보장하기 위하여 조직이 필요로 하는 문서
⑭ 문서화된 정보의 관리를 위하여 적용되는 사항에서 다루어야 할 내용
- 보유 및 폐기
- 변경관리(예 버전관리)
- 배포, 접근, 검색 및 사용
- 가독성 보존을 포함한 보관 및 보존
⊗ 프로세스 접근방법이 품질경영시스템 내에서 사용될 경우, 중요성이 강조되는 사항
- 요구사항의 이해 및 충족
- 프로세스 성과 및 효과성에 대한 결과 획득
- 부가가치 측면에서 프로세스를 고려할 필요

- 객관적 측정에 근거한 프로세스의 지속적 개선
◎ 자원관리의 범주 : 자원 확보, 기반구조, 업무환경
㉛ 시정조치 사항에 규정할 내용(요구사항)
- 부적합의 검토(고객 불평 포함)
- 부적합 원인의 결정
- 취해진 시정조치의 효과성에 대한 검토
- 부적합이 재발하지 않음을 보장하기 위한 조치의 필요성에 대한 평가

핵심예제

8-1. 품질경영시스템-기본사항 및 용어에서 규정하고 있는 용어의 정의로 옳지 않은 것은? [2009년 제1회, 2013년 제1회]

① 절차(Procedure)란 활동 또는 프로세스를 수행하기 위하여 규정된 방식을 말한다.
② 프로세스(Process)란 입력을 출력으로 변환시키는 상호 관련되거나 상호 작용하는 활동의 집합을 말한다.
③ 추적성(Traceability)이란 고려 대상에 있는 것의 이력, 적용 또는 위치를 추적하기 위한 능력을 말한다.
④ 시정조치(Corrective Active)란 잠재적인 부적합 또는 기타 바람직하지 않은 잠재적 상황의 원인을 제거하기 위한 조치를 말한다.

8-2. 품질경영시스템-요구사항에서 품질경영원칙에 속하지 않는 것은? [2006년 제1회 유사, 2017년 제1회 유사, 2017년 제4회]

① 리더십
② 품질시스템
③ 고객 중시
④ 인원의 적극 참여

|해설|

8-1
잠재적인 부적합 또는 기타 바람직하지 않은 잠재적 상황의 원인을 제거하기 위한 조치는 예방조치에 관한 설명이며, 시정조치(Corrective Action)는 발견된 부적합 또는 기타 발견된 바람직하지 않은 상황의 원인을 제거하기 위한 조치이다.

8-2
품질경영의 7대 원칙 : 리더십, 고객 중시, 인원의 적극 참여, 프로세스 접근법, 개선, 증거기반 의사결정, 관계관리

정답 8-1 ④ 8-2 ②

① 측정시스템분석(MSA)

　㉠ 측정시스템의 개념
　　• 측정값을 얻기 위하여 사용되는 전체 공정이다.
　　• 측정되는 특성에 수치를 부여하기 위하여 사용되는 작업, 절차, 게이지, 기타 장비, 소프트웨어, 인원 등의 집합이다.
　　• 측정환경이 관리될 때의 '게이지 + 사용자 + 사용절차(방법)'이다.

　㉡ 좋은 측정시스템이 갖춰야 할 특성(측정시스템의 기본요건 또는 측정시스템이 지녀야 할 통계적 성질)
　　• 측정시스템은 통계적으로 안정된 관리 상태에 있어야 한다.
　　• 측정시스템에서 파생된 산포는 규격공차에 비해서 충분히 작아야 한다.
　　• 측정시스템에서 파생된 산포는 제조공정에서 발생한 산포에 비해서 충분히 작아야 한다.
　　• 측정의 최소단위는 공정산포나 규격한계 중 작은 것의 1/10보다 커서는 안 된다.
　　• 가장 큰 산포를 나타내는 항목의 측정산포는 이 항목의 공정산포나 규격한계 중 작은 것보다 작아야 한다.

　㉢ 측정시스템 변동의 유형과 원인
　　• 편의(Bias, 치우침, 편기) : 기준값(Reference Value)과 관측된 측정값의 평균 사이의 차이이다.
　　　– 특정 계측기로 동일 제품을 측정하였을 때 얻어지는 측정값의 평균과 이 특성의 참값과의 차이이다.
　　　– 편의는 작을수록 좋으며 기준값은 승인된 기준값 또는 참값이다.
　　　– 계측기의 측정범위 전 영역에서 편의값이 일정하면 정밀성이 좋다는 뜻이다.
　　　– 편의가 기대 이상으로 크면 계측시스템은 바람직하지 않다.
　　　– 편의 발생의 원인 : 계측기 마모, 계측기 눈금 오류, 기준값 설정 실수, 계측기 사용방법 미숙, 잘못된 측정방법 등
　　• 반복성(Repeatability) : 동일한 측정자가 동일한 측정기를 이용하여 동일한 제품을 여러 번 측정하였을 때 파생되는 측정변동이다.

　　　– '일관성 있는 결과를 얻는 것'을 의미한다.
　　　– 반복성(정밀도) 저하의 원인 : 부적합 계측기 사용, 계측기 고정방법, 위치의 문제 등
　　• 재현성(Reproducibility) : 서로 다른 측정자들이 동일한 측정게이지를 사용해서 동일한 시료의 동일한 특성을 측정해서 얻은 측정값 평균의 변동이다.
　　　– 다수의 측정자가 동일한 측정기를 이용하여 동일한 제품을 여러 번 측정하였을 때 파생되는 개인 간의 측정변동이다.
　　　– 동일한 계측기로 동일 제품을 여러 작업자가 측정하였을 때 나타나는 결과의 차이를 의미한다.
　　　– 재현성 저조의 원인 : 개인별 측정자의 버릇으로 인해 측정자마다 측정방법 · 계측기 사용방법 · 눈금 읽는 방법 등이 상이, 계측기 눈금 불확실, 고정장치의 이상 등
　　• 안정성(Stability, Drift) : 동일한 마스터나 시료에 대하여 하나의 측정시스템을 사용해서 장기간에 걸쳐 단 하나의 특성을 측정하여 얻은 측정값의 총변동이다.
　　　– 적어도 두 번 이상의 서로 다른 시기에 동일 부품에 대해서 동일 게이지(Gage)를 사용해서 얻어진 측정치 평균의 차이이다.
　　　– 안정성 결여 : 측정장비가 마모나 기온, 온도 등과 같은 환경 변화에 의하여 시간경과에 따라 동일 제품의 계측결과가 다른 경우를 의미한다.
　　　– 안정성 결여의 원인 : 계측기 작동 준비(워밍업) 부실, 계측기 사용빈도가 낮은 불규칙한 사용시기, 공기압의 변화 등
　　　– 안정성의 분석방법으로 계량치관리도를 이용하는 방법이 대표적이다.
　　　– 안정성 분석방법에서 산포관리도는 측정과정의 변동을 반영하는 관리도이다.
　　　– 안정성 분석방법에서 산포관리도가 이상 상태일 경우, 측정시스템의 반복성이 불안정함을 나타낸다.
　　　– 안정성은 치우침뿐만 아니라 산포가 커지는 현상도 발생할 수 있다는 점을 유의해야 한다.
　　　– 안정성은 시간이 지남에 따라 측정된 결과가 서로 다른 경우 안정성이 결여된 것이다.

- 통계적 안전성은 정기적으로 교정하는 측정기의 경우 기준치를 알고 있는 동일 시료를 3~5회 측정한 값을 관리도를 통해 타점해 가면서 관리선을 벗어나는지의 유무로 산포나 치우침이 발생하는지를 체크할 수 있다.
- 안정성 분석방법에서 산포관리도와 평균관리도가 관리 상태가 아닐 때, 측정시스템이 더 이상 정확하게 측정할 수 없음을 뜻한다.
• 선형성(Linearity, 직선성) : 계측기의 예상되는 작동범위에 걸쳐 생기는 편의값들의 차이이다.
  - 측정기기의 정해진 작동범위 내에서 행해진 정확도 값의 차이이다.
  - 기대되는 동작범위 전반을 통한 정확성 값의 차이이다.
  - 선형성 저하의 원인 : 계측기 측정범위 중 상단부나 하단부의 눈금 부적합, 계측기 내부 설계의 문제, 계측기의 마모, 기준값 설정 실수 등
  - 계측기의 선형성이 나쁠 경우 이에 대한 대책 및 점검사항
    ⓐ 계측기가 마모되었는지 점검한다.
    ⓑ 기준값이 정확한가를 점검한다.
    ⓒ 계측기의 측정범위 중 상단 및 하단부의 눈금이 적합한지를 조사한다.

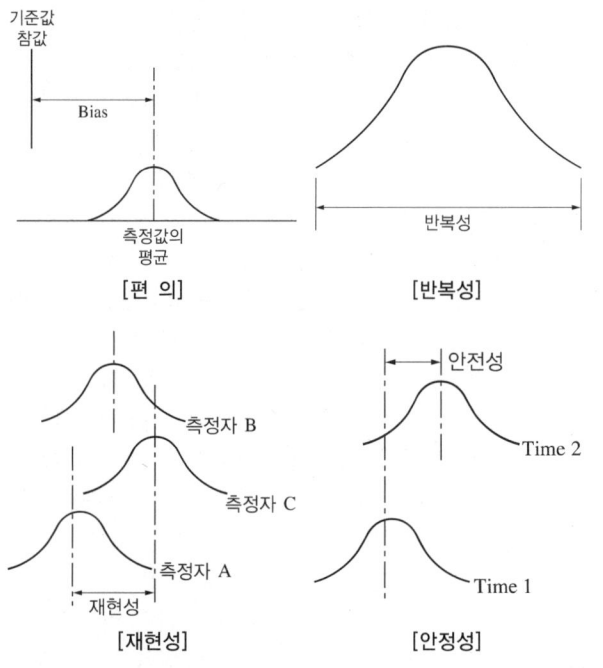

[편 의] [반복성]

[재현성] [안정성]

[선형성]

[측정시스템 변동을 나타내는 분포의 특성]
• 위치 : 안정성, 정확성, 선형성
• 퍼짐 : 반복성, 재현성

㉣ 측정시스템의 변동을 발생시키는 5가지 원인(슈하트)
  • 측정자(Man) : 작업자 간의 차이, 실험실 간의 차이, 작업 교대 간의 차이
  • 측정기(Machine) : 계측기간의 차이, 눈금 빈도의 차이
  • 측정샘플(Material) : 자재 간의 변동
  • 측정방법(Method) : 계측기 읽는 방법의 차이, 측정방법의 차이
  • 측정 조건(Environment) : 습도, 온도, 압력 등 작업환경의 차이
㉤ 계량형 및 계수형 측정시스템의 비교
  • 계량형 : 버니어, 마이크로미터, 삼차원 측정기 등과 같이 실질 수학데이터가 발생되는 계측시스템이다.
    - 1회 관측에 따른 정보의 가치가 높다.
    - 충분한 정보를 얻는 데 소요되는 관측 횟수가 적다.
  • 계수형 : 'Go-not Go', 'Snap 게이지', 'Ring 게이지' 등 합부판정데이터가 발생되는 계측시스템이다.
    - 계측기의 원가가 낮고, 작업원의 숙련도가 낮아도 된다.
    - 사용속도가 빠르고, 데이터 기록이 간단하고, 1회 관측에 수반되는 총비용이 낮다.
㉥ 게이지 R&R(Repeatability & Reproducibility) : 측정시스템의 반복성과 재현성을 분석하여 측정시스템이 통계적 특성을 적절히 유지하고 있는지를 평가하는 방법이다.

- Gage R&R로 측정하는 것은 반복성과 재현성이다.
  - 반복성(Repeatability) : 한 명의 측정자가 하나의 측정계기를 여러 차례 사용해서 동일한 제품의 동일한 품질특성을 측정하여 얻은 측정값의 변동이다.
  - 재현성(Reproducibility) : 동일한 계측기로 동일 제품을 여러 작업자가 측정하였을 때 나타나는 결과의 차이이다.
- 반복성을 나타내는 계측기 변동을 EV, 재현성을 나타내는 측정자 변동을 AV라고 할 때 R&R은 다음과 같이 계산한다.
  - $Gage\,R\&R = \sqrt{(EV)^2 + (AV)^2}$
  - $\%R\&R = \dfrac{R\&R}{T(공차)} \times 100[\%]$
- R&R 평가기준
  - %R&R ≤ 10% : 계측기 관리가 잘되어 있으며 측정시스템이 양호하다.
  - 10% < %R&R < 30% : 사용될 수도 있으나 측정하는 특성치, 고객 요구, 공정의 Sigma 수준 등에 의해 결정된다. 계측기 수리비용, 측정오차의 심각성을 고려하여 조치를 취할 것인지를 결정한다.
  - %R&R ≥ 30% : 사용하기 부적절하여 문제를 찾고, 근본 원인을 제거해야 한다. 계측기 관리가 미흡한 수준이며 반드시 계측기 변동의 원인을 규명하여 해소시켜 주어야 한다.

② 계측관리
  ㉠ 계측 관련 용어
  - 계측(Instrumentation) : 여러 방법과 장치를 이용하여 어떤 사실을 양적으로 포착하는 일로 측정보다 더 넓은 내용을 함축한다.
  - 측정(Measurement) : 사실을 양적으로 파악하기 위해 행하는 구체적인 조작 자체이다. 측정방법에는 직접 측정, 비교 측정, 간접 측정 등이 있다.
  - 계측관리 : 생산공정에서 품질특성을 측정하는 데 필요한 적정 계측기를 선정하고 정비하여 그 정밀도(반복성)를 유지하는 한편(계측기 관리), 그 측정방법의 개선과 적정한 실시에 필요한 조치를 취하는 것(계측작업의 관리)이다.
  - 보정 : 비교검사 및 교정에 의해 계측기의 정확한 측정치를 나타나게 하는 것이다.
  - 기차 : 계량기가 표시하는 양이 실량에 미달하는 경우의 그 미달량이다.
  - 비교검사 및 교정 : 계측기를 원기, 표준기 및 기준기와 비교하여 공차를 구하는 것이다.
  ㉡ 계측관리 전반
  - 계측기 관리에 있어서 계측기의 신뢰성을 확보하는 가장 기본적인 조치는 교정이다.
  - 계측의 필요성 : 좋은 것과 나쁜 것을 판정하고, 거래·계약의 기준되며, 기업활동을 원활히 하기 위해서 필요하다.
  - 계측관리의 필요성 : 올바른 계측관리를 바탕으로 할 때 비로소 품질관리가 효과적인 기능을 발휘한다. 품질특성치에 이상값이 나온 경우 우선 계측기의 오차나 측정방법의 적합 여부를 확인한 후에 그 이상원인을 조사하는 것이 올바른 순서이다.
  - 계측관리의 목적 : 측정, 검사, 평가의 정확성 확보, 불량률 감소, 품질 향상, 원가 절감, 생산성 향상, 최종 제품의 신뢰성 확보
  - 계측관리 전개방법 : 자주관리방식, 집중관리방식
    - 자주관리방식 : 목적에 맞는 계측관리 실시, 계측기술의 축적과 향상 곤란, 담당자와 부서 간에 관리방법·실시상황의 차이가 발생할 수 있다.
    - 집중관리방식 : 관리방법이 통일되고, 계측기술 축적 전개가 가능하다. 그러나 목적에 맞는 계측관리 실시는 곤란하다.
  - 계측작업에 관한 실시사항(계측의 표준화) : 측정방법의 표준화, 측정조건의 표준화, 측정결과의 처리와 활용의 표준화, 계측작업에 관한 교육훈련 실시, 측정오차의 평가와 관리, 계측작업의 개선·합리화
  - 자주적인 계측관리체제 : 제품의 품질·안정성 유지 및 향상, 검사·계측작업의 합리화, 관리업무의 효율화, 한국산업규격·해외안전규격·품질시스템 인증규격 등에 적합한 관리체제 운영, 계측관리에 대한 종업원의 이해와 관심 제고, 계량·계측에 관한 법규에 적합한 관리체제 유지
  - 계측체제 확립 추진을 위한 기본조건
    - 관계자 전원 참가의 활동으로 되어 있을 것
    - 사업장의 특질에 맞는 특징이 있을 것

- 경영에 공헌할 수 있는 활동일 것
- 자체 교정 대상 계측기의 기준기가 있을 것
• 계량단위의 거래상 또는 증명상의 사용 제한
  - 검정 중인 표시가 없는 것
  - 검정에 합격한 후 대통령령으로 정하는 유효기간을 경과한 것
  - 법정 계량단위 이외의 계량단위가 표시되어 있는 것
  - 무허가로 제작한 것
  - 수리한 후 검정을 받지 아니하거나 검정에 합격하지 아니한 것
  - 변조한 것
  - 공차가 대통령령으로 정하는 검정공차를 초과한 것
  - 대통령령으로 정하는 구조를 구비하지 못한 것
• 계측기능의 목적
  - 로트의 품질에 대한 정보를 제공해 준다.
  - 생산공정능력에 대한 정보를 제공해 준다.
  - 측정과정의 정확도와 정밀도에 대한 정보를 제공해 준다.
• 계측관리 실시상의 유의점
  - 필요 이상으로 계측관리를 엄격하게 실시함으로써 생산 수량이 계획대로 완성되지 않아 소비자에게 제때 납품을 못하는 일이 발생되어서는 안 된다.
  - 반대로 제품의 납기와 수량에만 집중하여 계측관리를 소홀히 함으로써 클레임이 발생하는 것도 경영상 바람직하지 못하다.
  - 부적당한 계측관리를 실시하여 제조원가가 높아지면 제품이 팔리지 않는다.
  - 값을 싸게 하는 데 신경을 써 중요한 품질특성을 확인하지 않고 나쁜 품질을 출하하는 것은 바람직하지 않다.

ⓒ 계측의 종류
  • 계측 대상에 의한 분류
    - 분석적 계측 : 물리·화학량 측정(과학기술조사, 연구분석 포함)
    - 종합적 계측 : 품질, 원가, 납기 등 분석적 계측의 통합

• 계측목적에 의한 분류
  - 운전(작업) 계측 : 작업자가 스스로 작업(조정, 운전)의 지침으로 이용하는 계측과 작업결과나 성적에 관한 계측
  - 관리계측
    ⓐ 생산활동이나 관리활동과 관련하여 일상적 또는 정기적으로 실시하는 계측
    ⓑ 관리하는 사람이 관리를 목적으로 측정평가하기 위한 계측
    ⓒ 관리계측의 종류 : 환경조건에 관한 계측, 생산능률에 관한 계측, 자재·에너지에 관한 계측, 생산설비에 관한 계측, 제품·중간 제품의 계측, 작업결과나 성적에 관한 계측 등
  - 시험연구계측 : 특정문제를 조사하거나 시험 연구를 위해 이용하는 계측(연구실험실에서 시험·연구계측, 작업장에서의 계측)

ⓔ 계측기, 계량기의 관리
  • 계측기, 계량기 관리의 목적 : 품질보증, 품질평가, 생산능력평가
  • 계측관리체제 정비의 목적 : 제품의 품질과 안전성 유지 및 향상, 검사·계측작업의 합리화, 관리업무의 효율화, 공업표준규격·해외안전규격·품질인증 등에 대한 관리체계에 충실, 계측관리에 관한 종업원의 이해 및 관심의 고취, 법률면(계량법)에서의 체제 강화
  • 계측기 선정 시 고려사항
    - 특정 대상물의 품질규격(치수 허용한계, 최소 단위 등)
    - 측정방법 및 측정조건(장소, 환경 등)
    - 계측기의 성능·판별력(측정범위, 최소 측정단위, 정밀도, 감도)
    - 측정비용 등 경제성(측정시간 등)
  • 계측기 취급 및 보관 시 일반적인 주의사항
    - 사용 전과 후에 측정면과 각부에 묻은 먼지, 오물 등을 마른 헝겊으로 잘 닦을 것
    - 장기 보관 시에는 방청유를 헝겊에 묻혀서 각부에 골고루 방청되게 할 것
    - 습기가 적고 통풍이 잘되며 직사광선에 노출되지 않도록 하고, 자성이 있는 물질이 없는 곳에 보관할 것

- 계측작업에 관한 실시사항(계측 표준화) : 측정방법 표준화, 측정조건 표준화, 측정결과 처리와 활용 표준화, 계측작업에 관한 교육훈련 실시, 측정오차의 평가와 관리, 계측작업의 개선과 합리화
- 계측기별 관리지침서 주요내용 : 계측기 사용목적과 용도의 명확한 규정, 계측기 원리·구조·성능 등 시방(정격구조) 명시, 계측기의 물상의 상태·양·특성 등의 명시, 계측기 취급방법(취급상의 주의사항 포함), 일상점검 및 정기점검(점검항목, 점검방법, 점검빈도, 점검시기, 판정기준 등), 이상 시 처리요령
- 측정기의 관리 규정항목 : 측정기의 보관 및 출납, 정기점검의 시기, 측정기대장의 정리요령 등
- 계측기 관리업무 중 검사, 측정 및 시험장비 관리에서 고려해야 할 사항 : 정확도 및 정밀도, 시험장비의 검·교정, 사용 적합성 등
ⓜ 계측기의 종류
- 국가표준기 : 계량 및 계측 분야별 기본단위, 유도단위, 특수단위에 대해 최고 정도를 갖고 있는 국가의 현 사용 및 유지용 표준기기로, 정밀 정확도는 1등급 및 2등급 표준기기이다.
- 교정용 기준기 : 공장용 기준기 및 정밀 계측기기의 교정 및 검증에 사용되는 교정검사기관 및 산업체가 유지해야 할 4등급 표준기기이다.
- 공장용 기준기 : 정밀 계측기급 이하의 교정 및 검증에 사용되는 5등급 기기이다.
- 정밀계측기 : 산업체 및 시험검사기관에서 징밀 측정 및 시험검사에 사용하는 6등급 기기이다.
- 일반계측기 : 산업체 및 시험검사기관에서 일반 계측용으로 사용하는 정밀 계측기보다 정도가 낮은 7등급 기기이다.
- 하급 계측기 : 일반 계측기보다 정도가 낮은 8등급 기기이다.
ⓗ 계측기의 검정
- 계측기 검정의 주체 : 중소기업청장, 서울특별시장, 부산시장, 각 도지사
- 검정의 합격조건 : 대통령령으로 정하는 종류에 포함된 계측기, 대통령령으로 정하는 구조를 갖춘 계측기, 기차가 대통령령으로 정하는 검정공차를 초과하지 아니한 계측기
- 검정의 유효기간 : 대통령령으로 정하는 바에 따른다.

- 원기의 보관 : 기본단위의 표준원기는 중소기업청장이 보관한다.
- 계측기검정 신청기관 : 국립공업기술원, 지방공업기술원장, 도지사, 한국표준연구소장
- 구조검정 면제 대상 계량기 : 형식 승인을 얻은 계량기, KS 표시 허가를 얻은 계량기, 품질관리등급사정을 받은 계량기, 기타 공업진흥청장이 필요하다고 인정하여 정하는 계량기
- 소재 장소 점검 대상 : 계량기의 구조가 방대하여 운반이 곤란한 경우, 계량기의 토지·건물·기타 공작물에 부착된 경우, 계량기의 성질상 운반으로 인하여 파손되거나 그 정밀도가 떨어질 우려가 있을 때, 계량기의 수가 많을 경우
- 기준기의 검정유효기간
  - 10년 : 기준전량플라스크, 기준전량피펫, 기준뷰렛
  - 6년 : 기준밀도부액계, 농도기준기, 비중기준기
  - 5년 : 기준곧은자, 기준줄자, 주철제 이외의 기준분동, 기준탱크, 기준부피관
  - 4년 : 기준유리제온도계
  - 2년 : 기준가스미터, 기준수도미터
  - 1년 : 기준표준전지, 기준저항기, 기준전력계, 기준전류계, 기준압력계, 정밀기준전력량계, 보통기준전력량계
- 기준기 시험검사실의 환경
  - 길이계, 부피계, 비중계, 밀도계, 농도계 : 온도 $20 \pm 2[℃]$, 습도 $60 \pm 5[\%]$
  - 기타 계량계 : 온도 $20 \pm 5[℃]$, 습도 $20 \pm 5[\%]$
ⓢ 계측 단위
- SI 기본단위(7가지) : 길이(m), 질량(kg), 시간(sec), 온도(켈빈도 K), 광도(칸델라 cd), 전류(A), 물질(몰 mol) 등
- SI 유도단위(매우 많음) : 면적(m^2), 속도(m/s), 가속도(m/s^2), 압력(kg/m^2), 각도(라디안) 등과 같이 기본단위를 조합하여 유도한 단위
ⓞ 계측특성
- 감도(Sensitivity) : 계측기의 민감한 정도를 표시하는 것이다.
  - 감도(E)는 측정량의 변화(ΔM)에 대한 지시량 변화(ΔA)의 비

- 감도 공식 : $E = \dfrac{\Delta A}{\Delta M}$
- 정확도(Accuracy) : 참값과 측정치 평균값(모평균, 참평균)의 차이다.
  - 동일 샘플이나 제품을 무한 횟수 측정하였을 때 평균값과 참값의 차이
  - 참값에 대한 '치우침'의 작은 정도
  - 계통적 오차의 작은 정도
  - 별칭 : 치우침, 편차, 편의 또는 편위(Bias)
- 정밀도(Precision) : 측정값(분포) 흩어짐의 정도이다.
  - 산포의 폭 크기
  - 분산, 표준편차, 범위 등으로 표시
  - 동일한 작업자가 동일한 측정기를 가지고 동일 제품을 측정하였을 때 파생되는 측정의 변동
  - 우연오차의 작은 정도
  - 계측기의 정밀도는 제품의 품질기준에 대응할 수 있는 정밀도이어야 한다.
- 정도(精度) : 측정에 있어서의 정확성과 정밀도이다.
  - 측정값의 오차가 작을수록 정확성이 높다.
  - 측정대상의 모표준편차가 작을수록 정밀도가 높다.
  - 위의 두 경우를 합쳐서 정도를 나타낸다.
- 지시범위 : 계측기의 눈금상에서 읽을 수 있는 측정량의 범위이다.
- 측정범위 : 최소 눈금값과 최대 눈금값에 의거하여 표시된 측정량의 범위이다.
② 계량기 사용의 기본적인 추진방법
- 기본적인 조건 : 전원 참가하는 활동으로 되어 있을 것, 사업장의 특성에 맞는 체계를 가질 것, 경영에 공헌할 수 있는 활동이어야 할 것
- 추진 포인트 : 계측·계량관리를 넓은 뜻으로 해석할 것, 각 부문·각 직위의 분담을 명확히 하여 조직적으로 추진할 것, 개선 사례를 널리 축적하여 개선효과를 파악할 것, 검사 실수·측정오차의 개선관리·보통특성과 사용기기의 적절한 선정
③ 측정오차
  ㉠ 오차의 정의
  - 참값과 측정값의 차
  - 측정시스템과 관련된 오차
  - 측정시스템의 변동으로 표시

- 오차 = 측정값 − 참값 = 측정오차 = 관찰값 − 참값
  ㉡ 오차의 발생원인
  - 측정기 자체의 오차(계기오차, 기차)
  - 측정자의 오차(개인오차)
  - 측정방법 차이의 오차
  - 외부 영향(간접요인)에 의한 측정오차 : 되돌림오차, 접촉온도, 시차, 온도, 측정력, 휨, 진동, 측정기 선택 실수 등
  ㉢ 우연오차와 계통오차
  - 우연오차 : 측정기, 피측정물, 환경 등 원인을 파악할 수 없어 측정자가 보정할 수 없는 오차로, 측정값에 산포로 나타난다.
    - 확률오차 : 기온의 미세한 변동, 계측기의 미세한 탄성 진동, 계측기 접촉부의 전기저항 변화 등으로 생기는 오차로, 공산(公算)오차라고도 한다.
    - 과실오차 : 측정 절차의 적용 실수, 측정값 읽음 실수, 측정결과 기록 오류, 계측기 취급부주의 등으로 발생하는 오차이다.
  - 계통오차(교정오차) : 동일한 측정조건하에서 같은 크기와 부호를 갖는 오차로, 측정기를 미리 검사·보정하여 측정값을 수정할 수 있다.
    - 계기오차 : 계측기의 구조상의 불완전, 마모 등의 차이에 의한 오차로, 교정검사결과에 의하여 보정한다.
    - 되돌림오차(히스테리시스 에러) : 동일한 측정량에 대해서 다른 방향으로부터 접근할 경우의 측정값의 차이다.
    - 이론오차 : 복잡한 이론식 대신 간이식 사용으로 인한 오차로, 이론적으로 보정값을 구해서 수정한다.
    - 환경오차 : 측정 장소의 환경 변화에 따른 오차이다.
    - 개인오차 : 측정자의 고유한 능력, 습관 등의 차이로 인한 오차이다(두 사람 이상의 측정을 비교하여 어느 정도 보정할 수 있음).
  ㉣ 절대오차와 상대오차
  - 절대오차 : 오차의 절댓값
    절대오차 = $|A$(측정값) $- E$(참값)$|$

- 상대오차 : 오차와 참값 비율의 절댓값

$$상대오차 = \left| \frac{A-E}{E} \right|$$

ⓒ 정확도 결정에 필요한 관측 횟수(n) : $E = K_{\frac{\alpha}{2}} \times \frac{\sigma_E}{\sqrt{n}}$

$$\therefore \ n \geq \left(\frac{K_{\frac{\alpha}{2}} \times \sigma_E}{E} \right)^2$$

여기서, E : 오차의 허용한계
　　　　σ_E : 측정오차
　　　　$K_{\alpha/2}(= u_{1-\alpha/2})$: 신뢰계수

④ 관능검사
　㉠ 관능검사의 개요
　　- 관능검사 : 인간의 감각(시각, 청각, 촉각, 후각, 미각)을 이용하여 품질을 평가・판정하는 검사이다.
　　- 관능검사는 기능적 품질(기능, 당연한 품질)과 매력적 품질(디자인의 세련미, 외관 등) 중에서 매력적 품질을 좌우한다.
　　- 관능검사패널을 사용하여 관능검사실에서(단, 소비자 기호조사는 현장) 이루어지며 판정의 감도와 재현성이 중요한다.
　　- 패널(Panel) : 특정목적(여기서는 제품의 관능검사)을 위하여 특정의 자격(제품에 대해 관능검사를 할 수 있는 관능적인 평가능력)을 갖는 사람의 집합체로 패널의 구성원을 패널 멤버, 패널을 통솔하는 사람을 패널리더라고 한다.
　　- 관능검사 단계 : 검사목적 명확화 → 적절한 검사방법 선택 → 패널 편성 → 시료 조달 → 검사 실시계획 수립 → 실시(질문지, 감각기관, 뇌, 말) → 집계 → 분석 → 결론
　　- 관능검사의 목적 : 품질수준 유지 및 개선, 신제품 개발, 원부자재 개량 및 선택, 제조공정 개선 등
　　- 관능검사에 영향을 미치는 요인 : 검사원의 건강・연령・성별, 검사 분위기, 검사 실시시기, 질문지 내용과 질문방법 등
　㉡ 관능검사의 종류
　　- 미각에 의한 검사 : 최소 감량(감각 판정에 있어서 변화가 나타나는 자극척도상의 통계적으로 결정된 한계점), 맛의 한계값(맛의 강도를 측정하는 심리적 척도, 단위는 거스트(gust, 1gust는 설탕 1[%]의 농도에 해당하는 맛의 강도)

- 후각에 의한 검사 : MIO(Minimum Identifiable Order)로 표시. MIO 수치는 공기 1[L] 중의 mg 양, 냄새의 최소 감량은 동일인이라도 측정시간에 따라서 큰 차이를 보인다.
- 색상에 의한 검사
　- 색의 심리적 표현방법 : Munsell Color System, Hunter Color System, ICE색도계(광학적 방법에 의한 삼원색 비율 혼색 표시)
　- 색깔의 측정방법 : 주관적 색깔 평가, 분광분석법, Tristimulus 비색계, 반사광측정기 등
- 색 텍스처(Texture)에 의한 식품의 검사
　- 텍스처는 기계적 촉각, 시각과 청각의 감각기관에 의해 감지할 수 있는 식품의 모든 물성학적 및 구조적 특성이다.
　- 식품의 구조적 요소가 생리적 감각으로 느껴지는 형태의 복합적 결과이다.
　- 식품의 중요한 품질특성의 하나이다.
　- 소비자의 기호도에 큰 영향을 미친다.
　- 입안의 촉각, 근육운동, 청각, 마찰운동 등의 느낌으로 발휘되는 복합적 특성이다.
㉢ 관능검사방법
　- 차이식별검사 : 단일시료법, 2점 대비(Paried Comparison)법, 1・2점(Duo-trio)시험법, 3점(Triangle)시험법
　- 질과 양의 검사 : 순위법, 채점법, 기호척도법, 희석법, 풍미묘사법
㉣ 관능적 판단의 오차
　- 습관의 오차 : 자극강도의 계열이 완만하게 증가하거나 감소할 때 마치 동일한 강도가 계속되는 것처럼 느껴지는 경향에서 오는 오차이다.
　- 기대오차 : 판정자의 선입관에서 오는 심리학적 오차이다.
　- 관련자극오차 : 두 가지의 시료 자체에는 차이가 없는데 용기나 절차 등의 관련 조건이 다를 때 차이가 있다고 오판하는 오차이다.
　- 이론오차 : 관능품질의 2가지 특성이 논리적으로 관련 있다고 판정자가 생각할 때 한 가지 특성만으로 두 시료를 동일하게 평가하는 오차이다.

- 대조오차 : 대조효과에 따른 오차로, 기호수준이 다른 2개 시료를 같이 평가했을 때 나타난다.
- 근사오차 : 근사현상에 따른 오차로, 시험 샘플이 앞 샘플의 성질에 관계없이 유사한 것으로 되는 경향으로부터 오는 오차이다.
- 순위오차 : 시료의 제시 순서나 제시 위치에 따라 판정자의 선입관에 의해 생기는 오차이다.
- 중앙경향오차 : 제품을 채점하는 판정자가 대체로 척도의 중간 정도로 평가하는 경향에서 발생하는 오차이다.
- 연상오차 : 과거의 인상을 반복하는 경향이 있어 자극에 대한 반응이 과거 인상 때문에 감소하거나 증가하는 경우의 오차이다.
- 제1종 오차 : 실제로 존재하는 자극을 감지하지 못하는 오차이다.
- 제2종 오차 : 실제로 존재하지 않는 자극을 존재하는 것으로 판단하는 오차이다.

핵심예제

9-1. 좋은 측정시스템이 갖춰야 할 특성에 관한 설명으로 옳지 않은 것은?
[2014년 제2회, 2023년 제2회]
① 측정시스템은 통계적으로 안정된 관리 상태에 있어야 한다.
② 측정시스템에서 파생된 산포는 제조공정에서 발생한 산포에 비해서 충분히 작아야 한다.
③ 측정시스템에서 파생된 산포는 규격공차에 비해서 충분히 작아야 한다.
④ 규격이 2.05~2.08인 경우 적절한 계측기 눈금은 0.01까지 읽을 수 있어야 한다.

9-2. 동일한 측정자가 동일한 측정기를 이용하여 동일한 제품을 여러 번 측정하였을 때 파생되는 측정변동을 의미하는 것은?
[2008년 제4회, 2009년 제4회, 2012년 제4회, 2015년 제2회, 2016년 제1회]
① 안전성
② 정확성
③ 반복성
④ 재현성

9-3. 다음 조건하에서 계측시스템의 산포(σ_m)는 약 얼마인가?
[2004년 제1회 유사, 2013년 제2회, 2017년 제1회]

• 계측기의 산포(σ_1) : 0.8
• 계측자의 산포(σ_0) : 0.3
• 계측방법의 산포(σ_t) : 0.4
• 기타의 산포 : 무시

① 0.78
② 0.84
③ 0.87
④ 0.94

9-4. 게이지 R&R 평가결과 %R&R이 8.5[%]로 나타났다. 이 계측기에 대한 평가와 조치로서 맞는 것은?
[2004년 제4회 유사, 2006년 제2회 유사, 2012년 제2회 유사, 2017년 제4회]
① 계측기 관리가 전혀 되지 않고 있으므로 이 계측기는 폐기해야만 한다.
② 계측기의 관리가 매우 잘되고 있는 편이므로 그대로 적용하는 데 큰 무리가 없다.
③ 계측기 관리가 미흡하며, 반드시 계측기 오차의 원인을 규명하고 해소시켜 주어야만 한다.
④ 계측기의 수리비용이나 계측오차의 심각성 등을 고려하여 조치 여부를 선택적으로 결정해야 한다.

9-5. 생산활동이나 관리활동과 관련하여 일상적 또는 정기적으로 실시하는 계측과 가장 거리가 먼 것은?
[2003년 제2회, 2008년 제1회, 2013년 제1회, 2023년 제1회]
① 생산설비에 관한 계측
② 자재・에너지에 관한 계측
③ 작업결과나 성적에 관한 계측
④ 연구・실험실에서의 시험연구 계측

9-6. SI 기본단위가 옳게 짝지어진 것은?
[2005년 제2회, 2006년 제4회 유사, 2007년 제1회 유사, 2011년 제1회 유사, 2013년 제2회, 2017년 제1회 유사]
① 광도-럭스(Lux)
② 시간-분(M)
③ 열역학적 온도-켈빈(K)
④ 질량-그램(g)

9-1

측정의 최소 단위는 공정산포나 규격한계 중 작은 것의 1/10보다 커서는 안 된다.

9-2

① 안전성 : 동일한 마스터나 시료에 대하여 하나의 측정시스템을 사용해서 장기간에 걸쳐 단 하나의 특성을 측정하여 얻은 측정값의 총변동이다.
④ 재현성 : 서로 다른 측정자들이 동일한 측정게이지를 사용해서 동일한 시료의 동일한 특성을 측정해서 얻은 측정값 평균의 변동이다.

9-3

$$\sigma_m = \sqrt{\sigma_1^2 + \sigma_0^2 + \sigma_t^2} = 0.94$$

9-4

%R&R 8.5[%]은 10[%] 미만이므로 계측기의 관리가 매우 잘되고 있는 편이므로 그대로 적용하는 데 큰 무리가 없다.

R&R 평가기준

• %R&R ≤ 10% : 계측기 관리가 잘되어 있으며 측정시스템이 양호하다.
• 10% < %R&R < 30% : 사용될 수도 있으나 측정하는 특성치, 고객 요구, 공정의 시그마 수준 등에 의해 결정된다. 계측기 수리 비용, 측정오차의 심각성을 고려하여 조치를 취할 것인지를 결정한다.
• %R&R≥30% : 사용하기 부적절하여 문제를 찾고, 근본원인을 제거해야 한다. 계측기 관리가 미흡한 수준이며 반드시 계측기 변동의 원인을 규명하여 해소시켜 주어야 한다.

9-5

연구·실험실에서의 시험 연구 계측은 특정문제를 조사하거나 시험 연구를 위해 이용하는 계측으로, 생산활동이나 관리활동과 관련하여 일상적 또는 정기적으로 실시하는 계측과 가장 거리가 멀다.

9-6

① 광도 : 칸델라(cd)
② 시간 : 초(sec)
④ 질량 : 킬로그램(kg)

정답 9-1 ④ 9-2 ③ 9-3 ④ 9-4 ② 9-5 ④ 9-6 ③

핵심이론 10 규격과 공정능력

① 규 격

㉠ 개 요

• 호칭치수(공칭치수, Nominal Size) : 규격의 중심이 되고 요구하는 품질특성의 기준이 되는 치수이다.
• 허용차 : 규정된 기준치와 규정된 한계치와의 차이이다.
  – 허용한계치에서 기준을 뺀 값
  – 규정된 기준값과 규정된 한계치의 차 또는 분석시험 등에서 데이터의 산포가 허용될 한계
  – 허용차의 표시방법으로 양쪽이 같은 수치를 가질 때에는 ±를 붙여서 기재한다.
  – 허용차의 표시방법은 기준이 되는 수치 다음에 플러스쪽의 허용차는 +, 마이너스쪽의 허용차는 −를 붙인다.
  – 허용차가 0이라면 별도로 표시하지 않는다.
• 공차(Tolerance) : 최대 허용치와 최소 허용치의 차이이다.
  – 기준이 되는 치수로부터 흩어짐에 의하여 규정된 품질특성의 총허용변동이다.
  – 규정된 최댓값(S_U)과 최솟값(S_L)의 차이다.
• 규격(Specification) : 호칭치수와 공차로 표현된다.

㉡ 공정의 산포와 규격의 조치사항(공정과 규격의 기본적인 관계)

• 공정의 산포가 규격 최대치와 최소치의 차보다 작고 중심이 안정된 경우의 조치사항이다.

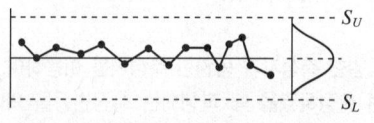

[공정의 산포가 규격한계를 만족할 경우]

  – 현행 제조공정의 관리를 계속한다.
  – 관리한계선을 벗어나는 제품은 원인을 철저히 규명하여야 한다.
  – 검사주기를 늘리거나 간소화한다.
  – 실험계획을 한다고 해서 공정의 산포가 감소되지는 않는다.
  – 관리도로 공정을 관리할 경우 관리한계선을 수정하여 관리할 것을 고려한다.

- (시료를 채취한 후 관리도에 기입하는 정도의) 체크검사를 실시하여 검사를 줄일 것을 고려한다.
- 공정의 산포가 규격 최대치와 최소치의 차와 같은 경우의 조치사항
  - 공정 변화를 항상 체크하고, 공정중심이 규격중심에 오도록 한다.
  - 분포가 커졌을 때는 전수검사를 한다.
  - 실험계획에 의해 공정산포를 줄일 것을 고려한다.
  - 규격 폭을 넓힐 수 있으면 규격을 넓혀 준다.
- 공정의 산포는 규격 최대치와 최소치의 차보다 작으나 중심에서 벗어난 경우의 조치사항

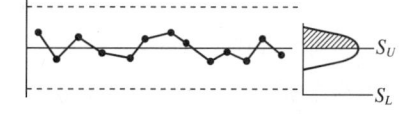

[공정의 산포가 규격한계보다 작고 규격을 벗어났을 경우]

  - 공정과 규격이 일치하도록 관리하거나 제품에 불리한 영향을 주지 않도록 현재의 규격을 변경한다.
  - 만약 규격한계 내의 분포중심을 옮길 수 없으면 공정을 변동시키는 등 원인을 발견하기 위해 실험을 계속한다.
  - 필요한 정보가 얻어질 때까지 전수 선별한다.
- 공정의 산포가 규격의 최대치와 최소치의 차보다 클 경우의 조치사항

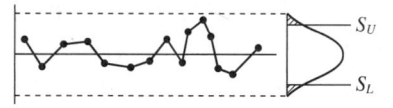

[공정의 산포가 규격한계보다 클 경우]

  - 규격을 넓힌다(규격이 현실에 맞지 않게 너무 엄격하면, 제품을 받는 업체와 상의하여 규격의 범위를 넓힘).
  - 실험을 계획하여 공정의 산포를 감소시킨다.
  - 문제가 해결될 때까지 납품되는 제품을 철저하게 전수검사한다.
  - 재가공이나 폐기품까지도 포함시켜 경제적인 견지에서 어떤 기준을 정하여 그 기준으로서 관리를 계속한다.
  - 새로운 기계의 구입, 공구설계, 가공방법 변경 등 기본적인 공정의 개선을 꾀한다.
  - 공정의 산포를 줄이기 위하여 공정조건을 바꾼다.

- 공정과 규격 사이의 모순 해결방법
  - 공정을 변경한다.
  - 규격을 변경한다.
  - 한계 밖으로 나가는 제품을 선별한다.
ⓒ 끼워맞춤
- 끼워맞춤(Fit)은 서로 조립되어야 하는 상대부품들 간의 끼워맞추기 전의 치수차에 따라 틈새 또는 죔새가 생기는 관계이다.
  - 틈새(Clearance) : 구멍의 치수가 축의 치수보다 클 때의 치수차
  - 죔새(Interference) : 구멍의 치수가 축의 치수보다 작을 때의 치수차
- 끼워맞춤의 종류
  - 헐거운 끼워맞춤(Clearance Fit) : 항상 틈새가 생기는 끼워맞춤
  - 억지 끼워맞춤(Interference Fit) : 항상 죔새가 생기는 끼워맞춤
  - 중간 끼워맞춤(Transition Fit) : 틈새 또는 죔새가 생기는 끼워맞춤
ⓓ 조립품 공차 설정방법 : 공차 설정의 통계적 방법으로 분포의 가법성(Addition of Distribution)이 성립한다.
- 분포의 가법성이론
  - 평균치 합의 법칙 : 부품 하나의 치수가 다른 부품에 조립될 때 조립품 치수의 평균값은 부품 치수 평균값의 합이다.
  - 평균치 차의 법칙 : 부품 하나의 치수가 다른 부품의 치수로부터 감하도록 조립되면 조립품 치수 평균값의 치수차이다.
  - 평균치 합과 차의 법칙 : 부품의 어떤 치수는 서로 더해지지만 어떤 치수는 빼도록 조립될 때 조립품의 치수의 평균값은 각각 더하거나 뺀 치수이다.
  - 표준편차 가법성의 법칙 : 분산의 가법성에 따른다.
- 틈새와 끼워맞춤 공차 : 공차의 통계적 가법성을 적용한다.
  - 조립품 틈새의 평균값 = 구멍 직경의 평균값 − 축 직경의 평균값
  - 조립품 틈새의 분산(V) = 구멍 직경의 분산 + 축 직경의 분산

- 최소 틈새의 분산 = 조립품 틈새의 분산의 평균값 − 3V
- 최대 틈새의 분산 = 조립품 틈새의 분산의 평균값 + 3V
- 규격의 분산 = 조립품 틈새의 분산의 평균값 ± 3V

② 공정능력
　㉠ 공정능력의 개요
　　• 공정능력(Process Capability)의 정의
　　　- 공정에 있어서의 달성능력이다.
　　　- 생산공정이 얼마나 균일한 품질의 제품을 생산할 수 있는지를 반영하는 정적인 상태의 고유능력이다.
　　　- 공정이 특정조건하에서 관리(안정) 상태에 있을 때 공정이 만들어 낼 수 있는 품질에 대한 달성능력이다.
　　　- 통계적 관리 상태에 있는 공정의 정상적인 움직임(외부 원인(요인)에 방해 없이)으로 운영되는 공정에 의해서 만들어진 일련의 예측할 수 있는 결과이다.
　　　- 안정된 공정이 지닌 특정성과에 대한 합리적으로 달성 가능한 능력의 한계이다.
　　　- 설계품질과 합치된 제품품질을 얻기 위하여 설비, 기계, 원료, 연료, 재료, 부품, 작업자 및 작업방법 등에 대하여 실시된 조건 설정의 결과로서, 일정 기간의 계속이 기대되는 안정 상태의 공정에 있어서 경제적 내지 기타 특정조건의 허용범위 내에서 도달 가능한 공정의 달성능력 상한이다(공정의 실적과는 다름).
　　　- 주란(J.M. Juran) : 공정이 최상을 이룰 때(관리 상태에 있을 때) 제품 각각의 변동이 어느 정도인가를 표시하는 양으로, 공정능력을 자연공(Natural Tolerance)인 6σ로 표현한다.
　　　- 커크패트릭(E. G. Kirkpatrick) : 주란(J.M. Juran)과 같이 공정능력과 자연공차를 동의어로 사용하고, 의미가 있는 원인이 제거되거나 적어도 최소화된 상황에 있어서의 공정의 최선의 결과를 의미한다.
　　• 공정능력 개념의 규정 요건
　　　- 공정능력은 장래를 예측할 수 있는 결과에 대한 것이어야 한다.
　　　- 과거에 대한 결과를 평가할 수는 없다.
　　　- 요인 상태에 대한 규정이 필요하다.
　　　- 요인 상태에 대한 규정은 공정이 놓인 조건에 따라 달라진다.
　　　- 공정능력은 특정조건(통계적 관리 상태)하에서 도달 가능한 한계 상태를 표시하는 정보여야 한다.
　　　- 공정능력척도는 반드시 고정적인 것은 아니며 공정능력의 개념과 결부시켜 결정해야 한다.
　　　- 산포는 각각의 제품 변동이 어느 정도인가를 나타내는 양이다.
　㉡ 공정능력의 종류
　　• 안정 상태가 계속되는 기간에 따른 분류
　　　- 단기 공정능력 : 임의의 일정시점에서 공정의 정상적인 상태(급내변동)
　　　- 장기 공정능력 : 정상적 공구 마모 영향, 공작물관리의 미세한 변동 등을 포함(급내변동과 급간변동의 합)
　　• 안정 상태 의미의 넓고, 좁음에 따른 분류
　　　- 정적 공정능력(Static Process Capability) : 문제의 대상물이 갖는 잠재능력(공작기계 자체의 정도)
　　　- 동적 공정능력(Dynamic Process Capability) : 현실적인 면에서 실현 가능한 능력(공작기계의 가공 정도)
　㉢ 공정능력을 정보로서 활용하기 위한 양적 표현방법 : 품질특성분포의 6σ를 추정하여 공정능력으로 정하는 6σ에 의한 방법, 공정능력지수에 의한 방법, 공정능력비에 의한 방법 등의 3가지가 있다.
　㉣ 품질특성 분포 추정과 히스토그램을 이용하여 공정능력치를 계산하는 방법
　　공정능력치 ±3σ

$$= \pm 3h \sqrt{\frac{\sum f_i u_i^2}{(\sum f_i - 1)} - \frac{\left(\sum f_i u_i\right)^2}{\sum f_i (\sum f_i - 1)}} = \pm 3\left(\frac{\overline{R}}{d_2}\right)$$

$$= \pm 3\left(\frac{\overline{R_s}}{d_2}\right)$$

　㉤ 공정능력지수에 의한 방법
　　• 공정능력지수(Process Capability Index) : 공정능력(6σ)과 규격 폭의 비율로서, 공정이 규격에 맞는 제품을 생산할 수 있는 능력이 충분한지를 나타내는 지수이다.

- 공정능력지수는 자연공차와 규격 폭의 비율로서 공정이 규격에 맞는 제품을 생산할 능력을 가지고 있는지를 나타내는 지수이다.
- 6σ : 자연공차(Natural Tolerance)
- 공정능력지수의 적용효과
  - 공정이 공차를 어느 정도 잘 유지할 수 있는지 예측할 수 있다.
  - 규격(시방)을 충족시키지 못하는 공정을 파악할 수 있다.
  - 공정능력지수는 협력업체의 제조공정에 대한 품질수준을 감사(Audit)할 때 유용하게 활용할 수 있다.
  - 공급자(거래처) 선정 시 공급자의 공정능력을 평가할 수 있다.
  - 공정능력이 부족한 공정들을 파악하여 공정 개선의 우선순위를 선정할 수 있다.
  - 규격한계를 초과하는 불량품의 생산비율을 추정할 수 있다.
  - 신제품 생산공정능력을 추정할 수 있다.
  - 제품 개발 및 설계단계에서 공정 선택, 변경 판단을 할 수 있다.
  - 관리도 운영에 있어서 부분군 채취 간격 설정을 할 수 있다.
  - 새로운 장비들이 갖추어야 할 기능상 필요조건을 규정할 수 있다.
  - 제조공정의 품질변동 감소
  - 공정 최적 운영 상태 유지를 위한 장기간 공정성과 평가를 할 수 있다.
- 공정의 산포만을 반영하는 C_p
  - C_p는 단지 공정변동(Actual Process Spread, Natural Tolerance)에 대한 규격변동(Allowable Process Spread, Part Tolerance)의 양적인 표현을 나타내는 것이다.

$$C_p = \frac{\text{allowable process spread}}{\text{actual process spread}}$$

$$= \frac{\text{규격상한} - \text{규격하한}}{\text{자연공차}(6\sigma)} = \frac{USL - LSL}{6\sigma}$$

$$= \frac{T}{6\sigma}$$

- C_p는 허용규격이 양측으로 주어졌을 때 사용하며 규격범위와 관련된 공정범위에 따라서 C_p값은 여러 가지로 나타난다.
- $C_p = 1.0$은 한 공정에서의 실제공정의 범위와 규격허용의 범위가 일치됨을 나타내며 안정된 정규분포 상태에서는 이론상 규격한계를 벗어나는 부분이 $0.23[\%]$이다. 그러나 기계나 공구의 마모, 노후화 등에 의해 안정적으로 공정품질을 확보하기 어려우므로 $C_p = 1.33$ 이상이 바람직하며 이때 고정 불량 부분은 $0.007[\%]$이다.
- 품질특성에 대한 상한규격만 존재할 때는 C_{pU}를 측정한다.
- 치우침을 고려한 또는 공정평균의 위치를 반영한 공정능력지수(C_{pk}) : 공정능력이 산포의 중심에서 벗어난 정도를 공정능력지수에 반영하기 위해 공정평균이 규격중심에서 벗어나는 정도인 치우침(k, $0 < k \le 1$)을 적용한다.
  - 치우침 : $k = |M - \overline{x}|$(공정의 평균과 규격의 중앙값의 거리)
  - 치우침(Bias) :

$$k = \frac{\text{규격중심} - \text{평균}}{\text{공차영역의 절반}}$$

$$= \frac{|M - \mu|}{T/2} = \left| \frac{USL + LSL}{2} - \mu \right| / \left(\frac{USL - LSL}{2} \right)$$

  - $C_{pk} = (1 - k) \times C_p$
  - 규격상한만 있는 경우 : $C_{pk} = (USL - \mu)/3\sigma$
  - 규격하한만 있는 경우 : $C_{pk} = (\mu - LSL)/3\sigma$

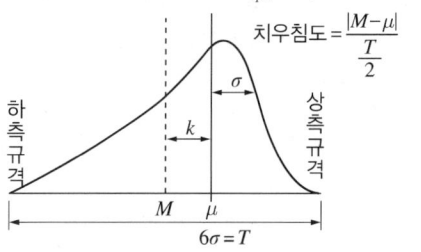

  - C_{pk}의 특징
    ⓐ 일정기간 중의 실제 공정능력을 추적할 수 있다.
    ⓑ 공정이 규격중심에서 얼마나 치우쳤는지 확인할 수 있다.
    ⓒ 공정 개선을 위한 우선순위와 개선의 방향성을 결정할 수 있다.

– C_p와 C_{pk}의 관계

ⓐ C_p는 산포에 대한 공정능력을 측정하지만, 평균치의 치우친 정도는 알 수 없다.

ⓑ C_p값은 공정평균의 위치를 고려하지 않지만 C_{pk}는 고려한다.

ⓒ C_{pk}는 치우침을 고려한 공정능력으로, 품질이 안정 상태일 때 C_p보다 값이 클 수 없다.

ⓓ C_p와 C_{pk}의 관계는 언제나 $C_p \geq C_{pk}$이다.

ⓔ 공정중심의 규격중심에 일치할 때 $C_p = C_{pk}$이다.

ⓕ $C_{pk} < C_p$일 때 공정평균은 규격중심과 일치하지 않는다.

• 공정능력지수의 등급 구분

등급	공정능력지수 공정능력 판단기준	시정조치
0등급	• $C_p \geq 1.67$ • 공정능력이 남아돈다 (매우 만족).	• 산포가 약간 커져도 걱정할 필요 없다. • 비용 절감이나 관리의 간소화를 도모한다. • 공정능력을 현재의 수준으로 유지하면서 제품의 단위당 가공시간을 단축시키는 생산성 향상을 도모하는 것이 바람직하다.
1등급	• $1.67 > C_p \geq 1.33$ • 공정능력이 충분하다 (만족).	• 아주 이상적인 공정상황이다. • 현재의 상태를 유지한다.
2등급	• $1.33 > C_p \geq 1.00$ • 공정능력이 충분하지는 않지만 그 정도면 괜찮다(보통).	• 현 공정의 향상을 위해 연구해야 하며 공정관리를 확실하게 하여 관리 상태를 유지해야 한다. • 공정능력지수가 1에 가까워지면 불량 발생의 가능성이 있으므로 주의해야 한다.
3등급	• $1.00 > C_p \geq 0.67$ • 공정능력이 부족하다 (불만족).	• 불량품이 생기고 있다. • 전체 선별, 공정의 개선, 관리가 필요하다.
4등급	• $0.67 > C_p$ • 공정능력이 대단히 부족하다(매우 불만족).	• 품질이 전혀 만족스럽지 않다. • 서둘러 현장조사, 원인 규명, 품질개선과 같은 긴급 대책을 강구해야 한다. • 규격의 한계도 재검토할 필요가 있다.

• 공정능력지수별 예상 불량률
($\pm 1.5\sigma$ shift 미고려 시)

$S_U - S_L = T$	C_p	불량률
$\pm 1\sigma$	0.33	31.73[%]
$\pm 2\sigma$	0.67	4.55[%]
$\pm 3\sigma$	1.00	0.27[%]
$\pm 4\sigma$	1.33	63[ppm]
$\pm 5\sigma$	1.67	0.57[ppm]
$\pm 6\sigma$	2.00	0.002[ppm]
판정 기본	$T > 6\sigma \rightarrow C_p > 1.0 \rightarrow$ 안정된 공정 판정 $T < 6\sigma \rightarrow C_p < 1.0 \rightarrow$ 불안정한 공정 판정 $T = 6\sigma \rightarrow C_p = 1.0 \rightarrow$ 관리 필요 공정 판정	

ⓗ 공정능력비(Process Capability Ratio)에 의한 방법

• D_p는 공정능력비이며, C_p의 역수이다.

• $D_p = \dfrac{1}{C_p} = \dfrac{6\sigma}{T}$

• 공정능력비가 클수록 공정능력이 나빠진다.

핵심예제

10-1. 다음과 같은 규격의 3가지 부품 A, B, C를 이용하여 B + C − A와 같이 조립할 경우 이 조립품의 허용차는?

[2007년 제1회 유사, 2008년 제1회 유사, 2009년 제1회 유사, 2010년 제1회 유사, 2014년 제2회 유사, 2015년 제1회, 2017년 제4회 유사, 2020년 제4회]

• A부품의 규격 : 4.0 ± 0.02
• B부품의 규격 : 8.5 ± 0.03
• C부품의 규격 : 6.0 ± 0.06

① ± 0.050 ② ± 0.060
③ ± 0.070 ④ ± 0.110

10-2. 두께 10 ± 0.04[mm]인 4개의 부품을 임의 조립방법에 의해 겹쳐서 조립할 경우 조립공차는 몇 [mm]인가?

[2006년 제1회, 제4회 유사, 2010년 제4회 유사, 2011년 제4회 유사, 2015년 제2회]

① ± 0.04 ② ± 0.08
③ ± 0.40 ④ ± 0.80

10-3. 어떤 조립품은 2개의 부품으로 조립된다. 조립품의 규정 공차가 ±0.015일 때, 1개의 부품은 공차가 ±0.010으로 이미 만들어져 있다. 나머지 부품의 공차는 약 얼마로 설계해야 하는가?

[2016년 제1회 유사, 제4회]

① ±0.0112   ② ±0.0250

③ ±0.0350   ④ ±0.0550

10-4. 길이가 각각 $X_1 \sim N(5.00, 0.25^2)$, $X_2 \sim N(7.00, 0.36^2)$ 및 $X_3 \sim N(9.00, 0.49^2)$인 3부품을 임의의 조립방법에 의해 길이로 직렬연결할 때 $(X_1 + X_2 + X_3)$의 공차는 $\pm 3\sigma$로 잡고, 조립 시의 오차는 없는 것으로 한다면, 이 조립 완제품의 규격은 약 얼마인가?(단, 단위는 [cm]이다)

[2007년 제4회 유사, 2017년 제2회, 2022년 제1회]

① 21±0.657   ② 21±1.048

③ 21±1.972   ④ 21±3.146

10-5. 어떤 조립품의 구멍과 축의 치수가 다음 표와 같이 주어질 때 평균 틈새는 얼마인가?

[2005년 제4회 유사, 2007년 제2회 유사, 2013년 제1회, 제4회 유사, 2015년 제4회 유사, 2016년 제2회]

구 분	구 멍	축
최대 허용치수	A = 0.6009	a = 0.6004
최소 허용치수	B = 0.6006	b = 0.6000

① 0.00055   ② 0.00045

③ 0.00035   ④ 0.00025

10-6. 어떤 제품의 품질특성 조사결과 표준편차는 0.02, 공정능력지수(C_p)는 1.20이었다. 규격하한이 15.50이라면 규격상한은 약 얼마인가?

[2005년 제2회, 2013년 제1회 유사, 2016년 제4회]

① 15.57   ② 15.64

③ 16.10   ④ 15.55

10-7. $C_p = 1.33$이고 치우침이 없다면 평균 μ에서 규격한계(S_U 또는 S_L)까지의 거리는 몇 σ인가?

[2013년 제4회 유사, 2014년 제1회]

① 2σ ② 3σ

③ 4σ ④ 6σ

10-8. 어떤 품질특성의 규격값이 12.0±2.0으로 주어져 있다. 평균이 11.5, 표준편차가 0.5라고 할 때, 최소 공정능력지수(C_{pk})는 얼마인가?

[2014년 제1회, 제2회 유사, 2016년 제2회 유사, 2017년 제4회]

① 0.67   ② 0.75

③ 1.00   ④ 1.33

10-9. $X - R$(이동범위) 관리도를 작성하여 공정능력지수를 구하려고 한다. 공정능력지수(Cp)값은?(단, $n = 2$, $d_2 = 1.128$이며 공정은 안정 상태이고 정규분포를 따른다)

[2007년 제4회 유사, 2015년 제1회]

$$k = 20, \quad \sum x = 490.5, \quad \sum R = 18.6$$
$$S_U = 28, \quad S_L = 22$$

① 0.953   ② 1.152

③ 1.213   ④ 1.397

10-10. 전기조립품을 제조하는 공장에서 공정이 안정되어 있는가를 판단하기 위해 $n = 5$, $k = 20$의 $\overline{X} - R$관리도를 작성하였다. 그 결과 $\sum \overline{x} = 213.20$, $\sum R = 31.8$을 얻었으며 공정이 안정된 것으로 판단되었다. 이때 공정능력지수(C_p)가 1인 경우 규정공차($U - L$)는 약 얼마인가?(단, $n = 5$일 때, $d_2 = 2.326$이다)

[2007년 제2회 유사, 2017년 제1회]

① 1.368   ② 3.180

③ 4.102   ④ 8.204

10-1

$\pm\sqrt{0.02^2+0.03^2+0.06^2}=\pm0.070$

10-2

$\pm\sqrt{4\times0.04^2}=\pm2\times0.04=\pm0.08$

10-3

$\pm0.015=\pm\sqrt{0.01^2+x^2}$ 에서 $x\simeq\pm0.0112$

10-4

조립 완제품의 규격 $=(5+7+9)\pm3\sigma$

$=21\pm3\sqrt{0.25^2+0.36^2+0.49^2}$

$=21\pm1.972$

10-5

평균 틈새 $=\dfrac{\text{최대 틈새}+\text{최소 틈새}}{2}$

$=\dfrac{(0.6009-0.6000)+(0.6006-0.6004)}{2}=0.00055$

10-6

$C_p=\dfrac{T}{6\sigma}$ 에서 $1.2=\dfrac{S_u-15.5}{6\times0.02}$ 이므로, $S_u=15.644$

10-7

$C_p=\dfrac{T}{6\sigma}=1.33$ 이므로, $T\simeq8\sigma$

따라서, $\dfrac{T}{2}=\dfrac{8\sigma}{2}=4\sigma$

10-8

$C_{pk}=\dfrac{\mu-L}{3\sigma}=\dfrac{11.5-10}{3\times0.5}=1.0$

10-9

$C_p=\dfrac{T}{6\sigma}=\dfrac{S_U-S_L}{6\times\dfrac{\overline{R_s}}{d_2}}=\dfrac{28-22}{6\times\dfrac{18.6/19}{1.128}}=\dfrac{6}{6\times\dfrac{0.9789}{1.128}}=1.152$

10-10

$C_p=\dfrac{T}{6\sigma}=1$ 이므로, $T=(U-L)=6\times\left(\dfrac{\overline{R}}{d_2}\right)=6\times\dfrac{31.8/20}{2.326}$

$=4.102$

정답 10-1 ③ 10-2 ② 10-3 ① 10-4 ③ 10-5 ① 10-6 ② 10-7 ③
10-8 ③ 10-9 ② 10-10 ③

제2절 | 표준화

핵심이론 01 표준화 전반

① 표준의 개요

ㄱ 표준(Standard)
- 관계되는 사람들의 이익이나 편리를 공정히 도모할 수 있도록 물체, 성능, 능력, 배치, 상태, 동작, 순서, 방법, 절차, 책임, 의무, 권한, 개념, 구상 등을 통일 또는 규격화하여 설정한 것이다.
- 생산에 필요한 재료나 부품, 생산방법, 설비, 공구, 생산과 관계된 업무의 순서나 절차, 부문 간·담당자 간의 역할 등의 활동에 필요한 시방이나 약속들이다.
- 관계되는 사람들 사이에서 이익 또는 편의가 공정하게 얻어질 수 있도록 통일화, 단순화를 도모하기 위하여 물체, 성능, 능력, 배치, 상태, 동작 순서, 방법, 절차, 책임, 의무, 권한, 사고방식, 개념 등에 대하여 설정한 것이다.
- 문장, 그림, 표, 견본 등 구체적 표현형식으로 표시한 것이다.
- 공적으로 제정된 측정단위의 기준, 예를 들면 미터, 킬로그램, 초, 암페어와 같은 규정된 기준이다.

ㄴ 표준의 구비조건
- 구체적인 행동의 기준을 제시할 것
- 임의 재량의 여지가 없을 것
- 사람에 따라 해석이 다르지 않을 것
- 실정에 알맞을 것
- 불량이나 사고에 대해 사전에 방지할 수 있을 것
- 이상에 대한 조치방법이 제시되어 있을 것
- 성문화된 것일 것

ㄷ 표준의 특성 : 호환성, 기준성, 통일성, 반복성, 객관성, 고정성과 진보성, 경제성, 잠정성
- 표준의 잠정성 : 시장환경은 고객 욕구와 기술의 급속한 변화로 인해 끊임없이 변하고 있으며, 이로 인해 표준 역시 제정·개정·폐지의 과정을 계속하고 있으므로 표준은 고정적이고 항구적인 것이 아니라 잠정적인 것이다.

ㄹ 표준의 역할(기능)
- 상호 이해의 촉진
- 다양성의 조정

- 호환성/인터페이스의 확보
- 사용목적의 적합성 확보
- 사용자 및 소비자의 이익 보호
- 안전 확보와 환경 보호

ⓜ 관리 성격에 따른 표준의 분류
- 기술표준 : 재료·부품·공구 등과 같이 주로 유형물에 적용되는 치수, 형상, 재질 등과 같은 기술적 사항인 규격이다.
- 관리표준 : 관리방법, 절차, 책임, 권한 등과 같이 추상적이고 관념적인 규정이다.
- 작업표준 : 작업자에 의해서 행해지는 작업의 특성 및 내용과 관련된 표준으로, 작성 시 다음의 항목을 기술한다.
  - 사고 시의 처리
  - 작업 시의 주의사항
  - 작업의 관리항목과 그 방법

ⓗ 수준에 따른 표준의 분류
- 사내표준 : 회사나 공장 등에서 재료나 부품, 제품 및 조직, 구매, 제조, 검사, 관리 등의 업무에 적용할 것을 목적으로 정한 표준(KS A 3001)으로, 기업의 종류에 따라 전사표준, 사업부표준, 공장표준 등으로 적용범위를 정할 수 있다. 사내표준을 통한 사내표준화는 기업활동을 원활하고 효과적으로 수행함으로써 기업의 수익성을 향상시키는 것을 목적으로 하기 때문에 기업 내에서 직접 업무에 필요한 사항을 규정하고 있다.
- 단체표준 : 한 국가 내에서 사업단체나 학회, 협회 등에 의해 제정되어, 원칙적으로 그 단체 구성원이나 사업 분야, 학회, 협회에 적용되는 표준이다. 외국의 ASTM, NEMA, UL 등이 대표적이다.
- 국가표준 : 국가 또는 국가적으로 인정된 표준화기관에 의해 제정되어 전국적으로 적용되는 표준이다. 우리나라의 국가표준은 KS, 일본의 국가표준은 JIS와 JAS가 있다. JIS는 공업표준화법에 근거한 일본의 공업표준에 관한 규격이며, JAS는 농림물자에 대한 규격이다. 그 밖에 외국의 표준으로는 ANSI(미국), DIN(독일), BS(영국), NF(프랑스), GOSTR(러시아) 등이 있다.
- 지역표준 : 한정된 몇 개국이나 지역표준화기구에 의해 제정되어 주로 그 지역 내에 적용되는 표준이다. 지역표준은 지역 내 가맹국 간의 무역 촉진, 경제, 산업, 과학기술의 향상이나 지역 내의 기술협력을 용이하게 하는 것 등을 목적으로 한다. 유럽의 CEN이나 CENELEC이 지역표준으로 잘 알려져 있다.
- 국제표준 : 전 세계적으로 개방되어 있는 국제적인 조직에서 제정되어, 국제적으로 적용되는 표준이다. 대표적인 국제기관으로서는 ISO(국제표준화기구)와 IEC(국제전기표준회의)가 있다. ISO는 만국규격 통일(ISA)의 사업을 이어받아 1947년 설립되었으며, IEC는 ISO보다 이전인 1908년에 설립되어 전기공업 전반에 걸친 표준의 통일을 위해 활동하고 있다.

② 표준화의 개요
ⓐ 표준화(Standardization)
- 어떤 표준을 정하고 이에 따르는 것 또는 표준을 합리적으로 설정하여 활용하는 조직적인 행위이다.
- 표준을 합리적으로 설정하여 이것을 활용하는 조직적인 행위이다.
- 관계있는 사람들의 협력에 의해 행하는 집단적, 사회적인 활동이다(최적, 경제적 이익이 목적).
- 무질서와 복잡화를 방지하고, 단순화 및 통일화를 위한 규칙(Rule)을 만들어 활용하는 일이다.

ⓑ 표준화의 목적 : 소비자 및 공동사회의 이익 보호, 생산·소비·유통 등 생산활동의 여러 분야에 적용되어 제품 및 서비스의 품질 향상과 생산성 및 효율의 향상, 관계자 간의 의사소통(제품·서비스의 생산과 관련된 규칙을 전원이 알 수 있도록 하기 위하여), 제품의 단순화와 인간생활에 있어서 행위의 단순화, 소비자 및 사용자의 요구사항 만족, 품질 유지 및 향상, 전체적인 경제, 생산성 향상, 비용 절감, 업무활동의 개선 추진, 안전·건강 및 생명의 보호, 무역장벽 제거 등

ⓒ 샌더스(T. R. B. Sanders)가 제시한 현대적인 표준화의 목적
- 무역 장벽 제거
- 안전, 건강 및 생명의 보호
- 소비자 및 공동사회의 이익 보호

ⓓ 소비자 입장에서 표준화의 효과
- 물품의 교체, 수리가 용이하다.
- 품질이 단순화되어 선택이 용이하다.

- 좋은 상품을 저렴한 가격으로 구입할 수 있다.
- ㉤ 생산자 관점에서의 표준화 효과
  - 품질이 향상된다.
  - 기계화 및 자동화 추진이 용이하다.
  - 호환성의 확대로 생산능력이 향상된다.
  - 생산능률이 증가되고, 생산비용이 저하된다.
- ㉧ 표준화의 원리
  - 단순화의 원리 : 표준화란 단순화의 행위이며, 본질적으로 단순화의 행위를 위한 사회의 의식적인 노력의 결과이다.
  - 관련자 합의의 원리와 규격 제정은 총체적인 합의에 입각한 것이어야 한다. 총체적인 합의는 전원 일치가 아니라 상호 협력을 의미한다. 표준화란 경제적, 사회적 활동이므로 관계자 모두의 상호 협력에 의하여 추진되어야 한다.
  - 다수이익의 원리
  - 고정의 원리
  - 진보(개정)의 원리 : 규격은 일정한 기간을 두고 검토하여 필요에 따라 개정하여야 한다.
  - 객관성의 원리
  - 보편(타당)성의 원리
  - 규격을 제정하는 행동에는 본질적으로 선택과 그에 이어지는 과정이다.
  - 규격은 실시되지 않으면 거의 가치가 없다.
  - 국가규격의 법적 강제의 필요성을 고려한다.
- ㉨ 3S와 규격, 규격화
  - 기업이 품질 및 생산 효율화의 향상을 위해 추진하는 3S : Simplification(단순화), Standardization(표준화), Specialization(전문화)
  - 규격 : 규격은 관계되는 사람들 사이에서 이익·편의가 공정하게 얻어질 수 있도록 통일화, 단순화를 도모하기 위해 주로 물건에 직간접적으로 관계되는 기술적 사항에 관해 규정된 기준이다. 규격의 역할은 제조자와 구매자 사이에 전달수단을 제공하는 것이다.
  - 규격화(단능화, 단순화, 로봇화) : 원재료, 부품, 제품 등 공작물의 치수, 형상, 재질 등의 기술적 사항에 대한 표준화이다. 부품의 호환성을 촉진하여 생산능률을 높이고 보수나 수리를 용이하게 할 뿐만 아니라 유통단계에서는 제품의 형상, 품질, 균일화와 호환성부품 등으로 소비자 요구에 대응할 수 있다.

◎ 표준 및 표준화와 관련된 용어의 정의
- 거래선 불만처리 절차 : 불만의 수리 → 불만의 원인 조사 → 고객에게 회답 → 사내대책 → 불만제품 처리
- 검사 : 시험결과를 정해진 기준과 비교하여 로트의 합부를 판정하는 것
- 계량 : 상거래 또는 증명에 사용하기 위하여 어떤 양의 값을 결정하기 위한 일련의 작업
- 교정 : 특정조건에서 측정기기, 표준물질, 척도 또는 측정체계 등에 의하여 결정된 값을 표준에 의하여 결정된 값 사이의 관계로 확정하는 일련의 작업
- 국가측정표준 : 관련된 양의 다른 표준들에 값을 부여하기 위한 기준으로서, 국가적으로 공인된 측정 표준
- 국가통합인증마크 : 안전·보건·환경·품질 등 분야별 인증마크를 국가적으로 단일화한 것
- 국가표준 : 국가 사회의 모든 분야에서 정확성, 합리성 및 국제성을 높이기 위하여 국가에서 통일적으로 준용하는 과학적·기술적 공공기준으로서, 측정표준·참조표준·성문표준 등 이 법에서 규정하는 모든 표준
- 국제측정표준 : 관련된 양의 다른 표준들에 값을 부여하기 위한 기준으로서, 국제적으로 공인된 측정표준
- 참조표준 : 측정데이터 및 정보의 정확도와 신뢰도를 과학적으로 분석·평가하여 공인된 것으로서, 국가 사회의 모든 분야에서 널리 지속적으로 사용되거나 반복 사용할 수 있도록 마련된 물리화학적 상수, 물성값, 과학기술적 통계 등
- 국제단위계 : 국제미터협약에서 채택되어 준용하도록 권고되고 있는 일관성 있는 단위계
- 국제표준(International Standard)
  - 표준화의 범위가 한 나라의 범위를 벗어나 국제적인 조약이나 협정에 의거하여 가맹국 간의 공통적으로 사용되는 표준
  - 국가 간의 물질이나 서비스 교환을 쉽게 하고 지적·과학적·기술적·경제적 활동 분야에서 국제적 협력을 증진하기 위하여 제정된 기준으로서, 국제적으로 공인된 표준

- 규격 : 주로 물건에 직접 또는 간접적으로 관계되는 기술적 사항(재료·부품의 품질, 작업방법, 시험방법 등)에 관하여 정한 기준으로, 일반적으로 공업품의 물리적 및 화학적 특성, 제조방법, 시험방법을 과학적으로 규정한 표준. 재료·부품의 품질, 작업방법, 시험방법 등의 기술적 사항에 대해 정한 것(규격 안에서 작업의 조건, 순서, 방법 등에 대하여 정한 것을 표준이라고도 함)
- 규정(Regulation, 規定 또는 規程) : 업무내용·순서·절차·방법에 관한 사항에 대해 정한 것으로 업무를 위한 표준. 업무를 원활히 수행하기 위해 업무에 관계되는 부문의 책임·권한·업무절차·장표류 양식·일의 흐름 등에 대해서 정한 표준
- 등급(Grade) : 한 종류에 대해 제품의 중요한 품질특성에 있어서 요구 품질 수준의 높고 낮음에 따라 또는 규정하는 품질특성 항목의 다소에 따라 다시 구분하는 것
- 법정계량 : 정확성과 공정성을 확보하기 위하여 정부가 법령에 따라 정하는 상거래 및 증명용 계량
- 법정계량 단위 : 정확성과 공정성을 확보하기 위하여 정부가 법령에 따라 정하는 상거래 및 증명용 단위
- 불량품처리 규정 : 발생 보고 수속, 불량 기록(추적조사 기록 포함), 통계자료 작성요령(요인분석), 응급대책방법(불량현품수리·폐각실시방법 등), 재발방지대책 검토, 심의결정방법 강구, 대책 실시결과 확인규정
- 산업표준 : 광공업품의 종류, 형상, 품질, 생산방법, 시험·검사·측정방법 및 산업활동과 관련된 서비스의 제공방법·절차 등을 통일하고, 단순화하기 위한 기준
- 성문표준 : 국가 사회의 모든 분야에서 총체적인 이해성, 효율성 및 경제성 등을 높이기 위하여 강제적 또는 자율적으로 적용하는 문서화된 과학기술적 기준, 규격, 지침 및 기술규정
- 소급성(遡及性) : 연구 개발, 산업 생산, 시험검사현장 등에서 측정한 결과가 명시된 불확정 정도의 범위 내에서 국가측정표준 또는 국제측정표준과 일치되도록 연속적으로 비교하고 교정하는 체계
- 시방 : 재료 제품 등의 특정한 형상, 구조, 성능, 시험방법 등에 관한 규정
- 시험·검사기관 인정 : 공식적인 권한을 가진 인정기구가 특정한 시험·검사를 할 수 있는 능력을 가진 시험·검사기관을 평가하여 그 능력을 보증하는 행정행위
- 적합성 평가 : 제품, 서비스, 공정, 체제 등이 표준, 제품규격, 기술규정 등에서 규정된 요건을 충족하는지를 평가하는 것
- 절차 : 활동을 수행하기 위해 규정된 방법으로, 절차는 문서화가 됨. 절차가 문서화되면 흔히 성문화된 절차 또는 문서화된 절차라는 용어를 사용하며 성문화된 또는 문서화된 절차는 일반적으로 활동의 목적과 범위(무엇이 누구에 의해 행해져야 하는가, 언제, 어디서, 어떻게 이것이 행해져야 하는가, 어떤 자재, 장비 및 문서가 사용되어져야 하는가, 어떻게 이것이 관리되고 기록되어져야 하는가)를 포함
- 종류(Class) : 사용자의 편리를 도모하기 위해 제품의 성능·성분·구조·형상·치수·크기·제조방법·사용방법 등의 차이에서 제품을 구분하는 것
- 측정 : 산업사회의 모든 분야에서 어떠한 양의 값을 결정하기 위하여 하는 일련의 작업
- 측정단위 또는 단위 : 같은 종류의 다른 양을 비교하여 그 크기를 나타내기 위한 기준으로 사용되는 특정량
- 측정표준 : 산업 및 과학기술 분야에서 물상 상태(物象狀態)의 양의 측정단위 또는 특정량의 값을 정의하고 현시(顯示)하며, 보존 및 재현하기 위한 기준으로 사용되는 물적척도, 측정기기, 표준물질, 측정방법 또는 측정체계
- 표준 : 인류가 문명을 형성해 나가면서 사람들 간의 편의와 효율성을 도모하고 공정성과 안전을 확보하기 위해 정한 상호 약속. 규격 안에서 작업의 조건·순서·방법 등에 대하여 정한 것으로, 편의·안전·효율을 위해 이해당사자들의 자발적 합의를 통해 지키기로 약속한 지침이나 규정
- 표준물질 : 장치의 교정, 측정방법의 평가 또는 물질의 물성값을 부여하기 위하여 사용되는 특성치가 충분히 균질하고 잘 설정된 재료 또는 물질
- 표준인증심사제 : 설계평가, 시험·검사 및 공장심사의 요소를 인증단계와 사후관리단계로 구분하여 유형별로 체계화·공식화한 심사모듈에 따라 제품을 심사하여 인증하는 제도

- 형식(Type) : 제품의 일반목적과는 유사하나, 어떤 특정용도에 따라 식별할 필요가 있을 경우에 분류하는 것(예 자동차 타이어의 경우 일반승용차용, SUV용, 트럭용, 지게차용 등, 전등의 경우 자동차용 전등, 일반용 전등, 도로조명용 전등 등으로 분류하는 것)

③ 규 격

㉠ 국제규격 : ISO(International Organization for Standardization, 국제표준화기구), IEC(International Electrotechnical Commission, 국제전기표준회의)

㉡ 지역규격 : 유럽 CENELEC European Electrotechnical Standardization(유럽전기표준화위원회), CEN European Committee for Standardization(유럽표준화기구)

㉢ 국가규격 및 관공서규격 : JIS(Japanese Industrial Standards, 일본공업규격), JISC(일본공업표준조사회), JAS(Japanese Agricultural Standard, 일본농림규격), ANSI(American National Standards Institute, 미국국가규격), DIN(Deutsches Institut for Normung, 독일표준규격), BS(British Standards Institution, 영국표준위원회), NF(Association Fran-caise de Normalization, 프랑스표준규격), GOST(USSR State Standards, 구소련연방규격, 현재는 GOST-R), AS(Australian Standards, 호주표준규격), IS(Indian Standards, 인도표준), MIL(Military Specifications and Standard, 미군용규격)

㉣ 단체규격 : EIAJ(Standards of Electronic Industries Association of Japan, 일본전자기계공업회규격), CES(Communication Engineering Standard, 통신기기공업회규격), JEC(일본전기규격조사회표준규격), ASTM(American Society for Testing and Materials, 미국재료전반시험법), NEMA(National Electrical Manufacturers Association, 미국전기생산자위원회), EIA(Electronic Industries Association, 미국공업용전자기기위원회), JEDEC(Joint Electron Devices Engineering Council, 미국전자관, 반도체기기위원회), UL(Underwriters Laboratories, 미국 생명의 위험, 화재, 도난사고 방지에 관한 기구, 시설, 재료관계)

④ 표준화 공간 : 버만(L.C Verman, 1950)이 고안한 개념으로, 표준화를 전개할 때 그 대상을 편리하게 파악할 수 있도록 표준화의 적용구조를 주제별, 국면별, 수준별 등의 3가지 축으로 이루어진 공간으로 나타낸 것이다.

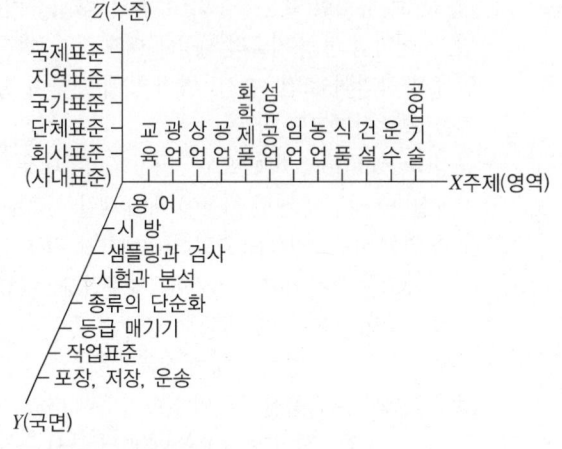

㉠ 표준화 주제(X축)

- 표준화의 주제(Subject)는 표준화의 대상 속성을 구분한 분야이다.
- 표준화가 주제로 하고 있는 속성을 구분하는 분야를 영역이라고 한다.
- 유형의 물품에서 시작하여 무형에 이르기까지 매우 다양한 분류이다(유형물(Hardware)의 표준화, 무형물(Software)의 표준화).
- 주제의 분류 : 교육, 광업, 상업, 공업, 화학제품, 섬유제품, 임업, 농업, 식품, 건설, 운수, 공업기술 등
- 표준화의 주제별 분류체계 : 조직관계표준(조직분담규정, 책임권한규정), 총괄표준(사내표준관리규정, 품질관리규정, 고충처리규정), 설계관계표준(설계표준, 제품규격, 도면관리규정), 자재관계표준(원재료규격, 부품규격, 구매업무규정, 외주업무규정), 제조표준(제조업무규정, 제조기술표준, 작업표준), 검사표준(검사업무규정, 수입검사규격, 제품검사규격), 설비보전표준(설비관계규정, 시험계측기관리규정), 보관 · 운반표준(포장규격, 창고관리규정, 운반관리규정), 기타 표준(클레임처리규정, 안전관리규정, 공해방지규정)

㉡ 표준화 국면(Y축)

- 표준화의 국면(Aspect)은 주제가 채워져야 하는 요인 및 조건이다.

- 표준화의 국면은 표준의 규정들을 항목별로 분류하여 일정한 체계를 만드는 것이다. 예를 들어, 볼트의 모양과 치수에 대해 표준화를 할 경우에 볼트가 주제이고 볼트의 모양이나 치수 및 시험방법 등이 국면이다.
  - 국면의 분류 : 용어, 시방, 샘플링과 검사, 시험과 분석, 품종의 제한(종류의 단순화), 등급 부여(등급 매기기), 작업표준, 포장, 저장, 운송
- ⓒ 표준화 수준(Z축)
  - 표준화의 수준(Level)은 표준화 규모의 크기를 나타낸 것으로서, 표준을 제정하여 사용하는 계층을 의미한다.
  - 수준의 분류 : 사내표준(회사표준), 단체표준, 국가표준, 지역표준, 국제표준

⑤ 국제표준화
- ㉠ 국제표준화의 의의
  - 각국 규격의 국제성 증대 및 상호 이익을 도모한다.
  - 국제간의 산업기술 교류 및 경제 거래가 활성화된다(무역장벽 제거).
  - 각국의 기술이 국제수준에 달하도록 돕는다.
  - 국제 분업의 확립, 후진국에 대한 기술 개발을 촉진한다.
- ㉡ 국제표준화기구(ISO ; International Organization for Standardization) : 재화 및 용역의 국제적 교환을 용이하게 하고 지식적·과학적·기술적·경제적 영역에 있어서 국제간의 협력을 도모하기 위하여 규격심의제정을 하는 기관이다.
  - 전기, 기계, 화학 분야 등 모든 기술적 분야의 국제규격을 제정한다.
  - ISO는 유럽 중심으로 확산되면서 국제표준규격이 되었다.
  - ISO 설립목적(역할)
    - 상품 및 서비스의 국제적 교환을 촉진
    - 지적, 과학적, 기술적, 경제적 활동 분야에서의 협력 증진을 위하여 세계의 표준화 및 관련 활동의 발전을 촉진
    - 표준 및 관련 활동의 세계적인 조화 촉진
    - 국제적으로 통일된 표준을 제정하여 국제간의 무역 촉진 및 상호 원조, 과학 및 경제 등 다방면에 걸쳐 국제 교류 촉진

- 국제표준의 개발, 발간 그리고 세계적으로 사용되도록 조치
- 회원기관 및 기술위원회의 작업에 관한 정보 교환 주선
- 각국의 국가규격의 조정 및 통일을 위해 '추천규격' 발행
- 가입국의 승인하에 '국제규격' 발행
- 국가 또는 국제적으로 적용할 새로운 규격이 작성되도록 장려 촉진
- 가입단체 및 전문위원회의 활동과 관련된 정보 교환
- 표준화 문제와 관련 있는 다른 국제기관과 협력
- ISO의 대표적인 표준은 ISO 9001 패밀리 규격이다.
- ISO의 공식언어는 영어, 프랑스어, 러시아어이다.
- ISO의 회원은 정회원, 준회원 및 간행물 구독회원으로 구분된다.
- ㉢ 국제전기표준회의(IEC ; International Electrotechnical Commission) : 형식적으로는 ISO의 전기 관계의 전문부회로 되어 있으나, 기술적으로는 재정적으로 자치권을 갖고 완전히 독립되어 운영하고 있다. 최고 의결기관인 총회(Council), 이사회, 기술적인 사항을 심의하는 전문위원회(TC ; Technical Committee) 및 중앙사무국으로 구성되어 있다.

⑥ 각국의 국가규격
- ㉠ 국가규격의 역할
  - 국가규격의 입안과 제정
  - 규격의 채용과 적용의 촉진 제품의 품질보증과 인증
  - 국가 및 국제규격 양측에 대한 규격과 관련 기술 사항의 정보 보급 수단 제공
- ㉡ 각국의 규격 명칭 : 한국 KS, 일본 JIS, 독일 DIN, 미국 ANSI, 영국 BS, 프랑스 NF, 캐나다 CSA, 중국 GB, 이탈리아 UNI, 호주 AS, 뉴질랜드 SANZ, 노르웨이 NV, 인도 IS, 포르투갈 DGQ, 스페인 UNE, 네덜란드 NNI, 덴마크 DS, 러시아연방 GOST, 아르헨티나 IRAM, 스웨덴 SIS, 유고 JUST, 브라질 NB, 대만 CNS, 벨기에 IBN, 체코 CSN

1-1. 표준화란 어떤 표준을 정하고 이에 따르는 것 또는 표준을 합리적으로 설정하여 활용하는 조직적인 행위이다. 표준화의 원리에 해당되지 않는 것은?

[2003년 제2회 유사, 2008년 제1회 유사, 2010년 제1회 유사, 2011년 제4회 유사, 2017년 제4회]

① 규격은 일정한 기간을 두고 검토하여 필요에 따라 개정하여야 한다.
② 규격을 제정하는 행동에는 본질적으로 선택과 그에 이어지는 과정이다.
③ 표준화란 본질적으로 전문화의 행위를 위한 사회의 의식적 노력의 결과이다.
④ 표준화란 경제적, 사회적 활동이므로 관계자 모두의 상호협력에 의하여 추진되어야 할 것이다.

1-2. 다음 표준 중 국가표준으로만 구성된 것은?

[2008년 제2회 유사, 2013년 제2회 유사, 2014년 제1회, 2015년 제1회 유사, 2020년 제4회]

① GB, DIN, JIS, NF
② KS, JIS, ASTM, ANSI
③ KS, DIN, MIL, ASTM
④ IS, ISO, DIN, ANSI

1-3. 표준화의 적용구조에서 표준화가 주제로 하고 있는 속성을 구분하는 분야를 의미하는 것은?

[2004년 제4회, 2005년 제2회 유사, 2006년 제4회, 2008년 제4회 유사, 2009년 제1회, 제2회 유사, 2012년 제2회 유사, 2016년 제1회]

① 국 면
② 수 준
③ 기 능
④ 영 역

| 해설 |

1-1
표준화란 본질적으로 단순화의 행위를 위한 사회의 의식적 노력의 결과이다.

1-2
중국 : GB, 독일 : DIN, 일본 : JIS, 프랑스 : NF

1-3
④ 영역(X축) : 표준화가 주제로 하고 있는 속성을 구분하는 분야
① 국면(Y축) : 주제가 채워져야 하는 요인 및 조건(표준의 규정들을 항목별로 분류하여 일정한 체계를 만드는 것)
② 수준(Z축) : 표준을 제정하여 사용하는 계층(표준화의 규모의 크기를 나타낸 것)
③ 기능 : 표준화의 적용구조의 3축에 해당되지 않는다.

정답 **1-1** ③ **1-2** ① **1-3** ④

---

① 산업표준화의 개요
  ㉠ 산업표준화의 정의
    • 광공업품을 제조하거나 사용할 때 모양, 치수, 품질 또는 시험, 검사방법 등을 전국적으로 통일, 단순화시킨 국가규격을 제정하고 이를 조직적으로 보급 활용하게 하는 의식적인 노력이다.
    • 단순화, 전문화, 표준화(3S)를 통하여 거래 쌍방 간의 문제에 대하여 규격, 포장, 시방 등을 규정하는 것이다.
  ㉡ 산업표준화의 효과
    • 생산기업에 미치는 효과 : 제품의 종류가 감소함에 따른 대량 생산 가능, 작업방법의 합리화로 종업원의 노동능률과 숙련도 향상, 부품품의 표준화에 의해 분업 생산 용이, 생산능률 증진, 생산비용 절감, 자사 제품의 품질 향상과 균일성을 가져오게 하여 판매능력 증대, 생산의 합리화를 통한 불합격품 감소, 자재의 절약 등
    • 표준화를 실시하는 기업체에 납품하는 공급자에 대한 효과 : 납품물의 다양성이 감소되어 생산, 저장, 운반에 있어 원가나 비용 절약, 자사의 표준화 도입이 용이해지기 때문에 비용과 시간상 이익, 수급 상호 간의 합병 용이 등
    • 소비자에게 미치는 효과 : 품종이 단순화되므로 선택을 용이하게 해 주는 이익, 표준화된 물품은 호환성이 높기 때문에 구입한 물품의 교체·수리 용이, 품질이 균일화되고 신뢰성이 높기 때문에 구입 가격상의 이익과 사용상의 이익이 동시에 발생(특히 KS와 같은 보증된 표준화 상품은 구입 시에 여러 가지를 검사하지 않아도 안심하고 구입), 표준화된 제품으로 인해 시장이 확대되어 수요자는 구입 가격상 이익을 받게 됨
  ㉢ 산업표준화에 관한 기본계획을 수립하고 고시하는 자 : 산업통상자원부장관

ⓔ 산업표준화 3S
  - 단순화(Simplification) : 재료, 부품, 제품 등의 형상이나 치수에서 불필요한 것으로 판단되는 것들을 제거하여 줄이는 것이다.
  - 표준화(Standardization) : 어떤 표준을 정하고 이에 따라 표준을 합리적으로 설정하여 활용하는 조직적인 행위이다.
  - 전문화(Specialization) : 제조 물품을 한정하고 경제적·능률적 생산 및 공급체제를 갖추는 것이다.
② 산업표준화(산업규격)의 유형
  ㉠ 국면에 따른 분류 또는 기능에 따른 분류 : 전달규격(기본규격), 제품규격, 방법규격
    - 전달규격(기본규격) : 계량단위, 용어, 기호, 단위 등 물질의 행위에 관한 규격(회사마크의 양식·재료·색상별 표준 등)
    - 제품규격(품질규격) : 제품의 형태, 치수, 재질 등 완제품에 사용되는 규격(부품규격, 재료규격 등)
    - 방법규격 : 생산방법, 성분분석 및 시험방법, 제품의 검사방법, 사용방법, 작업방법, 업무처리 절차 등의 방법에 대한 규격(설계표준, 검사규격, 구매관리규정, 불만처리규정 등)
  ㉡ 강제력에 따른 분류 : 강제규격, 임의규격
    - 강제규격 : 사원들이 반드시 준수하도록 의무화한 것(규칙, 규정, 표준)
    - 임의규격 : 반드시 준수해야 할 사항은 아니지만 지도교육 판단기준을 부여할 목적으로 제정한 것
  ㉢ 적용기간에 따른 분류 : 통상표준, 시한표준, 잠정표준
    - 통상표준 : 일반적인 표준은 모두 이것에 속하며 적용 개시의 시기만 명시한 것이다.
    - 시한표준 : 적용의 개시기간과 종료기간이 명시된 표준이다. 특정사업을 추진하거나 생산 및 기업활동의 과도기에서 표준을 도입할 때, 그리고 일정한 시간이 지나면 의미가 없는 경우에 적용되는 표준이다. 다음과 같은 경우에 시한표준을 둘 수 있다.
      - 특정활동의 추진을 목적으로 할 때
      - 과도적인 상태에서 취급할 때
      - 일정 시기가 지나면 의미가 없어지는 경우

- 잠정표준 : 일정한 시간이 지나거나 정규표준으로 제정될 수 있는 조건이 갖추어지면 정규표준으로 교체될 수 있는 표준을 의미한다.
  - 일반적으로 잠정표준은 상위 표준규제법규의 내용이 확정되거나, 규정하려는 내용에 대한 검토 및 실험 등이 끝나거나, 사회의 움직임이 정규표준으로 교체해도 무리가 생기지 않을 때 정규표준으로 바뀐다.
  - 규정하려고 하는 내용에 대한 실험, 연구 등이 아직 끝나지 않았지만 국내의 기술 발전 및 환경 변화에 효율적으로 대응할 수 있는 경우는 잠정표준을 둘 수 있다.
  - 어떤 표준을 기획할 때 잠정적임을 전제로 하며 잠정적으로 관리하기 위해 작성한 것이다.
  - 정식표준을 제정하기에는 아직 조건이 갖추어져 있지 않지만 방치하면 혼란이 예상되는 경우에 작성한다.
  ㉣ 수준에 따른 분류 : 회사규격(사내표준), 관공서규격, 단체규격, 국가규격, 지역규격, 국제규격
③ 산업표준화법
  ㉠ 산업표준화법의 목적 : 산업표준화법은 적정하고 합리적인 산업표준을 제정·보급하고 품질경영을 지원하여 광공업품 및 산업활동 관련 서비스의 품질, 생산효율, 생산기술을 향상시키고, 거래를 단순화·공정화하며 소비를 합리화함으로써 산업경쟁력을 향상시키고 국가경제를 발전시키는 것을 목적으로 한다.
  ㉡ 산업표준화법에서 지정하고 있는 산업표준화의 대상
    - 광공업품의 종류, 형상, 치수, 구조, 장비, 품질, 등급, 성분, 성능, 내구도, 안전도
    - 광공업품의 생산방법, 설계방법, 제도방법, 사용방법, 운용방법, 원단위 생산에 관한 작업방법, 안전조건
    - 광공업품의 포장 종류, 형상, 치수, 구조, 성능, 등급, 방법
    - 광공업품 또는 광공업의 기술과 관련되는 시험, 분석, 감정, 검사, 검정, 통계적 기법, 측정작업 및 용어, 약어, 기호, 부호, 표준수, 단위
    - 구축물과 그 밖의 공작물의 설계, 시공방법 또는 안전조건

- 기업활동과 관련되는 물품의 조달, 설계, 생산, 운용, 보수, 폐기 등을 관리하는 정보체계 및 전자통신 매체에 의한 상업적 거래
- 산업활동과 관련된 서비스의 제공절차, 방법, 체계, 평가방법 등에 관한 사항
- 구축물과 그 밖의 공작물의 설계, 시공방법
ⓒ 산업표준화법에서 지정하고 있는 산업표준화의 대상이 아닌 것
- 전기통신 관련 서비스의 제공 절차, 체계, 평가방법
- 기호품의 등급
- 광공업품의 사용용도, 품질 표시
ⓔ 산업표준화법에서 규정한 시판품 조사
- 소비자 단체의 요구가 있는 경우 시판품 조사를 할 수 있다.
- 인증제품의 품질 저하로 인하여 다수의 소비자에게 피해가 발생한 경우 시판품 조사를 할 수 있다.
- 시판품 조사결과 인증제품의 인증심사기준에 맞지 않다고 인정하는 때에는 그 사실을 해당 업체가 아닌 인증기관에 즉시 통보하여야 한다.
- 현장조사를 하는 경우에는 조사 7일 전까지 조사일시, 조사 이유 및 조사내용 등에 대한 조사계획을 조사받을 자에게 통지하여야 한다.
ⓜ 산업표준화 및 품질경영에 대한 교육(필수) : 경영 간부 교육(생산·품질 부서 팀장급 이상), 품질관리담당자 양성교육 및 정기교육
- 경영간부 교육내용 : 사내표준화 및 품질경영추진기법 사례 등
- 품질관리담당자 교육내용 : 통계적인 품질관리기법, 사내표준화 및 품질경영의 추진 실시, 한국산업표준(KS) 인증제도 및 사후관리 실무

2-1. 산업표준화 유형 중 기능에 따른 표준화 분류의 내용으로 틀린 것은? [2013년 제1회, 2016년 제4회, 2020년 제4회, 2023년 제1회]

① 기본규격 : 표준의 제정, 운용, 개폐 절차 등에 대한 규격
② 제품규격 : 제품의 형태, 치수, 재질 등 완제품에 사용되는 규격
③ 방법규격 : 성분분석 및 시험방법, 제품의 검사방법, 사용방법에 대한 규격
④ 전달규격 : 계량단위, 제품의 용어, 기호 및 단위 등 물질과 행위에 관한 규격

2-2. 표준화는 적용기간에 따라 통상표준, 시한표준, 잠정표준으로 분류되는데 다음 중 시한표준을 이용하는 경우가 아닌 것은? [2003년 제1회, 2005년 제1회, 2014년 제2회, 2017년 제4회 유사]

① 특정활동의 추진을 목적으로 할 때
② 과도적인 상태에서의 취급을 할 때
③ 일정 시기가 지나면 의미가 없어지는 경우
④ 규정하려고 하는 내용에 대한 실험, 연구 등이 아직 끝나지 않았을 경우

2-3. 산업표준화법에서 지정하고 있는 산업표준화의 대상에 해당되지 않는 것은? [2004년 제1회 유사, 2006년 제4회 유사, 2007년 제1회 유사, 2014년 제4회, 2017년 제1회]

① 광공업품의 시험, 분석, 감정, 부호, 단위
② 광공업품의 생산방법, 설계방법, 제도방법
③ 구축물과 그 밖의 공작물의 설계, 시공방법
④ 전기통신 관련 서비스의 제공 절차, 체계, 평가방법

|해설|

2-1
기본규격(전달규격)은 계량단위, 용어, 기호, 단위 등 물질의 행위에 관한 규격이다. 표준의 제정, 개폐 절차 등에 대한 규격은 규격서의 서식이며 회사규격의 경우 회사규격관리규정이라고 한다.

2-2
규정하려고 하는 내용에 대한 실험, 연구 등이 아직 끝나지 않았지만 국내의 기술 발전 및 환경 변화에 효율적으로 대응할 수 있는 것이라면 잠정표준을 둘 수 있다.

2-3
산업표준화법에서 지정하고 있는 산업표준화의 대상에 해당되지 않는 것으로 전기통신 관련 서비스의 제공 절차, 체계, 평가방법, 기호품의 등급, 광공업품의 사용용도, 품질 표시 등이 출제된다.

정답 2-1 ① 2-2 ④ 2-3 ④

① 한국산업규격(KS ; Korean Industrial Standards)의 개요
  ㉠ 한국산업규격의 제정목적
    • 산업제품의 품질 개선
    • 생산능률 향상
    • 거래의 단순화와 공정화 도모
  ㉡ 한국산업규격 제정의 4대 원칙
    • 산업표준의 통일성 유지
    • 산업표준의 조사, 심의과정의 민주적 운영
    • 산업표준의 객관적 타당성 및 합리성의 유지
    • 산업표준의 공중성 유지
  ㉢ 제정 절차
    • 기술표준원장이 공산품의 품질 향상 및 소비자 보호, 자원 및 에너지 절약, 국민보건위생 및 안전 확보, 단순화와 통일화, 호환성 확보 등의 차원에서 규격안과 설명서를 제안할 수 있다.
    • 이해관계인도 규격안을 제안할 수 있다.
    • 규격안은 생산자, 소비자, 관련 기관 등 모든 이해관계자의 의견을 거쳐 산업표준심의회의 조직인 부회에서 민주적인 방법에 의해 검토된다.
    • 전문적으로 규격안 검토가 필요하면 전문위원회로 회부한다.
    • 심의가 완료된 규격안은 기술표준원장이 관보에 고시함으로써 한국산업규격으로 확정된다.
  ㉣ 국가규격의 대상
    • 국가규격 대상 분야
      – 용어, 기호, 코드, 측정방법, 시험방법, 설계기준 등 기술에 관계되는 기초적 사항으로, 특히 전국적으로 통일할 필요가 있는 것
      – 재료, 부분품, 측정기구 등 산업의 기초가 되고, 여러 가지 산업 분야에서 광범위하게 사용되는 기초적 자재와 물품으로서 통일이 필요한 것
      – 국제경쟁력 강화에 기여하는 제품의 생산, 유통, 사용의 합리화를 촉진시키는 데 필요한 것
      – 중소기업의 기술 향상 및 중소기업에서 높은 생산 비율을 차지하는 제품의 생산, 유통, 사용의 합리화를 촉진시키는 데 필요한 것
      – 소비자 보호의 견지에서 필요한 것, 국민의 안전, 위생과 공해방지에 필요한 것
      – 그 밖에도 국민 경제적 입장에서 생산, 유통, 사용의 합리화를 특별히 촉진시킬 필요가 있는 것
      – 국제규격과의 조화를 위하여 전국적으로 통일시켜 둘 필요가 있는 것
    • 국가규격의 대상이 될 수 없는 분야
      – 국민경제적으로 보아 생산, 유통, 소비 등에 차지하는 중요도가 낮은 것
      – 기술이 급속한 발전을 하고 있어서 이를 표준화하면 그 발전에 저해될 염려가 있는 것
      – 공공기관의 규격, 시방서에 규정된 물품으로서 특정용도에만 사용되고 일반적으로 표준화의 필요성이 인정되지 않는 것
      – 표준화의 효과보다 표준화에 맞추어 나가는 데 드는 비용이 더 큰 경우
      – 취미, 기호품 같은 것
  ㉤ 한국산업규격 제정 우선순위
    ① 원재료에 관한 것
    ② 소비자가 품질을 식별하기 어려운 대량 소비품
    ③ 각종 시험기준, 용어 및 기호로서 기본적인 통일 표준을 요하는 것
    ④ 정부 조달 품목
    ⑤ 수출품
    ⑥ 군납품
    ⑦ 각 기관에서 요하는 품목이나 규격 제정의 긴급을 요하는 품목
  ㉥ 한국산업규격의 구성(총 21가지)

A	기 본	H	식 품	Q	품질경영
B	기 계	I	환 경	R	수송기계
C	전기·전자	J	생 물	S	서비스
D	금 속	K	섬 유	T	물 류
E	광 산	L	요 업	V	조 선
F	건 설	M	화 학	W	항 공
G	일용품	P	의 료	X	정 보

② 시험장소의 표준 상태(KS A 0006)
  ㉠ 표준 상태 : 표준 상태의 온도＋습도＋기압(각 1개를 조합시킨 상태)
    • 표준 상태의 온도는 시험의 목적에 따라서 20[℃], 23[℃] 또는 25[℃]로 한다.
    • 표준 상태의 습도는 상대습도 50[%] 또는 65[%]로 한다.

- 표준 상태의 기압은 86[kPa] 이상 106[kPa] 이하로 한다.
- 표준 상태는 표준 상태의 기압하에서 표준 상태의 온도, 빛, 표준 상태의 습도의 각 1개를 조합시킨 상태로 한다.
  - ⓛ 표준 상태의 온도·습도 허용차

구 분	급 별	허용차
온 도	0.5급	±0.5
	1급	±1
	2급	±2
	5급	±5
	15급	±15
습 도	2급	±2
	5급	±5
	10급	±10
	20급	±20

- 온도 15급은 표준 상태의 온도 20[℃]에 대해서만 사용한다.
- 습도 20급은 표준 상태의 상대습도 65[%]에 대해서만 사용한다.
- 상온 : 5~35[℃]
- 상습 : 상대습도 45~85[%]

③ **수치맺음법** : 유효숫자 n자리의 수치로 맺을 때, 소수점 이하 n자리의 수치로 맺을 때 $(n+1)$자리 이하의 수치에 대해 다음과 같이 정리한다.
  - ㉠ $(n+1)$자리 이하의 수치가 n자리 1단위의 $\frac{1}{2}$ 미만일 때는 버린다.
  - ㉡ $(n+1)$자리 이하의 수치가 n자리 1단위의 $\frac{1}{2}$ 을 넘을 때는 n자리를 1단위만 올린다.
  - ㉢ $(n+1)$자리 이하의 수치가 n자리 1단위의 $\frac{1}{2}$ 이고 $(n+1)$자리 이하의 수치가 버려진 것인지 올려진 것인지 알 수 없을 때는 다음과 같이 한다.
    - n자리의 수치가 0, 2, 4, 6, 8이면 버린다.
    - n자리의 수치가 1, 3, 5, 7, 9이면 n자리를 1단위만 올린다.
  - ㉣ $(n+1)$자리 이하의 수치가 버려진 것인지 올려진 것인지 알고 있을 때는 반올림방법인 ㉠ 또는 ㉡의 방법으로 해야 한다.

④ **표준수**
  - ㉠ 표준수 : 10의 정수멱(멱 : 거듭제곱)을 포함한 공비가 각각 $\sqrt[5]{10}$, $\sqrt[10]{10}$, $\sqrt[20]{10}$, $\sqrt[40]{10}$ 및 $\sqrt[80]{10}$ 인 등비수열 각 항의 값을 실용상 편리한 수치로 반올림하여 정리한 것으로, 각각 $R5$, $R10$, $R20$, $R40$ 및 $R80$으로 표시한다.
    - 기본수열 : $R5$, $R10$, $R20$, $R40$
      예 $R10$: 1.00, 1.25, 1.60, 2.00, 2.50, 3.15, 4.00, 5.00, 6.30, 8.00
    - 특별수열 : $R80$
  - ㉡ 이론치와 계산치
    - 이론치 : 10의 정수멱(+ 또는 -)을 포함한 공비가 각각 $\sqrt[5]{10}$, $\sqrt[10]{10}$, $\sqrt[20]{10}$, $\sqrt[40]{10}$ 및 $\sqrt[80]{10}$ 인 등비수열 각 항의 값
    - 계산치 : 이론치를 유효숫자 5자리에서 정리하여 구한 수치이다(이론치와의 상대오차는 $\frac{1}{20,000}$ 이하).
  - ㉢ 증가율 : 표준수의 각 수열 내에 있어서 어떤 수치에서 다음 수치에 이르는 증가비율이며, 기본수열 중에서 $R5$의 증가율이 가장 크다.
  - ㉣ 표준수가 지녀야 할 기본적인 성질
    - 간단하고 쉽게 기억될 수 있는 것
    - 제한됨이 없이 작은 쪽으로도 큰 쪽으로도 무한히 연장할 수 있을 것
    - 어떤 항의 10배 또는 $\frac{1}{10}$ 배를 포함할 것
    - 합리적, 단계적 체계를 이룰 것
  - ㉤ 표준수 활용의 목적 : 설계 등에 있어서 단계적으로 수치를 결정할 경우에 표준수를 사용하여 제품, 부품, 재료 등의 종류, 규격(치수, 면적, 용적, 중량 등)을 길이에 비례하는 수치로 적용하여 단순화, 소수화시키는 데 목적이 있다.
  - ㉥ 표준수 적용시점 : 제2차 세계대전 후 ISO에서 국제규격으로 등비급수를 표준수로 채택하였다. 우리나라는 1966년 11월 KS A 0401(표준수)로 제정하였다.
  - ㉦ 표준수의 특징과 효과
    - 표준수는 등비급수이기 때문에 수차가 작은 부문이나 큰 부분에서 그 증가율이 같아 물건 크기의 단계를 합리적으로 정할 수 있다.

- 표준수의 곱과 몫 그리고 정수멱은 모두 표준수가 된다.

  예 가로, 세로의 치수나 면적과 같은 관련 수치까지도 표준수가 되며 단순화가 가능하다.
- 표준수는 정해진 수치에 그 범위를 넓히거나 중간치를 추가하는 일 따위를 기계적으로 간단히 할 수 있게 해 준다.
- 표준수에 의해 설계치, 규격치를 정하면 종류가 자연히 감소되어 단순화 효과가 나타난다.

◎ 표준수의 사용법
- 산업표준화, 설계 등에 있어서 단계적으로 수치를 결정할 때에는 표준수를 사용하며, 단일치수를 결정할 경우에도 표준수에서 선택한다.
- 기본수열 중에서 증가율이 큰 수열부터 선택한다(증가율 크기순 : $R5 > R10 > R20 > R40$).
- 표준수의 곱과 몫 그리고 정수멱은 모두 표준수가 된다.
- 설계 등에 있어서 단계적으로 수치를 결정할 경우에는 표준수를 사용한다.
- 어떤 수열을 그대로 사용할 수 없을 때에는 유도수열이나 변위수열을 만들어 사용한다.
- 특별수열은 기본수열에 따르지 못할 때에만 부득이하게 사용한다.
- 표준수 적용 시 어떤 수열을 그대로 사용할 수 없을 때는 다음 수열을 사용한다.
  - 유도수열 : 어떤 수열의 어느 수치부터 2번째, 3번째, …, p번째마다 취하여 사용하는 수열이다.
  - 변위수열 : 어떤 수열이 다른 특성의 수치를 같은 수열에서 취할 수 없을 때는 그 특성에 적합한 수치를 포함한 다른 수열을 선택하여 같은 증가율을 가진 유도수열을 만들어 사용한 수열이다.
- 표준수 적용 시 어떤 수열을 그대로 사용하고, 표준수보다 더 정확한 수치를 필요로 하는 경우에는 이에 대응하는 계산치를 사용한다.

㉢ 표준수열의 기호 : 표준수열의 기호는 범위를 표시할 필요가 없으면 수열기호를 그대로 사용하고 범위를 표시할 필요가 있을 때는 수열기호 다음에 괄호를 붙여서 다음의 예처럼 그 범위를 표시한다.
- $R10(1.25\cdots)$: $R10$ 수열에서 1.25 이상의 것
- $R20(\cdots\cdots 45)$: $R20$ 수열에서 45 이하의 것
- $R40(75\cdots\cdots 300)$: $R40$ 수열에서 75 이상 300 이하의 것

⑤ 한국산업규격의 표준서의 서식 및 작성방법
㉠ 표준의 요소
- 부속서 : 내용으로서는 본래 표준의 본체에 포함시켜도 되는 사항이지만, 표준의 구성상 특별히 추려서 본체에 준하여 정리한 것이다.
- 해설 : 제정 또는 개정의 취지, 경위, 심의 중에 특히 문제가 된 사항, 특허권 등에 관한 사항, 적용범위 등을 서술한 것이다.
- 본체 : 표준요소를 서술한 부분이다. 다만, 부속서(규정)는 제외한다.
- 본문 : 조항의 구성 부분의 주체가 되는 문장이다.
- 보기(Example) : 본문, 각주, 비고, 그림, 표 등에 나타나는 사항의 이해를 돕기 위한 예시이다.

㉡ 관련 용어
- 본체 : 한국산업규격(이하 '규격')의 형식상 주체가 되는 부분
- 부속서(Annex) : 내용으로 보아 본래 표준의 본문에 포함시켜도 되는 사항(규격의 주체)이지만, 표준의 구성 또는 표현의 편의상 특별히 따로 추려 본문에 준하여 종합 및 정리한 것
- 본문(Text) : 조항의 구성 부분의 주체가 되는 문장
- 설명(Statement) : 해당 문서의 내용 중 정보를 전달하는 표현이며 허용이나 실현 가능성을 표현하는 문장도 설명에 해당함
- 조항(Article) : 본체 및 부속서(규정)의 구성 부분인 개개의 독립된 규정으로서 문장, 그림, 표, 식 등으로 구성되며, 각각 하나의 정리된 요구사항 등을 나타내는 것
- 부(Part) : 하나의 표준을 필요에 따라 동일한 번호 아래 둘 이상으로 나눈 것
- 절(Clause) : 표준의 목차를 세분화하기 위한 기본 구성요소로, 각각의 제목과 연속적인 번호가 부여됨
- 항(Subclause) : 절 내에서 번호를 부여하여 더 세분화한 것
- 비고(Note) : 본문, 그림, 표 등의 내용을 이해하기 위해 없어서는 안 되지만, 그 안에 직접 기재하면 복잡해지는 사항을 따라 기재하는 것

- 각주(Footnote) : 본문, 비고, 그림, 표 등의 안에 있는 일부의 사항에 각주번호를 붙이고, 그 사항을 보충하는 내용을 해당하는 쪽의 맨 아랫부분에 따로 기재하는 것
- 보기(Example) : 본문, 각주, 비고, 그림, 표 등에 나타내는 사항의 이해를 돕기 위한 예시
- 요구사항(Requirement) : 해당 문서를 준수할 것이 요구되고 그로부터의 일탈이 허용되지 않는 경우, 해당 문서의 내용 중에 충족시켜야 할 기준을 전달하는 표현
- 권장사항(Recommendation) : 해당 문서의 내용 중 기타 사항을 언급 또는 배제하지 않으면서 여러 가능한 대상 중의 하나를 특별히 적절한 것으로 추천하거나, 특정행위 절차가 필수적으로 요구되는 것은 아니지만 선호될 때 또는 소극적 관점에서 특정행위 절차가 회피되지만 금지된 것은 아닐 때 해당 내용을 전달하는 표현
- 인용표준(Normative Reference) : 표준이 그 규정의 일부를 구성하기 위하여 인용하는 한국산업표준, 국제표준, 기록관리표준 또는 이들에 준하는 규범문서(단지 출처, 근거 등의 정보로서 참조한다는 것을 나타내는 표준 또는 문서는 인용표준이 아님)
- 참고(Reference) : 본체, 부속서의 규정에 관련된 사항을 본체에 준한 형식으로 보충하는 것이며 규정의 일부는 아님
- 해설(Explanation) : 본체, 부속서, 참고에 기재한 사항과 이와 관련된 사항을 설명하는 것이며 표준의 일부는 아님
- 한국산업표준(Korea Standard) : 산업통상자원부 국가기술표준원에 의해 제정·고시되고, 민간과 공공기관 모두 적용되는 한국의 국가표준

ⓒ 규격서 서식(양식)(KS A 0001)
- 규격서는 원칙적으로 본체만으로 구성된다.
- 규격서 구성 순서 : 본체 → 부속서 → 참고 → 해설
- 사이즈 : A4(210×297mm) 또는 B5(176×250mm)
- 형식 : 바꿔끼기식(Loose Leaf)으로 하되 제본식은 곤란하다.
- 복제방식 : 복사식
- 규격번호 방식이 바람직하다.

- 부속서가 있는 경우는 '부속서'라고 명시하고 본체 바로 다음에 오게 한다.
- 규격서에는 필요하면 참고나 해설을 붙일 수 있다.
- 참고는 '참고'라고 명시하고 원칙적으로 본체 다음(부속서가 있으면 부속서 다음)에 오게 한다.
- 해설은 '해설'이라고 명시하고 원칙적으로 본체 다음(부속서나 참고가 있을 때는 그다음)에 오게 한다.

ⓔ 문장의 기술
- 문장 : 한글 전용, 조항별로 나열
- 문체 : 알기 쉬운 문장
- 기술방법 : 왼편에서부터 가로 쓰기

ⓜ 활용하기 좋은 표준서의 요건
- 표준내용이 충분히 전달될 것
- 읽고 이해하기 쉬운 형태일 것
- 사용하기 편리한 체제일 것
- 유지 및 관리(취급, 보관, 추가, 삭제, 정정 등)가 쉬울 것
- 권위를 갖춘 표준서일 것

ⓗ 문장 기술 요령
- 및, 와(과)
  - '및'은 작은 어구나 용어를 병합할 때에 사용하고, 세 개 이상일 때는 처음을 쉼표로 구분하고 마지막에 '및'을 사용한다.
  - '와(과)'는 '및'을 이용하여 병렬한 어구를 다시 크게 병합할 때에 사용한다.
  - 두 개의 용어가 밀접한 관계를 갖거나 '및'을 사용하면 어색한 경우, 용어의 연결 시 자연스러운 배치가 필요한 경우에는 '와(과)'를 사용한다. 그러나 용어를 단순히 나열할 경우에는 '및'을 사용한다.
- 또는
  - '또는'은 선택의 의미로 두 개의 어구를 병렬 접속할 때 사용하고, 세 개 이상일 때는 처음을 쉼표로 구분하고 마지막에 '또는'을 사용한다.
  - 애매함을 피하기 위해 '(이)나'를 사용하지 않는다.
  - '또는'은 '또는'을 사용하여 병렬한 어구를 다시 선택의 의미로 나눌 때 사용한다.
- '또한', '다만' : '또한'은 본문 안에서 보충적인 사항을 기재하는 데 사용하고, '다만'은 예외적인 사항을 기재할 때 사용한다.

- 경우, 때 및 시
  - '경우' 및 '때'는 한정조건(가정적 조건이 2개 있을 경우 큰 쪽에는 '경우'를 사용하고, 작은 쪽에는 '때'를 사용한다)을 나타내는 데 사용한다.
  - '시'는 시기 또는 시각을 명확히 할 경우에 사용한다.
- 이상과 이하, 초과와 미만 : '이상'과 '이하'는 그 앞에 표시한 것을 포함하지만, '초과'와 '미만'은 그 앞에 있는 것을 포함하지 않는다.
- 보다 : 비교를 나타내는 경우에만 사용하고, 그 앞에 있는 수치 등을 포함시키지 않는다.
- 숫자 : 원칙적으로 아라비아숫자를 쓴다.
- 문장의 끝 : 문장의 끝은 그 뜻에 따라 다음 보기와 같이 쓴다.
  - 실현성 및 가능성 : ~할 수 있다, ~할 수 없다
  - 지시 또는 요구 : ~한다, ~로 한다, ~에 따른다, ~하여야 한다
  - 금지 : ~하지 않는다, ~하여서는 안 된다
  - 완곡한 금지 : ~하지 않는 편이 좋다
  - 장려 : ~하는 것이 좋다, ~하는 편이 좋다, ~하는 것이 바람직하다
  - 허용 : ~하여도 된다, ~가 용인된다, ~가 허용된다, ~해도 무방하다
  - 불필요 : ~할 필요가 없다, ~하지 않아도 된다
ⓧ 비고, 각주 및 보기
- 본문에서 각주의 사용은 최소 한도에 그쳐야 한다.
- 비고 및 보기는 이들이 언급된 문단 위에 위치하는 것이 좋다.
- 동일한 절 또는 항에 비고와 보기가 함께 기재되는 경우 보기가 우선한다.
- 각주의 내용이 많아 해당 쪽에 모두 넣기 어려운 경우, 다음 쪽으로 분할하여 배치시켜도 된다.

3-1. 한국산업표준(KS)의 부문 분류기호가 틀리게 연결된 것은?
[2002년 제2회 유사, 2004년 제2회 유사, 2006년 제1회 유사, 2008년 제2회 유사, 2013년 제2회 유사, 2016년 제1회]

① J : 생물　　　　② G : 일용품
③ R : 물류　　　　④ S : 서비스

3-2. 시험장소의 표준 상태(KS A 0006)에 대한 설명으로 옳지 않은 것은?
[2008년 제2회, 2009년 제4회, 2010년 제4회 유사, 2012년 제1회 유사, 2013년 제4회, 2016년 제4회 유사]

① 표준 상태의 온도는 시험의 목적에 따라서 20[℃], 23[℃] 또는 25[℃]로 한다.
② 표준 상태의 습도는 상대습도 50[%] 또는 65[%]로 한다.
③ 표준 상태의 기압은 90[kPa] 이상, 110[kPa] 이하로 한다.
④ 표준 상태는 표준 상태의 기압 하에서 표준 상태의 온도 및 표준 상태의 습도의 각 1개를 조합시킨 상태로 한다.

3-3. 표준수-표준수 수열에서 표준수에 관한 설명으로 옳지 않은 것은?
[2014년 제2회, 2017년 제4회 유사, 2023년 제2회]

① $R5$보다 $R20$의 증가율이 더 크다.
② $R5$, $R10$, $R20$, $R40$을 기본수열이라고 한다.
③ 설계 등에 있어서 단계적으로 수치를 결정할 경우에는 표준수를 사용한다.
④ $R80$을 특별수열이라고 한다.

3-4. 표준의 서식과 작성방법에 관한 사항 중 틀린 것은?
[2008년 제4회 유사, 2013년 제2회 유사, 2015년 제4회 유사, 2016년 제2회]

① 본문은 조항의 구성 부분의 주체가 되는 문장이다.
② 본체는 표준요소를 서술한 부분이다. 다만 부속서를 제외한다.
③ 추록은 본문, 각주, 비고, 그림, 표 등에 나타내는 사항의 이해를 돕기 위한 예시이다.
④ 조항은 본체 및 부속서의 구성 부분인 개개의 독립된 규정으로서 문장, 그림, 표, 식 등으로 구성되며, 각각 하나의 정리된 요구사항 등을 나타내는 것이다.

3-5. 표준서의 서식 및 작성방법(KS A 0001)에서 '및'의 사용법을 보기로 들었다. 가장 올바르게 표현된 것은?

[2003년 제4회, 2007년 제2회, 2013년 제2회]

① 모양, 치수 및 무게
② 모양 및 치수, 무게
③ 모양 및 치수, 등 무게
④ 모양 및 치수 및 무게

| 해설 |

3-1
• R : 수송
• T : 물류

3-2
표준 상태의 기압은 86[kPa] 이상, 106[kPa] 이하로 한다.

3-3
기본수열 중에서 $R5$의 증가율이 가장 크므로 $R20$보다 $R5$의 증가율이 더 크다.

3-4
본문, 각주, 비고, 그림, 표 등에 나타내는 사항의 이해를 돕기 위한 예시는 보기이다. 추록은 표준 중 일부의 규정요소를 개정(추가 또는 삭제 포함)하기 위하여 표준의 전체 개정과 같은 순서를 거쳐서 발효되는 것으로 개정내용만 서술한 표준이다.

3-5
'및'은 병합의 의미로 병렬하는 어구가 두 개일 때 그 접속에 사용한다. 어구가 3개 이상일 때는 처음 쪽을 쉼표로 구분하고 마지막 어구를 연결하는 데 사용하므로 '모양, 치수 및 무게'의 표현이 옳다.

정답 3-1 ③ 3-2 ③ 3-3 ① 3-4 ③ 3-5 ①

핵심이론 04 사내표준화

① 사내표준의 개요

㉠ 사내표준화와 공공표준화 간에는 계층적 관계를 가지며 조화를 이루고 있다. 따라서 국제사회에서 인정받는 제품 및 서비스를 생산하기 위해서는 우선적으로 자신의 생산환경에 적당한 사내표준화를 실현하는 것이 중요하다. 국가규격은 강제력이 없지만 사내표준은 사내에서 강제력이 있다.

㉡ 사내표준의 정의
• 사내표준(Company Standard) : 조직체에서 재료, 부품, 제품, 구매, 제조, 검사, 관리 등의 적용을 목적으로 정한 표준이다.
• 조직체의 활동을 적절하고, 합리적으로 운영하기 위해 종업원이 준수해야 할 사내규정이다.

㉢ 사내표준화의 대상
• 사물(하드웨어인 제품, 재료, 기계, 설비 등) : 물건(종류, 성능, 단위, 기호, 용어, 특성, 형식, 구조, 등급, 상태 등), 물건에 부수되는 방법(방법, 순서, 수속, 처치 등)
• 업무(소프트웨어인 설비 사용방법, 직무 및 업무 분담) : 업무(상태, 권한, 책임, 마음가짐, 시간, 단위 등), 부수업무(방법, 수속, 순서, 처치, 전달, 정보, 지시 등)
• 특기사항 : 업무는 반복적인 경우에 적용되지만 일회성 업무라 해도 내용상 일상업무 요소를 지니면 이것도 사내표준화 대상이다.
• 사내표준화의 대상이 아닌 것 : 특허

㉣ 회사 내에서 사내표준화의 역할
• 기술의 보존, 보편화, 향상
• 책임, 권한의 명확화와 업무의 합리화
• 업무의 효율화 또는 교육훈련의 용이성
• 경영방침의 구체적인 지시와 그것의 수행
• 경영방침 내용의 구체화
• 관리의 기준
• 기술의 보전
• 업무의 효율화
• 교육훈련의 용이성

- 합리적인 생산활동 전개
- 경제적인 생산 가능
- 고품질의 제품과 서비스를 합리적인 가격으로 소비자에게 공급
- 소비자와의 상거래의 단순화와 공정화 도모
- 기업활동을 통한 이익과 사회에 대한 봉사를 동시에 도모

㉐ 사내표준화의 특징
- 사내표준은 성문화된 자료로 존재하여야 한다.
- 하나의 기업 내에서 실시하는 표준화활동이다.
- 회사의 경영자가 솔선하여 사내규격의 유지와 실시를 촉진시켜야 한다.
- 사내관계자들의 합의를 얻은 다음에 실시해야 하는 활동이다.
- 사내표준은 조직원 누구나 활용할 수 있도록 하여야 한다.
- 정해진 사내표준은 모든 조직원이 의무적으로 지켜야 한다.
- 일단 정해진 표준은 의무적으로 지켜져야 하나, 필요 시 변경될 수도 있다.
- 사내표준의 개정은 기간을 정해 정기적으로 실시하지 않고 필요에 따라 실시된다.

㉑ 사내표준화의 요건
- 실행 가능성 : 실행 가능한 내용일 것
- 정확성, 구체성, 객관성, 개정성 : 기록내용이 정확하고, 구체적이며 객관적이고 필요시 적시에 개정할 것
- 용이성 : 직관적(직감적)으로 보기 쉬운 표현을 할 것
- 기여성 : 기여비율(기여도)이 큰 것을 채택할 것
- 장기성 : 장기적인 방침하에 체계적으로 추진할 것
- 합의성 : 전원이 합의하여 인정하는 내용일 것
- 비모순성(일치성) : 다른 표준과 상호 모순이 없을 것
- 일관성 : 내용의 일관성이 있을 것
- 참여성 : 당사자에게 의견을 말할 기회를 주는 방식으로 할 것
- 준수성 : 작업표준에는 수단 및 행동을 직접 지시할 것

㉒ 기여율이 큰 경우와 기여율이 작은 경우
- 기여율이 큰 경우
  - 통계적 수법 등을 활용하여 관리하고자 하는 대상인 경우

- 준비 교체작업, 로트 교체작업 등 작업의 변경점에 관한 경우
- 공정의 산포가 클 때
- 공정에 변동이 있을 때
- 공정이 변경될 때(공정이 변하는 경우)
- 베테랑 당사자가 교체된 경우
- 숙련공이 교체될 때
- 새로운 정밀기기가 현장에 설치되어 새로운 공법으로 작업을 실시하게 된 경우
- 중요한 개선이 이루어진 경우
- 기여율이 작은 경우
  - 현재에 실행하기 어려우나 선진국에서 활용하고 있는 기술인 경우
  - 신기술 도입(초기)단계인 경우
  - 실행 가능성이 없는 내용일 때

㉓ 사내표준화의 효과
- 개인의 기능을 기업의 기술로서 보존하여 진보를 위한 역할을 한다.
- 경영방침 철저화를 도모하며 품질매뉴얼이 준수된다.
- 책임과 권한을 명확히 하여 업무처리기능과 업무 운영을 확실하게 한다.
- 생산에 소요되는 자원의 양과 종류 감소를 통한 생산의 다양화를 도모한다.
- 표준화를 통한 기준화에 의해 생산시스템의 동일화·정형화 실현으로 전문화·숙련화를 구축한다.
- 품질 안정, 비용의 절감, 각 부문 간 의사전달의 원활화를 가능하게 한다.
- 관리를 위한 기준이 되며, 확률이론을 적용할 수 있고 통계적 방법을 적용할 수 있는 장이 조성되어 과학적 관리수법을 활용할 수 있게 된다.

㉔ 사내표준화의 역효과
- 업무방법을 일정한 상태로 고정하여 움직이지 않게 하는 역할을 한다.
- 기업 내의 자유로운 활동이 제한되고, 획일화·고정화된다.

㉕ 부작용 억제 및 사내표준화의 최대 효과를 얻기 위한 방안
- 사내표준을 기업 내외의 환경에 적응할 수 있도록 끊임없이 관리해야 한다.

- 사내표준의 설정, 실시상황의 확인, 개정과 같은 사내표준화에 대한 관리가 필요하다.
- 사내표준은 고정이라는 관념에서 벗어나야 하며 상황에 따라서 유연하게 대처할 수 있도록 기업 내 조직을 갖추어야 표준화로 인한 부작용을 최소로 할 수 있다.

㉠ 사내표준의 체계
- 사내표준의 체계는 표준화 구조인 주제(Subject), 국면(Aspect), 수준(Level에 따라 '무엇의 어떤 것을 어느 정도'로 세운다.
- 사내표준을 한 가지로 분류하면 안 되며 각 부문마다 일정한 체계로 각각 작성해야 하는데, 관리규정에 의해 정한 용어, 양식을 사용하고 정해진 절차와 정해진 분류번호에 따라서 조직적으로 제정 및 발행해야 한다.

㉣ 회사규격의 개정이 필요한 경우
- 관련 국가규격이 개정된 경우
- 제조공정의 변경 또는 개선이 필요한 경우
- 공업기술의 향상이 필요한 경우

※ 단, 생산품목의 변경이나 공정 축소 등으로 현행 규격이 필요 없을 경우에는 개정하지 않고 폐지해야 한다.

㉤ 사내규격으로 어느 회사에서나 공통으로 만드는 것 : 구매시방서, 제조표준, 제품규격, 검사규격 등

㉥ 검사규격(지침서)에 포함시켜야 할 내용 : 시료의 채취방법, 조사 측정방법, 합부판정기준 등

② **사내표준의 종류**
- ㉠ 규격 대상에 의한 분류 : 기본규격(전달규격), 제품규격(품질규격), 방법규격(규정)
- ㉡ 강제력의 정도에 따른 분류 : 강제표준, 임의표준
- ㉢ 적용기간에 따른 분류 : 통상표준, 시한표준, 잠정표준
- ㉣ 적용영역 수준에 따른 분류 : 전사표준, 공장표준, 제조기술자 대상의 제조기술표준, 일반작업자 대상의 작업지도표준 등
- ㉤ 유형별 사내규격의 분류
  - 회사규격(규정) : 회사의 조직 또는 업무와 관련된 기본적인 사항에 관한 규정(조직규정, 업무규정, 종업원 취업규정, 회의규정, 문서규정 등)

- 사내표준
  - 관리표준 : 회사의 관리활동을 확실하고 원활하게 수행하기 위하여 업무수행방법, 관리방법, 교육훈련방법, 클레임 처리방법 등 주로 업무(절차 등)의 관리방법에 관한 규정(표준관리규정, 설비관리규정, 품질관리규정, 클레임처리규정, 판매관리규정 등)
  - 기술표준 : 제품과 제품의 제조에 사용되는 부품, 재료, 생산설비, 보관설비, 수송설비에 관한 다양한 항목(재질, 형상, 치수 등)에 관한 시방(제도규격, 제품규격, 재료규격, 검사규격, 포장규격, 성분분석 및 시험방법 등)

㉥ 회사의 조직과 관련된 분류
- 총괄적 표준 : 품질관리규정, 사내표준관리규정, 클레임처리규정, 환경관리규정, 장표관리규정
- 설계·제품 관련 표준 : 신제품개발규정, 설계관리규정, 제품규격
- 자재 관련 표준 : 원재료부품규격, 구매업무규정, 외주관리규정, 자재창고관리규정
- 제조 관련 표준 : 제조업무규정, 기술표준, 공정관리규정, 제조작업표준, 포장표준
- 검사 관련 표준 : 수입검사규격, 제품검사규격, 시험표준
- 설비 관련 표준 : 제조설비관리규정, 검사설비관리규정, 치공구금형관리규정

③ **사내표준화 과정**
- ㉠ 표준화 체제 만들기
  - 최고경영자를 중심으로 사내표준화의 필요성을 인식하여 사내표준화를 추진할 부문을 결정한다.
  - 전원이 참여할 수 있도록 표준화 도입에 걸맞은 체계를 세우는 작업이다.
- ㉡ 표준화 계획
  - 기업의 표준화 활동목적을 결정하고, 표준화 대상의 개요와 세부 항목에 대해 설계를 한 후 실시 순서를 결정하고 표준화시스템의 요소를 구성한다.
  - 표준화시스템의 요소 : 표준화 목적, 사무처리방법, 표준화체계, 교육절차, 사내표준체계 등

ⓒ 표준화 운영
  • 표준화의 운영계획과 표준 작성상의 주의점, 사용상의 주의점 등이 고려되는 단계이다.
  • 기업의 다양한 활동을 분류하고 표준을 근거로 분류하여 이에 적합한 표준을 제정, 개정하는 작업이다. 표준을 제정, 개정하기 위해서는 표준 자체를 하나의 시스템으로 파악하고 비용의 관점에서 표준을 작성한다.
  • 사내표준화 활동이 표준에 근거하여 실시될 수 있도록 표준의 사용방법을 연구하고 그 결과를 교육과 종합훈련을 통해 전원에게 공지한다.
  • 사내표준화의 운용단계에서 규격의 준수와 실천을 위한 설명
    – 관련자들에게 철저히 교육하여 인식하도록 한다.
    – 사내규격은 조직의 정보 공유 차원에서 다루어지고 실천한다.
    – 사내표준화가 지켜지지 않으면 그 이유가 있으므로 근본원인을 제거한다.
    – 사내규격은 회사의 기본시스템을 언급하고 있으며 형식적으로 취급하면 안 된다.
ⓓ 표준화 평가 : 각 부문별로, 종합적으로 운영상의 문제점을 파악하고 이를 평가한다.

4-1. 사내표준화의 요건으로 볼 수 없는 것은?

[2004년 제4회 유사, 2005년 제1회 유사, 2008년 제1회 유사, 2009년 제4회, 2013년 제4회, 2016년 제2회]

① 실행 가능한 내용일 것
② 기록이 구체적이고 객관적일 것
③ 직관적으로 보기 쉬운 표현을 할 것
④ 단기적인 방침하에 체계적으로 추진할 것

4-2. 사내표준화의 요건으로 사내표준의 작성 대상은 기여비율이 큰 것으로부터 채택하여야 하는데, 공정이 현존하고 있는 경우 기여비율이 큰 것에 해당되지 않는 것은?

[2009년 제2회 유사, 2010년 제4회 유사, 2014년 제2회 유사, 2016년 제2회]

① 통계적 수법 등을 활용하여 관리하고자 하는 대상인 경우
② 준비 교체작업, 로트 교체작업 등 작업의 변경점에 관한 경우
③ 현재에 실행하기 어려우나 선진국에서 활용하고 있는 기술인 경우
④ 새로운 정밀기기가 현장에 설치되어 새로운 공법으로 작업을 실시하게 된 경우

|해설|

4-1
사내표준화는 장기적인 방침하에 체계적으로 추진해야 한다.

4-2
현재에 실행하기 어려우나 선진국에서 활용하고 있는 기술인 경우에는 기여비율이 낮다.

정답 4-1 ④ 4-2 ④

① KS 표지인증제도의 개요

    ㉠ 제품인증제도 : 산업표준화법의 규정에 근거를 두고, 한국산업표준이 제정되어 있는 품목 중 생산공장이 기술적인 면에서 KS 수준 이상의 제품을 지속적으로 생산할 수 있는 능력과 조건을 갖추어 품질이 안정되어 있고, 객관적인 면에서 항상 시스템적으로 동기술 수준을 유지할 수 있도록 사내표준화 및 품질경영활동을 전사적으로 추진하고 있는지 여부를 해당 표준의 심사기준에 따라 엄격히 심사하고 별도의 제품심사를 실시한 후 합격된 업체에 대하여 KS 마크를 제품에 표시하도록 하는 인증제도이다.

    ㉡ 인증 대상

      • 광공업품 품목

        – 품질 식별이 용이하지 않으므로 소비자 보호를 위하여 규격에 맞는 것임을 표시할 필요가 있는 광공업품이다.

        – 원자재에 해당되는 것으로서 다른 산업에 영향이 큰 광공업품이다.

        – 독과점, 가격 변동 등으로 현저한 품질 저하가 우려되는 광공업품이다.

      • 광공업품 가공기술 품목

        – 규격에 정하여진 시굴수준에 도달한 가공기술이다.

        – 해당 가공기술을 사용함으로써 품질 또는 생산성 향상이 가능한 가공기술이다.

    ㉢ 인증 관련 교육

      • 경영책임자 교육 : 품질경영 추진의 기본요소와 추진 방향, 국내외 품질경영의 추진 동향과 대응전략, 품질경영 추진을 위한 경영자의 역할, 산업표준화제도와 정책 방향, 기타 산업표준화의 촉진과 품질경영혁신을 위하여 산업통상자원부 장관이 필요하다고 인정하는 사항

      • 경영간부 교육 : 품질경영의 추진절차 및 전략, 사내표준화의 추진절차 및 방법, 품질경영혁신을 위한 중간관리자의 역할, 산업표준화제도와 추진시책, 기타 산업표준화의 촉진과 품질경영혁신을 위하여 산업통상자원부장관이 필요하다고 인정하는 사항

      • 품질관리담당자 정기교육 : 산업표준화제도의 해설, 통계적인 품질관리기법, 품질경영의 개요, 표준화의 요소, 사내표준화의 추진 절차 및 방법, 품질관리의 개선을 위한 산업공학, 기타 산업표준화의 촉진과 품질경영혁신을 위하여 산업통상자원부장관이 필요하다고 인정하는 사항

    ㉣ 인증제품에 표시하는 내용

      • 규격명, 규격번호, 인증번호, 제품 제조일

      • 규격에서 정하는 품목 또는 가공기술 종목의 종류, 등급, 호칭

      • 규격표시제품의 제조자명, 제조자를 나타내는 약호

      • 인증기관명 및 KS 마크(ⓚ)

    ㉤ 우리나라의 품질표준화와 KS

      • 우리나라의 경우 1961년에 공업표준화법이 제정되었다. 1963년, IEC와 ISO 가입과 동시에 한국공업규격(KS ; Korean Standard)표시제도를 국가규격으로 사용하였다.

      • KS는 광공업제품의 품질개선과 생산능률의 향상을 통해 거래의 단순화와 공정화를 도모할 목적으로 제정되었으며 제품규격, 방법규격 및 기본(전달)규격 등의 내용을 포함하고 있다.

      • KS규격 제정기준 3가지 원칙 : 공업규격 통일성 유지, 공업표준의 객관적 타당성 및 합리성 유지, 공업표준의 공중성 유지 등

      • KS는 총 15개 부문으로 구성되어 있으며 'KS B 0001'과 같이 각 부문별로 분류 기초 및 네 자리 번호를 붙인다.

② KS 인증심사

    ㉠ 개 요

      • 인증기관 : 한국표준협회

      • 지정심사기관 : 한국화학융합시험연구원, 한국기기유화시험연구원, 한국전기전자시험연구원 등

      • 표시 지정된 제품을 생산하는 자가 3개월 이상 사내표준화 및 품질경영기법을 도입하여 관리한 후 KS 수준 이상의 제품을 지속적으로 생산할 능력을 갖추었다고 판단되면, 필요에 따라 인증기관에 KS 제품인증을 신청한다.

      • 인증기관은 해당 제품의 인증심사기준에 따라 공장심사와 제품심사를 실시하고 합격된 업체에 대해 공장 또는 사업장별로 KS 제품인증을 하게 된다.

- 공장심사의 심사항목(6가지) : 표준화일반, 자재관리, 공정관리, 제품의 품질관리, 제조설비의 관리, 검사설비의 관리
- 제품 분야에서 일반 심사기준(6가지) : 품질경영관리, 시험·검사설비의 관리, 소비자 보호 및 환경·자원관리, 자재관리, 공정·제조설비관리, 제품관리
  - 제품분야의 일반 심사기준의 품질경영관리 심사항목
    ⓐ 경영책임자는 표준화 및 품질경영을 합리적으로 추진해야 한다.
    ⓑ 품질경영을 총괄하는 품질경영부서는 독립적으로 운영해야 한다.
    ⓒ 기업의 사내표준 및 관리규정은 한국산업표준을 기반으로 회사 규모에 따라 적합하게 수립하고 회사 전체 차원에서 적용해야 한다.
  - 자재관리 심사항목 : 자재의 품질기준은 생산제품의 품질이 한국산업표준 수준 이상으로 보증할 수 있도록 규정해야 한다.
ⓛ 공장심사 및 판정기준
- 평점 80/100점 이상이면 인증(합격)
- 제품시험결과 KS에서 정한 전 항목에 합격하면 최종 합격인증서 수여
- 평범 80/100점 미만이면 불합격
- 심사항목과 배점

심사항목	항목수	배 점
Ⅰ. 표준화 일반 (1) 표준화 및 품질 경영의 추진 (2) 사내표준화와 품질 경영의 도입, 확산 활동 (3) 표준화 및 품질경영에 관한 교육훈련의 정도 (4) 품질경영 담당자 및 기술계 인력 확보 (5) 불만처리절차 및 책임규정 (6) 친환경 경영 및 안전시설 등 관리 상태	6	31
Ⅱ. 자재관리 (1) 자재품질보증규정 (2) 적정자재 사용, 검사, 관리	2	10
Ⅲ. 공정관리 (1) 공정별 관리규정, 실시 (2) 공정별 작업표준규정, 실시, 관리 (3) 공정별 중간검사규정, 실시, 관리	3	15
Ⅳ. 제품의 품질관리 (1) 제품품질 및 검사방법규정 (2) 규정 실시, 기록 보존, 개선	3	20
Ⅴ. 제조설비의 관리 (1) 설비배치 상태, 운전수칙, 일상관리 (2) 설비운전, 관리규정, 기준 (3) 적정 윤활유 선택기준과 실시, 관리	3	12
Ⅵ. 검사설비의 관리 (1) 내부시험설비 관리규정, 외부설비 이용규정 (2) 시험설비 설치, 성능유지규정, 실시 (3) 시험설비 정밀도 확보 유지, 측정표준 소급성 체계 및 실시	3	12
계	20	100

ⓒ 공장심사 일부 면제사항
- 종류 추가(인증을 받은 자가 이미 인증을 받은 품목의 제품으로서 종류, 등급, 호칭이 다른 제품에 대해 인증을 신청하는) 경우 : 표준화 일반, 자재의 관리, 공정관리심사 면제
- 인증신청인이 공장심사에는 적합하였지만 제품심사에서 불합격되어 인증 불가 통보를 받은 후 1년 이내에 다시 인증신청을 하는 경우 : 표준화 일반, 자재의 관리, 공정관리심사 면제
- 품질경영 및 공산품안전관리법 제7조의 규정에 의하여 품질경영체제에 관한 인증을 받은 자(시험방법에 대한 인증만을 받는 자는 제외)가 인증신청을 하는 경우 : 표준화 일반에서 (2), (5), (6)항목 면제
ⓓ 서비스분야에서 서비스 심사기준
- 고객이 제공받은 서비스
- 고객이 제공받은 사전 서비스
- 고객이 제공받은 사후 서비스

5-1. KS 표시 허가를 획득하기 위한 '공장심사'의 심사항목이 아닌 것은? [2002년 제1회 유사, 2007년 제4회 유사, 2014년 제1회]

① 자재품질
② 공정관리
③ 제조설비
④ 수요 예측

5-2. KS 인증심사기준 중 제품 분야에서 일반 심사기준 6가지에 해당되지 않는 것은? [2015년 제4회 유사, 2016년 제2회, 2016년 제4회 유사]

① 품질경영 관리
② 협력업체 관리
③ 시험·검사설비의 관리
④ 소비자보호 및 환경·자원관리

|해설|

5-1

수요 예측은 KS 표시허가를 획득하기 위한 '공장심사'의 심사항목이 아니다. KS 표시허가를 획득하기 위한 '공장심사'의 심사항목(6가지)는 표준화 일반, 자재관리, 공정관리, 제품의 품질관리, 제조설비의 관리, 검사설비의 관리 등이다.

5-2

KS 인증심사기준 중 제품 분야에서 일반 심사기준 6가지 : 품질경영관리, 시험·검사설비의 관리, 소비자보호 및 환경·자원관리, 자재관리, 공정·제조설비관리, 제품관리

정답 5-1 ④ 5-2 ②

제3절 | 고객만족 경영

핵심이론 01 품질보증

① 품질보증의 개요

　㉠ 품질보증(QA ; Quality Assurance)의 정의

　　• 제품 또는 서비스가 품질요건을 만족시킬 것이라는 적절한 신뢰감을 주는 데 필요한 모든 계획적이고 체계적인 활동이다.

　　• 사내규격이 체계화되어 품질에 대한 정책이 일관되도록 하는 업무이다.

　　• 품질이 소정의 수준에 있음을 보증하는 것이다.

　　• 소비자의 요구에 맞는 제품·서비스의 품질을 만족시키고, 타당한 신뢰감을 확보하기 위한 모든 계획적이고 체계적인 활동이다.

　　• 생산의 각 단계에 소비자의 요구가 실제로 반영되고 있는지 체크하여 각 단계에서 조치를 취하는 것이다.

　　• 제품에 대한 소비자와의 약속이며 계약이다.

　　• 소비자에게 있어서 그 품질이 만족되고 적절하며, 신뢰할 수 있고 경제적임을 보증하는 것이다.

　　• 제품의 품질에 대해 사용자가 안심하고 오래 사용할 수 있다는 것을 보증하는 것이다.

　　• 제품 또는 서비스가 소정의 품질 요구를 갖추고 있다는 신뢰감을 주기 위해 필요한 계획적, 체계적 활동이다.

　　• 모든 관계자들에게 품질기능이 적절하게 수행되고 있다는 확신을 갖도록 하는 데 필요한 증거에 관계되는 또는 필요한 증거를 제시하는 활동이다(감사기능, J. M. Juran).

　　• 품질이 소정의 수준에 있음을 보증하는 것으로서 품질 요구사항을 충족시키는 데 중점을 둔 품질경영의 일부이다(한국산업규격, KS).

　　• 소비자가 요구하는 품질이 충분히 만족되어 있음을 보증하기 위해서 생산자가 행하는 체계적인 활동이다(일본공업규격, JIS).

　　• 한 품목 또는 제품이 설정된 기술 요구에 부합되도록 하는 데 필요한 모든 행동이 계획적이고 체계적인 형태이다(MIL-STD-109B).

- 제품, 서비스가 주어진 요구를 만족시키고 있다는 것에 대해서 적절한 확신을 주기 위해 필요한 모든 계획적 내지 조직적인 활동이다(미국표준협회, ANSI).
- 물품, 서비스가 계약 및 법률적인 요구를 충족시키며 서비스가 만족스럽게 이루어질 것이라는 적절한 신뢰를 주도록 입안된 모든 수단 및 활동에 관한 계획적이며 조직적인 패턴이다(캐나다표준협회, CSA).
- 전반적으로 품질관리가 효과적으로 이루어지고 있다는 것을 보증하고, 입증하려는 하나의 체계적인 활동이다(유럽품질관리기구, EOQC).
- 생산자가 고객의 품질요구사항을 충족시킬 것이라는 적절한 확신을 주기 위하여 품질시스템에서 실시되고 필요에 따라 실증되는 모든 계획적이고 조직적인 활동이다(국제표준화기구, ISO).
- 이상의 여러 정의들에서 알 수 있듯이, 품질보증이란 소비자가 안심하고 만족하게 구입하고, 사용함에 있어 안도감과 만족감을 가지며, 오래 사용할 수 있는 품질을 보증하는 것이다.
- 보증의 뜻을 가진 영어 단어로는 Assurance, Warranty, Guarantee 등이 있다. 각 단어의 의미는 조금씩 차이는 있지만, 품질경영에서는 단어의 차이를 중시하지 않고, 목적은 모두 같은 것으로 본다.
ⓛ 품질보증의 조건
- 필요조건(고객 위주의 품질보증) : 공약사항 이행(고객에게 누를 끼치지 않는다), 공약사항 보완, PL 문제에의 대처(결함이 없어야 하며 만일 결함이 있으면 변상), 필요조건은 반드시 지켜야 할 조건임
- 충분조건(생산자 스스로 행하는 품질보증) : 고객 요구 적합 및 충족(신제품 개발로 고객만족도 제고), 서비스의 철저(고객의 전폭적 신뢰를 받음), 고객만족
ⓒ 품질보증의 효과
- 고객(소비자) 측면의 효과 : 안전 확보, 경제적 부담 감소, 불만·피해 감소, 제도적 장치의 토대, 구매 불안감 해소(지각된 위험 감소), 제품의 지식과 정보 입수, 제품과 제조자에 대한 만족감 부여 등
- 생산자 측면의 효과 : 품질 불량 손실 감소, 불만 및 사용 정보의 피드백을 제품정책 및 품질개선에 신속히 반영, 경쟁력 증대, 판매 촉진, 기업 이미지 제고 등

ⓔ 품질보증방법
- 품질보증의 사전대책 : 시장조사, 기술연구, 고객에 대한 PR, 기술지도, 품질설계, 공정능력 파악, 공정관리 등
- 품질보증의 사후대책 : 품질검사, 제품검사, 품질심사, 품질감사, 애프터서비스, 클레임처리, 보증기간과 방법 등
ⓜ 품질보증의 실시 순서
- 품질방침의 설정과 전개
- 품질보증시스템의 구축과 운영
- 설계품질의 확보
- 품질조사와 클레임처리
- 품질정보의 수집, 해석, 활용
ⓗ 품질보증 주요기능의 실행 순서 : 품질방침의 설정 → 설계품질의 확보 → 품질조사와 클레임처리 → 품질정보의 수집, 해석, 활용
ⓢ 소비자가 제품을 선택하는 데 도움이 되는 품질보증 표시의 유형
- 생산자의 상표 그 자체를 신뢰하는 경우
- 법률적 규제에 의해서 그 마크가 없으면 판매할 수 없는 경우
- 생산자가 임의로 정부기관 등 관련 기관의 보증마크를 취득해서 표시하는 경우
ⓞ 품질보증에 관한 업무로써 내부 품질감사계획에 포함되는 내용
- 감사 대상
- 감사요원의 자격
- 감사를 실시하는 이유
ⓩ 시장으로부터 부적합품 발생 통보가 올 경우 품질보증을 위해 행하는 불만처리 절차에 해당하는 내용
- 교환 및 사과
- 불량의 원인 분석
- 재발방지대책 수립
ⓩ 품질보증의 발전과정 : 검사중심주의 → 공정관리중심주의 → 신제품개발중심주의
- 검사중심주의의 품질보증단계(~1949년)
  - 검사를 철저히 행하는 것에서 시작
  - '검사 = 품질보증'의 개념단계
  - QC나 검사 부문에서 수행

- 단점 : 생산작업자에 비해 검사원의 수가 늘어나 므로 생산성 저해, 검사결과 시정조치까지 많은 시간이 소요되며 파괴검사, 성능검사 및 신뢰성 보증 등은 보증할 수 없다.
- 공정관리중점주의의 품질보증단계(1950~1960년)
  - 생산공정을 관리하여 양질의 제품을 생산하는 데 중점을 둔 단계이다.
  - '품질은 공정에서 만들어진다.'는 개념단계이다.
  - 제조공정의 이상으로 발생하는 불량을 제거한다.
  - 단점 : 소비자의 사용방법 문제, 제품의 오용문제 등 광의의 신뢰성 보증문제는 보증할 수 없다.
- 신제품개발중심주의의 품질보증단계(1961~1970년)
  - '품질은 설계와 공정에서 만들어진다.'는 개념단 계이다.
  - 신제품의 계획, 설계, 시작, 시험을 비롯하여 외 주, 구매, 생산 준비, 양산설계, 양산 시작, 본생 산, 애프터서비스와 초기 유동관리의 각 단계별로 충분히 평가하여 품질을 보증한다.
  - 신제품 개발에서 품질보증을 중요시하는 이유
    ⓐ 신제품 개발 중에 품질관리를 철저히 하지 않 으면 충분한 품질보증이 될 수 없다
    ⓑ 신제품 개발에 실패하면 그 기업은 도산할 수 도 있을 만큼 가장 중요한 문제이다.
    ⓒ 신제품 개발의 품질보증을 행하면 조사, 기획, 연구, 설계, 시작, 구매, 외주, 생산기술, 생산, 검사, 영업, 애프터서비스 등 전 부문이 품질 관리와 품질보증을 체험할 수 있다.
- 안전과 인명존중에 중점을 둔 품질보증시대(1971년 이후~) : 결함, 소비자의 오용, 지나친 신뢰에서 오는 트러블 등이 없는 제품을 제조하기 시작한 시대이다.
㉠ 단계별 품질보증활동
- 시장조사단계 : 자사 제품에 대한 고객만족·불만족 사항 파악, 사용되는 방법 파악, 적정 사용조건 여부 와 트러블 상황 파악, 보전 애로사항 파악, 소비자 요구품질 및 수요 동향 파악, 제품과 관련된 각종 정 보 수집 및 분석
- 제품기획단계
  - 전체 신뢰성의 90[%]를 지배한다.
  - 시장단계에서 파악한 고객의 요구를 기술용어로 변환시키는 단계이다.
- 신제품을 기획하고 있는 동안 기획 이후의 스텝에 서 발생될 우려가 있는 문제점을 찾아내는 단계 이다.
- 품질방침 설정 및 전개, 제품기획 및 평가 등을 실시한다.
- 새로 사용될 예정인 부품에 대하여 신뢰성시험을 먼저 실시하여 품질을 확인한다.
- 기획은 QA의 원류에 위치하므로 품질에 관해서 예상되는 기술적인 문제점은 될 수 있는 대로 많이 찾아내도록 한다.
- 제품설계단계 : 소비자 요구품질을 제품기획에 반영 시킨 품질(기획품질)을 실제 품질로 실현시키기 위 해 개별시방서나 도면으로 완성하는 과정에서 사용 자의 요구품질·회사의 품질방침에 대해 충분히 반 영하는 QA활동, 제품설계(요구품질을 대용특성으로 변환), 시제품 제작 및 적합성 평가, 설계심사 실시
- 생산준비단계 : 판매계획 및 판매 가격 결정, 생산설 비·검사설비 확보, 작업공정능력 파악, 협력업체 및 자재의 적기 조달방법 확보, 검사·시험·평가방 법 명확화, 생산계획 수립
- 생산단계 : 외주 구입품 품질보증, 공정 및 설비관리, 계측기관리, 협력업체 품질 확보, 제조품질 확보, 생 산 및 공정관리, 초기 유동관리, 검사에 의한 품질보 증, 신뢰성시험
  - 설계품질대로 제조되지 않는 사유 : 원재료의 산 포, 장치나 기계의 이상이나 고장, 공구 마모, 가 공이나 처리의 공정의 산포, 작업오류 등
  - 이상요인에 대한 대책 : 원인 제거, 원인 영향 제 거, 공정 진단과 치료, 공정관리, 불량품 제거, 클 레임 처리
- 보관·출하단계 : 보관품질 유지, 출하품질 유지
- 판매·서비스단계 : 시장품질 정보의 수집·해석 및 활용, 판매·유통체제의 정비 및 제품품질검사, 시 방 및 설명서 등의 판매관리, A/S 등으로의 고객관 리, 보관·수송 중의 품질저하방지
- 품질문제 개선활동 및 감사단계 : 품질조사·클레임 처리 및 재발방지대책, 품질 정보의 관리, 주요 품질 문제 개선활동, 자주개선활동, 교육훈련, 제품품질 감사, 품질보증시스템 감사

ⓔ 부문별 품질보증활동의 임무 : 품질보증활동은 신제품 개발에서부터 그 제품의 수명이 끝나는 전체 생산과정에서 전개되므로 각 부문의 참여 없이는 이들의 업무가 제대로 수행될 수 없다.
- 설계 부문의 임무 : 고객 요구를 최대로 만족시키는 품질설계
- 생산 부문의 임무 : 부적합품의 발생 억제를 위한 공정관리
- 품질관리 부문의 임무 : 부적합품 출하방지를 위한 최종검사
- 품질보증 부문의 임무 : 각 부서의 품질보증활동의 종합 조정·통제

ⓕ 품질평가(Quality Appraising)
- 품질평가의 정의 : 품질을 측정해서 그 목적에 대해 가치를 결정하는 것
- 품질평가의 목적 : 제품이 잘 팔리는지, 소비자 및 사회에 대해서 유효성이 있는지, 좋은 반응이 있는지, 공해는 없는지 등을 파악하여 사내적으로 관리, 해석, 감사단계 추진
- 품질보증의 각 단계, 즉 조사, 연구개발, 기획, 설계, 시작, 생산, 출하, 판매, 서비스 등에서의 품질을 측정해서 얻어진 측정치를 관리, 해석, 감사로 활용함으로써 각 단계의 활동을 추진해 나갈 때 품질평가의 목적을 달성한다.
- 단계별 품질평가의 대상
  - 설계감사(제품기획의 평가, 개발품의 평가, 개발품에 대한 시험결과의 평가, 시작품의 평가)
  - 양산 시작품의 평가
  - 본생산 이행의 가부 결정
  - 본생산의 검사
  - 시장품질의 조사, 평가(소비자 만족도의 평가)
  - 시스템 감사
- 제품 기획단계의 품질평가
  - 품질평가 대상은 구체적인 물품이 아닌 기획물질이다.
  - 품질평가 시 시장에 대한 적합성이 중시된다.
  - 사회에 대한 적합성이 중시된다.
- 제품 기획단계 이후의 품질평가 : 설계도면이나 시방서에 규정된 품질특성에 대한 테스트를 통해 품질을 평가한다.

ⓖ 품질감사(Quality Audit)
- 품질감사의 정의
  - 품질경영의 성과를 여러 가지 관점에서 제품의 품질을 단계별로, 객관적으로 평가하여 품질보증에 필요한 정보를 파악하기 위해서 실시하는 품질관리활동이다.
  - 품질상의 성과를 이에 대응하는 표준과 비교하여 품질보증에 필요한 정보를 제공할 목적으로 여러 가지 관점에서 평가하는 독립적인 심사행위이다.
- 품질감사의 목적 : 품질시스템, 품질계획이 효과적으로 실시되고 있는지 확인하고, 문제점 재발방지를 위한 시정조치의 필요성을 파악하여 개선점을 도출한다.
- 품질감사방식 : 부서별 방식, 시스템 요소별 방식, 추적방식
- 품질감사의 분류
  - 감사 주체에 의한 분류
    ⓐ 제1자 감사 : 조직(내부감사 또는 사내감사)
    ⓑ 제2자 감사 : 고객 또는 구매자
    ⓒ 제3자 감사 : 인증기관이나 감사기관
  - 감사 대상에 의한 분류 : 제품감사, 공정감사, 품질시스템감사
- 품질감사의 대상은 궁극적으로 제품의 품질로서 감사의 주목적은 사용단계의 품질 상태를 파악하는 것이다. 품질감사 대상단계는 개발단계, 제조단계, 출하단계, 유통단계, 사용단계 등 프로세스 전체이다.
- 생산기업의 자체 품질감사, 협력업체에 의한 품질감사가 모두 중요하다.
- 품질감사는 여러 가지 중요한 품질문제에 대한 해결방안을 제공해 주기 때문에 품질보증에 있어 하나의 필수적인 요소이다. 따라서 감사활동은 독립성이 유지되어야 하며 제품품질에 대해서 객관적으로 정확하게 평가한 정보를 파악하여 필요한 조치를 취할 수 있도록 최고경영자에 보고되어야 한다.
- 규격이 준수되고 있는가의 여부를 조사하는 감사활동 방향
  - 실시 부문의 고민이나 애로사항을 듣는다.
  - 규격을 준수하는 부문에 대해 사기를 북돋아 준다.
  - 현장관리자의 표준화 인식을 높이고 작업자에게 표준화의 필요성을 느끼도록 한다.

- 부정, 결점, 태만을 발견하는 데만 주력을 두지 않고 보다 폭 넓은 감사를 수행한다.

② **품질보증시스템**

㉠ 품질보증시스템 착상 출발점 : 품질보증활동은 신제품 개발에서부터 그 제품의 수명이 끝나는 전체 생산 과정에서 전개되므로 각 부문의 참여 없이는 이들 업무가 제대로 수행될 수 없다. 이런 품질보증활동을 효율적으로 운영하기 위해서는 기능별 품질보증활동을 조직화하자는 것이다.

㉡ 품질보증시스템의 정의
- 품질보증의 3가지 기능인 품질 확보, 품질 확약, 품질보증을 제대로 수행하기 위한 시스템이다.
- 품질이 모든 부문의 책임사항이라는 사실에 그 기초를 두고, 요구되는 목표품질을 얻고, 유지하려는 방법인 품질보증활동의 업무를 시스템화하는 것이다.
- 품질의 소정 임무를 달성하기 위해 선정되고, 배열되고, 연계되어 동작(관리)하는 일련의 아이템(인간요소)의 조합이다.
  - 품질보증시스템 체제의 하위 스텝 : 시장조사, 제품 기획, 시험 제작·설계, 생산 준비, 생산(제조)·출하, 판매·서비스, 외주·판매
  - 품질보증시스템의 효과적 운영 : 품질보증업무의 명확화, 계속적인 활동과 체질 개선, 품질보증체제의 감사, 시정·개선조치

㉢ 기업이 품질정보시스템을 구축해야 하는 당위성
- 고객 및 협력업체와의 신속 정확한 인터페이스
- 품질업무 표준화에 따른 신속한 업무 추진
- 품질경영 성과의 실시간 측정

㉣ 품질보증시스템 운영 또는 품질보증시스템 구축 시 주의사항
- 품질시스템의 피드백 과정을 명확하게 해야 한다.
- 시스템의 운영결과를 시스템 개정에 반영해야 한다.
- 품질시스템 운영을 위한 수단·용어·운영규정이 정해져야 한다.
- 처음에 품질시스템을 제대로 만들어야 하지만, 부득이 하게 변경될 수도 있다.
- 체계도의 세로축에는 업무단계를 기입하고, 가로축에는 부서를 기입하여 책임자를 명확히 나타내도록 해야 한다.

- 시스템 운영을 위한 수단용구(장표류) 운영규정(표준)을 정해야 한다.
- 다음 단계로서의 진행 가부를 결정하기 위한 평가항목, 평가방법이 명확하게 제시되어야 한다.
- 시스템 운영결과를 반성해서 시스템 개정을 해야 한다.

㉤ JIT의 품질보증체계를 위한 원칙
- 전수검사의 원칙
- 공정 내 부적합품 발견 시 라인 중지의 원칙
- 표준작업표에 의한 작업 실시의 원칙
- 단속흐름생산의 원칙($\neq$ 연속흐름생산의 원칙)

㉥ 품질보증시스템의 구성요소 : 품질보증업무시스템, 품질평가시스템, 품질정보시스템
- 품질보증업무시스템
  - 품질보증활동일람표 : 단계별로 보증항목, 보증을 위한 작업 등을 기입한다.
  - 품질보증체계도
    ⓐ 가로축에 최고경영자, 각 부문, 회의체 등을 기입하고, 세로축에 PDCA에 따른 각 업무의 흐름을 기입하여 가로축의 개체가 품질보증을 하기 위해 어떤 업무를 하는지를 적은 것이다.
    ⓑ 품질보증체계도의 6가지 구비사항 : 마디(Node, 관문), 스킵(Skip) 기준, 출하 구분, 정보의 피드백 경로, 클레임의 피드백, 신뢰성 시험
  - 품질보증체계도를 작성할 때 포함시켜야 할 사항
    ⓐ 관계되는 회의체나 표준류, 장표류가 표시되어 있어야 한다.
    ⓑ 각 부문 사이에 빠뜨림이나 잘못이 없도록 상호관계가 명시되어 있어야 한다.
    ⓒ 관련 부문의 품질보증상 실시해야 할 일의 내용 및 책임이 명시되어 있어야 한다.
    ⓓ 품질 정보는 밀폐루트(Closed Route, Closed Loop)로 구성되지만 해당 부서만이 취급하는 것이 아니라 적절한 시기에 정보 공유가 가능해야 한다.
    ⓔ 정보의 피드백 및 알맞은 정보의 공유가 가능해야 한다.

ⓕ 품질보증의 기본시스템으로 표시하면 아주 복잡하고 길게 작성되기 때문에 전체 시스템을 일괄 표시해야 한다.

• 품질평가시스템
  - 품질평가 종류 : 품질수준의 파악을 위한 평가, 다음 단계 이행 결정을 위한 평가
  - 품질평가시스템 단계 절차 : 제품기획 평가 → 개발품 평가 → 개발품에 대한 시험결과 평가 → 시제품 평가 → 양산 시제품 평가 → 본생산 이행의 가부 결정 → 본생산품(정규 생산) 검사 → 시스템 감사 → 시장품질 조사 및 평가(고객만족도 평가 등)
  - 개발품 평가부터 양산 시제품 평가과정은 설계심사에서 실시한다(설계심사는 설계단계에서 품질을 밝히는 가장 중요한 수단).
  - 설계심사 (DR ; Design Review) : 요구품질로부터 품질방침을 설정하고 세일즈 포인트를 명확히 정한다거나 적정한 대용특성으로 치환하여 품질개선을 하기 위한 효과적인 방법이다. 아이템의 설계단계에서 성능, 기능, 신뢰성 등 설계에 대해 가격, 납기 등을 고려하면서 심사하여 개선을 꾀하고자 하는 것으로 예비 설계심사, 중간 설계심사, 최종 설계심사 등으로 구분한다.
    ⓐ 예비 설계심사(Preliminary DR) : 기획이 끝난 뒤 기획과 예상되는 품질문제에 대해 영업, 기획, 연구, 설계 부문 등이 참가하여 실시하는 설계심사이다.
    ⓑ 중간 설계심사(Intermediate DR) : 설계가 진행되는 적당한 시기에 설계된 도면에 대해 설계, 연구, 개발 부문 등이 참가하여 실시하는 설계심사이다.
    ⓒ 최종 설계심사(Final DR) : 설계 완료 후 설계도면, 생산성 등에 대해 생산기술, 설계, 제조 부문 등이 참가하여 실시하는 설계심사이다.

• 품질정보시스템 : 품질정보시스템은 모든 분야에서 의사결정자를 위해 품질경영에 관한 정보를 수집, 저장, 분석, 보고하는 조직적인 체계이며, 주요 정보는 다음과 같다.

  - 시장품질정보(Field) : 품질정보시스템에 입력되는 정보 중 시장조사로 파악되는 소비자 요구사항의 정보, 품질에 대한 소비자 의견, 수리 및 애프터서비스 자료, A/S 과정에서 얻을 수 있는 클레임 및 사용 실적 자료, 경쟁기업 제품의 품질 정보 등
  - 설계 및 생산품질 정보 : 설계 및 개발단계에서의 제품 기획·설계심사 등을 포함한 품질 관련 자료, 구매부품의 수입검사 품질, 각종 중간제품의 검사품질 정보, 신뢰성 시험자료를 포함한 시험실의 각종 자료, 출하제품 검사자료
  - 품질비용 정보 : 예방비용 및 평가비용 자료, 불량품·클레임 등에 의한 사내 및 사외 실패비용 자료

ⓢ 유형별 품질보증시스템 : 부문별, 업무별, 기능별, 프로젝트별
  • 부문별 품질보증시스템 : 품질보증 전담조직을 두지 않고 각 부문별로 품질보증에 관한 모든 사항을 수행하는 시스템이다.
  • 업무별 품질보증시스템 : 아이디어 조사, 연구·개발 등의 업무단계별로 품질보증을 행하는 시스템이다.
  • 기능별 품질보증시스템 : 품질평가, 품질검사, 신뢰성실험 등을 기능별로 나누어 품질보증을 행하는 시스템이다.
  • 프로젝트별 품질보증시스템 : 프로젝트별로 프로젝트 매니저가 인사권과 예산권을 갖고 품질보증과 생산을 동시에 책임지는 시스템이다.

1-1. 품질보증의 주요 기능 중 가장 나중에 실시하여야 하는 것은? [2004년 제2회, 2013년 제1회, 2017년 제2회, 2023년 제1회]

① 설계품질의 확보
② 품질방침의 설정
③ 품질 조사와 클레임 처리
④ 품질 정보의 수집, 해석, 활용

1-2. 다음 중 품질보증 부문의 임무를 가장 적절하게 표현한 것은? [2006년 제1회, 2013년 제1회, 2023년 제1회]

① 부적합품 출하방지를 위한 최종 검사
② 부적합품의 발생 억제를 위한 공정관리
③ 고객 요구를 최대로 만족시키는 품질설계
④ 각 부서의 품질보증활동의 종합 조정·통제

1-3. 품질보증의 사후대책과 가장 관계가 깊은 것은? [2007년 제2회, 2016년 제1회, 2016년 제4회 유사]

① 품질심사
② 시장조사
③ 기술연구
④ 고객에 대한 PR

| 해설 |

1-1
품질보증 주요기능의 실행 순서 : 품질방침의 설정 → 설계품질의 확보 → 품질 조사와 클레임 처리 → 품질 정보의 수집, 해석, 활용

1-2
① 품질관리 부문의 임무
② 생산 부문의 임무
③ 설계 부문의 임무

1-3
• 품질보증의 사전대책 : 시장조사, 기술연구, 고객에 대한 PR, 기술지도, 품질설계, 공정능력 파악, 공정관리 등
• 품질보증의 사후대책 : 품질검사, 제품검사, 품질심사, 품질감사, 애프터서비스, 클레임처리, 보증기간과 방법 등

정답 1-1 ④ **1-2** ④ **1-3** ①

핵심이론 02 제조물책임

① 제조물책임(PL)의 개요

㉠ 제조물의 결함으로 인해서 사용자에게 입힌 재산상의 손실에 대한 생산자, 판매자측의 배상책임을 PL이라고 한다. 이에 대한 대응책으로 기업은 방어적인 면보다는 적극적으로 예방하는 PLP를 취하고 있다.

• 제품에는 결함이 없어야 한다. 만약 제품에 결함이 있으면 제조회사가 변상해야 한다.
• 제품에 결함이 있을 때 소비자는 제품을 만든 공정을 검사할 필요가 없다.
• 기업의 경우 PL법 시행으로 제조원가가 올라갈 수 있다.
• PL법의 적용으로 모든 제품품질의 신뢰성까지 보증할 수는 없다.

㉡ 제조물책임법 제1조 : 이 법은 제조물의 결함으로 발생한 손해에 대한 제조업자 등의 손해배상책임을 규정함으로써 피해자 보호를 도모하고 국민생활의 안전 향상과 국민경제의 건전한 발전에 이바지함을 목적으로 한다.

㉢ 용어의 정의

• PL 용어 번역 : 제조물책임(법률관계), 생산물배상책임(보험관계)
• 제조물 : 다른 동산이나 부동산의 일부를 구성하는 경우를 포함한 제조 또는 가공된 동산이다.
  – 제조물의 예 : 공원에 설치된 시설물, 통행로에 설치된 보도블록, 전력, 정련된 금속, 휴대폰
  – 제조물이 아닌 것의 예 : 가공되지 않은 농수산물, 정보서비스, 부동산, 가축, 자연 채취된 광물
• 결함 : 해당 제조물에 제조, 설계 또는 표시상의 결함이나 기타 통상적으로 기대할 수 있는 안전성이 결여되어 있는 것이다.
• 안전성 : 생명, 신체 또는 재산에 대한 피해나 위험으로 단순한 품질, 성능의 장애는 안전성의 문제가 아니다. PL과 가장 관계가 깊은 것은 안전성이다.
• 제조업자 : 제조물의 제조, 가공 또는 수입을 업으로 하는 자로, 제조업자(수입업자)는 제조물의 결함으로 인하여 생명, 인체, 재산에 손해를 입은 자에게 그 손해를 배상한다.

- 제조물책임
  - 상품의 생산, 유통, 판매 등 일련의 과정에 관여한 자가 그 상품의 결함으로 인하여 야기된 생명, 신체, 재산 및 기타 권리에 대한 침해로 생기는 손해를 최종 소비자나 사용자 또는 제3자에 대하여 배상할 의무를 부담하는 것이다.
  - 제품결함으로 인하여 발생한 피해에 대한 생산자, 판매자 등의 손해배상책임이다.
- ㉣ 제조물책임 적용대상과 배상책임의 주체
  - 적용대상 : 결함이 있는 제조물(다른 동산이나 부동산의 일부를 구성하는 경우를 포함한 제조 또는 가공된 동산)
    - 동산(動産) : 부동산을 제외한 모든 물건으로, 일정한 형체를 가지고 있는 고체·액체·기체와 같은 유체물은 물론, 전기·열과 같은 무형의 에너지도 포함하며 동산에 해당하는 한 완성품인지, 부품·원재료인지를 불문하며, 신제품은 물론 중고품·재생품도 적용대상이 되고, 대량 생산되는 공업제품은 물론 수공업품·예술작품에 대해서도 적용된다.
    - 가공 : 동산을 재료로 하여 그 본질을 유지하면서 새로운 속성을 부가하거나 그 가치를 더하는 것이다.
    - 제조 : 제품설계·제작·검사·표시를 포함하는 행위이다(생산보다는 좁은 개념이고 서비스 제외).
  - 제외대상 : 부동산, 미가공 1차 임·축·수산물, 소프트웨어·정보 등
    - 부동산 : 아파트, 빌딩, 교량 등의 부동산은 이 법의 적용대상이 되지 않는다(그러나 부동산의 일부를 구성하고 있는 조명시설, 배관시설, 공조시설, 승강기, 창호 등은 동산으로서 이 법의 적용대상에 포함).
    - 제조·가공이 아니라 생산의 대상으로 생각되는 미가공된 농산물은 법 적용대상에서 제외한다(가공과 미가공의 구분은 개별적으로 해당 제조물에 추가된 행위 등 제반사정을 감안하여 사회통념에 비추어 판단).
    - 소프트웨어 및 정보 : 지적재산물로, 동산이 아니므로 제조물에 해당되지 않는다.
- 배상책임의 주체 : 제조업자(부품 제조업자 등), 공급업자(도매업자, 용역제공자 등)
  - 제조업자 : 제조물의 제조·가공·수입을 업(業)으로 하는 자(業 : 동종의 행위를 반복·계속하는 경우로, 영리목적의 유무와는 상관없음), 직접 제품을 제조·가공하지는 않았더라도 제품에 성명·상호·상표, 기타의 표시를 하여 자신을 제조업자로 표시하거나 오인시킬 수 있는 표시를 하고 있는 자도 제조업자로 간주되어 제조물책임을 진다(표시제조업자).
  - 공급업자 : 피해자가 제품의 제조업자를 알 수 없는 경우에는 판매업자가 제조업자를 대신하여 제조물책임을 진다. 다만, 이 경우 공급업자는 상당한 기간 내에 제조업자 또는 자신에게 공급한 자를 피해자에게 알려준 때에는 책임을 면한다.
- ㉤ 제조물책임을 물을 수 있는 경우 : 제품으로 인하여 사고가 발생하였다고 무조건 제조업자의 책임이 인정되는 것은 아니다. 제품에 결함이 있고 그 결함으로 인하여 피해가 발생한 경우에만 제조업자의 책임이 인정된다.
- ㉥ 결함의 종류 : 설계상의 결함, 제조상의 결함, 표시상의 결함
  - 설계상의 결함 : 제조업자가 합리적인 대체설계를 채용했다면 피해나 위험을 감소시키거나 피할 수 있었음에도 불구하고 대체설계를 채용하지 아니하여 해당 제조물이 안전하지 못하게 된 것이다.
  - 제조상의 결함 : 제조업자의 제조물에 대한 제조·가공상의 주의 의무의 이행 여부에도 불구하고 제조물이 원래 의도한 설계와 다르게 제조·가공됨으로써 안전하지 못하게 된 경우이다(예 제조의 품질관리 불충분, 고유의 기술 부족 및 미숙에 의한 잠재적 부적합, 안전시스템의 고장 등).
  - 표시상의 결함 : 제조업자가 합리적인 설명, 지시, 경고, 기타의 표시를 했다면 해당 제조물에 의하여 발생될 수 있는 피해나 위험을 줄이거나 피할 수 있었음에도 이를 하지 아니한 경우이다.
- ㉦ 결함 판단의 기준
  - 위험의 빈도, 크기와 해당 제품의 유용성
  - 손해 발생의 개연성 및 손해의 심대성
  - 제조업자가 해당 제품을 공급한 시기

- 합리적으로 예견할 수 있는 해당 제품의 용도 및 사용 형태
- 위험을 방지하기 위한 설계·표시 등의 기술적·경제적 실현 가능성
- 기타 해당 제품의 안전과 관련된 사항 등을 종합적으로 고려하여야 하며, 반드시 제품의 절대적 안전성을 요구하는 것은 아니다.

◎ PL법의 탄생에 영향을 미친 케네디 대통령이 소비자보호특별교서에서 제시한 '소비자권리선언(Consumers Bill of Right)' 중 소비자의 4가지 권리
- 안전할 권리(The Right Safety)
- 선택할 권리(The Right to Choose)
- 고충을 말할 수 있는 권리(The Right to Be Heard)
- 알 권리(The Right to Be Informed)

ⓩ 면책사유
- 제조업자가 해당 제조물을 공급하지 않은 사실을 입증한 경우
- 제조업자가 해당 제조물을 공급한 때의 과학기술수준으로는 결함의 존재를 발견할 수 없었다는 사실을 입증한 경우(개발 위험의 항변)
- 제조물의 결함이 제조업자가 해당 제조물을 공급할 당시의 법령이 정하는 기준을 준수함으로써 발생한 사실을 입증한 경우
- 원재료 또는 부품의 경우에는 해당 원재료 또는 부품을 사용한 제조물 제조업자의 설계 및 제작에 관한 지시로 인하여 결함이 발생하였다는 사실을 입증한 경우
- 면책사유가 부인되는 경우 : 제조업자의 면책사유가 인정되더라도, 제조업자가 제품을 공급한 후 제품에 결함이 존재한다는 사실을 알거나 알 수 있었음에도, 그 결함에 의한 손해의 발생을 방지하기 위한 적절한 조치를 하지 아니한 때에는 제조물책임을 면제받지 못한다.

ⓩ 소멸시효(제조업자의 책임기간)
- 제조물책임법에 근거한 손해배상청구도 일정한 기간 내에 행사하지 않으면 제조업자에게 책임을 물을 수 없다.
- 피해자가 손해와 제조업자를 안 날로부터 3년이 경과하거나, 제조업자가 제품을 공급한 날로부터 10년이 지나면 제조업자의 책임은 소멸한다.

- 다만, 담배와 같이 일정기간 동안 신체에 누적되어 사람의 건강을 해치는 제품이나 일정한 잠복기간이 경과한 후에 증상이 나타나는 제품에 대해서는 제품을 공급한 날이 아니라 손해가 발생한 날로부터 기산(起算)한다.
- 손해배상책임에 관하여 이 법에 규정된 것을 제외하고는 민법의 규정에 의한다. 민법의 특별법으로서의 성격을 갖고 있다.

ⓣ 결함 및 인과관계에 대한 입증책임
- 제조물책임법은 입증책임에 관하여 아무런 규정을 두고 있지 않으므로 피해자측이 제품에 결함이 존재한다는 사실, 손해가 발생하였다는 사실, 손해가 결함 때문에 발생하였다는 사실을 입증해야 한다.
- 그러나 오늘날 법원의 판례들의 경향은 결함과 인과관계에 대하여 '사실상의 추정'을 활용함으로써 소비자의 입증책임을 완화시키는 방향으로 나아가고 있다. 여기에서 '사실상의 추정'이란 실제의 재판에 있어서 법원이 소비자가 제품의 특성을 잘 모르고 사용하고 있는 점을 고려하여, 피해자가 통상적인 방법으로 사용하고 있었는데 사고가 발생하였다는 사실만을 입증하면, 해당 제품에 결함이 있고 그 결함으로 인하여 사고가 발생한 것으로 추정하는 것이다.

② PL법 제정 기본 법리 : 법리의 발전단계는 산업사회의 발전과 같이 진행되는데, 단순한 산업구조에서는 제조자와 소비자 사이의 계약관계만으로 책임관계가 성립되었지만, 복잡한 산업구조, 대량 생산, 대량소비시대에 이르러 판매·유통단계까지의 책임을 요구하게 되었다. 소비자의 입증 부담을 덜어주기 위해 과실에서 결함으로 입증대상이 변경되었으며, 결함만으로도 손해배상의 책임을 지게 하는 단계까지 발전한 것이 PL법이다.

ⓣ 과실책임(Negligence)
- 예견되는 위험 오용 시 위험 우연 발생상황에 대한 경고를 주의의무(Due Care)라고 한다. PL법에서의 과실책임 개념은 주의의무 위반과 같이 소비자에 대한 보호의무를 불이행한 경우 피해자에게 손해배상을 해야 할 의무를 의미한다.
- 사용상의 위험을 충분히 경고하지 않은 경우 과실책임이 발생할 수 있다.

- 과실책임은 PL법 제정 배경의 하나이지만, 소비자 보호 측면에서 볼 때는 다소 소극적 책임으로 볼 수 있으며 보다 적극적인 책임을 묻는 것이 무과실책임이다.
- 무과실책임(결함책임)
  - 제조자의 설계·생산결함에 대한 배상책임을 무과실책임(결함책임)이라고 한다.
  - 무과실책임은 과실의 유무가 불확실하더라도 가해 사실이 있다면 책임지는 것이다.
  - PL법은 현행 민사법상의 손해배상책임 요건인 과실책임(가해자의 고의과실)을, 제품의 결함에 의한 손해 발생 시 제조자 등의 과실 여부에 상관없이 책임지는 무과실책임(제조자의 결함)으로 전환하는 원칙에 따라 손해배상책임을 지도록 한다.
  - 민법의 일부에는 무과실책임을 채택하고 있는 조항도 있지만 민법 전반에 흐르고 있는 과실책임과는 책임원칙에 있어서 구별된다.
- ⓛ 보증책임(Warranties)
  - 보증은 제품이 원래의 의도대로 작동할 것이라는 제조사의 약속이다.
  - 생산자가 계약사항을 위반하는 경우 보증책임이 발생할 수 있다.
  - 명시보증(Express Warranties) : 설명서, 카탈로그, 라벨, 광고 등의 전달수단에 의해서 명시된 사항을 위반한 경우의 부당 표시에 대한 책임이다.
  - 묵시보증(Implied Warranties) : 상품으로서 기능을 발휘하지 못한 경우, 사용 적합성이 없는 경우 등이 해당된다(표시의 유무와 관계없이 보증위반책임).
- ⓒ 엄격책임(Strict Liability in Tort)
  - 엄격책임은 비합리적으로 위험한 제품의 사용으로 인해 어느 누구든 상해를 입게 되면 그 제품의 제조자는 책임을 진다는 것이다. 이때 제품 자체에 초점을 맞추며, 제조자의 엄격책임을 증명하기 위해서 피해자가 입증해야 할 사항은 제품에 신뢰할 수 없는 결함이 있었고, 그 결함이 원인이 되어 피해가 발생했다는 것이다.

- 불합리하게 위험한 상태로 제품을 판매하였을 경우 계약요건에 없더라도 소비자나 사용자(피해자)가 제품의 결함과 손해의 인과관계 입증만으로도 배상청구를 가능하게 하는 것으로, 이 경우 피해자는 다음의 사항만 입증하면 된다.
  - 판매자가 결함상품을 판매했다는 사실
  - 결함상품에 위해(危害)의 원인이 있다는 사실
  - 결함상품이 손해에 대해서 법률적 관련성을 갖는다는 사실
  - 손해가 발생했다는 사실
- 위와 같이 결함의 증명을 보다 쉽게 함으로써 피해자로 하여금 소송을 용이하게 하여서 생산자와 공급자는 보다 엄격한 제품책임의 부담을 갖게 된다.

③ 제조물책임과 다른 손해배상책임의 구별

구 분	채무 불이행 책임	하자 담보 책임	보증 책임	일반 불법행위 책임	제조물 책임
책임 성격	계약 책임	계약 책임	계약 책임	불법 행위 책임	불법 행위 책임
과실 필요 여부	과실 필요	과실 불필요	과실 불필요	과실 필요	과실 불필요
손해배상 범위	모든 손해	제품 자체	보증 내용	모든 손해	확대 손해

④ 제조물책임의 대책활동
- ⓛ 제품책임방어(PLD ; Product Liability Defence)
  - 주로 소송에 지지 않기 위한 방어가 주안점인 법률적인 문제에 대한 대책이다.
  - PLD 사전대책
    - 책임의 한정(계약서, 보증서, 취급설명서 등), 손실의 분산(PL보험 가입), 응급체계 구축(창구 마련, 정보 전달체계 구축, 교육 등), 제품 사용설명서에 책임을 명확하게 명시한다. 문제가 발생되었을 때 초기에 해결할 수 있도록 직원들을 훈련시키며, 만약에 대비하여 PL보험에 가입한다.
    - PLD를 위하여 사전에 문서관리체제를 정비할 때 필수적으로 보관해야 할 제조물 책임 관련 문서 : 취급설명서 및 제품 카탈로그, 기획·개발·설계기준 관련 문서, 제조공정·품질관리·검사기록 등의 생산 관련 기록 등

- 사후대책 : 제품이 기능, 품질, 사용 측면에서 사용자에게 충분히 애프터서비스한다. 초동대책(사실 파악, 매스컴 및 피해자 대응 등), 손실 확대방지(수리, 리콜 등)
  - 기업의 입장에서 제품책임과 관련된 소송이 발생하였을 경우 이에 대한 대책(PLD)
    ⓐ 수리 및 리콜 등을 행한다.
    ⓑ 초기에 대처할 수 있도록 종업원들을 훈련시킨다.
    ⓒ PL법과 관련된 보험에 가입한다(사전 우선, 사후 차선).
ⓛ 제품책임예방(PLP ; Product Liability Prevention)
- 결함제품을 만들지 않기 위한 예방대책이다.
- 제품 안전기술과 제품의 안전사용법, 보전법의 문제에 대한 대책이다.
- 적정 사용법 보급, 사용환경 대응, 안전기술 확보, 안전기준치 초과 엄격 설계, 재료·부품 등의 안전확보 등 고도의 QA 체제를 확립한다.
- 신뢰성 및 안전성에 대한 확인시험을 한다(신뢰성을 검증하기 위하여 충분히 안전시험을 실시한다).
- 공급물품에 대한 기술지도 및 관리점검을 강화한다.
ⓒ 제품책임예방(PLP)활동 : 제품의 설계부터 판매에 이르기까지 전사적인 품질보증활동이 필요한 것으로, 기업에서 제품의 품질이나 그의 책임과 관련 있는 부서는 설계, 기술, 구매, 생산, 품질관리·보증, 판매 등 여러 부서와 관계있다.
- 개발설계 부문의 예방활동 : 제품의 품질을 결정짓는 가장 중요한 단계가 개발·설계로서 결함의 발생 가능성도 가장 많은 단계로, 설계결함을 미리 예방하기 위해서는 다음과 같은 활동들이 수행되어야 한다.
  - 기획·조사단계에서 제품의 안정성에 대해 철저히 조사하여야 한다(업계 전반의 수준, 자사의 수준, 경합제품의 수준, 사회의 요구, 관련 법규, 소송 동향 등).
  - 제품이 사용되는 환경에 대해서 개발 시부터 충분히 고려해야 한다.
  - 위험을 발견해 내기 위한 조사와 확인시험을 한다.
  - PL에 관계되는 중요 구성품에 대해서 신뢰성 예측, 고장 해석 등을 제품수명의 입장에서 검토한다.
  - 위험이 예측되는 것에 대해서 그 사실내용을 사용자에게 명확히 알려야 한다.
  - 설계심사(DR), 각종 시험(신뢰성, 안전성)의 실시와 시험자료를 정리·보관·활용하여야 한다.
  - 일반적으로 보존하여야 할 문서나 기록 : 기본계획서·기획서, 설계도면, 사양서, 실험기록서, 제조공정서, 검사규격·검사데이터, 품질관리서, 클레임처리 관련 자료, 제조 후의 설계 변경, 사용설명서·경고 라벨 작성 경과서, 공장 출하 시의 기록, 특허서류, 관계관청과의 협의 기록 등
- 생산(제조) 부문의 예방활동
  - 효과적인 제조기법을 사용하여 일정수준의 안정된 제품을 생산한다.
  - 작업자들의 높은 품질의식
  - 전향적(불량품 선별보다는 결함예방에 초점을 둠)인 SPC(통계적 공정관리) 활동을 실시한다.
- 판매 부문의 예방활동
  - 제품의 기능·품질·사용방법 등을 정확히 표시하여 사용자에게 알려야 한다.
  - 제품의 고유 위험에 대해 경고가 명확하게 잘 보이도록 표시하여야 한다.
  - 판매 후 생기는 여러 가지 고객의 불만을 수집하여 장차 발생할지 모르는 소송에 대비하고, 품질개선을 할 수 있도록 해당 부문에 수집된 자료를 통보한다.
  - 판매과정에서 품질이나 성능을 과대 선전하는 '절대 안전', '완전 유효', '안전 보장' 등의 문구를 사용하여 소송을 제기받지 않도록 해야 한다.
  - 수출품에 대해서는 해당 수입국가의 현행 법규를 사전에 연구하여 적절한 사전대처를 해야 한다.
- 자재 조달 부문의 예방활동
  - 외주 자재로 구성되는 제품을 조립하는 업체에서는 우수 외주업체를 선정하고 구매계약을 체결할 때 위험 분담을 명확히 결정하고, 요구품질의 수준을 명확히 하여 책임범위를 확실하게 정하여야 한다.
  - 지속적인 품질 유지 및 향상을 위하여 제조능력 및 관리능력에 대한 조사를 실시하고, 정기적인 기술지도와 감사를 실시해야 한다.

- 품질관리(품질보증) 부문의 예방활동 : PL 예방의 대책은 부문별로, 품질관리를 충분히 행하면서 품질보증체제를 확립하는 것이다.
  - PL 예방시스템을 포함한 QA시스템을 확립한다.
  - PL에서는 종래의 QC에서의 재발방지에 중점을 두기보다는 불량예방에 중점을 둔다.
  - 제품의 안전성 내지 신뢰성 향상을 위하여 작업표준, 기술표준, 시험표준, 안전표준 등 제조상의 적용되는 각종 표준류를 설정하여 적용한다.
- 이상과 같은 제품책임에 대한 예방활동들이 있지만, 사고 발생을 미연에 방지하기 위해서 노력한다고 해도 사고가 발생하는 경우가 있다. 이때 기업은 엄청난 비용이 소요될 가능성이 있으므로, 이러한 상황에 처했을 때 기업의 배상책임과 위험을 줄이기 위해서는 생산물배상책임보험(Product Liability Insurance)에 가입하여 배상금을 계약된 범위 내에서 부담하는 것, 이외에도 소송에 대한 조사와 방어에 전문적인 자문을 받는 것이 바람직하다.

⑤ 리콜제도
  ㉠ 소비자의 안전에 위해를 주거나 줄 우려가 있는 제품을 기업이 공개적으로 회수해서 수리·교환·환불해 줌으로써 피해를 사전에 예방하는 직접적인 안전확보제도이다.
  ㉡ 제품의 결함으로 인하여 소비자가 생명, 인체상의 위해를 입을 우려가 있을 때 상품의 제조자(수입자)나 판매자가 스스로 또는 정부의 명령에 따라 공개적으로 결함상품 전체를 수거하여 교환, 환불, 수리 등의 조치를 취하는 것이다.

2-1. 제조물책임법에 의한 손해배상책임을 지는 자가 면책을 받는 사유로 볼 수 없는 것은?(단, 제조물을 공급한 후에 결함 사실을 알아서 그 결함으로 인해 손해의 발생을 방지하기 위하여 적절한 조치를 취한 경우이다)

[2013년 제2회]

① 판매를 위해 생산하였으나 일부만 유통되었음을 입증한 경우
② 제조업자가 해당 제조물을 공급할 당시의 과학기술수준으로는 결함의 존재를 발견할 수 없었다는 사실을 입증한 경우
③ 제조물의 결함이 제조업자가 해당 제조물을 공급할 당시의 법령이 정하는 기준을 준수함으로써 발생한 사실을 입증한 경우
④ 제조업자가 해당 제조물을 공급하지 않은 사실을 입증한 경우

2-2. 제조물책임(PL) 소송에 관한 설명으로 옳지 않은 것은?

[2014년 제1회]

① 보증은 제품이 원래 의도대로 작동할 것이라는 제조사의 약속이다.
② 제조자의 설계, 생산 결함에 대한 배상책임을 엄격책임이라고 한다.
③ 사용상의 위험을 충분히 경고하지 않은 경우 과실책임이 발생할 수 있다.
④ 생산자가 계약사항을 위반하는 경우 보증책임이 발생할 수 있다.

2-3. 제품책임의 예방대책에 해당되지 않는 것은?

[2003년 제2회, 2007년 제1회, 2016년 제2회]

① 고도의 QA 체제를 확립한다.
② 신뢰성 및 안전성에 대한 확인시험을 한다.
③ 공급물품에 대한 기술지도 및 관리점검을 강화한다.
④ 제품이 기능, 품질, 사용 측면에서 사용자에게 충분히 애프터 서비스한다.

|해설|

2-1
일부만 유통되었음을 입증한 경우는 면책사유에 해당하지 아니한다.

2-2
제조자의 설계, 생산 결함에 대한 배상책임을 무과실책임(결함책임)이라고 한다.

2-3
제품이 기능, 품질, 사용 측면에서 사용자에게 충분히 애프터 서비스한다는 것은 예방대책이 아니라 사후대책이다.

정답 2-1 ① 2-2 ② 2-3 ④

① 고객만족

  ⊙ 고객만족을 결정하는 구성요소
    • 직원의 서비스
    • 상품의 하드웨어 가치
    • 상품의 소프트웨어
    • 기업 이미지

  ⓒ 고객만족을 위한 품질계획활동
    • 과거의 수행성과를 분석하여 품질목표를 설정한다.
    • 고객에 대한 파레토분석을 이용하여 핵심고객을 확인한다.
    • 시장조사, 설문조사, 전화 인터뷰 등을 통하여 고객의 요구를 확인한다.

  ⓒ 내부고객 및 외부고객
    • 고객은 내부고객과 외부고객이 있다. 일반적으로 내부고객은 회사 내 직원을 의미하고, 외부고객은 최종 사용자를 의미한다.
    • 고객중심의 품질경영은 고객을 내부고객 및 외부고객으로 분류하고, 종업원이 고객에게 최선을 다할 것을 강조하는 것이 무엇보다도 중요하다.
    • 전통적으로 고객은 제품의 개발과정에서 대부분 제외되었다. 그러나 경쟁이 치열하게 전개되는 시장에서 이러한 방법을 고수하는 것은 위험하다. 종합적 품질경영에서 외부고객의 요구를 규명하는 것은 제품 개발과정에서 자연스러운 현상이다.
    • 데밍은 전통적인 조직의 경계를 철폐하여 완제품의 최종 소비자인 고객과 같은 외부고객은 물론, 앞 공정에서 생산한 부품이나 구성품을 사용하는 후공정, 즉 내부고객의 중요성을 강조하였다.
    • 제품의 품질을 만드는 것은 내부고객이다. 내부고객을 정확히 알고, 내부고객의 요구를 만족시켜 주는 것이 좋은 품질을 만드는 지름길이다.
    • 예를 들어, 새로운 건물을 짓는 건축회사는 자신의 고객으로 새로운 건물에 입주할 입주 대상자를 외부고객으로 정의하고, 자재를 공급하는 공급자들을 건물을 짓는 데 직접 참여한 내부고객으로 정의한다.

    • 생산과정의 후공정에서 일하는 작업자는 앞 공정의 고객이 된다. 이러한 관점에서 기업 내부에도 업무의 흐름에 따라 내부고객들과 유기적으로 연결되어 있으며, 외부고객이란 단지 부가가치 선상의 최후에 위치에 있는 내부고객을 의미하는 것과 같다.
    • 외부고객은 제품의 최종 사용자이다. 기업에서는 제품 사용자를 정확하게 파악하고, 이들의 의견을 정확하게 청취하여 대책을 세우는 것이 경쟁력을 갖추는 지름길이다.

  ⓔ 고객만족도
    • 고객만족지수(CSI ; Customer Satisfaction Index) : 고객만족의 정도를 객관화·계량화하는 과학적 접근방법, 고객의 기대에 얼마나 접근하고 있는가를 수치적으로 표현한 방법이다.
    • 고객만족도 조사의 3원칙 : 계속성의 원칙, 정량성의 원칙, 정확성의 원칙

  ⓜ 고객의 소리(VOC ; Voice Of Customer) 경청방법들 (고객만족·불만족 확인 제반방법들)
    • 품질보증과 시장경쟁력을 위해선 고객의 소리에 귀를 기울여야 한다.
    • 기업에서는 제품에 대한 불만이나 개선점에 대한 고객의 소리를 위하여 수신자 부담 전화를 개설하고, 24시간 개방하고 있다. 그리고 불평을 신고하는 고객에게 선물을 준다.
    • 고객의 전화를 받는 직원에게 특별훈련을 시킨다.
    • 고객들은 품질보다는 개성으로 제품을 선호하는 경향이 있다. 처음부터 타 회사 제품을 선호하는 고객일수록 반드시 고객의 소리에 포함시켜야 한다.
    • 고객은 제품에 불만이 있으면 모든 것을 말하기보다는 다음에 해당 제품을 구매하지 않는 행동으로 불만을 나타낸다. 기업에서는 이러한 현상을 찾아내기 위하여 주요 고객의 흐름을 관심 있게 추적한다.
    • 고객과 가장 밀접한 영업사원들의 정보를 중시해야 한다. 영업사원들의 보고서를 다음 제품계획 시 반영해야 한다.
    • 가능한 한 제품을 사용하기 쉽게 하고, 서비스는 가장 신속하게 한다.
    • 공연히 트집 잡기 좋아하는 문제의 고객에 대해서도 제품에 관한 정보를 제공한다.

ⓑ 고객관계관리(CRM) : 기업이 고객과 관련된 조직의 내·외부 정보를 층별, 분석, 통합하여 고객중심자원을 극대화하고, 고객특성에 맞는 마케팅활동을 계획·지원·평가하는 방법으로 장기적인 고객관리를 가능하게 하는 기법이다.

ⓐ 품질설계에 있어서 소비자 요구 만족도를 향상시키기 위한 2가지 제한조건 : 기술수준과 코스트

ⓞ 고객에 대한 불만처리 규정의 내용
- 대책의 수립방법
- 대책의 실시방법
- 불만 등의 정보 수집방법

ⓩ 고객만족을 충분히 달성하기 위한 3단계(A. R. Tenner)
- 단계 1 : 고객의 목소리에 귀를 기울이는 것(소비자 상담, 소비자 여론조사, 판매기록 분석 등)
- 단계 2 : 소비자의 기대사항을 완전히 이해하는 것
- 단계 3 : 완전한 고객 이해를 위한 적극적 마케팅방법 (시장시험, 벤치마킹, 포커스 그룹 인터뷰 등)

ⓩ 로버트 클라인(Robert Klein)의 고객욕구 등급분류 모형
- 기대욕구 : 고객이 필수적으로 충족시킬 것을 요구하는 기본적인 욕구로, 충족되지 않으면 고객은 매우 실망하나 충족된다고 해서 만족이 증대되지는 않는다.
- 저충격욕구 : 고객이 이 욕구에 대해 언급을 하지만 실제로는 고객의 전체 만족도와는 직접적인 관련이 거의 없는 욕구이다.
- 고충격욕구 : 규명된 중요도와 강한 상관관계에 있어 웬만큼 충족되어도 고객이 만족하는 욕구이다.
- 숨겨진 욕구 : 고객이 그 중요성을 인지 못하거나, 중요하지 않다고 생각하는 욕구이지만 욕구가 충족되면 강한 만족을 느끼는 욕구이다.

② 카노(Kano)의 고객만족모형

카노모형은 제품특성을 불만인자, 만족인자, 기쁨인자의 세 가지 형태로 구분하였으며, 이들은 각기 다른 방법으로 고객만족에 영향을 미친다. 카노모형은 품질에 대해서 사용자의 만족감을 표현하는 주관적 측면과 요구조건과의 일치성을 표현하는 객관적 측면을 함께 고려한 품질의 이원적 인식방법에 대한 것이다.

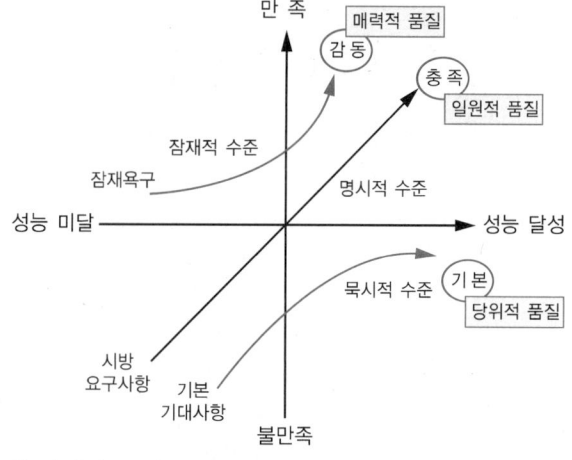

ⓐ 당연적 품질요소(Must be Quality)
- 별칭 : 당위적 품질요소
- 품질에 대해 충족되면 당연하게 여기고 (이들이 충족되더라도 고객만족에는 크게 영향을 미치지 않지만), 충족되지 않으면 불만을 일으키는 2원적 품질요소이다.
- 당연히 충족되어야 하는 기대사항이다(당연 품질).
- 기본 기대사항(Base Expectation)의 충족수준이다 (묵시적 요구).
- 불만족 예방요인
- 불만인자 : 고객이 제품에 대해 당연하게 생각한 것이 충족되지 않을 경우 불평하는 인자이며, 이러한 인자는 측정이 용이하지 않아 기업 간 경쟁력 분석을 위한 벤치마크로 활용하기에는 부적절하다.

ⓒ 일원적 품질(One Dimensional Quality)요소
- 품질에 대해 충족이 되면 만족, 충족되지 않으면 불만을 일으키는 요소이다.
- 종래의 품질인식이다.
- 시방, 요구사항의 충족수준이다(명시적 요구).
- 만족인자 : 고객이 원하고 요구하는 제품특성으로, 고객은 만족인자를 더 많이 제공받을수록 더 크게 행복감을 느낀다.

ⓒ 매력적 품질요소
- 충족되지 않아도 무방하지만 충족되면 고객만족 차원이 고객 기쁨의 차원까지 발전하는 2원적 품질요소이다(고객 기쁨과 고객 감동의 원천).

- 물리적으로 충족되면 큰 만족을 주지만, 충족되지 않더라도 그냥 받아들이는 품질요소이다.
- 고객이 표면적으로는 미처 알지 못했던 부가가치 특성·감동이다(잠재적 요구).
- 경쟁사를 따돌리고 고객을 확보할 수 있는 주문 획득 인자이다.
- 기쁨인자 : 품질이 충족되었을 때 고객이 환상적인 기쁨을 느끼는 제품의 속성이며, 이러한 환상적인 품질은 고객이 인식하지 못하기 때문에 생산자가 발견해 내야만 하는 제품특성이다.
- ㉣ 역품질요소 : 물리적으로 충족되면 불만족, 충족되지 않으면 만족하는 품질요소이다.
- ㉤ 무차별 품질요소(무관심 품질요소) : 물리적 충족과 상관없이 만족, 불만족도 일으키지 않은 품질요소이다.

③ 서비스
  ㉠ 서비스의 정의
    - 타인의 이익을 위하여 정신적 또는 육체적인 노동을 제공하는 행위이다.
    - 내가 아닌 다른 사람, 조직의 내부와 외부 고객들의 편리와 이익을 도모하기 위한 실천행위이다.
    - 약속이며, 그 약속이 제대로 실행될 때 가치가 높아진다.
    - 상품이나 메뉴판에 표시된 가격 자체가 품질을 약속하는 것이다. 비싼 가격에도 불구하고 고품질을 기대하는 고객에게 고품질의 가치를 느끼게 해 줄 때 고객은 기꺼이 비용을 지불하고 또 다른 약속을 계약하게 되는 것이다.
  ㉡ 서비스의 물리적 기능과 정서적 기능
    - 물리적 기능과 정서적 기능은 서비스 산업에서 서비스를 구성하는 기능으로, 일반적으로 서비스 산업의 업종에 따라 두 기능의 비중이 다르다.
    - 물리적 기능은 서비스도 사전에 검사되고 시험되어야 한다는 측면에서 측정 가능하고, 재현성 있는 사항에 대한 형이하학적 기능이다.
    - 정서적 기능은 물리적 기능에 부가해서 고객에게 정서, 안심, 신뢰감 등 정신적 기쁨의 감정을 불러일으키는 기분이나 신뢰감 등 정신적 기쁨의 감정을 불러일으키는 기분이나 분위기를 주는 움직임이다.

- 전기, 가스, 수도, 운수, 통신 등의 업종은 물리적 기능의 비중이 높고, 음식점과 숙박업 등의 업종은 물리적 기능과 정서적 기능의 비율이 분산되어 있다.
  ㉢ 서비스에 대한 고객의 기대
    - 바람직한 서비스 수준은 고객이 제공받기 희망하는 서비스 수준이다.
    - 고객이 지각하는 서비스 수준이 허용 서비스 수준 이상일 때 기업은 고객을 독점하게 된다.
    - 허용 서비스 수준은 고객이 그런대로 받아들일 수 있다고 생각하는 최저한의 품질수준이다.
    - 서비스 품질에 대한 고객의 기대는 허용 서비스 수준과 바람직한 서비스 수준이 존재하며, 그 차이가 허용차 영역이다.
  ㉣ 서비스의 4가지 특성(4가지 차원) : 동시성, 소멸성, 무형성, 불균일성(이질성)
  ㉤ 서비스의 유형
    - 정신적 서비스 : 서비스의 기본이 되는 정신적 서비스는 고객을 만족시켜 줌으로써 기업이 이익을 얻고 번영한다는 고객만족 제일주의 경영철학이다. 이는 고객관계경영(CRM ; Customer Relation Management)의 기초가 된다.
    - 태도적 서비스 : 서비스를 제공하는 사람의 태도(접객 태도, 표현, 표정, 동작, 옷차림, 몸치장, 마음가짐)로 나타나는 서비스이다.
    - 업무적 서비스 : 눈에 보이지 않는 무형의 상품, 그것 자체가 하나의 업무로서 대가의 대상이 되는 서비스이다. 예를 들면 여행상품, 호텔, 레스토랑 서비스, 법률서비스, 정보서비스 등 기업의 판매 상품 자체나 그에 부가되는 서비스이다.
    - 희생적 서비스 : 특정 상품의 값을 받지 않고 무료로 주거나 아주 값싸게 제공하는 기업의 희생적 행위로 제공하는 서비스이다. '서비스 = 공짜'라는 인식은 이러한 희생적 서비스만이 서비스라고 생각한 데서 비롯된다.
  ㉥ 한국산업표준서비스 분야에서 서비스 심사기준
    - 고객이 제공받은 서비스
    - 고객이 제공받은 사전 서비스
    - 고객이 제공받은 사후 서비스

ⓢ 서비스 품질 측정

- 서비스 품질은 '제공된 서비스의 수준이 고객의 기대수준과 얼마나 잘 일치되는지'에 대한 측정치로 정의할 수 있다. 고객이 지각하는 서비스 품질은 고객의 기대나 욕구수준과 그들이 지각한 것 사이에 존재하는 차이의 정도로 정의된다.
- 서비스 품질을 정의할 수 있다고 해도 서비스 품질을 측정하기는 쉽지 않은 이유는 다음과 같다.
  - 서비스 품질의 개념이 주관적이기 때문에 객관적으로 측정하기 어렵다.
  - 서비스 품질은 서비스의 전달이 완료되기 이전에는 검증하기 어렵다.
  - 서비스 품질을 측정하려면 고객에게 직접 질의해야 하므로 시간이 오래 걸리고, 비용이 많이 든다.
  - 서비스 품질의 측정이 어려운 것은 고객이 서비스 품질에 대한 자신의 정보를 적극적으로 제공하지 않기 때문이다.
  - 고객으로부터 서비스 품질 평가데이터를 수집하기가 쉽지 않다.
  - 서비스 자원이 고객과 함께 이동하므로 고객이 자원의 변화를 관찰해야 서비스 평가를 할 수 있다.
  - 고객은 서비스 생산 프로세스의 일부이며 변화 가능성이 있는 요인이다. 고객(Customers)은 바로 Service Co-producers이다.
- 그럼에도 불구하고 서비스 품질은 측정되어야 하는데, 서비스 품질을 측정해야 하는 이유는 다음과 같다.
  - 개선, 향상, 재설계의 출발점이 측정이다. 상징적 문구로는 'Without measurement, No progress' (측정 없이 개선 없다) 또는 'No rain, No rainbow.'(비 없이 무지개 없다) 등이 있다.
  - 경쟁우위 확보와 관련된 서비스 품질의 중요성이 증대되고 있다.
- 서비스와 서비스의 품질
  - 판매되지 않은 서비스는 재고로 활용할 수 없으며 서비스 품질의 재현성은 매우 낮은 편이다.
  - 서비스 품질은 개개인의 인적관계에 의해서 품질이 좌우되는 경향이 있다.
  - 표준화가 매우 어렵지만 유사한 표준화 활동을 수행하기도 한다.

- 서비스는 대화 등의 정신적 또는 대면 접촉으로 이루어지는 경우가 대부분이다.
- SERVQUAL 모형 : 대표적인 서비스 품질측정 모형
  - 개발자 : 파라슈라만(Parasuraman), 제이사믈(Zeithaml), 베리(Berry)
  - SERVQUAL : Service와 Quality의 합성어
  - 파라슈라만 등은 4가지 형태의 서비스를 제공받고 있는 고객들을 상대로 연구를 행한 결과, 고객들이 제공받는 서비스 형태가 제각기 다름에도 불구하고 서비스 품질수준을 인식할 때 평가하는 기준 10가지를 밝히고, '서비스 품질의 결정요소'로 활용하였다. 초기에 도출한 10개의 요인을 다시 다음의 5개의 차원으로 요약하였다. 이 5가지 차원 영문의 머리글자를 따서 RATER로 표현하기도 한다.

No.	영 역	의 미
1	신뢰성 (Reliability)	약속한 서비스를 정확하게 이행하는 능력
2	확신성 (Assurance)	서비스 제공자들의 지식, 정중, 믿음, 신뢰 제공능력
3	유형성 (Tangibles)	서비스의 유형적 단서(시설, 장비, 사람, 커뮤니케이션 도구 등의 외형)
4	공감성 (Empathy)	고객에게 서비스를 신속하게 제공하려는 의지(고객에게 개인적인 배려를 제공하는 능력)
5	대응성 (Responsiveness)	기꺼이 고객을 돕고 즉각 서비스를 제공하는 능력

④ 품질기능전개(QFD)

㉠ 개 요

- 품질전개 QD(Quality Deployment) : 요구품질로부터 품질방침을 설정하고 세일즈 포인트를 명확히 정하거나 적정한 대용특성으로 치환하여 품질설계를 하기 위한 가장 효과적인 방법이다.
- 품질기능전개(QFD ; Quality Function Deployment)의 정의
  - 고객의 요구를 파악하여 제품으로 만들어 낼 때까지의 일련의 활동이다.
  - 고객의 요구와 기대를 규명하고 설계 및 생산 사이클을 통하여 목적과 수단의 계열에 따라 계통적으로 전개되는 포괄적인 계획화 과정이다.

- 고객의 요구가 명확히 이해되고 제품, 서비스의 설계 및 생산에 요구가 확실히 부합, 반영되도록 하는 기법이다.
- 품질을 형성하는 직능 또는 업무를 목적, 수단의 계열에 따라 단계적으로, 세부적으로 전개해 나가는 것이다.
- 소비자의 관점에서 품질이라는 개념을 파악하여 평가하고, 설계에 반영하는 기법이다.
- 고객이 요구하는 참된 품질을 언어 표현으로 체계화하여 이것과 품질특성을 관련짓고, 고객 요구를 대용특성으로 변화시키며 품질설계를 실행해 나가는 품질표를 사용하는 기법이다.
- 고객의 소리를 제품의 설계특성으로 변환시켜 이를 상품화하여 설계규격으로 전환하고, 이를 다시 부품특성, 공정특성 등 생산을 위한 구체적 시방으로 변환하여 고객이 원하는 제품, 서비스를 제공함으로써 고객만족과 가치를 향상시키는 품질 기법이다.

• 품질기능전개의 특징
- 신제품 개발단계의 품질관리 추진에서 가장 효과적이다.
- 개발 및 설계에서는 많이 사용되지만, 생산현장에서는 많이 사용되지 않는다.
- 경쟁사의 존재 유무와 무관하다.
- 제품의 성능테스트 한참 전인 설계기획단계에서 시작된다.
- 품질기능전개는 품질의 집(HOQ ; House Of Quality)이라는 특별한 표를 작성하는 것이 핵심적인 업무이다.

• 품질기능전개(QFD)의 효과
- 고객의 요구를 제품으로 구현하는 품질특성을 찾는다.
- 개발기간이 단축된다.
- 설계 변경이 감소된다.
- 설계과정을 문서화한다.

ⓛ 품질기능전개(QFD)의 실행 4단계 : 제품계획 → 부품계획 → 공정계획 → 생산계획
• 1단계(제품기획단계) : 고객의 요구와 이를 해결할 수 있는 설계특성의 관계를 설정한다.

• 2단계(부품개발단계) : 설계특성을 만족할 수 있는 부품을 개발하고 부품특성을 설정한다.
• 3단계(공정계획단계) : 부품특성에 해당하는 제조공정의 특성을 설정한다.
• 4단계(생산계획단계) : 최적의 공정을 이용한 생산조건을 설정한다.

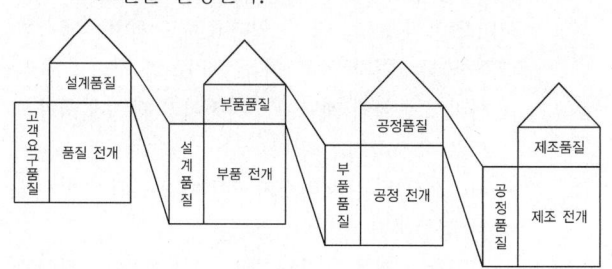

ⓒ 품질의 집(HOQ ; House Of Quality, 품질주택)
• 품질의 집
- 목적(What) - 수단(How) 매트릭스를 이용하여 고객이 요구하는 기술적 요구조건 및 경쟁적 평가를 나타낸 그림
- 품질설계 소비자가 요구하는 품질(참특성치)을 추리, 번역, 전환에 의해 대용 특성군으로 바꾸는 행위 전체
• 품질의 집의 역할 : QFD 활용의 핵심적 수단이며, 특히 신제품 개발 시 각기 고유한 업무영역을 가지고 있는 관련 부서 간의 커뮤니케이션을 촉진하여 제품 설계 시 효과적이고 체계적인 논의가 가능하도록 해준다.
• QFD의 핵심적 수단인 HOQ를 작성할 때 필요한 구성요소
- 고객의 요구속성(CA ; Customer Attributes)
- 기술특성(EC ; Engineering Characteristics) : 기술적 반응, 기업의 대응
- 고객의 요구 속성과 기술특성(설계특성) 간의 관계
- 기술특성 간의 상호관계
- 고객 인지도(제품에 대한 고객 인지도 평가)
- 기술특성치의 비교
- 기술특성의 목표값 설정

        4. 기술특성 간의
           상호관계

                                    2. 기술특성

                                    5. 고객 인지도

1. 고객 요구 속성

3. 고객 요구 속성과
   기술특성과의 관계
                        6. 기술특성치의 비교
                        7. 기술특성의 목표값

핵심예제

3-1. A. R. Tenner는 고객만족을 충분히 달성하기 위해서 '고객의 목소리에 귀를 기울이는 것'을 단계 1, '소비자의 기대사항을 완전히 이해하는 것'을 단계 2로 정의하였다. 다음 중 단계 3인 완전한 고객 이해를 위한 적극적 마케팅방법이 아닌 것은?

[2016년 제4회 유사, 2017년 제4회]

① 시장시험
② 벤치마킹
③ 판매기록분석
④ 포커스 그룹 인터뷰

3-2. 고객만족의 가치는 고객을 만족시키지 못했을 때 이탈하는 고객의 가치를 추정함으로써 평가할 수 있다. 다음의 자료에서 고객을 만족시키지 못함으로써 발생되는 연간 손실액은?

[2016년 제1회]

[다 음]

• 연간 총고객수 : 60,000명
• 금년도 고객 이탈률 : 5[%]
• 고객 1인당 평균 구매액 : 5만원

① 1,000만원   ② 2,000만원
③ 3,000만원   ④ 6,000만원

3-3. 파라슈라만 등에 의해 제시된 서비스 품질측정도구인 'SERVQUAL 모형'의 5가지 품질특성에 해당되지 않는 것은?

[2009년 제2회, 2012년 제1회, 2016년 제1회 유사, 제2회, 2020년 제4회]

① 확신성   ② 신뢰성
③ 유용성   ④ 반응성

3-4. 품질기능전개(QFD)에 대한 설명으로 가장 적합한 것은?

[2002년 제2회, 2012년 제2회]

① 품질기능전개는 생산현장에서 많이 사용된다.
② 품질기능전개는 경쟁사가 없을 때 사용하기 좋다.
③ 품질기능전개는 제품의 성능테스트를 마친 후에 이루어진다.
④ 품질기능전개는 고객의 요구를 파악하여 제품으로 만들어 낼 때까지의 일련의 활동이다.

|해설|

3-1
판매기록분석은 단계 1이다.

3-2
$(60,000 \times 0.05)(50,000 \times 0.2) = 30,000,000$ 원

3-3
SERVQUAL 모형의 5가지 품질특성
• 신뢰성(Reliability) : 약속한 서비스를 정확하게 이행하는 능력
• 확신성(Assurance) : 서비스 제공자들의 지식, 정중, 믿음, 신뢰 제공능력
• 유형성(Tangibles) : 서비스의 유형적 단서(시설, 장비, 사람, 커뮤니케이션 도구 등의 외형)
• 공감성(Empathy) : 고객에게 서비스를 신속하게 제공하려는 의지(고객에게 개인적인 배려를 제공하는 능력)
• 대응성(Responsiveness) : 기꺼이 고객을 돕고 즉각 서비스를 제공하는 능력

3-4
① 품질기능전개는 개발 및 설계에서 많이 사용된다.
② 품질기능전개는 경쟁사가 있을 때 사용하기 좋지만, 경쟁사의 존재 유무는 큰 이슈사항은 아니다.
③ 품질기능전개는 제품의 성능테스트 한참 전인 설계기획단계에서 시작된다.

정답 3-1 ③   3-2 ③   3-3 ③   3-4 ④

① **품질전략** : 고객에게 제공하는 제품, 서비스가 고객의 요구와 기대를 만족시킬 수 있도록 하기 위한 기업의 품질목표치에 근접하도록 하고, 목표치를 벗어나는 품질변동을 축소하는 접근방법이다.

  ㉠ 품질전략 결정 시 고려 요소 : 경영방침, 경영목표, 경영전략(세부 절차는 고려 대상이 아님)

  ㉡ 품질전략을 수립할 때 계획단계(전략의 형성단계)에서 SWOT분석을 많이 활용하고 있다.

    • S : 강점

    • W : 약점

    • O : 기회

    • T : 위협

  ㉢ 품질이 기업경영에서 전략변수로 중시되는 이유

    • 소비자들이 제품의 안전 또는 고신뢰성에 대한 요구 경향이 높아지고 있다.

    • 기술 혁신으로 제품이 복잡해짐에 따라 제품의 신뢰성 관리문제가 어려워지고 있다.

    • 원가경쟁보다는 비가격경쟁, 즉 제품의 신뢰성, 품질 등이 주요 경쟁요인이다.

    • 인플레이션으로 인한 원가 증가분을 가격에 직접 반영하기 보다는 정부의 억제, 기업 간의 경쟁 등으로 인해 품질이 완충역할을 한다.

    • 제품 생산이 분업으로 이루어지는 경우 제품 전체로서가 아니라 부분적으로 책임지는 생산방식으로서는 제품품질, 신뢰성이 낮아질 우려가 있다.

② **전략적 품질경영**

  ㉠ 전략경영

    • 전략 형성(Formulation) : SWOT분석(성장 기회와 위협요인 분석, 강점과 약점 분석), 이념과 사명 확인, 비전과 목적 설정, 전략 수립, 방침 설정

    • 전략 실행(Implementation) : 실행계획 수립, 계획 예산 반영, 세부 절차 설정

    • 전략 실행성과의 평가 및 통제(Evaluation & Control)

  ㉡ 비전과 목표의 전환 : 전략

    • 비전(Vision) : 리더가 조직의 나갈 방향과 미래 모습을 구성원들에게 제시한 것, 장기적 안목에서 현실과 미래의 목표를 연결시키는 전략 구상, 리더의 상상력

을 대중의 상상력으로 변화시키고 함께 세운 목표를 향해 달려갈 수 있는 에너지의 원동력

    • 목적과 목표(Goal & Objectives)

      – 목적 : 장기적으로 조직이 지향하는 조직의 성과

      – 목표 : 목적을 달성하기 위해 경영활동이 지향하는 표적, 활동을 위한 계획의 기초가 되는 것, 특정 기간 중에 달성하리라고 기대되는 성과, 수치로 명확히 표시되고 성문화될 때 달성효과가 높음

    • 전략(Strategy)

      – 목표와 현실 간의 갭을 효과적으로 극복하기 위해서 주요 목표, 정책(방침), 활동들을 하나의 응집체로 통합시킨 계획이다.

      – 확실하거나 예측 가능한 것을 다루는 것이 아니라 불확실한 것을 다룬다.

      – 불확실한 환경 변화에 대응할 수 있도록 자원의 효과적인 배분과 활용을 기본으로 한 체계적 전략을 수립해야만 경쟁우위를 확보할 가능성이 높아진다.

      – 전략의 3가지 요소 : 목표, 방침, 활동계획

  ㉢ 전략계획

    • 최고경영자와 구성원 모두 전략계획 과정에 활발하게 참여한다.

    • 고객의 욕구와 요구를 지향하는 전략을 수립한다.

    • 전략계획 과정에 공급자를 참여시킨다.

    • 전략 개발과 전개를 위한 체계적인 계획시스템을 확립한다.

  ㉣ 전략적 품질경영의 접근단계

    • 고객의 요구에 초점을 맞춘다.

    • 품질목표와 전략을 개발하기 위하여 상위 경영자가 리더십을 발휘한다.

    • 전략을 연간 사업계획으로 전환한다.

    • 품질부서 대신에 일선 현장에서 전략을 실행한다.

  ㉤ 포터(M. E. Porter)의 품질에 관한 경쟁전략에 대한 기본적 접근방법 3가지 항목 : 원가상의 우위 확보, 차별화, 집중화

③ **TQM(Total Quality Management, 종합적 품질경영)**

  ㉠ TQM의 개요

    • 종래의 품질개선활동은 전사적 품질경영 차원에서 이해되어야 할 뿐 아니라 경쟁우위 확보를 위한 전략적 무기로 TQM이 적극 활용되어야 한다.

- TQM은 통계를 이용한 종합적 품질관리(TQC)에서 발전한 기법으로, 고객지향 품질활동을 품질관리 책임자뿐 아니라 마케팅, 엔지니어링, 생산, 노사관계 등 기업의 모든 분야로 확대하는 것이다.
- TQM은 고객만족의 원칙을 바탕으로 품질을 재정의하여 내부고객 및 외부고객의 만족을 강조하고, 프로세스의 지속적인 개선을 중요시한다.
- TQM은 기존의 경영관리방식을 품질중심으로 통합하여 새롭게 구성한다.
- TQM은 전략적 차원에서 생산직, 관리자, 최고경영자까지 참여하는 품질운동이다.
- TQM은 고객중심(고객지향), 지속적 개선(공정 개선), 전원 참가의 세 가지 원칙하에 진행되는 특징이 있다.
- TQM 5요소 : 고객, 종업원, 공급자, 경영자, 프로세스
- TQM의 전략목표로 고객의 기대와 요구를 만족시키는 것이 가장 중요하다.
- TQM의 강조점
  - 기업의 조직 및 전 구성원이 품질관리의 실천자가 되어야 한다.
  - 고객의 요구조건들에 초점을 두고, 고객만족과 효율의 목표 중 고객만족에 더 치중한다.
  - 무결점작업은 예방을 통해 달성할 수 있다.
  - 내부고객이 모두 참가하는 것을 전제하고, 팀워크의 시너지효과 극대화를 추구한다.
- 품질전략의 계획 수립 시 경영환경과 기업역량의 관계를 연결하여 무엇이 핵심역량이고, 무엇을 보완해야 하는지를 결정하는 것이 필요하다.
  - 내부환경적 측면의 기준 : 경영자의 리더십, 조직의 신제품 개발능력, 조직의 표준화 수준 및 실행 정도
  - 외부환경적 측면 : 경쟁사 또는 경쟁 공장의 동향
- ㉡ 종합적 품질경영(TQM)을 추진하기 위한 조직적 구조로서 활용되고 있는 팀(Team)활동
  - 동일한 작업장의 조직원으로 구성된 자발적 문제해결 집단
  - 주어진 과업이 일단 완성되면 해체되는 태스크팀(Task Team)
- 비반복적인 문제를 해결하기 위해 수행되는 프로젝트팀(Projent Team)
- 일련의 작업이 할당된 단위로서, 구성원들이 융통성 있게 작업을 공유할 수 있도록 하는 팀
- ㉢ 품질경영에 대한 경영자의 역할
  - 조직이 높은 품질가치를 창출할 수 있도록 리더십을 발휘한다.
  - 경영방침과 목표를 토대로 조직 전체가 지켜야 하는 품질방침과 목표를 결정한다.
  - 경영목표와 품질목표 간의 조화, 생산목표(부분목표)와 품질목표 간의 조정을 한다.
  - 전사적 품질경영시스템의 효율적 운영 프랙티스를 구축한다.
  - 품질경영 및 품질개선활동에 필요한 자원과 인력을 지원한다.
  - 효과적인 품질경영의 추진에 필요한 교육훈련 방침을 정한다.
  - 구성원들의 품질성과에 대한 인정과 보상 등 동기를 부여한다.
  - 품질관리 및 품질보증 활동이 방침대로 실행되는지를 관리 감독한다.
- ㉣ TQM을 추진하는 기업이 일반적으로 지켜야 할 원칙
  - 전원 참여 중심의 조직 운영(소수의 정예 엘리트 기술자 중심의 조직 운영 금지)
  - TQM이 조직과 조직구성원에 미치는 영향에 대한 분석
  - 기능별로 팀을 조직하여 팀에 의한 문제해결 유도
  - 실행단계에 맞는 적절한 교육 및 훈련프로그램 개발
- ㉤ TQM 체제를 구축하기 위한 포인트
  - 품질 비전 공유
  - 이상적인 품질목표 제시
  - 성과에 대한 보상체계 마련
- ㉥ TQM의 실천원칙
  - 고객에 중점을 둔다.
  - 조직이 높은 품질가치를 창출할 수 있도록 리더십을 발휘한다.
  - 시스템 접근으로 조직목표를 효과적으로 달성한다.
  - 당초에 올바르게 행한다.
  - 결과뿐만 아니라 과정도 중시한다.

- 구성원의 참여를 토대로 그들의 창의력과 전문기술을 동원한다.
- 사실에 입각한 의사결정을 행한다.
- 지속적으로 개선을 추진한다.
- 조직구성원들과 이익을 공유한다.

ⓐ TQM활동으로 달성 가능한 사업목표(성과)
- 운영효율과 수익성 증대
- 기업문화와 행동의 변화
- 자원 낭비의 예방
- 고객만족
- 시장 점유율 유지와 증대
- 제품/사업의 우위성 확보
- 조직구성원의 잠재력 함양
- 제품·서비스의 품질, 제품 안전, 신뢰성 향상
- 개인, 기업, 사회 손실의 최소화
- 안전, 건강, 환경의 개선
- 각 개인의 인성, 창의력 향상 혁신

◎ TQM을 성공적으로 수행하기 위한 종업원의 적극적인 참여 유도방법
- 모든 종업원은 고객의 요구와 그들을 충족시키는 회사 내부의 수행과정을 이해하여야 한다.
- 모든 종업원에게 자신의 업무나 생산제품의 품질을 향상시키기 위한 동기부여가 되어야 한다.
- 최고경영자의 경영전략을 이해시키는 데 역량을 기울이기보다는 종업원 의견 청취에 귀를 기울여야 한다.
- 결함을 찾아내어 고치는 것보다는 결함을 예방하는 데 더 관심을 두도록 유도한다.

ⓩ TQM 작용 환경의 구축
- 권한부여(Empowerment) : 일선 작업자나 종업원에 권한을 주어 이니시어티브(Initiative)와 상상력을 실행에 옮길 수 있도록 독려하는 방식
  - 권한부여는 구성원 참여의 연속체이다.
  - 권한부여 함수의 요소 :
    권한부여 = f(권한, 자원, 정보, 책임)
  - 권한부여의 필수적 요건 차원
    ⓐ 1차원 : 작업자의 마음가짐(Alignment)
    ⓑ 2차원 : 역량(Capability), 조직구성원들에게 권한부여를 할 경우 구성원이 각자 맡은 직무를 수행하는 데 필요한 능력, 기능, 지식 등을

갖추고, 조직에서 필요로 하는 자원, 즉 원자재, 방법, 기계설비 등을 갖추어야 하는 요건
    ⓒ 3차원 : 상호신뢰(Mutual Trust)
  - 권한부여의 효과
    ⓐ 긍정적인 효과 : 고객 요구에 대한 신속한 대응, 종업원 자신의 만족감, 고객에 대한 따뜻함과 열정, 새로운 아이디어 창출의 활력소
    ⓑ 부정적인 효과 : 권한부여 구성원 선발 및 훈련비용 소요, 자율적 서비스 제공에 따른 서비스 지연 및 일관성 결여 우려
- 구성원 상호 신뢰감 조성
  - 신뢰 사이클(긍정적인 환경요인) : 진실한 의사소통과 구체적인 목표 제시, 관련 조직집단 간의 협조적인 태도, 솔직한 대화와 상호 신뢰, 구성원 스스로 정한 품질목표
  - 불신 사이클(부정적인 환경요인) : 불충분한 의사소통, 구성원의 자기보호적인 과소 작업표준량 고수, 두려움과 적대감, 고위층의 엄격한 통제, 신뢰도 결여, 무사안일한 분위기
- 품질지향 기업문화
  - 기업문화 : 조직구성원들이 공유하는 구성원 행동과 기업 전체 행동에 기본전제로 작용하는 기업 고유의 가치관과 신념, 규범, 관습, 행동 패턴 등의 거시적 총체
  - 품질문화 : 모든 구성원이 공유하는 품질 관련 가치관
  - 품질의 무형적 요소인 기업문화, 품질문화는 품질 혁신·품질경영활동의 성과를 좌우하는 매개체 역할을 한다.

ⓩ TQM 전략 전개 사상 제시를 위한 품질가치사슬
- 품질가치사슬(Quality Value Chain) : 마이클포터(Michael E. Porter)의 부가가치사슬을 발전시켜 품질 선구자들의 사상을 인용하여 게하니(Ray Gehani) 교수가 도표를 통해 TQM의 전략적인 고객만족 품질은 '제품품질 + 경영종합품질 + 전략종합품질의 융합에 의해서 도달할 수 있다.'고 제시한 이론이다.
- 품질가치사슬 구조
  - 하층부 : 기본적인 부가가치활동이 전개되는 부분으로 테일러의 검사품질, 데밍의 공정관리 종합품질, 이시가와의 예방종합품질 등이 이에 해당된다.

– 중층부 : 경영종합품질
– 상층부 : 전략적 종합품질(시장경쟁 종합품질 +
  시장창조 종합품질)
ㄱ 종합적 품질경영(TQM)활동이 기업성과에 미치는 영향을 측정할 수 있는 기업활동영역
  • 고객만족도
  • 재무적 성과
  • 종업원 간의 관계

4-1. 품질전략의 계획 수립 시 경영환경과 기업역량의 관계를 연결하여 무엇이 핵심역량이고 무엇을 보완해야 하는지를 결정하는 것이 필요하다. 이때 내부환경적 측면의 기준으로 거리가 먼 것은? [2017년 제1회]

① 경영자의 리더십
② 조직의 신제품 개발능력
③ 경쟁사 또는 경쟁 공장의 동향
④ 조직의 표준화 수준 및 실행 정도

4-2. 종합적 품질경영(TQM)을 추진하기 위한 조직적 구조로서 활용되고 있는 팀(Team)활동으로 틀린 것은? [2015년 제2회]

① 동일한 작업장의 조직원으로 구성된 자발적 문제해결 집단
② 주어진 과업이 일단 완성되면 해체되는 태스크팀(Task Team)
③ 반복되는 문제를 해결하기 위해 수행되는 프로젝트팀(Projent Team)
④ 일련의 작업이 할당된 단위로서, 구성원들이 융통성 있게 작업을 공유할 수 있도록 하는 팀(Team)

|해설|

4-1
경쟁사 또는 경쟁 공장의 동향은 외부환경적 측면이다.

4-2
TQM을 추진하기 위한 조직적 구조로서 활용되는 팀은 비반복적인 문제를 해결하기 위해 수행되는 프로젝트팀(Projent Team)이다.

정답 4-1 ③ 4-2 ③

핵심이론 01 품질개선활동의 전반

① 품질목표
  ㄱ 개 요
    • 품질목표 수립 대상 : 품질의 주요소(사용 적합성, 성능 및 안전, 신뢰성 등)
    • 이상적인 품질목표 : 무결점
    • 품질목표는 측정 가능성, 품질방침과의 일관성이 있어야 한다.
  ㄴ 품질 목표의 2가지 구분 : 현상 유지, 현상 타파(Breakthrough) 또는 개선
    • 현상 유지(품질관리를 위한 품질목표) : 구입(외주) 자재의 품질수준, 공정의 수율 및 불량률, 제품의 품질수준, 특정품질의 특성수준, 시험 및 검사비 등에 대한 표준을 정하는 것이다.
      – 현재의 품질이 만족스러운 상태여서 품질개선의 필요가 적을 경우
      – 품질개선을 하는 것이 더 비경제적일 경우
      – 정상적인 품질관리 활동을 전개한 경우
      – 예 부적합률을 현재의 0.5[%] 수준으로 유지 등
    • 현상타파(개선, 품질개선을 위한 품질목표) : 품질 리더십 확보, 수입 증대 기회 확보, 외부 실패비용 절감, 원가 절감, 시장 회복 및 확보, 실계요원의 신뢰성 교육훈련대책, 외주업체 평가계획, 품질관리요원 재조직, 우수한 성과를 통한 경쟁력 확보, 품질문제들(불량, 불만, 반품 등)로 야기되는 보증비용, 조사비용, 손해배상, 할인 등의 실패비용 절감, 고객 공급자, 투자자, 지역사회 등 외부 이해관계자들에 대한 기업 이미지 개선(쇄신) 등에서 혁신적인 성과를 목표로 추진하는 활동으로, 다음의 예를 들 수 있다.
      – 품질 코스트를 5[%]로 줄인다.
      – 제품의 로스율을 1[%]로 줄인다.
      – 자재손실이 5백만원을 초과하지 않도록 한다.
      – 재작업률 0(Zero)에 도전한다.

ⓒ 벤치마킹(Benchmarking) : 경쟁기준의 강화로서 높은 수준의 성과를 달성한 기업과 자사를 비교평가하는 기법이며, 품질목표 설정기법으로 많이 활용된다. 벤치마킹의 장점(효과)은 다음과 같다.
- 자원을 적절히 이용할 수 있고 비용이 최소화된다.
- 경쟁자와 대등하거나 그 이상의 기능을 수행할 수 있어 시장경쟁에 유리하다.
- 벤치마킹을 통하여 경쟁에 유리한 입지를 유지할 수 있다.
- 외부에 초점을 맞추어 비건설적인 내부경쟁을 회피한다.

② 지속적 개선과 제안제도
ⓐ 지속적 개선
- 경영학자들이 개선의 일본어 발음인 카이젠(Kaizne)을 지속적 개선을 상징하는 세계적인 용어로 전파시킨 것은 일본의 도요타자동차가 지속적 개선기법을 가장 잘 활용하고 있기 때문이다.
- 지속적 개선을 위한 목표를 세울 때 이러한 글로벌 기업을 벤치마킹하는 것도 매우 적절한 방법이 된다.
- 지속적 개선활동을 위한 리더의 역할이 매우 중요하다.
- 리더의 효과적인 지속적 개선 유도방법
 - 리더가 직접 공정 속의 작업을 실시하면서 개선 가능한 실례를 찾아내어 모범을 보인다.
 - 조직구성원이 작업해야 하는 공정의 우선순위를 정할 수 있도록 도와준다.
 - 경영자는 공정 개선의 성공에 장애가 되는 요소를 제거해 나간다.
 - 모범적인 활동을 선정하여 시상식 등을 갖는다.
- 품질시스템이 잘 갖추어진 회사의 끊임없는 개선에 대한 설명
 - P–D–C–A의 개선과정을 Feedback시키는 것이다.
 - 기업에서 개선할 점은 얼마든지 있다.
 - 품질개선은 종업원의 창의성을 필요로 한다.
 - 품질개선은 반드시 표준화된 기법을 적용하는 것보다는 될 수 있는 대로 종업원의 창의성을 적용하는 것이 바람직하다.

ⓑ 제안제도
- 자신이 근무하는 환경에서 경험과 지식을 통해 문제를 직시하여 개선안을 제시하거나 개선을 실시한 후 사례를 리포트로 제출하는 제도이다.
- 기업체에서 제안제도를 도입, 운영하고자 하는 목적
 - 종업원 교육을 통한 능력 향상 개발을 위해
 - 작업장, 안전환경 개선으로 인한 산업재해의 근절을 위해
 - 원가 절감, 품질 및 생산성 향상 등 개선 실시를 통한 업적 향상을 위해

③ 3정 5S 활동
ⓐ 3정 : 정품, 정량, 정위치
ⓑ 5S : 정리, 정돈, 청소, 청결, 습관화

④ 품질문제 해결단계
ⓐ 7단계 : 문제점 파악과 테마의 결정 → 목표 설정 → 추진계획 입안 → 현상 파악과 요인 해석 → 개선안 검토와 실시 → 개선효과 확인 → 표준화
ⓑ 15단계 : 문제점 파악 → 주제 선정 → 추진 그룹 결성 → 활동계획 수립 → 현상 파악 → 원인분석 → 목표 설정 → 대책안 검토 → 대책안 실행계획 → 대책안 실시 → 개선효과 분석 → 유무형 효과 파악 → 표준화 → 사후관리 → 반성 및 향후 계획

1-1. 품질시스템이 잘 갖추어진 회사는 끊임없는 개선이 이루어 지는 것이 보장된 것이다. 끊임없는 개선에 대한 설명 중 옳지 않은 것은? [2003년 제4회, 2013년 제2회]

① P-D-C-A의 개선과정을 Feedback시키는 것이다.
② 기업에서 개선할 점은 언제든지 있다.
③ 품질개선은 종업원의 창의성을 필요로 한다.
④ 품질개선은 반드시 표준화된 기법을 적용하여야 한다.

1-2. 현재의 품질문제를 해결하기 위하여 기업이 수행할 품질목 표와 가장 거리가 먼 것은?

[2004년 제2회 유사, 2005년 제2회 유사, 2007년 제4회 유사, 2015년 제2회]

① 품질 코스트를 5[%]로 줄인다.
② 재작업률 0(Zero)에 도전한다.
③ 제품의 로스율을 1[%]로 줄인다.
④ 부적합품률을 현재의 0.5[%] 수준으로 유지한다.

|해설|

1-1
품질개선은 반드시 표준화된 기법을 적용하는 것보다는 될 수 있는 대로 종업원의 창의성을 적용하는 것이 바람직하다.

1-2
품질관리에서 중요시하는 관리의 2가지 측면은 현상 유지와 개선이 다. ①, ②, ③은 개선, ④는 현상 유지의 내용이다.

정답 1-1 ④ 1-2 ④

핵심이론 02 품질관리도구와 창의적 문제해결기법

① QC 7가지 도구

㉠ 개요 : QC 7가지 도구에는 파레토도, 특성요인도, 체크시트, 히스토그램, 산점도, 층별, 그래프(관리도 를 넣기도 함) 등이 있다.
- 계수치 데이터 해석 : 파레토도, 특성요인도, 체크 시트
- 계량치 데이터 해석 : 히스토그램, 산점도

㉡ 파레토도(Pareto Chart)
- 부적합품 손실금액, 부적합품수, 부적합수 등을 요 인별, 현상별, 공정별, 품종별 등으로 분류해서 크기 순서대로 늘어놓은 그림이다.
- 적합품, 부적합, 고장 등의 발생건수를 분류항목별 로 나누어 크기 순서대로 나열하고, 어떤 것이 주요 개선 분야인가를 파악하고자 할 때 사용되는 기법 이다.
- 개선활동에 있어서 부적합 항목 등에 대해 도수 또는 손실금액을 막대그래프와 꺾은선그래프를 사용하여 나타내는 것으로 중점관리를 목적으로 활용하는 도 구이다.
- 부적합품수, 부적합수 또는 클레임 건수 등을 그 원 인이나 내용별로 분류하여 데이터를 취하고, 손실금 액이나 부적합품수 등이 많은 순서로 정리하여 그 크기별로 나타낸 그림이다.
- 해결해야 할 품질문제를 발견하고 어떤 문제부터 해결할 것인가를 결정하기 위해 가로축을 따라 요 인들의 발생 빈도를 내림차순으로 표시한 막대그래 프이다.
- 주요 불량 원인인 소수핵심(Vital Few)의 요인이 무 엇인지 살펴보는 도표이다.
- 파레토도의 특징
  - 품질문제 해결과정에서 이용되는 기법 중 80 : 20 법칙이 적용되는 기법이다.
  - 현재 조사 중인 문제에 어떤 인자가 큰 영향을 미 치는가를 알아보기 쉽도록 그래프 위쪽에 누적 백 분율을 나타내는 꺾은선그래프가 놓인다.
  - 절대적인 총결과는 항상 왼쪽에 보여 주고 상대누 적은 항상 오른쪽에 둔다.

- 파레토도 작성 순서 : 데이터를 수집하여 항목별로 정리 → 항목별로 데이터 누적수 계산 → 그래프 용지에 기입(많은 것을 왼쪽부터 오른쪽으로 크기순으로 정리) → 데이터에 누적수를 꺾은선으로 기입 → 오른쪽 세로축에 백분율(%) 눈금 기입 → 데이터의 수집기간, 기록자, 공정명, 목적 등을 기입
- 사용용도
  - 항목별로 데이터를 분류한다.
  - 어떤 항목에 문제가 있는가를 파악한다.
  - 부적합품이나 고장의 영향 정도를 파악한다.
  - 중점관리항목을 선정한다.
ⓒ 특성요인도(Cause and Effect Diagram 또는 Characteristics Diagram)
- 어떤 문제에 대한 특성과 그 요인을 파악하기 위한 개선활동기법이다.
- 일의 결과(특성)와 그것에 영향을 미치는 원인(요인)을 계통적으로 정리한 그림이다.
- 결과에 원인이 어떻게 관계하고 있으며, 어떤 영향을 주고 있는가를 한눈에 알 수 있도록 작성하는 그림이다.
- 부적합품, 클레임 등의 손실금액이나 퍼센트를 그 원인별, 상황별로 취해 큰 것에서부터 작은 것 순서로 나열한 그림이다.
- 특성요인도의 특징
  - 불량원인을 찾아내는 데 유용한 기법이다.
  - 파레토도를 사용하여 고객 클레임의 주요항목이 무엇인가를 찾아낸 후 고객만족을 위해 전체적인 클레임수를 줄이려고 할 때 그 원인을 찾는 데 가장 효율적이다.
  - 여러 사람의 의견을 통해 정의하는 것이 효과적이므로 특성요인도를 작성할 때는 보통 품질과 직접 관련된 사람이 모두 참여하는 것이 바람직하다.
  - 브레인스토밍이 많이 사용된다.
  - 현재의 중요한 문제점을 객관적으로 발견할 수 있으므로 관리방침을 수립할 수 있다.
  - 현장의 개선활동에 있어서 소수중점원인을 찾기 위한 도구이다.
  - 분류항목에서 데이터의 수가 많은 2~3개 부적합품 항목만 없애면 부적합품률은 크게 감소된다.

- 품질특성과 관련된 요인을 도출한다.
- 필요시 품질특성마다 여러 장으로 작성할 수 있다.
- 특성요인도 작성 순서
  - 품질특성을 정한다(특성요인도 작성 시 가장 먼저 해야 할 사항이다).
  - 등뼈(줄기)를 직선으로 긋고, 그 오른쪽에 화살표를 표시하고 특성을 기록한다.
  - 갈비뼈(큰 가지)를 등뼈(줄기)의 적당한 위치에 상하로 2개씩, 모두 4개 정도를 직선으로 긋는다.
  - 갈비뼈 끝에 직사각형을 그리고 그 안에 요인을 기입한다.
  - 갈비뼈의 적당한 위치에 좌우로 잔뼈(작은 가지)를 직선으로 긋는다.
  - 잔뼈 끝 약간 떨어진 위치에 작은 요인을 기입한다.
  - 요인의 중요도를 정한다.
  - 원인을 확인한다.
  - 이력사항을 적어 놓는다(작성일, 작성자, 대상제품, 작성목적 등).
- 특성요인도 작성 시 주의사항
  - 관계자 전원의 지식이나 경험을 활용하여 작성한다.
  - 원인별, 로트별, 작업자별, 기계장치별 등의 관리적인 요인을 빠뜨리지 않는다.
  - 샘플링오차, 측정오차, 관능검사오차 등의 오류에 주의한다.
  - 품질특성별로 몇 장의 특성요인도를 그려 본다.
  - 계량적 요인, 계수적 요인을 구분하고 특성요인도를 층별한다.
  - 5W1H법과 개선 ECRS 등을 활용하여 문제점 해결에 중점을 둔다.
- 특성요인도의 용도
  - 개선을 위한 해석용(현장 개선활동 시 현황분석 및 개선수단 파악)
  - 이상 발생 시 원인분석용(이상원인 파악과 대책 수립)
  - 품질경영의 도입용, 교육용(신입사원 교육이나 작업, 안전행동 등을 설명)
  - 도수분포의 응용기법으로 현장에서 널리 사용

• 별칭 : 원인결과도표, 피시본다이어그램(Fishbone Diagram), 물고기도표, 어골도, 물고기뼈그림, 이시카와 다이어그램(Ishikawa Diagram)

㉣ 체크시트(Check Sheet)
• 종류별로 데이터를 취하거나 확인단계에서의 누락, 오류 등을 없애기 위해 간단히 체크해서 결과를 쉽게 알 수 있도록 만든 도표이다.
• 체크시트의 특징
  - 문제를 분석하기 위해서 사실을 나타내는 자료를 수집해야 한다.
  - 기대되는 효과에 따라서 진보와 비교되는 형태를 마크한다.
  - 효과 빈도의 점을 연결하여 자료를 취할 때는 다시 측정된다.
  - 표시마크는 막대그래프로 만들어진다.
• 체크시트의 용도
  - 현장의 문제점을 명확하게 파악한다.
  - 측정하여 얻은 그대로의, 가공을 하지 않은 데이터를 목적에 맞게 정리한다.
  - 일이 표준대로 진행되고 있는지 현재의 상태를 확인한다.
  - 검사한 결과를 체크시트로 정리하여 그것에 따라 품질수준을 파악한다.

㉤ 히스토그램(Histogram)
• 데이터가 존재하는 범위를 몇 개의 구간으로 나누어 각 구간에 들어가는 데이터의 출현 도수를 세어 도수표를 만든 후 이것을 도형화한 것이다.
• 결점과 같은 품질 측정의 동일한 간격에 대한 통계적 분포를 보여 주는 막대그래프이다.
• 히스토그램의 특징
  - 공정이 이상적으로 움직이면 품질특성치의 분포가 정규분포를 따르게 되는데, 히스토그램은 자료의 분산을 그래프화하여 정규분포를 많이 벗어나는 경우 무엇이 문제인지 파악하게 하여 자료의 특성과 분산의 원인을 분석할 수 있게 한다.
  - 많은 양의 데이터를 시각적으로 보여 준다.
  - 분산이나 분포형태를 쉽게 볼 수 있도록 만든 데이터 정리방법이다.

• 히스토그램의 형태

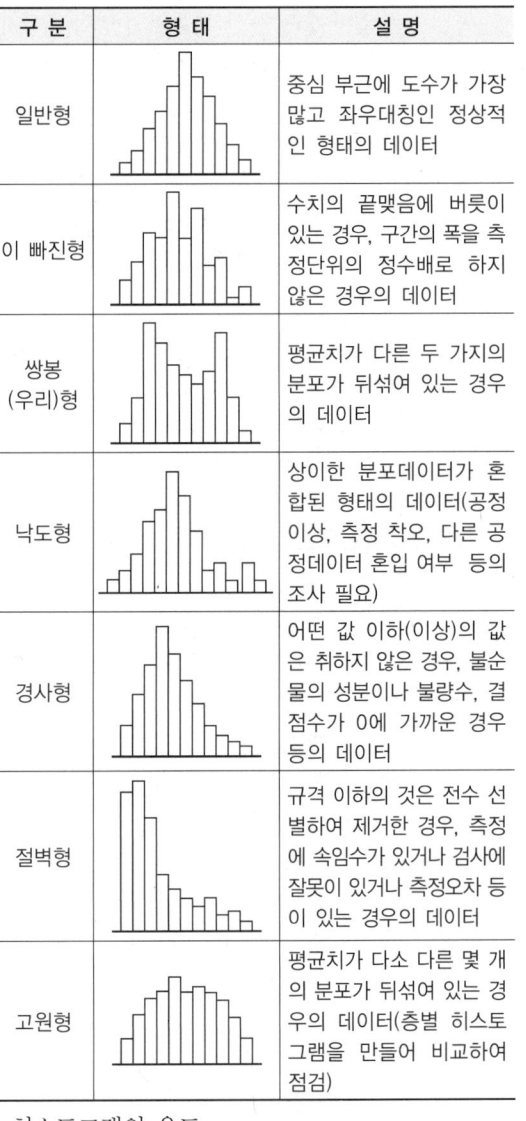

구 분	형 태	설 명
일반형		중심 부근에 도수가 가장 많고 좌우대칭인 정상적인 형태의 데이터
이 빠진형		수치의 끝맺음에 버릇이 있는 경우, 구간의 폭을 측정단위의 정수배로 하지 않은 경우의 데이터
쌍봉 (우리)형		평균치가 다른 두 가지의 분포가 뒤섞여 있는 경우의 데이터
낙도형		상이한 분포데이터가 혼합된 형태의 데이터(공정 이상, 측정 착오, 다른 공정데이터 혼입 여부 등의 조사 필요)
경사형		어떤 값 이하(이상)의 값은 취하지 않는 경우, 불순물의 성분이나 불량수, 결점수가 0에 가까운 경우 등의 데이터
절벽형		규격 이하의 것은 전수 선별하여 제거한 경우, 측정에 속임수가 있거나 검사에 잘못이 있거나 측정오차 등이 있는 경우의 데이터
고원형		평균치가 다소 다른 몇 개의 분포가 뒤섞여 있는 경우의 데이터(층별 히스토그램을 만들어 비교하여 점검)

• 히스토그램의 용도
  - 데이터의 흩어진 모습(분포 상태) 파악(중심, 비뚤어진 정도, 산포 등) 시
  - 질량, 강도, 압력, 길이 등의 계량치 데이터의 분포 파악 시
  - 공정능력 파악 시
  - 공정의 해석과 관리 시
  - 규격치와 대비하여 공정현상 파악(규격을 벗어나는 정도, 평균과 중심의 차이 등) 시

- 생산 제품의 수명은 어떤 분포를 가지며 평균 수명은 얼마이고, 생산 제품의 수명이 회사가 원하는 규격에 적합한지의 파악 시
- 결점이 왜 발생했는지에 대해 가설을 만들어 계층화하는 분석에 사용

ⓗ 산점도(Scatter Diagram)
- 두 개의 짝으로 된 데이터를 그래프용지 위에 점으로 나타낸 그림이며, 원인과 결과 간의 관계를 나타내는 그래프이다.
- 대응하는 2개(한 쌍)데이터의 상호관계를 보기 위한 그림이다.
- 산점도를 보는 방법
  - 두 변수의 상관관계 유무를 본다.
  - 이상한 점이 없는가를 본다.
  - 층별할 필요는 없는가를 본다.
- 산점도의 특징
  - 두 차원의 상관관계를 시각적으로 나타낸다.
  - 다른 분명치 않은 자료의 형태를 예증하기 때문에 매우 유용하다.
  - 두 변수에 대해서 특성(결과)과 요인(원인)의 관계를 규명하고 이 관계를 시각적으로 표현한다.
- 산점도의 용도
  - 특성과 요인 사이의 관계 조사 시
  - 요인을 어떤 값으로 하면 특성이 어떻게 되느냐 하는 등의 상관관계 파악 시
  - 주로 문제해결을 위한 사전 원인조사 단계에서 사용 시
  - 원인과 결과관계의 가설을 테스트하기 위한 분석에 사용 시
  - 여러 요인 간에 존재하는 관계의 정도를 수량화하는 데 이용 시

ⓢ 층별(Stratification)
- 부적합품이 나왔을 때 데이터가 가지고 있는 특성에 따라 두 개 이상의 부분집단(재료별, 시간별 등)으로 구분하여 데이터를 선정하면 부적합품의 원인을 파악하는 데 도움이 되는 기법이다.
- 로트의 형성에 있어서 원료별, 기계별로 특징이 확실한 모수적 원인으로 로트를 구분하는 것이다.

- 부적합품이 발생했을 때 데이터가 지닌 특징에 따라 2개 이상의 부분집단(재료별, 시간별 등)으로 구분하여 데이터를 선정하고 부적합 원인을 파악하는 기법이다.
- 층별의 특징
  - 특정원인을 결정하기 위한 시행방법의 하나이다.
  - 두 기계 간의 차이를 발견할 수 있고 쉽게 적용할 수 있다.
- 층별의 용도
  - 회전자 축의 지름이 너무 많이 분산되었을 때나 두 가지 기계로 만들어졌을 때 각 기계에 반응하는 자료의 그루핑에 사용한다.
  - 입력(Input)으로부터 출력(Output)물에 가장 큰 품질상의 영향을 주는 층별 대상의 인자로, 품질에 영향을 미치는 요인을 4M(Man, Machine, Material, Method)으로 구분하여 분류한다.

ⓞ 그래프(Graph)
- 그래프는 데이터를 도형으로 나타내어 수량의 크기를 비교하거나 수량의 변화 형태를 알기 쉽게 나타낸 것이다.
- 그래프는 내용을 한눈에 대략 파악할 수 있다는 점 외에도 각각의 데이터를 비교하여 이해할 수 있으며, 보는 사람이 알기 쉽고 구체적으로 판단할 수 있고, 데이터의 변화 추세나 상관관계를 파악할 수 있으며, 누구나 손쉽고 간단하게 작성할 수 있다는 특징이 있다.
- 막대그래프 : 주로 수량의 크기를 비교할 목적으로 사용하는 그래프이다.
  - 양의 크기를 막대의 길이로 표현한 것으로서, 수량의 상대적 크기를 비교하려고 할 때 자주 사용된다.
  - 시간적인 변화를 나타내는 데는 적합하지 않지만 어느 특정 시점에서의 수량을 상호 비교하고자 할 때 사용하면 좋다.
- 꺾은선그래프 : 시간에 따라 변화하는 수량과 같은 시계열 자료를 나타내는 데 적합한 그래프
  - 가로축에 시간, 세로축에 수량을 잡고, 데이터를 차례로 타점하여 그것을 꺾은선으로 이은 것이다.
  - 막대그래프와 더불어 보기 쉬운 그래프 중 하나이다.

- 작성이 간단하고, 한눈에 알기 쉽고, 수량의 상황을 나타낼 때 유리하다는 장점이 있다.
- 원그래프 : 비율을 알고자 할 때 사용되는 그래프
  - 원그래프는 원 전체를 100[%]로 보고 각 부분의 비율을 원의 부채꼴 면적으로 표현한 그림이다.
  - 전체와 부분, 부분과 부분의 비율을 볼 때 사용한다.
  - 예를 들면, 앙케트에서 모은 데이터의 분류, 불량품의 원인별 분류 등의 경우에 이용하면 효과적이다.
  - 원그래프를 만들 경우 항목은 일반적으로 시계 방향에 따라 크기순으로 배열한다.
- 띠그래프 : 시간의 경과에 따른 구성 비율의 변화를 쉽게 볼 수 있도록 해 주는 그래프
  - 원그래프와 원리는 같지만 전체를 가느다란 직사각형의 띠로 나타내고, 띠(직사각형)의 면적을 각 항목의 구성비율에 따라 구분한다.
- 레이더차트 : 항목수에 따라 원을 같은 간격으로 나누고, 그 선 위에 점을 찍고 그 점을 이어 항목별 균형을 한눈에 볼 수 있도록 해 주는 그림이다. 평가항목이 여러 개일 경우에 사용된다.
- 그래프 작성 시의 주의사항
  - 작은 수는 묶어서 기타로 한다.
  - 반드시 표제를 붙인다.
  - 데이터 이력이나 해설은 그래프 하단에 기입한다.
  - 데이터 숫자를 반드시 기입할 필요는 없다.
  - 숫자 기입이 없을 수도 있다.

ⓩ 관리도
- 시간에 따라 변화되는 품질정보의 관리를 위해 활용되는 품질관리 방법이다.
- 동적 품질 정보의 관리를 위해 활용되는 품질관리도구이다.

② 신QC 7가지 도구
㉠ 개 요
- 계획을 충실히 하기 위하여 주로 언어데이터를 사용하는 기법으로, 관계자 전원이 협력해서 문제해결을 조직적, 체계적으로 진척시키는 데 도움이 된다.
- 신QC 7가지 도구의 종류 : 친화도법, 연관도법, 계통도법, 매트릭스도법, 매트릭스데이터해석도법, 네트워크도법, PDPC법

- 신QC 7가지 기법의 특성
  - 계획을 충실하게 하는 기법이다.
  - 주로 언어데이터를 사용하는 기법이다.
  - 관계자 전원이 협력해서 문제해결을 조직적, 체계적으로 진척시키는 데 도움이 된다.

㉡ 친화도법(Affinity Diagram)
- 장래의 문제나 미지의 문제에 대해 수집한 정보를 상호 친화성에 의해 정리하고, 해결해야 할 문제를 명확히 하는 기법이다.
- 미지, 미경험의 분야 등 혼돈된 상태 가운데서 사실, 의견, 발상 등을 언어데이터로 유도하여, 이 데이터를 정리함으로써 문제의 본질을 파악하고 문제의 해결과 새로운 발상을 이끌어 내는 기법이다.
- 카드를 이용하여 다량의 아이디어를 유사성이나 연관성에 따라 묶는(Grouping) 방법이다.
- 별칭 : KJ법
- 친화도법의 특징
  - 자연스러운 연관관계에 따라 다양한 아이디어나 정보를 몇 개의 그룹으로 분류할 수 있다.
  - 새로운 발상을 얻을 수 있다.
  - 많은 사람의 의견이 받아들여지므로 전원 참여를 촉진할 수 있다.
  - 문제를 일목요연하게 정리할 수 있다.
  - 카드 기재 요령 : 카드 한쪽 면만 사용, 문장은 간단하게 작성, 한 장의 카드에 한 가지 의견만 기록, 타인과의 의견 조율 금지
- 친화도법의 용도
  - 여러 가지 아이디어나 생각들이 정돈되지 않은 상태로 있어서 전체적인 파악이 어려울 때 이를 이해하기 쉽도록 정리하기 위해
  - 브레인스토밍 등을 통해 도출된 많은 아이디어들을 연관성이 높은 것끼리 묶어서 정리하기 위해

㉢ 연관도법(Relations Diagram)
- 복잡한 요인이 얽힌 문제에 대하여 그 인과관계 및 요인 간의 관계를 명확히 함으로써 적절한 해결책을 찾는 기법이다.
- 인과관계를 설명하고 요인 상호관계를 명확히 하여 문제해결의 실마리를 발견하는 기법이다.
- 별칭 : 관련도법

- 연관도법의 특징
  - 요인이 복잡하게 연결된 문제를 정리하기 좋다.
  - 계획단계에서부터 문제를 넓은 시각에서 관망할 수 있으므로 중요항목이 잘 파악될 수 있다.
  - 고려되는 아이디어의 수는 15~50개가 적당하다 (15개 이하는 연관도가 필요하지 않고, 50개 이상이 되면 연관도가 너무 복잡해져서 다루기 어렵기 때문에 중요요인을 빠뜨릴 가능성이 있음).
  - 연관도는 자유롭게 그려지기 때문에 같은 문제라도 팀에 따라서 만들어지는 그림이 달라지지만, 결론은 대체로 같다.
  - 연관도를 그릴 때 요인을 너무 간결하게 표현하면 본래의 의미와 반대되는 방향으로 화살표가 이어지는 경우가 생기게 되고, 그림이 너무 복잡하면 오히려 내용을 알기 어렵다.
  - 다른 사람이 그린 연관도를 보면 간단하게 그릴 수 있을 것 같지만, 실제로는 처음부터 순조롭게 그려지지 않는다.
  - 상황에 따라서는 그림을 고쳐 새로 그릴 필요가 있기 때문에 상당히 시간이 걸린다.
- 연관도법의 용도
  - 복잡한 문제의 원인을 분석할 때, 친화도·특성요인도·계통도 등을 그린 후 더욱 자세하게 아이디어들의 연관성을 조사할 때 사용한다.
  - 복잡한 문제의 여러 다른 측면의 연결관계를 분석할 때 사용한다.
  - 특정목적 달성의 수단을 전개할 때 사용한다.
② 계통도법(Tree Diagram)
- 설정된 목표를 달성하기 위해 목적과 수단의 계열을 계통적으로 전개하여 최적의 목적 달성의 수단을 찾고자 하는 기법이다.
- 문제의 영향원인은 밝혀졌지만 이 문제를 해결할 계획, 방법은 아직 개발되지 않은 경우에 사용하는 기법이다.
- 계통도법의 특징
  - 상위단계에서 하위단계로 목적과 수단의 연결관계를 찾아나가는 것으로 목표, 방침, 실시사항의 전개가 이루어진다.
  - 목적을 달성하기 위한 수단을 찾고, 그 수단을 달성하기 위한 하위 수준의 수단을 찾아나가게 된다.

- 상위 수준의 수단은 하위 수준의 목적이 된다.
- 친화도는 문제를 전체적으로 보여 주고 연관도는 그들의 상호관계를 밝히는 데 이용되지만, 계통도는 이렇게 결정된 문제를 해결하거나 목표를 달성하기 위한 최적의 수단과 방법을 찾는 데 이용된다.
- 계통도법의 용도
  - 일차적인 목적이나 프로젝트의 완수에 필요한 하위 단계들을 논리적으로 전개한다.
  - 큰 활동이나 목표를 작고 구체적인 실행 과제로 분해한다.
  - 목표, 방침, 실시사항을 전개한다.
  - 부문이나 관리기능의 명확화와 효율화 방책을 추구한다.
  - 기업 내의 여러 가지 문제해결을 위한 방책을 전개한다.
⑪ 매트릭스도법(Matrix Diagram)
- 매트릭스도법의 정의
  - 2개 또는 그 이상의 특성, 기능, 아이디어 등의 집합에 대한 관련 정도를 행렬(Matrix) 형태로 표현하는 기법이다.
  - 열과 행에 배치된 요소 간의 관계(이원적인 관계)로 문제해결 착상을 얻는 기법이다.
  - 일련의 요소를 행과 열에 나열하고, 그 교점에 상호관계의 유무나 관련을 파악하여 문제해결의 착안점을 얻는 기법이다.
- 매트릭스도법의 특징
  - 열과 행에 배치된 요소 간의 관계를 나타낸다.
  - 이원적인 관계 가운데서 문제해결에 착상을 얻는다.
- 매트릭스도의 용도
  - 문제가 되는 사상 중 대응되는 요소를 찾아내어 이것을 행과 열로 배치하고 그 교점에 각 요소의 연관 유무나 관련 정도를 표시함으로써 문제의 소재나 형태를 탐색할 때
  - 품질계획에서 많이 활용되는 품질기능전개(QFD)에서의 품질하우스 작성 시 무엇(What)과 어떻게(How)의 관계를 표현할 때
  - 여러 가지 개선 과제 중 품질개선팀이 우선적으로 추진해야 할 과제를 선택할 때

- 한 가지 종류의 특성과 다른 종류의 특성과의 관계를 이해할 때
- 필요한 업무가 누락 또는 중복되지 않도록 조직 전체의 관점에서 업무분담을 명확하게 파악할 때
- 달성하고자 하는 목표와 그에 필요한 수단 사이의 관련 정도를 파악할 때
- 수행해야 할 업무기능과 필요한 자원들의 관련성을 파악할 때

ⓗ 매트릭스데이터해석도법(Matrix-data Analysis)
- 매트릭스데이터를 쉽게 비교해 볼 수 있도록 그림(L형 매트릭스)으로 나타낸 것이다.
- 신QC 7가지 도구 대부분이 언어데이터를 이용하지만, 이 방법은 계량적인 정보(다변량데이터해석법 중 주성분분석)를 이용한다.
- 매트릭스데이터해석도법의 용도
  - 여러 요인 간에 존재하는 관계의 정도를 수량화할 때
  - 변수들 사이의 상관 정도를 확인할 때
  - 고객이나 제품, 서비스의 대표적 속성을 결정할 때
  - 마케팅 분야에서 제품이나 서비스의 포지셔닝(Positioning)을 결정(소비자들의 인식에 대한 설문조사를 실시하고, 요인분석(Factor Analysis)한 결과를 그래프로 표현)할 때

ⓢ 네트워크도법(Network Diagram)
- 적합한 일정계획을 세워 효율적으로 관리하는 기법이다.
- 임무를 완수하거나 목표를 달성하기 위해 여러 활동이나 단계를 거쳐야 할 경우 필요한 활동들의 선후관계를 네트워크로 표시하고 그 일정을 관리하기 위한 프로젝트 관리기법이다.
- 진척사항의 체크가 용이하다.
- 별칭 : 애로우다이어그램(Arrow Diagram), 화살도, 활동네트워크도(Activity Network Diagram)
- 네트워크도를 대규모 프로젝트 일정관리에 이용하도록 개발한 것이 PERT, CPM이다.
- 네트워크도법의 용도
  - 프로젝트 완수에 필요한 모든 활동의 선후관계를 밝히고, 이를 알기 쉽도록 그림으로 나타내거나 프로젝트의 완성일자를 사전에 추정하고, 완성일자를 좌우하는 주경로(Critical Path)를 찾을 때 사용한다.

- 프로젝트의 진척도를 모니터하면서 일정관리를 추진할 때 사용한다.

◎ PDPC(Process Decision Program Chart)
- 신제품 개발, 신기술 개발 또는 제품책임문제의 예방 등과 같이 최초의 시점부터 최종 결과까지의 행방을 충분히 짐작할 수 없는 문제에 대하여, 그 진보과정에서 얻어지는 정보에 따라 차례로 시행되는 계획의 정도를 높여 적절한 판단을 내림으로써 사태를 바람직한 방향으로 이끌어 가거나 중대 사태를 회피하는 방책을 얻는 기법이다.
- 프로젝트의 진행과정에서 발생할 수 있는 여러 가지 우발적인 상황들을 상정하고, 그러한 상황들에 신속히 대처할 수 있는 대응책들을 미리 점검하기 위한 방법이다.
- PDPC의 용도
  - 불확실성이 큰 새로운 과제나 활동을 추진하고자 할 경우 우발적인 상황에 대비하기 위한 계획 수립 시
  - 생소한 활동을 추진할 경우에 봉착할 수 있는 문제를 사전에 도출하고 그로 인한 피해를 최소화하기 위한 대책 마련 시
  - 불완전한 계획 때문에 일어날 수 있는 문제점을 예기하고, 그 영향을 따져볼 때
  - 신제품 개발 시
  - 기술 개발 시
  - PLP
  - 클레임 절충 시
  - 치명적인 문제 제거 시

③ 창의적 문제해결기법

㉠ 브레인스토밍(Brainstorming)
- 창의적인 태도나 능력을 증진시키기 위한 방법으로, 자유분방하게 생각하도록 격려함으로써 다양하고 폭넓은 사고를 촉진하여 우수한 아이디어를 얻고자 하는 창의적인 발상기법이다.
  - 브레인스토밍은 1941년 BBDO 광고대리점의 오스본(Allex F. Osborn)이 광고관계의 아이디어를 내기 위해 고안한 일종의 회의방식이다.
  - 이 기법은 아이디어의 발상과 평가를 철저히 분리하기 위한 방법으로, 제안된 아이디어에 대한 비판 없이 열린 마음 또는 자유로운 사고를 사용할 것을 강조한다.

- 브레인스토밍은 널리 팀별로 사용되는 아이디어 창출기법으로, 집단의 효과를 살리고 아이디어의 연쇄반응을 불러일으켜 자유분방하게 '질(質)'과 관계없이 가능한 한 많은 아이디어를 생성함으로써 문제나 문제에 대한 해결책이나 개선을 위한 기회를 찾기 위해 사용한다.
- 브레인스토밍의 4대 원칙
  - 비판금지 : 타인의 의견을 비판하지 않는다.
  - 자유분방 : 자유로운 분위기에서 의견을 자유롭게 전개한다.
  - 질보다 양 : 다량의 아이디어를 구한다.
  - 타인의 의견에 편승 : 다른 사람의 아이디어와 결합하여 개선, 편승, 비약을 추구한다.
- 브레인스토밍 효과
  - 문제에 대해 공상적이고 자유분방한 사고 루트에 의한 접근이므로, 신선하고 기발한 아이디어를 얻을 수 있다.
  - 비판금지이므로 비판을 받아 기분 상하는 일이 없기 때문에 아이디어가 많이 나온다.
  - 두뇌훈련에 도움이 되므로 두뇌 회전이 빨라진다.
- 브레인스토밍을 실행하기 위한 사전 준비사항
  - 기록원 2명이 필요하며 이들이 반드시 팀원일 필요는 없다(아이디어는 매우 신속하게 나올 때가 많으므로 기록원 한 명으로는 부족할 수 있다).
  - 플립차트, 보드마커(매직펜)
  - 테이프(플립차트의 각 페이지를 벽에 붙이는 데 사용)
  - 시계(어떤 팀은 시간을 정해 놓고 일하기를 좋아하기 때문에 세션에 걸리는 시간을 재기 위해 시계가 필요할 수도 있다)
- 브레인스토밍에서 리더의 역할
  - 기록원의 역할을 병행하기도 한다.
  - 해결하려는 문제를 설명하고 브레인스토밍의 규칙을 설명한다.
  - 팀원이 문제에 집중하도록 독려한다.
  - 4가지 규칙이 잘 지켜지고 있는지 감독한다.
  - 아이디어 창출에 참여하지 않는다. 그 이유는 브레인스토밍의 결론에 큰 영향을 끼칠 수 있기 때문이다.

- 아이디어가 지엽적으로 흐를 때 그 방향을 전환하도록 유도하여 여러 방면의 아이디어를 내도록 한다.
- 브레인스토밍을 실행할 때 주의해야 할 사항
  - 광범위하거나 복잡한 문제에는 사용하기 적합하지 않다.
  - 단순하고 명료한 문제에만 사용해야 한다.
  - 문제의 성격상 시행착오를 거쳐야 하는 상황일 경우에는 적합하지 않다.
  - 한 번에 해답을 얻을 수 있는 문제가 적합하다.
  - 리더의 자질이 성패를 좌우할 수 있다. 그 이유는 기본적으로 참가자들에게 의존하는 방법이기는 하나, 리더의 능력에 따라 그 결과가 크게 달라질 수 있기 때문이다.
- 브레인스토밍을 적용한 경우
  - 문제에 대한 존재 가능한 근본원인을 모두 찾으려고 할 때
  - 문제의 해결책을 찾으려 할 때
  - 어떤 개선활동을 해야 할지 결정할 때
  - 프로젝트의 각 단계에 대한 계획을 세울 때
  - 팀의 창조성을 촉진시키려고 할 때
  - 공정이나 제품 또는 서비스에 대한 개선방안을 찾으려고 할 때
  - 팀의 참여를 통해 공정, 제품 그리고 서비스에서의 혁신을 시작하려고 할 때
ⓛ 고든법(Gordon)
- 브레인스토밍법의 결점을 보완한 집단적 아이디어 발상법이다.
- 브레인스토밍에서는 테마가 구체적으로 제시되지만, 고든법에서는 문제와 목적을 리더만 알고 구성원에게는 분석 대상의 상위 개념을 제시하여 그것을 바탕으로 연상에 의해 새로운 아이디어를 찾는 과정으로 전개된다.
- 브레인스토밍의 4원칙은 그대로 적용한다.
ⓒ 결점열거법 : 현재 사용하고 있는 것에 대한 취약점을 나열하고, 이것을 없애는 방법을 찾아내는 아이디어 발상법이다.
ⓔ 마인드맵(Mind Map)
- 자연스런 사고의 연상을 깨뜨리지 않으면서 떠오르는 아이디어들을 효과적으로 기록하는 기법이다.

- 개발자 : 토니부잔(Tony Buzan)
- 간혹 어떤 문제에 대하여 창조적으로 사고하고 있을 때 시간이 흐르거나 연속적인 사고의 연상이 진행되면서 그 사고한 내용의 일부는 잃어버리고 재생하기 어렵게 되는데, 이때 마인드맵은 유기적으로 연결되는 일련의 생각을 훌륭하게 상기시켜 준다.
ⓜ 속성열거법 : 1930년대에 네브라스카 대학의 교수인 로버트 크로포드(Robert Crawford)가 개발한 기법으로, 문제가 되는 대상을 가능한 한 잘게 나누어서 새로운 아이디어를 얻기 쉽도록 해 주는 아이디어 창출기법이다.
ⓗ SCAMPER
- SCAMPER는 오스본이 1950년도에 수행한 창조성 촉진작업의 결과로 나온 산물이다.
- 간단한 질문의 체크리스트로 이루어진 이 기법은 문제해결 팀이 사용하여 어떤 안건을 탐색하고 모든 것에 질문을 던져 새롭고 신선한 아이디어를 구성하는 데 사용될 수 있다.
- 문제해결팀은 종종 SCAMPER 질문에 응답을 하면서 많은 해결안을 내놓는다.
- SCAMPER의 의미
  - S : 대체(Substitute)
  - C : 결합(Combine)
  - A : 적합화, 응용(Adapt)
  - M : 변경(Modify), 확대(Magnify)
  - P : 다른 용도(Put to Other Uses)
  - E : 제거(Eliminate), 축소(Minimize)
  - R : 반전(Reverse), 재정렬(Rearrange)
ⓢ 5W1H
- 매우 조직화된 아이디어 창출기법이다.
- 준비된 문제에 대해 질문 하고, 그 질문에 대한 답변을 함으로써 아이디어를 얻는 기법이다.
- 팀이 문제나 기회의 모든 측면을 고려하고 의문을 던져볼 수 있게 한다.
- 문제에 대한 모든 관점을 고려하여 그 해결방법을 찾는 것으로, 주로 개선 아이디어를 얻으려는 목적으로 공정 또는 제품을 검토하고 탐구하려고 할 때 잠재적인 문제 또는 돌파구가 될 기회를 찾으려 할 때, 혹시 있을지도 모르는 간과한 안건이나 원인을 발견하려 할 때 등에 사용한다.

◎ 역장분석
- 현재의 상황과 향후 달성하고자 하는 목표를 반영하여 목표 달성에 도움이 되는 요인과 방해가 되는 요인을 정리함으로써, 긍정적인 힘과 부정적인 힘이 서로 밀고 당기면서 최선과 최악의 시나리오를 만들어내는 과정을 관찰할 수 있다.
- 이 기법은 문제를 분석한 후 실천사항의 파악 및 우선순위 선정에도 유익한 방안이 될 수 있다.
- 개발자 : 사회심리학자 레빈(Kurt Lewin)
ⓩ 형태분석법(Morphology Analysis)
- 요소분석형 강제연상법의 대표적인 방법이다.
- 개발자 : 프리츠 츠비키(Fritz Zwicky)
- 신제품, 신기술의 개발이나 제품, 포장의 개량 등 사용범위가 매우 넓다.
- Morphology의 원래 의미는 형태학인데, 가능한 한 해결책을 형태적으로 파악시키려고 하는 데서 그 명칭이 유래하였다.
ⓩ 트리즈
- ТРИЗ(TRIZ, 트리즈) : 체계적인 발명(획기적인 개선)법
  - Теория(쩨오리아-이론), Решения(레셰니아-해결), И зобретательских(이조브레따쩰스키흐-발명), Задач(자다취-문제)
  - '창의적 문제(Inventive Problem) 해결방법론'의 러시아어 약자
- 1946년부터 알츠슐러(Genrich Saulovich Altshuller, 1926~1998) 박사와 동료들에 의해 창안된 문제해결 기법이다.
- 기술적인 시스템을 발전시키거나 공학적인 문제를 의식적으로 해결하는 방법이다.
- 공학적 모순을 Trade-Off를 통해 타협 없이 제거하는 도구이다.
- 엔지니어의 지식, 창의력, 문제해결력을 현저히 향상시키는 방법이다.
- 200만 건 이상의 지식문헌(특허)들을 분석하여 공통점을 도출한다.

2-1. 파레토 그림의 사용용도가 아닌 것은?

[2003년 제4회, 2015년 제4회]

① 항목별로 데이터를 분류한다.
② 이상원인과 우연원인을 구분한다.
③ 어떤 항목에 문제가 있는가를 파악한다.
④ 부적합품이나 고장의 영향 정도를 파악한다.

2-2. 금속가공품의 제조공장에서 부적합품을 조사하여 보니 다음 표와 같은 결과를 얻었다. 손실금액의 파레토 그림을 그릴 때 표면 부적합의 누적 백분율은 약 몇 [%]인가?

[2007년 제1회, 2015년 제1회]

부적합항목	부적합품수(개)	1개당 손실금액(원)
재 료	15	6,00
치 수	35	2,000
표 면	108	200
형 상	63	400
기 타	35	평균 300

① 42.19
② 52.19
③ 75.69
④ 85.69

2-3. 특성요인도에 대한 설명으로 틀린 것은?

[2007년 제2회 유사, 2008년 제4회 유사, 2016년 제4회]

① 품질특성과 관련된 요인을 도출한다.
② 계량치 데이터의 분포를 알기 위해 사용된다.
③ 필요시 품질특성마다 여러 장으로 작성할 수 있다.
④ 결과에 요인이 어떻게 관련되어 있는지를 규명하기 위해 작성하는 그림이다.

2-4. 다음 중 특성요인도 작성 시 가장 먼저 하여야 할 사항은?

[2017년 제2회]

① 요인을 정한다.
② 품질특성을 정한다.
③ 목적, 효과, 작성자, 시기 등을 기입한다.
④ 큰 가지가 되는 화살표를 왼쪽에서 오른쪽으로 긋는다.

2-5. 평균치가 다른 두 가지의 분포가 뒤섞여 있는 경우의 데이터로 히스토그램을 작성할 경우 나타날 수 있는 형태는?

[2015년 제2회]

① 쌍봉형
② 절벽형
③ 낙도형
④ 고원형

2-6. 통계그래프 중 시간에 따라 변화하는 수량과 같은 시계열자료를 나타내는 데 적합한 것은?

[2009년 제2회, 2013년 제1회 유사, 2014년 제1회]

① 원그래프
② 띠그래프
③ 막대그래프
④ 꺾은선그래프

2-7. 품질관리수법인 신QC 7가지 기법의 특성으로 가장 거리가 먼 것은?

[2009년 제1회, 2013년 제1회, 2023년 제1회]

① 계획을 충실하게 하는 기법이다.
② 주로 언어데이터를 사용하는 기법이다.
③ 산포의 원인을 조사해서 공정을 관리함을 목적으로 한다.
④ 관계자 전원이 협력해서 문제해결을 조직적, 체계적으로 진척시키는 데 도움이 된다.

2-8. 품질관리수법 중 친화도법의 장점이 아닌 것은?

[2009년 제4회, 2014년 제1회]

① 새로운 발상을 얻을 수 있다.
② 진척사항의 체크가 용이하다.
③ 전원 참여를 촉진할 수 있다.
④ 문제를 일목요연하게 정리할 수 있다.

2-9. 계통도법의 용도가 아닌 것은?

[2015년 제4회 유사, 2016년 제4회, 2020년 제4회]

① 목표, 방침, 실시사항의 전개방식으로 사용
② 시스템의 중대사고 예측과 그 대응책 책정
③ 부문이나 관리기능의 명확화와 효율화 방책의 추구
④ 기업 내의 여러 가지 문제해결을 위한 방책을 전개

2-10. 신QC 7가지 수법의 하나인 매트릭스도법(Matrix Diagram)에 관한 설명으로 틀린 것은?

[2015년 제1회]

① 열과 행에 배치된 요소 간의 관계를 나타낸다.
② 이원적인 관계 가운데서 문제해결에 착상을 얻는다.
③ 여러 요인 간에 존재하는 관계의 정도를 수량화하는 데 이용된다.
④ 일련의 요소를 행과 열에 나열하고, 그 교점에 상호관계의 유무나 관련을 파악하여 문제해결의 착안점을 얻는 방법이다.

2-1

이상원인과 우연원인을 구분하는 것은 관리도이다.

2-2

각 항목의 손실금액 계산
- 재료 : 15 × 600 = 9,000원
- 치수 : 35 × 2,000 = 70,000원
- 표면 : 108 × 200 = 21,600원
- 형상 : 63 × 400 = 25,200원
- 기타 : 35 × 300 = 10,500원
- 합계 : 136,300원

따라서 표면 21,600원보다 높은 것이 치수 70,000원, 형상 252,000원이므로 표면 부적합의 누적 백분율은

$$\frac{70,000 + 25,200 + 21,600}{1,36,300} \times 100[\%] = 85.69[\%] \text{이다.}$$

2-3

특성요인도는 계량치 데이터의 분포를 알기 위해 사용되는 것이 아니라 결과에 대한 원인 파악을 위해 사용된다.

2-4

특성요인도 작성 순서
- 품질특성을 정한다(특성요인도 작성 시 가장 먼저 해야 할 사항이다).
- 등뼈(줄기)를 직선으로 긋고, 그 오른쪽에 화살표를 표시하고 특성을 기록한다.
- 갈비뼈(큰 가지)를 등뼈(줄기)의 적당한 위치에 상하로 2개씩, 모두 4개 정도를 직선으로 긋는다.
- 갈비뼈 끝에 직사각형을 그리고 그 안에 요인을 기입한다.
- 갈비뼈의 적당한 위치에 좌우로 잔뼈(작은 가지)를 직선으로 긋는다.
- 잔뼈 끝 약간 떨어진 위치에 작은 요인을 기입한다.
- 요인의 중요도를 정한다.
- 원인을 확인한다.
- 이력사항을 적어 놓는다(작성일, 작성자, 대상제품, 작성목적 등).

2-5

② 절벽형 : 규격 이하의 것은 전수 선별하여 제거한 경우, 측정에 속임수가 있거나 검사에 잘못이 있거나 측정오차 등이 있는 경우의 데이터
③ 낙도형 : 상이한 분포데이터가 혼합된 형태의 데이터
④ 고원형 : 평균치가 다소 다른 몇 개의 분포가 뒤섞여 있는 경우의 데이터

2-6

① 원그래프 : 비율을 알고자 할 때 사용되는 그래프
② 띠그래프 : 시간의 경과에 따른 구성비율의 변화를 쉽게 볼 수 있도록 해 주는 그래프
③ 막대그래프 : 주로 수량의 크기를 비교할 목적으로 사용하는 그래프

2-7

산포의 원인을 조사해서 공정을 관리함을 목적으로 하는 것은 관리도이며, 관리도는 신QC 7가지 도구에 포함되지 않는다.

2-8

진척사항의 체크가 용이한 것은 애로우다이어그램(네트워크도)이다.

2-9

계통도는 설정된 목표 달성을 위해 목적과 수단의 계열을 계통적으로 전개하여 최적의 목적 달성 수단을 찾고자 하는 방법이다. 시스템의 중대사고 예측과 그 대응책 책정은 계통도와 무관하다.

2-10

여러 요인 간에 존재하는 관계의 정도를 수량화하는 데 이용되는 것은 QC 7가지 수법(도구)의 하나인 산점도이다.

정답 2-1 ② 2-2 ④ 2-3 ② 2-4 ② 2-5 ① 2-6 ④ 2-7 ③
2-8 ② 2-9 ② 2-10 ③

① 싱글 PPM 개요

　㉠ 싱글 PPM(Parts Per Million) : 단기적으로는 제품이나 서비스 100만개 중 불량품 개수를 한 자리 숫자로 줄이고, 장기적으로는 불량률 제로(0)를 달성하기 위하여 조직구성원 전원이 참여하는 품질혁신운동이다.

　㉡ 싱글 PPM 품질인증제도 : 중소기업이 품질경영시스템을 갖추고 제품품질 부적합률이 싱글 PPM 수준에 도달하였을 경우 중소기업청이 인증해 주는 제도이다.

　㉢ 기업의 적격성 여부 심사기준 : ISO 9000 시리즈 규격을 준용한다.

　㉣ 특기사항 : 품질혁신운동을 6개월 이상 추진한 실적이 있어야 하고, 신청대상항목을 공장 전체 매출 또는 생산량의 5[%] 이상인 품목에 한정시켜 단계적으로 품목수를 늘려간다.

　㉤ 제품품질 부적합품률 심사 : 일관된 개선활동 절차에 따라 싱글 PPM 수준의 부적합품률 달성 여부를 판단한다.

　㉥ 품질인증 등급 종류(2가지) : 100 PPM 등급(10~100[ppm]), 싱글 PPM 등급(10[ppm] 이하)

　㉦ 싱글 PPM 품질혁신 추진단계 : S - I - N - G - L - E

S	I	N	G	L	E
Scope Definition	Illumination Assessment	Nonconformity Analysis	Goal Selection	Level-up	Evaluation
범위 선정	현상 파악	원인 분석	목표 설정	개 선	평 가

　㉧ Single PPM 품질인증심사
　　• 과거의 품질, 현재의 품질, 앞으로의 품질이 심사대상이다.
　　• 과거의 품질은 최근 6개월간의 품질 및 관리 기록이 심사기준에 적합한지의 여부를 확인하는 것이다.
　　• 현재의 품질은 신청품목이 Single PPM 인증요건에 합당한지의 여부를 확인하는 것이다.
　　• 미래의 품질은 현재의 품질이 앞으로도 계속 유지될 수 있는지의 여부를 확인하는 것이다.

② 싱글 PPM 품질혁신 단계별 추진활동

　㉠ S단계(범위 선정, Scope Definition) : 사전 준비(추진조직 구성 및 발대식, 추진 대상품목 선정, 마스터플랜 작성 등)

　　• 전사적 Boom 조성 : 공감대・통합의식 형성, 교육훈련 및 홍보, 강령, 표어, 슬로건, 현황판, TOP 선언, 발대식(강령, 임명장, 결의문 채택), 추진조직 구성 및 업무분장, 팀장, 간사, 사무국, 협력기업, 팀원, 전달자, 싱글 PPM 교육, 사내 추진 담당자 양성(자체 진단자 역할수행 포함), 품질의 날(양식・기법 : 진단시트, 사내체제 구축 시트)

　　• 추진계획 수립 : 개선・혁신계획 수립, 중점 추진항목, 방침관리(목표 절정 및 전개), 활동효과 측정(양식・기법 : 간트차트, 목표전개일람표)

　　• 중점 추진항목 : 회의체 운영(일일, 주간, 월간 품질회의), 현황판 관리(싱글 PPM 추진 종합현황), 품질지수관리(불량, 주간공장장제도), 품질 전시회, 품질문제신고제 실시, 우수 기업 벤치마킹, 표준 및 변경관리 점검, 사내진단, 품질정보의 전산화(양식・기법 : 회의록, QISS 활용, 사내심사원 양성)

　　• 3정5S : 공정 현황판 부착, 3정5S 활동(주간공장장제도) 전개, 전수검사 실시, 마이 머신(My Machine) 운동, 통계적 공정관리(양식・기법 : 3정5S 활동, 진단시트, SPC)

　　• 생산품목에 대한 품질수준 분석 : 생산성, 품질, 불량률/공정능력 등(양식・기법 : 공정/제품검사기록서, Q-Cost(품질비용)분석)

　　• 대상품목 선정 : 데이터에 의한 활동(불량률 조사), 중점지향, 팀 중심, 재발방지, 사전예방(양식・기법 : 품질이력카드, 품질문제점정리표, SPC 소프트웨어)

　　• 대상제품의 기능 및 공정조사 : CTQ 선정, 품질문제점 정리(양식・기법 : CTQ 선정, 매트릭스, QFD)

　　• 눈으로 보는 관리 : 붉은 표찰, 구역 표시, 위험수준 표시, 안돈(Andon), 불량판 현황, 정돈간판 부착, TPM(자주보전단계별)(양식・기법 : 각종 차트, 관리도, 자주보전 체크시트)

ⓛ I단계(현상 파악, Illumination Assessment) : 불량
유형분석, 요구품질 파악, 개선항목 설정 등
- 측정 시스템 분석(게이지 R&R) : 측정데이터 수집,
측정시스템 분석, 시정조치(양식·기법 : 데이터 수
집표, MSA(게이지 R&R), C_{pk})
- 인수검사
- 공정검사 : 계량특성 파악, 계수치 불량률 분석(양
식·기법 : 관리도, 히스토그램, C_{pk}/C_p)
- 부적합률 관리
- 클레임 관리
- 품질 문제점 정리 : 불량유형별 분석
ⓒ N단계(원인분석, Nonconformity Analysis) : 데이터
수집, 원인분석, 핵심요인 결정 등
- 층별 : 데이터 수집, 요인분석
- 3현 주의 : 현장, 현물, 현상에 의한 분석
- 공정관리현황 : SPC
- 원인분석 : 4M + Measurement(측정), 도면 규격,
작업환경, Lay Out 물류 흐름 안전 등
- 공정 간 상관관계 : 요인 간 상관관계분석, 불량유형
별 원인분석
- 양식·기법 : 유형별 데이터 집계, 층별, 특성요인
도, 연관도, 5W1H 기법분석, 관리도, 브레인스토밍,
공정 간 상관관계조사, 공정관리 현황조사, 타 품종
비교분석
ⓔ G단계(목표 설정, Goal Selection) : 개선단계 설정,
단계별 목표치 설정(PPM), 현황판 부착 등
- 목표치 설정을 위한 벤치마킹 : 경영철학(마인드),
벤치마킹 과정, 타사 비교분석자료, 벤치마킹 차이
분석(양식·기법 : 벤치마킹)
- 개선 프로젝트별 목표 설정 : 우선순위에 의한 개선
단계 설정(양식·기법 : 매트릭스표)
- 예상 기대효과 추정 : 목표치(계량치)에 의한 관리
(양식·기법 : 목표치)
- 단계별(기간별) 목표치 설정 : 기업경영의 중장기 전
략 수립 황판(양식·기법 : 방침관리)
ⓜ L단계(개선, Level – up) : 품질문제 개선대책 수립,
개선대책 실시 및 평가, 기술 및 관리표준화 등
- 개선대책안 도출 : 불량원인 근절대책, 품질산포 축
소대책, 기계능력 향상대책, 공정능력 향상대책(양
식·기법 : 원인분석, 5Why분석)

- 3차원 대책 : 재발방지(근본)대책, 유지관리 대책,
예방대책(양식·기법 : 원인분석, Fool Proof 전개
표, 관리도, 체크시트)
- 교류회 및 평가회 실시
ⓗ E단계(평가, Evaluation) : 진단 및 평가, 자료 조정
및 확인, 자체 심사 및 싱글 PPM 인증 신청 및 심사,
사후관리, 전체 품목으로 확산 전개 등
- 평가(협력회사 자체, 컨설턴트) : 전수, 샘플, 체크검
사 기록, 공정 FMEA에 의한 개선 결과 평가, 검사기
록성적서, 진척관리(양식·기법 : 게시 실적관리, 회
의록)
- 불량항목 개선 실적, 공정능력 개선 실적 추이도(양
식·기법 : 공정능력 지수, SPC 진단시트)
- 지수관리 : 지수관리(공정능력, 불량률, 생산성, 납
기, 정위치 관리), 현황판 이용
- 진단 및 평가 : 주간 공장장제도(톱 진단), 3정5S관
리(5S 평가)(양식·기법 : 3정5S, 체크시트)
- 이상처리 프로세스, 이상처리, 이상처리 프로세스 진
행 및 평가(양식·기법 : 품질 이상 통보 및 대책서)
- 평가 보완 : 싱글 PPM 개선 사례(양식·기법 : 피드
백시스템)
- 표준화 : 규정, 업무처리 표준화(양식·기법 : QC공
정도, 작업표준서, 중점관리표)
- 변경관리 : 표준류 제정 및 개정
- 사후관리 : 산포관리, 완료 판정, 품질 실적 평가(양
식·기법 : 5M변경관리표, 지수관리, SPC 진단시
트, 3정5S 활동, 체크시트)
- 확산 전개 : 단계별 확산 전개
- 평가활동 : 지도요원 평가(양식·기법 : 프로젝트 결
과평가표, 부서장평가표)
- 평가시스템 재정비 : 규격조건 충족 확인(양식·기
법 : 매출액, 불량률, C_{pk})
- 자체 심사 프로세스에 관한 사항, 싱글 PPM 품질인
증심사 세부 항목 체크, 심사위원 양성 확인, 인증신
청, 싱글 PPM 품질인증, 심사항목 인증신청서(양
식·기법 : 유첨 자료)
- TPM 수준 품질 확인 및 보증방법, TPM활동(자주보
전 스텝 전개), 3정5S 체크시트(양식·기법, 자주보
전활동, 단계별 평가표)

3-1. 싱글 PPM 운동에 관한 설명으로 가장 거리가 먼 것은?

[2008년 제4회 유사, 2013년 제1회, 2023년 제1회]

① 과거, 현재 및 미래의 품질이 심사대상이다.
② 블랙벨트와 같은 품질전문가를 별도로 운영한다.
③ 국내에서 만들어진 품질혁신운동으로 인증을 준다.
④ 백만 개 중 부적합품수를 한 자릿수 이하로 낮추려는 혁신운동이다.

3-2. Single PPM 추진내용 중 현상 파악 단계에서 추진할 내용이 아닌 것은?

[2010년 제4회]

① 요구품질 파악
② 공정현상조사
③ 3차원 대책 수립
④ 부적합유형 분석

|해설|

3-1
블랙벨트와 같은 품질전문가를 별도로 운영하는 것은 식스시그마 운동이다.

3-2
3차원 대책 수립은 L단계(Level-up, 개선단계)에서 한다.

정답 3-1 ② 3-2 ③

핵심이론 04 식스시스그마운동(활동)

① 식스시그마활동의 개요

㉠ 시그마와 식스시그마

- 시그마 : 프로세스의 산포를 나타내는 척도로, 통계적인 용어로 표준편차(σ)를 의미한다. 즉, 데이터들이 '중심으로부터 전형적으로 떨어진 거리'인 표준편차가 작으면 작을수록 산포가 작다는 것을 의미하며, 이는 제품이 균일하게 생산되고 있어 제품의 품질이 높음을 의미한다.

- 식스시그마
  - 모토로라가 등록한 상표이다.
  - 식스시그마란 목표치에서 주어진 상하한 규격한계까지의 σ여유 폭을 의미한다.

㉡ 프로세스와 SIPOC

- 프로세스 : 제조, 사무, 서비스 등 모든 업무에서 일정한 투입물(Input)이 들어가서 요구되는 산출물(Output)로 변화하는 활동(Activity)이 수행되는 하나의 시스템이다.

- SIPOC : 프로세스 전체 구성 요소(Supplier, Input, Process, Output, Customer)로서 이들 간에 순조로운 관계가 전개되어야 원활한 프로세스가 운영된다.

㉢ CTQ(Critical To Quality)

- 제품, 서비스의 품질특성 중에서 고객이 가장 중요하게 생각하는 특성이다.

- 고객이 생각하는 품질에 결정적인 영향을 미치는 요소이다.

- 고객에 의해 정의된 제품·서비스 또는 공정의 특성치로서 고객에게 치명적이고 지극히 중요한 것이라고 할 수 있는 것으로써 품질에 결정적으로 영향을 주는 요소이다.

- CTQ의 예

구 분	고 객	CTQ
제 품	수요자	적시 납기, 고품질, A/S, 가격, 디자인, 안내센터 프로세스 등
서비스	수요자	예의 바름, 정확성, 쉬움, 단순성, 적기지원 등
생산작업	내부 수요자·관리자	높은 생산성, 좋은 품질, 안전, 정직성
작업관리	수요자·관리자	생산성, 좋은 품질, 안전, 정직성, 적기지원, 효율관리 등

- 예 제품/서비스 = 안내센터 프로세스 CTQ
- CTQ는 고객의 요구사항을 통하여 결정되는데 고객과의 대화, 시장 조사, QFD 등의 연구에서 주로 규명된다.
- CTQ 선정기준
  - 상위자의 관리방침과 일치할 것
  - 다수가 공감할 것
  - 계량화·계수화 지표가 가능할 것
  - 분명한 측정방법이 있고, 주기적으로 모니터링이 가능할 것
  - 효과를 금액으로 측정할 수 있을 것
- CTQ 선정방법
  - 외부·내부 고객의 요구분석에 의한 CTQ 선정방법(QFD, Kano분석 등)
  - 경영목표 달성을 위한 내부 CTQ 선정방법(PI 등의 목표 전개 툴 활용)
② CTQ(Y)와 Vital Few X's
  - CTQ(Y)
    - 프로젝트에서 성과로 측정될 수 있도록 CTQ를 대변하는 구체적이고 정확하게 측정 가능한 지표이다.
    - CTQ 자체가 CTQ(Y)와 동일하게 또는 다르게도 표현되지만 서로 관련성이 있어야 한다.
    - CTQ(Y)가 설정되면 프로젝트 완료 시까지 변경시키지 말아야 하는데, 그 이유는 CTQ(Y)가 변경된다면 프로젝트를 완료하기까지 소요 시간이 증가되며 이것은 새로운 프로젝트로 변경되었다는 의미이기 때문이다.
  - Vital Few X's
    - 데이터 수집을 통해 통계적·과학적 근거자료에 의해 유의하게 영향을 미치는 인자이다.
    - 소수의 주요원인이다.
    - 분석단계 수행 후 선정한다.
    - 개선(Improve)단계의 개선대상이다.

⑪ 식스시그마활동
- 통계적 기법과 품질개선운동이 결합하여 탄생한 전략적이며 완벽에 가까운 제품, 서비스의 개발 및 제공을 목적으로 문제를 정의하고, 현재의 수준을 정량화하고 평가한 다음 개선하고 이를 유지, 관리하는 실무적 방법을 추구하는 방법론이다.
- 공정능력지수(C_p) = 2.0을 목표로 하는 활동이다.
- 공정품질 특성치의 평균값이 목표치보다 $\pm 1.5\sigma$ shift되어 있다고 보고, 부적합품률 3.4[ppm]을 목표로 한다(공정품질 특성치의 평균값이 목표치에 위치하고 있다고 가정하면, 부적합품률 0.002[ppm]과 같음).
- 품질 우연변동요인을 고려하여 최소공정능력지수(C_{pk})는 $C_{pk} \geq 1.5$를 실현하려는 노력이다.
- 통계적 사고를 바탕으로 경영활동 전반의 업무프로세스를 혁신하는 활동이다.
- 개발자 : 모토로라(Bill Smith, Mikel Harry, 1986년)
⑫ 식스시그마활동의 특징
- 간접 부문을 포함한 경영 전반의 업무프로세스 혁신을 지향한다.
- 구체적이고 정량적인 목표를 설정한다.
- 눈에 보이지 않는 비용, 낭비요인까지도 제거하고자 한다.
- 린시스템(Lean System)과 상호 보완적으로 사용되면 큰 효과를 발휘한다.
- 통계적 공정관리(SPC)의 기법들은 우연변동을 개선할 수 없는 대상으로 인식하지만, 식스시그마활동에서는 우연변동도 감소시킬 수 있는 대상으로 인식한다.
- 객관적 통계수치를 얻을 수 있으므로 서로 업종이 다르더라도 비교 가능하다.
- 공정의 품질수준 측정지표 : 불량률, 공정능력지수, 시그마 수준 등
- 식스시그마 도입 6단계 전략(미국 식스시그마교육기관, AAA : Air Academy Associates) : 니즈의 구체화 → 비전의 명확화 → 계획 수립 → 계획 평가 → 이익 평가 → 이익 유지
⑭ 식스시그마의 4가지 핵심적인 본질
- 기업경영의 새로운 패러다임이다.
- 고객만족 품질문화 조성을 위한 기업의 경영철학이자 기업전략이다.

- 프로세스를 평가, 개선하는 과학적 · 통계적 방법이다.
- 인력정예화를 위한 리더십 배양프로그램이다.

◎ 식스시그마 경영효과
- 품질이 향상되어 기업의 경쟁력이 강화된다.
- 고객만족을 위해서 획기적으로 부적합품률을 감소시킨다.
- 품질비용을 획기적으로 감소시켜 이익을 극대화시킨다.
- 부적합품, 부적합을 근원적으로 제기하여 실패비용을 혁신적으로 감소시킨다.

ⓩ 식스시그마의 기본정신
- Customer Oriented Mind(고객 우선)
- Data Driven Tasks(수치화 가능한 데이터관리)
- Variance Rather Than Average of Mean(평균관리 + 분산관리)

ⓧ 식스시그마 도입 시 6가지 금언(마이클 해리=품질혁신의 이정표)
- 살아있는 질문을 던져라 : 방향과 비전 정립
- 새롭게 사고하라 : 혁신의 전제
- 제조업 성공의 열쇠는 공정능력이다 : 공정능력 인식은 품질 향상의 관건
- 시그마는 측정수단이다 : 고객만족도 평가
- 품질은 설계 때부터 만들어진다 : 비용 절감효과
- 전문가가 필요하다 : 식스시그마 인프라 구축

ⓚ 식스시그마 2가지 지도원리
- 식스시그마의 지도원리는 COPQ와 CTQ를 활용하여 불량한 품질이 초래하는 비용 낭비를 철저하게 분석하여 품질 향상으로 비용을 최소화할 수 있다는 것이다.
  - COPQ(Cost of Poor Quality, 품질불량비용)의 지도원리 : 눈에 보이지 않는 비용 낭비요인까지 찾아 없애자는 것으로 회사 전체의 공통척도로서 통계적 지식이 필요하며 비용개념을 COPQ로 통일하여 모든 종업원이 경영적 관점에서 뭔가를 조치하고자 하는 인식에 도달하게 해야 한다.
  - CTQ(Critical to Quality)의 지도원리 : COPQ로 파악한 총비용을 어떻게 줄이느냐하는 방법론으로서, 부적합 품질로 인해 비용이 발생한 만큼 품질과 품질에 영향을 미치는 요소를 조기에 발견하여 개선해 나가는 것이 곧 비용을 줄이는 방법이다.

ⓔ GE의 각 사업부가 식스시그마 프로젝트 진척도를 평가하는 척도 : 고객만족, COPQ, 공급자 품질, 내부성과

ⓟ 식스시그마 성공요소
- 최고경영자의 리더십 : 식스시그마에 대한 신념, 적극적인 지원, 강력한 통솔력
- 데이터에 의한 관리 : 정확한 데이터 수집, 데이터를 효과적으로 적용
- 직원들에 대한 교육훈련 : 전 직원들을 대상으로 한 교육, 전문기관에 위탁 또는 전문가 초청, 분석과 직관을 기반으로 한 문제해결 역량을 보유한 인재를 육성하여 식스시그마 추진에 적절한 사람(BB/GB)을 활용할 것(BB를 교육시키는데 4개월 소요, 고급 통계기법을 잘 활용하기 위해서는 2년 정도의 시간 소요)
- 시스템 구축 : 정확한 데이터 수집시스템 및 데이터베이스 구축
- 직원들의 이해와 충분한 준비 : 현재의 품질수준과 목표의 명확화, 6개월 이상 준비기간 필요(추진팀 구성, BB 선별, 사전교육), 전원 참여와 공감대 형성
- 철저한 고객요구 파악 및 고객만족 중점 : 고객만족도를 모니터링하고 계속 고객의 소리를 들어서 고객에 가장 영향이 큰 개선 프로젝트에 우선순위를 둘 것
- 회사 경영과 일관성을 갖는 올바른 프로젝트의 선정 : 식스시그마운동을 경영활동의 일환으로 정착, 추진 성과를 금전적 이익으로 환산할 것

ⓗ 식스시그마 혁신전략 5단계
- 핵심 프로세스와 주요 고객 파악
- 고객요구 정의
- 현재 성과 측정
- 우선순위에 의해 분석 및 개선 추구
- 식스시그마시스템 확대 및 통합

② 식스시그마 척도
㉠ 결 함
- 식스시그마에서 정의하는 결함은 고객 불만을 유발하는 모든 것
- 정해진 기준과 일치하지 않는 모든 것
- 정상적인 프로세스를 벗어나는 모든 것
- 고객의 요구사항과 어긋나는 모든 것

- 식스시그마에서 정의하는 기회(Opportunity)는 특성·부품·구성품 등 제품의 어느 계층에서도 존재할 수 있는 결함이 발생할 가능성이 있는 검사·시험 대상 모두를 의미한다.
- 식스시그마에서는 DPU(Defects Per Unit, 제품단위당 결함수) 대신에 DPO(Defects Per Opportunity, 불량 발생 기회당 결함수)를 측정하여 여기에 100만을 곱한 DPMO(Defects Per Million Opportunity, 백만 기회당 결함수)라는 단위가 사용되는데 그 이유는 다음과 같다.
  - 식스시그마 수준은 거의 무결점에 가까운 높은 수준의 품질 때문이다.
  - 출하 불량률의 한계 극복 : 검사와 수정이 아닌 예방관리를 위한 척도로 DPMO가 적합하다.
  - 서로 다른 프로세스의 품질능력 비교 : 복잡한 공정·제품은 단순한 공정·제품보다 불량 발생 기회의 수가 많으므로 단지 불량률만으로 평가하는 모순을 DPMO를 통하여 해결할 수 있다.

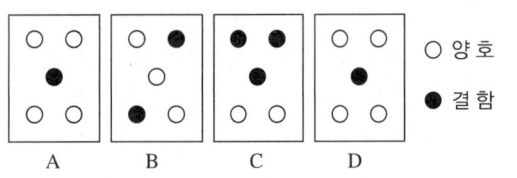

○ 양호
● 결함

ⓐ 불량률 $= \dfrac{\text{불량제품 개수}}{\text{총생산제품 개수}} = \dfrac{3}{4} = 0.75$

ⓑ DPU $= \dfrac{\text{총결함수}}{\text{총생산제품개수}} = \dfrac{6}{4} = 1.5$

ⓒ DPO $= \dfrac{\text{총결함수}}{\text{총결함 발생 기회수}} = \dfrac{6}{5 \times 4} = 0.3$

ⓓ DPMO $= \text{DPO} \times 1,000,000$

$\qquad = \dfrac{\text{총결함수}}{\text{총결함 발생 기회수}} \times 1,000,000$

$\qquad = \dfrac{6}{5 \times 4} = 300,000$

ⓔ PPM $= \dfrac{\text{불량제품개수}}{\text{총생산제품수}} \times 1,000,000$

$\qquad = \dfrac{3}{4} = 750,000$

※ 식스시그마 수준 불량률 3.4PPM이라는 표현은 엄격히 말하자면 사실은 잘못된 표현이며, 3.4DPMO가 정확한 표현이다.

ⓒ 수율(Yield)
- FTY(First Time Yield, 초기수율) : 단위공정에서 하나의 불량품도 없이 프로세스나 작업을 통과하는 비율이다.
- FTY $= \dfrac{\text{총양품 수량}}{\text{총투입 수량}}$
- RTY(Rolled Throughput Yield, 누적수율) : 전체 수율이며 그 값은 각 프로세스의 통과 수율을 곱한 값이다.
  - 데이터가 결함데이터(이산형)일 경우 :
    $RTY = e^{-DPU}$
    특정유형의 결함이 153개, 생산단위 중 2개가 발견되었다면 $DPU = \dfrac{2}{153} = 0.01307$이므로,
    $RTY = e^{-DPU} = e^{-0.01307} = 0.987$
  - 데이터가 불량률 또는 수율데이터일 경우 : 각 공정의 초기수율(통과수율)을 모두 곱한 값이다. 3개 공정으로 이루어진 생산라인의 각 공정별 수율이 순서대로 0.955, 0.967, 0.945였다면,
    $RTY = 0.955 \times 0.967 \times 0.945 = 0.8727$
- Ynm(Normalized Yield, 공정평균수율) : 프로세스의 성능을 표현하는 지표로 활용(시그마 수준으로 표현할 때 활용) $Ynm = RTY^{\frac{1}{\text{총 프로세스 수}}}$

[공정성능분석 사례(총 3개 공정의 경우)]

프로세스	Input	Output	Failure	FTY	Z값	σ수준
10	1000000	986097	13903	98.610%	2.2	3.7
20	986097	906462	79635	91.924%	1.4	2.9
30	906462	856788	49674	94.520%	1.6	3.1
RTY	= FTY10 × FTY20 × FTY30			85.679%	1.05	2.55
Ynm	$RTY^{1/3}$			94.978%	1.65	3.15

〈NG〉
공정작업에서 발생한 재작업, 재투입, 폐기 등 : 숨겨진 공장(Hidden Factory)의 실체를 확인해야 한다.

ⓒ COPQ
- COPQ(Cost Of Poor Quality, 저품질비용)는 모든 활동이 결함이나 문제없이 수행된다면 사라지게 될 비용이며 주로 고질적이고 만성적인 불량으로부터 초래된다.
- COPQ는 품질비용 중 평가비용, 내부 실패비용, 외부 실패비용에 해당하는 비용이다.
- 식스시그마에서 해결프로젝트 우선순위 결정, 핵심요인(Vital Few X) 선정 및 개선, 프로젝트 효과 평가, 해결책 이행단계에서 개선을 위한 비용과 COPQ 절감비용분석 등으로 활용한다.

③ 시그마수준(시그마레벨)
ⓐ 시그마수준
- 규격하한에서 규격상한까지의 거리가 표준편차의 몇 배되는가를 계산한 값이다.
- 프로세스의 능력을 나타내는 공통적인 지표를 지칭한다.
- 일반적으로 시그마수준을 나타낼 때는 공정의 중심 이동(±1.5σ shift)을 포함한 경우이다.

ⓑ 식스시그마수준의 품질
- 규격하한에서 규격상한까지의 거리가 표준편차의 12배이다.

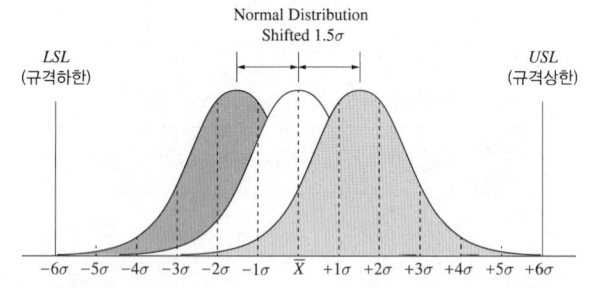

- 공정의 중심 이동을 고려하지 않는 경우의 부적합률과 공정능력
  - 0.002ppm(10억 개당 2개의 불량), $C_P = 2.0$
- 공정의 중심 이동(±1.5σ shift)을 고려한 경우의 부적합률과 공정능력
  - 3.4[ppm](100만 개당 3.4개의 불량), $C_{pk} = 1.5$
- 100만 개 중 3.4개의 불량률(DPMO ; Defects Per Million Opportunities)을 추구한다.

- 식스시그마 품질수준의 예
  - 어느 대학에서 100년간 약 1통의 우편물이 분실된다고 한다. 이 대학은 연 평균 2,942통의 우편물이 이용된다.
  - 어떤 종합병원에서 40년에 1건 정도의 잘못된 수술을 했다. 이 병원은 연간 평균 7,353건의 수술을 한다고 한다.
  - 김포공항에서 연간 0.1건의 착륙오차가 발생했다고 한다. 연간 평균 29,650번 착륙이 일어난다고 한다.
  - 어떤 지역에서 매주 약 0.1초간의 전화 불통 또는 TV 전송장애가 일어났다. 매주 평균 8.5시간 정도로 전화를 사용한다.

ⓒ 시그마수준 측정과 공정능력지수(C_p)의 관계
- 시그마수준과 공정능력지수는 상호 간에 관련성이 깊고 서로 비교할 수 있다.
- 시그마수준과 공정능력지수는 비례관계이다.
- 시그마수준에서 사용하는 표준편차는 장기 표준편차로 계산되고 공정능력지수의 표준편차는 군내변동에 대한 단기 표준편차로 계산되므로 공정능력지수는 생산능력을, 시그마수준은 기술적 수준을 나타내는 지표가 된다(군내변동과 군간변동 모두에 대한 표준편차인 장기 표준편차를 고려한 공정능력지수와 유사한 양을 공정성능지수(PPI ; Process Performance Index)라고 한다).
- 시그마수준은 공정능력지수에 3을 곱하여 계산할 수 있다. 즉, C_p값이 1이면 3시그마 수준이 된다.

ⓓ 수율·불량률과 시그마수준

시그마 수준	수 율	불량률[ppm]
2σ	69.12[%]	308,770
3σ	93.32[%]	66,811
4σ	99.38[%]	6,210
5σ	99.977[%]	233
6σ	99.9997[%]	3.4

ⓜ DPMO와 시그마 수준(1.5σ shift 반영)

σ수준	DPMO	σ수준	DPMO
0.0	933,193	3.0	66,811
0.2	903,199	3.2	44,566
0.4	864,334	3.4	28,717
0.6	815,940	3.6	17,865
0.8	758,036	3.8	10,724
1.0	697,672	4.0	6,210
1.2	621,378	4.2	3,467
1.4	541,693	4.4	1,866
1.6	461,139	4.6	968
1.8	382,572	4.8	483
2.0	308,770	5.0	233
2.2	242,071	5.2	108
2.4	184,108	5.4	48
2.6	135,687	5.6	21
2.8	96,809	5.8	8.6
–	–	6.0	3.4

ⓗ Z Bench와 Z Value

- Z Bench
  - 양쪽 규격이 있을 시 양쪽으로 벗어날 확률을 고려하여 산출한 Z값
  - Zlt(Long Time) = Z Bench
- Z Value
  - 별칭 : Z값, Z Score, 표준값, 표준점수
  - 통계학적으로 정규분포를 만들고 개개의 경우가 표준편차상에 어떤 위치를 차지하는지를 보여 주는 무차원 수치
  - 어느 특성의 평균으로부터 규격까지 몇 개의 시그마가 할당되는지를 표현하는 프로세스의 성능지표(한쪽 규격만 있을 시에 유용)
  - $Z = \dfrac{x - \mu}{\sigma}$

    여기서, x : 원수치

    μ : 평균

    σ : 표준편차
  - Zst(Short Time) = Z Value = 시그마레벨
  - Sigma Level = $\dfrac{S_U - \bar{x}}{\sigma}$
  - 시그마레벨 = Zst = Zlt + 1.5 = Z Value
    = Z Bench + 1.5

④ **식스시그마 추진 주체 구분** : 식스시그마 경영혁신활동의 성공적 수행을 위한 자격제도인 식스시그마 벨트제도를 적용한다.

ⓖ 챔피언 : CEO, 임원급, 사업부책임자, 프로젝트 후원자 역할수행, 1주간 교육 이수
- 식스시그마 운동의 성공 책임자
- 비전 설정
- 식스시그마 목표 설정 및 전략 수립
- 식스시그마 이념 확산 및 추진방법 확정
- 프로젝트 승인
- 자금 문제해결 및 자금 확보
- 자원 할당
- 이념과 신념을 조직 내 확산
- MBB, BB 승인
- 추진 장애물 제거
- Cross Functional한 협조 유도

ⓛ 마스터블랙벨트(MBB) : 전문추진지도자, BB의 조언자·코치, 전략적으로 전체 인원의 1[%]를 선정, BB 교육 이수 후 2주간 추가 교육 이수
- 수치에 대한 개념과 교육 및 지도능력 보유자
- 품질요원 지도교육 및 감독(Black Belt를 최소한 10명 이상 지도)
- 품질기법 이전
- 각종 애로사항 해결

ⓒ 블랙벨트(BB) : Full-time 전담요원, 전문추진책임자, 프로젝트 지도, 방법론의 적용, 전 인원의 2[%], 4주간 교육을 포함하여 총 4개월간의 교육 및 실습 이수
- 식스시그마 추진을 위한 전담요원으로 식스시그마 프로젝트 추진을 담당하는 핵심요원
- 식스시그마에서 가장 핵심적인 역할수행
- 팀을 이끌고 핵심 프로세스에 전념하는 전임 품질 간부
- 핵심 프로세스의 MAIC 책임
- 최저 10건의 프로젝트를 동시 병행적으로 지도
- 개선팀 지도와 개선프로젝트 추진, 분석기법 활용 및 문제해결 활동, GB와 WB 양성교육 담당
- 3σ 이하 프로세스 : 결점을 $\dfrac{1}{10}$ 이하로 줄였을 경우
- 3σ 이상 프로세스 : 결점을 $\dfrac{1}{2}$ 이하로 줄였을 경우

ⓔ 그린벨트(GB) : 현업 병행의 Part-time 비전담요원, 기법활용의 문제해결전문가, 변화의 불씨, 프로젝트 리더, 방법론의 적용, 종업원의 5[%], BB와 동일한 교육을 받는 것이 좋지만 통상 1~2개월의 교육 및 실습 이수
- 식스시그마 추진을 위한 교육을 받고 현 조직에서 업무를 수행하면서 동시에 개선활동팀에 참여하여 부분적인 업무를 수행하는 초급단계 요원
- 식스시그마교육을 받은 요원으로 BB가 주도하는 프로젝트에 참여
- 식스시그마 개념을 기초로 한 업무수행의 리더 역할
- 최저 1건의 프로젝트 관리
- 현업과 식스시그마 프로젝트 업무 병행
- 부분적으로 개선활동 참여
ⓜ 화이트벨트(WB) : 팀원, 현업담당자
- 품질관리의 기본자질을 습득한 모든 사람
- 프로젝트팀 소속 전 사원
- 문제해결활동의 실천자
⑤ 추진방법론(툴, 기법)
㉠ 대표적 추진방법(Tools)
- DMAIC(Define-Measure-Analyze-Improve-Control)
- DFSS(Design For Six Sigma)
- DMADOV(Define-Measure-Analyze-Design-Optimize-Verify)
㉡ DMAIC(Define-Measure-Analyze-Improve-Control) : 제품, 프로세스 개선을 위한 식스시그마 프로젝트 추진 절차로서 기존의 PDCA에서 진보된 프로세스 개선 절차이다. 과거의 경험, 업무에 대한 지식, 통계기법에 의한 근거를 통한 체계적인 문제해결 과정이며, DMAIC 문제해결방법론은 기존 프로세스에서 발생하는 문제를 해결하고 프로세스 성능을 향상시키기 위해 사용한다. DMAIC 5단계 절차는 다음과 같다.

D	M	A
Define	Measure	Analysis
정의단계	측정단계	분석단계

- Define(정의) : CTQ(핵심적 품질특성) 파악 및 개선 프로젝트 테마 선정(개선할 대상을 확인하고 정의를 하는 단계)
  - 스텝 1, 2, 3 : 프로젝트 선정 배경 기술, 프로젝트 정의, 프로젝트 승인
  - 수행업무 : 고객 정의, 프로세스 향상을 위한 목적 정의(비즈니스 기회분석, 고객의 소리 조사, 기업 전략과 소비자 요구사항의 일치를 전제), 프로젝트 수행 범위·일정·팀원 등 선정
  - 추진툴 : QFD, CTQ Drill Down, SIPOC
- Measure(측정) : CTQ(Y) 선정과 그 후보요인 X의 선정(개선할 프로세스의 품질수준을 측정하고 문제에 대한 계량적 규명을 시도하는 단계)
  - 스텝 4, 5, 6 : Y's 확인, 현 수준 확인(파악), 잠재원인변수(X's) 발굴
  - 수행업무 : 제품 주요 특성치(종속변수) 선택, 측정방법 확인·측정시스템 유효성 검정(Gage R&R), 현재 프로세스 CTQ의 충족 정도·품질수준 측정, 프로세스 해석, 프로세스 단기 또는 장기 공정능력 추정, 개선목표 설정, 향후(미래) 비교를 위한 연관 데이터 수집
  - 추진툴 : MSA(Gage R&R), 공정능력분석(C_p, C_pk), 프로세스맵, C&E Matrix
- Analyze(분석) : 주요한 영향을 주는 핵심인자(Vital Few X's) 파악 및 선정(결함이나 문제가 발생한 장소와 시점, 문제의 형태와 원인을 규명하는 단계)
  - 스텝 7, 8, 9 : 데이터 수집, 데이터분석, Vital Few X's 선정
  - 수행업무 : CTQ와 그에 영향을 미치는 변동원인 나열, 요인의 인과관계 파악, 관련성을 정하고 모든 요소들이 충분히 고려되었는지를 확인, 통계분석을 통한 주요 제품특성치에 관한 정보 획득, 최고 수준의 타 회사 특성치 벤치마킹, 차이분석을 통하여 목표 설정
  - 추진 툴 : 각종 그래프, 상관분석, 가설검증, 회귀분석 등
- Improve(향상) : 핵심인자 Vital Few X의 개선 및 최적화(문제나 프로세스를 개선하는 단계)
  - 스텝 10, 11, 12 : 개선안(전략) 수립, Vital Few X's 선정 최적화, 결과검증

- 수행업무 : CTQ의 충족 정도를 높이기 위한 방법과 조건 모색, 프로세스 향상 또는 최적화 과정, 개선계획 수립 및 실행, 최적 조건 설정, 특성치에 대한 변동 주요요인 진단, 실험계획법·회귀분석 등 통계적 방법을 통하여 주요 원인변수 식별, 원인변수 최적 조건(새로운 프로세스 조건) 설정, 원인변수에 대한 규격을 정하는 개선활동 실시
- 추진 툴 : DOE(실험계획법), EVOP, 로버스트설계
• Control(관리) : 개선된 핵심인자 X와 프로젝트 Y의 관리방안 수립
  - 스텝 13, 14, 15 : 관리계획 수립, 관리계획 실행, 문서화·공유
  - 수행업무 : 개선 상태의 유지와 관리, 결함에 영향을 미치는 모든 변수들이 적절하게 관리되고 있는지 확인, 측정시스템 확인, 중요 원인의 관리능력 확인, 프로세스 관리체계 확립, 시험 프로세스를 통해 프로세스 능력 측정, 실제 생산으로의 전환과 이후 프로세스에 대한 계속적 측정과 관리 체제 구축, 효과 파악, 새로운 프로세스 조건의 표준화, 통계적 공정관리기법을 사용하여 변화 탐지, 새 표준으로 프로세스가 안정되면 공정능력 재평가
  - 추진 툴 : FMEA, SPC, Fool Proofing
※ 새로운 프로세스의 생성 및 평가가 필요한 경우에는 DMADV를 사용한다.

ⓒ DFSS(Design For Six Sigma) : DFSS는 신제품을 개발하거나 새로운 프로세스를 설계할 때 사용하는 식스시그마 방법론이다. DMAIC이 기존의 상품이나 프로세스의 문제를 개선하기 위한 방법론이라면, DFSS는 신상품과 새로운 프로세스가 처음부터 식스시그마수준의 품질을 갖도록 설계하기 위한 방법론이다. DFSS는 주로 제조업의 신제품 개발에 많이 사용되었으나 최근에는 제조업의 사무 간접 프로세스를 재구축하거나 서비스 상품 개발, 서비스 프로세스 디자인에 활발히 활용되고 있고, DMADOV 또는 DIDOV의 로드맵을 따른다.
• DMADOV : 문제 정의(Define), 측정(Measure), 분석(Analyze), 설계(Design), 최적화(Optimize), 검증(Verify)
• DIDOV : 문제정의(Define), 현 수준분석(Identify), 설계(Design), 최적화(Optimize), 검증(Verify)

• DMAIC과 차이가 있는 단계의 주요 수행내용과 세부 절차
  - 디자인(Design) 단계 : 프로젝트에서 요구하는 디자인 산출물을 실제로 디자인하고 측정단계에서 정의했던 디자인 스코어카드 만족 여부의 검증 및 수정단계
  - 최적화(Optimize) 단계 : 주어진 환경에서 최적 디자인을 선택하고, 선택한 디자인에 대한 최종 검토 및 승인을 득한 후 실제 시스템 구축 준비 단계
  - 검증(Verify)단계 : 최적화 단계를 거쳐 확정된 디자인 안이 현장에 실제로 적용되더라도 문제가 없는지를 파일럿 테스트를 통해 확인하고, 발생 가능한 문제점에 대해서는 디자인 안을 보완하는 단계, 디자인 결과를 문서화·표준화하며, 향후에도 성과가 지속적으로 유지될 수 있도록 관리 계획을 수립한 후 현업에 이관하는 단계

ⓔ DMADOV(Define-Measure-Analyze-Design-Optimize-Verify) : 신제품 또는 새로운 서비스를 개발할 때(New Product Or Service), 프로세스가 존재하지 않을 때(Process Broken or Does Not Exit), 프로세스 효율을 최대화시키고자 할 때(Process Has Reached Entitlement) 사용한다.
• Define(정의) : CTQ(핵심적 품질특성) 파악 및 개선 프로젝트 테마 선정
  - 스텝 1, 2, 3 : 프로젝트 선정 배경 기술, 프로젝트 정의, 프로젝트 승인
  - 수행업무 : 기업전략과 소비자 요구사항 일치, 디자인 활동목표 설정
  - 추진 툴 : 시장조사, SWAT분석, 제품·C/S포트폴리오
• Measure(측정) : CTQ(Y) 선정
  - 스텝 4, 5 : CTQ 도출, Y's 확인, 현 수준 확인(파악)
  - 추진 툴 : QFD, Kano분석, CTQ Drill down, MSA(Gage R&R), 공정능력분석(C_p, C_{pk})
• Analyze(분석)
  - 스텝 6, 7 : 시스템설계, 설계인자 발굴
  - 수행업무 : 디자인 대안, 상위 수준 디자인 만들기, 최고 디자인 선택을 위한 디자인 가능성 평가 및 개발

- 추진 툴 : 벤치마킹, 트리즈, Pugh Concept, 회귀 분석, Design Scorecard 등
- Design(설계) : 스텝 8, 9, 10 설계인자분석, Vital Few X's 분석, 상세설계
  - 수행업무 : 세부사항, 디자인 최적화, 디자인 검증을 위한 계획 단계, 시뮬레이션 과정 필요
  - 추진 툴 : 시뮬레이션, DOE(실험계획법), EVOP, 신뢰성분석
- Optimize(최적화)
  - 스텝 11, 12 : 상세 설계 최적화, 상세 설계 평가
  - 추진 툴 : 로버스트설계
- Verify(검증)
  - 스텝 13, 14, 15 : 결과검증, 관리계획 수립, 문서화 이관
  - 수행업무 : 디자인·시험작동·제품개발 프로세스 적용, 프로세스 담당자로의 이관 등
  - 추진 툴 : 가설과 검증, MSA, 공정능력분석

⑥ 다른 시스템 기법과의 차이 비교

㉠ 싱글 PPM과 식스시그마

구 분	싱글PPM	식스시그마
개발 국가	국내에서 만들어진 품질혁신운동	미국에서 시작된 품질혁신운동
인증 여부	인증 수여	인증 없음
주대상기업	중소기업 위주	대기업 위주
초 점	불량 제로화	프로세스 산포관리
중 시	검사결과	프로세스 최적화
고객만족 실현	사외 클레임 최소화, A/S	설계부터 식스시그마 품질
주활용 사이클	PDCA	DMAIC, DMADOV, DIDOV 등
장려사항	분임조 활동, 제안제도 등의 TQC/TQM 품질경영활동	BB/GB 등에 의한 프로젝트 활동, CFT에 의한 소집단활동
전문가 운영	별도 운영하지 않음	벨트제도 운영

㉡ TQC/TQM과 식스시그마

구 분	TQC/TQM	식스시그마
의사결정 방식	하위상달 (Bottom-up)	상위하달 (Top-down)
활동방식	현장 위주 분임조 활동	전문가 위주의 프로젝트팀 활동
활동책임자	분임조장(비전임)	BB(전임), GB(비전임)
추진담당자	자발적 참여 중시	전임요원 및 의무적 수행
문제의식	표면적 문제 중시	표면적 문제 및 잠재적 문제까지 포함
교육체계	분임조원 위주의 교육, 자발적 교육 참여 권장	벨트별로 체계적 의무교육 실시
활동기간	제약 없음	보통 6개월 이내의 프로젝트
초 점	안정된 공정관리 중심의 표준 준수	제조 분야는 물론이며 고객요구를 반영하는 DFSS, 제조·사무 간접 부문 품질혁신
추진조직	기존조직 활용	별도의 프로젝트팀 운영
주활용 사이클	PDCA	DMAIC, DMADOV, DIDOV 등
주적용기법	QC 7가지 도구 및 통계적 기법	QC 7가지 도구 외 다양한 과학적·통계적 관리기법
전문가 운영	별도로 운영하지 않음	벨트제도 운영
개혁대상· 범위	결과 중시 및 부분 최적화	예방, 과정 중시 및 전체 최적화
지식경영과의 관계	약함	긴밀함
평가방법	노력 중시	가시화된 이익으로 평가
프로세스 평가	산출물(불량, 불량품, 불량률 등)	시그마수준으로 정량적 평가, 객관적 검증자료로 사용

ⓒ ISO와 식스시그마

구 분	ISO	식스시스마
성 격	국제규격	기업경영전략
인증 여부	인증 수여	인증 없음
중시관점	활동 가시화를 위한 문서화 활동평가를 위한 품질감사	원인결과 관계 해석과 통계적 방법 활용 중시
개선방식	각 품질시스템 요소마다 이상적 활동 모습을 구체적으로 정함	프로세스분석을 통해 불충분한 점을 단계적으로 개선
강조사항	모든 활동의 표준화 유도, 부적합 방지관리시스템 강조	계속적 품질혁신, 프로세스 혁신 강조, DMAIC 등 과학적 추진단계 도구 다양
	고객의 요구, 사회적 합제품 품질보증 기반으로 기업 환경경영 등 기업의 사회적 책임 강조	시장조사, 고객만족도 조사, DFSS, QFD 등을 통해 제품설계, 고객만족 기반으로 기업 이익 창출 강조
전문가 운영	별도로 운영하지 않음	벨트제도 운영

4-1. 모토로라에서 시작된 식스시그마 활동에 관한 설명으로 틀린 것은? [2004년 제2회, 2011년 제2회, 2017년 제4회]

① 공정능력지수(C_p) = 2.0을 목표로 하는 활동이다.

② 식스시그마란 목표치에서 주어진 상·하한 규격한계까지의 σ여유 폭을 의미한다.

③ 공정품질 특성치의 평균값이 목표치에 위치하고 있다고 가정할 때 부적합품률 3.4[ppm]을 목표로 한다.

④ 식스시그마 활동은 품질 우연변동요인을 고려하여 최소공정능력지수(C_{pk})는 $C_{pk} \geq 1.5$를 실현하려는 노력이다.

4-2. 6시그마 품질혁신운동에서 사용하는 시그마수준 측정과 공정능력지수(C_p)의 관계를 맞게 설명한 것은?
[2010년 제2회, 2012년 제2회, 2017년 제2회, 2020년 제4회]

① 시그마수준과 공정능력지수는 차원이 다르기 때문에 상호간에 관련성이 없다.

② 시그마수준은 공정능력지수에 3을 곱하여 계산할 수 있다. 즉, C_p값이 1이면 3시그마 수준이 된다.

③ 시그마수준은 부적합품률에 대한 관계를 나타내고 공정능력지수는 적합품률을 나타내는 능력이므로 시그마수준과 공정능력지수는 반비례관계이다.

④ 시그마수준에서 사용하는 표준편차는 장기 표준편차로 계산되고 공정능력지수의 표준편차는 군내변동에 대한 단기 표준편차로 계산되므로 공정능력지수는 기술적 능력을, 시그마수준은 생산수준을 나타내는 지표가 된다.

4-3. 4개의 PCB제품에서 각 제품마다 10개를 측정했을 때 부적합수가 각각 2개, 1개, 3개, 2개가 나왔다. 이때 6시그마척도인 DPMO(Defects Per Million Opportunities)는?
[2014년 제4회]

① 2.0   ② 0.2
③ 200,000   ④ 800,000

4-4. Y품질 특성값의 규격은 50~60으로 규정되어 있다. 평균값이 55, 표준편차가 1인 공정의 시그마(σ) 수준은 어느 정도인가?
[2013년 제2회]

① 2시그마 수준   ② 3시그마 수준
③ 4시그마 수준   ④ 5시그마 수준

4-5. 6시그마 추진을 위한 교육을 받고 현 조직에서 업무를 수행하면서 동시에 개선활동팀에 참여하여 부분적인 업무를 수행하는 초급 단계요원은?

[2009년 제4회, 2014년 제4회, 2016년 제1회, 2017년 제1회]

① 챔피언
② 그린벨트
③ 블랙벨트
④ 마스터블랙벨트

4-6. 6시그마 활동의 추진상에 있어 일반적으로 DMAIC 체계를 많이 따르고 있다. 이 중 M단계의 설명으로 맞는 것은?

[2016년 제4회]

① 문제나 프로세스를 개선하는 단계이다.
② 개선할 대상을 확인하고 정의를 하는 단계이다.
③ 결함이나 문제가 발생한 장소와 시점, 문제의 형태와 원인을 규명한다.
④ 개선할 프로세스의 품질수준을 측정하고 문제에 대한 계량적 규명을 시도한다.

|해설|

4-1
공정품질 특성치의 평균값이 목표치보다 $\pm 1.5\sigma$ shift되어 있다고 가정할 때 부적합품률 3.4[ppm]을 목표로 한다.

4-2
① 시그마수준과 공정능력지수는 차원이 같으므로 상호 간에 관련성이 깊다.
③ 시그마 수준과 공정능력지수는 모두 부적합품률, 적합품률과 연관이 깊고 시그마 수준과 공정능력지수는 비례관계이다.
④ 시그마 수준과 공정능력지수는 기본적으로 군내변동에 대한 단기 표준편차로 계산되며 생산수준을 나타내는 지표가 된다.

4-3
$DPMO = DPO \times 1,000,000$
$= \dfrac{2+1+3+2}{4 \times 10} \times 1,000,000 = 200,000$

4-4
$Sigma\ Level = \dfrac{S_U - \bar{x}}{\sigma} = \dfrac{60-55}{1} = 5$

4-5
① 챔피언 : CEO, 임원급, 사업부책임자, 프로젝트 후원자 역할수행, 1주간 교육 이수
③ 블랙벨트 : Full-time 전담요원, 전문추진책임자, 프로젝트 지도, 방법론의 적용, 전 인원의 2[%], 4주간 교육을 포함하여 총 4개월간의 교육 및 실습 이수
④ 마스터블랙벨트 : 전문추진지도자, BB의 조언자·코치, 전략적으로 전체 인원의 1[%]를 선정, BB 교육 이수 후 2주간 추가 교육 이수

4-6
④ 측정(M)
① 개선(I)
② 정의(D)
③ 분석(A)

정답 **4-1** ③   **4-2** ②   **4-3** ③   **4-4** ④   **4-5** ②   **4-6** ④

교육이란 사람이 학교에서 배운 것을
잊어버린 후에 남은 것을 말한다.

-알버트 아인슈타인-

Win-Q

품질경영기사

2018~2022년   과년도 기출문제

2023년   최근 기출복원문제

PART **2**

과년도 + 최근 기출복원문제

2018년 제1회 과년도 기출문제

제1과목 | 실험계획법

01 A_1, A_2, A_3에 관한 대비 $L = C_1A_1 + C_2A_2 + C_3A_3$에서 제곱합($S_L$)은?(단, $\sum_{i=1}^{3} C_i = 0$, C_i가 모두 0은 아니며, r은 요인 A의 각 수준에서의 반복수이다)

① $S_L = \dfrac{L^2}{(C_1^2 + C_2^2 + C_3^2)r^2}$

② $S_L = \dfrac{L^2}{(C_1^2 + C_2^2 + C_3^2)r}$

③ $S_L = \dfrac{L^2}{r\sqrt{C_1^2 + C_2^2 + C_3^2}}$

④ $S_L = \dfrac{L^2}{(C_1^2 + C_2^2 + C_3^2)\sqrt{r}}$

02 실험계획법에 의해 얻어진 데이터를 분산분석하여 통계적 해석을 할 때에는 측정치의 오차항에 대해 크게 4가지 가정을 하는데, 이 가정에 속하지 않는 것은?

① 독립성　　② 정규성
③ 랜덤성　　④ 등분산성

해설
오차항에서 가정되는 4가지 특성 : 정규성, 독립성, 불편성, 등분산성

03 2^3형의 $\dfrac{1}{2}$ 일부실시법에 의한 실험을 하기 위해 다음의 블록을 설정하여 실험을 실시하려고할 때의 설명으로 틀린 것은?

| (1) |
| ab |
| c |
| abc |

① 위 블록은 주블록이다.
② 요인 A는 교호작용 $B \times C$와 교락되어 있다.
③ 요인 A의 효과는 $A = \dfrac{1}{2}(-(1) + ab - c + abc)$이다.
④ 주요인이 서로 교락되므로 블록을 재설계하여 실험하는 것이 좋다.

해설
문제의 블록은 교호작용 $A \times B$가 블록과 교락된 실험이다.

04 5수준의 모수요인 A와 4수준의 모수요인 B로 반복 없는 2요인실험을 한 결과 주효과 A, B가 모두 유의한 경우 최적 조합조건하에서의 공정평균을 추정할 때 유효반복수는 n_e는 얼마인가?

① 2.5　　② 2.9
③ 4　　④ 3

해설
$$n_e = \frac{\text{총실험 횟수}}{\text{유의한 요인의 자유도 합}+1} = \frac{lm}{\nu_A + \nu_B + 1}$$
$$= \frac{5 \times 4}{5 + 4 - 1} = 2.5$$

05 1요인실험의 분산분석을 실시하기 위해 총제곱합(S_T)을 요인 A의 제곱합(S_A)과 오차제곱합(S_e)으로 분해하고자 할 때, 계산식으로 틀린 것은?(단, x_{ij}는 i번째 수준의 j번째 반복에서 측정된 특성치이며, 고려된 수준수는 $l(l>0)$ 그리고 반복수 $m(m>0)$이다)

① $\sum_{i=1}^{l}\sum_{j=1}^{m}(x_{ij}-\overline{x}_i.)^2 = \sum_{i=1}^{l}\sum_{j=1}^{m}x_{ij}^2 - m\sum_{i=1}^{l}(\overline{x}_i.)^2$

② $\sum_{i=1}^{l}\sum_{j=1}^{m}(x_{ij}-\overline{x}_i.)(\overline{x}_i.-\overline{\overline{x}}) = \sum_{i=1}^{l}\sum_{j=1}^{m}(x_{ij}-\overline{\overline{x}})^2$

③ $\sum_{i=1}^{l}\sum_{j=1}^{m}(\overline{x}_i.-\overline{\overline{x}})^2 = m\sum_{i=1}^{l}(x_i.)^2 - \dfrac{\left(\sum_{i=1}^{l}\sum_{j=1}^{m}x_{ij}\right)^2}{lm}$

④ $\sum_{i=1}^{l}\sum_{j=1}^{m}(x_{ij}-\overline{\overline{x}})^2$
$= \sum_{i=1}^{l}\sum_{j=1}^{m}\left\{(x_{ij}-\overline{x}_i.)+(\overline{x}_i.-\overline{\overline{x}})\right\}^2$

해설

$\sum_{i=1}^{l}\sum_{j=1}^{m}\left[(x_{ij}-\overline{x}_i.)+(\overline{x}_i.-\overline{\overline{x}})\right]^2 = \sum_{i=1}^{l}\sum_{j=1}^{m}(x_{ij}-\overline{\overline{x}})^2$

06 혼합모형 반복 없는 2요인실험에서 모두 유의하다면 구할 수 없는 것은?

① 오차의 산포
② 모수인자의 효과
③ 변량인자의 산포
④ 교호작용의 효과

해설

교호작용(Interaction, 상호작용)
• 2인자 이상의 특정한 인자수준조합에서 일어나는 효과이다.
• 1개의 인자의 수준의 차이에 의한 효과 중 다른 인자의 영향을 받는 부분이다.
• 1원배치나 반복 없는 2원배치에는 나타나지 않는다.
• 반복 있는 2원배치에서 교호작용의 자유도는 2인자 자유도의 곱이다.

07 망소특성 실험의 경우 다음과 같은 데이터를 얻었다. 이때 SN비(Signal to Noise Ratio)는 약 몇 데시벨인가?

[다 음]			
6.80	5.52	2.27	3.75

① -13.80　　② -10.97
③ 7.27　　④ 9.28

해설

망소특성의 SN비 $= -10\log\left(\dfrac{1}{n}\sum_{i=1}^{n}y_i^2\right)$

$= -10\log\left[\dfrac{1}{4}(6.8^2+5.52^2+2.27^2+3.75^2)\right]$

$\simeq -13.80$

08 수준이 k인 그레코 라틴방격법 오차의 자유도는?

① $(k-1)$
② $(k-1)(k-2)$
③ $(k-1)(k-3)$
④ $(k-1)(k-4)$

09 다음의 구조를 갖는 단일분할법에 사용되는 계산이 틀린 것은?(단, 요인은 A, B, C 모두 모수요인이고, 각 수준수는 l, m, n이다)

> [다 음]
>
> $$x_{ijk} = \mu + a_i + b_j + e_{(1)ij} + c_k + (ac)_{ik} + (bc)_{jk}$$
> $$+ e_{(2)ijk}$$

① $\nu_{e_1} = (l-1)(m-1)$

② $S_{e_1} = S_{AB} - S_A - S_B$

③ $\nu_{e_2} = l(m-1)(n-1)$

④ $S_{e_2} = S_T - (S_A + S_B + S_C + S_{e_1} + S_{A \times C} + S_{B \times C})$

해설
$\nu_{e_2} = (l-1)(m-1)(n-1)$

10 반복이 있는 2요인실험에서 요인 A는 모수이고, 요인 B는 대응이 있는 변량일 때의 검정방법으로 맞는 것은?

① A, B, $A \times B$는 모두 오차분산으로 검정한다.

② A와 $A \times B$는 오차분산으로 검정하고, B는 $A \times B$로 검정한다.

③ B와 $A \times B$는 오차분산으로 검정하고, A는 $A \times B$로 검정한다.

④ A와 B는 $A \times B$로 검정하고, $A \times B$는 오차분산으로 검정한다.

해설
반복이 있는 2요인실험에서 요인 A는 모수이고, 요인 B는 대응이 있는 변량일 때 B와 $A \times B$는 오차분산으로 검정하고, A는 $A \times B$로 검정한다.

11 적합품을 0, 부적합품을 1로 표시한 0, 1의 데이터 해석에서 각 조합마다 각각 100회씩 되풀이한 결과는 다음 표와 같았다. 제곱합 S_T는 약 얼마인가?

요 인	B_1	B_2	B_3	계
A_1	5	4	3	12
A_2	0	3	2	5
계	5	7	5	17

① 2.97

② 7.37

③ 16.52

④ 53.37

해설
제곱합 : $S_T = T - \dfrac{T^2}{N} = 17 - \dfrac{17^2}{600} \simeq 16.52$

12 4수준, 4반복의 1요인실험을 회귀분석하고자 한다. $S_{xx} = 3.20$, $S_{xy} = 3.40$, $S_{yy} = 4.6981$일 때, 회귀에 기인하는 불편분산(V_R)은 약 얼마인가?

① 1.063

② 1.806

③ 2.461

④ 3.613

해설
회귀에 기인하는 불편분산

$$V_R = \frac{S_R}{\nu_R} = S_R = \frac{S_{xy}^2}{S_{xx}} = \frac{3.40^2}{3.20} \simeq 3.613$$

13 분산성분을 조사하기 위하여 A는 3일을 랜덤으로 선택한 것이고, B는 각 일별로 2대의 트럭을 랜덤으로 선택한 것이고, C는 각 트럭 내에서 랜덤으로 2삽을 취한 것이다. 각 삽에서 2번에 걸쳐 소금의 염도를 측정하는 지분실험법을 실시하였다. 오차의 자유도는 얼마인가?

① 6 ② 12
③ 23 ④ 24

해설
$$\nu_e = lmn(r-1) = 3 \times 2 \times 3 \times (2-1) = 12$$

14 수준수가 4, 반복 5회인 1 요인실험의 분산분석 결과, 요인 A가 유의수준 5[%]에서 유의적이었다. $S_T = 2.478$, $S_A = 1.690$이었고, $\overline{x}_{3\cdot} = 8.50$일 때, $\mu(A_3)$를 유의수준 0.05로 구간 추정하면 약 얼마인가?(단, $t_{0.975}(16) = 2.120$, $t_{0.95}(16) = 1.746$이다)

① $8.290 \leq \mu(A_3) \leq 8.710$
② $8.265 \leq \mu(A_3) \leq 8.735$
③ $8.306 \leq \mu(A_3) \leq 8.694$
④ $8.327 \leq \mu(A_3) \leq 8.673$

해설
$$S_e = S_T - S_A = 2.478 - 1.690 = 0.788$$
$$V_e = \frac{S_e}{\nu_e} = \frac{0.788}{16} = 0.04925$$
$$\overline{x}_{3\cdot} \pm t_{0.975}(16)\sqrt{\frac{V_e}{r}} = 8.50 \pm 2.120\sqrt{\frac{0.04925}{5}}$$
$$\simeq (8.290, \, 8.710)$$

15 실험계획의 기본원리 중 블록화의 원리에 대한 설명으로 틀린 것은?

① 대표적인 실험계획법은 지분실험법이다.
② 블록을 하나의 요인으로 하여 그 효과를 별도로 분리하게 된다.
③ 실험의 환경을 될 수 있는 한 균일한 부분으로 쪼개어 여러 블록으로 만든다.
④ 실험 전체를 시간적 또는 공간적으로 분할하여 블록을 만들어 주면 정도 좋은 결과를 얻을 수 있다.

해설
블록화의 원리가 반영된 대표적인 실험계획법은 교락법이다.

16 반복이 없는 모수모형의 3요인실험 분산분석 결과 A, B, C 주효과만 유의한 경우, 3요인의 수준조합에서 신뢰구간 추정 시 유효반복수를 구하는 식은?(단, 요인 A, B, C의 수준수는 각각 l, m, n이다)

① $\dfrac{lmn}{l+m-1}$

② $\dfrac{lmn}{l+m+n-1}$

③ $\dfrac{lmn}{l+m-n-1}$

④ $\dfrac{lmn}{l+m+n-2}$

해설
반복이 없는 모수모형의 3요인실험에서 A, B, C 주효과만 유의한 경우, 3요인의 수준조합에서 신뢰구간 추정 시 유효반복수는
$$n_e = \frac{lmn}{l+m+n-2}$$ 이다.

17 3수준계 선점도에 관한 설명으로 틀린 것은?

① 선점도를 사용할 때 3요인 교호작용은 선점도에 나타나지 않는다.

② 3수준계의 선점도는 주요인의 배정은 선에 하고, 교호작용의 배정은 점에 한다.

③ 가장 할당이 작은 것은 $L_9(3^4)$형 선점도로 오직 1가지이며, 교호작용을 고려하면 요인은 최대 2개밖에 할당할 수 없다.

④ 할당되지 않고 남는 점이나 선은 오차항으로 활용되므로 가급적 불필요한 교호작용이나 관련 없는 요인을 억지로 할당하지 않도록 한다.

해설
3수준계의 선점도는 주요인의 배정은 점에 하고, 교호작용의 배정은 선에 한다.

18 2^3형 교락법 실험에서 $A \times B$효과를 블록과 교락시키고 싶은 경우 실험을 어떻게 배치해야 하는가?

① 블록 1 : a, ab, ac, abc
　블록 2 : (1), b, c, bc

② 블록 1 : b, ab, bc, abc
　블록 2 : (1), a, c, ac

③ 블록 1 : (1), ab, ac, bc
　블록 2 : a, b, c, abc

④ 블록 1 : (1), ab, c, abc
　블록 2 : a, b, ac, bc

해설
$$AB = \frac{1}{4}(a-1)(b-1)(c+1)$$
$$= \frac{1}{4}[((1)+ab+c+abc)-(a+b+ac+bc)]$$

실험조건	(1)	a	b	ab	c	ac	bc	abc
$L=x_1+x_2$	0	1	1	0	0	1	1	0

블록 1($L=0$) : (1), ab, c, abc
블록 2($L=1$) : a, b, ac, bc

19 다음 표는 $L_4(2^3)$형 직교배열표에서 A, B 두 요인을 배치하여 실험한 결과이다. 요인 A의 제곱합 S_A는 얼마인가?

실험＼열	1	2	3	데이터
1	0	0	0	3
2	0	1	1	4
3	1	0	1	4
4	1	1	0	5
배 치	A	B		

① 1
② 2
③ 4
④ 8

해설
$$S_A = \frac{1}{4}(T_{1\cdot} - T_{0\cdot})^2 = \frac{1}{4}(4+5-3-4)^2 = 1$$

20 요인배치법에 대한 설명 중 틀린 것은?

① 2^2형 요인실험은 2요인의 영향을 계산하는 데 이용된다.

② 반복이 있는 2^2형 요인실험에서 교호작용에 대한 정보를 얻을 수 있다.

③ 실험을 반복하면 일반적으로 오차항의 자유도가 커져서 검출력이 증가한다.

④ $P^m \times G^n$ 요인실험은 요인의 수가 $m \times n$개이고, 요인의 수준수가 $P+G$개이다.

해설
$P^m \times G^n$ 요인실험은 요인의 수가 $m+n$개이고, 요인의 수준수가 $P \times G$개이다.

448 ■ PART 02 과년도 + 최근 기출복원문제　　　　　　17 ② 18 ④ 19 ① 20 ④ **정답**

21 어떤 모집단의 평균이 기존에 알고 있는 모평균보다 큰지를 알아보려고 하는데, 모표준편차값을 모르고 있다. 이에 대해 검정한 결과 귀무가설이 기각되었다면, 새로운 모평균의 신뢰한계를 구하는 추정식으로 맞는 것은?

① $\hat{\mu} \geq \bar{x} - t_{1-\alpha}(\nu)\dfrac{s}{\sqrt{n}}$

② $\hat{\mu} \leq \bar{x} - t_{1-\alpha}(\nu)\dfrac{s}{\sqrt{n}}$

③ $\hat{\mu} = \bar{x} \pm u_{1-\alpha/2}\dfrac{\sigma}{\sqrt{n}}$

④ $\hat{\mu} = \bar{x} \pm t_{1-\alpha/2}(\nu)\dfrac{s}{\sqrt{n}}$

해설

모집단의 평균이 기존에 알고 있는 모평균보다 큰지를 알아보려고 하는데 모표준편차값을 모르는 경우 한쪽 t검정을 이용한다. 이에 대해 검정한 결과 귀무가설이 기각되었다면, 새로운 모평균의 추정치는 신뢰구간 하한값보다 크거나 같아야 하므로 새로운 모평균의 신뢰한계를 구하는 추정식은 $\hat{\mu} \geq \bar{x} - t_{1-\alpha}(\nu)\dfrac{s}{\sqrt{n}}$ 이다.

22 500개가 1로트로 취급되고 있는 어떤 제품이 있다. 그 중 490개는 적합품, 10개는 부적합품이다. 부적합품 중 5개는 각각 1개씩 부적합을 지니고 있으며, 4개는 각각 2개씩의 부적합 그리고 1개는 3개의 부적합을 지니고 있다. 이 로트의 100 아이템당 부적합수는 얼마인가?

① 1.6   ② 3.2
③ 4.9   ④ 10.0

해설

$\dfrac{5 \times 1 + 4 \times 2 + 1 \times 3}{500} \times 100 = 3.2$

23 로트의 품질표시방법이 아닌 것은?

① 로트의 범위
② 로트의 표준편차
③ 로트의 평균값
④ 로트의 부적합품률

해설

로트의 품질표시방법 : 로트의 표준편차, 로트의 평균값, 로트의 부적합품률(%)

24 직물공장의 권취공정에서 사절건수는 10,000m당 평균 16회이었다. 작업방법을 변경하여 운전하였더니 사절건수가 10,000m당 9회로 나타났다. 작업방법 변경 후 사절건수가 감소하였다고 할 수 있는지 유의수준 0.05로 검정한 결과로 맞는 것은?

① 이 자료로는 검정할 수 없다.
② H_0 채택, 즉 감소했다고 할 수 없다.
③ H_0 채택, 즉 달라졌다고 할 수 없다.
④ H_0 기각, 즉 감소했다고 할 수 있다.

해설

$u_{0.05} = -1.645$, $u_0 = \dfrac{x - m_0}{\sqrt{m_0}} = \dfrac{9-16}{\sqrt{16}} = -1.75$에서

$u_0 < u_{0.05}$ 이므로, 사절건수가 감소했다고 할 수 있다. H_0 기각, 즉 감소했다고 할 수 있다.

25 제2종 오류를 범할 확률에 해당하는 것은?

① 공정이 관리 상태일 때, 관리 상태라고 판단할 확률

② 공정이 관리 상태가 아닐 때, 관리 상태라고 판단할 확률

③ 공정이 관리 상태일 때, 관리 상태가 아니라고 판단할 확률

④ 공정이 관리 상태가 아닐 때, 관리 상태가 아니라고 판단할 확률

해설

공정이 관리 상태가 아닐 때 관리 상태라고 판단할 확률은 제2종 오류를 범할 확률로서 소비자위험 상태이다.

26 관리계수(C_f)와 군간변동(σ_b)에 대한 설명 중 틀린 것은?

① 관리계수 $C_f < 0.8$이면 군 구분이 나쁘다.

② 완전한 관리 상태에서는 군간변동(σ_b)은 대략 1이 된다.

③ 관리계수 $0.8 < C_f < 1.2$이면 대체로 관리 상태에 있다고 볼 수 있다.

④ 군간변동(σ_b)이 클수록 $\bar{x}$관리도에서 관리한계를 벗어나는 점이 많아지게 된다.

해설

완전한 관리 상태에서는 군간변동(σ_b)은 0이 된다.

27 계수치축차샘플링검사방식(KS Q ISO 8422 : 2009)에서 $P_R(CRQ)$이 뜻하는 내용으로 맞는 것은?

① 합격시키고 싶은 로트의 부적합품률의 하한

② 합격시키고 싶은 로트의 부적합품률의 상한

③ 불합격시키고 싶은 로트의 부적합품률의 하한

④ 불합격시키고 싶은 로트의 부적합품률의 상한

해설

※ KS Q ISO 8422 : 2009는 2019년 12월 31일 폐지됨

28 다음은 부분군의 크기와 부적합품수에 대해 9회에 걸쳐 측정한 자료표이다. 이 자료에 적용되는 관리도의 중심선은 약 얼마인가?

k	1	2	3	4	5	6	7	8	9
n	100	100	100	150	150	150	200	200	200
np	8	9	7	12	8	5	11	10	9

① 5.85[%] ② 5.95[%]
③ 6.05[%] ④ 6.15[%]

해설

중심선 : $\dfrac{\sum np}{\sum n} = \dfrac{79}{1,350} = 0.0585 = 5.85[\%]$

29 기준값이 주어지는 경우의 관리도에 대한 설명으로 틀린 것은?

① 기준값이 주어지는 경우의 관리도는 계수치관리도에 적용할 수 없다.

② 공정의 상태가 변했다고 판단될 경우 관리한계를 수정하는 것이 바람직하다.

③ 기준값이 주어지지 않은 경우의 관리도가 관리 상태일 때 중심값을 기준값으로 사용할 수 있다.

④ 기준값이 주어지는 경우의 관리도는 부분군의 데이터를 얻을 때마다 관리도에 점을 타점하여 이상 유무를 판단한다.

해설

기준값이 주어지는 경우의 관리도는 계수치관리도에 적용할 수 있다.

30 정규 모집단으로부터 $n=15$의 랜덤 샘플을 취하여 $\left(\dfrac{(n-1)s^2}{\chi^2_{0.995}(14)},\ \dfrac{(n-1)s^2}{\chi^2_{0.005}(14)}\right)$에 의거, 신뢰구간 (0.0691, 0.531)을 얻었을 때의 설명으로 맞는 것은?

① 모집단의 99[%]가 이 구간 안에 포함된다.

② 모평균이 이 구간 안에 포함될 신뢰율이 99[%]이다.

③ 모분산이 이 구간 안에 포함될 신뢰율이 99[%]이다.

④ 모표준편차가 이 구간 안에 포함될 신뢰율이 99[%]이다.

31 통계량의 점 추정치에 관한 조건에 해당하지 않는 것은?

① 유효성(Efficiency)

② 일치성(Consistency)

③ 랜덤성(Randomness)

④ 불편성(Unbiasedness)

추정량의 결정기준
- 불편성(Unbiasedness) : 반복하여 같은 방법으로 샘플링해서 나온 추정값이 모수로부터 같은 방향으로 벗어나지 않는 성질이다.
- 효율성(Efficiency) : 시료에서 계산된 추정량은 모집단의 모수에 근접하여야 하는데, 이렇게 되려면 모수를 기준으로 하여 추정량의 분산이 작아야 한다는 원칙이다. 추정량의 분산도가 더욱 작은 추정량이 보다 더 바람직한 추정량이 된다는 성질이다.
- 일치성(Consistency) : 시료의 크기가 크면 클수록 추정량이 모수에 일치하게 되는 추정량이다.
- 충분성(충족성) : 추정량이 모수에 대해 모든 정보를 제공한다면 그 추정량은 충분성이 있다고 한다.

32 계수샘플링검사에 있어서 N, n, c가 주어지고, 로트의 부적합품률 P와 $L(P)$의 관계를 나타낸 것을 무엇이라고 하는가?

① 검사일보

② 검사성적서

③ 검사특성곡선

④ 검사기준서

검사특성곡선(OC곡선, Operating Characteristics Curve) : 샘플링 방식에 따른 샘플링검사의 특성을 나타낸 그래프이다.
- 샘플링검사방식이 부적합품률에 해당될 경우 로트의 부적합품률과 로트의 합격확률의 관계를 나타낸 그래프
- 부적합품률 또는 특성치에 따라 로트 자체가 얼마나 합격될 것인지를 예측하는 그래프
- 로트의 부적합품률 $p[\%]$(계수치), 특성치 m(계량치)를 가로축에, 로트가 합격하는 확률 $L(p)$(계수치), $L(m)$(계량치)를 세로축에 잡아 양자의 관계를 나타낸 그래프

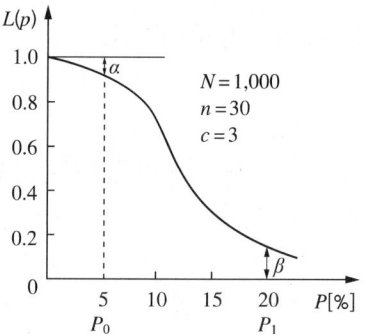

P_0 : 합격시키고 싶은 로트 부적합품률의 상한
P_1 : 불합격시키고 싶은 로트 부적합품률의 하한
α : 좋은 로트가 불합격될 확률
β : 불합격시키고 싶은 로트가 합격될 확률

33 다음 그림에서 회귀관계로 설명이 되지 않은 편차를 나타내는 부분은?

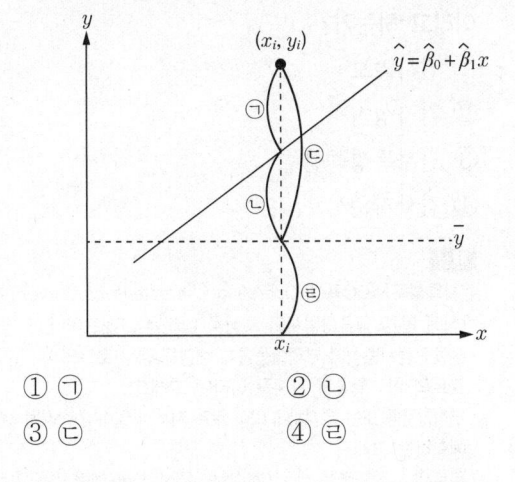

① ㉠   ② ㉡
③ ㉢   ④ ㉣

34 지수가중이동평균(EWMA) 관리도의 설명 중 맞는 것은?

① V-마스크를 이용하여 공정의 이상 상태를 판정한다.

② 이동평균관리도와 달리 최근의 데이터일수록 가중치를 높게 둔다.

③ 관리한계는 부분군의 수가 증가할수록 점점 좁아져서 검출력이 증가한다.

④ 공정의 군내변동이 점진적으로 증가하는 상황을 민감하게 검출하는 데 효과적이다.

해설
지수가중이동평균관리도(EWMA ; Exponentially Weighted MA)
• 지수가중이동평균(지수평활이동평균)을 사용하여 프로세스 수준을 평가하기 위한 관리도이다.
• 현 시점에서 거슬러 올라간 개개의 관측치 또는 군의 평균치에 대하여 과거로 거슬러 올라간 것만큼 작은 비중을 부여하여 가중평균을 계산한 관리도이다.
• 별칭 : 기하이동평균관리도(GMA ; Geometric Moving Average)
• 연속적으로 관측되는 각 표본 평균에 대해 최근의 측정값에 더 큰 가중치를 주어서 공정 변화를 민감하게 만들어 공정의 변화를 빠르게 감지할 수 있다.
• 지수가중이동평균 : $Z_k = \lambda \overline{x_k} + (1-\lambda)Z_{k-1}$
• 관리한계선 : $\overline{\overline{x}} \pm \dfrac{3\sigma}{\sqrt{n}}\sqrt{\dfrac{\lambda}{2-\lambda}}$ (단, λ : 지수평활계수)
• 공정 변화에 민감하게 반응한다.
• 지수평활계수값이 작을수록 민감도가 크다.

35 모집단으로부터 4개의 시료를 각각 뽑은 결과의 분포가 $X_1 \sim N(5, 8^2)$, $X_2 \sim N(25, 4^2)$이고, $Y = 3X_1 - 2X_2$일 때 Y의 분포는 어떻게 되겠는가?(단, X_1, X_2는 서로 독립이다)

① $Y \sim N(-35, (\sqrt{160})^2)$

② $Y \sim N(-35, (\sqrt{224})^2)$

③ $Y \sim N(-35, (\sqrt{512})^2)$

④ $Y \sim N(-35, (\sqrt{640})^2)$

해설
평균값은 각각의 분포에 대한 평균값을 합하여 구하고, 분산은 각각의 분산값을 제곱하여 합하여 구하므로 분포는 $Y \sim N(-35, (\sqrt{640})^2)$가 된다.

36 어떤 확률변수 X의 값이 그 모평균 μ로부터 3σ 이내의 범위에 드는 확률을 체비쇼프(Chebyshev)의 식으로 정의할 때 맞는 것은?

① $Pr\{|x-\mu| < 3\sigma\} > \dfrac{1}{3}$

② $Pr\{|x-\mu| < 3\sigma\} > \dfrac{1}{27}$

③ $Pr\{|x-\mu| < 3\sigma\} > 1 - \dfrac{1}{3}$

④ $Pr\{|x-\mu| < 3\sigma\} > 1 - \dfrac{1}{9}$

해설
체비쇼프 부등식(Chebyshev)는 '확률변수 X의 값이 평균 μ로부터 표준편차 σ의 k배 이내에 있을 확률은 $1 - \dfrac{1}{k^2}$ 보다 작지 않다'는 것이다. 이것으로 확률분포를 몰라도 평균과 분산만으로 분포의 특성을 추측할 수 있다는 것이다. 따라서 $Pr\{|x-\mu| < 3\sigma\} > 1 - \dfrac{1}{9}$이다.

37 A, B 두 사람의 작업자가 동일한 기계부품의 길이를 측정한 결과, 다음과 같은 데이터가 얻어졌다. A작업자가 측정한 것이 B작업자의 측정치보다 크다고 할 수 있는가?(단, $\alpha = 0.05$, $t_{0.95}(5) = 2.015$이다)

	1	2	3	4	5	6
A	89	87	83	80	80	87
B	84	80	70	75	81	75

① 데이터가 7개 미만이므로 위험률 5[%]로는 검정할 수 없다.

② A 작업자가 측정한 것이 B 작업자의 측정치보다 크다고 할 수 있다.

③ A 작업자가 측정한 것이 B작업자의 측정치보다 크다고 할 수 없다.

④ 위의 데이터로는 시료 크기가 7개 이하이므로 귀무가설을 채택하기에 무리가 있다.

해설

$$\bar{d} = \frac{\sum d}{n} = \frac{43}{6} \simeq 7.167$$

$$S_d = \sqrt{\frac{1}{n-1}\left(\sum d^2 - \frac{(\sum d)^2}{n}\right)}$$

$$= \sqrt{\frac{1}{6-1}\left(413 - \frac{43^2}{6}\right)} = 4.589$$

$$t_0 = \frac{\bar{d} - \Delta_0}{s_d/\sqrt{n}} = \frac{7.167 - 0}{4.589/\sqrt{6}} \simeq 3.83$$

기각역 : $t_{0.95}(5) = 2.015$

기각역보다 t_0가 커서 귀무가설 H_0를 기각하므로, A작업자가 측정한 것이 B작업자의 측정치보다 크다고 할 수 있다.

38 샘플링방법에 관한 설명으로 틀린 것은?

① 집락샘플링은 로트 간 산포가 크면 추정의 정밀도가 나빠진다.

② 층별 샘플링은 로트 내 산포가 크면 추정의 정밀도가 나빠진다.

③ 사전에 모집단에 대한 정보나 지식이 없을 경우 단순랜덤샘플링이 적당하다.

④ 2단계 샘플링은 단순랜덤샘플링에 비해 추정의 정밀도가 우수하고, 샘플링 조작이 용이하다.

해설

2단계 샘플링(Two Stage Sampling)
• 검사 대상 로트를 하위 로트로 나누고, 그 하위 로트 중에서 랜덤으로 하위 로트를 복수로 선택하고, 이들 중에서 각각 랜덤으로 샘플링하는 방법이다.
• 크기가 N인 로트를 N_i개씩 제품이 들어 있는 M개의 서브로트로 나누어 랜덤으로 m개 서브로트를 취하고 각각의 서브로트로부터 n_i개의 제품을 랜덤으로 채취하는 샘플링방법이다.
• 모집단을 몇 개 부분(1차 샘플링 단위)으로 나누고 우선 제1단계로 그중 몇 개의 부분을 1차 시료로 뽑은 부분 중에서 각각 몇 개씩의 단위 개체 또는 단위 분량(2차 샘플링 단위)을 시료(2차 시료)로 뽑는 방법이다.

39 다음 표는 주사위를 60회 던져서 1부터 6까지의 눈이 몇 회 나타나는가를 기록한 것이다. 이 주사위에 관한 적합도 검정을 하고자 할 때 검정통계량(χ_0^2)은 얼마인가?

눈	1	2	3	4	5	6
관측치	9	12	13	9	11	6

① 1.9
② 2.5
③ 3.2
④ 4.5

해설

각 눈이 나오는 기대치는 $E_i = nP_{i_0} = 60 \times \frac{1}{6} = 10$이므로

눈	1	2	3	4	5	6
관측치	9	12	13	9	11	6
기대치	10	10	10	10	10	10

따라서

$$\chi_0^2 = \sum \frac{(관측치 - 기대치)^2}{기대치}$$
$$= \frac{(9-10)^2 + (12-10)^2 + \cdots + (6-10)^2}{10}$$
$$= 3.2$$

40 계량규준형 1회 샘플링검사에서 모집단의 표준편차를 알고 특성치가 낮을수록 좋은 경우, 로트의 평균치를 보증하려고 할 때 합격되는 경우는?

① $\overline{X} \geq S_U - k\sigma$
② $\overline{X} \geq m_o - G_o\sigma$
③ $\overline{X} \leq S_U + k\sigma$
④ $\overline{X} \leq m_o + G_o\sigma$

제3과목 | 생산시스템

41 표준시간 설정을 위한 수행도 평가방법에 해당하지 않는 것은?

① 속도평가법
② 라인밸런싱법
③ 객관적평가법
④ 평준화법(Westinghouse 시스템)

해설

라인밸런싱법은 제품별 배치분석방법이다.

수행도 평가(Performance Rating) : 실제 관측된 작업속도를 정상적인 기준의 작업속도와 비교한 평정계수로 관측시간치를 정상적인 속도로 수정하는 것이다. 수행도 평가방법의 종류는 다음과 같다.

• 속도평가법 : 작업동작의 속도와 기준속도를 비교하여 작업동작의 속도를 계량화하여 작업자의 작업속도를 정상 속도화하는 것이다(작업 난이도 상승 표준속도와 작업의 유효속도 비교).

• 객관적 평가법 : 객관적 레이팅필름에 의해서 1차 속도 평가를 행하고 작업의 난이도에 따라 2차 평가를 하며 평가자 주관의 개입을 적게 하고 평가오차를 감소시킨다.

• 평준화법(웨스팅하우스법) : 관측한 작업속도를 작업의 숙련도(Skill), 작업의 노력도(Effort), 작업의 조건, 작업의 일관성(Consistency) 등의 4가지를 변동요인(수행도 평가 반영요소) 또는 평정시스템의 요소로 하여 작업을 평가하고 각각의 평가에 상당하는 평준화계수를 반영하여 정미시간을 산출하는 방법이다.

• 페이스평가법(Pace Rating) : 속도평가법과 노력평가법을 발전시켜 페이스라는 개념으로 변경하고, 여러 가지 다른 형태의 작업에 대해 일련의 기본 표준을 설정하며 각종 작업 고유의 정상 페이스를 습득하여 실제 작업을 평가하는 방법이다.

• SAM 레이팅(Society for Advancement of Management) : 공정한 1일 작업량 산출을 위하여 24종의 간단한 현장작업, 사무작업, 실험실 작업을 16[mm] 정속 모터가 장착된 카메라로 촬영 및 조사하며 레이팅하는 방법이다.

• 합성평가법(종합적 평준화법 또는 합성레이팅법, Synthetic Rating) : 관측된 작업 중에서 요소작업에 대한 대표치를 PTS법으로 분석하고, PTS에 의한 시간치와 관측시간치의 비율을 구하여 레이팅계수를 산정한 후 다른 요소작업에 적용시키는 Rating기법이다.

42 JIT 생산방식에 관한 설명으로 틀린 것은?

① 생산의 평준화를 추구한다.

② 프로젝트 생산방식에 적합하다.

③ 간판을 활용한 Pull 생산방식이다.

④ 생산준비시간의 단축이 필요하다.

해설

JIT 생산방식(적시생산방식) : 생산량을 늘리지 않고 생산성을 향상시켜야 하는 과제를 해결하기 위하여 생산에 필요한 부품을 필요한 때, 필요한 양을 생산공정이나 현장에 인도하여 적시에 생산하는 방식이다. TPS(도요타 생산시스템) 자체를 JIT라고 할 정도로 TPS의 대표적인 기법이며 린 생산방식(Lean Production)이라고도 한다.

43 자주보전활동 7스텝 중 '설비의 기능구조를 알고 보전 기능을 몸에 익힌다.'는 내용은 어디에 해당하는가?

① 1스텝 : 초기 청소

② 2스텝 : 발생원·곤란 개소 대책

③ 3스텝 : 청소·급유·점검기준 작성

④ 4스텝 : 총점검

해설

자주보전활동 7스텝

• 1스텝 : 초기 청소(먼지, 더러움을 없애고 설비의 불합리 발견과 복원)

• 2스텝 : 발생원·곤란 개소 대책(먼지, 더러움의 발생원, 비산의 방지나 청소·급유의 곤란 개소를 개선하여 청소·급유의 시간을 단축시킨다)

• 3스텝 : 청소·급유·점검기준 작성(단시간으로 청소·급유를 확실히 유지할 수 있도록 행동기준 작성)

• 4스텝 : 총점검
  - 점검 매뉴얼에 의한 점검기능교육과 총점검 실시에 의한 설비 미흡을 적출하고 복원시킨다.
  - 설비기능의 구조를 알고 보전기능을 몸에 익힌다.

• 5스텝 : 자주점검(체크시트의 작성 실시로 오퍼레이션의 신뢰성 향상)

• 6스텝 : 정리, 정돈(각종 현장관리의 표준화를 실시하고, 작업의 효율화와 품질 및 안전의 확보를 꾀한다)

• 7스텝 : 자주관리의 철저(MTBF 분석기록을 확실하게 해석하여 설비 개선을 꾀한다)

44 총괄생산계획(APP) 기법 중 시행착오의 방법으로 이해하기 쉽고, 사용이 간편한 것은?

① 도시법

② 탐색결정기법

③ 선형계획법

④ 휴리스틱기법

해설

도시법(시행착오법)

• 그림으로 이해를 용이하게 하는 도시법은 생산량과 재고수준을 총비용이 최소가 되는 생산계획을 모색하는 방법이다.

• 시행착오의 방법으로 이해하기 쉽고 사용하기 간편하다.

• 도표에서 나타내는 모델이 정적이며 여러 대안 중 최적안 제시가 어렵다.

45 PERT기법에서 최조시간(TE ; Earliest Possible Time)과 최지시간(TL ; Latest Allowable Time)의 계산방법으로 맞는 것은?

① TE, TL 모두 전진 계산

② TE, TL 모두 후진 계산

③ TE는 전진 계산, TL은 후진 계산

④ TE는 후진 계산, TL은 전진 계산

해설

TE는 활동이 시작되는 가장 빠른 시간으로 최초 단계부터 전진해 가면서 계산(전진 계산)하며, TL은 활동이 가장 늦게 완료돼도 되는 허용완료시간이며 최종단계로부터 후진해 가면서 계산(후진 계산)한다.

46 연간 10,000단위 수요가 있으며 생산준비비용이 회당 2,000원, 재고유지비용이 연간 단위당 100원일 때 연간 생산율이 20,000단위라면, 경제적 생산량은 약 몇 단위인가?

① 525단위 　　　② 633 단위

③ 759단위 　　　④ 895 단위

해설

경제적 생산량

$$EPQ = \sqrt{\frac{2CD}{H} \times \frac{p}{p-d}}$$

$$= \sqrt{\frac{2 \times 2,000 \times 10,000}{100} \times \frac{20,000}{20,000 - 10,000}} \simeq 895\text{단위}$$

47 공급사슬에서 고객으로부터 생산자로 갈수록 주문량의 변동 폭이 증가되는 현상을 무엇이라고 하는가?

① 상쇄효과 　　　② 채찍효과

③ 물결효과 　　　④ 학습효과

해설

채찍효과(Bullwhip Effect) : 공급사슬 내에서 역으로 거슬러 올라갈수록 불확실성에 의한 변동 폭이 커지는 현상이다.

• 공급사슬이론에서 채찍효과를 발생시키는 주원인은 수요나 공급의 불확실성에 있다.
• SCM은 채찍효과를 제거하기 위하여 전체 공급사슬의 실시간 정보 공유를 통한 동기화(Synchronization)를 기본으로 한 전략적 제휴시스템이다.
• 채찍효과 발생원인 : 내부원인(설계 변경, 정보 오류, 서비스·제품 판매 촉진 등), 외부 원인(주문 수량 변경 등)
• 라이트(J. M. Wright)가 주장한 채찍효과의 대처방안 : 변동 폭의 감소, 리드타임의 단축, 전략적 파트너십, 불확실성의 감소 등

48 보전작업자가 각 제조부서의 감독자 밑에 있는 보전조직을 무엇이라고 하는가?

① 부문보전 　　　② 집중보전

③ 지역보전 　　　④ 절충보전

해설

① 부문보전
• 각 제조부문의 감독자 밑에 보전업무를 담당하는 작업자를 배치하는 형태의 보전조직이다.
• 각 부서별·부문별로 보전요원을 배치하여 보전활동을 실시한다.
• 특정 설비에 대한 습숙이 용이하다.
• 보전책임 소재가 불명확하다.
• 보전기술의 향상이 곤란하다.
• 생산 우선으로 보전이 경시된다.

② 집중보전 : 보전요원이 특정관리자 밑에 상주하면서 보전활동을 실시한다.
③ 지역보전 : 특정지역에 분산배치되어 보전확률을 실시한다.
④ 절충보전 : 부문보전, 집중보전, 지역보전의 3가지 보전방식의 장점을 절충한 방식이다.

49 불확실성하에서의 의사결정 기준에 대한 설명으로 틀린 것은?

① Laplace 기준 : 가능한 한 성과의 기대치가 가장 큰 대안을 선택

② MaxiMin 기준 : 가능한 한 최소의 성과를 최대화하는 대안을 선택

③ Hurwicz 기준 : 기회손실의 최댓값이 최소화되는 대안을 선택

④ MaxiMax 기준 : 가능한 한 최대의 성과를 최대화하는 대안을 선택

해설

후르비치 준거(Hurwicz Ctiterion) : 맥시민 준거와 맥시맥스 준거를 절충한 방법으로, 일반적으로 의사결정자는 낙관적이지도 비관적이지도 않으므로 의사결정자들은 화폐예측치를 구하여 이 값이 가장 큰 값을 선택한다는 것을 가정한다. 낙관계수를 σ, 비관계수를 $(1 - \sigma)$라고 하면, 화폐예측치 공식은 '화폐예측치 = σ × 최대 이익액 + $(1 - \sigma)$ × 최소 이익액'이다. σ는 0~1의 값을 가지며 σ가 1이면 완전 낙관주의(맥시맥스 준거), σ가 0이면 완전비관주의(맥시민 준거)에 해당한다.

50 스톱워치에 대한 시간연구에서 관측대상 작업을 여러 개의 요소작업으로 구분하여 시간을 측정하는 이유에 해당하지 않는 것은?

① 같은 유형의 요소작업 시간자료로부터 표준자료를 개발할 수 있다.

② 요소작업을 명확하게 기술함으로써 작업내용을 보다 정확하게 파악할 수 있다.

③ 모든 요소작업의 여유율을 동일하게 부여하여 여유시간을 정확하게 구할 수 있다.

④ 작업방법이 변경되면 해당되는 부분만 시간연구를 다시 하여 표준시간을 쉽게 조정할 수 있다.

해설
스톱워치에 의한 시간연구에서 관측대상 작업을 여러 개의 요소작업으로 구분하여 시간을 측정하는 이유
• 모든 요소작업의 여유율을 다르게 부여하여 여유시간을 정확하게 구할 수 있다.
• 요소작업을 명확하게 기술함으로써 작업내용을 보다 정확하게 파악할 수 있다.
• 작업방법이 변경되면 해당되는 부분만 시간연구를 다시 하여 표준시간을 쉽게 조정할 수 있다.
• 같은 유형의 요소작업 시간자료로부터 표준자료를 개발할 수 있다.

51 동작경제의 원칙 중 공구 및 설비의 설계에 관한 원칙에 해당하지 않는 것은?

① 공구와 자재는 가능한 한 사용하기 쉽도록 미리 위치를 잡아 준다.

② 공구류는 작업의 전문성에 따라서 될 수 있는 대로 단일 기능의 것을 사용해야 한다.

③ 각 손가락이 서로 다른 작업을 할 때에는 작업량을 각 손가락의 능력에 맞게 분배해야 한다.

④ 발로 조작하는 장치를 효과적으로 사용할 수 있는 작업에서는 이러한 장치를 활용하여 양손이 다른 일을 할 수 있도록 한다.

해설
동작경제의 원칙 중 공구·설비의 설계(디자인)에 관한 원칙
• 가능하면 두 개 이상의 기능이 있는 공구를 사용한다.
• 2가지 이상의 공구는 가능한 한 기능을 결합하여 사용한다.
• 공구와 지그는 가능한 한 사용하기 쉽도록 미리 위치를 잡아 준다.
• 발로 조작하는 장치로 효과적으로 수행할 수 있는 작업에는 손을 사용하지 말아야 한다.
• 각 손가락이 서로 다른 작업을 할 때에는 작업량을 각 손가락의 능력에 맞게 분배해야 한다.
• 손 이외의 신체 부분을 이용하여 손의 노력을 경감시켜야 한다.
• 도구와 재료는 가능한 한 다음에 사용하기 쉽게 놓아야 한다.

52 분산 구매의 장점이 아닌 것은?

① 자주적 구매가 가능하다.

② 긴급 수요의 경우 유리하다.

③ 가격이나 거래조건이 유리하다.

④ 구매수속이 간단하여 신속하게 처리할 수 있다.

해설
가격이나 거래조건이 유리한 경우는 집중 구매의 장점이다.

53 주문생산시스템에 관한 내용으로 맞는 것은?

① 생산의 흐름은 연속적이다.

② 소품종 대량 생산에 적합하다.

③ 다품종 소량 생산에 적합하다.

④ 동일 품목에 대하여 반복 생산이 쉽다.

주문생산시스템은 생산의 흐름이 단속적이고, 동일 품목에 대하여 반복 생산이 쉽지 않다.

54 다음의 자료를 보고 우선순위에 의한 긴급률법으로 작업 순서를 정한 것으로 맞는 것은?

작 업	작업일수	납기일	여유일
A	6	10	4
B	2	8	6
C	2	4	2
D	2	10	8

① A － C － B － D

② A － B － C － D

③ D － C － B － A

④ D － B － C － A

긴급률 $= \dfrac{\text{납기일}}{\text{작업일}}$ 이므로,

긴급률이 작은 것부터 우선순위로 할당한다.

각 긴급률은 A $= \dfrac{10}{6} = 1.67$, B $= \dfrac{8}{2} = 4$, C $= \dfrac{4}{2} = 2$, D $= \dfrac{10}{2} = 5$

이므로 우선순위 할당은 A － C － B － D 순으로 한다.

55 다음 (   ) 안에 알맞은 용어는?

> [다 음]
>
> (   )란 부품 및 제품을 설계하고, 제조하는 데 있어서 설계상, 가공상 또는 공정경로상 비슷한 부품을 그룹화하여 유사한 부품들을 하나의 부품군으로 만들어 설계, 생산하는 방식이다.

① GT

② FMS

③ SLP

④ QFD

② FMS(Flexible Manufacturing System, 유연생산시스템) : 생산요소에 대한 유연성을 감안한 생산방식으로, 특히 컴퓨터를 사용한 DNC(여러 대의 수치제어기계)와 자동 컨베이어 시스템을 제어 컴퓨터에 연결하여 다양한 생산에 적합하게 설계된 시스템이다. 생산가공작업장에 자동화된 자재 취급 및 저장수단이 상호 연결되어 있고 통합된 컴퓨터시스템에 의해 제어되는 생산시스템이다.

③ SLP(Systematic Layout Planning, 체계적 설비계획) : 머더(R. Muther)에 의해 개발된 것으로 생산, 운수, 창고, 지원서비스, 사무활동과 관련된 여러 문제들을 적용하여 계획을 수립하는 조직적인 접근방법이다.

④ QFD : 고객의 요구를 파악하여 제품으로 만들어 낼 때까지의 일련의 활동으로, 고객의 요구와 기대를 규명하고 설계 및 생산 사이클을 통하여 목적과 수단의 계열에 따라 계통적으로 전개되는 포괄적인 계획화 과정이다.

56 생산시스템 운영에서 생산계획을 수립하기 위한 기초 자료는?

① 작업능력 검토

② 제품 수요의 예측

③ 재고의 수준 검토

④ 제품 품질수준 검토

57 어느 작업자의 시간연구 결과 평균작업시간이 단위당 20분이 소요되었다. 작업자의 레이팅계수는 95[%]이고, 여유율은 정미시간의 10[%]일 때 외경법에 의한 표준시간은 얼마인가?

① 14.5분
② 16.4분
③ 18.1분
④ 20.9분

해설

ST = 정미시간 × (1 + 여유율)
= (20×0.95)×(1+0.1) = 20.9분

58 설비배치의 일반적인 목적과 가장 거리가 먼 것은?

① 설비 및 인력의 증대
② 운반 및 물자 취급의 최소화
③ 안전 확보와 작업자의 직무만족
④ 공정의 균형화와 생산 흐름의 원활화

해설

설비배치의 목적
• 설비 및 인력의 최적화(최소화)
• 공간의 효율적 이용
• 공정의 균형화와 생산 흐름의 원활화
• 운반 및 물자 취급의 최소화
• 안전 확보와 작업자의 직무만족
※ 설비배치의 근본적인 목적은 생산시스템의 유용성이 크도록 기계, 원자재, 작업자 등의 생산요소와 생산설비의 배열을 최적화하는 것이다.

59 다음의 MRP(Material Requirements Planning) 특징으로 맞는 것을 모두 선택한 것은?

[다 음]
㉠ MRP의 입력요소는 BOM(Bill Of Material), MPS(Master Production Scheduling), 재고기록철(Inventory Record File)이다.
㉡ 소요량 개념에 입각한 종속 수요품의 재고관리 방식이다.
㉢ 종속 수요품 각각에 대하여 수요 예측을 별도로 할 필요가 없다.
㉣ 상황 변화(수요, 공급, 생산능력의 변화 등)에 따른 생산일정 및 자재계획의 변경이 용이하다.
㉤ 상위 품목의 생산계획에 따라 부품의 소요량과 발주시기를 계산한다.

① ㉡, ㉢, ㉣, ㉤
② ㉠, ㉡, ㉢, ㉤
③ ㉠, ㉡, ㉣, ㉤
② ㉠, ㉡, ㉢, ㉣, ㉤

해설

MRP(Material Requirements Planning) 특징
• MRP의 입력요소는 BOM(Bill Of Material), MPS (Master Production Scheduling), 재고기록철(Inventory Record File)이다.
• 소요량 개념에 입각한 종속 수요품의 재고관리 방식이다.
• 종속 수요품 각각에 대하여 수요 예측을 별도로 할 필요가 있다.
• 상황 변화(수요, 공급, 생산능력의 변화 등)에 따른 생산일정 및 자재계획의 변경이 용이하다.
• 상위 품목의 생산계획에 따라 부품의 소요량과 발주시기를 계산한다.

60 다음의 표는 Taylor, Ford 그리고 Mayo시스템을 비교한 것이다. 내용 중 틀린 것은?

구 분	시스템 내 용	테일러 시스템	포드 시스템	메이요 시스템
㉠	핵심 부분	과업관리에 의한 성과급제	이동조립법 에 의한 동시 관리	호손실험에 의한 인간관계
㉡	내 용	과학적 관리법	대량 생산 시스템	인간관계론
㉢	중시사상	생산 가치	생산 가치	인간 가치
㉣	약 점	고능률주의 로 작업자 혹사	고정비 부담이 적음	감성적인 면에 너무 치우침

① ㉠　　　　　　② ㉡
③ ㉢　　　　　　④ ㉣

해설

시스템 내 용	테일러시스템	포드시스템	메이요시스템
약 점	고능률주의로 작업자 혹사	고정비 부담이 큼	감성적인 면에 너무 치우침

제4과목 | **신뢰성관리**

61 Y전자부품의 수명은 전압에 대하여 5승 법칙에 따른다. 전압을 정상치보다 30[%] 증가시켜 가속수명시험을 하여 얻은 데이터로부터 추정한 평균수명은 정상수명시험에서 얻은 데이터로부터 추정한 평균수명에 비해 약 얼마나 단축되는가?

① $\dfrac{1}{5.0}$　　　　② $\dfrac{1}{3.7}$

③ $\dfrac{1}{2.5}$　　　　④ $\dfrac{1}{1.3}$

해설

가속계수 : $AF = \left(\dfrac{V_s}{V_n}\right)^{\alpha} = (1.3)^5 \simeq 3.7$이므로 $\dfrac{1}{3.7}$ 배 단축된다.

---

62 다음 그림과 같은 FT도에서 정상사상(Top Event)의 고장확률은 약 얼마인가?(단, 기본사상 a, b, c의 고장확률은 각각 0.2, 0.3, 0.4이다)

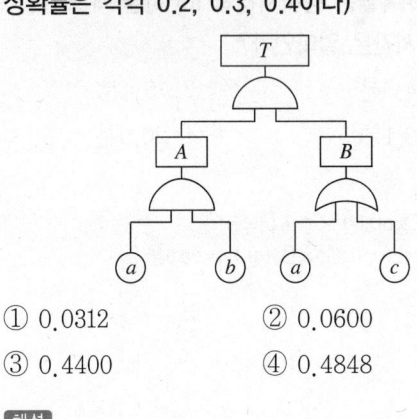

① 0.0312　　　　② 0.0600
③ 0.4400　　　　④ 0.4848

해설

$$F_T = F_a \times F_b$$
$$= ab(a+b) = a^2b + abc = ab + abc$$
$$= ab(1+c) = ab = 0.2 \times 0.3 = 0.0600$$

---

63 다음은 어떤 전자장치의 보전시간을 집계한 표이다. MTTR의 추정치는 약 몇 시간인가?

보전시간(h)	보전 완료 건수
1	18
2	12
3	5
4	3
5	1
6	1

① 1　　　　　　② 2
③ 3　　　　　　④ 4

해설

$$MTTR = \frac{총보전시간}{보전 건수} = \frac{1 \times 18 + 2 \times 12 + \cdots + 6 \times 1}{18 + 12 + \cdots + 1} = 2$$

64 정시중단시험에서 고장 개수가 0개인 경우 어떠한 분포를 이용하여 평균수명을 구하는가?

① 정규분포
② 초기하분포
③ 이항분포
④ 푸아송분포

65 $\lambda_1 = 0.001$, $\lambda_2 = 0.001$인 두 부품으로 구성된 직렬시스템에서 $t = 100$일 때 시스템의 신뢰도(R), 고장률(λ), MTTF는 각각 약 얼마인가?(단, 고장은 지수분포를 따른다)

① $R = 0.8187$, $\lambda = 0.002$, $MTTF = 500$
② $R = 0.8187$, $\lambda = 0.001$, $MTTF = 1,000$
③ $R = 0.9048$, $\lambda = 0.002$, $MTTF = 500$
④ $R = 0.9048$, $\lambda = 0.000001$, $MTTF = 1,000,000$

66 지수분포를 따르는 어떤 기기의 고장률은 0.02/시간이고, 이 기기가 고장 나면 수리하는 데 소요되는 평균시간이 30시간이라면, 이 기기의 가용도(Availability)는 몇 [%]인가?

① 37.5
② 50.0
③ 62.5
④ 80.0

67 고장평점법에서 평점요소로 기능적 고장 영향의 중요도(C_1), 영향을 미치는 시스템의 범위(C_2), 고장 발생 빈도(C_3)를 평가하여 평가점을 $C_1 = 3$, $C_2 = 9$, $C_3 = 6$을 얻었다면, 고장평점(C_s)는 약 얼마인가?

① 4.45
② 5.45
③ 8.72
④ 12.72

68 신뢰성보증시험에서 계량형 특성을 갖는 자료를 분석하는 데 주로 사용되는 수명분포는?

① 지수분포
② 초기하분포
③ 이항분포
④ 베르누이분포

69 고장분포함수가 지수분포인 n개 부품의 고장시간이 t_1, t_2, $\cdots$, t_n으로 얻어졌다. 평균고장시간(MTBF)에 대한 추정식으로 맞는 것은?

① $\dfrac{t_1}{n}$

② $\dfrac{n}{\left(\sum\limits_{i=1}^{n} t_i\right)}$

③ $\dfrac{t_n}{n}$

④ $\dfrac{\left(\sum\limits_{i=1}^{n} t_i\right)}{n}$

70 300개의 전구로 구성된 전자제품에 대하여 수명시험을 한 결과 4시간과 6시간 사이의 고장 개수가 20개이다. 4시간에서 이 전구의 고장확률밀도함수 $f(t)$는 약 얼마인가?

① 0.0333/시간

② 0.0367/시간

③ 0.0433/시간

④ 0.0457/시간

해설
$$f(t) = \frac{\text{시간 } t\text{와 } (t+\Delta t) \text{ 간의 고장 개수}}{N \cdot \Delta t}$$
$$= \frac{20}{300 \times (6-4)} = 0.0333/\text{시간}$$

71 고장률 λ를 가지는 리던던시 시스템을 다음 그림과 같이 병렬로 구성하였을 때 신뢰도함수 $R(t)$는?(단, 각각의 부품은 동일한 고장률을 갖는 지수분포를 따른다)

① $2e^{-\lambda t} - e^{-2\lambda t}$

② $2e^{-\lambda t} - e^{-\frac{\lambda t}{2}}$

③ $e^{-\lambda t} - e^{-\frac{\lambda t}{2}}$

② $\dfrac{1}{2}e^{-\lambda t} - e^{-\frac{\lambda t}{2}}$

해설
2개 부품이 병렬결합모델인 경우
$$R_s(t) = R_1(t) + R_2(t) - R_1(t)R_2(t)$$
$$= e^{-\lambda_1 t} + e^{-\lambda_2 t} - e^{-\lambda_1 t} \times e^{-\lambda_2 t}$$
$$= e^{-\lambda_1 t} + e^{-\lambda_2 t} - e^{-(\lambda_1 + \lambda_2)t}$$
$$= 2e^{-\lambda t} - e^{-2\lambda t}$$

72 신뢰성 데이터 해석에 사용되는 확률지 중 가장 널리 사용되는 와이블확률지에 대한 설명으로 틀린 것은?

① $E(t)$는 $\eta \cdot \Gamma\left(1 + \dfrac{1}{m}\right)$으로 계산한다.

② $F(t)$는 $\dfrac{i - 0.3}{n + 0.4}$로 계산한 값을 타점한다.

③ 모수 m의 추정은 $\dfrac{\ln(1 - F(x))^{-1}}{t}$의 값이다.

④ η의 추정은 타점의 직선이 $F(t) = 63[\%]$인 선과 만나는 점의 하측 눈금(t눈금)을 읽은 값이다.

해설
$\ln t_0 = 1.0$과 $\ln\ln\dfrac{1}{1-F(t)} = 0$과의 교점을 m 추정점이라고 한다.
추정점으로부터 회귀선과 평행선을 긋고 $\ln t = 0$인 선과 만나는 점을 우측으로 이동시켜 만나는 값의 부호를 바꾸면 m 추정치가 된다.

73 10개의 샘플에 대하여 4개가 고장 날 때까지 수명시험을 한 결과 10시간, 20시간, 30시간, 40시간에 각각 1개씩 고장이 났다. 이 샘플의 고장이 지수분포에 따라 발생한다고 하면 MTBF의 점 추정치는 몇 시간인가?

① 25시간   ② 34시간

③ 85시간   ④ 100시간

해설

$$MTBF = \frac{\sum_{i=1}^{r} t_i + (n-r)t_r}{r}$$

$$= \frac{10+20+30+40+(10-4)\times 40}{4}$$

$$= 85$$

74 각 요소의 신뢰도가 0.9인 2 Out of 3 시스템(3 중 2 시스템)의 신뢰도는 약 얼마인가?

① 0.85   ② 0.95

③ 0.97   ④ 0.99

해설

$$R_s = \sum_{i=k}^{n} {}_n C_i R^i (1-R)^{n-i}$$

$$= {}_3C_2 R^2(1-R)^{3-2} + {}_3C_3 R^3(1-R)^{3-3}$$

$$= \frac{3!}{2!(3-2)!} \times 0.9^2 \times 0.1^1 + 0.9^3$$

$$= 0.243 + 0.729 \simeq 0.97$$

75 다음은 신뢰성 설계항목에 관한 내용으로 신뢰성 설계 순서를 나열한 것으로 맞는 것은?

[다 음]
㉠ 신뢰성 요구사항 분석
㉡ 신뢰도 목표 설정
㉢ 신뢰도 분배 및 설계
㉣ 설계부품 선택
㉤ 시험 및 검사규격 작성
㉥ 양산품의 신뢰성 시험

① ㉠ → ㉡ → ㉢ → ㉣ → ㉤ → ㉥

② ㉠ → ㉡ → ㉤ → ㉣ → ㉢ → ㉥

③ ㉡ → ㉠ → ㉣ → ㉢ → ㉤ → ㉥

④ ㉡ → ㉤ → ㉠ → ㉢ → ㉣ → ㉥

76 어떤 부품을 신뢰수준 90[%], $C=1$에서 $\lambda_1 = 1[\%]/10^3$ 시간임을 보증하기 위한 계수 1회 샘플링검사를 실시하고자 한다. 이때 시험시간 t를 1,000시간으로 할 때 샘플수는 몇 개인가?(단, 신뢰수준은 90[%]로 한다)

[계수 1회 샘플링 검사표]

C \ $\lambda_1 t$	0.05	0.02	0.01	0.0005
0	47	116	231	461
1	79	195	390	778
2	109	233	533	1,065
3	137	266	688	1,337

① 79   ② 195

③ 390   ④ 778

해설

$C=1$에서 $\lambda_1 = 1[\%]/10^3$ 시간이며 시험시간 t가 1,000시간이므로

$C=1$과 $\lambda_1 t = \frac{0.01}{1,000} \times 1,000 = 0.01$ 과의 교점값 390개가 샘플수가 된다.

77 마모고장기간에 나타나는 고장원인이 아닌 것은?

① 마 모   ② 부 식

③ 피 로   ④ 불충분한 번인

> **해설**
>
> 초기고장(유아기)의 원인
>
> • 설계 결함
> • 조립상의 과오(조립상의 결함)
> • 불충분한 번인(Burn-in)
> • 빈약한 제조기술
> • 표준 이하의 재료 사용
> • 불충분한 품질관리
> • 낮은 작업 숙련도
> • 불충분한 디버깅
> • 취급기술 미숙련(교육 미흡)
> • 오염 · 과오, 부적절한 설치 · 조립
> • 부적절한 저장 · 포장 · 수송(운송) · 운반 중의 부품 고장

78 어떤 재료에 가해지는 부하의 분포는 평균 1,500[kg/mm²], 표준편차 30[kg/mm²]인 정규분포를 따르고, 사용재료의 강도의 분포는 평균 1,600[kg/mm²], 표준편차 40[kg/mm²]인 정규분포를 따른다. 이 재료의 신뢰도는 약 얼마인가?

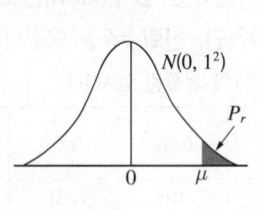

u	P_r
0.5	0.3085
1	0.1587
2	0.0228
3	0.0013

① 68.27[%]   ② 95.46[%]

③ 97.72[%]   ④ 99.73[%]

> **해설**
>
> • 해법 1 : 신뢰도
>
> $$R(t) = P\left(u > \frac{1,500 - 1,600}{\sqrt{30^2 + 40^2}}\right)$$
> $$= P(u > -2) = 0.9772 = 97.72[\%]$$
>
> • 해법 2 : 신뢰도
>
> $$1 - p\left(u > \frac{1,600 - 1,500}{\sqrt{40^2 + 30^2}}\right) = 1 - p(u > 2) = 0.9772$$
> $$= 97.72[\%]$$

79 어떤 제품의 수명이 평균 450시간, 표준편차 50시간의 정규분포에 따른다고 한다. 이 제품 200개를 새로 사용하기 시작하였다면 지금부터 500~600시간 사이에서는 평균 약 몇 개가 고장 나는가?

u	P_r
0.5	0.3085
1	0.1587
2	0.0228
3	0.0013

① 30개   ② 32개

③ 91개   ④ 100개

> **해설**
>
> 500~600시간 사이의 평균 고장 개수
>
> $$P_r\left(Z > \frac{500 - 450}{50}\right) = P_r(Z > 1)$$
> $$P_r\left(Z < \frac{600 - 450}{50}\right) = P_r(Z < 3)$$
> $$P_r(1 < Z < 3) = 0.1587 - 0.0013 = 0.1574$$
>
> 따라서 고장 수량 = $200 \times 0.1574 \approx 32$개

80 일반적인 신뢰성시험의 평균수명시험을 추정하는 방법으로 시간이나 개수를 정해 놓고 그때까지만 수명시험을 하는 시험은?

① 전수시험

② 강제열화시험

③ 가속수명시험

④ 중도중단시험

> **해설**
>
> ① 전수시험 : 신뢰성을 정확히 파악하기 위해 이용한다.
> ③ 가속수명시험 : 시험시간을 단축시킬 목적으로 실제의 사용조건보다 강화된 사용조건에서 실시하는 신뢰성시험이다.

81 제조물책임법에 명시된 결함의 종류에 해당되지 않는 것은?

① 제조상의 결함

② 설계상의 결함

③ 표시상의 결함

④ 유지보수상의 결함

> **해설**
> 제조물책임법에 명시된 결함의 종류
> • 설계상의 결함 : 제조업자가 합리적인 대체설계를 채용하였더라면 피해나 위험을 감소시키거나 피할 수 있었음에도 불구하고 대체설계를 채용하지 아니하여 당해 제조물이 안전하지 못하게 된 것이다.
> • 제조상의 결함 : 제조업자의 제조물에 대한 제조·가공상의 주의의무의 이행 여부에 불구하고 제조물이 원래 의도한 설계와 다르게 제조·가공됨으로써 안전하지 못하게 된 경우이다.
> • 표시상의 결함 : 제조업자가 합리적인 설명, 지시, 경고, 기타의 표시를 하였더라면 당해 제조물에 의하여 발생될 수 있는 피해나 위험을 줄이거나 피할 수 있었음에도 이를 하지 아니한 경우이다.

82 다음의 커크패트릭(Kirkpatrick)의 품질비용에 관한 모형 중 B는 어떤 비용을 의미하는 것인가?

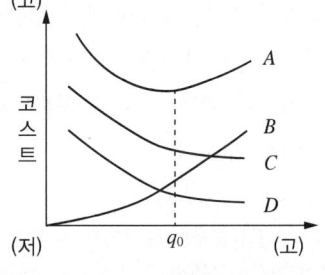

① 적합비용

② 평가비용

③ 예방비용

④ 관리비용

> **해설**
> A : 총비용, B : 예방비용, C : 실패비용, D : 평가비용

83 인증심사의 분류에 따라 심사주체가 틀린 것은?

① 내부심사 – 조직

② 제1자 심사 – 인정기관

③ 제2자 심사 – 고객

④ 제3자 심사 – 인증기관

> **해설**
> 품질심사 주체에 따른 품질심사의 분류
> • 제1자 심사 : 기업에 의한 자체 품질활동 평가(내부목적을 위하여 조직 자체에 의해 또는 조직을 대리하는 사람에 의해 수행)
> • 제2자 심사 : 구매자에 의한 협력업체에 대한 품질활동 평가 및 고객사에 의한 협력업체 제품의 품질수준 평가(고객이나 고객을 대리하는 다른 사람에 의해 수행)
> • 제3자 심사 : 심사기관에 의한 인증 대상기업의 품질활동 평가(외부의 독립적인 기관에 의해 수행)

84 산업표준화법상 산업표준화 및 품질경영에 대한 교육을 반드시 받아야 하는데, 이에 해당되는 것은?

① 직반장 교육

② 작업자 교육

③ 내부품질심사요원 양성교육

④ 경영간부교육(생산·품질 부문 팀장급 이상)

> **해설**
> 산업표준화 및 품질경영에 대한 교육(필수)
> • 경영간부 교육내용 : 사내표준화 및 품질경영 추진기법 사례 등
> • 품질관리담당자 교육내용 : 통계적인 품질관리기법, 사내표준화 및 품질경영의 추진 실시, 한국산업표준(KS)인증제도 및 사후관리 실무

85 문제가 되고 있는 사상 중 대응되는 요소를 찾아내어 행과 열로 배치하고, 그 교점에 각 요소 간의 연관 유무나 관련 정도를 표시함으로써 문제의 소재나 형태를 탐색하는 데 이용되는 기법은?

① 계통도법   ② 특성요인도

③ 친화도법   ④ 매트릭스도법

해설
① 계통도법 : 설정된 목표를 달성하기 위해 목적과 수단의 계열을 계통적으로 전개하여 최적의 목적 달성 수단을 찾고자 하는 기법이다.
② 특성요인도 : 어떤 문제에 대한 특성과 그 요인을 파악하기 위한 개선활동기법이다.
③ 친화도법 : 장래의 문제나 미지의 문제에 대해 수집한 정보를 상호 친화성에 의해 정리하고, 해결해야 할 문제를 명확히 하는 기법이다.

86 표준화의 목적으로 틀린 것은?

① 무역장벽 제거

② 제품기능의 다양화 실현

③ 안전, 건강 및 생명의 보호

④ 소비자 및 공동사회의 이익보호

해설
표준화의 목적 : 소비자 및 공동사회의 이익 보호, 생산·소비·유통 등 생산활동의 여러 분야에 적용되어 제품 및 서비스의 품질 향상과 생산성 및 효율의 향상, 관계자 간의 의사소통(제품·서비스의 생산과 관련된 규칙을 전원이 알 수 있도록 하기 위하여), 제품의 단순화와 인간생활에 있어서 행위의 단순화, 소비자 및 사용자의 요구사항 만족, 품질 유지·향상, 전체적인 경제, 생산성 향상, 비용 절감, 업무활동의 개선 추진, 안전·건강 및 생명의 보호, 무역장벽의 제거 등

87 1980년 중반에 등장한 전략경영 개념은 급변하는 기업환경 속에서 기업이 직면하고 있는 위협과 기회에 조직능력을 대응시키는 의사결정 과정이라고 할 수 있다. 이러한 전략적 경영을 전개해 가는 3단계적 접근에 해당되지 않는 것은?

① 품질 주도(Quality Initiative)

② 평가 및 통제(Evaluation Control)

③ 전략의 형성(Strategy Formulation)

④ 전략의 실행(Strategy Implementation)

해설
전략적 경영을 전개해 가는 3단계적 접근 : 전략의 형성(Strategy Formulation), 전략의 실행(Strategy Implementation), 평가 및 통제(Evaluation Control)

88 크로스비(P. B. Crosby)의 품질경영에 대한 사상이 아닌 것은?

① 수행표준은 무결점이다.

② 품질의 척도는 품질 코스트이다.

③ 품질은 주어진 용도에 대한 적합성으로 정의한다.

④ 고객의 요구사항을 해결하기 위해 공급자가 갖추어야 되는 품질시스템은 처음부터 올바르게 일을 행하는 것이다.

해설
크로스비의 품질경영에 대한 4가지 기본사상 절대원칙(Absolutes)
• 품질의 정의는 요구에의 적합성(Conformance to Requirements) (제조 품질)
• 수행표준은 무결점(ZD)
• 시스템은 예방이며 이는 처음부터 올바르게 일을 행하는 것(Do It Right The First Time)
• 품질의 척도는 품질비용(부적합비용)

89 어떤 문제에 대한 특성과 그 요인을 파악하기 위한 것으로 브레인스토밍이 많이 사용되는 개선활동기법은?

① 층별(Stratification)

② 체크시트(Check Sheet)

③ 산점도(Scatter Diagram)

④ 특성요인도(Cause & Effect Diagram)

해설

④ 특성요인도(Cause & Effect Diagram) : 어떤 문제에 대한 특성과 그 요인을 파악하기 위한 것으로 브레인스토밍이 많이 사용되는 개선활동기법으로 피시본다이어그램이라고도 한다.

① 층별(Stratification) : 부적합품이 나왔을 때 데이터가 가지고 있는 특성에 따라 두 개 이상의 부분집단(재료별, 시간별 등)으로 구분하여 데이터를 선정하면 부적합품의 원인을 파악하는 데 도움이 되는 기법으로, 로트의 형성에 있어서 원료별, 기계별로 특징이 확실한 모수적 원인으로 로트를 구분한다.

② 체크시트(Check Sheet) : 종류별로 데이터를 취하거나 확인단계에서 누락, 오류 등을 없애기 위해 간단히 체크해서 결과를 쉽게 알 수 있도록 만든 도표이다.

③ 산점도(Scatter Diagram) : 두 개의 짝으로 된 데이터를 그래프용지 위에 점으로 나타낸 그림이다. 원인과 결과 간의 관계를 나타내는 그래프로 대응하는 2개(한 쌍) 데이터의 상호관계를 보기 위한 그림이다.

90 품질경영시스템-요구사항(KS Q ISO 9001 : 2015)에서 품질목표 달성방법을 기획할 때 조직에서 정의해야 할 사항이 아닌 것은?

① 달성방법   ② 달성 대상

③ 필요자원   ④ 완료시기

해설

품질목표 달성방법을 기획할 때, 조직에서 정의해야 할 사항 : 달성 대상, 필요자원, 책임자, 완료시기, 결과 평가방법

91 6시그마의 본질로 가장 거리가 먼 것은?

① 기업경영의 새로운 패러다임

② 프로세스 평가 · 개선을 위한 과학적 통계적 방법

③ 검사를 강화하여 제품 품질수준을 6시그마에 맞춤

④ 고객만족 품질문화를 조성하기 위한 기업경영 철학이자 기업전략

해설

6시그마 품질수준을 목표로 지속적인 개선활동을 추진해야 한다.

92 품질 향상에 대한 모티베이션에 관한 설명으로 틀린 것은?

① 품질 개선활동에 있어서 달성 가능한 품질목표의 설정 없이는 효과적인 품질 모티베이션은 이룩될 수 없다.

② 작업조건, 임금, 승진 등의 환경적인 조건을 개선하는 것은 종업원으로 하여금 단기적보다는 장기적으로 일할 의욕을 가지게 한다.

③ 허츠버그(F. Herzberg)에 의하면 위생요인(Hygiene Factor), 즉 일에 불만을 주는 요인을 아무리 개선하여도 종업원의 인간적 욕구는 충족되지 않는다고 한다.

④ 동기부여가 목표지향적이라는 점에서 개인이 추구하는 목표나 성과는 개인을 이끄는 동인이라고 할 수 있는데, 바람직한 목표를 성취했을 때 욕구의 결핍은 현저하게 감소한다.

해설

작업조건, 임금, 승진 등의 환경적인 조건을 개선하는 것은 종업원으로 하여금 장기적보다는 단기적으로 일할 의욕을 가지게 한다.

93 현대 품질경영에 있어 매우 중요한 경쟁 우위에 관해 설명한 것으로 틀린 것은?

① 품질과 가격 중에서 더욱 중시되어야 할 것은 가격이다.

② 같은 품질에서 더 낮은 가격도 경쟁력의 일환이다.

③ 전략적 우위는 가격경쟁력의 확대와 품질경쟁력의 확대를 통하여 확보될 수 있다.

④ 경쟁력이 없어도 광고와 같은 판매촉진전략으로 단기적인 성과는 얻을 수도 있지만 장기적으로 지속하긴 힘들다.

> **해설**
> 품질과 가격 중에서 더욱 중시되어야 할 것은 품질이다.

94 사내표준 작성의 필요성이 큰 경우에 해당되지 않는 것은?

① 산포가 큰 경우

② 공정이 변하는 경우

③ 중요한 개선이 이루어진 경우

④ 신기술 도입 초기단계인 경우

> **해설**
> 기여율이 큰 경우와 기여율이 작은 경우
> • 기여율이 큰 경우
>   – 통계적 수법 등을 활용하여 관리하고자 하는 대상인 경우
>   – 준비 교체작업, 로트 교체작업 등 작업의 변경점에 관한 경우
>   – 공정의 산포가 클 때
>   – 공정에 변동이 있을 때
>   – 공정이 변경될 때(공정이 변하는 경우)
>   – 베테랑 당사자가 교체된 경우
>   – 숙련공이 교체될 때
>   – 새로운 정밀기기가 현장에 설치되어 새로운 공법으로 작업을 실시하게 된 경우
>   – 중요한 개선이 이루어진 경우
> • 기여율이 작은 경우
>   – 현재에 실행하기 어려우나 선진국에서 활용하고 있는 기술인 경우
>   – 신기술 도입(초기)단계인 경우
>   – 실행 가능성이 없는 내용일 때

95 Y제품의 치수의 규격이 150±1.5[mm]이라고 한다면 규정허용차는 얼마인가?

① $\sqrt{1.5}$ [mm]

② $\sqrt{3.0}$ [mm]

③ 1.5[mm]

④ 3.0[mm]

> **해설**
> 제품의 치수의 규격이 150±1.5[mm]이라면 기준치는 150[mm], 규정허용차는 1.5[mm]이다.

96 다음 그림과 같이 길이가 동일한 4개의 부품으로 조립된 제품의 규격은 10±0.03[cm]이다. 각 부품의 규격은 얼마이어야 되는가?

동일 길이임

A	B	C	D

10±0.03[cm]

① 2.5±0.015[cm]

② 2.5075±0.015[cm]

③ 2.5±0.075[cm]

④ 2.4925±0.0075[cm]

> **해설**
> 부품 하나의 규격 $2.5 \pm x$에서
> $\sqrt{4x^2} = 0.03$이므로, $x = \dfrac{0.03}{2} = 0.015$
> 따라서 부품 하나의 규격은 2.5±0.015[cm]이다.

97 회사의 경영철학을 바탕으로 경영목표를 설정하고 품질방침을 결정하는 주체는?

① 최고경영자
② 품질관리 부서장
③ 판매 부서장
④ 품질관리 실무자

99 품질 코스트의 항목 중 동일한 비용으로만 묶여진 것이 아닌 것은?

① 평가 코스트 : 수입검사비용, 공정검사비용, 완성품검사비용, 시험·검사설비보전비용
② 외부 실패 코스트 : 판매기회손실비용, 반품처리비용, 현지서비스비용, 제품책임비용
③ 내부 실패 코스트 : 스크랩비용, 재작업비용, 고장 발견 및 불량분석비용, 보증기간 중의 불만처리비용
④ 예방 코스트 : 품질계획비용, 품질사무용품비용, 외주업체 지도비용, 품질 관련 교육훈련비용

해설
- 내부 실패코스트 : 스크랩비용, 재작업비용, 고장 발견 및 불량분석비용
- 외부 실패코스트 : 보증기간 중의 불만처리비용

100 MB(Malcolm Baldridge)상 평가기준의 7가지 범주에 속하지 않는 것은?

① 리더십(Leadership)
② 품질 중시(Quality Focus)
③ 고객 중시(Customer Focus)
④ 전략기획(Strategic Planning)

해설
말콤볼드리지상의 평가기준(7가지 범주)
- Leadership(리더십)
- Strategic Planning(전략계획)
- Customer Focus(고객 초점)
- Measurement, Analysis and Knowledge Management(측정, 분석 및 지식경영)
- Workforce Focus(인력 초점)
- Operations Focus(운영 초점)
- Results(사업성)과 품질성과와 운영성과

98 오차의 발생원인 중 외부적인 영향에 의한 측정오차가 아닌 것은?

① 온 도
② 군내오차
③ 되돌림오차
④ 접촉오차

해설
군내오차는 내부적인 영향에 의한 오차에 해당된다.

2018년 제2회 과년도 기출문제

제1과목| 실험계획법

01 2^2요인배치에서 $A \times B$ 교호작용의 효과는?

B \ A	A_0	A_1
B_0	270	320
B_1	150	380

① −90

② −5

③ 5

④ 90

해설

$AB = \dfrac{1}{2}[(380+270)-(320+150)] = 90$

02 동일한 물건을 생산하는 5대의 기계에서 부적합품 여부의 동일성에 관한 실험을 하였다. 적합품이면 0, 부적합품이면 1의 값을 주기로 하고, 5대의 기계에서 각각 200개씩의 제품을 만들어 부적합품 여부를 실험하여 다음과 같은 분산분석표의 일부 자료를 얻었다. 기계 간의 부적합품률에 서로 차이가 있는지에 관한 가설검정을 실시했을 때 판정기준으로 맞는 것은?

요 인	SS	DF	MS	F_0	$F_{0.95}$	$F_{0.99}$
A	0.596	( )	( )	( )	2.37	3.32
e	( )	995	( )			
T	62.511	999				

① $F_0 < F_{0.99}$이므로, 1[%]의 위험률로 기계 간의 부적합품률의 차가 있다고 할 수 있다.

② $F_0 > F_{0.95}$이므로, 5[%]의 위험률로 기계 간의 부적합품률의 차가 있다고 할 수 없다.

③ $F_0 > F_{0.99}$이므로, 1[%]의 위험률로 기계 간의 부적합품률의 차가 있다고 할 수 없다.

④ $F_0 > F_{0.95}$이므로, 5[%]의 위험률로 기계 간의 부적합품률의 차가 있다고 할 수 있다.

해설

$F_0 = \dfrac{V_A}{V_e} = \dfrac{S_A/\nu_A}{S_e/\nu_e} = \dfrac{0.596/4}{61.915/995} \simeq 2.395$

$F_0 > F_{0.95}$이므로, 5[%]의 위험률로 기계 간의 부적합품률의 차가 있다고 할 수 있다.

03 품질특성을 3가지 형태로 구분할 때 관련 없는 것은?

① 망소특성　　　　　② 망중특성

③ 망대특성　　　　　④ 망목특성

04 $L_8(2^7)$ 직교배열표를 이용하여 관심이 있는 요인효과들의 배치가 다음 표와 같다. 실험번호 3번의 실험조건으로 맞는 것은?

실험 번호	열번호						
	1	2	3	4	5	6	7
1	0	0	0	0	0	0	0
2	0	0	0	1	1	1	1
3	0	1	1	0	0	1	1
4	0	1	1	1	1	0	0
5	1	0	1	0	1	0	1
6	1	0	1	1	0	1	0
7	1	1	0	0	1	1	0
8	1	1	0	1	0	0	1
기본 표시	a	b	ab	c	ac	bc	abc
실험 배치	A	B	$A \times B$	C	$A \times C$	e	D

① $A_0 B_0 C_0 D_1$　　② $A_0 B_1 C_1 D_0$

③ $A_0 B_1 C_0 D_1$　　④ $A_1 B_1 C_0 D_1$

해설

3번의 실험조건은 2열, 3열, 6열, 7열에 1이 배치되어 있고, 2열에 B, 7열에 D가 배치되므로 $A_0 B_1 C_0 D_1$ 이다.

05 모수요인 A, 변량요인 B의 수준수가 각각 l, m이고 반복수가 r회인 2요인실험에서 요인 A의 평균제곱의 기댓값은?

① $\sigma_e^2 + mr\sigma_A^2$

② $\sigma_e^2 + l\sigma_{A \times B}^2$

③ $\sigma_e^2 + lmr\sigma_A^2$

④ $\sigma_e^2 + mr\sigma_A^2 + r\sigma_{A \times B}^2$

06 다음의 1요인 분산분석표에 의하여 구한 검정통계량 F_0의 값은 약 얼마인가?

요 인	SS	DF
A	3.87	3
e	3.48	
계		15

① 4.45　　　　　② 5.45

③ 6.45　　　　　④ 7.45

해설

$$F_0 = \frac{V_A}{V_e} = \frac{S_A/\nu_A}{S_e/\nu_e} = \frac{3.87/3}{3.48/12} \simeq 4.45$$

07 요인 A의 수준수는 5, 요인 B의 수준수는 4이며, 모든 수준조합에서 3회씩 반복하여 실험하였다. 분산분석 결과로 교호작용은 무시할 수 있었다. 두 요인의 수준조합에서의 분산 추정을 위한 유효반복수는 얼마인가?(단, 요인 A와 요인 B는 모수요인이다)

① 2.5　　　　　② 3

③ 7.5　　　　　④ 12

해설

$$n_e = \frac{lmr}{\nu_A + \nu_B + 1} = \frac{lmr}{l+m-1} = \frac{5 \times 4 \times 3}{5+4-1} = 7.5$$

08 다음은 1요인실험에 의해 얻어진 데이터이다. 오차의 제곱합(S_e)은 약 얼마인가?

수준 Ⅰ	90, 82, 70, 71, 81
수준 Ⅱ	93, 94, 80, 88, 92, 80, 73
수준 Ⅲ	55, 48, 62, 43, 57, 86

① 120

② 135

③ 1,254

④ 1,806

해설

수정항 $CT = \dfrac{T^2}{lr} = \dfrac{1,345^2}{18} \simeq 100,501$

$S_T = \sum\sum x_{ij}^2 - CT$

$\quad = (90^2 + 82^2 + 70^2 + \cdots + 57^2 + 86^2) - 100,501$

$\quad = 4,314$

$S_A = \dfrac{\sum T_{i\cdot}^2}{r} - CT$

$\quad = \left(\dfrac{394^2}{5} + \dfrac{600^2}{7} + \dfrac{351^2}{6}\right) - 100,501$

$\quad = 2,508$

$S_e = S_T - S_A = 4,314 - 2,508 = 1,806$

10 두 변수 x, y 간에 다음의 데이터가 얻어졌다. 단순 회귀식을 적용할 때 회귀에 의하여 설명되는 제곱합 S_R을 구하면?

x_i	1	2	3	4	5
y_i	8	7	5	3	2

① 0.4

② 0.98

③ 25.6

④ 26.0

해설

$S_R = \dfrac{S_{xy}^2}{S_{xx}} = \dfrac{(-16)^2}{10} = 25.6$

09 다음의 두 선형식은 대비의 조건을 만족하고, $c_1 c_1' + c_2 c_2' + \cdots + c_l c_l' = 0$이 성립될 때 L_1, L_2는 서로 무엇을 하고 있다고 할 수 있는가?

$$L_1 = c_1 T_{1\cdot} + c_2 T_{2\cdot} + \cdots + c_l T_{l\cdot}$$
$$L_2 = c_1' T_{1\cdot} + c_2' T_{2\cdot} + \cdots + c_l' T_{l\cdot}$$

① 직 교

② 종 속

③ 교 락

④ 교호작용

해설

대비의 조건을 만족하고, $c_1 c_1' + c_2 c_2' + \cdots + c_l c_l' = 0$이 성립될 때 L_1, L_2는 서로 직교하고 있다.

11 실험분석결과의 해석과 조치에 대한 설명으로 틀린 것은?

① 실험결과의 해석은 실험에서 주어진 조건 내에서만 결론을 지어야 한다.

② 실험결과로부터 최적 조건이 얻어지면 확인실험을 실시할 필요가 없다.

③ 취급한 요인에 대한 결론은 그 요인수준의 범위 내에서만 얻어지는 결론이다.

④ 실험결과의 해석이 끝나면 작업 표준을 개정하는 등 적절한 조치를 취해야 한다.

해설

실험결과로부터 최적 조건이 얻어지더라도 확인실험을 실시해야 한다.

12 교락법에 관한 설명으로 틀린 것은?

① 실험 횟수를 늘리지 않는다.

② 실험 전체를 몇 개의 블록으로 나누어 배치한다.

③ 다른 환경 내의 실험 횟수는 적게 하도록 고안되었다.

④ 실험으로 실험오차를 적게 할 수 있으므로 실험 정도가 향상된다.

해설
교락법은 동일한 환경 내의 실험을 통하여 균일한 실험을 하여 실험의 정도를 좋게 하도록 고안되었다.

13 요인 수가 3개(A, B, C)인 반복 있는 3 요인실험에서 요인의 수준수를 각각 l, m, n이고, 반복수가 r이다. A, B요인은 모수이고 C요인이 변량일 때 평균제곱의 기댓값 $E(V_A)$를 구하는 식으로 맞는 것은?

① $\sigma_e^2 + mnr\sigma_A^2$

② $\sigma_e^2 + mr\sigma_{A\times C}^2 + mnr\sigma_A^2$

③ $\sigma_e^2 + r\sigma_{A\times B\times C}^2 + mnr\sigma_A^2$

④ $\sigma_e^2 + r\sigma_{A\times B\times C}^2 + mr\sigma_{A\times C}^2 + mnr\sigma_A^2$

14 $L_{27}(3^{13})$의 직교배열표에 있어서 배치된 요인수가 10개일 때, 오차의 자유도는?

① 6   ② 8

③ 9   ④ 10

해설
$\nu_e = (13-10)\times 2 = 3\times 2 = 6$

15 반복이 없는 2요인실험(모수모형)의 분산분석표에서 ( ) 안에 들어갈 식은?

요인	SS	DF	MS	$E(V)$
A	772	4	193.0	$\sigma_e^2 + 4\sigma_A^2$
B	587	3	195.7	( )
e	234	12	19.5	
T	1593	19		

① $\sigma_e^2 + 2\sigma_B^2$ ② $\sigma_e^2 + 3\sigma_B^2$

③ $\sigma_e^2 + 4\sigma_B^2$ ④ $\sigma_e^2 + 5\sigma_B^2$

해설
$E(V_B) = \sigma_e^2 + 5\sigma_B^2$

16 A_1 수준에 속해 있는 B_1과 A_2 수준에 속해 있는 B_1은 동일한 것이 아닌 실험설계법?

① 난괴법   ② 지분실험법

③ 교락법   ④ 라틴방격법

해설
A_1 수준에 속해 있는 B_1과 A_2 수준에 속해 있는 B_1이 동일한 실험설계법은 난괴법, 교락법, 라틴방격법이다.

17 A, B, C 3요인 라틴방격 실험에서 분산분석 후의 추정에 관한 설명 중 맞는 것은?

① $\mu(A_i)$의 $(1-\alpha)$ 신뢰구간은

$$\bar{x}_{i\cdot\cdot} \pm t_{1-\alpha/2}(\nu_e)\sqrt{\frac{V_e}{k}}\ \text{이다.}$$

② 3요인 수준조합 $A_iB_jC_l$에서의 유효반복수(n_e)는 $\dfrac{k^2}{3k-1}$이다.

③ 분산분석표의 F검정에서 유의한 요인에 대해서는 각 요인수준에서 특성치의 모평균을 추정하는 것은 의미가 없다.

④ B는 유의하고 A, C는 유의하지 않을 때 A_iC_l의 수준조합에서 $(1-\alpha)$ 신뢰구간은

$$(\bar{x}_{i\cdot\cdot} + \bar{x}_{\cdot\cdot l} - \bar{\bar{x}}) \pm t_{1-\alpha}(\nu_e)\sqrt{\frac{2V_e}{n_e}}\ \text{이다.}$$

해설

② 3요인 수준조합 $A_iB_jC_l$에서의 유효반복수(n_e)는 $\dfrac{k^2}{3k-2}$이다.

③ 분산분석표의 F검정에서 유의한 요인에 대해서는 각 요인수준에서 특성치의 모평균을 추정하는 것은 의미가 있다.

④ B는 유의하지 않고 A, C는 유의할 A_iC_l의 수준조합에서 $(1-\alpha)$ 신뢰구간은 $(\bar{x}_{i\cdot\cdot} + \bar{x}_{\cdot\cdot l} - \bar{\bar{x}}) \pm t_{1-\alpha}(\nu_e)\sqrt{\dfrac{2V_e}{n_e}}$ 이다.

18 일부실시법(Fractional Factorial Design)에 대한 설명으로 틀린 것은?

① 요인의 조합 중 일부만을 실시한다.

② 고차의 교호작용이 존재하면 용이해진다.

③ 각 효과의 추정식이 같다면 각 요인은 별명이다.

④ 실험의 크기를 될수록 작게 하고자 할 때 사용한다.

해설

일부실시법은 고차의 교호작용이 존재하지 않는다.

19 1요인실험의 분산분석에서 데이터의 구조모형이 $x_{ij} = \mu + a_i + e_{ij}$로 표시될 때, e_{ij}(오차)의 가정이 아닌 것은?

① 비정규성 : $e_{ij} \sim N(\mu, \sigma^2)$에 따르지 않는다.

② 불편성 : 오차 e_{ij}의 기대치는 0이고, 편의는 없다.

③ 독립성 : 임의의 e_{ij}와 $e_{i'j'}(i \neq i'$ 또는 $j \neq j')$는 서로 독립이다.

④ 등분산성 : 오차 e_{ij}의 분산은 σ_e^2으로 어떤 i, j에 대해서도 일정하다.

해설

정규성 : $e_{ij} \sim N(0, \sigma_e^2)$에 따른다.

20 1차 단위가 일원배치인 단일분할법의 특징 중 틀린 것은?

① 2차 단위요인이 1차 단위요인보다 더 정도가 좋게 추정된다.

② A, B 두 인자 중 수준의 변경이 어려운 인자는 1차 단위에 배치한다.

③ 1차 단위오차는 $l(m-1)(r-1)$이고, 2차 단위오차는 $(l-1)(r-1)$이다.

④ 1차 단위요인과 2차 단위요인의 교호작용은 2차 단위에 속하는 요인이 된다.

해설

1차 단위오차는 $(l-1)(r-1)$이고, 2차 단위오차는 $l(m-1)(r-1)$이다.

21 F분포에 대한 설명으로 틀린 것은?

① $F = \dfrac{V_1}{V_2}$ 에서 ν_2가 무한대라면 $F = \dfrac{\chi_2}{\nu_2}$ 로 된다.

② $F_\alpha(\nu_1, \infty)$의 값은 $\chi_\alpha^2(\nu)$의 값을 ν_1으로 나눈 값과 같다.

③ F의 α값이 수치표에 없을 때에는 F의 값을 $F_\alpha(\nu_1, \nu_2) = \dfrac{1}{F_{1-\alpha}(\nu_2, \nu_1)}$ 의 관계로부터 해야 한다.

④ $N(\mu, \sigma^2)$에서 샘플 2벌을 독립되게 추출했을 때, $F = \dfrac{V_1}{V_2}$ 와 같이 표시되는 F분포를 따른다.

해설

$F = \dfrac{V_1}{V_2}$ 에서 ν_2가 무한대라면 $F = \dfrac{V_1}{\sigma^2}$ 로 된다.

22 다음 그림은 로트의 평균치를 보증하는 계량규준형 1회 샘플링 검사를 설계하는 과정을 나타낸 것이다. 특성치가 망대특성일 경우 다음 설명 중 틀린 것은?

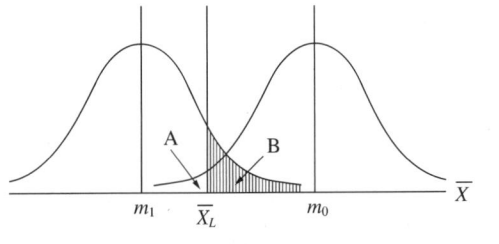

① A는 생산자위험을 나타낸다.
② B는 소비자위험을 나타낸다.
③ 평균값이 m_0인 로트는 좋은 로트로 받아들일 수 있다.
④ 시료로부터 얻어진 데이터의 평균이 $\overline{X}_L$보다 작으면 해당 로트는 합격이다.

해설

망대특성이므로 시료로부터 얻어진 데이터의 평균이 $\overline{X}_L$보다 크면 해당 로트는 합격이다.

23 A, B 두 개의 천칭으로 같은 물건을 측정하여 얻은 데이터로부터 편차제곱합을 구하였더니 $S_A = 0.04$, $S_B = 0.24$로 나타났다. 천칭 A는 5회, 천칭 B는 7회 측정한 결과였다면 유의수준 5[%]로 두 천칭 A, B 간에 정밀도에 차이가 있는가?(단, $F_{0.975}(6, 4) = 9.20$, $F_{0.975}(4, 6) = 6.23$이다)

① A의 정밀도가 좋다.
② B의 정밀도가 좋다.
③ 차이가 있다고 할 수 없다.
④ 차이가 있지만 어느 것이 좋은지 알 수 없다.

해설

$H_0 : \sigma_A^2 = \sigma_B^2,\ H_1 : \sigma_A^2 \neq \sigma_B^2$
$\alpha = 5[\%]$

검정통계량 : $F_0 = \dfrac{s_A^2}{s_B^2} = \dfrac{0.04/4}{0.24/6} = 0.25$

기각치 :

$F_{0.025}(4, 6) = \dfrac{1}{F_{0.975}(6, 4)} = \dfrac{1}{9.2} = 0.1087$

$F_{0.975}(4, 6) = 6.23$

판정 : $F_{0.025}(4, 6) = 0.1087 < F_0 = 0.25 < F_{0.975}(4, 6) = 6.23$ 이므로, 차이가 있다고 할 수 없다.

24 계수형 샘플링검사 절차 – 제2부 : 고립로트한계품질 (LQ)지표형 샘플링검사방식(KS Q ISO 2859-2 : 2014)에서 사용되는 한계품질에 대한 설명으로 틀린 것은?

① 로트가 한계품질에서도 합격할 수 있다.
② 한계품질은 생산자위험을 낮추는 데 중점을 두었다.
③ 한계품질은 부적합품 퍼센트로 표시한 품질수준이다.
④ 한계품질은 고립 로트에서 합격으로 판정하고 싶지 않은 로트의 부적합품률이다.

해설

한계품질은 소비자 위험을 낮추는 데 중점을 두었다.

25 남자아이와 여자아이가 태어나는 확률은 같다고 알려졌다. 이를 검정하는 방법으로 틀린 것은?

① 자유도는 전체 조사한 아이들의 수에서 1을 뺀 수이다.
② 태어난 아이들의 성별을 조사하여 적합도 검정을 실시한다.
③ 적합도 검정 시 남자와 여자 아이들의 기대도수는 같다.
④ 귀무가설은 남자아이와 여자아이가 태어날 확률을 각각 0.5로 둔다.

해설
남자아이와 여자아이 2그룹이므로 자유도는 2에서 1을 뺀 수이다.

27 푸아송분포를 하는 어떤 Lot로부터 30개의 시료를 추출하여 조사하였더니, 부적합품률은 5[%]임이 밝혀졌다. 합격판정 개수가 2개일 때 이 Lot가 합격할 확률은 약 얼마인가?

① 0.586　　② 0.746
③ 0.809　　④ 0.938

해설
$np = 30 \times 0.05 = 1.5$

$$L(p) = \frac{\sum_{x=0}^{c} e^{-np}(np)^x}{x!}$$

$$= \frac{e^{-1.5} \times (1.5)^2}{2!} + \frac{e^{-1.5} \times (1.5)^1}{1!} + \frac{e^{-1.5} \times (1.5)^0}{0!}$$

$$\simeq 0.809$$

26 공정평균 부적합품률 0.05, 시료의 크기 200일 때, 3σ 관리한계를 사용하는 p관리도의 UCL과 LCL을 구한 것으로 맞는 것은?

① $UCL = 0.0808$, $LCL = 0.0192$
② $UCL = 0.0808$, $LCL = $ 고려하지 않음
③ $UCL = 0.0962$, $LCL = 0.0038$
④ $UCL = 0.0962$, $LCL = $ 고려하지 않음

해설
관리상하한값(UCL, LCL)

$$\bar{p} \pm 3\sqrt{\frac{\bar{p}(1-\bar{p})}{n}} = 0.05 \pm 3 \times \sqrt{\frac{0.05 \times (1-0.05)}{200}}$$

$$= 0.05 \pm 0.0462 이므로$$

$UCL = 0.0962$, $LCL = 0.0038$이다.

28 공정평균이 10이고, 모표준편차가 1인 공정을 $\overline{X}$관리도로 평균치 변화를 관리할 때, 검출력이 가장 크게 나타나는 경우는?

① 공정평균의 변화는 크고, 시료의 크기는 작은 경우
② 공정평균의 변화는 크고, 시료의 크기도 큰 경우
③ 공정평균의 변화는 작고, 시료의 크기도 작은 경우
④ 공정평균의 변화는 작고, 시료의 크기는 큰 경우

해설
$\overline{X}$관리도의 관리한계선이 $\bar{\bar{x}} \pm \dfrac{3\sigma}{\sqrt{n}}$ 이므로, 검출력이 가장 크게 나타나는 경우는 공정평균의 변화는 크고, 시료의 크기도 큰 경우이다.

29 다음 20개의 데이터(Data)의 중위수(Median)는 얼마인가?

[데이터]				
140	140	140	140	140
140	140	140	155	155
165	165	180	180	145
150	200	205	205	210

① 152.5 ② 155
③ 160 ④ 161.75

해설

중위수(Median) $= \dfrac{150 + 155}{2} = 152.5$

30 부적합률에 대한 계량형 축차샘플링검사방식(표준편차기지)(KS Q ISO 8423 : 2008)에서 양쪽 규격한계의 결합관리의 경우 상한 합격판정치 A_U를 구하는 식은?

① $g\sigma n_{cum} + h_A\sigma$

② $g\sigma n_{cum} - h_A\sigma$

③ $(U - L - g\sigma)n_{cum} + h_A\sigma$

④ $(U - L - g\sigma)n_{cum} - h_A\sigma$

해설

상한 합격판정치 $A_U = (U - L - g\sigma)n_{cum} - h_A\sigma$

※ KS Q ISO 8423 : 2008은 2020년 5월 4일 폐지됨

31 모부적합수 $m = 25$인 공정에 대해 작업방법을 변경한 후에 확인해 보니 표본 부적합수 $c = 20$으로 나타났다. 모부적합수가 달라졌다고 할 수 있는지에 대한 판정으로 맞는 것은?(단, 유의수준 $\alpha = 0.05$이다)

① $u_0 = -5.0$으로 H_0 기각, 모부적합수가 달라졌다고 할 수 있다.

② $u_0 = -4.8$으로 H_0 기각, 모부적합수가 달라졌다고 할 수 있다.

③ $u_0 = -1.12$으로 H_0 채택, 모부적합수가 달라졌다고 할 수 없다.

④ $u_0 = -1.0$으로 H_0 채택, 모부적합수가 달라졌다고 할 수 없다.

해설

$H_0 : m = 25$, $H_1 : m \neq 25$

$\alpha = 5[\%]$

검정통계량 : $u_0 = \dfrac{c - m_0}{\sqrt{m_0}} = \dfrac{20 - 25}{\sqrt{25}} = -1$

기각치 : $-u_{0.975} = -1.96$, $u_{0.975} = 1.96$

판정 : $-1.96 < u_0 = -1 < 1.96$이므로, 귀무가설 채택

즉, 결점수가 달라지지 않았다.

32 어떤 상관표로부터 계산한 결과가 $\bar{x} = 4.855$, $\bar{y} = 63.55$, $S_{xx} = 92.9095$, $S_{xy} = 651.695$이었을 때 x를 독립변수로 하는 회귀직선식은?

① $y = 29.50 + 0.143x$

② $y = 29.50 + 7.014x$

③ $y = 34.17 + 0.143x$

④ $y = 34.17 + 7.014x$

해설

$\hat{\beta}_1 = \dfrac{S_{(xy)}}{S_{(xx)}} = \dfrac{651.695}{92.9095} \simeq 7.014$

$\beta_0 = \bar{y} - \hat{\beta}_1\bar{x} = 63.55 - 7.014 \times 4.855 \simeq 29.50$

회귀직선식은 $\hat{y}_i = \hat{\beta}_0 + \hat{\beta}_1 x_i$ 이므로

$y = 29.50 + 7.014x$

33 새로운 작업방법으로 시험 제작한 화학약품의 성분 함유량의 모평균이 기준으로 설정된 값과 같은지의 여부를 검정하고자할 때 검정통계량의 식으로 맞는 것은? (단, 모표준 편차는 모른다고 가정한다)

① $u_o = \dfrac{\overline{x} - \mu}{\sigma / \sqrt{n}}$　　② $u_o = \dfrac{x - \mu}{\sigma}$

③ $t_o = \dfrac{\overline{x} - \mu}{s / \sqrt{n}}$　　④ $t_o = \dfrac{\overline{x} - \mu}{\sqrt{s/n}}$

34 오차에 관한 설명으로 틀린 것은?

① 측정값들의 산포의 크기가 정밀도이다.
② 측정값의 σ값이 작을수록 측정값의 정밀도는 나빠진다.
③ 측정오차는 측정계기의 부정확, 측정자의 기술 부족 등에서 오는 오차이다.
④ 샘플링오차는 시료를 랜덤으로 샘플링하지 못함으로써 발생되는 오차이다.

해설
측정값의 σ값이 작을수록 측정값의 정밀도는 좋아진다.

35 $\overline{X} - R$관리도에서 관리계수(C_f)가 1.3이었다면, 이 공정에 대한 판정으로 맞는 것은?

① 급간변동이 크다.
② 군 구분이 나쁘다.
③ 공정 상태를 알 수 없다.
④ 대체로 관리 상태로 볼 수 있다.

해설
$C_f = 1.3 > 1.2$이므로, 급간변동이 크다.

36 기대치와 분산의 계산식 중 틀린 것은?(단, X, Y는 서로 독립이다)

① $COV(X, \ Y) = 0$
② $E(X \cdot Y) = E(X) \cdot E(Y)$
③ $V(X) = \sigma^2 = E(X^2) - \mu$
④ $V(X \pm Y) = V(X) + V(Y)$

해설
$V(X) = \sigma^2 = EX - E(X)^2 = E(X^2) - \mu^2$

37 다음 자료로서 X관리도의 UCL을 구하면?(단, 합리적인 군으로 나눌 수 있는 경우이다)

[다 음]
$n = 4, \ \overline{\overline{x}} = 5.0, \ \overline{R} = 1.5, \ A_2 = 0.73$

① 5.05　　② 6.10
③ 6.46　　④ 7.19

해설
$UCL = \overline{\overline{x}} + E_2 \overline{R} = \overline{\overline{x}} + A_2 \sqrt{n} \overline{R} = 7.19$

38 검사단위의 품질표시방법으로 맞는 것은?

① 특성치에 의한 표시방법
② 샘플링검사에 의한 표시방법
③ 검사성적서에 의한 표시방법
④ 업격도검사에 의한 표시방법

해설
검사단위의 품질표시방법 : 특성치에 의한 표시방법

39 좋은 관리도로서 가져야 할 조건으로 가장 타당한 것은?

① σ 수준이 높은 관리도

② 공정이 이상 상태임을 자주 신호해 주는 관리도

③ 관리상한(UCL)과 관리하한(LCL)의 간격이 좁은 관리도

④ 공정이 이상 상태로 전환되면 이를 빨리 탐지하면서 오경보(False Alarm)가 작은 관리도

40 어떤 정규모집단으로부터 $n = 9$의 랜덤샘플을 추출, $\overline{x}$를 구하여 $H_0 : \mu = 58$, $H_1 : \mu \neq 58$의 가설을 1[%]의 유의수준으로 검정하려고 한다. 만일 $\sigma = 6$이라면 채택역은?(단, $u_{0.975} = 1.96$, $u_{0.995} = 2.576$, $t_{0.975}(8) = 2.306$, $t_{0.995}(8) = 3.355$이다)

① $51.300 < \overline{x} < 64.700$

② $52.848 < \overline{x} < 63.152$

③ $53.388 < \overline{x} < 62.612$

④ $54.080 < \overline{x} < 61.920$

해설
단일 모집단의 신뢰구간

$$\overline{x} \pm u_{1-\alpha/2} \frac{\sigma}{\sqrt{n}} = \overline{x} \pm u_{0.995} \frac{\sigma}{\sqrt{n}}$$

$$= 58 \pm 2.576 \times \frac{6}{\sqrt{9}}$$

$$= 58 \pm 5.152$$

$$\therefore 52.848 < \overline{x} < 63.152$$

제3과목 | 생산시스템

41 MRP 시스템의 투입자료가 아닌 것은?

① 자재명세서(Bill Of Materials)

② 제품설계도(Product Drawing)

③ 재고기록파일(Inventory Record File)

④ 대일정계획(Master Production Schedule)

해설
MRP 시스템의 투입자료
- 대일정계획(MPS ; Master Production Scheduling) : 총괄생산계획을 기초로 하여 완제품의 생산량과 생산시기가 산출되는 계획이다.
- 자재명세서(BOM ; Bill Of Materials) : 최종 품목 한 단위 생산에 소요되는 구성품목의 종류와 수량을 명시한 입력자료이다.
- 재고기록철(IRF ; Inventory Record File) : 재고기록철의 내용에는 구성품의 보유량뿐만 아니라 등록번호, 기주문 구성품의 주문량, 납품기일, 로트 크기, 각 구성품의 리드타임 등이 포함된다.

42 포드(Ford)시스템의 생산 표준화 대상에 해당하지 않는 것은?

① 제품의 단순화

② 부품의 표준화

③ 작업자의 단순화

④ 기계 및 공구의 전문화

해설
포드(Ford)시스템의 생산 표준화 대상 : 제품의 단순화, 부품의 표준화, 기계 및 공구의 전문화

43 생산시스템의 운영 시 수행목표가 되는 4가지에 해당하지 않는 것은?

① 재 고   ② 품 질

③ 원 가   ④ 유연성

해설
생산시스템의 운영 시 수행목표가 되는 4가지 : 품질, 원가, 납기, 유연성

44 다음에서 설비효율을 저해하는 7대 손실에 해당하는 것을 모두 고른 것은?

[다 음]

㉠ 고장손실	㉡ 지구공구손실
㉢ 수율손실	㉣ 속도저하손실
㉤ 초기손실	㉥ 불량·재작업 손실
㉦ 에너지손실	㉧ 준비작업·조정 손실
㉨ 절삭기구손실	㉩ 일시정지·공운전 손실

① ㉣, ㉤, ㉥, ㉦, ㉧, ㉨, ㉩
② ㉠, ㉡, ㉣, ㉤, ㉥, ㉨, ㉩
③ ㉠, ㉢, ㉣, ㉤, ㉥, ㉧, ㉩
④ ㉠, ㉣, ㉤, ㉥, ㉧, ㉨, ㉩

해설

설비효율을 저해하는 7대 손실 : 고장손실, 속도저하손실, 초기손실, 불량·재작업 손실, 준비작업·조정 손실, 절삭기구 손실, 일시정지·공운전 손실

45 구매업무의 성과를 평가하기 위한 객관적인 척도에 해당하지 않는 것은?

① 예산 절감액
② 거래업체의 수
③ 납기 준수 실적
④ 구매물품의 품질수준

해설

구매업무의 성과를 평가하기 위한 객관적인 척도 : 예산 절감액, 납기 준수 실적, 구매 물품의 품질수준 등

46 불확실성하의 의사결정기법에 대한 설명으로 틀린 것은?

① 기대화폐가치(EMV)기준은 낙관계수를 사용한다.
② 최소성과최대화(Maximin)기준은 비관주의적 기준이다.
③ 라플라스(Laplace)기준은 동일 확률기준이라고도 한다.
④ 최대후회최소화(Minimax Regret)기준은 기회손실의 최댓값이 최소화되는 대안을 선택한다.

해설

후르비츠기준은 낙관계수를 사용한다.

47 워크샘플링기법을 이용하여 표준시간을 결정하기 적합한 작업유형으로 맞는 것은?

① 주기가 짧고 반복적인 작업
② 주기가 짧고 비반복적인 작업
③ 주기가 길고 비반복적인 작업
④ 작업 공정과 시간이 고정된 작업

해설

워크샘플링기법을 이용하여 표준시간을 결정하기 적합한 작업유형 : 주기가 길고 비반복적인 작업

48 JIT시스템과 MRP시스템을 비교 설명한 것 중 틀린 것은?

① JIT시스템은 재고를 부채로 인식하지만, MRP시스템은 재고를 자산으로 인식한다.

② JIT시스템은 납품업자를 동반자 관계로 보지만, MRP시스템은 이해관계에 의한다.

③ JIT시스템에서 작업자 관리는 지시, 명령에 의하지만, MRP시스템은 의견 일치 등의 합의제에 의해 관리한다.

④ JIT시스템은 최소량의 로트 크기를 추구하지만, MRP시스템은 생산준비비용과 재고유지비용의 균형점에서 로트의 크기를 결정한다.

해설

MRP시스템에서 작업자 관리는 지시, 명령에 의하지만, JIT시스템은 의견 일치 등의 합의제에 의해 관리한다.

49 4가지 주문작업을 1대의 기계에서 처리하고자 한다. 최소 납기일 규칙에 의해 작업 순서를 결정할 경우 최대 납기 지연시간은 얼마가 되는가?(단, 오늘은 4월 1일 아침이다)

작 업	처리시간(일)	납 기
A	5	4월 10일
B	4	4월 8일
C	6	4월 16일
D	11	4월 19일

① 5일　　　　② 6일

③ 7일　　　　④ 8일

해설

납기순으로 작업하면 B, A, C, D순이 되며, 납기지연은 A작업에서는 없으며, B작업에서는 1일 지연, C작업에서는 납기지연 없고, D작업에서는 26 − 19 = 7일 납기가 지연된다.

50 총괄생산계획(APP) 수립에 사용되는 기법이 아닌 것은?

① 도시법(Graph)

② 선형결정기법(LDR)

③ 탐색결정기법(SDR)

④ 라인밸런싱기법(LOB)

해설

총괄생산계획(APP ; Aggregate Production Planning) : 변동하는 수요에 대응하여 생산율, 재고수준, 고용수준, 하청 등의 관리 가능 변수를 최적으로 결합하기 위한 용도로 수립되는 계획으로 도시법(Graph), 선형계획법(LP), 선형결정기법(LDR), 수송법, 탐색결정기법(SDR), 경영계수법 등이 있다.

51 Line 생산시스템의 균형효율(Balance Efficiency)에 관한 산출식으로 틀린 것은?(단, N : 작업장수, C : 사이클 타임, $\sum t_i$: 작업장별 표준시간 합계, I : 유휴시간)

① 균형효율 $= \dfrac{\sum t_i}{NC}$

② 불균형율 $= 1 - \dfrac{\sum t_i}{NC}$

③ 균형효율 $= 1 - \dfrac{I}{NC}$

④ 유휴시간 $= 1 - (NC - \sum t_i)$

해설

유휴시간 $= NC - \sum t_i$

52 길브레스(Gilbreth) 부부의 업적에 해당하지 않는 것은?

① 가치분석　　② 필름분석

③ 동작분석　　④ 서블릭기호

해설

길브레스(Gilbreth) 부부의 업적

• 필름분석 : 대상작업을 촬영하여 그 한 프레임, 한 프레임을 분석함으로써 동작내용, 동작 순서 및 동작시간을 명확히 하여 작업 개선에 도움을 주기 위한 기법이다.

• 동작분석 : 하나의 고정된 장소에서 행해지는 작업자의 동작내용을 도표화하여 분석하고 움직임의 낭비를 없애고 피로가 보다 적은 동작의 순서나 합리적인 동작을 마련하기 위한 기법이다.

• 서블릭분석 : 서블릭기호를 사용하여 작업자의 작업을 18개 정도의 기본동작으로 나누어 분석표를 작성하고, 이들을 다시 총괄표에 정리하여 작업 개선의 착안점을 찾아내는 데 이용되는 분석이다.

53 다중활동분석표(Multiple Activity Chart)를 사용하는 경우에 해당하지 않는 것은?

① 복수의 작업자가 조작업을 할 경우

② 한 명의 작업자가 1대 또는 2대 이상의 기계를 조작할 경우

③ 복수의 작업자가 1대 또는 2대 이상의 기계를 조작할 경우

④ 사이클(Cycle) 시간이 길고 비반복적인 작업을 개인이 수행하는 경우

해설

다중활동분석표(Multiple Activity Chart)를 사용하는 경우

• 복수의 작업자가 조작업을 할 경우

• 한 명의 작업자가 1대 또는 2대 이상의 기계를 조작할 경우

• 복수의 작업자가 1대 또는 2대 이상의 기계를 조작할 경우

54 설비보전 중 지역보전의 단점이 아닌 것은?

① 실제적인 전문가를 채용하는 것이 어렵다.

② 작업 의뢰에서 완성까지 시간이 많이 소요된다.

③ 지역별로 보전요원을 여분으로 배치하는 경향이 있다.

④ 배치 전환, 교용, 초과 근로에 대하여 인간문제나 제약이 많다.

해설

지역보전

• 특정지역에 분산 배치되어 보전활동을 실시한다.

• 장점 : 운전부문(생산부서)과의 일체감 조성, 현장감독 용이, 현장 왕복시간 감소, 작업일정 조정 용이, 특정설비 습숙 가능 등

• 단점 : 노동력 유효 이용 곤란, 인원 배치 유연성 제약, 보전용 설비공구 중복 등

55 원자재를 가공하여 제품을 생산하는 제조공장을 대상으로 수행하는 방법연구에서 작업 구분이 큰 것부터 순서대로 나열한 것은?

① 공정 – 단위작업 – 요소작업 – 동작요소

② 공정 – 단위작업 – 동작요소 – 요소작업

③ 공정 – 요소작업 – 단위작업 – 동작요소

④ 공정 – 요소작업 – 동작요소 – 단위작업

52 ① 53 ④ 54 ② 55 ① **정답**

56 다품종 소량 생산환경에서 수요나 공정의 변화에 대응하기 쉽도록 주로 범용설비를 이용하여 구성하는 배치 형태는?

① 공정별 배치   ② Line배치

③ 제품별 배치   ④ 고정위치배치

설비배치의 종류

- 제품별 배치(라인)
  - 특정제품 생산에 필요한 기계설비, 작업자를 제품의 생산공정 순으로 배치하는 방식이다.
  - 대량 생산, 연속 생산 형태에서 주로 볼 수 있는 배치 형태이다.
  - 설비 선정 시 표준품을 대량으로 연속 생산할 경우 전용 기계설비를 사용하는 것이 유리하다.
- 공정별 배치(기능별 배치)
  - 품종 소량 생산환경에서 수요나 공정의 변화에 대응하기 쉽도록 주로 범용설비를 이용하여 구성하는 배치 형태이다.
  - 다품종 소량 생산시스템에 적합하도록 범용설비를 기능별로 배치한다.
  - 동일 기능의 기계설비를 기능별로 배치하는 형태이다.
  - 설비 선정 시 주문 생산에서와 같이 제품별 생산량이 적고, 제품설계의 변동이 심할 경우 범용기계의 설치가 유리하다.
- 위치고정형 배치(프로젝트 배치)
  - 작업 진행 중인 제품이 한 작업에서 다른 작업으로 이동하지 않고 작업자, 자재 및 설비가 이동하는 배치법이다.
  - 대형 선박이나 토목건축 공사장에 적용하는 배치방법이다.
  - 이동이 곤란하거나 불가능한 대형 제품, 복잡한 구조물 등에 대해 제품을 움직이지 않고 (또는 못하고) 제품 생산에 필요한 자재, 기계, 설비, 작업자 등이 제품이 있는 장소로 이동하여 작업하는 배치방식이다.
- GT(Group Technology)배치
  - 유사한 생산 흐름을 갖는 제품들을 그룹화하여 생산효율을 증대시키려고 하는 설비의 배치방식이다.
  - 유사 작업을 요하는 가공물별로 그룹을 이루어 배치하는 방법이다.
  - 유사 부품을 그룹화하여 생산하는 방식이다.
  - 중품종 중량 생산시스템에서 생산능률을 향상시키기 위한 방법이다.
  - 설계상, 제조상 유사성으로 구분하여 집단화한다.
  - 가공 순서에 따라 기계나 설비를 배치한다는 점에서 공정별 배치보다 제품별 배치에 가까운 배치방식이다.
  - 배치 시에는 혼합형 배치를 주로 사용한다.
  - 생산설비를 기계군이나 셀로 분류, 정돈한다.

57 간트차트가 지니고 있는 결점이 아닌 것은?

① 상황이 변동될 때 일정을 수정하기 어렵다.

② 작업의 성과를 작업장별로 파악하기 어렵다.

③ 문제점을 파악하여 사전에 중점관리할 수 없다.

④ 프로젝트 규모가 크고 작업활동이 복잡한 경우에는 적합하지 않다.

간트차트는 작업의 성과를 작업장별로 파악하기 쉽다.

58 어떤 제품의 판매가격은 1,000원, 생산량이 20,000개이다. 이 제품의 고정비는 1,200,000원, 변동비는 4,000,000원일 때 이 제품의 손익분기점 매출액은 얼마인가?

① 1,000,000원

② 1,500,000원

③ 2,000,000원

④ 2,500,000원

$$손익분기점\ 매출액 = \frac{고정비}{1 - \dfrac{변동비}{매출액}}$$

$$= \frac{1,200,000}{1 - \dfrac{4,000,000}{1,000 \times 20,000}} = 1,500,000원$$

59 수요예측방법 중 n기간 단순이동평균법에 대한 설명으로 틀린 것은?

① 극단적인 실적값이 미치는 영향이 크다.
② n을 증가시키면 변동을 잘 평활할 수 있다.
③ 평균치를 사용하므로 추세를 반영할 수 없다.
④ 최적 n을 수리적 모형으로 결정하기 용이하다.

n기간 단순이동평균법은 최적 n을 수리적 모형으로 결정하는 데 이용하지 않는다.

60 구매전략 중 중앙(또는 집중) 구매의 특징에 해당하지 않는 것은?

① 구매업무의 리드타임이 길어질 수 있다.
② 구매력 증진에 의한 경비 절감이 가능하다.
③ 소량의 품목을 긴급 구매하는 데 유리하다.
④ 구매업무의 전문화로 효율적 구매가 가능하다.

소량의 품목을 긴급 구매하는 데 유리한 것은 분산구매방식이다.

제4과목 | 신뢰성관리

61 Y제품에 수명시험 결과 얻은 데이터를 와이블확률지를 사용하여 모수를 추정하였더니 형상모수 $m = 1.0$, 척도모수 $\eta = 3,500$시간, 위치모수 $r = 0$이 되었다. 이 제품의 MTBF는 얼마인가?(단, $\Gamma(1.5) = 0.88623$, $\Gamma(2) = 1.00000$, $\Gamma(2.5) = 1.32934$이다)

① 2,205시간
② 3,102시간
③ 3,500시간
④ 4,653시간

$$MTBF = \hat{\mu} = E(t) = \eta\Gamma\left(1 + \frac{1}{m}\right) = 3,500\Gamma\left(1 + \frac{1}{1}\right)$$
$$= 3,500\Gamma(2) = 3,500 \times 1.0 = 3,500\text{시간}$$

62 계량 1회 샘플링검사(DOD-HDBK H108)에서 샘플수와 총시험시간이 주어지고, 총시험시간까지 시험하여 발생한 고장 개수가 합격판정 개수보다 적을 경우 로트를 합격하는 시험방법은?

① 현지시험
② 정수중단시험
③ 강제열화시험
④ 정시중단시험

---

63 신뢰도가 R인 부품 3개가 병렬결합모델로 설계되어 있을 때, 시스템 신뢰도의 표현으로 맞는 것은?

① $3R$
② $3R - 3R^2 + R^3$
③ $(1-R)^3$
④ $\{1 - (1-R)^2\} + R$

해설

$$R_s = 1 - \prod_{i=1}^{3} F_i = 1 - \prod_{i=1}^{3}(1 - R_i)$$
$$= 1 - (1-R)^3 = 3R - 3R^2 + R^3$$

64 다음 그림은 고장율의 변화를 나타내는 욕조곡선 (Bath-tub Curve)이다. 각 고장기간을 맞게 나타낸 것은?

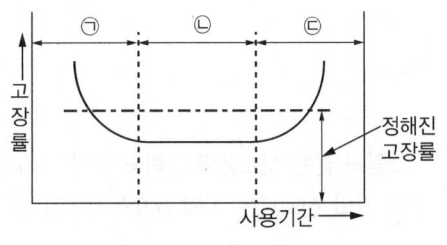

① ㉠ : 초기고장기간, ㉡ : 마모고장기간,
　 ㉢ : 우발고장기간
② ㉠ : 우발고장기간, ㉡ : 초기고장기간,
　 ㉢ : 마모고장기간
③ ㉠ : 초기고장기간, ㉡ : 우발고장기간,
　 ㉢ : 마모고장기간
④ ㉠ : 마모고장기간, ㉡ : 초기고장기간,
　 ㉢ : 우발고장기간

65 제조공정에 있는 한 기계의 가동시간과 고장수리시간을 조사하였더니 다음 표와 같았다. 데이터로부터 이 기계의 가용도를 구하면 약 몇 [%]인가?

가동시간	고장수리시간
0~63	63~72
72~121	121~133
133~165	165~170
170~270	270~285
285~310	310~323
323~365	365~391
391~463	463~472

① 12.7　　　　② 54.7
③ 81.1　　　　④ 92.8

해설
- 동작 가능시간 = 63 + 49 + 32 + 100 + 25 + 42 + 72 = 383시간
- 동작 불가능시간 = 9 + 12 + 5 + 15 + 13 + 26 + 9 = 89시간
- 가용도 = $\dfrac{\text{동작 가능시간}}{\text{동작 가능시간} + \text{동작 불가능시간}}$
  $$= \frac{383}{383 + 89} \simeq 0.811 = 81.1[\%]$$

66 n개의 아이템을 수명시험하여 데이터를 크기 순서대로 $t_1, \cdots, t_n$으로 얻었다. 고장분포함수 $F(t)$의 추정을 평균순위법으로 한다면, 이 아이템이 $t_r\,(1 \leq r \leq n)$이상 고장이 없을 신뢰도는 얼마로 추정할 수 있는가?

① $\dfrac{n-r}{n}$　　　　② $\dfrac{n+1-r}{n+1}$
③ $\dfrac{n-r}{n+1}$　　　　④ $\dfrac{n-r+0.5}{n}$

해설
평균순위법의 불신뢰도
$$F(t_r) = \frac{r}{n+1}$$
신뢰도 $R(t_r) = 1 - F(t_r) = 1 - \dfrac{r}{n+1} = \dfrac{n+1-r}{n+1}$

67 수명분포가 지수분포인 부품 n개의 고장시간이 각각 $X_1, \cdots, X_n$일 때, 고장률 λ에 대한 추정치 $\hat{\lambda}$는?

① $\hat{\lambda} = \dfrac{n}{\displaystyle\sum_{i=1}^{n} X_i}$ ② $\hat{\lambda} = \dfrac{n}{\displaystyle\sum_{i=1}^{n} \ln X_i}$

③ $\hat{\lambda} = \dfrac{1}{n} \displaystyle\sum_{i=1}^{n} X_i$ ④ $\hat{\lambda} = \dfrac{1}{n} \displaystyle\sum_{i=1}^{n} \ln X_i$

해설

$\hat{\lambda} = \dfrac{1}{평균수명}$

$\quad = \dfrac{1}{\displaystyle\sum_{i=1}^{n} X_i / n} = \dfrac{n}{\displaystyle\sum_{i=1}^{n} X_i}$

68 와이블(Weibull)분포에 대한 설명으로 틀린 것은?

① 형상모수에 따라 다양한 고장특성을 갖는다.
② 고장률함수가 멱함수(Power Function) 형태를 갖는다.
③ 비기억(Memoryless)특성을 가지므로 사용이 편리하다.
④ 증가, 감소, 일정한 형태의 고장률을 모두 표현할 수 있다.

해설

비기억특성을 가지는 분포는 지수분포이다.

69 우선적 AND게이트가 있는 고장목(Fault Tree)에 관한 설명으로 가장 적절한 것은?

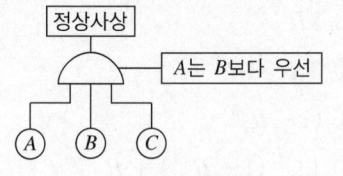

① 입력사상 A, B, C가 모두 발생될 때 정상사상이 발생된다.
② 입력사상 A, B, C가 모두 발생하고 입력사상 A가 B와 C보다 우선적으로 발생될 때 정상사상이 발생된다.
③ 입력사상 A, B, C가 모두 발생하고 입력사상 A가 B보다 우선적으로 발생될 때 정상사상이 발생된다.
④ 3개의 입력사상 A, B, C 중 2개의 입력사상 A와 B만 발생하고 A가 B보다 우선적으로 발생될 때 정상사상이 발생된다.

해설

우선적 AND게이트 : 입력사상 A, B, C가 모두 발생하고 입력사상 A가 B보다 우선적으로 발생될 때 정상사상이 발생된다.

70 그림과 같은 시스템의 신뢰도는 약 얼마인가?(단, A와 B의 신뢰도는 각각 0.9와 0.8이다)

① 0.8624 ② 0.8839
③ 0.9027 ④ 0.9907

해설

$A \times [1 - (1-B)^3] \times [1 - (1-A)^2]$
$= 0.9 \times [1 - 0.2^3] \times [1 - 0.1^2]$
$= 0.9 \times 0.992 \times 0.99 \simeq 0.8839$

71 다음 그림과 같이 4개의 부품이 직렬구조로 연결되어 있는 시스템의 신뢰도는?(단, 각 부품의 신뢰도는 R_1, R_2, R_3, R_4 이다)

① $R_1 R_2 R_3 R_4$

② $1 - R_1 R_2 R_3 R_4$

③ $(1 - R_1)(1 - R_2)(1 - R_3)(1 - R_4)$

④ $1 - (1 - R_1)(1 - R_2)(1 - R_3)(1 - R^4)$

해설
직렬이므로 시스템의 신뢰도는 $R_s = R_1 R_2 R_3 R_4$ 이다.

72 시험분석 및 시정조치(TAAF) 프로그램에 의하여 설계 및 제조상의 결함을 발견하고, 이를 시정조치함으로써 시간이 지남에 따라 신뢰성척도가 점진적으로 향상되는 과정에 대한 시험을 무엇이라고 하는가?

① 신뢰성 성장시험

② 신뢰성 인증시험

③ 생산 신뢰성 수락시험

④ 환경 스트레스 스크리닝 시험

73 체계 전체의 설계목표치를 설정함과 동시에 하위 체계에 대하여 각각 신뢰성 목표치를 배분하는 신뢰성 배분의 일반적인 방침과 가장 거리가 먼 것은?

① 기술적으로 복잡한 구성품에 대해서는 낮은 목표치를 배분한다.

② 원리적으로 단순한 구성품에 대해서는 높은 목표치를 배분한다.

③ 사용 경험이 많은 구성품에 대해서는 높은 목표치를 배분한다.

④ 고성능을 요구하는 구성품에 대해서는 높은 목표치를 배분한다.

해설
고성능을 요구하는 구성품에 대해서는 낮은 목표치를 배분한다.

74 일반적인 FMEA 분해레벨의 배열 순서로 맞는 것은?

① 서브시스템 → 시스템 → 컴포넌트 → 부품

② 시스템 → 서브시스템 → 부품 → 컴포넌트

③ 시스템 → 컴포넌트 → 부품 → 서브시스템

④ 시스템 → 서브시스템 → 컴포넌트 → 부품

해설
FMEA(Failure Mode and Effects Analysis)
• 아이템의 모든 서브 아이템에 존재할 수 있는 결함모드에 대한 조사와 다른 서브 아이템 및 아이템의 요구기능에 대한 각 결함모드의 영향을 확인하는 정성적 신뢰성 분석방법이다.
• 설계에 대한 신뢰성 평가의 한 방법으로, 설계된 시스템이나 기기의 잠재적인 고장모드(Mode)를 찾아내고 가동 중인 시스템 등에 고장이 발생하였을 경우의 영향을 조사, 평가하여 영향이 큰 고장모드에 대하여는 적절한 대책을 세워 고장의 발생을 미연에 방지하고자 하는 기법이다.
• 일반적인 분해레벨의 배열 순서 : 시스템 → 서브시스템 → 컴포넌트 → 부품

75 어떤 재료의 강도는 평균이 40[kg/mm²]이고, 표준편차가 4[kg/mm²]인 정규분포를 따른다. 이 재료에 걸리는 부하는 평균이 25[kg/mm²]이고, 표준편차가 3[kg/mm²]이다. 이때 재료가 파괴될 확률은 약 얼마인가?(단, $P(u>2)=0.02275$, $P(u>3)=0.00135$이다)

① 0.00135

② 0.02275

③ 0.99725

④ 0.99865

$E(부하-강도)=E(부하)-E(강도)=-15$
$V(부하-강도)=V(부하)+V(강도)=3^2+4^2$
$P(하중>강도)=P(하중-강도)>0$
$P\left(u>\dfrac{0-(-15)}{\sqrt{2^2+3^2}}\right)=P(u>3)=0.00135$

76 온도에 의한 가속수명시험에서 고장의 가속을 모형화하는 데 가장 널리 사용되는 수명-스트레스 관계식 모형은?

① 피로모형

② 아레니우스모형

③ 거듭제곱모형

④ 마이그레이션모형

77 기계 C의 평균고장률이 0.001/시간인 지수분포를 따를 경우, 100시간 사용하였을 때 신뢰도는 약 얼마인가?

① 0.9048

② 0.9231

③ 0.9418

④ 0.9512

$R(t)=e^{-\lambda t}=e^{-(0.001\times100)}\simeq0.9048$

78 Y수리계 시스템을 총 50시간 동안(수리시간 포함) 연속 사용한 경우 5회의 고장이 발생하였고 각각의 수리시간이 0.5, 0.5, 1.0, 1.5, 1.5시간이었다면 MTBF는 얼마인가?

① 5시간

② 9시간

③ 14시간

④ 40시간

$\widehat{MTBF}=\dfrac{50-(0.5+0.5+1.0+0.5+1.5)}{5}=9시간$

79 제품의 설계단계에서 고유 신뢰성을 증대시킬 수 있는 방법은?

① 공정의 자동화

② 품질의 통계적 관리

③ 부품과 제품의 Burn-in

④ 병렬 및 대기 리던던시 활용

공정의 자동화와 품질의 통계적 관리는 제품의 제조단계에서 사용 신뢰성을 증대시키는 방법이며, 부품과 제품의 Burn-in은 제조단계에서 초기고장을 감소시켜 고유 신뢰성을 증대시키는 방법이다.

80 시료 n개를 샘플링하여 미리 정해진 시험 중단시간인 t_0시간까지 시험하고, t_0시간이 되면 시험을 중단하는 정시중단시험에서 평균수명을 구하는 식은?(단, 고장이 발생하여도 교체하지 않는 경우이며, r은 고장 개수이다)

① $\dfrac{rt_0}{n}$

② $\dfrac{\sum\limits_{i=1}^{r}t_i+(n-r)t_0}{n}$

③ $\dfrac{nt_0}{r}$

④ $\dfrac{\sum\limits_{i=1}^{r}t_i+(n-r)t_0}{r}$

81 품질경영의 성숙과정(Quality Management Maturity Grid)을 5단계로 나누어 품질 코스트 프로그램의 추진 단계를 기술한 것 중 단계별 내용이 틀린 것은?

① 제1단계인 수동적 관리에서는 품질관리가 전혀 실시되지 않고 있는 수준이다.

② 제2단계인 품질경영 정착에서는 품질경영이 기업시스템의 필수기능이 되는 단계이다.

③ 제3단계인 공정관리에서는 공정품질의 개선을 통해서 품질이 안정되어 품질경영이 점차 제도화되는 단계이다.

④ 제4단계인 예방적 관리에서는 전사적인 품질경영의 필요성이 인식되고 품질경영에서 최고경영자와 구성원의 역할이 강조되는 단계이다.

해설
제2단계(눈을 뜨는 단계, Awakening) : 품질관리 필요성 인식 단계로 품질검사 등의 기본적인 품질관리활동을 수행한다.

82 허츠버그(Herzberg)의 동기요인–위생요인이론에서 동기(만족)요인에 해당하지 않는 것은?

① 인 정
② 자기실현
③ 성취감
④ 승진, 지위

해설
승진, 지위는 위생요인이다.

83 기업에서 제안활동이 종업원의 참여의식을 높일 수 있는 유효한 방법임은 분명하지만 활성화되지 않는 경우가 있는데, 그 이유가 아닌 것은?

① 최고경영자의 지원과 관심이 부족함

② 심사 지연이나 비합리적인 평가제도를 운영함

③ 교육이나 홍보의 미비로 인한 종업원의 관심 부족

④ 종업원 개인들 간의 업무수행 능력 차이와 자부심 결여

84 Y품질 특성값의 규격은 50~60으로 규정되어 있다. 평균값이 55, 표준편차가 1인 공정의 시그마(σ) 수준은 어느 정도인가?

① 2시그마 수준
② 3시그마 수준
③ 4시그마 수준
④ 5시그마 수준

해설
공정능력지수 $C_p = \dfrac{T}{6\sigma} = \dfrac{60-50}{6\times 1} \simeq 1.67$이므로, 5시그마 수준이다.

85 버만(L. C. Verman)이 제시한 표준화 공간에서 표준화의 구조 중 국면(Aspect)에 해당되지 않는 것은?

① 시 방
② 공업기술
③ 등급 부여
④ 품종의 제한

해설
공업기술은 영역(주제)에 해당된다.

86 품질에 대해서 사용자의 만족감을 표현하는 주관적 측면과 요구조건의 일치성을 표현하는 객관적 측면을 함께 고려한 품질의 이원적 인식방법에 관한 설명으로 틀린 것은?

① 역품질요소 : 품질에 대해 충족되든 충족되지 않든 만족도 불만도 없음
② 일원적 품질요소 : 품질에 대해 충족이 되면 만족, 충족되지 않으면 불만
③ 매력적 품질요소 : 품질에 대해 충족이 되면 만족을 주지만 충족되지 않더라도 무방
④ 당연적 품질요소 : 품질에 대해 충족이 되면 당연하게 여기고 충족되지 않으면 불만

해설
역품질요소 : 품질에 대해 충족되면 오히려 불만족, 충족되지 않으면 오히려 만족

87 고객만족 경영을 성공적으로 추진하기 위해 고려해야 할 사항으로 보기 어려운 것은?

① 전사적이고 총체적으로 기업의 모든 부문이 참여해야 한다.
② 벤치마킹한 고객만족 경영의 절차와 방법을 그대로 적용한다.
③ 최고경영자를 비롯한 구성원 전체의 의식 변화가 필요하다.
④ 고객의 욕구, 기대는 성장 및 변화하므로 고객만족 노력을 수시로 점검하고 반성하여 발전시키는 자세로 추진해야 한다.

해설
벤치마킹한 고객만족 경영의 절차와 방법을 참조하여 자사에 적합하게 개량하여 적용한다.

88 품질 코스트의 한 요소인 실패 코스트와 적합비용과의 관계에 관한 설명으로 맞는 것은?

① 적합비용과 실패 코스트는 전혀 무관하다.
② 적합비용이 증가되면 실패 코스트는 줄어든다.
③ 적합비용이 증가되면 실패 코스트는 더욱 높아진다.
④ 실패 코스트는 총품질 코스트 중 극히 일부에 불과하므로 적합비용에 미치는 영향이 매우 작다.

89 제조공정에 관한 사내표준화의 요건을 설명한 것으로 적당하지 않은 것은?

① 실행 가능성이 있는 것일 것
② 내용이 구체적이고 객관적일 것
③ 내용이 신기술이나 특수한 것일 것
④ 이해관계자들의 합의에 의해 결정되어야 할 것

해설

사내표준화의 요건
• 실행 가능성 : 실행 가능한 내용일 것
• 정확성, 구체성, 객관성, 개정성 : 기록내용이 정확하며 구체적이며 객관적이고 필요시 적시에 개정할 것
• 용이성 : 직관적(직감적)으로 보기 쉬운 표현을 할 것
• 기여성 : 기여비율(기여도)이 큰 것을 채택할 것
• 장기성 : 장기적인 방침하에 체계적으로 추진할 것
• 합의성 : 전원이 합의하여 인정하는 내용일 것
• 비모순성(일치성) : 다른 표준과 상호 모순이 없을 것
• 일관성 : 내용의 일관성이 있을 것
• 참여성 : 당사자에게 의견을 말할 기회를 주는 방식으로 할 것
• 준수성 : 작업표준에는 수단 및 행동을 직접 지시할 것

90 측정오차 중 가장 큰 영향을 미치는 요인은?

① 측정기 자체에 의한 오차
② 외부적인 영향에 의한 오차
③ 측정하는 사람에 의한 오차
④ 계측방법의 차이에 의한 오차

해설

계측방법의 차이에 의한 오차는 측정오차 중 가장 큰 영향을 미친다.
측정오차
• 오차의 정의
  - 참값과 측정값의 차
  - 측정시스템과 관련된 오차
  - 측정시스템의 변동으로 표시
  - 오차 = 측정값 – 참값 = 측정오차 = 관찰값 – 참값
• 오차의 발생원인
  - 측정기 자체의 오차(계기오차, 기차)
  - 측정자의 오차(개인오차)
  - 측정방법 차이의 오차
  - 외부적 영향(간접요인)에 의한 측정오차 : 되돌림오차, 접촉온도, 시차, 온도, 측정력, 휨, 진동, 측정기 선택 실수 등

91 과거의 제조중심 품질관리(Quality Control)활동과 현재의 기업단위활동의 품질경영(Quality Management)에 대한 설명으로 틀린 것은?

① 과거의 품질관리는 고객만족과 경제적 생산을 강조한다면, 현재의 품질경영은 요구 충족을 강조한다.
② 과거의 품질관리는 생산중심으로 관리기법을 강조하고, 현재의 품질경영은 고객지향의 기업문화와 조직행동적 사고와 실천을 강조한다.
③ 과거의 품질관리는 제품 요건 충족을 위한 운영기법 및 전사적 활동이고, 현재의 품질경영은 최고경영자의 품질방침에 따른 고객만족을 위한 전사적 활동이다.
④ 과거의 품질관리는 제품의 부적합품 감소를 위해 품질표준을 설정하고 적합성을 추구하며, 현재의 품질경영은 총제적 품질 향상을 통해 경영목표를 달성한다.

해설

과거의 품질관리는 요구충족을 강조한다면, 현재의 품질경영은 고객만족과 경제적 생산을 강조한다.

92 품질관리부서가 해야 하는 업무로 타당하지 않는 것은?

① 공정 모니터링
② 품질 정보의 제공
③ 품질 관련 훈련 및 교육 실시
④ 품질계획 및 보증체계 구축

해설

공정 모니터링은 공정관리부서가 해야 하는 업무이다.

93 공정의 산포가 규격의 최대치와 최소치와의 차보다 클 때, 조처하는 방법으로 틀린 것은?

① 규격을 좁힌다.

② 실험을 계획하여 공정의 산포를 감소시킨다.

③ 문제가 해결될 때까지 전 제품에 대해서 전수검사를 실시한다.

④ 적합한 공구 사용, 작업방법, 관리방법 등 기본적 공정의 개선을 꾀한다.

> **해설**
> 문제가 해결될 때까지 전 제품에 대해서 전수검사를 실시하는 것은 무의미하며 낭비만 초래한다.

94 품질관리의 기능은 4개의 기능으로 대별하여 사이클을 형성한다. 품질관리의 기능에 포함되지 않는 것은?

① 품질의 보증   ② 품질의 설계

③ 품질의 관리   ④ 공정의 관리

> **해설**
> 품질관리의 4대 기능
> • 품질의 설계(QP)
> – 시장에서의 소비자 요구와 회사의 전략에 부응해야 한다.
> – 기술적으로 공정능력을 고려한다.
> • 공정의 관리(QC, 실행기능)
> – 설비, 기계의 능력이 품질 실현의 요구에 적합하도록 보전하는 업무이다.
> – 검사, 시험방법, 판정의 기준이 명확하며 판정의 결과가 올바르게 처리되도록 하는 업무이다.
> – 원재료가 회사규격에 정해진 품질대로 확실히 수입되어 적시에 적량을 제조현장에 납품하는 업무이다.
> – 적절한 공정능력을 결정한다.
> – 기술적 규격에 대한 품질 적합도를 판단한다.
> – 품질의 변동요인을 규명한다.
> • 품질의 보증(QA) : 사내규격이 체계화되어 품질에 대한 정책이 일관되도록 하는 업무로, 제품이나 용역이 실제 사용되는 과정에서 설계된 내용처럼 잘 유지될 때 품질보증의 기능이 완성되는 것이다. 품질관리를 하는 이유도 궁극적으로는 품질을 보증하기 위한 것이다.
> • 품질의 조사 및 개선(QI) : 시장조사를 통해서 소비자의 의견을 파악하고, 불량품 및 클레임의 발생원인을 찾아 품질방침이나 품질목표를 개선시키는 기능을 의미한다.

95 포터(M. E. Porter)는 품질에 관한 경쟁전략에 대해 기본적 접근방법으로 3가지 항목을 제시하였다. 3가지 항목에 해당하지 않는 것은?

① 차별화

② 집중화

③ 소형화

④ 원가상의 우위 확보

> **해설**
> 포터(M.E. Porter)의 품질에 관한 경쟁전략에 대한 기본적 접근방법 3가지 항목 : 원가상의 우위 확보, 차별화, 집중화

96 국가규격에 해당하지 않는 것은?

① BS

② NF

③ IEC

④ ANSI

> **해설**
> IEC(International Electrotechnical Commission, 국제전기표준회의)는 국제규격에 해당된다.

97 다음은 신QC 7가지 도구 중 어느 것을 설명한 것인가?

> [다 음]
> 미지, 미경험의 분야 등 혼돈된 상태 가운데서 사실, 의견, 발상 등을 언어 데이터에 의하여 유도하여 이들 데이터를 정리함으로써 문제의 본질을 파악하고 문제의 해결과 새로운 발상을 이끌어내는 방법

① 계통도법
② 친화도법
③ 연관도법
④ 매트릭스도법

해설
① 계통도법 : 설정된 목표를 달성하기 위해 목적과 수단의 계열을 계통적으로 전개하여 최적의 목적 달성 수단을 찾고자 하는 기법이다.
③ 연관도법 : 복잡한 요인이 얽힌 문제에 대하여 그 인과관계 및 요인 간의 관계를 명확히 함으로써 적절한 해결책을 찾는 기법이다.
④ 매트릭스도법 : 문제가 되고 있는 사상 중 대응되는 요소를 찾아내어 행과 열로 배치하고, 그 교점에 각 요소 간의 연관 유무나 관련 정도를 표시함으로써 문제의 소재나 형태를 탐색하는 데 이용되는 기법이다.

98 품질경영시스템-기본사항과 용어(KS Q ISO 9000 : 2015)에 기술된 품질경영원칙에 해당하지 않는 것은?

① 성과 중시
② 인원의 적극 참여
③ 증거기반 의사결정
④ 프로세스 접근법

해설
품질경영 7대 원칙
• 고객 중시(Customer Focus)
• 리더십(Leadership)
• 인원의 적극 참여(Engagement of People)
• 프로세스 접근법(Process Approach)
• 개선(Improvement)
• 증거기반 의사결정(Evidence-based Decision Making)
• 관계관리(Relationship Management)

99 $n = 5$인 $\overline{X} - R$관리도에서 $\overline{\overline{X}} = 0.790$, $\overline{R} = 0.008$을 얻었다. 규격이 0.785~0.795인 경우의 공정능력비(Process Capability Ratio)는 약 얼마인가?(단, $n = 5$일 때 $d_2 = 2.326$이다)

① 0.003
② 0.484
③ 1.064
④ 2.064

해설
• 표준편차 : $\sigma = \dfrac{\overline{R}}{d_2} = \dfrac{0.008}{2.326} \simeq 0.00344$

• 공정능력비 : $D_p = \dfrac{6\sigma}{T} = \dfrac{6 \times 0.00344}{0.795 - 0.785} \simeq 2.064$

100 설계결함에 의한 제품책임 문제를 사전에 예방하기 위한 개발·설계 부문의 예방활동으로 볼 수 없는 것은?

① 신뢰성 및 안전성에 대한 확인시험을 실시한다.
② 기획·조사단계에서 표적이 되는 제품의 안정성에 대해서 조사한다.
③ 공급물품의 지속적인 품질 유지 및 향상을 위해 기술지도와 관리점검을 강화한다.
④ 중요 구성품에 대해서 신뢰성 예측, 고장 해석 등을 제품 라이프 사이클의 입장에서 검토한다.

해설
공급물품의 지속적인 품질 유지 및 향상을 위해 기술지도와 관리점검을 강화하는 것은 이용자 안전을 위한 예방활동이다.

2018년 제4회 과년도 기출문제

제1과목 | 실험계획법

01 $L_{27}(3^{13})$형 직교배열표에서 A, B 요인이 4열과 9열에 배치되어 있다. $A \times B$는 어느 열에 배치해야 하는가?

열번호	기본 표시	배 치	열번호	기본 표시	배 치
1	a		8	bc	
2	b		9	abc	B
3	ab		10	ab^2c^2	
4	ab^2	A	11	bc^2	
5	c		12	ab^2c	
6	ac		13	abc^2	
7	ac^2				

① 7열   ② 7열, 11열

③ 11열   ④ 10열, 13열

해설

$A \times B = ab^2 \times abc = a^2 b^3 c = a^2 c = (a^2 c)^2 = ac^2$, 따라서 7열
$A \times B^2 = ab^2 \times (abc)^2 = a^3 b^4 c^2 = bc^2$, 따라서 11열

02 $y_{i\cdot}$은 i번째 처리수준에서 측정값의 합을 나타낸다. 다음 중 대비(Contrast)가 아닌 것은?

① $c = y_{1\cdot} + y_{3\cdot} - y_{4\cdot} - y_{5\cdot}$

② $c = 4y_{1\cdot} - 3y_{3\cdot} + y_{4\cdot} - y_{5\cdot}$

③ $c = 3y_{1\cdot} + y_{2\cdot} - 2y_{3\cdot} - 2y_{4\cdot}$

④ $c = -y_{1\cdot} + 4y_{2\cdot} - y_{3\cdot} - y_{4\cdot} - y_{5\cdot}$

해설

계수의 합이 0이면 대비가 되므로 계수의 합이 0이 아닌
$4 - 3 + 1 - 1 = 1$이 정답이다.

03 변량요인에 대한 설명으로 틀린 것은?

① 주효과의 기댓값은 0이다.

② 주효과는 고정된 상수이다.

③ 수준이 기술적인 의미를 갖지 못한다.

④ 주효과들의 합은 일반적으로 0이 아니다.

해설

변량요인의 주효과(a_i)는 랜덤으로 변하는 확률변수이다.

04 어떤 분광석의 샘플링방법을 결정하기 위하여 열차로부터 랜덤으로 3대의 화차를 택하고, 각 화차로부터 200g의 인크리멘트를 4개씩 샘플링하였다. 이 인크리멘트를 다시 축분하여 각각 2개씩의 분석시료를 얻어 $3 \times 4 \times 2 = 24$의 실험을 랜덤화하여 지분실험계획을 실시하였다. 이때 화차수준 내의 인크리먼트 간 편차 제곱합의 자유도는?

① 6   ② 8

③ 9   ④ 23

해설

$\nu = l(m-1) = 3 \times (4-1) = 9$

1 ②   2 ②   3 ②   4 ③   **정답**

05 난괴법(Randomized Complete Block Designs)의 특징을 나타낸 것으로 맞는 것은?

① 처리별 반복수는 똑같을 필요는 없다.

② 처리수, 블록수에 제한을 많이 받는다.

③ 랜덤화와 블록화의 두 가지 원리에 따른 것이다.

④ 실험구 배치는 난해하나 통계적 분석이 간단하다.

해설

① 처리별(블록별) 반복수는 일정(동일)하여야 한다.

② 처리수(모수), 블록수(변량)에 구애받지 않는다.

④ 실험을 한 블록씩 블록 내에서 랜덤으로 실시하므로, 실험배치가 간단하고 통계분석이 용이하다.

06 4요인 A, B, C, D를 각각 4수준으로 잡고, 4×4 그레코 라틴방격으로 실험을 행했다. 분산분석표를 작성하고, 최적 조건으로 $A_3 B_1 D_1$을 구했다. $A_3 B_1 D_1$에서 모평균의 점 추정값은 얼마인가?(단, $\overline{x}_{3\cdots} =$ 12.50, $\overline{x}_{\cdot 1\cdots} = 11.50$, $\overline{x}_{\cdots 1} = 10.00$, $\overline{\overline{x}} = 15.94$이다)

① 2.12

② 3.12

③ 3.14

④ 5.14

해설

$A_3 B_1 D_1$에서의 모평균 $\mu(A_3 B_1 D_1)$의 점 추정값

$\mu(\widehat{A_3 B_1 D_1}) = \overline{x}_{3\cdots} + \overline{x}_{\cdot 1\cdots} + \overline{x}_{\cdots 1} - 2\overline{\overline{x}}$

$\qquad = 12.5 + 11.50 + 10.00 - 2 \times 15.94 = 2.12$

07 다음은 Y펌프 축의 마모실험을 한 데이터이다. 망소특성에 대한 SN비는 약 얼마인가?

[다 음]			
11.13	8.63	4.50	6.25
9.13	11.88	12.13	

① $-19.538[\text{dB}]$

② $-9.920[\text{dB}]$

③ $9.920[\text{dB}]$

④ $19.538[\text{dB}]$

해설

망소특성의 SN비

$-10\log\left(\dfrac{1}{n} \displaystyle\sum_{i=1}^{n} y_i^2 \right)$

$= -10\log\left[\dfrac{1}{7}\left(11.13^2 + 8.63^2 + 4.5^2 + 6.25^2 + 9.13^2 + 11.88^2 \right.\right.$

$\qquad \left.\left. + 12.13^2 \right) \right]$

$= -10\log\left(\dfrac{1}{7} \times 629.3 \right) \simeq -19.538[\text{dB}]$

08 K제품의 중합반응에서 흡수속도가 제조시간에 영향을 미치고 있다. 흡수속도에 대한 큰 요인이라고 생각되는 촉매량(A_i)을 2수준, 반응온도(B_j)를 2수준으로 하고, 반복 3회인 2^2형 실험을 한 데이터가 다음과 같을 때, B의 주효과는 얼마인가?(단, $T_{ij\cdot}$은 A의 i번째, B의 j번째에서 측정된 특성치의 합이다)

[다 음]	
$T_{11\cdot} = 274$	$T_{12\cdot} = 292$
$T_{21\cdot} = 307$	$T_{22\cdot} = 331$

① 7

② 14

③ 21

④ 147

해설

B의 주효과

$B = \dfrac{1}{2^{n-1} \cdot r}$ (B인자의 높은 수준 데이터의 합 $-$ B인자의 낮은 수준 데이터의 합)

$\qquad = \dfrac{1}{2^{2-1} \cdot 3}[(292+331)-(274+307)] = 7$

09 수준수 $l = 4$, 반복수 $m = 5$인 1요인실험에서 분산분석 결과, 요인 A가 1[%]로 유의적이었다. $S_T = 2.478$, $S_A = 1.690$이고, $\overline{x}_{1 \cdot} = 7.72$일 때, $\mu(A_1)$를 $\alpha = 0.01$로 구간추정하면 약 얼마인가?(단, $t_{0.99}(16) = 2.583$, $t_{0.995}(16) = 2.291$이다)

① $7.396 \leq \mu(A_1) \leq 8.044$

② $7.430 \leq \mu(A_1) \leq 8.010$

③ $7.433 \leq \mu(A_1) \leq 8.007$

④ $7.464 \leq \mu(A_1) \leq 7.976$

해설

$$7.72 \pm 2.921 \times \sqrt{\frac{(2.478 - 1.690)/[4 \times (5-1)]}{5}}$$

$$= 7.72 \pm 2.921 \times \sqrt{\frac{0.049}{5}}$$

$$\therefore\ 7.430 \leq \mu(A_1) \leq 8.010$$

10 요인의 수준수가 5이고, 각 수준에서 반복수가 5인 1요인실험으로 얻는 관측치를 정리하여 다음과 같은 값을 얻었다. 제곱합 S_A의 값은 얼마인가?

> [다 음]
> $$\sum_{i=1}^{5} T_{i \cdot} = 4,500, \quad \sum_{i=1}^{5}\sum_{j=1}^{5} x_{ij} = 50$$

① 100

② 500

③ 800

④ 900

해설

※ 저자 의견

문제 [다음] 내용에 오류가 있어 다음과 같이 수정하면,

> [다 음]
> $$\sum_{i=1}^{5} T_{i \cdot}^2 = 4,500, \quad \sum_{i=1}^{5}\sum_{j=1}^{5} x_{ij} = 50$$

$$S_A = \frac{\sum T_{i \cdot}^2}{r} - \frac{\sum\sum x_{ij}^2}{lr} = \frac{4,500}{5} - \frac{50 \times 50}{5 \times 5} = 800$$

따라서 정답은 ③번임

11 다음 분산분석표로부터 모수요인 A, B에 대한 유의수준 10[%]에서의 가설검정결과로 맞는 것은?(단, $F_{0.90}(2, 6) = 3.46$, $F_{0.90}(3, 2) = 9.16$, $F_{0.90}(3, 6) = 3.29$, $F_{0.90}(6, 11) = 2.39$이다)

요 인	SS	DF	MS	F_0
A	185	3	61.7	3.63
B	54	2	27.0	1.59
e	102	6	17.0	
T	341	11		

① $F_{0.90}(3, 6) = 3.29$이므로, 귀무가설($\sigma_A^2 = 0$)을 기각한다.

② $F_{0.90}(3, 2) = 9.16$이므로, 귀무가설($\sigma_B^2 = 0$)을 기각한다.

③ $F_{0.90}(6, 11) = 2.39$이므로, 귀무가설($\sigma_B^2 = 0$)을 기각한다.

④ $F_{0.90}(2, 6) = 3.46$이므로, 귀무가설($\sigma_A^2 = 0$)을 기각한다.

해설

$F_0 = 3.63 > F_{0.90}(3, 6) = 3.29$이므로, 귀무가설($\sigma_A^2 = 0$)을 기각한다.

12 다음 표는 요인 A를 4수준, 요인 B를 3수준으로 하여 반복 2회의 2요인실험한 결과이다. 이에 대한 설명으로 틀린 것은?(단, 요인 A, B는 모두 모수요인이다)

요 인	SS	DF	MS	F_0	$F_{0.95}$
A	3.3	3	1.1	5.5	3.49
B	1.8	2	0.9	4.5	3.89
$A \times B$	0.6	6	0.1	0.5	3.00
e	2.4	12	0.2		
T	8.1	23			

① 유의수준 5[%]로 요인 A와 B는 의미가 있다.

② 모평균의 점추정치는 요인 A, B가 유의하므로
$\hat{\mu}(A_i B_j) = \overline{x}_{i..} + \overline{x}_{.j.} - \overline{\overline{x}}$ 로 추정된다.

③ 교호작용 $A \times B$는 유의수준 5[%]에서 유의하지 않으며, 1보다 작으므로 기술적 풀링을 검토할 수 있다.

④ 교호작용을 오차항과 풀링할 경우 오차분산은 교호작용 $A \times B$와 오차항 e의 분산의 평균, 즉 0.15가 된다.

해설

$$MS_e' = \frac{S_e'}{\nu_e'} = \frac{S_e + S_{A \times B}}{\nu_e + \nu_{A \times B}} = \frac{2.4 + 0.6}{12 + 6} = 0.167$$

13 $L_S(2^7)$인 직교배열표에서 7이 의미하는 것은?

① 실험의 횟수

② 요인의 수준수

③ 직교배열표 행의 수

④ 배치 가능한 요인의 수

해설

직교배열표의 표시

$L_N(P^K)$

• L : 라틴방격
• N : 행의 수(실험 횟수)
• P : 수준수
• K : 열의 수(인자수 = 배치 가능한 요인의 수)

14 $I = ABCDE = ABC = DE$의 별명관계 중 틀린 것은?

① $A = BCED = BC = ADE$

② $B = ACDE = AC = BDE$

③ $C = ABDE = AB = CDE$

④ $D = BCE = BCD = AE$

해설

$D = D \times I = D \times ABCDE = ABCD^2 E = ABCE$
$\quad = D \times ABC = ABCD = D \times DE = D^2 E = E$

15 2^5형의 $\frac{1}{4}$ 실시실험에서 이중교락을 시켜 블록과 $ABCDE$, ABC, DE를 교락시켰다. AD와 별명관계가 아닌 것은?

① AB ② AE

③ BCE ④ BCD

해설

$AD \times (ABCDE) = A^2 BCD^2 E = BCE$
$AD \times (ABC) = A^2 BCD = BCD$
$AD \times (DE) = AD^2 E = AE$

따라서 ②, ③, ④는 AD와 별명관계이지만, ①은 별명관계가 아니다.

16 $x_{ijk} = \mu + a_i + r_k + e_{(1)ik} + b_j + (ab)_{ij} + e_{(2)ijk}$
인 구조를 갖는 단일분할법의 계산방법으로 틀린 것은?

① $\nu_{e_1} = (l-1)(r-1)$

② $S_{e_1} = S_{AR} - S_A - S_R$

③ $S_{e_2} = S_{B \times R} + S_{A \times B \times R}$

④ $\nu_{e_2} = (l-1)(m-1)(r-1)$

해설

$\nu_{e_2} = l(m-1)(r-1)$

17 동일한 제품을 생산하는 3대의 기계가 있다. 이들 간 부적합품률에 차이가 있는가를 조사하기 위하여 적합품을 0, 부적합품을 1로 하는 계수치 데이터의 분산분석을 실시한 결과 다음과 같은 표를 얻었다. 오차항의 자유도 ν_e를 구하면?

기 계	A_1	A_2	A_3
적합품수	190	170	180
부적합품수	10	30	20

① 2　　　　　　　② 3

③ 597　　　　　　④ 599

해설

• 해법 1

$\nu_e = \nu_T - \nu_A = 599 - 2 = 597$

• 해법 2

$\nu_e = l(r-1) = 3 \times (200-1) = 597$

18 데이터 분석 시 발생한 결측치의 처리방법으로 틀린 것은?

① 1요인실험인 경우 결측치를 무시하고 그대로 분석한다.

② 될 수 있으면 한 번 더 실험하여 결측치를 메우는 것이 가장 좋다.

③ 반복 없는 2요인실험인 경우 Yates의 방법으로 결측치를 추정하여 대체시킨다.

④ 반복 있는 2요인실험인 경우 결측치가 들어 있는 조합에서의 나머지 데이터들 중 최댓값으로 결측치를 대체시킨다.

해설

반복 있는 2원배치법인 경우 결측치가 들어 있는 조합에서의 나머지 데이터들의 평균치로 결측치를 대체시킨다.

19 표본자료를 회귀직선에 적합시킨 경우 적합성의 정도를 판단하는 방법이 아닌 것은?

① 분산분석을 하여 판단한다.

② 결정계수(r^2)를 구하여 판단한다.

③ 추정회귀식의 절편을 구하여 판단한다.

④ 오차의 추정치(MS_e)를 구하여 판단한다.

해설

추정회귀식의 절편은 적합성 정도와 무관하다.

20 반복 없는 3요인실험에서 A, B, C가 모두 모수이고, 주효과와 교호작용 $A \times B$, $A \times C$, $B \times C$가 모두 유의할 때 $\hat{\mu}(A_iB_jC_k)$의 값은?

① $\overline{x}_{ij\cdot} + \overline{x}_{i\cdot k} + \overline{x}_{\cdot jk} - \overline{x}_{i\cdot\cdot} - \overline{x}_{\cdot j\cdot} - \overline{\overline{\overline{x}}}$

② $\overline{x}_{ij\cdot} + \overline{x}_{i\cdot k} + \overline{x}_{\cdot jk} - \overline{x}_{i\cdot\cdot} - \overline{x}_{\cdot\cdot k} - \overline{\overline{\overline{x}}}$

③ $\overline{x}_{ij\cdot} + \overline{x}_{i\cdot k} + \overline{x}_{\cdot jk} - \overline{x}_{\cdot j\cdot} - \overline{x}_{\cdot\cdot k} + \overline{\overline{\overline{x}}}$

④ $\overline{x}_{ij\cdot} + \overline{x}_{i\cdot k} + \overline{x}_{\cdot jk} - \overline{x}_{i\cdot\cdot} - \overline{x}_{\cdot j\cdot} - \overline{x}_{\cdot\cdot k} + \overline{\overline{\overline{x}}}$

해설

$$\hat{\mu}(A_iB_jC_k) = \widehat{\mu + a_i + b_j + c_k + ab_{ij} + ac_{ik} + bc_{jk}}$$
$$= \widehat{\mu + a_i + b_j + ab_{ij}} + \widehat{\mu + a_i + c_k + ac_{ik}}$$
$$+ \widehat{\mu + b_j + c_k + bc_{jk}} - \widehat{\mu + a_i} - \widehat{\mu + b_j} - \widehat{\mu + c_k} - \hat{\mu}$$
$$= \overline{x}_{ij\cdot} + \overline{x}_{i\cdot k} + \overline{x}_{\cdot jk} - \overline{x}_{i\cdot\cdot} - \overline{x}_{\cdot j\cdot} - \overline{x}_{\cdot\cdot k} + \overline{\overline{\overline{x}}}$$

21 슈하트관리도에서 점의 배열과 관련하여 이상원인에 의한 변동의 판정규칙에 해당되지 않는 것은?

① 15개의 점이 중심선의 위아래에서 연속적으로 1σ 이내의 범위에 있는 경우

② 6개의 점이 연속적으로 중심선의 양쪽에 오르내리고 있으며, 중심선 $\sim 1\sigma$의 범위에는 없는 경우

③ 3개의 점 중에서 2개의 점이 중심선의 한쪽에서 연속적으로 $2\sigma \sim 3\sigma$의 범위에 있거나 벗어나 있는 경우

④ 5개의 점 중에서 4개의 점이 중심선의 한쪽에서 연속적으로 $1\sigma \sim 2\sigma$의 범위에 있거나 벗어나 있는 경우

> **해설**
> ② 6개의 점이 연속적으로 증가 또는 감소하는 경우
> ④ 연속하는 5개의 점 중에서 4개의 점이 중심선 한쪽으로 1σ를 넘는 영역에 있는 경우

22 군의 크기 $n=4$의 $\overline{X}-R$관리도에서 $\overline{\overline{X}}=18.50$, $\overline{R}=3.09$인 관리 상태이다. 지금 공정평균이 15.50으로 변경되었다면, 본래의 3σ 한계로부터 벗어날 확률은?(단, $n=4$일 때, $d_2=2.509$이다)

u	P_r
1.00	0.1587
1.12	0.1335
1.50	0.0668
2.00	0.0228

① 0.1587
② 0.1335
③ 0.8665
④ 0.8413

> **해설**
> $$LCL = \overline{\overline{x}} - 3\frac{\sigma}{\sqrt{n}} = 18.5 - 3 \times \frac{1}{\sqrt{4}} \times \frac{3.09}{2.059}$$
> $$= 18.5 - 3 \times 0.75 = 16.25$$
> $$u = \frac{LCL - 15.5}{0.75} = \frac{16.25 - 15.5}{0.75} = 1.0$$
> $$\therefore P = P(u < 1.0) = (1 - 0.1587) = 0.8413$$

23 2개 회사의 제품을 각각 로트로부터 랜덤으로 뽑아 인장강도를 측정하여 다음의 데이터를 구했다. 두 회사 제품의 평균치 차에 대한 검정결과로 맞는 것은?(단, $\sigma_S = 3[\text{kg/mm}^2]$, $\sigma_Q = 5[\text{kg/mm}^2]$, $u_{0.975}=1.96$, $u_{0.995}=2.576$이다)

[데이터]					
S사 : 26	27	18	26	25	24
Q사 : 14	20	16	17	23	21

① 유의수준 1[%]에서, 5[%]에서 모두 두 회사 제품의 평균치의 차이가 없다.

② 유의수준 1[%]에서 두 회사 제품의 평균치에 차이가 있다고 할 수 있다.

③ 유의수준 5[%]에서는 두 회사 제품의 평균치의 차이가 없으나, 유의수준 1[%]에서는 차이가 있다고 할 수 있다.

④ 유의수준 1[%]에서는 두 회사 제품의 평균치의 차이가 없으나, 유의수준 5[%]에서는 차이가 있다고 할 수 있다.

> **해설**
> 2개의 모표준편차를 알고 있을 때 2개의 모평균차에 대한 양쪽검정
> • 가설설정 : $H_0 : \mu_S = \mu_Q$, $H_1 : \mu_S \neq \mu_Q$(양쪽검정)
> • 유의수준 : $\alpha = 0.01$ 또는 $\alpha = 0.05$
> • 검정통계량 : $u_0 = \dfrac{\overline{x}_S - \overline{x}_Q}{\sqrt{\dfrac{\sigma_S^2}{n_S} + \dfrac{\sigma_Q^2}{n_Q}}} = \dfrac{146/6 - 111/6}{\sqrt{\dfrac{3^2}{6} + \dfrac{5^2}{6}}} = 2.451$
> • 기각역
> $\alpha = 0.01$에서 $|u_0| > u_{1-\alpha/2} = u_{0.995} = 2.576$이면, H_0 기각
> $\alpha = 0.05$에서 $|u_0| > u_{1-\alpha/2} = u_{0.975} = 1.960$이면, H_0 기각
> • 판 정
> $\alpha = 0.01$에서 $|u_0| = 2.451 < u_{1-\alpha/2} = u_{0.995} = 2.576$이므로, H_0 채택
> $\alpha = 0.05$에서 $|u_0| = 2.451 > u_{1-\alpha/2} = u_{0.975} = 1.960$이므로, H_0 기각
> 따라서 유의수준 $\alpha = 0.01$에서는 두 회사 제품 평균치의 차이가 없으나, 유의수준 $\alpha = 0.05$에서는 차이가 있다고 할 수 있다.

24 만성적으로 존재하는 것이 아니라 산발적으로 발생하여 품질변동을 일으키는 원인으로 현재의 기술수준으로 통제 가능한 원인을 뜻하는 용어는?

① 우연원인

② 이상원인

③ 불가피원인

④ 억제할 수 없는 원인

해설

이상원인(가피원인, 우발적 원인, 억제할 수 있는 원인, 보아 넘기면 안 되는 원인)

• 관리가 잘 안 되고 있는 상태에서 생기는 피할 수 있는 변동을 발생시키는 원인이다.
• 만성적으로 존재하는 것이 아니라 산발적으로 발생하여 품질변동을 일으키는 원인으로 현재의 기술수준으로 통제 가능한 원인이다.
• 이상원인에 의한 산포가 발생할 때 관리되지 않은 상태 또는 이상 상태에 있다고 한다.
• 이상원인이 발생되는 경우 : 주로 4M(Man, Machine, Material, Method)의 변동 등
• 이상원인은 제거해야 하는 대상이다.

우연원인(불가피 원인, 만성적 원인, 억제할 수 없는 원인)

• 관리가 잘되고 있는 상태에서 생기는 피할 수 없는 변동을 발생시키는 원인이다.
• 이상원인이 없고 우연원인에 의한 산포만 발생할 때를 관리 상태에 있다고 한다.
• 우연원인이 발생되는 경우 : 천재지변 등

25 100개의 표본에서 구한 데이터로부터 두 변수의 상관계수를 구하니 0.8이었다. 모상관계수가 0이 아니라면, 모상관계수와 기준치와의 상이검정을 위하여 z 변환하면, z의 값은 약 얼마인가?(단, 두 변수 x, y는 모두 정규분포에 따른다)

① −1.099   ② −0.8

③ 0.8   ④ 1.099

해설

$Z = \dfrac{1}{2}\ln\left(\dfrac{1+r}{1-r}\right) = \dfrac{1}{2}\ln\left(\dfrac{1+0.8}{1-0.8}\right) \approx 1.099$

26 빨간 공이 3개, 하얀 공이 5개 들어 있는 주머니에서 임의로 2개의 공을 꺼냈을 때, 2개 모두 하얀 공일 확률은 얼마인가?

① $\dfrac{3}{14}$ ② $\dfrac{9}{28}$

③ $\dfrac{5}{14}$ ④ $\dfrac{11}{28}$

해설

모집단의 크기는 $N=8$, 시료의 크기는 $n=2$이며 $\dfrac{N}{n}=4<10$인 유한모집단이다. 초기하분포를 적용하여 하얀 공의 수를 $M=NP$라고 할 때 $M=5$, $n=2$, $x=2$이며, 주머니에서 임의로 2개의 공을 꺼냈을 때 2개 모두 하얀 공일 확률은

$$P_r(X=2) = p(2) = \frac{\binom{NP}{x}\binom{N-NP}{n-x}}{\binom{N}{n}} = \frac{\binom{M}{x}\binom{N-M}{n-x}}{\binom{N}{n}}$$

$$= \frac{\binom{5}{2}\binom{3}{0}}{\binom{8}{2}} = \frac{10 \times 1}{28} = \frac{5}{14} \text{ 이다.}$$

27 계수형 샘플링 검사 절차−제1부 : 로트별 합격품질한계(AQL)지표형 샘플링검사방식(KS Q ISO 2859−1 : 2014)에서 검사수준에 관한 설명 중 틀린 것은?

① 검사수준은 소관권자가 결정한다.

② 상대적인 검사량을 결정하는 것이다.

③ 통상적으로 검사수준은 Ⅱ를 사용한다.

④ 수준 Ⅰ은 큰 판별력이 필요한 경우에 사용한다.

해설

큰 판별력이 필요한 경우에 사용하는 것은 수준 Ⅲ이다.

28 c관리도에서 평균부적합수가 $\bar{c} = 9$일 때, 3σ관리한 계 LCL 및 UCL은 각각 얼마인가?

① $LCL = 0$, $UCL = 18$

② $LCL = 3$, $UCL = 15$

③ $LCL = 6$, $UCL = 12$

④ $LCL =$ 고려하지 않음, $UCL = 21$

해설

관리 상하한값 : $\bar{c} \pm 3\sqrt{\bar{c}} = 9 \pm 3\sqrt{9} = 9 \pm 9$이므로

$LCL = 9 - 9 = 0$, $UCL = 9 + 9 = 18$

29 확률변수의 확률분포에 관한 설명으로 틀린 것은?

① t분포를 하는 확률변수를 제곱한 확률변수는 F 분포를 한다.

② 정규분포를 하는 확률변수를 제곱한 확률변수는 F분포를 한다.

③ 정규분포를 하는 서로 독립된 n개의 확률변수의 합은 정규분포를 한다.

④ 푸아송분포를 하는 서로 독립된 n개의 확률변수의 합은 푸아송분포를 한다.

해설

정규분포 $N(0, 1^2)$을 따르는 확률변수의 제곱은 χ^2분포를 따른다.

30 타이어 제조 회사에서 생산 중인 타이어의 수명시간은 평균 37,000[km]이고, 표준편차는 5,000[km]인 것으로 알려져 있다. 타이어의 수명을 증가시키는 공정을 개발하고 시제품을 100개 생산하여 조사한 결과, 평균수명이 38,000[km]이었다. 타이어 수명시간의 표준편차가 5,000[km]로 유지된다고 할 때, 유의수준 5[%]로 평균수명이 증가하였는지 검정할 때의 설명으로 틀린 것은?

① 기각치는 1.96이다.

② 검정통계량값은 2.0이다.

③ 대립가설(H_1)은 $\mu > 37,000$이다.

④ 검정결과로 귀무가설(H_0)을 기각한다.

해설

$H_0 : \mu \le 37,000$, $H_1 : \mu > 37,000$

$\alpha = 5[\%]$

검정통계량 : $u_0 = \dfrac{\bar{x} - \mu_0}{\sigma / \sqrt{n}} = \dfrac{38,000 - 37,000}{5,000 / \sqrt{100}} = 2.0$

기각치 : $u_{0.95} = 1.645$

판정 : $u_0 = 2.0 > u_{0.95} = 1.645$이므로,

귀무가설 기각

31 계수 및 계량규준형 1회 샘플링검사(KS Q 0001 : 2013)에서 계량규준형 1회 샘플링검사에 대한 설명으로 맞는 것은?

① 로트의 표준편차를 알고 있는 경우의 시료 크기가 모르는 경우에 비하여 훨씬 크다.

② 로트의 표준편차를 모르는 경우, $\bar{x}+k_S$의 분산을 $\sigma_2\left(\dfrac{1}{n}+\dfrac{k^2}{n-1}\right)$으로 보고 근사 계산한다.

③ $\bar{x}\pm ks$에 의하여 $\bar{x}$가 계산되는데 여기서 k의 값은 로트의 표준편차를 알고 있는 경우, k값보다 작으므로 유리하다.

④ 실제 적용에 있어서 로트의 표준편차를 미리 정확히 알고 있다고 말할 수 없기 때문에, 검사 초기에는 표준편차를 모르는 경우를 사용하면 좋다.

> **해설**
> ① 로트의 표준편차를 모르고 있는 경우의 시료 크기가 알고 있는 경우에 비하여 훨씬 크다.
> ② 로트의 표준편차를 모르는 경우, $\bar{x}+ks$의 분산을 $\sigma^2\left(\dfrac{1}{n}+\dfrac{k^2}{2(n-1)}\right)$로 보고 근사 계산한다.
> ③ 합격판정 계수 k값은 $k=\dfrac{k_{p_0}k_\beta+k_{p_1}k_\alpha}{k_\alpha+k_\beta}$이며, 이것은 로트의 표준편차를 알고 있는 경우와 모르는 경우, 모두 동일하다.

32 로트의 형성에 있어 원료별, 기계별로 특징이 확실한 모수적 원인으로 로트를 구분하는 것은?

① 층 별
② 군 별
③ 해 석
④ 군 구분

33 합리적인 군으로 나눌 수 있는 경우, X관리도의 관리한계(UCL, LCL)의 표현으로 맞는 것은?

① $\bar{\bar{X}}\pm E_1\bar{R}$
② $\bar{\bar{X}}\pm E_2\bar{R}$
③ $\bar{\bar{X}}\pm E_3\bar{R}$
④ $\bar{\bar{X}}\pm E_4\bar{R}$

> **해설**
> 합리적인 군으로 나눌 수 있는 경우, X관리도의 관리한계
> $(UCL,\ LCL)=\bar{\bar{x}}\pm E_2\bar{R}=\bar{\bar{x}}\pm A_2\sqrt{n}\bar{R}$

34 계수규준형 샘플링검사의 검사특성(OC)곡선의 계산방법에 대한 설명 내용으로 맞는 것은?

① 로트의 크기 N에 관계없이 시료의 크기 n이 작으면 푸아송분포에 의거하여 계산한다.

② 로트의 크기 N이 시료의 크기 n에 비하여 그다지 크지 않을 경우에 정규분포로 계산한다.

③ 로트의 크기 N이 시료의 크기 n에 비하여 충분히 큰 경우에는 이항분포에 의거하여 계산한다.

④ 로트의 크기 N이 크고, 시료의 크기 n과 로트의 부적합품률 P가 매우 작은 경우에는 이항분포로 근사 계산을 한다.

> **해설**
> 로트의 크기 N이 시료의 크기 n에 비하여 충분히 큰 경우에는 $\left(\dfrac{n}{N}\leq 0.1\right)$ 이항분포에 의하여 계산한다.

35 계수치축차샘플링검사방식(KS Q ISO 8422 : 2006)에서 100 아이템당 부적합수검사를 하는 경우, 1회 샘플링 검사의 샘플 크기를 11개로 이미 알고 있다. 이때 중지 시 누적 샘플 크기(중지값)은 얼마인가?

① 16개 　　　　　 ② 17개

③ 19개 　　　　　 ④ 21개

중지값 $n_t = 1.5n_0 = 1.5 \times 11 = 16.5$ → 17(소수점 이하는 끊어 올린다)

※ KS Q ISO 8422 : 2006은 2019년 12월 31일 폐지됨

36 한국인과 일본인의 스포츠(축구, 농구, 야구) 선호도가 같은지 조사하였다. 각각 100명씩 랜덤 추출하여 가장 좋아하는 한 가지 운동을 선택하여 분류하였더니 다음 표와 같을 때, 설명 중 틀린 것은?(단, $\alpha = 0.05$, $\chi^2_{0.95}(2) = 5.991$이다)

구 분	축 구	농 구	야 구
한국인	40	20	40
일본인	30	20	50

① 검정결과는 귀무가설 채택이다.

② 검정통계량(χ^2_0)은 약 2.5397이다.

③ 검정에 사용되는 자유도는 4이다.

④ 기대도수는 각 스포츠별로 선호도가 같다고 가정하여 평균을 사용한다.

χ^2통계량의 자유도는 $N - 1 = 3 - 1 = 2$이다.

37 '통계적으로 유의하다'라는 표현에 관한 설명으로 가장 적절한 것은?

① 통계량이 모수와 같은 값임을 의미한다.

② 통계적 해석을 하는 데 있어서 귀무가설이 옳음을 의미한다.

③ 검정에 이용되는 통계량이 기각역에 들어간다는 것을 의미한다.

④ 검정이나 추정을 하는 데 있어서 기초가 되는 데이터의 측정시스템이 매우 신뢰할 수 있음을 의미한다.

38 모집단 비율(P)에 대하여 $100(1-\alpha)$[%] 양측 신뢰구간의 폭을 $2A$ 이상 되지 않게 추정하기 위한 표본 크기(n)를 결정할 때의 식으로 맞는 것은?

① $n \geq u^2_{1-\alpha/2} \dfrac{p(1-p)}{A^2}$

② $n \leq u^2_{1-\alpha/2} \dfrac{p(1-p)}{A^2}$

③ $n \geq u^2_{1-\alpha} \dfrac{p(1-p)}{A^2}$

④ $n \leq u^2_{1-\alpha} \dfrac{p(1-p)}{A^2}$

모부적합품률 양쪽 신뢰구간 : $\hat{p} \pm u_{1-\alpha/2} \sqrt{\dfrac{\hat{p}(1-\hat{p})}{n}}$

신뢰구간의 폭이 $2A$ 이내이므로,

$2A \geq u_{1-\alpha/2} \sqrt{\dfrac{\hat{p}(1-\hat{p})}{n}} - \left(-u_{1-\alpha/2} \sqrt{\dfrac{\hat{p}(1-\hat{p})}{n}} \right)$

$A \geq u_{1-\alpha/2} \sqrt{\dfrac{\hat{p}(1-\hat{p})}{n}}$

$n \geq u^2_{1-\alpha/2} \dfrac{\hat{p}(1-\hat{p})}{A^2}$

39 A와 B는 독립사상이며, $P(A) = 0.3$, $P(B) = 0.6$ 이라고 할 때, $P(A^c \cap B^c)$는 얼마인가?

① 0.22　　　　　② 0.24

③ 0.28　　　　　④ 0.36

해설
$A^c = 1 - P(A) = 1 - 0.3 = 0.7$
$B^c = 1 - P(B) = 1 - 0.6 = 0.4$
$A^c \cap B^c = 0.7 \times 0.4 = 0.28$

40 계수형 및 계량형 샘플링검사에 대한 설명으로 적합하지 않은 것은?

① 일반적으로 계수형 검사와 계량형 검사에서 시료의 크기는 비슷하다.

② 일반적으로 계량형 검사는 계수형 검사보다 정밀한 측정기가 요구된다.

③ 검사의 설계, 방법 및 기록은 계량형 검사가 계수형 검사보다 일반적으로 더 복잡하다.

④ 단위 물품의 검사에 소요되는 시간은 계수형 검사가 계량형 검사보다 일반적으로 더 작다.

해설
일반적으로 계수형 검사의 시료 크기가 계량형 검사의 경우보다 크다.

제3과목 | 생산시스템

41 총괄생산계획(APP)의 전략 중 생산율, 즉 생산성을 수요의 변동에 대응시키는 전략에서 고려되는 비용은?

① 잔업수당

② 재고유지비

③ 해고비용, 퇴직수당

④ 납기 지연으로 인한 손실

해설
총괄생산계획(APP)의 전략 중 생산율, 즉 생산성을 수요변동에 대응시키는 전략에서 고려되는 비용은 잔업수당이다.

42 공급자가 복수일 경우와 비교하여 단일 공급자인 경우의 장점이 아닌 것은?

① 품질 균일

② 규모의 경제 실현

③ 신제품 개발 협력이 용이

④ 문제 발생 시 공급자 교체 가능

해설
단일 공급자의 경우, 문제 발생 시 공급자의 교체가 어렵다.

43 어느 프레스 공장에서 프레스 10대의 가동 상태가 정지율 25[%]로 추정되고 있다. 이때 워크샘플링법에 의해서 신뢰도 95[%], 상대오차 ±10[%]로 조사하고자 할 때 샘플의 크기는 약 몇 회인가?

① 72회　　　　　② 96회

③ 1,152회　　　　④ 1,536회

해설
상대오차
$$S = \pm \frac{u_{1-\alpha/2}\sqrt{P(1-P)/n}}{P} = \pm \frac{1.96 \times \sqrt{0.25(1-0.25)/n}}{0.25}$$
$= \pm 0.1$이므로,
$n \simeq 1,152$회

44 3월의 수요예측값이 500개이고, 실제 판매량이 540개일 때, 4월의 수요예측값은?(단, 지수평활계수 $\alpha = 0.2$로 한다)

① 484개   ② 496개

③ 508개   ④ 520개

해설

$$F_4 = 0.2 \times A_3 + (1-0.2)F_3$$
$$= 0.2 \times 540 + (1-0.2) \times 500 = 508$$

45 공정도에 사용되는 기호와 이에 대한 설명으로 맞는 것은?

① ○ : 정보를 주고받을 때나 계산을 하거나 계획을 수립할 때에는 제외된다.

② □ : 완성단계로 한 단계 접근시킨 것으로 작업을 위한 사전 준비작업도 포함된다.

③ D : 공식적인 어떤 형태에 의해서만 저장된 물건을 움직이게 할 수 있을 때를 의미한다.

④ ⇒ : 작업대상물의 이동으로, 검사 또는 가공 도중에 작업자에 의해서 작업 장소에서 발생되는 경우는 사용하지 않는다.

해설

명 칭	작 업	운 반	저 장	정 체	검 사
기 호	○	⇒	▽	D	□

46 다음은 생산관리에서 휠 라이트에 의해 제시된 생산과업의 우선순위 평가기준이다. 단계별 순서로 맞는 것은?

> [다 음]
> ㉠ 전략사업 단위 인식
> ㉡ 전략사업 우선순위 결정
> ㉢ 전략사업 우선순위 평가
> ㉣ 과업기준 및 측정의 정의

① ㉠ → ㉣ → ㉡ → ㉢

② ㉡ → ㉢ → ㉠ → ㉣

③ ㉢ → ㉠ → ㉣ → ㉡

④ ㉣ → ㉠ → ㉡ → ㉢

47 하루 8시간 근무시간 중 일반 여유시간으로 100분이 설정되었다면 여유율은 약 몇 [%]인가?

① 20.8[%]   ② 26.3[%]

③ 35.7[%]   ④ 39.4[%]

해설

※ 저자 의견

한국산업인력공단에서 발표한 정답은 ①, ②번이나 여유율을 계산하면 다음과 같다.

$$여유율 = \frac{일반\ 여유시간}{정미시간} \times 100[\%]$$

$$= \frac{100분}{8시간 \times 60분/시간} \times 100[\%] \simeq 20.8[\%]$$

48 노동력, 설비, 물자, 공간 등의 생산자원을 누가, 언제, 어디서, 무엇을, 얼마나 사용할 것인가를 결정하는 작업계획으로 주, 일, 시간단위별 계획을 수립하는 것은?

① 공정계획
② 생산계획
③ 작업계획
④ 일정계획

해설

일정계획
• 부분품 가공이나 제품 조립에 필요한 자재가 적기에 조달되고 이들을 생산에 지정된 시간까지 완성될 수 있도록 기계 내지 작업을 시간적으로 배정하고 일시를 결정하여 생산일정을 계획하는 행위
• 노동력, 설비, 물자, 공간 등의 생산자원을 누가, 언제, 어디서, 무엇을, 얼마나 사용할 것인가를 결정하는 작업계획으로 주, 일, 시간단위별 계획을 수립하는 것

49 공정별(기능별) 배치의 내용으로 맞는 것은?

① 흐름 생산방식이다.
② 범용설비를 이용한다.
③ 제품중심의 설비배치이다.
④ 소품종 대량 생산방식에 적합하다.

해설

① 단속생산방식이다.
③ 공정중심의 설비배치이다.
④ 다품종 소량생산방식에 적합하다.

50 MRP의 주요기능으로 볼 수 없는 것은?

① 재고수준 통제
② 우선순위 통제
③ 생산능력 통제
④ 작업 순위 통제

해설

MRP시스템의 주요 기능 : 재고수준 통제, 우선순위 통제, 생산능력 통제, 일정계획 수립
• 필요한 물자를 언제, 얼마를 발주할 것인지 알려 준다.
• 주문 또는 제조 지시 전에 경영자가 계획 등을 사전에 검토할 수 있다.
• 언제 주문을 독촉하고 늦출 것인지 알려 준다.
• 상황 변경에 따라서 주문 변경이 용이하다.
• 상황의 완료에 따라 우선순위를 조절하여 자재 조달 생산작업을 적절히 진행한다.
• 능력계획에 도움이 된다.

51 품종별 한계이익을 산출하고, 이를 고정비와 대비하여 손익분기점을 구하는 방식을 무엇이라고 하는가?

① 개별법
② 기준법
③ 절충법
④ 평균법

해설

① 개별법 : 각 품종별 한계이익률을 사용하여 한계이익액을 산출하고, 이를 고정비와 대비하여 손익분기점을 구하는 방식이다. 특히 생산시기, 판매시기, 일정계획 등을 수립할 때 편리하다.
② 기준법 : 다른 품종의 제품 중에서 대표적인 품종을 기준 품종으로 선택하고 그 품종의 한계이익률로 손익분기점을 계산하는 방법으로, 이익계획 수립 시 제품 선택에 편리하다.
③ 절충법 : 개별법을 기본으로 하고, 여기에다 평균법과 기준법을 절충하여 손익분기점을 구하는 방법이다. 제품의 품종과 생산공정을 변경시켜야 하는 Product Mix와 Process Mix를 검토하는 데 유용하게 이용된다.
④ 평균법 : (한계이익률이 서로 다른 경우) 평균한계이익률을 이용하여 손익분기점을 구하거나 이익계획을 수립하는 방법으로, 총한계이익률을 총매출액으로 나눈 것이다.

52 생산설비 배치 형태를 GT배치에 적용하였을 때, 생산성의 이점에 해당하지 않는 것은?

① 원활한 자재 흐름
② 준비시간의 감소
③ 작업 공간의 확대
④ 재공품 재고의 감소

해설

GT배치의 장단점

장 점	• 흐름이 일정하고, 이동거리가 짧아 운반시간 및 비용이 적게 든다. • 가공물의 흐름이 원활하여 재공품이 적다. • 유사품을 모아서 가공할 수 있다. • 반복작업에 따른 관리가 용이하다.
단 점	• 배치비용이 타 배치에 비해 많이 든다. • 가공물의 라인 균형화가 쉽지 않다. • 설비의 특성상 다기능공이 필요하나, 양성 및 관리가 쉽지 않다. • 설비 이용률이 높지 않다.

53 공급업체로부터 파견된 직원이 구매기업의 공장에 상주하면서 적정 재고량이 유지되고 있는지를 관리하는 시스템은 무엇인가?

① ERP시스템
② MRP시스템
③ JIT시스템
④ JIT-Ⅱ시스템

해설
① ERP(Enterprise Resource Planning, 전사적 자원관리) : 종래 독립적으로 운영되어 온 생산, 유통, 재무, 인사 등의 단위별 정보시스템을 하나로 통합하여, 수주부터 출하까지의 공급망과 기간업무를 지원하는 통합된 자원관리시스템이다.
② MRP시스템(Material Requirements Planning, 자재소요계획) : 제품의 생산 수량 및 일정을 토대로 그 생산제품에 필요한 원자재, 부분품, 공정품, 조립품 등의 소요량 및 소요시기를 역산하여 자재조달계획을 수립하여 일정관리를 겸하고 효율적인 재고관리를 모색하는 시스템이다.
③ JIT시스템 : 생산량을 늘리지 않고 생산성을 향상시켜야 하는 과제를 해결하기 위하여 생산에 필요한 부품을 필요한 때, 필요한 양을 생산공정이나 현장에 인도하여 적시에 생산하는 방식으로, TPS(도요타 생산시스템) 자체를 JIT라고 할 정도로 TPS의 대표적인 기법이며 린생산방식(Lean Production)이라고도 한다.

54 PTS(Predetermined Time Standard)기법의 특징으로 틀린 것은?

① 작업자수행도평가(Performance Rating)가 필요 없다.
② 전문적인 교육을 받은 전문가가 아니면 활용이 어렵다.
③ 시간연구법에 비해 작업방법을 개선할 수 있는 기회가 적다.
④ 작업동작은 한정된 종류의 기본 요소동작으로 구성된다는 가정을 전제로 한다.

해설
PTS기법은 시간연구법에 비해 작업방법을 개선할 수 있는 기회가 많다.

55 설비종합효율을 저해시키는 로스와 효율관리 지표와의 관계를 설명한 것으로 가장 적절한 것은?

① 고장 로스와 초기 로스는 성능 가동률을 떨어지게 한다.
② 일시 정지 로스와 속도 저하 로스는 성능 가동률을 떨어지게 한다.
③ 불량-수정 로스와 초기-수율 로스는 시간 가동률을 떨어지게 한다.
④ 고장 로스와 작업 준비-조정 로스는 양품률(적합품)을 떨어지게 한다.

해설
① 고장 로스와 초기 로스는 시간 가동률을 떨어지게 한다.
③ 불량-수정 로스와 초기-수율 로스는 양품률을 떨어지게 한다.
④ 고장 로스와 작업 준비-조정 로스는 시간 가동률을 떨어지게 한다.

56 시스템(System)의 개념과 관련되는 주요 내용들은 시스템의 특성 내지 속성으로 나타내는데, 시스템의 기본 속성이 아닌 것은?

① 관련성
② 목적 추구성
③ 기능성
④ 환경 적응성

해설
시스템의 기본 속성(특성) : 집합성, (상호) 관련성, 목적 추구성, 환경 적응성

57 고정주문량 모형의 특징을 설명한 것으로 맞는 것은?

① 주문량은 물론 주문과 주문 사이의 주기도 일정하다.

② 최대 재고수준은 조달기간 동안의 수요량 변동 때문에 언제나 일정한 것은 아니다.

③ 재고수준이 재주문점에 도달하면 주문하기 때문에 재고수준을 계속 실사할 필요는 없다.

④ 하나의 공급자로부터 상이한 수많은 품목을 구입하는 경우에 수량 할인을 받기 위해 적용하면 유리하다.

해설
① 주문량은 일정하지만 주문과 주문 사이의 주기는 일정하지 않다.
③ 재고수준이 재주문점에 도달하면 주문하기 때문에 재고수준을 계속 실사해야 한다.
④ 고정주문주기모형(P시스템)에 대한 설명이다.

58 설비보전조직의 기본유형에 해당되지 않는 것은?

① 분산보전　　　② 절충보전
③ 지역보전　　　④ 집중보전

해설
보전조직의 형태
• 집중보전 : 보전요원이 특정관리자 밑에 상주하면서 보전활동을 실시한다.
• 지역보전 : 특정지역에 분산배치되어 보전확률을 실시한다.
• 부문보전
 - 각 제조 부문의 감독자 밑에 보전업무를 담당하는 작업자를 배치하는 형태의 보전조직이다.
 - 각 부서별·부문별로 보전요원을 배치하여 보전활동을 실시한다.
 - 특정설비에 대한 습숙이 용이하다.
 - 보전책임 소재가 불명확하다.
 - 보전기술의 향상이 곤란하다.
 - 생산 우선으로 보전이 경시된다.
• 절충식 보전 : 위의 3가지 보전방식의 장점을 절충한 방식이다.

59 단독 생산의 특징에 해당하는 것은?

① 계획 생산
② 다품종 소량 생산
③ 특수목적용 전용설비
④ 수요 예측에 따른 마케팅 활동 전개

해설
① 주문 생산
③ 범용설비
④ 계획 생산에 대한 설명이다.

60 단일기계로 n개의 작업을 처리할 경우의 일정계획에 관한 설명으로 틀린 것은?

① 평균 납기지체일을 최소화하기 위해서는 존슨의 규칙을 사용한다.

② 긴급률(Critical Ratio)이 작은 순으로 배정하면 대체로 평균 납기지체일을 줄일 수 있다.

③ 최대 납기지체일을 최소화하기 위해서는 납기일이 빠른 순으로 작업 순서를 결정한다.

④ 평균흐름시간(Average Flow Time)을 최소화하기 위해서는 최단 작업시간 우선법칙을 사용한다.

해설
• 긴급률법(CR ; Critical Ratio)에 의하면, 긴급률이 작은 순으로 배정하면 대체로 평균 납기지체일을 줄일 수 있다.
• 존슨의 규칙(Johnson's Rule)은 여러 개의 공작물을 2대의 기계로 가공하는 경우 가공시간을 최소화하고 기계의 이용도를 최대화하는 기법이다.

61 신뢰성 샘플링검사에서 MTBF와 같은 수명데이터를 기초로 로트의 합부판정을 결정하는 것은?

① 계수형 샘플링검사
② 계량형 샘플링검사
③ 층별형 샘플링검사
④ 선별형 샘플링검사

해설
신뢰성 샘플링검사에서 MTBF와 같은 수명 데이터를 기초로 로트의 합부판정을 결정하는 것은 계량형 샘플링검사이다.

62 신뢰성 설계에 대한 설명으로 틀린 것은?

① 설계품질을 목표품질이라고도 부른다.
② 시스템의 품질은 설계에 의해 많이 좌우된다.
③ 설계품질에는 설계 및 기능, 신뢰성 및 보전성, 안정성이 포함된다.
④ 설계단계에서는 설계품질이 떨어지더라도 제조단계에서 약간만 노력하면 좋은 품질시스템을 만들 수 있다.

해설
설계단계에서 설계품질이 떨어지면 제조단계에서 아무리 노력을 해도 좋은 품질시스템을 만들 수 없다.

63 수명분포가 지수분포인 부품 n개를 t_0시간에서 정시 중단시험을 하였다. t_0시간 동안 고장수는 r개이고 고장품을 교체하지 않는 경우 각각의 고장시간이 $t_1, \cdots, t_r$이라면, 고장률 λ에 대한 추정치는?

① $r / \sum\limits_{i=1}^{r} t_1$

② $\left(\sum\limits_{i=1}^{r} t_1 + (n-r)t_0 \right) / r$

③ $n / \left(\sum\limits_{i=1}^{r} t_1 + (n-r)t_0 \right)$

④ $r / \left(\sum\limits_{i=1}^{r} t_i + (n-r)t_0 \right)$

해설
$$\lambda = \frac{1}{평균수명}$$
$$= \frac{1}{\left(\sum\limits_{i=1}^{r} t_i + (n-r)t_0 \right) / r} = r / \left(\sum\limits_{i=1}^{r} t_i + (n-r)t_0 \right)$$

64 샘플 200개에 대한 수명시험 데이터이다. 500~1,000 관측시간에서의 경험적(Empirical) 고장률($\lambda(t)$)은 얼마인가?

구간별 관측시간	구간별 고장 개수
0~200	5
200~500	10
500~1,000	30
1,000~2,000	40
2,000~5,000	50

① 1.50×10^{-4}/h
② 1.62×10^{-4}/h
③ 3.24×10^{-4}/h
④ 4.44×10^{-4}/h

해설
$$\lambda(t) = \frac{고장\ 개수}{n(t=500)\Delta t} = \frac{30}{185 \times 500}$$
$$= 3.24 \times 10^{-4}/h$$

65 고장시간 데이터가 와이블분포를 따르는지 알아보기 위해 사용하는 와이블확률지에 대한 설명 중 틀린 것은?

① 관측 중단된 데이터는 사용할 수 없다.

② 고장분포가 지수분포일 때도 사용할 수 있다.

③ 분포의 모수들을 확률지로부터 구할 수 있다.

④ t를 고정시간, $F(t)$를 누적분포함수라고 할 때 $\ln t$와 $\ln \ln \dfrac{1}{1-F(t)}$ 과의 직선관계를 이용한 것이다.

해설

와이블확률지는 관측 중단된 데이터도 사용할 수 있다.

66 부품에 가해지는 부하(x)는 평균 25,000, 표준편차 4,272인 정규분포를 따르며, 부품의 강도(y)는 평균 50,000이다. 신뢰도 0.999가 요구될 때 부품강도의 표준편차는 약 얼마인가?(단, $P(u > -3.1) = 0.999$이다)

① 3,680 ② 6,840

③ 7,860 ④ 9,800

해설

$\dfrac{25,000-50,000}{\sqrt{4,272^2+x^2}} = -3.1$에서 $x = 6,840$

67 고장밀도함수가 지수분포를 따를 때, MTBF 시점에서 신뢰도의 값은?

① e^{-1} ② e^{-2t}

③ e^{-3t} ④ $e^{-\lambda t}$

해설

$R(t) = e^{-\lambda t} = e^{-\frac{1}{MTBF} \times t} = e^{-\frac{1}{MTBF} \times MTBF} = e^{-1}$

68 제품이 고장 나기 전까지 제품의 평균수명을 의미하는 용어는?

① MDT ② MTBF

③ MTTR ④ MTTF

해설

① MDT : 예방보전과 사후보전을 모두 실시할 때의 평균정지시간
② MTBF : 평균고장간격
③ MTTR : 사후보전만 실시할 때의 평균수리시간

69 수명분포가 평균이 300, 표준편차가 30인 정규분포를 따르는 제품이 있다. 이미 300시간을 사용한 이 제품이 앞으로 30시간 더 작동할 신뢰도는 약 얼마인가? (단, $u_{0.8413} = 1$, $u_{0.95} = 1.645$, $u_{0.975} = 1.96$, $u_{0.9772} = 2$이다)

① 4.56[%] ② 15.87[%]

③ 31.74[%] ④ 50.00[%]

해설

$R(330/300) = \dfrac{P_r(t \geq 330)}{P_r(t \geq 300)} = \dfrac{P_r\left(u \geq \dfrac{330-300}{30}\right)}{P_r\left(u \geq \dfrac{300-300}{30}\right)}$

$= \dfrac{P_r(u \geq 1)}{P_r(u \geq 0)} = \dfrac{0.1587}{0.5} \simeq 0.3174 = 31.74[\%]$

70 8개의 테니스 라켓에 대한 신뢰성시험에서 모두 고장이 발생했다. 6번째 고장에 대한 중앙순위(Median Rank)법을 사용했을 때, 신뢰성의 누적고장확률값은 얼마인가?

① 60[%] ② 64[%]
③ 68[%] ④ 75[%]

해설

$$F(t) = \frac{i-0.3}{n+0.4} = \frac{6-0.3}{8+0.4} \simeq 0.6786 \simeq 68[\%]$$

71 고장률이 λ인 지수분포를 따르는 N개의 부품을 T시간 사용할 때 C건의 고장이 발생하는 확률은 어떤 분포로부터 구할 수 있는가?(단, N은 굉장히 크다고 한다)

① 지수분포 ② 푸아송분포
③ 베르누이분포 ④ 와이블분포

해설
① 지수분포 : 고장률함수 $\lambda(t) = \lambda$로 시간 변화에 관계없이 고장률이 일정한 경우의 분포이다(고장률 $\lambda(t)$가 일정한 CFR 구간인 경우에 사용하는 분포).
③ 베르누이분포 : 실험을 독립적으로 시행하는 경우 매 시행마다 2개의 가능한 결과만 일어나고 각 시행이 서로 독립적인 것을 확률밀도함수로 나타낸 분포이다.
④ 와이블분포 : 고장률함수 $\lambda(t)$가 상수, 증가 또는 감소함수인 수명분포들을 모형화할 때 적당한 분포이며 신뢰성 모델로 가장 자주 사용되는 분포이다.

72 두 개의 부품 A와 B로 구성된 대기시스템이 있다. 두 부품의 평균고장률이 $\lambda_A = 0.02$, $\lambda_B = 0.03$인 지수분포를 따른다면, 50시간까지 시스템이 작동할 확률은 약 얼마인가?(단, 스위치의 작동확률은 1.00으로 가정한다)

① 0.264 ② 0.343
③ 0.657 ④ 0.736

해설

$$R_s(t=50) = \frac{\lambda_B}{\lambda_B - \lambda_A} \times e^{-\lambda_A t} - \frac{\lambda_A}{\lambda_B - \lambda_A} \times e^{-\lambda_B t}$$
$$= \frac{0.03}{0.03 - 0.02} \times e^{-0.02 \times 50} - \frac{0.02}{0.03 - 0.02} \times e^{-0.03 \times 50}$$
$$= 0.657$$

73 정상전압 200[V]의 콘덴서 10개를 가속전압 260[V]에서 3개가 고장 날 때까지 가속수명시험을 하였더니 63, 112, 280시간에 각각 1개씩 고장 났다. 가속계수값이 2.31인 경우 α(알파)승법칙을 사용하여 정상전압에서 평균수명시간을 구하면 약 얼마인가?

① 557.87 ② 1,610.56
③ 1,859.55 ④ 3,679.55

해설
• 정수중단시험에서 가속수명
$$\theta_s = \frac{\sum_{i=1}^{r} t_i + (n-r)t_r}{r} = \frac{455 + (10-3) \times 280}{3} = 805$$
• 정상전압에서의 평균수명
$$\theta_n = AF \times \theta_s = 2.31 \times 805 = 1,859.55 시간$$

74 다음 그림의 신뢰성 블록도에 맞는 FT(Fault Tree, 고장목)도는?

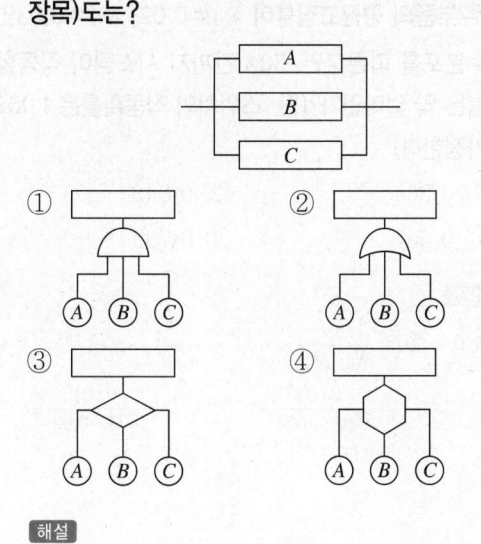

해설
병렬구조 : AND게이트

75 Y시스템의 고장률이 시간당 0.005라고 한다. 가용도가 0.990 이상이 되기 위해서는 평균수리시간은 약 얼마인가?

① 0.4957시간　　② 0.9954시간
③ 2.0202시간　　④ 2.5252시간

해설
가용도
$$A = \frac{MTBF}{MTBF + MTTR} = 0.99$$
$$\frac{1/0.005}{1/0.005 + MTTR} = 0.99$$ 이므로
$$MTTR = 2.0202$$

76 욕조형(Bath-tub) 고장률 곡선에서 디버깅(Debugging), 번인(Burn-in) 등의 방법을 통해 나쁜 품질의 부품들을 걸러내야 할 필요성이 있는 시기는?

① 초기고장기　　② 우발고장기
③ 중간고장기　　④ 마모고장기

77 동일한 신뢰도를 갖는 2개의 부품으로 병렬 구성되어 있는 장비의 목표 신뢰도가 0.95가 되려면 각 부품의 신뢰도는 약 얼마인가?

① 0.0500　　② 0.2236
③ 0.7764　　④ 0.9025

해설
$0.95 = 1 - (1-R)(1-R) = 1 - (1-R)^2$ 이므로
$(1-R)^2 = 0.05$, $(1-R) = \sqrt{0.05} = 0.2236$
따라서, $R = 1 - 0.2236 = 0.7764$

78 주어진 조건에서 규정된 기간에 보전을 완료할 수 있는 성질을 보전성이라 하고, 그 확률을 보전도라고 정의한다. 이때 주어진 조건에 포함되지 않아도 되는 사항은?

① 보전성의 설계
② 보전자의 자질
③ 보전예방과 사후보전
④ 설비 및 예비품의 정비

해설
• 보전성(Maintainability) : 주어진 조건에서 규정된 기간에 보전을 완료할 수 있는 성질
• 주어진 조건 : 보전성 설계, 보전자 자질, 설비 및 예비품의 정비

79 부품의 신뢰도가 각각 0.85, 0.90, 0.95인 3개의 부품으로 구성된 직렬시스템이 있다. 이 시스템의 신뢰도를 향상시키고자 할 때, 특별한 제한조건이 없는 경우 시스템의 신뢰도에 가장 민감한 부품은?

① 신뢰도가 0.85인 부품
② 신뢰도가 0.90인 부품
③ 신뢰도가 0.95인 부품
④ 3개 부품 모두 동일하다.

해설
3개의 부품으로 구성된 직렬시스템에서 신뢰도에 가장 민감한 부품은 신뢰도가 0.85로 가장 신뢰도가 낮은 부품이다.

80 아이템의 모든 서브 아이템에 존재할 수 있는 결함모드에 대한 조사와 다른 서브 아이템 및 아이템의 요구기능에 대한 각 결함 모드의 영향을 확인하는 정성적 신뢰성 분석방법은?

① FTA
② FMEA
③ FMECA
④ Fail Safe

해설
② FMEA(Failure Mode and Effects Analysis) : 설계에 대한 신뢰성 평가의 한 방법으로써 설계된 시스템이나 기기의 잠재적인 고장모드를 찾아내고 가동 중인 시스템 등에 고장이 발생하였을 경우의 영향을 조사, 평가하여 영향이 큰 고장모드에 대하여는 적절한 대책을 세워 고장의 발생을 미연에 방지하고자 하는 기법이다.
① FTA(Fault Tree Analysis, 결함수분석) : 시스템 고장을 발생시키고 사상(Event)과 그 원인의 인과관계를 논리기호를 사용하여 나뭇가지 모양의 그림으로 나타낸 고장나무를 만들고 이에 의거 시스템의 고장확률을 구함으로써 문제되는 부분을 찾아내어 시스템의 신뢰성을 개선하는 계량적 고장해석기법이다.
③ FMECA(Failure Mode Effect and Criticality Analysis) : FMEA로 식별한 치명적 품목에 발생확률을 고려해서 치명도(CA)지수를 구한 다음에 고장등급을 결정하는 해석방법이다.
④ Fail Safe : 조작상의 과오로 기기의 일부에 고장이 발생하더라도 다른 부분의 고장이 발생하는 것을 미연에 방지하고 안전측으로 이행하여 작동할 수 있도록 설계하는 방법이다(퓨즈, 엘리베이터의 정전 시 제동장치 등).

---

81 샌더스(T. R. B. Sanders)가 제시한 현대적인 표준화의 목적으로 가장 거리가 먼 것은?

① 무역의 벽 제거
② 안전, 건강 및 생명의 보호
③ 다품종 소량 생산체계의 구축
④ 소비자 및 공동사회의 이익 보호

해설
샌더스(T.R.B. Sanders)가 제시한 현대적인 표준화의 목적
• 무역의 장벽 제거
• 안전, 건강 및 생명의 보호
• 소비자 및 공동사회의 이익 보호

82 품질경영시스템-요구사항(KS Q ISO 9001 : 2015)에서 사용되지 않는 용어는?

① 적용 제외
② 문서화된 정보
③ 외부 공급자
④ 제품 및 서비스

83 제조공정에 관한 사내표준화의 요건으로 볼 수 없는 것은?

① 사내표준은 실행 가능한 것이어야 한다.
② 장기적인 방침 및 체계하에 추진되어야 한다.
③ 사내표준의 내용은 구체적이고 객관적으로 규정되어야 한다.
④ 사내표준 대상은 공정 변화에 대해 기여비율이 작은 것부터 시도한다.

해설
사내표준 대상은 공정 변화에 대해 기여비율이 높은 것부터 시도한다.

---

84 서비스의 개념과 특징에 대한 설명으로 틀린 것은?

① 물리적 기능은 서비스도 사전에 검사되고 시험되어야 한다는 측면에서 측정 가능하고 재현성이 있는 사항에 대한 형이상학적 기능을 의미한다.

② 물리적 기능과 정서적 기능은 서비스 산업에서 서비스를 구성하는 2대 기능으로, 대개는 서비스 산업의 업종에 따라 두 기능의 비중이 다르다.

③ 전기, 가스, 수도, 운수, 통신 등의 업종은 물리적 기능의 비중이 높고, 음식점과 호텔 등의 업종은 물리적 기능과 정서적 기능의 비율이 분산되어 있다.

④ 정서적 기능은 물리적 기능에 부가해서 고객에게 정서, 안심감, 신뢰감 등 정신적 기쁨의 감정을 불러일으키는 기분이나 분위기를 주는 움직임을 의미한다.

해설

물리적 기능은 서비스도 사전에 검사되고 시험되어야 한다는 측면에서 측정 가능하고 재현성 있는 사항에 대한 형이하학적 기능이다.

85 품질보증의 의의로 가장 적합한 것은?

① 품질이 규격한계에 있는지 조사하는 것이다.

② 품질특성을 조사하여 합부판정을 내리는 것이다.

③ 검사를 중심으로 안정된 품질을 확보하는 것이다.

④ 품질이 고객의 요구수준에 있음을 보증하는 것이다.

해설

품질보증(QA) : 목표 품질기준으로 제품제조단계, 출하단계 및 사용단계에서의 제조 품질, 사용 품질을 점검한다(고객만족을 보장하기 위한 서비스 위주의 관리활동).

86 게하니(Gehani) 교수가 구상한 품질가치사슬구조로 볼 때 최고 정점에 있다고 본 전략종합품질에 대한 품질 선구자의 사상에 해당하는 것은?

① 고객만족 품질과 시장품질

② 설계종합품질과 원가종합품질

③ 전사적 종합품질과 예방종합품질

④ 시장창조종합품질과 시장경쟁종합품질

해설

품질가치사슬(Quality Value Chain) : 마이클 포터의 부가가치사슬을 발전시켜 품질 선구자들의 사상을 인용하여 게하니(Ray Gehani) 교수가 도표를 통해 TQM의 전략적인 고객만족 품질은 '제품품질＋경영종합품질＋전략종합품질'의 융합에 의해서 도달할 수 있다고 제시한 이론

• 하층부 : 기본적인 부가가치활동이 전개되는 부분으로 테일러의 검사품질, 데밍의 공정관리 종합품질, 이시가와의 예방종합품질 등이 이에 해당된다.

• 중층부 : 경영종합품질

• 상층부 : 전략적 종합품질(시장경쟁종합품질＋시장창조종합품질)

87 히스토그램의 작성목적으로 가장 관계가 먼 것은?

① 공정능력을 파악하기 위해

② 데이터의 흩어진 모양을 알기 위해

③ 불량대책 및 개선효과를 확인하기 위해

④ 규격치와 비교하여 공정의 현황을 파악하기 위해

해설

히스토그램의 용도

• 데이터의 흩어진 모습(분포 상태) 파악(중심, 비뚤어진 정도, 산포 등)

• 질량, 강도, 압력, 길이 등의 계량치 데이터의 분포 파악

• 공정능력 파악

• 공정의 해석과 관리

• 규격치와 대비하여 공정현상 파악(규격을 벗어나는 정도, 평균과 중심의 차이 등)

• 생산제품의 수명은 어떤 분포를 가지며 평균수명은 얼마이고, 생산제품의 수명이 회사가 원하는 규격에 적합한지 파악

• 결점이 왜 발생했는지에 대해 가설을 만들어 계층화하는 분석에 사용

88 품질 코스트의 종류에 들지 않는 것은?

① 예방 코스트

② 평가 코스트

③ 실패 코스트

④ 구입 코스트

해설

품질 코스트의 종류 : 예방 코스트, 평가 코스트, 실패 코스트(내부 실패 코스트, 외부 실패 코스트)

89 품질 관련 소집단활동의 유형이라고 볼 수 있는 것은?

① 품질분임조 활동

② 경영혁신 활동

③ 품질위원회 활동

④ 품질전략위원회

90 허츠버그(Frederick Herzberg) 동기부여-위생이론에서 만족(동기)요인에 해당되지 않는 것은?

① 인 정

② 임금, 지위

③ 직무상의 성취

④ 성장, 자기실현

해설

임금, 지위는 위생요인이다.

91 품질경영시스템-요구사항(KS Q ISO 9001 : 2015)에서 정의한 품질경영원칙이 아닌 것은?

① 고객 중시

② 리스크 기반 사고

③ 인원의 적극 참여

④ 증거기반 의사결정

해설

품질경영 7대 원칙
- 고객 중시(Customer Focus)
- 리더십(Leadership)
- 인원의 적극 참여(Engagement of People)
- 프로세스 접근법(Process Approach)
- 개선(Improvement)
- 증거기반 의사결정(Evidence-based Decision Making)
- 관계관리(Relationship Management)

92 S 공정에서 50개의 측정치에 의하여 품질의 표준편차 $\sigma = 8.25$를 얻었다. 규격상한이 70이고, 규격하한이 30인 경우, 이 공정의 공정능력지수(C_p)를 구하면 약 얼마인가?

① 0.11   ② 0.47

③ 0.81   ④ 1.31

해설

공정능력지수 : $C_p = \dfrac{T}{6\sigma} = \dfrac{70-30}{6 \times 8.25} \simeq 0.81$

93 공차(Tolerance)에 대한 설명 내용으로 틀린 것은?

① 공차란 품질특성의 허용변동을 의미한다.

② 허용공차란 요구되는 정밀도를 규정하는 것이다.

③ 공차란 최대 허용치수와 최소 허용치수와의 차이를 의미한다.

④ 공차는 공정데이터로부터 구한 표준편차의 2배로 정하는 것이 일반적이다.

해설
공차는 설계치에서 결정되지만 중심값의 양쪽 영역에서 표준편차의 3배 영역을 자연공차라고 한다.

94 시험 장소의 표준 상태(KS A 0006 : 2014)에 정의된 상온, 상습의 기준으로 맞는 것은?

① 온도 : 0~20[℃], 습도 : 60~70[%]

② 온도 : 5~35[℃], 습도 : 45~85[%]

③ 온도 : 10~40[℃], 습도 : 63~67[%]

④ 온도 : 15~35[℃], 습도 : 30~70[%]

해설
표준 상태에서 정의된 상온, 상습의 기준 : 온도 5~35[℃], 습도 45~85[%]

95 기업에서 측정목적에 의한 분류 중 관리를 목적으로 분석·평가하는 측정활동으로 보기에 가장 거리가 먼 것은?

① 환경조건의 측정

② 제조설비의 측정

③ 시험·연구의 측정

④ 자재·에너지의 측정

96 제조물책임(PL)에 대한 설명으로 틀린 것은?

① 기업의 경우 PL법 시행으로 제조원가가 올라갈 수 있다.

② 제품에 결함이 있을 때 소비자는 제품을 만든 공정을 검사할 필요가 없다.

③ 제조물책임법(PL법)의 적용으로 소비자는 모든 제품의 품질을 신뢰할 수 있다.

④ 제품에 결함이 없어야 하지만, 만약 제품에 결함이 있으면 생산, 유통, 판매 등 일련의 과정에 관여한 자가 변상해야 한다.

해설
제조물의 결함으로 인해서 사용자에게 입힌 재산상의 손실에 대한 생산자, 판매자측의 배상책임을 PL이라고 하고, 이에 대한 대응책으로 기업은 방어적인 면보다는 적극적으로 예방하는 PLP를 취하고 있다.
• 제품에는 결함이 없어야 한다. 만약 제품에 결함이 있으면 제조회사가 변상해야 한다.
• 제품에 결함이 있을 때 소비자는 제품을 만든 공정을 검사할 필요가 없다.
• 기업의 경우 PL법 시행으로 제조원가가 올라갈 수 있다.
• PL법의 적용으로 모든 제품 품질의 신뢰성까지 보증할 수는 없다.

97 신QC 7가지 기법 중 장래의 문제나 미지의 문제에 대해 수집한 정보를 상호 친화성에 의해 정리하고, 해결해야 할 문제를 명확히 하는 방법?

① KJ법

② 계통도법

③ PDPC법

④ 연관도법

해설
KJ법 또는 친화도법(Affinity Diagram)
• 장래의 문제나 미지의 문제에 대해 수집한 정보를 상호 친화성에 의해 정리하고, 해결해야 할 문제를 명확히 하는 기법
• 미지, 미경험의 분야 등 혼돈된 상태 가운데서 사실, 의견, 발상 등을 언어데이터로 유도하여 이들 데이터를 정리함으로써 문제의 본질을 파악하고 문제의 해결과 새로운 발상을 이끌어 내는 기법
• 카드를 이용하여 다량의 아이디어를 유사성이나 연관성에 따라 묶는 (Grouping) 방법

98 TQC의 3가지 기능별 관리에 해당되지 않는 것은?

① 자재관리
② 일정관리
③ 품질보증
④ 원가관리

해설
TQC의 3가지 기능별 관리 : 품질관리, 일정관리, 원가관리

100 품질비용으로 볼 수 없는 것은?

① 교육훈련비
② 직접노무비
③ 스크랩비용
④ 검사기기의 보수비

해설
품질비용(J. M. Juran) : 일정한 수준의 품질을 성취하는 데 소요되는 비용이다.
- 불가피비용(Unavoidable Cost) : 예방비용과 평가비용(검사, 샘플링, 분류 및 기타 품질관리활동에 관계된 비용)
- 가피비용(Avoidable Cost) : 실패비용(불량에 관계된 폐기 원자재, 재작업이나 수리에 들어가는 공수, 고객불만처리비용 및 불만족한 고객으로부터 초래되는 재무적 손실)
- 주란(J. M. Juran)은 실패비용을 '광산에 묻혀 있는 황금'이라고 표현하였다.
  - 종합적 품질관리(TQC ; Total Quality Control)
  - 신뢰성공학
  - 무결점(ZD ; Zero Defect)운동

99 4개의 PCB 제품에서 각 제품마다 10개를 측정했을 때, 부적합수가 각각 2개, 1개, 3개, 2개가 나왔다. 이 때 6시그마 척도인 DPMO(Defects Per Million Opportunities)는?

① 0.2   ② 2.0
③ 200,000   ④ 800,000

해설
$DPMO = DPO \times 1,000,000$
$= \dfrac{2+1+3+2}{4 \times 10} \times 1,000,000 = 200,000$

2019년 제1회 과년도 기출문제

제1과목 | 실험계획법

01 반복 없는 5×5 라틴방격법에 의하여 실험을 행하고, 분산분석한 후 $A_2 B_4 C_3$ 조합에 대한 모평균의 구간추정을 하기 위한 유효반복수는 얼마인가?

① $\dfrac{16}{15}$　　　　② $\dfrac{19}{17}$

③ $\dfrac{35}{20}$　　　　④ $\dfrac{25}{13}$

해설

$n_e = \dfrac{k^2}{3k-2} = \dfrac{5 \times 5}{3 \times 5 - 2} = \dfrac{25}{13}$

02 망소특성을 갖는 제품에 대한 SN비 식으로 맞는 것은?(단, y_i는 품질특성의 측정값, n은 샘플의 크기, $\overline{y}$는 샘플 평균, s는 샘플 표준편차이다)

① $SN = 10\log\left(\dfrac{\overline{y}}{s^2}\right)$

② $SN = -10\log\left(\dfrac{\sum\limits_{i=1}^{n} y_i^2}{n}\right)$

③ $SN = -10\log\left[\dfrac{1}{n}\sum\limits_{i=1}^{n}\dfrac{1}{y_i^2}\right]$

④ $SN = -10\log\left[n\sum\limits_{i=1}^{n}\dfrac{1}{y_i^2}\right]$

해설

망소특성을 갖는 제품에 대한 SN비

$SN = -10\log\left(\dfrac{\sum\limits_{i=1}^{n} y_i^2}{n}\right)$

03 3개의 공정라인(A_1, A_2, A_3)에서 나오는 제품의 부적합품률이 동일한지 검토하기 위하여 샘플링 검사를 하였다. 작업시간(B)별로 차이가 있는가도 알아보기 위하여 오전, 오후, 야간 근무조에서 공정라인별로 각각 100개씩 조사하여 다음과 같은 데이터를 얻었다. 이때 S_T는 약 얼마인가?(단, 단위는 100개 중 부적합품수이다)

	공정라인			합 계
	A_1	A_2	A_3	
B_1(오전)	5	3	8	16
B_2(오후)	8	5	13	26
B_3(야간)	10	6	15	31
합 계	23	14	36	73

① 64.238　　　　② 67.079

③ 124.889　　　　④ 711.079

해설

$S_T = T - CT = 73 - \dfrac{73^2}{900} \simeq 67.079$

04 $L_{27}(3^{13})$형 직교배열표에서 기본 표시가 ab^2으로 나타나는 열에 A 요인, $ab^2 c^2$으로 나타나는 열에 C요인을 배치하였을 때 A와 C의 교호작용이 나타나는 열의 기본 표시는?

① ab^2과 bc　　　　② ab와 bc

③ $ab^2 c$와 c　　　　④ abc와 bc

해설

$A \times C = ab^2 \times ab^2 c^2 = a^2 b^4 c^2 = (a^2 b^4 c^2)^2 = ab^2 c$

$A \times C^2 = ab^2 \times (ab^2 c^2)^2 = c$

05 실험 횟수를 늘리지 않고 실험 전체를 몇 개의 블록으로 나누어 배치시켜 동일한 환경 내에서 적은 실험 횟수로 실험의 정도를 향상시키기 위하여 고안한 실험계획법은?

① 교락법
② 라틴방격법
③ 난괴법
④ 요인배치법

해설
② 라틴방격법 : 주효과만 구하고자 할 때 이용되는 방법으로, 행과 열에 비교하고자 하는 처리가 오직 한 번씩($k \times k$) 나타나도록 배치한 실험계획법이다. 수준수 k개의 숫자 또는 문자를 어느 행이나 어느 열에든 하나씩만 있도록 나열하여 가로와 세로 각각 k개씩의 숫자 또는 문자가 4각형이 되도록 한 것을 $k \times k$ 라틴방격이라고 한다.
③ 난괴법 : 1인자는 모수이고 1인자는 변량(블록인자, 층별인자)인 반복이 없는 2원배치실험이다. 편의상 인자 A는 모수인자, 인자 B는 변량인자로 한다. 변량인자는 실험일, 실험 장소 또는 시간적 차이를 두고 실시되는 반복 블록인자나 랜덤으로 선택한 드럼통, 로트 등이 집단인 집단인자이다.
④ 요인배치법 : 각 인자의 수준수를 동일하게 설계하여 실험을 행하는 것으로 인자수, 수준에 따라 1원배치법, 2원배치법, 다원배치법으로 구분한다.

06 요인 A, B, C를 택하여 3회 반복의 지분실험을 하였을 때, 요인 $C(AB)$의 자유도($\nu_{C(AB)}$)와 오차의 자유도(ν_e)는 각각 얼마인가?(단, 요인 A, B, C는 각각 4수준, 3수준, 2수준이며, 모두 변량요인이다)

① $\nu_{C(AB)} = 12$, $\nu_e = 24$
② $\nu_{C(AB)} = 12$, $\nu_e = 48$
③ $\nu_{C(AB)} = 24$, $\nu_e = 12$
④ $\nu_{C(AB)} = 24$, $\nu_e = 48$

해설
$\nu_{C(AB)} = lm(n-1) = 4 \times 3 \times (2-1) = 12$
$\nu_e = 4 \times 3 \times 2 \times (3-1) = 48$

07 반복 없는 3요인실험(3요인 모두 모수)에서 $l = 3$, $m = 3$, $n = 2$일 때, $\nu_{A \times C}$값은?

① 2
② 4
③ 5
④ 6

해설
$\nu_{A \times C} = (l-1)(n-1) = 2 \times 1 = 2$

08 다음의 표는 반복이 2회인 2^2형 요인실험이다. 요인 A와 B의 교호작용 효과는?

요 인	A_0	A_1
B_0	31	82
	45	110
B_1	22	30
	21	37

① -23
② -12
③ 10
④ 28

해설
$AB = \dfrac{1}{4}[(30 + 37 + 31 + 45) - (82 + 110 + 22 + 21)] = -23$

09 실험계획의 기본 원리 중에서 실험의 환경이 될 수 있는 한 균일한 부분으로 나누어 신뢰도를 높이는 원리는?

① 반복의 원리
② 랜덤화의 원리
③ 직교화의 원리
④ 블록화의 원리

해설
① 반복(Repetition)의 원리 : 반복실험을 통하여 오차항의 자유도를 크게 함으로써 오차분산 정도가 좋게 추정되게 하여 요인의 검정 정도와 실험결과의 신뢰성을 높이고자 하는 원리이다.
② 랜덤화(Randomization)의 원리 : 뽑힌(선택된) 인자 외에 기타 원인들의 영향이 실험결과에 편의되게 미치는 것을 없애기 위하여 인자를 무작위로 선택하고자 하는 원리이다.
③ 직교화(Orthogonality)의 원리 : 요인 간 직교성을 갖도록 실험을 계획하고 데이터를 구하여 같은 실험 횟수라도 검출력이 더 좋은 검정과 정도 높은 추정을 추구하는 원리이다(요인 간의 직교성을 이용하여 만든 표를 직교배열표라고 한다).

10 완전 확률화 계획법(Completely Randomized Design)의 장점이 아닌 것은?

① 처리별 반복수가 다를 경우에도 통계분석이 용이하다.

② 처리(Treatment)수나 반복(Replication)수에 제한이 없어 적용범위가 넓다.

③ 실험재료(Experimental Material)가 이질적(Nonhomogeneous)인 경우에도 효과적이다.

④ 일반적으로 다른 실험계획보다 오차제곱합(Error Sum of Square)에 대응하는 자유도가 크다.

해설

완전 랜덤화법(완전 확률화)의 특징
• 확률화의 원리에 따른 것이다.
• 처리별 반복수는 똑같지 않아도 된다.
• 실험배치가 용이하고 통계적 분석이 간단하다.
• 완전 확률화 계획법은 1원배치법이며 블록화하지 않는다.
• 실험 측정은 실험의 장 전체를 완전 무작위화하며 모든 특성치를 무작위 순서로 구한다.
• 처리(Treatment)수나 반복(Replication)에 제한이 없어 적용범위가 넓다.
• 처리별 반복수가 달라도 되고 실험배치가 용이하며 통계분석이 간단하다.
• 일반적으로 다른 실험계획보다 오차제곱합(Error Sum of Square)에 대응하는 자유도가 크다.
• 이질적(Nonhomogeneous)인 실험재료(Experimental Material)는 부적당하여 전혀 효과적일 수가 없다.

11 실험의 관리 상태를 알아보는 방법으로 오차의 등분산 가정에 관한 검토방법에 속하지 않는 것은?

① Hartley의 방법

② Bartlett의 방법

③ Satterthwaite의 방법

④ R관리도에 의한 방법

해설

실험의 관리 상태를 알아보는 방법으로 오차의 등분산 가정에 관한 검토방법 : Hartley의 방법, Bartlett의 방법, R관리도에 의한 방법, Cochran(코크런)검정, S관리도(σ관리도)에 의한 방법

12 모수요인을 갖는 1요인실험에서 수준 1에서는 6번, 수준 2에서는 5번, 수준 3에서는 4번의 반복을 통해 특성치를 수집하였다. $\mu_1 - \mu_2$의 95[%] 양측 신뢰구간 식은?

① $(\overline{x}_1. - \overline{x}_2.) \pm t_{0.975}(12)\sqrt{\dfrac{2V_e}{11}}$

② $(\overline{x}_1. - \overline{x}_2.) \pm t_{0.975}(15)\sqrt{V_e\left(\dfrac{1}{6} + \dfrac{1}{5}\right)}$

③ $(\overline{x}_1. - \overline{x}_2.) \pm t_{0.975}(12)\sqrt{V_e\left(\dfrac{1}{6} + \dfrac{1}{5}\right)}$

④ $(\overline{x}_1. - \overline{x}_2.) \pm t_{0.975}(15)\sqrt{V_e\left(\dfrac{1}{5} + \dfrac{1}{4}\right)}$

해설

$\mu_1 - \mu_2$의 95[%] 양측 신뢰구간 식

$(\overline{x}_1. - \overline{x}_2.) \pm t_{0.975}(12)\sqrt{V_e\left(\dfrac{1}{6} + \dfrac{1}{5}\right)}$

13 모수요인 A와 변량요인 B의 수준이 각각 l과 m이고, 반복수가 r일 경우의 모형은 다음과 같다. 분산분석을 통해 A요인의 수준 간 차이가 있는지를 검정하고자 한다. 이를 위해 F분포를 이용하고자 하는 경우, 분모의 자유도는 얼마인가?

> [다 음]
> $$x_{ijk} = \mu + a_i + b_j + (ab)_{ij} + e_{ijk}$$
> $i = 1, 2, \cdots, l, \ j = 1, 2, \cdots, m, \ k = 1, 2, \cdots, r$

① $lmr - 1$

② $lm(r-1)$

③ $l(m-1)$

④ $(l-1)(m-1)$

해설

A는 $A \times B$로 검정($F_A = \dfrac{V_A}{V_{A \times B}}$)하므로

분모의 자유도는 $\nu_{A \times B} = (l-1)(m-1)$이다.

14 n개의 측정치 y_1, y_2, $\cdots$, y_n의 정수계수(定數係數) c_1, c_2, $\cdots$, c_n의 일차식 $L = c_1y_1 + c_2y_2 + \cdots + c_ny_n$을 무엇이라고 하는가?

① 직 교
② 단위수
③ 정규 방정식
④ 선형식

15 벼 품종 A_1, A_2, A_3의 단위당 수확량을 비교하기 위하여 2개의 블록으로 층별하여 난괴법 실험을 하였다. 각 품종별 단위당 수확량이 다음과 같을 때 블록별 (B) 제곱합 S_B는 약 얼마인가?

	[블록 1]			[블록 2]	
A_1	A_2	A_3	A_1	A_2	A_3
47	43	50	46	44	48

① 0.67
② 0.80
③ 0.97
④ 1.23

해설
$$S_B = \frac{1}{3}\left[(47+43+50)^2 + (46+44+48)^2\right] - \frac{278^2}{6} = 0.67$$

16 $L_{16}(2^{15})$ 직교배열표에서 4수준 요인 A와 2수준 요인 B, C, D, F와 $A \times B$, $B \times C$, $B \times D$를 배치하는 경우, 오차항의 자유도는?

① 2
② 3
③ 4
④ 5

해설
$\nu_e = 15 - 5 - 7 = 3$

17 그림과 같이 변량요인 R(2수준), 모수요인 A(3수준), 모수요인 B(4수준)인 경우 해당되는 실험계획법은?

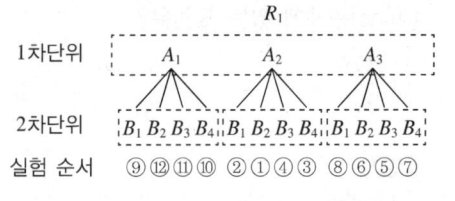
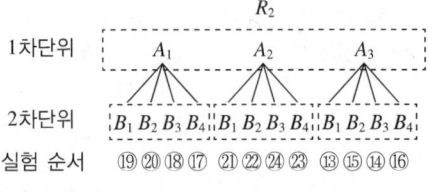
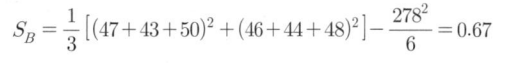

① 이단분할법
② 반복이 있는 난괴법
③ 단일분할법(일차 단위가 이원배치)
④ 단일분할법(일차 단위가 일원배치)

18 반복이 없는 2요인실험에서 A는 모수, B는 변량이다. A는 5수준, B는 4수준인 경우, $\widehat{\sigma_B^2}$의 추정값을 구하는 식은?

① $\widehat{\sigma_B^2} = \dfrac{V_B - V_e}{5}$

② $\widehat{\sigma_B^2} = \dfrac{V_B - V_e}{4}$

③ $\widehat{\sigma_B^2} = \dfrac{V_e - V_B}{5}$

④ $\widehat{\sigma_B^2} = \dfrac{V_e - V_B}{4}$

19 2^3형 요인배치법에서 abc, a, b, c의 4개 처리조합을 일부실시법에 의해 실험하려고 한다. 요인 B와 별명(Alias)관계에 있는 요인은?

① AB ② BC

③ AC ④ ABC

해설

• A의 별명 $A \times (ABC) = A^2 BC = BC$
• B의 별명 $B \times (ABC) = AB^2 C = AC$
• C의 별명 $C \times (ABC) = ABC^2 = AB$

20 회귀분석에서 회귀에 의한 제곱합 $S_R = 62.0$, 총제곱합 $S_{yy} = 65.5$일 때, 결정계수 r^2의 값은 약 얼마인가?

① 0.461   ② 0.761

③ 0.841   ④ 0.947

해설

$$r^2 = \frac{S_R}{S_{yy}} = \frac{62}{65.5} \simeq 0.947$$

제2과목 | 통계적 품질관리

21 L제과회사는 10개의 대형 도매업소를 통하여 각 슈퍼마켓에 제품을 판매하고 있다. L사에서는 새로 개발한 과자의 선호도를 평가하기 위해서 각 도매업소가 공급하는 슈퍼마켓들 중에서 5개씩을 선택하여 시범 판매하려고 한다. 이것은 어떤 표본 샘플링방법인가?

① 2단계 샘플링   ② 취락샘플링

③ 단순랜덤샘플링   ④ 층별샘플링

해설

층별샘플링(Stratified Sampling)

• 모집단을 몇 개의 층으로 나누어서 각 층으로부터 각각 랜덤으로 샘플링하는 방법이다.
• 층간은 가능한 한 크게 하고 층내는 균일하게 층별하는 것이 원칙이다.
• 층별샘플링의 특징
  – 정밀도가 좋고 샘플링 조작이 용이하다.
  – 정밀도가 우수한 순서 : 층별샘플링 → 단순 랜덤샘플링 → 취락샘플링 → 2단계 샘플링
  – 층별이 되면 될수록 샘플링 정도가 높아진다.
  – 랜덤샘플링보다 샘플 크기가 작아도 같은 정밀도를 얻을 수 있다.
  – 샘플링 오차분산은 분류 내 산포만으로 이루어지므로 층내는 균일하게, 층간은 불균일하게 하면 추정 정밀도가 좋아진다(층간산포 σ_b^2를 크게 한다).

22 이상적인 정규분포에 있어 중앙치, 평균치, 최빈값 간의 관계는?

① 모두 같다.
② 모두 다르다.
③ 평균치와 최빈값은 같고, 중앙치는 다르다.
④ 평균치와 중앙치는 같고, 최빈값은 다르다.

해설

이상적인 정규분포에 있어 중앙치, 평균치, 최빈값 간의 관계는 모두 같다.

23 어떤 제품의 부적합수가 16개일 때, 모부적합수의 95[%] 신뢰한계는 약 얼마인가?

① 9.4~22.6개　　② 8.2~23.8개

③ 12.0~16.0개　　④ 15.2~16.8개

> **해설**
>
> 신뢰구간
>
> $x \pm u_{1-\alpha/2}\sqrt{x} = 16 \pm 1.96\sqrt{16} = 16 \pm 7.84$
>
> $= 8.16 \sim 23.84$

24 T제품의 개당 검사비용은 1,000원이고 부적합품 혼입으로 인한 손실은 개당 1,500원이다. 이 제품의 임계 부적합품률은 약 얼마인가?

① 0.01　　② 0.67

③ 0.95　　④ 1.50

> **해설**
>
> 임계 부적합품률 : $P_b = \dfrac{a}{b} = \dfrac{1,000}{1,500} \approx 0.67$

25 계수치 샘플링검사 절차 – 제1부 : 로트별 합격품질한계 (AQL)지표형 샘플링검사방식(KS Q ISO 2859 – 1 : 2014)의 보통검사에서 생산자 위험에 대한 1회 샘플링 방식에 대한 값은 100 아이템당 부적합수검사일 경우 어떤 분포에 기초하고 있는가?

① 이항분포　　② 초기하분포

③ 정규분포　　④ 푸아송분포

> **해설**
>
> 푸아송분포(Poisson Distribution)
> * 주어진 시간, 생산량, 길이 등과 같은 단위 구간에서 어떤 특정 사건이 발생하는 수에 관련된 변수인 푸아송 확률변수의 분포로 시료 크기가 불완전한 결점수 관리, 사건수 관리, 사고수 관리 등에 사용한다.
> * 푸아송분포는 단위시간, 단위면적, 단위부피에서 무작위하게 일어나는 사건의 발생 횟수, 단위 구간당 발생하는 사건수에 대한 확률분포이다.

26 공정이 안정 상태에 있는 어떤 $\overline{X} - R$관리도에서 $n = 4$, $\overline{\overline{X}} = 23.50$, $\overline{R} = 3.09$이었다. 이 관리도의 관리한계를 연장하여 공정을 관리한 때, $\overline{X}$값이 20.26인 경우 어떤 행동을 취해야 하는가?(단, $n = 4$일 때, $A_2 = 0.73$이다)

① 현재의 공정 상태를 계속 유지한다.

② 관리한계에 대한 재계산이 필요하다.

③ 이상원인을 규명하고 조치를 취해야 한다.

④ 이 데이터를 버리고 다시 공정평균을 계산한다.

> **해설**
>
> $E(\overline{x}) \pm 3D(\overline{x}) = \mu \pm \dfrac{3\sigma}{\sqrt{n}}$
>
> $= \overline{\overline{x}} \pm \dfrac{3}{\sqrt{n}} \cdot \dfrac{\overline{R}}{d_2} = \overline{\overline{x}} \pm A_2\overline{R}$
>
> $= \overline{\overline{x}} \pm A_2\overline{R} = 23.50 \pm 0.73 \times 3.09 = 23.50 \pm 2.2557$
>
> $\simeq 21.24 \sim 25.76$이므로
>
> $\overline{X}$값이 20.26인 경우라면, 이상원인을 규명하고 조치를 취해야 한다.

27 상관에 관한 검정결과 모상관계수 $\rho \neq 0$라는 결과가 나왔다. 이 결과가 의미하는 것으로 맞는 것은?

① H_0를 채택하는 것을 의미한다.

② 상관관계가 없다는 것을 의미한다.

③ 상관관계가 있다는 것을 의미한다.

④ 재검정이 필요하다는 것을 의미한다.

28 검사특성곡선(OC곡선)에 대한 설명으로 틀린 것은?

① 로트의 부적합품률과 로트의 합격확률의 관계를 나타낸 그래프이다.

② OC곡선에 의한 샘플링 검사를 하면 나쁜 로트를 합격시키는 위험은 없다.

③ OC곡선의 기울기가 급해지면 생산자위험이 증가하고 소비자위험이 감소한다.

④ OC곡선에서 로트의 합격확률은 초기하분포, 이항분포, 푸아송분포에 의하여 구할 수 있다.

> **해설**
> OC곡선에 의한 샘플링 검사를 하더라도 나쁜 로트를 합격시키는 위험은 존재한다.

29 평균값 400[g] 이하인 로트는 될 수 있는 한 합격시키고, 평균값 420[g] 이상인 경우 불합격시키려고 한다. 과거의 경험으로 표준편차는 10[g]으로 조사되었다. 이때 $\alpha = 0.05$, $\beta = 0.1$을 만족시키기 위해서 시료의 크기(n)를 얼마로 하는 것이 좋은가?(단, $K_\alpha = 1.64$, $K_\beta = 1.28$이다)

① 2개 ② 3개

③ 4개 ④ 5개

> **해설**
> $$n = \left(\frac{K_\alpha + K_\beta}{m_0 - m_1}\right)^2 \times \sigma^2 = \left(\frac{1.64 + 1.28}{400 - 420}\right)^2 \times 10^2$$
> $$= 2.132 \simeq 3개$$

30 컴퓨터 주변기기 제조업자는 인터넷 광고 사이트에 배너광고를 하려고 계획 중이다. 이 사이트에 접속하는 사용자 1,000명을 임의 추출하여 사용자 특성을 조사한 결과가 표와 같을 때, 설명으로 틀린 것은?

구 분	30세 미만	30세 이상
남	250	200
여	100	450

① 임의로 선택한 사용자가 30세 미만일 확률은 0.35이다.

② 임의로 선택한 사용자가 30세 이상의 남자일 확률은 0.2이다.

③ 임의로 선택한 사용자가 여자이거나 적어도 30세 이상일 확률은 0.45이다.

④ 임의로 선택한 사용자가 남자라는 조건하에서 30세 미만일 확률은 약 0.56이다.

> **해설**
> ③ 임의로 선택한 사용자가 여자이거나 적어도 30세 이상일 확률은
> $$\frac{100 + 450 + 200}{1,000} = 0.75$$이다.
>
> ① 임의로 선택한 사용자가 30세 미만일 확률은 $\frac{250 + 100}{1,000} = 0.35$이다.
>
> ② 임의로 선택한 사용자가 30세 이상의 남자일 확률은 $\frac{200}{1,000} = 0.2$이다.
>
> ④ 임의로 선택한 사용자가 남자라는 조건하에서 30세 미만일 확률은
> $$\frac{250}{250 + 200} \simeq 0.56$$이다.

31 $n = 5$인 $L - S$관리도에서 $\overline{L} = 6.443$, $\overline{S} = 6.417$, $\overline{R} = 0.0274$일 때, UCL과 LCL을 구하면 약 얼마인가?(단, $n = 5$일 때, $A_9 = 1.36$이다)

① $UCL = 6.293$, $LCL = 6.107$

② $UCL = 6.460$, $LCL = 6.193$

③ $UCL = 6.467$, $LCL = 6.393$

④ $UCL = 6.867$, $LCL = 6.293$

해설

관리 상하한값

$$\overline{M} \pm A_9 \overline{R} = \frac{6.443 + 6.417}{2} \pm 1.36 \times 0.0274$$

$$(LCL, UCL) = 6.424 \pm 0.037 = 6.387 \sim 6.461$$

32 우리 회사에 부품을 납품하는 협력업체의 품질이 점점 나빠지고 있다. 이 협력업체의 품질을 조사하기 위하여 제조공정으로부터 $n = 10$의 샘플을 취하였더니 $x = 3$개의 부적합품이 발견되었다. 이때 모부적합품률을 추정하기 위한 $\hat{p}$의 식은?(단, N은 로트의 크기이다)

① $N - x$

② $N - n$

③ $\dfrac{x}{N}$

④ $\dfrac{x}{n}$

33 유의수준 α에 대한 설명으로 맞는 것은?

① 나쁜 로트(Lot)가 합격할 확률이다.

② 귀무가설이 옳은데 기각할 확률이다.

③ 공정에 이상이 있는데 없다고 판정할 확률이다.

④ 관리도에서 3σ한계 대신 2σ한계를 쓰면, α는 감소한다.

해설

유의수준 α : 귀무가설이 옳은데 기각할 확률이다(생산자위험).

34 관리도의 검출력에 대한 설명 중 틀린 것은?

① 제2종 오류의 확률이 0.2이면 검출력은 0.8이다.

② 검출력이란 공정의 이상을 발견해 낼 수 있는 확률이다.

③ 검출력 곡선은 합격시키고 싶은 로트가 불합격될 확률을 나타낸다.

④ 공정의 이상을 가로축에 잡고, 세로축에는 검출력을 잡은 것을 검출력 곡선이라고 한다.

해설

검출력 곡선은 합격시키고 싶은 로트가 합격될 확률을 나타낸다.

35 적합성 검정에서 기대도수의 설명으로 틀린 것은?

① 관측도수의 평균이 기대도수이다.

② 귀무가설을 기준으로 계산한 것이다.

③ 기대도수의 전체의 합과 관측도수의 전체의 합은 같다.

④ 검정통계량 카이제곱값은 기대도수와 관측도수로 계산한다.

해설

일반적으로 기대도수는 관측도수보다 크다.

36 A업종에 종사하는 종업원의 임금 실태를 조사하기 위하여 표본의 크기 120명을 조사하였더니 평균 98.87만원, 표준편차 8.56만원이었다. 이들 종업원 전체 평균임금을 유의수준 1[%]로 추정하면 신뢰구간은 약 얼마인가?(단, $u_{0.99} = 2.33$, $u_{0.995} = 2.58$이다)

① 96.66~101.08만원

② 96.85~100.89만원

③ 97.19~100.55만원

④ 97.45~100.28만원

해설

$$\hat{\mu} = \overline{x} \pm u_{1 - \alpha/2} \frac{\sigma}{\sqrt{n}}$$

$$= 98.87 \pm 2.58 \times \frac{8.56}{\sqrt{120}} = 96.85 \sim 100.89$$

37 원료 A와 원료 B에서 만들어지는 제품의 순도를 측정한 결과, 다음과 같다. 원료 A로부터 만들어지는 제품의 분산을 σ_A^2이라 하고, 원료 B로부터 만들어지는 제품의 분산을 σ_B^2이라 할 때, 유의수준 0.05로 $\sigma_A^2 = \sigma_B^2$인가를 검정하는 데 필요한 F_0의 값은 약 얼마인가?

[다 음]		
원료 A : 74.9%	75.0%	75.4%
원료 B : 75.0%	76.0%	75.5%

① 0.280   ② 1.003

③ 1.889   ④ 2.571

> **해설**
>
> $$F_0 = \frac{V_A}{V_B} = ?$$
>
> $$V_A = \frac{S_A}{\nu_A} = \frac{S_A}{n_A - 1} = \frac{1}{n_A - 1}\left\{\sum x_A^2 - \frac{\left(\sum x_A\right)^2}{n_A}\right\}$$
> $$= \frac{1}{2}\left\{16{,}920.17 - \frac{225.3^2}{3}\right\} = 0.07$$
>
> $$V_B = \frac{S_B}{\nu_B} = \frac{S_B}{n_B - 1} = \frac{1}{n_B - 1}\left\{\sum x_B^2 - \frac{\left(\sum x_B\right)^2}{n_B}\right\}$$
> $$= \frac{1}{2}\left\{17{,}101.25 - \frac{226.5^2}{3}\right\} = 0.25$$
>
> 따라서, $F_0 = \dfrac{V_A}{V_B} = \dfrac{0.07}{0.25} = 0.280$

38 크기 n의 시료에 대한 평균치 $\bar{x}$가 얻어졌다. 모평균 μ가 μ_0라고 할 수 있는가를 알고 싶다. 모집단의 분산이 알려져 있을 때 이용하는 분포는?

① t분포   ② χ^2분포

③ F분포   ④ 정규분포

> **해설**
>
> 크기 n의 시료에 대한 평균치 $\bar{x}$가 얻어졌을 때 모평균 μ가 μ_0라고 할 수 있는가를 알고 싶다면, 모집단의 분산이 알려져 있을 때 정규분포를 이용한다.

39 $\overline{X} - R$관리도에서 관리계수(C_f)를 계산하였더니 0.67이었다. 이 공정에 대한 판정으로 맞는 것은?

① 군 구분이 나쁘다.

② 군간변동이 작다.

③ 군내변동이 크다.

④ 대체로 관리 상태이다.

> **해설**
>
> 관리계수의 판정
> - $C_f \geq 1.2$: 급간변동이 크다.
> - $1.2 > C_f \geq 0.8$: 관리 상태로 판단한다.
> - $0.8 > C_f$: 군 구분이 나쁘다.

40 부적합률에 대한 계량형 축차샘플링검사방식(표준편차기지)(KS Q ISO 8423 : 2008)에서 하한규격이 주어진 경우, $n_{cum} < n_t$일 때, 합격판정치(A)를 구하는 식으로 맞는 것은?(단, h_A는 합격판정선의 절편, g는 합격판정선의 기울기, n_t는 누적 샘플 크기의 중지값, n_{cum}은 누적 샘플 크기이다)

① $A = h_A + g \cdot \sigma \cdot n_{cum}$

② $A = -h_A + g \cdot \sigma \cdot n_{cum}$

③ $A = h_A \cdot \sigma + g \cdot \sigma \cdot n_{cum}$

④ $A = -h_A \cdot \sigma + g \cdot \sigma \cdot n_{cum}$

> **해설**
>
> 합격판정치 $A = h_A \cdot \sigma + g \cdot \sigma \cdot n_{cum}$
> ※ KS Q ISO 8423은 2020년 5월 4일 폐지됨

41 예지보전에 대한 설명으로 틀린 것은?

① 과다한 보전비용의 발생을 방지할 수 있다.

② 일정한 주기에 의해 부품을 교체하는 방식이다.

③ 불필요한 예방보전을 줄이면서 트러블에 대한 미연방지를 도모한다.

④ 부품이 정상적으로 작동하면 교체하지 않고 지속적으로 사용하며 상태를 체크한다.

해설
일정한 주기에 의해 부품을 교체하는 방식은 예방보전이다.

42 웨스팅하우스법에 의한 작업수행도 평가에 반영되는 요소가 아닌 것은?

① 작업의 숙련도(Skill)

② 작업의 노력도(Effort)

③ 작업의 난이도(Difficulty)

④ 작업의 일관성(Consistency)

해설
평준화법(웨스팅하우스법)
• 관측한 작업속도를 작업의 숙련도(Skill), 작업의 노력도(Effort), 작업의 조건, 작업의 일관성(Consistency) 등의 4가지를 변동요인(수행도 평가 반영요소) 또는 평정시스템의 요소로 하여 작업을 평가하고 각각의 평가에 상당하는 평준화계수를 반영하여 정미시간을 산출하는 방법
• 정미시간 = 관측평균시간 × (1 + 평준화계수)

43 애로공정의 일정계획기법으로 사용되는 OPT(Optimized Production Technology)의 설명으로 틀린 것은?

① 공정의 흐름보다는 능력을 균형화시킨다.

② 애로공정이 시스템의 산출량과 재고를 결정한다.

③ 시스템의 모든 제약을 고려하여 생산일정을 수립한다.

④ 자원의 이용률(Utilization)과 활성화(Activation)는 다르다.

해설
OPT는 공정의 능력보다는 흐름을 균형화시킨다.

44 메모동작분석(Memo-motion Study)에 적합하지 않은 것은?

① 장기적 연구대상 작업

② 사이클 시간이 극히 짧은 작업

③ 집단으로 수행되는 작업자의 활동

④ 불규칙적인 사이클 시간을 갖는 작업

해설
메모동작분석(Memo Motion Analysis) : 작업을 저속 촬영(매초 1Frame 또는 매분 100Frame)한 후 이를 도표로 그려 분석하는 기법으로, 사이클 타임이 긴 작업을 효과적으로 분석한다.

45 수요예측방법에 해당하지 않는 것은?

① 회귀분석

② 시계열분석

③ 분산분석

④ 전문가 의견법

해설
분산분석은 실험계획법에서 많이 사용된다.

46 부품 Y가공작업에 대하여 1주일 3,600분 동안 관측한 결과, Y가공작업의 실동률은 80[%], 생산량은 576개, 작업수행도는 120[%]로 평가되었다. 외경법에 의한 여유율이 10[%]일 때, Y가공작업의 단위당 표준시간은?

① 5.6분   ② 6.6분
③ 7.6분   ④ 8.6분

해설
외경법에 의한 표준시간
$$ST = \left(\frac{3,600 \times 0.8}{576} \times 1.2 \right) \times (1+0.1) = 6.6분$$

47 기계 M으로 다음과 같은 3가지 제품을 생산하는 작업장에서 SPT(Shortest Processing Time)규칙으로 처리 순서를 정했을 때, 평균지체시간(Average Job Tardiness)은?

구 분	제품 1	제품 2	제품 3
처리시간	10일	5일	7일
납 기	16일	16일	16일

① 1일   ② 2일
③ 3일   ④ 4일

해설
평균 납기 지연일수(평균지체시간)
$$= \frac{0+0+6}{3} = 2일$$

48 1990년대 들어 컴퓨터 기술의 발전과 더불어 기업 전체의 경영자원을 유효하게 활용한다는 관점에서 기업자원계획 또는 전사적 자원계획이라고 하며, 협의의 의미로 통합형 업무 패키지 소프트웨어라고 하는 것은?

① DRP   ② MRP
③ ERP   ④ MRPⅡ

49 종속 수요품의 재고관리에 MRP시스템을 적용하였을 때 기대되는 이점이 아닌 것은?

① 평균 재고 감소
② 적절한 납기 이행
③ 설비투자의 최대화
④ 자재 부족 현상의 최소화

해설
MRP시스템의 특징
- 주문의 우선순위에 대한 관심
- 주문에 대한 독촉과 지연
- 필요한 시기에의 관심
- 설비의 가동률 향상
- 언제, 얼마나 발주할 것인지 예측 가능
- 생산시스템의 정확한 유효능력 파악이 용이
- 자재 결정에서 우선순위 계획 수립 시 정보 제공 가능
- 주문의 발주계획 생성
- 제품구조를 반영한 계획 수립
- 생산 통제와 재고관리기능의 통합
- 주문에 대한 독촉과 지연 정보 제공
- 적절한 납기 이행
- 상황 변화(수요 공급 생산능력의 변화 등)에 따른 생산일정 및 자재계획의 변경 용이
- 공정품을 포함한 종속 수요품의 평균 재고 감소
- 종속 수요품 각각에 대하여 수요 예측을 별도로 행할 필요가 없음
- 상위 품목의 생산계획에 따라 부품의 소요량과 발주시기를 계산
- 부품 및 자재 부족 현상의 최소화
- 작업의 원활 및 생산 소요시간의 단축
- 산발적인 수요 패턴에도 대응성이 우수

50 특정한 보전자재의 최근 6개월간 수요가 다음과 같다. 조달기간이 2개월일 때 품절률을 5[%]로 하는 발주점은 약 얼마인가?(단, 품절률 5[%]일 때 안전계수 α는 1.65이다)

[다 음]					
40	42	55	38	45	50

① 98개 ② 105개
③ 113개 ④ 121개

해설

발주점

$$OP = DT + \alpha(D\sigma_T + \sigma_D\sqrt{T + \alpha\sigma_T})$$
$$= DT + \alpha(D\sigma_T + \sigma_D\sqrt{T + \alpha\sigma_T})$$
$$= 45 \times 2 + 1.65(45 \times 0 + 6.45\sqrt{2 + 1.65 \times 0})$$
$$\simeq 105개$$

51 도요타생산방식(TPS)에서 제거하고자 하는 7대 낭비가 아닌 것은?

① 기능의 낭비 ② 재고의 낭비
③ 운반의 낭비 ④ 과잉생산의 낭비

해설

JIT 생산방식의 7대 낭비 : 과잉생산의 낭비, 재고의 낭비, 불량의 낭비, 동작의 낭비, 운반의 낭비, 대기의 낭비, 가공의 낭비

52 생산관리의 기본목표에 해당되지 않는 것은?

① 품질(Quality) ② 원가(Cost)
③ 납기(Delivery) ④ 개발(Development)

해설

생산관리의 기본목표 : 품질(Quality), 원가(Cost), 납기(Delivery), 유연성(Flexibility)

53 손익분기점 분석을 이용한 제품조합의 방법 중 다른 품종의 제품 중에서 대표적인 품종을 기준 품종으로 선택하고, 그 품종의 한계이익률로 손익분기점을 계산하는 방법은?

① 절충법 ② 평균법
③ 개별법 ④ 기준법

해설

① 절충법 : 개별법에 평균법과 기준법을 절충한 방법
② 평균법 : 한계이익률이 각기 다른 제품이 생산, 판매되고 있을 때에 이들 제품의 평균한계이익률을 계산하여 손익분기점을 구하는 방법
③ 개별법 : 품종별 한계이익률을 사용하여 한계이익을 계산하고 이를 고정비와 대비하여 손익분기점을 구하는 방법

54 ML. Fisher가 주장한 공급사슬의 유형으로, 재고를 최소화하고 공급사슬 내 서비스업체와 제조업체의 효율을 최대화하기 위해 제품 및 서비스의 흐름을 조정하는 데 목적을 두는 공급사슬의 명칭은 무엇인가?

① 민첩형 공급사슬(Agile Supply Chains)
② 효율적 공급사슬(Efficient Supply Chains)
③ 반응적 공급사슬(Responsive Supply Chains)
④ 위험방지형 공급사슬(Risk-hedging Supply Chains)

해설

공급사슬전략

공급의 불확실성 (H. Lee)	수요의 불확실성(M. Fisher)	
	낮다(기능성 상품)	높다(혁신적 상품)
낮다 (안정적 프로세스)	효율적 공급사슬 (식품, 기본 의류, 가솔린 등)	반응적 공급사슬 (패션의류, PC 등)
높다 (진화적 프로세스)	위험방지형 공급사슬 (일부 식품, 수력발전)	민첩형 공급사슬 (반도체, 텔레콤, 첨단 컴퓨터 등)

• 효율적 공급사슬전략 : 재고 최소화를 목적으로 하며 공급사슬에서 제조기업과 서비스 공급자의 효율을 최대화하고자 하는 SCM(Supply Chain Management, 공급사슬관리)전략이다.
• 반응적 공급사슬전략 : 재고와 생산능력의 적절한 조정을 통해 수요의 불확실성에 대처함으로써 시장 수요에 신속하게 반응하고자 하는 SCM전략이다.

55 총괄생산계획에서 수요의 변동에 대응하기 위해 활용할 수 있는 대안으로 가장 거리가 먼 것은?

① 하청 생산

② 재고수준 조정

③ 고용 및 해고

④ 생산설비 증설

해설

총괄생산계획(APP ; Aggregate Production Planning) : 변동하는 수요에 대응하여 생산율, 재고수준, 고용수준, 하청 등의 관리 가능 변수를 최적으로 결합하기 위한 용도로 수립되는 계획이다. 총괄생산계획 시 고려요소는 생산율, 고용수준, 재고수준, 하청 등이다.

56 원재료의 공급능력, 가용 노동력 그리고 기계설비의 능력 등을 고려하여 이익을 최대화하기 위한 제품별 생산비율을 결정하는 것을 무엇이라고 하는가?

① 생산계획

② 공수계획

③ 일정계획

④ 제품조합

57 TPM의 목적과 가장 거리가 먼 것은?

① 안전 재고 확보　　② 인간의 체질 개선

③ 6대 로스의 제로화　④ 설비의 체질 개선

해설

TPM(Total Productive Maintenance)

• 설비를 더욱 더 효율 좋게 사용하는 것(종합적 효율화)을 목표로 한다. 보전예방, 예방보전, 개량보전 등 설비의 생애에 맞는 PM의 Total System을 확립하며, 설비를 계획하는 사람, 사용하는 사람, 보전하는 사람 등 모든 관계자가 Top에서부터 제일선까지 전원이 참가하여 자주적인 소집단활동에 의해 PM을 추진하는 것이다.

• TPM의 기본목적

– 인간의 체질 개선 : 오퍼레이터의 자주보전능력 향상, 보전요원의 메카트로닉스(Mechatronics) 설비의 보전능력 향상, 생산기술자는 보전이 필요 없는 설비계획 능력 개발

– 설비의 체질 개선 : 현존 설비의 체질 개선에 의한 효율화, 신설비의 LCC(Life Cycle Cost) 설계와 조기 안정화 도모

58 자재가 공정으로 들어오는 지점 및 공정에서 행하여지는 작업기호와 검사기호만 사용하여 공정 전체를 파악하기 위한 공정분석도표는?

① 흐름공정도표(Flow Process Chart)

② 다중활동분석(Multiple Activity Chart)

③ 작업공정도표(Operation Precess Chart)

④ 작업자 – 기계도표(Man–Machine Chart)

해설

① 흐름공정도표(Flow Process Chart) : 공정 중에 발생하는 모든 작업, 검사, 대기, 운반, 정체 등을 도식화한 것이다. 각 공정기호별로 데이터를 집계하는 데 편리하며, 작업자공정도(OPC)에 비해서 대상을 세밀하게 기록하지만 대상이 무엇이든 사용되는 기호나 공정도 양식은 동일하다. 하나의 작업을 하나의 행에 기록해야 하는 제약이 따르며 제조과정에서 발생하는 작업, 운반, 검사, 정체, 저장 등의 내용을 표시해 주지만 이러한 사항이 생산현장의 어느 위치에서 발생되는지를 알 수 없다는 단점이 있다.

② 다중활동분석(Multiple Activity Chart) : 작업자 간의 상호관계 또는 작업자와 기계 사이의 상호관계를 분석함으로써 가장 경제적인 작업 조를 편성하거나 작업방법을 개선하여 작업자와 기계설비의 이용도를 높이고, 작업자에 대한 이론적 기계 소요 대수를 결정하기 위하여 고안된 분석표이다. 경제적인 작업 조 편성, 기계 또는 작업자의 유휴시간 단축, 한 명의 작업자가 담당할 수 있는 기계 대수의 산정 등에 사용한다.

④ 작업자 – 기계도표(Man–Machine Chart) : 다중활동분석표의 한 종류로, 작업자에게 최적의 경제적 기계 담당 대수를 결정하기 위하여 작성하는 분석표이다.

59 제품의 시장수요를 예측하여 불특정 다수 고객을 대상으로 대량 생산하는 방식은?

① 계획 생산　　　② 주문 생산
③ 동시 생산　　　④ 프로젝트 생산

② 주문 생산(MTO ; Make To Order) : 고객 주문에 의하여 제품을 생산하는 방식이다.
④ 프로젝트 생산 : 단속 생산 형태로 교량, 댐, 고속도로 건설 등을 프로젝트 생산이라고 할 수 있다. 시간과 비용이 많이 든다.

60 집중 구매(Centralized Purchasing)에 대한 설명으로 가장 거리가 먼 것은?

① 분산 구매에 비하여 구매 요구에 신속하게 대응할 수 있다.
② 분산 구매에 비해서 공급자와 좋은 관계를 유지할 수 있어 좋다.
③ 분산 구매에 비해서 상대적으로 낮은 가격으로 구매할 수 있다.
④ 분산 구매에 비해서 긴급 수요에 대한 대응력이 상대적으로 낮다.

집중 구매와 분산 구매의 장단점

구 분	장 점	단 점
집중 구매	• (회사의 요구 집중으로) 대량 구매로 가격과 거래조건이 유리하다. • 대량 구매에 따른 구매가격의 인하가 가능해진다. • 종합 구매로 구매단가가 싸고 구매비용이 적게 든다. • 공통 자재를 일괄 구매하므로 재고를 줄일 수 있다. • 자재 단순화, 표준화, 대용품화가 가능하다. • 구매 관련 업무의 중복 회피가 가능하다. • 구매전문가의 육성이 용이하다. • 거래처가 한정되어 있어 품질관리가 수월해진다. • 시장조사, 거래처조사, 구매효과 측정 등을 효과적으로 실행할 수 있다. • 구매활동의 평가가 치밀할 수 있으므로 높은 성과를 얻을 수 있는 효율적인 관리가 가능하다. • 공급자와 좋은 관계를 유지할 수 있다.	• 각 사업장의 재고현황 파악이 어렵다. • 구매의 자주성 결여와 수속이 복잡해진다. • 구매 요구에 신속하게 대응할 수 없다. • 자재의 긴급 조달이 어렵다.
분산 구매	• 자주 구매가 가능하여 구매 자주성이 확보된다. • 구매 수속이 대체로 간단하므로 구매업무 처리시간과 노력이 절약되며 구매 수속을 신속히 처리할 수 있다. • 긴급 수요의 경우에 유리하다. • (생산과 밀착된 구매가 가능하여) 공장별 자재의 긴급 조달이 용이하므로 긴급 수요의 경우에 매우 유리하다. • 각 사업장의 재고상황을 알기 쉽다. • 공장을 둘러싼 지역사회와 좋은 관계를 창조, 유지할 수 있고 지역사회에 경제적 기여를 할 수 있다.	• 본사 방침과 다른 자재를 구입할 수도 있다. • 일괄 구매에 비해 비용이 비싸다. • 적절한 자재의 구입이 쉽지 않다.

61 고장해석에 관한 설명으로 틀린 것은?

① FTA는 정량적 분석방법이다.

② 고장해석기법으로 FMEA와 FTA가 많이 활용된다.

③ FMEA의 실시과정에는 고장 메커니즘에 대한 많은 정보와 지식이 필요하다.

④ FMEA는 시스템의 고장을 발생시키는 사상과 그 원인의 관계를 관문이나 사상기호를 사용하여 나뭇가지 모양의 그림으로 설명한다.

해설

시스템의 고장을 발생시키는 사상과 그 원인의 관계를 관문이나 사상기호를 사용하여 나뭇가지 모양의 그림으로 설명하는 것은 FTA이다.

62 부하의 평균(μ_x)이 1, 표준편차(σ_x)가 0.4, 재료강도의 표준편차(σ_y)가 0.4이고, μ_x와 μ_y로부터의 거리인 n_x와 n_y가 각각 2인 경우 안전계수를 1.52로 하고 싶다면, 재료의 평균강도(μ_y)는 약 얼마가 되어야 하는가?(단, 재료의 강도와 여기에 걸리는 부하는 정규분포를 따른다)

① 1.25　　　　② 2.24

③ 3.05　　　　④ 3.54

해설

$m = \dfrac{\mu_y - n_y \sigma_y}{\mu_x + n_x \sigma_x}$ 이므로

$\mu_y = n_y \sigma_y + m(\mu_x + n_x \sigma_x) = 2 \times 0.4 + 1.52(1 + 2 \times 0.4)$
$= 3.54$

63 10개의 부품이 직렬로 연결된 어떤 시스템이 있다. 각 부품의 고장률이 0.02/시간으로 모두 같다면, 이 시스템의 평균수명(MTBF)는 몇 시간인가?(단, 각 부품의 고장률함수는 지수분포를 따른다)

① 0.2시간　　　　② 0.5시간

③ 5시간　　　　　④ 50시간

해설

$$MTBF = \frac{1}{\lambda_s} = \frac{1}{\sum_{i=1}^{n} \lambda_i}$$

$$= \frac{1}{10 \times 0.02} = 5\text{시간}$$

64 샘플 54개에 대한 수명시험결과, 다음 표와 같은 데이터를 얻었다. 구간 4~5시간에서의 고장률은 약 얼마인가?

시간 간격	고장 개수
0~1	2
1~2	5
2~3	10
3~4	16
4~5	9
5~6	7
6~7	4
7~8	1
계	54

① 0.167/시간　　　　② 0.429/시간

③ 0.611/시간　　　　④ 0.750/시간

해설

고장률 : $= \dfrac{n(t=4) - n(t=5)}{n(t=4) \times \Delta t} = \dfrac{9}{21 \times 1} = 0.429$

65 수명분포가 지수분포인 부품 n개에 대한 수명시험 중 고장 난 부품은 교체하고, 미리 정한 시간 t_0에서 시험을 중단하였다. 시간 t_0에서의 고장 개수가 총 r개일 때, 고장률의 추정값은?

① $\dfrac{r}{nt_0}$

② $\dfrac{r}{\sum t_i + (n-r)t_0}$

③ $\dfrac{n}{rt_0}$

④ $\dfrac{n}{\sum t_i + (n-r)t_0}$

67 수리하면서 사용할 수 있는 기기의 신뢰도함수는 평균 고장률(λ) 0.01/시간인 지수분포에 따르며, 보전도 함수는 평균수리율(μ) 0.1/시간인 지수분포에 따른다고 할 때, 이 기기의 가용도(Availability)는 약 얼마인가?

① 0.09

② 0.10

③ 0.91

④ 1.00

가용도

$$A = \frac{MTBF}{MTBF + MTTR} = \frac{1/\lambda}{1/\lambda + 1/\mu} = \frac{\mu}{\lambda + \mu}$$
$$= \frac{0.1}{0.01 + 0.1} \simeq 0.91$$

66 신뢰성시험을 실시하는 적합한 이유를 다음에서 모두 나열한 것은?

> [다 음]
> ㉠ MTBF 추정을 위하여
> ㉡ 설정된 신뢰성 요구조건을 만족하는지 확인하기 위하여
> ㉢ 설계의 약점을 밝히기 위하여
> ㉣ 제조품의 수입이나 보증을 위하여

① ㉠, ㉡

② ㉠, ㉡, ㉢

③ ㉡, ㉢

④ ㉠, ㉡, ㉢, ㉣

신뢰성 시험을 실시하는 적합한 이유
• MTBF 추정을 위하여
• 설정된 신뢰성 요구조건을 만족하는지 확인하기 위하여
• 설계의 약점을 밝히기 위하여
• 제조품의 수입이나 보증을 위하여

68 욕조곡선 형태의 고장률곡선에서 우발고장기에 주로 생기는 우발고장은 어떤 분포를 사용하여 예측하는가?

① 지수분포

② F분포

③ 정규분포

④ 푸아송분포

② F분포 : σ미지일 때 두 집단의 산포에 대한 검·추정분포로, 두 확률변수 χ_1^2, χ_2^2이 서로 독립이며 각각의 자유도가 $\nu_1 = m-1$, $\nu_2 = n-1$인 χ^2분포를 따를 때 확률변수 $F = (\chi_1^2/\nu_1)/(\chi_2^2/\nu_2)$는 자유도($\nu_1$, ν_2)의 F분포를 따른다고 정의한다.
③ 정규분포(Normal Distribution) : 데이터가 중심값 근처에서 밀집되면서 좌우대칭의 종모양 형태로 나타나는 분포로 $X\{X \sim N(\mu, \sigma^2)\}$으로 표시한다(여기서, μ : 평균(정규분포 중심), σ^2 : 분산).
④ 푸아송분포 : 주어진 시간, 생산량, 길이 등과 같은 단위 구간에서 어떤 특정 사건이 발생하는 수에 관련된 변수인 푸아송 확률변수의 분포로 단위시간, 단위면적, 단위부피에서 무작위하게 일어나는 사건의 발생 횟수, 단위구간당 발생하는 사건수에 대한 확률분포이다.

69 다음 시스템의 고장목(Fault Tree)을 신뢰성 블록도로 가장 적절하게 표현한 것은?

해설
FT도는 고장문제를 다루므로 신뢰성 블록도에서 직렬결합은 FT도에서는 OR게이트로 작성한다.

70 와이블확률지를 구성하고 있는 가로축과 세로축의 척도로서 맞는 것은?(단, X : 가로축, Y : 세로축이다)

① $X = \ln t,\ Y = \ln(1 - F(t))$

② $X = \ln t,\ Y = \ln\left(\dfrac{1}{1 - F(t)}\right)$

③ $X = \ln t,\ Y = \ln\ln(1 - F(t))$

④ $X = \ln t,\ Y = \ln\ln\left(\dfrac{1}{1 - F(t)}\right)$

71 10℃ 법칙이 적용되는 경우에, 가속온도 100[℃]에서 수명시험을 하고 추정한 평균수명이 1,500시간이다. 만약 가속계수가 32인 경우 정상 사용조건 50[℃]에서의 평균수명은?

① 3,000시간   ② 4,800시간

③ 48,000시간   ④ 60,000시간

해설

가속계수 $= \dfrac{(\text{사용조건의 수명})}{(\text{가속조건의 수명})}$

$32 = \dfrac{\text{사용조건수명}}{1,500}$에서

사용조건의 수명 $= 32 \times 1,500 = 48,000$시간

72 중앙값 순위(Median Rank)표에서 샘플수(n)가 10개, 고장 순번(i)이 1일 때, 첫 번째 고장 발생시간에서 불신뢰도 $F(t_i)$는 약 얼마인가?

① 0.013   ② 0.067

③ 0.074   ④ 0.083

해설
불신뢰도

$F(t_i) = \dfrac{i - 0.3}{n + 0.4} = \dfrac{1 - 0.3}{10 + 0.4} \simeq 0.067$

73 신뢰도 배분에 대한 설명으로 틀린 것은?

① 신뢰도 배분은 설계 초기단계에 이루어진다.

② 신뢰도 배분은 과거 고장률 데이터가 있어야 할 수 있다.

③ 시스템의 신뢰성 목표를 서브시스템으로 배분하는 것을 의미한다.

④ 신뢰도 배분을 위해서는 시스템의 신뢰도 블록 다이어그램이 필요하다.

해설

신뢰도 배분은 과거 고장률 데이터가 없어도 할 수 있다.

74 MTBF가 50,000시간인 3개의 부품이 병렬로 연결된 시스템의 MTBF는 약 몇 시간인가?

① 13,333.33시간

② 18,333.33시간

③ 47,666.47시간

④ 91,666.67시간

해설

$$MTTF_s = MTTF \times \left(\frac{1}{1} + \frac{1}{2} + \frac{1}{3} \right)$$
$$= 50,000 \times \frac{11}{6} = 91,666.67 시간$$

75 어떤 부품의 수명이 와이블분포를 따를 때, 사용시간 1,500시간에서의 고장률은 약 얼마인가?(단, 형상모수는 4, 척도모수는 1,000, 위치모수는 1,000이다)

① 0.00045/시간

② 0.00050/시간

③ 0.00053/시간

④ 0.93940/시간

해설

고장률

$$\lambda(t) = \frac{f(t)}{R(t)} = \frac{m}{\eta} \left(\frac{t-\gamma}{\eta} \right)^{m-1}$$
$$= \frac{4}{1,000} \left(\frac{1,500-1,000}{1,000} \right)^{4-1} = 5 \times 10^{-4}/시간$$

76 동일한 부품으로 구성된 n 중 k시스템의 신뢰도를 표현하는 데 사용되는 분포는?

① 이항분포   ② 정규분포

③ 기하분포   ④ 지수분포

해설

이항분포(二項分布, Binomial Distribution)

• 정의 : n번 반복되는 베르누이시행에서 나타나는 각각의 결과를 $X_1, X_2, \cdots, X_n$ 이라고 할 때 성공의 횟수 Y를 이항확률변수라고 하고 $Y = X_1 + X_2 + \cdots + X_n$ 으로 정의한다. 이항확률변수의 확률분포를 이항분포라고 하며, 보통 모집단의 부적합품률의 로트로부터 채취한 샘플 중에서 발견되는 부적합품수의 확률 $X \sim B(n, p)$과 같이 표시한다.

• 용도 : 부적합품률(불량률), 부적합품수, 출석률 등의 계수치 관리에 많이 사용한다.

• 이항분포는 연속된 n번의 독립적 시행에서 각 시행이 확률 p를 가질 때의 이산확률분포이며, 이러한 시행은 베르누이시행이라고도 하는데, $n=1$일 때의 이항분포는 베르누이분포이다.

• 이항분포는 성공률이 p인 베르누이시행이 n번 반복 시행되었을 때 확률변수 X를 n번 시행에서의 성공 횟수라고 하면, 이때 X는 이항분포 $B(n, p)$를 따른다.

77 고장률함수 $\lambda(t)$가 감소형인 경우 와이블분포의 형상 모수(m)은 어떠한가?

① $m < 1$ ② $m > 1$

③ $m = 1$ ④ $m = 0$

해설

와이블분포는 위치모수, 척도모수, 형상모수에 의해 분포모양이 결정된다.

- 위치모수(Location Parameter : γ) : $\gamma = 0$으로 가정한다.
- 척도모수(Scale Parameter : η) : 가로축의 척도를 규정한다.
- 형상모수(Shape Parameter : m) : 고장률함수 $\lambda(t)$의 분포모양을 결정한다.
  - $m < 1$이면, DFR(감소형 고장률)
  - $m = 1$이면, CFR(일정형 고장률), 지수분포
  - $m > 1$이면, IFR(증가형 고장률), 정규분포($m = 3.5$)

78 어떤 장치의 고장 후 수리시간 t는 다음과 같은 파라미터의 값을 갖는 대수정규분포를 한다고 알려져 있다. 이 장치의 40시간에서 보전도 $M(t = 40)$은 약 얼마인가?(단, 표준화상수 u값 계산 시 소수 셋째자리 이하는 버린다)

[다 음]
$Y = \ln t$, $\mu_Y = 2.5$, $\sigma_Y = 0.86$

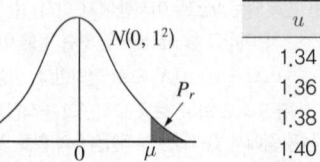

u	Pr
1.34	0.0901
1.36	0.0869
1.38	0.0838
1.40	0.0808

① 0.9099   ② 0.9131

③ 0.9162   ④ 0.9192

해설

$$M(t = 40) = P(T \le 40) = P(\ln T \le \ln 40)$$
$$= P\left(u \le \frac{\ln 40 - 2.5}{0.86}\right) = P(u \le 1.38)$$
$$= 1 - 0.0838 = 0.9162$$

79 신뢰도 $R(t)$와 불신뢰도 $F(t)$의 관계를 맞게 나타낸 것은?

① $F(t) = R(t) - 1$

② $F(t) = 1 - R(t)$

③ $R(t) = F(t) - 1$

④ $R(t) = 1 - F(t)/2$

해설

신뢰도와 불신뢰도의 합이 1이므로, 신뢰도 $R(t)$와 불신뢰도 $F(t)$의 관계는 $F(t) = 1 - R(t)$이다.

80 신뢰성 샘플링 검사에서 고장률 척도의 설명으로 맞는 것은?

① $\lambda_0 = ARL$, $\lambda_1 = LTFD$

② $\lambda_0 = AQL$, $\lambda_1 = LTFD$

③ $\lambda_0 = ARL$, $\lambda_1 = LTFR$

④ $\lambda_0 = AQL$, $\lambda_1 = LTFR$

해설

신뢰성 샘플링 검사에서 고장률 척도 : $\lambda_0 = ARL$, $\lambda_1 = LTFR$

81 품질전략을 수립할 때 계획단계(전략의 형성단계)에서 SWOT분석을 많이 활용하고 있다. 여기서 SWOT분석 시 고려되는 항목이 아닌 것은?

① 근심(Trouble)
② 약점(Weakness)
③ 강점(Strength)
④ 기회(Opportunity)

> **해설**
> 품질전략을 수립할 때는 계획단계(전략의 형성단계)에서 SWOT분석을 많이 활용한다.
> • S : 강점(Strength)
> • W : 약점(Weakness)
> • O : 기회(Opportunity)
> • T : 위협(Threat)

82 기업이 조직의 구성원들에게 품질에 관한 사고를 지니도록 유도하는 조직론적 방법 중 하나로서 동일한 직장에서 품질경영활동을 자주적으로 하는 활동은?

① 개선 제안
② 품질분임조
③ 방침관리
④ 태스크포스팀

> **해설**
> 품질분임조
> • QM의 실천과 산업기술 혁신에 도전하는 소집단이다.
> • 회사 전체의 품질관리활동의 일환으로 전원 참여를 통한 자기계발 및 상호 계발을 행하고 품질관리기법을 활용하여 직장의 관리와 개선을 지속적으로 수행한다.
> • 품질분임조활동의 기본이념
>   – 기업의 체질 개선 및 발전에 기여한다.
>   – 인간성을 존중하여 보람 있는 밝은 직장을 만든다.
>   – 인간의 능력을 발휘하여 무한한 가능성을 끌어낸다.
>   – Bottom-up 방식의 활동을 통해 기업의 주인의식을 확산한다.

83 제품의 일반목적과 구조는 유사하나, 어떤 특정한 용도에 따라 식별할 필요가 있을 경우에 쓰는 표준화 용어는?

① 형식(Type)
② 등급(Grade)
③ 종류(Class)
④ 시방(Specification)

84 품질비용에 대한 설명 중 틀린 것은?

① 예방비용과 평가비용이 증가하면 실패비용은 감소한다.
② 실패비용은 공장 내 문제인 내부 실패비용과 클레임 등에서 발생되는 외부 실패비용으로 구성된다.
③ 일반적으로 실패비용이 크기 때문에 실패비용 감소효과가 예방비용이나 평가비용의 증가를 상쇄할 수 있다.
④ 회사 입장에서 총품질비용을 최소화하는 방법은 예방비용, 평가비용 및 실패비용 사이에 적당한 타협점을 찾아야 하며, 타협점은 예방비용 + 평가비용 = 실패비용의 공식이 성립한다.

> **해설**
> 타협점 : 품질수준을 높이면 높일수록 좋으나 비용이 수반되므로 비용상승을 고려해서 품질과 비용을 어느 선에서 상호 타협하는 것이 현실적인 최선책이다. 이러한 고정관념에 갇혀 있어서 잘못된 현상을 타파하지 못했던 것이다.

85 어떤 제품의 규격이 8.500~8.550[mm]이고, $\sigma = 0.015$일 때 공정능력지수(C_p)는 약 얼마인가?

① 0.556 ② 0.856
③ 0.997 ④ 1.111

해설
공정능력지수
$$C_p = \frac{T}{6\sigma} = \frac{8.550 - 8.500}{6 \times 0.015} \simeq 0.556$$

86 두 개의 짝으로 된 데이터의 상관계수가 -0.9일 때 설명으로 맞는 것은?

① 무상관관계를 나타낸다.
② 양의 상관관계를 나타낸다.
③ 음의 상관관계를 나타낸다.
④ 어떤 관계가 있는지 알 수 없다.

87 다음은 국내 아무개 그룹 회장이 펼치고 있는 내용이다. 임직원에게 무엇을 불어넣기 위한 노력의 일환인가?

[다 음]
• 회장이 일일 고객 상담요원으로 봉사한다.
• 고객 A/S센터를 찾아 고객과의 대화를 마련한다.
• 결재서류에 대표이사 다음에 고객 결재란을 마련하여 고객의 입장에서 의사결정을 평가하도록 한다.

① 원가주도적 사고
② 판매자 중심적 사고
③ 고객지향적 사고
④ 생산자지향적 사고

88 실제로 제조된 물품이 설계품질에 어느 정도 합치하고 있는가를 의미하는 완성품질은?

① 기획품질 ② 시장품질
③ 설계품질 ④ 제조품질

해설
① 기획품질 : 소비자 요구품질을 제품기획에 반영시킨 품질
② 시장품질 : 실제 시장에서 소비자가 요구하는 기대품질
 (시장품질 = 요구품질 = 목표품질 = 기대품질)
③ 설계품질 : 시장품질을 실현하기 위해 제품을 기획하고 그 결과를 시방(Specification)으로 정리하여 도면화한 품질

89 제조업자가 합리적인 대체설계(代替設計)를 채용하였더라면 피해나 위험을 줄이거나 피할 수 있었음에도 대체설계를 채용하지 아니하여 해당 제조물이 안전하지 못하게 된 경우를 의미하는 것은?

① 제조물책임 ② 제조상의 결함
③ 표시상의 결함 ④ 설계상의 결함

해설
① 제조물책임(PL) : 제조물의 결함으로 인해서 사용자에게 입힌 재산상의 손실에 대한 생산자, 판매자측의 배상책임으로, 이에 대한 대응책으로 기업은 방어적인 면보다는 적극적으로 예방하는 PLP를 취하고 있다.
② 제조상의 결함 : 제조업자의 제조물에 대한 제조·가공상의 주의의무의 이행 여부에 불구하고 제조물이 원래 의도한 설계와 다르게 제조·가공됨으로써 안전하지 못하게 된 경우이다.
③ 표시상의 결함 : 제조업자가 합리적인 설명, 지시, 경고, 기타의 표시를 하였더라면 당해 제조물에 의하여 발생될 수 있는 피해나 위험을 줄이거나 피할 수 있었음에도 이를 하지 않은 경우이다.

90 6시그마에 관한 설명으로 가장 거리가 먼 것은?

① 6시그마는 DMAIC단계로 구성되어 있다.

② 게이지 R&R은 개선(Improve)단계에 포함된다.

③ 프로세스 평균이 고정된 경우 3시그마 수준은 2,700ppm이다.

④ 백만 개 중 부적합품수를 한 자리수 이하로 낮추려는 혁신운동이다.

해설

게이지 R&R은 측정(Measure)단계에 포함된다.

91 품질, 원가, 수량, 납기와 같이 경영 기본요소별로 전사적 목표를 정하여 이를 효율적으로 달성하기 위해 각 부문의 업무 분담 적정화를 도모하고 동시에 부문 횡적으로 제휴, 협력해서 행하는 활동은?

① 생산관리   ② 부문별 관리

③ 설비관리   ④ 기능별 관리

92 인간이 TQM을 통해 인간이 원하는 목표를 달성하게 함으로써 최대의 만족감을 획득하고, 최대의 동기를 부여받게 하고자 한다. 이러한 욕구는 Maslow의 5가지 이론에서 어디에 해당되는가?

① 생리적 욕구

② 자아실현의 욕구

③ 사회적 욕구

④ 존경에 대한 욕구

해설

TQM(Total Quality Management, 전사적 품질경영) : 최고경영자를 비롯한 마케팅, 구매, 생산 부문의 종합적인 경영관리활동이다. 이러한 욕구는 Maslow의 5가지 이론에서 자아실현의 욕구에 해당된다.

93 품질 코스트는 요구되는 품질을 실현하기 위한 원가를 의미하며, 크게 3가지 코스트로 분류한다. 3가지 품질 코스트에 해당되지 않는 것은?

① 실패비용(Failure Cost)

② 준비비용(Set-up Cost)

③ 평가비용(Appraisal Cost)

④ 예방비용(Prevention Cost)

해설

3가지 품질 코스트

• 예방비용(Prevention Cost, P-cost) : 품질 개발 및 불량 사전 예방 품질 창출(Quality Creation)활동에 소요되는 품질비용이다(소정의 품질수준을 유지하고 처음부터 부적합품이 발생하지 않도록 하는 데 소요되는 품질비용).

• 평가비용(Appraisal Cost, A-cost) : 품질평가(Quality Evaluation) 활동에 소요되는 비용이다.

• 실패비용(Failure Cost, F-cost) : 일정 품질수준(규격)에 미달됨으로써 야기된 품질결과(Quality Resultant)인 품질 불량손실비용이며 내부 실패비용과 외부 실패비용으로 구분된다.

94 품질경영시스템 – 기본사항 및 용어(KS Q ISO 9000 : 2015)에서 규정하고 있는 용어의 정의 중 틀린 것은?

① 절차(Procedure)란 활동 또는 프로세스를 수행하기 위하여 규정된 방식을 의미한다.

② 추적성(Traceability)이란 대상의 이력, 적용 또는 위치를 추적하기 위한 능력을 의미한다.

③ 프로세스(Process)란 의도된 결과를 만들어내기 위해 입력을 사용하여 상호 관련되거나 상호작용하는 활동의 집합을 의미한다.

④ 시정조치(Corrective Action)란 잠재적인 부적합 또는 기타 원하지 않은 잠재적 상황의 원인을 제거하기 위한 조치를 의미한다.

해설

• 예방조치(Preventive Action) : 잠재적인 부적합 또는 기타 바람직하지 않은 잠재적 상황의 원인을 제거하기 위한 조치

• 시정조치(Corrective Action) : 발견된 부적합 또는 기타 발견된 바람직하지 않은 상황의 원인을 제거하기 위한 조치, 부적합의 재발 방지를 목적으로 부적합의 원인을 제거하기 위한 조치

95 공차가 똑같은 부품 16개를 조립하였을 때, 공차가 $\dfrac{10}{300}$ 이었다면 각 부품의 공차는 얼마인가?

① $\dfrac{1}{1,200}$ ② $\dfrac{1}{120}$

③ $\dfrac{1}{600}$ ④ $\dfrac{1}{60}$

해설

$\dfrac{10}{300} = \sqrt{16x^2}$

$x = \dfrac{10}{300} \times \dfrac{1}{4} = \dfrac{1}{120}$

96 시험 장소의 표준 상태(KS A 0006 : 2014)에 대한 설명으로 틀린 것은?

① 표준 상태의 기압은 90[kPa] 이상 110[kPa] 이하로 한다.

② 표준 상태의 습도는 상대습도 50[%] 또는 65[%]로 한다.

③ 표준 상태의 온도는 시험의 목적에 따라서 20[℃], 23[℃] 또는 25[℃]로 한다.

④ 표준 상태는 표준 상태의 기압하에서 표준 상태의 온도 및 표준 상태의 습도의 각 1개를 조합시킨 상태로 한다.

해설

표준 상태의 기압은 86[kPa] 이상 106[kPa] 이하로 한다.

97 품질경영시스템은 시간의 흐름과 기술의 발전에 따라 진화해 왔다. 진화 순서를 바르게 나열한 것은?

① 비용 위주 시스템 → 교정 위주 시스템 → 고객 위주 시스템

② 비용 위주 시스템 → 고객 위주 시스템 → 교정 위주 시스템

③ 교정 위주 시스템 → 비용 위주 시스템 → 고객 위주 시스템

④ 교정 위주 시스템 → 고객 위주 시스템 → 비용 위주 시스템

98 어떤 업무를 실행해 나가는 과정에서 발생할 수 있는 모든 상황을 상정하여 가장 바람직한 결과에 도달할 수 있도록 프로세스를 정하고자 한다. 어떤 기법을 활용하는 것이 가장 타당한가?

① PDPC   ② 연관도

③ PDCA   ④ 매트릭스도

해설

PDPC(Process Decision Program Chart)

신제품 개발, 신기술 개발 또는 제품책임 문제의 예방 등과 같이 최초의 시점에서는 최종 결과까지의 행방을 충분히 짐작할 수 없는 문제에 대하여, 그 진보과정에서 얻어지는 정보에 따라 차례로 시행되는 계획의 정도를 높여 적절한 판단을 내림으로써 사태를 바람직한 방향으로 이끌어 가거나 중대 사태를 회피하는 방책을 얻는 기법이다. 어떤 업무를 실행해 나가는 과정에서 발생할 수 있는 모든 상황을 상정하여 가장 바람직한 결과에 도달할 수 있도록 프로세스를 정하고자 할 때 가장 타당한 기법이다.

99 좋은 측정시스템이 갖춰야 할 특성에 관한 설명으로 틀린 것은?

① 측정시스템은 통계적으로 안정된 관리 상태에 있어야 한다.

② 측정시스템에서 파생된 산포는 규격공차에 비해서 충분히 작아야 한다.

③ 규격이 2.05~2.08인 경우 적절한 계측기 눈금은 0.01까지 읽을 수 있어야 한다.

④ 측정시스템에서 파생된 산포는 제조공정에서 발생한 산포에 비해서 충분히 작아야 한다.

해설
측정의 최소 단위는 공정산포나 규격한계 중 작은 것의 $\frac{1}{10}$ 보다 크면 안 된다.

100 사내표준화의 요건으로 사내표준의 작성 대상은 기여비율이 큰 것으로부터 채택하여야 하는데, 공정이 현존하고 있는 경우 기여비율이 큰 것에 해당되지 않는 것은?

① 통계적 수법 등을 활용하여 관리하고자 하는 대상인 경우

② 준비 교체작업, 로트 교체작업 등 작업의 변환점에 관한 경우

③ 현재에 실행하기 어려우나 선진국에서 활용하고 있는 기술인 경우

④ 새로운 정밀기기가 현장에 설치되어 새로운 공법으로 작업을 실시하게 된 경우

해설
현재에 실행하기 어려우나 선진국에서 활용하고 있는 기술인 경우는 기여비율이 작다.

2019년 제2회 과년도 기출문제

제1과목 | 실험계획법

01 실험의 목적 중 어떤 요인이 반응에 유의한 영향을 주고 있는가를 파악하는 것은 무엇에 관한 것인가?

① 검정의 문제
② 추정의 문제
③ 오차항 추정의 문제
④ 최적 반응조건의 결정문제

03 A(4수준), B(5수준)요인으로 반복 없는 2요인실험에서 결측치가 2개 생겼을 경우 측정값을 대응하여 분산분석을 하면 오차항의 자유도는?

① 8
② 9
③ 10
④ 11

해설
ν_e = 오차항의 자유도 − 결측치수
$= (l-1)(m-1)$ − 결측치수
$= (4-1)(5-1)-2 = 10$

02 분할법에서 2차 요인과 3차 요인의 교호작용은 몇 차 단위의 요인이 되는가?

① 1차 단위
② 2차 단위
③ 3차 단위
④ 4차 단위

해설
n차 인자와 m차 인자의 교호작용이 $n < m$일 때 m차 요인이 되며, n차 인자와 n차 인자의 교호작용은 그대로 n차 요인이 된다. 따라서 2차 요인과 3차 요인의 교호작용은 3차 단위의 요인이 된다.

04 라틴방격법에 해당하는 것은?(단, 문자 1, 2, 3은 세 가지 처리의 각각을 나타낸다)

①
1	2	2
3	2	1
1	2	3

②
3	2	1
1	3	2
1	2	3

③
1	1	1
2	1	2
3	3	1

④
1	2	3
3	1	2
2	3	1

해설
라틴방격법
• 주효과만 구하고자 할 때 이용되는 방법이며, 행과 열에 비교하고자 하는 처리가 오직 한 번씩($k \times k$) 나타나도록 배치한 실험계획법이다.
• 수준수 k개의 숫자 또는 문자를 어느 행이나 어느 열에든 하나씩만 있도록 나열하여 가로와 세로 각각 k개씩의 숫자 또는 문자가 4각형이 되도록 한 것을 $k \times k$ 라틴방격이라고 한다.

05 2개의 대비 $c_1 y_1 + c_2 y_2 + c_3 y_3$, $d_1 y_1 + d_2 y_2 + d_3 y_3$ 에서 이들이 서로 직교(Orthogonal)하기 위한 조건은?

① $c_1 d_1 + c_2 d_2 + c_3 d_3 = 0$

② $c_1 d_1 + c_2 d_2 + c_3 d_3 = 1$

③ $c_1 + d_1 + c_2 + d_2 + c_3 + d_3 = 0$

④ $c_1^2 + c_2^2 + c_3^2 = 1$, $d_1^2 + d_2^2 + d_3^2 = 1$

06 요인 A가 변량요인일 때, 수준수가 4, 반복수가 6인 1요인실험을 하였더니 $S_T = 2.148$, $S_A = 1.979$였다. 이때 $\widehat{\sigma_A^2}$의 값은 약 얼마인가?

① 0.109   ② 0.126

③ 0.163   ④ 0.241

해설

$$\widehat{\sigma_A^2} = \frac{V_A - V_e}{r}$$

$$= \frac{[1.979/(4-1)] - [(2.148-1.979)/(4 \times 5)]}{6} \simeq 0.109$$

07 3^3형의 $\frac{1}{3}$ 반복에서 $I = ABC^2$을 정의대비로 9회 실험을 하였다. 이에 대한 설명으로 틀린 것은?

① C의 별명 중 하나는 AB이다.

② A의 별명 중 하나는 $AB^2 C$이다.

③ AB^2의 별명 중 하나는 AB이다.

④ ABC의 별명 중 하나는 AB이다.

해설

요인의 별명은 XI, XI^2의 2개가 존재한다. 따라서 AB^2의 별명은 AC, $AB^2 C^2$이다.

08 다음은 요인 A를 4수준, 요인 B를 2수준, 요인 C를 2수준, 반복 2회의 지분실험법을 실시한 결과를 분산분석표로 나타낸 것이다. 이에 대한 설명으로 틀린 것은?

요 인	SS	DF	MS	F_0	$F_{0.95}$
A	1.893				6.59
$B(A)$	0.748				3.01
$C(AB)$	0.344				2.59
e	0.032				
T	3.017				

① 요인 A의 자유도는 3이다.

② 오차항의 자유도는 15이다.

③ 요인 $B(A)$의 자유도는 4이다.

④ 요인 $B(A)$의 분산비검정은 요인 $C(AB)$의 분산으로 검정한다.

해설

오차항 e의 자유도
$\nu_e = lmn(r-1) = 4 \times 2 \times 2 \times (2-1) = 16$

09 단순회귀식 $\hat{y}_i = \hat{\beta}_0 + \hat{\beta}_1 x_i$를 다음 데이터에 의해 구할 경우 $\hat{\beta}_0$는 약 얼마인가?

x	y	x	y
29	29	51	44
33	31	54	47
38	34	60	51
42	38	68	55
45	40	80	61

① 6.45
② 7.55
③ 9.28
④ 10.14

해설

$$\bar{x} = \frac{\sum x}{n} = \frac{500}{10} = 50$$

$$\bar{y} = \frac{\sum y}{n} = \frac{430}{10} = 43$$

$$S_{(xx)} = \sum x^2 - \frac{(\sum x)^2}{n} = 27,304 - \frac{500^2}{10} = 2,304$$

$$S_{(xy)} = \sum xy - \frac{\sum x \sum y}{n} = 23,014 - \frac{500 \times 430}{10} = 1,514$$

$$\hat{\beta}_1 = \frac{S_{(xy)}}{S_{(xx)}} = \frac{1,514}{2,304} = 0.657$$

$$\beta_0 = \bar{y} - \hat{\beta}_1 \bar{x} = 43 - 0.657 \times 50 = 10.15$$

10 1요인실험에 대한 설명 중 틀린 것은?

① 교호작용의 유무를 알 수 있다.
② 결측치가 있어도 그대로 해석할 수 있다.
③ 특성치는 랜덤한 순서에 의해 구해야 한다.
④ 반복의 수가 모든 수준에 대하여 같이 않아도 된다.

해설
1요인실험에서 교호작용의 유무는 알 수 없다.

11 1요인실험에서 데이터의 구조가 $x_{ij} = \mu + a_i + e_{ij}$로 주어질 때, $\bar{x}_{i\cdot}$의 구조는?(단, $i = 1, 2, \cdots, l$이며, $j = 1, 2, \cdots, m$이다)

① $\bar{x}_{i\cdot} = \mu$
② $\bar{x}_{i\cdot} = \mu + e$
③ $\bar{x}_{i\cdot} = \mu + a_i + \bar{e}_i$
④ $\bar{x}_{i\cdot} = \mu + a_i$

해설
$$\bar{x}_{i\cdot} = \mu + a_i + \bar{e}_i$$
$$\bar{\bar{x}} = \mu + \bar{\bar{e}}$$

12 모수모형 2요인실험의 분산분석을 실시한 결과, 교호작용이 무시되었다. 오차항에 풀링한 후 요인 B의 분산비를 구하면 약 얼마인가?

요 인	SS	DF	MS
A	30	2	15.0
B	55	5	11.0
$A \times B$	12	10	1.2
e	72	18	4.0
T	169	35	

① 2.75
② 3.67
③ 5.50
④ 9.17

해설
$$S_e' = S_e + S_{A \times B} = 72 + 12 = 84$$
$$\nu_e' = \nu_e + \nu_{A \times B} = 18 + 10 = 28$$
$$V_e' = \frac{S_e'}{\nu_e'} = \frac{84}{28} = 3$$
$$\therefore F_B = \frac{V_B}{\nu_e'} = \frac{11}{3} = 3.67$$

13 다음과 같은 모수모형 3요인실험의 분산분석에서 유의하지 않은 교호작용을 오차항에 풀링시켜 분산분석표를 새로 작성하면, 요인 C의 분산비(F_0)는 약 얼마인가?(단, $A \times B \times C$는 오차와 교락되어 있다)

요 인	SS	DF	MS	F_0
A	1267	2	633.5	182.46**
B	10.889	1	10.889	3.14
C	169	2	84.5	24.34**
$A \times B$	5.444	2	2.722	0.78
$A \times C$	89.04	4	22.26	6.41*
$B \times C$	18.778	2	9.389	2.70
e	13.889	4	3.472	
T	1574.040	17		

① 13.64   ② 17.74

③ 24.34   ④ 31.04

해설

$$V_e' = \frac{S_e'}{\nu_e'} = \frac{5.444 + 18.778 + 13.889}{2 + 2 + 4} = 17.74$$

14 부적합 여부의 동일성에 관한 실험에서 적합품이면 0, 부적합품이면 1의 값을 주기로 하고, 4대의 기계에서 200개씩 제품을 만들어 부적합 여부를 실험하였다. ν_A와 ν_e의 값은?

① $\nu_A = 3$, $\nu_e = 396$

② $\nu_A = 4$, $\nu_e = 396$

③ $\nu_A = 3$, $\nu_e = 796$

④ $\nu_A = 4$, $\nu_e = 796$

해설

$\nu_A = 4 - 1 = 3$

$\nu_T = (4 \times 200) - 1 = 799$

$\nu_e = \nu_T - \nu_A = 799 - 3 = 796$

15 다음은 $L_8(2^7)$형 직교배열표의 일부이다. 1열에 배치된 A의 V_A는 얼마인가?

열번호	1	
수 준	0	1
데이터	8	15
	11	19
	7	12
	14	12
배 치	A	

① 10.5   ② 20.5

③ 30.5   ④ 40.5

해설

$$S_A = \frac{1}{N}(T_{1.} - T_{0.})^2$$
$$= \frac{1}{8}[(15 + 19 + 12 + 12) - (8 + 11 + 7 + 14)]^2$$
$$= 40.5$$
$$V_A = \frac{S_A}{\nu_A} = \frac{40.5}{2 - 1} = 40.5$$

16 반복이 없는 2^2형 요인실험에 대한 설명 중 틀린 것은?

① 요인의 자유도는 1이다.

② 오차의 자유도는 1이다.

③ 2개의 주효과가 존재한다.

④ 교호작용 $A \times B$를 검출할 수 있다.

해설

교호작용 $A \times B$를 검출할 수 없다.

17 $L_9(3^4)$형 직교배열표를 사용해 다음과 같은 결과를 얻었다. 오차항의 자유도는 얼마인가?

실험번호	1	2	3	4
기본 표시	a	b	a b	a b^2
배 치	B	A	e	C

① 1   ② 2

③ 3   ④ 4

해설

$\nu_e = \nu_T - \nu_A - \nu_B - \nu_C = 8 - 2 - 2 - 2 = 2$

18 측정치가 y 이고, 목표치가 m 이며, 특정한 목표치가 주어져 있을 때 손실함수식은?

① $L(y) = A\Delta^2(y-m)^2$

② $L(y) = \dfrac{A}{\Delta^2}(y-m)^2$

③ $L(y) = A\Delta^2(y+m)^2$

④ $L(y) = \dfrac{A}{\Delta^2}(y+m)^2$

해설

측정치가 y 이고, 목표치가 m 이며, 특정한 목표치가 주어져 있을 때 손실함수식은 $L(y) = \dfrac{A}{\Delta^2}(y-m)^2$ 이다.

19 3^2형 요인실험을 동일한 환경에서 실험하기 곤란하여 3개의 블록으로 나누어 실험을 한 결과 다음과 같은 데이터를 얻었다. 요인 A 의 제곱합(S_A)은 얼마인가?

블록 Ⅰ	블록 Ⅱ	블록 Ⅲ
$A_1 B_1 = 3$	$A_2 B_1 = 0$	$A_3 B_1 = -2$
$A_2 B_2 = 3$	$A_3 B_2 = 1$	$A_1 B_2 = 1$
$A_3 B_3 = 3$	$A_1 B_3 = 4$	$A_2 B_3 = 2$

① 6   ② 7

③ 8   ④ 9

해설

$$S_A = \frac{(3+4+1)^2 + (3+0+2)^2 + (3+1-2)^2}{3} - \frac{(8+5+2)^2}{9}$$
$$= 6.0$$

20 1요인실험에서 단순한 반복의 실험을 행하는 것보다는 반복을 블록으로 나누어 2요인실험으로 하는 편이 정보량이 많게 된다. 이때 층별이 잘되었다면 검출력과 오차항의 자유도는 어떻게 되겠는가?

① 검출력은 나빠지나 오차항의 자유도는 크게 된다.

② 검출력은 나빠지나 오차항의 자유도는 작게 된다.

③ 검출력은 좋아지며 오차항의 자유도는 크게 된다.

④ 검출력은 좋아지며 오차항의 자유도는 작게 된다.

21 관리도에 관한 내용 중 맞는 것은?

① $\overline{X}$관리도에 있어 관리한계를 벗어나는 점이 많아질수록 $\sigma_{\overline{x}}^2$는 크게 된다.

② $\overline{X}$관리도의 관리한계는 $E(\overline{x}) \pm D(\overline{x})$이며, 시료의 크기는 $\sqrt{n}$으로 결정된다.

③ p관리도에서는 각 조의 샘플의 크기(n)를 일정하게 하지 않아도 관리한계는 항상 일정하다.

④ 공정이 관리 상태에 있다는 것은 규격을 벗어나는 제품이 전혀 발생하지 않는다는 것을 의미한다.

해설

② $\overline{X}$관리도의 관리한계는 $E(\overline{x}) \pm 3D(\overline{x})$이며, 시료의 크기는 조건에 따라 달라진다.

③ p관리도에서 관리한계선을 늘 일정하게 하려면 각 조의 샘플 크기(n)을 반드시 일정하게 해야 한다.

④ 공정이 관리 상태에 있다는 것은 규격을 벗어나는 제품이 전혀 발생하지 않는다는 것이 아니라 공정이 안정 상태에 있다는 것이다.

22 어떤 로트의 모부적합수는 $m = 16.0$이었다. 작업내용을 개선한 후에 표본의 부적합수는 $c = 12.0$이 되었다. 검정통계량(u_0)은 얼마인가?

① -1.00 　　② -0.75

③ 0.75 　　④ 1.00

해설

$$u_0 = \frac{x - m_0}{\sqrt{m_0}} = \frac{12 - 16}{\sqrt{16}} = -1.00$$

23 $\left| \overline{\overline{x}}_A - \overline{\overline{x}}_B \right| \geq A_2 \overline{R} \sqrt{\dfrac{1}{k_A} + \dfrac{1}{k_B}}$ 는 2개의 층 A, B 간 평균치의 차를 검정할 때 사용한다. 이 식의 전제조건으로 틀린 것은?(단, k는 시료군의 수, n은 시료군의 크기이다)

① $k_A = k_B$일 것

② $n_A = n_B$일 것

③ $\overline{R}_A$, $\overline{R}_B$는 유의 차이가 없을 것

④ 두 개의 관리도는 관리 상태에 있을 것

해설

k_A, k_B는 충분히 커야 한다.

24 Y제조공정에서 제조되는 부품의 특성치를 장기간에 걸쳐 통계적으로 해석하여 본 결과 $\mu = 15.02[\text{mm}]$, $\sigma = 0.03[\text{mm}]$인 것을 알았다. 이 공정에서 오늘 제조한 부품 9개에 대하여 특성치를 측정한 결과, $\overline{x} = 15.08[\text{mm}]$가 되었다. 유의수준을 5[%]로 잡고 평균에 변화가 있는가를 검정하면?

① $u_0 \leq u_\alpha$로서 평균치가 변했다.

② $u_0 \geq u_\alpha$로서 평균치가 변했다.

③ $u_0 \leq u_\alpha$로서 평균치가 변하지 않았다.

④ $u_0 \geq u_\alpha$로서 평균치가 변하지 않았다.

해설

$H_0 : \mu = 15.02$, $H_1 : \mu \neq 15.02$

$\alpha = 5[\%]$

검정통계량 : $u_0 = \dfrac{\overline{x} - \mu_0}{\sigma/\sqrt{n}} = \dfrac{15.08 - 15.02}{0.03/\sqrt{9}} = 6.0$

기각치 : $-u_{0.975} = -1.96$, $u_{0.975} = 1.96$

판정 : $u_0 = 6.0 > 1.96$이므로, 귀무가설 기각

$u_0 \geq u_\alpha$로서 평균치가 변했다.

25 p관리도와 $\overline{X} - R$관리도에 대한 설명으로 틀린 것은?

① 일반적으로 p관리도가 $\overline{X} - R$관리도보다 시료 수가 많다.

② 일반적으로 p관리도가 $\overline{X} - R$관리도보다 얻을 수 있는 정보량이 많다.

③ 파괴검사의 경우 p관리도보다 $\overline{X} - R$관리도를 적용하는 것이 유리하다.

④ $\overline{X} - R$관리도를 적용하기 위한 예비적인 조사분석을 할 때 p관리도를 적용할 수 있다.

해설
일반적으로 $\overline{X} - R$관리도가 p관리도보다 얻을 수 있는 정보량이 많다.

26 모분산(σ^2)을 추정할 때 자유도가 커짐에 따라 신뢰구간의 폭은 일반적으로 어떻게 변하는가?

① 일정하다.

② 점점 커진다.

③ 점점 작아진다.

④ 영향을 받지 않는다.

27 계량규준형 1회 샘플링검사(KS Q 0001 : 2013)에 있어서 로트의 표준편차 σ를 알고 하한규격치 S_L이 주어진 로트의 부적합품률을 보증하고자 할 때 다음 중 어느 경우에 로트를 합격으로 하는가?

① $\overline{x} < S_L + k\sigma$이면, 합격

② $\overline{x} \geq S_L + k\sigma$이면, 합격

③ $\overline{x} < m_o + G_o\sigma$이면, 합격

④ $\overline{x} \geq m_o + G_o\sigma$이면, 합격

28 $\overline{X} - R$관리도에 있어서 완전 관리 상태($\sigma_b = 0$)인 경우의 관계식 중 맞는 것은?(단, σ_w^2은 군내변동, σ_b^2은 군간변동, σ_H^2은 개개의 데이터 산포이다)

① $\sigma_{\overline{x}}^2 = \sigma_w^2 - \sigma_H^2$

② $n\sigma_{\overline{x}}^2 \leq \sigma_H^2 \leq \sigma_w^2$

③ $n\sigma_{\overline{x}}^2 = \sigma_H^2 = \sigma_w^2$

④ $\sigma_{\overline{x}}^2 = \dfrac{\sum(\overline{x} - \overline{\overline{x}})^2}{k}$

29 제조공정의 관리, 공정검사의 조정 및 검사를 점검하기 위해 시행하는 검사방법은 무엇인가?

① 순회검사

② 관리 샘플링검사

③ 비파괴검사

④ 로트별 샘플링검사

30 2개의 변량 x, y의 기대치는 각각 μ_x, μ_y이며, 분산은 모두 σ^2이다. 이때 $\dfrac{x^2+y^2}{2}$의 기대치는?

① $\mu_x{}^2 + \mu_y{}^2 + \dfrac{\sigma^2}{2}$

② $\dfrac{1}{2}(\mu_x + \mu_y) + \sigma^2$

③ $\dfrac{1}{2}(\mu_x{}^2 + \mu_y{}^2) + \sigma^2$

④ $\dfrac{1}{2}(\mu_x{}^2 + \mu_y{}^2) + \dfrac{\sigma^2}{4}$

해설
$$E\left(\frac{x^2+y^2}{2}\right) = \frac{1}{2}\left[E(x^2)+E(y^2)\right]$$
$$= \frac{1}{2}\left(\sigma^2 + \mu_x^2 + \sigma^2 + \mu_y^2\right) = \frac{1}{2}(\mu_x^2 + \mu_y^2) + \sigma^2$$

31 다음 그림의 세 가지 OC곡선은 모두 2.2[%]의 부적합품률을 가지는 로트를 합격시킬 확률로 0.10을 갖는 샘플링 계획을 나타낸 것이다. 생산자위험률이 가장 낮은 것은?(단, N은 로트 크기, n은 샘플 크기, c는 합격판정 개수이다)

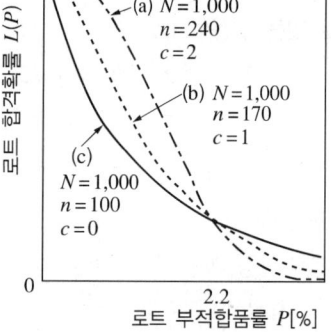

① (a)　　　　② (b)
③ (c)　　　　④ (b), (c)

해설
(a)곡선의 기울기가 가장 완만하다.

32 모집단이 정규분포일 때 이것으로부터 n개의 표본을 랜덤으로 뽑고, 불편분산을 구하였을 때 분산에 대해 설명한 것으로 맞는 것은?

① $D(s^2) = \sqrt{\dfrac{2}{n} \times \sigma^2}$

② 산포는 n이 커지면 작아진다.

③ n이 커지면 카이제곱분포에 접근한다.

④ n이 커지면 왼쪽 꼬리가 오른쪽 꼬리보다 길어진다.

해설
① $D(s^2) = \sqrt{\dfrac{2}{n-1} \times \sigma^2}$

③ 정규분포 $N(0,\,1^2)$을 따르는 확률변수의 제곱은 카이제곱분포에 접근한다.

④ n이 커질수록 좌우 대칭에 근접한다.

33 두 변량 사이의 직선관계 정도를 재는 측도를 무엇이라고 하는가?

① 결정계수　　　　② 회귀계수
③ 변이계수　　　　④ 상관계수

34 적합도 검정에 대한 설명 중 틀린 것은?

① 관측도수는 실제 조사하여 얻은 것이다.

② 일반적으로 기대도수는 관측도수보다 작다.

③ 기대도수는 귀무가설을 이용하여 구한 것이다.

④ 모집단의 확률분포가 어떤 특정한 분포라고 보아도 좋은가를 조사하고 싶을 때 이용한다.

해설
일반적으로 관측도수는 기대도수보다 작다.

35 어떤 제품의 품질특성치는 평균 μ, 분산 σ^2인 정규분포를 따른다. 20개의 제품을 표본으로 취하여 품질특성치를 측정한 결과 평균 10, 표준편차 3을 얻었다. 분산 σ^2에 대한 95[%] 신뢰구간은 약 얼마인가?(단, $\chi^2_{0.975}(19) = 32.852$, $\chi^2_{0.025}(19) = 8.907$이다)

① 5.21~19.20
② 5.21~20.21
③ 5.48~19.20
④ 5.48~20.21

해설

$\dfrac{S}{\chi^2_{1-\frac{\alpha}{2}}(\nu)} \leq \widehat{\sigma^2} \leq \dfrac{S}{\chi^2_{\frac{\alpha}{2}}(\nu)}$ 이므로,

$\dfrac{(n-1)V}{32.852} \leq \widehat{\sigma^2} \leq \dfrac{(n-1)V}{8.907}$

따라서, $\dfrac{19 \times 9}{32.852} \leq \widehat{\sigma^2} \leq \dfrac{19 \times 9}{8.907}$ 에서

5.21~19.20

36 Y회사로부터 납품되는 약품의 유황 함유율 산포는 표준편차가 0.1[%]였다. 이번에 납품된 로트의 평균치를 신뢰율 95[%], 정도(精度) 0.05[%]로 추정할 경우 샘플은 몇 개로 해야 하는가?

① 2
② 4
③ 8
④ 16

해설

$\beta_{\overline{x}} = \pm u_{1-\alpha/2} \dfrac{\sigma}{\sqrt{n}}$ 에서

$0.05 = \pm 1.96 \dfrac{0.1}{\sqrt{n}}$ 이므로

$n = 15.37 \simeq 16$개

37 샘플링방식에서 같은 조건일 때 평균 샘플 크기가 가장 작은 샘플링은 어느 것인가?

① 1회 샘플링
② 2회 샘플링
③ 다회 샘플링
④ 축차 샘플링

해설

① 1회 샘플링 : 단 1회 샘플검사로 로트의 합격·불합격을 결정하는 방식으로, 시험기간이 길고 전 항목을 동시에 시험할 때 검사하는 방식으로 적합하다.
② 2회 샘플링 : 1회 검사에서는 합격·불합격이 확실한 경우에만 판정을 내리고, 그 중간 결과를 보였을 경우에는 2회째 샘플의 결과를 추가하여 합격·불합격을 결정하는 방식이다.
③ 다회 샘플링 : 판정기준으로 판정 개수(c)를 설정하지만 축차방식은 판정영역(합격선과 불합격선에 의해 구분)을 설정하여 로트의 합격·불합격을 결정하며, 이들 영역에 속하지 않을 때는 판정기준에 다다를 때까지 샘플링검사를 계속 실시하는 방식이다.

38 계수형 축차샘플링검사방식(KS Q ISO 8422 : 2006)에서 누적 샘플크기(n_{cum})가 중지 시 누적 샘플 크기(중지값)(n_t)보다 작을 때 합격판정 개수를 구하는 식으로 맞는 것은?

① 합격판정 개수 $A = h_A + g n_{cum}$ 소수점 이하는 올린다.
② 합격판정 개수 $A = h_A + g n_{cum}$ 소수점 이하는 버린다.
③ 합격판정 개수 $A = -h_A + g n_{cum}$ 소수점 이하는 올린다.
④ 합격판정 개수 $A = -h_A + g n_{cum}$ 소수점 이하는 버린다.

해설

※ KS Q ISO 8422는 2019년 12월 31일 폐지됨

39 $\overline{X} - R$관리도에서 $\sum \overline{X} = 741$, $\overline{R} = 27.4$, $k = 25$, $n = 5$일 때, LCL은 약 얼마인가?(단, $n = 5$인 경우, $A = 1.342$, $A_2 = 0.577$, $A_3 = 1.427$, $A_4 = 0.691$ 이다)

① 10.71   ② 13.83
③ 129.27   ④ 132.39

해설

$$LCL = \overline{\overline{x}} - A_4 \overline{R} = \frac{\sum \overline{X}}{k} - 0.691 \times 27.4$$
$$= \frac{741}{25} - 0.691 \times 27.4 = 29.64 - 18.93 = 10.71$$

40 $n = 5$이고, 관리상한 UCL은 43.44, 관리하한 LCL은 16.56인 $\overline{X}$ 관리도가 있다. 공정의 분포가 $N(30, 10^2)$일 때, 이 관리도에서 점 $\overline{X}_i$가 관리한계 밖으로 나올 확률은 얼마인가?

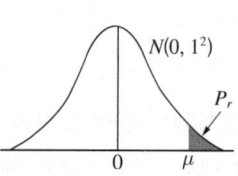

μ	Pr
1.00	0.1587
1.34	0.0901
2.00	0.0228
3.00	0.0013

① 0.0228   ② 0.0456
③ 0.0901   ④ 0.1802

해설

※ 저자 의견
한국산업인력공단에서 발표한 정답은 전항 정답이나 계산은 다음과 같다.

$\overline{x} \sim N(30, 10^2)$

$P(\overline{x} < LCL) + P(\overline{x} > UCL)$

$= P\left(u < \frac{16.56 - 30}{10}\right) + P\left(u > \frac{43.44 - 30}{10}\right)$

$= P(u < -1.34) + P(u < 1.34) = 0.0901 \times 2 = 0.1802$

---

41 PERT/CPM 기법에서 여유시간에 관한 설명으로 맞는 것은?

① 독립여유시간 : 후속활동을 가장 빠른 시간에 착수함으로써 얻게 되는 여유시간
② 총여유시간 : 모든 후속작업이 가능한 한 빨리 시작될 때 어떤 작업의 이용 가능한 여유시간
③ 자유여유시간 : 어떤 작업이 그 전체 공사의 최종 완료일에 영향을 주지 않고 지연될 수 있는 최대한의 여유시간
④ 간섭여유시간 : 선행작업이 가장 빠른 개시시간에 착수되고, 후속작업이 가장 늦은 개시시간에 착수되더라도 그 작업기일을 수행한 후에 발생되는 여유시간

해설

① 독립여유시간(IF ; Independent Float) : 선행작업이 가장 늦은 개시시간에 착수되고, 후속작업이 가장 빠른 개시시간에 착수되더라도 그 작업기일을 수행한 후에 발생되는 여유시간
② 총여유시간(TF ; Total Float) : 어떤 작업이 그 전체 공사의 최종 완료일에 영향을 주지 않고 지연될 수 있는 최대한의 여유시간
③ 자유여유시간(FF ; Free Float) : 모든 후속작업이 가능한 한 빨리 시작될 때 어떤 작업의 이용 가능한 여유시간
④ 간섭여유시간(DF ; Dependent Float) : 후속작업의 총여유에 영향을 미치는 어떤 작업이 갖는 여유시간

42 다중활동분석의 목적이 아닌 것은?

① 유휴시간의 단축
② 경제적인 작업 조 편성
③ 작업자의 피로 경감 분석
④ 경제적인 담당 기계 대수의 산정

해설

다중활동분석의 목적
• 경제적인 작업 조 편성
• 기계 또는 작업자의 유휴시간 단축
• 한 명의 작업자가 담당할 수 있는 기계 대수의 산정

---

43 포드(Ford)시스템의 특징에 관한 설명으로 가장 거리가 먼 것은?

① 동시관리
② 차별 성과급제
③ 이동조립법
④ 생산의 표준화

해설
차별 성과급제는 테일러시스템의 특징이다.

44 작업의 우선순위 결정기준에 대한 설명으로 틀린 것은?

① 여유시간법은 여유시간이 최소인 작업을 먼저 수행한다.
② 긴급률법은 긴급률이 가장 큰 작업을 먼저 수행한다.
③ 납기우선법은 납기가 가장 빠른 작업을 먼저 수행한다.
④ 최단처리시간법은 작업시간이 가장 짧은 작업을 먼저 수행한다.

해설
긴급률법(CR ; Critical Ratio) : 긴급률이 가장 낮은 작업부터 우선 작업을 수행한다.
• 주문생산시스템에서 주로 활용한다.
• 최소 작업지연시간에 초점을 두고 개발한 방법이다.
• 긴급률이 작은 순으로 배정하면 대체로 평균 납기지체일을 줄일 수 있다.
• 납기 관련 평가기준에 가장 우수한 방법이다.
• $CR = \dfrac{\text{잔여 납기일수}}{\text{잔여 작업일수}}$

45 MRP시스템의 출력결과가 아닌 것은?

① 계획 납기일
② 계획 주문의 양과 시기
③ 안전재고 및 안전 조달기간
④ 발령된 주문의 독촉 또는 지연 여부

해설
MRP 시스템의 출력결과
• 계획 주문의 양과 시기
• 발령된 주문의 독촉 또는 지연 등의 여부
• 계획납기일

46 고장을 예방하거나 조기조치를 하기 위하여 행해지는 급유, 청소, 조정, 부품 교환 등을 하는 것은?

① 설비검사　　　　② 보전예방
③ 개량보전　　　　④ 일상보전

해설
② 보전예방(MP ; Maintenance Prevention) : 신설비를 계획·설계하는 단계에서 보전 정보나 새로운 기술을 채용해서 신뢰성, 보전성, 경제성, 조작성, 안전성 등을 고려하여 보전비나 열화손실을 적게 하는 보전활동이다.
③ 개량보전(CM ; Corrective Maintenance) : 신뢰성, 보전성, 경제성의 개선 및 설계 시의 약점을 개선하는 활동으로, 고장원인 분석 및 설비 개선 시 적용한다.

47 MRP시스템에서 주일정계획(MPS)에 의하여 발생된 수요를 충족시키기 위해 새로 계획된 주문에 의해 충당해야 하는 수량은?

① 순소요량(Net Requirements)
② 계획수취량(Planned Receipts)
③ 총소요량(Gross Requirements)
④ 계획주문발주(Planned Order Release)

해설
순소요량
• 총소요량에서 현 재고량과 예정수취량을 뺀 후 안전재고량을 더한 것이다.
• 순소요량 = (총수요량 + 안전재고량) − (현 재고량 + 예정수취량)

43 ② 44 ② 45 ③ 46 ④ 47 ① **정답**

48 표준화된 자재 또는 구성 부분품의 단순화로 다양한 제품을 만드는 것으로 다품종 생산을 통해 다양한 수요를 흡수하고 표준화된 자재에 의해서 표준화의 이익, 즉 경제적 생산을 달성하려는 생산시스템은?

① JIT 생산시스템

② MRP 생산시스템

③ Modular 생산시스템

④ 프로젝트 생산시스템

해설

① JIT 생산시스템(적시생산방식) : 생산량을 늘리지 않고 생산성을 향상시켜야 하는 과제를 해결하기 위하여 생산에 필요한 부품을 필요한 때, 필요한 양을 생산공정이나 현장에 인도하여 적시에 생산하는 방식이다.

② MRP 생산시스템 : 제품 생산 수량 및 일정을 토대로 그 생산제품에 필요한 원자재, 부분품, 공정품, 조립품 등의 소요량 및 소요시기를 역산하여 자재조달계획을 수립하여, 일정관리를 겸하고 효율적인 재고관리를 모색하는 시스템이다.

④ 프로젝트 생산시스템 : 단속 생산 형태로 교량, 댐, 고속도로 건설 등을 프로젝트 생산이라고 할 수 있다. 시간과 비용이 많이 든다.

49 공급사슬관리에서 자재 공급업체에서 파견된 직원이 구매기업에 상주하면서 적정 재고량이 유지되도록 관리하는 기법은?

① Cross-docking

② Quick Response

③ Vendor Managed Inventory

④ Total Productive Maintenance

50 M기업은 매년 10,000단위의 부품 A를 필요로 한다. 부품 A의 주문비용은 회당 20,000원, 단가는 5,000원, 연간 단위당 재고유지비가 단가의 2[%]라면 1회 경제적 주문량은 약 얼마인가?

① 500 단위 　　② 1,000 단위

③ 1,500 단위 　④ 2,000 단위

해설

$$EOQ = \sqrt{\frac{2CD}{H}}$$
$$= \sqrt{\frac{2 \times 20,000 \times 10,000}{(5,000 \times 0.02)}}$$
$$= 2,000 개$$

51 GT(Group Technology)에 관한 설명으로 가장 거리가 먼 것은?

① 배치 시에는 혼합형 배치를 주로 사용한다.

② 생산설비를 기계군이나 셀로 분류, 정돈한다.

③ 설계상, 제조상 유사성으로 구분하여 부품군으로 집단화한다.

④ 소품종 대량 생산시스템에서 생산능률을 향상시키기 위한 방법이다.

해설

GT는 다품종 소량 생산시스템에서 생산능률을 향상시키기 위한 방법이다.

52 생산시스템에 관한 설명으로 틀린 것은?

① 교량, 댐, 고속도로 건설 등을 프로젝트 생산이라고 할 수 있으며, 시간과 비용이 많이 든다.

② 선박, 토목, 특수기계 제조, 맞춤 의류, 자동차 수리업 등에서 볼 수 있는 개별 생산은 수요 변화에 대한 유연성이 높으며 생산성 향상과 관리가 용이하다.

③ 로트 크기가 작은 소로트 생산은 개별 생산에 가깝고 로트 크기가 큰 대로트 생산은 연속 생산에 가까워서 로트 생산시스템은 개별 생산과 연속 생산의 중간 형태라고 볼 수 있다.

④ 시멘트, 비료 등의 장치산업이나 TV, 자동차 등을 대량으로 생산하는 조립업체에서 볼 수 있는 연속 생산은 품질 유지 및 생산성 향상이 용이한 반면에 수요에 대한 적응력이 떨어진다.

해설
선박, 토목, 특수기계 제조, 맞춤 의류, 자동차 수리업 등에서 볼 수 있는 개별 생산은 수요 변화에 대한 유연성이 높지만 생산성 향상과 관리가 용이하지 않다.

53 도요타 생산방식의 특징에 관한 설명으로 틀린 것은?

① 자재 흐름은 밀어내기 방식이다.

② 공정의 낭비를 철저히 제거한다.

③ 자재의 흐름 시점과 수량은 간판으로 통제한다.

④ 재고를 최소화하고 조달기간은 짧게 유지한다.

해설
도요타 생산방식의 자재 흐름은 당기기 방식이다.

54 워크샘플링에서 상대오차를 S, 관측항목의 발생비율을 P, 관측 횟수를 N이라고 하면 절대오차는 어떻게 표현되는가?

① SP ② SN

③ PN ④ S^2P

55 총괄생산계획(Aggregate Planning) 기법 중 탐색결정규칙(Search Decision Rule)에 대한 설명으로 틀린 것은?

① Taubert에 의해 개발된 휴리스틱기법이다.

② 과거의 의사결정들을 다중회귀분석하여 의사결정규칙을 추정한다.

③ 총비용함수의 값을 더 이상 감소시킬 수 없을 때 탐색을 중단한다.

④ 하나의 가능한 해를 구한 후 패턴탐색법을 이용하여 해를 개선해 나간다.

해설
과거의 의사결정들을 다중회귀분석하여 의사결정규칙을 추정하는 방법은 경영계수이론(MCT ; Management Coefficient Theory)이다.

56 1일 조업시간이 480분인 공장에서 1일 부하시간 450분, 고장시간 30분, 준비시간 30분, 조정시간 30분인 경우, 시간 가동률은 약 몇 [%]인가?

① 77   ② 80

③ 82   ④ 89

해설

$$시간\ 가동률 = \frac{실제\ 가동시간}{부하시간} = \frac{부하시간 - 정지시간}{부하시간}$$

$$= \frac{450 - (30 + 30 + 30)}{450} = 0.8 = 80[\%]$$

57 여유시간의 분류에서 특수여유에 해당하지 않는 것은?

① 조여유   ② 기계간섭여유

③ 소로트여유   ④ 불가피지연여유

해설
여유시간의 종류
• 일반여유 : 용무여유, 피로여유, 작업여유, 관리여유
• 특수여유 : 기계간섭여유, 조여유, 소로트여유, 장사이클여유, 장려여유

58 동시동작사이클 차트(Simo Chart)를 이용하는 기법은?

① Strobo 사진분석

② Cycle Graph 분석

③ Micro Motion Study

④ Memo Motion Study

59 한계이익률을 구하는 산출식으로 맞는 것은?

① $\dfrac{\text{매출액} - \text{변동비}}{\text{매출액}} \times 100$

② $\text{매출액} \times \left(1 - \dfrac{\text{변동비}}{\text{매출액}}\right) \times 100$

③ $\dfrac{(1 - \text{변동비율}) \times \text{고정비}}{\text{매출액}} \times 100$

④ $\text{매출액} - \dfrac{\text{변동비}}{\text{매출액}} \times \text{고정비} \times 100$

60 기업이 ERP시스템 구축을 추진할 때 외부전문위탁개발(Outsourcing)방식을 택하는 경우가 많다. 이 방식의 특징과 가장 거리가 먼 것은?

① 외부 전문개발인력을 활용한다.

② ERP시스템을 확장하거나 변경하기 어렵다.

③ 개발비용은 낮으나 유지비용이 높게 소요된다.

④ 자사의 여건을 최대한 반영한 시스템 설계가 가능하다.

해설

아웃소싱 시 자사의 여건을 최대한 반영한 시스템 설계가 어렵다.

제4과목 | **신뢰성관리**

61 샘플 5개를 수명시험하여 간편법에 의해 와이블모수를 추정하였더니 $m = 2$, $t_0 = \eta^m = 90$시간, $r = 0$이었다. 이 샘플의 평균수명은 약 얼마인가?(단, $\Gamma(1, 2) = 0.9182$, $\Gamma(1.3) = 0.8873$, $\Gamma(1.5) = 0.8362$이다)

① 7.93시간 ② 8.42시간

③ 8.68시간 ④ 8.71시간

해설

$$E(t) = MTTF = t_0 \Gamma(1 + 1/m) = 90^{1/2} \times \Gamma\left(1 + \frac{1}{2}\right)$$
$$= 9.487 \times 0.8362 = 7.93\text{시간}$$

62 가속수명시험 설계 시 고장 메커니즘을 추론할 때 가장 효과적인 도구는?

① 산점도 ② 회귀분석

③ 검·추정 ④ FMEA/FTA

해설

FMEA(Failure Mode and Effects Analysis)

• 고장 형태 및 영향분석

• 아이템의 모든 서브 아이템에 존재할 수 있는 결함모드에 대한 조사와 다른 서브 아이템 및 아이템의 요구기능에 대한 각 결함모드의 영향을 확인하는 정성적 신뢰성 분석방법이다.

• 설계에 대한 신뢰성 평가의 한 방법으로, 설계된 시스템이나 기기의 잠재적인 고장모드(Mode)를 찾아내고 가동 중인 시스템 등에 고장이 발생하였을 경우의 영향을 조사, 평가하여 영향이 큰 고장모드에 대하여는 적절한 대책을 세워 고장의 발생을 미연에 방지하고자 하는 기법이다.

FTA

시스템 고장을 발생시키고 사상(Event)과 그 원인의 인과관계를 논리기호를 사용하여 나뭇가지 모양의 그림으로 나타낸 고장나무를 만들고, 이에 의거 시스템의 고장확률을 구함으로써 문제되는 부분을 찾아내어 시스템의 신뢰성을 개선하는 계량적 고장해석기법이다.

63 어떤 시스템의 MTBF가 500시간, MTTR이 40시간이라고 할 때, 이 시스템의 가용도(Availability)는 약 얼마인가?

① 91.4% ② 92.6%

③ 97.2% ④ 98.2%

> **해설**
> 가용도
> $$A = \frac{MTBF}{MTBF + MTTR} = \frac{500}{500 + 40} \times 100[\%] = 92.6[\%]$$

64 지수분포의 수명을 갖는 n개의 부품에 대하여 수명시험을 실시하여 r개의 부품이 고장 날 때 시험을 중단하였다. 이 부품의 평균수명을 θ라고 할 때, $H_0 : \theta \le \theta_0$ vs $H_1 : \theta > \theta_0$의 기각역은?(단, T는 총시험시간이고, 유의수준은 α이다)

① $\dfrac{T}{\theta_0} > \chi^2_{1-\alpha}(r)$

② $\theta_0 T > \chi^2_{1-\alpha}(r)$

③ $\dfrac{2T}{\theta_0} > \chi^2_{1-\alpha}(2r)$

④ $2\theta_0 T > \chi^2_{1-\alpha}(2r)$

65 욕조형 고장률함수에서 우발고장기간에 대한 설명으로 맞는 것은?

① 설비의 노후화로 인하여 발생한다.

② 불량 제조와 불량 설치 등에 의해 발생한다.

③ 고장률이 비교적 크며, 시간이 지남에 따라 증가한다.

④ 고장률이 비교적 낮으며, 시간에 관계없이 일정하다.

> **해설**
> ① 마모고장기간
> ② 초기고장기간
> ③ 마모고장기간

66 마모고장기간에 발생하는 마모고장의 원인이 아닌 것은?

① 낮은 안전계수

② 부식 또는 산화

③ 불충분한 정비

④ 마모 또는 피로

> **해설**
> 낮은 안전계수는 우발고장의 원인에 해당된다.

67 지수수명분포를 갖는 동일한 컴포넌트를 병렬로 연결하여 시스템 평균수명을 개별 컴포넌트의 평균수명보다 2배 이상으로 하려면 최소 몇 개의 컴포넌트가 필요한가?

① 2개 ② 3개

③ 4개 ④ 5개

> **해설**
> $$MTBF_s = \left(1 + \frac{1}{2} + \cdots + \frac{1}{n}\right) \times MTBF = 2MTBF$$
> $$\left(1 + \frac{1}{2} + \cdots + \frac{1}{n}\right) = 2$$
> $n = 1$일 때, 1
> $n = 2$일 때, $1 + \dfrac{1}{2} = 1.5$
> $n = 3$일 때, $1 + \dfrac{1}{2} + \dfrac{1}{3} = 1.83$
> $n = 4$일 때, $1 + \dfrac{1}{2} + \dfrac{1}{3} + \dfrac{1}{4} = 2.083 \approx 2.0$배이므로
> 최소 4개의 부품을 병렬로 연결한다.

68 지수분포 $f(t) = \lambda e^{-\lambda t}$ 의 분산으로 맞는 것은?

① $\dfrac{1}{\lambda^2}$

② $\dfrac{1}{\lambda}$

③ $\dfrac{2}{\lambda}$

④ $\dfrac{1}{2\lambda}$

69 Y기기에 미치는 충격(Shock)은 발생률 0.0003/h인 HPP(Homogeneous Poisson Process)를 따라 발생한다. 이 기기는 1번의 충격을 받으면 0.4의 확률로 고장이 발생한다. 5,000시간에서의 신뢰도는 약 얼마인가?

① 0.2233

② 0.5488

③ 0.5588

④ 0.6234

[해설]

$\lambda = 0.0003 \times 0.4 = 1.2 \times 10^{-4}$

$t = 5,000, \quad R(t) = e^{-\lambda t} = e^{-0.6} = 0.5488$

70 신뢰성 샘플링검사의 특징에 관한 설명으로 틀린 것은?

① 위험률 α 와 β 의 값을 작게 취한다.

② 정시중단방식과 정수중단방식을 채용하고 있다.

③ 품질의 척도로 MTBF, 고장률 등을 사용한다.

④ 지수분포와 와이블 분포를 가정한 방식이 주류를 이루고 있다.

[해설]

신뢰성 샘플링검사에서는 위험률 α 와 β 의 값을 크게 취한다.

71 다음 FT(Fault Tree)도에서 시스템의 고장확률은 얼마인가?(단, 각 구성품의 고장은 서로 독립이며, 주어진 수치는 각 구성품의 고장확률이다)

① 0.02352

② 0.02552

③ 0.32772

④ 0.35572

[해설]

$F_{DE} = 1 - 0.8 \times 0.9 = 0.28$

$F_1 = 1 - 0.9 \times 0.8 = 0.28$

$F_2 = 0.3 \times 0.28 = 0.084$

$F_s = F_1 \times F_2 = 0.28 \times 0.084 = 0.02352$

72 와이블확률지를 사용하여 μ 와 σ 를 추정하는 방법에 관한 설명으로 틀린 것은?

① 고장시간데이터 t_i 를 작은 것부터 크기순으로 나열한다.

② $\ln t_0 = 1.0$ 과 $\ln\ln \dfrac{1}{1 - F(t)} = 1.0$ 과의 교점을 m 추정점이라고 한다.

③ 타점의 직선과 $F(t) = 63[\%]$ 와 만나는 점의 아래측 t 눈금을 특성수명 η 의 추정치로 한다.

④ m 추정점에서 타점의 직선과 평행선을 그을 때, 그 평행선이 $\ln t = 0.0$ 과 만나는 점을 우측으로 연장하여 $\dfrac{\mu}{\eta}$ 와 $\dfrac{\sigma}{\eta}$ 의 값을 읽는다.

[해설]

$\ln t_0 = 1.0$ 과 $\ln\ln \dfrac{1}{1 - F(t)} = 0$ 과의 교점을 m 추정점이라고 한다.

73 10개의 샘플에 대한 수명시험을 50시간 동안 실시하였더니 다음 표와 같은 고장시간 자료를 얻었다. 그리고 고장 난 샘플은 새것으로 교체하지 않았다. 평균수명의 점 추정치는 얼마인가?

i	1	2	3	4
t_i	15	20	25	40

① 10시간　　　　　② 25시간
③ 50시간　　　　　④ 100시간

해설

$$\frac{\sum t_i + (n-r)t_r}{r} = \frac{15 + 20 + 25 + 40 + (10-4)\times 50}{4}$$
$$= 100시간$$

74 와이블 분포의 확률밀도함수가 다음과 같을 때 설명 중 틀린 것은?(단, m은 형상모수, η는 척도모수이다)

[다 음]

$$f(t) = \frac{m}{\eta}\left(\frac{t}{\eta}\right)^{m-1} \cdot e^{-(\frac{t}{\eta})^m}$$

① 와이블분포에서 $t = \eta$일 때를 특성수명이라고 한다.
② 와이블분포는 지수분포에 비해 모수 추정이 간단하다.
③ 와이블분포는 수명자료분석에 많이 사용되는 수명분포이다.
④ 와이블분포에서는 고장률함수가 형상모수 m의 변화에 따라 증가형, 감소형, 일정형으로 나타난다.

해설
와이블분포는 지수분포에 비해 모수 추정이 간단하지 않다.

75 아이템이 어떤 계약이나 프로젝트에 관련하여 규정된 신뢰성 및 보전성 요구조건들을 만족시킴을 보증하는 조직, 구조, 책임, 절차, 활동, 능력 및 자원들의 이행을 지원하는 문서화된 일정 계획된 활동, 자원 및 사건들을 무엇이라고 하는가?

① 신뢰성 및 보전성 계획(Reliability and Maintainability Plan)
② 신뢰성 및 보전성 통제(Reliability and Maintainability Control)
③ 신뢰성 및 보전성 보증(Reliability and Maintainability Assurance)
④ 신뢰성 및 보전성 프로그램(Reliability and Maintainability Programme)

76 지수분포를 따르는 어떤 부품을 n개 택하여 t_0시점까지 수명시험한 결과, r개의 고장시간이 t_1, t_2, $\cdots$, t_r에서 일어났다고 한다면, 고장률 λ의 추정식으로 맞는 것은?

① $\hat{\lambda} = \dfrac{nt_0}{r}$

② $\hat{\lambda} = \dfrac{r}{\sum\limits_{i=1}^{r} t_i + (n-r)t_0}$

③ $\hat{\lambda} = \dfrac{\sum\limits_{i=1}^{r} t_i}{r}$

④ $\hat{\lambda} = \dfrac{\sum\limits_{i=1}^{r} t_i + (n-r)t_0}{r}$

77 설계단계에서 신뢰성을 높이기 위한 신뢰성 설계방법
이 아닌 것은?

① 리던던시 설계
② 디레이팅 설계
③ 사용부품의 표준화
④ 예방보전과 사후보전 체계 확립

예방보전과 사후보전 체계 확립은 제조단계에서 신뢰성을 높이기 위한
신뢰성 설계방법이다.

78 ESS(Environmental Stress Screening)에서 스트레
스에 의하여 확인될 수 있는 고장모드에서는 온도 사이
클과 임의 진동이 있다. 이 중 온도 사이클에 의한 스트
레스로 발생할 수 있는 고장의 형태는?

① 끊어진 와이어
② 인접 보드와의 마찰
③ 부품 파라미터 변화
④ 부적절하게 고정된 부품

79 신뢰도가 동일한 10개의 부품으로 구성된 시스템이 정
상 작동하기 위해서는 10개 부품 모두가 정상 작동해
야 한다. 만약 시스템 신뢰도가 0.95 이상이 되려면,
부품 신뢰도는 최소 얼마 이상이어야 하는가?

① 0.950
② 0.975
③ 0.995
④ 0.999

n개의 부품의 신뢰도가 동일한 경우
$$R_s = R_i^n$$
$$0.95 = R_i^{10}$$
$$R_i = \sqrt[10]{0.95} \simeq 0.995$$

80 부하 – 강도모형(Stress-strength Model)에서 고장
이 발생할 경우에 관한 설명으로 틀린 것은?

① 고장의 발생확률은 불신뢰도와 같다.
② 안전계수가 작을수록 고장이 증가한다.
③ 부하보다 강도가 크면 고장이 증가한다.
④ 불신뢰도는 부하가 강도보다 클 확률이다.

부하보다 강도가 크면 고장이 감소한다.

81 산업표준화 분류방식 중 국면에 따른 분류에 해당되지 않는 것은?

① 품질규격　　　　② 제품규격

③ 방법규격　　　　④ 전달규격

해설
국면에 따른 분류 또는 기능에 따른 산업표준화 분류(규정내용에 따른 분류) : 기본규격(전달규격), 제품규격, 방법규격

82 생산활동이나 관리활동과 관련하여 일상적 또는 정기적으로 실시하는 계측과 가장 거리가 먼 것은?

① 생산설비에 관한 계측

② 자재・에너지에 관한 계측

③ 작업결과나 성적에 관한 계측

④ 연구・실험실에서의 시험연구 계측

83 품질경영시스템 – 요구사항(KS Q ISO 9001 : 2015)의 특징이 아닌 것은?

① 목표 달성을 위한 리스크 경영에 초점

② 제조중심의 검사, 시험, 감시능력 제고

③ ISO 9001에 기반한 품질경영시스템에 대한 고객의 확신 제고

④ 제품 및 서비스에 대한 적합성을 제공할 수 있는 조직의 능력을 제고

해설
제조중심의 검사, 시험, 감시는 검사 위주의 품질관리이다.

84 다음은 제조물책임법 제1조에 관한 사항이다. ㉠과 ㉡에 해당하는 용어로 맞는 것은?

[다 음]
이 법은 제조물의 결함으로 인하여 발생한 손해에 대한 (㉠) 등의 손해배상책임을 규정함으로써 피해자의 보호를 도모하고 국민생활의 (㉡) 향상과 국민경제의 건전한 발전에 기여함을 목적으로 한다.

① ㉠ : 소비자, ㉡ : 복지

② ㉠ : 소비자, ㉡ : 안전

③ ㉠ : 제조업자, ㉡ : 복지

④ ㉠ : 제조업자, ㉡ : 안전

85 최초의 설계 잘못으로 제품의 설계 변경에 소요되는 비용은 어느 코스트에 속하는가?

① 예방 코스트

② 사내 실패 코스트

③ 평가 코스트

④ 사외 실패 코스트

해설
최초의 설계 잘못으로 제품의 설계 변경에 소요되는 비용은 사내 실패 코스트에 속한다.

86 부품 A는 $N(2.5, 0.03^2)$, 부품 B는 $N(2.4, 0.02^2)$, 부품 C는 $N(2.4, 0.04^2)$, 부품 D는 $N(3.0, 0.01^2)$인 정규분포를 따른다. 이 4개 부품이 직렬로 결합되는 경우 조립품의 표준편차는 약 얼마인가?(단, 부품 A, B, C, D는 서로 독립이다)

① 0.003   ② 0.055
③ 0.100   ④ 0.316

해설
조립품의 표준편차
$= \sqrt{0.03^2 + 0.02^2 + 0.04^2 + 0.01^2}$
$\simeq 0.055$

87 사내표준화의 요건이 아닌 것은?

① 실행 가능한 내용일 것
② 기록내용이 구체적·객관적일 것
③ 직관적으로 보기 쉬운 표현을 할 것
④ 장기적인 관점보다 단기적인 관점에서 추진할 것

해설
사내표준화는 단기적인 관점보다 장기적인 관점에서 추진해야 한다.

88 $C_P = 1.33$이고, 치우침이 없다면, 평균 μ에서 규격한계(U 또는 L)까지의 거리는 약 몇 σ인가?

① 2σ ② 3σ
③ 4σ ④ 6σ

해설
$C_p = \dfrac{T}{6\sigma} = 1.33$에서
$T = 1.33 \times 6\sigma \simeq 8\sigma$이므로
평균 μ에서 규격한계(U 또는 L)까지의 거리는 약 4σ이다.

89 일종의 품질 모티베이션 활동인 ZD 운동, QC 서클활동 등은 소집단활동이라는 데 공통점이 있다. 소집단 활동의 특징이 아닌 것은?

① 자주성을 키운다.
② 소수인이며, 대면 접촉 집단에 해당된다.
③ 대화에 의해 아이디어를 낳고 그것이 창의성을 유발한다.
④ 소집단에 기초함으로써 문제해결에는 크게 도움이 되지 않는다.

해설
품질 모티베이션 활동인 ZD 운동, QC 서클활동 등은 소집단에 기초함으로써 문제해결에 도움이 된다.

90 품질이 기업경영에서 전략변수로 중시되는 이유가 아닌 것은?

① 소비자들의 제품의 안전 또는 고신뢰성에 대한 요구가 높아지고 있다.
② 기술혁신으로 제품이 복잡해짐에 따라 제품의 신뢰성 관리문제가 어려워지고 있다.
③ 제품 생산이 분업일 경우 부분적으로 책임을 지는 것이 제품의 신뢰성을 높인다.
④ 원가 경쟁보다는 비가격 경쟁 즉, 제품의 신뢰성, 품질 등이 주요 경쟁요인이기 때문이다.

해설
제품 생산이 분업일 경우라도 전체적으로 책임을 지는 것이 제품의 신뢰성을 높인다.

91 품질관리 담당자의 역할이 아닌 것은?

① 경쟁사 상품 및 부품과의 품질 비교

② 사내표준화와 품질경영에 대한 계획 수립 및 추진

③ 품질경영시스템하의 내부 감사 수행 총괄, 승인

④ 공정이상 등의 처리, 애로공정, 불만처리 등의 조치 및 대책의 지원

해설
품질경영시스템하의 내부감사 수행 총괄, 승인 등은 감사수행부서의 역할이다.

92 게하니(Ray Gehani) 교수가 구상한 품질가치사슬에서 TQM의 전략목표인 고객만족 품질을 얻기 위하여 융합되어야 할 3가지 품질에 해당되지 않는 것은?

① 검사품질

② 경영종합품질

③ 제품품질

④ 전략종합품질

해설
품질가치사슬(Quality Value Chain) : 마이클 포터(Michael E. Porter)의 부가가치사슬을 발전시켜 품질 선구자들의 사상을 인용하여 게하니(Ray Gehani) 교수가 도표를 통해 TQM의 전략적인 고객만족 품질은 '제품 품질 + 경영종합품질 + 전략종합품질의 융합에 의해서 도달할 수 있다.'고 제시한 이론

93 길이, 무게, 강도 등과 같은 계량치의 데이터가 어떠한 분포를 하고 있는지를 보기 위하여 작성하는 QC 수법은?

① 층 별

② 히스토그램

③ 산점도

④ 파레토그램

94 품질경영시스템에서 품질전략을 결정하는 데 고려하여야 할 요소와 가장 거리가 먼 것은?

① 경영목표

② 예산 편성

③ 경영방침

④ 경영전략

해설
품질전략 결정 시 고려 요소 : 경영방침, 경영목표, 경영전략

95 다음은 커크패트릭(Kirk Patrick)의 품질비용에 관한 그래프이다. 각 비용곡선의 명칭으로 맞는 것은?

① A : 예방비용, B : 실패비용, C : 평가비용

② A : 예방비용, B : 평가비용, C : 준비비용

③ A : 평가비용, B : 실패비용, C : 예방비용

④ A : 평가비용, B : 예방비용, C : 준비비용

96 제품 또는 서비스가 품질요건을 만족시킬 것이라는 적절한 신뢰감을 주는 데 필요한 모든 계획적이고, 체계적인 활동을 무엇이라고 하는가?

① 품질보증
② 제품책임
③ 품질해석
④ 품질방침

97 6σ 적용 공장에서 현재의 $C_P = 2$이나, 1.5σ의 공정변동이 일어날 경우 최소 공정능력지수(C_{pk})값은?

① 1.0
② 1.33
③ 1.5
④ 1.8

해설
6σ 적용 공장에서 현재의 $C_p = 2$이나, 1.5σ의 공정변동이 일어날 경우 최소 공정능력지수(C_{pk})값은 1.50이다.

98 품질시스템이 잘 갖추어진 회사는 끊임없는 개선이 이루어지는 것을 보장해야 한다. 끊임없는 개선에 대한 설명 중 틀린 것은?

① 기업에서 개선할 점은 언제든지 있다.
② 품질개선은 종업원의 창의성을 필요로 한다.
③ P – D – C – A의 개선과정을 Feed-back시키는 것이다.
④ 품질개선은 반드시 표준화된 기법을 적용하여야 한다.

해설
품질개선 시 반드시 표준화된 기법을 적용하여야 하는 것은 아니다.

99 품질계획에서 많이 활용되는 품질기능전개(QFD)로 품질하우스 작성 시 무엇(What)과 어떻게(How)의 관계를 나타낼 때 사용하는 기법은?

① PDPC법
② 연관도법
③ 매트릭스도법
④ 친화도법

해설
① PDPC법 : 신제품 개발, 신기술 개발 또는 제품책임 문제의 예방 등과 같이 최초의 시점에서는 최종 결과까지의 행방을 충분히 짐작할 수 없는 문제에 대하여, 그 진보과정에서 얻어지는 정보에 따라 차례로 시행되는 계획의 정도를 높여 적절한 판단을 내림으로써 사태를 바람직한 방향으로 이끌어 가거나 중대 사태를 회피하는 방책을 얻는 기법이다.
② 연관도법 : 복잡한 요인이 얽힌 문제에 대하여 그 인과관계 및 요인 간의 관계를 명확히 함으로써 적절한 해결책을 찾는 기법으로, 인과관계를 설명하고 요인 상호관계를 명확하게 하여 문제해결의 실마리를 발견한다.
④ 친화도법 : 미지, 미경험의 분야 등 혼돈된 상태 가운데서 사실, 의견, 발상 등을 언어데이터에 의하여 유도하여 이들 데이터를 정리함으로써 문제의 본질을 파악하고 문제의 해결과 새로운 발상을 이끌어 내는 기법이다.

100 표준의 서식과 작성방법(KS A 0001 : 2015)에서 문장을 쓰는 방법의 내용 중 틀린 것은?

① '초과'와 '미만'은 그 앞에 있는 수치를 포함시키지 않는다.
② '보다'는 비교를 나타내는 경우에만 사용하고, 그 앞에 있는 수치 등을 포함시키지 않는다.
③ 한정조건이 이중으로 있는 경우에는 큰 쪽의 조건에 '때'를 사용하고, 작은 쪽의 조건에 '경우'를 사용한다.
④ '및 / 또는'은 병렬하는 두 개의 어구 양자를 병합한 것 및 어느 한쪽씩의 3가지를 일괄하여 엄밀하게 나타내는 데 이용한다.

해설
한정조건이 이중으로 있는 경우에는 큰 쪽의 조건에 '경우'를 사용하고, 작은 쪽의 조건에 '때'를 사용한다.

2019년 제4회 과년도 기출문제

제1과목 | 실험계획법

01 요인 A, B가 각각 4수준인 모수모형 반복 없는 2요인 실험에서 결측치가 1개 발생하였다. 이것을 추정하여 분석했을 때, 오차항의 자유도(ν_e)는?

① 4　　　　　　② 8

③ 9　　　　　　④ 11

해설

ν_e = 오차항의 자유도 − 결측치수
$= (l-1)(m-1) - 1$
$= (4-1)(4-1) - 1 = 8$

02 다음은 $L_9(3^4)$형 직교배열표를 이용하여 A, B, C 각각 3수준을 배열하여 실험한 결과를 나타낸 것이다. 요인 A의 제곱합 S_A는 약 얼마인가?

실험번호	열번호				데이터
	1	2	3	4	
1	1	1	1	1	14
2	1	2	2	2	17
3	1	3	3	3	1
4	2	1	2	3	58
5	2	2	3	1	56
6	2	3	1	2	56
7	3	1	3	2	62
8	3	2	1	3	35
9	3	3	2	1	32
배 치	A	B		C	

① 38.22　　　　② 314.89

③ 340.22　　　　④ 3348.22

해설

$S_A = \frac{1}{3}[(14+17+1)^2 + (58+56+56)^2 + (62+35+32)^2]$

$\quad - \frac{331^2}{9}$

$\quad = \frac{1}{3}[32^2 + 170^2 + 129^2] - \frac{331^2}{9}$

$\quad \simeq 15,521.7 - 12,173.4 \simeq 3,348.3$

03 2^3형 요인실험을 abc, a, b, c 4개의 조합에 의한 일부 실시법으로 실험하려고 한다. A의 주효과를 구하는 식으로 맞는 것은?(단, $\frac{1}{2}$ 블록 반복의 실험이다)

① $\frac{1}{2}(abc - a + b - c)$

② $\frac{1}{2}(abc + a - b + c)$

③ $\frac{1}{2}(abc - a - b + c)$

④ $\frac{1}{2}(abc + a - b - c)$

해설

인자 A의 주효과

$A = \frac{1}{2}(a - b - c + abc)$

04 교락법에서 블록반복을 행하는 경우에 각 반복마다 블록효과와 교락시키는 요인이 다른 경우를 무엇이라 하는가?

① 완전교락
② 단독교락
③ 이중교락
④ 부분교락

06 2^3형 요인배치법에서 다음 표와 같이 8회의 실험을 하였을 때, 교호작용 $A \times C$의 효과는 얼마인가?

요 인	A_0		A_1	
	B_0	B_1	B_0	B_1
C_0	5	4	2	3
C_1	7	9	10	5

① 0.55
② 0.65
③ 0.75
④ 0.85

07 두 개 이상의 요인효과가 뒤섞여서 분리되지 않은 것을 무엇이라고 하는가?

① 오 차
② 잔 차
③ 교 락
④ 교호작용

05 다요인실험계획법(다원배치법)에 대한 설명으로 틀린 것은?

① 실험의 랜덤화가 용이하다.
② 실험 횟수가 급격히 증가한다.
③ 실험을 하는데 비용이 많이 든다.
④ 불필요한 요인이라고 판단되면 요인의 수를 줄여가는 노력이 필요하다.

08 다음은 반복이 다른 1요인실험 결과에 대한 분산분석표이다. F_0의 ( ) 안에 알맞은 값은 약 얼마인가?

요 인	SS	DF	MS	F_0
A	2,127	2		( )
e	4,280			
T	6,407	29		

① 4.46
② 4.63
③ 6.71
④ 6.95

09 실험의 결과 특성치가 다음과 같다. 이를 망목특성치로 생각하면 SN비(Signal to Noise Ratio)는 약 얼마인가?

[다 음]
43　47　49　53　61

① 8.685
② 17.37
③ 20.01
④ 40.02

$$SN비 = 20\log\frac{\bar{x}}{s} = 20\log\frac{50.6}{6.84} = 17.37$$

10 동일한 물건을 생산하는 5대의 기계에서 부적합 여부의 동일성에 관한 실험을 하였다. 적합품이면 0, 부적합품이면 1의 값을 주기로 하고, 5대의 기계에서 200개씩의 제품을 만들어 부적합 여부를 실험하여 다음과 같은 분산분석표를 구하였다. 다음 분산분석표의 일부 자료를 이용하여 검정통계량 F_0의 값을 구하면 얼마인가?

요 인	SS	DF	MS	F_0
A	0.596	(　)	(　)	(　)
e	(　)	(　)	(　)	
T	62.511	999		

① 1.782
② 2.395
③ 3.212
④ 3.410

$$\nu_A = l - 1 = 5 - 1 = 4$$

$$V_A = \frac{0.596}{4} = 0.149$$

$$\nu_e = 999 - 4 = 995$$

$$V_e = \frac{61.915}{995} = 0.0622$$

$$F_0 = \frac{V_A}{V_e} = \frac{0.149}{0.0622} \simeq 2.395$$

11 수준수 $l = 5$, 반복수 $m = 3$인 1요인실험 단순회귀분석에서 직선회귀의 자유도(ν_R)와 고차회귀의 자유도(ν_r)는 각각 얼마인가?

① $\nu_R = 1$, $\nu_r = 3$
② $\nu_R = 1$, $\nu_r = 4$
③ $\nu_R = 2$, $\nu_r = 3$
④ $\nu_R = 2$, $\nu_r = 4$

• 직선회귀의 자유도 : $\nu_R = 1$
• 고차회귀의 자유도 : $\nu_r = \nu_A - \nu_R = (l-1) - 1$
$$= l - 2 = 5 - 2 = 3$$

12 모수요인 A를 3수준, 변량요인 B를 4수준으로 하여 반복 2회의 실험을 했을 때, 요인 A의 불편분산 기대치($E(V_A)$)는?

① $\sigma_e^2 + 2\sigma_{A \times B}^2 + 4\sigma_A^2$
② $\sigma_e^2 + 2\sigma_{A \times B}^2 + 8\sigma_A^2$
③ $\sigma_e^2 + 3\sigma_{A \times B}^2 + 8\sigma_A^2$
④ $\sigma_e^2 + 4\sigma_{A \times B}^2 + 6\sigma_A^2$

$$E(V_A) = \sigma_e^2 + r\sigma_{A \times B}^2 + mr\sigma_A^2$$
$$= \sigma_e^2 + 2\sigma_{A \times B}^2 + 8\sigma_A^2$$

13 1차 단위요인이 A(4수준), 2차 단위요인이 B(3수준), 반복요인이 R(3회)인 단일분할법 실험에서 2차 단위오차(e_2)의 자유도 ν_{e_2} 는?

① 16 ② 18

③ 20 ④ 22

해설

$\nu_{e_2} = l(m-1)(r-1) = 4 \times (3-1)(3-1) = 16$

14 제품의 강도를 높이기 위하여 열처리온도를 요인으로 설정하여 300[℃], 350[℃], 400[℃]에서 실험을 실시했을 경우의 설명으로 틀린 것은?

① 수준수는 3이다.

② 강도는 특성치이다.

③ 열처리 온도는 변량요인이다.

④ 수준은 기술적으로 미리 정해진 수준이다.

해설

열처리온도는 모수요인이다.

15 난괴법이 층별이 잘된 경우에는 반복이 있는 1요인실험보다 더 좋은 이점은 무엇인가?

① 정보량이 많아지고, 오차분산이 작아진다.

② 실험을 많이 함으로써 원하는 모든 정보를 얻을 수 있다.

③ 처리수별에 따른 반복수가 동일하지 않아도 되므로 결측치가 생겨도 쉽게 해석할 수 있다.

④ 하나는 모수요인이고, 다른 하나는 변량요인이므로 변량요인을 이용함으로써 더 쉽게 해석할 수 있다.

16 다음은 실험조건(A, B, C)에서 실험순서(1, 2, 3)와 날짜(월, 화, 수)를 고려한 라틴방격법이다. ㉠~㉣ 중 라틴방격법에 의한 실험계획을 모두 고른 것은?

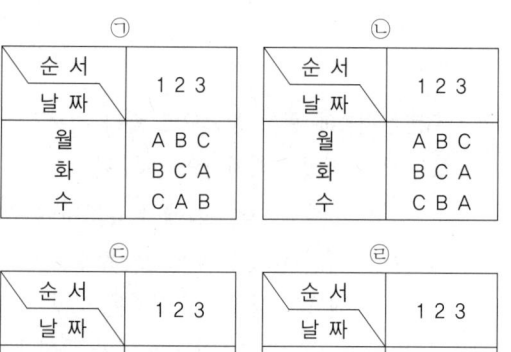

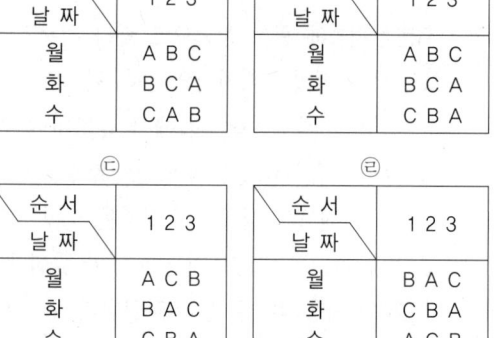

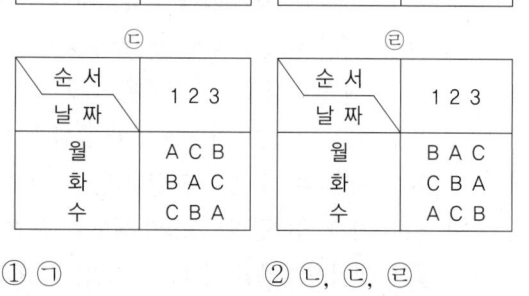

① ㉠

② ㉡, ㉢, ㉣

③ ㉠, ㉡, ㉢, ㉣

④ ㉠, ㉢, ㉣

해설

행과 열이 각각 다르게 배열되어야 하므로 ㉠, ㉢, ㉣만 라틴방격이다.

17 반복수가 n으로 동일하고 a개의 수준을 갖는 1요인실험에서 각 처리수준에서 측정값의 합을 y_1, y_2, $\cdots$, y_a라고 할 때, 처리수준별 합의 선형결합 $\sum_{i=1}^{a} c_i y_i$으로 관심을 갖는 처리 평균들을 비교하게 된다. 이때 이러한 선형결합이 대비를 이루기 위한 조건은?

① $\sum_{i=1}^{a} y_i = n\bar{y}$

② $n\sum_{i=1}^{a} c_i = na$

③ $\sum_{i=1}^{a} c_i = n\bar{c}$

④ $\sum_{i=1}^{a} c_i = 0$

해설

대비(Contrast)

- 선형식을 이루고 있는 계수가 각각 모두 0이 아니며, 이들의 합이 0일 때 대비한다고 정의한다.
- 선형식 $L = c_1 x_1 + c_2 x_2 + \cdots + c_n x_n$의 대비가 되기 위한 조건 : $c_1 + c_2 + \cdots + c_n = \sum c_i = 0$

18 지분실험법에 관한 설명으로 틀린 것은?

① 지분실험법의 오차항의 자유도는 (총데이터수) − (인자의 수준수의 합)에서 유도하여 만든다.

② 요인이 유의할 경우 모평균의 추정은 별로 의미가 없고, 산포의 정도를 추정하는 것이 효과적이다.

③ 일반적으로 변량요인들에 대한 실험계획법으로 많이 사용되며 완전 랜덤실험과는 거리가 멀다.

④ 여러 가지 샘플링 및 측정의 정도를 추정하여 샘플링 방식을 설계할 때나 측정방법을 검토할 때에도 사용이 가능하다.

해설

지분실험법의 오차항의 자유도는 $lmn(r-1)$이다.

19 반복수가 같은 1요인실험에서 다음의 분산분석표를 얻었다. $\bar{x}_{1\cdot} = 12.85$라면, A_1 수준에서의 모평균 $\mu(A_1)$의 95[%] 신뢰구간은 약 얼마인가?(단, $t_{0.975}(4) = 2.776$, $t_{0.975}(15) = 2.131$, $t_{0.975}(19) = 2.093$이다)

요 인	SS	DF	MS
A	20	4	5.0
e	15	15	1.0
T	35	19	

① 12.85 ± 0.58

② 12.85 ± 1.07

③ 12.85 ± 2.10

④ 12.85 ± 4.20

해설

모평균 $\mu(A_1)$의 95[%] 신뢰구간

$$\bar{\bar{x}} \pm t_{1-\alpha/2}(\nu_e)\sqrt{\frac{V_e}{r}} = 12.85 \pm 2.131\sqrt{\frac{1.0}{4}}$$
$$= 12.85 \pm 1.07$$

20 $L_{16}(2^{15})$ 직교배열표에서 요인 A, B, C, D, F, G, H와 교호작용 $A \times B$, $C \times D$를 배치하는 경우 오차항의 자유도는?

① 4

② 5

③ 6

④ 7

해설

$\nu_e = \nu_T -$ 인자수 $-$ 교호작용수
$= 15 - 7 - 2 = 6$

21 통계적 가설검정 시 사용되는 검정통계량 분포의 유형이 다른 것은?

① 적합도 검정

② 모분산의 검정

③ 모분산비의 검정

④ 분할표에 의한 검정

> **해설**
> 적합도 검정, 모분산의 검정, 분할표에 의한 검정은 카이제곱분포이고, 모분산비의 검정은 F분포이다.

22 다음의 데이터로 np관리도를 작성할 경우 관리한계는 얼마인가?

No.	1	2	3	4	5
검사 개수	200	200	200	200	200
부적합 품수	14	13	20	13	20

① 15 ± 1.51　　② 15 ± 11.51

③ 16 ± 8.51　　④ 16 ± 11.51

> **해설**
> $\bar{p} = \dfrac{\sum np}{\sum n} = \dfrac{80}{100} = 0.08$이므로
> $$n\bar{p} \pm 3\sqrt{n\bar{p}(1-\bar{p})} = 200 \times 0.08 \pm 3\sqrt{200 \times 0.08(1-0.08)}$$
> $$= 16 \pm 11.51$$

23 2대의 기계 A, B에서 생산된 제품에서 각각 시료를 뽑아 평균과 표준편차를 구했더니 $\bar{x}_A = 15$, $\bar{x}_B = 50$, $s_A = 5$, $s_B = 5$로 평균치의 차이가 크게 나타났다. 변동계수를 이용하여 기계 A, B로부터 생산된 제품의 산포를 비교한 결과로 맞는 것은?

① A와 B의 산포가 같다.

② A가 B보다 산포가 작다.

③ A가 B보다 산포가 크다.

④ 변동계수로 산포를 비교할 수 없다.

> **해설**
> 변동계수의 제곱이 상대분산 또는 산포가 되므로 변동계수만 비교하여도 산포를 비교할 수 있다.
> - A의 변동계수 : $CV_A = \dfrac{s_A}{\bar{x}_A} = \dfrac{5}{15} = 0.33$
> - B의 변동계수 : $CV_B = \dfrac{s_B}{\bar{x}_B} = \dfrac{5}{50} = 0.1$
>
> 따라서 $CV_A > CV_B$이므로 A가 B보다 산포가 크다.

24 규격이 12~14cm인 제품을 매일 5개씩 취하여 16일간 조사하여 $\bar{X} - R$관리도를 작성하였더니 $\bar{X}$ 및 R관리도는 안정 상태였으며, $\bar{\bar{X}} = 13[\text{cm}]$, $\bar{R} = 0.38[\text{cm}]$이었다. 이 공정에 관한 해석으로 맞는 것은?(단, $n = 5$일 때, $d_2 = 2.326$이다)

① 공정능력이 1.5보다 작으므로 6시그마 수준을 위해 더 노력해야 한다.

② 공정능력이 1보다 작으므로 선별로 대응하며 빨리 공정을 개선하여야 한다.

③ 공정능력이 약 2 정도로 매우 우수하므로 현재의 품질수준을 유지하도록 한다.

④ 공정능력이 약 2 정도로 매우 우수하나 치우침이 발생하고 있으므로 중앙으로 평균을 조정한다.

> **해설**
> 공정능력지수
> $$C_p = \frac{T}{6\sigma} = \frac{S_U - S_L}{6 \times \dfrac{\bar{R}_s}{d_2}} = \frac{14 - 12}{6 \times \dfrac{0.38}{2.326}} \simeq 2.04$$
> 공정능력이 약 2 정도로 매우 우수하므로 현재의 품질수준을 유지하도록 한다.

25 전수검사가 불가능하여 반드시 샘플링검사를 하여야 하는 경우는?

① 전기제품의 출력전압의 측정
② 주물제품의 내경가공에서 내경의 측정
③ 전구의 수입검사에서 전구의 점등시험
④ 진공관의 수입검사에서 진공관의 평균수명 추정

해설
샘플링검사 : 로트로부터 시료를 뽑아 그 결과를 판정기준과 비교하여 그 로트의 합격과 불합격을 판정하는 검사이다.

반드시 전수검사	반드시 샘플링검사
• 부적합품이 1개라도 혼입되면 안 되는 경우	• 파괴검사인 경우(인장시험, 수명시험 등)
• 안전에 중대한 영향을 미치는 경우(브레이크 작동시험, 고압용기의 내압시험)	• 연속체 또는 대량품인 경우(섬유, 화학, 약품, 석탄, 화학제품 등)
• 경제적으로 큰 영향을 지닌 경우(귀금속 등)	• 품질특성치가 치명결점을 포함하는 경우
• 부적합품이 다음 공정에 커다란 손실을 줄 경우	
• 검사비용에 비해 얻어지는 효과가 큰 경우	

26 $n = 5$인 $\overline{X}$ 관리도에서 $UCL = 43.4$, $LCL = 16.6$ 이었다. 공정의 분포가 $N(30, 10^2)$일 때 $\overline{X}$ 관리도가 관리상한을 벗어날 확률은 약 얼마인가?

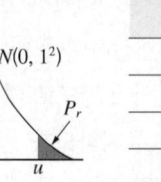

u	P_r
0.5	0.3085
1.0	0.1587
2.0	0.0228
3.0	0.0027

① 0.0014
② 0.0027
③ 0.0228
④ 0.1587

해설
$$u_1 = \frac{UCL - \mu}{\sigma/\sqrt{n}} = \frac{43.4 - 30}{10/\sqrt{5}} = 2.996 \approx 3.0$$
$$u_2 = \frac{LCL - \mu}{\sigma/\sqrt{n}} = \frac{16.6 - 30}{10/\sqrt{5}} = -2.996 \approx -3.0$$이므로

$\overline{x}$ 관리도가 관리한계선 밖으로 벗어날 확률은 0.0027이 된다.

27 X, Y는 확률변수이다. X와 Y의 공분산이 8, X의 기대치가 20이고, Y의 기대치가 3일 때 XY의 기대치는?

① 2
② $\sqrt{58}$
③ $\sqrt{70}$
④ 14

해설
$$COV(X_1 Y) = 8 = E(XY) - E(X)E(Y)$$
$$= E(XY) - 2 \times 3$$
$$\therefore E(XY) = 8 + (2 \times 3) = 14$$

28 임의의 로트(Lot)로부터 400개의 제품을 랜덤 추출하여 조사해 보니 240개가 부적합품이었다. 표본 부적합품률의 분산은?

① 0.0006
② 0.0004
③ 0.6
④ 0.4

해설
$$P = \frac{240}{400} = 0.6$$

표본 부적합품률의 분산
$$\frac{P(1-P)}{n} = \frac{0.6 \times 0.4}{400} = 0.0006$$

29 로트별 합격품질한계(AQL)지표형 샘플링검사방식 (KS Q ISO 2859-1 : 2014)에서 전환규칙에 관한 설명으로 틀린 것은?

① 까다로운 검사에서 연속 5로트가 합격되면 보통 검사로 복귀된다.
② 연속 5로트 중 2로트가 불합격되면 보통검사에서 까다로운 검사로 전환된다.
③ 불합격로트의 누계가 10개가 될 동안 까다로운 검사를 실시하고 있으면 검사를 중지한다.
④ 검사 중지에서 공급자가 품질을 개선하여 소관권한자가 승인할 때 까다로운 검사로 실시한다.

해설
불합격로트의 누계가 5개가 될 동안 까다로운 검사를 실시하고 있으면 검사를 중지한다.

30 모상관계수 $\rho \neq 0$인 경우 $z = \dfrac{1}{2}\ln\dfrac{1+r}{1-r}$ 로 z변환을 하면 z는 근사적으로 어떤 분포를 따르는가?

① t분포

② χ^2분포

③ F분포

④ 정규분포

모상관계수(ρ)의 확률$(1-\alpha)$인 신뢰한계를 구하려면 표본 상관계수(r)를 z변환하고, z의 모수와의 신뢰한계를 구하여 ρ로 환원시키면 된다. 이때 r의 z변환식(피셔) $z = \dfrac{1}{2}\ln\dfrac{1+r}{1-r}$ 이며 z는 정규분포를 따른다.

31 군의 수 $k = 40$, 샘플의 크기 $n = 4$인 $\overline{X}-R$ 관리도에서 $\overline{\overline{X}} = 27.70$, $\overline{R} = 1.02$이다. 군내변동 $\widehat{\sigma_w}$는 약 얼마인가?(단, $n = 4$일 때, $d_2 = 2.059$, $d_3 = 0.88$이다)

① 0.495

② 0.693

③ 1.159

④ 13.453

$$\widehat{\sigma_w} = \frac{\overline{R}}{d_2} = \frac{1.02}{2.059} \simeq 0.495$$

32 어떤 공작기계로 만든 샤프트 중에서 랜덤으로 13개를 샘플링하여 외경을 측정하였더니 평균은 112.7, 제곱합은 176이었다. 샤프트 외경의 모평균의 95[%] 신뢰구간은 약 얼마인가?(단, $t_{0.95}(12) = 1.782$, $t_{0.95}(13) = 1.771$, $t_{0.975}(12) = 2.179$, $t_{0.975} = 2.160$이다)

① 112.7 ± 1.89

② 112.7 ± 2.31

③ 112.7 ± 8.78

④ 112.7 ± 8.87

$$s \simeq \sqrt{V} = \sqrt{\frac{176}{13-1}} \simeq 3.83$$

샤프트 외경 모평균 μ의 95[%] 신뢰구간

$$\overline{x} \pm t_{1-\alpha/2}(\nu)\frac{s}{\sqrt{n}} = 112.7 \pm 2.179 \times \frac{3.83}{\sqrt{13}} \simeq 112.7 \pm 2.31$$

33 OC곡선의 특성을 설명한 것으로 틀린 것은?

① n이 커지면 검출력$(1-\beta)$이 증가한다.

② σ가 커지면 검출력$(1-\beta)$이 증가한다.

③ α가 증가하면 검출력$(1-\beta)$이 증가한다.

④ α와 β가 같이 증가하면 OC곡선의 기울기는 완만해진다.

σ가 커지면 검출력$(1-\beta)$은 감소한다.

34 A기계와 B기계의 정도(精度)를 비교하기 위하여 각각의 기계로 15개씩의 제품을 가공하였더니 $V_A = 0.052$[mm^2], $V_B = 0.178$[mm^2]가 되었다. 유의수준 5[%]에서 A기계의 산포가 B기계의 산포보다 더 작다고 할 수 있는지를 검정한 결과로 맞는 것은?
(단, $F_{0.95}(14, 14) = 2.48$이다)

① 주어진 데이터로는 판단하기 어렵다.

② 두 기계의 산포는 같다고 할 수 있다.

③ A기계의 산포가 더 작다고 할 수 없다.

④ A기계의 산포가 더 작다고 할 수 있다.

$$F_0 = \frac{V_B}{V_A} = \frac{0.178}{0.052} = 3.423$$ 이며 $F_{0.95}(14, 14) = 2.48$이므로,

$F_0 > F_{0.95}(14, 14)$가 성립되어 유의수준 5[%]에서 A기계의 산포가 B기계의 산포보다 더 작다.

35 모부적합수에 대한 검정을 할 때 검정통계량으로 맞는 것은?

① $u_0 = \dfrac{x - m_0}{\sqrt{m_0}}$

② $u_0 = \dfrac{x - m_0}{\sqrt{x + m_0}}$

③ $u_0 = \dfrac{x + m_0}{\sqrt{m_0}}$

④ $u_0 = \dfrac{x + m_0}{\sqrt{x - m_0}}$

36 스킵로트 샘플링에 대한 설명으로 적합한 것은?

① $\dfrac{1}{5}$ 이라는 샘플링 빈도를 검사 초기부터 사용할 수 있다.

② 샘플링검사 결과 품질이 악화되면 로트별 샘플링 검사로 복귀한다.

③ 제품이 소정의 판정기준을 만족한 경우에 검사빈 도는 $\dfrac{1}{5}$ 을 적용할 수 없다.

④ 검사에 제출된 제품의 품질이 AOQL보다 상당히 좋다고 입증된 경우에 적용 가능하다.

해설

① 스킵로트 검사의 종류는 $\dfrac{1}{2}$, $\dfrac{1}{3}$, $\dfrac{1}{4}$, $\dfrac{1}{5}$ 의 4가지가 있는데, 이 중에서 $\dfrac{1}{5}$ 은 스킵로트 검사의 초기 빈도 결정에 포함되지 않는다.

③ 제품이 소정의 판정기준을 만족한 경우에 검사빈도는 $\dfrac{1}{5}$ 을 적용할 수 있다.

④ 제품품질이 AQL보다 매우 좋은 경우(2배 이상 우수)에 적용 가능하다.

37 계량형 샘플링검사에 대한 설명으로 틀린 것은?

① 부적합품이 전혀 없는 로트가 불합격될 가능성이 있다.

② 계량형 품질특성치이므로 계수형 데이터로 바꾸 어 적용할 수는 없다.

③ 검사 대상 제품의 품질특성에 대한 분리 샘플링검 사가 필요할 수 있다.

④ 품질특성의 통계적 분포가 정규분포에 근사하지 않을 경우, 적용하기 곤란하다.

해설

계량형 데이터는 계수형 데이터로 바꾸어 적용할 수 있다.

38 부선 5척으로 광석이 입하되고 있다. 부선 5척은 각각 200, 300, 500, 800, 400[ton]씩 싣고 있다. 각 부선 으로부터 광석을 풀 때 100[ton] 간격으로 인크리먼트 를 떠서 이것을 대량 시료로 혼합할 경우 샘플링의 정 밀도는 약 얼마인가?(단, 이 광석은 이제까지의 실험 으로부터 100[ton] 내의 인크리먼트 간의 산포(σ_w)가 0.8인 것을 알고 있다)

① 0.03　　　　② 0.036

③ 0.05　　　　④ 0.08

해설

$n = \dfrac{200 + 300 + \cdots + 400}{100} = 22$

$V(\overline{x}) = \dfrac{\sigma_w^2}{n} = \dfrac{0.8^2}{22} = 0.03[\%]$

39 관리도에 대한 설명으로 틀린 것은?

① 공정관리용 관리도는 미리 지정된 기준값이 주어져 있지 않은 관리도이다.

② 관리하려는 품질특성이 계량형일 때 군내변동의 관리에는 R관리도를 사용한다.

③ 군의 합리적인 선택은 기술적 지식 및 제조조건과 데이터가 취해진 조건에 대한 구분에 의존한다.

④ 관리도에서 점이 관리한계를 벗어나면 반드시 원인을 조사하고, 원인을 알면 다시 일어나지 않도록 조치를 한다.

목적에 따른 관리도의 분류
• 표준값이 주어져 있지 않은 관리도 : 해석용 관리도
• 표준값이 주어져 있는 관리도 : 관리용 관리도

40 멘델의 유전법칙에 의하면 4종류의 식물이 9 : 3 : 3 : 1의 비율로 나오게 되어 있다고 한다. 240그루의 식물을 관찰하였더니 각 부문별로 120 : 55 : 40 : 25로 나타났다면, 적합도 검정을 위한 통계량은 약 얼마인가?

① 9.11 　② 10.98

③ 11.11 　④ 12.12

$$\chi_0^2 = \sum_{i=1}^{k} \frac{(O_i - E_i)^2}{E_i}$$
$$= \frac{\left(120 - \frac{9}{16} \times 240\right)^2}{\frac{9}{16} \times 240} + \frac{\left(55 - \frac{3}{16} \times 240\right)^2}{\frac{3}{16} \times 240}$$
$$+ \frac{\left(40 - \frac{3}{16} \times 240\right)^2}{\frac{3}{16} \times 240} + \frac{\left(25 - \frac{1}{16} \times 240\right)^2}{\frac{1}{16} \times 240}$$
$$= 1.667 + 2.222 + 0.556 + 6.667 \simeq 11.11$$

41 목표생산주기시간(사이클 타임)을 구하는 공식으로 맞는 것은?(단, $\sum t_i$는 총작업 소요시간, Q는 목표생산량, a는 부적합품률, y는 라인의 여유율이다)

① $\dfrac{\sum t_i (1-y)}{Q(1-a)}$

② $\dfrac{\sum t_i}{Q(1-y)(1-a)}$

③ $\dfrac{\sum t_i (1-a)}{Q(1-y)}$

④ $\dfrac{\sum t_i (1-y)(1-a)}{Q}$

부적합품률과 라인여유율을 모두 감안할 경우의 목표생산주기시간(사이클 타임)
$$CT = \frac{\sum t_i (1-y)(1-a)}{Q}$$

42 다음과 같은 제품을 생산하는데 적합한 배치방식은 무엇인가?

[다 음]
발전소, 댐, 조선, 대형 비행기, 우주선, 로켓

① 공정별 배치

② 제품별 배치

③ 위치 고정형 배치

④ 혼합형 배치

발전소, 댐, 조선, 대형 비행기, 우주선, 로켓 등의 생산에는 위치 고정형 배치방식이 적합하다.

43 1일 조업시간은 8시간, 1일 부하시간 460분, 1일 생산량 380개, 정지내용(준비작업 30분, 고장 30분, 조정 20분), 부적합품 5개이다. 또 기준 사이클 타임은 0.5분/개, 실제 사이클 타임은 0.8분/개이다. 실질 가동율은 얼마인가?

① 62.5[%]   ② 72.6[%]

③ 80.0[%]   ④ 85.3[%]

해설

$$실질\ 가동율 = \frac{실제\ 사이클\ 타임 \times 생산량}{가동시간}$$

$$= \frac{0.8 \times 380}{460 - (30 + 30 + 20)} = 0.8 = 80.0[\%]$$

44 설비배치의 형태 중 U-Line의 원칙에 해당되지 않는 것은?

① 정지작업의 원칙

② 입식작업의 원칙

③ 다공정 담당의 원칙

④ 작업량 공평의 원칙

해설

U-Line의 원칙 : 입식작업의 원칙, 다공정 담당의 원칙, 작업량 공평의 원칙

45 MRP 운영에 관련된 용어의 설명으로 틀린 것은?

① 총소요량(Gross Requirements)은 각 기간 중에 예상되는 총수요를 뜻한다.

② 순소요량(Net Requirements)은 주일정계획에 의하여 발생된 수요를 충족시키기 위해 새로 계획된 주문에 의해 충당할 수량을 의미한다.

③ 보유재고량(Projected on Hand Inventory)은 주문량을 인수하고 총소요량을 충족시킨 후 기말에 남는 재고량으로 현재 이용 가능한 기초재고량이다.

④ 로트별(Lot for Lot) 주문법을 사용하는 경우, 초기에 보충되어야 할 계획된 주문량을 의미하는 계획수취량(Planned Receipts)과 순소요량(Net Requirement)은 서로 다른 값을 갖는다.

해설

로트별(Lot for Lot)주문법을 사용하는 경우 초기에 보충되어야 할 계획된 주문량을 의미하는 계획수취량과 순소요량은 같은 값을 갖는다.

46 제품 생산 시 발생되는 데이터를 실시간으로 수집하고 조회하며, 이들 정보를 통하여 생산 통제하는 1차 기능과 분석 및 평가를 통한 생산성 향상을 기할 수 있는 시스템은?

① POP(Point Of Production)

② POQ(Period Order Quantity)

③ BPR(Business Process Reengineering)

④ DRP(Distribution Requirements Planning)

47 작업공정도(OPC)에 대한 설명으로 틀린 것은?

① 공정계열의 개괄적 파악

② 세부 분석을 위한 사전조사용

③ 중요한 정체, 운반시간의 파악

④ 단순 공정분석에 대한 분석도표

해설

제품 공정분석 유형

• 단순 공정분석 : 세밀분석을 위한 사전조사용으로 사용되며 가공, 검사만의 기호를 사용하는 작업공정도(OPC)가 이용되며 조립형, 분해형이 있다.

• 세밀 공정분석 : 가공, 검사, 운반, 정체의 기호를 사용하며, 공정도는 흐름공정도(FPC)가 이용된다. 단일형, 조립형, 분해형이 있다.

48 협력업체에 의한 자재 조달품목으로 바람직하지 않은 것은?

① 특허권에 제약이 있는 품목

② 상호 구매가 중요시되는 품목

③ 제품 생산에 중요한 중점 품목

④ 자체의 기술력에 한계가 있는 품목

해설

제품 생산에 중요한 중점 품목은 협력업체에 의한 자재 조달보다는 자사에서 생산하는 것이 바람직하다.

49 조업도(매출량, 생산량)의 변화에 따라 수익 및 비용이 어떻게 변하는가를 분석하는 기법은?

① 이동평균법

② 손익분기분석

③ 선형계획법

④ 순현재가치분석

50 동작경제의 원칙 중 신체 사용에 관한 원칙의 내용으로 틀린 것은?

① 두 손의 동작은 같이 시작하고 같이 끝나도록 한다.

② 손의 동작은 거리가 최소가 될 수 있도록 직선동작으로 한다.

③ 두 팔의 동작은 동시에 서로 반대 방향으로 대칭적으로 움직이도록 한다.

④ 가능하면 쉽고도 자연스러운 리듬이 작업동작에 생기도록 작업을 배치한다.

해설

동작은 거리가 최소가 될 수 있도록 직선으로 하는 것이 아니라 서서히 연속곡선, 유선형으로 움직이도록 한다.

51 다음 그림의 네트워크에서 단계 3의 TE(Earliest Possible Time)와 TL(Latest Allowable Time)은?

① 0과 32 ② 8과 32
③ 0과 34 ④ 8과 34

해설

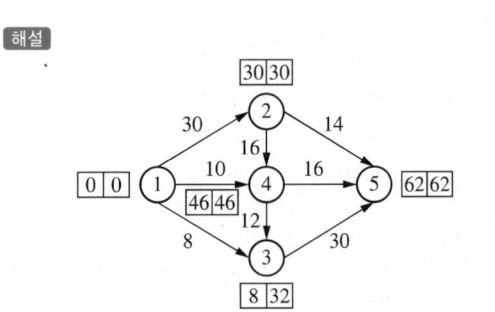

• 단계 3의 $TE = 0 + 8 = 8$
• 단계 3의 $TL = 62 - 30 = 32$

52 가중이동평균법에서 최근 자료에 높은 가중치를 부여하는 가장 큰 이유는?

① 매개변수 파악을 위하여

② 시간적 간격을 좁히기 위하여

③ 재고의 정확성을 높이기 위하여

④ 수요 변화에 신속 대응하기 위하여

53 JIT 생산시스템의 특징으로 틀린 것은?

① 자재의 흐름은 푸시(Push)방법이다.

② 간판시스템의 운영으로 재고수준을 감소시킨다.

③ 작업의 표준화로 라인의 동기화(同期化)를 달성할 수 있다.

④ 준비 교체시간을 최소화시켜 유연성의 향상을 추구한다.

해설

JIT 생산시스템에서 자재의 흐름은 풀(Pull) 방법이다.

54 설비보전방법 중 CBM(Condition Based Maintenance)에 의한 기준열화 이하의 설비를 예방보전하는 방법은?

① 예지보전 ② 개량보전

③ 수리보전 ④ 사후보전

해설

상태기준보전(CBM : Condition Based Maintenance) : 예측 또는 예지보전으로서 고장이 일어나기 쉬운 부분에 진동분석장치, 광학측정기, 저항측정기 등 감도가 높은 계측장비를 사용하여 기계설비의 문제점을 예측하여 사전에 고장위험을 검출하는 보전방식이다.

55 킹 테니스 라켓의 구입단가가 2,000원이고, 여기에 필요한 1회 발주비용이 10,000원이다. 재고유지비용은 단위당 구입단가의 20[%]이다. 이때 경제적 발주 횟수는?(단, 연간 소요량은 20,000대이다)

① 10회 ② 20회

③ 30회 ④ 40회

해설

적정 발주 횟수

$$n = \frac{D}{EOQ} = \sqrt{\frac{HD}{2C}} = \sqrt{\frac{(2,000 \times 0.2) \times 20,000}{2 \times 10,000}} = 20\,회$$

56 다음에서 설명하고 있는 수요예측기법은?

[다 음]

일종의 가중이동평균법이지만 가중치를 부여하는 방법이 다르다. 이 방법에서는 '과거로 거슬러 올라갈수록 데이터의 중요성은 감소한다.'라는 가정이 타당하다고 보고, 가장 가까운 과거에 가장 큰 가중치를 부여한다. 그래서 전체 예측기법 중 단기예측법으로 가장 많이 사용되고 있으며, 도·소매상의 재고관리에도 널리 이용되고 있다.

① 지수평활법

② 박스젠킨스모형

③ 역사자료유추법

④ 라이프사이클유추법

해설

지수평활법(Exponential Smoothing)

• 가중이동평균법의 일종이지만, 가중치를 부여하는 방법이 다르다.

• 지수적으로 감소하는 가중치를 이용하여 최근의 자료일수록 더 큰 비중을, 오래된 자료일수록 더 작은 비중을 두어 미래수요를 예측하는 방법이다.

• 예측치를 계산하기 위하여 기간에 부여하는 가중치는 그들의 과거로 거슬러 올라갈수록 데이터의 중요성은 감소한다.

• 가장 가까운 과거에 가장 큰 가중치를 부여하기 때문에 도·소매상의 재고관리 등의 단기예측법으로 가장 많이 사용되고 있다.

57 주기가 짧고 반복적인 작업에 적합한 작업측정기법으로 볼 수 없는 것은?

① WF법
② 스톱워치법
③ MTM법
④ 워크샘플링법

해설
워크샘플링법은 주기가 길고 비반복적인 작업 측정에 적합하다.

58 고객서비스 수준을 만족시키면서 전반적인 시스템 비용을 최소화하기 위해 제품이 적당한 수량으로, 적당한 장소에, 적당한 시간에 생산되고 유통되도록 공급자, 제조업자, 창고업자, 소매업자 들을 효율적으로 통합하는 데 이용되는 일련의 접근방법을 뜻하는 기법은 무엇인가?

① ERP
② MRP
③ SCM
④ TPM

해설
③ SCM(Supply Chain Management, 공급사슬관리)
- 고객서비스 수준을 만족시키면서 시스템의 전체 비용을 최소화하기 위해 공급자, 제조업자, 창고업자, 소매업자들을 효율적으로 통합하는 데 이용되는 일련의 접근방법이다.
- 고객의 요구를 효율적으로 충족시키기 위해 공급자, 생산자, 유통업자 등 관련된 모든 단계의 정보와 자재의 흐름을 계획, 설계 및 통제하는 관리기법

① ERP(Enterprise Resource Planning, 전사적 자원관리) : 종래 독립적으로 운영되어 온 생산, 유통, 재무, 인사 등의 단위별 정보시스템을 하나로 통합하여, 수주에서 출하까지의 공급망과 기간업무를 지원하는 통합된 자원관리시스템이다.
② MRP(Material Requirements Planning, 자재소요계획) : 제품 생산 수량 및 일정을 토대로 그 생산제품에 필요한 원자재, 부분품, 공정품, 조립품 등의 소요량 및 소요시기를 역산하여 자재조달계획을 수립하여 일정관리를 겸하고 효율적인 재고관리를 모색하는 시스템이다.
④ TPM(Total Productive Maintenance) : 설비를 더욱 더 효율 좋게 사용하는 것(종합적 효율화)을 목표로 하고 보전예방, 예방보전, 개량보전 등 설비의 생애에 맞는 PM의 Total System을 확립하며 설비를 계획하는 사람, 사용하는 사람, 보전하는 사람 등 모든 관계자가 Top에서부터 제일선까지 전원이 참가하여 자주적인 소집단활동에 의해 PM을 추진하는 것이다.

59 총괄생산계획에서 재고수준 변수와 직접적인 관련성이 가장 높은 비용항목은?

① 퇴직수당
② 교육훈련비
③ 설비 확장비용
④ 납기 지연으로 인한 손실비용

해설
납기 지연으로 인한 손실비용은 총괄생산계획에서 재고수준 변수와 직접적인 관련성이 높은 비용항목이다.

60 5개의 작업이 2대의 기계(A, B)를 거쳐 단계적으로 완성된다. 존슨법칙(Johnson's rule)을 이용하여 기계 가공시간을 최소로 하는 작업 순서로 맞는 것은?(단, 각 숫자는 가공시간을 나타낸다)

구 분	작업명 번호				
	㉠	㉡	㉢	㉣	㉤
기계 A	3	3	6	2	4
기계 B	4	1	4	3	4

① ㉢ → ㉣ → ㉠ → ㉤ → ㉡
② ㉣ → ㉠ → ㉤ → ㉢ → ㉡
③ ㉢ → ㉠ → ㉤ → ㉣ → ㉡
④ ㉣ → ㉤ → ㉢ → ㉠ → ㉡

해설
최단처리시간이 기계 A에 속하면 제일 앞 공정으로 처리하고, 기계 B에 속하면, 가장 뒷공정으로 처리하므로 작업은 ㉣ → ㉠ → ㉤ → ㉢ → ㉡ 순으로 진행된다.

61 일반적으로 가정용 오디오, TV, 에어컨 등의 시스템, 기기 및 부품 등이 정해진 사용조건에서 의도하는 기간 동안 정해진 기능을 발휘할 확률은?

① 신뢰도
② 고장률
③ 불신뢰도
④ 전자부품수명관리도

해설

신뢰도
- 제품이 주어진 사용조건하에서 의도하는 기간 동안 정해진 기능을 성공적으로 수행할 확률
- 아이템(시스템, 기기, 제품, 부품 등)이 주어진 조건(규정된 사용조건)하에서 의도하는 기간(규정된 기간) 동안 요구되는 기능(정해진 기능)을 수행할 확률
- 일반적으로 가정용 오디오, TV, 에어컨 등의 시스템, 기기 및 부품 등이 정해진 사용조건에서 의도하는 기간 동안 정해진 기능을 발휘할 확률
- 믿을 수 있는 능력(Reliability = Rely + Ability)에 시간에 따른 동적 의미의 정량적 수치

62 n개의 부품으로 이루어지는 직렬 시스템에서 각 부품의 고장률이 $\lambda_1, \lambda_2, \cdots, \lambda_n$ 일 때 각 부품의 중요도를 구하는 식으로 맞는 것은?

① $W_i = \dfrac{\lambda_i}{\sum\limits_{i=1}^{n} \lambda_i}$
② $W_i = \dfrac{\sum\limits_{i=1}^{n} \lambda_i}{\lambda_i}$

③ $W_i = \dfrac{1/\lambda_i}{\sum\limits_{i=1}^{n} 1/\lambda_i}$
④ $W_i = \dfrac{\sum\limits_{i=1}^{n} 1/\lambda_i}{1/\lambda_i}$

해설

직렬 시스템의 평균 고장률(λ_s)과 평균수명(MTBF)과 각 부품의 중요도(W_i)

- 각 부품의 중요도 : $W_i = \dfrac{\lambda_i}{\sum\limits_{i=1}^{n} \lambda_i}$

- 직렬 시스템의 평균 고장률 : $\lambda_s = \sum\limits_{i=1}^{n} \lambda_i$

- 평균수명 : $MTBF = \dfrac{1}{\lambda_s}$

63 지수분포를 따르는 수리계 시스템의 고장률은 0.02/시간이고, 이 시스템의 평균수리시간(MTTR)이 30시간이라면, 이 시스템의 가용도(Availability)는?

① 37.5[%]
② 48.8[%]
③ 62.5[%]
④ 74.2[%]

해설

가용도

$$A = \frac{\text{작동시간}}{\text{작동시간} + \text{고장시간}} = \frac{MTBF}{MTBF + MTTR}$$
$$= \frac{1/0.02}{1/0.02 + 30} = 0.625 = 62.5[\%]$$

64 어느 가정의 연말 크리스마스트리가 50개의 전구로 구성되어 있다. 이 트리를 점등 후 연속 사용할 때 1,000시간까지 고장 난 개수가 30개라고 할 때 1,000시간까지의 전구의 신뢰도는?

① 0.3
② 0.2
③ 0.4
④ 0.5

해설

$$R(t) = 1 - F(t) = 1 - \frac{30}{50} = 0.4$$

65 평균순위법을 이용하여 소시료시험 결과 2번째 랭크에서의 고장률함수 $\lambda(t_2) = 0.02$[hr]이었다. 이때 실험한 시료수가 5개이고, 3번째 고장 난 시료의 고장시간이 20시간 경과 후였다면, 2번째 시료가 고장 난 시간은?

① 7.5시간
② 10시간
③ 12시간
④ 15시간

해설

$$\lambda(t_i) = \frac{1}{(t_{i+1} - t_i)(n - i + 1)} \text{ 에서}$$
$$0.02 = \frac{1}{(20 - t_i)(5 - 2 + 1)} \text{ 이므로 } t_i = 7.5\text{시간}$$

66 다음의 고장목 그림(FT도)에서 시스템의 고장확률은?(단, 주어진 수치는 각 구성품의 고장확률이며, 각 구성품의 고장은 서로 독립이다)

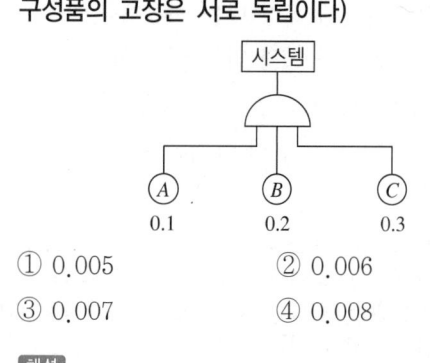

① 0.005

② 0.006

③ 0.007

④ 0.008

$F_s = 0.1 \times 0.2 \times 0.3 = 0.006$

67 신뢰도를 배분할 때 고려해야 하는 사항이 아닌 것은?

① 신뢰도가 높은 구성품에는 높게 부여한다.

② 중요한 구성품에는 신뢰도를 높게 배정한다.

③ 표준 구성품을 사용하여 호환성을 갖게 한다.

④ 안전성, 경제성을 고려하여 시스템 전체로 보아 균형을 취한다.

신뢰도 배분 시 표준 구성품으로 호환성을 갖게 하는 것은 고려해야 할 항목이 아니다.
신뢰도 배분의 개요
• 신뢰도 배분은 설계 초기단계에 이루어진다.
• 신뢰도 배분은 과거 고장률 데이터가 없어도 할 수 있다.
• 신뢰도 배분은 시스템의 신뢰성 목표를 서브시스템으로 배분하는 것이다(체계 전체의 설계목표치를 설정함과 동시에 하위 체계에 대하여 각각 신뢰성 목표치를 배분하는 것).
• 신뢰도 배분을 위해서는 시스템의 신뢰도 블록 다이어그램이 필요하다.
• 신뢰도 배분 시 안전성, 경제성을 고려하여 시스템 전체로 보아 균형을 취한다.
• 시스템의 신뢰도 블록 다이어그램이 필요하다.
• 시스템 측면에서 요구되는 고장률의 중요성에 따라 신뢰도를 배분한다.
• 상위 시스템으로부터 시작하여 하위 시스템으로 배분한다.
• 시스템의 요구기능에 필요한 직렬결합 부품수, 시스템 설계목표치 등의 자료가 필요하다.
• 구성품이나 시스템의 설계는 신뢰도 배분 이후에 한다.
• 리던던시 설계는 신뢰도 배분 이후에 한다.

68 지수분포를 따르는 어떤 부품에 대해 10개를 샘플링하여 모두 고장이 날 때까지 정상수명시험한 결과 평균수명은 100시간으로 추정되었다. 이 제품에 대한 100시간에서의 고장확률밀도함수는 약 얼마인가?

① 0.0037/시간

② 0.0113/시간

③ 0.3678/시간

④ 0.6321/시간

고장확률밀도함수

$$f(t) = \lambda e^{-\lambda t} = \frac{1}{100} \times e^{-\frac{100}{100}} \simeq 0.0037/시간$$

69 강도는 평균 140[kgf/cm²], 표준편차 16[kgf/cm²]인 정규분포를 따르고, 부하는 평균 100[kgf/cm²], 표준편차 12[kgf/cm²]인 정규분포를 따를 경우에 부품의 신뢰도는 얼마인가?(단, $u_{0.8531} = 1.05$, $u_{0.9545} = 1.69$, $u_{0.9772} = 2.00$, $u_{0.9913} = 2.38$이다)

① 0.8534

② 0.9545

③ 0.9772

④ 0.9912

신뢰도
$P(강도 > 부하) = P(강도 - 부하 > 0)$
$$= P\left(u > \frac{0 - (140 - 100)}{\sqrt{16^2 + 12^2}}\right) = P(u > -2)$$
$$= P(u < 2) = 0.9772$$

70 3모수 와이블분포에서 임무시간 $t = 1,000$이고, 척도모수(η)가 1,000, 위치모수(r)가 0일 때, 신뢰도에 대한 설명으로 맞는 것은?

① 형상모수(m)값에 무관하게 신뢰도는 일정하다.

② 형상모수(m)값에 무관하게 신뢰도는 감소한다.

③ 형상모수(m)가 증가함에 따라 신뢰도는 증가한다.

④ 형상모수(m)가 감소함에 따라 신뢰도는 증가한다.

71 보전성이란 주어진 조건에서 규정된 기간에 보전을 완료할 수 있는 성질이다. 주어진 조건 중 보전성 설계에 관한 설명으로 틀린 것은?

① 수리와 회복이 신속 용이할 것
② 고장, 결함부품 및 재료의 교환이 신속 용이할 것
③ 고장이나 결함의 징조를 용이하게 검출할 수 있을 것
④ 고장이나 결함이 발생한 부분에 접근성이 용이하지 않을 것

해설

보전성 설계
• 고장이나 결함이 발생한 부분에의 접근성이 좋아야 한다.
• 고장이나 결함의 징조를 용이하게 검출할 수 있어야 한다.
• 고장, 결함부품, 결함자재 교환이 신속하고 용이해야 한다.
• 수리와 회복이 신속하고 용이해야 한다.

72 FMEA로 식별한 치명적 품목에 발생확률을 고려하여 치명도 지수를 구한 다음에 고장등급을 결정하는 해석을 무엇이라고 하는가?

① ETA
② FHA
③ FTA
④ FMECA

해설

FMECA(Failure Mode Effect and Criticality Analysis)
• FMEA + CA
• FMEA로 식별한 치명적 품목에 발생확률을 고려해서 치명도 지수를 구한 다음에 고장등급을 결정하는 해석방법이다.
• 구성품의 치명적 고장모드 번호 $= n(n = 1, 2, \cdots, j)$, 운용 시의 고장률 보정계수 $= K_A$, 운용 시의 환경조건의 수정계수 $= K_E$, 기준고장률(시간 또는 사이클당) $= \lambda_G$, 임무당 동작시간(또는 횟수) $= t$, λ_G 중에 해당 고장이 차지하는 비율 $= \alpha$, 해당 고장이 발생하는 경우에도 치명도 영향이 발생할 확률 $= \beta$일 때 치명도 지수는 $C_r = \sum_{n=1}^{j} (\alpha \cdot \beta \cdot K_A \cdot K_E \cdot \lambda_G \cdot t)_n$로 표시된다.

73 와이블분포를 가정하여 신뢰성을 추정하는 경우 특성수명이란?

① 약 37[%]가 고장 나는 시간이다.
② 약 50[%]가 고장 나는 시간이다.
③ 약 63[%]가 고장 나는 시간이다.
④ 100[%]가 고장 나는 시간이다.

해설

와이블분포의 신뢰도함수 $R(t) = e^{1(t/\eta)^m}$을 이용하여 사용시간 $t = \eta$에서 m의 값에 관계없이 $R(\eta) = e^{(-1)}$, $F(\eta) = 1 - e^{(-1)} = 0.632$임을 알 수 있다. 이때 와이블 분포를 따르는 부품들의 약 63[%]가 고장 나는 시간 η를 특성수명이라고 한다.

74 시험 중에 연속적으로 총시험시간 대비 고장 발생 개수를 평가하여 합격영역, 불합격영역, 시험계속영역으로 구분하여 시험 종료시점이 미리 정해져 있지 않은 시험법은 무엇인가?

① 일정기간시험
② 신뢰성 축차시험
③ 신뢰성 수락시험
④ 신뢰성 보증시험

75 Y제품의 신뢰도를 추정하기 위하여 수명시험을 하고, 와이블확률지를 사용하여 형상모수(m)의 값을 추정하였더니 $m = 1.0$이 되었다. 이 제품의 고장률에 대한 설명으로 맞는 것은?

① 고장률은 IFR이다.
② 고장률은 CFR이다.
③ 고장률은 DFR이다.
④ 고장률은 불규칙이다.

해설

• $m = 1$이면, CFR
• $m > 1$이면, IFR
• $m < 1$이면, DFR

76 초기고장 기간 동안 모든 고장에 대하여 연속적인 개량보전을 실시하면서 규정된 환경에서 모든 아이템의 기능을 동작시켜 하드웨어의 신뢰성을 향상시키는 과정을 무엇이라고 하는가?

① FTA   ② 가속수명시험

③ FMEA   ④ 번인(Burn-in)

해설

① FTA(Fault Tree Analysis, 결함수분석) : 시스템 고장을 발생시키고 사상(Event)과 그 원인의 인과관계를 논리기호를 사용하여 나뭇가지 모양의 그림으로 나타낸 고장나무를 만들고 이에 의거 시스템의 고장확률을 구함으로써 문제되는 부분을 찾아내어 시스템의 신뢰성을 개선하는 계량적 고장해석기법이다.

② 가속수명시험 : 시험시간을 단축시킬 목적으로 실제의 사용조건보다 강화된 사용조건에서 실시하는 신뢰성시험으로, 예정된 시험기간 내에 샘플이 모두 고장 나지 않아 시험조건을 사용조건보다 가혹하게 부가하여 고장 발생시간을 단축한다.

③ FMEA(Failure Mode and Effects Analysis) : 아이템의 모든 서브 아이템에 존재할 수 있는 결함모드에 대한 조사와 다른 서브 아이템 및 아이템의 요구기능에 대한 각 결함모드의 영향을 확인하는 정성적 신뢰성 분석방법이다.

77 가속수명시험 데이터를 분석하여 사용조건에서의 수명을 예측하고자 한다. 이때 데이터 분석에 필요한 것으로 가장 타당한 것은?

① 수명분포

② 수명-스트레스 관계식

③ 수명분포와 측정 및 분석장비

④ 수명분포와 수명-스트레스 관계식

78 신뢰도가 0.8인 동일한 부품을 사용하여 다음 그림과 같이 만들어진 시스템에서 신뢰도는 약 얼마인가?

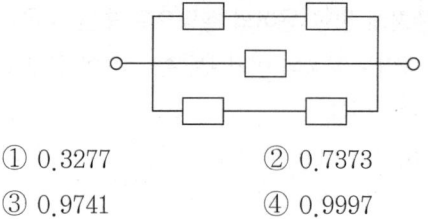

① 0.3277   ② 0.7373

③ 0.9741   ④ 0.9997

해설

시스템의 신뢰도 : $R_s = 1 - (1 - 0.8^2)^2 \times 0.2 = 0.9741$

79 어떤 제품이 20시간, 30시간, 40시간의 고장시간을 기록하였고, 또 하나는 70시간 동안 고장이 일어나지 않았다. 그렇다면 이 기기의 평균수명은 약 몇 시간인가?

① 30   ② 40

③ 53   ④ 95

해설

평균수명

$$\frac{T}{r} = \frac{\text{총작동시간}}{\text{고장 횟수}}$$

$$= \frac{20 + 30 + 40 + 70}{3} \simeq 53\text{시간}$$

80 2개의 부품 중 어느 하나만 작동하면 장치가 작동되는 경우, 장치의 신뢰도를 0.96 이상이 되게 하려면 각 부품의 신뢰도는 최소 얼마 이상이 되어야 하는가? (단, 각 부품의 신뢰도는 동일하다)

① 0.76   ② 0.80

③ 0.85   ④ 0.90

해설

$R_s = 1 - (1 - R)^2$ 이므로

$0.96 = 1 - (1 - R)^2$

$(1 - R)^2 = 1 - 0.96 = 0.04$

$1 - R = \sqrt{0.04} = 0.2$

따라서 $R = 0.8$

81 표준화에 관한 용어의 설명으로 틀린 것은?

① 공차는 부품의 어떤 부분에 대하여 실제로 측정한 수치이다.

② 시험은 어떤 물체의 특성을 조사하여 데이터를 구하는 것이다.

③ 검사란 시험결과를 정해진 기준과 비교하여 로트의 합부를 판정하는 것이다.

④ 시방은 재료, 제품 등의 특정한 형상, 구조, 성능, 시험방법 등에 관한 규정이다.

해설

부품의 어떤 부분에 대하여 실제로 측정한 치수를 실측정치라고 하며, 공차는 허용치로서 규격상한에서 규격하한을 뺀 것이다.

82 품질관리의 4대 기능은 사이클을 형성하고 있다. 그 순서로 맞는 것은?

① 품질의 설계 → 공정의 관리 → 품질의 조사 → 품질의 보증

② 품질의 설계 → 공정의 관리 → 품질의 보증 → 품질의 조사

③ 품질의 조사 → 품질의 설계 → 공정의 관리 → 품질의 보증

④ 품질의 조사 → 품질의 설계 → 품질의 보증 → 공정의 관리

해설

품질관리의 4대 기능 : 품질의 설계, 공정의 관리, 품질의 보증, 품질의 조사 및 개선

83 품질관리 교육방법 중에서 일상작업 중에 교육을 실시하여 작업자로 하여금 업무수행에 필요한 지식, 기능, 태도 등에 대해서 배우도록 하는 직장 내 훈련방식은?

① IT

② OJT

③ CAD

④ Off-JT

해설

구 분	직장 내 훈련(OJT)	직장 외 훈련(Off JT)
정 의	• 일상작업 중에 교육을 실시하여 작업자로 하여금 업무수행에 필요한 지식, 기능, 태도 등에 대해서 배우도록 하는 직장 내 훈련방식	• 종업원을 한곳에 모아 근무와 별개의 교육 실시방식
장 점	• 현실적, 실제적 교육훈련 • 상사, 동료 간 협동정신 강화 • 훈련받은 내용은 바로 활용 가능함 • 훈련과 직무가 직결되어 경제적임 • 종업원의 개인적 능력에 따른 훈련 가능 • 용이한 실시와 저렴한 훈련비용 • 훈련으로 종업원 동기부여 가능 • 개인 능력에 따른 훈련	• 현장작업과 관계없이 계획적인 훈련 가능 • 다수 종업원들의 통일적 교육훈련 가능 • 전문적 지도자의 지도 • 직무부담에서 벗어나 훈련에 전념하므로 훈련효과가 높음
단 점	• 다수 종업원 동시 훈련이 어려움 • 원재료 낭비 • 작업과 훈련 모두가 철저하지 못할 가능성 있음 • 잘못된 관행 전수 가능성이 있음 • 통일된 내용을 가진 훈련이 어려움 • 우수한 상사가 반드시 우수한 교사는 아님	• 작업시간 감소 • 비용이 많이 소요됨 • 훈련시설의 설치로 경제적 부담 가중 • 훈련의 결과를 현장에 바로 즉시 쓸 수 있는 것은 아님

84 종합적 품질경영(TQM)을 추진하기 위한 조직적 구조로서 활용되고 있는 팀(Team)활동으로 틀린 것은?

① 동일한 작업장의 조직원으로 구성된 자발적 문제해결 집단

② 주어진 과업이 일단 완성되면 해체되는 태스크팀(Task Team)

③ 반복되는 문제를 해결하기 위해 수행되는 프로젝트팀(Project Team)

④ 일련의 작업이 할당된 단위로서, 구성원들이 융통성 있게 작업을 공유할 수 있도록 하는 팀(Team)

해설
종합적 품질경영(TQM)을 추진하기 위한 조직적 구조로서 활용되고 있는 팀(Team)활동
• 동일한 작업장의 조직원으로 구성된 자발적 문제해결 집단
• 주어진 과업이 일단 완성되면 해체되는 태스크팀(Task Team)
• 비반복적인 문제를 해결하기 위해 수행되는 프로젝트팀(Project Team)
• 일련의 작업이 할당된 단위로서, 구성원들이 융통성 있게 작업을 공유할 수 있도록 하는 팀(Team)

85 품질보증체계도 작성에 대한 설명으로 틀린 것은?

① 정보의 피드백 및 알맞은 정보의 공유가 가능해야 한다.

② 관련 부문의 품질보증상 실시해야 할 일의 내용 및 책임이 명시되어야 한다.

③ 각 부문 사이에 일의 빠뜨림이나 실수가 없도록 상호관계가 명시되어 있어야 한다.

④ 품질보증의 전체 시스템을 일괄 표시하면 아주 복잡하고 길게 작성되기 때문에 기본 시스템으로만 표시하여야 한다.

해설
품질보증의 기본 시스템으로 표시하면 아주 복잡하고 길게 작성되기 때문에 전체 시스템을 일괄 표시한다.

86 사내표준화의 주된 효과가 아닌 것은?

① 개인의 기능을 기업의 기술로서 보존하여 진보를 위한 발판의 역할을 한다.

② 업무의 방법을 일정한 상태로 고정하여 움직이지 않게 하는 역할을 한다.

③ 품질매뉴얼이 준수되며, 책임과 권한을 명확히 하여 업무처리기능을 확실하게 한다.

④ 관리를 위한 기준이 되며, 통계적 방법을 적용할 수 있는 장이 조성되어 과학적 관리수법을 활용할 수 있게 된다.

해설
사내표준화의 효과
• 개인의 기능을 기업의 기술로서 보존하여 진보를 위한 역할을 한다.
• 경영방침 철저화를 도모하며 품질매뉴얼이 준수된다.
• 책임과 권한을 명확히 하여 업무처리기능과 업무 운영을 확실하게 한다.
• 생산에 소요되는 자원의 양과 종류 감소를 통한 생산의 다양화를 도모한다.
• 표준화를 통한 기준화에 의해 생산시스템의 동일화·정형화 실현으로 전문화·숙련화를 구축한다.
• 품질 안정, 비용의 절감, 각 부문 간 의사 전달의 원활화를 가능하게 한다.
• 관리를 위한 기준이 되며, 확률이론을 적용할 수 있고 통계적 방법을 적용할 수 있는 장이 조성되어 과학적 관리수법을 활용할 수 있게 된다.

87 전통적으로 제품과 서비스의 차이에 대해 새서(Sasser) 등은 4가지 차원으로 설명해 왔다. 이 4가지 서비스 차원에 해당하지 않는 것은?

① 무형성(Intangibility)

② 분리성(Separability)

③ 동시성(Simultaneity)

④ 불균일성(Heterogeneity)

해설
서비스의 특성 : 생산과 소비의 동시성, 소멸성, 무형성, 이질성(불균일성) 등

88 공정능력(Process Capability)에 대한 설명으로 맞는 것은?(단, U는 규격상한, L은 규격하한, σ_w는 군내 변동이다)

① 공정능력비가 클수록 공정능력이 좋아진다.

② 현실적인 면에서 실현 가능한 능력을 정적 공정능력이라고 한다.

③ 상한규격만 주어진 경우 상한 공정능력지수 (C_{pkU})는 $(U-L)$을 $6\sigma_w$로 나눈 값이다.

④ 하한규격만 주어진 경우 하한 공정능력지수 (C_{pkL})는 $(\overline{X}-L)$을 $3\sigma_w$로 나눈 값이다.

해설
① 공정능력비가 클수록 공정능력이 나빠진다.
② 현실적인 면에서 실현 가능한 능력을 동적 공정능력이라 한다.
④ 하한규격만 주어진 경우 하한 공정능력지수 (C_{pkL})는 $(\overline{X}-L)$을 $3\sigma_w$로 나눈 값이다.

89 국가규격의 연결이 잘못된 것은?

① NF-독일　　② GB-중국

③ BS-영국　　④ ANSI-미국

해설
NF는 프랑스규격이며, 독일규격은 DIN이다.

90 모티베이션 운동은 그 추진내용면에서 볼 때 동기부여형과 불량예방형으로 나눌 수 있다. 동기부여형의 활동에 해당되지 않는 것은?

① 고의적 오류의 억제

② 품질의식을 높이기 위한 모티베이션 앙양교육

③ 관리자 책임의 불량이라는 관점에서 작업자의 개선행위의 추구

④ 우수한 작업자의 기술 습득 및 기술 개선을 위한 교육훈련을 실시

해설
관리자 책임의 불량이라는 관점에서 작업자의 개선행위를 추구하는 것은 불량예방형이다.

91 다음 그림에 대한 평가로 맞는 것은?

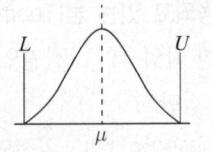

① 공정능력이 충분하므로 관리의 간소화를 추구한다.

② 공정능력은 있으나 공정개선을 위한 노력이 필요하다.

③ 공정능력이 부족하므로 현재의 규격을 재검토하거나 조정하여야 한다.

④ 공정능력이 매우 양호하므로 제품의 단위당 가공시간을 단축시키는 생산성 향상을 시도하는 것이 바람직하다.

해설
공정능력을 겨우 유지하지만 공정개선을 위한 노력이 필요하다.

92 같은 직장 또는 같은 부서 내에서 품질 생산 향상을 위해 계층 간 또는 계층별 소집단을 형성하고 자주적·지속적으로 작업 또는 업무개선을 하는 전사적 품질기술혁신조직은?

① 6시그마 활동

② 개선제안활동

③ 품질분임조 활동

④ VE(Value Engineering)

해설
품질분임조
• QM의 실천과 산업기술 혁신에 도전하는 소집단이다.
• 회사 전체의 품질관리활동의 일환으로 전원 참여를 통한 자기계발 및 상호 계발을 행하고 품질관리기법을 활용하여 직장의 관리와 개선을 지속적으로 수행한다.
• 같은 직장 또는 같은 부서 내에서 품질생산 향상을 위해 계층 간 또는 계층별 소집단을 형성하고 자주적·지속적으로 작업 또는 업무개선을 하는 전사적 품질기술 혁신조직이다.
• 별칭 : 품질기술분임조, 품질서클, 교정팀, 문제해결팀 등

93 품질경영시스템-기본사항 및 용어(KS Q ISO 9000 : 2015)에서 일반적인 제품범주를 분류하는 기준에 해당되지 않는 것은?

① 서비스(Service)

② 하드웨어(Hardware)

③ 소프트웨어(Software)

④ 원재료(Raw Material)

해설

제품(Product) : 활동 또는 공정의 결과로서, 유형 또는 무형이거나 이들의 조합이며 프로세스의 결과로 하드웨어(Hardware), 소프트웨어(Software), 가공물질, 서비스(Service) 등의 4가지로 분류된다.

94 제조물책임에서 제조상의 결함에 해당하지 않는 것은?

① 안전시스템의 고장

② 제조의 품질관리 불충분

③ 안전시스템의 미비, 부족

④ 고유기술 부족 및 미숙에 의한 잠재적 부적합

해설

제조상의 결함 : 제조업자의 제조물에 대한 제조ㆍ가공상의 주의의무의 이행 여부에 불구하고 제조물이 원래 의도한 설계와 다르게 제조ㆍ가공됨으로써 안전하지 못하게 된 경우이다(예 제조의 품질관리 불충분, 고유기술 부족 및 미숙에 의한 잠재적 부적합, 안전시스템의 고장 등).

95 측정기의 일상점검에 대한 설명으로 틀린 것은?

① 작업 후에는 반드시 측정기에 대한 0점 조정을 실시해야 한다.

② 측정자는 작업 전에 측정기 각 부위의 작동 상태를 점검하여야 한다.

③ 버니어 캘리퍼스는 측정자의 흔들림, 깊이 바의 휨이나 깨짐 등을 살핀다.

④ 하이트게이지의 경우에는 스크라이버의 손상 여부, 측정자의 흔들림 상태를 확인한다.

해설

작업 전에는 반드시 측정기에 대한 0점 조정을 실시해야 한다.

96 검사 준비시간이 10분, 검사 작업시간이 50분 소요되며, 직접 임금 및 부품비의 합계가 8,000원/시간 일 때 평가비용에 해당하는 수입검사비용은 얼마인가?

① 2,000원　　② 4,500원

③ 6,000원　　④ 8,000원

해설

$$수입검사비용 = 8,000 \times \frac{10+50}{60} = 8,000원$$

97 커크패트릭(Kirkpatrick)이 제안한 품질비용모형에서 예방 코스트의 증가에 따른 평가 코스트와 실패 코스트의 변화를 설명한 내용으로 가장 적절한 것은?

① 평가 코스트 감소, 실패 코스트 감소

② 평가 코스트 증가, 실패 코스트 증가

③ 평가 코스트 감소, 실패 코스트 증가

④ 평가 코스트 증가, 실패 코스트 감소

해설

커크패트릭의 품질비용에 관한 모형

- A : 총비용, B : 예방비용, C : 실패비용, D : 평가비용
- 예방 코스트가 증가하면 평가 코스트와 실패 코스트가 모두 감소한다.

98 금속가공품의 제조공장에서 부적합품을 조사하여 보니 다음과 같은 결과를 얻었다. 손실금액의 파레토 그림을 그릴 때 표면 부적합의 누적 백분율은 약 몇 [%]인가?

부적합항목	부적합품수(개)	1개당 손실금액(원)
재 료	15	600
치 수	35	2,000
표 면	108	200
형 상	63	400
기 타	35	평균 300

① 42.2 ② 52.2
③ 75.7 ④ 85.7

해설
각 항목의 손실금액 계산
재료 : $15 \times 600 = 9,000$원
치수 : $35 \times 2000 = 70,000$원
표면 : $108 \times 200 = 21,600$원
형상 : $63 \times 400 = 25,200$원
기타 : $35 \times 300 = 10,500$원
합계 : 136,300원
따라서 표면 21,600원보다 높은 것이 치수 70,000원, 형상 252,000원이므로 표면 부적합의 누적 백분율은
$$\frac{70,000 + 25,200 + 21,600}{136,300} \times 100[\%] \simeq 85.7[\%] \text{이다.}$$

99 다음의 내용이 설명하는 것은?

[다 음]
제품의 품질은 생산, 판매하는 기업이 아니라 제공받고 이를 소비하는 고객이 판단하는 것이며, 제품에 대한 고객의 만족은 구매시점은 물론 제품의 수명이 다할 때까지 지속되어야 한다는 것과 고객의 최대만족을 위해서는 경영자의 전략적 참여가 필요하다.

① Benchmarking
② TQC(Total Quality Control)
③ SPC(Statistics Process Control)
④ SQM(Strategic Quality Management)

해설
SQM(Strategic Quality Management)
• 장기적인 목표품질을 수립하여 전략적으로 전개해 나가는 것이다.
• 제품의 품질은 생산, 판매하는 기업이 아니라 제공받고 이를 소비하는 고객이 판단하는 것이며, 제품에 대한 고객의 만족은 구매시점은 물론 제품의 수명이 다할 때까지 지속되어야 한다는 것과 고객의 최대만족을 위해서는 경영자의 전략적 참여가 필요하다.

100 연구 개발, 산업 생산, 시험검사현장 등에서 측정한 결과가 명시된 불확정 정도의 범위 내에서 국가측정표준 또는 국제측정표준과 일치되도록 연속적으로 비교하고 교정하는 체계를 의미하는 용어는?

① 소급성 ② 교 정
③ 공 차 ④ 계 량

해설
② 교정 : 특정조건에서 측정기기, 표준물질, 척도 또는 측정체계 등에 의하여 결정된 값을 표준에 의하여 결정된 값 사이의 관계로 확정하는 일련의 작업
③ 공 차
• 허용치로서, 규격상한에서 규격하한을 뺀 것
• 기준이 되는 치수로부터 흩어짐에 의하여 규정된 품질특성의 총허용 변동
④ 계량 : 상거래 또는 증명에 사용하기 위하여 어떤 양의 값을 결정하기 위한 일련의 작업

2020년 제1·2회 통합 과년도 기출문제

01 라틴방격법에 관한 설명으로 맞는 것은?

① 라틴방격법에서 각 요인의 수준수는 동일해야 한다.

② 3요인 실험법의 횟수와 라틴방격법의 실험 횟수는 같다.

③ 4×4 라틴방격법에는 오직 1개의 표준라틴방격이 존재한다.

④ 라틴방격법에서 수준수를 k라고 하면, 총실험 횟수는 k^3이다.

해설

② 라틴방격법의 실험 횟수는 3요인실험법의 횟수보다 적다.

③ 4×4 라틴방격법에는 4개의 표준라틴방격이 존재한다.

④ 라틴방격법에서 수준수를 k라고 하면, 총실험 횟수는 k^2이다.

02 모수모형에서 완전랜덤실험계획(Completely Randomized Design)을 이용하여 정해진 4개의 실험조건에서 각각 5회씩 반복실험했을 때, 이 측정치를 분석하기 위한 다음의 내용 중 맞는 것을 모두 고른 것은? (단, $i = 1, 2, 3, 4$, $j = 1, 2, 3, 4, 5$이다)

[다 음]

㉠ 수학적인 모형은 $x_{ij} = \mu + a_i + e_{ij}$이다.

㉡ $\displaystyle\sum_{j=1}^{4} a_i \neq 0$이 성립한다.

㉢ 분산분석을 위해서는 F검정을 활용한다.

㉣ 분산분석에서 실험조건에 따른 유의차가 없다는 가설은 $H_0 : a_1 = a_2 = a_3 = a_4 = 0$이다.

① ㉠, ㉢, ㉣

② ㉢, ㉣

③ ㉠, ㉡, ㉢

④ ㉠, ㉡, ㉢, ㉣

해설

모수모형에서는 $\displaystyle\sum_{i=1}^{4} a_i = 0$이 성립한다.

03 일반적으로 변량요인들에 대한 실험계획으로 많이 사용되며, 다음과 같은 데이터의 구조식을 갖는 실험계획법은?(단, $i = 1, 2, \cdots, l$, $j = 1, 2, \cdots, m$, $k = 1, 2, \cdots, n$, $p = 1, 2, \cdots, r$이다)

[다 음]
$$x_{ijkp} = \mu + a_i + b_{j(i)} + c_{k(ij)} + d_{p(ijk)}$$

① 단일분할법   ② 지분실험법
③ 이단분할법   ④ 삼단분할법

해설

지분실험법 : 로트 간 또는 로트 내의 산포, 기계 간의 산포, 작업자 간의 산포, 측정의 산포 등 여러 가지 샘플링 및 측정의 정도를 추정하여 샘플링방식을 설계하거나 측정방법을 검토하기 위한 변량인자들에 대한 실험설계방법

04 $L_{27}(3^{13})$형 직교배열표에서 C요인을 기본표시 abc로, B요인을 abc^2으로 배치했을 때, $B \times C$의 기본표시는?

① a, ac ② ac, bc
③ c, ab ④ bc^2, ab^2c

해설

• $BC = abc^2 \times abc = a^2b^2c^3 = (a^2b^2c^3)^2 = a^4b^4c^6 = ab$
• $BC^2 = abc^2 \times (abc)^2 = abc^2 \times a^2b^2c^2 = a^3b^3c^4 = c$

05 2^3형 요인배치실험을 교락법을 사용하여 다음과 같이 2개의 블록으로 나누어 실험하려고 할 때, 블록과 교락되어 있는 교호작용은?

블록 1	블록 2
ac	a
abc	bc
(1)	ab
b	c

① $A \times B$ ② $A \times C$
③ $B \times C$ ④ $A \times B \times C$

해설

$$\frac{1}{4}\left[(ac + abc + (1) + b) - (a + bc + ab + c)\right]$$
$$= \frac{1}{4}\left[ac + abc + (1) + b - a - bc - ab - c\right]$$
$$= \frac{1}{4}(a-1)(b+1)(c-1)$$ 이므로

블록과 교락되어 있는 교호작용은 $A \times C$이다.

06 반복이 있는 2요인실험의 분산분석에서 교호작용이 유의하지 않아 오차항에 풀링했을 경우, 요인 B의 F_0(검정통계량)은 약 얼마인가?

요 인	SS	DF	MS
A	542	3	180.67
B	2,426	2	1,213.00
$A \times B$	9	6	1.50
e	255	12	21.25
T	3,232		

① 53.32   ② 57.10
③ 82.70   ④ 84.05

해설

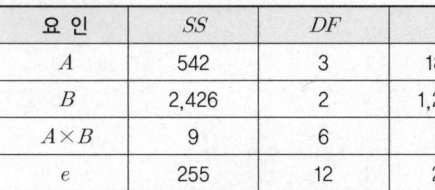
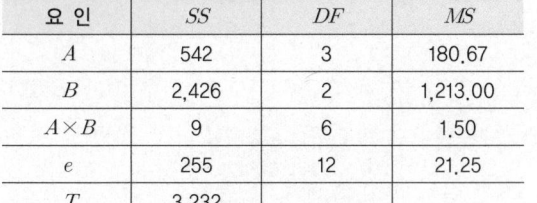

$$F_0 = \frac{V_B}{V_e{}^*} = \frac{1,213.00}{264/18} = 82.70$$

07 반복이 없는 2요인 실험에서 요인 A의 제곱합 S_A의 기대치를 구하는 식은?(단, A와 B는 모두 모수, A의 수준수는 l, B의 수준수는 m이다)

① $\sigma_e^2 + m\sigma_A^2$

② $(l-1)\sigma_e^2 + m(l-1)\sigma_A^2$

③ $(m-1)\sigma_e^2 + (m-1)\sigma_A^2$

④ $m(l-1)\sigma_e^2 + l(m-1)\sigma_A^2$

해설

$$E[S_A] = E\left[\sum_i^l \sum_j^m (\overline{x_{i\cdot}} - \overline{\overline{x}})^2\right]$$
$$= E\left[m\sum_i^l a_i^2 + 2m\sum_i^l a_i(\overline{e_{i\cdot}} - \overline{\overline{e}}) + m\sum_i^l (\overline{e_{i\cdot}} - \overline{\overline{e}})^2\right]$$
$$= m(l-1)\sigma_A^2 + 0 + (l-1)\sigma_e^2$$
$$= (l-1)\sigma_e^2 + m(l-1)\sigma_A^2$$

08 다음 그림에서 회귀제곱합(S_R)을 구할 때 사용되는 것은?

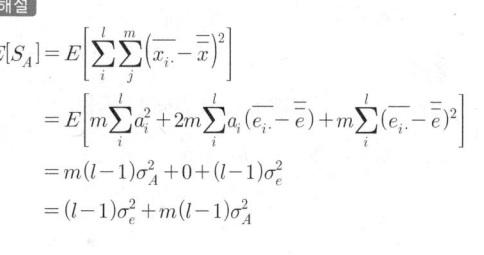

① ㉠

② ㉡

③ ㉢

④ ㉣

해설

$S_T = S_{y\cdot x} + S_R$

총변동 =
잔차변동 + 회귀변동

09 1요인실험에서 완전랜덤화 모형과 2요인실험의 난괴법에 관한 설명으로 틀린 것은?

① 난괴법에서 변량요인 B에 대해 모평균을 추정하는 것은 의미가 없다.

② 난괴법은 A요인이 모수요인, B는 변량요인이며 반복이 없는 경우를 지칭한다.

③ k개의 처리를 r회 반복실험하는 경우에 오차항의 자유도는 1요인실험이 난괴법보다 $r-1$이 크다.

④ 난괴법에서 변량요인 B를 실험일 또는 실험 장소 등인 경우로 선택할 때 집단요인이 된다.

해설

난괴법에서 변량요인 B를 실험일 또는 실험 장소 등인 경우로 선택할 때 블록요인이 된다.

10 적합품을 1, 부적합품을 0으로 한 실험을 각각 5번씩 반복 측정한 결과 다음과 같을 때, 전체 제곱합 S_T를 구하면 약 얼마인가?

요인	B_1	B_2	B_3	계
A_1	3	5	1	9
A_2	2	2	0	4
A_3	4	2	4	10
계	9	9	5	23

① 9.71

② 11.24

③ 15.86

④ 22.59

해설

$$S_T = T - CT$$
$$= \sum\sum\sum x_{ijk} - \frac{T^2}{lmr}$$
$$= 23 - \frac{23^2}{3 \times 3 \times 5} \simeq 11.24$$

11 4개의 처리를 각각 n회씩 반복하여 평균치 $\bar{y}_1$, $\bar{y}_2$, $\bar{y}_3$, $\bar{y}_4$를 얻었을 때, 대비(Contrast)가 될 수 없는 것은?

① $\bar{y}_1 - \bar{y}_3$

② $\bar{y}_1 + \bar{y}_2 - \bar{y}_3 - \bar{y}_4$

③ $\bar{y}_1 + \bar{y}_2 + \bar{y}_3 - 3\bar{y}_4$

④ $\bar{y}_1 - \bar{y}_2 + \bar{y}_3 + \bar{y}_4$

해설
계수의 합이 0이 되어야 대비가 된다.
①, ②, ③의 계수의 합은 각각 0이 되므로 대비가 되지만, ④는 계수의 합 $= 1 - 1 + 1 + 1 = 2$이므로 대비가 될 수 없다.

12 모수요인으로 반복 없는 3요인실험의 분산분석결과를 풀링하여 다시 정리한 값이 다음과 같을 때, 설명 중 틀린 것은?

요 인	SS	DF	MS	F_0	$F_{0.95}$
A	743.6	2	371.8	163.8	6.93
B	753.4	2	376.7	165.9	6.93
C	1,380.9	2	690.5	304.1	6.93
$A \times B$	651.9	4	163.0	71.8	5.41
$A \times C$	56.6	4	14.2	6.3	5.41
e	27.2	12	2.27		
T	3,613.6	26			

① 풀링 전 오차항의 자유도는 8이었다.

② 교호작용 $B \times C$는 오차항에 풀링되었다.

③ 현재의 자유도로 보아 결측치가 하나 있는 것으로 나타났다.

④ 최적해의 점추정치는 $\hat{\mu}(A_i B_j C_k) = \bar{x}_{ij\cdot} + \bar{x}_{i\cdot k} - \bar{x}_{i\cdot\cdot}$이다.

해설
③ 결측치는 없다.
① $12 = \nu_e + 4$이므로, $\nu_e = 8$
② $B \times C$를 오차항에 풀링하였다.
④ $B \times C$를 오차항에 풀링하였기 때문이다.

13 변량요인 A에 대한 설명으로 틀린 것은?(단, A요인의 수준수는 l이고, A_i수준이 주는 효과는 a_i이다)

① a_i들의 합은 일반적으로 0이 아니다.

② a_i는 랜덤으로 변하는 확률변수이다.

③ a_i들 간의 산포의 측도로서 $\sigma_A^2 = \sum_{i=1}^{l} a_i^2 / (l-1)$을 사용한다.

④ 수준이 기술적인 의미를 갖지 못하며 수준의 선택이 랜덤으로 이루어진다.

해설
변량요인 A의 주효과(a_i) 간의 산포의 측도는
$\sigma_A^2 = E\left\{ \dfrac{1}{l-1} \sum_{i=1}^{l} \left(a_i - \bar{a} \right)^2 \right\}$이다.

14 다음은 $L_8(2^7)$형 직교배열표의 일부분이다. 1열에 배치된 A의 효과는?

열번호	1	
수 준	0	1
데이터	8	15
	11	19
	7	12
	14	12
배 치	A	

① 2.5

② 3.5

③ 4.5

④ 5.5

해설
A의 효과
$= \dfrac{1}{4}\left\{ (15 + 19 + 12 + 12) - (8 + 11 + 7 + 14) \right\}$
$= \dfrac{1}{4}\left(58 - 40 \right) = 4.5$

15 반복 없는 2^2형 요인실험에서 주효과 A를 구하는 식은?

① $A = \dfrac{1}{2}(ab + (1) - a - b)$

② $A = \dfrac{1}{2}(ab - a + b - (1))$

③ $A = \dfrac{1}{2}(a + b - ab - (1))$

④ $A = \dfrac{1}{2}(a + ab - b - (1))$

해설

반복 없는 2^2형 요인실험에서 주효과 A

$A = \dfrac{1}{2^{n-1}}$(A인자의 높은 수준 데이터의 합 $-$ A인자의 낮은 수준

데이터의 합)

$= \dfrac{1}{2}(T_{1\cdot} - T_{0\cdot}) = \dfrac{1}{2}[x_{10} + x_{11} - x_{00} - x_{01}]$

$= \dfrac{1}{2}[a + ab - b - (1)] = \dfrac{1}{2}(a-1)(b+1)$

---

16 동일한 기계에서 생산되는 제품을 5개 추출하여 그 중요 특성치를 측정하였더니 다음과 같았다. 이 특성치가 망소특성인 경우에 SN(Signal to Noise) 비는 약 얼마인가?

[다 음]				
32	38	36	40	37

① $-31.29[\text{dB}]$ ② $-21.29[\text{dB}]$

③ $21.29[\text{dB}]$ ④ $31.29[\text{dB}]$

해설

망소특성의 SN비

$= -10\log\left(\dfrac{1}{n}\sum_{i=1}^{n} y_i^2\right)$

$= -10\log\left[\dfrac{1}{5}(32^2 + 38^2 + 36^2 + 40^2 + 37^2)\right]$

$= -10\log\left[\dfrac{1}{5} \times 6,733\right]$

$\simeq -31.29[\text{dB}]$

---

17 어떤 화학반응실험에서 농도를 4수준으로 반복수가 일정하지 않은 실험을 하여 다음 표와 같은 결과를 얻었다. 분산분석결과 $S_e = 2,508.8$이었을 때, $\mu(A_3)$의 95[%] 신뢰구간을 추정하면 약 얼마인가?
(단, $t_{0.95}(15) = 1.753$, $t_{0.975}(15) = 2.131$이다)

요 인	A_1	A_2	A_3	A_4
m_i	5	6	5	3
$\bar{x}_{i\cdot}$	52	35.33	48.20	64.67

① $37.938 \leq \mu(A_3) \leq 58.472$

② $38.061 \leq \mu(A_3) \leq 58.339$

③ $35.555 \leq \mu(A_3) \leq 60.845$

④ $35.875 \leq \mu(A_3) \leq 60.525$

해설

신뢰구간 추정

$\bar{x}_{3\cdot} \pm t_{1-\alpha/2}(\nu_e)\sqrt{\dfrac{V_e}{r'}} = \bar{x}_{3\cdot} \pm t_{0.975}(15)\sqrt{\dfrac{S_e/\nu_e}{r_3}}$

$= 48.20 \pm 2.131 \times \sqrt{\dfrac{2508.8/15}{5}} = 35.875 \sim 60.525$

---

18 2^3형 실험계획에서 $A \times B \times C$를 정의대비(Defining Contrast)로 정해 $\dfrac{1}{2}$ 일부실시법을 행했을 때, 요인 A와 별명(Alias)관계가 되는 요인은?

① B ② $A \times B$

③ $A \times C$ ④ $B \times C$

해설

$AI = A \times ABC = B \times C$

19 기술적으로 의미가 있는 수준을 가지고 있으나 실험 후 최적 수준을 선택하여 해석하는 것이 무의미하며, 제어요인과의 교호작용의 해석을 목적으로 채택하는 요인은?

① 표시요인　　　　　② 집단요인
③ 블록요인　　　　　④ 오차요인

해설

② 집단요인 : 블록인자와 유사하지만, 시간이 달라짐에 따라 수준이 나누어지는 것이 아니라 원료, 제품, 물건 등이 층별됨으로 인해 수준이 나누어지는 요인
③ 블록요인 : 실험의 정도를 올릴 목적으로 실험의 장을 층별하기 위해서 채택한 인자로 수준의 재현성도 없고 제어인자와의 교호작용도 의미가 없지만 실험값에는 영향을 주는 요인
④ 오차요인(잡음요인) : 각종 잡음이나 이유를 알 수 없으나 품질산포에 영향을 주는 것을 한데 묶어서 부르는 요인

20 1차 단위요인 A(3 수준), 2차 단위요인 B(4 수준), 블록반복 $r = 2$의 1차 단위가 1요인실험인 단일분할법에 의하여 실험을 실시할 경우, 1차 단위오차의 자유도는?

① 2　　　　　　　　② 6
③ 8　　　　　　　　④ 9

해설

$\nu_{e_1} = (l-1)(r-1) = (3-1)(2-1) = 2$

제2과목 | 통계적 품질관리

21 두 개의 모집단 $N(\mu_1, \sigma_1^2)$, $N(\mu_2, \sigma_2^2)$에서 $H_0 : \mu_1 = \mu_2$를 검정하기 위하여 $n_1 = 10$개, $n_2 = 9$개의 샘플을 구하여 표본평균과 분산으로 각각 $\overline{x}_1 = 17.2$, $s_1^2 = 1.8$, $\overline{x}_2 = 14.7$, $s_2^2 = 8.7$을 얻었다. 유의수준 $\alpha = 0.05$로 하여 등분산성의 여부를 검토하려고 할 때 틀린 것은?(단, $F_{0.975}(9, 8) = 4.36$, $F_{0.025}(9, 8) = 0.2439$이다)

① H_0 기각한다.
② 검정통계량 $F_0 = 0.357$이다.
③ 등분산성은 성립하지 않는다.
④ $H_0 : \sigma_1^2 = \sigma_2^2$, $H_1 : \sigma_1^2 \neq \sigma_2^2$이다.

해설

검정통계량 $F_0 = \dfrac{s_1^2}{s_2^2} = \dfrac{8.7}{1.8} = 4.833$이다.

22 시료 부적합품률($\hat{p}$)로부터 모부적합품률에 대해 정규분포 근사법을 이용하여 95[%]의 신뢰율로 신뢰한계를 구할 때 사용하여야 할 식으로 맞는 것은?(단, n은 샘플의 크기이다)

① $\hat{p} \pm 1.96 \sqrt{\dfrac{\hat{p}(1-\hat{p})}{n}}$

② $\hat{p} \pm 1.96 \sqrt{\hat{p}(1-\hat{p})}$

③ $\hat{p} \pm 1.96 \sqrt{\dfrac{\hat{p}(1-\hat{p})}{n^2}}$

④ $\hat{p} \pm 1.96 \sqrt{n\hat{p}(1-\hat{p})}$

해설

$\hat{p} \pm u_{1-\alpha/2} \sqrt{\dfrac{\hat{p}(1-\hat{p})}{n}} = \hat{p} \pm 1.96 \sqrt{\dfrac{\hat{p}(1-\hat{p})}{n}}$

23 p관리도에 관한 설명으로 틀린 것은?

① 이항분포를 따르는 계수치 데이터에 적용된다.

② 부분군의 크기는 가급적 $n = \dfrac{0.1}{p} \sim \dfrac{0.5}{p}$ 를 만족하도록 설정한다.

③ 부분군의 크기가 일정할 때는 np관리도를 활용하는 것이 작성 및 활용상 용이하다.

④ 일반적으로 부적합품률에는 많은 특성이 하나의 관리도 속에 포함되므로 $\overline{X} - R$관리도 보다 해석이 어려울 수 있다.

해설

부분군의 크기는 가급적 $n = \dfrac{1}{p} \sim \dfrac{5}{p}$ 를 따른다.

24 관리도에 관한 설명으로 틀린 것은?

① $\overline{x}$관리도의 검출력은 x관리도보다 좋다.

② 관리한계를 2σ한계로 좁히면 제1종 오류가 감소한다.

③ c관리도는 각 부분군에 대한 샘플의 크기가 반드시 일정해야 한다.

④ u관리도에서 부분군의 샘플의 수가 다르면 관리한계는 요철형이 된다.

해설

관리한계를 2σ한계로 좁히면 제2종 오류가 감소한다.

25 $\overline{X}$관리도에서 $\overline{X}$의 변동을 $\sigma^2_{\overline{x}}$, 개개 데이터의 변동을 σ^2_H, 군간변동을 σ^2_b, 군내변동을 σ^2_w 이라고 하면 완전한 관리 상태일 때, 이들 간의 관계식으로 맞는 것은?

① $n\sigma^2_{\overline{x}} = \sigma^2_H = \sigma^2_w$

② $\sigma^2_H = \sigma^2_{\overline{x}} = \sigma^2_w$

③ $n\sigma^2_w = \sigma^2_H = \sigma^2_{\overline{x}}$

④ $n\sigma^2_H = \sigma^2_{\overline{x}} = \sigma^2_w$

해설

완전한 관리 상태일 때는 $n\sigma^2_{\overline{x}} = \sigma^2_H = \sigma^2_\omega$ 이며, 관리 상태가 아닐 경우는 $n\sigma^2_{\overline{x}} > \sigma^2_H > \sigma^2_\omega$ 이다.

26 계수형 샘플링검사 절차 – 제2부 : 고립로트한계품질(LQ) 지표형 샘플링검사방식(KS Q ISO 2859 – 2 : 2014)에 관한 설명으로 틀린 것은?

① 절차 A의 샘플링검사방식은 로트 크기 및 한계품질(LQ)로부터 구해진다.

② 절차 B의 샘플링검사방식은 로트 크기, 한계품질(LQ) 및 검사수준에서 구할 수 있다.

③ 절차 A는 합격판정 개수가 0인 샘플링방식을 포함하고 샘플 크기는 초기하분포에 기초하고 있다.

④ 절차 B는 합격판정 개수가 0인 샘플링방식을 포함하며 AQL 지표형 샘플링검사와는 독립적으로 구성되어 있다.

해설

절차 B는 합격판정 개수가 0인 샘플링방식은 포함하지 않고 충분히 작은 로트에 대해서는 전수검사로 하며 AQL 지표형 샘플링검사와 연계되어 있다.

27 어떤 회귀식에 대한 분산분석표가 다음과 같을 때 회귀관계에 대한 설명으로 맞는 것은?
(단, $F_{0.95}(2, 7) = 4.75$, $F_{0.99}(2, 7) = 9.55$이다.)

요 인	제곱합	자유도
회 귀	5.3	2
잔 차	1.2	7

① 해당 자료로는 판단할 수 없다.
② 유의수준 5[%]로 회귀관계는 유의하지 않다.
③ 유의수준 1[%]로 회귀관계는 유의하다.
④ 유의수준 5[%]로 회귀관계는 유의하나, 1[%]로는 유의하지 않다.

해설

$F_0 = \dfrac{5.3/2}{1.2/7} = 15.59 > F_{0.99}(2, 7) = 9.55$이므로, 유의수준 1[%]로 회귀관계는 매우 유의하다.

28 메디안($\widetilde{X} - R$)관리도에서 $n = 4$, $k = 25$, $\overline{\widetilde{X}} = 20.5$, $UCL = 35.2$이면 $\overline{R}$는 약 얼마인가?(단, $n = 4$일 때 $d_2 = 2.059$, $A_4 = 0.796$, $m_3 = 1.092$이다)

① 9.46
② 11.23
③ 18.47
④ 26.80

해설

$UCL = \overline{\widetilde{X}} + A_4 \overline{R}$

$35.2 = 20.5 + 0.796 \times \overline{R}$

$\overline{R} = \dfrac{35.2 - 20.5}{0.796} \simeq 18.47$

29 크기가 1,500개인 어떤 로트에 대해서 전수검사 시 개당 검사비는 10원이고, 무검사로 인하여 부적합품이 혼입됨으로써 발생하는 손실은 개당 200원이다. 이때 임계부적합품률(P_b)의 값과 로트의 부적합품률을 3[%]라고 할 때, 이익이 되는 검사방법은?

① $P_b = 1.3[\%]$, 무검사
② $P_b = 1.3[\%]$, 전수검사
③ $P_b = 5[\%]$, 무검사
④ $P_b = 5[\%]$, 전수검사

해설

$P_b = \dfrac{a}{b} = \dfrac{10}{200} = 5[\%]$

$p = 3[\%] < P_b$이므로, 무검사가 유리하다.

30 특성변화에 주기성이 있어 그 주기성을 피하기 위해 고안한 샘플링방법은?

① 계통샘플링
② 네이만샘플링
③ 층별샘플링
④ 지그재그샘플링

해설

① 계통샘플링(Systematic Sampling) : 유한모집단의 데이터를 배열시키고 일정한 간격으로 샘플링하는 방법이며 주기성이 잠재되는 위험성이 있다.
② 네이만샘플링(Neyman Sampling) : 모집단을 몇 개의 층으로 나누고, 나눈 각 층으로부터 그 층내의 표준편차와 층의 크기에 비례하여 샘플을 취하는 샘플링방법으로, 층별샘플링의 한 종류에 해당한다.
③ 층별샘플링(Stratified Sampling) : 모집단을 몇 개의 층으로 나누어서 각 층으로부터 각각 랜덤으로 샘플링하는 방법

31 공정에 이상이 있을 경우 관리도에서 점이 관리한계선 밖으로 나갈 확률은 $1 - \beta$에 해당된다. $1 - \beta$에 해당하는 용어로 맞는 것은?

① 오 차　　　　② 이상원인
③ 검출력　　　　④ 제1종 오류

해설
① 오차 : 모집단 참값과 시료 측정치의 차$(x_i - \mu)$
② 이상원인 : 관리가 잘 안 되고 있는 상태에서 생기는 피할 수 있는 변동을 발생시키는 원인
④ 제1종 오류 : α

33 어떤 금속판 두께의 하한규격치가 2.3[mm] 이상이라고 규정되었을 때 합격판정치는?(단, $n = 10$, $k = 1.81$, $\sigma = 0.2$[mm], $\alpha = 0.05$, $\beta = 0.10$이다)

① 1.938　　　　② 2.185
③ 2.415　　　　④ 2.662

해설
합격판정치
$\overline{X_L} = S_L + k\sigma = 2.3 + 1.81 \times 0.2 = 2.662$

32 Y제품의 품질특성에 대해 8개의 시료를 측정한 결과 3, 4, 2, 5, 1, 4, 3, 2로 나타났고, 이 데이터를 활용하여 σ^2에 대한 95[%] 신뢰구간을 구했더니 $0.75 \leq \sigma^2 \leq 7.10$이었다. 귀무가설 $H_0 : \sigma^2 = 9$, 대립가설 $H_1 : \sigma^2 \neq 9$에 대하여 유의수준 $\alpha = 0.05$로 검정한 결과로 맞는 것은?

① H_0를 기각한다.
② H_0를 채택한다.
③ H_0를 보류한다.
④ H_0를 기각해도 되고 채택해도 된다.

해설
$\sigma^2 = 9$는 $0.75 \leq \sigma^2 \leq 7.10$ 사이에 존재하지 않으므로 H_0를 기각한다.

34 모표준편차를 모르고 있을 때 모평균의 양측 신뢰구간 추정에 사용되는 식으로 맞는 것은?

① $\overline{x} \pm u_{1 - \alpha/2} \dfrac{s^2}{\sqrt{n}}$

② $\overline{x} \pm t_{1 - \alpha/2}(\nu) \dfrac{s^2}{\sqrt{n}}$

③ $\overline{x} \pm u_{1 - \alpha/2} \sqrt{\dfrac{s^2}{n}}$

④ $\overline{x} \pm t_{1 - \alpha/2}(\nu) \sqrt{\dfrac{s^2}{n}}$

해설
모표준편차를 모르고 있을 때 모평균의 양측 신뢰구간 추정
$= \overline{x} \pm t_{1 - \alpha/2}(\nu) \dfrac{s}{\sqrt{n}} = \overline{x} \pm t_{1 - \alpha/2}(\nu) \sqrt{\dfrac{s^2}{n}}$

35 적합도 검정에 대한 설명으로 맞는 것은?

① 계량형 자료에만 쓴다.

② 검정통계량은 카이제곱분포를 따른다.

③ 기대도수는 대립가설에 맞추어 구한다.

④ 이론치 또는 기대치 $nP_i \leq 5$일 때 근사의 정도가 좋아진다.

해설
① 적합도 검정은 주로 계수형 자료에 사용한다.
③ 기대도수는 귀무가설에 맞추어 구한다.
④ 이론치 또는 기대치 $nP_i \geq 5$일 때 근사의 정도가 좋아진다.

36 로트의 부적합품률(P)은 10[%], 로트의 크기(N)는 1,000, 시료의 크기(n)를 20으로 할 때, 시료 20개 중 부적합품이 2개일 확률은?

① $\dfrac{{}_{900}C_{18} \times {}_{98}C_{2}}{{}_{1,000}C_{20}}$ ② $\dfrac{{}_{900}C_{18} \times {}_{100}C_{2}}{{}_{1,000}C_{20}}$

③ $\dfrac{{}_{900}C_{2} \times {}_{100}C_{18}}{{}_{1,000}C_{20}}$ ④ $\dfrac{{}_{1,000}C_{18} \times {}_{100}C_{18}}{{}_{1,000}C_{20}}$

해설
$P = 0.1$, $N = 1,000$, $n = 20$, $x = 2$
비복원 추출이므로 초기하분포를 적용한다.

$$P_r(X=x) = p(x) = \frac{{}_{NP}C_x \times {}_{N-NP}C_{n-x}}{{}_{N}C_n}$$

$$= \frac{{}_{100}C_2 \times {}_{1,000-100}C_{20-2}}{{}_{1,000}C_{20}} = \frac{{}_{100}C_2 \times {}_{900}C_{18}}{{}_{1,000}C_{20}}$$

$$= \frac{{}_{900}C_{18} \times {}_{100}C_2}{{}_{1,000}C_{20}}$$

37 M제조공정에서 제조되는 부품의 특성치는 $\mu = 40.10$ [mm], $\sigma = 0.08$[mm]인 정규분포를 하고 있고, 이 공정에서 25개를 샘플링하여 특성치를 측정한 결과 $\overline{x} = 40.12$[mm]일 때, 유의수준 5[%]에서 이 공정의 모평균에 차이가 있는지를 검정한 결과는?

① 통계량이 1.96보다 크므로, H_0 기각한다.

② 통계량이 1.96보다 크므로, H_0를 기각할 수 없다.

③ 통계량이 1.96보다 작고 −1.96보다 크므로, H_0를 기각한다.

④ 통계량이 1.96보다 작고 −1.96보다 크므로, H_0를 기각할 수 없다.

해설
$H_0 : \mu = 40.1$, $H_1 : \mu \neq 40.1$, $\alpha = 5[\%]$

• 검정통계량 : $u_0 = \dfrac{\overline{x} - \mu_0}{\sigma / \sqrt{n}} = \dfrac{40.12 - 40.10}{0.08 / \sqrt{25}} = 1.25$

• 기각치 : $-u_{0.975} = -1.96$, $u_{0.975} = 1.96$

• 판정 : $-1.96 < u_0 = 1.25 < 1.96$이므로, 귀무가설 채택

38 크기 n인 표본 k조에서 구한 범위의 평균을 $\overline{R}$라 하고, s를 자유도 ν인 표준편차라고 할 때, $\overline{R}$의 기대치는?

① $E(\overline{R}) = d_2 s$

② $E(\overline{R}) = \dfrac{s}{\sqrt{n}}$

③ $E(\overline{R}) = (d_2 s)^2$

④ $E(\overline{R}) = \dfrac{n-1}{n} s^2$

해설
※ 저자 의견
　한국산업인력공단에서 발표한 정답은 전항 정답이나 $\overline{R}$의 기대치를 계산하면 다음과 같다.

$$\hat{s} = \frac{\overline{R}}{d_2} \text{이므로, } E(\overline{R}) = d_2 s$$

39 계수형 축차샘플링검사방식(KS Q ISO 8422 : 2006)에서 생산자위험품질(Q_{PR})에 관한 설명으로 맞는 것은?

① 될 수 있으면 합격으로 하고 싶은 로트의 부적합품률의 상한

② 될 수 있으면 합격으로 하고 싶은 로트의 부적합품률의 하한

③ 될 수 있으면 불합격으로 하고 싶은 로트의 부적합품률의 상한

④ 될 수 있으면 불합격으로 하고 싶은 로트의 부적합품률의 하한

해설

합격시키고 싶은 로트의 부적합품률의 상한을 생산자위험품질(Q_{PR})이라 하고, 불합격시키고 싶은 로트의 부적합품률의 하한을 소비자위험품질(Q_{CR})이라고 한다.

40 로트 크기는 2,000, 시료의 개수는 200, 합격판정 개수가 1인 계수치 샘플링검사를 실시할 때 부적합품률 1[%]인 로트의 합격 가능성은 약 얼마인가?(단, 푸아송분포로 근사하여 계산한다)

① 13.53[%]
② 38.90[%]
③ 40.60[%]
④ 54.00[%]

해설

$$L(p) = \sum_{x=0}^{c} \frac{e^{-np}(np)^x}{x!} = \sum_{x=0}^{c} \frac{e^{-(200 \times 0.01)}(200 \times 0.01)^x}{x!}$$
$$= e^{-2}\left(\frac{2^0}{0!} + \frac{2^1}{1!}\right) = e^{-2}(1+2) \simeq 0.406 = 40.60[\%]$$

41 생산목표를 달성할 수 있도록 적절한 품질의 제품이나 서비스를 적시에 적량을 적가로 생산할 수 있도록 생산과정을 이룩하고 생산활동을 관리 및 조정하는 활동을 무엇이라고 하는가?

① 공정관리
② 생산관리
③ 생산계획
④ 생산전략

해설

① 공정관리 : 생산계획에 따라 제품을 만드는 공정을 계획하고, 각 공정의 일정과 납기를 지키며, 단축하도록 하는 관리활동

③ 생산계획 : 예측된 수요를 충족시키기 위하여 생산활동을 어떻게 운영해 나갈 것인가를 장·단기적으로 계획하는 것

④ 생산전략 : 기업의 기능별 전략의 하나로서 생산 의사결정의 전반적인 방향을 설정하는 비전 또는 지침

42 라인밸런스 효율에 관한 내용으로 틀린 것은?

① 각 작업장의 표준 작업시간이 균형을 이루는 정도를 의미한다.

② 사이클 타임을 길게 하면 생산속도가 빨라져 생산율이 높아진다.

③ 사이클 타임과 작업장의 수를 얼마로 하느냐에 따라서 결정된다.

④ 생산작업에 투입되는 총시간에 대한 실제 작업시간의 비율로 표현된다.

해설

사이클 타임을 짧게 하면 생산속도가 빨라져 생산율이 높아지고, 사이클 타임을 길게 하면 생산속도가 느려져 생산율이 낮아진다.

43 동작경제의 원칙 중 작업장 배치(Arrangement of Work Place)에 관한 원칙에 해당하는 것은?

① 모든 공구나 재료는 지정된 위치에 있도록 한다.
② 양손 동작은 동시에 시작하고 동시에 완료한다.
③ 타자를 칠 때와 같이 각 손가락의 부하를 고려한다.
④ 가능하다면 쉽고도 자연스러운 리듬이 작업동작에 생기도록 작업을 배치한다.

해설
②, ③, ④는 신체 사용에 관한 원칙이다.

44 MRP시스템의 특징이 아닌 것은?

① 주문의 발주계획 생성
② 제품구조를 반영한 계획 수립
③ 생산 통제와 재고관리기능의 분리
④ 주문에 대한 독촉과 지연 정보 제공

해설
MRP시스템은 생산 통제와 재고관리기능을 통합한다.

45 제품 A를 자체 생산할 경우 연간 고정비는 100,000원, 개당 변동비는 50원, 판매가격은 150원이다. 손익분기점의 수량은?

① 800개
② 900개
③ 1,000개
④ 1,100개

해설
손익분기점의 수량

$$BEP = \frac{F}{P-V} = \frac{100,000}{150-50} = 1,000개$$

46 납기일 준수가 중요한 경우에 많이 사용되는 작업배정규칙은 긴급률(Critical Ration)을 이용하는 것이다. 긴급률에 대한 설명으로 맞는 것은?

① 납기까지의 여유시간 대 잔여 작업수
② 납기까지의 남은 잔여 작업수 대 필요한 소요시간
③ 작업을 수행하는 데 필요한 소요시간 대 잔여 작업수
④ 작업을 수행하는 데 필요한 소요시간 대 납기까지의 남은 시간

해설
긴급률(Critical Ratio)
• 긴급률은 작업을 수행하는 데 필요한 소요시간 대 납기까지의 남은 시간이다.
• 긴급률(CR) = $\dfrac{잔여 납기일수}{잔여 작업일수}$
• CR값이 작을수록 작업의 우선순위를 빠르게 한다.
• 긴급율 규칙은 주로 주문생산시스템에서 활용된다.
• 긴급률 규칙은 최소 작업지연시간에 초점을 두고 개발한 방법이다.

47 간트차트에서 'Γ' 기호가 의미하는 것은?

① 활동 개시
② 비활동기간
③ 활동 종료
④ 예상 활동시간

해설
② 비활동기간 : ⬚⬚ (작업 지연의 회복에 예정된 시간)
③ 활동 종료 : ⌐
④ 예상 활동시간 : ⌐

48 M작업자의 작업 소요시간을 관측한 결과 평균 0.25분이었다. 레이팅치가 80[%]라면, 이 작업의 정미시간은 얼마인가?

① 0.20분
② 0.25분
③ 0.30분
④ 0.40분

해설
정미시간 = 0.25 × 0.8 = 0.2분

49 설비종합효율을 관리함에 있어 품질을 안정적으로 유지하기 위해 초기제품을 검수하고 리셋(Reset)하는 작업에 해당되는 로스는?

① 속도 저하 로스　② 고장 로스
③ 일시 정지 로스　④ 초기 수율 로스

해설
① 속도 저하 로스 : 기준 사이클 타임과 실제 사이클 타임의 속도차에 의한 손실이다.
② 고장 로스 : 돌발적, 만성적으로 발생되는 고장정지에 의한 손실이다.
③ 일시 정지 로스 : 공전 또는 일시적 트러블에 의한 설비의 정지로, 설비의 압력이나 온도 등의 제어요소가 어떤 운전한계를 초과한 경우, 자동제어체계에 의해서 설비가 일시정지 된 상태의 손실이다.

50 다음의 내용은 자주보전활동 7스텝 중 몇 스텝에 해당하는가?

[다 음]
각종 현장관리의 표준화를 실시하고 작업의 효율화와 품질 및 안전의 확보를 꾀한다.

① 4스텝 : 총점검
② 5스텝 : 자주점검
③ 6스텝 : 정리, 정돈
④ 7스텝 : 자주관리의 철저(생활화)

해설
자주보전활동 7스텝
• 1스텝 : 초기 청소(먼지, 더러움을 없애고 설비의 불합리 발견과 복원)
• 2스텝 : 발생원·곤란 개소 대책(먼지, 더러움의 발생원, 비산의 방지나 청소·급유의 곤란 개소를 개선하여 청소·급유의 시간을 단축시킴)
• 3스텝 : 청소·급유·점검기준 작성(단시간에 청소·급유를 확실히 유지할 수 있도록 행동기준 작성)
• 4스텝 : 총점검
  – 점검 매뉴얼에 의한 점검기능교육과 총점검 실시에 의한 설비 미흡을 적출하고 복원시킨다.
  – 설비기능의 구조를 알고 보전기능을 몸에 익힌다.
• 5스텝 : 자주점검(체크시트의 작성 실시로 오퍼레이션의 신뢰성 향상)
• 6스텝 : 정리, 정돈(각종 현장관리의 표준화를 실시하고 작업의 효율화와 품질 및 안전의 확보를 꾀함)
• 7스텝 : 자주관리의 철저(MTBF 분석기록을 확실하게 해석하여 설비 개선을 꾀함)

51 공정도시기호(KS A 3002 : 2014)에서 기본 도시기호 중 저장에 해당하는 것은?

① ⇨　② ▽
③ ○　④ □

해설
① 운 반
③ 작 업
④ 검 사

52 ERP의 특징으로 맞는 것은?

① 보안이 중요하므로 Close Client Server System을 채택하고 있다.
② 단위별 응용프로그램들이 서로 통합 연결된 관계로 중복 업무가 많아 프로그램이 비효율적이다.
③ 생산, 마케팅, 재무기능이 통합된 프로그램으로 보완이 중요한 인사와는 연결하지 않는다.
④ EDI, CALS, 인터넷 등으로 기업 간 연결시스템을 확립하여 기업 간 자원 활용의 최적화를 추구한다.

해설
① ERP는 확장 및 연계성이 뛰어난 개방적 시스템이다.
② ERP는 단위별 응용프로그램이 서로 통합 연결되어 프로그램이 효율적이다.
③ ERP는 생산, 마케팅, 재무기능, 인사를 비롯한 모든 기능을 포함하는 통합정보시스템이다.

53 JIT 시스템에서 생산준비시간의 단축에 관한 설명으로 틀린 것은?

① 기능적 공구의 채택으로 작업시간을 단축시킨다.

② 내적 작업 준비를 가급적 지양하고 가능한 한 외적 작업 준비로 바꾼다.

③ 외적 작업 준비는 기계 가동을 중지하여 작업 준비를 하는 경우이다.

④ 조정 위치를 정확하게 설정하여 조정작업시간을 단축시킨다.

해설
외적 작업 준비는 기계 가동을 중지하지 않고 작업 준비를 하는 경우이다.

54 7월 판매 실적치가 20,000개, 판매 예측치가 22,000개, 8월 판매 실적치가 25,000개일 때, 7월과 8월 2개월 실적을 고려하여 지수평활법으로 9월의 판매 예측량을 구하면 얼마인가?(단, $\alpha = 0.2$이다)

① 20,080개

② 21,280개

③ 22,280개

④ 32,280개

해설

$F_t = \alpha A_{t-1} + \alpha(1-\alpha)A_{t-2} + (1-\alpha)^2 F_{t-2}$

$F_9 = \alpha A_8 + \alpha(1-\alpha)A_7 + (1-\alpha)^2 F_7$

$F_9 = 0.2 \times 25,000 + 0.2 \times 0.8 \times 20,000 + (0.8)^2 \times 22,000$

$\qquad = 22,280$개

55 M. L. Fisher가 주장한 공급사슬의 유형으로 수요의 불확실성에 대비하여 재고의 크기와 생산능력의 위치를 설정함으로써, 시장수요에 민감하게 설계하는 것을 뜻하는 공급사슬의 명칭은 무엇인가?

① 민첩형 공급사슬(Agile Supply Chains)

② 효율적 공급사슬(Efficient Supply Chains)

③ 반응적 공급사슬(Responsive Supply Chains)

④ 위험방지형 공급사슬(Risk-Hedging Supply Chains)

해설
4가지 유형의 공급사슬전략

공급의 불확실성 (H. Lee)	수요의 불확실성(M. Fisher)	
	낮다(기능성 상품)	높다(혁신적 상품)
낮다 (안정적 프로세스)	효율적 공급사슬 (식품, 기본 의류, 가솔린 등)	반응적 공급사슬 (패션의류, PC 등)
높다 (진화적 프로세스)	위험방지형 공급사슬 (일부 식품, 수력발전)	민첩형 공급사슬 (반도체, 텔레콤, 첨단 컴퓨터 등)

56 장기계획에 의해 생산능력이 고정된 경우 중기적인 수용의 변동에 대응하기 위해 고용수준, 생산수준, 재고수준 등을 결정하는 계획은?

① 공수계획

② 자재소요계획

③ 공정계획

④ 총괄생산계획

해설
① 공수계획 : 작업장에 얼마만큼의 작업량을 할당할 것인지를 결정하는 것으로, 부하계획이라고도 한다.

② 자재소요계획(MRP ; Material Requirements Planning) : 제품 생산 수량 및 일정을 토대로 그 생산제품에 필요한 원자재, 부품, 공정품, 조립품 등의 소요량 및 소요시기를 역산하여 자재조달계획을 수립하여 일정관리를 견고하고 효율적인 재고관리를 모색하는 시스템이다.

③ 공정계획 : 해당 부품이나 어셈블리를 생산, 검사, 조립, 수리 또는 유지관리하기 위해 현장에서 수행해야 하는 작업을 자세히 기술한 것이다.

57 구매방법 중 기업이 현재 자재의 가격은 낮지만 앞으로는 가격이 상승할 것으로 예상되어 구매를 하는 방법은?

① 충동구매　　　② 시장구매
③ 일괄구매　　　④ 분산구매

① 충동구매 : 구매할 필요나 의사가 없었으나 광고나 쇼핑을 통해 충동받아 하는 구매이다.
③ 일괄구매 : 해당 물품이 관련 기자재 등 수요목적상 동일 제작자의 제품으로 구매할 경우 또는 소액 다종 품목으로써 동일 공급자로부터 모두 구매하는 것이 유리하다고 판단된 경우에 하는 구매이다. 이 방법은 구매 대상품목을 전체 또는 그룹별로 묶어 단일 공급자나 제작자로부터 구매하기 위하여 입찰가격을 품목별로 대비하는 것이 아니라 전 품목 또는 그룹별로 대비하여 계약을 체결한다 (예 철도차량 부품 등).
④ 분산구매 : 각 부서에서 소요되는 자재를 각각 독립적으로 분산시켜 구매하는 방식이다.

58 스톱워치에 의한 시간관측방법 중 계속법에 관한 설명으로 틀린 것은?

① 불규칙하거나 비반복적인 작업 측정에 적합하다.
② 요소작업의 사이클 타임이 짧은 경우에 적용이 용이하다.
③ 매 작업요소가 끝날 때마다 바늘을 멈추고 원점으로 되돌릴 때 발생하는 측정오차가 거의 없다.
④ 첫 번째 요소작업이 시작되는 순간에 시계를 작동시켜 관측이 끝날 때까지 시계를 멈추지 않고 요소작업의 종점마다 시계바늘을 읽어 관측용지에 기입하는 방법으로 측정한다.

계속법은 규칙적이거나 반복적인 작업 측정에 적합하다.

59 자재관리에서 자재 분류의 4가지 원칙 중 창고 부문, 생산 부문 등 기업의 모든 부문에 적용되기 때문에 가능한 한 불편하지 않고 기억하기 쉽도록 분류하는 원칙은?

① 점진성　　　② 용이성
③ 포괄성　　　④ 상호 배제성

① 점진성 : 과학기술의 발전과 시장 소비성의 변동에 따라 현재 상용 자재가 미래 폐자재가 될 수 있는데, 이를 대비하기 위하여 자재번호 체계에 미리 여유를 두는 것
③ 포괄성 : 자재 분류 시 어떤 품목이 추가되더라도 현재의 분류체계를 증가시킴 없이 모든 자재가 하나도 빠짐없이 포함될 수 있도록 분류할 수 있을 것
④ 상호 배제성 : 한 자재의 분류항목이 둘이 될 수 없는 분류원칙

60 기능식 공정이 비교적 복잡하게 얽혀 있는 공정흐름을 가지고 있는 반면, 기계가 유사 부품군에 필요한 모든 작업을 처리할 수 있도록 배치되어 있어 모든 부품들이 동일 경로를 따르게 되어 있는 생산시스템은?

① JIT 생산시스템
② MRP 생산시스템
③ 모듈러(Modular) 생산시스템
④ 셀룰러(Cellular) 생산시스템

① JIT 생산시스템 : 생산량을 늘리지 않고 생산성을 향상시켜야 하는 과제를 해결하기 위하여 생산에 필요한 부품을 필요한 때 필요한 양을 생산공정이나 현장에 인도하는 적시에 생산하는 방식
② MRP 생산시스템 : 생산에 필요한 제품의 수량과 생산 일정을 바탕으로 필요한 하위 부품들이 부족하지 않도록 하는 생산시스템
③ 모듈러(Modular) 생산시스템 : 주요 부분품들을 완제품으로 납품 받거나 별도의 작업장에서 완성하여 최종 생산라인에서는 이를 조립만 하는 생산시스템

61 시스템 수명곡선인 욕조곡선의 초기고장기간에 발생하는 고장의 원인에 해당되지 않는 것은?

① 불충분한 정비
② 조립상의 과오
③ 빈약한 제조기술
④ 표준 이하의 재료를 사용

해설

불충분한 정비는 우발고장기간에 발생하는 고장의 원인에 해당된다.

62 다음과 같은 블록도를 갖는 시스템의 FT도를 작성한 것은?

해설

A와 B는 병렬연결되어 있고 이 연결과 C는 직렬연결되어 있으므로 FT도에서는 A와 B는 AND게이트, 이것과 C는 OR게이트로 나타낸다.

63 내용수명(Useful Life of Longevity)이란?

① 우발고장의 기간
② 마모고장의 기간
③ 초기고장의 기간
④ 규정된 고장률 이하의 기간

해설

내용수명은 규정된 고장률 이하의 기간이다. 고장률 일정형(CFR)인 우발고장기간을 유효수명이라고 한다. 이 유효수명의 길이가 내용수명의 대부분을 차지하므로 우발고장기간인 유효수명을 내용수명으로 말하기도 하지만, 내용수명은 우발고장기간에 초기고장기간 끝부분과 마모고장기간의 시작부분의 일부 기간을 포함하는 기간이다.

64 부품의 단가는 400원이고, 시험하는 전체 부품의 시간당 시험비는 60원이다. 총시험시간(T)을 200시간으로 수명시험을 할 때, 가장 경제적인 것은?

① 샘플 5개를 40시간 시험한다.
② 샘플 10개를 20시간 시험한다.
③ 샘플 20개를 10시간 시험한다.
④ 샘플 40개를 5시간 시험한다.

해설

총시험비용 = 부품단가 × 샘플수 + 시험시간 × 시험비
① 총시험비용 = $400 \times 5 + 40 \times 60 = 4,400$원
② 총시험비용 = $400 \times 10 + 20 \times 60 = 5,200$원
③ 총시험비용 = $400 \times 20 + 10 \times 60 = 8,600$원
④ 총시험비용 = $400 \times 40 + 5 \times 60 = 16,300$원

61 ① 62 ③ 63 ④ 64 ① 정답

65 신뢰성을 개선하기 위해서 계획적으로 부하를 정격치에서 경감하는 것은?

① 총생산보전(TPM) ② 디레이팅(Derating)

③ 디버깅(Debugging) ④ 리던던시(Redundancy)

① 총생산보전(TPM ; Total Productive Maintenance) : 설비를 더욱 더 효율 좋게 사용하는 것(종합적 효율화)을 목표로 하고 보전예방, 예방보전, 개량보전 등 설비의 생애에 맞는 PM의 Total System을 확립하며 설비를 계획하는 사람, 사용하는 사람, 보전하는 사람 등 모든 관계자가 Top에서부터 제일선까지 전원이 참가하여 자주적인 소집단활동에 의해 PM을 추진하는 것
③ 디버깅(Debugging) : 초기고장을 경감시키기 위해 아이템 사용 개시 전 또는 사용 개시 후의 초기에 아이템을 동작시켜 부적합을 검출하거나 제거하는 개선방법
④ 리던던시(Redundancy) : 구성품의 일부가 고장 나더라도 그 구성부분이 고장 나지 않도록 설계되어 있는 것

66 수명시험데이터를 분석하는 확률지 분석법에서 수명시험데이터에 관측 중단된 데이터가 있을 때 확률지 타점법에 관한 설명으로 맞는 것은?

① 관측 중단 여부에 관계없이 타점한다.

② 관측중단데이터만 타점하고, 고장시간데이터는 타점하지 않는다.

③ 관측중단데이터는 버리고, 고장시간데이터만 분석하여 타점한다.

④ 관측중단데이터는 누적분포함수($F[t]$) 계산에만 이용하고 타점은 고장시간만 한다.

지수분포의 확률지에 의한 방법
• 관측중단데이터도 사용할 수 있다.
• 가속수명시험의 시험조건 사이에 가속성이 성립한다는 것은 확률용지에서 각 시험조건의 수명분포추정선들이 서로 평행인지를 보면 파악 가능하다.
• 세로축은 누적고장률, 가로축은 고장시간을 타점하도록 되어 있다.
• 누적고장률은 $F(t) = \dfrac{i}{n-1} \times 100[\%]$를 계산하여 정규확률지의 세로축에 타점한다.
• 타점결과, 원점을 지나는 직선의 형태가 되면 지수분포라고 할 수 있다.
• 수명시험데이터에 관측 중단된 데이터가 있으면 관측중단데이터는 누적분포함수($F[t]$) 계산에만 사용하고 타점은 고장시간만 한다.

67 지수분포의 수명을 갖는 8대의 튜너(Tuner)에 대하여 회전수명시험을 실시한 결과, 고장이 발생한 사이클 수는 다음과 같았다. 95[%]의 신뢰수준으로 평균수명에 대한 구간을 추정하면 약 얼마인가?(단, $\chi^2_{0.025}(16) = 6.91$, $\chi^2_{0.975}(16) = 28.85$이다)

[다 음]			
8,712	21,915	39,400	54,613
79,000	110,200	151,208	204,312

① $MTBF_L = 29,362$, $MTBF_U = 89,278$

② $MTBF_L = 37,246$, $MTBF_U = 139,327$

③ $MTBF_L = 46,403$, $MTBF_U = 193,737$

④ $MTBF_L = 50,726$, $MTBF_U = 120,829$

$T = 8,712 + 21,915 + \cdots + 204,312 = 669,360$

$\dfrac{2T}{\chi^2_{1-\alpha/2}(2r)} \leq \theta \leq \dfrac{2T}{\chi^2_{\alpha/2}(2r)}$ 이며

$\dfrac{2 \times 669,360}{28.85} \leq \theta \leq \dfrac{2 \times 669,360}{6.91}$ 에서

$46,403 \leq \theta \leq 193,737$ 이므로

$MTBF_L = 46,403$, $MTBF_U = 193,737$

68 샘플 100개에 대하여 수명시험을 하고 10시간 간격으로 고장 개수를 조사하였더니 20시간에서 누적고장수 10개, 30시간에서의 누적고장수 20개, 40시간에서의 누적고장수는 50개로 나타났다. 시점 $t = 30$시간에서의 고장확률밀도함수는 얼마인가?

① 0.03/시간 ② 0.0375/시간

③ 0.3/시간 ④ 0.375/시간

고장확률밀도함수 $= \dfrac{30}{100 \times 10} = 0.03/$시간

69 다음과 같이 전기회로를 3개의 부품으로 병렬 리던던시 설계를 했을 경우, 전기회로 전체의 신뢰도는 약 얼마인가?(단, 부품 1의 신뢰도는 0.9, 부품 2의 신뢰도는 0.9, 부품 3의 신뢰도는 0.8이다)

① 0.5184

② 0.6480

③ 0.7128

④ 0.7776

해설

$$R_s = R_1 \times R_2 \times (1 - F_3 \times F_3)$$
$$= 0.9 \times 0.9 \times (1 - 0.2 \times 0.2) = 0.7776$$

70 고장 상태를 형식 또는 형태로 분류한 것은?

① 고 장

② 고장모드

③ 고장 메커니즘

④ 고장원인

해설

① 고장(Failure) : 아이템이 요구기능을 수행하지 못하게 되거나 요구 성능을 만족하지 못하게 되는 사건

③ 고장 메커니즘(Failure Mechanisms) : 고장을 유발하는 물리적, 화학적 또는 그 밖의 과정

④ 고장원인 : 고장이 발생되는 주된 사유나 근거

71 신뢰성 시험의 설명으로 맞는 것은?

① r번 고장이 발생한 경우 평균수명의 양쪽 신뢰구간은 자유도 r인 χ^2분포를 따른다.

② 고장이 없을 때는 정수 중단의 수명 신뢰하한에서 고장 횟수 r을 0으로 놓으면 된다.

③ 단 한번 고장의 정수 중단과 고장이 전혀 없는 정시중단의 수명 양쪽 구간 신뢰하한은 다르다.

④ 고장이 하나도 없을 때는 지수분포를 푸아송분포로 해서 수명의 하한값을 구하면 된다.

해설

① r번 고장이 발생한 경우 평균수명의 양쪽 신뢰구간은 자유도 $2r$인 χ^2분포를 따른다.

② 고장이 없을 때는 정수 중단의 수명 신뢰하한에서 단위시간 간격 중 발생하는 고장 개수는 푸아송분포를 따르는 성질을 이용하여 평균수명의 하한추정치를 구한다.

③ 단 한번 고장의 정수 중단과 고장이 전혀 없는 정시 중단의 수명 양쪽 구간 신뢰하한은 같다.

72 다음 기호를 사용하여 신뢰성의 척도를 구하는 방법으로 틀린 것은?

[다 음]
• $R(t)$: 신뢰도
• $F(t)$: 불신뢰도
• $f(t)$: 고장확률밀도함수
• $\lambda(t)$: 고장률함수
• $n(t)$: t시점에서 생존 개수
• N : 초기 샘플수

① $R(t) = \dfrac{n(t)}{N}$

② $F(t) = 1 - R(t)$

③ $\lambda(t) = \dfrac{R(t)}{f(t)}$

④ $f(t) = \dfrac{-dR(t)}{dt}$

해설

고장률함수 또는 순간고장률 $\lambda(t) = \dfrac{f(t)}{R(t)}$

73 40개의 시험제품 중 30개가 고장이 발생하였을 때, 평균순위법을 이용하여 신뢰도 $R(t)$를 구하면 약 얼마인가?

① 0.2683   ② 0.2878

③ 0.3279   ④ 0.3474

해설

$$R(t) = 1 - F(t) = \frac{(n+1) - i}{n+1} = \frac{(40+1) - 30}{40+1} \simeq 0.2683$$

74 고장률이 일정하여 0.005/시간으로서 동일한 부품 10개가 동시에 모두 작동해야만 기능을 발휘하는 시스템의 평균수명은?

① 2시간   ② 20시간

③ 200시간   ④ 2,000시간

해설

동시는 직렬이므로

$$MTBF_S = \frac{1}{\lambda_S} = \frac{1}{\sum \lambda i} = \frac{1}{10 \times 0.005} = 20시간$$

75 예정된 시험기간 내에 샘플이 모두 고장 나지 않아 시험조건을 사용조건보다 악화시켜 고장 발생시간을 단축하는 시험은?

① 가속수명시험   ② 정상수명시험

③ 중도중단시험   ④ 정시단축시험

해설

② 정상수명시험 : 시료에 대하여 정상 사용조건하에서 기능을 잃고 고장 나는 시간을 관측하는 수명시험방법으로, 수명시험의 일반적 방법으로 이용된다.

③ 중도중단시험 : 일반적인 신뢰성시험의 평균수명시험을 추정하는 방법으로 시간이나 개수를 정해 놓고 그때까지만 수명시험을 하는 계량형 특성을 갖는 시험으로, 정시중단시험과 정수중단시험이 있다. 이때 수명분포는 지수분포를 나타낸다.

④ 정시단축시험 : 정시단축시험은 없으며 미리 시간을 정해 두고 그 시간이 되면 중단하는 시험인 정시중단시험이 있다.

76 예방보전과 사후보전을 모두 실시할 때 보전성의 척도는?

① 수리율

② 보전도함수

③ 평균정지시간(MDT)

④ 평균수리시간(MTTR)

해설

① 수리율 : t시간까지 고장 상태로 있던 시스템이 t시간 직후 즉시 수리가 완료될 비율 $u(t) = \dfrac{m(t)}{1 - M(t)}$

② 보전도함수 : 고장 난 시스템이 t시간 이내에 회복될 확률

$$M(t) = \int_0^t m(u)du$$

④ 평균수리시간(MTTR) : 고장 발생 시 수리하는 데 소요되는 평균시간으로, 사후보전만 실시할 때의 보전성의 측도

$$MTTR = \int_0^\circ t m(t)dt$$

77 신뢰도가 0.9로 동일한 부품 2개를 결합하여 만든 시스템이 2개 부품 중 어느 하나만 작동하면 기능을 발휘한다고 할 때, 이 시스템의 신뢰도는?

① 0.19   ② 0.81

③ 0.90   ④ 0.99

해설

$$R_s = 1 - (1-r)^2 = 1 - (1-0.9)^2 = 0.99$$

78 표본의 크기가 n일 때 시간 t를 지정하여 그 시간까지 고장수를 r로 한다면, 수명 t에 대한 신뢰도 $R(t)$의 추정식은?

① $R(t)=\frac{r}{n}$　② $R(t)=\frac{n-r}{n}$
③ $R(t)=\frac{n}{r}$　④ $R(t)=\frac{r-n}{r}$

해설
$R(t)=\frac{n(t)}{N}=\frac{n-r}{n}$

79 어떤 시스템의 고장률이 시간당 0.045, 수리율은 시간당 0.85일 때, 이 시스템의 가용도는 약 얼마인가?

① 0.0503　② 0.5037
③ 0.9249　④ 0.9497

해설
가용도 $A=\frac{\mu}{\lambda+\mu}=\frac{0.85}{0.045+0.85}\simeq 0.9497$

80 어떤 재료에 가해지는 부하의 평균은 20[kg/mm²]이고, 표준편차는 3[kg/mm²]이다. 그리고 사용재료의 강도는 평균이 35[kg/mm²]이고, 표준편차가 4[kg/mm²]이다. 이 재료의 신뢰도는 약 얼마인가?(단, 다음의 정규분포표를 이용하여 구한다)

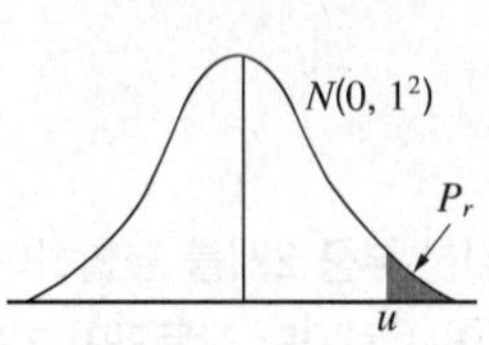

u	$1-P_r$
1.96	0.0455
2.00	0.0227
2.78	0.0027
3.00	0.0013

① 95.45[%]　② 97.73[%]
③ 99.73[%]　④ 99.87[%]

해설
신뢰도 $P_r\left(u>\frac{20-35}{5}\right)=P_r(u>-3)=P_r(u<3)$이며,
$u_\alpha=3$일 때 $\alpha=1-Pr=1-0.0013=0.9987=99.87[\%]$

제5과목 | 품질경영

81 2종류의 데이터의 관계를 그림으로 나타낸 것으로, 개선하여야 할 특성과 그 요인의 관계를 파악하는 데 주로 사용되는 것은?

① 산점도　② 특성요인도
③ 체크시트　④ 히스토그램

해설
② 특성요인도(Cause and Effect Diagram 또는 Characteristics Diagram) : 어떤 문제에 대한 특성과 그 요인을 파악하기 위한 개선활동기법으로, 일의 결과(특성)와 그것에 영향을 미치는 원인(요인)을 그림과 같이 계통적으로 정리한 그림이다.
③ 체크시트(Check Sheet) : 종류별로 데이터를 취하거나 확인단계에서 누락, 오류 등을 없애기 위해 간단히 체크해서 결과를 쉽게 알 수 있도록 만든 도표이다.
④ 히스토그램(Histogram) : 데이터가 존재하는 범위를 몇 개의 구간으로 나누어 각 구간에 들어가는 데이터의 출현 도수를 세어 도수표를 만든 후 이것을 도형화한 것이다.

82 다수의 측정자가 동일한 측정기를 이용하여 동일한 제품을 여러 번 측정하였을 때 파생되는 개인 간의 측정변동을 의미하는 것은?

① 재현성　② 정밀도
③ 안정성　④ 직선성

해설
② 정밀도(Precision) : 데이터 분포의 폭 크기
③ 안정성(Stability, Drift) : 동일한 마스터나 시료에 대하여 하나의 측정시스템을 사용해서 장기간에 걸쳐 단 하나의 특성을 측정하여 얻은 측정값의 총변동
④ 직선성(선형성, Linearity) : 계측기의 예상되는 작동범위에 걸쳐 생기는 편의값들의 차이

78 ② 79 ④ 80 ④ 81 ① 82 ① 정답

83 품질보증의 의미를 설명한 것 중 틀린 것은?

① 소비자의 요구품질이 갖추어져 있다는 것을 보증하기 위해 생산자가 행하는 체계적인 활동

② 품질기능이 적절하게 행해지고 있다는 확신을 주기 위해 필요한 증거에 관계되는 활동

③ 소비자의 요구에 맞는 품질의 제품과 서비스를 경제적으로 생산하고 통제하는 활동

④ 제품 또는 서비스가 소정의 품질요구를 갖추고 있다는 신뢰감을 주기 위해 필요한 계획적, 체계적 활동

해설
소비자의 요구에 맞는 품질의 제품과 서비스를 경제적으로 생산하고 통제하는 활동은 품질관리에 대한 정의이다.

84 6σ 품질수준에서 예상되는 이상적인 공정능력지수 (C_p)값은?

① 1 　　　　　　② 2
③ 3 　　　　　　④ 4

해설
6σ 시그마 품질수준의 공정능력지수
• $C_p = 2.0$(치우침 미고려)
• $C_{pk} = 1.5$(치우침 고려)

85 리콜(Recall)조치에 따른 비용은 어떤 품질코스트에 포함되는 비용인가?

① 예방 코스트
② 실패 코스트
③ 평가 코스트
④ 감사 코스트

해설
리콜조치에 따른 비용은 실패 코스트 중 사후 실패 코스트에 해당된다.

86 제조물책임법상 결함의 종류에 해당하지 않는 것은?

① 설계상의 결함
② 제조상의 결함
③ 표시상의 결함
④ 서비스상의 결함

해설
제조물책임법상 결함의 종류
• 설계상의 결함 : 제조업자가 합리적인 대체설계를 채용하였더라면 피해나 위험을 감소시키거나 피할 수 있었음에도 불구하고 대체설계를 채용하지 아니하여 해당 제조물이 안전하지 못하게 된 것
• 제조상의 결함 : 제조업자의 제조물에 대한 제조·가공상의 주의의무의 이행 여부에 불구하고, 제조물이 원래 의도한 설계와 다르게 제조·가공됨으로써 안전하지 못하게 된 경우
• 표시상의 결함 : 제조업자가 합리적인 설명, 지시, 경고, 기타의 표시를 하였더라면 해당 제조물에 의하여 발생될 수 있는 피해나 위험을 줄이거나 피할 수 있었음에도 이를 하지 아니한 경우

87 품질 모티베이션 활동인 ZD 혁신활동의 내용에 해당되지 않는 것은?

① ZD 프로그램의 요체는 MPS(주일정계획)의 실행에 있다.

② 1960년대 미국의 마틴사에서 원가 절감으로 전개된 운동이다.

③ 품질 향상에 대한 종업원의 동기부여 프로그램에 해당된다.

④ 무결점혁신활동 또는 완전무결혁신활동으로 불리고 있다.

해설
ZD 프로그램의 요체는 작업의 중요성을 인식하는 것에 있다.

89 TQM의 전략목표로 가장 적절한 것은?

① 고객의 기대와 요구를 만족시키는 것

② 품질이 소정수준에 있음을 보증하는 것

③ 표준을 설정하고 이것에 도달하기 위해 사용되는 모든 수단의 체계

④ 최고경영자에 의해 공식적으로 표명된 품질에 관한 조직의 전반적 의도

해설
TQM
• TQM은 통계를 이용한 종합적 품질관리(TQC)에서 발전한 기법으로, 고객지향 품질활동을 품질관리책임자뿐 아니라 마케팅, 엔지니어링, 생산, 노사관계 등 기업의 모든 분야로 확대하는 것이다.
• TQM은 전략적 차원에서 생산직, 관리자, 최고경영자까지 참여하는 품질운동이다.
• TQM은 고객중심(고객지향), 지속적 개선(공정 개선), 전원 참가의 세 가지 원칙하에 진행되는 특징이 있다.
• TQM 5요소 : 고객, 종업원, 공급자, 경영자, 프로세스
• TQM의 전략목표로 고객의 기대와 요구를 만족시키는 것이 가장 중요하다.

88 산업규격은 적용되는 지역과 범위에 따라 분류할 수 있는데 이에 해당된다고 볼 수 없는 것은?

① 사내규격

② 전달규격

③ 국가규격

④ 국제규격

해설
전달규격은 국면에 따른 분류 또는 기능에 따른 분류에 속한다. 전달규격은 기본규격이라고도 하며 계량단위, 용어, 기호, 단위 등 물질의 행위에 관한 규격이다(회사 마크양식·재료·색상별 표준 등).

90 품질시스템에서 해당 부서와 독립된 인원에 의해 수행되어야 할 업무는?

① 서비스

② 품질보증

③ 품질심사

④ 제품책임

해설
① 서비스 : 공급자와 고객 간의 인터페이스에서 시행되는 적어도 하나의 활동결과이며, 일반적으로는 무형의 제품 형태를 지닌다.
② 품질보증(QA : Quality Assurance) : 제품 또는 서비스가 품질요건을 만족시킬 것이라는 적절한 신뢰감을 주는 데 필요한 모든 계획적이고 체계적인 활동이다.
④ 제품책임 또는 제조물책임(PL ; Product Liability) : 제조물의 결함으로 인해서 사용자에게 입힌 재산상의 손실에 대한 생산자, 판매자 측의 배상책임이다.

91 활동기준원가(Activity Based Cost)의 적용에 따른 효과가 아닌 것은?

① 관리회계시스템의 기반을 구축할 수 있다.

② 정확한 원가 및 이익 정보 제공이 가능하다.

③ 성과평가를 위한 인프라 및 전략적 정보를 제공한다.

④ 품질프로그램의 중요성에 대한 우선순위 결정이 가능하다.

해설
활동기준원가를 적용하면, 경영자원 배분에 대한 우선순위 결정이 가능하다. 품질관리의 측면에서는 품질관리상의 문제영역과 활동의 우선순위를 결정할 수 있다.

93 타인의 의견을 바탕으로 자유롭게 발상하고 발언한다. 발언에 미숙한 사람도 참가하며 타인의 의견을 같은 수준에서 받아들여 아이디어를 내는 방법은?

① 카이젠
② 브레인스토밍
③ 특성요인도
④ 희망점열거법

해설
① 카이젠(KAIZEN) : 개선의 일본어 발음이지만, 지속적 개선을 상징하는 세계적인 용어이다.
③ 특성요인도(Cause and Effect Diagram 또는 Characteristics Diagram) : 결과에 원인이 어떻게 관계하고 있으며, 어떤 영향을 주고 있는가를 한눈에 알 수 있도록 작성하는 그림이다.
④ 희망점열거법 : 개선하려는 대상에 대해 희망하는 것을 기록하여 희망사항의 실현을 추구하는 아이디어 발상법이다. 현상에서 떨어져 희망사항을 추구하기 때문에 혁신적인 해결책을 기대할 수 있으나, 해결책을 실시하는 데는 많은 장벽이 있다.

92 조직을 계획하는 데 이용되는 3가지 도구 중 해당 직종의 책임, 권한, 수행업무 및 타 직무와의 관계 등을 나타낸 것은?

① 조직표
② 관리표준서
③ 책임분장표
④ 직무기술서

해설
QC조직에 이용되는 3가지 도구
• 직무기술서 : 해당 직종의 책임, 권한, 수행업무, 타 직무와의 관계 등을 나타낸 문서
• 조직표 : 조직의 부문 편성, 직위의 상호관계, 책임과 권한의 분담, 명령의 계통 등을 한눈에 볼 수 있도록 나타낸 표
• 책임분장표(업무분장표) : 조직원 각자가 맡아야 할 업무의 범위와 책임을 확실히 하기 위한 표

94 허용차와 공차에 대한 설명으로 틀린 것은?

① 최대 허용치수와 최소 허용치수와의 차이를 공차라고 한다.

② 허용한계치수에서 기준지수를 뺀 값을 실치수라고 한다.

③ 허용차는 규정된 기준치와 규정된 한계치와의 차이다.

④ 허용차의 표시방법은 양쪽이 같은 수치를 가질 때에는 ±를 붙여서 기재한다.

해설
허용한계치수에서 기준치수를 뺀 값을 치수허용차라고 한다. 치수허용차에는 위치수허용차와 아래치수허용차가 있다.

95 사내표준화의 운용단계에서 규격의 준수와 실천을 위한 설명으로 틀린 것은?

① 사내규격은 조직의 정보 공유 차원에서 다루어지고 실천한다.

② 리더는 해당자에게 철저히 훈련하여 표준이 준수될 수 있도록 한다.

③ 사내표준화가 지켜지지 않으면 그 이유가 있으므로 근본원인을 제거한다.

④ 사내규격은 회사의 기본시스템을 언급하고 있기 때문에 형식적으로 취급한다.

> **해설**
> 사내규격은 조직의 정보 공유 차원에서 다루어지고 실천한다. 사내규격은 회사의 기본시스템을 언급하고 있으며 형식적으로 취급하면 아니되며 실제 적용을 하며 중요하게 취급해야 한다.

96 고객만족도 조사의 3원칙이 아닌 것은?

① 계속성의 원칙

② 정량성의 원칙

③ 신속성의 원칙

④ 정확성의 원칙

> **해설**
> 고객만족도 조사의 3원칙
> • 계속성의 원칙 : 고객만족도를 과거, 현재, 미래와 비교할 수 있어야 하는데, 고객의 니즈는 주변환경에 따라 항상 변하고 만족도 또한 제품 품질의 향상, 서비스의 향상 등에 따라 달라지므로 고객만족도를 파악하기 위해서는 과거 시점에 비해 만족도가 향상되었는지, 미래에 어떻게 변화할 것인지에 대해 파악할 수 있어야 한다. 이를 위해서는 일회성이 아닌 지속적, 주기적으로 시행되어야 한다.
> • 정량성의 원칙 : 항목 간 비교 가능하도록 정량적인 조사여야 한다. 예를 들어 성능은 좋은데 디자인이 마음에 들지 않거나 서비스 요원이 불만족스럽다는 것은 항목 간 비교가 불가능하므로, 고객의 의견을 항목화시키고 수량적으로 데이터로 스코어화시켜야 한다.
> • 정확성의 원칙 : 정확한 실사, 통계분석, 해석을 수행한다.

97 수치맺음법에 따라 계산한 것으로 틀린 것은?

① 2.2962를 유효숫자 3자리로 맺으면 2.30이다.

② 3.2967을 소수점 이하 3자리로 맺으면 3.297이다.

③ 5.346을 유효숫자 2자리로 맺을 때 첫 단계로 5.35, 둘째 단계로 5.4가 되어 결국 5.4이다.

④ 0.0745(소수점 이하 4자리가 반드시 5인지 버려진 것인지 올려진 것인가를 모른다)를 소수점 이하 3자리로 맺으면 0.074이다.

> **해설**
> 5.346을 유효숫자 2자리로 맺으면 5.30이다.

98 고객이 요구하는 참된 품질을 언어 표현에 의해 체계화하여 이것과 품질특성의 관련을 짓고, 고객의 요구를 대용특성으로 변화시키며 품질설계를 실행해 나가는 품질표를 사용하는 기법은?

① QFD

② 친화도

③ FMEA/FTA

④ 매트릭스 데이터 해석

> **해설**
> ② 친화도(Affinity Diagram) : 장래의 문제나 미지의 문제에 대해 수집한 정보를 상호 친화성에 의해 정리하고, 해결해야 할 문제를 명확히 하는 기법이다.
> ③ FMEA/FTA : 고장해결기법
> • FMEA(Failure Mode and Effect Analysis, 고장모드영향분석) : 제품이 제조·사용 중에 일어날 수 있는 예상 가능한 모든 고장의 형태를 선정하고, 이러한 고장이 공정·제품·시스템 전체에 어떠한 영향을 미치며, 그 고장의 원인은 어디에 있는가를 추정, 분석하여 신뢰성상의 약점을 사전에 지적하고 대책을 강구해 나가는 기법이다.
> • FTA(Failue Tree Analysis, 고장나무해석) : 고장의 원인이 무엇인가를 논리적으로 분석하는 분석기법이다. 제품의 고장을 나무 모양의 수형도로 더듬어 나가서 어떤 부품이 고장의 원인이 되었는가를 찾아가는 해석기법이다.
> ④ 매트릭스데이터해석(Matrix-data Analysis) : 매트릭스데이터를 쉽게 비교해 볼 수 있도록 그림(L형 매트릭스)으로 나타낸 것이다.

99 품질경영시스템 – 기본사항과 용어(KS Q ISO 9000 : 2015)에서 정의된 내용 중 계획된 활동이 실현되어 계획된 결과가 달성되는 정도를 의미하는 용어는?

① 효율성

② 적절성

③ 효과성

④ 적합성

① 효율성(능률성, Efficiency) : 달성된 결과와 사용된 자원과의 관계
② 적절성(Suitability) : 정도에 알맞음. 어울리는 정도
④ 적합성(Conformance) : 제품, 서비스, 공정, 체제 등이 표준, 제품규격, 기술규정 등에서 규정된 요건을 충족하는(부합하는) 정도

100 Y제품의 치수가공을 관리하기 위해서 $\overline{X} - R$ 관리도를 이용하고자 한다. 관리도의 작성을 위해 $n = 5$인 부분군 25개를 추출하여 결과를 정리하니 $\sum \overline{X_i} = 652.4$, $\sum R_i = 13.2$이었다. 주어진 치수의 규격은 26.0 ± 1.0[mm]라고 하면, 공정능력지수 C_p는 약 얼마인가?(단, $n = 5$일 때, $A_2 = 0.58$, $D_4 = 2.11$, $d_2 = 2.3260$다)

① 0.73

② 0.99

③ 1.33

④ 1.47

$$C_p = \frac{T}{6\sigma} = \frac{S_U - S_L}{6 \times \frac{\overline{R_s}}{d_2}} = \frac{27 - 25}{6 \times \frac{(13.2/25)}{2.326}} \simeq 1.47$$

제1과목┃ **실험계획법**

01 다구치 실험계획법에서 사용되는 파라미터설계에서 파라미터(Parameter)는 무엇을 의미하는가?

① 변수의 계수(Coefficient)를 의미한다.

② 망목, 망대, 망소를 나타내는 특성치를 의미한다.

③ 제어 가능한 요인(Controllable Factor)을 의미한다.

④ 요인이 취할 수 있는 값의 범위(Range)를 의미한다.

해설

다구치 실험계획법에서 파라미터(Parameter)는 제품성능의 특성치에 영향을 주는 요인 중 제어 가능한 요인(Controllable Factor)이다. 이들 요인들의 최적 수준을 정해 주는 것을 파라미터설계라고 한다.

02 직교분해(Orthogonal Decomposition)에 대한 설명으로 틀린 것은?

① 직교분해된 제곱합은 어느 것이나 자유도가 1이 된다.

② 어떤 제곱합을 직교분해하면 어떤 대비의 제곱합이 큰 부분을 차지하고 있는가를 알 수 있다.

③ 두 개의 대비의 계수 곱의 합, 즉 $c_1 c'_1 + c_2 c'_2 + \cdots c_l c'_l = 0$이면, 두 개의 대비는 서로 직교한다.

④ 어떤 요인의 수준수가 l인 경우 이 요인의 제곱합을 직교분해하면, l개의 직교하는 대비의 제곱합을 구할 수 있다.

해설

어떤 요인의 수준수가 l인 경우 이 요인의 제곱합을 직교분해하면, $(l-1)$개의 직교하는 대비의 제곱합을 구할 수 있다.

03 3^2형 요인실험을 설명한 내용 중 틀린 것은?

① 2요인 3수준인 2요인실험과 동일하다.

② 요인 A는 수준수가 3이므로, 자유도는 2가 된다.

③ 처리조합은 00, 01, 02, 10, 11, 12, 20, 21, 22로 표현될 수 있다.

④ 만약 요인 A가 계수요인이고 수준 간격이 일정하면, 요인 A의 1차 효과와 2차 효과의 존재 여부를 찾아볼 수 있다.

해설

인자 A가 계량인자 또는 연속변수이고 수준 간의 간격이 일정할 때 1차 대비와 2차 대비를 만들어 인자 A의 1차 효과와 2차 효과의 존재 여부를 찾아볼 수 있다. 그러나 만일 계수인자라면 1차 대비와 2차 대비를 만드는 것은 무의미하다.

04 반복이 없는 2요인실험에서 A(모수)요인이 5수준, B(모수)요인이 6수준일 경우, $A_i B_j$ 조합에서 유효반복수(n_e)는?

① 1   ② 2

③ 3   ④ 4

해설

유효반복수 $n_e = \dfrac{lm}{l+m-1} = \dfrac{5 \times 6}{5+6-1} = 3$

05 다음 표는 수준의 조에 반복(r)이 2회 있는 2요인실험한 결과이다. S_{AB}는 얼마인가?

요 인		B_1	B_2
A_1		4	8
		7	4
A_2		5	4
		8	6

① 1.58 ② 2.50
③ 4.25 ④ 5.00

해설

$$CT = \frac{T^2}{lmr} = \frac{46^2}{2 \times 2 \times 2} = 264.5$$

$$S_{AB} = \sum_i \sum_j \frac{T_{ij\cdot}^2}{r} - CT$$
$$= \frac{11^2 + 12^2 + 13^2 + 10^2}{2} - 264.5 = 2.5$$

06 필요한 요인에 대해서만 정보를 얻기 위해서 실험 횟수를 가급적 적게 하고자 할 경우 대단히 편리한 실험이지만, 고차의 교호작용은 거의 존재하지 않는다는 가정을 만족시켜야 하는 실험계획법은?

① 교락법 ② 난괴법
③ 분할법 ④ 일부실시법

해설

일부실시법
- 인자의 교호작용은 무시될 수 있어야 한다.
- 고차의 교호작용이 존재하지 않는다는 가정을 전제로 한다(필요한 요인에 대해서만 정보를 얻기 위해서 실험 횟수를 가급적 적게 하고자 할 경우 대단히 편리한 실험이지만, 고차의 교호작용은 거의 존재하지 않는다는 가정을 만족시켜야 한다).
- 불필요한 교호작용이나 고차의 교호작용을 구하지 않는다.

07 1요인실험 단순회귀분산분석표를 작성하여 $S_T = 35.27$, $S_R = 33.07$, $S_e = 1.98$이라는 결과를 얻었다. 이때 나머지 (고차)회귀의 제곱합 S_r은 얼마인가?

① 0.022 ② 0.22
③ 2.2 ④ 2.46

해설

$$S_r = S_A - S_R = 33.29 - 33.07 = 0.22$$

08 모수요인 $A(l$수준), $B(m$수준)는 랜덤화가 곤란하고, 모수요인 $C(n$수준)는 랜덤화가 용이하여 요인 A, B를 1차 단위에 배치하고, 요인 C를 2차 단위로 하여 실험하였다. 1차 단위가 2요인실험인 단일분할법에서 자유도의 계산식으로 틀린 것은?

① $\nu_{e_1} = (l-1)(m-1)$
② $\nu_{e_2} = l(m-1)(n-1)$
③ $\nu_{A \times C} = (l-1)(n-1)$
④ $\nu_{B \times C} = (m-1)(n-1)$

해설

$$\nu_{e_2} = (l-1)(m-1)(n-1)$$

09 $L_{27}(3^{13})$형 직교배열표의 실험에서 A, B, C, D, E와 $B \times C$의 교호작용이 있을 때 오차항의 자유도는?

① 8 ② 10
③ 12 ④ 14

해설

오차항의 열의 수 = 열의 총수 13열 - [주인자 5개열 + 교호작용열 2개 (BC, BC^2)] = 6개열이므로, 오차항의 자유도는 $6 \times 2 = 12$이다.

10 어떤 부품에 대해서 다수의 로트에서 랜덤으로 3로트(A_1, A_2, A_3)를 골라 각 로트에서 또한 랜덤으로 4개씩을 임의 추출하여 그 치수를 측정한 데이터의 분석방법으로 맞는 것은?

① 난괴법
② 라틴방격법
③ 1요인실험 변량모형
④ 1요인실험 모수모형

해설
요인은 A 한 가지이며, 3수준이다. 그리고 각 수준이 기술적 의미를 가지지 않았으므로, 모수요인이 아닌 변량요인이므로 이 데이터 분석방법은 1요인실험 변량모형이다.

11 2^3형 요인배치법에서 다음과 같이 2개의 블록(Block)으로 나누어 실험하고 싶다. 블록과 교락하고 있는 교호작용은?

<table>
<tr><td>블록 Ⅰ</td><td>블록 Ⅱ</td></tr>
<tr><td>a
b
ac
bc</td><td>(1)
ab
c
abc</td></tr>
</table>

① $A \times B$
② $A \times C$
③ $B \times C$
④ $A \times B \times C$

해설
효과 계산 $= \dfrac{1}{4}[A+B+AC+BC-(1)-AB-C-ABC]$

$= -\dfrac{1}{4}(A-1)(B-1)(C+1) = A \times B$

따라서, 블록에 교락된 것은 교호작용 $A \times B$이다.

12 계수치 데이터분석에서 기계(A)를 4수준, 열처리(B)는 3수준, 반복 $r=100$인 반복 있는 2요인실험을 하였다. 실험은 A_iB_j의 12개 조합에서 하나의 조합조건을 랜덤 선택하여 100번 실험을 마치고, 다음으로 나머지 11개의 조합에서 또 하나를 선택하여 100번 실험하는 것으로, 모두 1,200번 실험하여 분석하였다. 분산분석표를 보고 ㉠, ㉡에 적합한 값은?

요인	SS	DF	MS	F_0
A	2.84			㉠
B	4.18			㉡
e_1	1.14			
e_2	84.54			

① ㉠ : 4.983, ㉡ : 11
② ㉠ : 4.983, ㉡ : 29.354
③ ㉠ : 13.301, ㉡ : 11
④ ㉠ : 13.301, ㉡ : 29.354

해설
• 자유도(DF)
$\nu_A = l-1 = 4-1 = 3$
$\nu_B = m-1 = 3-1 = 2$
$\nu_{e_1} = (l-1)(m-1) = 3 \times 2 = 6$
$\nu_{e_2} = lm(r-1) = 4 \times 3 \times 1 = 12$
$\nu_T = lmr-1 = 4 \times 3 \times 2 - 1 = 23$

• 평균제곱(MS)
$V_A = \dfrac{2.84}{3} \simeq 0.947$

$V_B = \dfrac{4.18}{2} = 2.09$,

$V_{e_1} = \dfrac{1.14}{6} = 0.19$

$V_{e_2} = \dfrac{84.54}{12} = 0.7045$

• 평균제곱비(F_0)
$F_{0(A)} = \dfrac{V_A}{V_{e_1}} = \dfrac{0.947}{0.19} \simeq 4.983$

$F_{0(B)} = \dfrac{V_B}{V_{e_1}} = \dfrac{2.09}{0.19} = 11$

$F_{0(e_1)} = \dfrac{V_{e_1}}{V_{e_2}} = \dfrac{0.19}{7.045} \simeq 0.027$

따라서 ㉠은 4.983, ㉡은 11이다.

13 난괴법에 관한 설명으로 틀린 것은?

① 1요인은 모수이고, 1요인은 변량인 반복이 없는 2요인실험이다.

② 일반적으로 실험배치의 랜덤에 제약이 있는 경우에 몇 단계로 나누어 설계하는 방법이다.

③ 실험설계 시 실험환경을 균일하게 하여 블록 간에 차이가 없을 때 오차항에 풀링하면, 1요인실험과 동일하다.

④ 일반적으로 1요인실험으로 단순 반복실험을 하는 것보다 반복을 블록으로 나누어 2요인실험하는 경우, 층별이 잘되면 정보량이 많아진다.

해설
일반적으로 실험배치의 랜덤에 제약이 있는 경우에 몇 단계로 나누어 설계하는 방법은 분할법이다.

14 실험계획법에 관련된 설명으로 맞는 것은?

① 1요인실험의 ANOVA에 대한 가설검정의 귀무가설은 $\sigma_A^2 > 0$이다.

② 오차항에서 가정되는 4가지 특성은 정규성, 독립성, 불편성, 랜덤성이 있다.

③ 자유도는 제곱을 한 편차의 개수에서 편차들의 선형 제약조건의 개수를 뺀 것과 같다.

④ 자유도는 수준 i에서의 모평균 μ_i가 전체의 모평균 μ로부터 어느 정도의 치우침을 가지는가를 나타내는 변수이다.

해설
① 1요인실험의 ANOVA에 대한 가설검정의 귀무가설은 $\sigma_A^2 = 0$이다.
② 오차항에서 가정되는 4가지 특성에는 정규성, 독립성, 불편성, 등분산성이 있다.
④ 자유도는 제곱을 한 편차의 개수에서 편차들의 선형제약조건의 개수를 뺀 것과 같다. 수준 i에서의 모평균 μ_i가 전체의 모평균 μ로부터 어느 정도의 치우침을 가지는가를 나타내는 변수는 수준의 효과(a_i)이다.

15 다음은 $L_4(2^3)$의 직교배열표를 나타낸 것으로, 이에 대한 설명 중 틀린 것은?

실험번호	열번호		
	1	2	3
1	0	0	0
2	0	1	1
3	1	0	1
4	1	1	0
기본 표시	a	b	c

① 1군은 1열, 2군은 2, 3열을 나타낸다.

② 한 열도 하나의 자유도를 갖고, 총자유도의 수는 열의 수와 같다.

③ 기본 표시는 1열과 2열을 곱한 후 Modulus 2로 3열이 만들어진다.

④ 각 열은 (0, 1), (1, 2), (−1, 1), (−, +) 등으로 표시하기로 한다.

해설
기본 표시는 1열과 2열을 더한 후 Modulus 2로 3열이 만들어진다.

16 어떤 정유정제공정에서 장치(A)가 4대, 원료(B)가 4종류, 부원료(C)가 4종류, 혼합시간(D)이 4종류인데, 이것으로 4×4 그레코 라틴방격법 실험을 실시하여 다음 데이터를 얻었다. 총제곱합 S_T는 얼마인가?

요 인	A_1	A_2	A_3	A_4
B_1	C_1D_1 3	C_2D_3 −7	C_3D_4 3	C_4D_2 −4
B_2	C_2D_2 −5	C_1D_4 8	C_4D_3 −9	C_3D_1 9
B_3	C_3D_3 −2	C_4D_1 3	C_1D_2 7	C_2D_4 8
B_4	C_4D_4 −1	C_3D_2 −3	C_2D_1 −1	C_1D_3 −3

① 31.5
② 271.8
③ 470.0
④ 477.8

해설
$$S_T = \sum\sum\sum\sum x_{ijkm}^2 - CT$$
$$= (3^2 + 7^2 + \cdots 1^2 + 3^3) - \frac{6^2}{16} = 480 - 2.25 = 477.75 \approx 477.8$$

17 다음 표는 1요인실험에 의해 얻어진 특성치이다. F_0값과 F분포의 자유도는 얼마인가?

수준 Ⅰ	90	82	70	71	81		
수준 Ⅱ	93	94	80	88	92	80	73
수준 Ⅲ	55	48	62	43	57	86	

① 10.42, (2, 15) ② 10.42, (3, 14)
③ 11.52, (14, 2) ④ 11.52, (15, 3)

해설

$$CT = \frac{T^2}{N} = \frac{1,345^2}{5+7+6} \simeq 100,501.4$$

$$S_T = \sum\sum x_{ij}^2 - CT = (90^2 + 82^2 + \cdots + 57^2 + 86^2) - 100,501.4$$
$$= 4,313.6$$

$$S_A = \sum \frac{T_i^2}{r_i} - CT = \frac{T_{1\cdot}^2}{5} + \frac{T_{2\cdot}^2}{7} + \frac{T_{3\cdot}^2}{6} - CT$$

$$= \frac{155,236}{5} + \frac{360,000}{7} + \frac{123,201}{6} - 4,313.6 = 2,507.9$$

$$S_e = S_T - S_A = 4,313.6 - 2,507.9 = 1,805.7$$
$$\nu_T = 18 - 1 = 17$$
$$\nu_A = l - 1 = 3 - 1 = 2$$
$$\nu_e = \nu_T - \nu_A = 17 - 2 = 15$$

$$V_A = \frac{S_A}{\nu_A} = \frac{2,507.9}{2} = 1,253.95$$

$$V_e = \frac{S_e}{\nu_e} = \frac{1,805.7}{15} = 120.38$$

$$\therefore F_0 = \frac{V_A}{V_e} = \frac{1,253.95}{120.38} \simeq 10.42 이며$$

F분포의 자유도는 $(\nu_A, \nu_e) = (2, 15)$이다.

18 지분실험법에 관한 설명으로 틀린 것은?

① 요인 A와 B는 확률변수이다.
② 요인 A와 B의 교호작용을 검출해 낼 수 있다.
③ 일반적으로 변량요인에 대한 실험계획에 많이 사용된다.
④ 요인 A, B가 변량요인인 지분실험법은 먼저 요인 A의 수준이 정해진 후에 요인 B의 수준이 정해진다.

해설

지분실험법으로 요인 A와 B의 교호작용을 검출해 낼 수 없다.

19 일반적으로 오차(e_{ij})는 정규분포 $N(0, \sigma_e^2)$으로부터 확률 추출된 것이라고 가정한다. 이 가정이 의미하는 것이 아닌 것은?

① 정규성(Normality)
② 독립성(Independence)
③ 불편성(Unbiasedness)
④ 최소 분산성(Minimum Variance)

해설

일반적으로 오차(e_{ij})는 정규분포 $N(0, \sigma_e^2)$으로부터 확률 추출된 것이라고 가정할 때 이 가정이 의미하는 것은 정규성(Normality), 독립성(Independence), 불편성(Unbiasedness), 등분산성(Equal Variance) 등이다.

20 요인 A는 3수준, 요인 B는 4수준, 요인 C는 2수준으로 택하고, 수준의 조합에 반복이 없는 3요인실험에서 분산분석표를 작성하여 다음의 데이터를 얻었다. $S_{A \times B}$는 얼마인가?

[다 음]
$S_A = 1,267$, $S_B = 169$, $S_{AB} = 1,441$

① 5 ② 10
③ 15 ④ 20

해설

$$S_{A \times B} = S_{AB} - S_A - S_B = 1,441 - 1,267 - 169 = 5$$

21 다변량관리도(Multi Variate Control Chart)에서 다루는 품질변동이 아닌 것은?

① 위치변동
② 주기변동
③ 시간변동
④ 산포변동

해설

다변량관리도

제품의 품질특성을 나타내는 품질특성치들이 서로 높은 상관관계를 지니면 각각의 품질특성치에 대한 개별적인 관리도의 시행이 잘못된 판정을 내릴 가능성이 높아지므로 이러한 단점을 극복하고자 하는 관리도이다. 다변량관리도로 위치변동, 주기변동, 시간변동 등의 품질변동을 다룰 수 있다.

22 전체 학생들의 성적이 정규분포를 따르는지 적합도 검정을 활용하여 검정하고자 할 때 검정절차 중 가장 거리가 먼 것은?

① 귀무가설은 정규분포라고 가정한다.
② 검정통계량은 카이제곱분포를 이용한다.
③ 각각의 분류한 급에 대한 기대빈도수는 카이제곱분포로 계산한다.
④ 자유도는 조사한 데이터를 급으로 분류할 때, 급의 수보다 1이 작다.

해설

각각의 분류한 급에 대한 기대빈도수는 정규분포로 계산한다.

23 100[V]짜리 백열전구의 수명분포는 $\mu = 500$시간, $\sigma = 75$시간인 정규분포에 따른다고 할 때, 이미 500시간 사용한 전구를 앞으로 75시간 이상 더 사용할 수 있을 확률은 약 얼마인가?

u	P_r
0.0	0.5000
1.0	0.1587
1.5	0.0668
2.0	0.0228

① 0.2440
② 0.3174
③ 0.5834
④ 0.8413

해설

$$P(575/500) = \frac{P_r(T \geq 575)}{P_r(T \geq 500)} = \frac{P_r\left(U \geq \dfrac{575-\mu}{\sigma}\right)}{P_r\left(U \geq \dfrac{500-\mu}{\sigma}\right)}$$

$$= \frac{P_r\left(U \geq \dfrac{575-500}{75}\right)}{P_r\left(U \geq \dfrac{500-500}{75}\right)}$$

$$= \frac{P_r(U \geq 1)}{P_r(U \geq 0)} = \frac{0.1587}{0.50000} = 0.3174$$

24 계수형 샘플링검사의 OC곡선에 관한 설명으로 틀린 것은?(단, 로트의 크기는 시료의 크기에 비해 충분히 크다)

① 부적합품률의 변화에 따라 합격되는 정도를 나타낸 곡선이다.
② 로트의 크기와 샘플의 크기, 합격판정 개수를 알면 그에 맞는 독특한 OC곡선이 정해진다.
③ 샘플의 크기와 합격판정 개수가 일정할 때 로트의 크기가 변하면 OC곡선에 크게 영향을 준다.
④ 부적합품률이 P일 때 초기하분포, 이항분포, 푸아송분포 중에 하나를 사용하여 로트의 합격확률 $L(P)$를 구한다.

해설

샘플(시료)의 크기 n과 합격판정 개수 c가 일정하고, 로트의 크기 N이 어느 정도 이상 크면 N의 크기는 OC곡선의 모양에 영향을 거의 주지 않는다.

25 검사가 행해지는 공정에 의한 분류에 속하지 않는 것은?

① 수입검사   ② 공정검사

③ 출하검사   ④ 순회검사

해설

순회검사는 검사가 행해지는 장소에 의한 분류에 속한다.

26 정규분포를 따르는 모집단에서 10개의 제품을 뽑아서 두께를 측정한 결과, 다음과 같은 자료를 얻었다. 제품 두께의 모분산(σ^2)에 대한 90[%] 신뢰구간은 약 얼마인가?(단, $\chi^2_{0.05}(9) = 3.33$, $\chi^2_{0.95}(9) = 16.92$, $t_{0.95}(9) = 1.833$, $t_{0.975}(9) = 2.262$이다)

> **[다 음]**
>
> $$\sum_{i=1}^{10} x_i = 2{,}276 \qquad \sum_{i=1}^{10} x_i^2 = 518{,}064$$

① $2.74 \leq \sigma^2 \leq 13.93$

② $2.74 \leq \sigma^2 \leq 15.48$

③ $3.04 \leq \sigma^2 \leq 13.93$

④ $3.04 \leq \sigma^2 \leq 15.48$

해설

1개 모분산의 90[%] 양쪽 신뢰구간 추정

$n = 10$, $\alpha = 0.1$, $\nu = n - 1 = 10 - 1 = 9$이고

$S = \sum x^2 - \dfrac{(\sum x)^2}{n} = 518{,}064 - \dfrac{2{,}276^2}{10} = 46.4$이므로

$\dfrac{S}{\chi^2_{1-\alpha/2}(\nu)} \leq \sigma^2 \leq \dfrac{S}{\chi^2_{\alpha/2}(\nu)}$ 에서

$\dfrac{46.4}{\chi^2_{0.95}(9)} \leq \sigma^2 \leq \dfrac{46.4}{\chi^2_{0.05}(9)}$ 이며

이것은 $\dfrac{46.4}{16.92} \leq \sigma^2 \leq \dfrac{46.4}{3.33}$ 이다.

따라서 $2.74 \leq \sigma^2 \leq 13.93$이다.

27 정밀도의 정의를 뜻하는 내용으로 맞는 것은?

① 데이터 분포 폭의 크기

② 참값과 측정데이터의 차

③ 데이터 분포의 평균치와 참값의 차

④ 데이터의 측정시스템을 신뢰할 수 있는가 없는가의 문제

해설

정밀도(Precision) : 데이터 분포의 폭 크기, 측정값(분포)의 흩어짐 정도, 산포 크기, 우연오차의 작은 정도

② 참값과 측정데이터의 차 : 오차

③ 데이터 분포의 평균치와 참값의 차 : 정확도

④ 데이터의 측정시스템을 신뢰할 수 있는가 없는가의 문제 : 게이지 R&R

28 A회사 B회사 제품의 로트로부터 각각 12개 및 10개 제품을 추출하여 순도를 측정한 결과, $\sum x_A = 1{,}145.7$, $\sum x_B = 947.2$일 때 두 회사 제품의 모평균의 차에 대한 신뢰구간은 약 얼마인가?(단, $\sigma_A = 0.3$, $\sigma_B = 0.2$이며, 신뢰수준은 95[%]로 한다)

① $0.54 \sim 0.79$

② $0.54 \sim 0.97$

③ $0.66 \sim 0.79$

④ $0.66 \sim 0.97$

해설

$(\overline{x_A} - \overline{x_B}) \pm u_{0.975} \sqrt{0.3^2/12 + 0.2^2/10}$

$= (95.475 - 94.72) \pm 1.96 \sqrt{0.3^2/12 + 0.2^2/10}$

$= 0.755 \pm 0.2101 = 0.54 \sim 0.97$

29 계수 및 계량규준형 1회 샘플링검사(KS Q 0001 : 2013)에서 계량규준형 1회 샘플링검사 중 로트의 부적합품률을 보증하는 경우 규정상한(U)을 주고 표본의 크기 n과 상한 합격판정치 $\overline{X}_U$에 대한 설명으로 틀린 것은?

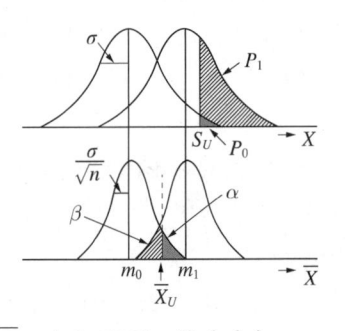

① $\overline{x} \le \overline{X}_U$이면 로트는 합격이다.

② $m_1 - m_0 = \left(K_{P_o} - K_{P_1}\right)\dfrac{\sigma}{\sqrt{n}}$ 로 표시된다.

③ 사선 친 $\alpha = 0.05$, $\beta = 0.1$의 사이에 $\overline{X}_U$가 존재한다.

④ m_1의 평균을 가지는 분포의 로트로부터 표본 n개를 뽑았을 경우 $\overline{X}_U$에 대하여 로트가 합격할 확률은 β이다.

해설
망소특성이며, 이때의 합격판정선은
$$\overline{X}_u = m_0 + k_\alpha \frac{\sigma}{\sqrt{n}} = m_0 + G_0\sigma = m_1 - k_\beta \frac{\sigma}{\sqrt{n}} \text{로 표시한다.}$$

30 갑, 을 2개의 주사위를 굴렸을 때 적어도 한쪽에 홀수의 눈이 나타날 확률은?

① $\dfrac{1}{4}$ 　　② $\dfrac{1}{2}$

③ $\dfrac{2}{3}$ 　　④ $\dfrac{3}{4}$

해설
$1 - $ 모두가 짝수일 확률 $= 1 - \left(\dfrac{1}{2}\right)^2 = \dfrac{3}{4}$

31 결혼 후 두 자녀 이상 갖기를 원하는 부부들의 선호도에 관한 설문을 하기 위해 미혼 남성 200명, 미혼 여성 100명을 대상으로 그 선호도를 조사하였다. 그 결과 미혼 남성 중 50명이, 미혼 여성 중 10명이 두 자녀 이상을 갖기 원하였다. 두 자녀 이상 갖기를 원하는 남성과 여성의 비율의 차에 대한 90[%] 신뢰구간에 대한 신뢰상한값은 약 얼마인가?(단, $u_{0.10} = 1.285$, $u_{0.05} = 1.645$이다)

① 0.080 　　② 0.150

③ 0.205 　　④ 0.221

해설
$$\left(\frac{50}{200} - \frac{10}{100}\right) + 1.645\sqrt{\frac{0.25 \times 0.75}{200} + \frac{0.1 \times 0.9}{100}} = 0.221$$

32 $\overline{X} - R$관리도의 운용에서 $\overline{X}$관리도는 아무 이상이 없으나 R관리도의 타점이 관리한계 밖으로 벗어났을 때 판정으로 가장 타당한 것은?

① 공정산포에 변화가 일어났을 가능성이 높다.

② 공정평균에 변화가 일어났을 가능성이 높다.

③ 공정평균과 공정산포에 모두 변화가 일어났을 가능성이 높다.

④ $\overline{X}$관리도는 이상이 없으므로 공정의 변화가 발생하지 않은 것으로 간주할 수 있다.

해설
$\overline{X}$관리도는 아무 이상이 없으므로, 공정평균에 변화가 발생하지 않았을 가능성이 높고, R관리도의 타점이 관리한계 밖으로 벗어났으므로 공정산포에 변화가 일어났을 가능성이 높다.

33 계수형 샘플링검사 절차 - 제1부 : 로트별 합격품질한계 (AQL) 지표형 샘플링검사방식(KS Q ISO 2859-1 : 2014)에서 분수 합격판정 개수의 샘플링방식에 관한 설명으로 틀린 것은?

① 소관권한자가 인정하는 경우만 가능하다.

② 샘플 중에 부적합품이 전혀 없을 때에는 로트를 합격으로 한다.

③ 샘플링방식이 일정하지 않은 경우 합격판정 점수가 5 이하이면 $A_c = 0$으로 하여 판정한다.

④ 합격판정 개수가 1/2인 검사로트에서 부적합품이 1개 발견되는 경우, 충분한 수의 직전 로트에서의 샘플 중에 부적합품이 전혀 없을 때에만 현재의 로트를 합격으로 간주해야 한다.

해설

샘플링방식이 일정하지 않은 경우 합격판정 점수가 9 이상이면, A_c(합격판정 개수)를 1로 하여 판정한다.

34 np관리도에 관한 설명으로 틀린 것은?

① 시료의 크기는 반드시 일정해야 한다.

② 관리항목으로 부적합품의 개수를 취급하는 경우에 사용한다.

③ 부적합품의 수, 1급 품의 수 등 특정한 것의 개수에도 사용할 수 있다.

④ p관리도보다 계산이 쉽지만, 표현이 구체적이지 못해 작업자가 이해하기 어렵다.

해설

np관리도는 p관리도보다 계산이 쉽고 표현이 구체적이라 작업자가 이해하기 쉽다. 그러나 시료의 크기가 일정해야 하는 제약이 있다.

35 K사에서 판매하는 커피 자동판매기가 1번에 배출하는 커피의 양은 평균 μ, 표준편차 1.0[cm³]인 정규분포를 따른다. 배출되는 커피량이 120[cm³] 이상이 될 확률이 95[%] 이상이 되도록 하기 위해서는 평균을 약 몇 [cm³]로 하여야 하는가?

① 118.355 ② 120.000
③ 121.645 ④ 123.290

해설

커피 자동판매기가 1번에 배출하는 커피의 양인 확률변수를 X라고 하면 확률변수 $X \sim N(\mu,\ 1.0^2)$이므로,

$$P_r(X \geq 120) = P_r\left(\frac{X-\mu}{\sigma} \geq \frac{120-\mu}{\sigma}\right)$$
$$= P_r\left(U \geq \frac{120-\mu}{10}\right) \geq 0.95$$

표준정규확률변수 U는 표준정규분포를 따르며
$P_r(U \geq u_\alpha) \geq 0.95$에서 $u_\alpha = -1.645$이므로,

$\frac{120-\mu}{1.0} = -1.645$이다.

$\therefore \mu = 121.645$

36 계수치축차샘플링검사방식(KS Q ISO 8422)에서 합격판정치를 구하는 식으로 맞는 것은?

① $-h_A + gn_{cum}$

② $gn_t - 1$

③ $-h_r + gn_{cum}$

④ $gn_t + 1$

해설

계수치축차샘플링검사방식의 판정선
• 합격판정선 : $A = -h_A + gn_{cum}$ (소수점 이하 버림)
• 불합격판정선 : $R = h_R + gn_{cum}$ (소수점 이하 올림)

37 제2종의 오류를 작게 하고자 해서 관리한계를 3σ에서 1.95σ으로 하면, 제1종의 오류를 일으키는 확률은 0.3[%]에서 어떻게 되는가?

① 변하지 않는다.

② 3[%]로 변한다.

③ 5[%]로 변한다.

④ 10[%]로 변한다.

해설

3σ법의 $\bar{x}$관리도에서 제1종 과오는 약 0.3[%](0.27[%])이다. 제2종 과오를 작게 하려고 관리한계를 3σ에서 1.96σ로 하면, 제1종 과오를 범할 확률은 약 0.3[%]에서 약 5[%]로 증가한다.

38 두 변수 x와 y 사이의 선형관계를 규명하고자 데이터를 수집한 결과가 다음과 같을 때, y에 대한 x의 회귀식으로 맞는 것은?

[다 음]	
$\bar{x} = 1.505$	$\bar{y} = 2.303$
$S_{xy} = 1.043$	$S_{xx} = 1.5$

① $y = 0.695x - 0.307$

② $y = 0.695x + 1.257$

③ $y = 0.787x - 0.307$

④ $y = 0.787x + 1.257$

해설

회귀계수 $b = \dfrac{S_{xy}}{S_{xx}} = \dfrac{1.043}{1.5} \simeq 0.695$이며,

회귀직선식은 $y - \bar{y} = b(x - \bar{x})$의 형태이므로,

$y - 2.303 = 0.695(x - 1.505)$에서

$y = 0.695x + 1.257$

39 $\bar{X} - R$관리도로부터 층의 평균치 차이를 검정할 때 사용하는 최소 유의차에 대한 식이 다음과 같다. 이 식을 사용하기 위한 전제조건으로 틀린 것은?(단, $\bar{\bar{x}}_A$, $\bar{\bar{x}}_B$는 각각의 $\bar{X}$관리도의 중심선이며, k_A, k_B는 각각의 부분군의 수이다)

$$\bar{\bar{x}}_A - \bar{\bar{x}}_B \geq A_2 \bar{R} \sqrt{\frac{1}{k_A} + \frac{1}{k_B}}$$

[다 음]

① 두 관리도의 분산은 같지 않아도 된다.

② 두 관리도가 모두 관리 상태이어야 한다.

③ 두 관리도의 표본은 크기가 같아야 한다.

④ 두 관리도의 부분군의 수는 다를 수 있다.

해설

두 관리도의 분산은 같아야 한다.

40 통계적 가설검정에 대한 설명으로 맞는 것은?

① 기각역이 커질수록 제2종 오류는 증가한다.

② 제1종 오류가 결정되면 기각역을 결정할 수 있다.

③ 표본의 크기가 커지면 제2종 오류는 증가한다.

④ 제1종 오류가 결정되면 표본의 크기를 결정할 수 있다.

해설

① 기각역이 커질수록 제2종 오류는 감소한다.

③ 표본의 크기가 커지면 제2종 오류는 감소한다.

④ 제1종 오류가 결정되면 제2종 오류를 결정할 수 있다.

제3과목 | 생산시스템

41 테일러시스템과 포드시스템에 관한 특징이 올바르게 짝지어진 것은?

① 테일러시스템 – 직능식 조직
② 포드시스템 – 기초적 시간 연구
③ 포드시스템 – 차별적 성과급제
④ 테일러시스템 – 저가격, 고임금의 원칙

해설
② 테일러시스템 – 기초적 시간 연구
③ 테일러시스템 – 차별적 성과급제
④ 포드시스템 – 저가격, 고임금의 원칙

42 학습곡선(공수체감곡선)의 활용 분야에 해당하지 않는 것은?

① 작업자 안전
② 성과급 결정
③ 제품이나 부품의 적정 구입 가격 결정
④ 작업로트 크기에 따라 표준공수 조정

해설
공수체감현상의 활용 분야 : 제품 · 부품의 적정 구입 가격 결정, 작업로트 크기에 따라 표준공수 조정, 성과급 결정, 신제품 생산 개시 때 표준공수견적 · 정원계획 · 출하계획 · 원가 계측, 새로운 작업자 교육 훈련계획, 장려급 설정 기초자료 등

43 설비 선정 시 주문 생산에서와 같이 제품별 생산량이 적고, 제품설계의 변동이 심할 경우 설치가 유리한 기계설비는?

① SLP
② 범용기계
③ MAPI
④ 전용기계

해설
• 범용기계 : 설비 선정 시 주문 생산에서와 같이 제품별 생산량이 적고, 제품설계의 변동이 심할 경우 설치가 유리한 기계설비
• 전용기계 : 설비 선정 시 대량 생산에서와 같이 제품별 생산량이 많고, 제품설계의 변동이 없는 경우 설치가 유리한 기계설비

44 MRP시스템의 특징으로 맞는 것은?

① 독립 수요
② 종속품목 수요
③ 재발주점을 이용한 발주
④ 자재 흐름은 끌어당기기 시스템

해설
MRP시스템은 종속품목 수요의 재고관리에 적용된다.

45 일반적으로 기업들이 아웃소싱을 하는 이유에 대한 설명으로 가장 거리가 먼 것은?

① 자본 부족을 보강하기 위한 아웃소싱
② 생산능력의 탄력성을 위한 아웃소싱
③ 기술 부족을 보강하기 위한 아웃소싱
④ 경영 정보를 공유하기 위한 아웃소싱

해설
기업들이 아웃소싱을 하는 일반적인 이유
• 비용 절감을 위해
• 자본 부족을 보강하기 위해
• 생산능력의 탄력성을 위해
• 기술 부족을 보강하기 위해
• 자사의 핵심역량에 집중하기 위해
• 효과적인 서비스와 품질을 제공하기 위해

41 ① 42 ① 43 ② 44 ② 45 ④ **정답**

46 다음은 공정 I을 먼저 거친 후 공정 II를 거치는 3개의 작업에 대한 처리시간이다. 존슨법칙에 의한 최적의 작업 순서는?

작 업	공정 I	공정 II
A	10	5
B	6	8
C	9	2

① A → B → C
② C → B → A
③ B → A → C
④ C → A → B

해설
가장 짧은 작업인 C가 공정 II에 있으므로 가장 나중에 작업한다. 공정 I에서 가장 짧은 공정인 작업 B를 제일 먼저 하고 그 다음에는 작업 A를 한 후 작업 C를 수행한다. 따라서 최적 작업 순서는 B → A → C이다.

47 제조활동과 서비스활동의 차이에 대한 설명으로 틀린 것은?

① 서비스활동에 비해 제조활동은 품질의 측정이 용이하다.
② 제조활동의 제품은 재고로 저장이 가능한 반면, 서비스활동의 저장할 수 없다.
③ 제조활동의 산출물은 유형의 제품이고, 서비스활동의 산출물은 무형의 서비스이다.
④ 제조활동은 생산과 소비가 동시에 행해지고, 서비스활동은 생산과 소비가 별도로 행해진다.

해설
제조활동은 생산과 소비가 별도로 행해지고, 서비스활동은 생산과 소비가 동시에 행해진다.

48 LOB(Line Of Balance)에 대한 설명으로 맞는 것은?

① 라인을 균형화하기 위한 기법이다.
② 대규모 일시 프로젝트의 일정계획에 사용된다.
③ 여러 개의 구성품을 포함하고 있는 제작, 조립공정의 일정 통제를 위한 기법이다.
④ 작업장의 투입과 산출 간의 관계를 관리함으로써 생산을 통제하는 기법이다.

해설
③ LOB : 여러 개의 구성품을 포함하고 있는 제작, 조립공정의 일정 통제를 위한 기법으로, LOB 기법을 적용하기 위하여 사용하는 도표이다. 조립도표, 목표도표, 진도도표 및 균형선 등이 있다.
① 라인을 균형화하기 위한 기법은 라인 밸런싱(Line Balancing)이다.
② 대규모 일시 프로젝트의 일정계획에 사용되는 것은 PERT/CPM이다.
④ 작업장의 투입과 산출 간의 관계를 관리함으로써 생산을 통제하는 기법은 투입 산출 통제(Input-output Control)이다.

49 기업의 목적을 효율적으로 달성하기 위하여 자신의 능력으로 핵심 부분에 집중하고 조직 내부 활동이나 기능의 일부를 외부 조직 또는 외부 기업체에 전문용역을 활용하여 처리하는 경영기법을 의미하는 용어는?

① Loading
② Outsourcing
③ Debugging
④ Cross Docking

해설
① Loading(부하 결정) : 기계나 작업장의 능력에 맞게 일감을 적절히 할당하는 것
③ Debugging(디버깅) : 오류의 원인을 추적하고 이를 제거하는 것
④ Cross Docking(크로스도킹) : 창고나 물류센터에서 수령한 상품을 창고에서 재고로 보관하는 것이 아니라 즉시 배송할 준비를 하는 물류시스템

50 표준시간을 계산하는 데 쓰이는 MTM법에 관한 설명으로 틀린 것은?

① 목적물의 중량이나 저항을 고려해야 한다.

② 기본동작에 Reach, Grasp, Release, Move 등이 포함되어 있다.

③ MTM 시간치는 정상적인 작업자가 평균적인 기술과 노력으로 작업할 때의 값이다.

④ 작업대상이 되는 목적물이나 목적지의 상태에는 관계없이 표준시간을 알 수 있다.

> **해설**
> MTM법은 작업대상이 되는 목적물이나 목적지의 상태에 따라 표준시간을 알 수 있다.

51 변동하는 수요에 대응하여 생산율, 재고수준, 고용수준, 하청 등의 관리 가능 변수를 최적으로 결합하기 위한 용도로 수립되는 계획은?

① 소일정계획(Detail Scheduling)

② 대일정계획(Master Scheduling)

③ 주일정계획(Master Production Scheduling)

④ 총괄생산계획(Aggregate Production Planning)

> **해설**
> 총괄생산계획(APP ; Aggregate Production Planning)
> • 변동하는 수요에 대응하여 생산율, 재고수준, 고용수준, 하청 등의 관리 가능 변수를 최적으로 결합하기 위한 용도로 수립되는 계획이다.
> • 장기계획에 의해 생산능력이 고정된 경우, 중기적인 수요의 변동에 대응하기 위해 고용수준, 재고비용 등을 결정하는 계획이다.
> • 향후 6~18개월(향후 약 1년 정도)의 중기기간을 대상으로 수요 예측에 따른 생산목표를 효율적으로 달성할 수 있도록 기업의 전반적인 생산수준, 고용수준, 잔업수준, 외주수준, 재고수준 등을 결정한다.

52 일정계획의 개념에서 기준 일정의 구성에 속하지 않는 것은?

① 저장시간 ② 여유시간

③ 정체시간 ④ 가공시간(작업시간)

> **해설**
> 일정계획의 개념에서 기준일정의 구성 : 여유시간, 정체시간, 가공시간(작업시간)

53 작업자공정분석에 관한 설명으로 틀린 것은?

① 창고, 보전계의 업무와 경로 개선에 적용된다.

② 제품과 부품의 개선 및 설계를 위한 분석이다.

③ 기계와 작업자 공정의 관계를 분석하는 데 편리하다.

④ 이동하면서 작업하는 작업자의 작업 위치, 작업 순서, 작업동작 개선을 위한 분석이다.

> **해설**
> 제품과 부품의 개선 및 설계를 위한 분석은 제품공정분석이다.

54 시계열분석에 의한 수요예측모형에서 승법모델의 식으로 맞는 것은?(단, 추세변동은 T, 순환변동은 C, 계절변동은 S, 불규칙변동은 I, 판매량은 Y이다)

① $Y = \dfrac{T \times C}{S \times I}$

② $Y = T \times C \times S \times I$

③ $Y = \dfrac{T \times C \times S}{I}$

④ $Y = (T \times C) - (S \times I)$

> **해설**
> 시계열분석모형에서 수요 Y는 시계열의 4가지 구성요소의 함수로 파악한다.
> • $Y = f(T, C, S, I)$
> • 승법모형 : $Y = T \times C \times S \times I$
> • 가법모형 : $Y = T + C + S + I$

55 다중(복합)활동분석표에 해당하지 않는 것은?

① 복수기계 분석표

② 복수작업자 분석표

③ 작업자–기계작업분석표

④ 복수작업자–기계작업분석표

다중활동분석표의 종류

• 작업자–기계작업분석표(Man-Machine Chart, MM차트)

• 작업자–복수기계작업분석표(Man–Multi Machine Chart)

• 복수작업자 분석표(Multi Man Chart 또는 Gang Process Chart)

• 작업자–복수기계작업분석표(Man–Multi-Machine Chart)

• 복수작업자–기계작업분석표(Multi–Man Machine Chart)

56 각 제품의 매출액과 한계이익률이 다음과 같을 때 평균 한계이익률을 사용한 손익분기점은?(단, 고정비는 1,300만원이다)

제 품	매출액(만원)	한계이익률(%)
A	500	20
B	300	30
C	200	30

① 4,600만원

② 4,800만원

③ 5,000만원

④ 5,200만원

$$BEP = \frac{고정비(F)}{한계이익률}$$

$$= \frac{1,300만원}{\left(\frac{500 \times 0.2 + 300 \times 0.3 + 200 \times 0.3}{1,000}\right)} = 5,200만원$$

57 보전자재의 연간 수요량은 50개, 1회당 발주비용은 1,000원이고, 이 자재 1개당 재고유지비용이 20원일 때 경제적 발주량은?

① 29개

② 50개

③ 71개

④ 99개

$$EOQ = \sqrt{\frac{2CD}{H}} = \sqrt{\frac{2 \times 50 \times 1,000}{20}} = 71개$$

58 설비의 일생(Life-cycle)을 통하여 설비 자체의 비용과 보전 등 설비의 운전과 유지에 드는 일체의 비용과 설비열화에 의한 손실과의 합을 저하시킴으로써 생산성을 높이는 것과 관련이 없는 것은?

① 가치관리

② 생산보전

③ 설비관리

④ 예방보전

설비보전관리에 대한 문제로, 가치관리는 설비보전관리방법과는 거리가 멀다.

59 설비종합효율의 계산식으로 맞는 것은?

① 시간 가동률×속도 가동률×양품률

② 시간 가동률×실질 가동률×양품률

③ 시간 가동률×성능 가동률×양품률

④ 시간 가동률×속도 가동률×실질 가동률

60 JIT 시스템에서 생산준비시간의 축소와 소로트화에 대한 설명으로 틀린 것은?

① 소로트화는 회차당 생산량을 가능한 한 최소화하는 것을 뜻한다.

② JIT 시스템에서는 평준화 생산방식으로 소로트 생산방식을 실현하고 있다.

③ 생산준비시간의 축소는 준비 교체 횟수를 감소시켜 실현하는 것을 목적으로 한다.

④ 생산준비시간을 고정된 개념으로 보지 않고 소로트화로 생산준비시간을 단축하려고 한다.

해설
생산 준비시간의 축소는 준비 소요시간을 감소시켜 실현하는 것을 목적으로 한다.

61 고장시간과 수리시간이 각각 모수 λ와 μ로 지수분포를 따르고, 고장률 $\lambda = 0.05$/시간, 수리율 $\mu = 0.6$/시간일 때 가용도는 약 얼마인가?

① 0.021

② 0.077

③ 0.923

④ 0.977

해설
가용도 $A = \dfrac{\mu}{\lambda + \mu} = \dfrac{0.6}{0.05 + 0.6} = 0.923$

62 $\lambda_0 = 0.001$/시간, $\lambda_1 = 0.005$/시간, $\beta = 0.1$, $\alpha = 0.05$로 하는 신뢰성계수축차샘플링검사의 합격선은?(단, 수식 계산 시 소수점 이하는 반올림하시오)

① $T_a = 402r + 563$

② $T_a = 563r + 402$

③ $T_a = 420r + 563$

④ $T_a = 563r + 420$

해설
합격판정선 $T_a = Sr + h_a = ?$

$S = \dfrac{\ln(\lambda_1/\lambda_0)}{\lambda_1 - \lambda_0} = \dfrac{\ln(0.005/0.001)}{0.005 - 0.001} = 402$

$h_a = \dfrac{\ln\left(\dfrac{1-\alpha}{\beta}\right)}{\lambda_1 - \lambda_0} = \dfrac{\ln\left(\dfrac{1-0.05}{0.1}\right)}{0.005 - 0.001} = 503$

$\therefore T_a = Sr + h_a = 402r + 563$

63 가속수명시험은 150[℃]에서 실시되고, MTBF는 100시간으로 추정되었다. 활성화에너지(ΔH)가 0.25[eV]이고, 가속계수가 4.0이라면 정상 동작온도는 약 얼마인가?(단, 아레니우스모델(Arrhenius Model) 적용, Kelvin 온도 = 섭씨온도 + 273, Boltzman 상수 = 8.617×10^{-5}[eV/K]이다)

① 79[℃]
② 111[℃]
③ 150[℃]
④ 352[℃]

해설

$4.0 = r^{\frac{0.25}{8.617 \times 10^{-5}}\left(\frac{1}{T_1} - \frac{1}{423}\right)}$ 의 양변에 로그를 취하면

$\ln 4.0 = \frac{0.25}{8.617 \times 10^{-5}}\left(\frac{1}{T_1} - \frac{1}{423}\right)$ 이므로

$T_1 \simeq 352[\mathrm{K}] = 79[℃]$

64 1,000시간당 고장률이 각각 2.8, 3.6, 10.2, 3.4인 부품 4개를 직렬결합으로 설계한다면 이 기기의 평균수명은 약 얼마인가?(단, 각 부품의 고장밀도함수는 지수분포를 따른다)

① 50시간
② 98시간
③ 277시간
④ 357시간

해설

시간당 고장률 = $\frac{2.8 + 3.6 + 10.2 + 3.4}{1,000} = 0.02$

평균수명 $MTBF_s = \frac{1}{\lambda_s} = \frac{1}{0.02} = 50$시간

65 A형광등의 고장확률밀도함수는 평균고장률이 5×10^{-3}/시간인 지수분포를 따르고 있다. 이 형광등 100개를 200시간 사용하였을 경우 기대 누적고장 개수는 약 몇 개인가?

① 36개
② 50개
③ 64개
④ 100개

해설

$R(t) = e^{-\lambda t} = e^{-5 \times 10^{-3} \times 200} = 0.3679$
따라서 누적고장 개수는 $100[1 - R(t)] = 64$개다.

66 다음 그림과 같이 신뢰도 R_1, R_2, R_3를 갖는 부품으로 A는 부품 중복(Redundancy)을, B는 시스템 중복(Redundancy)을 시켜 설계하였다. A와 B의 신뢰도에 관한 설명으로 맞는 것은?

① A와 B의 신뢰도는 일반적으로 차이가 없다.
② A의 신뢰도가 B의 신뢰도보다 일반적으로 높다.
③ B의 신뢰도가 A의 신뢰도보다 일반적으로 높다.
④ A와 B의 신뢰도는 경우에 따라 대소관계가 다르다.

해설

$R_i = 0.8$이라면,
$R_A = [1 - (1 - 0.8)^2][1 - (1 - 0.8)^2][1 - (1 - 0.8)^2]$
$R_B = 1 - [1 - (0.8)^3][1 - (0.8)^3]$
이므로, A의 신뢰도가 B의 신뢰도보다 일반적으로 높다.

67 n개의 샘플이 모두 고장 날 때까지 기다리지 않고 미리 계획된 시점 t_0에서 시험을 중단하는 시험은?

① 임의중단시험　　　② 정수중단시험
③ 가속수명시험　　　④ 정시중단시험

해설
정시중단시험 : 미리 시간을 정해 놓고 그 시간이 되면 고장수에 관계없이 시험을 중단하는 방식으로, n개의 샘플이 모두 고장 날 때까지 기다리지 않고, 미리 계획된 시점 t_0에서 시험을 중단하는 시험이다.

68 우발고장기간의 고장률을 감소시키기 위한 대책이 아닌 것은?

① 혹사하지 않도록 한다.
② 주기적인 예방보전을 한다.
③ 과부하가 걸리지 않도록 한다.
④ 사용상의 과오를 범하지 않게 한다.

해설
주기적인 예방보전의 실시는 우발고장기간이 아니라 마모고장기간의 고장률을 감소시키기 위한 대책이다.

69 재료의 강도는 평균 50[kg/mm²]이고 표준편차가 2[kg/mm²]이며, 하중은 평균 45[kg/mm²]이고 표준편차가 2[kg/mm²]인 정규분포를 따른다고 한다. 이 재료가 파괴될 확률은?(단, u는 표준정규분포의 확률변수이다)

① $Pr(u > -1.77)$　　② $Pr(u > 1.77)$
③ $Pr(u > -2.50)$　　④ $Pr(u > 2.50)$

해설
재료가 파괴될 확률
$$P\left(Z > \frac{50-45}{\sqrt{2^2+2^2}}\right) = P(Z > 1.77)$$

70 기계 1대를 60시간 동안 연속 사용하는 과정에서 8회의 고장이 발생하였고, 각각의 고장에 대한 수리시간이 다음과 같을 때 MTBF는 몇 시간인가?

[다 음]			
0.4	0.6	1.2	1.0
0.4	0.8	0.6	1.0

① 6　　　　　　② 6.5
③ 6.75　　　　　④ 7

해설
$$MTBF = \frac{T}{r} = \frac{60-(0.4+\cdots+1.0)}{8} = \frac{54}{8} = 6.75$$

71 일정한 시점 t까지의 잔존확률을 뜻하는 신뢰성 척도는 무엇인가?(단, $R(t)$는 신뢰도, $F(t)$는 불신뢰도, $f(t)$는 고장밀도함수, $\lambda(t)$는 고장률함수이다)

① $1 - \dfrac{f(t)}{\lambda(t)}$　　② $\dfrac{dF(t)}{dt}$
③ $1 - \dfrac{dF(t)}{dt}$　　④ $\dfrac{f(t)}{\lambda(t)}$

해설
• $\lambda(t) = \dfrac{f(t)}{R(t)}$
• $R(t) = \dfrac{f(t)}{\lambda(t)}$

72 샘플수가 10개이고, 고장 순번이 4일 때, 메디안순위법을 적용하면 불신뢰도는 약 얼마인가?

① 0.0356

② 0.0385

③ 0.3558

④ 0.3850

해설

불신뢰도 $F(t_i) = 1 - R(t) = \dfrac{i-0.3}{n+0.4} = \dfrac{4-0.3}{10+0.4} \simeq 0.3558$

73 평균고장률 $\lambda = 0.001$/시간인 장치를 100시간 사용하면 신뢰도는 0.9가 된다. 이 장치 2개를 둘 중 어느 하나만 작동하면 기능이 발휘되도록 결합하여 시스템을 구성하였다. 이 시스템을 100시간 사용하였을 때의 신뢰도는?

① 0.81

② 0.9

③ 0.95

④ 0.99

해설

신뢰도 $R_s = 1 - (1-r)^2 = 1 - (1-0.9)^2 = 0.99$

74 알루미늄 전해 커패시터의 성능 열화에 따른 수명은 와이블분포를 따른다. 척도모수가 4,000시간, 형상모수가 2.0, 위치모수가 0일 때, 2,000시간에서의 신뢰도는 약 얼마인가?

① 0.5000

② 0.5916

③ 0.7788

④ 0.8564

해설

신뢰도 $R(t) = e^{\left[-\left(\frac{t-\gamma}{\eta} \right)^m \right]} = e^{\left[-\left(\frac{2,000-0}{4,000} \right)^2 \right]} = e^{-0.25} \simeq 0.7788$

75 다음 FMEA의 절차를 순서대로 나열한 것은?

[다 음]

㉠ 시스템의 분해수준을 결정한다.

㉡ 블록마다 고장모드를 열거한다.

㉢ 효과적인 고장모드를 선정한다.

㉣ 신뢰성 블록도를 작성한다.

㉤ 고장등급이 높은 것에 대한 개선 제안을 한다.

① ㉠ - ㉡ - ㉢ - ㉣ - ㉤

② ㉢ - ㉤ - ㉠ - ㉣ - ㉡

③ ㉣ - ㉤ - ㉡ - ㉠ - ㉢

④ ㉠ - ㉣ - ㉡ - ㉢ - ㉤

해설

FMEA의 절차 순서

시스템의 분해수준을 결정한다. → 신뢰성 블록도를 작성한다. → 블록마다 고장모드를 열거한다. → 효과적인 고장모드를 선정한다. → 고장등급이 높은 것에 대한 개선을 제안한다.

76 다음 FT도에서 시스템의 고장확률은 얼마인가?

시스템

A 0.1 　 B 0.2 　 C 0.3

① 0.006

② 0.496

③ 0.504

④ 0.994

해설

시스템의 고장확률 $F_s = 1 - (1-0.1)(1-0.2)(1-0.3) = 0.496$

77 시간의 경과에 따라 시스템이나 제품의 기능이 저하되는 고장은?

① 초기고장 ② 우발고장
③ 파국고장 ④ 열화고장

해설
열화고장
- 시간의 경과에 따라 시스템이나 제품의 기능이 저하되는 고장
- 아이템의 주어진 특성이 시간에 따른 점진적인 변화에 의해 발생하여 요구기능 중 일부 기능을 수행할 수 없게 하는 고장
- 점진고장 + 부분고장

78 와이블(Weibull)확률지를 이용한 신뢰성척도 추정방법의 설명 중 틀린 것은?(단, t는 시간이고 $F(t)$는 t의 분포함수이다)

① 평균수명은 $\eta \cdot \Gamma\left(1 + \dfrac{1}{m}\right)$으로 추정한다.

② 모분산 $\widehat{\sigma^2} = \eta^2 \cdot \left[\Gamma\left(1 + \dfrac{2}{m}\right) - \Gamma^2\left(1 + \dfrac{1}{m}\right)\right]$ 으로 추정한다.

③ 와이블(Weibull)확률지의 X축의 값은 t, Y축의 값은 $\ln(\ln\{1 - F(t)\})$이다.

④ 특성수명 η의 추정값은 타점의 직선이 $F(t) = 63[\%]$인 선과 만나는 점의 t눈금을 읽으면 된다.

해설
와이블(Weibull) 확률지의 X축의 값은 $\ln t$, Y축의 값은 $\ln\ln\dfrac{1}{1 - F(t)}$ 이다.

79 예방보전에 포함되지 않는 것은?

① 고장 발견 즉시 교환, 수리
② 주유, 청소, 조정 등의 실시
③ 결점을 가진 아이템의 교환, 수리
④ 고장의 징조 또는 결점을 발견하기 위한 시험, 검사의 실시

해설
고장 발견 즉시 교환, 수리는 사후보전에 해당된다.

80 아이템의 신뢰도가 모두 0.9인 3 Out of 4시스템(4 중 3시스템)의 신뢰도는 얼마인가?

① 0.8106 ② 0.9477
③ 0.9704 ④ 0.9999

해설
신뢰도
$$R_s = \sum_{i=k}^{n} \binom{n}{i} R^i (1-R)^{n-i} = \sum_{i=3}^{4} \binom{4}{i} R^i (1-R)^{4-i}$$
$$= \binom{4}{3} 0.9^3 (1-0.9)^{4-3} + \binom{4}{4} 0.9^4 (1-0.9)^{4-4}$$
$$= 0.9477$$

81 분임조 활동에서 문제해결을 위한 활동계획의 수립에 대한 설명 중 틀린 것은?

① 전원이 참가하여 검토 및 이해한 후 추진한다.

② 활동계획은 5W 1H에 의해 세밀하게 작성되어야 한다.

③ 전문가에 의뢰하여 계획을 세우는 것이 가장 효과적이다.

④ 문제를 세분해서 하나하나에 대해 담당자를 정해 각자의 책임하에 추진한다.

해설
전문가에 의뢰하여 계획을 세우면 분임조 활동의 의미가 없다.

82 전략적 경영과정에 있어 전략의 실행(Strategy Implementation)에 해당되는 활동은?

① 계획을 예산에 반영한다.

② 실행성과를 평가하고 통제한다.

③ 기업의 이념과 사명을 확인한다.

④ 목표 달성을 위한 전략을 수립한다.

해설
② 실행성과를 평가하고 통제하는 활동은 전략의 평가 및 통제(Evaluation & Control)에 해당한다.
③, ④ 기업의 이념과 사명을 확인하는 것과 목표 달성을 위한 전략을 수립하는 활동은 전략의 형성(Formulation)에 해당한다.

83 측정시스템에서 안정성(Stability)에 대한 설명으로 틀린 것은?

① 안정성은 치우침뿐만 아니라 산포가 커지는 현상도 발생할 수 있다는 점을 유의하여야 한다.

② 안정성 분석방법에서 산포관리도가 관리 상태가 아니고 평균관리도가 관리 상태일 때 측정시스템이 더 이상 정확하게 측정할 수 없음을 뜻한다.

③ 안정성은 시간이 지남에 따른 동일 부품에 대한 측정결과의 변동 정도를 의미하며, 시간이 지남에 따라 측정된 결과가 서로 다른 경우 안정성이 결여된 것이다.

④ 통계적 안전성은 정기적으로 교정을 하는 측정기의 경우 기준치를 알고 있는 동일 시료를 3~5회 측정한 값을 관리도를 통해 타점해 가면서 관리선을 벗어나는지 유무로 산포나 치우침이 발생하는 지를 체크할 수 있다.

해설
안정성 분석방법에서 산포관리도와 평균관리도가 관리 상태가 아닐 때, 측정시스템이 더 이상 정확하게 측정할 수 없음을 뜻한다.

84 애로우다이어그램의 장점이 아닌 것은?

① 루프(Loop)를 만들 수 있다.

② 계획의 진도 관리가 용이하다.

③ 활동의 선후관계가 명확해진다.

④ 최소의 비용으로 공기 또는 납기를 단축할 수 있다.

해설
애로우다이어그램의 장점
• 계획의 진도관리가 용이하다.
• 활동의 선후관계, 역할 분담 등이 명확해진다.
• 최소의 비용으로 공기 또는 납기를 단축할 수 있다.
• 작업의 누락을 방지할 수 있다.
• 긴급 시 일정 단축 대책 수립이 용이하다.
• 단시간에 능률적인 일정 조정이 가능하다.
• 종사자의 직무수행도가 높아진다.

85 6시그마 활동의 추진상에 있어 일반적으로 많이 따르고 있는 DMAIC 체계 중 M단계의 설명으로 맞는 것은?

① 문제나 프로세스를 개선하는 단계이다.

② 개선할 대상을 확인하고 정의를 하는 단계이다.

③ 결함이나 문제가 발생한 장소와 시점, 문제의 형태와 원인을 규명한다.

④ 개선할 프로세스의 품질수준을 측정하고 문제에 대한 계량적 규명을 시도한다.

[해설]
④ M(Measure, 측정)단계
① I(Improve, 개선)단계
② D(Define, 정의)단계
③ A(Analyze, 분석)단계

86 A. R Tenner는 고객만족을 충분히 달성하기 위하여 그 단계를 다음과 같이 정의했을 때, 단계 2에 해당하지 않는 것은?

[다 음]
단계 1 : 불만을 접수처리하는 소극적 방식
단계 2 : 고객의 목소리에 귀를 기울이는 것
단계 3 : 완전한 고객 이해

① 소비자 상담

② 소비자 여론 수집

③ 판매기록 분석

④ 설계, 계획된 조사

[해설]
설계, 계획된 조사는 단계 1이다.

87 $X - R_m$ 관리도에서 $k = 25$인 이동범위관리도를 작성한 결과 $\sum R_m = 0.443$일 때 6σ 공정능력(Process Capability)치를 구하면 약 얼마인가?(단, $n = 2$일 때 $d_2 = 1.128$이다)

① 0.0982　　　② 0.1968

③ 0.1110　　　④ 0.2220

[해설]
공정능력치 $6\hat{\sigma} = 6 \times \dfrac{\bar{R}}{d_2} = 6 \times \dfrac{0.443/(25-1)}{1.128} \simeq 0.0982$

88 품질심사의 심사 주체에 따른 분류에 관한 설명으로 틀린 것은?

① 기업에 의한 자체 품질활동평가

② 구매자에 의한 협력업체에 대한 품질활동평가

③ 협력업체에 의한 고객사 제품의 품질수준평가

④ 심사기관에 의한 인증대상기업의 품질활동평가

[해설]
고객사에 의한 협력업체 제품의 품질수준평가

89 협력업체 품질관리의 기능에 대한 설명 중 틀린 것은?

① 협력업체측에서 발주기업 완제품의 품질보증을 위해서 행하는 설계감사활동

② 발주기업측에서 협력업체 품질의 유지·향상을 위해서 행하는 품질관리활동

③ 발주기업측이 요구품질을 만족하는 협력업체 제품을 받아들이기 위해서 행하는 수입검사활동

④ 협력업체측에서 발주기업측이 요구하는 제품을 제조하기 위해서 행하는 품질관리활동

[해설]
협력업체 품질관리의 기능은 협력업체에서 품질보증을 위해서 행하는 제품검사활동이다.

90 A부서의 직접작업비는 500원/시간, 간접비는 800원/시간이며 손실시간이 30분인 경우, 이 부서의 실패비용은 약 얼마인가?

① 333원   ② 533원

③ 650원   ④ 867원

해설

실패비용 : $(500 + 800) \times 0.5 = 650$원

91 품질비용의 하나인 평가비용에 해당하는 것은?

① 클레임비용

② 재가공 작업비용

③ 업무계획 추진비용

④ 계측기 검·교정비용

해설

① 클레임비용은 외부 실패비용이다.

② 재가공 작업비용은 내부 실패비용이다.

③ 업무계획 추진비용은 예방비용이다.

92 표준화의 적용구조에서 표준가 주제로 하고 있는 속성을 구분하는 분야를 의미하는 것은?

① 국 면   ② 수 준

③ 기 능   ④ 영 역

해설

표준화 주제(X축)

• 표준의 주제(Subject)는 표준화의 대상 속성을 구분한 분야이다.

• 표준가 주제로 하고 있는 속성을 구분하는 분야를 영역이라고 한다.

93 구멍의 치수가 축의 치수보다 작을 때처럼 항상 죔새가 생기는 끼워맞춤 형태는?

① 중간 끼워맞춤

② 억지 끼워맞춤

③ 틈새 끼워맞춤

④ 헐거운 끼워맞춤

해설

① 중간 끼워맞춤 : 경우에 따라 죔새 또는 틈새가 생기는 끼워맞춤

③ 틈새 끼워맞춤 : 끼워맞춤의 종류가 아니다.

④ 헐거운 끼워맞춤 : 항상 틈새가 생기는 끼워맞춤

94 데이터가 존재하는 범위를 몇 개의 구간으로 나누어 각 구간에 들어가는 데이터의 출현도수를 세어서 도수표를 만든 다음 그것을 도형화한 것은?

① 산점도   ② 특성요인도

③ 파레토도   ④ 히스토그램

해설

① 산점도 : 서로 대응관계에 있는 두 변량데이터 x, y를 x, y축 평면에 도시한 것이다.

② 특성요인도 : 어떤 문제에 대한 특성과 그 요인을 파악하기 위한 개선활동기법으로, 일의 결과(특성)와 그것에 영향을 미치는 원인(요인)을 계통적으로 정리한 그림이다.

③ 파레토도 : 해결해야 할 품질문제를 발견하고 어떤 문제부터 해결할 것인가를 결정하기 위해 가로축을 따라 요인들의 발생빈도를 내림차순으로 표시한 막대그래프이다.

95 다음의 내용 중 ( ) 안에 들어갈 내용을 순서대로 나열한 것은?

> [다 음]
> 제조물의 결함으로 인해서 사용자에게 입힌 재산상의 손실에 대한 생산자, 판매자 측의 배상책임을 ( )(이)라고 하고, 이에 대한 대응책으로 기업은 방어적인 면보다는 적극적으로 예방하는 ( )을(를) 취하고 있다.

① QC, QA
② PL, PLP
③ PL, PLD
④ PLD, PLP

해설
제조물의 결함으로 인해서 사용자에게 입힌 재산상의 손실에 대한 생산자, 판매자 측의 배상책임을 PL(제조물책임)이라고 하고, 이에 대한 대응책으로 기업은 방어적인 면보다는 적극적으로 예방하는 PLP(제조물책임예방)를 취하고 있다.

96 표준의 서식과 작성방법(KS A 0001 : 2015)에서 비고, 각주 및 보기에 대한 설명으로 틀린 것은?

① 본문에서 각주의 사용은 최소 한도에 그쳐야 한다.
② 비고 및 보기는 이들이 언급된 문단 위에 위치하는 것이 좋다.
③ 동일한 절 또는 항에 비고와 보기가 함께 기재되는 경우 비고가 우선한다.
④ 각주의 내용이 많아 해당 쪽에 모두 넣기 어려운 경우, 다음 쪽으로 분할하여 배치시켜도 된다.

해설
동일한 절 또는 항에 비고와 보기가 함께 기재되는 경우에는 보기가 우선한다.

97 품질경영의 요건에 관한 설명으로 가장 거리가 먼 것은?

① 부품의 품질 향상을 위해 수입검사를 강화해야 한다.
② 품질은 소비자, 즉 고객의 요구를 만족시키는 것이다.
③ 고객만족의 효과적 수행을 위해 모든 구성원의 참여가 필요하다.
④ 문제해결을 위해 통계적 수법을 포함하여 다양한 수단의 적용이 요구된다.

해설
품질경영의 요건
• 품질은 소비자, 즉 고객의 요구를 만족시키는 것이다.
• 고객이 요구하는 품질의 제품, 서비스를 경제적으로 산출하여야 한다.
• 고객만족의 효과적 수행을 위해 모든 구성원의 참여가 필요하다.
• 문제해결을 위해 통계적 수법을 포함하여 다양한 수단의 적용이 요구된다.
• 전사적이며 종합적인 품질경영의 전개가 필요하다.

98 모티베이션 운동은 그 추진내용면에서 볼 때 동기부여형(Motivation Package)과 부적합예방형(Prevention Package)으로 나눌 수 있다. 부적합예방형 모티베이션 운동에 해당되지 않는 것은?

① 관리자 책임의 부적합품 또는 부적합은 관리자에게 있다.
② 부적합품 또는 부적합을 탐색 추구하는 데 있어서 작업자의 협조를 구한다.
③ 우수한 작업자의 기술을 습득하고 기술 개선을 위한 교육훈련을 실시한다.
④ 관리자 책임의 부적합품 또는 부적합이라는 관점에서 작업자의 개선행위를 추구하고 있다.

해설
우수한 작업자의 기술을 습득하고 기술개선을 위한 교육훈련을 실시하는 것은 동기부여형(Motivation Package) 모티베이션 운동에 해당된다.

99 사내표준화의 대상이 아닌 것은?

① 방 법

② 특 허

③ 재 료

④ 기 계

해설

사내표준화의 대상

• 사물(하드웨어인 제품, 재료, 기계, 설비 등) : 물건(종류, 성능, 단위, 기호, 용어, 특성, 형식, 구조, 등급, 상태 등), 물건에 부수되는 방법(방법, 순서, 수속, 처치 등)
• 업무(소프트웨어인 설비 사용방법, 직무 및 업무 분담) : 업무(상태, 권한, 책임, 마음가짐, 시간, 단위 등)
• 부수업무(방법, 수속, 순서, 처치, 전달, 정보, 지시 등)
• 특기사항 : 업무는 반복적인 경우에 적용되지만 일회성 업무라 해도 내용상 일상업무의 요소를 지니면 이것도 사내표준화 대상이다.
• 사내표준화의 대상이 아닌 것 : 특허

100 국제표준화기구(ISO)의 설립목적과 관련이 없는 것은?

① 표준 및 관련 활동의 세계적인 조화를 촉진

② 국가표준이 규정하지 않는 부분의 세부적 보완

③ 회원기관 및 기술위원회의 작업에 관한 정보 교환의 주선

④ 국제표준의 개발, 발간 그리고 세계적으로 사용되도록 조치

해설

ISO 설립목적(역할)

• 재화 및 용역의 국제적 교환을 용이하게 하기 위한 국제표준의 제정 및 보급을 하기 위해
• 표준 및 관련 활동의 세계적인 조화를 촉진시키기 위해
• 국제적으로 통일된 표준을 제정하여 국제 간의 무역 촉진 및 상호원조, 과학 및 경제 등 다방면에 걸쳐 국제교류를 촉진시키기 위해
• 국제표준의 개발, 발간 그리고 세계적으로 사용되도록 조치하기 위해
• 회원기관 및 기술위원회의 작업에 관한 정보 교환의 주선을 위해
• 각국의 국가규격의 조정 및 통일을 위해 '추천규격'의 발행을 위해
• 가입국의 승인하에 '국제규격'의 발행을 위해
• 국가 또는 국제적으로 적용할 새로운 규격이 작성되도록 장려 촉진을 위해
• 가입단체 및 전문위원회의 활동과 관련된 정보 교환를 교환하기 위해
• 표준화 문제에 대하여 관련이 있는 다른 국제기관과 협력하기 위해

2020년 제4회 과년도 기출문제

제1과목┃ 실험계획법

01 실험계획에서 필요한 요인에 대한 정보를 얻기 위하여 2요인 이상의 무의미한 고차의 교호작용의 효과는 희생시켜 실험의 횟수를 적게 하도록 고안된 실험계획법은?

① 난괴법

② 요인배치법

③ 분할법

④ 일부실시법

해설

일부실시법 : 필요한 요인에 대한 정보를 얻기 위하여 2요인 이상의 무의미한 고차의 교호작용의 효과는 희생시켜 실험 횟수를 적게 하도록 고안된 실험계획법

• 각 인자의 조합 중에서 일부만 선택하여 실험을 실시하는 방법으로, 가능한 한 실험 횟수를 적게 하고자 할 때 사용한다(가능한 한 실험의 크기를 작게 하고자 할 때 사용한다).

• 실험의 크기를 감소시키고자 함이 목적이다. 그 이유는 인자수가 많으면 인자의 처리조합수가 급격히 증가하고 반복수를 1회만 증가시키더라도 실험 횟수가 크게 증가되어 실험 실시가 어렵게 되기 때문이다.

• 일반적으로 인자수가 5개 이상일 경우에 사용되며, 이때는 주효과와 2인자 교호작용의 별명은 3차 이상의 고차 교호작용이 되도록 배치한다.

02 다음과 같은 1요인실험에서 오차항의 자유도는?

A_1	A_2	A_3
10	14	12
5	18	15
8	21	17
12	15	
12		

① 9

② 10

③ 11

④ 12

해설

• 수준수 : $l = 3$

• 특성치의 자유도 : $\nu_A = 3 - 1 = 2$

• 전체 자유도 : $\nu_T = 12 - 1 = 11$

• 오차항의 자유도 : $\nu_e = 11 - 2 = 9$

03 다음은 변량요인 A와 B로 이루어진 지분실험법의 분산분석표이다. 여기서 $\sigma^2_{B(A)}$의 추정값은 얼마인가?

요 인	SS	DF	MS	F_0
A	62.0	2	31	
$B(A)$	7.5	3	2.5	
e	9.0	6	1.5	
T	78.5	11		

① 0.5

② 1.0

③ 1.5

④ 2.5

해설

$$\sigma^2_{B(A)} = \frac{MS_{B(A)} - MS_E}{r} = ?$$

$l - 1 = 2$에서 $l = 3$, $l(m-1) = 3$에서 $3(m-1) = 3$이므로, $m = 2$

$lm(r-1) = 6$에서 $(3 \times 2)(r-1) = 6$이므로, $r = 2$

$$\therefore \sigma^2_{B(A)} = \frac{MS_{B(A)} - MS_E}{r} = \frac{2.5 - 1.5}{2} = \frac{1}{2} = 0.5$$

04 다음과 같은 $L_4(2^3)$ 직교배열표에서 요인 A 제곱합 (S_A)는 얼마인가?

실험 번호	열번호			데이터
	1	2	3	
1	0	0	0	4
2	0	1	1	5
3	1	0	1	7
4	1	1	0	8
배 치	A	B	$A \times B$	

① 3 ② 4

③ 6 ④ 9

해설

$$S_A = \frac{1}{N}[\text{1수준 데이터의 합}) - (\text{0수준 데이터의 합})]^2$$
$$= \frac{1}{4}[(7+8)-(4+5)]^2 = 9$$

05 1요인 또는 2요인실험에서 실험 순서가 랜덤으로 정해지지 않고, 실험 전체를 몇 단계로 나누어서 단계별로 랜덤화하는 실험계획법은?

① 교락법 ② 일부실시법

③ 분할법 ④ 라틴방격법

해설

분할법 : 1요인 또는 2요인실험에서 실험순서가 랜덤으로 정해지지 않고, 실험 전체를 몇 단계로 나누어서 단계별로 랜덤화하는 실험계획법
• 여러 개의 인자 중에서 랜덤화가 어려운 인자가 있을 때 사용한다.
• 실험 실시 시 완전랜덤화가 불가능한 경우에 사용한다.
• 실험 전체를 랜덤화하지 않고 몇 단계로 나누어 부분적으로 랜덤화시킨다.

06 다음은 A, B 각 수준조건에서 100개의 물건을 만들어 그중의 불량품수를 표시한 계수형 2요인실험의 데이터이다. 오차분산(V_{e_2})는?

요 인	A_1	A_2	계
B_1	20	15	35
B_2	10	15	25
계	30	30	60

① 0.125 ② 0.128

③ 0.254 ④ 0.256

해설

$l=2$, $m=2$, $r=100$

$$CT = \frac{T^2}{lmr} = \frac{60^2}{2 \times 2 \times 100} = 9.0$$

$$S_T = T - CT = 60 - 9 = 51$$

$$S_A = \sum_i \frac{T_{i\cdot\cdot}^2}{mr} - CT = \frac{30^2 + 30^2}{2 \times 100} - 9.0 = 9.0 - 9.0 = 0$$

$$S_B = \sum_j \frac{T_{\cdot j\cdot}^2}{lr} - CT = \frac{35^2 + 25^2}{2 \times 100} - 9.0 = 9.25 - 9.0 = 0.25$$

$$S_{AB} = \sum_i \sum_j \frac{T_{ij\cdot}^2}{r} - CT = \frac{20^2 + 15^2 + 10^2 + 15^2}{100} - 9.0$$
$$= 9.5 - 9.0 = 0.5$$

$$S_{e_1} = S_{A \times B} = S_{AB} - S_A - S_B = 0.5 - 0 - 0.25 = 0.25$$

$$S_{e_2} = S_T - (S_A + S_B + S_{e_1}) = 51 - (0 + 0.25 + 0.25) = 50.5$$

$$\nu_{e_1} = lm(r-1) = 2 \times 2 \times (100-1) = 396$$

$$V_{e_2} = \frac{S_{e_2}}{\nu_{e_2}} = \frac{50.5}{396} \simeq 0.128$$

07 수준수가 4, 반복 3회의 1요인실험 결과 $S_T = 2.383$, $S_A = 2.011$이었으며, $\overline{x}_{1\cdot} = 8.360$, $\overline{x}_{2\cdot} = 9.70$이었다. $\mu(A_1)$와 $\mu(A_2)$의 평균치 차를 $\alpha = 0.01$로 구간 추정하면 약 얼마인가?(단, $t_{0.99}(8) = 2.896$, $t_{0.995}(8) = 3.355$이다)

① $-1.931 \leq \mu(A_1) - \mu(A_2) \leq -0.749$

② $-1.850 \leq \mu(A_1) - \mu(A_2) \leq -0.830$

③ $-1.758 \leq \mu(A_1) - \mu(A_2) \leq -0.922$

④ $-1.701 \leq \mu(A_1) - \mu(A_2) \leq -0.979$

해설

$$(\overline{x}_{1\cdot} - \overline{x}_{2\cdot}) \pm t_{0.995}(8)\sqrt{\frac{2V_e}{r}}$$

$$= (8.360 - 9.70) \pm 3.355\sqrt{\frac{2 \times (2.383 - 2.011)/8}{3}}$$

$$= -1.34 \pm 0.591 = (-1.931, -0.749)$$

08 연구소 등에서 신제품 개발을 위한 라인 외(Off Line) 품질관리활동에 해당되지 않는 것은?

① 품질설계

② 샘플링검사

③ 허용차설계

④ 파라미터설계

09 직선회귀에서 데이터가 다음과 같을 때 단순회귀식으로 맞는 것은?

[다 음]

$n = 5$	$\overline{x} = 4$	$\overline{y} = 6.4$
$S_{xx} = 10$	$S_{xy} = 14$	

① $\hat{y} = 0.7 + 1.3x$

② $\hat{y} = 0.7 - 1.3x$

③ $\hat{y} = 0.8 + 1.4x$

④ $\hat{y} = 0.8 - 1.4x$

해설

$$\hat{\beta}_1 = \frac{S(xy)}{S(xx)} = \frac{14}{10} = 1.4$$

$$\hat{\beta}_0 = \overline{y} - \hat{\beta}_1 \overline{x} = 6.4 - 1.4 \times 4 = 0.8$$

$$\hat{y} = \hat{\beta}_0 + \hat{\beta}_1 x = 0.8 + 1.4x$$

10 반복 없는 2^3요인배치법의 구조모형은 어느 것인가? (단, i, j, $k = 0, 1$, $e_{ijk} \sim N(0, \sigma_e^2)$이고, 서로 독립이다)

① $x_{ijk} = \mu + a_i + b_j + e_i$

② $x_{ijk} = \mu + a_i + b_j + (ab)_{ij} + e_{ijk}$

③ $x_{ijk} = \mu + a_i + b_j + c_k + (abc)_{ijk} + e_{ijk}$

④ $x_{ijk} = \mu + a_i + b_j + c_k + (ab)_{ij} + (ac)_{ik} + (bc)_{jk} + e_{ijk}$

해설

반복 없는 2^3요인배치법의 구조모형 :
$x_{ijk} = \mu + a_i + b_j + c_k + (ab)_{ij} + (ac)_{ik} + (bc)_{jk} + e_{ijk}$

11 화학공장에서 수율을 높이려고 농도(A), 온도(B), 시간(C) 3요인을 선정하여 반복 없이 실험한 후 분산분석표를 작성하여 유의하지 않는 요인을 풀링하였더니 최종적으로 다음의 분산분석표로 나타났다. 이와 관련된 설명으로 틀린 것은?(단, A, B, C 모두 모수요인이고, $F_{0.95}(2, 20) = 3.49$, $F_{0.99}(2, 20) = 5.85$이다)

요 인	SS	DF	MS	F_0
A	43.05	2		
B	95.48	2		
C	36.22	2		
e		20		
T	184.54	26		

① A, B요인만 유의하다.

② 반복이 없는 3요인실험이다.

③ 3요인 교호작용이 오차항에 교락되어 있다.

④ 오차항에는 2요인 교호작용이 풀링되어 있다.

해설

$$F_0 = \frac{V_A}{V_e} = \frac{43.05/2}{9.75/20} = 43.97 > F_{0.99}(2,20) = 5.855$$

$$F_0 = \frac{V_B}{V_e} = \frac{95.48/2}{9.75/20} = 97.53 > F_{0.99}(2,20) = 5.855$$

$$F_0 = \frac{V_C}{V_e} = \frac{36.22/2}{9.75/20} = 37.0 > F_{0.99}(2,20) = 5.855$$

이므로, A, B, C인자는 유의하다.

12 1차 단위가 1요인실험인 단일분할법의 특징 중 틀린 것은?

① 2차 단위요인이 1차 단위요인보다 더 정도가 좋게 추정된다.

② A, B 두 요인 중 수준의 변경이 어려운 요인은 1차 단위에 배치한다.

③ 1차 단위오차는 $l(m-1)(r-1)$이고, 2차 단위오차는 $(l-1)(r-1)$이다.

④ 1차 단위요인과 2차 단위요인의 교호작용은 2차 단위에 속하는 요인이 된다.

해설

1차 단위오차는 $(l-1)(r-1)$, 2차 단위오차는 $l(m-1)(r-1)$이다.

13 혼합모형(A : 모수, B : 변량)일 때 반복 있는 2요인실험의 구조식에서 조건으로 틀린 것은?

[구조식]

$$x_{ijk} = \mu + a_i + b_j + ab_{ij} + e_{ijk}$$

(단, $i = 1, 2, \cdots, l$, $j = 1, 2, \cdots, m$, $k = 1, 2, \cdots, r$이다)

① $\sum_{i=1}^{l} a_i = 0$ ② $\sum_{i=1}^{l} (ab)_{ij} = 0$

③ $\sum_{j=1}^{m} b_j = 0$ ④ $\sum_{j=1}^{m} (ab)_{ij} \neq 0$

해설

$$\sum_{j=1}^{m} b_j \neq 0$$

14 Y화학공장에서 제품의 수율에 영향을 미칠 것으로 생각되는 반응온도(A)와 원료(B)를 요인으로 2요인실험을 하였다. 실험은 12회 완전랜덤화하였고, 2요인 모두 모수이다. 검정결과로 맞는 것은?
(단, $F_{0.99}(3, 6) = 9.78$, $F_{0.95}(3, 6) = 4.76$, $F_{0.99}(2, 6) = 10.9$, $F_{0.95}(2, 6) = 5.14$이다)

요 인	SS	DF	MS
A	2.22	3	0.74
B	3.44	2	1.72
e	0.56	6	0.093
T	6.22	11	

① A는 위험률 1[%]로 유의하고, B는 위험률 5[%]로 유의하다.

② A는 위험률 5[%]로 유의하고, B는 위험률 1[%]로 유의하다.

③ A는 위험률 1[%]로 유의하지 않고, B는 위험률 5[%]로 유의하다.

④ A는 위험률 5[%]로 유의하지 않고, B는 위험률 1[%]로 유의하다.

해설
$F_0(A) = \dfrac{V_A}{\nu_e} = \dfrac{0.74}{0.093} = 7.957 > F_{0.95}(3, 6) = 4.76$이므로,
유의수준 5[%]로 인자 A는 유의하다.
$F_0(B) = \dfrac{V_B}{\nu_e} = \dfrac{1.72}{0.093} = 18.495 > F_{0.99}(2, 6) = 10.9$이므로,
유의수준 1[%]로 인자 B는 유의하다.

15 $L_{27}(3^{13})$형 직교배열표를 사용할 때, B요인을 3열 기본 표시 ab에 배치하고, D요인을 12열 기본 표시 ab^2c에 배치하였다. $B \times D$는 어떤 기본 표시에 나타나는가?

① bc와 bc^2
② ac^2와 bc
③ ac^2와 bc^2
④ bc^2와 abc^2

해설
$B \times D = ab \times ab^2c = a^2b^3c = a^2c = (a^2c)^2 = ac^2$
$B \times D^2 = ab \times (ab^2c)^2 = a^3b^5c^2 = b^2c^2 = (b^2c^2)^2 = bc$

16 3×3 라틴방격법에서 그림 ㉠~㉣에 관한 설명으로 틀린 것은?

㉠
2	3	1
1	2	3
3	1	2

㉡
3	2	1
2	1	3
1	3	2

㉢
1	3	2
2	1	3
3	2	1

㉣
1	2	3
2	3	1
3	1	2

① ㉠과 ㉡은 직교이다.
② ㉡과 ㉢은 직교이다.
③ ㉠과 ㉢은 직교가 아니다.
④ ㉠과 ㉣은 직교가 아니다.

해설
조합 시 한 번 나온 조합이 반복되어 나오지 않는 경우를 직교라고 한다. ㉠과 ㉣을 조합하면 다음과 같이 나오므로 직교이다.

21	32	13
12	23	31
33	11	22

17 반투명경의 투과율을 측정하기 위하여 측정광원의 파장(A)을 4수준 지정하고, 다수의 측정자로부터 랜덤으로 4명(B)을 뽑아 반복이 없는 2요인실험을 행하고, 그 결과를 분산분석한 결과, 다음 표를 얻었다. 측정자에 의한 분산성분의 추정치 $\widehat{\sigma_B^2}$의 값은 약 얼마인가?

요 인	SS	DF	MS
A	3.690	3	1.230
B	9.430	3	3.143
e	7.698	9	0.855
T	20.818	15	

① 0.322
② 0.507
③ 0.572
④ 0.763

해설
$\widehat{\sigma_B^2} = \dfrac{V_B - V_e}{l} = \dfrac{MS_B - MS_e}{l} = \dfrac{3.143 - 0.855}{4} = 0.572$

18 교락법에 대한 설명 중 틀린 것은?

① 교락법 배치를 위해 직교배열표를 이용할 수 없다.

② 실험오차를 작게 할 수 있으므로 실험의 정도가 향상된다.

③ 교락법을 이용한 실험배치방법으로 인수분해식 과 합동식을 이용한 방법이 많이 사용된다.

④ 실험 횟수를 늘리지 않고 실험 전체를 몇 개의 블록으로 나누어 배치할 수 있게 만드는 실험방법 이다.

해설

교락법 배치를 위해 직교배열표를 이용할 수 있다.

19 완전랜덤화 배열법(Completely Randomized Designs)의 모수모형(Fixed Effect Model)으로 구조식 이 다음과 같을 때 틀린 것은?

[다 음]
$$x_{ij} = \mu + a_i + e_{ij}, \ i = 1, 2, \cdots, l, \ j = 1, 2, \cdots, m$$

① $E(e_{ij}) = 0$

② $E(a_i) = 0$

③ $Var(e_{ij}) = \sigma_e^2$

④ $a_1 + a_2 + \cdots + a_l = 0$

해설

$E(a_i) \neq 0$

20 선형식 $\sum\limits_{i=1}^{n} c_i x_i$의 제곱합을 표현한 식으로 맞는 것 은?

① $\dfrac{\sum\limits_{i=1}^{n} c_i^2}{\left(\sum\limits_{i=1}^{n} c_i x_i\right)^2}$

② $\dfrac{\left(\sum\limits_{i=1}^{n} c_i x_i\right)^2}{\left(\sum\limits_{i=1}^{n} c_i\right)^2}$

③ $\dfrac{\left(\sum\limits_{i=1}^{n} c_i\right)^2}{\left(\sum\limits_{i=1}^{n} c_i x_i\right)^2}$

④ $\dfrac{\left(\sum\limits_{i=1}^{n} c_i x_i\right)^2}{\sum\limits_{i=1}^{n} c_i^2}$

해설

선형식 $\sum\limits_{i=1}^{n} c_i x_i$의 제곱합 $= \dfrac{\left(\sum\limits_{i=1}^{n} c_i x_i\right)^2}{\sum\limits_{i=1}^{n} c_i^2}$

제2과목 | **통계적 품질관리**

21 모집단을 여러 개의 층(層)으로 나누고 그중에서 일부 를 랜덤샘플링(Random Sampling)한 후 샘플링된 층 에 속해 있는 모든 제품을 조사하는 샘플링방법은?

① 집락샘플링(Cluster Sampling)

② 층별샘플링(Stratified Sampling)

③ 계통샘플링(Systematic Sampling)

④ 단순랜덤샘플링(Simple Random Sampling)

해설

집락샘플링(Cluster Sampling) : 모집단을 여러 개의 층(層)으로 나누 고 그중에서 일부를 랜덤샘플링(Random Sampling)한 후 샘플링된 층에 속해 있는 모든 제품을 조사하는 샘플링방법이다.

• 샘플링 오차분산은 층간산포만으로 이루어진다.

• 서브로트를 몇 개씩 랜덤하게 샘플링하고 뽑힌 서브로트 중의 정밀도 는 층내변동과 층간변동 양자에 의해 결정된다.

• 층내는 불균일, 층간은 균일하게 하여 취락군을 형성한다.

• 층내변동(σ_w^2)을 크게 하고, 층간변동(σ_b^2)을 작게 한다.

22 부적합률에 대한 계량형 축차샘플링검사방식(표준편차 기지)(KS Q ISO 39511 : 2018)에서 양쪽 규격한계의 결합관리인 경우 상한 합격판정치(A_U)를 구하는 식은?

① $g\sigma n_{cum} + h_A\sigma$

② $g\sigma n_{cum} - h_A\sigma$

③ $(U - L - go)n_{cum} + h_A\sigma$

④ $(U - L - go)n_{cum} - h_A\sigma$

23 샘플링 검사의 OC곡선에 관한 설명으로 가장 거리가 먼 것은?

① 샘플의 크기 n과 합격판정 개수 c를 각각 2배씩 하여 주면 OC곡선은 크게 변한다.

② 로트의 크기 N과 합격판정 개수 c가 일정할 때 샘플의 크기 n이 증가하면 OC곡선의 경사는 점점 급하게 된다.

③ 샘플의 크기 n과 합격판정 개수 c가 일정하고, 로트의 크기 N이 $10n$ 이상 크면 OC곡선에 큰 변화가 있다.

④ 샘플의 크기 n과 로트의 크기 N이 일정하고 합격판정 개수 c가 증가하면 OC곡선은 오른쪽으로 완만해진다.

해설
샘플의 크기 n과 합격판정 개수 c가 일정하고, 로트의 크기 N이 어느 정도 이상 크면 OC곡선은 거의 변하지 않는다.

24 한국, 미국, 중국 세 나라별로 좋아하는 것에 차이가 있는지 다음과 같은 분할표를 활용하여 독립성을 검정하고자 할 때 검정과정 중 잘못된 것은?

구 분	스포츠	영 화	독 서	합 계
한국인	100	100	200	400
미국인	150	50	100	300
중국인	50	50	50	150
합 계	300	200	350	450

① 자유도는 9 − 2 = 7이다.

② 미국인이 영화를 좋아할 기대도수는

$$\frac{200 \times 300}{450} = 133.333$$이다.

③ 검정통계량 카이제곱은 각 항별로

$$\frac{(측정 \ 개수 - 기대도수)^2}{기대도수}$$를 계산하여 모두 더한

것이다.

④ 한국인이 스포츠를 좋아할 확률은 (좋아하는 것에서 스포츠 선택될 확률) × (사람 중 한국인이 선택될 확률)이다.

해설
① 자유도 $\nu = (r-1)(c-1) = 2 \times 2 = 4$
② 미국인이 영화를 좋아할 기대도수는

$$= \frac{T_{미국인} \times T_{영화}}{T} = \frac{300 \times 200}{850} \approx 70.59$$이다.

※ 저자 의견
문제의 오류로, 합계는 450이 아닌 850으로 계산해야 한다.

25 어떤 제품의 품질특성에 대해 σ^2에 대한 95[%] 신뢰구간을 구하였더니 1.65 ≤ σ^2 ≤ 6.20이었다. 이 품질특성을 동일한 데이터를 활용하여 귀무가설 $(H_0)\sigma^2 = 8$, 대립가설 $(H_1)\sigma^2 \neq 8$로 하여 유의수준 0.05로 검정하였다면, 귀무가설(H_0)의 판정결과는?

① 기각한다.　　　② 보류한다.

③ 채택한다.　　　④ 판정할 수 없다.

해설
$\sigma^2 = 8$은 신뢰구간을 벗어나므로, 귀무가설 $(H_0)\sigma^2 = 8$을 기각한다.

26 계수형 샘플링검사절차 – 제3부 : 스킵로트 샘플링검사절차(KS Q ISO 2859 – 3)를 사용하는 경우 최초 검사빈도를 $\frac{1}{3}$로 결정되었다면 자격 인정에 필요한 로트의 개수는?

① 10개 내지 11개

② 12개 내지 14개

③ 15개 내지 20개

④ 21개 내지 25개

해설

$\frac{1}{3}$ 초기 빈도 : 자격 취득 필요 로트수가 20개 이하이지만 개시, 계속, 재개 합격 판정개수 요구사항 불만족로트가 1로트 이상인 경우

27 어느 제조회사의 2개 공정라인이 있는데 평균 생산량의 차이를 추정하고자 10일 동안 생산량을 측정하였더니 다음과 같았다. 2개 라인의 모평균 $\mu_1 - \mu_2$에 대한 95[%] 신뢰구간을 구하면 약 얼마인가?
(단, $t_{0.975}(18) = 2.101$, $t_{0.995}(18) = 2.8780$이고, 생산량은 등분산이며, 정규분포를 한다고 가정한다)

라인 1	1.3	1.9	1.4	1.2	2.1
	1.4	1.7	2.0	1.7	2.0
라인 2	1.8	2.3	1.7	1.7	1.6
	1.9	2.2	2.4	1.9	2.1

① $-0.574 \sim 0.006$

② $-0.574 \sim -0.006$

③ $-0.679 \sim 0.099$

④ $-0.679 \sim -0.099$

해설

$(\bar{x}_1 - \bar{x}_2) \pm u_{1-\frac{\alpha}{2}} \sqrt{\frac{\sigma_1^2}{n_1} + \frac{\sigma_2^2}{n_2}} = (1.67 - 1.96) \pm 2.101$

$\times \sqrt{\frac{0.326^2}{10} + \frac{0.276^2}{10}} = (-0.574, \ -0.006)$

28 대형 컴퓨터 네트워크를 운영하는 A씨는 하루 동안의 네트워크 장애건수 X에 대한 확률분포를 다음과 같이 구하였다. X의 기댓값 μ와 표준편차 σ는 약 얼마인가?

X	0	1	2	3
$P(X)$	0.32	0.35	0.18	0.08
X	4	5	6	
$P(X)$	0.04	0.02	0.01	

① $\mu = 1.25$, $\sigma = 1.295$

② $\mu = 1.25$, $\sigma = 1.421$

③ $\mu = 1.27$, $\sigma = 1.295$

④ $\mu = 1.27$, $\sigma = 1.421$

해설

네트워크 장애건수 X는 이산형 확률변수이므로,
기댓값

$\mu = E(X) = \sum_{x=0}^{6} x \cdot p(x)$

$= 0 \times 0.32 + 1 \times 0.35 + \cdots + 6 \times 0.01 = 1.27$

분 산

$V(X) = E(X^2) - \mu^2 = \sum_{x=0}^{6} x^2 \cdot p(x) - \mu^2$

$= (0^2 \times 0.32 + 1^2 \times 0.35 + \cdots + 6^2 \times 0.01) - 1.27^2$

$= 3.29 - 1.27^2 = 1.6771$

표준편차

$\sigma = \sqrt{V(X)} = \sqrt{1.6771} \simeq 1.295$

29 어떤 부품공장에서 제조되는 부품의 특성치 분포가 $\mu = 3.10$[mm], $\sigma = 0.02$[mm]인 정규분포를 따르며, 공정은 안정 상태에 있다. 부품의 규격이 3.10 ± 0.0392[mm]로 주어졌을 경우, 이 공정에서 발생되는 부적합품의 발생률은 약 얼마인가?

① 2.5[%]

② 5.0[%]

③ 95.0[%]

④ 97.5[%]

해설

$u_i = \frac{x - \mu}{\sigma} = \frac{\pm 0.0392}{0.02} = \pm 1.96$이므로, 부적합품의 발생률은 5[%]이다.

30 재가공이나 폐기처리비를 무시할 경우, 부적합품 발생으로 인한 손실비용(무검사비용)을 맞게 표시한 것은?(단, N은 전체 로트 크기, a는 개당 검사비용, b는 개당 손실비용, p는 부적합품률이다)

① aN ② bN

③ apN ④ bpN

해설
- aN : 전수검사비용
- bpN : 부적합품 발생으로 인한 손실비용(무검사비용)

31 모부적합수(m)에 대한 신뢰상한값만을 추정하는 식으로 맞는 것은?

① $m = x - u_{1-a/2}\sqrt{x}$

② $m = x - u_{1-a}\sqrt{x}$

③ $m = x + u_{1-a/2}\sqrt{x}$

④ $m = x + u_{1-a}\sqrt{x}$

해설
모부적합수(m)에 대한 신뢰값을 추정하는 식
$m = x \pm u_{1-a}\sqrt{x}$
- 신뢰상한값 : $m = x + u_{1-a}\sqrt{x}$
- 신뢰하한값 : $m = x - u_{1-a}\sqrt{x}$

32 관리도의 사용목적에 해당되지 않는 것은?

① 공정해석

② 공정관리

③ 표본 크기의 결정

④ 공정이상의 유무 판단

해설
관리도의 사용목적 : 공정에 큰 산포를 주는 원인분석, 공정해석, 공정관리, 공정이상의 유무를 판단한다.

33 어떤 사무실에 공기청정기를 설치하기 이전과 설치한 이후의 실내 미세먼지에 대한 자료가 다음과 같다. 공기청정기 설치 전과 후의 평균치 차를 검정하기 위한 검정통계량은 약 얼마인가?(단, $\sigma_1^2 = \sigma_2^2$이다)

설치 전	$\bar{x}_1 = 10.0$	$V_1 = 82.0$	$n_1 = 10$
설치 후	$\bar{x}_2 = 8.0$	$V_2 = 79.0$	$n_2 = 10$

① 0.473 ② 0.498

③ 0.669 ④ 0.705

해설

$$t_0 = \frac{\bar{x}_1 - \bar{x}_2}{\sqrt{\dfrac{V_1}{n_1} + \dfrac{V_2}{n_2}}} = \frac{10-8}{\sqrt{\dfrac{82}{10} + \dfrac{79}{10}}} \simeq 0.498$$

34 관리도에 대한 설명으로 맞는 것은?

① $\overline{X}$관리도의 검출력은 주로 군의 크기 k와 군내변동 σ_w^2과 관계가 있다.

② u관리도에서는 n의 크기가 변해도 관리한계선의 폭은 변하지 않는다.

③ $n=3$, $k=30$, $n=3$, $k=30$의 $\overline{X} - R$관리도에서 관리계수 $C_f = 1.35$라면 공정이 관리 상태라고 할 수 있다.

④ 공정이 관리 상태일 때에는 도수분포로부터 구한 표준편차와 R관리도의 $\overline{R}$로부터 얻어진 표준편차는 대체적으로 일치한다.

해설
① $\overline{X}$관리도의 검출력은 주로 군의 크기 k와 군간변동 σ_b^2과 관계가 있다.
② u관리도에서 n의 크기가 변하면 관리한계선의 폭도 변한다.
③ 관리계수 $C_f = 1.35$라면 급간변동이 크므로 공정이 관리 상태라고 할 수 없다.

35 $\overline{X}$관리도에서 $n = 4$, $UCL = 52.9$, $LCL = 47.74$일 때, $\hat{\sigma}$의 값은?(단, $n = 4$일 때 $d_2 = 2.059$이다)

① 1.52　　　　② 1.72

③ 2.02　　　　④ 2.58

해설

$$3 \times \frac{\hat{\sigma}}{\sqrt{n}} = \frac{UCL - LCL}{2}$$

$$3 \times \frac{\hat{\sigma}}{\sqrt{4}} = \frac{52.9 - 47.74}{2}$$

$$\hat{\sigma} = 1.72$$

36 관리도의 OC곡선에 관한 설명으로 틀린 것은?

① 공정이 관리 상태일 때 OC곡선은 제1종 오류(α)를 나타낸다.

② 공정이 이상 상태일 때 OC곡선은 제2종 오류(β)를 나타낸다.

③ OC곡선은 관리도가 공정 변화를 얼마나 잘 탐지하는가를 나타낸다.

④ $\overline{X}$관리도의 경우 정규분포의 성질을 이용하여 OC곡선을 활용할 수 있다.

해설

공정이 관리 상태일 때 OC곡선은 $1 - \alpha$, 즉 제2종 오류(β)를 나타낸다.

37 반응온도(x)와 수율(y)의 관계를 조사한 결과, $S_{xx} = 147.6$, $S_{yy} = 56.9$, $S_{xy} = 80.4$이었다. 회귀로부터의 변동($S_{y/x}$)은 약 얼마인가?

① 10.354　　　② 13.105

③ 43.795　　　④ 56.942

해설

$$S_{y/x} = S_T - S_R = S_{yy} - S_R = \frac{56.9 - 80.4^2}{147.6} = 13.105$$

38 계량규준형 1회 샘플링검사에 대한 설명으로 맞는 것은?

① 계량샘플링검사는 로트검사 단위의 특성치 분포가 정규분포가 아니어도 된다.

② 샘플의 크기가 같을 때에는 계수치의 데이터가 계량치의 데이터보다 많은 정보를 제공한다.

③ 계량샘플링검사에서 표준편차가 미지인 경우이든 기지인 경우이든 샘플의 크기(n)는 같다.

④ 계량샘플링검사는 측정한 데이터를 기초로 판정하는 것으로서 계수샘플링검사에 비하여 샘플의 크기는 작아진다.

해설

① 계량샘플링검사는 로트검사 단위의 특성치 분포가 정규분포이어야 한다.

② 샘플의 크기가 같을 때에는 계량치의 데이터가 계수치의 데이터보다 많은 정보를 제공한다.

③ 계량샘플링검사에서 표준편차가 미지인 경우와 기지인 경우의 샘플의 크기(n)는 다르다.

39 5대의 라디오를 하나의 시료군으로 구성하여 25개 시료군을 조사한 결과, 195개의 부적합이 발견되었다. 이때 c관리도와 u관리도의 UCL은 각각 약 얼마인가?

① 7.8, 1.56

② 16.18, 5.31

③ 16.18, 3.24

④ 57.73, 5.31

해설

c관리도의 $UCL = \bar{c} + 3\sqrt{\bar{c}} = \dfrac{195}{25} + 3\sqrt{\dfrac{195}{25}} = 16.18$

u관리도의 $UCL = \bar{u} + 3\sqrt{\bar{u}/n} = \dfrac{7.8}{5} + 3\sqrt{\dfrac{7.8/5}{5}} = 3.24$

40 통계량으로부터 모집단을 추정할 때 모집단의 무엇을 추측하는 것인가?

① 모 수

② 정 수

③ 통계량

④ 기각치

41 두 대의 기계를 거쳐 수행되는 작업들의 총작업시간을 최소화하는 투입 순서를 결정하는 데 가장 중요한 것은?

① 작업의 납기 순서

② 투입되는 작업자의 수

③ 공정별·작업별 소요시간

④ 시스템 내 평균 작업수

해설

두 대의 기계를 거쳐 수행되는 작업들의 총작업시간을 최소화하는 투입 순서를 결정하는 데 가장 중요한 것은 두 기계의 최단 작업소요시간(공정별·작업별 소요시간)이다.

42 설비 선정 시 표준품을 대량으로 연속 생산할 경우 어떤 기계설비를 사용하는 것이 가장 유리한가?

① 범용기계설비

② 전용기계설비

③ GT(Group Technology)

④ FMS(Flexible Manufacturing System)

43 5개의 요소작업으로 이루어진 작업을 스톱워치로 10번 관측한 자료가 다음과 같다. 신뢰도 90[%], 허용오차 ±5[%]일 때 적합한 관측 횟수는?(단, $t_{0.05}(9) = 1.833$이다)

요소작업	1	2	3	4	5
$\bar{x}$	12.6	4.8	1.7	12.4	7.6
s	1.1	0.4	0.2	1.25	0.8
I	0.63	0.24	0.085	0.62	0.38
$\dfrac{S}{I}$	1.746	1.667	2.353	2.016	2.105

① 19번
② 21번
③ 23번
④ 25번

해설

각 요소작업의 측정 횟수 계산

• 요소작업 1 : $N_1 = \left[\dfrac{1.833 \times 1.1}{0.05 \times 12.6}\right]^2 \simeq 10.2 \simeq 11$회

• 요소작업 2 : $N_2 = \left[\dfrac{1.833 \times 0.4}{0.05 \times 4.8}\right]^2 \simeq 9.3 \simeq 10$회

• 요소작업 3 : $N_3 = \left[\dfrac{1.833 \times 0.2}{0.05 \times 1.7}\right]^2 \simeq 18.6 \simeq 19$회

• 요소작업 4 : $N_4 = \left[\dfrac{1.833 \times 1.25}{0.05 \times 12.4}\right]^2 \simeq 13.66 \simeq 14$회

• 요소작업 5 : $N_5 = \left[\dfrac{1.833 \times 0.8}{0.05 \times 7.6}\right]^2 \simeq 14.8 \simeq 15$회

문제의 조건을 만족하려면, 각 요소작업 중 가장 많은 횟수인 19회를 측정해야 한다.

44 설비의 최적 수리주기 결정요인이 아닌 것은?

① 보전비
② 열화손실비
③ 수리한계
④ 설비획득비용

해설

설비의 최적 수리주기는 단위기간당 고장정지(수리한계) 및 열화손실비와 단위기간당 보전비의 합계가 최소가 되는 시점에서 결정하는 것이 경제적이다.

45 워밍업이 필요한 작업에서 정상작업 페이스(Pace)에 도달하는 데 필요한 것보다 적은 수량을 생산함으로써 발생하는 초과시간을 보상하기 위한 여유는?

① 조여유
② 기계간섭여유
③ 소Lot 여유
④ 장Cycle 여유

46 라인밸런싱(Line Balancing)에 관한 내용과 가장 거리가 먼 것은?

① 공정의 효율을 도출한다.
② 작업 배정의 균형화를 뜻한다.
③ 조립라인의 균형화를 뜻한다.
④ 체계적 설비배치(SLP)기법을 이용한다.

해설

라인밸런싱 기법 종류 : 피치다이어그램, 피치타임, 탐색법(Heuristic), 대기행렬이론, 순열조합이론, 시뮬레이션, 실험계획법, 동적계획법 등

47 설비를 예정한 시기에 점검, 시험, 급유, 조정, 분해정비, 계획적 수리 및 부분품 갱신 등을 하여 설비성능의 저하와 고장 및 사고를 미연에 방지하고 설비의 성능을 표준 이상으로 유지하는 보전활동은?

① 예방보전
② 사후보전
③ 개량보전
④ 수리보전

해설

• 개량보전(CM) : 신뢰성, 보전성, 경제성의 개선 및 설계 시의 약점을 개선하는 활동으로, 고장의 원인분석 및 설비 개선 시에 적용한다.
• 사후보전(BM) : 고장 정지 또는 유해한 성능 저하를 초래한 뒤 수리하는 보전방법이다.

48 고정주문량모형과 고정주문주기모형의 비교 설명으로 틀린 것은?

① 고정주문량모형은 P시스템이고, 고정주문주기모형은 Q시스템이다.

② 고정주문량모형은 주문시기가 일정하지 않고, 고정주문주기모형은 정기적으로 주문한다.

③ 고정주문량모형은 고가의 단일품목에 적용하며, 고정주문주기모형은 저가의 여러 품목에 적용한다.

④ 고정주문량모형은 재고수준 파악을 수시로 하고, 고정주문주기모형은 재고수준 파악을 정기적 검사에 의한다.

해설

고정주문량모형은 Q시스템이고, 고정주문주기모형은 P시스템이다.

49 작업방법의 개선을 위해서 제품이 어떤 과정 또는 순서에 따라 생산되는지를 분석·조사하는 데 활용되는 도표가 아닌 것은?

① 흐름공정도(Flow Process Chart)

② 작업공정도(Operation Process Chart)

③ 조립공정도(Assembly Process Chart)

④ 부문상호관계표(Activity Relationship Diagram)

해설

부문상호관계표는 작업장분석도표에 해당된다.

50 다음 표는 정상 상태로 추진되는 작업과 특급 상태로 추진되는 작업의 기간과 비용을 나타내고 있다. 비용구배(Cost Slope)는?

정 상		특 급	
소요기간	소요비용	소요기간	소요비용
14일	130,000원	10일	250,000원

① 10,000원 　　　　② 20,000원

③ 30,000원 　　　　④ 40,000원

해설

$$비용구배 = \frac{특급비용 - 정상비용}{정상시간 - 특급시간}$$
$$= \frac{250,000 - 130,000}{14 - 10} = 30,000원$$

51 동작경제의 원칙 중 신체 사용의 원칙이 아닌 것은?

① 가급적이면 낙하투입장치를 사용한다.

② 휴식시간을 제외하고는 양손이 동시에 쉬지 않도록 한다.

③ 두 손의 동작은 같이 시작하고 같이 끝나도록 한다.

④ 두 팔의 동작은 동시에 서로 반대 방향으로 대칭적으로 움직이도록 한다.

해설

낙하투입장치 사용은 작업장에 관한 원칙에 해당한다.

52 자재관리에서 구매하는 자재의 가격이 결정되는 원리가 아닌 것은?

① 원가 계산에 의한 가격 결정

② 수요와 공급에 따른 가격 결정

③ 소비자의 요구에 따른 가격 결정

④ 타사와의 경쟁관계에 따른 가격 결정

해설

구매 가격 결정기준 : 원가 계산, 수요와 공급, 동업 타사와의 경쟁관계에 따른 가격 결정 등

53 도요타 생산방식의 운영에 관한 설명으로 틀린 것은?

① 밀어내기식의 자재흐름방식을 추구한다.

② JIT 생산을 유지하기 위해 간판방식을 적용한다.

③ 조달기간을 줄이기 위해 생산준비시간을 축소한다.

④ 작업의 유연성을 위해 다기능 작업자 제도를 실시한다.

해설
도요타는 당기기식의 자재흐름방식을 추구한다.

54 총괄생산계획(APP)기법 중 휴리스틱 계획기법인 것은?

① 선형결정기법(LDR)

② 선형계획법(LP)에 의한 생산계획

③ 수송계획법(TP)에 의한 생산계획

④ 매개변수에 의한 생산계획법(PPP)

55 기업의 산출물인 재화나 서비스에 대한 수량, 시기 등의 미래 시장수요를 추정하는 예측의 추정을 무엇이라고 하는가?

① 경제 예측

② 수요 예측

③ 사회 예측

④ 기술 예측

56 테일러시스템과 포드 시스템을 비교·분석한 내용으로 틀린 것은?

내용 \ 시스템	테일러시스템	포드시스템
통 칭	과업관리	동시관리
경영이념	고임금 저가격	고임금 저노무비
역 점	작업자중심	기계중심
기본정신	이익주의	봉사주의

① 통 칭

② 경영이념

③ 역 점

④ 기본정신

해설
테일러시스템의 경영이념은 고임금 저노무비이고, 포드시스템의 경영이념은 고임금 저가격이다.

57 MRP시스템의 로트 사이즈 결정방법에 대한 설명으로 틀린 것은?

① 고정주문량방법은 명시된 고정량으로 주문한다.

② 대응발주방법은 해당 기간에 순소요량으로 주문한다.

③ 최소단위비용방법은 총비용(준비비용 + 재고유지비용)을 최소화시키는 양으로 주문한다.

④ 부분기간방법은 재고유지비와 작업준비비(주문비)가 균형화되는 점을 고려하여 주문한다.

해설
최소단위비용(LUC ; Least Unit Cost) 방법 : 수요가 발생하는 첫 주부터 시작하여 재고유지비와 주문비를 계산해 가면서 비용이 감소하다가 증가하게 될 때 비용 증가 바로 전까지의 수요량을 모두 합하여 1회 주문 로트로 정하는 방식이다.

58 생산시스템의 투입(Input)단계에 대한 설명으로 가장 적합한 것은?

① 변환을 통하여 새로운 가치를 창출하는 단계이다.

② 필요로 하는 재화나 서비스를 산출하는 단계이다.

③ 기업의 부가가치 창출활동이 이루어지는 구조적 단계이다.

④ 가치 창출을 위하여 인간, 물자, 설비, 정보, 에너지 등이 필요한 단계이다.

해설
①, ② 변환과정(Transformation Process)
③ 투입 전 자원 확보단계

59 지수평활모델을 위한 평활상수(α)값의 결정에 관한 설명으로 맞는 것은?

① 수요 증가의 속도가 빠를수록 낮게 설정한다.

② 과거의 자료를 무시하고 최근의 자료로 평가한다.

③ α 값이 클수록 과거 예측치의 가중치가 높아진다.

④ 0과 1 사이의 값으로 자료를 예측에 반영하는 가중치이다.

해설
① 수요 증가의 속도가 빠를수록 크게 설정한다.
② 과거의 자료를 무시하지 않고 최근의 자료를 평가한다.
③ α값이 클수록 과거 예측치의 가중치가 낮아진다.

60 일정계획의 주요기능에 해당되지 않는 것은?

① 작업 할당   ② 작업 설계

③ 작업 독촉   ④ 작업 우선순위 결정

해설
일정계획의 주요기능 : 부하 결정, 작업 우선순위 결정, 작업 할당, 작업 독촉

제4과목 | 신뢰성관리

61 리던던시 구조 중 구성품이 규정된 기능을 수행하고 있는 동안 고장 날 때까지 예비로서 대기하고 있는 것은?

① 활성 리던던시

② 직렬 리던던시

③ 대기 리던던시

④ n 중 k 시스템

62 고장분포함수가 지수분포인 부품 n개의 고장시간이 $t_1, t_2, \cdots, t_n$으로 얻어졌다. 평균고장시간(MTBF 또는 MTTF)에 대한 추청치로 맞는 것은?(단, $t_{(i)}$는 i번째 순서 통계량이다)

① $\dfrac{n}{\sum\limits_{i=1}^{n} t_i}$

② $\dfrac{\sum\limits_{i=1}^{n} t_i}{n}$

③ $\dfrac{t_{(1)} + t_{(2)}}{2}$

④ n이 홀수일 때 $t\left(\dfrac{n+1}{2}\right)$, n이 짝수일 때

$\dfrac{t_{\left(\frac{n}{2}\right)} + t_{\left(\frac{n}{2}+1\right)}}{2}$

해설
고장분포함수가 지수분포인 부품 n개의 고장시간이 $t_1, t_2, \cdots, t_n$으로 얻어졌을 때, 평균고장시간(MTBF 또는 MTTF)에 대한 추청치는 $\dfrac{\sum\limits_{i=1}^{n} t_i}{n}$ 이다.

63 4개의 브레이크 라이닝을 마모실험을 하여 수명을 측정하였더니 200, 270, 310, 440시간으로 나타났다. 270시간에서의 평균순위법의 $F(t)$는 얼마인가?

① 0.3333   ② 0.3667

③ 0.4000   ④ 0.6667

해설

$$F(t) = \frac{i}{n+1} = \frac{2}{4+1} = 0.4000$$

64 수명데이터를 분석하기 위해서는 먼저 그 데이터의 분포를 알아야 하는데 분포의 적합성 검정에 사용할 수 없는 것은?

① 최우추정법

② Bartlett 검정

③ 카이제곱 검정

④ Kolmogorov-Smirnov 검정

해설

분포의 적합성 검정법 : Bartlett 검정, 카이제곱 검정, Kolmogorov-Smirnov 검정, 확률지 타점법 등

65 표본의 크기가 n일 때 시간 t를 지정하여 그때까지의 고장수를 r이라고 하면, 시간 t에 대한 신뢰도 $R(t)$의 점 추정치를 맞게 표현한 것은?

① $\dfrac{n}{r}$ ② $\dfrac{r}{n}$

③ $\dfrac{n-r}{r}$ ④ $\dfrac{n-r}{n}$

66 고장해석기법에 관한 사항으로 틀린 것은?

① 신뢰성과 안전성은 서로 밀접한 관계를 가지고 있다.

② 고장이나 안전성의 원인분석은 상황과 무관하게 결정한다.

③ 고장이나 안전성의 예측방법으로 FMEA, FTA 등이 많이 사용된다.

④ 고장해석에 따라 제품의 고장을 감소시킴과 동시에 고장으로 인한 사용자의 피해를 감소시키는 것이 안전성 제고이다.

해설

고장이나 안전성의 원인분석은 상황과 연관시켜 결정한다.

67 지수분포를 따르는 어떤 부품의 고장률이 0.01/시간인 2개가 병렬로 연결되어 있는 시스템의 평균수명은?

① 125시간   ② 150시간

③ 200시간   ④ 300시간

해설

$$\frac{1}{0.01} + \frac{1}{2 \times 0.01} = 150시간$$

68 생산단계에서 초기고장을 제거하기 위하여 실시하는 시험은?

① 내구성시험

② 신뢰성성장시험

③ 스크리닝시험

④ 신뢰성결정시험

해설

① 내구성시험 : 아이템의 성능이 스트레스와 시간의 경과에 따라 어떤 영향을 받는가를 조사하는 시험

② 신뢰성성장시험 : 시험분석 및 시정조치(TAAF)프로그램에 의하여 설계 및 제조상의 결함을 발견하고 이를 시정조치함으로써, 시간이 지남에 따라 신뢰성척도가 점진적으로 향상되는 과정에 대한 시험

④ 신뢰성결정시험 : 아이템의 신뢰성 특성치를 결정하기 위한 시험

69 가속계수가 12인 가속수준에서 총시료 10개 중 5개의 부품이 고장 났을 때 시험을 중단하여 다음의 데이터를 얻었다. 정상 사용조건에서의 평균수명은?(단, 이 부품의 수명은 가속수준과 상관없이 지수분포를 따른다)

[다 음]
24　72　168　300　500

① 59.4[hr]　　　　② 356.4[hr]
③ 2553.6[hr]　　　④ 8553.6[hr]

해설

$$\theta_s = \frac{(24+72+168+300+500)+(500\times5)}{5} = 712.8$$

$$\theta_n = AF \times \theta_s = 12 \times 712.8 = 8553.6$$

70 계수 1회 샘플링검사(MIL-STD-690B)에 의하여 총 시험시간을 9,000시간으로 하여 고장 개수가 0개이면 로트를 합격시키고 싶다. 로트 허용고장률이 0.0001/시간인 로트가 합격될 확률은 약 몇 [%]인가?

① 10.04[%]　　　　② 20.04[%]
③ 30.66[%]　　　　④ 40.66[%]

해설

$$L(\lambda_1) = \sum_{r=0}^{c} \frac{e^{-\lambda_1 T}(\lambda_1 T)^r}{r!}$$

$$= \frac{e^{-0.0001 \times 9,000} \times (0.0001 \times 9,000)^0}{0!}$$

$$\simeq 0.4066 \simeq 40.66[\%]$$

71 부품의 고장률이 CFR이고, 평균수명이 각각 100시간인 2개의 부품이 직렬결합모형으로 만들어진 장치를 50시간 사용한 경우 신뢰도는 약 얼마인가?

① 0.3679　　　　② 0.3906
③ 0.6126　　　　④ 0.6313

해설

$$R(t) = e^{-\frac{50}{100}} \times e^{-\frac{50}{100}} \simeq 0.3679$$

72 신뢰성에 관한 설명 중 틀린 것은?

① 평균수명이 증가하면 신뢰도도 증가한다.
② MTTF는 수리 불가능한 아이템의 고장수명 평균치이다.
③ MTBF는 수리 가능한 아이템의 고장 간 동작시간의 평균치이다.
④ 여러 개의 부품이 조합된 기기의 고장확률밀도함수는 정규분포를 따른다.

해설

여러 개의 부품이 조합된 기기의 고장확률밀도함수는 지수분포를 따른다.

73 설비의 가용도(Availability)에 대한 설명으로 틀린 것은?

① 수리율이 높아지면 가용도는 낮아진다.
② 신뢰도와 보전도를 결합한 평가척도이다.
③ 어느 특정 순간에 기능을 유지하고 있을 확률이다.
④ 가용도는 동작가능시간/(동작가능시간 + 동작불가능시간)이다.

해설

수리율이 높아지면 가용도는 높아진다.

74 시스템의 FT(Fault Tree)도가 다음 그림과 같을 때 이 시스템의 블록도로 맞는 것은?

① ─ A ─ B ─ C ─ D ─

② A ─ B
   C ─ D

③ A ─ C
   B ─ D

④ A
  B
  C
  D

③번의 경우 'A&B 병렬, C&D 병렬, AB&CD 직렬' 시스템의 블록도이다.

75 신뢰성은 시간의 경과에 따라 저하된다. 그 이유에는 사용시간 또는 사용 횟수에 따른 피로나 마모에 의한 것과 열화현상에 의한 것들이 있다. 이와 같은 마모와 열화현상에 대하여 수리 가능한 시스템을 사용 가능한 상태로 유지시키고, 고장이나 결함을 회복시키기 위한 제반조치 및 활동은?
① 가 동
② 보 전
③ 추 정
④ 안전성

76 지수분포의 수명을 갖는 어떤 부품 10개를 수명시험하여 100시간이 되었을 때 시험을 중단하였다. 고장 난 부품의 수는 4개였고, 평균수명은 200시간으로 추정되었다. 이 부품을 100시간 사용한다면 누적고장확률은 약 얼마인가?
① 0.0050
② 0.3935
③ 0.5000
④ 0.6077

$$F(t) = 1 - e^{-\frac{100}{200}} \simeq 0.3935$$

77 간섭이론의 부하강도모델에서 부하는 평균 μ_X, 표준편차 σ_x인 정규분포에 따르고, 강도는 평균 μ_Y, 표준편차 σ_Y인 정규분포에 따른다. n_Y, n_X는 μ_Y와 μ_X로부터의 거리를 나타낼 때 안전계수 m을 구하는 식은?

① $m = \dfrac{\mu_Y - n_Y \cdot \sigma_Y}{\mu_X + n_X \cdot \sigma_X}$

② $m = \dfrac{\mu_Y + n_Y \cdot \sigma_Y}{\mu_X - n_Y \cdot \sigma_X}$

③ $m = \dfrac{\mu_Y + n_Y \cdot \sigma_Y}{\mu_X + n_X \cdot \sigma_X}$

④ $m = \dfrac{\mu_Y - n_Y \cdot \sigma_Y}{\mu_X - n_X \cdot \sigma_X}$

안전계수 $m = \dfrac{\mu_Y - n_Y \cdot \sigma_Y}{\mu_X + n_X \cdot \sigma_X}$

78 고장이 랜덤으로 발생하는 20개의 전자부품 중 5개가 고장 날 때까지 수명시험을 실시한 결과 216, 384, 492, 783, 1,010시간에 각각 한 개씩 고장 났다. 이 부품의 평균고장률은 약 얼마인가?

① 2.22×10^{-4}/시간
② 2.77×10^{-4}/시간
③ 3.30×10^{-4}/시간
④ 4.51×10^{-5}/시간

> **해설**
> $$\hat{\lambda} = \frac{r}{\sum_{i=1}^{r} t_i + (n-r)t_0} = \frac{5}{2,885 + (20-5) \times 1,010}$$
> $$\simeq 2.77 \times 10^{-4}/\text{시간}$$

79 대기시스템에서 대기 중인 부품의 고장률을 0으로 가정하는 시스템은?

① Hot Standby
② Warm Standby
③ Cold Standby
④ On-going Standby

80 와이블확률지에서 가로축과 세로축이 표시하는 것으로 맞는 것은?

① $(t, \ln\ln[1 - F(t)])$
② $(t, -\ln[1 - F(t)])$
③ $(\ln t, -\ln\ln[1 - F(t)])$
④ $(\ln t, \ln\{-\ln[1 - F(t)]\})$

제5과목 | **품질경영**

81 품질보증(QA)활동 중 제품기획의 단계에 관한 설명으로 틀린 것은?

① 시장단계에서 파악한 고객의 요구를 일상용어로 변환시키는 단계이다.
② 새로 사용될 예정인 부품에 대하여 신뢰성시험을 선행 실시하여 품질을 확인한다.
③ 신제품을 기획하고 있는 동안 기획 이후의 스텝에서 발생될 우려가 있는 문제점을 찾아내는 단계이다.
④ 기획은 QA의 원류에 위치하므로 품질에 관해서 예상되는 기술적인 문제점은 될 수 있는 대로 많이 찾아내도록 한다.

> **해설**
> 품질보증활동 중 제품기획은 시장단계에서 파악한 고객의 요구를 기술용어로 변환시키는 단계이다.

82 계통도법의 용도가 아닌 것은?

① 목표, 방침, 실시사항의 전개
② 시스템의 중대사고 예측과 그 대응책 책정
③ 부문이나 관리기능의 명확화와 효율화 방책의 추구
④ 기업 내의 여러 가지 문제해결을 위한 방책을 전개

> **해설**
> 계통도는 설정된 목표 달성을 위해 목적과 수단의 계열을 계통적으로 전개하여 최적의 목적 달성 수단을 찾고자 하는 방법이다. 시스템의 중대사고 예측과 그 대응책 책정과는 무관하다.

83 품질경영을 효율적으로 추진하기 위해 많은 공장에서는 5S 운동을 전개한다. 5S에 해당하지 않는 것은?

① 정 리   ② 청 결
③ 습관화   ④ 단순화

해설
5S : 정리, 정돈, 청소, 청결, 습관화

84 원자재나 제조공정 또는 제품의 규격 등 소정의 품질수준을 확보하지 못한 제품 생산에 따른 추가 재작업에 소요되는 품질비용은?

① 예방비용(P-cost)
② 결품비용(S-cost)
③ 실패비용(F-cost)
④ 평가비용(A-cost)

해설
• 예방비용(P-cost) : 소정의 품질수준을 유지하고 처음부터 부적합품이 발생하지 않도록 하는 데 소요되는 품질비용
• 평가비용(A-cost) : 품질평가(Quality Evaluation)활동에 소요되는 비용

85 국제표준화기구(ISO)에 대한 설명 중 틀린 것은?

① ISO의 대표적인 표준은 ISO 9001 패밀리 규격이다.
② ISO의 공식언어는 영어, 불어, 서반아어이다.
③ ISO의 회원은 정회원, 준회원 및 간행물 구독회원으로 구분된다.
④ ISO의 설립목적은 상품 및 서비스의 국제적 교환을 촉진하고, 지적·과학적·기술적·경제적 활동 분야에서의 협력 증진을 위하여 세계의 표준화 및 관련 활동의 발전을 촉진시키는 데 있다.

해설
ISO의 공식언어는 영어, 프랑스어, 러시아어이다.

86 Y제품의 두께 규격이 12.0 ± 0.05cm이다. 이 제품을 제조하는 공정의 표준편차가 $\sigma = 0.02$이면, 이 공정의 제품에 대한 공정능력지수(C_p)에 관한 설명으로 맞는 것은?

① 규격공차를 줄여야 한다.
② 공정 상태가 매우 만족스럽다.
③ 공정능력이 부족한 상태이다.
④ $\pm 4\sigma$의 공정능력을 갖추고 있다.

해설
공정능력지수 $C_p = \dfrac{T}{6\sigma} = \dfrac{0.1}{6 \times 0.02} \approx 0.83$ 이므로, 공정능력이 부족한 상태이다.

87 측정시스템에서 선형성, 편의, 정밀성에 관한 설명으로 맞는 것은?

① 선형성은 Gage R&R로 측정한다.
② 편의가 기대 이상으로 크면 계측시스템은 바람직하다는 뜻이다.
③ 계측기의 측정범위 전 영역에서 편의값이 일정하면 정확성이 좋다는 뜻이다.
④ 편의는 측정값의 평균과 이 부품의 기준값(Reference Value)의 차이를 말한다.

해설
① 선형성은 계측기의 예상되는 작동범위에 걸쳐 생기는 편의값들의 차이이다.
② 편의가 기대 이상으로 크면 계측시스템은 바람직하지 않다는 뜻이다.
③ 계측기의 측정범위 전 영역에서 편의값이 일정하면 정밀성이 좋다는 뜻이다.

88 6시그마 품질혁신운동에서 사용하는 시그마수준 측정과 공정능력지수(C_p)의 관계를 맞게 설명한 것은?

① 시그마수준과 공정능력지수는 차원이 다르기 때문에 상호 간에 관련성이 없다.

② 시그마수준은 공정능력지수에 3을 곱하여 계산할 수 있다. 즉, C_p값이 1이면 3시그마 수준이 된다.

③ 시그마수준은 부적합품률 대한 관계를 나타내고, 공정능력지수는 적합품률을 나타내는 능력이므로 시그마수준과 공정능력지수는 반비례관계이다.

④ 시그마수준에서 사용하는 표준편차는 장기 표준편차로 계산되고, 공정능력지수의 표준편차는 군내변동에 대한 단기 표준편차로 계산되므로 공정능력지수는 기술적 능력을, 시그마수준은 생산수준을 나타내는 지표가 된다.

> **해설**
> ① 시그마수준과 공정능력지수는 차원이 같으므로 상호 간에 관련성이 깊다.
> ③ 시그마수준과 공정능력지수는 모두 부적합품률, 적합품률과 연관이 깊고 시그마수준과 공정능력지수는 비례관계이다.
> ④ 시그마수준과 공정능력지수는 기본적으로 군내변동에 대한 단기 표준편차로 계산되며 생산수준을 나타내는 지표가 된다.

89 품질관리의 4대 기능 중에서 품질의 설계기능은 소비자가 요구하는 품질의 제품을 만들기 위한 설계 및 계획을 수립하는 단계로서 이를 실현하는 조건과 가장 관계가 먼 것은?

① 품질에 관한 정책이 명료하게 밝혀져 있을 것

② 사내규격이 체계화되어 품질에 대한 정책이 일관되어 있을 것

③ 연구, 개발, 설계, 조사 등에 대해서 조직이 구성되어 있으며 책임과 권한이 명확하게 되어 있을 것

④ 검사, 시험방법, 판정의 기준이 명확하며, 판정의 결과가 올바르게 처리되고 피드백되고 있을 것

> **해설**
> ④번은 공정의 관리(실행기능)에 해당된다.

90 산업표준화 유형 중 국면에 따른 표준화 분류의 내용으로 틀린 것은?

① 기본규격 : 표준의 제정, 운용, 개폐절차 등에 대한 규격

② 제품규격 : 제품의 형태, 치수 재질 등 완제품에 사용되는 규격

③ 방법규격 : 성분분석 및 시험방법, 제품의 검사방법, 사용방법에 대한 규격

④ 전달규격 : 계량단위, 제품의 용어, 기호 및 단위 등 물질과 행위에 관한 규격

> **해설**
> 기본규격(전달규격)은 계량단위, 용어, 기호, 단위 등 물질의 행위에 관한 규격이다. 표준의 제정, 개폐절차 등에 대한 규격은 규격서의 서식이며 회사규격의 경우 회사규격관리규정이라고 한다.

91 제조물책임(PL)법에 의한 손해배상책임을 지는 자가 면책을 받는 사유로 볼 수 없는 것은?(단, 제조물을 공급한 후에 결함 사실을 알아서 그 결함으로 인한 손해의 발생을 방지하기 위하여 적절한 조치를 취한 경우이다)

① 제조업자가 해당 제조물을 공급하지 아니하였다는 사실을 입증한 경우

② 제조업자가 판매를 위해 생산하였으나 일부만 유통되었음을 입증한 경우

③ 제조업자가 당해 제조물을 공급할 당시의 과학·기술수준으로는 결함의 존재를 발견할 수 없었다는 사실을 입증한 경우

④ 제조물의 결함이 제조업자가 해당 제조물을 공급한 당시의 법령에서 정하는 기준을 준수함으로써 발생하였다는 사실을 입증한 경우

> **해설**
> 일부만 유통되었음을 입증한 경우는 면책사유에 해당하지 않는다.

92 카노(Kano)의 고객만족모형 중 충족이 되면 만족을 주지만 충족이 되지 않아도 불만을 일으키지 않는 요인은?

① 역품질특성

② 일원적 품질특성

③ 당연적 품질특성

④ 매력적 품질특성

해설
① 역품질특성 : 물리적으로 충족되면 불만족, 충족되지 않으면 만족하는 품질요소
② 일원적 품질특성 : 품질에 대해 충족이 되면 만족, 충족되지 않으면 불만을 일으키는 요소
③ 당연적 품질특성 : 품질에 대해 충족되면 당연하게 여기고 (이들이 충족되더라도 고객만족에는 크게 영향을 미치지 않지만), 충족되지 않으면 불만을 일으키는 2원적 품질요소

93 다음과 같은 규격의 3가지 부품 A, B, C를 이용하여 B + C − A와 같이 조립할 경우 이 조립품의 허용차는?

[다 음]
• A부품의 규격 : 4.0 ± 0.02
• B부품의 규격 : 8.5 ± 0.03
• C부품의 규격 : 6.0 ± 0.06

① ±0.050

② ±0.060

③ ±0.070

④ ±0.110

해설
$\pm \sqrt{0.02^2 + 0.03^2 + 0.06^2} = \pm 0.070$

94 품질방침에 따른 경영전략의 과정으로 맞는 것은?

① 경영방침 → 경영목표 → 경영전략 → 실행방침 → 실행목표 → 실행계획 → 실시

② 경영방침 → 경영목표 → 경영전략 → 실행방침 → 실행계획 → 실행목표 → 실시

③ 경영전략 → 경영방침 → 경영목표 → 실행방침 → 실행목표 → 실행계획 → 실시

④ 경영전략 → 경영방침 → 경영목표 → 실행방침 → 실행계획 → 실행목표 → 실시

95 품질에 대하여 구성원들의 품질개선 의욕을 불러일으키는 작용 또는 과정을 뜻하는 용어는?

① 품질 인프라(Infra)

② 품질 피드백(Feedback)

③ 품질 퍼포먼스(Performance)

④ 품질 모티베이션(Motivation)

96 국가표준으로만 구성된 것은?

① GB, DIN, JIS, NF

② IS, ISO, DIN, ANSI

③ KS, DIN, MIL, ASTM

④ KS, JIS, ASTM, ANSI

해설
GB : 중국, DIN : 독일, JIS : 일본, NF : 프랑스

97 파라슈라만 등(Parasuraman, Berry & Zeuthaml)에 의해 제시된 서비스 품질측정도구인 SERVQUAL모형의 5가지 품질특성에 해당되지 않는 것은?

① 신뢰성(Reliability)

② 확신성(Assurance)

③ 유용성(Usefulness)

④ 반응성(Responsiveness)

해설

SERVQUAL모형의 5가지 품질특성

No	영 역	의 미
1	신뢰성 (Reliability)	약속한 서비스를 정확하게 이행하는 능력
2	확신성 (Assurance)	서비스 제공자들의 지식, 정중, 믿음, 신뢰 제공능력
3	유형성 (Tangibles)	서비스의 유형적 단서(시설, 장비, 사람, 커뮤니케이션 도구 등의 외형)
4	공감성 (Empathy)	고객에게 서비스를 신속하게 제공하려는 의지(고객에게 개인적인 배려를 제공하는 능력)
5	대응성 (Responsiveness)	기꺼이 고객을 돕고 즉각 서비스를 제공하는 능력

99 개선활동에 있어서 부적합항목 등에 대해 개별도수 또는 개별 손실금액 및 그 누적 상대도수 등을 막대그래프와 꺾은선그래프를 사용하여 나타내는 것으로 중점관리항목을 도출할 목적으로 활용하는 도구는?

① 체크시트

② 특성요인도

③ 파레토도

④ 히스토그램

해설

파레토도 : 개선활동에 있어서 부적합항목 등에 대해 개별도수 또는 개별 손실금액 및 그 누적 상대도수 등을 막대그래프와 꺾은선그래프를 사용하여 나타내는 것으로 중점관리항목을 도출할 목적으로 활용하는 도구

• 품질문제 해결과정에서 이용되는 기법 중 80 : 20법칙이 적용되는 기법이다.

• 현재 조사 중인 문제에 어떤 인자가 큰 영향을 미치는가를 알아보기 쉽도록 그래프의 위쪽에 누적 백분율을 나타내는 꺾은선그래프가 놓인다.

• 절대적인 총결과는 항상 왼쪽에서 보여 주고 상대 누적은 항상 오른쪽에 두게 된다.

98 사내표준화에 대한 설명으로 틀린 것은?

① 하나의 기업 내에서 실시하는 표준화 활동이다.

② 일단 정해진 표준은 변경됨이 없이 계속 준수되어야 한다.

③ 정해진 사내표준은 모든 조직원이 의무적으로 지켜야 한다.

④ 사내 관계자들의 합의를 얻은 다음에 실시해야 하는 활동이다.

해설

사내표준화는 일단 정해진 표준은 의무적으로 지켜져야 하나 필요 시 변경될 수도 있다.

100 사내 실패비용으로 볼 수 없는 것은?

① 클레임비용

② 재가공 작업비용

③ 폐기품 손실자재비

④ 자재 부적합 유실비용

해설

클레임비용은 사외 실패비용에 해당한다.

제1과목 | **실험계획법**

01 난괴법에 관한 설명으로 틀린 것은?

① 난괴법에서 사용되는 변량요인을 보통 블록요인 혹은 집단요인이라고 부른다.

② 1요인은 모수요인이고, 1요인은 변량요인인 반복 없는 2요인실험이다.

③ 요인 B(변량요인)인 경우 수준 간의 산포를 구하는 것이 의미가 있고, 모평균 추정은 의미가 없다.

④ A(모수요인), B(블록요인)로 난괴법 실험을 한 경우 층별이 잘된 경우에 정보량이 적어지는 경향이 있다.

해설

A(모수요인), B(블록요인)로 난괴법 실험을 한 경우 층별이 잘된 경우에 정보량이 많아지는 경향이 있다.

02 반복 없는 2요인실험을 행했을 때 A_3B_2 수준조합에서 결측치가 발생하였다. 결측치 ⓨ의 값을 점 추정하면?

요 인	A_1	A_2	A_3	A_4	A_5	$T_{.j}$
B_1	13	1	3	−19	−3	−5
B_2	18	13	ⓨ	−11	−1	19+ⓨ
B_3	28	22	2	8	−5	55
B_4	13	12	0	−10	5	20
$T_{i.}$	72	48	5+ⓨ	−32	−4	89+ⓨ

① $\dfrac{3}{12}$　　　　② $\dfrac{1}{3}$

③ 1.0　　　　④ 2.17

해설

$$y_{ij} = \frac{lT_{i.}' + mT_{.j}' - T'}{(l-1)(m-1)}$$
$$= \frac{lT_{3.}' + mT_{.2}' - T'}{(l-1)(m-1)} = \frac{5 \times 5 + 4 \times 19 - 89}{(5-1) \times (4-1)} = 1.0$$

03 4수준 요인 A와 2수준 요인 B, C, D, F와 $A \times B$, $B \times C$, $B \times D$를 배치하는 경우 최적의 직교배열표로 맞는 것은?

① $L_4(2^3)$　　　　② $L_8(2^7)$

③ $L_{16}(4^{15})$　　　　④ $L_{16}(2^{15})$

해설

A의 자유도가 3이므로 3개의 열이 필요하고, $A \times B$도 자유도가 3이므로 3개의 열이 필요하다. 나머지는 자유도가 모두 1이므로 6개의 열이 필요하다. 따라서 모두 12개의 열이 필요하므로, $L_{16}(2^{15})$형 직교배열표가 최적이다.

04 실험 횟수를 늘리지 않고 실험 전체를 몇 개의 블록으로 나누어 배치시킴으로써 동일 환경 내의 실험 횟수를 적게 하도록 고안해 낸 배치법은?

① 교락법　　　　　　② 라틴방격법
③ 분할법　　　　　　④ 다원배치법

해설
② 라틴방격법 : 주효과만 구하고자 할 때 이용하는 방법으로, 행과 열에 비교하고자 하는 처리가 오직 한 번씩($k \times k$) 나타나도록 배치한 실험계획법이다.
③ 분할법 : 실험배치의 랜덤에 제약이 있는 경우 몇 단계로 나누어 설계하는 방법으로, 실험 순서가 완전히 랜덤으로 정해지지는 않고, 실험 전체를 몇 단계로 나누어서 단계별로 랜덤화하는 실험계획법이다.
④ 다원배치법 : 2원배치법과 유사하지만 인자수가 3개 이상인 경우이다. 인자수가 3개이면 3원배치법, 4개이면 4원배치법, n개이면 n원배치법이라고 한다.

05 요인 A의 3수준을 택하고, 반복 4회의 1요인실험을 행하였을 때, 변량요인 A의 평균제곱 V_A의 기댓값은?(단, $x_{ij} = \mu + a_i + e_{ij}$, $a_i \sim N(0,\ \sigma_A^2)$, $e_{ij} \sim N(0,\ \sigma_e^2)$이다)

① σ_e^2　　　　　　　　② $\sigma_e^2 + 3\sigma_A^2$

③ $\sigma_e^2 + 4\dfrac{\sum\limits_{i=1}^{l} a_i}{3-1}$　　④ $\sigma_e^2 + 4\sigma_A^2$

해설
$E(V_A) = \sigma_e^2 + r\sigma_A^2 = \sigma_e^2 + 4\sigma_A^2$

06 2요인실험의 계수치 데이터에서 $S_T = 7$, $S_{AB} = 5$, $S_A = 3$, $S_B = 1$일 때, S_{e_1}과 S_{e_2}는 각각 얼마인가?

① $S_{e_1} = 1$, $S_{e_2} = 2$
② $S_{e_1} = 2$, $S_{e_2} = 3$
③ $S_{e_1} = 3$, $S_{e_2} = 2$
④ $S_{e_1} = 5$, $S_{e_2} = 6$

해설
$S_{e_1} = S_{A \times B} = S_{AB} - S_A - S_B = 5 - 3 - 1 = 1$
$S_{e_2} = S_T - S_{AB} = 7 - 5 = 2$

07 각각 3, 5개의 수준을 갖는 두 개 요인의 모든 수준조합에서 각각 2회 반복을 하였다. 교호작용이 무시되지 않는 경우, 오차항의 자유도는 얼마인가?

① 8　　　　　　　　② 12
③ 15　　　　　　　　④ 23

해설
오차항의 자유도
$\nu_e = lm(r-1) = 3 \times 5 \times (2-1) = 15$

08 수준의 선택이 랜덤으로 이루어지고 각 수준이 기술적 의미를 가지고 있지 못하며 주효과 a_i들의 합이 일반적으로 0이 아닌 요인은?

① 변량요인
② 보조요인
③ 모수요인
④ 혼합요인

09 TV 색상 밀도의 기능적 한계가 $m \pm 7$이라고 가정하면, 색상 밀도가 $m \pm 7$일 때 소비자의 환경이나 취향의 다양성을 고려하여 소비자의 절반이 TV가 고장이라고 한다. TV의 수리비가 평균 $A = 98,000$원이라고 할 때, 색상 밀도가 $m + 4$인 수상기를 구입한 소비자가 입은 평균손실 $L(m+4)$은?

① $8,000$원   ② $16,000$원

③ $32,000$원   ④ $64,000$원

해설
망목특성 손실함수는 $L(y) = k(y-m)^2$이므로
$98,000 = k[(m \pm 7) - m]^2$에서 $k = \dfrac{98,000}{7^2} = 2,000$
$L(m+4) = k[(m+4) - m]^2 = 2,000 \times 4^2 = 32,000$원

10 3개의 수준에서 반복 횟수가 8인 1요인실험에서 각 수준에서의 측정값의 합은 $y_{1\cdot}$, $y_{2\cdot}$, $y_{3\cdot}$라고 할 때, 관심을 갖는 대비는 다음과 같은 2개가 있다. 이 두 대비가 서로 직교대비가 되기 위한 k값은?

[다 음]
$c_1 = y_{1\cdot} - y_{2\cdot}$
$c_2 = \dfrac{1}{2} y_{1\cdot} + k y_{2\cdot} - y_{3\cdot}$

① -1 ② $\dfrac{1}{2}$

③ $\dfrac{3}{2}$ ④ 1

해설
c_1, c_2의 계수를 곱하여 0이 되는 k값을 찾으면 된다.
$1 \times \dfrac{1}{2} + (-1) \times k = 0$에서 $k = \dfrac{1}{2}$

11 3^3형 요인실험에서 9개의 블록을 만들 때, 요인 AB^2C^2와 AC를 정의대비라고 하면 블록과 교락되는 정의대비는?

① AB^2 ② AC^2

③ BC ④ BC^2

해설
블록과 교락되는 정의대비
$(AB^2C^2)(AC) = A^2B^2C^3 = A^2B^2 = (A^2B^2)^2 = AB$
$(AB^2C^2)(AC)^2 = A^3B^2C^4 = B^2C = (B^2C)^2 = BC^2$

12 다음과 같은 $L_{27}(3^{13})$형 직교배열표에서 요인 B(2열)의 제곱합(S_B)이 600, 요인 C(5열)의 제곱합(S_C)이 1,000일 경우 교호작용의 제곱평균값($V_{B \times C}$, 8열)은?

열번호	1	2	3	4	5	6	7
배 치	A	B	e	e	C	D	e

열번호	8	9	10	11	12	13
배 치	$B \times C$	e	e	$B \times C$	F	G

① 200   ② 400

③ 800   ④ 1,600

해설
교호작용 $B \times C$의 제곱평균값
= (요인 B의 제곱합 + 요인 C의 제곱합)/자유도
$= \dfrac{(600 + 1,000)}{4} = 400$

13 요인 A(원료구입선 : l수준)를 1차 단위로, 요인 B(가공방법 : m수준)를 2차 단위로 하여 블록반복 2회 분할법에 의한 실험을 하는 경우 데이터의 구조식은? (단, $i=1, 2, \cdots, l$, $j=1, 2, \cdots, m$, $k=1, 2, \cdots, r$이다)

① $x_{ijk} = \mu + a_i + b_{(i)} + e_{k(ij)}$

② $x_{ijk} = \mu + e_{(i)} + b_j + e_{(2)ijk}$

③ $x_{ijk} = \mu + a_i + r_k + e_{(1)ik} + b_j + (ab)_{ij} + e_{(2)ijk}$

④ $x_{ijk} = \mu + a_i + (ar)_{ik} + e_{(1)ik} + b_j + (ab)_{ij} + e_{(2)ijk}$

해설
1차 단위가 1원배치인 단일분할법이므로 데이터 구조식은 $x_{ijk} = \mu + a_i + r_k + e_{(1)ik} + b_j + (ab)_{ij} + e_{(2)ijk}$이다.

14 반복 없는 3요인실험에서 A, B, C요인의 수준이 각각 l, m, n이라고 할 때 $A \times C$의 자유도($\nu_{A \times C}$)는? (단, 모수모형이고, $l=3$, $m=4$, $n=4$이다)

① 4   ② 6

③ 8   ④ 12

해설
$A \times C$의 자유도
$\nu_{A \times C} = (l-1)(n-1) = (3-1)(4-1) = 6$

15 회귀분석 분산분석표에서 나머지 제곱합(S_r)이 유의하지 않았다. 이런 경우 회귀로부터의 제곱합 $S_{y \cdot x}$의 불편분산은 약 얼마인가?

요 인	SS	DF
직선회귀	28.964	1
나머지(고차회귀)	0.036	2
A	29.000	3
e	1.05	12
T	30.05	15

① 0.0638   ② 0.0776

③ 1.0860   ④ 1.2100

해설
회귀로부터의 제곱합 $S_{y \cdot x}$의 불편분산
$$V_{y \cdot x} = \frac{S_e + S_r}{\nu_e + \nu_r} = \frac{1.05 + 0.036}{12 + 2} \simeq 0.0776$$

16 2^3형 계획에서 교호작용 ABC를 블록과 교락시킨 후 abc가 포함된 블록으로 $\frac{1}{2}$ 일부실시법을 행하였을 때, 교호작용 BC와 별명(Alias) 관계에 있는 주요인의 주효과를 맞게 표현한 것은?

① $\frac{1}{2}[(a+abc) - (b+c)]$

② $\frac{1}{2}[(b+abc) - (a+c)]$

③ $\frac{1}{2}[(c+abc) - (a+b)]$

④ $\frac{1}{2}[(abc+1) - (bc+b)]$

해설
abc가 포함된 블록은 $(abc + a + b + c)$이므로 $\frac{1}{2}$블록의 일부실시법을 수행하면 $BC = \frac{1}{2}[(a+abc) - (b+c)]$가 된다.

17 데이터의 구조식이 다음과 같은 실험에서 S_{ABC}의 값은 얼마인가?(단, $S_A = 675.4$, $S_{B(A)} = 160.3$, $S_{C(AB)} = 88.1$이다)

[다 음]
$x_{ijkp} = \mu + a_i + b_{j(i)} + c_{k(ij)} + e_{p(ijk)}$

① 248.4   ② 763.5

③ 923.8   ④ 1,011.9

해설

$S_{ABC} = S_A + S_{B(A)} + S_{C(AB)} = 675.4 + 160.3 + 88.1 = 923.8$

19 1요인실험에서 각 수준 간의 모평균차에 대한 95[%] 신뢰수준의 신뢰구간을 보고 유의한 차가 있다고 할 수 없는 것은?

① $\mu_1 - \mu_3 = -1.39 \sim -0.85$

② $\mu_1 - \mu_2 = -0.6 \sim -0.06$

③ $\mu_2 - \mu_4 = -0.43 \sim 0.11$

④ $\mu_3 - \mu_4 = 0.35 \sim 0.89$

해설

③ $|\mu_2 - \mu_4| = |-0.43 \sim 0.11| = |0.43 \sim 0.11| = 0.32$

① $|\mu_1 - \mu_3| = |-1.39 \sim -0.85| = |1.39 \sim 0.85| = 0.54$

② $|\mu_1 - \mu_2| = |-0.6 \sim -0.06| = |0.6 \sim 0.06| = 0.54$

④ $|\mu_3 - \mu_4| = |0.35 \sim 0.89| = 0.54$

18 2^4형 요인배치법에서 2중 교락설계 시 블록효과와 교락시킨 2개의 요인이 ABC, BCD일 때 블록효과와 교락되는 다른 하나의 요인은?

① AD ② AC

③ BC ④ BD

해설

2개 요인의 교호작용도 블록과 교락된다.

$ABC \times BCD = AB^2C^2D = AD$

20 4개의 모수요인에 대해 수준수를 5로 하는 그레코 라틴방격 실험을 행한다면 오차의 자유도는?

① 6   ② 8

③ 12   ④ 16

해설

오차의 자유도

$\nu = (k-1)(k-3) = (5-1)(5-3) = 8$

21 A대학 산업공학과 학생들의 통계학 시험성적을 분석한 결과 성적분포가 $N(70,\ 8^2)$이었다. 72.08점 이상 80.0점 이하인 학생에게 B학점을 주고자 한다. B학점을 받을 학생의 비율은 몇 [%]인가?(단, $u_{0.6026} = 0.26$, $u_{0.6915} = 0.5$, $u_{0.9332} = 1.5$, $u_{0.8944} = 1.25$이다)

① 20.2[%] ② 24.2[%]
③ 29.2[%] ④ 33.1[%]

해설

$$P(72.08 \leq \bar{x} \leq 80.0) = P\left(\frac{72.08 - 70}{8} \leq Z \leq \frac{80.0 - 70}{8}\right)$$
$$= P(0.26 \leq Z \leq 1.25) = 0.8944 - 0.6026 = 0.2918 \simeq 29.2[\%]$$

22 두 모집단에서 각각 $n_1 = 5$, $n_2 = 6$으로 추출하여 어떤 특정치를 측정한 결과가 다음의 데이터와 같았다. 모분산비의 검정을 위한 검정통계량은 약 얼마인가?

[데이터]
$\sum x_1 = -3$　$\sum x_1^2 = 99$
$\sum x_2 = -3$　$\sum x_2^2 = 41$

① 2.08 ② 2.80
③ 3.08 ④ 3.80

해설

$$F_0 = \frac{V_1}{V_2} = ?$$

$$V_1 = \frac{S_1}{n_1 - 1} = \frac{\left[\sum x_1^2 - \frac{(\sum x_1)^2}{n_1}\right]}{4} = \frac{97.2}{4} = 24.3$$

$$V_2 = \frac{S_2}{n_2 - 1} = \frac{\left[\sum x_2^2 - \frac{(\sum x_2)^2}{n_2}\right]}{5} = \frac{39.5}{5} = 7.9$$

$$\therefore F_0 = \frac{V_1}{V_2} = \frac{24.3}{7.9} = 3.08$$

23 임의의 2로트(Lot)로부터 각각 크기가 8과 10인 시료를 채취하여 모평균의 차를 검정하려고 한다. 사용되는 검정통계량의 자유도는?(단, 등분산인 경우이다)

① 15 ② 16
③ 17 ④ 18

해설

검정통계량의 자유도
$$\nu = \nu_1 + \nu_2 = n_1 + n_2 - 2 = 8 + 10 - 2 = 16$$

24 부적합률에 대한 계량형 축차샘플링검사방식(표준편차 기지)(KS Q ISO 39511 : 2018)에서 양쪽 규격한계의 결합관리의 경우이고 $n_{cum} < n_t$일 때, 상한 합격판정치 A_U는?(단, σ가 규격 간격($U-L$)과 비교하여 충분히 작고, g는 합격판정선 및 불합격판정선의 기울기, h_A는 합격판정선의 절편이다)

① $g\sigma n_{cum} - h_A\sigma$

② $g\sigma n_{cum} + h_A\sigma$

③ $(U - L - g\sigma)n_{cum} - h_A\sigma$

④ $(U - L - g\sigma)n_{cum} + h_A\sigma$

해설

구 분	하한규격(L)	상한규격(U)
합격판정선	$A^L = h_A\sigma + g\sigma n_{cum}$	$A^U = -h_A\sigma + (U - L - g\sigma)n_{cum}$
불합격판정선	$R^L = -h_R\sigma + g\sigma n_{cum}$	$R^U = h_R\sigma + (U - L - g\sigma)n_{cum}$
중지치	$A_t^L = g\sigma n_t$	$A_t^U = (U - L - g\sigma)n_t$
판 정	• $A^L \leq Y \leq A^U$: 로트 합격 • $Y \leq R^L$ 또는 $Y \geq R^U$: 로트 불합격 • $R^L < Y < A^L$ 또는 $A^U < Y < R^U$: 검사 속행	• $n_{cum} = n_t$인 경우 • $A_t^L \leq Y \leq A_t^U$: 로트 합격 • $Y > A_t^U$ 또는 $Y < R_t^U$: 로트 불합격 • $A^U < Y < R^U$이면 검사 속행

25 시료의 크기가 3인 시료군 30개를 측정하여 $\sum \overline{X} = 609.9$, $\sum \overline{R} = 138.0$을 얻었다. 이때 $\overline{X} - R$관리도의 관리상한은 각각 약 얼마인가?(단, 군의 크기가 3일 때, $A_2 = 1.023$, $D_4 = 2.575$이다)

① $\overline{X}$관리도 : 25.036, R관리도 : 11.845
② $\overline{X}$관리도 : 25.036, R관리도 : 20.047
③ $\overline{X}$관리도 : 32.175, R관리도 : 11.845
④ $\overline{X}$관리도 : 32.175, R관리도 : 20.047

해설
• $\overline{X}$관리도의 관리상한(UCL)
$= \overline{\overline{x}} + A\sigma = \overline{\overline{x}} + A_2\overline{R} = \frac{609.9}{30} + 1.023 \times \frac{138.0}{30} \approx 25.036$

• R관리도의 관리상한(UCL) $= D_4\overline{R} = 2.575 \times \frac{138}{30} = 11.845$

26 공정에서 작은 변화의 발생을 빨리 탐지하기 위한 방법으로 가장 거리가 먼 것은?

① 부분군의 채취 빈도를 늘인다.
② 관리도의 작성과정을 개선한다.
③ 관리도상의 런의 길이, 타점들의 특징이나 습성을 세심하게 관찰한다.
④ 슈하트(Shewhart) 관리도보다 지수가중이동평균(EWMA) 관리도를 이용한다.

해설
관리도의 작성과정 개선과는 무관하다.

27 10[ton]씩 적재하는 100대의 화차에서 5대의 화차를 샘플링하여 각 화차로부터 3인크리먼트씩 랜덤하게 시료를 채취하는 샘플링방법은?

① 집락샘플링
② 층별샘플링
③ 계통샘플링
④ 2단계 샘플링

해설
① 집락샘플링 : 모집단을 여러 개의 층으로 나누고 그중에서 일부를 랜덤 샘플링한 후 샘플링된 층에 속해 있는 모든 제품을 측정 조사하는 방법
② 층별샘플링 : 모집단을 몇 개의 층으로 나누어서 각 층으로부터 각각 랜덤으로 샘플링하는 방법
③ 계통샘플링 : 유한모집단의 데이터를 배열시키고 일정한 간격으로 샘플링하는 방법

28 $n = 5$, $k = 30$인 $\overline{X} - R$관리도에서 관리계수 $C_f = 1.5$일 때, 판정으로 맞는 것은?

① 급간변동이 크다.
② 군 구분이 나쁘다.
③ 대체로 관리 상태이다.
④ 이상원인이 존재하지 않는다.

해설
판 정
• $C_f \geq 1.2$: 급간변동이 크다.
• $1.2 > C_f \geq 0.8$: 관리 상태로 판단한다.
• $0.8 > C_f$: 군 구분이 나쁘다.

29 실제로 귀무가설 H_0가 옳지 않은 데도 불구하고 H_0를 기각하지 못하는 오류는?

① 제1종 오류
② 제2종 오류
③ 제3종 오류
④ 생산자의 위험

30 샘플링검사보다 전수검사가 유리한 경우는?

① 검사항목이 많은 경우
② 검사비용에 비해 제품이 고가인 경우
③ 검사비용을 적게 하는 것이 이익이 되는 경우
④ 생산자에게 품질 향상의 자극을 주고 싶은 경우

해설
검사비용에 비해 제품이 고가인 경우에는 전수검사가 유리하다. ①, ③, ④는 샘플링검사가 유리하다.

31 계수형 샘플링검사 절차-제1부 : 로트별 합격품질한계(AQL) 지표형 샘플링검사 방식(KS Q ISO 2859-1)에서 엄격도 조정을 위한 전환규칙으로 틀린 것은?

① 수월한 검사에서 1로트가 불합격되면 보통검사로 이행한다.
② 까다로운 검사에서 연속 5로트가 합격하면 보통검사로 이행한다.
③ 까다로운 검사에서 불합격 로트의 누계가 10로트에 도달하면 검사를 중지한다.
④ 보통검사에서 연속 5로트 이내에 2로트가 불합격이 되면 까다로운 검사로 이행한다.

해설
까다로운 검사에서 불합격 로트의 누계가 5로트에 도달하면 검사를 중지한다.

32 제1종 오류(α)와 제2종 오류(β)에 관한 설명으로 틀린 것은?

① α가 커지면 상대적으로 β도 커진다.
② 신뢰구간이 작아지면 β값이 상대적으로 작다.
③ 표본의 크기 n을 일정하게 하고, α를 크게 하면 $(1 - \beta)$도 커진다.
④ α를 일정하게 하고, 시료 크기 n을 증가시키면 β는 작아진다.

해설
α가 커지면 상대적으로 β는 작아진다.

33 다음은 일정 단위당 확인한 시료군(k)에 대한 부적합 수(c) 자료이다. c관리도의 중심선은 약 얼마인가?

k	1	2	3	4	5	6	7	8	9
c	8	9	7	12	8	5	11	10	9

① 0.8
② 1.8
③ 4.8
④ 8.8

해설
$CL = \bar{c} = \sum c/k = 79/9 = 8.8$

34 전선의 인장강도(kg/mm²)가 평균 44 이상인 로트(Lot)는 합격으로 하고, 39 이하인 로트는 불합격으로 하려는 검사에서 합격판정치($\overline{X_L}$)를 구했더니 42.466이었다. 입고된 로트에서 5개의 시료샘플을 취하여 평균을 구했더니 $\bar{x}$ = 41.6이었다면 이 로트의 판정은?

① 합 격
② 불합격
③ 알 수 없다.
④ 다시 샘플링해야 한다.

해설
$\bar{x} = 41.6 < \overline{X_L} = 42.466$이므로 로트 불합격

35 검정통계량을 계산할 때 χ^2통계량을 사용할 수 없는 것은?

① 한국인과 일본인이 야구, 축구, 농구에 대한 선호도가 다른지를 조사할 때

② 20대, 30대, 40대별로 좋아하는 음식(한식, 중식, 양식)에 영향을 미치는지를 조사할 때

③ 이론적으로 남녀의 비율이 같다고 하는데, 어느 마을의 남녀 성비가 이론을 따르는지 검정할 때

④ 어느 대학의 산업공학과에서 샘플링한 4학년생 10명의 토익성적과 3학년생 15명의 토익성적의 산포에 대한 등분산성을 검정할 때

해설

어느 대학의 산업공학과에서 샘플링한 4학년생 10명의 토익성적과 3학년생 15명의 토익성적의 산포에 대한 등분산성을 검정할 때는 F분포를 이용한다.

36 확률변수 X가 다음의 분포를 가질 때 Y의 기댓값은? (단, $Y = (X-1)^2$이다)

X	0	1	2	3
$P(X)$	$\frac{1}{3}$	$\frac{1}{4}$	$\frac{1}{4}$	$\frac{1}{6}$

① $\frac{1}{2}$ ② $\frac{3}{5}$

③ $\frac{3}{4}$ ④ $\frac{5}{4}$

해설

$E(Y) = E(X^2 - 2X + 1) = E(X^2) - 2E(X) + 1 = ?$

$E(X) = \sum XP(X) = 0 \times \frac{1}{3} + 1 \times \frac{1}{4} + 2 \times \frac{1}{4} + 3 \times \frac{1}{6} = \frac{5}{4}$

$E(X^2) = \sum X^2 P(X) = 0^2 \times \frac{1}{3} + 1^2 \times \frac{1}{4} + 2^2 \times \frac{1}{4} + 3^2 \times \frac{1}{6}$

$\qquad = \frac{11}{4}$

따라서 $E(Y) = E(X^2 - 2X + 1) = E(X^2) - 2E(X) + 1$

$\qquad = \frac{11}{4} - 2 \times \frac{5}{4} + \frac{4}{4} = \frac{15}{4} - \frac{10}{4} = \frac{5}{4}$

37 관리도에서 관리하여야 할 항목은 일반적으로 시간, 비용 또는 인력 등을 고려하여 꼭 필요하다고 생각되는 것이어야 한다. 이러한 항목에 관한 설명으로 가장 거리가 먼 것은?

① 가능한 한 대용특성을 선택하는 것은 피할 것

② 제품의 사용목적에 중요한 관계가 있는 품질특성일 것

③ 공정의 적합품과 부적합품을 충분히 반영할 수 있는 특성치일 것

④ 계측이 용이하고 경비가 적게 소요되며 공정에 대하여 조처가 쉬울 것

해설

관리도에서 관리하여야 할 항목

• 일반적으로 시간, 비용, 인력 등을 고려하여 꼭 필요하다고 생각되는 것이어야 한다.

• 가능한 한 대용특성을 선택하는 것이 좋다.

• 제품이 사용목적에 중요한 관계가 있는 품질특성이어야 한다.

• 공정의 적합품과 부적합품을 충분히 반영할 수 있는 특성치이어야 한다.

• 계측이 용이하고 경비가 적게 소요되며 공정에 대하여 조처가 쉬워야 한다.

38 종래 한 로트에서 발견되는 부적합수는 평균 12개이었다. 작업방법을 개선한 후 하나의 로트를 뽑아서 부적합수를 세어 보니 7개였다. 평균 부적합수가 줄었는지를 유의수준 5[%]로 검정할 때 기각역과 검정통계량 (u_0)의 값은 약 얼마인가?

① 기각역 : $u_0 \leq -1.96$, $u_0 = -1.44$

② 기각역 : $u_0 \leq -1.96$, $u_0 = -1.89$

③ 기각역 : $u_0 \leq -1.645$, $u_0 = -1.44$

④ 기각역 : $u_0 \leq -1.645$, $u_0 = -1.89$

해설

검정통계량 $u_0 = \dfrac{c - m_0}{\sqrt{m_0}} = \dfrac{7 - 12}{\sqrt{12}} \simeq -1.44$

$u_{0.05} = -u_{0.95} = -1.645$이므로

기각역 $u_0 \leq -1.645$

39 다음은 어떤 직물의 물세탁에 의한 신축성 영향을 조사하기 위해 150점을 골라 세탁 전(x), 세탁 후(y)의 길이를 측정하여 얻은 데이터이다. $H_0 : \rho = 0$, $H_1 : \rho \neq 0$에 대한 검정통계량은 약 얼마인가?

[다 음]		
$S_{xx} = 1,072.5$	$S_{yy} = 919.3$	$S_{xy} = 607.6$

① 9.412　　　　② 9.446

③ 11.953　　　④ 11.993

해설

$$r = \frac{S_{xy}}{\sqrt{S_{xx} S_{yy}}} = \frac{607.6}{\sqrt{1,072.5 \times 919.3}} = 1.94$$

$$t_0 = r\sqrt{\frac{n-2}{1-r^2}} = 1.94 \times \sqrt{\frac{150-2}{1-1.94^2}} = 9.412$$

40 로트의 평균치를 보증하는 경우에 대한 검사특성곡선에 관한 내용으로 틀린 것은?

① 가로축의 눈금은 로트의 평균값이다.

② 세로축의 눈금은 로트의 합격확률이다.

③ 망소특성에서 합격확률 $K_{L(m)}$ 값을 구하기 위한 식은 $K_{L(m)} = \dfrac{(m - \overline{X}_U)\sqrt{n}}{\sigma}$ 이다.

④ 망소특성에서 $K_{L(m)}$ 의 값이 양의 값으로 나타나는 경우 로트의 평균 m 이 $\overline{X}_U$ 보다 큰 경우로 합격확률은 최소한 50[%]보다 크다.

해설

망소특성에서 $K_{L(m)}$ 의 값이 양의 값으로 나타나는 경우 로트의 평균 m 이 $\overline{X}_U$ 보다 큰 경우로 합격확률은 최소한 50[%]보다 작다.

제3과목 | 생산시스템

41 워크샘플링의 관측요령을 가장 적절하게 표현한 것은?

① 직접 및 연속관측

② 간접 및 연속관측

③ 랜덤한 시점에서 순간관측

④ 정기적인 시점에서 순간관측

해설

워크샘플링의 관측요령 : 랜덤한 시점에서 순간관측(Snap Reading 기법)

42 구매관리방식 중 집중구매방식의 특성으로 틀린 것은?

① 종합 구매로 구매비용이 적게 든다.

② 공장별 자재의 긴급 조달이 용이하다.

③ 대량 구매로 가격과 거래조건이 유리하다.

④ 시장조사, 거래처 조사, 구매효과의 측정 등을 효과적으로 실행할 수 있다.

해설

공장별 자재의 긴급 조달이 용이한 경우는 분산구매방식이다.

43 불확실성하의 의사결정기법에 대한 설명으로 틀린 것은?

① 기대화폐가치기준(EMV)은 낙관계수를 사용한다.
② 최소성과최대화(Maximin)기준은 비관주의적 기준이다.
③ 라플라스(Laplace)기준은 동일확률기준이라고도 한다.
④ 최대후회최수화(Minimax Regret)기준은 기회손실의 최댓값이 최소화되는 대안을 선택한다.

해설
낙관계수는 후르비치기준에서 사용되는 계수이다.

44 적시생산시트템(JIT)의 특징이 아닌 것은?

① 생산의 평준화를 위해 소로트화를 추구한다.
② 작업자의 다기능공화로 작업의 유연성을 높인다.
③ 준비 교체 횟수를 줄여 가동률 향상을 추구한다.
④ 공급자와는 긴밀한 유대관계로 사내 생산팀의 한 공정처럼 운영한다.

해설
준비 교체시간을 줄여 가동률 향상을 추구해야 한다.

45 수요예측기법으로서 정성적 기법이 아닌 것은?

① 전문가 패널법
② 델파이법
③ 시계열분석법
④ 중역의견법

해설
시계열분석법은 정량적 기법이다.

46 일정계획의 주요기능에 해당되지 않는 것은?

① 작업 할당
② 제품 조합
③ 부하 결정
④ 작업 우선순위 결정

해설
일정계획의 주요기능 : 부하 결정, 작업 우선순위 결정, 작업 할당, 작업 독촉

47 생산하는 품종의 수와 품종별 생산량이 중간 정도인 경우에 적합한 생산시스템은?

① 배치(Batch)시스템
② 잡숍(Job-shop)시스템
③ 반복(Repetitive)시스템
④ 연속(Continuous)시스템

해설
배치(Batch)시스템 : 생산하는 품종의 수와 품종별 생산량이 중간 정도인 경우에 적합한 생산시스템

48 ERP시스템의 구축 시 ERP 패키지를 활용하는 경우의 장점으로 맞는 것은?

① 개발기간이 장기화된다.
② 사용자의 요구사항을 충실히 반영한다.
③ 비정형화된 예외 업무의 수용이 용이하다.
④ Best Practice의 수용으로 효율적 업무 개선이 이루어진다.

해설
ERP 시스템의 구축 시 ERP 패키지를 활용하면 Best Practice의 수용으로 효율적인 업무 개선이 이루어진다.

49 생산운영관리에서 다루는 생산시스템에 관한 설명으로 맞는 것은?

① 시스템은 설비의 자동화를 의미한다.

② 시스템의 요건은 적품, 적량, 적시, 적가를 의미한다.

③ 시스템의 기본기능은 설계를 유용하게 하는 것이다.

④ 시스템의 공통적 특징은 집합성, 관련성, 목적 추구성, 환경 적응성이다.

해설

- 시스템이란 특정한 목적 달성을 위하여 각기 독특한 기능을 수행하면서 상호 의존적인 관계를 갖는 모든 요소들이 그의 기능에 따라 결합된 단위체를 의미한다.
- 시스템의 요건은 특정한 목적, 구성인자들의 상호 유기적 연결, 목적 성취를 위한 자원·정보·에너지 등이다.
- 생산시스템이란 자원(Resource)을 입력하여 가치를 부가시키는 변환과정을 거쳐 재화와 용역을 외부환경에 제공하는 시스템이다.

50 수요 예측에서 지수평활계수(α)의 결정 시의 설명으로 맞는 것은?

① $0 < \alpha < 1$의 값을 이용하며 과거의 모든 자료가 예측에 반영된다.

② 신제품이나 유행상품의 수요 예측에서는 평활계수(α)를 작게 한다.

③ 실질적인 수요 변동이 예견될 때는 예측의 감응도를 높이기 위하여 평활계수(α)를 작게 한다.

④ 수요의 기본 수준에 큰 변동이 없는 것으로 예견되면 평활계수(α)를 크게 하여 예측의 안정도를 높인다.

해설

② 신제품이나 유행상품의 수요 예측에서는 평활계수(α)를 크게 한다.

③ 실질적인 수요 변동이 예견될 때는 예측의 감응도를 높이기 위하여 평활계수(α)를 크게 한다.

④ 수요의 기본 수준에 큰 변동이 없는 것으로 예견되면 평활계수(α)를 작게 하여 예측의 안정도를 높인다.

51 집중보전과 비교했을 때 부문보전의 단점이 아닌 것은?

① 보전책임 소재가 불명확하다.

② 보전기술의 향상이 곤란하다.

③ 생산 우선으로 보전이 경시된다.

④ 특정설비에 대한 습숙이 곤란하다.

해설

부문보전은 특정설비에 대한 습숙이 가능하다.

52 어떤 조립라인 균형문제의 작업 선후관계와 과업시간이 다음 그림과 같다. 작업장을 3개로 정할 때 얻을 수 있는 최고의 라인효율은 약 얼마인가?

① 85.5[%]

② 88.9[%]

③ 90.9[%]

④ 94.5[%]

해설

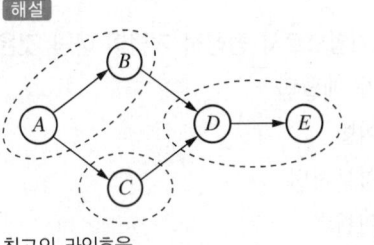

최고의 라인효율

$$E_b = \frac{\sum t_i}{mt_{max}} \times 100[\%] = \frac{3}{3 \times 1.1} \times 100 \approx 90.9[\%]$$

49 ④ 50 ① 51 ④ 52 ③ 정답

53 동작경제의 원칙 중 신체 사용에 관한 원칙으로 맞는 것은?

① 팔 동작은 곡선보다는 직선으로 움직이도록 설계한다.

② 근무시간 중 휴식이 필요한 때에는 한 손만 사용한다.

③ 모든 공구나 재료는 정 위치에 두도록 하여야 한다.

④ 두 손의 동작은 동시에 시작하고 동시에 끝나도록 한다.

해설

① 팔 동작은 직선보다는 곡선으로 움직이도록 설계한다.

② 근무시간 중 휴식이 필요한 때에는 충분히 쉰다. 휴식시간을 제외하고 근무시간 중에는 양 손이 동시에 쉬어서는 안 된다.

③ 모든 공구나 재료는 정 위치에 두어야 하는 것은 작업장에 관한 원칙이다.

54 MRP시스템의 투입자료가 아닌 것은?

① 자재명세서(Bill of Materials)

② 제품설계도(Product Drawing)

③ 재고기록파일(Inventory Record File)

④ 대일정계획(Master Production Schedule)

해설

MRP시스템의 투입자료 : 대일정계획(Master Production Schedule), 자재명세서(Bill of Materials), 재고기록파일(Inventory Record File)

55 단일 설비 순서계획을 위한 우선순위 규칙 중 작업의 납기를 명시적으로 고려하는 것은?

① 긴급률법(CR) ② 최단시간법(SPT)

③ 최장시간법(LPT) ④ 선입선출법(FCFS)

해설

② 최단시간법(SPT) : 납기가 주어진 단일 설비 일정계획에서 모든 작업을 납기 내에 완료할 수 없는 경우 평균 흐름시간(Average Flow Time)을 최소화하는 작업 순위 규칙이다.

④ 선입선출법(FCFS) : 작업장 도착 순서대로 작업을 수행한다.

56 테일러시스템과 포드시스템에 관한 설명으로 틀린 것은?

① 포드는 컨베이어에 의한 이동조립법을 실시하였다.

② 테일러는 고임금과 저노무비 실현을 위하여 과학적 관리법을 체계화하였다.

③ 테일러시스템의 특징이 동시관리에 있다면, 포드시스템은 과업관리라고 할 수 있다.

④ 포드시스템의 단순화, 표준화, 전문화는 오늘날 대량 생산의 일반원칙이 되었다.

해설

테일러시스템의 특징이 과업관리라면, 포드시스템은 동시관리라고 할 수 있다.

57 각 작업의 작업시간과 납기가 다음과 같을 때 최단처리시간법으로 작업의 우선순위를 결정하려고 한다. 이때 평균 완료시간과 평균 납기지연시간은 각각 며칠인가?(단, 오늘은 3월 1일 아침이다)

작 업	작업시간(일)	납기(일)
A	3	3월 5일
B	7	3월 14일
C	2	3월 1일
D	6	3월 8일

① 8.5일, 1.2일 ② 9일, 2일

③ 8.5일, 1.7일 ④ 9일, 2.5일

해설

• 순서는 CADB

• 평균 완료시간 $= \dfrac{2+5+11+18}{4} = 9$일

• 평균 납기지연 $= \dfrac{1+0+3+4}{4} = 2$일

58 간판시스템에서 작업장에서 부품의 수요율이 1분당 3개이고, 용기당 30개의 부품을 담을 수 있는 경우 필요한 간판의 수는?(단, 순환시간은 100분이다)

① 10개　　　　　　② 20개
③ 25개　　　　　　④ 30개

해설

$$간판수 = \frac{리드타임}{간판\ 소요시간} = \frac{100분}{30개 \times 1분/3개} = 10개$$

59 가공물이 슈트에 막혀서 공전하거나 품질 불량으로 센서가 작동하여 일시적으로 정지하는 경우 이들 가공물을 제거(Reset)하기만 하면 설비는 정상적으로 작동하는 것으로서 설비고장과는 본질적으로 다른 로스는?

① 속도 로스　　　　② 순간 정지 로스
③ 준비 · 조정 로스　④ 공구 교환 로스

해설

순간 정지 로스 : 가공물이 슈트에 막혀서 공전하거나 품질 불량으로 센서가 작동하여 일시적으로 정지하는 경우 이들 가공물을 제거(Reset)하기만 하면 설비는 정상적으로 작동하는 것으로서, 설비고장과는 본질적으로 다른 로스이다.

60 일반적으로 공정대기현상을 유발시키는 요인과 가장 거리가 먼 것은?

① 일반적인 여력의 불균형
② 각 공정 간의 평준화 미흡
③ 전 · 후공정의 작업시간이 다름
④ 직렬공정으로부터 흘러 들어옴

해설

공정대기현상은 병렬공정으로부터 흘러 들어올 때 발생한다.

제4과목 | 신뢰성관리

61 10개의 부품에 대하여 500시간 수명시험 결과 38, 68, 134, 248, 470시간에 각각 고장이 발생하였을 때 평균고장률은?(단, 고장시간은 지수분포를 따른다)

① 2.146×10^{-3}/시간
② 1.746×10^{-3}/시간
③ 1.546×10^{-3}/시간
④ 1.446×10^{-3}/시간

해설

평균고장률

$$\lambda = \frac{r}{T} = \frac{r}{\sum t_i + (n-r)t_c}$$
$$= \frac{5}{(38+68+134+248+470)+(10-5)\times 500}$$
$$= 1.446 \times 10^{-3}/시간$$

62 와이블 확률지에 수명데이터를 타점하여 형상파라미터 m을 구했을 때 디버깅(Debugging)이 가장 유효한 경우는?

① $m < 1$　　　　　② $m = 1$
③ $m > 1$　　　　　④ $m = 0$

해설

디버깅은 감소형 고장률(DFR)을 나타내는 초기 마모기에 유효하며 이에 해당하는 형상 파라미터(m)는 $m < 1$의 조건이다.

63 Y회사에서는 와이블분포에 의거하여 제품의 고장시간 데이터를 해석하고, 그 신뢰도를 추정하고 있다. 그 이유로서 가장 적절한 것은?

① 고장률이 IFR에 따르기 때문
② 고장률이 CFR에 따르기 때문
③ 일반적인 제품의 형상모수(m)는 1이기 때문에
④ 고장률이 어떤 패턴에 따르는지 모르기 때문에

해설
와이블분포에 의거 고장시간데이터를 해석하고 신뢰성을 추정하고 있는 이유는 고장률이 어떤 패턴이 따르는지 모르기 때문이다.

64 지수분포의 수명을 갖는 부품 n개를 시험하여 고장 개수가 r개가 되었을 때 관측을 중단하였다. 총시험시간(T)을 $T = \sum_{i=1}^{r} t_i + (n-r)t_r$ 이라고 할 때 평균수명시간의 양쪽 신뢰구간을 맞게 표현한 것은?

① $\left[\dfrac{T}{\chi^2_{\alpha/2}(r)}, \dfrac{T}{\chi^2_{1-\alpha/2}(r)} \right]$

② $\left[\dfrac{2T}{\chi^2_{1-\alpha/2}(r)}, \dfrac{2T}{\chi^2_{\alpha/2}(r)} \right]$

③ $\left[\dfrac{2T}{\chi^2_{1-\alpha/2}(2r)}, \dfrac{2T}{\chi^2_{\alpha/2}(2r)} \right]$

④ $\left[\dfrac{2T}{\chi^2_{\alpha/2}(2r)}, \dfrac{2T}{\chi^2_{1-\alpha/2}(2r+2)} \right]$

해설
• 정수중단방식에서의 평균수명시간의 양쪽 신뢰구간 :
$\left[\dfrac{2T}{\chi^2_{1-\alpha/2}(2r)}, \dfrac{2T}{\chi^2_{\alpha/2}(2r)} \right]$
• 정시중단방식에서의 평균수명시간의 양쪽 신뢰구간 :
$\left[\dfrac{2T}{\chi^2_{1-\alpha/2}(2r+2)}, \dfrac{2T}{\chi^2_{\alpha/2}(2r)} \right]$

65 신뢰성 배분(Reliability Allocation)의 목적으로 맞는 것은?

① 아이템의 신뢰성을 보증하고 계약 요구사항을 만족시키기 위하여 시험한다.
② 전체 시스템에 요구되는 신뢰도 목표값을 서브시스템이나 더 낮은 수준의 아이템의 신뢰도 목표값으로 배정하기 위하여 시험한다.
③ 아이템의 개발과정에서 설계 마진 내환경성 잠재적 약점과 예상하지 못한 상호작용을 평가하여 개발 위험을 감소하기 위하여 시험한다.
④ 신뢰성 예측, 시험방법 개발 등 기술적 정보를 수집하거나 고장 메커니즘의 조사 및 고장의 재현 사고 대책 수립 및 유효성 확인을 위해 시험한다.

66 어떤 기기의 수명이 평균 500시간, 표준편차 50시간인 정규분포를 따른다. 이 제품을 400시간 사용하였을 때의 신뢰도는 약 얼마인가?(단, $u_{0.9938} = 2.5$, $u_{0.9772} = 2.0$, $u_{0.9332} = 1.5$, $u_{0.8413} = 1.00$이다)

① 0.8413
② 0.9332
③ 0.9772
④ 0.9938

해설
$R(t) = p(u > t) = p\left(\dfrac{T-\mu}{\sigma} \geq \dfrac{400-\mu}{\sigma} \right)$
$= p\left(u > \dfrac{400-500}{50} \right) = p(u > -2.0)$
$= p(u \leq 2.0) = 0.9772$

67 시스템이 고장 상태에서 정상 상태로 회복하는 시간 (보전시간)을 t라고 할 때, $t=0$에서 보전도함수 $M(t)$의 값은?

① 0.000　　　　　　② 0.500

③ 0.667　　　　　　④ 1.000

해설

$M(t) = 1 - e^{-\mu t} = 1 - e^{-0} = 1 - 1 = 0$

68 어떤 재료의 강도는 평균이 40[kg/mm²]이고, 표준편차가 4[kg/mm²]인 정규분포를 따른다. 이 재료에 걸리는 부하는 평균이 25[kg/mm²]이고, 표준편차가 3[kg/mm²]이다. 이때 재료가 파괴될 확률은 약 얼마인가?(단, $P(u > 2) = 0.02275$, $P(u > 3) = 0.00135$이다)

① 0.00135　　　　　② 0.02275

③ 0.99725　　　　　④ 0.99865

해설

$E(부하 - 강도) = E(부하) - E(강도) = -15$

$V(부하 - 강도) = V(부하) + V(강도) = 3^2 + 4^2$

$P_r(하중 > 강도) = P_r(하중 - 강도) > 0$

$P_r\left(u > \dfrac{0 - (-15)}{\sqrt{2^2 + 3^2}}\right) = P_r(u > 3) = 0.00135$

69 다음 FTA에서 정상사상의 고장확률은 약 얼마인가? (단, $F_A = 0.02$, $F_B = 0.05$, $F_C = 0.03$이다)

① 0.0003　　　　　　② 0.0969

③ 0.9030　　　　　　④ 0.9931

해설

$F_s = 1 - (1 - 0.02)(1 - 0.05)(1 - 0.03) \simeq 0.0969$

70 어떤 부품을 신뢰수준 90[%], $C=1$에서 $\lambda_1 = 1[\%]/10^3$ 시간임을 보증하기 위한 계수 1회 샘플링검사를 실시하고자 한다. 이때 시험시간 t를 1,000시간으로 할 때 샘플수는 몇 개인가?(단, 신뢰수준은 90[%]로 한다)

[계수 1회 샘플링 검사표]

C＼$\lambda_1 t$	0.05	0.02	0.01	0.0005
0	47	116	231	461
1	79	195	390	778
2	109	233	533	1,065
3	137	266	688	1,337

① 79　　　　　　② 195

③ 390　　　　　　④ 778

해설

$\lambda_1 t = (1[\%]/10^3) \times 1,000 = 0.01$이므로 $C=1$인 행이 $\lambda_1 t = 0.1$인 열과 만나는 곳을 찾으면 샘플수는 390개가 된다.

71 고유가동성(Inherent Availbility)의 척도로 맞는 것은?

① $\dfrac{MTBF}{MTBF + MTTR}$

② $\dfrac{MTBF}{MTTF + MTBF}$

③ $\dfrac{MTTR}{MTBF + MTTR}$

④ $\dfrac{MTTF}{MTTF + MTBF}$

72 와이블분포에 관한 설명으로 틀린 것은?

① 스웨덴의 Waloddi Weibull이 고안한 분포이다.

② 형상모수의 값이 1보다 작은 경우에는 고장률이 감소한다.

③ 고장확률밀도함수에 따라 고장률함수의 분포가 달라진다.

④ 위치모수가 0이고 사용시간이 $t = \eta$이면, 형상모수에 관계없이 불신뢰도는 e^{-1}이 된다.

해설
위치모수가 1이고 사용기간이 $t = \eta$ 이면 형상모수에 관계없이 신뢰도는 e^{-1}이 된다.

73 A, B, C 3개의 부품이 지수분포를 따르면서 직렬로 연결된 시스템의 $MTBF$를 100시간 이상으로 하고자 할 때, C의 $MTBF$는?(단, $MTBF_A = 300$시간, $MTBF_B = 600$시간이다)

① 50 　　　　② 100

③ 200 　　　　④ 400

해설
$\dfrac{1}{100} = \dfrac{1}{300} + \dfrac{1}{600} + \dfrac{1}{x}$ 에서 $x = 200$시간

74 수명이 지수분포를 따르는 동일한 제품에 대하여 두 온도 수준에서 각각 20개씩 가속수명시험을 실시하여 다음과 같은 데이터를 얻었다. 이때 가속계수는 약 얼마인가?

[정상 사용온도(25[℃])에서의 시험]
• 중단시간[h] : 5,000
• 고장시간[h] : 450, 1,550, 3,100, 3,980, 4,310
[가속열화온도(100[℃])에서의 시험]
• 중단시간[h] : 1,000
• 고장시간[h] : 58, 212, 351, 424, 618, 725, 791

① 4.6 　　　　② 5.3

③ 7.6 　　　　④ 8.8

해설

$$\hat{\theta}_n = \frac{T}{r} = \frac{\sum t_i + (n-r)t_c}{r}$$

$$= \frac{(450 + 1,550 + 3,100 + 3,980 + 4,310) + (20-5) \times 5,000}{5}$$

$$= 17,678 \text{시간}$$

$$\hat{\theta}_s = \frac{T}{r} = \frac{\sum t_i + (n-r)t_c}{r}$$

$$= \frac{(52 + 212 + 351 + 424 + 618 + 725 + 791) + (20-7) \times 1,000}{7}$$

$$= 2,311 \text{시간}$$

정상수명 $\theta_n = AF \times \theta_s$ 에서

$$AF = \frac{\hat{\theta}_n}{\hat{\theta}_s} = \frac{17,678}{2,311} \approx 7.6$$

75 FMEA 방법에 대한 설명으로 틀린 것은?

① 정성적 고장분석방법이다.

② 상향식(Button Up) 분석방법을 취하고 있다.

③ 잠재적 고장의 발생을 감소시키거나 제거할 수 있다.

④ 기본사상에 중복이 있는 경우에는 Boolean 대수에 의해 결함수를 간소화하여야 한다.

해설
기본사상에 중복이 있는 경우에는 Boolean 대수에 의해 결함수를 간소화하여야 하는 기법은 FTA이다.

76 초기고장기간에 발생하는 고장의 원인이 아닌 것은?

① 설계 결함

② 불충분한 보전

③ 조립상의 결함

④ 불충분한 번인(Burn-in)

해설

불충분한 보전은 마모고장기간에 발생하는 고장의 원인이다.

77 KS A 3004(용어-신인성 및 서비스 품질)에서 정의하고 있는 고장에 관한 용어 중 시험결과를 해석하거나 신뢰성의 척도를 계산하는 데 포함되어야 하는 고장으로 판정기준을 미리 명확히 해 두어야 하는 것은?

① 부분고장   ② 연관고장

③ 오용고장   ④ 경향고장

해설

② 연관고장 : 시험 또는 운용결과를 해석하거나 신뢰성척도를 계산하는 데 포함되어야 하는 고장으로, 판정기준을 미리 명확히 해 두어야 한다.

③ 오용고장 : 사용 중 규정된 아이템의 능력을 초과하는 스트레스에 의한 고장이다.

④ 경향고장 : 아이템의 주어진 특성이 시간에 따른 점진적인 변화에 의해 발생하는 고장(점진고장)이다.

78 수명시험방식 중 정시중단방식의 설명으로 맞는 것은?

① 정해진 시간마다 고장수를 기록하는 방식

② 미리 고장 개수를 정해 놓고 그 수의 고장이 발생하면 시험을 중단하는 방식

③ 미리 시간을 정해 놓고 그 시간이 되면 고장수에 관계없이 시험을 중단하는 방식

④ 미리 시간을 정해 놓고 그 시간이 되면 고장 난 아이템에 관계없이 전체를 교체하는 방식

79 고장률 $\lambda = 0.01$[/h]를 갖는 지수분포를 따르는 동일한 부품으로 구성된 4중 2구조 시스템의 $MTBF$는 약 얼마인가?

① 100[h]   ② 108[h]

③ 125[h]   ④ 150[h]

해설

평균수명

$$MTBF_s = \theta_s = \sum_{i=k}^{n} \frac{\theta}{i} = \sum_{i=k}^{n} \frac{1}{i\lambda_0}$$

$$= \frac{1}{2 \times 0.01} + \frac{1}{3 \times 0.01} + \frac{1}{4 \times 0.01} \simeq 108[h]$$

80 규정시간을 사용하였을 때의 부품 신뢰도가 0.45밖에 되지 않는다. 그런데 이 부품이 사용되는 곳의 신뢰도는 0.95가 되어야 한다. 따라서 병렬 리던던시 설계에 의거 이 부품이 사용되는 곳의 신뢰도를 증대시키려고 한다. 신뢰성 목표치의 달성을 위해서는 몇 개의 부품을 병렬로 연결하여야 하는가?

① 3   ② 4

③ 5   ④ 6

해설

$R_s = 1 - (1 - R)^m$ 에서 $0.95 = 1 - (1 - 0.45)^m$ 이므로

$0.55^m = 0.05$ 이며 양변에 로그를 취하면

$m \ln 0.55 = \ln 0.05$ 이므로 $m = \dfrac{\ln 0.05}{\ln 0.55} \simeq 5$개

81 품질전략을 수립할 때 계획단계(전략의 형성단계)에서 SWOT 분석을 많이 활용하고 있다. 여기서 'T'는 무엇인가?

① 기 회 ② 강 점
③ 약 점 ④ 위 협

해설

품질전략을 수립할 때 계획단계(전략의 형성단계)에서 SWOT분석을 많이 활용한다.
• S : 강점
• W : 약점
• O : 기회
• T : 위협

82 공정능력지수(C_p)로 공정능력을 평가할 경우의 판단기준으로 맞는 것은?

① C_p가 1.67 이상 : 공정능력이 매우 우수
② C_p가 1.00~1.33 : 공정능력이 우수
③ C_p가 0.67~1.00 : 공정능력이 보통 수준
④ C_p가 0.5 이하 : 공정능력이 나쁨

해설

② C_p가 1.00~1.33 : 공정능력이 보통 수준
③ C_p가 0.67~1.00 : 공정능력이 나쁨
④ C_p가 0.5 이하 : 공정능력이 매우 나쁨

83 표준의 서식과 작성방법(KS A 0001 : 2015)에 관한 사항 중 틀린 것은?

① 본문은 조항의 구성 부분의 주체가 되는 문장이다.
② 본체는 표준요소를 서술한 부분으로 부속서는 제외한다.
③ 추록은 본문, 각주, 비고, 그림, 표 등에 나타내는 사항의 이해를 돕기 위한 예시이다.
④ 조항은 본체 및 부속서의 구성 부분인 개개의 독립된 규정으로서 문장, 그림, 표, 식 등으로 구성되며, 각각 하나의 정리된 요구사항 등을 나타내는 것이다.

해설

본문, 각주, 비고, 그림, 표 등에 나타내는 사항의 이해를 돕기 위한 예시는 보기이며, 추록은 표준 중의 일부의 규정요소를 개정(추가 또는 삭제 포함)하기 위하여 표준의 전체 개정과 같은 순서를 거쳐서 발효되는 것으로 개정내용만 서술한 표준이다.

84 기술표준에 속하지 않는 것은?

① 절 차 ② 재 질
③ 치 수 ④ 형 상

해설

절차는 관리표준에 속한다.

85 품질비용의 3가지 분류항목에 해당되지 않는 것은?

① 예방비용 ② 평가비용
③ 준비비용 ④ 실패비용

해설

품질비용의 3가지 분류항목 : 예방비용, 평가비용, 실패비용(내부, 외부)

86 다음과 같이 조립품의 구멍과 축의 치수가 주어졌을 때 평균 틈새는?

(단위 : cm)

구 분	최대 허용치수	최소 허용치수
구 멍	$A = 0.6200$	$B = 0.6000$
축	$a = 0.6050$	$b = 0.6020$

① 0.0020   ② 0.0045

③ 0.0065   ④ 0.0085

해설

중간 끼워맞춤이므로

$$평균\ 틈새 = \frac{최대\ 틈새 + 최대\ 죔새}{2} = \frac{(A-b)+(B-a)}{2}$$

$$= \frac{(0.6200 - 0.6020) + (0.6000 - 0.6050)}{2} = 0.0065$$

87 품질관리의 4대 기능 중 품질의 설계단계에서 실행하는 업무로 맞는 것은?

① 사내규격이 체계화되어 품질에 대한 정책이 일관되도록 하는 업무

② 설비, 기계의 능력이 품질 실현의 요구에 적합하도록 보전하는 업무

③ 검사, 시험방법, 판정의 기준이 명확하며, 판정의 결과가 올바르게 처리되도록 하는 업무

④ 원재료를 회사규격에서 규정한 품질대로 확실히 수입하여 적시에 정량을 제조현장에 납품하는 업무

해설

②, ③, ④는 공정의 관리단계에서 실행하는 업무이다.

88 품질분임조 활동 시 주제를 선정하는 방법으로 틀린 것은?

① 구체적인 문제를 선정한다.

② 품질문제에 한정하여 주제를 선정한다.

③ 분임조원들의 공통적인 문제를 선정한다.

④ 개선의 필요성을 느끼고 있는 문제를 선정한다.

해설

분임조 활동 시 주제 선정의 원칙
• 구체적인 주제를 선정한다.
• 분임조원들의 공통적인 주제를 선정한다.
• 단기간에 해결할 수 있는 주제를 선정한다.
• 개선의 필요성을 느끼고 있는 주제를 선정한다.

89 품질관리업무를 명확히 하는데 있어 기능 전개방법이 매우 유효한데 미즈노 박사가 주장하는 4가지 관리항목에 해당되지 않는 것은?

① 생산의 관리항목

② 기능의 관리항목

③ 공정의 관리항목

④ 신규 업무의 관리항목

해설

미즈노 박사가 주장하는 기능 전개방법에 따른 품질관리업무 4가지 관리항목
• 기능의 관리항목
• 업무의 관리항목
• 공정의 관리항목
• 프로젝트(신규 업무 계획사항)의 관리항목

90 서비스 품질을 정의할 수 있다고 해도 서비스 품질을 측정하기는 쉽지 않은 이유의 설명으로 틀린 것은?

① 서비스 품질은 서비스의 전달이 완료되기 이전에는 검증되기 어렵다.

② 서비스 품질의 개념이 객관적이기 때문에 주관적으로 측정하기 어렵다.

③ 고객이 서비스 품질에 대한 자신의 정보를 적극적으로 제공하지 않기 때문이다.

④ 서비스 품질을 측정하려면 고객에게 직접 질의를 해야 하므로 시간과 비용이 많이 든다.

해설
서비스 품질의 개념은 주관적이기 때문에 객관적으로 측정하기 어렵다.

91 신제품 개발, 신기술 개발 또는 제품책임문제의 예방 등과 같이 최초의 시점에서는 최종 결과까지의 행방을 충분히 짐작할 수 없는 문제에 대하여 그 진보과정에서 얻어지는 정보에 따라 차례로 시행되는 계획의 정도를 높여 적절한 판단을 내림으로써 사태를 바람직한 방향으로 이끌어가거나 중대 사태를 회피하는 방책을 얻는 방법은?

① 계통도법　　　　② 연관도법
③ 친화도법　　　　④ PDPC법

해설
① 계통도법 : 설정된 목표를 달성하기 위해 목적과 수단의 계열을 계통적으로 전개하여 최적의 목적 달성의 수단을 찾고자 하는 기법으로, 문제의 영향의 원인은 밝혀졌지만 이 문제를 해결할 계획, 방법은 아직 개발되지 않은 경우에 사용한다.
② 연관도법 : 복잡한 요인이 얽힌 문제에 대하여 그 인과관계 및 요인 간의 관계를 명확히 함으로써 적절한 해결책을 찾는 기법이다.
③ 친화도법 : 장래의 문제나 미지의 문제에 대해 수집한 정보를 상호 친화성에 의해 정리하고, 해결해야 할 문제를 명확히 하는 기법이다.

92 기업이 고객과 관련된 조직의 내·외부 정보를 층별·분석·통합하여 고객중심자원을 극대화하고, 고객 특성에 맞는 마케팅 활동을 계획·지원·평가하는 방법으로 장기적인 고객관계를 가능하게 하는 방법은?

① 고객의 소리(VOC)

② 품질기능전개(QFD)

③ 고객관계관리(CRM)

④ 서브퀄(SERVQUAL)

해설
고객관계관리(CRM) : 기업이 고객과 관련된 조직의 내·외부 정보를 층별·분석·통합하여 고객중심자원을 극대화하고, 고객 특성에 맞는 마케팅 활동을 계획·지원·평가하는 방법으로 장기적인 고객관계를 가능하게 하는 기법

93 사내표준에 대한 설명으로 틀린 것은?

① 사내표준은 성문화된 자료로 존재하여야 한다.

② 사내표준의 개정은 기간을 정해 정기적으로 실시한다.

③ 사내표준은 조직원 누구나 활용할 수 있도록 하여야 한다.

④ 회사의 경영자가 솔선하여 사내규격의 유지와 실시를 촉진시켜야 한다.

해설
사내표준의 개정은 필요시 비정기적으로 실시한다.

94 품질비용의 분류에서 평가비용 항목에 해당되지 않는 것은?

① 수입검사비용
② 공정검사비용
③ 부적합품처리 비용
④ 계측기 검·교정비용

부적합품처리 비용은 실패비용에 해당한다.

95 품질경영시스템-기본사항과 용어(KS Q ISO 9000 : 2015)에서 최고경영자에 의해 공식적으로 표명된 품질 관련 조직의 전반적인 의도 및 방향을 나타내는 것은?

① 품질경영
② 품질기획
③ 품질보증
④ 품질방침

96 그래프 중 수량의 크기를 비교할 목적으로 주로 사용하는 것은?

① 연관도
② 점그래프
③ 꺾은선그래프
④ 막대그래프

막대그래프는 주로 수량의 크기를 비교할 목적으로 사용한다.

97 제조물책임법에서 규정하는 용어의 정의에 대한 내용으로 틀린 것은?

① 제조업자 : 제조물의 제조, 가공 또는 수입을 업으로 하는 자를 말한다.
② 제조물 : 다른 동산이나 부동산의 일부를 구성하는 경우를 제외한 제조 또는 가공된 동산을 말한다.
③ 결함 : 해당 제조물에 제조, 설계 또는 표시상의 결함이 있거나 그 밖에 통상적으로 기대할 수 있는 안전성이 결여되어 있는 것을 말한다.
④ 제조상의 결함 : 제조업자가 제조물에 대하여 제조상·가공상의 주의의무를 이행하였는지에 관계 없이 제조물이 원래 의도한 설계와 다르게 제조·가공됨으로써 안전하지 못하게 된 경우를 말한다.

제조물 : 다른 동산이나 부동산의 일부를 구성하는 경우를 포함한 제조 또는 가공된 동산

98 공정의 치우침이 없을 경우 6시그마 품질수준에서의 공정 부적합품률은 약 몇 [ppm]인가?

① 0.002
② 1
③ 3.4
④ 233

공정의 치우침이 없을 경우 6시그마 품질수준에서의 공정 부적합품률은 약 0.002[ppm]이다.

99 게이지 R&R 평가결과 %R&R이 8.5[%]로 나타났다. 이 계측기에 대한 평가와 조치로서 맞는 것은?

① 계측기 관리가 전혀 되지 않고 있으므로 이 계측기는 폐기해야만 한다.

② 계측기의 관리가 매우 잘되고 있는 편이므로 그대로 적용하는 데 큰 무리가 없다.

③ 계측기 관리가 미흡하며, 반드시 계측기 오차의 원인을 규명하고 해소시켜 주어야만 한다.

④ 계측기의 수리비용이나 계측오차의 심각성 등을 고려하여 조치 여부를 선택적으로 결정해야 한다.

해설

R&R 평가기준

- %R&R ≤ 10[%] : 계측기 관리가 잘되어 있으며 측정시스템이 양호하다.
- 10[%] < %R&R < 30[%] : 사용될 수도 있으나 측정하는 특성치, 고객 요구, 공정의 Sigma 수준 등에 의해 결정된다. 계측기 수리비용, 측정오차의 심각성을 고려하여 조치를 취할 것인지를 결정한다.
- %R&R ≥ 30[%] : 사용하기 부적절하여 문제를 찾고, 근본원인을 제거해야 한다. 계측기 관리가 미흡한 수준이며, 반드시 계측기 변동의 원인을 규명하여 해소시켜 주어야 한다.

100 산업표준화법령상 품질관리담당자가 받아야 하는 양성교육 및 정기교육의 내용이 아닌 것은?

① 산업표준화법규 교육

② 통계적인 품질관리기법 교육

③ 산업표준화와 품질경영의 개요 교육

④ 산업표준화 및 품질경영의 추진 전략 교육

해설

품질관리담당자 교육내용

- 산업표준화법규
- 통계적인 품질관리기법
- 산업표준화와 품질경영의 개요
- 사내표준화 및 품질경영의 추진 실시
- 한국산업표준(KS) 인증제도 및 사후관리 실무 등

제1과목 | 실험계획법

01 2^3형 요인실험에서 수준의 조와 데이터가 다음과 같을 때, 요인 A의 주효과는?

수준의 조	데이터
(1)	2
a	-5
b	15
ab	13
c	-12
ac	-17
bc	-2
abc	-7

① $-\dfrac{19}{16}$ ② $-\dfrac{19}{4}$

③ $-\dfrac{1}{16}$ ④ $\dfrac{5}{16}$

해설

$$A = \frac{1}{2^{n-1} \cdot r}(a-1)(b+1)(c+1)$$
$$= \frac{1}{4}[a+ac+ab+abc-(1)-c-b-bc]$$
$$= \frac{1}{4}[-5-17+13-7-2+12-15+2]$$
$$= -\frac{19}{4}$$

02 난괴법의 조건이 아닌 것은?

① 오차항은 $N(\mu,\ \sigma_e^2)$을 따른다.

② 만일 A요인이 모수요인이라면, $\displaystyle\sum_{i=1}^{l} a_i = 0$이다.

③ 만일 B요인이 변량요인이라면, $N(0,\ \sigma_B^2)$을 따른다.

④ 하나는 모수요인이고, 다른 하나는 변량요인이다.

해설

오차항은 $N(0,\ \sigma_e^2)$을 따른다.

03 모수요인 A는 4수준, 모수요인 B는 3수준인 반복이 없는 2요인실험에서 $S_A = 2.22$, $S_B = 3.44$, $S_T = 6.22$일 때, S_e는 얼마인가?

① 0.56   ② 2.78

③ 4.00   ④ 5.66

해설

$S_e = S_T - S_A - S_B = 6.22 - 2.22 - 3.44 = 0.56$

04 $L_{16}(2^{15})$형 직교배열표를 사용할 때, A요인을 기본 표시 ab에 B요인을 기본 표시 bcd에 배치하였다. $A \times B$는 어떤 기본 표시를 가진 열에 배치시켜야 하는가?

① ad ② cd

③ acd ④ $abcd$

해설

$A \times B = ab \times bcd = ab^2cd = acd$

05 어떤 부품에 대해 다수의 로트(Lot)에서 랜덤하게 3로트(A_1, A_2, A_3)를 골라 각 로트에서 또한 랜덤하게 5개씩 임의 추출하여 치수를 측정했을 때의 설명으로 틀린 것은?

① a_i들의 합은 0이다.

② 로트는 변량요인이다.

③ a_i는 랜덤으로 변하는 확률변수이다.

④ 수준이 기술적인 의미를 갖지 못한다.

해설

a_i들의 합은 0이 아니다.

$$\sum_{i=1}^{l} a_i \neq 0, \quad \bar{a} \neq 0$$

06 다음 표와 같이 1요인실험 계수치 데이터를 얻었다. 적합품을 0, 부적합품을 1로 하여 분산분석한 결과 오차의 제곱합(S_e)은 60.4를 얻었다. 기계 A_2에서의 모부적합품에 대한 95[%] 신뢰구간을 구하면 약 얼마인가?

기 계	A_1	A_2	A_3	A_4
적합품수	190	178	194	170
부적합품수	10	22	6	30

① 0.11 ± 0.0195　　② 0.11 ± 0.0382

③ 0.11 ± 0.0422　　④ 0.11 ± 0.0565

해설

기계 A_2에서의 모부적합품에 대한 95[%] 신뢰구간

$$= \hat{p}(A_2) \pm t_{1-\alpha/2}(\nu_e)\sqrt{\frac{V_e}{r}} = ?$$

1원배치 계수치 0, 1 데이터에서

$\nu_e = l(r-1) = 4(200-1) = 796 > 120$이므로 $\nu_e \Rightarrow \infty$로 간주

하면, $t_{1-\alpha/2}(\infty) = u_{1-\alpha/2} = u_{0.975} = 1.960$

$$\hat{p}(A_2) = \frac{T_{2\cdot}}{r} = \frac{22}{200} = 0.11$$

$$\therefore \hat{p}(A_2) \pm t_{1-\alpha/2}(\nu_e)\sqrt{\frac{V_e}{r}}$$

$$= 0.11 \pm t_{0.975}(\infty)\sqrt{\frac{60.4/794}{200}} = 0.11 \pm u_{0.975} \times 0.0195$$

$$= 0.11 \pm 1.96 \times 0.0195 = 0.11 \pm 0.0382$$

07 A, B, C 모두 모수요인이고, 반복 없는 3요인실험에서 교호작용 $A \times B$, $A \times C$, $B \times C$가 모두 오차항에 풀링한 후 인자들을 검토한 결과 A, B만 유의하고, C요인은 무시할 수 있을 때 $\hat{\mu}(A_i B_j)$값과 n_e 값은?

① $\hat{\mu}(A_i B_j) = \bar{x}_{i\cdot\cdot} + \bar{x}_{\cdot j\cdot} - \bar{\bar{x}}$, $n_e = \dfrac{lmn}{l+m-2}$

② $\hat{\mu}(A_i B_j) = \bar{x}_{i\cdot\cdot} + \bar{x}_{\cdot j\cdot} - \bar{\bar{x}}$, $n_e = \dfrac{lmn}{l+m-1}$

③ $\hat{\mu}(A_i B_j) = \bar{x}_{i\cdot\cdot} + \bar{x}_{\cdot j\cdot} + \bar{x}_{\cdot\cdot k} - 2\bar{\bar{x}}$,

　$n_e = \dfrac{lmn}{l+m+n-2}$

④ $\hat{\mu}(A_i B_j) = \bar{x}_{i\cdot\cdot} + \bar{x}_{\cdot j\cdot} + \bar{x}_{\cdot\cdot k} - 2\bar{\bar{x}}$,

　$n_e = \dfrac{lmn}{l+m+n-1}$

해설

$$\hat{\mu}(A_i B_j) = \bar{x}_{i\cdot\cdot} + \bar{x}_{\cdot j\cdot} - \bar{\bar{x}}$$

$$n_e = \frac{lmn}{\nu_A + \nu_B + 1} = \frac{lmn}{(l-1)+(m-1)+1} = \frac{lmn}{l+m-1}$$

08 반복수가 같은 1요인실험에서 오차항의 자유도는 35, 총자유도는 41일 경우, 수준수 및 반복수는 각각 얼마인가?

① 수준수 : 6, 반복수 : 7

② 수준수 : 6, 반복수 : 8

③ 수준수 : 7, 반복수 : 6

④ 수준수 : 8, 반복수 : 6

해설

총자유도 $\nu_T = lr - 1 = 41$에서 $lr = 41 + 1 = 42$이며

오차항의 자유도 $\nu_e = \nu_T - \nu_A = l(r-1) = lr - l = 35$이므로

$42 - l = 35$에서 수준수 $l = 42 - 35 = 7$이며

$lr = 7r = 42$에서 반복수 $r = 6$

09 4요인(Factor) A, B, C, D에 관한 2^4형 요인실험의 일부실시(Fractional Replication)에서 정의대비(Defining Contrast)를 $I = ABCD$로 하였을 때 별명관계(Alias Relation)로 맞는 것은?

① $A = BCD$ ② $B = ABD$

③ $C = ACD$ ④ $D = ABD$

해설

① $A \times (ABCD) = A^2 BCD = BCD$
② $B \times (ABCD) = AB^2 CD = ACD$
③ $C \times (ABCD) = ABC^2 D = ABD$
④ $D \times (ABCD) = ABCD^2 = ABC$

10 $L_{27}(3^{13})$형 직교배열표에서 만일 취하는 요인의 수가 10이면, 오차에 대한 자유도는?(단, 교호작용을 무시할 경우이다)

① 2   ② 3

③ 6   ④ 13

해설

오차항의 자유도 $\nu_e = (13 - 10) \times 2 = 6$

11 $k \times k$ 라틴방격에서의 가능한 배열방법의 수를 계산하는 식은?

① $k! \times (k-1)!$

② (표준방격의 수)$\times k! \times k!$

③ (표준방격의 수)$\times k! \times (k-1)!$

④ (표준방격의 수)$\times (k-1)! \times (k-1)!$

해설

$k \times k$ 라틴방격에서의 가능한 배열방법의 수를 계산하는 식 : (표준방격의 수)$\times k! \times (k-1)!$

12 교락법의 실험을 여러 번 반복하여도 어떤 반복에서나 동일한 요인효과가 블록효과와 교락되어 있는 경우의 교락실험 설계방법은?

① 부분교락   ② 단독교락

③ 이중교락   ④ 완전교락

해설

① 부분교락 : 블록반복을 행하는 경우에 각 반복마다 블록효과와 교락시키는 요인이 다른 경우의 교락법이다.
② 단독교락 : 블록을 2개로 나누어 배치하는 교락법으로, 블록에 교락되는 요인의 효과가 1개이다.
③ 이중교락 : 블록을 4개로 나누어 배치하는 교락법으로, 블록에 교락되는 요인의 효과가 3개이다.

13 로트 간 또는 로트 내의 산포, 기계 간의 산포, 작업자 간의 산포, 측정의 산포 등 여러 가지 샘플링 및 측정의 정도를 추정하여 샘플링방식을 설계하거나 측정방법을 검토하기 위한 변량요인들에 대한 실험설계방법으로 가장 적합한 것은?

① 교락법   ② 라틴방격법

③ 요인배치법   ④ 지분실험법

해설

① 교락법 : 실험 횟수를 늘리지 않고 실험 전체를 몇 개의 블록으로 나누어 배치시킴으로써 동일 환경 내의 실험 횟수를 적게 하도록 고안해 낸 배치법이다.
② 라틴방격법 : 주효과만 구하고자 할 때 이용되는 방법으로, 행과 열에 비교하고자 하는 처리가 오직 한 번씩($k \times k$) 나타나도록 배치한 실험계획법이다.
③ 요인배치법 : 각 인자의 수준수를 동일하게 설계하여 실험을 행하는 것으로, 인자수와 수준에 따라 1원배치법, 2원배치법, 다원배치법으로 구분한다.

14 제품의 품질특성치가 잡음(Noise)에 의한 영향을 받지 않거나 덜 받게 하기 위하여 다구치방법을 적용하고자 할 때, 가장 효과적인 단계는?

① 제조단계
② 생산단계
③ 설계단계
④ 시장조사단계

해설
제품의 품질특성치가 잡음(Noise)에 의한 영향을 받지 않거나 덜 받게 하기 위하여 다구치방법을 적용하고자 할 때, 가장 효과적인 단계는 설계단계이다.

16 4종류의 제품 관계에서 유도한 선형식(L)이 다음과 같았다. $A_1 = 9$, $A_2 = 41$, $A_3 = 26$, $A_4 = 38$일 때 이 선형식이 대비라면, L에 대한 제곱합 S_L은 얼마인가?

> [다 음]
> $$L = \frac{A_1}{3} - \frac{A_2 + A_3 + A_4}{21}$$

① 10.5
② 11.0
③ 12.6
④ 15.2

해설
$$L = \frac{A_1}{3} - \frac{A_2 + A_3 + A_4}{21} = \frac{9}{3} - \frac{41 + 26 + 38}{21} = -2$$

$$D = \sum c_i^2 r_i = \left(\frac{1}{3}\right)^2 \times 3 + \left(-\frac{1}{21}\right)^2 \times 21 = \frac{8}{21}$$

제곱합 $S_L = \dfrac{L^2}{D} = \dfrac{(-2)^2}{8/21} = 10.5$

17 2요인실험에서 A, B 모두 모수요인인 경우 교호작용의 평균제곱의 기대치($E(V_{A \times B})$)로 맞는 것은?(단, A는 5수준, B는 6수준, 반복 2회의 실험이다)

① $\sigma_e^2 + \sigma_{A \times B}^2$
② $\sigma_e^2 + 2\sigma_{A \times B}^2$
③ $\sigma_e^2 + 20\sigma_{A \times B}^2$
④ $\sigma_e^2 + 2 \times 4 \times 5\sigma_{A \times B}^2$

해설
교호작용의 평균제곱의 기대치
$$E(V_{A \times B}) = \sigma_e^2 + r\sigma_{A \times B}^2 = \sigma_e^2 + 2\sigma_{A \times B}^2$$

15 실험계획법의 순서로 맞는 것은?

① 특성치의 선택 → 실험목적의 설정 → 요인과 요인수준의 선택 → 실험의 배치
② 특성치의 선택 → 실험목적의 설정 → 실험의 배치 → 요인과 요인수준의 선택
③ 실험목적의 설정 → 요인과 요인수준의 선택 → 특성치의 선택 → 실험의 배치
④ 실험목적의 설정 → 특성치의 선택 → 요인과 요인수준의 선택 → 실험의 배치

18 4수준의 1차 요인 A와 2수준의 2차 요인 B, 블록반복 2회의 실험을 1차 단위가 1요인실험인 단일분할법에 의하여 행하였다. 1차 요인오차의 자유도는 얼마인가?(단, A, B는 모두 모수요이다)

① 3
② 6
③ 7
④ 8

해설
1차 요인오차의 자유도
$$\nu_{e_1} = (l-1)(r-1) = (4-1)(2-1) = 3$$

19 다음의 분산분석표를 보고 내린 결론으로 틀린 것은?

요인	SS	DF	MS	F_0	$F_{0.95}$
직선회귀	33.07	1	33.07	167.02	4.96
나머지	0.22	3	0.073	0.37	3.71
A	33.29	4	8.32	42.02	
e	1.98	10	0.198		3.48
T	35.27	14			

① 요인 A의 효과는 유의하다.

② 총제곱합 중 회귀직선에 의해 설명되는 부분은 약 94[%] 정도이다.

③ 단순회귀로서 x와 y 간의 관계를 충분히 설명할 수 있다고 할 수 있다.

④ 고차회귀에 의해 설명될 수 있는 제곱합의 양은 총제곱합에서 직선회귀에 의한 제곱합을 뺀 값이다.

해설
고차회귀에 의해 설명될 수 있는 제곱합의 양은 요인 A의 제곱합에서 직선회귀에 의한 제곱합을 뺀 값이다.

20 요인의 수준 $l = 4$, 반복수 $m = 3$으로 동일한 1요인실험에서 총제곱합(S_T)은 2.383, 요인 A의 제곱합(S_A)은 2.011이었다. $\mu(A_i)$와 $\mu(A_i')$의 평균치 차를 $\alpha = 0.05$로 검정하고 싶다. 평균치 차의 절댓값이 약 얼마보다 클 때 유의하다고 할 수 있는가?(단, $t_{0.95}(8) = 1.860$, $t_{0.975}(8) = 2.306$이다)

① 0.284   ② 0.352

③ 0.327   ④ 0.406

해설
$$LSD = t_{1-\alpha/2}(\nu_e)\sqrt{\frac{2V_e}{r}} = t_{0.975}(8)\sqrt{\frac{2 \times 0.0465}{3}} = 0.406$$

21 정규 모집단으로부터 $n = 15$의 랜덤샘플을 취하여 $\left(\dfrac{(n-1)s^2}{\chi^2_{0.995}(14)}, \dfrac{(n-1)s^2}{\chi^2_{0.005}(14)}\right)$에 의거 신뢰구간 (0.0691, 0.531)을 얻었을 때의 설명으로 맞는 것은?

① 모집단의 99[%]가 이 구간 안에 포함된다.

② 모평균이 이 구간 안에 포함될 신뢰율이 99[%]이다.

③ 모분산이 이 구간 안에 포함될 신뢰율이 99[%]이다.

④ 모표준편차가 이 구간 안에 포함될 신뢰율이 99[%]이다.

해설
모분산이 이 구간 안에 포함될 신뢰율이 99[%]이다.

22 $N(65, 1^2)$을 따르는 품질특성치를 위해 3σ의 관리한계를 갖는 개별치(X) 관리도를 작성하여 공정을 모니터링하고 있다. 어떤 이상요인으로 인해 품질특성치의 분포가 $N(67, 1^2)$으로 변화되었을 때, 관리도의 타점이 X관리도의 관리한계를 벗어날 확률은 약 얼마인가?(단, Z가 표준정규변수일 때 $P(Z \leq 1) = 0.8413$, $P(Z \leq 1.5) = 0.9332$, $P(Z \leq 2) = 0.9772$이며, 관리하한을 벗어나는 경우의 확률은 무시하고 계산한다)

① 0.0668   ② 0.1587

③ 0.1815   ④ 0.2255

해설
$$1 - \beta = P(x \geq UCL) = P\left(Z \geq \frac{68-67}{1}\right) = P(Z \geq 1)$$
$$= 1 - 0.8413$$
$$= 0.1587$$

23 F분포표로부터 $F_{0.95}(1,\ 8) = 5.32$를 알고 있을 때, $t_{0.975}(8)$의 값은 약 얼마인가?

① 1.960

② 2.306

③ 2.330

④ 알 수 없다.

> **해설**
> $t_{0.975}(8) = \sqrt{5.32} \approx 2.306$

24 모부적합품률에 대한 검정을 할 때, 검정통계량으로 맞는 것은?

① $u_0 = \dfrac{p - P_0}{\sqrt{P_0(1 - P_0)}}$

② $u_0 = \dfrac{P_0 - p}{\sqrt{P_0(1 + P_0)}}$

③ $u_0 = \dfrac{p - P_0}{\sqrt{\dfrac{P_0(1 - P_0)}{n}}}$

④ $u_0 = \dfrac{P_0 - p}{\sqrt{\dfrac{P_0(1 + P_0)}{n}}}$

> **해설**
> 모부적합품률에 대한 검정을 할 때 검정통계량 :
> $u_0 = \dfrac{p - P_0}{\sqrt{\dfrac{P_0(1 - P_0)}{n}}}$

25 다음의 그림에 대한 설명으로 맞는 것은?(단, μ_m : 측정치 분포의 평균치, σ_m : 측정치 분포의 표준편차, x : 실제 측정값, μ : 참값이다)

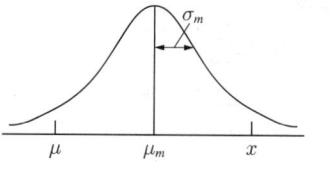

① 정밀도는 좋고, 치우침과 오차는 작다.

② 정밀도는 좋고, 치우침과 오차는 크다.

③ 정밀도는 좋고, 치우침은 작고, 오차는 크다.

④ 정밀도는 좋고, 치우침은 크고, 오차는 작다.

> **해설**
> 측정치 분포 폭의 크기(산포의 크기, 표준편차의 제곱)가 작으므로 정밀도는 좋지만, 측정치 분포의 평균치와 참값의 차이가 커 치우침이 크고 실제 측정값이 참값에서 많이 떨어져 있으므로 오차가 크다.

26 임의의 두 사상 A, B가 독립사상이 되기 위한 조건은?

① $P(A \cap B) = P(A) \cdot P(B)$

② $P(A \cup B) = P(A) \cdot P(B)$

③ $P(A \cap B) = P(A) + P(B)$

④ $P(A|B) = \dfrac{P(A \cap B)}{P(A)}$

> **해설**
> · 임의의 두 사상 A, B가 독립사상이라는 것은 사상 A와 사상 B가 일어날 확률이 서로 영향을 받지 않을 때이다.
> · 두 사상 A, B가 서로 독립일 때 $P(A \cap B) = P(A) \cdot P(B)$, $P(A|B) = \dfrac{P(A \cap B)}{P(B)} = P(A)$가 성립한다.

27 계수형 샘플링검사 절차–제1부 : 로트별 합격품질한계(AQL)지표형 샘플링검사방식(KS Q ISO 2859-1)의 보통검사에서 수월한 검사로의 전환규칙으로 틀린 것은?

① 생산의 안정

② 연속 5로트가 합격

③ 소관권한자의 승인

④ 전환점수의 현재 값이 30 이상

해설
연속 5로트 합격은 까다로운 검사에서 보통검사로 전환되는 조건이다.

28 검정이론에 대한 설명으로 틀린 것은?

① 제1종 오류란 귀무가설이 참일 때, 귀무가설을 기각하는 오류이다.

② 제2종 오류란 대립가설이 참일 때, 귀무가설을 채택하는 오류이다.

③ 유의수준이란 귀무가설이 참일 때, 귀무가설을 채택하는 확률이다.

④ 검출력이란 대립가설이 참일 때, 귀무가설을 기각하는 확률이다.

해설
유의수준이란 귀무가설이 참일 때, 귀무가설을 기각하는 확률이다.

29 두 집단의 모평균차의 구간추정에 있어서 σ_1^2, σ_2^2를 알고 있고, $\sigma_1^2 = \sigma_2^2 = \sigma^2$, $n_1 = n_2 = n$일 때 $(\overline{x_1} - \overline{x_2})$의 표준편차 $D(\overline{x_1} - \overline{x_2})$는?

① $\sqrt{\dfrac{2\sigma^2}{n}}$

② $\sqrt{2\sigma^2}$

③ $\sqrt{\dfrac{1}{n}\sigma^2}$

④ $\sqrt{\dfrac{\sigma^2}{2n}}$

해설
$$D(\overline{x_1} - \overline{x_2}) = \sqrt{V(\overline{x_1} - \overline{x_2})} = \sqrt{V(\overline{x_1}) + V(\overline{x_2})} = \sqrt{\dfrac{2\sigma^2}{n}}$$

30 $\sum c = 80$, $k = 20$일 때 c관리도(Count Control Chart)의 관리하한(Lower Control Limit)은?

① -3

② 2

③ 10

④ 고려하지 않는다.

해설
계수형 관리도에서 LCL이 음수인 경우, 일반적으로 '고려하지 않는다.'로 놓는다.
$LCL = \overline{c} - 3\sqrt{\overline{c}} = 4 - 3\sqrt{4} = -2$이므로, LCL은 고려하지 않는다.

31 관리도를 이용하여 제조공정을 통계적으로 관리하기 위한 기준값이 주어져 있는 경우의 관리도에 대한 설명으로 틀린 것은?

① 이상원인의 존재는 가급적 검출할 수 있어야 한다.

② 우연원인의 존재는 가급적 검출할 수 없어야 한다.

③ 변경점이 발생되어 기준값이 변할 경우 관리한계를 적절히 교정하여야 한다.

④ 기준값이 주어져 있는 관리도는 공정성능지수(Process Performance Index)를 측정할 수 없다.

해설
기준값이 주어져 있는 관리도는 공정성능지수(Process Performance Index)를 측정할 수 있다.

32 계수형 축차샘플링검사방식(KS Q ISO 28591 : 2017)에서 Q_{CR}이 뜻하는 내용으로 맞는 것은?

① 합격시키고 싶은 로트의 부적합품률의 하한
② 합격시키고 싶은 로트의 부적합품률의 상한
③ 불합격시키고 싶은 로트의 부적합품률의 하한
④ 불합격시키고 싶은 로트의 부적합품률의 상한

33 표본평균($\bar{x}$)의 표준오차를 원래 값의 $\frac{1}{8}$로 줄이기 위해서는 표본의 크기를 원래보다 몇 배 늘려야 하는가?

① 8배   ② 16배
③ 64배   ④ 256배

해설

$\sigma_{\bar{x}} = \dfrac{\sigma}{\sqrt{n}}$ 에서 $\dfrac{1}{\sqrt{n}} = \dfrac{1}{8}$ 이므로 $n = 64$배

34 OC곡선에 대한 설명으로 틀린 것은?(단, N은 로트의 크기, n은 시료의 크기, A_c는 합격판정 개수이다)

① OC곡선은 일반적으로 계수형 샘플링검사에 한하여 적용할 수 있다.
② N과 n을 일정하게 하고, A_c를 증가시키면 OC곡선은 오른쪽으로 완만해진다.
③ $\dfrac{N}{n} \geq 10$일 때 n, A_c가 일정하고, N이 변할 경우 OC곡선은 크게 변하지 않는다.
④ OC곡선은 로트의 부적합품률이 주어질 때 그 로트가 합격될 확률을 그래프로 나타낸 것이다.

해설

OC곡선은 모든 샘플링검사방식에 적용할 수 있다(1회 샘플링검사, 2회 샘플링검사, 다회 샘플링검사, 계수형 샘플링검사, 계량형 샘플링검사 등에 모두 적용 가능).

35 샘플링(Sampling)검사와 전수검사를 비교한 설명으로 틀린 것은?

① 파괴검사에서는 물품을 보증하는 데 샘플링검사 이외는 생각할 수 없다.
② 검사비용을 적게 하고 싶을 때는 샘플링검사가 일반적으로 유리하다.
③ 검사가 손쉽고 검사비용에 비해 얻어지는 효과가 클 때는 전수검사가 필요하다.
④ 품질 향상에 대하여 생산자에게 자극을 주려면 개개의 물품을 전수검사하는 편이 좋다.

해설

품질 향상에 대하여 생산자에게 자극을 주려면 샘플링검사를 하는 편이 좋다.

36 100개의 표본에서 구한 데이터로부터 두 변수의 상관계수를 구하니 0.8이었다. 모상관계수가 0이 아니라면, 모상관계수와 기준치의 상이검정을 위하여 z 변환하면, z의 값은 약 얼마인가?(단, 두 변수 x, y는 모두 정규분포에 따른다)

① -1.099 ② -0.8
③ 0.8 ④ 1.099

해설

$z = \dfrac{1}{2} \ln\left(\dfrac{1+r}{1-r}\right) = \dfrac{1}{2} \ln\left(\dfrac{1+0.8}{1-0.8}\right) \approx 1.099$

37 샘플의 크기가 5인 $\overline{X} - R$관리도가 안정 상태로 관리되고 있다. 관리도를 작성한 전체 데이터로 히스토그램을 작성하여 계산한 표준편차(σ_H)가 19.50이고, 군내산포(σ_w)가 13.67이었다면 군간산포(σ_b)는 약 얼마인가?

① 13.9   ② 16.6

③ 18.5   ④ 19.2

해설

$\sigma_H^2 = \sigma_w^2 + \sigma_b^2$ 이므로, $19.5^2 = 13.67^2 + \sigma_b^2$에서 $\sigma_b \simeq 13.9$

38 어느 지역 유치원은 남자가 여자보다 1.5배 많다고 알려져 있다. 이 주장을 검정하기 위하여 해당 지역의 유치원을 임의로 방문하여 조사하였더니 남자, 여자의 수가 각각 120명, 100명이었다. 적합도 검정을 할 때, 검정통계량은 약 얼마인가?

① 2.64   ② 2.73

③ 2.84   ④ 3.11

해설

$\chi_0^2 = \dfrac{(100-88)^2}{88} + \dfrac{(120-132)^2}{132} = 2.73$

39 측정대상이 되는 생산로트나 배치(Batch)로부터 1개의 측정치밖에 얻을 수 없거나 측정에 많은 시간과 비용이 소요되는 경우에 이동범위를 병용해서 사용하는 관리도는?

① $X - R_m$ 관리도

② $\overline{X} - R$관리도

③ $X - \overline{X} - R$관리도

④ CUSUM 관리도

해설

$X - R_m$ 관리도 : 측정대상이 되는 생산로트나 배치(Batch)로부터 1개의 측정치 밖에 얻을 수 없거나 측정에 많은 시간과 비용이 소요되는 경우에 이동범위를 병용해서 사용하는 관리도

40 다음 그림은 로트의 평균치를 보증하는 계량규준형 1회 샘플링검사를 설계하는 과정을 나타낸 것이다. 특성치가 망대특성일 경우 다음 설명 중 틀린 것은?

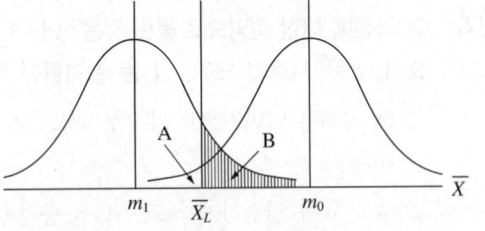

① A는 생산자 위험을 나타낸다.

② B는 소비자 위험을 나타낸다.

③ 평균값이 m_0인 로트는 좋은 로트로 받아들일 수 있다.

④ 시료로부터 얻어진 데이터의 평균이 $\overline{X}_L$보다 작으면 해당 로트는 합격이다.

해설

시료로부터 얻어진 데이터의 평균이 $\overline{X}_L$보다 작으면 해당 로트는 불합격이다.

41 생산의 경제성을 높이기 위한 예방보전, 사후보전, 개량보전, 보전예방 활동을 의미하는 것은?

① 수리보전
② 사전보전
③ 예비보전
④ 생산보전

42 총괄생산계획(APP)기법 중 선형결정기법(LDR)에서 사용되는 근사비용함수에 포함되지 않는 비용은?

① 잔업비용
② 설비투자비용
③ 고용 및 해고비용
④ 재고비용 · 재고부족비용 · 생산준비비용

해설

사용되는 근사비용함수 : 잔업비용, 고용 및 해고비용, 재고비용 · 재고부족비용 · 생산준비비용

43 ABC 분석에서 부분적으로 영향을 미치는 구성요소들로서 공식적인 보전관리보다는 가장 간소한 관리를 수행하는 그룹은?

① A그룹
② B그룹
③ C그룹
④ A, B, C그룹

해설

ABC 분석
• A그룹 : 자재의 종목별 연간 사용금액이 가장 높은 자재의 그룹이다.
• B그룹 : 자재의 종목별 연간 사용금액이 중간인 자재의 그룹이다.
• C그룹 : 자재의 종목별 연간 사용금액이 가장 낮은 자재의 그룹이며, 부분적으로 영향을 미치는 구성요소들로서 공식적인 보전관리보다는 가장 간소한 관리를 수행하는 그룹이다.

44 정상적인 페이스와 관측대상 작업의 페이스를 비교 판단하고 관측 시간치를 수정하기 위하여 하는 활동은?

① 샘플링
② 레이팅
③ 사이클
④ 오퍼레이팅

해설

레이팅(Rating) : 정상적인 페이스와 관측대상 작업의 페이스를 비교 판단하고 관측 시간치를 수정하기 위하여 하는 활동

45 ERP시스템의 구축 시 자체 개발의 경우 장단점에 관한 설명으로 틀린 것은?

① 개발기간이 장기화된다.
② 사용자의 요구사항을 충실히 반영한다.
③ 비정형화된 예외업무의 수용이 용이하다.
④ Best Practice의 수용으로 효율적 업무 개선이 이루어진다.

해설

ERP시스템의 구축 시 ERP 패키지를 활용하면 Best Practice의 수용으로 효율적 업무 개선이 이루어진다.

46 JIT 생산방식에서 간판의 운영규칙이 아닌 것은?

① 생산을 평준화한다.
② 후공정에서 가져간 만큼 생산한다.
③ 부적합품을 다음 공정에 보내지 않는다.
④ 자재 흐름은 전공정에서 후공정으로 밀어내는 방식이다.

해설

자재 흐름은 후공정에서 전공정의 자재를 당겨가는 방식이다.

47 PERT 기법에서 낙관적 시간을 a, 정상시간을 m, 비관적 시간을 b로 주어졌을 때, 기대시간의 평균(t_e)과 분산(σ^2)을 구하는 식으로 맞는 것은?

① $t_e = \dfrac{a+m+b}{3}$, $\sigma^2 = \left(\dfrac{b-a}{6}\right)^2$

② $t_e = \dfrac{a+m+b}{3}$, $\sigma^2 = \left(\dfrac{b+a}{6}\right)^2$

③ $t_e = \dfrac{a+4m+b}{6}$, $\sigma^2 = \left(\dfrac{b-a}{6}\right)^2$

④ $t_e = \dfrac{a+4m+b}{6}$, $\sigma^2 = \left(\dfrac{b+a}{6}\right)^2$

해설

- 기대시간의 평균(t_e) : $t_e = \dfrac{a+4m+b}{6}$

- 분산(σ^2) : $\sigma^2 = \left(\dfrac{b-a}{6}\right)^2$

48 유사한 생산 흐름을 갖는 제품들을 그룹화하여 생산효율을 증대시키려고 하는 설비의 배치방식은?

① GT배치
② 공정별 배치
③ 라인배치
④ 프로젝트배치

해설

② 공정별 배치 : 다품종 소량 생산환경에서 수요나 공정의 변화에 대응하기 쉽도록 주로 범용설비를 이용하여 구성하는 배치 형태이다.
③ 라인배치 : 특정 제품 생산에 필요한 기계설비, 작업자를 제품의 생산공정 순으로 배치하는 방식으로 주로 대량 생산, 연속 생산 형태에서 볼 수 있는 배치 형태이다.
④ 프로젝트배치 : 작업 진행 중인 제품이 한 작업에서 다른 작업으로 이동하지 않고 작업자, 자재 및 설비가 이동하는 배치법이다.

49 단일 기계에서 대기 중인 4개의 작업을 처리하고자 한다. 최소 납기일 규칙에 의해 작업 순서를 결정할 경우 4개 작업의 평균처리시간은?

작업	처리시간(일)	납기(일)
A	5	12
B	8	10
C	7	16
D	11	18

① 14일
② 18일
③ 31일
④ 72일

해설

최소 납기일 규칙에 의해 작업 순서를 결정할 경우 4개 작업의 평균처리시간은 $\dfrac{8+13+20+31}{4} = 18$일이다.

50 다음은 작은 컵을 손으로 잡고 병에 씌우는 서블릭 동작분석의 일부이다. ( ) 안에 들어갈 서블릭기호가 바르게 나열된 것은?

[다 음]
- 컵으로 손을 뻗는다. (㉠)
- 컵을 잡는다. (㉡)
- 컵을 병까지 나른다. (㉢)
- 컵의 방향을 고친다. (㉣)

① ㉠ ⌣(TL), ㉡ ꝯ(P), ㉢ ⌣(TE), ㉣ ʋ(PP)
② ㉠ ⌣(TL), ㉡ ꝯ(P), ㉢ ⌢(RE), ㉣ ⌣(TE)
③ ㉠ ⌣(TE), ㉡ ∩(G), ㉢ ⌣(TL), ㉣ ʋ(PP)
④ ㉠ ⌣(TE), ㉡ ∩(G), ㉢ ʋ(PP), ㉣ ⌣(TL)

해설

㉠ ⌣(TE) : 빈 손 이동
㉡ ∩(G) : 쥐기
㉢ ⌣(TL) : 운반
㉣ ʋ(PP) : 준비

51 MRP시스템의 입력 정보가 아닌 것은?

① 자재명세서

② 발주계획보고서

③ 재고기록철

④ 주생산일정계획

MRP시스템의 입력 정보 : 주생산일정계획, 자재명세서, 재고기록철

52 보전비를 감소하기 위한 조치로 가장 거리가 먼 것은?

① 보전담당자의 교육훈련

② 외주업자의 적절한 이용

③ 보전작업의 계획적 시행

④ 설비 사용자의 사후 보전교육

보전비를 감소하기 위한 조치

• 보전담당자의 교육훈련

• 외주업자의 적절한 이용

• 보전작업의 계획적 시행

53 자동차 부품공장에서 가동률 개선을 위한 워크샘플링 결과, 150회 관측 횟수 중 비가동이 35회였다. 비가동률 추정에는 상대오차가 사용되고 허용되는 오차가 10[%]인 경우, 비가동률 추정치의 절대오차 허용값은?

① 2.3[%]

② 7.7[%]

③ 23.3[%]

④ 76.7[%]

절대오차(E) = 상대오차(S) × 추정비율(P) = $10 \times \frac{35}{150} \simeq 2.3$[%]

54 조사비, 수송비, 입고비, 통관비 등 구매 및 조달에 수반되어 발생하는 비용은?

① 발주비용

② 재고부족비

③ 생산준비비

④ 재고유지비

55 표준화된 선택 사양을 미리 확보하고 고객의 요구에 따라서 이들을 조합하여 공급하는 생산전략은?

① 스피드경영 전략

② 세계화 전략

③ 대량 고객화 전략

④ 품질경영 전략

56 정성적인 수요예측방법으로 전문가들을 대상으로 질의-응답의 피드백 과정을 개별적으로 수차례 반복하여 예측하는 기법은?

① 델파이법

② 자료유추법

③ 시계열분석법

④ 시장조사법

③ 시계열분석법 : 과거의 자료를 이용하여 장래의 수요를 예측하는 기법이다.

④ 시장조사법 : 설문지, 직접 인터뷰, 전화에 의한 조사, 시제품 발송 등 여러 가지 방법을 통해 소비자들의 의견을 조사함으로써 수요를 예측한다. 정성적 기법 중 시간과 비용이 가장 많이 들지만, 예측은 비교적 정확하다.

57 포드시스템에서 대량 생산의 일반원칙에 해당하지 않는 것은?

① 제품의 단순화
② 부품의 표준화
③ 성과급 차별화
④ 작업의 단순화

해설
성과급 차별화는 테일러시스템의 일반원칙에 해당한다.

58 어떤 제품 1로트를 생산하는 데 필요한 작업 A, B, C, D, E의 소요시간이 각각 20초, 25초, 10초, 15초, 22초이다. 이때 균형손실(Balance Loss)은 몇 [%]인가?

① 26.4
② 35.9
③ 64.1
④ 73.6

해설
균형손실(Balance Loss)

$$L_s = \frac{mt_{\max} - \sum t_i}{mt_{\max}} \times 100[\%]$$

$$= \frac{5 \times 25 - 92}{5 \times 25} \times 100 = 26.4[\%]$$

59 누적예측오차(Cumulative Sum of Forecast Errors)를 절대평균편차(Mean Absolute Deviation)로 나눈 것은?

① SC(평활상수)
② TS(추적지표)
③ MSE(평균제곱오차)
④ CMA(평균중심이동)

60 A제품의 판매가격이 개당 300원, 한계이익률(또는 공헌이익률)은 50[%], 고정비는 1,000만원이다. 500만원의 이익을 올리기 위하여 필요한 A제품의 판매수량은?

① 5만 개
② 6만 개
③ 8만 개
④ 10만 개

해설
한계이익 = 고정비 + 이익 = 매출액 × 한계이익률이므로 구하고자 하는 판매수량을 N이라고 하면
1,000만원 + 500만원 = (300원 × N) × 0.5에서

$$N = \frac{15,000,000}{300 \times 0.5} = 100,000개$$

61 시스템의 신뢰도에 관한 설명으로 틀린 것은?

① 모든 시스템은 직렬 또는 병렬연결로 표현이 가능하다.

② 시스템 신뢰도는 직렬 또는 병렬로 표현되지 않는 경우도 구할 수 있다.

③ 모든 부품이 직렬로 연결된 것으로 보고 신뢰도를 구하면 실제시스템 신뢰도의 하한이 된다.

④ 모든 부품이 병렬로 연결된 것으로 보고 신뢰도를 구하면 실제시스템 신뢰도의 상한이 된다.

> **해설**
> 모든 시스템은 직렬 또는 병렬연결로 표현이 가능하지 않다. 직렬 또는 병렬연결 이외에 대기모델, n 중 k시스템, 브리지구조시스템, 교차결합구조 등이 사용된다.

62 다음 그림과 같은 FT도에서 정상사상(Top Event)의 고장확률은 약 얼마인가?(단, 기본사상 a, b, c의 고장확률은 각각 0.2, 0.3, 0.4이다)

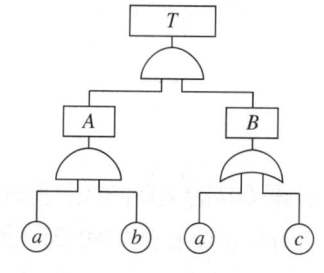

① 0.0312

② 0.0600

③ 0.4400

④ 0.4848

> **해설**
> $F_T = F_a \times F_b$
> $= ab(a+c) = a^2b + abc = ab + abc$
> $= ab(1+c) = ab = 0.2 \times 0.3 = 0.0600$

63 MTBF 가 10^2시간인 기계의 불신뢰도를 10[%]로 하기 위한 사용시간은 약 얼마인가?

① 1.05시간

② 10.5시간

③ 105시간

④ 1,050시간

> **해설**
> $F(t) = 1 - e^{-\lambda t} = 1 - e^{-\frac{t}{100}} = 0.1$,
> $R(t) = 1 - F(t) = 0.9 = e^{-\frac{t}{100}}$ 이므로, $\ln 0.9 = -\frac{t}{100}$
> 따라서 $t = 10.5$시간

64 계량 1회 샘플링검사(DOD-HDBK H108)에서 샘플수와 총시험시간이 주어지고, 총시험시간까지 시험하여 발생한 고장 개수가 합격판정 개수보다 적을 경우 로트를 합격하는 시험방법은?

① 현지시험

② 정수중단시험

③ 강제열화시험

④ 정시중단시험

> **해설**
> • 정시중단시험 : 샘플수와 총시험시간이 주어지고, 총시험시간까지 시험하여 발생한 고장 개수가 합격판정 개수보다 적을 경우 로트를 합격하는 시험이다.
> • 정수중단시험 : 계량 1회 샘플링검사에서 샘플수 n, 중단고장 개수 r이 주어지고, r번째의 고장이 발생할 때까지 시험하여 얻은 데이터에 의거 MTBF의 측정값이 합격판정기간보다 클 경우 로트를 합격시키는 시험방법으로, 정수중단시험에서 고장 개수가 0개인 경우 푸아송분포를 이용하여 평균수명을 구한다.

65 정시중단시험에서 평균수명의 100(1 − α)[%] 한쪽 신뢰구간 추정 시 하한으로 맞는 것은?(단, $\widehat{MTBF}$는 평균수명의 점 추정치, r은 고장 개수이다)

① $\dfrac{2r\widehat{MTBF}}{\chi^2_{1-\alpha}(2r)}$ ② $\dfrac{2r\widehat{MTBF}}{\chi^2_{1-\alpha}(2r+2)}$

③ $\dfrac{2r\widehat{MTBF}}{\chi^2_{1-\alpha/2}(2r)}$ ④ $\dfrac{2r\widehat{MTBF}}{\chi^2_{1-\alpha/2}(2r+2)}$

해설
정시중단시험에서 평균수명의 100(1 − α)[%] 한쪽 신뢰구간 추정 시

하한 : $\dfrac{2r\widehat{MTBF}}{\chi^2_{1-\alpha}(2r+2)}$

66 Y제품에 수명시험 결과 얻은 데이터를 와이블확률지를 사용하여 모수를 추정하였더니 형상모수 $m = 1.0$, 척도모수 $\eta = 3,500$시간, 위치모수 $r = 0$이 되었다. 이 제품의 MTBF는 얼마인가?(단, $\Gamma(1.5) = 0.88623$, $\Gamma(2) = 1.00000$, $\Gamma(2.5) = 1.329340$이다)

① 2,205시간   ② 3,102시간

③ 3,500시간   ④ 4,653시간

해설
$MTBF = \hat{\mu} = E(t) = \eta\Gamma\left(1 + \dfrac{1}{m}\right) = 3,500\Gamma\left(1 + \dfrac{1}{1}\right)$
$= 3,500\Gamma(2) = 3,500 \times 1.0 = 3,500$시간

67 초기고장기간의 고장률을 감소시키기 위한 대책으로 맞는 것은?

① 부품에 대한 예방보전을 실시한다.
② 부품의 수입검사를 전수검사로 한다.
③ 부품에 대한 번인(Burn-in)시험을 한다.
④ 부품의 수입검사를 선별형 샘플링검사로 한다.

해설
① 예방보전은 우발고장기간의 고장률 감소대책이다.
②, ④는 고장률 감소대책과는 무관하다.

68 용어-신인성 및 서비스 품질(KS A 3004 : 2002)에서 정의한 용어 중 시험 또는 운용결과를 해석하거나 신뢰성 척도를 계산하는 데 포함되어야 하는 고장은?

① 오용(Misuse)고장
② 돌발(Sudden)고장
③ 연관(Relevant)고장
④ 파국(Catastrophic)고장

해설
① 오용고장 : 사용 중 규정된 아이템의 능력을 초과하는 스트레스에 의한 고장이다.
② 돌발고장 : (갑자기 발생하여) 사전시험이나 모니터링에 의해 예견될 수 없는 고장이다.
④ 파국고장 : 갑자기 아이템의 모든 기능을 전혀 수행할 수 없게 하는 돌발고장이다.

69 샘플 5개를 50시간 가속수명시험을 하였고, 고장이 1개도 발생하지 않았다. 신뢰수준 95[%]에서 평균수명의 하한값은 약 얼마인가?(단, $\chi^2_{0.95}(2) = 5.99$이다)

① 84시간   ② 126시간
③ 168시간   ④ 252시간

해설
$\hat{\theta}_L = \dfrac{T}{2.99} = \dfrac{250}{2.99} \simeq 84$시간

70 Y부품에 가해지는 부하(Stress)는 평균 3,000[kg/mm²], 표준편차 300[kg/mm²]이며, 강도는 평균 4,000[kg/mm²], 표준편차 400[kg/mm²]인 정규분포를 따른다. 부품의 신뢰도는 약 얼마인가?(단, $u_{0.90}$ = 1.282, $u_{0.95}$ = 1.645, $u_{0.9772}$ = 2, $u_{0.9987}$ = 3이다)

① 90.00[%]　　　② 95.46[%]
③ 97.72[%]　　　④ 99.87[%]

해설

$P(강도 > 부하) = P(강도 - 부하 > 0)$
$= P\left(u > \dfrac{0 - (4,000 - 3,000)}{\sqrt{400^2 + 300^2}}\right) = P(u > -2)$
$= P(u < 2) = 0.9772 = 97.72[\%]$

---

71 평균고장률 λ, 평균수리율 μ인 지수분포를 따를 경우 평균수리시간(MTTR)을 맞게 표현한 것은?

① $\dfrac{1}{\mu}$　　　② $\dfrac{\mu}{\lambda + \mu}$

③ $\dfrac{\lambda}{\lambda + \mu}$　　　④ $1 - e^{-\mu t}$

해설

평균수리시간(MTTR) $= \dfrac{1}{\mu}$

---

72 정시중단시험에서 고장 개수가 0개인 경우 어떠한 분포를 이용하여 평균수명을 구하는가?

① 정규분포　　　② 초기하분포
③ 이항분포　　　④ 푸아송분포

해설

정시중단시험에서 고장 개수가 0개인 경우 푸아송분포를 이용하여 평균수명을 구한다.

---

73 수명데이터를 분석하기 위해서는 먼저 그 데이터가 가정된 분포에 적합한지를 검정하여야 한다. 이 경우 적용되는 기법이 아닌 것은?

① χ^2검정
② Pareto검정
③ Bartlett검정
④ Kolmogorov-Smirnov검정

해설

적합성 검정 또는 적합도 검정(분포도의 적합도) : 수명데이터를 분석하기 전에 먼저 그 데이터의 분포를 알아보기 위하여 분포의 적합성 검정을 실시한다. 적합성 검정은 수집된 고장자료에 대해 어떤 확률분포가 적합한가를 검정하는 방법으로 카이제곱검정, 콜모고로프-스미르노프(Kolmogorov-Smirnov)검정, Bartlett 검정, 확률지타점법 등이 있다.

---

74 고장평점법에서 고장평점을 산정하는 데 사용되는 인자에 대한 설명이 틀린 것은?

① C_1 : 기능적 고장의 영향의 중요도
② C_2 : 영향을 미치는 시스템의 범위
③ C_3 : 고장 발생 빈도
④ C_5 : 기존 설계의 정확도

해설

C_5 : 신규 설계의 정도(가부, 여부)

---

75 2개의 동일한 부품으로 이루어진 대기 리던던시에서 $t = 50$에서의 신뢰도는 약 얼마인가?(단, 부품의 고장률은 0.02로 일정하고, 지수분포를 따른다)

① 0.3679　　　② 0.6313
③ 0.7358　　　④ 0.8106

해설

$R_s(t = 50) = (1 + \lambda t)e^{-\lambda t}$
$= (1 + 0.02 \times 50) \times e^{-0.02 \times 50} \simeq 0.7358$

---

76 신뢰도함수 $R(t)$가 고장률 λ인 지수분포를 따르고 보전도함수 $M(t) = 1 - e^{-\mu t}$일 때 가용도(Availability)는?

① $\dfrac{\mu}{\lambda + \mu}$　　② $\dfrac{\lambda}{\lambda + \mu}$

③ $\dfrac{\lambda \mu}{\lambda + \mu}$　　④ $\dfrac{\lambda + \mu}{\lambda \mu}$

해설

가용도 $A = \dfrac{\mu}{\lambda + \mu}$

77 샘플 50개에 대하여 수명시험을 하고, 10시간 간격으로 고장 개수를 조사한 결과가 표와 같을 때 $t = 30$시간에서의 누적고장확률은 얼마인가?

시간 간격	고장 개수
0~10	5
10~20	10
20~30	16
30~40	12
40~50	7

① 0.060　　② 0.062

③ 0.620　　④ 0.680

해설

$F(t = 30) = \dfrac{t = 30\text{에서의 누적고장수}}{\text{초기 샘플수}}$

$= \dfrac{(5 + 10 + 16)}{50} = 0.62$

78 3개의 부품이 모두 작동해야만 장치가 작동되는 경우, 장치의 신뢰도를 0.95 이상이 되게 하려면 각 부품의 신뢰도는 최소한 얼마 이상이 되어야 하는가?(단, 사용된 3개 부품의 신뢰도는 동일하다)

① 약 0.953　　② 약 0.963

③ 약 0.973　　④ 약 0.983

해설

$R_s = R_i^n$에서 $0.95 = R^3$이므로 $R = \sqrt[3]{0.95} \approx 0.983$

79 수명분포가 평균이 100, 표준편차가 5인 정규분포를 따르는 제품을 이미 105시간 사용하였다. 그렇다면 앞으로 5시간 이상 더 작동할 신뢰도는 약 얼마인가?(단, u가 표준정규분포를 따르는 확률변수라면 $P(u \geq 1) = 0.1587$, $P(u \geq 2) = 0.0228$이다)

① 0.0228　　② 0.1437

③ 0.1587　　④ 0.1815

해설

$R(110/105) = \dfrac{P_r(T \geq 110)}{P_r(T \geq 105)}$

$= P_r\left(u > \dfrac{110 - \mu}{\sigma}\right) / P_r\left(u > \dfrac{105 - \mu}{\sigma}\right)$

$= P_r\left(u > \dfrac{110 - 100}{5}\right) / P_r\left(u > \dfrac{105 - 100}{5}\right)$

$= \dfrac{P_r(u \geq 2)}{P_r(u \geq 1)} = \dfrac{0.0228}{0.1587} \approx 0.1437$

80 1,000시간당 평균고장률이 0.3으로 일정한 부품 3개를 병렬결합으로 설계한다면, 이 기기의 평균수명은 약 몇 시간인가?

① 1,111　　② 3,333

③ 6,111　　④ 9,999

해설

$1,000 \times \left(\dfrac{1}{0.3} + \dfrac{1}{2 \times 0.3} + \dfrac{1}{3 \times 0.3}\right) \approx 6,111$

81 품질전략을 수립할 때 계획단계(전략의 형성단계)에서 SWOT 분석을 많이 활용하고 있다. 여기서 'W'는 무엇인가?

① 약 점
② 위 협
③ 강 점
④ 성장 기회

해설
품질전략을 수립할 때 계획단계(전략의 형성단계)에서 SWOT분석을 많이 활용한다.
• S : 강점
• W : 약점
• O : 기회
• T : 위협

82 제조공정에 관한 사내표준의 요건이 아닌 것은?

① 필요시 신속하게 개정, 향상시킬 것
② 직관적으로 보기 쉬운 표현을 할 것
③ 기록내용은 구체적이고 객관적일 것
④ 미래에 추진해야 할 사항을 포함할 것

해설
사내표준화의 요건
• 실행 가능성 : 실행 가능한 내용일 것
• 정확성, 구체성, 객관성, 개정성 : 기록내용이 정확하고, 구체적이며 객관적이고 필요시 적시에 개정할 것
• 용이성 : 직관적(직감적)으로 보기 쉬운 표현을 할 것
• 기여성 : 기여 비율(기여도)이 큰 것을 채택할 것
• 장기성 : 장기적인 방침하에 체계적으로 추진할 것
• 합의성 : 전원이 합의하여 인정하는 내용일 것
• 비모순성(일치성) : 다른 표준과 상호 모순이 없을 것
• 일관성 : 내용의 일관성이 있을 것
• 참여성 : 당사자에게 의견을 말할 기회를 주는 방식으로 할 것
• 준수성 : 작업표준에는 수단 및 행동을 직접 지시할 것

83 히스토그램의 작성을 통해 확인할 수 없는 사항은?

① 품질특성의 분포 상태 확인
② 품질의 시간적 변화 상태 파악
③ 품질특성의 중심 및 산포 크기
④ 공정의 해석 및 공정능력 파악

해설
품질의 시간적 변화 상태 파악은 꺾은선그래프를 사용하는 것이 적합하다.

84 잡음에 둔감한 강건설계의 실현을 위해 다구치가 제안한 3단계 절차 중 이상적인 조건하에서 고객의 요구를 충족시키는 제품 원형을 설계하는 단계를 무엇이라고 하는가?

① 시스템설계
② 파라미터설계
③ 허용차설계
④ 반응표면설계

해설
시스템설계 : 이상적인 조건하에서 고객의 요구를 충족시키는 제품 원형을 설계하는 단계

85 허즈버그가 제시한 위생요인과 동기유발요인 중 위생요인에 해당하지 않는 것은?

① 작업조건
② 대인관계
③ 책임의 증대
④ 조직의 정책과 방침

해설
일에 대한 책임이나 보람 등은 동기요인에 해당한다.

86 신QC 수법 중 문제가 되고 있는 사상 가운데서 대응되는 요소를 찾아내어 이것을 행과 열로 배치하고, 그 교점에 각 요소 간의 연관 유무나 관련 정도를 표시함으로써 이원적인 배치에서 문제의 소재나 문제의 형태를 탐색하는 수법은?

① PDPC법 　　② 연관도법
③ 계통도법 　　④ 매트릭스도법

해설

① PDPC법 : 신제품 개발, 신기술 개발 또는 제품책임문제의 예방 등과 같이 최초의 시점부터 최종 결과까지의 행방을 충분히 짐작할 수 없는 문제에 대하여 그 진보과정에서 얻어지는 정보에 따라 차례로 시행되는 계획의 정도를 높여 적절한 판단을 내림으로써 사태를 바람직한 방향으로 이끌어 가거나 중대 사태를 회피하는 방책을 얻는 기법이다.
② 연관도법 : 복잡한 요인이 얽힌 문제에 대하여 그 인과관계 및 요인 간의 관계를 명확히 함으로써 적절한 해결책을 찾는 기법이다.
③ 계통도법 : 설정된 목표를 달성하기 위해 목적과 수단의 계열을 계통적으로 전개하여 최적의 목적 달성의 수단을 찾고자 하는 기법으로, 문제의 영향원인은 밝혀졌지만 이 문제를 해결할 계획, 방법은 아직 개발되지 않은 경우에 사용한다.

88 3개의 부품을 조립하려고 한다. 각각의 부품의 허용차가 ±0.03, ±0.02, ±0.05일 때 조립품의 허용차는 약 얼마인가?

① ±0.0019
② ±0.0038
③ ±0.0062
④ ±0.0616

해설

$$TT = \pm\sqrt{0.03^2 + 0.02^2 + 0.05^2} \simeq \pm 0.0616$$

87 기업에서 제안활동이 종업원의 참여의식을 높일 수 있는 유효한 방법임은 분명하지만 활성화되지 않는 경우가 있는데, 그 이유가 아닌 것은?

① 최고경영자의 지원과 관심이 부족함
② 종업원 개인들 간의 업무수행 능력 차이
③ 심사 지연이나 비합리적인 평가제도를 운영함
④ 교육이나 홍보의 미비로 인한 종업원의 관심 부족

해설

종업원 개인들 간의 업무수행 능력의 차이와 자부심 결여는 제안활동의 활성화가 안 되는 이유와 관련이 없다.

89 규정된 요구사항이 충족되었음을 객관적 증거의 제시를 통하여 확인하는 것에 대한 용어는?

① 검토(Review)
② 검사(Inspection)
③ 검증(Verification)
④ 모니터링(Monitoring)

해설

① 검토(Review) : 설정된 목표를 달성하기 위한 검토 대상의 적절성, 타당성 및 유효성을 판정하기 위해 시행되는 활동이다.
② 검사(Inspection) : 필요에 의하여 측정, 시험 또는 게이지 사용을 동반하는 관찰 및 판정에 의한 적합성 평가이다.

90 크로스비(P.B.Crosby)의 품질경영에 대한 사상이 아닌 것은?

① 수행표준은 무결점이다.

② 품질의 척도는 품질코스트이다.

③ 품질은 주어진 용도에 대한 적합성으로 정의한다.

④ 고객의 요구사항을 해결하기 위해 공급자가 갖추어야 되는 품질시스템은 처음부터 올바르게 일을 행하는 것이다.

해설

크로스비의 품질경영에 대한 4가지 기본사상 절대원칙(Absolutes) : 품질원칙, 품질경영사상, 기본개념, 기본철학

- 품질의 정의는 요구에의 적합성(Conformance to Requirements) (제조 품질)
- 수행표준은 무결점(ZD)
- 시스템은 예방이며 이는 처음부터 올바르게 일을 행하는 것이다(Do It Right The First Time).
- 품질의 척도는 품질비용(부적합비용) 품질은 요구에의 적합성으로 정의한다.

91 계량기(측정기) 관리체계의 정비목적으로 적절하지 않는 것은?

① 검사 및 측정업무의 효율화

② 품질 등 관리업무의 효율화

③ 제품의 품질 및 안전성의 유지 향상

④ 측정 프로세스에 대한 고객의 이해 및 관심의 고양

해설

계량기(측정기) 관리체계의 정비목적

- 제품의 품질과 안전성 유지 및 향상
- 검사 및 측정업무의 효율화
- 품질 등 관리업무의 효율화
- 공업표준규격, 해외안전규격, 품질인증 등에 대한 관리체계에 충실
- 계측관리에 관한 종업원의 이해 및 관심의 고취
- 법률면(계량법)에서의 체제 강화

92 표준의 서식과 작성방법(KS A 0001)에서 규정하고 있는 표준의 요소에 관한 설명으로 틀린 것은?

① '참고(Reference)'는 규정의 일부는 아니다.

② '해설(Explanation)'은 표준의 일부는 아니다.

③ '본문(Text)'은 조항의 구성 부분의 주체가 되는 문장이다.

④ '보기(Example)'는 본문, 그림, 표 안에 직접 넣으면 복잡하게 되므로 따로 기재하는 것이다.

해설

- 각주(Footnote) : 본문, 비고, 그림, 표 등의 안에 있는 일부에 사항에 각주번호를 붙이고, 그 사항을 보충하는 내용을 해당하는 쪽의 맨 아랫부분에 따로 기재하는 것이다.
- 보기(Example) : 본문, 각주, 비고, 그림, 표 등에 나타내는 사항의 이해를 돕기 위한 예시이다.

93 어떤 표준의 일부를 구성하기 위하여 다른 표준에 제정되어 있는 사항을 중복하여 기재하지 않고 그 표준의 표준번호만을 표시해 두는 표준을 무엇이라고 하는가?

① 인용(引用)표준

② 관련(關聯)표준

③ 정합(整合)표준

④ 번역(飜譯)표준

해설

인용(引用)표준 : 어떤 표준의 일부를 구성하기 위하여 다른 표준에 제정되어 있는 사항을 중복하여 기재하지 않고 그 표준의 표준번호만을 표시해 두는 표준이다.

94 (주)한국의 주력상품인 A형 동파이프의 규격은 상한 0.900, 하한 0.500이고, 실제 제조공정에서 생산된 제품의 평균은 0.738이며, 표준편차는 0.0725로 확인되었을 때, 최소공정능력지수(C_{pk})는 약 얼마인가?

① 0.19 ② 0.74
③ 0.92 ④ 1.09

해설

$$C_{pk} = \frac{S_U - \bar{x}}{3\sigma} = \frac{0.900 - 0.738}{3 \times 0.0725} \approx 0.745$$

95 품질비용 중 상품 개발을 위한 소비자 반응 조사비용과 부품 품질의 향상을 위해 협력업체를 지도할 때 소요되는 컨설팅비용을 순서대로 올바르게 나열한 것은?

① 예방비용–예방비용
② 예방비용–평가비용
③ 평가비용–평가비용
④ 평가비용–예방비용

해설

상품 개발을 위한 소비자 반응 조사비용, 부품 품질의 향상을 위해 협력업체를 지도할 때 소요되는 컨설팅 비용은 모두 예방비용에 해당한다.

96 평가비용에 포함되지 않는 것은?

① 공정검사비용
② 출하검사비용
③ 품질관리교육비용
④ 계측기 검·교정비용

해설

품질관리교육비용은 예방비용에 해당한다.

97 표준수–표준수 수열(KS A ISO 3)에서 기본수열 표시에 해당하지 않는 것은?

① $R5$
② $R10(1.25\ldots)$
③ $R20/4(112\ldots)$
④ $R40(75\ldots300)$

해설

기본수열 : $R5$, $R10$, $R20$, $R40$

98 엄격책임은 비합리적으로 위험한 제품의 사용으로 인해 어느 누구든 상해를 입게 되면 그 제품의 제조자는 책임을 진다. 이때 제품 자체에 초점을 맞추며, 제조자의 엄격책임을 증명하기 위해서 피해자가 입증해야 할 사항은?

① 제품이 보증된 대로 작동하지 않고 사용 중 상해를 일으킨다.
② 제조사는 제품의 제조에 있어서 합리적 주의 업무를 실행하지 않았다.
③ 제품에 신뢰할 수 없는 결함이 있었고, 그 결함이 원인이 되어 피해가 발생하였다.
④ 제품의 생산, 검사 그리고 안전 가이드라인에 대한 사내표준을 무시하지 않는다.

해설

PL에서 피해자가 입증해야 할 사항은 제품에 신뢰할 수 없는 결함이 있었고, 그 결함이 원인이 되어 피해가 발생했다는 내용이다.

99 품질보증의 주요 기능으로서 최고경영자가 직접 관여하여 가장 먼저 실행해야 할 내용은?

① 품질보증의 확보
② 품질방침의 설정과 전개
③ 품질정보의 수집 해석 활용
④ 품질보증시스템의 구축과 운영

해설
품질보증의 실시 순서
품질방침의 설정과 전개 > 품질보증시스템의 구축과 운영 > 품질보증의 확보 > 품질정보의 수집 해석 활용

100 6시그마 혁신활동에서는 실제 공정품질산포가 여러 가지 원인(재료, 방법, 장치, 사람, 환경, 측정 등)에 의하여 이론적 중심평균이 얼마까지 흔들림을 허용하는가?

① $\pm 1.0\sigma$　　　② $\pm 1.5\sigma$
③ $\pm 2.0\sigma$　　　④ $\pm 3.0\sigma$

해설
6시그마 혁신활동에서는 실제 공정품질 산포가 여러 가지 원인(재료, 방법, 장치, 사람, 환경, 측정 등)에 의하여 이론적 중심평균이 $\pm 1.5\sigma$까지 흔들림을 허용한다.

2021년 제4회 과년도 기출문제

제1과목 | 실험계획법

01 2^3형 요인배치실험 시 교락법을 사용하여 다음과 같이 2개의 블록으로 나누어 실험하려고 한다. 블록과 교락되어 있는 교호작용은?

블록 1	블록 2
b	bc
c	(1)
ac	a
ab	abc

① $A \times B$ ② $A \times C$
③ $A \times B \times C$ ④ $B \times C$

해설

$B \times C = \dfrac{1}{2^{3-1}}(a+1)(b-1)(c-1)$

$= \dfrac{1}{4}\left[(abc+a+bc+1)-(b+c+ab+ca)\right]$

02 반복이 없는 모수모형 4요인실험에서 A, B, C, D의 수준수가 각각 $l=3$, $m=4$, $n=2$, $q=3$일 때 교호작용 $A \times B \times C$의 자유도는?

① 6 ② 9
③ 12 ④ 24

해설

$\nu_{A \times B \times C} = (l-1)(m-1)(n-1) = 2 \times 3 \times 1 = 6$

03 라틴방격법에 대한 설명 중 틀린 것은?

① 4×4 라틴방격법에서 오차의 자유도는 6이 된다.
② 라틴방격법은 교호작용이 있는 실험에 적합하다.
③ 라틴방격법은 실험 횟수를 절약할 수 있는 일부실시법의 종류이다.
④ 초그레코라틴방격이란 서로 직교하는 라틴방격을 3개 조합한 것이다.

해설

라틴방격법은 교호작용을 무시하고, 실험 횟수를 감소시키고자 할 경우 사용되는 실험계획법이다.

04 요인의 수준과 수준수를 택하는 방법으로 틀린 것은?

① 현재 사용되고 있는 요인의 수준은 포함시키는 것이 바람직하다.
② 실험자가 생각하고 있는 각 요인의 흥미영역에서만 수준을 잡아 준다.
③ 특성치가 명확히 나쁘게 되리라고 예상되는 요인의 수준은 흥미영역에 포함시킨다.
④ 수준수는 보통 2~5 수준이 적절하며 많아도 6수준이 넘지 않도록 하여야 한다.

해설

요인의 수준과 수준수 선택 시 명확히 나쁘게 되리라고 예상되는 요인의 수준은 흥미영역에 포함시키지 않는다.

05 2요인 교호작용에 관한 설명으로 틀린 것은?(단, 요인 A, B는 모수요인이다)

① 교호작용이 유의하지 않으면 $\mu(A_i)$와 $\mu(B_j)$의 추정은 의미가 없다.

② 교호작용이 유의하지 않으면 유의한 요인에 대해 각 수준의 모평균을 추정한다.

③ 교호작용이 유의한 경우 $\mu(A_iB_j)$를 추정하여 이것으로부터 최적 조건을 선택한다.

④ 교호작용이 유의한 경우 요인 A, B가 유의하여도 각각의 모평균을 추정하는 것은 의미가 없다.

> **해설**
> 교호작용이 유의하면 $\mu(A_iB_j)$를 추정하여 최적의 조건을 선택하므로 $\mu(A_i)$와 $\mu(B_j)$의 추정은 의미가 없다.

06 망목특성을 갖는 제품에 대한 손실함수는?(단, $L(y)$는 손실함수, k는 상수, y는 품질특성치, m은 목표값이다)

① $L(y) = \dfrac{k}{y^2}$

② $L(y) = k(y-m)^2$

③ $L(y) = ky^2$

④ $L(y) = \dfrac{k}{(y-m)^2}$

> **해설**
> 망목특성의 경우 손실함수 식은 $L(y) = k(y-m)^2$, $k = \dfrac{A}{\Delta^2}$ 이다.

07 $L_8(2^7)$형 직교배열표에서 C와 교락되어 있는 요인은?

열번호	1	2	3	4	5	6	7
기본 표시	a	b	a b	c	a c	b c	a b c
배 치	A	B	C	D	E	e	e

① BC, DE, $ABCDE$

② AC, $ABDE$, CDE

③ $ABCD$, AE, BEC

④ AB, $ACDE$, BDE

> **해설**
> C의 기본 표시가 ab이므로,
> $A \times B = ab$, $A \times C \times D \times E = a \times ab \times c \times ac = a^3bc^2 = ab$,
> $B \times D \times E = b \times c \times ac = abc^2 = ab$이다.

08 다음과 같은 2^2형 요인배치법에서 $S_{A \times B}$는?

요 인	A_0	A_1
B_0	1	4
B_1	−2	0

① 0.25

② 6.25

③ 12.25

④ 18.25

> **해설**
> $$S_{A \times B} = \frac{1}{4}[(a-1)(b-1)]^2 = \frac{1}{4}[(ab-a-b+1)]^2$$
> $$= \frac{1}{4}[0-4-(-2)+1]^2 = 0.25$$

09 다음의 표는 요인 A의 수준 4, 요인 B의 수준 3, 요인 C의 수준 2, 반복 2회의 지분실험을 실시한 분산분석표의 일부이다. $\sigma^2_{B(A)}$의 추정값은?

요 인	SS	DF
A	90	
$B(A)$	64	
$C(AB)$	24	
e	12	
T	190	47

① 1 ② 1.5
③ 2.5 ④ 4

해설

요 인	SS	DF
A	90	$l-1=4-1=3$
$B(A)$	64	$l(m-1)=4\times2=8$
$C(AB)$	24	$lm(n-1)=4\times3\times1=12$
e	12	$lmn(r-1)=4\times3\times2\times1=24$
T	190	47

$$\widehat{\sigma^2_{B(A)}} = \frac{V_{B(A)} - V_{C(AB)}}{nr} = \frac{S_{B(A)}/\nu_{B(A)} - S_{C(AB)}/\nu_{C(AB)}}{nr}$$
$$= \frac{64/8 - 24/12}{2\times2} = 1.5$$

10 1요인실험에 의한 다음 데이터에 대하여 분산분석을 할 때, 분산비(F_0)의 값은 약 얼마인가?

요 인	A_1	A_2	A_3	
실험의 반복	4	5	7	
	8	4	6	
	6	3	5	
	6	5	7	
합 계	24	17	25	$T=66$
평 균	6	4.25	6.25	$\overline{\overline{x}}=5.5$

① 3.13 ② 3.15
③ 3.17 ④ 3.19

해설

요 인	SS	DF	MS	F_0
A	9.5	$l-1=2$	$9.5/2=4.75$	$4.75/1.5=3.1667$
e	13.5	$l(r-1)=9$	$13.5/9=1.5$	
T	23	$lm-1=11$		

$$S_T = \sum\sum(x_{ij}-\overline{\overline{x}})^2 = \sum_i\sum_j x_{ij}^2 - CT = 386 - \frac{66^2}{12} = 23$$

$$S_A = \sum\sum(\overline{x}_{i\cdot}-\overline{\overline{x}})^2 = \sum\frac{T_{i\cdot}^2}{r} - CT$$
$$= \frac{24^2+17^2+25^2}{4} - \frac{66^2}{12} = 9.5$$

$$S_e = \sum\sum(x_{ij}-\overline{x}_{i\cdot})^2 = S_T - S_A = 23-9.5 = 13.5$$

11 2^3형의 1/2 일부실시법에 의한 실험을 하기 위해 다음과 같이 블록을 설계하여 실험을 실시하였다. 실험결과에 대한 해석으로서 틀린 것은?

[다 음]
$a=76$
$b=79$
$c=74$
$abc=70$

① 요인 A의 별명은 교호작용 $B\times C$ 이다.
② 블록에 교락된 교호작용은 $A\times B\times C$ 이다.
③ 요인 A의 제곱합은 요인 C의 제곱합보다 크다.
④ 요인 A의 효과는
$$A = \frac{1}{2}(76-79-74+70) = -3.5 \text{이다.}$$

해설

③ $S_A = \frac{1}{4}[(76+70)-(79+74)]^2 = 12.25$
$S_B = \frac{1}{4}[(74+70)-(76+79)]^2 = 30.25$
① $A\times I = A\times ABC = A^2BC = BC$
② 2^3형 계획에서 교호작용 ABC를 블록과 교락시키면
$$ABC = \frac{1}{4}(a-1)(b-1)(c-1)$$
$$= \frac{1}{4}[(abc+a+b+c)-(ab+bc+ca+(1))] \text{이므로}$$
정의대비 $I = ABC$이다.
④ 요인 A의 효과는 $A = \frac{1}{2}(76-79-74+70) = -3.5$이다.

12 3개의 공정라인(A)에서 나오는 제품의 부적합품률이 같은지 알아보기 위하여 샘플링검사를 실시하였다. 작업시간별(B)로 차이가 있는가도 알아보기 위하여 오전, 오후, 야간 근무조에서 공정라인별로 각각 100개씩 조사하여 다음과 같은 데이터가 얻어졌다. 이 자료를 이용한 B_3 수준의 모부적합품률 추정치 $\hat{p}(B_3)$의 값은 몇 [%]인가?

(단위 : 100개 중 부적합품 개수)

작업시간 \ 공정라인	A_1	A_2	A_3	$T_{\cdot j \cdot}$
B_1(오전)	2	3	6	11
B_2(오후)	6	2	6	14
B_3(야간)	10	4	10	24
$T_{i \cdot \cdot}$	18	9	22	49

① 5 ② 6
③ 7 ④ 8

해설

$$\hat{p}(B_3) = \frac{T_{\cdot 3 \cdot}}{mr} = \frac{24}{3 \times 100} = 0.08 (= 8[\%])$$

13 1요인실험에 있어서 각 수준의 합계 A_1, A_2, $\cdots$, A_a 가 모두 b개의 측정치 합일 경우, 다음 선형식의 대비가 되기 위한 조건식은?(단, c_i가 모두 0은 아니다)

[다 음]
$$L = c_1 A_1 + c_2 A_2 + \cdots + c_a A_a$$

① $c_1 \times c_2 \times \cdots \times c_a = 1$
② $c_1 + c_2 + \cdots + c_a = 1$
③ $c_1 \times c_2 \times \cdots \times c_a = 0$
④ $c_1 + c_2 + \cdots + c_a = 0$

해설

선형식 $L = c_1 A_1 + c_2 A_2 + \cdots + c_a A_a$ 일 때 $c_1 + c_2 + \cdots + c_a = 0$ 이 만족될 때 이 선형식은 대비(Contrast)이다.

14 분산분석표에 표기된 오차분산에 관한 사항으로 틀린 것은?

① 오차분산의 신뢰구간 추정은 χ^2 분포를 활용한다.
② 오차의 불편분산이 요인의 불편분산보다 클 수는 없다.
③ 오차분산은 요인으로서 취급하지 않은 다른 모든 분산을 포함하고 있다.
④ 오차분산은 반복실험을 할 경우 요인의 교호작용을 분리하여 분석할 수 있다.

해설

오차의 불편분산이 요인의 불편분산보다 클 수도 있고, 작을 수도 있고, 같을 수도 있다.

15 $L_{27}(3^{13})$형 선점도에서 A는 1열, B는 5열, C는 2열에 배치할 경우 $B \times C$ 교호작용은 어느 열에 배치해야 하는가?

① 3열, 4열
② 6열, 7열
③ 8열, 11열
④ 9열, 12열

해설

선점도에서 주효과는 점, 상호작용 효과는 선으로 나타낸다.

16 1요인실험의 분산분석에서 데이터의 구조모형이 $x_{ij} = \mu + a_i + e_{ij}$로 표시될 때, e_{ij}(오차)의 가정이 아닌 것은?

① 비정규성 : $e_{ij} \sim N(\mu, \sigma_e^2)$에 따르지 않는다.

② 불편성 : 오차 e_{ij}의 기대치는 0이고, 편의는 없다.

③ 독립성 : 임의의 e_{ij}와 $e_{i'j'}(i \neq i'$ 또는 $j \neq j')$는 서로 독립이다.

④ 등분산성 : 오차 e_{ij}의 분산은 σ_e^2으로 어떤 i, j에 대해서도 일정하다.

해설

정규성 : $e_{ij} \sim N(0, \sigma_e^2)$에 따른다.

---

17 단일분할법에서 1차 단위가 1요인실험일 때 A, B는 모수요인이고, 수준수가 각각 l, m이며, 블록반복 R의 수준수가 r인 경우 평균제곱의 기댓값으로 맞는 것은?(단, 요인 A는 1차 단위, 요인 B는 2차 단위이다)

① $E(V_A) = \sigma_{e_2}^2 + mr\sigma_A^2$

② $E(V_B) = \sigma_{e_2}^2 + lr\sigma_B^2$

③ $E(V_R) = \sigma_{e_2}^2 + lm\sigma_R^2$

④ $E(V_{A \times B}) = \sigma_{e_2}^2 + r\sigma_{e_1}^2 + mr\sigma_{A \times B}^2$

해설

단일분할법(1차 단위가 1요인실험)

요 인		SS	DF	MS	F_0	$E(MS)$
1차 단위	A	S_A	$l-1$	V_A	V_A / V_{e_1}	$\sigma_{e_2}^2 + m\sigma_{e_1}^2$ $+ mr\sigma_A^2$
	R	S_R	$r-1$	V_R	V_R / V_{e_1}	$\sigma_{e_2}^2 + m\sigma_{e_1}^2$ $+ lm\sigma_R^2$
	$e_1(A \times R)$	S_{e_1}	$(l-1)(r-1)$	V_{e_1}	V_{e_1} / V_{e_2}	$\sigma_{e_2}^2 + m\sigma_{e_1}^2$
2차 단위	B	S_B	$(m-1)$	V_B	V_B / V_{e_2}	$\sigma_{e_2}^2 + lr\sigma_B^2$
	$A \times B$	$S_{A \times B}$	$(l-1)(m-1)$	$V_{A \times B}$	$V_{A \times B} / V_{e_2}$	$\sigma_{e_2}^2 + r\sigma_{A \times B}^2$
	e_2	S_{e_2}	$l(m-1)(r-1)$	V_{e_2}		$\sigma_{e_2}^2$
T		S_T	$lmr-1$			

---

18 5수준의 모수요인 A와 4수준의 모수요인 B로 반복 없는 2요인실험을 한 결과 주효과 A, B가 모두 유의한 경우 최적 조합조건하에서의 공정평균을 추정할 때 유효반복수 n_e는?

① 2.5　　　　② 2.9

③ 4　　　　　④ 3

해설

유효반복수 $n_e = \dfrac{\text{총실험 횟수}}{\text{유의한 요인의 자유도의 합}+1} = \dfrac{lm}{\nu_A + \nu_B + 1}$

$= \dfrac{5 \times 4}{4+3+1} = 2.5$

---

19 결정계수(r^2)에 관한 설명으로 맞는 것은?

① 회귀방정식의 정도를 측정하는 방법으로 사용될 수 없다.

② 단순회귀에서 결정계수(r^2)는 상관계수(r)의 제곱과 값이 다르다.

③ 단순회귀분석에서 얻은 r^2으로부터 상관계수를 구하면 $-r$이 된다.

④ $0 \leq r^2 \leq 1$의 범위에 있고, r^2의 값이 1에 가까울수록 쓸모 있는 회귀방정식이 된다.

해설

① 두 변수 간의 선형관계 정도가 높으면 결정계수는 1에 가까워진다.

② 단순회귀에서 결정계수(r^2)는 상관계수(r)의 제곱과 값이 같다.

③ 단순회귀 모형에서 상관계수는 $r = \pm\sqrt{r^2}$이 성립한다.

20 모수요인 A는 3수준, 블록요인 B는 2수준으로 난괴법 실험을 실시하여 분석한 결과 다음의 데이터를 얻었다. 요인 A의 수준 A_1과 수준 A_3간의 모평균 차이의 양측 신뢰구간을 신뢰율 95[%]로 추정하면 약 얼마인가?(단, $t_{0.975}(2) = 4.303$, $t_{0.975}(5) = 2.571$이다)

[다 음]	
$\bar{x}_{1.} = 12.54$	$\bar{x}_{2.} = 8.76$
$\bar{x}_{3.} = 6.54$	$V_e = 0.81$

① 6 ± 2.31　　② 6 ± 3.28

③ 6 ± 3.87　　④ 6 ± 4.24

해설

$\nu_A = l - 1 = 2$, $\nu_B = m - 1 = 1$, $\nu_T = lm - 1 = 5$,
$\nu_e = \nu_T - \nu_A - \nu_B = 2$

$(\bar{x}_{1.} - \bar{x}_{3.}) \pm t_{1-\alpha/2}(\nu_e)\sqrt{\dfrac{2V_e}{m}}$

$= (12.54 - 6.54) \pm 4.303 \times \sqrt{\dfrac{2 \times 0.81}{2}} = 6.0 \pm 3.873$

제2과목 | 통계적 품질관리

21 전수검사와 샘플링검사를 비교한 설명으로 틀린 것은?

① 전수검사에서는 이론적으로 샘플링오차가 발생하지 않는다.

② 부적합품이 로트에 포함될 수 없다면 전수검사로 실행하여야 한다.

③ 일반적으로 전수검사는 샘플링검사에 비하여 검사비용이 많이 든다.

④ 시료를 랜덤하게 추출할 경우에는 샘플링검사의 결과와 전수검사의 결과가 일치하게 된다.

해설

시료를 랜덤하게 추출하더라도 샘플링검사의 결과와 전수검사의 결과는 일치하지 않는다.

22 A, B 두 사람의 작업자가 동일한 기계 부품의 길이를 측정한 결과 다음과 같은 데이터가 얻어졌다. A작업자가 측정한 것이 B작업자의 측정치보다 크다고 할 수 있겠는가?(단, $\alpha = 0.05$, $t_{0.95}(5) = 2.015$이다)

부품번호	1	2	3	4	5	6
A	89	87	83	80	80	87
B	84	80	70	75	81	75

① 데이터가 7개 미만이므로 위험률 5[%]로는 검정할 수가 없다.

② A 작업자가 측정한 것이 B 작업자의 측정치보다 크다고 할 수 있다.

③ A 작업자가 측정한 것이 B 작업자의 측정치보다 크다고 할 수 없다.

④ 위의 데이터로는 시료 크기가 7개 이하이므로 귀무가설을 채택하기에 무리가 있다.

해설

구 분	1	2	3	4	5	6	
A	89	87	83	80	80	87	
B	84	80	70	75	81	75	
d_i	5	7	13	5	−1	12	$\bar{d} = 6.8333$

• 가설 : $H_0 : \Delta \leq 0$, $H_1 : \Delta > 0$

• 유의수준 : $\alpha = 0.05$

• 검정통계량 : $t_0 = \dfrac{\bar{d} - \Delta_0}{\sqrt{s_d^2/n}} = \dfrac{6.8333 - 0}{\sqrt{26.5666/6}} = 3.247$

$S_d = \sum d_i^2 - \dfrac{(\sum d_i)^2}{n} = 132.8333$,

$s_d^2 = \dfrac{S_d}{n-1} = \dfrac{132.8333}{5} = 26.5666$

• H_0의 기각역 : $t_0 > t_{1-\alpha}(\nu) = t_{1-0.05}(5) = 2.015$이면 H_0를 기각한다.

• 판정 : $t_0(= 3.247) > 2.015$이므로 H_0 기각, 유의수준 5[%]에서 A작업자가 측정한 것이 B작업자의 측정치보다 크다고 할 수 있다.

23 계수 및 계량규준형 1회 샘플링검사(KS Q 0001) 중 제3부 : 계량규준형 1회 샘플링검사방식(표준편차 기지)에서 샘플링검사의 적용조건으로 틀린 것은?

① 제품을 로트로 처리할 수 있어야 한다.

② 검사단위의 품질을 계량값으로 나타낼 수 있어야 한다.

③ 부적합품률을 따르는 경우 특성치가 정규분포를 하고 있는 것으로 다루어져야 한다.

④ 부적합률을 따르는 경우 부적합품률을 어느 한도 내로 보증하는 것이므로 합격 로트 안에 부적합품이 들어가면 안 된다.

해설
부적합품률을 따르는 경우 부적합품률을 어느 한도 내로 보증하는 것이므로 합격 로트 안에 부적합품이 들어갈 수 있다.

24 전기 마이크로미터의 정확도를 비교하기 위하여 A, B 2개의 전기 마이크로미터로 크랭크 샤프트 5개에 대해 각각 외경을 측정하여 다음의 결과를 얻었다. A, B 간의 차이를 검정하기 위한 검정통계량은 약 얼마인가?

시료번호	1	2	3	4	5
A	16	15	11	16	13
B	14	13	10	14	12

① 1.31   ② 3.21

③ 3.42   ④ 6.53

해설

시료번호	1	2	3	4	5	
A	16	15	11	16	13	
B	14	13	10	14	12	
d_i	2	2	1	2	1	$\bar{d}=1.6$

검정통계량 : $t_0 = \dfrac{\bar{d}-\Delta_0}{\sqrt{s_d^2/n}} = \dfrac{1.6-0}{\sqrt{0.3/5}} = 6.532$

$S_d = \sum d_i^2 - \dfrac{(\sum d_i)^2}{n} = 1.2$, $s_d^2 = \dfrac{S_d}{n-1} = \dfrac{1.2}{4} = 0.3$

25 모상관계수 $\rho = 0$인 모집단에서 크기 n의 시료를 추출하여 시료의 상관계수(r)를 구한 후 통계량 $r\sqrt{\dfrac{n-2}{1-r^2}}$ 을 취하면, 이 통계량은 어떤 분포를 하는가?

① F분포   ② t분포

③ χ^2분포   ④ 정규분포

해설
상관계수 유무 검정은 t분포로 한다.

26 관리도에 타점하는 통계량(Statistic)은 정규분포를 한다고 가정한다. 공정(모집단)이 정규분포를 이룰 때에는 분포가 언제나 정규분포를 이루지만, 공정분포가 정규분포가 아니더라도 표본의 크기 n이 충분히 크다면 정규분포에 접근한다는 이론은?

① 대수의 법칙

② 체계적 추출법

③ 중심극한정리

④ 크기비례추출법

해설
평균이 μ이고 분산이 σ^2인 임의의 확률분포(정규분포라는 가정이 필요 없음)를 가지는 모집단으로부터 크기가 n인 확률표본 x_1, x_2, $\cdots$, x_n을 취했을 때 표본평균 $\bar{x} = \dfrac{\sum x_i}{n}$는 n이 커질수록 정규분포에 근접한다.

27 동전을 200번 던져 앞면이 115번, 뒷면이 85번 나타났다. 앞면이 나올 확률이 0.5이라는 가설을 유의수준 $\alpha = 0.05$로 검정한 결과로 맞는 것은?(단, $\chi_{0.95}^2(1) = 3.84$, $\chi_{0.975}^2(1) = 5.02$)

① 이 실험결과로는 알 수 없다.

② 앞면이 나올 확률이 $\frac{1}{2}$이라 볼 수 있다.

③ 앞면이 나올 확률이 $\frac{1}{2}$이 아니라 볼 수 있다.

④ 앞면이 나올 확률은 $\frac{1}{2}$보다 작다고 볼 수 있다.

해설

적합도 검정

	앞 면	뒷 면	계
관측도수(O_i)	115	85	200
기대도수(E_i)	$200 \times \frac{1}{2} = 100$	$200 \times \frac{1}{2} = 100$	

$\chi_0^2 = \sum_{i=1}^{k} \frac{(O_i - E_i)^2}{E_i} = \frac{(115 - 100)^2}{100} + \frac{(85 - 100)^2}{100} = 4.5$

$\chi_{1-\alpha}^2(k-1) = \chi_{0.95}^2(1) = 3.84$이다.

$\chi_0^2 > \chi_{0.95}^2(1)$이므로, $\alpha = 0.05$로 앞면이 나오는 확률은 $\frac{1}{2}$이 아니라 볼 수 있다.

28 Shewhart 관리도에서 3σ 관리한계를 3.5σ 관리한계로 바꿀 경우 나타나는 현상으로 맞는 것은?

① 제1종의 오류 α가 감소한다.

② 제2종의 오류 β가 감소한다.

③ 제1종의 오류 α와 제2종의 오류 β가 모두 증가한다.

④ 제1종의 오류 α와 제2종의 오류 β가 모두 감소한다.

해설

3σ 관리한계 대신 3.5σ 관리한계를 사용하면 관리한계의 폭이 넓어지므로 제1종의 오류(α)는 작아지고, 제2종의 오류(β)는 커진다.

29 각 50개씩의 부품이 들어 있는 10상자의 로트가 있을 때 각 10 상자에서 일부를 구분하여 랜덤하게 샘플링하는 방법은?

① 집락샘플링　　② 유의샘플링
③ 층별샘플링　　④ 다단계샘플링

해설

10 상자의 로트로 층별하고 10 상자에서 일부를 랜덤하게 샘플링하는 방법은 층별 샘플링방법이다.

30 다음은 두 개의 층 A, B의 데이터로 작성한 $\overline{X} - R$ 관리도로부터 층의 평균치 차이를 검정할 때 사용하는 식이다. 이 식의 전제조건이 아닌 것은?

$$[\text{다 음}]$$
$$|\bar{\bar{x}}_A - \bar{\bar{x}}_B| > A_2\overline{R}\sqrt{\frac{1}{k_A} + \frac{1}{k_B}}$$

① k_A, k_B는 충분히 클 것

② $\overline{R}_A$, $\overline{R}_B$ 간에 유의차가 없을 것

③ 두 개의 관리도는 관리 상태에 있을 것

④ 두 관리도의 부분군의 크기가 충분히 클 것

해설

전제조건
• $\overline{R}_A$, $\overline{R}_B$ 사이에 유의차가 없을 것(두 관리도의 분산은 같아야 한다)
• 두 관리도의 군의 수 k_A, k_B가 충분히 클 것
• 두 관리도의 시료군의 크기 n이 같을 것($n_A = n_B$)
• 두 개의 관리도는 관리 상태에 있을 것
• 본래의 분포 상태가 대략적인 정규분포를 하고 있을 것

31 계수형 샘플링검사 절차-제1부 : 로트별 합격품질한계(AQL)지표형 샘플링검사방식(KS Q ISO 2859-1)에서 전환규칙 중 전환점수를 적용하여야 할 경우는?

① 수월한 검사에서 보통검사로
② 보통검사에서 수월한 검사로
③ 보통검사에서 까다로운 검사로
④ 까다로운 검사에서 보통검사로

해설
보통검사에서 수월한 검사로 넘어갈 때 전환점수를 적용한다.

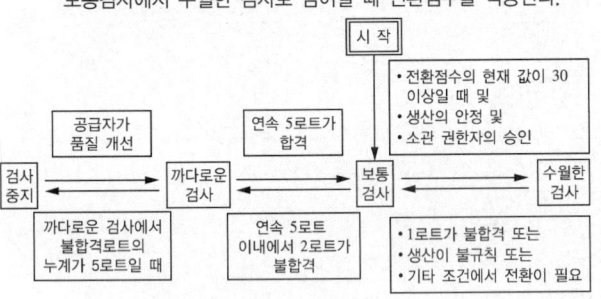

32 A, B 두 직조공정을 병행하여 가동하고 있다. A공정에서는 직물 10,000[m]에 대하여 부적합수가 10개, B공정에서는 같은 길이의 직물에서 부적합수가 20개 있었다. 유의수준 0.05로 검정하고자 할 때, A공정의 부적합 수는 B공정보다 적다고 할 수 있는가?

① A공정은 B공정과 같다고 할 수 있다.
② A공정의 부적합수는 B공정보다 적다고 할 수 있다.
③ A공정의 부적합수는 B공정보다 적다고 할 수 없다.
④ A공정과 B공정의 부적합수는 서로 비교할 수 없다.

해설
부적합수 차의 검정

$$u_0 = \frac{c_A - c_B}{\sqrt{c_A + c_B}} = \frac{10 - 20}{\sqrt{10 + 20}} = -1.8257 < u_{0.05} = -1.645$$ 이므

로, 귀무가설을 기각할 수 있다. 즉, A공정의 부적합수는 B공정보다 적다고 할 수 있다.

33 계수형 축차샘플링검사방식(KS Q ISO 28591 : 2017)에서 합격판정치(A)와 불합격판정치(R)가 다음과 같이 주어졌을 때, 어떤 로트에서 1개씩 채취하여 5번째와 40번째가 부적합품일 경우, 40번째에서 로트에 대한 조처로서 맞는 것은?(단, 중지 시 누적 샘플 크기(중지값) $n_t = 226$이다)

[다 음]
$$A = -2.319 + 0.059 n_{cum}$$
$$R = 2.702 + 0.059 n_{cum}$$

① 검사를 속행한다.
② 로트를 합격으로 한다.
③ 로트를 불합격으로 한다.
④ 아무 조처도 취할 수 없다.

해설
$A = -h_A + g n_{cum} = -2.319 + 0.059 \times 40 = 0.041 = 0$(버림)
$R = h_R + g n_{cum} = 2.702 + 0.059 \times 40 = 5.062 = 6$(올림)
$A < (D = 2) < R$이므로 검사를 속행한다.

34 $\bar{x}$ 관리도에서 관리한계를 벗어나는 점이 많아지고 있을 때의 설명으로 맞는 것은?(단, R관리도는 안정 상태, 군내변동 σ_w^2, 군간변동 σ_b^2이다)

① σ_b^2가 크게 되어 $\sigma_{\bar{x}}^2$도 크게 된다.
② σ_w^2가 크게 되어 $\sigma_{\bar{x}}^2$도 크게 된다.
③ σ_b^2는 작게 되고, σ_w^2는 크게 된다.
④ $\sigma_{\bar{x}}^2$는 작게 되고, σ_w^2는 크게 된다.

해설
군내변동과 군간변동
$\overline{X}$관리도에 있어 관리한계를 벗어나는 점이 많아질수록 $\sigma_{\bar{x}}^2$는 크게 된다. 특히, $\sigma_{\bar{x}}^2 = \frac{\sigma_w^2}{n} + \sigma_b^2$에서 군간변동($\sigma_b^2$)이 크게 될 때이다.

35 확률분포에 관한 설명으로 틀린 것은?

① 불편분산 V의 기대치는 모분산 σ^2보다 크다.

② 자유도 ν인 t 분포를 따르는 확률변수 T의 기댓값은 0이다.

③ 범위 R을 이용하여 모표준편차를 추정하는 경우 공식으로 $\overline{R} = d_2\sigma$를 사용할 수 있다.

④ 상호 독립된 불편분산 V_A와 V_B의 분산비 $\dfrac{V_B}{V_A}$는 자유도 ν_B와 ν_A를 가진 F분포를 따른다.

> **해설**
> 불편분산 V의 기대치는 모분산 σ^2과 같다.

36 R_s 관리도의 관리상한선을 다음의 관리도용 계수표를 사용하여 계산하면 어떻게 되는가?(단, $\overline{R_s} = \dfrac{\sum R_s}{k-1}$ 이다)

[관리도용 계수표]

n	D_3	D_4
2	–	3.267
3	–	2.575
4	–	2.282
5	–	2.115

① $2.282\overline{R_s}$

② $3.267\overline{R_s}$

③ 알 수 없다.

④ 관리상한선은 고려하지 않는다.

> **해설**
> R_s 관리도의 관리상한선은
> $$UCL = \left(1 + 3\frac{d_3}{d_2}\right)\overline{R_s} = D_4\overline{R_s} = 3.267\overline{R_s} \text{ 이다.}$$

37 계수형 샘플링검사에 있어서 N, n, c가 주어지고, 로트의 부적합품률 P와 합격확률 $L(P)$의 관계를 나타낸 것을 무엇이라고 하는가?

① 검사일보

② 검사성적서

③ 검사특성곡선

④ 검사기준서

> **해설**
> OC곡선(검사특성곡선)은 샘플링검사방식이 부적합품률에 해당될 경우 로트의 부적합품률(P)과 로트의 합격확률($L(P)$)의 관계를 나타낸 그래프이다. 부적합품률이 커짐에 따라 로트의 합격확률은 낮아진다.

38 u관리도에 대한 설명으로 맞는 것은?

① UCL, LCL은 $\overline{u} \pm A\sqrt{\overline{u}}$ 에 의해 구할 수 있다.

② UCL, LCL은 c관리도를 이용하면 $n\overline{u} \pm 3n\sqrt{\overline{u}}$ 와 같다.

③ 시료의 면적이나 길이가 일정할 경우에만 사용한다.

④ 부적합수 c의 분포는 일반적으로 이항분포를 따른다.

> **해설**
> ① UCL, LCL은 $\overline{u} \pm A\sqrt{\overline{u}} = \overline{u} \pm 3\sqrt{\dfrac{\overline{u}}{n}}$ 에 의해 구할 수 있다 $\left(A = \dfrac{3}{\sqrt{n}}\right)$.
> ② UCL, LCL은 c관리도를 이용하면 $\overline{c} \pm 3\sqrt{\overline{c}}$ 와 같다.
> ③ 시료의 면적이나 길이가 일정할 경우에는 c관리도, 일정하지 않은 경우에는 u관리도를 사용한다.
> ④ 부적합수 c의 분포는 일반적으로 푸아송분포를 따른다.

39 10개의 배치(Batch)에서 각각 4개씩의 샘플을 뽑아 범위(R)를 구하였더니 $\sum R = 16$이었다. 이때 $\hat{\sigma}$은 얼마인가?(단, 군의 크기가 4일 때 $d_2 = 2.059$, $d_3 = 0.880$이다)

① 0.78   ② 1.82

③ 1.94   ④ 4.55

해설

$$\hat{\sigma} = \frac{\bar{R}}{d_2} = \frac{1.6}{2.059} = 0.78$$

$$\bar{R} = \frac{\sum R}{k} = \frac{16}{10} = 1.6$$

40 피스톤의 외경은 X_1, 실린더의 내경을 X_2라 한다. X_1, X_2는 서로 독립된 확률분포를 따르고, 그 표준편차가 각각 0.05, 0.03이라면 실린더와 피스톤 사이의 간격 $X_2 - X_1$의 표준편차는?

① $0.05^2 - 0.03^2$

② $\sqrt{0.05^2 - 0.03^2}$

③ $0.05^2 + 0.03^2$

④ $\sqrt{0.05^2 + 0.03^2}$

해설

$X_2 - X_1$의 표준편차

$D(X_2 - X_1) = \sqrt{\sigma_2^2 + \sigma_1^2} = \sqrt{0.03^2 + 0.05^2}$ 이다.

41 4가지 주문작업을 1대의 기계에서 처리하고자 한다. 각 작업의 작업시간과 납기가 다음과 같이 주어져 있을 때 여유시간법을 사용하여 작업 순서를 결정할 경우, 평균흐름시간은 며칠인가?

작 업	작업시간(일)	납기(일)
A	8	14
B	6	11
C	6	16
D	3	10

① 13일   ② 14일

③ 15일   ④ 16일

해설

최소여유시간에 따라 작업 순서를 결정하면 다음 표와 같다.

작 업	여유시간	작업시간	흐름시간 (작업 완료시간)
B	11 − 6 = 5	6	6
A	14 − 8 = 6	8	14
D	10 − 3 = 7	3	17
C	16 − 6 = 10	6	23

그러므로 평균흐름시간은 $\dfrac{6 + 14 + 17 + 23}{4} = 15$이다.

42 보전작업자가 각 제조부서의 감독자 밑에 있는 보전조직은?

① 부문보전   ② 집중보전

③ 지역보전   ④ 절충보전

해설

설비보전조직의 기본 유형

• 부문보전 : 보전요원을 각 제조 부문의 감독자 밑에 배치

• 집중보전 : 모든 보전요원을 한 사람의 관리자 밑에 둠

• 지역보전 : 공장의 특정 지역에 보전요원을 배치

• 절충보전 : 앞의 보전 형태를 조합한 형태

43 생산관리의 변환시스템 중 Input, 공장, Output 의 요소가 적절하게 연결된 것은?

Input ➡ 공 장 ➡ Output

① 재료 – 로트 – 제품
② 프로세스 – 변환 – 제품
③ 공정 – 프로세스 – 제품
④ 재료 – 프로세스 – 제품

해설

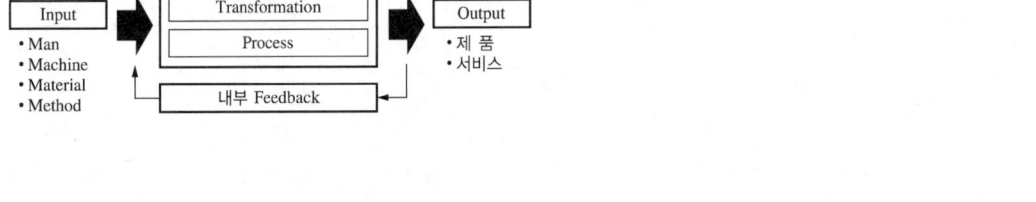

44 관측 평균시간 5분, 객관적 레이팅에 의해서 1단계 평가계수 95[%], 2단계 조정계수 15[%], 여유율 20[%]일 경우의 표준시간은 약 몇 분인가?

① 5.09분   ② 6.56분
③ 7.56분   ④ 8.39분

해설

ST = 관측 평균시간 × (1차 평가계수) × (1 + 2차 조정계수)
       × (1 + 여유율)
       = 5 × 0.95 × (1 + 0.15) × (1 + 0.2) = 6.56

45 부품 A의 사용량은 하루에 3,000개, 평균준비시간은 0.5일/컨테이너, 가공시간은 0.3/컨테이너 그리고 컨테이너 한 개에 담을 수 있는 부품 A의 수는 30개, 안전계수 α 는 25[%]이다. 간판시스템을 운용하는 경우 부품 A를 위해 필요한 간판의 수는?

① 63개   ② 100개
③ 125개   ④ 200개

해설

$$간판수 = \frac{3,000[개/일]}{(0.5 + 0.3)일/컨테이너 \times 30개/컨테이너 \times 1.25}$$
$$= 100개$$

46 다중활동분석표의 용도로 거리가 가장 먼 것은?

① 효율적인 작업조 편성
② 작업자의 미세동작분석
③ 기계 혹은 작업자의 유휴시간 단축
④ 한 명의 작업자가 담당할 수 있는 기계 대수의 산정

해설

다중활동분석표의 용도
• 한 명의 작업자가 담당할 수 있는 기계 대수의 산정
• 기계 혹은 작업자의 유휴시간 단축
• 조작업의 작업현황 파악
• 조작업을 재편성 또는 개선하여 조작업 효율을 제고
※ 작업자의 미세동작분석은 동작분석에 해당한다.

47 적시생산시스템(JIT)에 관한 설명으로 틀린 것은?

① 생산의 평준화로 작업부하량이 균일해진다.

② 생산 준비시간의 단축으로 리드타임이 단축된다.

③ 간판(Kanban)이라는 부품인출시스템을 사용한다.

④ 입력 정보로 재고대장, 주일정계획, 자재명세서가 요구된다.

재고대장(재고기록철), 주일정계획, 자재명세서는 MRP 시스템의 입력자료이다.

48 생산경영관리에서 구매의 효과를 측정하는 객관적 척도를 나타낸 것으로 거리가 가장 먼 것은?

① 예산 절감액

② 납기 이행 실적

③ 구매 물품의 품질

④ 거래업체의 수

구매업무의 능률 및 구매 성과를 평가하는 객관적인 기준은 구입 물품의 품질수준, 예산(원가) 절감액, 납기 이행 실적, 구매비용, 표준 단가와 실제 단가의 차이, 구입 물품의 가치, 부과된 벌과금 등이 있다.

49 다품종 소량 생산의 특징이 아닌 것은?

① 단위당 생산원가는 낮다.

② 범용설비에 의한 생산이 주가 된다.

③ 주로 노동집약적 생산공정에 속한다.

④ 진도관리가 어렵고 분산작업이 이루어진다.

특 징	단속 생산	연속 생산
생산 시기	주문 생산 (주문 후 생산)	예측(계획) 생산 (사전 생산)
품종과 생산량	다품종 소량 생산	소품종 대량 생산
생산속도	느리다.	빠르다.
단위당 생산원가	높다.	낮다.
단위당 운반비용	높다.	낮다.
운반설비	자유 경로형	고정 경로형
기계설비	범용설비(다목적용)	전용설비(특수 목적용)
설비 투자액	적다.	많다.
마케팅 활동	주문 위주의 단기적이고 불규칙적인 판매활동	수요 예측과 시장 조사에 따른 장기적인 마케팅 활동
예 시	맞춤구두, 주문가구 등	자동차, 석유정제, 반도체 등

50 포드시스템과 관련이 없는 것은?

① 과업관리

② 컨베이어

③ 동시작업

④ 고임금, 저가격

포드시스템의 제품 및 작업의 단순화, 부품의 표준화, 기계 및 공구의 전문화는 오늘날 대량 생산의 일반원칙이 되었다.
- 포드시스템의 특징은 이동조립법(컨베이어시스템), 동시관리, 고임금 저가격, 기계설비 중심(고정비 부담이 크다), 대량 생산 등이다.
- 테일러시스템의 특징은 과학적 관리법, 과업관리, 직능식(기능식) 조직, 차별적 성과급제(성공에 대한 우대), 고임금 저노무비, 작업자 중심 등이다.

51 생산계획을 집행하는 단계로서 생산계획을 세분화하여 작업계획을 시간단위로 구체화시키는 활동은?

① 일정계획　　　　　② 재고 통제
③ 작업설계　　　　　④ 라인밸런싱

해설
일정계획은 생산계획 또는 제조 명령을 구체화하는 과정으로, 부분품 가공이나 제품 조립에 필요한 자재가 적기에 조달되고 이들 생산에 지정된 시간까지 완성될 수 있도록 기계 또는 작업을 시간적으로 배정하고, 일시를 결정하여 생산일정을 계획·관리하는 것이다. 일정계획의 주요 기능은 부하 결정, 작업 할당, 작업 우선순위 결정, 작업 독촉이다.

52 생산계획을 위한 제품 조합에서 A제품의 가격이 2,000원, 직접재료비 500원, 외주가공비 200원, 동력 및 연료비가 50원일 때 한계이익률은?

① 37.5%　　　　　② 62.5%
③ 65.0%　　　　　④ 75.0%

해설

$$\text{한계이익률} = 1 - \text{변동비율} = 1 - \frac{\text{변동비}(V)}{\text{매출액}(S)}$$

$$= 1 - \frac{500 + 200 + 50}{2,000} = 0.652$$

53 불확실성하에서의 의사결정 기준에 대한 설명으로 틀린 것은?

① MaxiMin 기준 : 가능한 최소의 성과가 가장 큰 대안을 선택
② Laplace 기준 : 가능한 성과의 기대치가 가장 큰 대안을 선택
③ Hurwicz 기준 : 기회손실의 최댓값이 최소화되는 대안을 선택
④ MaxiMax 기준 : 가능한 최대의 성과를 최대화하는 대안을 선택

해설
Hurwicz 기준 : MaxiMin과 MaxiMax를 절충한 방법이다.

54 MRP 과정에서 품목의 순소요량이 산출되면 로트 사이즈를 결정해야 한다. 로트 사이즈 결정방법에 대한 설명으로 틀린 것은?

① 고정주문량(Fixed Order Quantity)방법은 주문할 때마다 주문량은 동일하게 된다.
② 대응발주(Lot for Lot)방법은 순소요량만큼 발주하나 초과 재고가 나타난다.
③ 부분기간(Part Period Algorithm)방법은 주문비와 재고유지비의 균형점을 고려하여 주문한다.
④ 기간발주량(Period Order Quantity)방법은 사전에 결정된 시간 간격마다 주문을 실시하되, 로트 사이즈는 주문할 때마다 이 기간 중의 소요량만큼 발주한다.

해설
대응발주(Lot for Lot) 방법은 순소요량만큼 발주하므로 초과 재고가 나타나지 않는다.

55 총괄생산계획(APP)의 문제를 경험적 또는 탐색적 방법으로 해결하려는 기법은?

① 선형계획법(LP)
② 선형결정규칙(LDR)
③ 도시법(Graphic Method)
④ 휴리스틱기법(Heuristic Approach)

해설
총괄생산계획은 변동하는 수요에 대응하여 생산율, 재고수준, 고용수준, 하청 등의 관리 가능 변수를 최적으로 결합하기 위한 용도로 수립되는 계획이다.
• 도시법(시행착오법)
• 수리적 최적화기법 : 선형계획법, 수송계획법, 선형결정기법
• 휴리스틱기법(경험적·탐색적 방법) : 경영계수기법(다중회귀분석), 탐색결정기법, 매개변수법

56 수요의 추세 변화를 분석할 경우에 가장 적합한 방법은?

① 상관분석법
② 이동평균법
③ 지수평활법
④ 최소자승법

> **해설**
> 최소자승법은 추세변동이 있는 경우 효과적이며 예측오차의 제곱의 합계가 최소가 되도록 하는 방법이다. 단순이동평균법에서는 가중치가 일정하다. 지수평활법은 과거의 모든 자료를 반영하며, 현시점의 가장 가까운 자료에 가장 높은 가중치를 부여하고 과거로 올라갈수록 낮은 가중치를 부여하는 시계열분석방법이다.

57 방향에 맞도록 목표물을 돌려놓거나 위치를 잡아 놓기로서 운반동작 중 바로 놓을 수도 있는 서블릭 기호는?

① PP   ② G
③ P   ④ H

> **해설**
> 바로놓기(Position)는 방향에 맞도록 목표물을 돌려놓거나 위치를 바로잡는 동작이다.

58 워크샘플링기법을 이용하여 표준시간을 결정하기 적합한 작업유형으로 맞는 것은?

① 주기가 짧고 반복적인 작업
② 주기가 짧고 비반복적인 작업
③ 주기가 길고 비반복적인 작업
④ 작업공정과 시간이 고정된 작업

> **해설**
> 워크샘플링(Work Sampling)은 랜덤한 시점에서 순간적으로 관측하여 작업주기가 길고 비반복적인 작업에 이용된다.

59 가공조립산업에서 시간가동률을 저해시켜 설비종합효율을 나쁘게 하는 로스(Loss)는?

① 초기 수율 로스
② 속도 저하 로스
③ 작업 준비 · 조정 로스
④ 잠깐 정지 · 공회전 로스

> **해설**
> 설비종합효율 = 시간가동률 × 성능가동률 × 양(적합)품률
>
> $$= \frac{\text{부하시간} - \text{정지시간}}{\text{부하시간}} \times \frac{\text{이론 사이클 타임} \times \text{생산량}}{\text{가동시간}}$$
>
> $$\times \frac{\text{총생산량} \times \text{불량 수량}}{\text{총생산량}}$$
>
> 시간가동률을 높이기 위해서는 정지시간을 줄여야 한다. 정지 로스에는 고장정지 로스와 작업준비 · 조정 로스가 있다.

60 제품별 배치와 비교할 때 공정별 배치의 장점이 아닌 것은?

① 단위당 생산시간이 짧다.
② 범용설비가 많아 시설투자 측면에서 비용이 저렴하다.
③ 한 설비의 고장으로 인해 전체 공정에 미치는 영향이 작다.
④ 수요 변화와 제품 변경 등에 대응하는 제조 부문의 유연성이 크다.

> **해설**
> 공정별 배치는 제품별 배치에 비해 단위당 생산시간이 길다.

61 고장률 $\lambda = 0.07$/시간, 수리율 $\mu = 0.5$/시간일 때, 가용도(Availability)는 약 몇 [%]인가?

① 12.33 ② 14.02

③ 87.72 ④ 88.10

해설

$$A = \frac{MTBF}{MTBF + MTTR} = \frac{1/\lambda}{1/\lambda + 1/\mu} = \frac{\mu}{\lambda + \mu}$$
$$= \frac{0.5}{0.07 + 0.5} = 0.8772$$

62 평균고장률이 0.002/시간인 지수분포를 따르는 제품을 10시간 사용하였을 경우 고장이 발생할 확률은 약 얼마인가?

① 0.02 ② 0.20

③ 0.80 ④ 0.98

해설

$$F(t) = 1 - R(t) = 1 - e^{-\lambda t} = 1 - e^{-0.002 \times 10} = 1 - 0.98 = 0.02$$

63 평균수명이 1,000시간 정도 되는지를 판정하기 위해 샘플을 20개로 하여 고장 난 것은 즉시 새것으로 교체하면서 4번째 고장이 발생할 때까지 시험하고자 한다. 4번째 고장시간이 얼마여야 평균수명을 1,000시간으로 추정할 수 있겠는가?

① 100시간 ② 200시간

③ 400시간 ④ 600시간

해설

$$\widehat{MTBF} = \frac{nt_o}{r}$$
$$1,000 = \frac{20 \times t_0}{4}$$
$$\therefore t_0 = 200$$

64 부품의 수명분포가 가장 많이 활용되는 지수분포에 관한 설명으로 틀린 것은?

① 부품 고장률의 역수가 MTTF이다.

② 중고 부품이나 새 부품이나 신뢰도는 동일하다.

③ 부품 3개가 직렬로 연결된 시스템의 MTTF는 부품 MTTF의 1/3이다.

④ 부품 3개가 병렬로 연결된 시스템의 MTTF는 부품 MTTF의 3배이다.

해설

부품 3개가 병렬로 연결된 경우 평균수명

$$MTBF_s = \frac{1}{\lambda_1} + \frac{1}{\lambda_2} + \frac{1}{\lambda_3} - \frac{1}{\lambda_1 + \lambda_2} - \frac{1}{\lambda_1 + \lambda_3} - \frac{1}{\lambda_2 + \lambda_3} + \frac{1}{\lambda_1 + \lambda_2 + \lambda_3}$$

동일 부품, 즉 $\lambda_0 = \lambda_1 = \lambda_2 = \lambda_3$인 경우 $MTBF_s = \frac{11}{6\lambda_0}$이므로

$\frac{11}{6}$배이다.

65 다음 그림은 고장시간의 전형적 분포를 보여 주는 욕조곡선이다. 이 중 B기간을 분포로 모형화할 때, 어떤 분포가 적절한가?

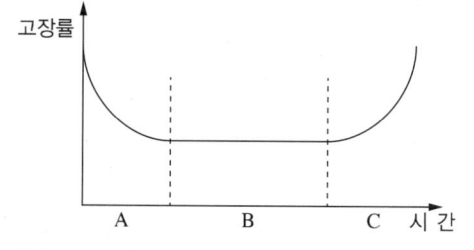

① 정규분포

② 지수분포

③ 형상모수가 1보다 큰 와이블분포

④ 형상모수가 1보다 작은 와이블분포

해설

욕조형 고장률함수

• A : 초기고장기간(DFR ; Decreasing Failure Rate)은 시간이 경과함에 따라 고장률이 감소하는 경우로서, 형상모수 $m < 1$, 와이블분포에 대응된다.

• B : 우발고장기간(CFR ; Constant Failure Rate)은 비교적 고장률이 낮으며, 시간에 관계없이 일정한 경우로서 형상모수 $m = 1$, 지수분포에 대응된다.

• C : 마모고장기간(IFR ; Increasing Failure Rate)은 고장률이 시간에 따라 증가하는 경우로서 형상모수 $m > 1$, 정규분포에 대응된다.

66 다음 그림의 신뢰성 블록도에 맞는 FT(Fault Tree, 고장목)도는?

해설
신뢰성 블록도가 병렬인 경우 FT도는 AND게이트이다.

67 수명시험 중 특히 수명시간을 단축할 목적으로 고장 메커니즘을 촉진하기 위해 가혹한 환경조건에서 행하는 시험은?

① 환경시험
② 정상수명시험
③ Screening 시험
④ 가속수명시험

해설
가속수명시험은 수명시험 중, 특히 수명시간을 단축할 목적으로 고장 메커니즘을 촉진하기 위해 가혹한 환경조건에서(시험조건을 사용조건 보다 악화시켜) 행하는 시험이다.

68 고장평점법에서 평점요소로 기능적 고장 영향의 중요도(C_1), 영향을 미치는 시스템의 범위(C_2), 고장 발생 빈도(C_3)를 평가하여 평가점을 $C_1 = 3$, $C_2 = 9$, $C_3 = 6$을 얻었다면, 고장평점(C_S)는 약 얼마인가?

① 4.45
② 5.45
③ 8.72
④ 12.72

해설
$C_S = (C_1 \times C_2 \times C_3)^{1/3} = (3 \times 9 \times 6)^{1/3} = 5.45$

69 신뢰성 축차샘플링검사에서 사용되는 공식 중 틀린 것은?

① $T_a = s \cdot r + h_a$

② $s = \dfrac{\ln\left(\dfrac{\lambda_1}{\lambda_0}\right)}{(\lambda_1 - \lambda_0)}$

③ $h_a = \dfrac{\ln\left(\dfrac{1-\alpha}{\beta}\right)}{(\lambda_1 - \lambda_0)}$

④ $h_r = \dfrac{\dfrac{1-\alpha}{\beta}}{\ln\left(\dfrac{\lambda_1}{\lambda_0}\right)}$

해설
$h_r = \dfrac{\ln\left(\dfrac{1-\beta}{\alpha}\right)}{\lambda_1 - \lambda_0}$

70 일반적으로 신뢰도 계산을 할 때 샘플의 수가 적은 경우 사용하는 방법이 아닌 것은?

① 평균순위법
② 메디안순위법
③ 모드순위법
④ 표준편차순위법

해설
샘플수가 적은 경우의 신뢰도 계산은 메디안순위법, 평균순위법, 모드순위법, 선험적방법 등이 사용된다.

66 ③ 67 ④ 68 ② 69 ④ 70 ④ 정답

71 신뢰성 데이터 해석에 사용되는 확률지 중 가장 널리 사용되는 와이블확률지에 대한 설명으로 틀린 것은?

① $E(t)$는 $\eta \cdot \Gamma\left(1 + \dfrac{1}{m}\right)$로 계산한다.

② 메디안순위법으로 계산할 경우 $F(t)$는 $\dfrac{i - 0.3}{n + 0.4}$ 로 계산한 값을 타점한다.

③ 모수 m의 추정은 $\dfrac{\ln\left[1 - F(x)\right]^{-1}}{t}$ 의 값이다.

④ η의 추정은 타점의 직선이 $F(t) = 63[\%]$인 선과 만나는 점의 하측 눈금(t 눈금)을 읽은 값이다.

해설

$\ln t = 1$과 $\ln \ln \dfrac{1}{1 - F(t)} = 0$에서의 교점을 m 추정점이라고 하며, m 추정점으로부터 타점된 직선과 평행선을 긋고, 이 평행선이 $\ln t = 0$ 인 선과 만나는 점의 우측 눈금을 읽고, 이 값의 부호를 바꾸면 m의 추정치가 된다.

72 어떤 기계의 보전도 $M(t)$가 지수분포를 따르고, 1시간 동안의 보전도가 $M(1) = 1 - e^{-2 \times 1}$가 되었다면 MTTR(평균 수리시간)은?

① 0.5　　　　② 1.0

③ 1.5　　　　④ 2.0

해설

보전도함수 $M(t) = 1 - e^{-\mu t}$이고, 1시간 동안의 보전도가 $M(1) = 1 - e^{-2 \times 1}$이므로 수리율 $\mu = 2$이다.

따라서 평균수리시간 $MTTR = \dfrac{1}{\mu} = 0.5$이다.

73 동일한 부품을 사용하는 5대의 기계를 200시간 동안 작동시켜 그 부품의 고장을 관찰하였다. 다음 표는 그 부품이 고장 났던 시간들이다. 이 부품의 고장분포는 지수분포라 하고, 고장 즉시 동일한 것으로 교체되었다. 이 부품의 평균고장시간 MTBF는?

기 계	고장시간
1	75, 120
2	없음
3	없음
4	150
5	30, 85, 90

① $\dfrac{550}{6}$　　　　② $\dfrac{950}{6}$

③ $\dfrac{1,000}{6}$　　　　④ 200

해설

$$\widehat{MTBF} = \frac{nt_o}{r} = \frac{5 \times 200}{6} = \frac{1,000}{6}$$

74 부품의 고장률이 각각 $\lambda_1 = 0.01$, $\lambda_2 = 0.04$로 고정된 고장률일 경우에 두 부품이 병렬로 연결된 시스템의 MTBF는 약 얼마인가?

① 90　　　　② 95

③ 100　　　　④ 105

해설

$$MTBF_s = \frac{1}{\lambda_s} = \frac{1}{\lambda_1} + \frac{1}{\lambda_2} - \frac{1}{\lambda_1 + \lambda_2}$$

$$= \frac{1}{0.01} + \frac{1}{0.04} - \frac{1}{0.01 + 0.04} = 105$$

75 3개의 부품 B_1, B_2, B_3로 이루어진 직렬구조의 시스템이 있다. 서브시스템 B_1, B_2, B_3의 고장률이 각각 0.002, 0.005, 0.004(회/시간)로 알려져 있을 때, 20시간에서 시스템의 신뢰도를 0.9 이상이 되도록 하려면 서브시스템 B_1에 배분되어야 할 고장률은 약 얼마인가?

① 0.00096/시간

② 0.00176/시간

③ 0.00527/시간

④ 0.18182/시간

해설

$R(t) = e^{-(\lambda \times t)} = e^{-(\lambda \times 20)} = 0.9 \rightarrow \lambda = 0.005268$

$\lambda_{B_1} = \lambda \times \dfrac{0.002}{0.002 + 0.005 + 0.004}$

$\quad = 0.005268 \times \dfrac{0.002}{0.011}$

$\quad = 0.0009578$

76 n개의 부품이 직렬구조로 구성된 시스템이 있다. 각 부품의 수명분포가 지수분포를 따르며, 각 부품의 평균수명이 MTBF로 동일할 때 이 직렬구조 시스템의 평균수명은?

① $\dfrac{MTBF}{n}$

② $n \times MTBF$

③ $\left(\dfrac{1}{k} + \dfrac{1}{k+1} + \cdots + \dfrac{1}{n} \right) \times MTBF$

④ $\left(1 + \dfrac{1}{2} + \dfrac{1}{3} + \cdots + \dfrac{1}{n} \right) \times MTBF$

해설

직렬모델

$\lambda_s = \displaystyle\sum_{i=1}^{n} \lambda_i = n\lambda, \quad MTBF_s = \dfrac{1}{\lambda n} = \dfrac{MTBF}{n}$

77 용어-신인성 및 서비스 품질(KS A 3004)에서 정의하고 있는 고장에 관한 용어 중 아이템의 사용시간 또는 사용 횟수의 증가에 따라 요구기능이 부분고장이면서 점진적인 고장을 나타내는 용어는?

① 열화고장

② 돌발고장

③ 취약고장

④ 일차고장

해설

열화고장은 아이템의 사용시간 또는 사용 횟수의 증가에 따라 요구기능이 부분고장이면서 점진적인 고장을 나타낸다.

78 와이블분포에서 형상모수값이 2일 때 고장률에 대한 설명 중 맞는 것은?

① 일정하다.

② 증가한다.

③ 감소한다.

④ 증가하다 감소한다.

해설

욕조형 고장률함수

- A : 초기고장기간(DFR ; Decreasing Failure Rate)은 시간이 경과함에 따라 고장률이 감소하는 경우로서, 형상모수 $m < 1$, 와이블분포에 대응된다.
- B : 우발고장기간(CFR ; Constant Failure Rate)은 비교적 고장률이 낮으며, 시간에 관계없이 일정한 경우로서 형상모수 $m = 1$, 지수분포에 대응된다.
- C : 마모고장기간(IFR ; Increasing Failure Rate)은 고장률이 시간에 따라 증가하는 경우로서 형상모수 $m > 1$, 정규분포에 대응된다.

79 각 요소의 신뢰도가 0.9인 2 Out of 3 시스템(3 중 2 시스템)의 신뢰도는?

① 0.852　　　　② 0.951

③ 0.972　　　　④ 0.990

해설

$$R_S = \sum_{i=m}^{n} R_0^i (1-R_0)^{n-i}$$
$$= {}_3C_2 0.9^2 (1-0.9)^1 + {}_3C_3 0.9^3 (1-0.9)^0 = 0.972$$

80 부품에 가해지는 부하(x)는 평균 25,000, 표준편차 4,272인 정규분포를 따르며, 부품의 강도(y)는 평균 50,000이다. 신뢰도 0.999가 요구될 때 부품강도의 표준편차는 약 얼마인가?(단, $P(z > -3.1) = 0.999$이다)

① 3,680　　　　② 6,840

③ 7,860　　　　④ 9,800

해설

$$\frac{\mu_x - \mu_y}{\sqrt{\sigma_y^2 + \sigma_x^2}} = -3.1 \rightarrow \frac{25,000 - 50,000}{\sqrt{\sigma_y^2 + 4,272^2}} = -3.1 \rightarrow \sigma_y = 6,480$$

제5과목 | **품질경영**

81 공차를 수식으로 올바르게 표현한 것은?

① 기준치수 + 규격 허용차

② 최대허용치수 - 기준치수

③ 규격상한치수 - 규격하한치수

④ 최대허용치수 + 최소허용치수

해설

상한규격(U) = 12[mm]

허용차 (+2[mm])

기준치 10[mm]

허용차 (-2[mm])

공차 (4[mm])

상한규격(L) = 8[mm]

82 품질경영시스템-기본사항과 용어(KS Q ISO 9000 : 2015)에 정의된 용어의 설명으로 맞는 것은?

① 품질매뉴얼 : 요구사항을 명시한 문서

② 품질계획서 : 조직의 품질경영시스템에 대한 시방서

③ 시정조치 : 잠재적 부적합 또는 기타 원하지 않는 잠재적 상황의 원인을 제거하기 위한 조치

④ 특채 : 규정된 요구사항에 적합하지 않는 제품 또는 서비스를 사용하거나 불출하는 것에 대한 허가

해설

① 품질매뉴얼(Quality Manual) : 조직의 품질경영시스템에 대한 문서

② 품질계획서(Quality Plan) : 특정 대상에 대해 적용 시점과 책임을 정한 절차 및 연관

③ 시정조치(Corrective Action) : 부적합의 원인을 제거하고 재발을 방지하기 위한 조치

83 외부업체 관리비용, 신뢰성 시험비용, 품질기술비용, 품질관리교육비용 등과 관련된 품질비용은?

① 예방 코스트

② 평가 코스트

③ 내부 실패 코스트

④ 외부 실패 코스트

해설
품질비용에는 예방비용(P-cost), 평가비용(A-cost), 실패비용(F-cost)이 있다. 외부업체 관리비용, 품질기술비용, 품질관리교육비용은 예방비용이다.

84 제조공정에 관한 사내표준화의 요건을 설명한 것으로 가장 적절하지 않은 것은?

① 실행 가능성이 있는 것일 것

② 내용이 구체적이고 객관적일 것

③ 내용이 신기술이나 특수한 것일 것

④ 이해관계자들의 합의에 의해 결정되어야 할 것

해설
특허, 기호품, 연구 개발단계의 상품, 신기술 등은 사내표준화의 대상이 될 수 없다.

85 부적합품 손실금액, 부적합품수, 부적합수 등을 요인별, 현상별, 공정별, 품종별 등으로 분류해서 크기의 순서대로 차례로 늘어놓은 그림은?

① 산점도

② 파레토도

③ 그래프

④ 특성요인도

해설
파레토그림은 부적합품 손실금액, 부적합품수, 부적합, 고장 등의 발생 건수를 분류 항목별로 나누어 큰 것에서부터 작은 것 순서로 나열하고, 어떤 것이 주요 개선 분야인가를 파악하고자 할 때 사용되는 기법으로 중점관리항목은 20 : 80의 법칙이 적용된다.

86 품질전략을 수립할 때 계획단계(전략의 형성단계)에서 SWOT 분석을 많이 활용하고 있다. 여기서 O는 무엇을 뜻하는가?

① 기 회

② 위 협

③ 강 점

④ 약 점

해설
품질전략을 수립할 때 계획단계(전략의 형성단계)에서 SWOT분석을 많이 활용한다.
• S : 강점(Strength)
• W : 약점(Weakness)
• O : 기회(Opportunity)
• T : 위협(Threat)

87 시험 장소의 표준 상태(KS A 0006)에 정의된 상온, 상습의 기준으로 맞는 것은?

① 온도 : 0~20[°C], 습도 : 60~70[%]

② 온도 : 5~35[°C], 습도 : 45~85[%]

③ 온도 : 10~40[°C], 습도 : 55~75[%]

④ 온도 : 15~35[°C], 습도 : 30~70[%]

해설
상온 : 5~35[°C], 상습 : 45~85[%]

88 다음의 제품 유통과정에서 제조물책임의 면책대상자로 볼 수 있는 자는?

> [다 음]
>
> A사는 B사의 부품을 구입하여 가공한 제품을 C사에게 판매하였다. C사가 판매한 제품을 D사가 구입하여 이재민에게 나누어 주었다.

① A   ② B
③ C   ④ D

해설

배상책임의 주체는 제조업자(부품 제조업자 등), 공급업자(도매업자, 용역 제공자 등)이다. 제조업자는 영리목적의 유무와는 무관하지만, 공급업자는 영리목적이 있는 경우이므로 영리목적이 없는 D는 제조물책임의 면책대상자로 볼 수 있다.

89 4개의 PCB 제품에서 각 제품마다 10개를 측정했을 때, 부적합수가 각각 2개, 1개, 3개, 2개가 나왔다. 이 때 6시그마 척도인 DPMO(Defects Per Million Opportunities)는?

① 0.2   ② 2.0
③ 200,000   ④ 800,000

해설

$$DPMO = \frac{총결함수}{총기회수} \times 1,000,000 = \frac{2+1+3+2}{4 \times 10} \times 1,000,000$$
$$= 200,000$$

90 국가품질상의 심사범주에 해당되지 않는 것은?

① 리더십
② 시스템관리 중시
③ 전략기획
④ 고객과 시장 중시

해설

말콤볼드리지 품질상	점 수	국가품질상	점 수
리더십	120	리더십	120
전략기획	85	전략기획	85
고객/시장 중시	85	고객과 시장 중시	85
측정·분석 및 지식경영	90	측정·분석 및 지식경영	90
인적자원 중시	85	인적자원 중시	85
운영(프로세스) 중시	85	운영관리 중시	85
사업성과	450	경영성과	450

91 품질보증시스템 운영과 거리가 가장 먼 것은?

① 품질시스템의 피드백 과정을 명확하게 해야 한다.
② 처음에 품질시스템을 제대로 만들어 가능한 변경하지 않아야 한다.
③ 품질시스템운영을 위한 수단·용어·운영규정이 정해져야 한다.
④ 다음 단계로서의 진행 가부를 결정하기 위한 평가항목, 평가방법이 명확하게 제시되어야 한다.

해설

처음에 품질시스템을 제대로 만들어야 하며, 나중에 필요하다면 변경할 수 있도록 해야 한다.

92 측정오차의 발생원인 중 측정오차에 가장 큰 영향을 미치는 요인은?

① 측정기 자체에 의한 오차

② 측정하는 사람에 의한 오차

③ 측정방법의 차이에 의한 오차

④ 외부적인 환경 영향에 의한 오차

[해설]
측정오차의 발생원인
- 계기(기기)오차 : 측정기 자체에 의한 오차
- 개인오차 : 측정자 간의 차이에 의한 오차
- 측정방법의 차이에 의한 오차(가장 큰 요인이다)
- 외부적인 환경 영향에 의한 오차(간접요인) : 되돌림오차, 접촉오차, 온도, 시차, 진동 등

93 규격상한이 70, 규격하한이 10인 어떤 제품을 제조하는 제조공정에서 만들어진 제품의 표준편차는 7.5이다. 이 제조공정이 관리 상태에 있다고 할 때 공정능력지수(C_P)는 약 얼마인가?

① 0.66

② 1.00

③ 1.33

④ 2.67

[해설]
$$C_p = \frac{T}{6\sigma} = \frac{S_U - S_L}{6\sigma} = \frac{70 - 10}{6 \times 7.5} = 1.333$$

94 어떤 문제에 대한 특성과 그 요인을 파악하기 위한 것으로 브레인스토밍이 많이 사용되는 개선활동기법은?

① 층별(Stratification)

② 체크시트(Check Sheet)

③ 산점도(Scatter Diagram)

④ 특성요인도(Cause & Effect Diagram)

[해설]
특성요인도는 어떤 문제에 대한 특성(결과)과 그 요인(원인)을 파악하기 위한 것으로, 브레인스토밍이 많이 사용되는 개선활동기법이다.

95 고객의 요구와 기대를 규명하고 이들을 설계 및 생산 사이클을 통하여 목적과 수단의 계열을 따라 계통적으로 전개되는 포괄적인 계획화과정을 무엇이라고 하는가?

① 연관도법

② PDPC법

③ 친화도법

④ 품질기능전개

[해설]
④ 품질기능전개(QFD) : 고객의 요구와 기대를 규명하고 설계 및 생산 사이클을 통하여 목적과 수단의 계열에 따라 계통적으로 전개되는 포괄적인 계획화 과정으로, 신제품 개발단계의 품질관리 추진에서 가장 효과적이다.

① 연관도법 : 복잡한 요인이 얽힌 문제에 대하여 그 인과관계 및 요인 간의 관계를 명확히 함으로써 적절한 해결책을 찾는 기법이다.

② PDPC법 : 신제품 개발, 신기술 개발 또는 제품책임문제의 예방 등과 같이 최초의 시점부터 최종 결과까지의 행방을 충분히 짐작할 수 없는 문제에 대하여 그 진보과정에서 얻어지는 정보에 따라 차례로 시행되는 계획의 정도를 높여 적절한 판단을 내림으로써 사태를 바람직한 방향으로 이끌어 가거나 중대 사태를 회피하는 방책을 얻는 기법이다.

③ 친화도법 : 장래의 문제나 미지의 문제에 대해 수집한 정보를 상호 친화성에 의해 정리하고, 해결해야 할 문제를 명확히 하는 기법이다.

96 Kirkpatrick의 총품질 코스트 이론에서 제품의 품질을 규격과 비교하여 분석·시험·검사함으로써 회사의 품질수준을 유지하는 데 소요되는 코스트와 설명으로 맞는 것은?

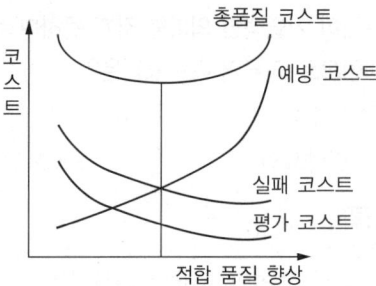

① 평가 코스트 – 적합 품질 향상에 따른 감소하는 품질비용

② 예방 코스트 – 적합 품질 향상에 따른 증가하는 품질비용

③ 실패 코스트 – 적합 품질 향상에 따른 감소하는 품질비용

④ 품질 코스트 – 적합 품질 향상에 따른 감소하다가 증가하는 품질비용

해설
품질비용에는 예방비용(P-cost), 평가비용(A-cost), 실패비용(F-cost)이 있으며, 제품의 품질을 규격과 비교하여 분석·시험·검사하는 비용은 평가비용이다. 또한 품질비용은 적합비용(예방비용 및 평가비용)과 부적합비용(실패비용)으로 나누어진다. 적합비용이 증가되면 부적합비용은 감소한다.

97 신QC 7가지 기법 중 장래의 문제나 미지의 문제에 대해 수집한 정보를 상호 친화성에 의해 정리하고, 해결해야 할 문제를 명확히 하는 방법은?

① KJ법   ② 계통도법

③ PDPC법   ④ 연관도법

해설
친화도법(KJ법) : 미지·미경험의 분야 등 혼돈된 상태 가운데서 사실, 의견, 발상 등을 언어데이터에 의해 유도하여 이들 데이터를 정리함으로써 문제의 본질을 파악하고 문제의 해결과 새로운 발상을 이끌어내는 방법으로, 많은 언어 정보들을 서로 관련이 있는 그룹별로 나누어 자료를 정리하는 방법이다.

98 파이겐바움(Feigenbaum)이 분류한 품질관리 부서의 하위 기능 부문 3가지에 해당되지 않는 것은?

① 원가관리기술 부문   ② 품질관리기술 부문

③ 공정관리기술 부문   ④ 품질정보기술 부문

해설
파이겐바움(Feigenbaum)은 품질관리 부문의 하위적 기능인 부차적 기능(Subfunctions), 즉 품질관리기술 부문, 품질정보기술 부문, 공정관리기술 부문을 두어 업무의 분할을 꾀하였다.

99 표준은 단체표준, 국가표준, 지역표준, 국제표준 등으로 구분될 수 있다. 국가표준에 속하지 않은 것은?

① BS   ② DIN

③ ANSI   ④ ASME

해설
ASME(미국기계학회)는 단체규격이다.

100 표준화란 어떤 표준을 정하고 이에 따르는 것 또는 표준을 합리적으로 설정하여 활용하는 조직적인 행위이다. 표준화의 원리에 해당되지 않는 것은?

① 규격은 일정한 기간을 두고 검토하여 필요에 따라 개정하여야 한다.

② 표준화란 본질적으로 전문화의 행위를 위한 사회의 의식적 노력의 결과이다.

③ 규격을 제정하는 행동에는 본질적으로 선택과 그에 이어지는 과정이다.

④ 표준화란 경제적, 사회적 활동이므로 관계자 모두의 상호협력에 의하여 추진되어야 할 것이다.

해설
표준화란 본질적으로 단순화의 행위를 위한 사회의 의식적 노력의 결과이이며 다음과 같은 효과를 얻을 수 있다.
• 제품의 종류가 감소된다.
• 대량 생산이 가능하다.
• 품질관리의 기초가 된다.
• 종업원의 노동능률과 숙련도는 비례관계를 지닌다.
• 불합격품 및 재고의 감소 등으로 관리비용을 절감할 수 있다.

2022년 제1회 과년도 기출문제

제1과목 | 실험계획법

01 Y제품을 조건 A_iB_j에서 각각 100회씩 검사한 결과, 부적합품이 다음과 같았다. 요인 A의 제곱합(S_A)는 약 얼마인가?

요 인	A_1	A_2	A_3
B_1	5	12	3
B_2	10	20	8

① 0.94
② 1.04
③ 0.14
④ 1.24

해설

$$S_A = \sum_{i=1}^{3} \frac{T_{i\cdot\cdot}^2}{mr} - CT$$

$$= \frac{1}{2 \times 100}(15^2 + 32^2 + 11^2) - \frac{58^2}{3 \times 2 \times 100} \simeq 1.24$$

02 3^3의 $\frac{1}{3}$ 반복에서 $I = ABC^2$을 정의대비로 9회 실험을 하였다. 이에 대한 설명으로 틀린 것은?

① C의 별명 중 하나는 AB이다.
② A의 별명 중 하나는 AB^2C이다.
③ AB^2의 별명 중 하나는 AB이다.
④ ABC의 별명 중 하나는 AB이다.

해설

• 요인의 별명은 XI, XI^2의 2개가 존재한다.
• AB^2의 별명은 AC, AB^2C^2이다.

03 수준이 기술적인 의미를 갖지 못하며 수준의 선택이 랜덤으로 이루어지는 요인은?

① 모수요인
② 별명요인
③ 변량요인
④ 보조요인

해설

변량요인

• 주효과는 랜덤으로 변하는 확률변수이다.
• 수준이 기술적인 의미를 갖지 못한다.
• 주효과의 기댓값은 0이다.
• 주효과들의 합은 일반적으로 0이 아니다.

04 반복 없는 2^2형 요인실험에서 주효과와 교호작용을 구하는 식으로 틀린 것은?

① $A = \frac{1}{2}(a-1)(b+1)$
② $A = \frac{1}{2}(ab+a-b-1)$
③ $B = \frac{1}{2}(ab+a+b-1)$
④ $A \times B = \frac{1}{2}(ab-a-b+1)$

해설

B의 주효과

$B = \frac{1}{2^{n-1}}(B$인자의 높은 수준 데이터의 합 $- B$인자의 낮은 수준 데이터의 합)

$$= \frac{1}{2}(T_{\cdot 1} - T_{\cdot 0}) = \frac{1}{2}(x_{01} + x_{11} - x_{00} - x_{10})$$

$$= \frac{1}{2}[b + ab - (1) - a] = \frac{1}{2}(a+1)(b-1)$$

1 ④ 2 ③ 3 ③ 4 ③ **정답**

05 오차항 e_{ij}의 가정으로 틀린 것은?

① $E(e_{ij}) = e_{ij}$

② $Var(e_{ij}) = \sigma_e^2$

③ e_{ij}의 분산 σ_e^2은 $E(e_{ij}^2)$이다.

④ e_{ij}는 랜덤으로 변하는 값이다.

> **해설**
> 오차항은 변량요인이므로 $E(e_{ij}) = 0$이다.

07 $y_{i\cdot}$은 i번째 처리수준에서 측정값의 합을 나타낸다. 다음 중 대비(Contrast)가 아닌 것은?

① $c = y_{1\cdot} + y_{3\cdot} - y_{4\cdot} - y_{5\cdot}$

② $c = 4y_{1\cdot} - 3y_{3\cdot} + y_{4\cdot} - y_{5\cdot}$

③ $c = 3y_{1\cdot} + y_{2\cdot} - 2y_{3\cdot} - 2y_{4\cdot}$

④ $c = -y_{1\cdot} + 4y_{2\cdot} - y_{3\cdot} - y_{4\cdot} - y_{5\cdot}$

> **해설**
> ①, ③, ④는 $\sum x_i = 0$이 성립하고, ②는 $\sum x_i \neq 0$이 된다.

06 요인수가 3개(A, B, C)인 반복 있는 3요인 실험에서 요인의 수준수는 각각 l, m, n이고, 반복수가 r이다. A, B요인은 모수이고, C요인이 변량일 때 평균제곱의 기댓값 $E(V_A)$를 구하는 식으로 맞는 것은?

① $\sigma_e^2 + mnr\sigma_A^2$

② $\sigma_e^2 + mr\sigma_{A \times C}^2 + mnr\sigma_A^2$

③ $\sigma_e^2 + r\sigma_{A \times B \times C}^2 + mnr\sigma_A^2$

④ $\sigma_e^2 + r\sigma_{A \times B \times C}^2 + mr\sigma_{A \times C}^2 + mnr\sigma_A^2$

> **해설**
> • 세 인자가 모두 모수인자일 경우의 평균제곱의 기댓값
> $E(V_A) : \sigma_e^2 + mnr\sigma_A^2$
> • A, B인자는 모수, C인자는 변량일 경우의 평균제곱의 기댓값
> $E(V_A) : \sigma_e^2 + mr\sigma_{A \times C}^2 + mnr\sigma_A^2$

08 수준수 $l = 4$, 반복수 $m = 3$인 모수모형 1요인치 시험에서 $\overline{x}_{3\cdot} = 8.92$, $S_T = 2.383$, $S_A = 2.011$이었다. 이때 $\mu(A_3)$를 유의수준 0.01로 구간추정하면 약 얼마인가?(단, $t_{0.99}(8) = 2.896$, $t_{0.995}(8) = 3.355$ 이다)

① $8.505 \leq \mu(A_3) \leq 9.335$

② $8.558 \leq \mu(A_3) \leq 9.232$

③ $8.558 \leq \mu(A_3) \leq 9.282$

④ $8.608 \leq \mu(A_3) \leq 9.232$

> **해설**
> $\overline{x}_{3\cdot} \pm t_{1-\alpha/2}(\nu_e)\sqrt{\dfrac{V_e}{r}}$
> $= 8.92 \pm 3.355\sqrt{\dfrac{(2.383 - 2.011)/8}{3}} = 8.92 \pm 3.355\sqrt{\dfrac{0.0465}{3}}$
> $= 8.92 \pm 0.4177 = (8.8023, 9.337)$

09 직교배열표에 대한 설명 중 틀린 것은?

① 3수준계의 가장 작은 직교배열표는 $L_{12}(3^4)$이다.

② 2수준 직교배열표를 이용하여 4수준 요인도 배치 가능하다.

③ 실험의 크기를 확대시키지 않고도 실험에 많은 요인을 짜 넣을 수 있다.

④ 2수준 요인과 3수준의 요인이 존재하는 실험인 경우에는 가수준(Dummy Level)을 만들어 사용한다.

해설

3수준계의 가장 작은 직교배열표는 $L_9(3^4)$이다.

10 다음은 1요인실험에 의해 얻어진 데이터이다. 오차의 제곱합(S_e)은 약 얼마인가?

수준 Ⅰ	90, 82, 70, 71, 81
수준 Ⅱ	93, 94, 80, 88, 92, 80, 73
수준 Ⅲ	55, 48, 62, 43, 57, 86

① 120 　　　　② 135

③ 1,254 　　　④ 1,806

해설

수정항 $CT = \dfrac{T^2}{lr} = \dfrac{1{,}345^2}{18} \approx 100{,}501$

$S_T = \sum\sum x_{ij}^2 - CT$

$= (90^2 + 82^2 + 70^2 + \cdots + 57^2 + 86^2) - 100{,}501$

$= 4{,}314$

$S_A = \dfrac{\sum T_i^2}{r} - CT$

$= \left(\dfrac{394^2}{5} + \dfrac{600^2}{7} + \dfrac{351^2}{6}\right) - 100{,}501 = 2{,}508$

$S_e = S_T - S_A = 4{,}314 - 2{,}508 = 1{,}806$

11 2요인실험에서 A_iB_j에 결측치가 있을 경우 Yates의 결측치 $\hat{y}$ 추정공식으로 맞는 것은?

① $\dfrac{lT'_{i\cdot} + mT'_{\cdot j} - T'}{(l-1)(m-1)}$

② $\dfrac{(l-1)T'_{i\cdot} + mT'_{\cdot j} - T'}{(l-1) + (m-1)}$

③ $\dfrac{lT'_{i\cdot} + (m-1)T'_{\cdot j} - T'}{(l-1) + (m-1)}$

④ $\dfrac{(l-1)T'_{i\cdot} + (m-1)T'_{\cdot j} - T'}{(l-1)(m-1)}$

해설

반복이 없는 2원배치법의 경우 결측치가 존재하면 분산분석을 할 수 없으므로 결측치는 반드시 추정하여 추정데이터를 삽입하여 분산분석을 한다. 이때 결측치는 추정되지만 원데이터가 없으므로 오차항과 데이터 전체의 자유도(총자유도)는 결측치만큼 감소된다. 결측치 추정(A_iB_j에 결측치 y_{ij}가 있는 경우)은 Yates 계산법을 이용한다.

$\hat{y} = \dfrac{lT'_{i\cdot} + mT'_{\cdot j} - T'}{(l-1)(m-1)}$

12 반복 2회인 2요인실험에서 요인 A가 4수준, 요인 B가 3수준이면, 유효 반복수는 얼마인가?(단, 교호작용은 유의하다)

① 2 　　　　② 3

③ 4 　　　　④ 5

해설

교호작용이 유의하다면, 반복수와 유효 반복수는 동일하다.

$n_e = \dfrac{lmr}{lm} = r = 2$

13 2×2 라틴방격법의 배열방법의 수는?

① 1 　　　　② 2

③ 3 　　　　④ 4

해설

2×2 라틴방격에서 가능한 배치방법은 2가지($1 \times 2! \times 1!$)이다.

14 분할법의 특징으로 틀린 것은?

① 자유도는 일차 단위 오차가 이차 단위 오차보다 작다.

② A, B 두 요인 중 정도 좋게 추정하고 싶은 요인은 일차 단위에 배치한다.

③ 일차 단위의 요인에 대해서는 다요인실험을 하는 것보다는 일반적으로 소요되는 원료의 양을 줄일 수 있다.

④ 실험을 하는데 랜덤화가 곤란한 경우, 예를 들어 일차 단위의 수준 변경은 곤란하지만 이차 단위 요인 수준 변경이 용이할 때 사용한다.

해설

A, B 두 요인 중 정도 좋게 추정하고 싶은 요인은 이차 단위에 배치한다.

15 난괴법에 관한 설명으로 틀린 것은?

① 결측치가 존재해도 쉽게 해석이 용이하다.

② 분산분석 과정은 반복이 없는 2요인실험과 동일하다.

③ 하나는 모수요인이고, 다른 하나는 변량요인이다.

④ $x_{ij} = \mu + a_i + b_j + e_{ij}$인 데이터 구조식을 가지며, 여기서 $\sum_{i=1}^{l} a_i = 0$과 $\sum_{j=1}^{m} b_j \neq 0$이다.

해설

처리수별에 따른 반복수가 동일해야 하므로 결측치가 존재하면 해석이 불가능하다.

16 하나의 실험점에서 30, 40, 38, 49(단위 [dB])의 반복 관측치를 얻었다. 자료가 망대특성이라면 SN비 값은 약 얼마인가?

① -32.48[dB]

② -31.58[dB]

③ 31.38[dB]

④ 31.48[dB]

해설

$$SN = -10\log\left[\frac{1}{n}\sum\frac{1}{y_i^2}\right]$$
$$= -10\log\left[\frac{1}{4}\left(\frac{1}{30^2}+\frac{1}{40^2}+\frac{1}{38^2}+\frac{1}{49^2}\right)\right]$$
$$= -10\log(7.113\times10^{-4})$$
$$= -10\times(-3.148) = 31.48[\text{dB}]$$

17 두 변수 x, y에 대한 다음의 데이터로부터 단순회귀분석을 실시하였다. 회귀직선의 기여율은?

x	2	3	4	5	6
y	4	7	6	8	10

① 0.845

② 0.887

③ 0.925

④ 0.957

해설

회귀직선의 기여율 $r^2 = \left(\dfrac{S_{xy}}{\sqrt{S_{xx}S_{yy}}}\right)^2 = 0.91924^2 \simeq 0.845$

18 다음과 같은 $L_8(2^7)$형 직교배열표에서 E와 교락되어 있는 요인은?

열번호	1	2	3	4	5	6	7
기본 표시	a	b	a b	c	a c	b c	a b c
배 치	A	B	C	D	E	e	e

① AC, $ABDF$, CDE

② BC, DE, $ABCDE$

③ $ABCE$, AD, BCD

④ BD, ACD, ABE, CE, ABD, CD, BE, ACE

해설
기본 표시로 ac가 나타나는 요인이 E와 교락된 요인이다.
$ABCE = a \times b \times ab \times ac = a^3 b^2 c = ac$
$AD = a \times c = ac$
$BCD = b \times ab \times c = ab^2 c = ac$

19 A_1 수준에 속해 있는 B_1과 A_2 수준에 속해 있는 B_1이 동일한 것이 아닌 실험설계법은?

① 난괴법

② 지분실험법

③ 교락법

④ 라틴방격법

해설
A_1 수준에 속해 있는 B_1과 A_2 수준에 속해 있는 B_1이 동일한 실험설계법 : 난괴법, 교락법, 라틴방격법

20 교락법에서 블록과 교락시키는 것은?

① 오 차

② 주효과

③ 특성치

④ 불필요한 고차의 교호작용

해설
교락법은 검출할 필요가 없는 불필요한 고차의 교호작용을 다른 요인과 교락되도록 실험을 몇 개의 블록으로 나누어 배치시켜 실험하는 방법이다.

21 품질변동원인 중 우연원인에 해당하지 않는 것은?

① 피할 수 없는 원인이다.

② 점들의 움직임이 임의적이다.

③ 작업자의 부주의나 태만, 생산설비의 이상 등으로 인해서 나타난 원인이다.

④ 현재의 능력이나 기술 수준으로는 원인 규명이나 조치가 불가능한 원인이다.

해설
작업자의 부주의나 태만, 생산설비의 이상 등으로 인해서 나타나는 원인은 이상원인에 해당한다.

22 A자동차는 신차 구입 후 5년 이상 자동차를 보유하는 고객의 비율을 추정하기를 원한다. 신뢰수준 95[%]에서 오차한계가 ±0.05로 하기 위해서 필요한 최소의 표본 크기는 약 얼마인가?

① 373   ② 380

③ 382   ④ 385

해설

$$\pm 0.05 = \pm 1.96 \times \sqrt{\frac{0.5 \times (1-0.5)}{n}}$$

$$0.05^2 = 1.96^2 \times \frac{0.5 \times 0.5}{n}$$

$$n = 384.12$$

$$\therefore 385개$$

23 로트별 합격품질한계(AQL) 지표형 샘플링검사방식(KS Q ISO 2859-1)의 보통검사에서 수월한 검사로 전환할 때 전환점수의 계산방법이 틀린 것은?

① 2회 샘플링검사에서 제1차 샘플에서 로트 합격 시 전환점수에 2를 더하고, 그렇지 않으면 0으로 되돌린다.

② 다회 샘플링검사에서 제3차 샘플까지 합격 시 전환점수에 3을 더하고, 그렇지 않으면 0으로 되돌린다.

③ 합격판정 개수 $A_c \leq 1$인 1회 샘플링검사에서 로트 합격 시 전환점수에 2를 더하고, 그렇지 않으면 0으로 되돌린다.

④ 합격판정 개수 $A_c \geq 2$인 1회 샘플링검사에서 AQL이 1단계 엄격한 조건에서 로트 합격 시 전환점수에 3점을 더하고, 그렇지 않으면 0으로 되돌린다.

해설

2회 샘플링검사에서 제1차 샘플에서 로트 합격 시 전환점수에 3을 더하고, 그렇지 않으면 0으로 되돌린다.

24 지그재그샘플링(Zigzag Sampling)의 설명으로 맞는 것은?

① 사전에 모집단에 대한 지식이 없는 경우 사용한다.

② 시간적, 공간적으로 일정한 간격을 정해 놓고 샘플링한다.

③ 모집단을 몇 부분으로 나누어 각층으로부터 랜덤하게 샘플링한다.

④ 계통샘플링에서 주기성에 의한 치우침이 들어갈 위험성을 방지하도록 한 것이다.

해설

① 랜덤샘플링
② 계통샘플링
③ 층별샘플링

25 어떤 농기계를 생산하는 회사에서 최근 6개월간의 부적합 발생 건수가 44건으로 나타났다. 이 공장의 월평균 발생 건수에 대한 95[%] 신뢰구간의 추정범위는 약 얼마인가?

① 2.0~12.6   ② 5.2~9.5

③ 5.8~9.8   ④ 9.2~14.8

해설

단위당 부적합수 $\hat{u} = \dfrac{x}{n} = \dfrac{44}{6} = 7.333$

구간추정

$$\hat{u} \pm u_{1-\alpha/2} \sqrt{\frac{\hat{u}}{n}} = 7.333 \pm 1.96 \times \sqrt{\frac{7.333}{6}} = (5.2, \, 9.5)$$

26 어떤 부품의 제조공정에서 종래 장기간의 공정평균 부적합품률은 9[%] 이상으로 집계되고 있다. 부적합품률을 낮추기 위해 최근 그 공정의 일부를 개선한 후 그 공정을 조사하였더니 167개의 샘플 중 8개가 부적합품이었으며, 귀무가설 $H_0 : P \geq P_0$는 기각되었다. 공정평균 부적합품률의 95[%] 위쪽 신뢰한계는 약 얼마인가?

① 0.045   ② 0.065
③ 0.075   ④ 0.085

[해설]

$$\hat{P}_u = \hat{p} + u_{1-\alpha}\sqrt{\frac{\hat{p}(1-\hat{p})}{n}}$$
$$= 0.0479 + 1.645\sqrt{\frac{0.0479(1-0.0479)}{167}} \simeq 0.075$$

27 $A = -2.1 + 0.2n_{cum}$, $R = 1.7 + 0.2n_{cum}$ 인 계수형 축차샘플링검사방식(KS Q ISO 28591 : 2017)을 실시한 결과 6번째와 15번째, 20번째, 25번째, 30번째, 35번째 그리고 40번째에서 부적합품이 발견되었고, 44번 시료까지 판정결과검사가 속행되었다. 45번째 시료에서 검사결과가 적합품일 때 로트의 처리방법으로 맞는 것은?(단, 중지 시 누적 샘플 크기(중간값)는 45개이다)

① 검사를 속행한다.
② 로트를 합격시킨다.
③ 생산자와 협의한다.
④ 로트를 불합격시킨다.

[해설]

- 합격판정선 $A = -2.1 + 0.2 \times 45 = 6.9 = 6$(소수점 이하 버림)
- 불합격판정선 $R = 1.7 + 0.059 \times 45 = 10.7 = 11$(소수점 이하 올림)
누계 카운트 $D = 7$
$n_{45} = n_t$이므로 $A_t = gn_t = 0.2 \times 45 = 9$
∴ $D \leq A_t$이므로 로트를 합격시킨다.

28 시료의 크기(n)를 5로 하여 작성한 $\overline{X} - R$관리도에서 범위 R의 평균($\overline{R}$)이 1.59이었다. 만일 $\overline{X}$의 분산($\sigma_{\overline{x}}^2$)이 0.274이라면 군간분산(σ_b^2)은 약 얼마인가? (단, $n = 5$일 때, $d_2 = 2.326$이다)

① 0.181   ② 0.425
③ 0.581   ④ 0.684

[해설]

군내분산 $\sigma_w^2 = \left(\overline{R}/d_2\right)^2 = (1.59/2.326)^2$
$\sigma_{\overline{x}}^2 = \sigma_w^2/n + \sigma_b^2$에서
$\sigma_b^2 = \sigma_{\overline{x}}^2 - \sigma_w^2/n = 0.274 - (1.59/2.326)^2/5 \simeq 0.181$

29 정규분포를 따르는 두 집단 A, B 각각의 모표준편차가 미지인 경우 신뢰도($1 - \alpha$)로 모평균의 차이가 있는지를 검정할 경우 틀린 것은?(단, s^2은 표본분산, n은 표본수, ν는 자유도이다)

① 평균치 차의 검정을 하기 전에 등분산성의 검정이 필요하다.

② 등분산일 경우 검정통계량은 $\dfrac{\overline{x}_A - \overline{x}_B}{\sqrt{\dfrac{\nu_A s_A^2 + \nu_B s_B^2}{\nu_A + \nu_B}}}$ 이다.

③ 등분산의 조건에서 평균치 차에 대한 기각역은 $\pm t_{1-\alpha/2}(\nu_A + \nu_B)$이다.

④ 등분산에 관계없이 평균치 차의 검정에 대한 귀무가설은 $H_0 : \mu_A = \mu_B$로 설정한다.

[해설]

모표준편차는 미지이며, 등분산의 경우 검정통계량은

$$t_0 = \frac{\overline{x}_A - \overline{x}_B}{\sqrt{\left(\dfrac{1}{n_A} + \dfrac{1}{n_B}\right)\left(\dfrac{S_A + S_B}{n_A + n_B - 2}\right)}}$$ 이다.

30 한국인과 일본인의 스포츠(축구, 농구, 야구) 선호도가 같은지 조사하였다. 각각 100명씩 랜덤 추출하여 가장 좋아하는 한 가지 운동을 선택하여 분류하였더니 다음 표와 같을 때, 설명 중 틀린 것은?(단, $\alpha = 0.05$, $\chi^2_{0.95}(2) = 5.991$ 이다)

구 분	축 구	농 구	야 구
한국인	40	20	40
일본인	30	20	50

① 검정결과는 귀무가설 채택이다.

② 검정통계량(χ^2_0)은 약 2.5397이다.

③ 검정에 사용되는 자유도는 4이다.

④ 기대도수는 각 스포츠별로 선호도가 같다고 가정하여 평균을 사용한다.

해설

· 검정에 사용되는 자유도는 $N-1 = 3-1 = 2$이다.
· 검정 내용
 H_0 : 한국인과 일본인의 스포츠(축구, 농구, 야구) 선호도는 같다.
 H_1 : 한국인과 일본인의 스포츠(축구, 농구, 야구) 선호도는 같지 않다.
 $\alpha = 0.05 = 5[\%]$
 $\chi^2_0 = \dfrac{(5)^2 + (-5)^2}{35} + \dfrac{(0)^2 + (0)^2}{20} + \dfrac{(-5)^2 + (5)^2}{45} \simeq 2.5397$
 $\chi^2_{0.95}(2) = 5.991$
 $\therefore \chi^2_{0.95}(2) > \chi^2_0$이므로, 귀무가설 H_0 채택

31 계수 및 계량규준형 1회 샘플링검사(KS Q 0001)의 평균치 보증방식에서 망소특성인 경우, OC곡선을 작성하기 위한 로트의 합격확률 $L(m)$의 표준정규분포에서의 좌표값 $K_{L(m)}$을 구하기 위한 공식은?(단, U는 규격상한, m은 로트의 평균치, $\overline{X}_U$는 상한 합격판정치, σ는 로트의 표준편차, n은 샘플의 크기이다)

① $K_{L(m)} = \dfrac{\overline{X}_U - m}{\sigma / \sqrt{n}}$

② $K_{L(m)} = \dfrac{m - \overline{X}_U}{\sigma / \sqrt{n}}$

③ $K_{L(m)} = \dfrac{U - \overline{X}_U}{\sigma / \sqrt{n}}$

④ $K_{L(m)} = \dfrac{\overline{X}_U - U}{\sigma / \sqrt{n}}$

해설

$\overline{X}_U = m_1 - K_\beta \dfrac{\sigma}{\sqrt{n}} = m - K_{L(m)} \dfrac{\sigma}{\sqrt{n}}$ 에서

$K_{L(m)} = \dfrac{m - \overline{X}_U}{\sigma / \sqrt{n}}$

32 두 변수 x, y에서 x는 독립변수, y는 그에 대한 종속변수이고, 대응을 이루고 있는 표본이 n개일 때 이들 사이의 상관관계를 분석하는 수식으로 틀린 것은?(단, 확률변수 X의 제곱합(S_{xx}), 확률변수 Y의 제곱합(S_{yy}), 공분산(V_{xy}), X의 분산(V_x), Y의 분산(V_y), n은 표본의 수이다)

① $r_{xy} = \dfrac{V_{xy}}{\sqrt{V_x V_y}}$

② $r_{xy} = \dfrac{(n-1)V_{xy}}{\sqrt{S_{xx}S_{yy}}}$

③ $r_{xy} = \dfrac{\sum(x_i - \bar{x})(y_i - \bar{y})}{\sqrt{V_x V_y}}$

④ $r_{xy} = \dfrac{\sum(x_i - \bar{x})(y_i - \bar{y})}{\sqrt{\sum(x_i - \bar{x})^2 \sum(y_i - \bar{y})^2}}$

> **해설**
>
> $r_{xy} = \hat{\rho}$
>
> $= \dfrac{x 와\ y의\ 표본공분산}{\sqrt{X의\ 표본분산}\ \sqrt{Y의\ 표본분산}} = \dfrac{COV(x,\ y)}{\sqrt{V(x)V(y)}}$
>
> $= \dfrac{V_{xy}}{\sqrt{V_x V_y}} = \dfrac{(n-1)V_{xy}}{\sqrt{S_{xx}S_{yy}}} = \dfrac{S(x,\ y)}{\sqrt{(n-1)^2 V(x)V(y)}}$
>
> $= \dfrac{S_{xy}}{\sqrt{S_{xx}S_{yy}}} = \dfrac{n\sum xy - (\sum x)(\sum y)}{\sqrt{n\sum x^2 - (\sum x^2)}\ \sqrt{n\sum y^2 - (\sum y^2)}}$
>
> $= \dfrac{\sum(x_i - \bar{x})(y_i - \bar{y})}{\sqrt{\sum(x_i - \bar{x})^2 \sum(y_i - \bar{y})^2}}$

33 모집단으로부터 4개의 시료를 각각 뽑은 결과의 분포가 $X_1 \sim N(5,\ 8^2)$, $X_2 \sim N(25,\ 4^2)$이고, $Y = 3X_1 - 2X_2$일 때, Y의 분포는 어떻게 되겠는가?(단, X_1, X_2는 서로 독립이다)

① $Y \sim N(-35,\ (\sqrt{160})^2)$

② $Y \sim N(-35,\ (\sqrt{224})^2)$

③ $Y \sim N(-35,\ (\sqrt{512})^2)$

④ $Y \sim N(-35,\ (\sqrt{640})^2)$

> **해설**
>
> 평균값은 각각의 분포에 대한 평균값을 합하여 구하고, 분산은 각각의 분산값을 제곱하여 합하여 구하므로 분포는
> $Y \sim N(-35,\ (\sqrt{640})^2)$가 된다.
> $E(Y) = E(3X_1 - 2X_2) = 3 \times 5 - 2 \times 25 = -35$
> $V(Y) = V(3X_1 - 2X_2) = 9 \times 8^2 + 4 \times 4^2 = 640$

34 A사에서 생산하는 강철봉의 길이는 평균 2.8[m], 표준편차 0.20[m]인 정규분포를 따르는 것으로 알려져 있다. 25개 강철봉의 길이를 측정하여 구한 평균이 2.72 [m]라면 평균이 작아졌다고 할 수 있는가를 유의수준 5[%]로 검정할 때, 기각역(R)과 검정통계량(u_0)의 값은?

① $R = \{u < -1.645\}$, $u_0 = -2.0$

② $R = \{u < -1.96\}$, $u_0 = -2.0$

③ $R = \{u > 1.645\}$, $u_0 = 2.0$

④ $R = \{u > 1.96\}$, $u_0 = 2.0$

> **해설**
>
> 기각역은 $u_{0.05} = -1.645$이며
>
> 검정통계량은 한쪽 검정, $u_0 = \dfrac{\bar{x} - \mu_0}{\sigma/\sqrt{n}} = \dfrac{2.72 - 2.8}{0.20/\sqrt{25}} = -2.0$이다.

32 ③ 33 ④ 34 ① **정답**

35 계수형 샘플링검사에서 일반적으로 로트의 크기와 샘플의 크기를 일정하게 하고, 합격판정 개수를 증가시킬 때 생산자 위험과 소비자 위험에 관한 설명으로 맞는 것은?

① 생산자 위험은 감소하고, 소비자 위험은 증가한다.
② 생산자 위험은 증가하고, 소비자 위험은 감소한다.
③ 생산자 위험과 소비자 위험은 모두 감소한다.
④ 생산자 위험과 소비자 위험은 모두 증가한다.

해설
로트의 크기와 샘플의 크기를 일정하게 하고, 합격판정 개수를 증가시킬 때 생산 제품의 합격률이 높은 것으로 판단하므로, 생산자 위험(α)은 감소하고, 소비자 위험(β)은 증가한다.

36 어떤 제품의 치수에 대한 설계 규격이 150±1[mm]이다. 이 제품의 제조공정을 조사하여 얻어진 공정평균이 150.5[mm], 표준편차가 0.5[mm]일 때 이 공정의 부적합품률은?

u	1	2	3
P	0.1587	0.0228	0.0013

$$P=\int_{u}^{\infty} f(u)du$$

① 0.0228
② 0.0456
③ 0.1600
④ 0.3174

해설
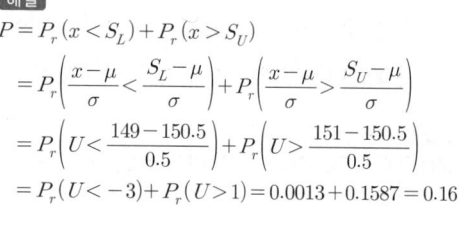

$$P = P_r(x < S_L) + P_r(x > S_U)$$
$$= P_r\left(\frac{x-\mu}{\sigma} < \frac{S_L-\mu}{\sigma}\right) + P_r\left(\frac{x-\mu}{\sigma} > \frac{S_U-\mu}{\sigma}\right)$$
$$= P_r\left(U < \frac{149-150.5}{0.5}\right) + P_r\left(U > \frac{151-150.5}{0.5}\right)$$
$$= P_r(U < -3) + P_r(U > 1) = 0.0013 + 0.1587 = 0.16$$

37 3σ법의 $\overline{X}$ 관리도에서 제1종 오류를 범할 확률은?

① 0.00135
② 0.0027
③ 0.01
④ 0.05

해설
$\overline{X}$관리도에서 3σ관리 한계선을 사용할 경우 제1종의 과오 α는 0.0027(0.27[%])이다.

38 샘플링검사의 선택조건으로 틀린 것은?

① 실시하기 쉽고, 관리하기 쉬울 것
② 목적에 맞고 경제적인 면을 고려할 것
③ 공정이나 대상물 변화에 따라 바꿀 수 있을 것
④ 샘플링을 실시하는 사람에 따라 차이가 있을 것

해설
샘플링검사 시 샘플링을 실시하는 사람에 따라 차이가 없어야 한다.

39 어떤 제품의 길이에 대하여 $L-S$관리도를 만들기 위해 $n=5$인 샘플을 25조 택하여 각 조의 최대치(L), 최소치(S) 및 범위(R)를 구하고 각각의 평균치가 다음과 같다. $L-S$관리도의 C_L은 약 얼마인가?

$$\overline{L}=24.52, \ \overline{S}=23.63, \ \overline{R}=0.95$$

① 21.25
② 22.77
③ 24.08
④ 25.35

해설
$$C_L = \overline{M} = \frac{\overline{L}+\overline{S}}{2} = \frac{24.52+23.63}{2} \simeq 24.08$$

40 다음의 데이터로 np관리도를 작성할 경우 관리한계는 얼마인가?

No	1	2	3	4	5
검사 개수	200	200	200	200	200
부적합품수	14	13	20	13	20

① 15±1.51

② 15±11.51

③ 16±8.51

④ 16±11.51

> **해설**
>
> $$\bar{p} = \frac{\sum np}{\sum n} = \frac{80}{100} = 0.08 \text{이므로}$$
>
> $$n\bar{p} \pm 3\sqrt{n\bar{p}(1-\bar{p})} = 200 \times 0.08 \pm 3\sqrt{200 \times 0.08(1-0.08)}$$
> $$= 16 \pm 11.51$$

42 총괄생산계획에서 수요의 변동에 대응하기 위해 활용할 수 있는 대안으로 가장 거리가 먼 것은?

① 고용 및 해고

② 생산설비 증설

③ 협력업체 생산

④ 재고수준 조정

> **해설**
>
> 총괄생산계획(APP ; Aggregate Production Planning) : 변동하는 수요에 대응하여 생산율, 재고수준, 고용수준, 하청 등의 관리 가능 변수를 최적으로 결합하기 위한 용도로 수립되는 계획이다. 총괄생산계획 시 고려요소는 생산율, 고용수준, 재고수준, 하청 등이다.

43 기업이 ERP시스템 구축을 추진할 때 외부전문위탁개발(Outsourcing) 방식을 택하는 경우가 많다. 이 방식의 특징과 가장 거리가 먼 것은?

① 외부전문개발인력을 활용한다.

② ERP시스템을 확장하거나 변경하기 어렵다.

③ 개발비용은 낮으나 유지비용이 높게 소요된다.

④ 자사의 여건을 최대한 반영한 시스템 설계가 가능하다.

> **해설**
>
> 아웃소싱 시 자사의 여건을 최대한 반영한 시스템 설계가 어렵다.

제3과목 | 생산시스템

41 조업도(매출량, 생산량)의 변화에 따라 수익 및 비용이 어떻게 변하는가를 분석하는 기법은?

① 이동평균법

② 손익분기분석

③ 선형계획법

④ 순현재가치분석

> **해설**
>
> 손익분기분석(Break Even Point Analysis)
> • 조업도(매출량, 생산량)의 변화에 따라 수익 및 비용이 어떻게 변하는가를 분석하는 기법으로 손익분기점분석이라고도 한다.
> • 비용을 고정비와 변동비로 분류하여 조업도 변동에 따른 기업의 수입, 비용 및 이익의 상호 변동관계를 분석하고 이로부터 매출 및 이익계획을 수립하는 것이다. 기업경영분석에서의 손익분기점분석은 세전 순이익을 기준으로 한다.

44 구매정책을 설정함에 있어 자재의 구매방식을 본사가 아닌 공장에서 분산 구매하게 할 때의 유리한 점은?

① 긴급 수요에 대응하기 쉬움

② 종합 구매에 의한 구매비용 감소

③ 대량 구매에 의한 가격이나 거래조건이 유리

④ 시장조사나 거래처 조사 및 구매효과 측정이 용이

> **해설**
>
> 분산 구매 시 긴급 수요에 대응하기가 쉽다. ②, ③, ④는 집중 구매에 대한 내용이다.

45 MRP시스템의 구조에서 반드시 필요한 입력요소가 아닌 것은?

① 공수계획
② 자재명세서
③ 주생산일정계획
④ 재고기록파일

해설
MRP시스템에서의 3대 입력요소 : 자재명세서, 주생산일정계획, 재고기록파일

46 생산관리의 기본기능을 크게 3가지로 분류할 경우 해당되지 않는 것은?

① 계획기능
② 통제기능
③ 실행기능
④ 설계기능

해설
생산관리의 3대 기본기능 : 계획기능, 설계기능, 통제기능

47 $P-Q$곡선 분석에서 A영역에 해당하는 설비배치로 가장 적절한 것은?

① 제품별 배치
② GT Cell 배치
③ 공정별 배치
④ 위치고정형 배치

해설
A영역 : 소품종 대량 생산, 제품별 배치

48 어느 자동차 제품의 매월 판매량이 다음과 같을 경우, 단순지수평활법(Exponential Smoothing)에 의한 11월의 판매 예측량은 약 얼마인가?(단, 10월에 대한 예측치는 386이었으며, $\alpha = 0.3$을 사용한다)

월	1	2	3	4	5
실제 판매량	386	408	333	463	432
월	6	7	8	9	10
실제 판매량	419	329	392	385	396

① 383
② 386
③ 389
④ 392

해설
※ 저자 의견 : 문제 오류로 한국산업인력공단에서 전항 정답으로 처리함. 본 도서에서는 보기를 수정하고, 다음과 같이 풀이함
$$F_{11} = 0.3 \times A_{10} + (1-0.3)F_{10}$$
$$= 0.3 \times 396 + (1-0.3) \times 386 = 389$$

49 고장을 예방하거나 조기조치를 하기 위하여 행해지는 급유, 청소, 조정, 부품 교환 등을 하는 것은?

① 설비검사
② 보전예방
③ 개량보전
④ 일상보전

해설
② 보전예방(MP ; Maintenance Prevention) : 신설비를 계획·설계하는 단계에서 보전 정보나 새로운 기술을 채용해서 신뢰성, 보전성, 경제성, 조작성, 안전성 등을 고려하여 보전비나 열화손실을 적게 하는 보전활동이다.
③ 개량보전(CM ; Corrective Maintenance) : 신뢰성, 보전성, 경제성의 개선 및 설계 시의 약점을 개선하는 활동으로, 고장원인 분석 및 설비 개선 시 적용한다.

50 노동력, 설비, 물자, 공간 등의 생산자원을 누가, 언제, 어디서, 무엇을, 얼마나 사용할 것인가를 결정하는 작업계획으로 주, 일, 시간 단위별 계획을 수립하는 것은?

① 공정계획　　　　② 생산계획

③ 작업계획　　　　④ 일정계획

해설
일정계획
• 부분품 가공이나 제품 조립에 필요한 자재가 적기에 조달되고 이들을 생산에 지정된 시간까지 완성될 수 있도록 기계 내지 작업을 시간적으로 배정하고 일시를 결정하여 생산일정을 계획하는 행위
• 노동력, 설비, 물자, 공간 등의 생산자원을 누가, 언제, 어디서, 무엇을, 얼마나 사용할 것인가를 결정하는 작업계획으로 주, 일, 시간 단위별 계획을 수립하는 것

51 하루 8시간 근무시간 중 일반 여유시간으로 100분이 설정되었다면 여유율은 약 몇 [%]인가?(단, 외경법을 이용한다)

① 20.8[%]　　　　② 26.3[%]

③ 35.7[%]　　　　④ 39.4[%]

해설
여유율 $A = \dfrac{100/60}{8-(100/60)} \times 100 \simeq 26.3[\%]$

52 공급사슬이론에서 채찍효과를 발생시키는 주원인은 수요나 공급의 불확실성에 있다. 이러한 채찍효과의 원인을 내부원인과 외부원인으로 구분하였을 때, 내부원인에 해당되지 않는 것은?

① 설계 변경

② 정보 오류

③ 주문 수량 변경

④ 서비스/제품 판매 촉진

해설
주문 수량 변경은 외부원인에 해당한다.

53 재고 저장 공간을 품목별로 두 칸으로 나누고, 위 칸에는 운전재고를, 아래 칸에는 재주문점에 해당하는 재고를 쌓아둠으로써, 위 칸에 재고가 없으면 재주문점에 이르렀음을 시각적으로 파악할 수 있는 방법은?

① EPQ

② 정기발주방식

③ 콕(Cock)시스템

④ 더블빈(Double-Bin)법

해설
① EPQ : 기업 자체 내에서 필요한 자재를 직접 제조하는 경우 생산량과 생산시기를 결정, 통제하기 위한 기법이다.
② 정기발주방식 : 발주점과는 무관하게 일정기간마다 발주하는 방식으로, 발주량은 최대 재고량과 현 재고량의 차액으로 결정되어 주문량은 매회 달라진다.

54 A, B, C, D 4개의 작업 모두 공정 1을 먼저 거친 다음에 공정 2를 거친다. 최종 작업이 공정 2에서 완료되는 시간을 최소화하도록 하기 위한 작업 순서는?

작 업	공정 1	공정 2
A	5	6
B	8	7
C	6	10
D	9	1

① A → C → B → D

② A → D → B → C

③ C → A → B → D

④ D → A → B → C

해설
가장 짧은 작업인 D작업이 공정 2에 있으므로 가장 나중에 작업한다. 공정 1에서 가장 짧은 A작업을 제일 먼저 하고, 그 다음 짧은 작업인 C작업을 하고 B작업을 수행한다. 따라서 최적의 작업 순서는 A → C → B → D이다.

55 설계 시점의 속도(또는 품종별 기준속도)에 대한 실제 속도에 의한 손실, 설계 시점의 속도가 현상의 기술수준 또는 바람직한 수준에 비해 낮은 경우의 손실을 무엇이라 하는가?

① 편성손실

② 속도저하손실

③ 초기손실

④ 일시정지손실

해설
속도저하손실 : 설계 시점의 속도(또는 품종별 기준속도)에 대한 실제속도에 의한 손실, 설계 시점의 속도가 현상의 기술수준 또는 바람직한 수준에 비해 낮은 경우의 손실

56 최적 제품조합(Product Mix)의 의미로 맞는 것은?

① 생산일정계획의 수립기법

② 총이익을 최대화하는 제품들의 조합

③ 각종 생산설비의 능력을 최대로 활용할 수 있는 생산능력의 조합

④ 각종 수요 예측을 통한 제품의 공정관리를 최적 상태로 유지하기 위한 공정조합

57 A회사는 조립작업장에 대해 하루 8시간 근무시간에서 오전, 오후 각각 20분간의 휴식시간을 주고 있다. 과거의 데이터를 분석해 보면 컨베이어벨트가 정지하는 비율이 4[%]이고, 최종검사 과정에 5[%]의 부적합품률이 발생했다. 이 경우 일간 생산량이 1,000개일 때, 피치타임(Pitch Time)은 약 얼마인가?

① 0.20

② 0.30

③ 0.40

④ 0.50

해설
피치타임 $P = \dfrac{T(1-y_1)(1-\alpha)}{N}$

$= \dfrac{(8 \times 60 - 20 \times 2)(1-0.04)(1-0.05)}{1,000} \simeq 0.40$

58 스톱워치법과 비교한 PTS법의 장점으로 거리가 가장 먼 것은?

① 시스템 도입 초기에도 별도 전문가의 자문을 필요로 하지 않는다.

② 동작과 시간의 관계에 대한 자세한 자료에 의거하여 표준자료를 용이하게 작성할 수 있다.

③ 작업자를 대상으로 직접 시간을 측정하지 않기 때문에 스톱워치에 대하여 작업자가 느끼는 불편함이 없다.

④ 실제작업이 행해지는 생산현장을 보지 않더라도 작업대 배치도와 작업방법만 알면 시간을 산출할 수 있다.

해설
PTS법은 시스템 도입 초기에 별도 전문가의 자문이 필요하다.

59 JIT 시스템에서 생산현장의 상태관리를 의미하는 5S 운동이 아닌 것은?

① 정돈(Seiton)

② 청결(Seiketsu)

③ 습관화(Shitsuke)

④ 단순화(Simplification)

해설

5S : 정리, 정돈, 청소, 청결, 습관화

60 PTS(Predetermined Time Standard)기법의 특징으로 틀린 것은?

① 작업자수행도평가(Performance Rating)가 필요 없다.

② 전문적인 교육을 받은 전문가가 아니면 활용이 어렵다.

③ 시간연구법에 비해 작업방법을 개선할 수 있는 기회가 적다.

④ 작업동작은 한정된 종류의 기본요소동작으로 구성된다는 가정을 전제로 한다.

해설

PTS기법은 시간연구법에 비해 작업방법을 개선할 수 있는 기회가 많다.

제4과목 | 신뢰성관리

61 대시료실험에 있어서의 신뢰성척도에 관한 설명으로 틀린 것은?

① 누적고장확률과 신뢰도 함수의 합은 어느 시점에서나 항상 동일하게 1로 나타난다.

② 어떤 시점 0에서 t까지 고장확률밀도함수를 적분하면 그 시점까지의 불신뢰도 $F(t)$를 알 수 있다.

③ 어느 정도 시간이 경과하여 고장 개수가 상당히 발생하였을 때, 그 시점에서 고장확률밀도함수는 고장률함수보다 크거나 같다.

④ 어떤 시점 t와 $(t + \Delta t)$ 시간 사이에 발생한 고장 개수를 시점 t에서의 생존 개수로 나눈 뒤 이것을 Δt로 나눈 것을 고장률함수 $\lambda(t)$라 한다.

해설

어느 정도 시간이 경과하여 고장 개수가 상당히 발생하였을 때, 그 시점에서 고장확률밀도함수는 고장률함수보다 작거나 같다. 즉, $f(t) \le \lambda(t)$이다.

62 다음 그림과 같은 고장률을 갖는 부품이 400시간 이상 작동할 확률은 약 얼마인가?

① 0.9761

② 0.9822

③ 0.9887

④ 0.9915

해설

$R(t = 400) = e^{-(5 \times 10^{-5}) \times 300} \times e^{-(3 \times 10^{-5}) \times 100} = 0.9822$

63 어떤 시스템의 수리율(μ)이 0.5, 고장률(λ)이 0.09일 때 가용도(Availability)는 약 얼마인가?

① 15.3[%] ② 84.7[%]
③ 93.7[%] ④ 95.5[%]

해설

가용도 $A = \dfrac{MTBF}{MTBF+MTTR} = \dfrac{\mu}{\lambda+\mu}$

$= \dfrac{0.5}{0.09+0.5} \simeq 84.75[\%]$

64 타이어 6개가 장착된 자동차는 6개의 타이어 중 5개만 작동되면 운행이 가능하다. 이때 각 타이어의 신뢰도가 0.95로 동일하면, 자동차의 신뢰도는 약 얼마인가?

① 0.7711 ② 0.8869
③ 0.9512 ④ 0.9672

해설

$R_s = {}_6C_5 0.95^5(1-0.95)^{6-5} + {}_6C_6 0.95^6(1-0.95)^0 \simeq 0.9672$

65 신뢰성시험은 실시 장소, 시험의 목적, 부과되는 스트레스 크기 등에 따라 분류할 수 있다. 시험목적에 따른 신뢰성시험의 분류가 아닌 것은?

① 신뢰성 현장시험
② 신뢰성 결정시험
③ 신뢰성 인증시험
④ 신뢰성 비교시험

해설

시험목적에 따른 신뢰성 시험의 분류 : 신뢰성 결정시험, 신뢰성 인증시험, 신뢰성 비교시험

66 M기기 10대에 대하여 30일간 교체 없이 수명시험을 하였더니 이 중 5대가 고장이 났으며, 이들의 고장 발생이 16, 27, 14, 12, 18일이었다. 이 기기의 평균수명은?

① 50일 ② 87일
③ 47.4일 ④ 17.4일

해설

기기의 평균수명

$\dfrac{\sum t_i + (n-r)t_r}{r} = \dfrac{16+27+14+12+18+(10-5)\times 30}{5}$

$\simeq 47.4$일

67 수명자료가 정규분포인 경우의 고장률함수 $\lambda(t)$의 형태는?

① 증가함수
② 일정함수
③ 상수함수
④ 감소함수

해설

수명자료가 정규분포인 경우의 고장률함수 $\lambda(t)$의 형태는 증가함수이다.

68 n개의 부품을 시험하여 고장이 r개 발생할 때까지 교체 없이 시험을 실시한 경우, MTBF의 신뢰구간을 계산하기 위한 자유도의 값은?(단, 수명분포는 지수분포를 따른다)

① n ② $2r$

③ $n-1$ ④ $2r+2$

해설
정수중단방식의 경우이므로, 자유도 $\nu = 2r$

---

69 여러 부품이 조합되어 만들어진 시스템이나 제품의 전체 고장률이 시간에 관계없이 일정한 경우 적용되는 고장분포로 가장 적합한 것은?

① 지수분포   ② 균등분포

③ 정규분포   ④ 대수정규분포

해설
지수분포의 특징
• 여러 부품이 조합되어 만들어진 시스템이나 제품의 전체 고장률이 시간에 관계없이 일정한 경우 적용되는 고장분포로 가장 적합하다.
• 비기억 또는 무기억의 특성을 지닌 유일한 연속 확률분포로서 신뢰성 관리에서 중요하게 취급된다.
• 고장률은 평균수명에 대해 역의 관계가 성립한다.
• 시스템의 사용시간이 경과한 뒤에도 측정하는 관심 모수의 값은 변하지 않는다.
• t시간을 사용한 뒤에도 작동되고 있다면 고장률은 처음과 같이 늘 일정하다.
• 단위시간당의 고장 횟수는 푸아송분포를 따른다.

---

70 기계부품이 진동에 의한 피로현상으로 파괴가 되었다. 이때 고장원인, 고장 메커니즘 및 고장모드의 구분으로 맞는 것은?

① 고장원인 : 파괴, 고장 메커니즘 : 피로, 고장모드 : 진동

② 고장원인 : 진동, 고장 메커니즘 : 파괴, 고장모드 : 피로

③ 고장원인 : 진동, 고장 메커니즘 : 피로, 고장모드 : 파괴

④ 고장원인 : 피로, 고장 메커니즘 : 진동, 고장모드 : 파괴

해설
고장모드(고장형태)는 현상이므로 파괴이며, 고장원인은 진동, 고장 메커니즘은 진동의 기술적 결과인 피로로 분류할 수 있다.

---

71 신뢰성 블록도와 고장나무분석(FTA)에 대한 설명으로 틀린 것은?

① 신뢰성 블록도는 성공 위주이고, 고장나무분석은 고장 위주이다.

② 신뢰성 블록도의 병렬구조는 고장나무분석의 AND 게이트에 대응된다.

③ 고장나무의 OR 게이트는 입력사상 중 최소 수명을 갖는 사상에 의해 출력사상이 발생한다.

④ 시스템을 구성하는 각 요소의 신뢰도가 증가하면, 고장나무분석에서 정상사상이 발생할 확률이 높아진다.

해설
시스템을 구성하는 각 요소의 신뢰도가 증가하면, 고장나무분석에서 정상사상이 발생할 확률이 낮아진다.

---

72 어떤 장치의 고장수리시간을 조사하였더니 다음과 같은 데이터를 얻었다. 수리시간이 지수분포를 따른다고 할 때, 평균수리율은 약 얼마인가?

고장 건수	5	2	6	3	4
수리시간	3	6	3	2	5

① 0.2667/시간

② 0.2817/시간

③ 0.3232/시간

④ 0.5556/시간

평균수리율

$$\mu = \frac{5+2+6+3+4}{5\times3+2\times6+6\times3+3\times2+4\times5} = \frac{20}{71} \simeq 0.2817/\text{시간}$$

74 와이블분포의 신뢰도함수 $R(t) = e^{-\left(\frac{t}{\eta}\right)^m}$ 를 이용하면 사용시간 $t = \eta$에서 m의 값에 관계없이 $R(\eta) = e^{(-1)}$, $F(\eta) = 1 - e^{(-1)} = 0.632$임을 알 수 있다. 이때 와이블분포를 따르는 부품들의 약 63[%]가 고장 나는 시간 η를 무엇이라고 하는가?

① 평균수명

② 특성수명

③ 중앙수명

④ 노화수명

특성수명 : 와이블분포를 따르는 부품들의 약 63[%]가 고장 나는 시간 η

73 지수분포의 확률지에 관한 설명으로 틀린 것은?

① 회귀선의 기울기를 구하면 평균고장률이 된다.

② 세로축은 누적고장률, 가로축은 고장시간을 타점하도록 되어 있다.

③ 타점결과 원점을 지나는 직선의 형태가 되면 지수분포라 볼 수 있다.

④ 누적고장률의 추정은 t시간까지의 고장 횟수의 역수를 취하여 이루어진다.

누적고장률의 추정은 고장률과 시간의 곱으로 이루어진다.
$H(t) = \lambda t$

75 전자장치의 정상사용전압 V에서의 평균수명 T와 가속전압 V_A에서의 평균수명 T_A는 $\dfrac{T}{T_A} = \left(\dfrac{V_A}{V}\right)^3$의 관계를 갖는다. V_A가 200[V]일 때 얻은 고장시간 데이터에 의해 추정된 T_A가 1,000시간이라면 정상사용전압 100[V]에서의 평균수명 T는?

① 4시간

② 4,000시간

③ 8시간

④ 8,000시간

$$\hat{\theta_n} = AF \times \hat{\theta_s} = \left(\frac{200}{100}\right)^3 \times 1,000 = 8,000\text{시간}$$

76 자동차가 안전하게 고속도로를 주행할 수 있는 조건을 차체 엔진부, 동력전달부, 브레이크부, 운전기사 등의 하위 시스템으로 나눌 때, 자동차의 시스템은 어느 모형에 적합한가?

① 직렬모형
② 병렬모형
③ 대기 중복
④ 브리지모형

해설
자동차의 시스템은 어느 하나라도 고장이 발생하면 안 되므로 직렬모형에 적합하다.

77 시점 t에서의 순간고장률을 나타낸 신뢰성척도는?

① 불신뢰도($F(t)$)
② 누적고장률($H(t)$)
③ 고장률함수($\lambda(t)$)
④ 고장확률밀도함수($f(t)$)

해설
• 불신뢰도($F(t)$) : 시점 t까지 고장 나 있을 확률(누적고장확률)
• 고장확률밀도함수($f(t)$) : 단위시간당 전체의 몇 [%]가 고장 났는지의 빈도를 나타낸 것으로, 단위시간당 어떤 비율로 고장이 발생하고 있는지를 나타내는 척도

78 신뢰성 샘플링검사에서 지수분포를 가정한 신뢰성 샘플링방식의 경우 λ_0와 λ_1을 고장률척도로 하게 된다. 이때 λ_1을 무엇이라고 하는가?

① ARL
② AFR
③ LTFR
④ AQL

해설
λ_1 : LTFR(Lot Tolerance Failure Rate, 로트 허용고장률)

79 A제품의 파괴강도는 50[kg/cm²] 이상이다. 파괴강도의 크기가 평균 40[kg/cm²]이고, 표준편차가 10[kg/cm²]의 정규분포를 따른다면 이 제품이 파괴될 확률은?(단, z는 표준정규분포의 확률변수이다)

① $P_r(z>1)$
② $P_r(z>2)$
③ $P_r(z\leq1)$
④ $P_r(z\leq2)$

해설
제품이 파괴될 확률
$$F(t)=P_r(X>50)=P_r\left(z>\frac{50-40}{10}\right)=P_r(z>1)$$

80 고장률이 λ로 동일한 n개의 부품이 병렬로 연결되어 있을 때 시스템의 평균수명을 표현한 식은?

① $\dfrac{n}{\lambda}$

② $\dfrac{\lambda}{n}+\dfrac{1}{n\lambda}$

③ $\dfrac{\lambda}{n}-\dfrac{1}{n\lambda}$

④ $\dfrac{1}{\lambda}+\dfrac{1}{2\lambda}+\dfrac{1}{3\lambda}+\cdots+\dfrac{1}{n\lambda}$

해설
$$\theta_s=\frac{1}{\lambda_s}=\frac{1}{\lambda}\left(1+\frac{1}{2}+\cdots+\frac{1}{n}\right)=\frac{1}{\lambda}+\frac{1}{2\lambda}+\frac{1}{3\lambda}+\cdots+\frac{1}{n\lambda}$$

81 생산활동이나 관리활동과 관련하여 일상적 또는 정기적으로 실시하는 계측과 가장 거리가 먼 것은?

① 생산설비에 관한 계측

② 자재·에너지에 관한 계측

③ 작업결과나 성적에 관한 계측

④ 연구·실험실에서의 시험연구 계측

해설
연구·실험실에서의 시험연구 계측은 연구 분야에서 수행하는 측정활동영역이다.

82 A.R Tenner는 고객 만족을 충분히 달성하기 위해서 '고객의 목소리에 귀를 기울이는 것'을 단계 1, '소비자의 기대사항을 완전히 이해하는 것'을 단계 2로 정의하였다. 다음 중 단계 3인 완전한 고객 이해를 위한 적극적 마케팅 방법이 아닌 것은?

① 시장시험(Market Test)

② 벤치마킹(Benchmarking)

③ 판매기록분석(Sales Record Analysis)

④ 포커스그룹 인터뷰(Focus Group Interview)

해설
판매기록분석(Sales Record Analysis)은 단계 1 '고객의 목소리에 귀를 기울이는 것'에 해당한다.

83 6시그마에 관한 설명으로 가장 거리가 먼 것은?

① 6시그마는 DMAIC 단계로 구성되어 있다.

② 게이지 R&R은 개선(Improve)단계에 포함된다.

③ 프로세스 평균이 고정된 경우 3시그마 수준은 2,700[rpm]이다.

④ 백만 개 중 부적합품수를 한 자리수 이하로 낮추려는 혁신운동이다.

해설
게이지 R&R은 측정(Measurement)단계 및 관리(Control)단계에 포함된다.

84 품질, 원가, 수량, 납기와 같이 경영 기본요소별로 전사적 목표를 정하여 이를 효율적으로 달성하기 위해 각 부문의 업무 분담 적정화를 도모하고 동시에 부문 횡적으로 제휴, 협력해서 행하는 활동은?

① 생산관리

② 기능별 관리

③ 설비관리

④ 부문별 관리

85 히스토그램의 작성목적으로 거리가 가장 먼 것은?

① 공정능력을 파악하기 위해

② 데이터의 흩어진 모양을 알기 위해

③ 부적합 대책 및 개선효과를 확인하기 위해

④ 규격치와 비교하여 공정의 현황을 파악하기 위해

해설

히스토그램의 작성목적

• 공정능력을 파악하기 위해

• 데이터의 흩어진 모양을 알기 위해

• 규격치와 비교하여 공정의 현황을 파악하기 위해

86 A.V. Feigenbaum은 실패비용을 사내 · 외 실패비용으로 분류하였다. 사내 실패비용 항목으로 짝지어진 것은?

① 자재 부적합 유실비용, 클레임비용

② 폐기품 손실제조경비, 클레임비용

③ 폐기품 손실제조경비, A/S 환품비용

④ 폐기품 손실제조경비, 자재 부적합 유실비용

해설

• 사내 실패비용 항목 : 폐기품 손실제조경비, 자재 부적합 유실비용 등

• 사외 실패비용 항목 : 클레임비용, A/S 환품비용 등

87 품질관리시스템은 PDCA 사이클로 설명될 수 있다. PDCA 사이클에 관한 내용으로 틀린 것은?

① Plan – 목표 달성에 필요한 계획 또는 표준의 설정

② Do – 계획된 것의 실행

③ Check – 실시결과를 측정하여 해석하고 평가

④ Action – 리스크와 기회를 식별하고 다루기 위하여 필요한 자원의 수립

해설

Action : 목표와 실시결과의 차이를 수정 조치

88 설계품질이 결정된 후 제품의 제조단계에서 설계품질을 제품화함으로써 실현된 품질은?

① 적합품질　　　② 사용품질

③ 시장품질　　　④ 목표품질

해설

② 사용품질, ④ 목표품질 : 고객에 의해 실제 사용상에서 평가되는 품질로, 목표품질의 가장 중요한 근거가 되므로 사용품질을 목표품질로 보는 관점도 간과할 수 없다.

③ 시장품질 : 실제 시장에서 소비자가 요구하는 기대품질로, 시장조사, 클레임 등을 통해 파악한 소비자의 요구조건이다. 사용품질, 실용품질, 고객의 필요(Needs)와 직결되며 설계품질 결정의 중요한 정보가 되어 제품설계, 판매정책에 반영되는 품질이다.

89 표준의 구성 중 표준의 일부로 볼 수 없는 것은?

① 비 고　　　　② 해 설

③ 보 기　　　　④ 부속서

해설

해설은 본체 및 부속서(규정)에 규정한 사항으로, 표준의 일부에 해당하지 않는다.

90 커크패트릭(Kirkpatrick)이 제안한 품질비용모형에서 예방 코스트의 증가에 따른 평가 코스트와 실패 코스트의 변화를 설명한 내용으로 가장 적절한 것은?

① 평가 코스트 감소, 실패 코스트 감소
② 평가 코스트 증가, 실패 코스트 증가
③ 평가 코스트 감소, 실패 코스트 증가
④ 평가 코스트 증가, 실패 코스트 감소

해설

커크패트릭의 품질비용의 정의는 예방비용과 평가 및 실패비용은 반비례하므로 예방 코스트의 증가에 따른 평가 코스트와 실패 코스트의 변화는 평가 코스트 감소, 실패 코스트 감소이다.

커크패트릭의 품질비용에 관한 모형

- A : 총비용, B : 예방비용, C : 실패비용, D : 평가비용
- 예방 코스트가 증가하면 평가 코스트와 실패 코스트가 모두 감소한다.

91 $C_p = 1.33$ 이고, 치우침이 없다면 평균 μ 에서 규격한계(U 또는 L)까지의 거리는 약 몇 σ 인가?

① 2σ ② 3σ
③ 4σ ④ 6σ

해설

공정능력지수 $C_p = \dfrac{T}{6\sigma} = 1.33$ 에서

$T = 1.33 \times 6\sigma \fallingdotseq 8\sigma$ 이므로

평균 μ 에서 규격한계(U 또는 L)까지의 거리는 약 4σ 이다.

92 사내표준화의 추진방법으로 경영방침으로서 사내표준화 실시의 명시 후의 순서로 맞는 것은?

> ㉠ 표준의 개정
> ㉡ 표준 원안을 작성
> ㉢ 표준의 훈련과 실행
> ㉣ 표준의 심의와 결재
> ㉤ 사내표준 작성계획 수립
> ㉥ 표준의 인쇄·배포 및 보관
> ㉦ 조직의 편성과 인재의 양성
> ㉧ 사내표준 실시 상황의 모니터링과 레벨업

① ㉦ → ㉤ → ㉡ → ㉣ → ㉥ → ㉢ → ㉧ → ㉠
② ㉦ → ㉤ → ㉣ → ㉥ → ㉡ → ㉢ → ㉧ → ㉠
③ ㉦ → ㉤ → ㉡ → ㉥ → ㉣ → ㉢ → ㉧ → ㉠
④ ㉦ → ㉤ → ㉣ → ㉡ → ㉥ → ㉢ → ㉧ → ㉠

해설

표준 작성 > 결재 > 배포의 큰 그림을 그려 보면, 사내표준화 실시의 명시 후의 순서는 '조직의 편성과 인재의 양성 → 사내표준 작성계획 수립 → 표준 원안 작성 → 표준의 심의와 결재 → 표준의 인쇄·배포 및 보관 → 표준의 훈련과 실행 → 사내표준 실시 상황의 모니터링과 레벨업 → 표준의 개정'의 순으로 이루어진다.

93 제조물 책임(PL)법에 대한 설명으로 틀린 것은?

① 기업의 경우 PL법 시행으로 제조원가가 올라갈 수 있다.
② PL법의 적용으로 소비자는 모든 제품의 품질을 신뢰할 수 있다.
③ 제품에 결함이 있을 때 소비자는 제품을 만든 공정을 검사할 필요가 없다.
④ 제품에는 결함이 없어야 하지만, 만약 제품에 결함이 있으면 생산, 유통, 판매 등의 일련의 과정에 관여한 자가 변상해야 한다.

해설

PL법의 적용으로 소비자는 모든 제품의 품질을 신뢰할 수 있는 것은 아니다.

94 국제표준화기구(ISO)에 대한 설명으로 틀린 것은?

① ISO는 1946년 10월 14일 설립되었다.

② ISO의 공식 언어는 영어, 불어 및 러시아어이다.

③ ISO의 회원은 정회원, 준회원 및 간행물 구독회원으로 구분된다.

④ ISO의 정회원은 한 국가에서 2개의 기관까지 회원 자격을 획득할 수 있다.

> **해설**
> ISO의 정회원은 한 국가에 대해 1개의 기관으로 하는 것이 원칙이다.

95 신QC 7가지 도구 중 복잡한 요인이 얽힌 문제에 대하여 그 인과관계 및 요인 간의 관계를 명확히 함으로써 적절한 해결책을 찾는 데 기여하는 방법은?

① 연관도법   ② PDPC법

③ 계통도법   ④ 매트릭스도법

> **해설**
> ② PDPC법 : 신제품 개발, 신기술 개발 또는 제품책임문제의 예방 등과 같이 최초의 시점부터 최종 결과까지의 행방을 충분히 짐작할 수 없는 문제에 대하여, 그 진보과정에서 얻어지는 정보에 따라 차례로 시행되는 계획의 정도를 높여 적절한 판단을 내림으로써 사태를 바람직한 방향으로 이끌어 가거나 중대 사태를 회피하는 방책을 얻는 기법이다.
> ③ 계통도법 : 설정된 목표를 달성하기 위해 목적과 수단의 계열을 계통적으로 전개하여 최적의 목적 달성의 수단을 찾고자 하는 기법으로, 문제의 영향원인은 밝혀졌지만 이 문제를 해결할 계획, 방법은 아직 개발되지 않은 경우에 사용한다.
> ④ 매트릭스도법 : 문제가 되고 있는 사상 중 대응되는 요소를 찾아내어 행과 열로 배치하고, 그 교점에 각 요소 간의 연관 유무나 관련 정도를 표시함으로써 문제의 소재나 형태를 탐색하는 데 이용하는 기법이다.

96 TQM기법으로서 벤치마킹의 장점으로 거리가 가장 먼 것은?

① 자원을 적절히 이용할 수 있고, 비용이 최소화된다.

② 벤치마킹을 통하여 경쟁에 유리한 입지를 유지할 수 있다.

③ 최우수 기업의 성과를 통해 내부 구성원 간의 경쟁만을 촉진한다.

④ 경쟁자와 대등하거나 그 이상의 기능을 수행할 수 있어 시장 경쟁에 유리하다.

> **해설**
> 벤치마킹은 최우수 기업의 성과를 통해 내부 구성원 간의 경쟁과 협력을 촉진한다.

97 품질시스템이 잘 갖추어진 회사는 끊임없는 개선이 이루어지는 것을 보장해야 한다. 끊임없는 개선에 대한 설명 중 틀린 것은?

① 기업에서 개선할 점은 언제든지 있다.

② 품질개선은 종업원의 창의성을 필요로 한다.

③ P - D - C - A의 개선과정을 Feed-back시키는 것이다.

④ 품질개선은 반드시 표준화된 기법을 적용하여야 한다.

> **해설**
> 품질개선 시 반드시 표준화된 기법을 적용하여야 하는 것은 아니다.

98 산업표준을 적용하는 지역과 범위에 따라 분류할 때 해당되지 않는 것은?

① 잠정표준
② 사내표준
③ 단체표준
④ 국가표준

적용하는 지역과 범위에 따른 산업표준의 분류 : 사내표준, 단체표준, 국가표준, 국제표준 등

100 J.M. Juran & Gryna에 의해 분류된 작업자오류의 유형 중 작업자가 주의를 게을리한, 즉 '부주의로 인한 오류'는 인간오류의 중요한 원천이 되고 있다. 이러한 오류의 특징을 정의한 것으로 거리가 가장 먼 것은?

① 비고의성(Unwitting)
② 불가피성(Unavoidable)
③ 무의도성(Unitentional)
④ 불예측성(Unpredictable)

작업자오류의 분류 : 부주의로 인한 오류, 기술상의 오류, 고의성의 오류 등
• 부주의로 인한 오류의 특징 : 비고의성, 무의도성, 불예측성
• 기술상 오류의 특징 : 불가피성, 지속성, 선택성, 무의도성, 고의 및 비고의성
• 고의성 오류의 특징 : 고의성, 의도성, 지속성

99 길이가 각각 $X_1 \sim N(5.00, 0.25^2)$, $X_2 \sim N(7.00, 0.36^2)$ 및 $X_3 \sim N(9.00, 0.49^2)$인 3부품을 임의의 조립방법에 의해 길이로 직렬연결할 때($X_1 + X_2 + X_3$)의 공차는 $\pm 3\sigma$로 잡고, 조립 시의 오차는 없는 것으로 한다면 이 조립 완제품의 규격은 약 얼마인가?(단, 단위는 [cm]이다)

① 21±0.657
② 21±1.048
③ 21±1.972
④ 21±3.146

$\mu = 5 + 7 + 9 = 21$
$\pm 3\sigma_T = \pm 3\sqrt{0.25^2 + 0.36^2 + 0.49^2} \simeq \pm 1.972$
∴ 조립 완제품의 규격 $\mu \pm 3\sigma_T = 21 \pm 1.972$

2022년 제2회 과년도 기출문제

제1과목 | 실험계획법

01 다음은 A, B, C의 요인으로 각 2수준계 8조의 2^3형 요인실험을 랜덤으로 행한 데이터이다. 이때 S_A의 값은?

요 인	A_0		A_1	
	B_0	B_1	B_0	B_1
C_0	2	8	10	7
C_1	3	6	8	4

① 1.12 ② 1.87

③ 12.5 ④ 18.7

해설

A의 주효과

$A = \dfrac{1}{4}(T_{1..} - T_{0..}) = \dfrac{1}{4}(29 - 19) = 2.5$

$S_A = \dfrac{1}{8}(T_{1..} - T_{0..})^2 = 2(A$의 주효과$)^2$

$\qquad = 2 \times 2.5^2 = 12.5$

02 2^3형의 교락법에서 인수분해식을 이용하여 단독교락을 실시하려 할 때의 설명 중 틀린 것은?

① 블록이 2개로 나누어지는 교락을 의미한다.

② (1)을 포함하지 않는 블록을 주블록이라고 한다.

③ 주효과 A를 블록과 교락시키면, 블록 1은 (1), b, c, bc이고, 블록 2는 a, ab, ac, abc가 된다.

④ 블록과 교락시키기 원하는 효과에 -1을 붙여 인수분해를 풀어 $+$군과 $-$군으로 나누어 블록을 배치한다.

해설

(1)을 포함하는 블록을 주블록이라고 한다.

03 A요인의 수준수가 3인 실험을 5회 반복하여 $S_T = 668$, $S_A = 190$을 얻었다. 오차항의 분산 $\widehat{\sigma_e^2}$를 추정하면 약 얼마인가?

① 15.3 ② 39.8

③ 83.1 ④ 95.0

해설

$S_e = S_T - S_A = 668 - 190 = 478$

$\widehat{\sigma_e^2} = V_e = \dfrac{478}{12} \approx 39.8$

04 원래 농사시험에서 고안된 실험법으로, 큰 실험구를 주구로 분할한 후 주구 내 실험단위를 세 구로 등분하여 실험하는 실험방법은?

① 분할법
② 직교배열법
③ 교락법
④ K^n형 요인실험

해설
분할법(Split-Plot Design)의 개발 동기
농사실험에서 실험구역으로 선정된 여러 구역에서 각각의 구역(1차 단위)을 몇 개의 하위구역(Sub구역, 2차 단위)으로 나누어(분할) 거기에 다른 인자를 배치한 것에서 고안된 방법이다.

05 $L_{16}(2^{15})$ 직교배열표를 이용한 실험계획에서 2수준 요인 효과를 최대로 몇 개까지 배치할 수 있는가?

① 7 ② 8
③ 15 ④ 16

해설
직교배열표의 표시
$L_N(P^K)$
여기서, L : 라틴방격
N : 행의 수(실험 횟수)
P : 수준수
K : 열의 수(인자수＝배치 가능한 요인의 수)

06 난괴법 실험에서 분산분석결과 A(모수요인)가 유의한 경우, 요인 A의 각 수준에서 모평균 $\mu(A_i)$의 신뢰구간 추정식은?(단, ν^*는 Satterthwaite 자유도이다)

① $\bar{x}_{i\cdot} \pm t_{1-\alpha/2}(\nu^*)\sqrt{\dfrac{V_B+(l-1)V_e}{lm}}$

② $\bar{x}_{i\cdot} \pm t_{1-\alpha/2}(\nu^*)\sqrt{\dfrac{V_e+(l-1)V_B}{lm}}$

③ $\bar{x}_{i\cdot} \pm t_{1-\alpha/2}(\nu^*)\sqrt{\dfrac{V_e+(l-1)V_B}{(l-1)(m-1)}}$

④ $\bar{x}_{i\cdot} \pm t_{1-\alpha/2}(\nu^*)\sqrt{\dfrac{V_B+(l-1)V_e}{(l-1)(m-1)}}$

해설
난괴법 실험에서 분산분석결과 A(모수요인)가 유의한 경우, 요인 A의 각 수준에서 모평균 $\mu(A_i)$의 신뢰구간 추정식 :
$$\bar{x}_{i\cdot} \pm t_{1-\alpha/2}(\nu^*)\sqrt{\dfrac{V_B+(l-1)V_e}{lm}}$$
(여기서, ν^* : Satterthwaite 자유도)

07 제품에 영향을 미치고 있다고 생각되는 요인 A와 요인 B를 랜덤하게 반복 없는 2요인실험을 실시하여 다음과 같은 자료를 얻었다. 이때의 수정항(CT)과 총제곱합(S_T)은 각각 약 얼마인가?

요 인	A_1	A_2	A_3	A_4	계
B_1	−34	−11	−20	−42	−107
B_2	−10	3	8	−4	−3
B_3	8	28	40	17	93
계	−36	20	28	−29	−17

① 수정항 : 12.04, 총제곱합 : 317,146
② 수정항 : 16.71, 총제곱합 : 506.50
③ 수정항 : 18.57, 총제곱합 : 553.04
④ 수정항 : 24.08, 총제곱합 : 6,342.92

해설
• 수정항 $CT = \dfrac{T^2}{lm} = \dfrac{T^2}{N} = \dfrac{(-17)^2}{12} \simeq 24.08$
• 총제곱합 $S_T = S_A + S_B + S_e = \sum\sum x_{ij}^2 - CT$
$= [(-34)^2 + (-11)^2 + \cdots] - 24.08$
$= 6,367 - 24.08 = 6,342.92$

08 계량 및 계수치 요인에 대한 설명으로 틀린 것은?

① 원료의 종류는 계수요인이다.

② 계량요인은 온도, 압력 등과 같이 계량치로 측정되는 요인이다.

③ 요인이 계수치인 경우에는 요인이 갖는 종류의 2배수만큼 수준수로 취해 주는 것이 바람직하다.

④ 요인이 계량치인 경우에는 수준의 최대치와 최소치를 흥미영역의 최대치와 최소치로 취해 주는 것이 좋다.

해설

요인이 계수치인 경우에는 요인이 갖는 종류의 수만큼 수준수로 취해 주는 것이 바람직하다.

09 선형식(L)이 다음과 같을 때, 이 선형식의 단위수는?

$$L = \frac{x_1 + x_2 + x_3}{3} - \frac{x_4 + x_5 + x_6 + x_7}{4}$$

① $\dfrac{7}{12}$ ② $\dfrac{5}{12}$

③ $\dfrac{3}{4}$ ④ $\dfrac{1}{4}$

해설

단위수 $D = \left(\dfrac{1}{3}\right)^2 \times 3 + \left(-\dfrac{1}{4}\right)^2 \times 4 = \dfrac{7}{12}$

10 4대의 기계(A)와 이들 기계에 의한 제조공정 시 열처리 온도(B : 2수준)의 조합 $A_i B_j$에서 각각 n개씩의 제품을 만들어 검사할 때 적합품이면 0, 부적합품이면 1의 값을 주기로 한다. 이때 데이터의 구조는?

① $x_{ij} = \mu + a_i + b_j + e_{ij}$

② $x_{ijk} = \mu + a_i + b_j + e_{ijk}$

③ $x_{ijk} = \mu + a_i + b_j + (ab)_{ij} + e_{ijk}$

④ $x_{ijk} = \mu + a_i + b_j + e_{(1)ij} + e_{(2)ijk}$

해설

계수치 2원배치법의 데이터의 구조 :
$x_{ijk} = \mu + a_i + b_j + e_{(1)ij} + e_{(2)ijk}$

11 다구치는 사회지향적인 관점에서 품질의 생산성을 높이기 위하여 다음과 같이 정의하였다. 품질항목에 속하지 않는 것은?

생산성 = 품질(Quality) + 비용(Cost)

① 사용비용

② 공해환경에 의한 손실

③ 기능산포에 의한 손실

④ 폐해항목에 의한 손실

해설

품질(손실)항목 : 사용비용, 기능산포에 의한 손실, 폐해항목에 의한 손실

12 반복이 있는 2요인실험 혼합모형에서 다음과 같은 분산분석표를 구했다. (㉠)에 들어갈 값은 얼마인가? (단, A는 모수요인, B는 변량요인이다)

요 인	SS	DF	MS	F_0
A	30	3	10	(㉠)
B	20	2	10	
$A \times B$	6	( )	( )	
e	6	( )	( )	
T	62	23		

① 10
② 15.4
③ 20
④ 30

해설

$$F_0(A) = \frac{V_A}{V_{A \times B}} = \frac{V_A}{S_{A \times B}/\nu_{A \times B}} = \frac{10}{6/(3 \times 2)} = 10$$

13 다음은 변량요인 A와 B로 이루어진 지분실험법의 분산분석표이다. $E(V_A)$를 나타낸 식으로 맞는 것은?

요 인	SS	DF	MS	F_0
A	S_A	2	V_A	
$B(A)$	$S_{B(A)}$	3	$V_{B(A)}$	
e	S_e	6	V_e	
T	S_T	11		

① $E(V_A) = \sigma_e^2 + 3\sigma_{B(A)}^2$

② $E(V_A) = \sigma_e^2 + 2\sigma_{B(A)}^2 + 4\sigma_A^2$

③ $E(V_A) = \sigma_e^2 + 3\sigma_{B(A)}^2 + 2\sigma_A^2$

④ $E(V_A) = \sigma_e^2 + 3\sigma_{B(A)}^2 + 4\sigma_A^2$

해설

$$E(V_A) = \sigma_e^2 + nr\sigma_{B(A)}^2 + mnr\sigma_A^2 = \sigma_e^2 + 2\sigma_{B(A)}^2 + 4\sigma_A^2$$

14 직물 가공공정에서 처리액의 농도(A) 5수준에서 4회씩 반복실험하여 직물의 강도를 측정하였다. 농도와 강도의 관련성을 회귀식을 이용하여 규명하고자 다음과 같은 분산분석표를 얻었다. 이와 관련된 설명으로 틀린 것은?

요 인	SS	DF	MS	F_0	$F_{0.95}$
A	18.06	4	4.515		
1차	9.71	1	9.710	( )	4.54
2차	5.64	1	5.640	( )	4.54
나머지	( )	2	1.355	( )	3.68
e	( )	15	( )		
T	27.04	19			

① 1차와 2차 회귀는 유의수준 0.05에서 모두 유의하다.

② 3차 이상의 고차회귀 제곱합은 2.71이다.

③ 2차 곡선회귀로서 농도와 강도 간의 관계를 설명할 수 있다.

④ 두 변수 간의 관련 관계를 설명하는 데 3차 이상의 고차회귀가 필요하다.

해설

$$F_0 = \frac{2.71/2}{8.98/15} = 2.262 < F_{0.95} = 3.68 이므로$$

두 변수 간의 관련 관계를 설명하는 데 고차회귀는 필요하지 않다.

15 7개의 3수준 요인들의 주효과에만 관심이 있다. 어느 직교배열표를 사용하는 것이 가장 경제적인가?

① $L_8(2^7)$
② $L_9(3^4)$
③ $L_{18}(2^1 \times 3^7)$
④ $L_{27}(3^{13})$

해설

7개의 3수준 요인을 배치하는 것이므로 3수준계 직교표에서 오차를 포함하는 최소 8개의 열이 필요하다. 이때 2수준의 1개 열을 가수준으로 하여 3수준계 직교배열표를 사용하는 것이 가장 경제적이다.

16 라틴방격법에서 요인 A, B, C가 있다. 수준수는 각각 4이고, 반복 2회의 실험을 하였을 때, 오차항의 자유도는 얼마인가?

① 6　　　　　② 12
③ 15　　　　　④ 21

오차항의 자유도
$\nu_e = (k-1)[r(k+1)-3] = (4-1) \times [2 \times (4+1) - 3] = 21$

19 3요인 A, B, C 모수모형의 반복이 없는 3요인실험에서 각 제곱합을 구하는 관계식으로 맞는 것은?

① $S_{AB} = S_A + S_B$
② $S_{AB} = S_T - S_A - S_B$
③ $S_{AB} = S_{A \times B} + S_A + S_B$
④ $S_{AB} = S_{A \times B} - S_A - S_B$

$S_{A \times B} = S_{AB} - S_A - S_B$이므로, $S_{AB} = S_{A \times B} + S_A + S_B$이다.

17 2^5형의 $\dfrac{1}{4}$ 실시 실험에서 이중교락을 시켜 블록과 $ABCDE$, ABC, DE를 교락시켰다. AD와 별명 관계가 아닌 것은?

① AB　　　　② AE
③ BCE　　　④ BCD

$AD \times (ABCDE) = A^2 BCD^2 E = BCE$
$AD \times (ABC) = A^2 BCD = BCD$
$AD \times (DE) = AD^2 E = AE$
그러므로 ②, ③, ④는 AD와 별명관계이지만, ①은 별명관계가 아니다.

18 공장 내의 여러 분석자 중에서 랜덤하게 5명의 분석자를 선택하여 그들의 분석결과로서 공장 내 분석자의 측정산포를 고려하였다면, 이 모형은?

① 모수모형　　　　② 변량모형
③ 혼합모형　　　　④ 구조모형

랜덤하게 선택한 것이므로 변량모형이다.

20 1요인실험에서 다음의 데이터를 얻었다. S_A의 값은?

$l = 4$, $\ V_e = 1.25$, $\ F_0 = 10.64$
(l : 요인의 수준수)

① 17.80　　　　② 25.54
③ 23.25　　　　④ 39.90

$F_0 = \dfrac{V_A}{V_e} = \dfrac{S_A / \nu_A}{V_e}$

$10.64 = \dfrac{S_A / (4-1)}{1.25}$

$\therefore \ S_A = 10.64 \times 1.25 \times 3 = 39.9$

21 A회사와 B회사의 제품에서 각각 150개, 200개를 추출하여 부적합품수를 찾아보니 각각 30개, 25개이었다. 두 회사 제품의 부적합품률의 차를 검정하기 위한 검정통계량은 약 얼마인가?

① 1.09
② 1.63
③ 1.91
④ 2.10

해설

통계량 $u_0 = \dfrac{\hat{p}_A - \hat{p}_B}{\sqrt{\hat{p}(1-\hat{p})\left(\dfrac{1}{n_A} + \dfrac{1}{n_B}\right)}} = ?$

$\hat{p}_A = \dfrac{30}{150} = 0.2$, $\hat{p}_B = \dfrac{25}{250} = 0.125$, $\hat{p} = \dfrac{30+25}{150+200} \simeq 0.1571$

$\therefore$ 통계량 $u_0 = \dfrac{\hat{p}_A - \hat{p}_B}{\sqrt{\hat{p}(1-\hat{p})\left(\dfrac{1}{n_A} + \dfrac{1}{n_B}\right)}}$

$= \dfrac{0.2 - 0.125}{\sqrt{0.1571 \times (1-0.1571)\left(\dfrac{1}{150} + \dfrac{1}{200}\right)}} \simeq 0.191$

22 계수형 축차샘플링검사방식(KS Q ISO 28591)에서 $h_A = 1.445$, $h_R = 1.885$, $g = 0.110$일 때, $n < n_t$ 조건에서의 합격판정치(A)는?

① $A = 0.110 n_{cum} + 1.445$

② $A = 0.110 n_{cum} + 1.885$

③ $A = 0.110 n_{cum} - 1.445$

④ $A = 0.110 n_{cum} - 1.885$

해설

합격판정치 $A = -h_A + gn_{cum} = -1.445 + 0.110 n_{cum}$

23 $n = 5$인 고-저($H-L$)관리도에서 $\overline{X}_H = 6.443$, $\overline{X}_L = 6.417$일 때, UCL과 LCL을 구하면 약 얼마인가?(단, $n = 5$일 때 $H_2 = 1.363$이다)

① $UCL = 6.293$, $LCL = 6.107$

② $UCL = 6.460$, $LCL = 6.193$

③ $UCL = 6.465$, $LCL = 6.394$

④ $UCL = 6.867$, $LCL = 6.293$

해설

관리상하한값

$= \overline{M} \pm H_2 \overline{R} = \dfrac{6.443 + 6.417}{2} \pm 1.363 \times (6.443 - 6.417)$

$= 6.43 \pm 0.035438 = (6.39456, 6.46544)$

24 어떤 제품의 품질특성치는 평균 μ, 분산 σ^2인 정규분포를 따른다. 20개의 제품을 표본으로 취하여 품질특성치를 측정한 결과, 평균 10, 표준편차 3을 얻었다. 분산 σ^2에 대한 95[%] 신뢰구간은 약 얼마인가?(단, $\chi^2_{0.975}(19) = 32.852$, $\chi^2_{0.025}(19) = 8.907$이다)

① $5.21 \sim 19.20$

② $5.21 \sim 20.21$

③ $5.48 \sim 19.20$

④ $5.48 \sim 20.21$

해설

$\dfrac{S}{\chi^2_{1-\alpha/2}(\nu)} \leq \hat{\sigma^2} \leq \dfrac{S}{\chi^2_{\alpha/2}(\nu)}$ 에서 $\dfrac{(n-1)V}{32.852} \leq \hat{\sigma^2} \leq \dfrac{(n-1)V}{8.907}$

$\therefore \dfrac{19 \times 9}{32.852} \leq \hat{\sigma^2} \leq \dfrac{19 \times 9}{8.907}$

$\therefore 5.21 \leq \hat{\sigma^2} \leq 19.20$

25 철강재의 인장강도는 클수록 좋다. 평균치가 46[kg/mm²] 이상인 로트는 합격시키고, 43[kg/mm²] 이하인 로트는 불합격시키는 경우의 합격 판정치는?(단, $\sigma = 4[\text{kg/mm}^2]$, $\alpha = 0.05$, $\beta = 0.10$, $\dfrac{m_0 - m_1}{\sigma} = \dfrac{46 - 43}{4} = 0.75$인 경우, $n = 16$, $G_0 = 0.4111$ 이다)

① $\overline{X}_L = 44.356[\text{kg/mm}^2]$

② $\overline{X}_U = 44.6[\text{kg/mm}^2]$

③ $\overline{X}_L = 47.644[\text{kg/mm}^2]$

④ $\overline{X}_U = 47.6[\text{kg/mm}^2]$

해설

합격판정선 $\overline{X}_L = m_0 - k_\alpha \dfrac{\sigma}{\sqrt{n}} = m_0 - G_0 \sigma$

$= 46 - 0.4111 \times 4 \simeq 44.356[\text{kg/mm}^2]$

26 전수검사가 불가능하여 반드시 샘플링검사를 하여야 하는 경우는?

① 전기제품의 출력전압의 측정

② 주물제품의 내경가공에서 내경의 측정

③ 전구의 수입검사에서 전구의 점등시험

④ 진공관의 수입검사에서 진공관의 평균수명 추정

해설

수명시험을 하는 경우 수명시험 후 제품을 사용할 수 없으므로 전수검사를 하면 안 되며, 반드시 샘플링검사를 해야 한다.

반드시 전수검사	반드시 샘플링검사
• 부적합품이 1개라도 혼입되면 안 되는 경우	• 파괴검사인 경우(인장시험, 수명시험 등)
• 안전에 중대한 영향을 미치는 경우(브레이크 작동시험, 고압용기의 내압시험)	• 연속체 또는 대량품인 경우(섬유, 화학, 약품, 석탄, 화학제품 등)
• 경제적으로 큰 영향을 지닌 경우(귀금속 등)	• 품질특성치가 치명 결점을 포함하는 경우
• 부적합품이 다음 공정에 커다란 손실을 줄 경우	
• 검사비용에 비해 얻어지는 효과가 큰 경우	

27 OC곡선에서 소비자 위험을 가능한 한 작게 하는 샘플링방식은?

① 샘플의 크기를 크게 하고, 합격판정 개수를 크게 한다.

② 샘플의 크기를 크게 하고, 합격판정 개수를 작게 한다.

③ 샘플의 크기를 작게 하고, 합격판정 개수를 크게 한다.

④ 샘플의 크기를 작게 하고, 합격판정 개수를 작게 한다.

해설

OC곡선에서 샘플의 크기를 크게 하고, 합격판정 개수를 작게 하면 소비자 위험(β)을 감소시킬 수 있다.

28 A자동차 회사의 신차종 K자동차는 신차 판매 후 30일 이내에 보증수리를 받을 확률이 5[%]로 알려져 있다. 신규 판매한 자동차 5대를 추출하여 30일 이내에 보증수리를 받는 차량수의 확률에 관한 내용으로 틀린 것은?

① 보증수리를 1대도 받지 않을 확률은 약 0.774이다.

② 적어도 1대가 보증수리를 필요로 할 확률은 약 0.226이다.

③ X를 보증수리를 받는 차량수라 할 때, X의 기댓값은 0.25이다.

④ X를 보증수리를 받는 차량수라 할 때, X의 분산은 약 0.27이다.

해설

$P \le 0.1$, $N \to \infty$이므로 이항분포에 근사한다.

④ X를 보증수리를 받는 차량수라 할 때, X의 분산은 약 0.240이다.

$V(x) = nP(1-P) = 5 \times 0.05 \times (1-0.05) \simeq 0.24$

① 보증수리를 1대도 받지 않을 확률은 약 0.774이다.

$P(0) = \binom{5}{0} \times 0.05^0 \times (1-0.05)^{5-0} \simeq 0.774$

② 적어도 1대가 보증수리를 필요로 할 확률은 약 0.2260이다.

$1 - P(0) = 1 - 0.774 = 0.226$

③ X를 보증수리를 받는 차량수라 할 때, X의 기댓값은 0.250이다.

$E(x) = np = 5 \times 0.05 = 0.25$

29 $\left|\overline{\overline{x}}_A - \overline{\overline{x}}_B\right| \geq A_2\overline{R}\sqrt{\dfrac{1}{k_A} + \dfrac{1}{k_B}}$ 는 2개의 층 A,

B 간 평균치의 차를 검정할 때 사용한다. 이 식의 전제 조건으로 틀린 것은?(단, k는 시료군의 수, n은 시료군의 크기이다)

① $k_A = k_B$일 것

② $n_A = n_B$일 것

③ $\overline{R}_A$, $\overline{R}_B$는 유의 차이가 없을 것

④ 두 개의 관리도는 관리상태에 있을 것

해설

문제 식의 전제 조건 중 k_A, k_B는 충분히 커야 한다.

31 다음의 데이터로서 유의수준 5[%]로 평균치의 신뢰구간을 구하면 약 얼마인가?(단, $t_{0.975}(9) = 2.262$, $t_{0.975}(10) = 2.228$ 이다)

7	9	5	4	10
8	6	9	7	5

① 7.0 ± 1.43

② 7.0 ± 0.41

③ 7.6 ± 1.43

④ 7.6 ± 0.41

해설

$\overline{x} \pm t_{0.975}(9)\dfrac{s}{\sqrt{n}} = 7 \pm 1.43$

30 어떤 공장에서 A, B, C 기계의 고장 횟수는 다음 표와 같다. 기계에 따라 고장 횟수가 차이가 있는지 검정하고자 할 때의 설명으로 틀린 것은?

기 계	A	B	C
고장 횟수	10	5	15

① 자유도는 2이다.

② 기대도수는 각 기계별로 10개씩이다.

③ 귀무가설(H_0) : 각 기계별 고장 횟수는 같다.

  대립가설(H_1) : 각 기계별 고장 횟수는 다르다.

④ 검정통계량(χ_0^2)은 $\dfrac{(10-10)^2}{10} + \dfrac{(10-5)^2}{5}$

$+ \dfrac{(15-10)^2}{15} = 6.6667$이다.

해설

검정통계량(χ_0^2)은 $\dfrac{(10-10)^2 + (5-10)^2 + (15-10)^2}{10} = 5.0$이다.

32 관리도에 관한 설명으로 거리가 가장 먼 것은?

① 관리도는 제조공정이 잘 관리된 상태에 있는가를 조사하기 위해서 사용된다.

② 관리도는 일반적으로 꺾은선그래프에 1개의 중심선과 2개의 관리한계를 추가한 것이다.

③ 우연원인에 의한 공정의 변동이 있으면 일반적으로 관리한계 밖으로 특성치가 나타난다.

④ 관리도의 사용목적에 따라 기준값이 주어지지 않는 관리도와 기준값이 주어지는 관리도로 구분된다.

해설

이상원인에 의한 공정의 변동이 있으면 관리한계선 밖으로 특성치가 나타난다.

33 부적합수와 관련하여 표본의 면적이나 길이 등이 일정하지 않은 경우에 사용하는 관리도는?

① $\overline{X}$관리도

② u관리도

③ X관리도

④ c관리도

35 모표준편차를 모르는 경우 $H_0 : \mu \geq \mu_0$, $H_1 : \mu < \mu_0$의 검정에 있어서 귀무가설이 기각되는 경우 모평균의 신뢰한계를 추정하는 식은?

① $\overline{x} + t_{1-\alpha/2}(\nu)\dfrac{s}{\sqrt{n}}$

② $\overline{x} + t_{1-\alpha}(\nu)\dfrac{s}{\sqrt{n}}$

③ $\overline{x} - t_{1-\alpha/2}(\nu)\dfrac{s}{\sqrt{n}}$

④ $\overline{x} - t_{1-\alpha}(\nu)\dfrac{s}{\sqrt{n}}$

• 모표준편차를 모르는 경우 $H_0 : \mu \geq \mu_0$, $H_1 : \mu < \mu_0$의 검정에 있어서 귀무가설이 기각되는 경우 모평균의 신뢰한계를 추정하는 식 : $\overline{x} + t_{1-\alpha}(\nu)\dfrac{s}{\sqrt{n}}$

• 모표준편차를 모르는 경우 $H_0 : \mu \leq \mu_0$, $H_1 : \mu > \mu_0$의 검정에 있어서 귀무가설이 기각되는 경우 모평균의 신뢰한계를 추정하는 식 : $\overline{x} - t_{1-\alpha}(\nu)\dfrac{s}{\sqrt{n}}$

34 다음의 두 상관도 (a), (b)에서 x, y 사이의 표본 상관계수에 대한 크기를 비교한 것으로 맞는 것은?

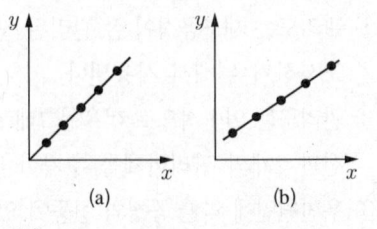

① (a) = (b)

② (a) > (b)

③ (a) < (b)

④ 비교할 수 없다.

두 직선의 흩어진 정도가 비슷하므로 상관계수가 거의 비슷하다.

36 계수형 샘플링검사 절차 – 제1부 : 로트별 합격품질한계(AQL) 지표형 샘플링검사방식(KS Q ISO 2859–1)에서 검사수준에 관한 설명 중 틀린 것은?

① 검사수준은 소관권한자가 결정한다.

② 상대적인 검사량을 결정하는 것이다.

③ 통상적으로 검사수준은 Ⅱ를 사용한다.

④ 수준 Ⅰ는 큰 판별력이 필요한 경우에 사용한다.

수준 Ⅲ은 큰 판별력이 필요한 경우에 사용한다.

37 샘플링오차에 대한 검토 시 측정치의 분포에 주목하여 통계적인 방법으로 어떠한 조치를 취하여야 되겠는가를 모색해야 한다. 이때 오차의 검토 순서로 가장 타당한 것은?

① 정밀성(Precision) → 정확성(Accuracy) → 신뢰성(Reliability)

② 신뢰성(Reliability) → 정밀성(Precision) → 정확성(Accuracy)

③ 정확성(Accuracy) → 신뢰성(Reliability) → 정밀성(Precision)

④ 정확성(Accuracy) → 정밀성(Precision) → 신뢰성(Reliability)

해설
오차의 검토 순서 : 신뢰성(Reliability) → 정밀성(Precision) → 정확성(Accuracy)

38 어떤 기계로 만들어지는 샤프트의 직경은 평균치 3.000[cm], 표준편차 0.010[cm]의 정규분포를 한다. 이 직경의 규격을 3.0±0.01[cm]로 하면, 부적합품률은?

u	P_r
0.0	0.5000
0.5	0.3085
1.0	0.1587
1.5	0.0668
2.0	0.228

① 0.1587[%] ② 0.3174[%]

③ 15.87[%] ④ 31.74[%]

해설
$$P = P_r(x < S_L) + P_r(x > S_U)$$
$$= P_r\left(\frac{x-\mu}{\sigma} < \frac{S_L-\mu}{\sigma}\right) + P_r\left(\frac{x-\mu}{\sigma} > \frac{S_U-\mu}{\sigma}\right)$$
$$= P_r\left(U < \frac{2.990-3.000}{0.0100}\right) + P_r\left(U > \frac{3.010-3.000}{0.0100}\right)$$
$$= P_r(U < 1) + P_r(U > 1) = 0.1587 + 0.1587$$
$$= 0.3174 = 31.74[\%]$$

39 추정에 관한 설명으로 틀린 것은?

① 통계량 $\bar{x}$의 기대치는 모평균 μ와 일치하는 것으로서 $\bar{x}$를 모평균의 불편추정량이라 한다.

② 모평균을 구간추정하였을 경우 모평균의 참값이 그 구간 내에 존재하게 되는 확률을 위험률이라 한다.

③ 유한모집단으로부터 샘플 평균 $\bar{x}$의 표준편차는 무한모집단인 경우의 $\sqrt{1-\dfrac{n}{N}}$ 배가 된다.

④ 통계량은 불편성(Unbiasedness), 유효성(Efficiency), 일치성(Consistency)을 갖추고 있어야 한다.

해설
모평균을 구간추정하였을 경우 모평균의 참값이 그 구간 내에 존재하게 되는 확률을 신뢰율이라 한다.

40 $\bar{X}-R$ 관리도에서 관리계수(C_f)가 1.33이라면 해당 공정에 대한 판단은?

① 군내변동이 작다.

② 군내변동이 크다.

③ 군간변동이 크다.

④ 대체로 관리상태이다.

해설
$C_f = 1.3 > 1.2$이므로, 군간변동이 크다.

41

PERT에서 어떤 활동의 3점 시간견적결과, (4, 9, 10)을 얻었다. 이 활동시간의 기대치와 분산은 각각 얼마인가?

① $\frac{23}{3}$, 1   ② $\frac{23}{3}$, $\frac{5}{3}$

③ $\frac{25}{3}$, 1   ④ $\frac{25}{3}$, $\frac{5}{3}$

해설
활동시간의 기대치와 분산
- 기대치 $t_e = \dfrac{a+4m+b}{6} = \dfrac{4+36+10}{6} = \dfrac{25}{3}$
- 분산 $\sigma^2 = \left(\dfrac{b-a}{6}\right)^2 = \left(\dfrac{10-4}{6}\right)^2 = 1$

42

다음의 MRP(Material Requirements Planning) 특징으로 맞는 것을 모두 선택한 것은?

> ㉠ MRP의 입력요소는 BOM(Bill Of Material), MPS (Master Production Scheduling), 재고기록철 (Inventory Record File)이다.
> ㉡ 소요량 개념에 입각한 종속 수요품의 재고관리방식이다.
> ㉢ 종속 수요품 각각에 대하여 수요 예측을 별도로 할 필요가 없다.
> ㉣ 상황 변화(수요, 공급, 생산능력의 변화 등)에 따른 생산일정 및 자재계획의 변경이 용이하다.
> ㉤ 상위 품목의 생산계획에 따라 부품의 소요량과 발주시기를 계산한다.

① ㉡, ㉢, ㉣, ㉤
② ㉠, ㉡, ㉢, ㉤
③ ㉠, ㉡, ㉢, ㉣, ㉤
④ ㉠, ㉡, ㉣, ㉤

43

JIT시스템에서 소로트화의 특징이 아닌 것은?

① 검사비용을 줄일 수 있다.
② 시장 수요의 적절한 대응이 어렵다.
③ 소로트화는 생산 리드타임을 감소시킨다.
④ 소로트화는 공장의 작업부하를 균일하게 한다.

해설
소로트화는 시장 수요의 적절한 대응이 용이하다.

44

고객의 요구를 효율적으로 충족시키기 위해 공급자, 생산자, 유통업자 등 관련된 모든 단계의 정보와 자재의 흐름을 계획, 설계 및 통제하는 관리기법은?

① SCM   ② ERP
③ MES   ④ CRM

해설
- ERP(Enterprise Resource Planning, 전사적 자원관리) : 종래 독립적으로 운영되어 온 생산, 유통, 재무, 인사 등의 단위별 정보시스템을 하나로 통합하여 수주에서 출하까지의 공급망과 기간업무를 지원하는 통합된 자원관리시스템이다.
- CRM(고객관계관리) : 기업이 고객과 관련된 조직의 내·외부 정보를 층별, 분석, 통합하여 고객중심자원을 극대화하고, 고객특성에 맞는 마케팅활동을 계획·지원·평가하는 방법으로 장기적인 고객관리를 가능하게 하는 기법이다.

45 목표생산주기시간(사이클 타임)을 구하는 공식으로 맞는 것은?(단, $\sum t_i$는 총작업 소요시간, Q는 목표생산량, a는 부적합품률, y는 라인의 여유율이다)

① $\dfrac{\sum t_i}{Q(1-y)(1-a)}$

② $\dfrac{\sum t_i(1-y)}{Q(1-a)}$

③ $\dfrac{\sum t_i(1-y)(1-a)}{Q}$

④ $\dfrac{\sum t_i(1-a)}{Q(1-y)}$

해설
부적합품률과 라인 여유율을 모두 감안할 경우의 목표생산주기시간

(사이클 타임) $CT = \dfrac{\sum t_i(1-y)(1-a)}{Q}$

46 소모품과 같이 종류가 많고 비교적 중요하지 않은 값싼 것에 대해서는 납품업자 1개사를 지정하여 그 업자에게 모든 것을 맡겨 전문적으로 납품시키는 구매계약방법은?
① 위탁구매방식
② 수의계약
③ 지명경쟁계약
④ 연대구매방식

47 설비배치의 형태에 영향을 주는 요인이 아닌 것은?
① 품목별 생산량
② 운반설비의 종류
③ 생산품목의 종류
④ 표준시간의 설정방법

해설
표준시간의 설정방법은 작업 측정에 영향을 주는 요인이다.

48 A, B, C, D 4개의 작업은 모두 공정 1을 먼저 거친 다음에 공정 2를 거친다. 작업량이 적은 순으로 작업 순위를 결정한다면 최종 작업이 공정 2에서 완료되는 시간은?

작 업	공정시간(단위 : 일)	
	공정 1	공정 2
A	4	6
B	5	7
C	8	3
D	6	3

① 29일　　② 30일
③ 31일　　④ 32일

해설
작업량이 적은 순으로 작업 순위 결정 : D → C → A → B

누적시간	D	C	A	B
공정 1	6	14	18	23
공정 2	9	17	23	30

49 가중이동평균법에서 최근 자료에 높은 가중치를 부여하는 가장 큰 이유는?

① 매개변수 파악을 위하여

② 시간적 간격을 좁히기 위하여

③ 재고의 정확성을 높이기 위하여

④ 수요 변화에 신속 대응하기 위하여

해설

가중이동평균법(Weighted Moving Average)
• 과거 자료 중 최근의 실제치를 더 많이 예측치에 반영한다.
• 가중이동평균법에서 최근 자료에 높은 가중치를 부여하는 가장 큰 이유는 (변화 대응성을 고려하여) 매개변수를 파악하기 위해서이다.
• 직전 N기간의 자료치에 합이 1이 되는 가중치를 부여한 다음, 가중합계치를 예측치로 한다.

50 지수평활계수(α)에 대한 설명으로 맞는 것은?

① 초기에 설정한 α값은 변경할 수 없다.

② α값은 −1 이상, 1 이하인 실수값으로 결정한다.

③ 수요의 추세가 안정적인 경우에는 α값을 크게 한다.

④ α가 큰 경우는 최근의 실제 수요에 보다 큰 비중을 둔다.

해설

① 초기에 설정한 α값은 변경할 수 있다.
② α값은 $0 \le \alpha \le 1$의 값을 갖는다.
③ 수요의 추세가 안정적인 경우에는 α값을 작게 한다.

51 다음과 같은 제품을 생산하는 데 적합한 배치방식은 무엇인가?

> 발전소, 댐, 조선, 대형 비행기, 우주선, 로켓

① 공정별 배치

② 제품별 배치

③ 위치고정형 배치

④ 혼합형 배치

해설

위치고정형 배치(프로젝트 배치)
• 작업 진행 중인 제품이 한 작업에서 다른 작업으로 이동하지 않고 작업자, 자재 및 설비가 이동하는 배치법이다.
• 대형 선박이나 토목건축 공사장에 적용하는 배치방법이다.
• 이동이 곤란하거나 불가능한 대형 제품, 복잡한 구조물 등에 대해 제품을 움직이지 않고, (또는 못하고) 제품 생산에 필요한 자재, 기계, 설비, 작업자 등이 제품이 있는 장소로 이동하여 작업하는 배치방식이다.

52 고정비(F), 변동비(V), 개당 판매가격(P), 생산량(Q)이 주어졌을 때 손익분기점을 산출하는 식은?

① $\dfrac{F}{\dfrac{V}{PQ}}$ ② $\dfrac{F}{1-\dfrac{V}{PQ}}$

③ $\left(1-\dfrac{V}{PQ}\right)-F$ ④ $1-\dfrac{\left(\dfrac{F}{V}\right)}{PQ}$

해설

손익분기점 $BEP = \dfrac{\text{고정비}(F)}{\text{한계이익률}} = \dfrac{F}{1-\dfrac{V}{S}} = \dfrac{F}{1-\dfrac{V}{PQ}}$

53 단일설비 일정계획에서 작업시간이 가장 짧은 작업부터 우선적으로 처리하는 작업 순위 규칙은?

① EDD(Earliest Due Date)

② SPT(Shortest Processing Time)

③ FCFS(First Come First Serviced)

④ PTS(Predetermined Time Standard)

해설

① EDD(Earliest Due Date) : 납기일이 급한 순서대로 작업하는 방법으로, 작업효율이 가장 효율적이다.

③ FCFS(First Come First Serviced) : 작업장 도착 순서대로 작업을 수행한다.

④ PTS(Predetermined Time Standard) : 미리 정해 놓은 기본동작별 시간자료로부터 작업을 구성하는 동작들의 시간을 합성하여 표준시간을 결정하는 작업 측정기법이다.

54 어느 프레스 공장에서 프레스 10대의 가동상태가 정지율 25[%]로 추정되고 있다. 이때 워크샘플링법에 의해서 신뢰도 95[%], 상대오차 ±10[%]로 조사하고자 할 때 샘플의 크기는 약 몇 회인가?(단, $u_{0.025} = 1.96$, $u_{0.05} = 1.645$ 이다)

① 72회
② 96회
③ 1,152회
④ 1,536회

해설

관측 횟수(신뢰도 95[%]인 경우)

$$n = \frac{K_{\alpha/2}^2 \times (1-p)}{S^2 p} = \frac{1.96^2 \times (1-0.25)}{0.1^2 \times 0.25} \simeq 1,152회$$

55 제품 생산 시 발생되는 데이터를 실시간으로 수집하고 조회하며, 이들 정보를 통하여 생산 통제를 하는 1차 기능과 분석 및 평가를 통한 생산성 향상을 기할 수 있는 시스템은?

① POP(Point Of Production)

② POQ(Period Order Quantity)

③ BPR(Business Process Reengineering)

④ DRP(Distribution Requirements Planning)

56 고정주문량 모형의 특징을 설명한 것으로 맞는 것은?

① 주문량은 물론 주문과 주문 사이의 주기도 일정하다.

② 최대 재고수준은 조달기간 동안의 수요량의 변동 때문에 언제나 일정한 것은 아니다.

③ 재고수준이 재주문점에 도달하면 주문하기 때문에 재고수준을 계속 실사할 필요는 없다.

④ 하나의 공급자로부터 상이한 수많은 품목을 구입하는 경우에 수량 할인을 받기 위해 적용하면 유리하다.

해설

① 주문량은 일정하지만 주문과 주문주기 사이의 주기는 일정하지 않다.

③ 재고수준이 재주문점에 도달하면 주문하기 때문에 재고수준을 계속 실사해야 한다.

④ 고정주문주기모형(P시스템)에 대한 설명이다.

57 다음은 자주보전 7가지 단계의 내용이다. 순서를 맞게 나열한 것은?

> ㉠ 생활화
> ㉡ 총점검
> ㉢ 초기 청소
> ㉣ 자주점검
> ㉤ 정리·정돈
> ㉥ 발생원, 곤란 개소 대책
> ㉦ 청소, 점검, 급유 가기준의 작성

① ㉢ → ㉥ → ㉦ → ㉡ → ㉣ → ㉤ → ㉠
② ㉢ → ㉥ → ㉦ → ㉣ → ㉤ → ㉡ → ㉠
③ ㉦ → ㉢ → ㉥ → ㉡ → ㉣ → ㉤ → ㉠
④ ㉦ → ㉢ → ㉥ → ㉣ → ㉤ → ㉡ → ㉠

[해설]
자주보전 7단계 : 초기 청소 → 발생원, 곤란 개소 대책 → 청소, 점검, 급유 (가)기준의 작성 → 총점검 → 자주점검 → 정리·정돈 → 생활화

58 동작경제의 원칙 중 '공구의 기능을 결합하여 사용하도록 한다.'는 원칙은?

① 신체의 사용에 관한 원칙
② 작업장의 배치에 관한 원칙
③ 작업범위의 선정에 관한 원칙
④ 공구 및 설비의 디자인에 관한 원칙

[해설]
동작경제의 원칙 중 '공구의 기능을 결합하여 사용하도록 한다.'는 원칙은 공구 및 설비의 디자인에 관한 원칙에 해당한다.

59 설비보전에 관한 공식 중 틀린 것은?

① $MTBF = \dfrac{총가동시간}{총고장건수}$

② $시간가동률 = \dfrac{가동시간}{부하시간} \times 100$

③ $속도가동률 = \dfrac{이론사이클타임}{실제사이클타임} \times 100$

④ 설비종합효율 = 시간가동률 × 속도가동률 × 적합품률

[해설]
설비종합효율 = 시간가동률 × 성능가동률 × 양품률

60 인간이 행하는 손동작을 17가지 내지 18가지의 기본적인 동작으로 구분하고, 작업자의 수동작을 분석하여 작업자의 작업동작을 개선하기 위한 동작분석방법은?

① 서블릭분석   ② 공정분석
③ 메모모션분석   ④ 작업분석

[해설]
② 공정분석 : 생산공정이나 작업방법의 내용을 공정 순서에 따라 각 공정의 조건(발생 순서, 가공조건, 경과시간, 이동거리 등)을 분석, 조사, 검토하여 공정계열의 합리화(생산기간 단축, 재공품 절감, 생산공정 표준화)를 모색하는 것이다.
③ 메모모션분석(Memo Motion Analysis) : 작업을 저속 촬영(매초 1Frame 또는 매분 100Frame)한 후 이를 도표로 그려 분석하는 기법으로, 사이클 타임이 긴 작업을 효과적으로 분석한다.
④ 작업분석 : 생산 주체인 작업자의 활동을 중심으로 생산 대상물을 움직이게 하는 과정을 검토, 분석하는 것으로, 작업 개선을 위해 작업의 모든 생산적, 비생산적 요인을 분석하여 단위당 생산량을 증가시키고 단위당 비용을 감소시키기 위한 기법이다.

57 ① 58 ④ 59 ④ 60 ① **정답**

61 제품의 신뢰성은 고유 신뢰성과 사용 신뢰성으로 구분된다. 사용 신뢰성의 증대방법에 속하는 것은?

① 고(高)신뢰도 부품을 사용한다.

② 기기나 시스템에 대한 사용자 매뉴얼을 작성 배포한다.

③ 부품의 전기적, 기계적, 열적 및 기타 작동조건을 경감한다.

④ 부품 고장의 영향을 감소시키는 구조적 설계방안을 강구한다.

해설
①, ③, ④는 고유 신뢰성 증대방법이다.

62 수명분포가 지수분포를 따르는 경우에 관한 설명 중 틀린 것은?

① 단위시간당의 고장 횟수는 이항분포를 따른다.

② 고장률은 평균수명에 대해 역의 관계가 성립한다.

③ t 시간을 사용한 뒤에도 작동되고 있다면 고장률은 처음과 같이 일정하다.

④ 시스템의 사용시간이 경과한 뒤에도 측정하는 관심모수의 값은 변하지 않는다.

해설
수명분포가 지수분포를 따르는 경우, 단위시간당의 고장건수는 푸아송분포를 따른다.

63 동일한 부품 2개의 직렬체계에서 리던던시 부품 2개를 추가할 때 가장 신뢰도가 높은 구조는?

① 체계를 병렬 중복

② 부품 수준에서 중복

③ 첫째 부품을 3중 병렬 중복

④ 둘째 부품을 3중 병렬 중복

해설
동일한 부품 2개의 직렬체계에서 용장 부품들을 추가할 때 가장 신뢰도가 높은 리던던시 구조는 부품을 중복하는 것이다.

64 다음 표는 고장평점법의 고장 등급에 따른 고장 구분, 판단기준 및 대책을 나타낸 것이다. 내용이 틀린 등급은?

등 급	고장 구분	판단기준	대 책
I	치명고장	임무수행 불능, 인명손실	설계 변경 필요
II	중대고장	임무의 중한 부분 미달성	설계 재검토가 필요
III	경미고장	임무의 일부 미달성	설계 변경은 불필요
IV	미소고장	일부 임무가 지연	설계 변경은 불필요

① I

② II

③ III

④ IV

해설
IV의 경우 판단기준은 전혀 영향이 없고, 설계 변경은 전혀 불필요하다.

65 신뢰도가 0.95인 부품이 직렬로 결합되어 시스템을 구성한다면, 시스템의 목표 신뢰도 0.90을 만족시키기 위한 부품의 수는?

① 2개 　　　　 ② 3개
③ 4개 　　　　 ④ 5개

해설

$R_s = R_i^n$ 에서 $0.90 = 0.95^n$ 이다. 양변에 ln을 취하면

$\ln 0.90 = n \ln 0.95$ 이므로, $n = \dfrac{\ln 0.90}{\ln 0.95} = 2.054$

$\therefore$ 2개

66 20개의 동일한 설비를 6개가 고장이 날 때까지 시험을 하고 시험을 중단하였다. 시험결과, 6개 설비의 고정 시간은 각각 56, 65, 74, 99, 105, 115시간째이었다. 이 제품의 수명이 지수분포를 따르는 것으로 가정하고, 평균수명에 대한 90[%] 신뢰구간 추정 시 하측 신뢰한계값을 구하면 약 얼마인가?(단, $\chi^2_{0.95}(12)$ $= 21.03$, $\chi^2_{0.95}(14) = 23.68$, $\chi^2_{0.975}(12) = 23.34$, $\chi^2_{0.975}(14) = 26.12$ 이다)

① 101 　　　　 ② 179
③ 182 　　　　 ④ 202

해설

$T = 56 + 65 + 74 + 99 + 105 + 115 = 2,124$

$\dfrac{2T}{\chi^2_{1-\alpha/2}(2r)} \le \theta \le \dfrac{2T}{\chi^2_{\alpha/2}(2r)}$ 이며,

$\dfrac{2 \times 2,124}{21.03} \le \theta \le \dfrac{2T}{\chi^2_{\alpha/2}(2r)}$ 에서,

$202 \le \theta \le \dfrac{2T}{\chi^2_{\alpha/2}(2r)}$ 이므로, 하측 신뢰한계값은 2020이다.

67 각 부품의 신뢰도가 R로 일정한 2 out of 4 시스템의 신뢰도는?

① $2R - R^2$
② $6R^2 - 8R^3 + 3R^4$
③ $2R^2(1 + R + 2R^2)$
④ $6R^2(1 - 2R + R^2)$

해설

$R_s = \displaystyle\sum_{i=k}^{n} {}_nC_i R^i (1-R)^{n-i}$

$= {}_4C_2 R^2 (1-R)^2 + {}_4C_3 R^3 (1-R) + {}_4C_4 R^4 (1-R)^0$

$= \dfrac{4!}{2!(4-2)!} \times R^2 (1 - 2R + R^2) + \dfrac{4!}{3!(4-3)!}$
$\quad \times R^3 (1-R) + R^4$

$= 6R^2 (1 - 2R + R^2) + 4R^3 (1-R) + R^4$

$= 6R^2 - 8R^3 + 3R^4$

68 샘플수가 35개, n시간까지의 누적 고장 개수가 22개일 때, 신뢰도 $R(t)$를 평균순위법을 이용하여 구하면 약 얼마인가?

① 0.3267
② 0.3447
③ 0.3667
④ 0.3889

해설

신뢰도 $R(t) = 1 - F(t) = \dfrac{(n+1) - i}{n+1}$

$= \dfrac{(35+1) - 22}{35 + 1} \simeq 0.3889$

69 Y부품의 고장률이 0.5×10^{-5}/시간이다. 하루 24시간씩 1년간 작동한다고 할 때, 이 부품이 1년 이상 작동할 확률을 구하면 약 얼마인가?(단, 1년간 작동일수는 360일이다)

① 0.3686

② 0.6321

③ 0.9577

④ 0.9988

해설

$R(t = 8{,}640) = e^{-\lambda t} = e^{-0.5 \times 10^{-5} \times 8{,}640} \simeq 0.9577$

71 고장시간이 지수분포를 따르고, 평균수명이 100시간인 2개의 부품이 병렬결합모델로 구성되어 있을 때 150시간에서의 신뢰도는 약 얼마인가?

① 0.3965

② 0.4868

③ 0.5117

④ 0.6313

해설

신뢰도 $R(t = 150) = 2e^{-\lambda t} + e^{-2\lambda t}$
$\qquad\qquad\qquad = 2e^{-0.01 \times 150} + e^{-2 \times 0.01 \times 150} \simeq 0.3965$

72 부하–강도모형(Stress–Strength Model)에서 고장이 발생할 경우에 관한 설명으로 틀린 것은?

① 고장의 발생 확률은 불신뢰도와 같다.

② 안전계수가 작을수록 고장이 증가한다.

③ 부하보다 강도가 크면 고장이 증가한다.

④ 불신뢰도는 부하가 강도보다 클 확률이다.

해설

부하보다 강도가 크면 고장이 감소한다.

70 와이블(Weibull)확률지에 관한 설명으로 맞는 것은?

① 관측 중단 데이터가 있으면 사용할 수 없다.

② 분포의 모수를 확률지로부터 추정할 수 있다.

③ 와이블 분포는 타점 후 반드시 원점을 지나는 직선이 나오게 된다.

④ $H(t)$를 누적고장률함수라고 할 때, $H(t)$가 t의 선형함수임을 이용한 것이다.

해설

① 관측 중단 데이터는 불신뢰도 계산에 사용된다.

③ 위치모수 $r = 0$이 아니면 원점을 지나지 않으므로 와이블분포는 타점 후 반드시 원점을 지나는 직선이 나오지 않을 수도 있다.

④ 누적고장률함수 $H(t)$가 선형함수인 것을 이용하는 확률지는 지수확률지이다.

73 고장밀도함수가 지수분포를 따를 때, MTBF 시점에서 신뢰도의 값은?

① e^{-1}

② e^{-2t}

③ e^{-3t}

④ $e^{-\lambda t}$

해설

$R(t = MTBF) = e^{-\frac{\theta}{\theta}} = e^{-1}$

74 보전도 $M(t)$가 지수분포를 따른다면, $M(t) = 1 - e^{-\mu t}$가 된다. 그렇다면 $\dfrac{1}{\mu}$는 무엇을 의미하는가?

① MTTR ② MTBF
③ MTTF ④ MTTFF

$\dfrac{1}{\mu} = \lambda = $ MTTR(평균수리시간)

75 정상전압 220[V]의 콘덴서 10개를 가속전압 260[V]에서 3개가 고장 날 때까지 가속수명시험을 하였더니 63, 112, 280시간에 각각 1개씩 고장 났다. 가속계수값이 2.31인 경우 α(알파)승법칙을 사용하여 정상전압에서의 평균수명시간을 구하면 약 얼마인가?

① 557.87 ② 1,610.56
③ 1,859.55 ④ 3,679.55

$$\theta_s = \frac{\sum t_i + (n-r)t_r}{r} = \frac{63 + 112 + 280 + 7 \times 280}{3} = 805 \text{시간}$$
∴ 평균수명시간 $\theta_n = 2^\alpha \theta_s = 2.31 \times 805 = 1,859.55$시간

76 어느 가정의 연말 크리스마스트리가 50개의 전구로 구성되어 있다. 이 트리를 점등 후 연속 사용할 때 1,000시간까지 고장 난 개수가 30개이다. 이때 1,000시간까지 전구의 신뢰도는?

① 0.3 ② 0.2
③ 0.4 ④ 0.5

전구의 신뢰도 $R(t) = \dfrac{n(t)}{N} = \dfrac{50 - 30}{50} = 0.4$

77 FTA 작성 시 모든 입력사상이 고장 날 경우에만 상위사상이 발생하는 것은?

① 기본사상
② OR 게이트
③ 제약게이트
④ AND 게이트

④ AND 게이트 : FTA 작성 시 모든 입력사상이 고장 날 경우에만 상위사상이 발생하는 것으로 신뢰성 블록도에서 병렬연결에 해당한다.
① 기본사상 : 더 이상의 세부적인 분류가 필요 없는 사상이다. 더 이상 전개되지 않는 기본적인 사상 또는 발생확률이 단독으로 얻어지는 낮은 레벨의 기본적인 사상이다.
② OR 게이트 : 입력사상 중 어느 하나라도 발생하면 출력사상이 발생하는 게이트이다(논리합의 게이트).

78 Y기계의 평균고장률은 0.0125/시간이고, 고장 시 평균수리시간은 20시간이었다. 이 기계의 가용도(Availability)는?(단, 고장시간과 수리시간은 지수분포를 따른다)

① 0.6 ② 0.7
③ 0.8 ④ 0.9

가용도 $A = \dfrac{\mu}{\lambda + \mu} = \dfrac{1/20}{0.0125 + 1/20} = 0.8$

79 신뢰성 샘플링검사에서 MTBF와 같은 수명 데이터를 기초로 로트의 합부판정을 결정하는 것은?

① 계수형 샘플링검사
② 층별형 샘플링검사
③ 선별형 샘플링검사
④ 계량형 샘플링검사

해설
계량형 샘플링검사 : 신뢰성 샘플링검사에서 MTBF와 같은 수명 데이터를 기초로 로트의 합부판정을 결정하는 것

80 시스템의 수명곡선이 욕조곡선(Bath-tub Curve)을 따를 때, 우발고장기간의 고장률에 해당하는 것은?

① AFR(Average Failure Rate)
② CFR(Constant Failure Rate)
③ IFR(Increasing Failure Rate)
④ DFR(Decreasing Failure Rate)

해설
② CFR(Constant Failure Rate) : 우발고장기간
① AFR(Average Failure Rate) : 합격고장률
③ IFR(Increasing Failure Rate) : 마모고장기간
④ DFR(Decreasing Failure Rate) : 초기고장기간

제5과목 | **품질경영**

81 품질 코스트의 집계단계에서 수행하는 업무가 아닌 것은?

① 책임 부문별로 할당
② 품질 코스트를 총괄
③ 보조품목 부품별로 할당
④ 프로젝트(Project) 해석을 위한 집계

해설
품질 코스트는 보조품목 부품별로 할당하지 않고 제품별로 할당한다.

82 파라슈라만(Parasuraman) 등이 제시한 SERVQUAL 모델에 대한 설명으로 틀린 것은?

① '광고만 번지르르하고 호텔에 가 보면 별거 아니다."라는 유형성(Tangibles)의 예라 할 수 있다.
② 고객에 신속하고 즉각적인 서비스를 제공하려는 의지는 신뢰성(Reliability)에 해당한다.
③ 확신성(Assurance)은 능력(Competence), 예의(Courtesy), 안정성(Security), 진실성(Credibility)을 묶은 것이다.
④ 공감성(Empathy)은 접근성(Access), 의사소통(Communication), 고객 이해(Understanding)를 묶은 것이다.

해설
고객에 신속하고 즉각적인 서비스를 제공하려는 의지는 대응성(Responsiveness)에 해당하며, SERVQUAL 모델에서의 신뢰성(Reliability)은 고객과의 약속을 정확하게 이행하는 능력이다.

83 연구 개발, 산업 생산, 시험검사 현장 등에서 측정한 결과가 명시된 불확정 정도의 범위 내에서 국가측정표준 또는 국제측정표준과 일치되도록 연속적으로 비교하고 교정하는 체계를 의미하는 용어는?

① 소급성
② 교 정
③ 공 차
④ 계 량

84 국가규격의 연결이 잘못된 것은?

① NF – 독일
② GB – 중국
③ BS – 영국
④ ANSI – 미국

해설
NF는 프랑스의 국가규격이며, DIN은 독일의 국가규격이다.

85 기업 입장에서 제품 책임과 관련한 소송이 발생하였을 경우 이에 대한 대책(PLD)으로 거리가 가장 먼 것은?

① 수리 및 리콜 등을 행한다.
② PL법에 관련된 보험에 가입한다.
③ 안전기준치보다 더 엄격한 설계를 한다.
④ 초기에 대처할 수 있게 전 종업원들을 훈련한다.

해설
③ PLP에 대한 설명이다.
① 사후대책
② 사전대책
④ 사전대책

86 품질보증의 의의로 가장 적합한 것은?

① 품질이 규격한계에 있는지 조사하는 것이다.
② 품질특성을 조사하여 합부판정을 내리는 것이다.
③ 품질이 고객의 요구수준에 있음을 보증하는 것이다.
④ 검사를 중심으로 안정된 품질을 확보하는 것이다.

해설
①, ②, ④는 검사업무에 해당한다.

87 최초의 시점에서는 최종 결과까지의 행방을 충분히 짐작할 수 없는 문제에 대하여, 그 진보과정에서 얻어지는 정보에 따라 차례로 시행되는 계획의 정도를 높여 적절한 판단을 내림으로써 사태를 바람직한 방향으로 이끌어가거나 중대 사태를 회피하는 방책을 얻는 방법은?

① PDPC법
② 연관도법
③ 애로우다이어그램
④ 매트릭스데이터 해석법

해설
① PDPC법(Process Decision Program Chart) : 사태의 진정과 더불어 여러 가지 결과가 상정되는 문제에 대해서 바람직한 결과에 이르는 과정을 정하는 방법이다.
② 연관도법(Relations Diagram) : 복잡한 요인이 얽힌 문제에 대하여 그 인과관계 및 요인 간의 관계를 명확히 함으로써 적절한 해결책을 찾는 기법이다.
③ 애로우다이어그램 : 적합한 일정계획을 세워 효율적으로 관리하는 기법이다. 임무를 완수하거나 목표를 달성하기 위해 여러 활동이나 단계를 거쳐야 할 경우, 필요한 활동의 선후관계를 네트워크로 표시하고 그 일정을 관리하기 위한 프로젝트 관리기법이다.
④ 매트릭스데이터해석(Matrix–data Analysis) : 매트릭스데이터를 쉽게 비교해 볼 수 있도록 그림(L형 매트릭스)으로 나타낸 것이다.

88 도수분포표를 작성할 때 일반적으로 계급의 수를 결정하는 방법이 아닌 것은?(단, n은 데이터의 수이고, 최소 100개 이상인 경우이다)

① $\sqrt{n}$
② $2 \times n^{1/4}$
③ $1 + \log_2 n$
④ 경험적 방법

해설

도수분포표의 계급의 수를 결정하는 방법 : $\sqrt{n}$, $1 + \log_2 n$, 경험적 방법

89 측정기(계량기)의 측정오차 중 동일 측정조건하에서 같은 크기와 부호를 갖는 오차로서 측정기를 미리 검사·보정하여 측정값을 수정할 수 있는 계통오차(Calibration Error)에 해당하지 않는 것은?

① 과실오차
② 계기오차
③ 이론오차
④ 개인오차

해설

계통오차(Calibration Error) : 개인오차, 계기오차, 이론오차, 환경오차

90 기업이 조직의 구성원들에게 품질에 관한 사고를 지니도록 유도하는 조직론적 방법 중 하나로서 동일한 직장에서 품질경영활동을 자주적으로 하는 활동은?

① 개선 제안
② 품질분임조
③ 방침관리
④ 태스크포스팀

해설

품질분임조
- QM의 실천과 산업기술 혁신에 도전하는 소집단이다.
- 회사 전체의 품질관리활동의 일환으로 전원 참여를 통한 자기계발 및 상호 계발을 행하고 품질관리기법을 활용하여 직장의 관리와 개선을 지속적으로 수행한다.
- 품질분임조활동의 기본이념
  - 기업의 체질 개선 및 발전에 기여한다.
  - 인간성을 존중하여 보람 있는 밝은 직장을 만든다.
  - 인간의 능력을 발휘하여 무한한 가능성을 끌어낸다.
  - Bottom-up 방식의 활동을 통해 기업의 주인의식을 확산한다.

91 표준화의 원리에 대한 설명으로 틀린 것은?

① 표준화란 단순화의 행위이다.
② 표준은 실시하지 않으면 가치가 없다.
③ 표준의 제정은 전체적인 합의에 따라야 한다.
④ 국가규격의 법적 강제의 필요성은 고려하지 않는다.

해설

국가규격의 법적 강제의 필요성은 고려되어야 한다.

92 모티베이션 운동은 그 추진 내용면에서 볼 때 동기부여형과 불량예방형으로 나눌 수 있다. 동기부여형의 활동에 해당되지 않는 것은?

① 고의적인 오류의 억제
② 품질 의식을 높이기 위한 모티베이션 앙양(昂揚) 교육
③ 우수한 작업자의 기술 습득 및 기술 개선을 위한 교육훈련을 실시
④ 관리자 책임의 불량이라는 관점에서 작업자의 개선행위를 추구

해설

관리자책임의 불량이라는 관점에서 작업자의 개선행위를 추구하는 것은 불량예방형에 해당한다.

93 품질비용의 분류에서 예방비용에 해당되는 것은?

① 클레임비용

② 품질관리교육비용

③ 공정검사비용

④ 설계 변경 유실비용

해설
① 클레임비용은 실패비용에 해당한다.
③ 공정검사비용은 평가비용에 해당한다.
④ 설계변경 유실비용은 실패비용에 해당한다.

94 게하니(Gehani) 교수가 구상한 품질가치사슬구조로 볼 때 최고 정점에 있다고 본 전략종합품질에 대한 품질 선구자의 사상에 해당하는 것은?

① 고객만족품질과 시장품질

② 설계종합품질과 원가종합품질

③ 전사적 종합품질과 예방종합품질

④ 시장창조종합품질과 시장경쟁종합품질

해설
품질가치사슬(Quality Value Chain) : 마이클 포터의 부가가치사슬을 발전시켜 품질 선구자들의 사상을 인용하여 게하니(Ray Gehani) 교수가 도표를 통해 TQM의 전략적인 고객만족 품질은 '제품품질 + 경영종합품질 + 전략종합품질'의 융합에 의해서 도달할 수 있다고 제시한 이론
• 하층부 : 기본적인 부가가치활동이 전개되는 부분으로 테일러의 검사품질, 데밍의 공정관리 종합품질, 이시가와의 예방종합품질 등이 이에 해당된다.
• 중층부 : 경영종합품질
• 상층부 : 전략적 종합품질(시장경쟁종합품질 + 시장창조종합품질)

95 품질경영시스템-요구사항(KS Q ISO 9001)에서 프로세스 접근법을 적용했을 때, 가능한 사항이 아닌 것은?

① 효과적인 프로세스 성과의 달성

② 요구사항 충족의 이해와 일관성

③ 가치 부가 측면에서 프로세스의 고려

④ 수정이나 변경이 없는 품질경영시스템 구현

해설
수정이나 변경이 없는 품질경영시스템 구현이 아니라 데이터와 정보의 평가에 기반을 둔 프로세스의 개선으로 바꿔야 한다.

96 품질전략을 수립할 때 계획단계(전략의 형성단계)에서 SWOT 분석을 많이 활용하고 있다. 여기서 SWOT 분석 시 고려되는 항목이 아닌 것은?

① 근심(Trouble)

② 약점(Weakness)

③ 강점(Strength)

④ 기회(Opportunity)

해설
SWOT : 강점(Strength), 약점(Weakness), 기회(Opportunity), 위협(Threat)

97 말콤볼드리지상에 관한 설명으로 틀린 것은?

① 7가지의 평가요소로 분류하고 있다.

② 데밍상을 벤치마킹하여 제정한 것이다.

③ 기업 경영 전체의 프로그램으로 전략에서 실행까지를 전개한다.

④ 품질 향상을 위해 실천적인 'How to Do'를 추구하는 프로세스 지향형이다.

해설
말콤볼드리지상은 품질 향상을 위해 실천적인 'What to Do'를 추구하는 목적지향형이다. 'How to Do'를 추구하는 프로세스지향형은 데밍상이다.

99 어떤 제품의 규격이 8.3~8.5[cm]이다. $n=4$, $k=4$이고, $\overline{\overline{X}}=8.35$, $\overline{R}=0.05$일 때, 최소공정능력지수(C_{pk})는? (단, $n=4$일 때, $d_2=2.059$이다)

① 0.573   ② 0.686

③ 1.043   ④ 1.224

해설

$$C_{pk}=\frac{\overline{\overline{X}}-L}{3\sigma}=\frac{8.35-8.3}{3\times(0.05/2.059)}\simeq 0.686$$

100 사내표준화의 요건으로 사내표준의 작성대상은 기여비율이 큰 것으로부터 채택하여야 하는데, 공정이 현존하고 있는 경우 기여비율이 큰 것에 해당되지 않는 것은?

① 통계적 수법 등을 활용하여 관리하고자 하는 대상인 경우

② 준비 교체 작업, 로트 교체 작업 등 작업의 변환점에 관한 경우

③ 현재에 실행하기 어려우나 선진국에서 활용하고 있는 기술인 경우

④ 새로운 정밀기기가 현장에 설치되어 새로운 공법으로 작업을 실시하게 된 경우

해설
표준화는 현재할 수 있는 최적 상태를 기준으로 작성하며, 미래 적용 기술을 대상으로 하지 않으므로 현재에 실행하기 어려우나, 선진국에서 활용하고 있는 기술인 경우는 기여비율이 작다.

98 6시그마의 본질로 가장 거리가 먼 것은?

① 기업경영의 새로운 패러다임

② 프로세스 평가·개선을 위한 과학적·통계적 방법

③ 검사를 강화하여 제품 품질수준을 6시그마에 맞춤

④ 고객만족 품질문화를 조성하기 위한 기업경영 철학이자 기업전략

해설
검사를 강화하여 제품 품질수준을 6시그마에 맞추자는 것은 품질 개선이 아닌 검사를 통한 접근이므로 6시그마 활동의 본질적 접근이 아니다.

제1과목 | 실험계획법

01 일반적으로 실험을 통하여 달성하고자 하는 목적과 가장 거리가 먼 것은?

① 어떤 요인을 이상원인과 우연원인으로 분류하고 이상원인이 공정에 실시간으로 발생하는지 발견하기 위하여

② 어떤 요인이 반응에 유의한 영향을 주고 있는가를 파악하고, 그 영향이 양적으로 얼마나 큰지를 알기 위하여

③ 작은 영향밖에 미치지 못하는 요인들은 전체적으로 어느 정도 영향을 주고 있으며, 측정오차는 어느 정도인가를 알아내기 위하여

④ 유의한 영향을 미치는 원인들이 어떠한 조건을 가질 때 가장 바람직한 반응을 얻을 수 있는가를 알아내기 위하여

해설
실험을 통하여 이상원인과 우연원인으로 분류할 수 있지만, 이상원인이 공정에 실시간으로 발생하는지는 발견할 수 없다.

02 실험계획법의 기본원리에 해당되지 않는 것은?

① 반복의 원리
② 랜덤화의 원리
③ 직교화의 원리
④ 최소자승법의 원리

해설
실험계획법의 기본원리 : 반복의 원리, 랜덤화의 원리, 직교화의 원리, 교락의 원리, 블록화의 원리

03 오차 e_{ij}의 성질로 옳지 않은 것은?

① $E(e_{ij}) = e_{ij}$
② $Var(e_{ij}) = \sigma_e^2$
③ e_{ij}는 랜덤으로 변하는 값이다.
④ e_{ij}의 분산 σ_e^2은 $E(e_{ij}^2)$이다.

해설
$E(e_{ij}) = 0$

04 반복수가 같은 1요인실험에서 모수인자의 정의로 잘못된 것은?

① 수준이 기술적 의미를 가지며 실험자에 의하여 미리 정해진다.

② a_i는 고정된 상수이며 $E(a_i) = a_i$, $Var(a_i) = 0$ 이다.

③ a_i들의 합은 0이 아니다.

④ a_i 간의 산포 측도로서 $\sigma_A^2 = \dfrac{\sum_{i=1}^{l} a_i^2}{l-1}$ 이 사용된다.

해설
모수인자에서 a_i들의 합은 0이다.

05 반복수가 일정하지 않은 변량모형의 경우 급간분산(V_A)의 불편추정값 $\widehat{\sigma_A^2}$은?(단, l : A의 수준수, m_i : i수준의 반복수, N : 총데이터의 수, V_e : 오차분산이다)

① $(V_A - V_e)/\left[\dfrac{N^2 - \sum m_i}{N(l-1)}\right]$

② $(V_A - V_e)/\left[\dfrac{N^2 - \sum m_i^2}{N(l-1)}\right]$

③ $(V_A - V_e)/\left[\dfrac{N - \sum m_i^2}{N(l-1)}\right]$

④ $(V_A - V_e)/\left[\dfrac{N - \sum m_i}{N(l-1)}\right]$

해설

변량모형의 경우 급간분산(V_A)의 불편추정값 $\widehat{\sigma_A^2}$은 다음과 같다.

• 반복이 일정한 경우 : $\dfrac{V_A - V_e}{r}$

• 반복이 일정하지 않은 경우 : $(V_A - V_e)/\left[\dfrac{N^2 - \sum m_i^2}{N(l-1)}\right]$

06 어떤 화학반응실험에서 농도를 4수준으로, 반복수가 일정하지 않은 실험을 하여 다음 표와 같은 결과를 얻었다. 분산분석 결과 $S_e = 2,508.8$이었다. 이때, $\mu(A_3)$의 95[%] 신뢰 구간을 추정하면 약 얼마인가? (단, $t_{0.975}(15) = 2.131$, $t_{0.95}(15) = 1.7530$이다)

요 인	A_1	A_2	A_3	A_4
m_i	5	6	5	3
$\overline{x}_{i.}$	52	35.33	48.20	64.67

① $37.938 \leq \mu(A_3) \leq 58.472$

② $38.061 \leq \mu(A_3) \leq 58.339$

③ $35.555 \leq \mu(A_3) \leq 60.845$

④ $35.875 \leq \mu(A_3) \leq 60.525$

해설

신뢰구간 추정

$$\overline{x}_{3.} \pm t_{1-\alpha/2}(\nu_e)\sqrt{\frac{V_e}{r'}} = \overline{x}_{3.} \pm t_{0.975}(15)\sqrt{\frac{S_e/\nu_e}{r_3}}$$
$$= 48.20 \pm 2.131 \times \sqrt{\frac{2,508.8/15}{5}}$$
$$\simeq 35.875 \sim 60.525$$

07 $L_{27}(3^{13})$ 직교배열표에서 기본표시가 ac인 곳에 P, bc인 곳에 Q를 배치하면 $P \times Q$가 나타나는 열의 기본 표시는?

① abc^2과 ab^2인 두 열

② ab^2과 c인 두 열

③ abc과 bc^2인 두 열

④ ab^2과 bc^2인 두 열

해설

$P \times Q = ac \times bc = abc^2$

$P \times Q^2 = ac \times (bc)^2 = ab^2c^3 = ab^2$

08 반복이 있는 모수모형 2원배치에서 다음의 실험 데이터를 얻었다. ( )는 결측치이다. 이 결측치를 추정한 후 분산분석을 실시할 때 오차항의 자유도(ν_e)는?

구 분	A_1	A_2	A_3
B_1	3	6	8
	5	7	7
	4	( )	6
B_2	2	5	7
	1	6	8
	3	7	8

① 5

② 11

③ 12

④ 17

해설

ν_e = 기존 오차항의 자유도 − 결측치수
= $lm(r-1)$ − 결측치수
= $3 \times 2 \times (3-1) - 1 = 11$

09 두 변수 X, Y 간에 다음과 같은 데이터가 얻어졌다. 단순회귀식을 적용할 때 회귀에 의하여 설명되는 변동 S_R을 구하면?

X_i	1	2	3	4	5
Y_i	8	7	5	3	2

① 0.4　　　　　② 0.98

③ 25.6　　　　　④ 26.0

해설

$$S_R = \frac{S_{xy}^2}{S_{xx}} = \frac{(-16)^2}{10} = 25.6$$

10 2개의 대비식을 $L_1 = l_{11}A_1 + l_{12}A_2 + \cdots + l_{1a}A_a$, $L_2 = l_{21}A_1 + l_{22}A_2 + \cdots + l_{2a}A_a$ 라고 하면 $l_{11}l_{21} + l_{12}l_{22} + \cdots + l_{1a}l_{2a} = 0$이 성립할 때 L_1, L_2는 서로 무엇을 하고 있다고 할 수 있는가?

① 종 속
② 직 교
③ 교호작용
④ 교 락

해설

2개의 대비식에서 계수들의 곱의 합이 0이라는 것은 두 대비식이 서로 직교(Orthogonal)라는 것을 나타낸다.

11 $I = ABCDE = ABC = DE$의 별명관계 중 옳지 않은 것은?

① $A = BCED = BC = ADE$
② $B = ACDE = AC = BDE$
③ $C = ABDE = AB = CDE$
④ $D = BCE = BCD = AE$

해설

$D = D \times I = D \times ABCDE = ABCD^2E = ABCE$
　$= D \times ABC = ABCD = D \times DE = D^2E = E$

12 인자수가 3개(A, B, C)인 반복이 없는 3요인실험의 분산분석표에 있어서 요인 $B \times C$의 제곱평균의 비 F_0는 약 얼마인가?(단, A, B, C 인자는 모두 모수이다)

요 인	제곱평균	F_0
A	371.80	
B	376.70	
C	690.40	
$A \times B$	163.00	
$A \times C$	2.30	
$B \times C$	14.20	
e	2.26	

① 6.28　　　　　② 26.18

③ 26.53　　　　　④ 48.62

해설

$$F_0 = \frac{V_{B \times C}}{V_e} = \frac{14.2}{2.26} = 6.28$$

13 2×2 라틴방격의 수는?

① 1 　　　　② 2

③ 3 　　　　④ 4

라틴방격의 수 = 표준 라틴방격수 $\times k! \times (k-1)! = 1 \times 2! \times 1!$
$= 2$개

14 1차 단위가 1원배치인 단일분할법에서 A 를 1차 단위, B 를 2차 단위로 블록반복 2회의 분할실험을 하여 다음과 같은 블록반복(R)과 A 의 2원표를 얻었다. 블록반복(R) 간의 제곱합 S_R 을 구하면?(단, m 은 B 의 수준수이다)

$m = 4$	A_1	A_2	A_3	A_4	A_5
블록반복 Ⅰ	5	3	12	13	−31
블록반복 Ⅱ	−19	−18	−8	7	6

① 22.5 　　　　② 28.9

③ 42.0 　　　　④ 225.4

$$S_R = \frac{\sum T_{..k}^2}{lm} - \frac{T^2}{lmr}$$
$$= \frac{2^2 + (-32)^2}{5 \times 4} - \frac{(-30)^2}{5 \times 4 \times 2} = 28.9$$

15 TV의 이상적인 색상 밀도값이 m 이고 규격이 $m \pm 10$ 으로 주어져 있고 제품의 품질특성치가 규격을 벗어나는 경우 5,000원의 비용이 발생한다고 한다. 다구치 손실함수를 사용한다고 할 때 비례상수 k 의 값은?

① 5 　　　　② 10

③ 50 　　　　④ 500

망목특성 손실함수는 $L(y) = k(y-m)^2$ 이므로,
$5,000 = k[(m \pm 10) - m]^2$ 가 된다.
따라서, $k = \dfrac{5,000}{10^2} = 50$

16 어떤 합성섬유는 온도(x)가 증가함에 따라 수축률(y)이 직선적인 함수관계를 가지고 있다고 한다. 이를 확인하기 위하여 $S_{(yy)} = 40$, $S_{(xy)} = 26$, $S_{(xx)} = 20$ 이라는 데이터를 얻었다. 결정계수(r^2)는 약 얼마인가?

① 0.818 　　　　② 0.845

③ 0.855 　　　　④ 0.865

$$r^2 = \left(\frac{S_{(xy)}}{\sqrt{S_{(xx)} S_{(yy)}}} \right)^2 = \left(\frac{26}{\sqrt{20 \times 40}} \right)^2 = 0.845$$

17 2^2 요인실험법(Factorial Design)을 사용, 2회 반복(Two Replication)실험하여 다음과 같은 결과를 얻었다. A 의 효과는?

비 고	A_0	A_1
B_0	7 6	3 7
B_1	2 −2	−4 −5

① −3 　　　　② −4

③ −5 　　　　④ −6

$$A = \frac{1}{4}[(3+7-4-5) - (7+6+2-2)] = -3$$

18 다음은 모수인자 A와 변량인자 B로 된 난괴법의 데이터 구조식이다. 기본가정이 아닌 것은?(단, 구조식 $x_{ij} = \mu + a_i + b_j + e_{ij}$이며, $i = 1, 2, 3, \cdots, l$, $j = 1, 2, 3, \cdots, m$이다)

① $\displaystyle\sum_{i=1}^{l} a_i = 0$

② $\displaystyle\sum_{j=1}^{m} b_j = 0$

③ $b_j \sim N(0, \sigma_B^2)$

④ $e_{ij} \sim N(0, \sigma_e^2)$

해설

B인자가 변량인자이므로 $\displaystyle\sum_{j=1}^{m} b_j \neq 0$이다.

---

19 적합품을 0, 부적합품을 1로 표시한 0, 1의 데이터 해석에서 각 조합마다 100회씩 되풀이한 결과가 다음과 같을 때 전체 제곱합 S_T는 약 얼마인가?

비 고	B_0	B_1	B_2	계
A_0	5	4	3	12
A_1	0	3	2	5
계	5	7	5	17

① 53.37 ② 16.52

③ 7.37   ④ 2.97

해설

$S_T = T - CT$

$= \sum\sum\sum x_{ijk} - \dfrac{T^2}{lmr}$

$= 17 - \dfrac{17^2}{2 \times 3 \times 100} \approx 16.52$

---

20 2^3형의 1/2 일부실시법에 의한 실험을 하기 위해 보기와 같이 블록을 설계하여 실험을 실시하였다. 다음 중 실험결과의 해석으로 옳지 않은 것은?

[보 기]
$a = 76$ $b = 79$ $c = 74$ $abc = 70$

① 인자 A의 효과는 $A = \dfrac{1}{2}(76 - 79 - 74 + 70)$ $= -3.5$이다.

② 블록에 교락된 교호작용은 $A \times B \times C$이다.

③ 인자 A의 별명은 교호작용 $B \times C$이다.

④ 인자 A의 변동은 인자 C의 변동보다 크다.

해설

④ 인자 C의 변동은 인자 A의 변동보다 크다.

- 인자 A의 변동 $= S_A = \dfrac{1}{4}(a + abc - b - c)^2$
  $= \dfrac{1}{4}(76 + 70 - 79 - 74)^2 = 12.25$

- 인자 C의 변동 $= S_C = \dfrac{1}{4}(c + abc - b - a)^2$
  $= \dfrac{1}{4}(74 + 70 - 76 - 79)^2 = 30.25$

① 인자 A의 효과
  $A = \dfrac{1}{2}(a - b - c + abc) = \dfrac{1}{2}(76 - 79 - 74 + 70) = -3.5$

② 블록에 교락된 교호작용은 $A \times B \times C$

$L = x_1 + x_2 + x_3 \ (\text{mod}^2)$	
(1)	0
a	1
b	1
ab	0
c	1
ac	0
bc	0
abc	1

- 블록 1 : a, b, c, abc
- 블록 2 : ab, bc, ac

③ 인자 A의 별명은 교호작용 $B \times C$
  $A \times A \times B \times C = A^2 \times B \times C = B \times C$

제2과목 | 통계적 품질관리

21 5대의 라디오를 하나의 시료군으로 구성하여 25개 시료군을 조사한 결과 195개의 부적합이 발견되었다. 이때 c관리도와 u관리도의 UCL은 각각 약 얼마인가?

① 7.8, 1.56
② 16.18, 5.31
③ 16.18, 3.24
④ 57.73, 5.31

해설

• c관리도의 $UCL = \bar{c} + 3\sqrt{\bar{c}} = \dfrac{195}{25} + 3\sqrt{\dfrac{195}{25}} = 16.18$

• u관리도의 $UCL = \bar{u} + 3\sqrt{\bar{u}/n} = \dfrac{7.8}{5} + 3\sqrt{\dfrac{7.8/5}{5}} = 3.24$

22 보기의 데이터에서 중위수(또는 중앙값)는 얼마인가?

[보 기]
5.9, 4.5, 5.7, 3.4, 2.8, 6.3, 4.5, 3.4

① 3.5
② 4.0
③ 4.5
④ 5.0

해설

데이터를 크기순으로 나열하여 중앙에 위치한 값을 중앙값이라고 하는데 데이터수가 짝수이면 중앙의 2개 데이터의 평균이다. 그러므로 중앙 좌우의 평균값인 4.5가 중앙값이 된다.

23 기댓값과 분산에 관한 내용으로 옳지 않은 것은?(단, a와 b는 상수이다)

① $E(aX - bY) = aE(X) - bE(Y)$
② $V(aX - bY) = a^2 V(X) + b^2 V(Y) - aCov(X, Y)$
③ X와 Y가 서로 독립이면 $V(aX - bY) = a^2 V(X) + b^2 V(Y)$이다.
④ 확률변수 X가 베르누이분포를 따를 때 성공확률이 p라면 그 기댓값은 p이다.

해설

$V(aX - bY) = a^2 V(X) + b^2 V(Y) - 2abCov(X, Y)$: 서로 독립이 아닐 때

24 t분포에 대한 설명으로 옳지 않은 것은?

① W. S. Gosset이 고안했으며 일명 Student의 t분포라고도 한다.
② σ 미지인 경우 평균치의 검·추정에 사용된다.
③ t분포는 자유도 ν에 의해 분포가 만들어진다.
④ 자유도(ν)가 0에 접근하면 정규분포에 근접한다.

해설

t분포는 자유도(ν)가 ∞에 접근하면 정규분포에 근접한다.

25 계수치 축차샘플링검사방식(KS Q ISO 8422 : 2009)에서 $P_R(CRQ)$이 뜻하는 내용으로 옳은 것은?

① 불합격시키고 싶은 로트의 부적합품률의 하한
② 합격시키고 싶은 로트의 부적합품률의 하한
③ 불합격시키고 싶은 로트의 부적합품률의 상한
④ 합격시키고 싶은 로트의 부적합품률의 상한

해설

• 불합격시키고 싶은 로트의 부적합품률의 하한 : $P_R(CRQ)$ 소비자 위험품질(Customer's Risk Quality)
• 합격시키고 싶은 로트의 부적합품률의 상한 : $P_A(PRQ)$ 생산자위험품질(Producer's Risk Quality)

26 M제조공정에서 제조되는 부품의 특성치는 $\mu = 40.10$ [mm], $\sigma = 0.08$[mm]인 정규분포를 하고 있다. 이 공정에서 25개를 샘플링하여 특성치를 측정한 결과 $\bar{x} = 40.12$[mm]로 나타났다. 유의수준 5[%]에서 이 공정의 모평균에 차이가 있는지를 검정한 결과는?

① 통계량이 1.96보다 크므로, H_0를 기각한다.

② 통계량이 1.96보다 작고 −1.96보다 크므로, H_0 채택한다.

③ 통계량이 1.96보다 크므로, H_0를 채택한다.

④ 통계량이 1.96보다 작고 −1.96보다 크므로, H_0를 기각한다.

해설

$H_0 : \mu = 40.1$, $H_1 : \mu \neq 40.1$

$\alpha = 5$[%]

• 검정통계량 : $u_0 = \dfrac{\bar{x} - \mu_0}{\sigma / \sqrt{n}} = \dfrac{40.12 - 40.10}{0.08 / \sqrt{25}} = 1.25$

• 기각치 : $-u_{0.975} = -1.96$, $u_{0.975} = 1.96$

• 판정 : $-1.96 < u_0 = 1.25 < 1.96$이므로, 귀무가설 채택

27 다음 표는 주사위를 60회 던져서 1부터 6까지의 눈이 몇 회 나타나는지 기록한 것이다. 이 주사위에 관한 적합도 검정을 하고자 할 때 검정통계량(χ_0^2)은 얼마인가?

눈	1	2	3	4	5	6
관측치	9	12	13	9	11	6

① 1.9 ② 2.5

③ 3.2 ④ 4.5

해설

눈	1	2	3	4	5	6
관측치	9	12	13	9	11	6
기대치	10	10	10	10	10	10

각 눈이 나오는 기대치는 공히 $E_i = nP_{i_0} = 60 \times \dfrac{1}{6} = 10$이므로

따라서, $\chi_0^2 = \sum \dfrac{(관측치 - 기대치)^2}{기대치}$

$= \dfrac{(9-10)^2 + (12-10)^2 + \cdots + (6-10)^2}{10} = 3.2$

28 $m = 2$인 푸아송분포에 따르는 확률변수 x와 $m = 3$인 푸아송분포를 따르는 확률변수 y가 있을 때 $V\left(\dfrac{3x + 2y}{6}\right)$의 값은 약 얼마인가?(단, x와 y는 서로 독립이다)

① 0.50 ② 0.83

③ 0.96 ④ 2.00

해설

$V\left(\dfrac{3x + 2y}{6}\right) = \left(\dfrac{3}{6}\right)^2 V(x) + \left(\dfrac{2}{6}\right)^2 V(y)$

$= \left(\dfrac{3}{6}\right)^2 \times 2 + \left(\dfrac{2}{6}\right)^2 \times 3 \simeq 0.83$

29 관리도에 관한 내용 중 옳은 것은?

① $\bar{x}$ 관리도의 관리한계선은 $E(\bar{x}) \pm D(\bar{x})$이며, 시료의 크기는 $\sqrt{n}$으로 결정된다.

② 공정이 관리 상태에 있다는 것은 규격을 벗어나는 제품이 전혀 발생하지 않는다는 것을 의미한다.

③ $\bar{x}$ 관리도에 있어 관리한계를 벗어나는 점이 많아질수록 $\sigma_{\bar{x}}^2$도 커진다.

④ p 관리도에서는 각 조의 샘플의 크기(n)를 반드시 일정하게 하지 않아도 관리한계선은 늘 일정하다.

해설

① $\bar{x}$ 관리도의 관리한계선은 $E(\bar{x}) \pm 3D(\bar{x})$이며, 시료의 크기는 조건에 따라 달라진다.

② 공정이 관리 상태에 있다는 것은 규격을 벗어나는 제품이 전혀 발생하지 않는다는 것이 아니라 공정이 안정 상태에 있다는 것이다.

④ p 관리도에서 관리한계선을 늘 일정하게 하려면 각 조의 샘플의 크기(n)를 반드시 일정하게 해야 한다.

30 어떤 부품공장에서 제조되는 부품의 특성치 분포가 $\mu = 3.10$[mm], $\sigma = 0.02$[mm]인 정규분포를 따르며, 공정은 안정 상태에 있다. 부품의 규격이 3.10 ± 0.0392 [mm]로 주어졌을 경우, 이 공정에서 발생되는 부적합품의 발생률은 약 얼마인가?

① 2.5[%] ② 5.0[%]
③ 95.0[%] ④ 97.5[%]

해설
$u_i = \dfrac{x - \mu}{\sigma} = \dfrac{\pm 0.0392}{0.02} = \pm 1.96$이므로, 부적합품의 발생률은 5[%]이다.

31 유의수준(α)에 대한 설명으로 옳은 것은?
① 귀무가설이 진실일 때 귀무가설을 기각하는 확률이다.
② 공정에 이상이 있는데 없다고 판정할 확률이다.
③ 관리도에서 3σ 한계 대신 2σ 한계를 쓰면 σ는 감소한다.
④ 나쁜 로트(Lot)가 합격할 확률이다.

해설
② 공정에 이상이 있는데 없다고 판정할 확률은 제2종 오류 β이다.
③ 관리도에서 3σ 한계 대신 2σ 한계를 쓰면 σ는 증가한다.
④ 나쁜 로트(Lot)가 합격할 확률은 제2종 오류 β이다.

32 전선의 인장강도가 평균 44[kg/mm²] 이상인 로트 (Lot)는 합격으로 하고, 39[kg/mm²] 이하인 로트는 불합격으로 하려는 검사에서 합격판정치($\overline{X_L}$)를 구했더니 42.466이었다. 입고된 로트에서 5개의 시료샘플을 취하여 평균을 구했더니 $\overline{x} = 41.6$이었다면 이 로트의 판정은?
① 불합격
② 합 격
③ 알 수 없다.
④ 다시 샘플링해야 한다.

해설
$\overline{x} = 41.6 < \overline{X_L} = 42.466$이므로 로트 불합격이다.

33 다음 4개의 OC곡선은 각각 샘플링 계획 (a) $N = 1,000$, $n = 75$, $c = 1$, (b) $N = 1,000$, $n = 150$, $c = 2$, (c) $N = 1,000$, $n = 450$, $c = 6$, (d) $N = 1,000$, $n = 750$, $c = 10$을 나타낸 것이다. 이 중 (b)에 해당하는 OC 곡선은?

① ㉠ ② ㉡
③ ㉢ ④ ㉣

해설
n이 작을수록 곡선의 기울기가 완만하며, n이 클수록 곡선의 기울기가 가파르다. 따라서 (a)는 ㉠곡선, (b)는 ㉡곡선, (c)는 ㉢곡선, (d)는 ㉣곡선이다.

34 정규형의 모집단 $X \sim N(2, 6)$, $Y \sim N(4, 9)$로부터 각각 4개의 시료를 뽑았을 때, 각각의 시료 평균차에 대한 분포의 표준편차 $D(\overline{X} - \overline{Y})$는 약 얼마인가?

① 1.936 　　② 2.125
③ 3.750 　　④ 3.870

해설

$$\overline{x} \sim N\left(2, \frac{6}{4}\right),\ \overline{y} \sim N\left(4, \frac{9}{4}\right)$$

$$D(\overline{x} - \overline{y}) = \sqrt{V(\overline{x} - \overline{y})} = \sqrt{V(\overline{x}) + V(\overline{y})} = \sqrt{\frac{\sigma_x^2}{n_x} + \frac{\sigma_y^2}{n_y}}$$

$$= \sqrt{\frac{6}{4} + \frac{9}{4}} = 1.936$$

35 취락샘플링에 대한 설명으로 옳지 않은 것은?

① 층간변동을 작게 할수록 유리하다.
② 서브로트를 몇 개씩 랜덤하게 샘플링하고 뽑힌 서브로트 중의 정밀도는 층내변동과 층간변동 양자에 의해 결정된다.
③ 취락샘플링의 정밀도는 층내변동과 층간변동 양자에 의해 결정된다.
④ $\overline{N}$개 들이 M상자가 있을 때 이 중 m상자를 취하고, 각 상자에서 $\overline{n}$개씩 시료를 택하면, $\overline{N} = \overline{n}$인 경우가 취락샘플링이다.

해설

취락샘플링의 정밀도는 층간변동에 의해 결정된다.

36 어떤 제품의 로트(Lot) 크기가 5,000, 부적합품률이 0.05일 때 시료의 크기가 50이라면 부적합품수가 1일 확률은 약 얼마인가?(단, 푸아송분포를 이용한다)

① 0.15 　　② 0.16
③ 0.17 　　④ 0.21

해설

$$m = np = 50 \times 0.05 = 2.5$$

$$P(X = 1) = \frac{m^X e^{-m}}{X!} = \frac{2.5^1 \times e^{-2.5}}{1!} \simeq 0.21$$

여기서, m : 평균 발생 횟수(모수)
　　　　e : 2.71828…

37 특성치의 분산이 기지인 경우에 로트의 부적합품률을 보증하기 위한 계량규준형 1회 샘플링검사(KS Q 1001 : 2005)에서 필요한 시료의 크기를 올바르게 나타낸 식은?(단, 생산자위험 $\alpha = 0.05$, 소비자위험 $\beta = 0.10$, $k_\alpha = 1.645$, $k_\beta = 1.282$이다)

① $n = \left[\dfrac{2.927}{\left(K_{P_0} - K_{P_1}\right)}\right]^2$

② $n = \dfrac{2.927}{\left(K_{P_0} - K_{P_1}\right)^2}$

③ $n = \left[\dfrac{2.927}{\left(m_0 - m_1\right)^2}\right]^2$

④ $n = \dfrac{2.927}{\left(m_0 - m_1\right)^2}$

해설

$$n = \left(\frac{k_\alpha + k_\beta}{k_{P_0} - k_{P_1}}\right)^2 = \left(\frac{1.645 + 1.282}{k_{P_0} - k_{P_1}}\right)^2 = \left[\frac{2.927}{\left(k_{P_0} - k_{P_1}\right)}\right]^2$$

38 관리도에 타점한 점이 관리한계선 밖으로 나간 경우 가장 먼저 취해야 할 조치는?

① 규격을 개정한다.
② 관리한계선을 개정한다.
③ 원인을 조사하고 이상원인을 제거한다.
④ 부적합품이 나오므로 전수검사를 실시한다.

해설

① 규격 개정과는 무관하다.
② 관리한계선을 개정하면 안 된다.
④ 부적합품이 나오므로 전수검사를 실시한다는 것은 매우 비효율적이고 낭비적인 조치이다.

39 모부적합수 $m = 25$인 공정에 대해 작업방법을 변경한 후에 확인해 보니 표본부적합수 $c = 20$으로 나타났다. 모부적합수가 달라졌다고 할 수 있는지에 대한 판정으로 옳은 것은?(단, 유의수준 $\alpha = 0.05$이다)

① $u_0 = -1.0$으로 H_0 채택, 결점수가 달라지지 않는다.

② $u_0 = -1.12$으로 H_0 채택, 결점수가 달라지지 않는다.

③ $u_0 = -4.8$으로 H_0 기각, 결점수가 달라졌다.

④ $u_0 = -5.0$으로 H_0 기각, 결점수가 달라졌다.

해설

$H_0 : m = 25$, $H_1 : m \neq 25$

$\alpha = 5[\%]$

• 검정통계량 : $u_0 = \dfrac{c - m_0}{\sqrt{m_0}} = \dfrac{20 - 25}{\sqrt{25}} = -1$

• 기각치 : $-u_{0.975} = -1.96$, $u_{0.975} = 1.96$

• 판정 : $-1.96 < u_0 = -1 < 1.96$이므로 귀무가설 채택

즉, 결점수가 달라지지 않았다.

40 계수치 샘플링검사 절차-제1부 : 로트별 합격품질한계(AOL)지표형 샘플링검사방안(KS Q ISO 2859-1 : 2010)에서 검사수준에 관한 설명으로 옳지 않은 것은?

① 상대적인 검사량을 결정하는 것이다.

② 수준 Ⅲ은 판별력이 작아도 좋은 경우에 사용한다.

③ 검사수준은 소관권한자가 결정한다.

④ 통상적으로 검사수준은 Ⅱ를 사용한다.

해설

샘플수준이 큰 수준 Ⅲ은 판별력이 좋은 경우에 사용한다.

제3과목 | 생산시스템

41 설비보전활동 중의 하나인 소집단활동의 목적이 아닌 것은?

① 기업의 이익 증가에 힘쓴다.

② 일선 감독자 및 작업자의 리더십을 배양하여 관리능력을 향상시킨다.

③ 전원 참가, 전원 협력으로 직장의 일체감을 조성하고 사기를 향상시킨다.

④ 표준을 자발적으로 준수하여 올바른 작업을 실시하고 이를 통해 TPM활동에 기여한다.

해설

소집단활동의 목적

• 일선 감독자 및 작업자의 리더십을 배양하여 관리능력을 향상시킨다.

• 전원 참가, 전원 협력으로 직장의 일체감을 조성하고 사기를 향상시킨다.

• 표준을 자발적으로 준수하여 올바른 작업을 실시하고, 이를 통해 TPM활동에 기여한다.

• 소집단활동을 통해 모두 PM을 공부하여 자기개발, 상호개발을 기한다.

• 모두가 문제의식, 품질의식, 안전의식 등을 높이 가져 직장의 문제를 적극적으로 개선하고 이를 정착시켜 나간다.

42 생산시스템에 관한 설명으로 옳지 않은 것은?

① 로트 크기가 작은 소로트 생산은 개별 생산에 가깝고 로트 크기가 큰 대로트 생산은 연속 생산에 가까워서 로트 생산시스템은 개별 생산과 연속 생산의 중간 형태라고 볼 수 있다.

② 시멘트, 비료 등 장치산업이나 TV, 자동차 등을 대량 생산하는 조립업체에서 볼 수 있는 연속 생산은 품질 유지 및 생산성 향상이 용이한 반면에 수요에 대한 적응력이 떨어진다.

③ 선박, 토목, 특수기계 제조, 맞춤 의류, 자동차 수리업 등에서 볼 수 있는 개별 생산은 수요 변화에 대한 유연성이 높으며 생산성 향상과 관리가 용이하다.

④ 교량, 댐, 고속도로 건설 등은 프로젝트 생산이라 할 수 있으며, 시간과 비용이 많이 든다.

> **해설**
> 선박, 토목, 특수기계 제조, 맞춤 의류, 자동차 수리업 등에서 볼 수 있는 개별 생산은 수요 변화에 대한 유연성이 높지만 생산성 향상과 관리가 어렵다.

43 A라인의 공정별 공정시간을 관측하였더니 다음과 같았다. 이 라인의 경우 애로공정의 몇 회 분할 시 라인 밸런스 효율이 가장 높아지겠는가?(단, 각 공정에는 작업자 1명이 작업한다)

공정명	1	2	3	4	5	6	7	8	합계
공정시간	25	30	28	35	27	40	26	45	256

① 2차 ② 3차

③ 4차 ④ 5차

> **해설**
> 현재 $E_b = \sum t_i / mt_{max} = 256/(8 \times 45) = 0.7111$
> • 1차 분할 $E_b = \sum t_i / mt_{max} = 256/(9 \times 40) = 0.7111$
> • 2차 분할 $E_b = \sum t_i / mt_{max} = 256/(10 \times 35) = 0.7314$
> • 3차 분할 $E_b = \sum t_i / mt_{max} = 256/(11 \times 30) = 0.7758$
> • 4차 분할 $E_b = \sum t_i / mt_{max} = 256/(12 \times 28) = 0.7619$
> 따라서 3차 분할이 최적이다.

44 제품별 배치 설계를 합리적으로 하기 위한 설비 배치방법은?

① CRAFT

② GT(Group Technology)

③ Line Balancing

④ Fixed-position Layout

> **해설**
> 제품별 배치는 소품종 다량 생산방식의 대표적인 설비 배치방법인 라인 밸런싱(Line Balancing)이 적합하다.

45 테일러시스템에 관한 특징으로 옳은 것은?

① 동시 관리

② 성공에 대한 우대

③ 이동조립법

④ 일급제 급여

> **해설**
> ①, ③, ④는 포드시스템의 특징이다.

46 다음 자료를 보고 작업 순서를 우선순위에 의한 긴급률법으로 구하면?

작 업	작업일	납기일	여유일
A	6	10	4
B	2	8	6
C	2	4	2
D	2	10	8

① A–B–C–D
② A–C–B–D
③ D–C–B–A
④ D–B–C–A

해설

긴급률 = $\dfrac{\text{납기일}}{\text{작업일}}$ 이므로,

긴급률이 작은 것부터 우선순위로 할당한다.

각 긴급률은 A = $\dfrac{10}{6}$ = 1.67, B = $\dfrac{8}{2}$ = 4, C = $\dfrac{4}{2}$ = 2, D = $\dfrac{10}{2}$ = 5

이므로 우선순위 할당은 A – C – B – D 순으로 한다.

47 작업자가 경제적인 동작으로 작업을 수행하기 위한 동작경제의 원칙에 해당되지 않는 것은?

① 신체의 사용에 관한 원칙
② 배치 변경의 유연성의 원칙
③ 작업장에 관한 원칙
④ 공구 및 설비 디자인에 관한 원칙

48 공정 중에 발생하는 모든 작업, 검사, 대기, 운반, 정체 등을 도식화한 것은?

① Material Handing Chart
② Operation Process Chart
③ Assembly Process Chart
④ Flow Process Chart

해설

④ 흐름공정도(FPC ; Flow Process Chart) : 작업, 운반, 검사, 지연, 저장 등의 5가지 표준 공정분석기호를 이용하여 작업 대상물의 흐름이나 움직임을 상세하게 나타낼 수 있는 도표로, 비생산적 활동(검사, 운반, 지연, 저장)을 강조하며 공정효율성 분석, 개선 제안 등에 사용된다.
② 작업공정도(Operation Process Chart) : 공정계열의 개요를 파악하기 위해서 또는 가공, 검사공정만의 순서와 시간을 알기 위해 활용되는 공정도이다. 여러 품종의 제품이 흐르고 있는 현장에서 설비배치를 개선하고자 하는 경우 중점적으로 두세 가지 제품에 대해 부품공정분석을 하고 다른 대표적 제품은 1작업공정도를 분석한다.
③ 조립공정도(Assembly Process Chart, Gozinto Chart) : 작업, 검사의 두 개 기호를 사용하는 공정도이다. 많은 부품 또는 원재료를 조립, 분해 또는 화학적 변화를 일으키는 사항을 나타낸다.

49 설비종합효율 측정에 사용되는 요소인 성능 가동률의 식으로 옳은 것은?

① $\dfrac{\text{이론 사이클 타임} \times \text{생산량}}{\text{가동시간}}$

② $\dfrac{\text{실제 사이클 타임} \times \text{생산량}}{\text{가동시간}}$

③ $\dfrac{\text{실제 사이클 타임} \times \text{양품량}}{\text{가동시간}}$

④ $\dfrac{\text{이론 사이클 타임} \times \text{양품량}}{\text{가동시간}}$

해설

성능 가동률 = 속도 가동률 × 정미 가동률

$= \dfrac{\text{이론 사이클 타임} \times \text{생산량}}{\text{가동시간}}$

50 관측된 작업 중에서 요소작업에 대한 대표치를 PTS법으로 분석하고, PTS에 의한 시간치와 관측시간치의 비율을 구하여 레이팅계수를 산정한 후 다른 요소작업에 적용시키는 레이팅기법은?

① 합성평가법(Synthetic Rating)
② 속도평가법(Speed Rating)
③ 평준화법(Leveling)
④ 객관적평가법(Objective Rating)

해설
합성평가법(종합적 평준화법)의 순서
• 작업을 요소작업으로 구분한 후 시간연구를 통해 개별시간을 구한다.
• 요소작업 중 임의의 작업자 요소(Manually Paced Element)를 몇 개 선정한다.
• 선정된 요소작업에 대하여 PTS시스템 중 어느 한 개를 적용하여 대응되는 시간치를 구한다.
• PTS에 의한 시간치와 관측시간치의 비율을 구하여 레이팅계수를 산정한다.

※ 레이팅계수 산정 : $P = \dfrac{F_i}{O}$

여기서, P : 레벨링 팩터
F_i : PTS를 적용하여 산정된 시간치
O : F_i와 같은 요소작업에 대한 실제 관측 시간치

51 설비보전업무 중 고장의 발생 시점을 기준할 때 사전보전에 해당되는 것은?

① 수 리
② 예방보전
③ 폐 기
④ 구 입

52 공정 간의 균형을 위해 애로공정을 합리적으로 해결해야 하는데, 그 방법이 아닌 것은?

① 라인 밸런싱
② 시뮬레이션
③ 대기행렬이론
④ 부하거리법

해설
애로공정 해결기법 : 라인 밸런싱, 시뮬레이션, 대기행렬이론, 피치다이어그램, 피치타임, 순열조합이론 등

53 공급자가 복수일 경우와 비교하여 공급자를 일원화할 경우 장점이 아닌 것은?

① 품질 균일
② 규모의 경제 실현
③ 신제품 개발 협력 용이
④ 문제 발생 시 공급자 교체 가능

해설
공급자를 일원화할 경우 문제 발생 시 공급자 교체가 불가능하다.

54 작업자의 습숙과 관련이 깊은 여유는?

① 소로트여유
② 조여유
③ 피로여유
④ 기계간섭여유

해설
소로트여유 : 품종 변화로 워밍업이 필요한 경우 로트가 적기 때문에 정상작업 페이스를 유지하기가 곤란하게 되는 것을 보상하기 위한 여유로, 작업자의 습숙과 관련이 깊다.

55 자료에서 추적지표(TS ; Tracking Signal) 값을 구하면 약 얼마인가?

> [자 료]
> • 누적예측오차(RSFE ; Running Sum of Forecast Error) = 32
> • 절대평균편차(MAD ; Mean Absolute Deviation) = 10.3

① 0.322
② 3.107
③ 263.682
④ 329.600

해설

$$TS = \frac{RSFE}{MAD} = \frac{32}{10.3} \simeq 3.107$$

56 ABC 자재관리의 관리방법 중 A등급 품목의 발주 형태는?

① 정기발주방식
② 정량발주방식
③ 일괄구입방식
④ MRP방식

해설

ABC 자재관리의 관리방법
• A등급 : 정기발주시스템
• B등급 : 정량발주시스템
• C등급 : Two-bin시스템

57 주문생산시스템에 관한 내용으로 옳은 것은?

① 동일 품목에 대하여 반복 생산이 쉽다.
② 소품종 대량 생산에 적합하다.
③ 다품종 소량 생산에 적합하다.
④ 생산의 흐름은 연속적이다.

해설

①, ②, ④는 재고생산시스템(예측생산시스템)에 대한 내용이다.

58 납기예정일이 주어지는 단일설비일정계획에서 최소작업지연시간(L_{MAX})과 최대작업지연시간(T_{MAX})은 어떤 작업 순위에 의하여 최소화되는가?

① EDD(Earliest Due Date)
② PCO(Preferred Customer Order)
③ 존슨법칙
④ FCFS(First Come First Serviced)

해설

EDD(최소납기법, 납기우선법) : 납기일이 급한 순서대로 작업하는 방법으로, 작업효율이 가장 좋다.

59 적시생산시스템(JIT)에 관한 설명으로 옳지 않은 것은?

① 생산의 평준화로 작업부하량이 균일해진다.
② 생산 준비시간의 단축으로 리드타임이 단축된다.
③ 간판(Kanban)이라는 부품인출시스템을 사용한다.
④ 입력 정보로 재고대장, 주생산일정계획, 자재명세서가 요구된다.

해설

MRP시스템의 입력 정보로 재고대장(재고기록철), 주생산일정계획, 자재명세서가 요구된다.

60 원단위란 제품 또는 반제품의 단위 수량당 자재별 기준소요량을 의미하며, 이러한 원단위를 산출하는 데에는 여러 방법이 있다. 다음 중 원단위 산출방법이 아닌 것은?

① 연속치를 고려하는 방법
② 실적치에 의한 방법
③ 이론치에 의한 방법
④ 시험분석치에 의한 방법

해설

원단위 산정방법의 종류
• 실적치에 의한 방법 : 제일 양호한 실적과 불량한 실적의 평균치, 최근 3개월, 6개월 이상의 평균치, 양호한 실적의 평균치, 평균 이상의 평균치 등
• 이론치에 의한 방법 : 화학, 전기공업에서 많이 이용한다.
• 시험분석치에 의한 방법 : 과거의 실적이 정비되어 있지 않을 때 사용한다.

61 FT도에서 기본사상의 고장이 발생하는 확률이 각각 0.02, 0.01일 때 정상사상 A의 고장이 발생하는 확률은?

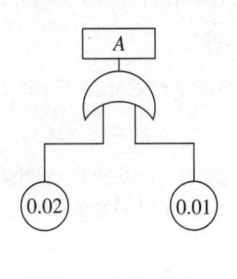

① 0.0002

② 0.0298

③ 0.9702

④ 0.9998

해설

정상사상이 고장 날 확률
$F_A = 1 - (1-0.02)(1-0.01) = 0.0298$

62 전구 400개에 대해 수명시험을 실시하여 4시간까지의 고장 개수가 100개였다면 이때의 신뢰도는?

① 0.25   ② 0.37

③ 0.63   ④ 0.75

해설

신뢰도 $R(t)$: 시점 t에 있어서의 잔존(생존)확률

$R(t) = \dfrac{n(t)}{N}$

여기서, N : 초기의 총수(샘플수)

$\qquad n(t)$: t시점에서의 잔존수

따라서, $R(t=4) = \dfrac{300}{400} = \dfrac{3}{4} = 0.75$

63 샘플 5개를 고장 날 때까지 수명시험을 한 결과 고장 발생시간이 각각 317, 735, 886, 1,020, 1,236시간이었을 때 평균수명의 95[%] 단측 신뢰하한값은 약 얼마인가?(단, $\chi^2_{0.95}(10) = 18.31$, $\chi^2_{0.95}(12) = 21.03$이다)

① 200.713시간

② 230.530시간

③ 401.427시간

④ 461.060시간

해설

$\begin{aligned} \theta_L &= \dfrac{2T}{\chi^2_{1-\alpha}(2r)} \\ &= \dfrac{2 \times (317 + 735 + \cdots + 1,020 + 1,263)}{18.31} \simeq 461.060 \end{aligned}$

64 다음 중 소시료 신뢰성 실험에서 메디안순위법의 고장확률밀도함수를 표현한 것으로 옳은 것은?(단, n은 샘플수, i는 고장 순번, t_i는 i번째 고장 발생시간이다)

① $\dfrac{1}{n+1} \times \dfrac{1}{t_{i+1} - t_i}$

② $\dfrac{1}{n-i+1} \times \dfrac{1}{t_{i+1} - t_i}$

③ $\dfrac{1}{n+0.4} \times \dfrac{1}{t_{i+1} - t_i}$

④ $\dfrac{1}{n-i+0.7} \times \dfrac{1}{t_{i+1} - t_i}$

해설

① 평균순위법의 고장확률밀도함수

② 평균순위법의 고장률함수

④ 메디안순위법의 고장률함수

65 어떤 시스템의 수리율(μ)이 0.5, 고장률(λ)이 0.09일 때 가용도(Availability)는 약 얼마인가?

① 15.3[%] ② 84.7[%]

③ 93.7[%] ④ 95.5[%]

해설

$$가용도(A) = \frac{MTBF}{MTBF + MTTR} = \frac{\mu}{\lambda + \mu}$$
$$= \frac{0.5}{0.5 + 0.09} \simeq 84.75[\%]$$

66 Y부품의 고장률이 0.5×10^{-5}/시간이다. 하루 24시간 씩 1년간 작동한다고 할 때, 이 부품이 1년 이상 작동할 확률을 구하면 약 얼마인가?(단, 1년간 작동일수는 360일이다)

① 0.368 ② 0.632

③ 0.958 ④ 0.998

해설

$$R(t = 8,640) = e^{-\lambda t} = e^{-0.5 \times 10^{-5} \times 8,640} \simeq 0.958$$

67 10개의 샘플에 대하여 4개가 고장 날 때까지 수명시험 을 한 결과 10시간, 20시간, 30시간, 40시간에 각각 1개씩 고장이 났다. 이 샘플의 고장이 지수분포에 따라 발생한다고 하면 MTBF의 점 추정치는 몇 시간인가?

① 25시간 ② 34시간

③ 85시간 ④ 100시간

해설

$$MTBF = \frac{\sum_{i=1}^{r} t_i + (n-r)t_r}{r}$$
$$= \frac{10 + 20 + 30 + 40 + (10-4) \times 40}{4}$$
$$= 85$$

68 제품의 신뢰성을 생각할 때 사용자측과 제조자측의 입 장을 분리해서 정의한 것은?

① 고유 신뢰성과 동작 신뢰성

② 고유 신뢰성과 사용 신뢰성

③ 사용 신뢰성과 동작 신뢰성

④ 설계 신뢰성과 사용 신뢰성

해설

• 고유 신뢰성 : 제조자측의 입장
• 사용 신뢰성 : 사용자측의 입장

69 신뢰성 샘플링검사의 특징으로 옳지 않은 것은?

① 품질의 척도로 MTBF, 고장률 등을 사용한다.

② 위험률 α와 β의 값을 매우 작게 취한다.

③ 정시중단방식과 정수중단방식을 채용하고 있다.

④ 지수분포와 와이블분포를 가정한 방식이 주류를 이루고 있다.

해설

신뢰성 샘플링검사에서는 위험률의 값을 크게 취한다($\alpha = 0.3$, $\beta = 0.4$).

70 우선적 AND게이트가 있는 고장목(Fault Tree)에 관한 설명으로 적절한 것은?

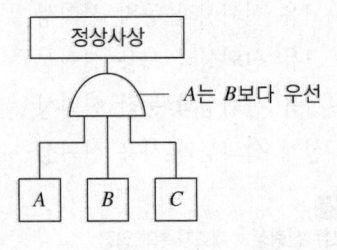

① 입력사상 A, B, C가 모두 발생될 때 정상사상이 발생된다.
② 입력사상 A, B, C가 모두 발생하고 입력사상 A가 B보다 우선적으로 발생될 때 정상사상이 발생된다.
③ 입력사상 A, B, C가 모두 발생하고 입력사상 A가 B와 C보다 우선적으로 발생될 때 정상사상이 발생된다.
④ 3개의 입력사상 A, B, C 중 2개의 입력사상 A와 B만 발생하고, A가 B보다 우선적으로 발생될 때 정상사상이 발생된다.

> **해설**
> 우선적 AND게이트이므로 입력사상 A, B, C가 모두 발생하고 조건부 A는 B보다 우선이므로, 입력사상 A가 B보다 우선적으로 발생될 때 정상사상이 발생된다.

71 10개의 샘플에 대하여 50시간 수명시험을 한 결과 1개도 고장이 나지 않았다. 이 샘플의 고장이 지수분포에 따라 발생한다고 하면 MTBF의 하한치는 약 몇 시간인가?

① 125시간　　　　② 167시간
③ 176시간　　　　④ 217시간

> **해설**
> MTBF의 하한치 $= \theta_L = \dfrac{T}{2.3} = \dfrac{10 \times 50}{2.3} = 217$

72 1,000시간당 고장률이 각각 2.8, 3.6, 10.2, 3.4인 부품 4개를 직렬결합으로 설계한다면 이 기기의 평균수명은 약 얼마인가?(단, 각 부품의 고장밀도함수는 지수분포를 따른다)

① 50시간　　　　② 98시간
③ 277시간　　　　④ 357시간

> **해설**
> 시간당 고장률 $= \dfrac{2.8+3.6+10.2+3.4}{1,000} = 0.02$
> 평균수명 $MTBF_s = \dfrac{1}{\lambda_s} = \dfrac{1}{0.02} = 50$시간

73 다음 그림과 같이 3개의 부품이 연결된 시스템이 있다. 이 시스템의 신뢰도가 85[%] 이상 되도록 설계하려면 부품 R_A의 신뢰도는 최소 약 얼마 이상이 되어야 하는가?(단, R_1과 R_2의 신뢰도는 각각 90[%], 80[%]이다)

① 0.852　　　　② 0.873
③ 0.905　　　　④ 0.951

> **해설**
> $R_s = R_1 \times (1-F_2 \times F_2)(1-F_A \times F_A) > 0.85$
> $= 0.9(1-0.2 \times 0.2)[1-(1-R_A)^2] > 0.85$에서
> $R_A > 0.873$

74 동일한 부품 2개의 직렬체계에서 리던던시 부품 2개를 추가할 때 가장 신뢰도가 높은 구조는?

① 체계를 병렬 중복
② 부품 수준에서 중복
③ 첫째 부품을 3중 병렬 중복
④ 둘째 부품을 3중 병렬 중복

75 수명분포가 지수분포를 따르고 있는 어떤 기계의 월간 사용시간은 100시간이다. 이 기계의 월간 누적 고장확률을 0.1로 하기 위해서 MTBF는 약 몇 시간이 되어야 하는가?

① 4.34시간

② 43.4시간

③ 949시간

④ 9,490시간

해설

$$F(t=100) = 0.1 = 1 - e^{-\lambda t} = 1 - e^{-\frac{1}{MTBF} \times 100}$$

$$\therefore MTBF = 949$$

76 다음 그림은 고장시간의 전형적 분포를 보여 주는 욕조곡선이다. 이 중 B기간을 분포로 모형화할 때, 어떤 분포가 적절한가?

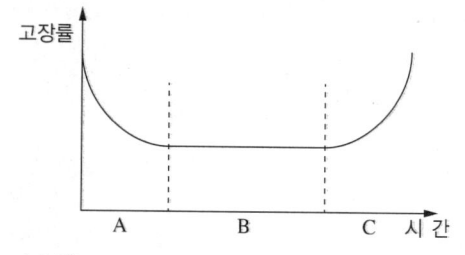

① 지수분포

② 정규분포

③ 형상모수가 1보다 큰 와이블분포

④ 형상모수가 1보다 작은 와이블분포

해설

욕조형 고장률함수
- A : 초기고장기간(DFR ; Decreasing Failure Rate)은 시간이 경과함에 따라 고장률이 감소하는 경우로서, 형상모수 $m < 1$, 와이블분포에 대응된다.
- B : 우발고장기간(CFR ; Constant Failure Rate)은 비교적 고장률이 낮으며, 시간에 관계없이 일정한 경우로서 형상모수 $m = 1$, 지수분포에 대응된다.
- C : 마모고장기간(IFR ; Increasing Failure Rate)은 고장률이 시간에 따라 증가하는 경우로서 형상모수 $m > 1$, 정규분포에 대응된다.

77 Y부품에 가해지는 부하(Stress)는 평균 3,000[kg/mm²], 표준편차 300[kg/mm²]이며, 강도는 평균 4,000[kg/mm²], 표준편차 400[kg/mm²]인 정규분포를 따른다. 부품의 신뢰도는 약 얼마인가?(단, $u_{0.90} = 1.282$, $u_{0.95} = 1.645$, $u_{0.9772} = 2$, $u_{0.9987} = 3$이다)

① 90.00[%]   ② 95.46[%]

③ 97.72[%]   ④ 99.87[%]

해설

$$P(강도 > 부하) = P(강도 - 부하 > 0)$$
$$= P\left(u > \frac{0 - (4,000 - 3,000)}{\sqrt{400^2 + 300^2}}\right) = P(u > -2)$$
$$= P(u < 2) = 0.9772 = 97.72[\%]$$

78 정상 사용온도(30[℃])에서 수명이 10,000시간이라면 10℃법칙에 의거했을 때 가속수명시험온도 130[℃]에서의 수명은 약 몇 시간인가?

① 10시간   ② 12시간

③ 14시간   ④ 16시간

해설

$\theta_n = 2^\alpha \cdot \theta_s$에서 $10,000 = 2^{\frac{130-30}{10}} \cdot \theta_s$이므로,

$\theta_s = \dfrac{10,000}{1,024} = 9.765 \simeq 10$시간이다.

79 어떤 장치의 고장 후 수리시간(T)은 다음과 같은 파라미터의 값을 갖는 대수정규분포를 한다고 알려져 있다. 이 장치의 40시간에서 보전도 $M(40)$은 약 얼마인가?(단, 표준화상수 u값 계산 시 소수점 셋째 자리 이하는 버린다)

$Y = \ln T$, $\mu_Y = 2.5$, $\sigma_Y = 0.86$

u	P_r
1.34	0.0901
1.36	0.0869
1.38	0.0838
1.40	0.0808

① 0.9099   ② 0.9131
③ 0.9162   ④ 0.9192

해설

$$M(t = 40) = P(T \le 40) = P(\ln T \le \ln 40)$$
$$= P\left(u \le \frac{\ln 40 - 2.5}{0.86}\right) = P(u \le 1.38)$$
$$= 1 - 0.0838 = 0.9162$$

---

80 어느 시스템의 고장확률밀도함수를 $f(t)$라고 할 때, t시점에서의 신뢰도(Reliability) 함수 $R(t)$를 표현한 것은?

① $R(t) = \int_{t}^{\infty} f(t)dt$

② $R(t) = \int_{0}^{\infty} f(t)dt$

③ $R(t) = \int_{t}^{\infty} t \cdot f(t)dt$

④ $R(t) = \int_{0}^{\infty} t \cdot f(t)dt$

해설

$$R(t) = P(T > t) = \int_{t}^{\infty} f(t)dt$$

여기서, $f(t)$: 고장확률밀도함수

제5과목 | **품질경영**

81 품질특성에 대한 설명으로 올바른 것은?

① 품질특성은 수명, 색상, 재질 등과 같이 고객이 요구하는 것을 제품의 특성으로 나타내는 것이다.

② 품질특성은 일반적으로 추상적으로 표현되므로 측정할 수 없다.

③ 품질특성은 제품마다 하나씩만 정의하는 것이 개선효과가 높다.

④ 품질특성은 학문적 영역에서 다루어지며, 가장 정확하게 알고 있는 사람은 품질학자들이다.

해설

② 품질특성은 측정할 수 있어야 한다.
③ 품질특성을 제품마다 하나씩만 정의하면 개선효과가 떨어진다.
④ 품질특성은 실제 영역에서 다루어지며, 품질학자들도 가장 정확하게 아는 것은 아니다.

---

82 측정시스템에서 계측기의 산포(σ_M)가 0.24, 계측자의 산포(σ_O)가 0.9일 때 측정시스템의 산포(Gage R&R)는?

① 0.26

② 0.93

③ 1.05

④ 1.14

해설

$$\sigma_S = \sqrt{(\sigma_M)^2 + (\sigma_O)^2} = \sqrt{0.24^2 + 0.9^2} = 0.93$$

83 싱글 PPM 운동에 관한 설명으로 옳지 않은 것은?

① 과거, 현재 및 미래의 품질이 심사대상이다.

② 블랙벨트와 같은 품질전문가를 별도로 운영한다.

③ 국내에서 만들어진 품질혁신운동으로 인증을 준다.

④ 백만 개 중 부적합품수를 한 자릿수 이하로 낮추려는 혁신운동이다.

해설
블랙벨트와 같은 품질전문가를 별도로 운영하는 것은 식스시그마운동이다.

85 품질 코스트의 한 요소인 실패 코스트와 적합비용의 관계에 관한 설명으로 적절한 것은?

① 적합비용과 실패 코스트는 전혀 무관하다.

② 적합비용이 증가하면 실패 코스트는 줄어든다.

③ 적합비용이 증가하면 실패 코스트는 더욱 높아진다.

④ 실패 코스트는 총품질 코스트 중 극히 일부에 불과하므로 적합비용에 미치는 영향이 매우 작다.

해설
① 적합비용과 실패 코스트는 밀접한 관계가 있다.
③ 적합비용이 증가하면 실패 코스트는 줄어든다.
④ 실패 코스트는 적합비용에 미치는 부정적 영향이 매우 크다.

86 품질보증의 실시 순서 중 가장 나중에 하여야 하는 것은?

① 설계품질의 확보

② 품질방침의 설정과 전개

③ 품질조사와 클레임 처리

④ 품질정보의 수집·해석·활용

해설
품질보증의 실시 순서 : 품질방침의 설정과 전개 → 품질보증시스템의 구축과 운영 → 설계품질의 확보 → 품질조사와 클레임 처리 → 품질정보의 수집·해석·활용

84 품질관리수법인 신QC 7가지 기법의 특성으로 옳지 않은 것은?

① 계획을 충실하게 하는 기법이다.

② 주로 언어데이터를 사용하는 기법이다.

③ 산포의 원인을 조사해서 공정을 관리하는 것을 목적으로 한다.

④ 관계자 전원이 협력해서 문제해결을 조직적, 체계적으로 진척시키는 데 도움이 된다.

해설
산포의 원인을 조사해서 공정을 관리함을 목적으로 하는 것은 관리도이며, 관리도는 신QC 7가지 도구에 포함되지 않는다.

87 수량의 크기를 비교할 목적으로 사용하는 그래프는?

① 연관도   ② 점그래프

③ 꺾은선그래프   ④ 막대그래프

해설
막대그래프
• 양의 크기를 막대의 길이로 표현한 것으로서 수량의 상대적 크기를 비교할 때 자주 사용된다.
• 시간적인 변화를 나타내는 데는 적합하지 않지만 어느 특정 시점에서의 수량을 상호 비교하고자 할 때 사용하면 좋다.

88 현재 사용하고 있는 것에 대한 취약점을 나열하고 이것을 없애는 방법을 찾아내는 아이디어 발상법은?

① 고든법
② 결점열거법
③ 속성열거법
④ 브레인스토밍

해설
① 고든법 : 브레인스토밍법의 결점을 보완한 집단적 아이디어 발상법이다.
③ 속성열거법 : 문제가 되는 대상을 가능한 한 잘게 나누어서 새로운 아이디어를 얻기 용이하도록 해 주는 아이디어 창출기법이다.
④ 브레인스토밍 : 창의적 태도나 능력을 증진시키기 위한 방법으로, 자유분방하게 생각하도록 격려함으로써 다양하고 폭넓은 사고를 촉진하여 우수한 아이디어를 얻고자 하는 창의적 발상법이다.

89 사용품질에 관한 설명으로 옳은 것은?

① 제공되는 제품이 고객의 기대수준에 얼마나 벗어나 있는가를 기준으로 하는 것을 사용품질 차이라 한다.
② 고객이 제품의 사용으로 얼마만큼 만족을 얻을 수 있는가를 기준으로 하는 것을 제품품질 차이라 한다.
③ 제품품질 차이의 축소는 설계품질 차이와 제조품질 차이를 좁혀서 할 수 있다.
④ 전통적인 품질관리는 다분히 사용품질의 차이의 축소 내지 제거를 목적으로 한 것이었다.

해설
① 서비스품질 차이
② 서비스품질 차이
④ 전통적인 품질관리는 제조품질(적합품질)의 차이의 축소 내지 제거를 목적으로 하였다.

90 사내표준화의 효과가 아닌 것은?

① 개인의 기능을 기업의 기술로서 보존하여 진보를 위한 역할을 한다.
② 업무의 방법을 일정한 상태로 고정하여 움직이지 않게 하는 역할을 한다.
③ 관리를 위한 기준이 되며 확률이론을 적용할 수 있고 통계적 방법을 적용할 수 있는 장이 조성되어 과학적 관리수법을 활용할 수 있게 된다.
④ 경영방침 철저화와 책임과 권한을 명확히 하고 업무 운영을 확실하게 한다.

해설
사내표준화의 효과
• 개인의 기능을 기업의 기술로서 보존하여 진보를 위한 역할을 한다.
• 경영방침 철저화를 도모하며 품질매뉴얼이 준수된다.
• 책임과 권한을 명확히 하여 업무처리기능과 업무 운영을 확실하게 한다.
• 관리를 위한 기준이 되며, 확률이론을 적용할 수 있고 통계적 방법을 적용할 수 있는 장이 조성되어 과학적 관리수법을 활용할 수 있게 된다.
• 생산에 소요되는 자원의 양과 종류 감소를 통한 생산의 다양화를 도모한다.
• 표준화를 통한 기준화에 의해 생산시스템의 동일화 · 정형화 실현으로 전문화 · 숙련화를 구축한다.
• 품질 안정, 비용의 절감, 각 부문 간 의사 전달의 원활화를 가능하게 한다.

91 표준의 서식과 작성방법(KS A 0001)에서 규정하고 있는 표준의 구성에 관한 설명으로 옳지 않은 것은?

① '참고(Reference)'는 규정의 일부는 아니다.
② '해설(Explanation)'은 표준의 일부는 아니다.
③ '본문(Text)'은 조항의 구성부분의 주체가 되는 문장이다.
④ '보기(Example)'는 본문, 그림, 표 안에 직접 넣으면 복잡하게 되므로 따로 기재하는 것이다.

해설
• 보기(Example) : 본문, 각주, 비고, 그림, 표 등에 나타내는 사항의 이해를 돕기 위한 예시이다.
• 비고(Note) : 본문, 그림, 표 등의 내용을 이해하기 위해 없어서는 안 되지만, 그 안에 직접 기재하면 복잡해지는 사항을 따라 기재하는 것이다.

92 규격상한이 70, 규격하한이 10인 어떤 제품을 제조하는 제조공정에서 만들어진 제품의 표준편차는 7.5이다. 이 제조공정이 관리 상태에 있다고 할 때 공정능력 지수(C_P)는 약 얼마인가?

① 0.66 ② 1.00
③ 1.33 ④ 2.67

해설

$$C_P = \frac{T}{6\sigma} = \frac{S_U - S_L}{6\sigma} = \frac{70-10}{6 \times 7.5} \simeq 1.33$$

93 어떤 조립품의 구멍과 축의 치수가 표와 같이 주어질 때 최대 틈새는?

구 분	구 멍	축
최대 허용치수	0.508	0.504
최소 허용치수	0.505	0.501

① 0.001 ② 0.003
③ 0.004 ④ 0.007

해설

최대 틈새 = 구멍의 최대 허용치수 − 축의 최소 허용치수
   = 0.508 − 0.501
   = 0.007

94 생산활동이나 관리활동과 관련하여 일상적 또는 정기적으로 실시하는 계측이 아닌 것은?

① 생산설비에 관한 계측
② 자재·에너지에 관한 계측
③ 작업결과나 성적에 관한 계측
④ 연구·실험실에서의 시험연구 계측

해설

연구·실험실에서의 시험연구 계측은 연구 분야에서 수행하는 측정활동영역이다.

95 품질관리의 기능은 4개의 기능으로 대별하여 사이클을 형성한다. 다음 중 품질관리의 기능에 포함되지 않는 것은?

① 품질의 관리
② 품질의 보증
③ 공정의 관리
④ 품질의 조사 및 개선

해설

품질관리의 4대 기능
• 품질의 설계(QP)
  - 시장에서의 소비자 요구와 회사의 전략에 부응해야 한다.
  - 기술적으로 공정능력을 고려한다.
• 품질의 보증(QA) : 사내규격이 체계화되어 품질에 대한 정책이 일관되도록 하는 업무로, 제품이나 용역이 실제 사용되는 과정에서 설계된 내용처럼 잘 유지될 때 품질보증의 기능이 완성되는 것이다. 품질관리를 하는 이유도 궁극적으로는 품질을 보증하기 위한 것이다.
• 공정의 관리(QC, 실행기능)
  - 설비, 기계의 능력이 품질 실현의 요구에 적합하도록 보전하는 업무이다.
  - 검사, 시험방법, 판정의 기준이 명확하며 판정의 결과가 올바르게 처리되도록 하는 업무이다.
  - 원재료가 회사규격에 정해진 품질대로 확실히 수입되어 적시에 적량을 제조현장에 납품하는 업무이다.
  - 적절한 공정능력을 결정한다.
  - 기술적 규격에 대한 품질 적합도를 판단한다.
  - 품질의 변동요인을 규명한다.
• 품질의 조사 및 개선(QI) : 시장조사를 통해서 소비자의 의견을 파악하고, 불량품 및 클레임의 발생원인을 찾아 품질방침이나 품질목표를 개선시키는 기능을 의미한다.

96 품질에 대하여 구성원들의 품질개선 의욕을 불러일으키는 작용 또는 과정을 뜻하는 용어는?

① 품질 인프라(Infra)
② 품질 피드백(Feedback)
③ 품질 퍼포먼스(Performance)
④ 품질 모티베이션(Motivation)

97 산업표준화법 시행령에는 규정에 의한 산업표준화 및 품질경영에 대한 교육을 반드시 받아야 한다고 제시되어 있는데, 이에 해당되는 것은?

① 직반장 교육

② 작업자 교육

③ 내부품질심사요원 양성 교육

④ 경영간부 교육(생산·품질 부서의 팀장급 이상)

해설

산업표준화 및 품질경영에 대한 교육(필수)
- 경영간부 교육내용 : 사내표준화 및 품질경영 추진기법 사례 등
- 품질관리담당자 교육내용 : 통계적인 품질관리기법, 사내표준화 및 품질경영의 추진 실시, 한국산업표준(KS)인증제도 및 사후관리 실무

98 제조물책임법의 근거가 되는 3가지의 법률이론이 아닌 것은?

① 사용책임

② 엄격책임

③ 과실책임

④ 보증책임

해설

사용책임은 제조물책임법의 근거가 되는 3가지의 법률이론에 해당하지 않는다. 우리나라 PL법의 과실책임은 사실상 무과실책임(결함책임)에 해당한다.

99 다음 중 품질보증 부문의 임무는?

① 부적합품 출하방지를 위한 최종 검사

② 부적합품의 발생 억제를 위한 공정관리

③ 고객 요구를 최대로 만족시키는 품질설계

④ 각 부서의 품질보증활동의 종합 조정·통제

해설

① 품질관리 부문의 임무
② 생산 부문의 임무
③ 설계 부문의 임무

100 산업표준화 유형 중 기능에 따른 표준화 분류의 내용으로 옳지 않은 것은?

① 제품규격 : 제품의 형태, 치수, 재질 등 완제품에 사용되는 규격

② 방법규격 : 성분분석 및 시험방법, 제품의 검사방법, 사용방법에 대한 규격

③ 기본규격 : 표준의 제정, 개폐 절차 등에 대한 규격

④ 전달규격 : 계량단위, 제품의 용어, 기호 및 단위, 물질과 행위에 관한 규격

해설

기본규격(전달규격)은 계량단위, 용어, 기호, 단위 등 물질의 행위에 관한 규격이다. 표준의 제정, 개폐 절차 등에 대한 규격은 규격서의 서식이며 회사규격의 경우 회사규격관리규정이라고 한다.

2023년 제2회 최근 기출복원문제

제1과목┃ 실험계획법

01 난괴법에 관한 설명으로 옳지 않은 것은?

① 제곱합의 계산은 반복이 없는 2원배치의 모수 모형과 동일하다.

② 1인자는 모수이고 1인자는 변량인 반복이 없는 2원배치실험이다.

③ 인자 B가 변량인자이면, σ_B^2의 추정값을 구하는 것은 의미가 없다.

④ 인자 A가 모수인자, 인자 B가 변량인자이면

$$\sum_{i=1}^{l} a_i = 0, \quad \sum_{j=1}^{m} b_j \neq 0 \text{이다.}$$

해설

인자 B가 변량인자이면, σ_B^2의 추정값은 의미가 있다.

02 변량인자가 아닌 것은?

① 잡음인자

② 신호인자

③ 집단인자

④ 블록인자

해설

- 모수인자(Fixed Factor) : 제어인자, 표시인자, 신호인자
- 변량인자(Random Factor) : 블록인자, 보조인자, 집단인자, 잡음 인자(오차인자)

03 분산성분을 조사하기 위하여 A는 3일을 랜덤으로 선택한 것이고, B는 각 일별로 2대의 트럭을 랜덤으로 선택한 것이고, C는 각 트럭 내에서 랜덤으로 2삽을 취한 것이다. 각 삽에서 2번에 걸쳐 소금의 염도를 측정하는 지분실험법을 실시하였다. 오차의 자유도는 얼마인가?

① 6

② 12

③ 23

④ 24

해설

$\nu_e = lmn(r-1) = 3 \times 2 \times 3 \times (2-1) = 12$

04 반복이 없는 모수모형 2원배치실험에서 한 개의 결측치 ⓨ를 Yates의 방법으로 추정하면?

구 분	A_1	A_2	A_3	A_4	A_5
B_1	4	1	−1	ⓨ	1
B_2	2	3	2	2	2
B_3	3	2	1	4	3

① 2

② 2.25

③ 3.25

④ 3

해설

$$y_{ij} = \frac{lT'_{i\cdot} + mT'_{\cdot j} - T'}{(l-1)(m-1)} = \frac{lT'_{4\cdot} + mT'_{\cdot 1} - T'}{(l-1)(m-1)}$$

$$= \frac{5 \times 6 + 3 \times 5 - 29}{(5-1) \times (3-1)} = 2$$

05 3×3의 라틴방격실험에서 $T_{.1.} = 17$, $T_{.2.} = 15$, $T_{.3.} = 14$의 값을 얻었다면 S_B의 값은 약 얼마인가?

① 1.56

② 1.89

③ 235.11

④ 282.23

해설

$$S_B = \sum T_{.j.}^2/k - CT$$
$$= (17^2 + 15^2 + 14^2)/3 - 46^2/9 \simeq 1.56$$

06 3인자 A(2수준), B(3수준), C(4수준) 3요인실험의 실험계획에서 각각 2회 반복하여 실험하였다. 3인자 교호작용을 오차항에 풀링하였을 때 오차항의 자유도는?

① 18

② 24

③ 30

④ 36

해설

• 해법 1 : $\nu_e{}' = \nu_e + \nu_{A \times B \times C}$
$$= lmn(r-1) + (l-1)(m-1)(n-1)$$
$$= 2 \times 3 \times 4 \times (2-1) + (2-1)(3-1)(4-1)$$
$$= 24 \times 1 + 1 \times 2 \times 3 = 24 + 6 = 30$$
• 해법 2 : $\nu_e{}' = \nu_T - (\nu_A + \nu_B + \nu_C + \nu_{A \times B} + \nu_{B \times C} + \nu_{C \times A})$
$$= 47 - (1 + 2 + 3 + 2 + 6 + 3)$$
$$= 47 - 17 = 30$$

07 열처리 공장에서 고무의 접착력을 높이기 위하여 고려된 수준이 4인 모수인자 A, B와 재현성 확인을 위해 2회 반복한 변량인자 R인 분할법 실험을 실시하였다. 여기서 A를 1차 단위로, B를 2차 단위로 하였을 때 $S_B = 483.1$, $S_T = 1267.6$, $S_R = 1.4$, $S_{AR} = 718.9$, $S_{A \times B} = 55.6$을 얻었다. 2차 오차분산 V_{e_2}는 약 얼마인가?

① 15.0

② 10.0

③ 0.83

④ 112.0

해설

$$S_{e_2} = S_T - (S_A + S_B + S_{AR} - S_A - S_R - S_B - S_{A \times B})$$
$$= S_T - S_B - S_{AR} - S_{A \times B} = 10$$
$$v_{e_2} = l(m-1)(r-1) = 4 \times 3 \times 1 = 12$$
$$V_{e_2} = \frac{S_{e_2}}{\nu_{e_2}} = \frac{10}{12} = 0.83$$

08 반복수가 다른 1요인실험의 데이터가 다음과 같을 때, 오차항의 변동(S_e)은 약 얼마인가?

A_1	A_2	A_3
10	14	12
5	18	15
8	15	
12		
계 35	계 47	계 27

① 17.5

② 19.5

③ 39.92

④ 235.5

해설

$$S_T = \sum\sum x_{ij}^2 - T^2/N = 127$$
$$S_A = \sum T_{i.}^2/r_i - T^2/N$$
$$= 35^2/4 + 47^2/3 + 27^2/2 - 109^2/9$$
$$= 87.08$$
$$S_e = S_T - S_A = 127 - 87.08 = 39.92$$

09 $L_{27}(3^{13})$형 직교배열표에서 인자 A를 5열, 인자 B를 10열에 배치하였다면 교호작용 $A \times B$가 배치되는 열번호는?

열번호	1	2	3	4	5	6	7	8	9	10	11	12	13
기본 표시	a	b	a b	a b^2	c	a c	a c^2	b c	a b^2	a c^2	a b^2 c	b a c	a b c^2
배치				A						B			

① 4, 10
② 4, 12
③ 4, 13
④ 4, 7

해설
- $A \times B = c \times ab^2 c^2 = ab^2 c^3 = ab^2$ 이므로, 4열
- $A \times B = ab^2 c^2 \times c^2 = ab^2 c^4 = ab^2 c$이므로, 12열

10 직교분해(Orthogonal Decomposition)에 대한 설명으로 옳지 않은 것은?
① 어떤 변동을 직교분해하면 어떤 대비의 변동이 큰 부분을 차지하고 있는지 알 수 있다.
② 두 개 대비의 계수 곱의 합, 즉 $c_1 c'_1 + c_2 c'_2 + \cdots + c_l c'_l = 0$이면 두 개의 대비는 서로 직교한다.
③ 직교분해된 변동은 어느 것이나 자유도가 1이 된다.
④ 어떤 요인의 수준수가 l인 경우 이 요인의 변동을 직교분해하면 l개의 직교하는 대비의 변동을 구할 수 있다.

해설
어떤 요인의 수준수가 l인 경우 이 요인의 변동을 직교분해하면 $l-1$개의 직교하는 대비의 변동을 구할 수 있다.

11 반복이 없는 2원배치법에서 A는 모수인자이고, B는 변량인자인 경우, 옳지 않은 것은?
① 난괴법의 형태이다.
② 이러한 경우에는 교호작용이 존재하지 않는다.
③ 모수인자인 경우 $\sum_{i=1}^{l} a_i = 0$이고, 변량인자인 경우 $\sum_{j=1}^{m} b_j \neq 0$이다.
④ 모수인자인 경우 a_i는 $N(0, \sigma_A^2)$를 따른다.

해설
모수인자인 경우 a_i는 $N(a_i, \sigma_A^2)$를 따르며, 변량인자인 경우 b_j는 $N(0, \sigma_B^2)$를 따른다.

12 다음 계수치 2요인실험에서 B인자 변동(S_B)은 약 얼마인가?

기 계 온 도	A_1		A_2	
	적합품	부적합품	적합품	부적합품
B_1	115	5	108	12
B_2	110	10	100	20

① 0.352
② 0.602
③ 4.856
④ 5.204

해설
$S_B = \sum T_{\cdot j \cdot}^2 / lr - T^2 / lmr$
$= (17^2 + 30^2)/240 - 47^2/480 = 0.352$

13 5×5 라틴방격에서 인자 A, B, C를 각각 5수준으로 하여 실험한 결과 $S_A = 412.64$, $S_e = 23.92$를 얻었다. 인자 A의 분산비 F_0는 약 얼마인가?
① 1.99
② 3.88
③ 51.75
④ 103.16

해설
$F_0 = \dfrac{V_A}{V_e} = \dfrac{S_A/v_A}{S_e/v_e} = \dfrac{412.64/4}{23.92/12} = 51.75$

14 다음 분산분석표로부터 모수인자 A, B에 대한 유의수준 10[%]에서의 가설검정결과로 옳은 것은?(단, $F_{0.90}(2, 6) = 3.46$, $F_{0.90}(3, 2) = 9.16$, $F_{0.90}(3, 6) = 3.29$, $F_{0.90}(6, 11) = 2.39$)

요 인	SS	DF	MS	F_0
A	185	3	61.7	3.63
B	54	2	27	1.59
e	102	6	17	
T	341	11		

① $F_{0.90}(2, 6) = 3.46$이므로, 귀무가설($\sigma_A^2 = 0$)을 기각할 수 없다.

② $F_{0.90}(3, 6) = 3.29$이므로, 귀무가설($\sigma_A^2 = 0$)을 기각한다.

③ $F_{0.90}(3, 2) = 9.16$이므로, 귀무가설($\sigma_B^2 = 0$)을 기각한다.

④ $F_{0.90}(6, 11) = 2.39$이므로, 귀무가설($\sigma_B^2 = 0$)을 기각한다.

해설

$F_0 = 3.63 > F_{0.90}(3, 6) = 3.29$이므로, 귀무가설($\sigma_A^2 = 0$)을 기각한다.

15 반복수가 일정한 경우의 모수모형 1요인실험에서 오차분산의 신뢰구간을 유의수준 α로 추정하는 식은?

① $F_{1-a/2}(\nu_A, \nu_e) \le \sigma_e^2 \le F_{1-a/2}(\nu_e, \nu_A)$

② $t_a(\nu_e)\sqrt{\dfrac{V_e}{n}} \le \sigma_e^2 \le t_{1-a}(\nu_e)\sqrt{\dfrac{V_e}{n}}$

③ $\dfrac{S_e}{\chi_{1-a/2}^2(\nu_e)} \le \sigma_e^2 \le \dfrac{S_e}{\chi_{a/2}^2(\nu_e)}$

④ $t_a(\nu_e) \le \sigma_e^2 \le t_{1-a}(\nu_e)$

16 직교배열표 $L_4(2^3)$에서 2의 의미는?

① 인자의 수
② 열의 수
③ 행의 수
④ 수준수

해설

직교배열표의 표시

$L_N(P^K)$

• L : 라틴방격
• N : 행의 수(실험 횟수)
• P : 수준수
• K : 열의 수(인자수 = 배치 가능한 요인의 수)

17 실험계획에서 우연으로 볼 수 있는 산포와 교호작용의 효과를 분리할 필요가 있을 경우 실시하는 방법은?

① 교 락
② 반 복
③ 별 명
④ 오 차

해설

실험계획에서 우연으로 볼 수 있는 산포와 교호작용의 효과를 분리할 필요가 있을 경우 실시하는 방법은 반복이다(반복이 있는 2원배치법 이상을 실시).

18 2인자 A, B의 각 수준수는 l, m이며, 반복수 r회인 실험계획에서 A, B가 다 같이 모수모형이면 기대치 $E(V_A)$를 구하는 식은?

① $\sigma_e^2 + r\sigma_{A \times B}^2 + mr\sigma_A^2$

② $\sigma_e^2 + mr\sigma_A^2$

③ $\sigma_e^2 + r\sigma_{A \times B}^2 + lr\sigma_A^2$

④ $\sigma_e^2 + lr\sigma_A^2$

해설

• 모수모형 : $E(V_A) = \sigma_e^2 + mr\sigma_A^2$
• 혼합모형 : $E(V_A) = \sigma_e^2 + r\sigma_{A \times B}^2 + mr\sigma_A^2$

19 어떤 화학반응실험에서 농도를 4수준으로 반복수가 일정하지 않은 실험을 하여 다음 표와 같은 결과를 얻었다. 분산분석결과 $S_e = 2,508.8$이었다. $\mu(A_4)$와 $\mu(A_2)$의 평균치 차를 $\alpha = 0.05$로 구간추정하면 약 얼마인가?(단, $t_{0.95}(15) = 1.753$, $t_{0.975}(15) = 2.131$이다)

인 자	A_1	A_2	A_3	A_4
m_i	5	6	5	3
$\overline{x_{i\cdot}}$	52	35.33	48.20	64.67

① $9.85 \leq \mu(A_4) - \mu(A_2) \leq 48.83$

② $-46.13 \leq \mu(A_4) - \mu(A_2) \leq 104.81$

③ $13.31 \leq \mu(A_4) - \mu(A_2) \leq 45.31$

④ $-32.74 \leq \mu(A_4) - \mu(A_2) \leq 92.43$

해설
$V_e = S_e/v_e = 2508.8/15 = 167.25$
$(\overline{x_{4\cdot}} - \overline{x_{2\cdot}}) \pm t_{0.975}(15)\sqrt{V_e/3 + V_e/6} = 9.85 \sim 48.83$

20 망대특성 실험의 경우 특성치가 다음과 같을 때, SN비(Signal to Noise Ratio)는 약 몇 [dB]인가?

[데이터]				
36	38	32	37	40

① -31.20 ② -21.81

③ 28.15 ④ 31.20

해설
$SN비 = -10\log\left[\frac{1}{n}\left(\sum\frac{1}{y^2}\right)\right]$
$= -10\log\left[\frac{1}{5}\left(\frac{1}{36^2} + \frac{1}{38^2} + \frac{1}{32^2} + \frac{1}{37^2} + \frac{1}{40^2}\right)\right]$
$= 31.2[dB]$

제2과목 | 통계적 품질관리

21 중심경향에 관한 설명으로 옳지 않은 것은?

① 명목척도와 서열척도로 측정된 변수는 평균을 계산할 수 있다.

② 중심적 경향값으로 사용되는 통계량은 최빈값, 중앙값, 산술평균 등이 있다.

③ 하나의 변수에 관한 자료의 중심적 경향분석은 자료의 분포를 대표하는 단일 수치를 찾아내는 것이다.

④ 자료가 어떤 값을 중심으로 분포하고 있는가를 파악하려는 것으로서, 자료분포의 중심이 되는 그 값을 중심적 경향값이라 한다.

해설
명목척도와 서열척도는 최빈수 계산이 가능하지만, 평균 계산은 불가능하다.

22 계수치 샘플링검사 절차(KS Q ISO 2859-1 : 2010)에서 검사수준을 결정하고자 할 때 큰 판별력을 필요로 하므로 샘플의 크기를 크게 하려 할 때 가장 적합한 수준은?

① Ⅰ   ② Ⅱ

③ Ⅲ   ④ S-1

해설
샘플의 크기를 크게 하려면 일반검사 수준 Ⅲ를, 샘플의 크기를 작게 하려면 특별검사수준(S-1, S-2, S-3, S-4)을 택한다.

23 관리도에 대한 설명으로 옳은 것은?

① 관리도는 작업표준을 작성할 때까지의 수단이며, 작업표준이 완성되면 관리도를 그릴 필요가 없다.

② 관리도는 공정능력지수가 1보다 크면 사용하지 않는다.

③ 작업표준을 만들어 두면 관리도는 그릴 필요가 없다.

④ 관리도는 과거의 데이터 해석에도 사용된다.

해설
① 작업표준 완성 후에도 관리도는 필요하다.
② 관리도는 공정능력지수가 1보다 커지더라도 사용한다.
③ 작업표준을 만들어 두어도 관리도는 필요하다.

24 X 및 Y를 각각 정규분포 $N(2, 3)$ 및 $N(4, 6)$을 따르는 독립 확률변수라고 할 때 $Z = 2 + 3X + Y$의 분산은?

① 9 ② 15

③ 33 ④ 35

해설
$V(Z) = V(2 + 3X + Y) = V(2) + 3^2 V(X) + V(Y)$
$= 0 + 3^2 \times 3 + 6 = 33$

25 제조공정관리, 공정검사의 조정 및 체크를 목적으로 행해지는 검사방법은?

① 순회검사 ② 비파괴검사

③ 관리 샘플링검사 ④ 로트별 샘플링검사

해설
③ 관리 샘플링검사 : 제조공정관리, 공정검사의 조정 및 체크를 목적으로 행해지는 검사방법으로서, 체크검사라고도 한다.
① 순회검사 : 검사전문요원이 생산공정을 돌아다니면서 실시하는 검사이다.
② 비파괴검사 : 검사 후 상품 가치는 그대로 보존되는 검사이다.
④ 로트별 샘플링검사 : 로트의 합불 판정을 위한 검사이다.

26 A약품 순도의 모표준편차 $\sigma = 0.3[\%]$인 공정으로부터 $n = 4$의 샘플링을 하여 측정한 결과 다음의 데이터가 나왔다. 이 공정의 순도[%]의 모평균에 대한 신뢰구간은 약 얼마인가?(단, 신뢰율은 95[%]이다)

| (데이터[%]) | 16.1 | 15.5 | 15.3 | 15.5 |

① 15.01~15.19[%]

② 15.31~15.89[%]

③ 15.35~15.92[%]

④ 15.25~15.65[%]

해설
$\bar{x} \pm u_{0.975} \dfrac{\sigma}{\sqrt{n}} \simeq 15.6 \pm 1.96 \times \dfrac{0.3}{\sqrt{4}} \simeq 15.31 \sim 15.89[\%]$

27 x와 y의 시료 상관계수 r을 구하기 위하여 $X = (x - 5) \times 100$, $Y = (y - 2) \times 10$으로 데이터 변환을 하여 변환된 X, Y로 상관계수 r을 구했더니 $r = 0.37$이었다. x와 y의 시료 상관계수는 얼마인가?

① 3.7

② 0.37

③ 0.037

④ 0.0037

해설
상관계수값은 변수의 수치 변환이 있어도 동일하다.

28 원료 A와 원료 B에서 만들어지는 제품의 순도를 측정한 결과 다음과 같다. 원료 A로부터 만들어지는 제품의 분산을 σ_A^2이라고 하고, 원료 B로부터 만들어지는 제품의 분산을 σ_B^2이라고 할 때 유의수준 0.05로 $\sigma_A^2 = \sigma_B^2$인가를 검정하는 데 필요한 F_0의 값은 얼마인가?

| [원료 A] | 74.9[%] | 75.0[%] | 75.4[%] |
| [원료 B] | 75.0[%] | 76.0[%] | 75.5[%] |

① 0.280 ② 1.003
③ 1.889 ④ 2.571

해설

$F_0 = \dfrac{V_A}{V_B} = ?$

$V_A = \dfrac{S_A}{\nu_A} = \dfrac{S_A}{n_A - 1} = \dfrac{1}{n_A - 1}\left\{\sum x_A^2 - \dfrac{(\sum x_A)^2}{n_A}\right\}$

$\quad = \dfrac{1}{2}\left\{16{,}920.17 - \dfrac{225.3^2}{3}\right\} = 0.07$

$V_B = \dfrac{S_B}{\nu_B} = \dfrac{S_B}{n_B - 1} = \dfrac{1}{n_B - 1}\left\{\sum x_B^2 - \dfrac{(\sum x_B)^2}{n_B}\right\}$

$\quad = \dfrac{1}{2}\left\{17{,}101.25 - \dfrac{226.5^2}{3}\right\} = 0.25$

따라서, $F_0 = \dfrac{V_A}{V_B} = \dfrac{0.07}{0.25} = 0.280$

29 $LCL = 73$, $UCL = 77$, $n = 4$인 $\bar{x}$관리도에서 N$(75, 2^2)$을 따르는 로트의 경우 타점 통계량 $\bar{x}$가 관리한계선 밖으로 나타날 확률은?(단, Z가 표준정규변수일 때, $P(Z \le 1) = 0.8413$, $P(Z < 2) = 0.9772$, $P(Z \le 1) = 0.9987$이다)

① 0.0013 ② 0.0027
③ 0.0228 ④ 0.0456

해설

• 해법 1

LCL을 벗어날 확률 : $u = \dfrac{LCL - \mu}{\sigma\sqrt{n}} = \dfrac{73 - 75}{2\sqrt{4}} = -2.0$

UCL을 벗어날 확률 : $u = \dfrac{UCL - \mu}{\sigma\sqrt{n}} = \dfrac{77 - 75}{2\sqrt{4}} = 2.0$

그러므로 관리한계선을 벗어날 확률은
$\alpha = (1 - 0.9772) \times 2 = 0.0456$이다.

• 해법 2

$\bar{x} \sim N(75, 1^2)$

$P(\bar{x} < LCL) + P(\bar{x} > UCL)$

$= P\left(u < \dfrac{73 - 75}{1}\right) + P\left(u > \dfrac{77 - 75}{1}\right)$

$= P(u < -2) + P(u < 2) = 0.0228 \times 2$

$= 0.0456$

30 계수치 샘플링검사 절차(KS Q ISO 2859-1 : 2010)에서 보통검사에서 까다로운 검사의 전환규칙으로 옳은 것은?

① 생산이 불규칙할 때
② 불합격 로트의 누계가 5개가 되도록 보통검사를 진행하고 있을 때
③ 연속 5로트가 합격될 때
④ 연속 5로트 이내의 초기검사에서 2로트가 불합격이 될 때

해설

① 생산이 불규칙할 때 : 수월한 검사에서 보통검사로 전환
② 불합격 로트의 누계가 5개가 되도록 보통검사를 진행하고 있을 때 : 까다로운 검사에서 보통검사로 전환
③ 연속 5로트가 합격될 때 : 수월한 검사

31 전수검사가 필요한 경우로 옳은 것은?

① 파괴검사의 경우

② 검사항목이 많은 경우

③ 안전이 중요한 영향을 미치는 경우

④ 대량품인 경우

①, ②, ④는 샘플링검사가 필요하다.

32 계수치축차샘플링검사방식(KS Q ISO 8422 : 2009)에서 100항목당 부적합수검사를 하는 경우, 1회 샘플링검사의 샘플 크기를 11개로 이미 알고 있다. 이때 누계 샘플 크기의 중지값은?

① 16개

② 17개

③ 19개

④ 21개

중지값 $n_t = 1.5n_0 = 1.5 \times 11 = 16.5$

∴ 17(소수점 이하는 올림한다)

33 오차에 대한 검토 시 측정치의 분포에 주목하여 통계적으로 생각해서 어떠한 조치를 취하여야 되겠는가를 모색해야 한다. 이때 오차의 검토 순서로 가장 옳은 것은?

① 정밀도 → 치우침 → 신뢰성

② 신뢰성 → 정밀도 → 치우침

③ 치우침 → 신뢰성 → 정밀도

④ 치우침 → 정밀도 → 신뢰성

34 x에 대한 y의 회귀관계를 검정하기 위하여 x에 대한 y의 값을 20회 측정하여 데이터를 구했다. 이때 회귀에 의한 변동의 값은?

[데이터]

$S_{(xx)} = 151.4$, $S_{(yy)} = 40.1$, $S_{(xy)} = 76.3$

① 0.498

② 1.65

③ 10.25

④ 38.45

$$S_R = \frac{S_{xy}^2}{S_{xx}} = \frac{76.3^2}{151.4} = 38.45$$

35 검사특성곡선(Operating Characteristic Curve)에 관한 설명으로 옳은 것은?

① 1회 샘플링검사방식에만 적용할 수 있다.

② 계량형 샘플링검사에는 적용할 수 없다.

③ 부적합품률이 커짐에 따라 로트의 합격확률은 높아진다.

④ 샘플링검사방식이 부적합품률에 해당될 경우 로트의 부적합품률과 로트의 합격확률의 관계를 나타낸 그래프이다.

① 검사특성곡선은 2회나 다회 샘플링검사에도 적용할 수 있다.

② 계량형 샘플링검사에도 적용할 수 있다.

③ 부적합품률이 커짐에 따라 로트의 합격확률은 낮아진다.

36 다음의 데이터로 np관리도를 작성할 경우 관리한계선은 약 얼마인가?

No.	1	2	3	4	5
검사 개수	200	200	200	200	200
부적합품수	14	13	20	13	20

① 16 ± 8.51
② 16 ± 11.51
③ 15 ± 1.51
④ 15 ± 11.51

해설

$\bar{p} = \dfrac{\sum np}{\sum n} = \dfrac{80}{10} = 0.08$ 이므로

$n\bar{p} \pm 3\sqrt{n\bar{p}(1-\bar{p})}$

$= 200 \times 0.08 \pm 3\sqrt{200 \times 0.08(1-0.08)}$

$= 16 \pm 11.51$

37 모평균에 대한 추정의 95[%] 오차한계를 5 이하로 하기를 원할 때, 필요한 최소한 표본의 크기는?(단, 모표준편차는 30이다)

① 11
② 36
③ 60
④ 139

해설

• 해법 1 :

$\beta_{\bar{x}} = \pm u_{1-\alpha/2} \dfrac{\sigma}{\sqrt{n}}$ 에서 $5 = \pm 1.96 \times \dfrac{30}{\sqrt{n}}$ 이므로

$\therefore n \fallingdotseq 139$

• 해법 2 :

$u_{0.975} \dfrac{\sigma}{\sqrt{n}} \le 5$

$n \ge \left(u_{0.975} \times \dfrac{30}{5}\right)^2$

$n \ge 138.29$

$\therefore n \fallingdotseq 139$

38 확률변수 X, Y 사이의 공분산(共分散) $COV(X, Y)$ 특성으로 옳지 않은 것은?

① $-\infty < COV(X, Y) < \infty$
② X, Y의 측정단위에 따라 $COV(X, Y)$의 값이 변한다.
③ 공분산의 단위는 없다.
④ $COV(X, Y) = 0$이란 상관관계가 없음을 뜻한다.

해설

상관계수의 단위는 없지만 공분산의 단위는 있다.

39 KS Q ISO 8258 : 2008 슈하트 관리도의 이상원인에 대한 판정기준으로 옳지 않은 것은?

① 14점이 교대로 증감하는 현상이 나타날 때
② 중심선의 한쪽에 연속해서 5점이 나타날 때
③ 연속 6점이 점점 올라가는 현상이 나타날 때
④ 점이 관리한계선에 접근하여 연속 3점 중 2점이 나타날 때

해설

중심선의 한쪽에 연속해서 9점이 나타나면 이상원인에 의한 것이다.

40 평균치의 표준편차는 원래의 표준편차와 비교하여 어떠한가?

① n만큼 크다.
② $\sqrt{n}$ 만큼 크다.
③ $\dfrac{1}{\sqrt{n}}$ 만큼 작다.
④ n만큼 작다.

해설

평균치의 표준편차

$D(\bar{X}) = \sqrt{V(\bar{X})} = \sigma/\sqrt{n}$

평균치의 표준편차는 원래의 표준편차의 $1/\sqrt{n}$ 배가 된다.

41 발주점 방식과 MRP 방식을 비교한 내용으로 옳지 않은 것은?

① 발주점 방식은 수요 패턴이 산발적이지만, MRP 방식은 연속적이다.

② 발주점 방식의 발주개념은 보충개념이지만, MRP 방식은 소요개념이다.

③ 발주점 방식에서 발주량의 크기는 경제적 주문량으로 일괄적이지만, MRP 방식은 순 소요량으로 임의적이다.

④ 발주점 방식의 수요 예측자료는 과거의 수요 실적에 기반을 두지만, MRP 방식은 대일정계획에 의한 수요에 의존한다.

해설
발주점 방식은 수요 패턴이 연속적이지만, MRP 방식은 산발적이다.

42 각 제조 부문의 감독자 밑에 보전업무를 담당하는 작업자를 배치하는 형태의 보전은?

① 집중보전
② 부문보전
③ 지역보전
④ 절충보전

해설
① 집중보전 : 보전요원이 특정관리자 밑에 상주하면서 보전활동을 실시하는 형태의 보전이다.
③ 지역보전 : 보전요원이 특정지역에 분산배치되어 보전확률을 실시하는 형태의 보전이다.
④ 절충보전 : 집중보전, 지역보전, 부문보전의 3가지 보전방식의 장점을 절충한 형태의 보전이다.

43 애로공정에 대한 설명이 아닌 것은?

① 상대적으로 더디게 진행되는 공정이다.
② 애로공정은 전체 공정의 능력과는 무관하다.
③ 병목(Bottle Neck)공정이라고도 한다.
④ 애로공정이 있을 경우 전체 공정의 능력은 애로공정의 생산속도에 좌우된다.

해설
애로공정은 전체 공정의 능력을 좌우한다.

44 다음 중 옳지 않은 것은?

① 테일러시스템의 특징이 동시관리라면, 포드시스템은 과업관리라고 할 수 있다.
② 테일러는 고임금과 저노무비 실현을 위하여 과학적 관리법을 체계화하였다.
③ 포드는 컨베이어에 의한 이동조립법을 실시하였다.
④ 포드시스템의 단순화, 표준화, 전문화는 오늘날 대량 생산의 일반원칙이 되었다.

해설
테일러시스템의 특징이 과업관리라면, 포드시스템은 동시관리라고 할 수 있다.

45 생산계획 단계 중 총괄생산계획(APP)에 적합한 것은?

① 5년 이상의 장기계획

② 1년 이내의 중기계획

③ 1일에서 몇 주 정도의 단기계획

④ 1일의 초단기계획

해설

총괄생산계획(APP ; Aggregate Production Planning)
- 향후 6~18개월(향후 약 1년 정도)의 중기기간을 대상으로 수요 예측에 따른 생산목표를 효율적으로 달성할 수 있도록 기업의 전반적인 생산수준, 고용수준, 잔업수준, 외주수준, 재고수준 등을 결정한다.
- 변동하는 수요에 대응하여 생산율, 재고수준, 고용수준, 하청 등의 관리 가능 변수를 최적으로 결합하기 위한 용도로 수립되는 계획이다.
- 장기계획에 의해 생산능력이 고정된 경우, 중기적인 수요 변동에 대응하기 위해 고용수준, 재고비용 등을 결정하는 계획이다.

46 단속 생산시스템 대비 연속 생산시스템의 특징으로 옳은 것은?

① 생산속도가 느리다.

② 공정 중심의 생산 형태이다.

③ 주문 위주의 단기적이고 불규칙적인 판매활동을 전개한다.

④ 소품종 대량 생산시스템에 적합하다.

해설

①, ②, ③은 단속 생산시스템에 대한 설명이다.

47 P-Q 분석에서 품종과 설비배치 유형을 옳게 짝지은 것은?

① 소품종 대량 생산 – 제품별 배치

② 소품종 대량 생산 – 공정별 배치

③ 다품종 대량 생산 – 제품별 배치

④ 다품종 대량 생산 – 흐름별 배치

해설

② 공정별 배치 – 다품종 소량 생산
③ 제품별 배치 – 소품종 대량 생산
④ 흐름별 배치 – 소품종 대량 생산

48 주문의 진척도와 작업장 또는 설비의 능력을 고려하여 일간 처리할 작업을 배정하여 구체적인 작업 일정을 수립하는 활동은?

① 공수계획

② 소일정계획

③ 중일정계획

④ 대일정계획

해설

① 공수계획 : 원재료의 공급능력, 가용 노동력 그리고 기계설비의 능력 등을 고려하여 이익을 최대화하기 위한 제품별 생산 비율을 결정하는 계획으로 부하계획이라고도 한다.
③ 중일정계획 : 작업공정별 일정계획으로서 대일정계획의 납기를 토대로 각 작업장의 개시일과 완성일을 예정한다.
④ 대일정계획 : 수주로부터 출하까지의 일정계획을 다루며, 제품의 종류 및 수량에 대한 생산시기를 결정하는 계획이다.

49 JIT를 적용하는 생산현장에서 부품의 수요율이 1분당 3개이고, 용기당 30개의 부품을 담을 수 있을 때 필요한 간판의 수와 최대 재고수는?(단, 작업장의 리드타임은 100분이다)

① 간판의 수 = 10, 최대 재고수 = 200

② 간판의 수 = 10, 최대 재고수 = 300

③ 간판의 수 = 5, 최대 재고수 = 100

④ 간판의 수 = 20, 최대 재고수 = 400

해설

$$간판수 = \frac{리드타임}{간판소요시간} = \frac{100분}{30개 \times 1분/3개} = 10개$$

$$최대\ 재고수 = 간판수 \times 30개 = 10 \times 30 = 300개$$

50 수행도 평가(Performance Rating)에 관한 설명으로 옳지 않은 것은?

① 작업자 평정계수라고도 한다.

② PTS 기법으로 표준시간을 산출할 때 필요하다.

③ 작업의 정미시간(Normal Time)을 구하는 데 사용된다.

④ 작업의 표준 페이스와 실제 페이스의 비율을 의미한다.

해설
PTS(Predetermined Time Standards)법 : 사람이 행하는 작업 또는 작업방법을 기본적으로 분석하고 각 기본동작에 대하여 그 성질과 조건에 따라 이미 정해진(Predetermined) 기초동작치(Time Standards)를 사용하여 알고자 하는 작업동작 또는 운동의 시간치를 구하고 이를 집계하여 작업의 정미시간을 구하는 방법이다.

51 다음 데이터를 이용하여 외경법에 의해 표준시간을 구하면 몇 분인가?

[데이터]
1) 평균관측시간 : 0.86분
2) Westinghouse법에 의한 평준화계수
 ① 숙련도 B2 0.08 ② 노력도 C1 0.05
 ③ 작업환경 B 0.04 ④ 일관성 E −0.02
3) $\dfrac{여유시간}{정미시간} = 25\%$

① 1.16353분 ② 1.23625분
③ 1.26471분 ④ 1.31867분

해설
표준시간 = 정미시간(1 + 여유율)이다.
평준계수 = 숙련도 + 노력도 + 작업환경 + 일관성
    = 0.08 + 0.05 + 0.04 − 0.02 = 0.15
정미시간 = 관측 평균시간(1 + 평준계수) = 0.86(1 + 0.15)
    = 0.989분
그러므로 표준시간 = 정미시간(1 + 여유율) = 0.989(1 + 0.25)
    = 1.23625분

52 5S 중에서 부주의를 감소시키고, 결정사항을 준수하며, 정해진 일을 올바르게 지키기 위해 다음 중 가장 필요한 것은?

① 정 리 ② 정 돈
③ 청 소 ④ 습관화

해설
5S 정의
• 정리(Seiri) : 필요한 것과 필요 없는 것을 구분하여 필요 없는 것은 없애는 것
• 정돈(Seiton) : 필요한 것을 필요할 때 꺼내 사용할 수 있도록 하는 것
• 청소(Seisou) : 먼지를 닦아 내고 그 밑에 숨어 있는 부분을 보기 쉽게 하는 것, 쓰레기와 더러움이 없는 생태로 만드는 것
• 청결(Seiketsu) : 정리, 정돈, 청소의 상태를 유지하는 것
• 습관화(Shitsuke) : 정해진 일을 올바르게 지키는 습관을 생활화하는 것

53 설비보전의 직접기능과 그 목적이 서로 다른 것은?

① 정비 – 열화의 방지
② 설계 – 열화의 제거
③ 검사 – 열화의 측정
④ 수리 – 열화의 회복

54 PERT/CPM기법의 주공정(Critical Path)에 관한 설명 중 옳지 않은 것은?

① PERT/CPM 네트워크에서 시간적으로 가장 긴 경로이다.

② 주공정활동이 지연되면 전체 프로젝트의 완료시간도 지연된다.

③ 프로젝트 완료시간을 단축시키려면 주공정활동의 활동시간을 단축시켜야 한다.

④ PERT/CPM 네트워크에서 최장 여유시간을 가진 단계를 연결하면 주공정이다.

해설
PERT/CPM 네트워크에서 최소 여유시간을 가진 단계(여유시간이 0인 단계)를 연결하면 주공정이다.

55 부품단가가 1,000원인 어떤 전자부품의 연간 소요량이 1,000개, 주문비용이 매회 2,000원, 연간 재고유지비가 부품단가의 10[%]일 때, 경제적 연간 주문 횟수는 약 몇 회인가?

① 5
② 20
③ 50
④ 200

• 경제적 주문량$(EOQ) = \sqrt{2CD/H}$
$$= \sqrt{(2 \times 2,000 \times 1,000)/(1,000 \times 0.1)}$$
$$= 200$$
• 경제적 주문 횟수 = 연간 소요량/경제적 주문량
$$= 1,000/200$$
$$= 5$$

56 작업 우선순위 결정기법 중 긴급률법(CR ; Critical Ratio)에 대한 설명으로 옳지 않은 것은?

① CR = 잔여 납기일수/잔여 작업일수
② CR값이 작을수록 작업의 우선순위를 빠르게 한다.
③ 긴급률 규칙은 설비 이용률에 초점을 두고 개발한 방법이다.
④ 긴급률 규칙은 주로 주문생산시스템에서 활용된다.

긴급률법은 최소작업지연시간에 초점을 두고 개발한 방법이다.

57 신체 사용에 관한 동작경제의 원칙으로 옳지 않은 것은?

① 두 손의 동작은 동시에 시작하여 동시에 완료한다.
② 두 팔의 동작은 대칭이 되도록 한다.
③ 직선 동작이나 급격한 방향 전환을 없애고 연속곡선 동작을 취하게 하는 것이 좋다.
④ 개개의 동작거리를 최대로 한다.

신체 사용 시 개개의 동작거리를 최소로 한다.

58 주기가 짧고 반복적인 작업에 적합한 작업측정기법이 아닌 것은?

① 스톱워치법
② MTM법
③ WF법
④ 워크샘플링법

워크샘플링법은 주기가 길고 비반복적인 작업에 적합한 작업측정기법이다.

59 동시동작사이클분석표(Simo Chart)를 이용하는 기법은?

① Micro Motion Study
② Memo Motion Study
③ Cycle Graph 분석
④ Strobo 사진분석

60 수요예측기법이 아닌 것은?

① 워크샘플링법
② 델파이법
③ 시장조사법
④ 이동평균법

워크샘플링법은 작업측정방법에 해당한다.

61 가속수명시험 설계 시 고장 메커니즘을 추론할 때 효과적인 도구는?

① 산점도   ② 회귀분석
③ 검·추정   ④ FMEA/FTA

해설

FMEA(Failure Mode and Effects Analysis)
• 고장 형태 및 영향분석
• 아이템의 모든 서브 아이템에 존재할 수 있는 결함모드에 대한 조사와 다른 서브 아이템 및 아이템의 요구기능에 대한 각 결함모드의 영향을 확인하는 정성적 신뢰성 분석방법이다.
• 설계에 대한 신뢰성 평가의 한 방법으로, 설계된 시스템이나 기기의 잠재적인 고장모드(Mode)를 찾아내고 가동 중인 시스템 등에 고장이 발생하였을 경우의 영향을 조사, 평가하여 영향이 큰 고장모드에 대하여는 적절한 대책을 세워 고장의 발생을 미연에 방지하고자 하는 기법이다.

FTA
시스템 고장을 발생시키고 사상(Event)과 그 원인의 인과관계를 논리기호를 사용하여 나뭇가지 모양의 그림으로 나타낸 고장나무를 만들고, 이에 의거 시스템의 고장확률을 구함으로써 문제되는 부분을 찾아내어 시스템의 신뢰성을 개선하는 계량적 고장해석기법이다.

62 시간의 경과에 따라 시스템이나 제품의 기능이 저하되는 고장은?

① 초기고장   ② 우발고장
③ 열화고장   ④ 파국고장

해설

열화고장
• 시간의 경과에 따라 시스템이나 제품의 기능이 저하되는 고장이다.
• 아이템의 주어진 특성이 시간에 따른 점진적인 변화에 의해 발생하여 요구기능 중 일부 기능을 수행할 수 없게 하는 고장이다.
• 점진고장 + 부분고장

63 다음 FT(Fault Tree)도에서 시스템의 고장확률은 얼마인가?(단, 각 구성품의 고장은 서로 독립이며, 주어진 수치는 각 구성품의 고장확률이다)

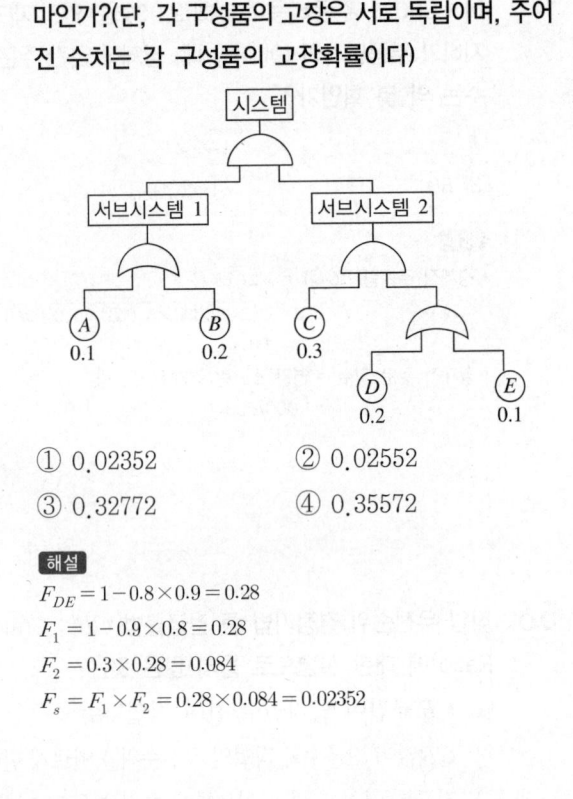

① 0.02352   ② 0.02552
③ 0.32772   ④ 0.35572

해설

$F_{DE} = 1 - 0.8 \times 0.9 = 0.28$
$F_1 = 1 - 0.9 \times 0.8 = 0.28$
$F_2 = 0.3 \times 0.28 = 0.084$
$F_s = F_1 \times F_2 = 0.28 \times 0.084 = 0.02352$

64 어떤 기계의 고장은 1,000시간당 2.5[%]의 비율로 일정하게 발생한다. 이 기계의 MTBF는 몇 시간인가?

① 40시간   ② 400시간
③ 4,000시간   ④ 40,000시간

해설

고장률 = 0.025/1,000
MTBF = 고장률 − 1 = 40,000시간

65 고장률이 $\lambda=0.02$/시간으로 일정한 두 부품을 병렬로 결합한 시스템의 평균수명은?

① 50시간
② 75시간
③ 100시간
④ 200시간

해설

평균수명 $= \dfrac{3}{2} \times \dfrac{1}{\lambda} = \dfrac{3}{2} \times \dfrac{1}{0.02} = 75$

66 파괴시험에 해당하지 않는 것은?

① 정상수명시험
② 가속수명시험
③ 강제열화시험
④ 동작시험

해설

동작시험 : 작동 상태 확인을 제품이 고장 날 때까지 시험하지 않으므로 비파괴시험에 해당한다.

67 수명자료가 정규분포인 경우의 고장률함수 $\lambda(t)$의 형태는?

① 일정함수
② 상수함수
③ 감소함수
④ 증가함수

68 평균수명이 3,000시간인 발전기 2대가 대기결합모형으로 구성되어 있으며 전환스위치의 신뢰도는 100[%]이다. 이 발전기 시스템의 평균수명은 몇 시간인가? (단, 발전기의 수명분포는 지수분포를 따른다고 가정한다)

① 1,500시간
② 3,000시간
③ 4,500시간
④ 6,000시간

해설

평균수명 $= \dfrac{2}{\lambda} = \dfrac{2}{3,000^{-1}} = 6,000$ 시간

69 특정 부품에 대해 등간격으로 증가하는 스트레스 수준을 순차적으로 적용하는 시험은?

① 가속시험
② 내구성시험
③ 단계스트레스시험
④ 스크리닝시험

70 수명분포가 와이블 분포인 확률밀도함수

$$f(t) = \frac{m}{\eta} \left(\frac{t}{\eta} \right)^{m-1} \cdot e^{-\left(\frac{t}{\eta} \right)^m}, \ t > 0$$인 12개의 수

명시험 데이터를 얻었다. 이 데이터로부터 η와 m에 대한 최우 추정치를 구할 때 옳은 것은?

① η와 m에 대한 최우 추정치는 존재하지 않는다.
② η에 대한 최우 추정치는 존재하지만, m의 최우 추정치는 존재하지 않는다.
③ 둘의 최우 추정치는 모두 존재하지만, 수치해석적 방법으로 풀어야 한다.
④ η에 대한 최우 추정치는 존재하지 않고, m의 최우 추정치만 존재한다.

해설

η와 m에 대한 최우 추정치는 모두 존재하지만, 수치해석적 방법으로 풀어야 한다.

71 수명분포가 지수분포인 부품 n개의 고장시간이 각각 $X_1, X_2, \cdots, X_n$일 때, 고장률 λ에 대한 추정치 $\hat{\lambda}$는?

① $\hat{\lambda} = \dfrac{1}{n}\displaystyle\sum_{i=1}^{n} X_i$ ② $\hat{\lambda} = n / \displaystyle\sum_{i=1}^{n} X_i$

③ $\hat{\lambda} = \dfrac{1}{n}\displaystyle\sum_{i=1}^{n}\ln X_i$ ④ $\hat{\lambda} = n / \displaystyle\sum_{i=1}^{n}\ln X_i$

해설

$\hat{\lambda} = \dfrac{1}{\text{평균수명}}$

$= \dfrac{1}{\displaystyle\sum_{i=1}^{n} X_i / n} = n / \displaystyle\sum_{i=1}^{n} X_i$

72 수명분포가 지수분포인 부품 n개를 t_0시간에서 정시 중단시험을 하였다. t_0시간 동안 고장수는 r개이고, 고장품을 교체하지 않는 경우 각각의 고장시간이 $t_1, t_2, \cdots, t_r$이라면, 고장률 λ에 대한 추정치는?

① $r / \left(\displaystyle\sum_{i=1}^{r} t_i + (n-r)t_0\right)$

② $\left(\displaystyle\sum_{i=1}^{r} t_i + (n-r)t_0\right) / r$

③ $n / \left(\displaystyle\sum_{i=1}^{r} t_i + (n-r)t_0\right)$

④ $r / \displaystyle\sum_{i=1}^{r} t_i$

해설

$\hat{\lambda} = \dfrac{1}{\text{평균수명}}$

$= \dfrac{1}{\left(\displaystyle\sum_{i=1}^{r} t_i + (n-r)t_0\right) / r} = r / \left(\displaystyle\sum_{i=1}^{r} t_i + (n-r)t_0\right)$

73 고장시간과 수리시간이 각각 지수분포를 따르는 시스템의 가용도(Availability)는?(단, 이 시스템의 고장률은 λ, 수리율은 μ이다)

① $\dfrac{\mu}{\lambda + \mu}$ ② $\dfrac{\lambda}{\lambda + \mu}$

③ $\dfrac{\lambda + \mu}{\lambda}$ ④ $\dfrac{\lambda + \mu}{\mu}$

해설

가용도

$A = \dfrac{MTBF}{MTBF + MTTR} = \dfrac{1/\lambda}{1/\lambda + 1/\mu} = \dfrac{\mu}{\lambda + \mu}$

74 3개의 부품 B_1, B_2, B_3로 이루어진 직렬구조의 시스템이 있다. 서브시스템 B_1, B_2, B_3의 고장률이 각각 0.002, 0.005, 0.004(회/시간)로 알려져 있을 때, 20시간에서 시스템의 신뢰도가 0.9 이상 되도록 하려면 서브시스템 B_1에 배분되어야 할 고장률은 약 얼마인가?

① 0.00096/시간 ② 0.00176/시간

③ 0.00527/시간 ④ 0.18182/시간

해설

$R_s(t=20) = e^{-\lambda_s t}$, $\lambda_s = 0.00527$

서브시스템 B_1의 고장률 $= \dfrac{0.002}{0.002 + 0.005 + 0.004} \times 0.00527$

$= 0.00096$

75 각 부품의 신뢰도가 동일한 10개의 부품으로 조립된 제품이 있다. 제품의 설계목표 신뢰도를 0.99로 하기 위한 각 부품의 신뢰도는 약 얼마인가?(단, 각 부품은 직렬결합으로 구성된다)

① 0.9989955 ② 0.9998995

③ 0.9999895 ④ 0.9999995

해설

$R_S = r^{10}$이므로, $r = 0.99^{\frac{1}{10}} = 0.9989955$

76 일반적인 FMEA 분해레벨의 배열 순서로 옳은 것은?

① 시스템→서브시스템→컴포넌트→부품

② 서브시스템→시스템→컴포넌트→부품

③ 시스템→서브시스템→부품→컴포넌트

④ 시스템→컴포넌트→부품→서브시스템

77 신뢰도와 불신뢰도의 관계에 대한 설명 중 옳은 것은?

① 신뢰도는 불신뢰도를 t시점에서 미분하여 1에서 뺀 값이다.

② 신뢰도가 증가하면 불신뢰도는 증가하여 양(Positive)의 상관관계를 갖는다.

③ 신뢰도는 일정 t시점에서의 잔존확률이고, 불신뢰도는 일정 t시점에서의 누적고장확률이다.

④ 신뢰도와 불신뢰도의 관계는 소시료 신뢰성 실험의 경우 관계 규정이 불가능하다.

해설
신뢰도는 일정 t시점에서의 잔존확률이고, 불신뢰도는 일정 t시점에서의 누적고장확률이다.

78 고유 신뢰성에 대한 설명으로 옳은 것은?

① 설계 변경에 의해 개선할 수 있는 신뢰도이다.

② 양산단계 전에는 제품의 고유 신뢰도를 증대시킬 수 없다.

③ 예방보전에 의해 제고할 수 있는 신뢰성이다.

④ 사용방법을 숙지시켜 제고할 수 있는 신뢰성이다.

해설
② 양산단계 전에 제품의 고유 신뢰도를 증대시킬 수 있다.
③ 예방보전에 의해 제고할 수 있는 신뢰성은 사용 신뢰성이다.
④ 사용방법을 숙지시켜 제고할 수 있는 신뢰성은 사용 신뢰성이다.

79 샘플 200개에 대한 수명시험 데이터이다. 구간(500, 1,000)에서의 경험적(Empirical) 고장률[$\lambda(t)$]은 얼마인가?

구간별 관측시간	구간별 고장 개수
0~200	15
200~500	10
500~1,000	30
1,000~2,000	40
2,000~5,000	50

① 1.50×10^{-4}/h

② 1.62×10^{-4}/h

③ 3.24×10^{-4}/h

④ 4.44×10^{-4}/h

해설
$$\lambda(t) = \frac{\text{고장 개수}}{n(t=500)\Delta t}$$
$$= \frac{30}{185 \times 500} = 3.24 \times 10^{-5}\text{/h}$$

80 두 개의 부품 A와 B로 구성된 대기시스템이 있다. 두 부품의 고장률이 각각 $\lambda_A = 0.02$, $\lambda_B = 0.03$일 때, 50시간까지 시스템이 작동할 확률은 약 얼마인가? (단, 스위치의 작동확률은 1.00으로 가정한다)

① 0.264　　　　② 0.343

③ 0.657　　　　④ 0.736

해설
$$R_s(t=50) = \frac{\lambda_B}{\lambda_B - \lambda_A} \times e^{-\lambda_A t} - \frac{\lambda_A}{\lambda_B - \lambda_A} \times e^{-\lambda_B t} = 0.657$$

81 구멍에 축을 조립하는 부품 끼워맞추기 중 가장 헐거운 끼워맞춤에 해당하는 것은?

① 축 외경 : $\varnothing = 50.000[\text{mm}]$,
   구멍 내경 : $\varnothing = 50.000[\text{mm}]$

② 축 외경 : $\varnothing = 49.795[\text{mm}]$,
   구멍 내경 : $\varnothing = 50.005[\text{mm}]$

③ 축 외경 : $\varnothing = 50.050[\text{mm}]$,
   구멍 내경 : $\varnothing = 49.950[\text{mm}]$

④ 축 외경 : $\varnothing = 49.895[\text{mm}]$,
   구멍 내경 : $\varnothing = 50.005[\text{mm}]$

해설
- 가장 헐거운 끼워맞춤의 틈새가 가장 크다.
- 틈새(Clearance) : 구멍의 치수가 축의 치수보다 클 때의 치수차
- 죔새(Interference) : 구멍의 치수가 축의 치수보다 작을 때의 치수차
- 틈새 계산
  ① 0, ② 0.21, ③ −0.1(죔새), ④ 0.11

82 6σ 관리에서 현실적으로 공정의 중심을 $\pm 1.5\sigma$ 만큼 이동하는 것을 허용한다면, 이때의 6σ 와 같은 품질수준은?

① $0.002[\text{ppm}]$, $C_{pk} = 2.0$

② $0.002[\text{ppm}]$, $C_{pk} = 1.5$

③ $3.4[\text{ppm}]$, $C_{pk} = 1.5$

④ $3.4[\text{ppm}]$, $C_{pk} = 2.0$

해설
공정의 중심을 $\pm 1.5\sigma$ 만큼 이동되는 것을 허용할 때의 6σ 와 같은 품질수준은 $3.4[\text{ppm}]$, $C_{pk} = 1.5$가 된다.

83 시간에 따라 변화되는 품질정보의 관리를 위해 활용되는 품질관리 방법은?

① 관리도
② 산점도
③ 파레토도
④ 히스토그램

해설
② 산점도 : 두 개의 짝으로 된 데이터를 그래프용지 위에 점으로 나타낸 그림으로, 원인과 결과 간의 관계를 나타내는 그래프이다.
③ 파레토도 : 개선활동에 있어서 부적합 항목 등에 대해 도수 또는 손실금액을 막대그래프와 꺾은선그래프를 사용하여 나타내는 것으로 중점관리를 목적으로 활용하는 도구이다.
④ 히스토그램 : 데이터가 존재하는 범위를 몇 개 구간으로 나누어 각 구간에 들어가는 데이터의 출현 도수를 세어 도수표를 만든 후 이것을 도형화한 것이다.

84 품질경영시스템-요구사항(KS Q ISO 9001 : 2015)에서 시정조치의 요구사항에 해당되지 않는 것은?

① 부적합의 검토(고객 불평 포함)
② 잠재적 부적합 및 그 원인 결정
③ 부적합 원인의 결정
④ 부적합이 재발하지 않음을 보장하기 위한 조치의 필요성에 대한 평가

해설
잠재적 부적합 및 그 원인 결정은 예방조치에 해당한다.

85 다음 내용은 산업표준화법의 목적을 설명한 것이다. ( ) 안에 들어가는 용어를 순서대로 나열한 것은?

> [다 음]
> 이 법은 적정하고 합리적인 ( )을 제정·보급하고 품질경영을 지원하여 광공업품 및 산업활동 관련 서비스의 품질, 생산( ), 생산기술을 향상시키고 거래를 단순화·공정화하며 소비를 ( )함으로써 산업 경쟁력을 향상시키고 국가경제를 발전시키는 것을 목적으로 한다.

① 산업표준 – 효율 – 합리화
② 산업표준 – 납기 – 합리화
③ 품질기준 – 효율 – 표준화
④ 품질기준 – 납기 – 표준화

86 품질 코스트에서 계량기·계측기의 검·교정비용은 어느 코스트에 해당되는가?

① 평가 코스트
② 예방 코스트
③ 관리 코스트
④ 실패 코스트

87 공정능력지수 $C_p = 1.0$ 이라면 규격공차 T는?

① 3σ 　　② 4σ
③ 5σ 　　④ 6σ

해설

$C_p = 1.0 = \dfrac{T}{6\sigma}$

$\therefore T = 6\sigma$

88 ( ) 안에 해당되는 용어는?

> 소비자와 생산자 간의 주요 관심사가 최근 점점 틈이 벌어지고 있어 제품설계의 최종적인 평가 요소인 ( )이 중요한 품질결정 요소가 되고 있다.

① 사용품질(Quality of Use)
② 적합품질(Quality of Conformance)
③ 검사품질(Quality of Inspection)
④ 설계품질(Quality of Design)

89 품질관리 교육훈련의 효과적인 추진을 위한 사항이 아닌 것은?

① 하위직부터 교육을 실시한다.
② QC의 기본적인 사고방식을 확실하게 이해하도록 한다.
③ QC 7가지 도구를 확실하게 익혀 사용하도록 한다.
④ TQM사무국에서 QC 교육훈련 프로그램을 담당하여 추진한다.

해설
품질관리 교육훈련 시 상위직부터 교육을 실시한다.

90 규격이 준수되고 있는지 여부를 조사하는 감사활동 방향으로 옳지 않은 것은?

① 실시 부문의 고민이나 애로사항을 듣는다.
② 규격을 준수하는 부문에 대해 사기를 북돋아 준다.
③ 부정, 결점, 태만을 발견하는 데만 주력을 둔다.
④ 현장관리자의 표준화 인식을 높이고 작업자에게 표준화의 필요성을 느끼도록 한다.

해설
부정, 결점, 태만을 발견하는 데만 주력을 두면 감사가 제대로 이루어지지 않기 때문에 폭 넓은 감사를 수행해야 한다.

91 품질, 원가, 수량, 납기와 같이 경영 기본요소별로 전사적 목표를 정하여 이를 효율적으로 달성하기 위해 각 부문의 업무 분담의 적정화를 도모하고 동시에 부문 횡단적으로 제휴, 협력해서 행하는 활동은?

① 기능별 관리
② 부문별 관리
③ 생산관리
④ 설비관리

92 일반적으로 제조물책임의 주체가 될 수 없는 대상은?

① 부품 제조업자
② 도매업자
③ 용역 제공자
④ 제조물 이용자

해설
제조물 이용자 : 손해배상의 수혜자

93 모티베이션 운동은 그 추진내용면에서 볼 때 동기부여형(Motivation Package)과 부적합예방형(Prevention Package)으로 나눌 수 있다. 부적합예방형 모티베이션 운동에 해당되지 않는 것은?

① 관리자 책임 부적합품 또는 부적합이라는 관점에서 작업자의 개선행위를 추구하고 있다.
② 관리자 책임의 부적합품 또는 부적합은 관리자에게 있다.
③ 우수한 작업자의 기술을 습득하고 기술 개선을 위한 교육훈련을 실시한다.
④ 부적합품 또는 부적합을 탐색 추구하는 데 있어서 작업자의 협조를 구한다.

해설
우수한 작업자의 기술을 습득하고 기술 개선을 위한 교육훈련 실시는 동기부여형 모티베이션 운동에 해당된다.

94 계측기 관리업무 중 검사, 측정 및 시험장비 관리에서 고려해야 할 사항이 아닌 것은?

① 정확도 및 정밀도
② 시험장비의 검·교정
③ 사용 적합성
④ 시험장비의 가격

95 품질보증체계도에서 구비해야 할 사항으로 옳지 않은 것은?

① 정보의 피드백 경로
② 입하 구분
③ 클레임의 피드백
④ 신뢰성시험

해설

품질보증체계도의 6가지 구비사항 : 마디(Node, 관문), 스킵(Skip) 기준, 출하 구분, 정보의 피드백 경로, 클레임의 피드백, 신뢰성시험

97 사내표준화의 요건이 아닌 것은?

① 실행 가능한 내용일 것
② 기록내용이 구체적, 객관적일 것
③ 직관적으로 보기 쉬운 표현을 할 것
④ 장기적인 관점보다 단기적인 관점에서 추진할 것

해설

사내표준화는 단기적인 관점보다 장기적인 관점에서 체계적으로 추진해야 한다.

96 QC공정표에 대한 설명으로 옳지 않은 것은?

① 공정관리의 준비단계나 공정관리를 실시해 나가는 데 있어서 공정관리 표준의 하나로 이용된다.
② 제조공정 순으로 제조 부문 및 검사 부문이 어떤 품질특성을 어떻게 관리하여 최종 제품의 품질을 어떻게 결정하는지에 관한 약속이다.
③ 관리공정표라고도 한다.
④ QC공정표에는 선정된 검사항목만을 표시한다.

해설

QC공정표에는 선정된 검사항목뿐만 아니라 가공, 저장, 정체, 이동 등 모든 공정을 표시한다.

98 품질관리시스템을 효율적으로 운영관리하기 위해 제시되는 원칙에 대한 설명으로 옳지 않은 것은?

① 예방의 원칙 : 처음부터 올바르게 만들어야 한다.
② 과학적 접근의 원칙 : PDCA의 관리과정을 거쳐서 행한다.
③ 전원 참가의 원칙 : 회의에 전원이 꼭 참석해서 함께 토론해야 한다.
④ 종합 조정의 원칙 : 각 부서의 최적이 전체의 최적이 안 되는 경우가 발생하므로, 전체적으로 부서의 역할을 조정한다.

해설

전원 참가의 원칙 : 품질관리활동에 모든 임직원이 적극적으로 동참한다. 그러나 회의에 전원이 꼭 참석해서 함께 토론해야 한다는 것은 아니며, 회의시간과 빈도는 적을수록 바람직하다.

99 좋은 측정시스템이 갖춰야 할 특성으로 옳지 않은 것은?

① 측정시스템은 통계적으로 안정된 관리 상태에 있어야 한다.

② 측정시스템에서 파생된 산포는 제조공정에서 발생한 산포에 비해서 충분히 작아야 한다.

③ 측정시스템에서 파생된 산포는 규격공차에 비해서 충분히 작아야 한다.

④ 규격이 2.05~2.08인 경우 적절한 계측기 눈금은 0.01까지 읽을 수 있어야 한다.

해설
측정의 최소 단위는 공정산포나 규격한계 중 작은 것의 1/10보다 커서는 안 된다.

100 표준수-표준수 수열에서 표준수에 관한 설명으로 옳지 않은 것은?

① $R5$보다 $R20$의 증가율이 더 크다.

② $R5$, $R10$, $R20$, $R40$을 기본수열이라고 한다.

③ 설계 등에 있어서 단계적으로 수치를 결정할 경우에는 표준수를 사용한다.

④ $R80$을 특별수열이라고 한다.

해설
기본수열 중에서 $R5$의 증가율이 가장 크므로 $R20$보다 $R5$의 증가율이 더 크다(증가율 크기순 : $R5 > R10 > R20 > R4$).

참 / 고 / 문 / 헌

- 강영식, 백종배, 이근오(2002). **신뢰성공학**. 동화기술교역.
- 구자흥, 김진경, 이재준, 전홍석, 최지훈(1992). **통계학 : 원리와 방법**. 자유아카데미.
- 김광수, 정상윤(2008). **통계적 품질관리**. 형설출판사.
- 김연성, 박상찬, 박영택, 서영호, 유한주, 이동규(2004). **품질경영론**. 박영사.
- 김연성, 박영택, 서영호, 유왕진, 유한주, 이동규(2002). **서비스 경영 : 전략·시스템·사례**. 도서출판 법문사.
- 김영재, 김성국, 김강식(2012). **신인적자원관리 제2판**. 도서출판 탑북스.
- 김진규(2003). **신뢰성공학**. 한올출판사.
- 김홍준, 김진수(2013). **실험계획법**. 도서출판 명진.
- 김홍준, 정원(2007). **신뢰성공학**. 청문각.
- 박동규(2005). **실험계획법**. 기전연구사.
- 박병호(2005). **서브퀄을 이용한 경영컨설팅 서비스품질 측정에 관한 연구**. 인하대학교 경영대학원 경영학석사학위 청구논문.
- 박병호(2012). **최신실험계획법**. 기전연구사.
- 박병호(2015). **경영학강의**. 문운당.
- 박상범(2006). **경영학원론**. 민영사.
- 박상범, 길종구, 문제옥(2014). **품질관리**. 탑북스.
- 박성현(2003). **현대실험계획법**. 민영사.
- 박한수, 김성희, 유병철(2002). **통계적 품질관리**. (주)북스힐.
- 안영진, 유영목, 홍석기(2010). **생산운영관리 제2판**. 박영사.
- 유지성, 오창수(1995). **현대 통계학**. 박영사.
- 이상범(2000). **현대 생산·운영관리 제2판**. 명경사.
- 이상용(1999). **신뢰성공학**. 형설출판사.
- 이순룡(2012). **제품·서비스 생산관리론 수정판**. 법문사.

- 이순룡(2012). **현대품질경영**. 법문사.

- 이왕돈, 윤영선(2011). **생산운영관리 개정판**. 박영사.

- Chase, Richard B., Jacobs, F. Robert, Aquilano, Nicholas J.(2004). *Operations Management for Competitive Advantage* 10th Edi., McGraw – Hill Irwin.

- Fitzsimmons, James A., Fitzsimmons, Mona J.(2003). *Service Management*(서비스경영), 서비스경영연구회 편역. 한경사.

- Haksever, Cengiz, Render, Barry, Murdick, Robert G.(2000). *Service Management and Operations* 2nd Edi., Prentice – Hall International.

- Jacobs, F. Robert, Chase, Richard B., Aquilano, Nicholas j.(2010). *Operations & Supply Management* 12th, McGraw – Hill.

- Kawano, Tsuneo(2012), 品質管理のための統計學. 김영식 역. **품질관리 입문**. 도서출판 GS인터비전.

- Parasuraman, A., Zaithaml, V. A. & Berry, L. L.(1985). *Quality Counts in Service, Too*, USA : Business Horizons, Vol. 28.

- Taylor, Frederrick Winslow(1911, 1967). *The Principles of Science Management*, W. W. Norton & Company.

- Wren, Daniel A.(1979). *The Evolution of Management Thought* 2nd. John Wiley & Sons.

Win-Q 품질경영기사 필기

개정3판1쇄 발행	2024년 02월 05일 (인쇄 2023년 12월 29일)
초 판 발 행	2021년 01월 05일 (인쇄 2020년 10월 22일)
발 행 인	박영일
책 임 편 집	이해욱
편 저	박병호
편 집 진 행	윤진영 · 최 영 · 오현석
표지디자인	권은경 · 길전홍선
편집디자인	정경일 · 심혜림
발 행 처	(주)시대고시기획
출 판 등 록	제10-1521호
주 소	서울시 마포구 큰우물로 75 [도화동 538 성지 B/D] 9F
전 화	1600-3600
팩 스	02-701-8823
홈 페 이 지	www.sdedu.co.kr

I S B N	979-11-383-6489-8(13500)
정 가	33,000원

윙크
Win Qualification의 약자로서
자격증 도전에 승리하다의
의미를 갖는 시대고시기획의
자격서 브랜드입니다.

WIN QUALIFICATION

SD
에듀

단기합격을 위한
완전학습서

Win-
Q

윙크
시리즈

자격증 취득에 승리할 수 있도록 **Win-Q시리즈**는 완벽하게 준비하였습니다.

기술자격증 도전에 승리하다!

빨간키
핵심요약집으로
시험 전 최종점검

핵심이론
시험에 나오는 핵심만
쉽게 설명

핵심예제
꼭 알아야할 내용을
다시 한번 풀이

기출문제
시험에 자주 나오는
문제유형 확인

한눈에 이해할 수 있도록
체계적으로 정리한 핵심이론

철저한 시험유형 파악으로
만든 필수확인문제

국가직·지방직 등
최신 기출문제와 상세 해설

기술직 공무원 기계일반
별판 | 23,000원

기술직 공무원 기계설계
별판 | 23,000원

기술직 공무원 물리
별판 | 22,000원

기술직 공무원 생물
별판 | 20,000원

기술직 공무원 임업경영
별판 | 20,000원

기술직 공무원 조림
별판 | 20,000원

※도서의 이미지와 가격은 변경될 수 있습니다.

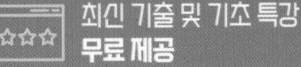